한권으로 끝내기

시대에듀

치과위생사 국가시험
한권으로 끝내기

Always with you

사람이 길에서 우연하게 만나거나 함께 살아가는 것만이 인연은 아니라고 생각합니다.
책을 펴내는 출판사와 그 책을 읽는 독자의 만남도 소중한 인연입니다.
시대에듀는 항상 독자의 마음을 헤아리기 위해 노력하고 있습니다.
늘 독자와 함께하겠습니다.

 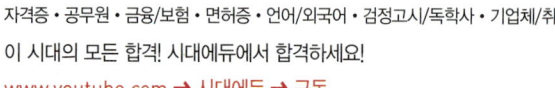 

자격증 • 공무원 • 금융/보험 • 면허증 • 언어/외국어 • 검정고시/독학사 • 기업체/취업
이 시대의 모든 합격! 시대에듀에서 합격하세요!
www.youtube.com ➜ 시대에듀 ➜ 구독

PREFACE 머리말

우리나라 치과위생사 교육은 1965년 연세대학교 의학기술학과에서 시작되어 현재는 전국 대학에서 매년 5,000여 명의 전문보건학사 및 보건학사가 배출되고 있습니다. 치과위생사는 지역주민과 치과질환을 가진 사람을 대상으로 구강보건교육, 예방치과처치, 치과진료협조 및 경영관리를 지원하여 국민의 구강건강증진의 일익을 담당하는 전문직업으로서 치과위생사로서 활동하기 위해 반드시 치과위생사 면허를 취득하여야 합니다.

학생들은 대학에서 중간고사와 기말고사를 통해 국가시험을 준비하다가 매년 12월에 필기시험에 응시하기 때문에 그해 봄부터 국가시험 준비를 시작합니다. 대부분의 학생들이 국가시험을 처음 준비하는 만큼 어떻게 공부해야 하는지에 대해 어려움을 겪고 있음을 필자는 잘 알고 있습니다.

이에 본 도서는 새로운 학습목표가 반영된 과목별 핵심이론과 최신 출제경향을 반영한 적중예상문제로 구성하였습니다. 시험에 나올 중요한 이론을 학습한 후 적중예상문제를 풀어보면서 부족한 내용을 체크하고 다시 한번 숙지할 수 있도록 하였습니다. 또한, 치과위생사 국가시험 준비를 위한 이전 도서들의 특성상 정답이 모호하거나 해설이 부족한 부분이 많았는데, 본서는 이러한 부분을 충분히 보완하여 이 한 권으로 치과위생사 국가시험을 준비하고 합격할 수 있도록 구성하였습니다.

부족한 내용은 수정·보완할 것을 약속드리며, 치과위생사 국가시험의 처음과 끝을 본 도서와 함께함으로써 합격으로 가는 길에 큰 도움이 되기를 바랍니다.

마지막으로 이 책이 출판되도록 도움과 배려를 주신 시대에듀 임직원 여러분께 진심으로 감사를 드립니다.

편저자 씀

치과위생사 국가시험 한권으로 끝내기

시험안내 INFORMATION

개요

치과위생사란 치과의사를 보조하여 치주질환을 예방·치료하고 구강관리 안내 업무를 수행하는 자이다.

(출처 : 통계청 한국직업표준분류)

수행직무

치과위생사는 치아 및 구강질환의 예방과 위생관리 등에 관한 다음의 구분에 따른 업무를 수행한다.
① 교정용 호선(弧線)의 장착·제거
② 불소 도포
③ 보건기관 또는 의료기관에서 수행하는 구내 진단용 방사선 촬영
④ 임시 충전
⑤ 임시 부착물의 장착
⑥ 부착물의 제거
⑦ 치석 등 침착물(沈着物)의 제거
⑧ 치아 본뜨기

(출처 : 의료기사 등에 관한 법률 제2조, 의료기사 등에 관한 법률 시행령 제2조 및 별표 1)

시험일정

구 분		일 정	비 고
응시원서 접수	기 간	• 인터넷 접수 : 2025년 9월 초순 다만, 외국 대학 졸업자로 응시자격 확인 서류를 제출하여야 하는 자는 접수기간 내에 반드시 국시원 별관(2층 고객지원센터)에 방문하여 서류 확인 후 접수 가능함	• 응시 수수료 : 135,000원 • 접수시간(인터넷 접수) : 해당 시험 직종 원서접수 시작일 09:00부터 접수 마감일 18:00까지
	장 소	• 인터넷 접수 국시원 홈페이지 [원서접수] 메뉴	
응시표 출력기간		• 시험장 공고일 이후부터 출력 가능	-
시험시행	일 시	• 2025년 12월 중순	• 응시자 준비물 : 응시표, 신분증, 컴퓨터용 흑색 수성사인펜, 필기도구 지참
	장 소	• [국시원 홈페이지]-[직종별 시험정보]-[치과위생사]-[시험장소(필기/실기)]	
최종 합격자 발표	일 시	• 2025년 12월 하순	• 휴대전화번호가 기입된 경우에 한하여 SMS 통보
	발 표	• 국시원 홈페이지 [합격자 조회] 메뉴	

※ 상기 시험일정은 공고문을 기준으로 작성한 것으로 세부 내용은 시행처의 사정에 따라 변경될 수 있으니, 한국보건의료인국가시험원(https://www.kuksiwon.or.kr)에서 확인하시기 바랍니다.

시험과목

시험종별	시험과목 수	문제 수	배점	총점	문제형식
필기	2	200	1점/1문제	200점	객관식 5지 선다형
실기	1	1	100점/1문제	100점	치석 제거 및 탐지능력 측정

시험시간표

구분	시험과목(문제 수)	교시별 문제 수	시험형식	입장시간	시험시간
1교시	• 의료관계법규(20) • 치위생학 1(80) 　(기초치위생, 치위생관리)	100	객관식	~ 08:30	09:00 ~ 10:25 (85분)
2교시	• 치위생학 2(100) 　(임상치위생)	100	객관식	~ 10:45	10:55 ~ 12:20 (85분)

※ 의료관계법규 : 의료법, 의료기사 등에 관한 법률, 지역보건법, 구강보건법과 그 시행령 및 시행규칙

합격기준

① 필기시험에 있어서는 매 과목 만점의 40% 이상, 전 과목 총점의 60% 이상 득점한 자를 합격자로 하고, 실기시험에 있어서는 만점의 60% 이상 득점한 자를 합격자로 한다.
② 응시자격이 없는 것으로 확인된 경우에는 합격자 발표 이후에도 합격을 취소한다.

시험안내 INFORMATION

응시자격

다음의 자격이 있는 자가 응시할 수 있다.

① 취득하고자 하는 면허에 상응하는 보건의료에 관한 학문을 전공하는 대학·산업대학 또는 전문대학을 졸업한 자. 단, 졸업예정자의 경우 이듬해 2월 이전 졸업이 확인된 자이어야 하며 만일 동 기간 내에 졸업하지 못한 경우 합격이 취소된다.

② 보건복지부장관이 인정하는 외국에서 취득하고자 하는 면허에 상응하는 보건의료에 관한 학문을 전공하는 대학과 동등 이상의 교육과정을 이수하고 외국의 해당 의료기사 등의 면허를 받은 자. 단, 당시(95년 10월 6일) 보건사회부장관이 인정하는 외국의 해당 전문대학 이상의 학교에 재학 중인 자는 그 해당 학교 졸업자이어야 한다.

다음에 해당하는 자는 응시할 수 없다.

① 정신건강증진 및 정신질환자 복지서비스 지원에 관한 법률(정신건강복지법) 제3조 제1호에 따른 정신질환자. 다만, 전문의가 의료기사 등으로서 적합하다고 인정하는 사람은 그러하지 아니하다.

② 마약·대마 또는 향정신성의약품 중독자

③ 피성년후견인, 피한정후견인

④ 의료기사 등에 관한 법률 또는 형법 중 제234조·제269조·제270조 제2항 내지 제4항까지·제317조 제1항, 보건범죄 단속에 관한 특별조치법, 지역보건법, 국민건강증진법, 후천성면역결핍증 예방법, 의료법, 응급의료에 관한 법률, 시체해부 및 보존에 관한 법률, 혈액관리법, 마약류 관리에 관한 법률, 모자보건법 또는 국민건강보험법을 위반하여 금고 이상의 실형을 선고받고 그 집행이 끝나지 아니하거나 면제되지 아니한 사람

합격자 발표

① 합격자 명단은 다음과 같이 확인할 수 있다.
  - 국시원 홈페이지 [합격자 조회] 메뉴
  - 국시원 모바일 홈페이지

② 휴대전화번호가 기입된 경우에 한하여 SMS로 합격 여부를 통보한다.

검정현황

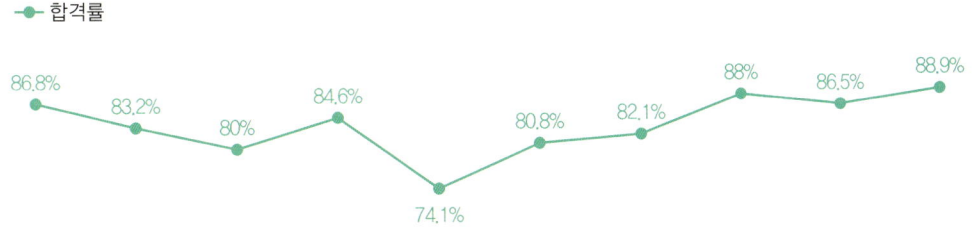

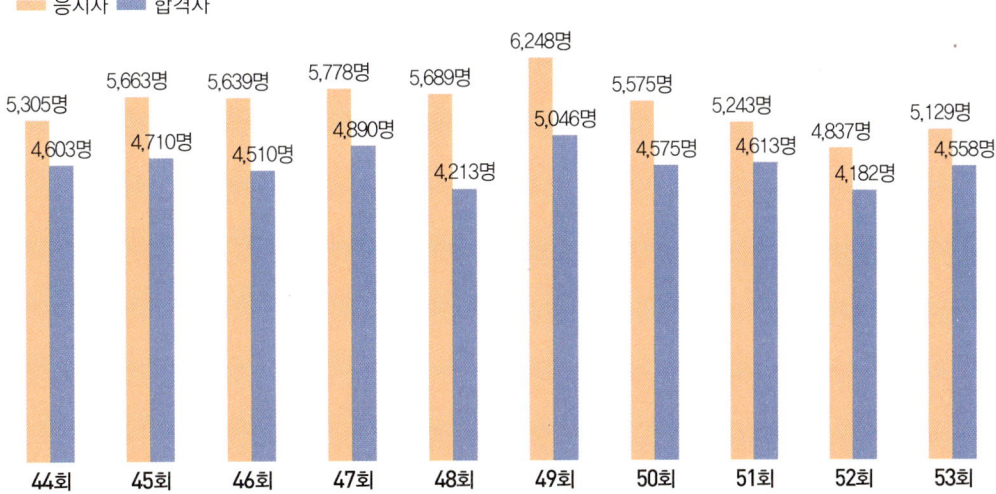

제1편 치위생학 1

기초치위생

제1장	구강해부	003
제2장	치아형태	036
제3장	구강조직	072
제4장	구강병리	101
제5장	구강생리	127
제6장	구강미생물	153

치위생관리

제7장	지역사회구강보건	175
제8장	구강보건행정	203
제9장	구강보건통계	231
제10장	구강보건교육	258

제2편 치위생학 2

임상치위생처치

제1장	예방치과처치	289
제2장	치면세마	331
제3장	치과방사선	368

치위생관리

제4장	구강악안면외과	400
제5장	치과보철	424
제6장	치과보존	445
제7장	소아치과	468
제8장	치 주	488
제9장	치과교정	508
제10장	치과재료	529

제3편 의료관계법규

| 제1장 | 의료관계법규 | 551 |

제4편 최근 기출유형문제

제1회	최근 기출유형문제	621
제2회	최근 기출유형문제	653
제3회	최근 기출유형문제	686
제4회	최근 기출유형문제	721
제1회	정답 및 해설	752
제2회	정답 및 해설	779
제3회	정답 및 해설	803
제4회	정답 및 해설	834

치과위생사 국가시험 한권으로 끝내기

PART 01 치위생학 1

기초치위생

CHAPTER 01	구강해부
CHAPTER 02	치아형태
CHAPTER 03	구강조직
CHAPTER 04	구강병리
CHAPTER 05	구강생리
CHAPTER 06	구강미생물

치위생관리

CHAPTER 07	지역사회구강보건
CHAPTER 08	구강보건행정
CHAPTER 09	구강보건통계
CHAPTER 10	구강보건교육

합격의 공식 *시대에듀* www.sdedu.co.kr

CHAPTER 01 구강해부

1 골의 개요

(1) 해부학의 기본용어

전(anterior)	몸의 앞쪽
후(posterior)	몸의 뒤쪽
상(superior)	머리에 가까운 쪽, 특정 구조물의 위쪽
하(inferior)	발에 가까운 쪽, 특정 구조물의 아래쪽
내(internal)	몸통의 겉과 속 공간에서 중심에 가까운 쪽
외(external)	몸통의 겉과 속 공간에서 표면에 가까운 쪽
내측(mesial)	정중면에서 가까운 쪽
외측(lateral)	정중면에서 먼 쪽
근위(proximal)	몸의 중심에 가까운 쪽
원위(distal)	몸의 중심에 멀리 떨어진 쪽
천(superficial)	인체의 표면(피부)에 가깝게 위치하는 쪽
심(deep)	인체의 내부에 가깝게 위치하는 쪽

(2) 해부학적 절단면

정중시상면(midsagittal plane) = 정중면(median plane)	머리 한가운데에서 신체를 좌우 대칭하게 나누는 절단면
시상면(sagittal plane)	정중시상면과 평행관계의 모든 절단면
전두면(frontal plane) = 관상면(coronal plane)	머리에서부터 신체를 앞뒤로 나누는 절단면
수평면(horizontal plane) = 횡단면(transverse plane)	신체를 위아래로 나누는 절단면
경사면(oblique plane)	신체를 비스듬히 경사지게 나누는 절단면

해부학의 기본용어로 관계가 옳은 것은?

① 내측 – 정중면에서 가까운 쪽
② 외측 – 몸통의 겉과 속 공간에서 표면에 가까운 쪽
③ 상 – 특정 구조물의 위쪽, 머리에 먼 쪽
④ 천 – 몸의 중심에서 멀리 떨어진 쪽
⑤ 외 – 정중면에서 먼 쪽

해설
② 외측은 정중면에서 먼 쪽이다.
③ 상은 특정 구조물의 위쪽으로, 머리에 가까운 쪽이다.
④ 천은 인체의 피부에 가깝게 위치하는 쪽이다.
⑤ 외는 몸통의 겉과 속 공간에서 표면에 가까운 쪽이다.

답 ①

인체의 해부학적 절단면 중 머리 한가운데서 신체를 좌우 대칭하게 나누는 절단면은?

① 수평면
② 관상면
③ 시상면
④ 정중시상면
⑤ 횡단면

해설
정중면이라고도 한다.

답 ④

골의 표면구조 중 돌출구조가 아닌 것은?

① 능(crest)
② 소설(lingula)
③ 돌기(process)
④ 절흔(notch)
⑤ 각(horn)

해설
④ 절흔은 함몰구조이다(함몰구조로는 관, 공, 구, 도, 소와, 와, 열, 절흔이 있다).

답 ④

(3) 골(뼈) 표면구조와 관련된 용어

구 분	용 어		설 명
돌출구조	각	horn	뿔 모양
	결 절	tubercle	마디 모양
	두	head, condyle	둥근 모양, 관절면을 가지는 돌기
	극	spine	가시 모양
	능	crest	높은 선 모양
	돌 기	process	뼈 면에서 뚜렷하게 튀어나옴
	선	line	선 모양의 융기
	소 설	lingula	혀 모양
	융 기	eminence	완만하게 높은 형태
함몰구조	관	canal	공이 길어진 것
	공	foramen	공질에 있는 구멍
	구	groove	깊은 도랑 모양
	도	meatus	뼈에 있는 통로
	소 와	fovea	와보다 작은 오목 형태
	와	fossa	얕은 오목 형태
	열	fissure	갈라진 틈 모양
	절 흔	notch	모서리가 패여 있는 형태
편평구조	면	surface	평탄함, 경계가 명확
	조 면	tuberosity	거친 표면
	판	plane	평면 모양
공간구조	강	cavity	여러 개의 뼈로 둘러싸인 공간
	동	sinus	한 개의 뼈 속에 있는 공간

골의 공간구조 중 한 개의 뼈 속에 있는 공간을 나타내는 용어는?

① 강(cavity)
② 동(sinus)
③ 와(fossa)
④ 공(foramen)
⑤ 관(canal)

해설
① 강(cavity)은 여러 개의 뼈에 둘러싸인 공간으로 공간구조이다.
③ 와(fossa)는 얕은 오목형태의 함몰구조이다.
④ 공(foramen)은 공질에 있는 구멍으로 함몰구조이다.
⑤ 관(canal)은 공이 길어진 것으로 함몰구조이다.

답 ②

(4) 뇌두개골의 종류와 개수

① 두개골은 뇌두개골 5종 7개와 안면두개골 10종 16개로 구성된다(총 15종 23개).
② 뇌두개골의 구성

구 분	골의 종류		골의 수
뇌두개골	전두골	frontal bone	1개씩
	후두골	occipital bone	
	접형골	sphenoid bone	
	두정골	parietal bone	2개씩
	측두골	temporal bone	

③ 안면두개골의 구성

구 분	골의 종류		골의 수
안면두개골	누 골	lacrimal bone	2개씩
	비 골	nasal bone	
	하비갑개	inferior nasal concha	
	관 골	zygomatic bone	
	상악골	maxilla	
	구개골	palatine bone	
	사 골	ethmoid bone	1개씩
	서 골	vomer	
	하악골	mandible	
	설 골	hyoid bone	

2 상악골과 하악골

(1) 상악골(maxilla)

① 상악골체는 안면, 측두하면, 안와면, 비강면과 상악동으로 구성된다.
② 상악골의 각 면에서 관찰되는 구조물

구 분	각 면		구조물
상악골	안 면	facial surface	견치와
			비절흔
			안와하공
			이상구
			치조돌기
	측두하면	infratemporal surface	상악결절
			후상치조공
	안와면	orbital surface	안와하공
			안와하관
			안와하구
	비강면	nasal surface	누낭구
			대구개공
			대구개관
			상악동열공
			익구개구

상악골(maxilla)에 대한 설명으로 옳지 않은 것은?

① 상악결절과 후상치조공은 비강면(nasal surface)에서 관찰된다.
② 구강의 윗부분, 비강의 외측벽, 안와의 아랫면을 형성한다.
③ 상악골에는 전두돌기, 권골돌기, 구개돌기, 치조돌기가 있다.
④ 상악골체는 상악동을 포함한다.
⑤ 8개의 낱개 머리뼈와 봉합으로 연결된다.

해설
① 상악결절과 후상치조공은 측두하면(infratemporal surface)에서 관찰된다. 비강면(nasal surface)에서는 상악동열공, 익구개구, 대구개관, 대구개공, 누낭구가 관찰된다.

답 ①

③ 상악골에 있는 돌기(4종)
  ㉠ 전두돌기(frontal process)
  ㉡ 권골돌기(zygomatic process)
  ㉢ 구개돌기(palatine process)
  ㉣ 치조돌기(alveolar process)

④ 상악골의 기타 구조물

구조물		설 명
권골하능	infrazygomatic crest	제1대구치 부위 상방의 융선
견치와	canine fossa	상악견치 상방의 함몰 부위, 안와하공의 하방
대구개관	greater palatine canal	상악체의 비강면, 대구개신경 및 혈관 통과
상악결절	maxillary tuberosity	측두하면에서 가장 풍융
상악동	maxillary sinus	• 상악동열공에서 중비도로 연결 • 상악체 속의 가장 큰 동(sinus) • 4대 기능 : 머리 무게 감소, 공기의 온도 및 습도 조절, 소리의 공명, 분비물 배출
상악동열공	maxillary hiatus	상악동의 출구
안와하공	infraorbital foramen	안와하공에는 안와하신경이 통과
안와하구	infraorbital groove	안와하구는 안와하공으로 연결
절치공	incisive foramen	정중구개봉합의 제일 앞 구멍
후상치조공	posterior superior alveolar foramen	• 측두하면에 있음 • 후상치조신경과 후상치조혈관 통과

다음 중 상악동(maxillary sinus)에 대한 설명으로 틀린 것은?
① 머리의 무게를 감소시킨다.
② 부비강 중 가장 크다.
③ 상악골체 안에 양쪽으로 있다.
④ 나이와 개인에 따라 모양이 다르지만, 크기는 유사하다.
⑤ 소리를 공명시키고, 분비물을 배출한다.

[해설]
④ 나이와 개인에 따라 변이가 많고, 크기가 다양하다.
답 ④

(2) 하악골(mandible)
① 하악골은 하악체와 하악지로 구별된다.
② 하악체의 외측면 구조물

외측면 구조물		설 명
사 선	oblique line	하악지의 앞모서리 능선
이결절	mental tubercle	이융기의 외하방
이 공	mental foramen	• 제2소구치 하방 치조연과 하악저의 중앙 • 이신경과 이혈관이 통과
이융기	mental protuberance	
절치와	incisive fossa	
치조융기	alveolar yokes	치아의 치근을 둘러싼 부분
하악저	base of mandible	하악체의 아래 모서리

※ 이공은 연령에 따라 위치가 변화한다.
  : 유아기 → 하악저에 가깝게, 노인기 → 치조연에 가깝게

다음 중 하악골(mandible)에 대한 설명으로 옳지 않은 것은?
① 얼굴의 가장 아랫부분에 있다.
② 안면골 중 가장 크고 단단하다.
③ 두개골과 같이 자유롭게 움직일 수 없다.
④ 악관절(temporal bone)을 형성하는 뼈이다.
⑤ 하악지(ramus of mandible)와 하악체(body of mandible)로 구분한다.

[해설]
③ 두개골 중 유일하게 자유롭게 움직일 수 있는 뼈이다.
답 ③

③ 하악체의 내측면 구조물

구 분	구조물		설 명
내측면	설하선와	sublingual fossa	• 악설골근선의 전상방 • 설하선을 수용
	악설골근선	mylohyoid line	악설골근이 부착
	악하선와	submandibular fossa	• 악설골근선의 후하방 • 악하선을 수용
	이 극	mental spine	• 상하 2쌍 • 이설근과 부착 • 이설골근과 부착
	이복근와	digastric fossa	• 이극의 외하방 • 악이복근 전복이 부착

④ 하악지의 외측면 구조물

구 분	구조물		설 명
외측면	관절돌기	condylar process	• 2개 돌기 중 뒤에 있는 돌기 • 하악경과 하악두를 구분
	교근조면	massetric tuberosity	• 하악각의 거친면 • 교근이 정지
	근돌기	coronoid process	• 2개 돌기 중 앞에 있는 돌기 • 측두근이 정지
	하악각	mandibular angle	하악지의 후연과 하악저가 만나 이루는 각
	하악경	neck of mandible	
	하악두	head of mandible	측두골의 하악와와 악관절을 구성함

※ 하악각은 연령에 따라 각도가 변화한다.

출생직후	유년기	성인기	노 인
175°	140°	110~120°	140°

하악체(body of mandible)의 내측면 구조물 중 상·하 2쌍으로 존재하는 것은?

① 이극(mental spine)
② 이공(mental foramen)
③ 하악공(mandibular foramen)
④ 근돌기(coronoid process)
⑤ 관절돌기(condylar process)

해설
② 이공(mental foramen)은 하악체의 외측면 구조물이다.
③ 하악공(mandibular foramen)은 하악지의 내측면 구조물이다.
④ 근돌기(coronoid process)는 하악지의 외측면 구조물이다.
⑤ 관절돌기(condylar process)는 하악지의 외측면 구조물이다.

답 ①

하악각(mandibular angle)에 대한 설명으로 옳지 않은 것은?

① 출생직후 175°이다.
② 성인기에는 수직에 가까운 110~120°이다.
③ 유년기와 노인기의 하악각은 140°로 유사하다.
④ 하악지의 후연과 하악저가 만나서 이루는 각을 의미한다.
⑤ 하악체의 외측면에서 볼 수 있다.

해설
⑤ 하악지의 외측면 구조물이다.

답 ⑤

⑤ 하악지의 내측면 구조물

구 분	구조물		설 명
내측면	악설골신경구	mylohyoid groove	신경과 혈관이 통과
	익돌근와	pterygoid fossa	외측익돌근의 정지 부위
	익돌근조면	pterygoid tuberosity	내측익돌근의 정지 부위
	측두근능	temporal crest	• 근돌기의 내면 • 후구치삼각을 이룸
	하악공	mandibular foramen	• 하악관의 입구 • 하치조신경 및 혈관 통과
	하악소설	lingula of mandible	접하악인대가 부착
	후구치삼각 (구후삼각)	retromolar triangle	• 제3대구치 후방 함몰 부위 • 측두근능의 협측연과 설측연이 이루는 삼각 부위

3 구개골과 설골

(1) 구개골(palatine bone)

① 구개골은 상악골의 후방과 접형골 사이에 위치하며 L자 모양이다.
② 구개골은 수평판과 수직판으로 이루어진다.

수평판	비강면
	구개면
수직판	비강 외측벽의 일부

③ 구개골의 돌기
　㉠ 안와돌기
　㉡ 접형골돌기
　㉢ 추체돌기

④ 구개골의 해부학적 구조물

접구개공	sphenopalatine foramen	접구개절흔과 접형골체로 구성, 상악동맥 통과
골구개	bony palate	• 전방부는 상악골의 구개돌기 • 후방부는 구개골의 수평판
대구개공	greater palatine foramen	대구개신경과 대구개혈관이 통과
소구개공	lesser palatine foramen	소구개신경과 소구개혈관이 통과

다음 중 구개골(palatine bone)이 형성하는 구조로 모두 옳은 것은?

㉠ 비 강　　㉡ 구 강
㉢ 익구개와　㉣ 안 와

① ㉠, ㉡, ㉢
② ㉠, ㉢, ㉣
③ ㉡, ㉣
④ ㉣
⑤ ㉠, ㉡, ㉢, ㉣

답 ⑤

다음 중 구개골에 대한 설명으로 옳지 않은 것은?

① 접구개절흔은 접형골과 구개골 사이의 절흔이다.
② 접구개공은 상악동맥이 지나간다.
③ 골구개는 구개골의 수직판과 상악골의 구개돌기가 결합한다.
④ 소구개공은 소구개신경과 혈관이 지나간다.
⑤ 대구개공은 대구개신경과 혈관이 지나간다.

해설
③ 골구개는 구개골의 수평판과 상악골의 구개돌기가 결합한다.

답 ③

(2) 설골(hyoid bone)

① 후두의 상방 또는 갑상연골 바로 위에 위치한다.
② 두개골과 분리된 U자 모양의 뼈이다.
③ 측두골의 경상돌기 끝에서 경돌설골인대에 의해 연결한다.
④ 11개의 근육이 부착한다.
⑤ 전면부에 설골체가 있으며, 양측에는 한 쌍의 대각, 소각이 있다.
⑥ 부착근은 설근, 설골상근, 설골하근, 인두 및 후두근이 있다.

4 접형골과 측두골

(1) 접형골(sphenoid bone)

① 9개의 뼈와 닿는다(전두골, 두정골, 사골, 측두골, 관골, 상악골, 구개골, 서골, 후두골).
② 접형골체, 소익, 대익, 익상돌기로 구성된다.
③ 접형골의 대익에서 관찰되는 구조물

구 분	정원공	난원공	극 공
위 치	익구개와와 교통	정원공의 후외방	난원공의 후외방
통과신경	상악신경	하악신경	중경막신경

④ 외측익돌판 외면에는 외측익돌근이 부착한다.
⑤ 외측익돌판 내면의 익돌와에는 내측익돌근이 부착한다.

(2) 측두골(temporal bone)

① 인부, 추체, 고실부, 유돌부, 경상돌기로 구분한다.
② 측두골에서 관찰되는 구조물

경상돌기	styloid process	• 경돌설골인대와 경돌하악인대가 부착 • 경돌설근, 경돌설골근, 경돌인두근이 부착
경유돌공	stylomastoid foramen	안면신경의 통과
관절결절	articular tubercle	
권골궁	zygomatic arch	교근의 시작점
권골돌기	zygomatic process	
삼차신경압흔	trigeminal impression	
하악와	mandibular fossa	• 하악두와 함께 악관절을 구성 • 관절결절 뒤의 함몰부

다음 중 설골(hyoid bone)에 대한 설명으로 옳은 것은?

① L자 모양으로 수직판과 수평판으로 구분한다.
② 후두의 상방 또는 갑상연골의 상방에 위치한다.
③ 부착근으로는 설근만 부착한다.
④ 봉합으로 부착한다.
⑤ 설골체가 양측에 있다.

해설
① 구개골에 대한 설명이며, 설골은 U자 모양이다.
③ 부착근은 설근, 설골상근, 설골하근, 인두 및 후두근이 있다.
④ 인대로 부착한다.
⑤ 전면부에 설골체가 있으며, 양측에는 한 쌍의 소각과 대각이 있다.

답 ②

측두골의 구분으로 옳지 않은 것은?

① 추체부　② 인 부
③ 익상돌기　④ 유양부
⑤ 고실부

해설
③ 경상돌기이다. 익상돌기는 접형골에 속한다.
① 추체 = 추체부
④ 유돌부 = 유양부

답 ③

다음 중 두개관에 있는 봉합과 관찰되는 뼈의 관계가 틀린 것은?

① 정중구개봉합 – 상악골과 구개골
② 관상봉합 – 전두골과 두정골
③ 인상봉합 – 측두골과 두정골
④ 시상봉합 – 두정골
⑤ 인자봉합 – 후두골과 두정골

해설
정중구개봉합 – 구개골이며, 횡구개봉합 – 상악골과 구개골이다.

답 ①

상안와열(superior orbital fissure)에 통과하는 신경과 혈관으로 옳은 것은?

① 안와하신경
② 관골신경
③ 동안신경
④ 안와하동맥
⑤ 하안정맥

해설
권골신경, 안와하신경, 안와하동맥, 하안정맥은 하안와열(inferior orbital fissure)을 통과한다.

답 ③

관상봉합과 시상봉합이 만나며, 마름모 모양으로, 가장 늦게 닫히며 가장 큰 천문은?

① 전천문
② 후천문
③ 전측두천문
④ 후측두천문
⑤ 뒷가쪽숫구멍

답 ①

5 두개골의 전체적인 관찰

(1) 두개관(calvaria)에 있는 봉합

종류		연관되는 뼈 이름
관상봉합	coronal suture	전두골–두정골
시상봉합	sagittal suture	두정골
인상봉합	squamous suture	측두골–두정골
인자봉합	lambdoid suture	후두골–두정골
정중구개봉합	median palatine suture	구개골
측두관골봉합	temporozygomatic suture	관골–측두골
횡구개봉합	transverse palatine suture	상악골–구개골

(2) 상안와열(superior orbital fissure)과 하안와열(inferior orbital fissure)

구분	위치	통과하는 신경	통과하는 혈관
상안와열	접형골의 대익과 소익 사이	동안신경 삼차신경 안신경 활차신경	상안정맥
하안와열	접형골의 대익과 상악골 사이	관골신경 안와하신경	안와하동맥 하안정맥

(3) 천문(fontanelles)

천문의 종류(4종 6개)	위치	폐쇄 시기
전천문 (anterior fontanelle)	• 관상봉합–시상봉합연결 • 마름모 모양 • 가장 크다.	출생 후 2세경(가장 늦음)
후천문 (posterior fontanelle)	• 시상봉합–인자봉합 연결 • 삼각형 모양	출생 후 3개월경
전측두천문 (anterolateral fontanelle)	전두골–접형골–측두골–두정골 연결	출생 후 12~18개월
후측두천문 (mastoid fontanelle)	• 인상봉합–인자봉합 연결 • 두정골–측두골–후두골 연결	출생 후 12개월

6 두경부의 근육

(1) 머리의 근육

① 안면근(facial muscles)과 저작근(muscles of mastication)으로 구성
② 안면근과 저작근의 종류

구 분	종 류
안면근	(이마에서 목 방향으로) 후미근, 인륜근, 상순비익거근, 상순거근, 소관골근, 구각거근, 대관골근, 구륜근, 소근, 하순하체근, 이근, 구각하체근, 광경근
저작근	측두근, 교근, 내측익돌근, 외측익돌근

③ 안면근과 저작근의 특징

구 분	기시와 정지	근 막	운 동	신경지배
안면근	기시 - 뼈 정지 - 피부나 다른 근육과 혼합	없 음	완전독립운동 불가	안면신경
저작근	기시 - 뼈 정지 - 뼈	있 음	저작운동에 관여	하악신경

(2) 안면근 중 입주위 근육

① 입주위 근육의 종류(11종) : 구각거근, 구각하체근, 구륜근, 대관골근, 상순거근, 상순비익거근, 소관골근, 소근, 이근, 하순하체근, 협근
② **구륜근** : 상순절치근, 비순근, 하순절치근으로 구분하며, 휘파람을 불 때 입술을 모아 다물게 하거나, 입술을 다물게 하거나, 저작할 때 음식물이 밖으로 나오지 않도록 하는 역할을 한다.
③ **협근** : 뺨을 압박하여 구강전정에 있는 음식물을 치아 쪽으로 보내며, 트럼펫을 불 때 공기를 내보내는 역할을 한다.

안면근(facial expression m.)에 대한 설명으로 옳지 않은 것은?

① 기시는 두개골의 뼈이다.
② 정지는 진피나 다른 근육과 혼합한다.
③ 근육을 싸는 막이 있다.
④ 안면신경이 지배한다.
⑤ 안면근의 일부는 여러 개의 근육이 다발을 형성한다.

해설
③ 근육을 싸는 근막이 없다.

답 ③

미소에 관여하는 안면근이 아닌 것은?

① 상순거근
② 구각거근
③ 이거근
④ 소관골근
⑤ 대관골근

해설
미소에 관여하는 안면근은 상순거근, 구각거근, 소근, 소관골근, 대관골근이다.

답 ③

저작근(masticatory muscle)의 기능과 특징으로 바르지 않은 것은?

① 근막이 있다.
② 상악신경이 지배한다.
③ 두개골에서 기시하여 하악골에서 정지한다.
④ 악관절에 작용하여 저작운동에 관여한다.
⑤ 삼차신경 중 하나가 지배한다.

해설
② 삼차신경 중 하나인 하악신경이 지배한다.
답 ②

저작근의 작용 중 폐구운동에 관여하지 않는 것은?

① 측두근
② 교 근
③ 내측익돌근
④ 외측익돌근
⑤ 설골상근

해설
⑤ 설골상근은 개구운동에 관여한다.
※ 설골상근 : 악이복근, 악설골근, 이설골근
답 ⑤

(3) 저작근

① 측두근, 교근, 외측익돌근, 내측익돌근으로 구성
② 각 저작근의 기시, 정지, 작용

구 분	기 시		정 지	작 용
측두근	• 측두근막 • 하측두선 • 측두와		근돌기	• 전측두근 – 전방 • 중측두근 – 회전 • 후측두근 – 후방, 측방
교 근	권골(관골)궁		교근조면	• 천부 – 전방 • 심부 – 후방
외측익 돌근	상 두	접형골 대익의 안쪽면, 측두하능	관절낭	• 상두 – 폐구 • 하두 – 개구 • 공통 : 전방, 측방
	하 두	접형골 익상돌기 외측익돌판의 외면	익돌근와	
내측익 돌근	• 접형골의 익돌와 • 상악골의 상악결절 • 구개골의 추체돌기		익돌근조면	공통 : 개구, 전방, 측방

③ 각 운동에 관여하는 저작근

구 분	개 구	폐 구	하악골			
			전 진	후 퇴	회 전	측 방
측두근		○	○	○	○	○
교 근		○	○	○		
외측익돌근	○(초기)	○				○
내측익돌근		○	○			○

(4) 목의 근육

흉쇄유돌근	기 시	쇄골의 내측부, 흉골의 상외측면	
	정 지	유양돌기	
	작 용	얼굴을 위로, 머리를 뒤로 당기고, 턱을 올리고, 가슴을 올리고 호흡을 만듦	
승모근	기 시	후두골의 외측면, 경추, 흉추의 후방정중선	
	정 지	쇄골의 외측 1/3과 견갑골의 일부	
	작 용	어깨를 들어올릴 때 쇄골과 견갑골을 올림	
설골 상근	이복근 (악이복근)	기 시	• 전복 – 이복근와 • 후복 – 유돌절흔
		정 지	전복과 후복 – 중간건
		작 용	개구운동 말기에 작용, 하악골을 후방으로 당김

		기 시	경상돌기
설골 상근	경돌설근 (경돌설골근)	정 지	설골의 대각
		작 용	설골을 후상방으로 당김
	악설골근	기 시	하악골의 악설골근선
		정 지	설골체와 정중봉선
		작 용	• 설골을 올리거나 하악골을 내림 • 구강저 형성, 혀 올림
	이설골근	기 시	하악골의 이극
		정 지	설골체
		작 용	하악골을 아래로 내림

7 악관절

(1) 악관절(temporomandibular joint)의 정의

하악골의 하악두와 측두골의 하악와 사이의 관절

(2) 악관절의 특징

① 윤활관절
② 양측성관절
③ 교합과 긴밀한 관련
④ 뇌 및 뇌신경에 의한 지배 및 조절

(3) 악관절의 구조

구 조	설 명
관절강	• 관절낭 속의 빈 공간 • 상관절강과 하관절강을 관절원판으로 구분 • 상관절강 : 관절원판 – 하악와 사이 : 활주운동 • 하관절강 : 관절원판 – 하악두 사이 : 접번운동
관절결절	
관절낭	관절을 둘러싼 조직
관절와(하악와)	측두골에 소속
관절원판	관절강 속, 하악두와 관절 사이의 섬유성 결합조직
원판인대	
원판후부결합조직(윤활막)	
하악두	하악골에 소속

목의 근육 중 설골상근으로 옳지 않은 것은?

① 갑상설골근
② 악설골근
③ 이설골근
④ 경돌설골근
⑤ 악이복근

해설
① 갑상설골근은 설골하근이다.

답 ①

목의 근육 중 설골하근으로 옳지 않은 것은?

① 갑상설골근
② 견갑설골근
③ 흉골설골근
④ 경돌설골근
⑤ 흉골갑상근

해설
④ 경돌설골근은 설골상근이다.

답 ④

관절강을 3부분으로 나누고, 부착 부위만 혈관을 포함하며, 주변부와 윤활액 확산에 의한 영양분을 공급받는 곳은 어디인가?

① 관절낭
② 관절결절
③ 관절원판
④ 원판인대
⑤ 윤활막

답 ③

상관절강 내에서 이루어지며, 하악의 전진 및 후퇴운동이 해당되는 악관절의 기본운동은?

① 접번운동
② 활주운동
③ 폐구운동
④ 측방운동
⑤ 개구운동

답 ②

(4) 하악의 운동

기본운동	접번운동 (회전운동)	• 하악두가 횡축으로 직각회전 • 하악두가 전하방 이동 후 후상방으로 되돌아감 • 하관절강 내에서 이루어짐
	활주운동	• 하악두와 관절원판이 관절결절의 뒤 경사면으로 미끄러짐 • 상관절강 내에서 이루어짐
기능운동		• 개구 및 폐구 운동 • 하악골의 전진, 후퇴, 측방운동

(5) 하악의 기능운동과 관련된 근육

개구운동	• 초기에 외측익돌근, 말기에 악이복근 전복 작용 • 악설골근과 이설골근이 보조 작용
폐구운동	측두근, 교근, 내측익돌근
하악의 전진운동	전측두근, 교근의 천부, 외측익돌근, 내측익돌근
하악의 후퇴운동	후측두근, 교근의 심부
하악의 측방운동	후측두근, 외측익돌근, 내측익돌근 심부

8 구강의 구성

(1) 구 개

① 경구개(hard palate)
  ㉠ 경구개는 입천장의 앞부분이며, 골구개로 구성
  ㉡ 절치유두, 구개봉선, 횡구개주름을 포함
  ㉢ 비강과 구강을 분리하는 역할
  ㉣ 경구개의 앞부분은 비구개신경, 뒷부분은 대구개신경이 지배

② 연구개(soft palate)
  ㉠ 연구개는 입천장의 뒷부분으로 근육으로 구성
  ㉡ 음식물이 인두의 비부와 구부 사이를 막아 비강으로 들어가지 못하게 하는 역할
  ㉢ 구개수, 구개선, 구개근을 포함
  ㉣ 구개수 좌우 2개의 주름 중 앞주름 – 구개설궁, 뒷주름 – 구개인두궁
  ㉤ 구개설궁과 구개인두궁 사이의 함몰 부위를 구개편도
  ㉥ 연구개는 소구개신경이 지배

다음 중 구개(palate)에 대한 설명으로 옳은 것은?

① 경구개의 앞부분은 대구개신경이 지배한다.
② 경구개의 뒷부분은 비구개신경이 지배한다.
③ 연구개는 대구개신경이 지배한다.
④ 구개범장근은 미주신경을 통해 지배한다.
⑤ 구개범거근은 미주신경을 통해 지배한다.

해설
① 경구개의 앞부분은 비구개신경이 지배한다.
② 경구개의 뒷부분은 대구개신경이 지배한다.
③ 연구개는 소구개신경이 지배한다.
④ 구개범장근은 하악의 신경가지를 통해 지배한다.

답 ⑤

(2) 설(혀)

① 설유두(lingual papillae)의 종류

종 류		설 명	미 뢰
사상유두	filiform papillae	설체부 전체에 분포	×
심상유두	fungiform papillae	혀 끝에 분포, 버섯모양	○
유곽유두	vallate papillae	분계구 앞쪽에 평평하게 5~8개 분포	○
엽상유두	foliate papillae	혀의 외측면 뒤에 평행하게 분포	○

② 설 근

㉠ 외래설근 : 혀의 위치를 이동하며, 설하신경이 지배

종 류	작 용	기 시	정 지
경돌설근	혀를 뒤로 당기고 위로 올림	경상돌기	혀의 외측면을 따라 혀 끝
이설근	혀를 아래로 내리고 앞으로 내밈	이 근	혀 끝의 점막
설골설근	혀를 아래로 내리고 뒤로 당김	설골의 몸통 설골대각	혀의 앞면과 아랫면
소각설근	혀를 아래로 내리고 뒤로 당김	설곡소각	혀의 앞면과 아랫면

㉡ 내래설근 : 혀의 모양을 변화하며, 설하신경이 지배

종 류	작 용
상종설근	혀 끝을 짧게 하고 꼬게 함
하종설근	
횡설근	혀를 좁게 하고, 혀 등을 세워 길게 함
수직설근	혀를 납작하고 넓게 함

③ 혀의 신경지배

구 분	일반감각	미 각	운동신경
혀의 전방 2/3	설신경(삼차신경)	고삭신경(안면신경)	설하신경
혀의 후방 1/3	설인신경		
후두덮개 부근	미주신경		

다음 중 미뢰가 없는 설유두는 무엇인가?

① 사상유두 ② 심상유두
③ 유곽유두 ④ 엽상유두
⑤ 버섯유두

답 ①

다음 중 설근에 대한 설명으로 옳은 것은?

① 외래설근은 혀의 모양에 관여한다.
② 내래설근은 혀의 위치에 관여한다.
③ 외래설근은 설인신경의 지배를 받는다.
④ 내래설근은 설하신경의 지배를 받는다.
⑤ 내래설근은 이설근, 설골설근, 경돌설근, 소각설근이다.

해설
① 외래설근은 혀의 위치에 관여한다.
② 내래설근은 혀의 모양에 관여한다.
③ 외래설근은 설하신경의 지배를 받는다.
⑤ 외래설근은 이설근, 설골설근, 경돌설근, 소각설근이다.

답 ④

혀의 신경지배와 관련하여 틀린 것은?

① 운동신경은 설인신경이다.
② 혀 앞쪽 2/3의 일반감각은 설신경이다.
③ 혀 뒤쪽 1/3의 일반감각은 설인신경이다.
④ 혀 앞쪽 2/3의 미각은 고삭신경이다.
⑤ 혀 뒤쪽 1/3의 미각은 설인신경이다.

해설
① 운동신경은 설하신경이다.

답 ①

(3) 대타액선

종류	성분	개구부	도관	위치	신경지배
이하선	장액선	이하선유두	이하선관	귀의 전하방	설인신경
악하선	혼합선(묽은)	설하소구	악하선관	하악각의 전내측	안면신경
설하선	혼합선(끈끈)	설하소구	대설하선관	설소대 양쪽 점막 하방	
		설하주름			

9 두경부의 혈관

(1) 동맥(총경동맥 = 외경동맥 + 내경동맥)

① 외경동맥의 종류(8종) : 상갑상선동맥, 상행인두동맥, 설동맥, 안면동맥, 후두동맥, 후이개동맥, 천측두동맥, 악동맥

② 외경동맥 중 얼굴과 구강에 분포하는 동맥

구 분			분포영역
설동맥		설골상지	설 골
		설배지	설근부, 유곽유두, 후두개
		설하동맥	설하부 근육, 설하선, 구강저 점막, 설소대
		설심동맥	혀 끝
안면 동맥	경 부	상행구개동맥	안면동맥의 첫 번째 가지 연구개, 구개근육, 구개편도
		편도지	구개편도에 혈액공급
		선 지	악하선, 악하선관, 악하림프절
		이하동맥	이하림프절, 광경근, 악설골근, 악이복근
	안면부	하순동맥	아랫입술근육 및 점막, 구순선
		상순동맥	윗입술근육 및 점막, 구순선
		외측비지	비배, 비익
		안각동맥	누낭, 누확 속의 근육
		근 지	얼굴근육과 교근

다음 중 설동맥의 가지와 분포영역의 연결이 옳은 것은?

① 설골상지 – 설근부, 유곽유두, 후두개
② 설배지 – 혀 끝 부위
③ 설하동맥 – 설하 부위의 근육, 설하선, 구강저 점막, 설소대
④ 설심동맥 – 설골에 부착
⑤ 모두 옳다.

해설
① 설골상지 – 설골 부위
② 설배지 – 설근부, 유곽유두, 후두개
④ 설심동맥 – 혀 끝 부위

답 ③

안면동맥의 첫 번째 가지로, 연구개, 구개의 근육과 구개편도에 혈액을 공급하는 곳은?

① 상행구개동맥
② 편도지
③ 선 지
④ 근 지
⑤ 상순동맥

해설
② 구개편도에만 혈액을 공급
③ 악하선, 악하선관, 악하림프절에 혈액공급
④ 윗입술 근육 및 점막, 구순선
⑤ 악동맥의 가지, 고막 및 고실점막

답 ①

구 분			분포영역
악동맥	하악부 (악관절, 하악 치아, 혀)	심이개동맥	외이도, 악관절
		전고실동맥	고막 및 고실 점막
		중경막동맥	극공 통과, 뇌경막 및 머리덮개뼈골막
		부경막지	뇌경막
		하치조동맥	하악공을 통해 하악관으로 들어감
		치 지	하악견치, 소구치, 대구치 및 치은
		절치지	하악절치 및 치은
		이동맥	이공을 통과해 하악 및 하순
		설 지	설하부 점막
	익돌근부 (저작근, 협근)	교근동맥	교 근
		심측두동맥	측두근
		익돌근지	내측익돌근, 외측익돌근
		협동맥	협 근
	익구개부 (상악 치아)	후상치조동맥	상악소구치, 대구치 및 치은, 상악동 점막
		안와하동맥	상악전치, 견치, 치은, 골막, 치조, 상악동점막
		접구개동맥	비강 외측벽의 후방부
		익돌관동맥	인 두
		하행구개동맥	연구개, 연구개, 구개편도

㉠ 안와하동맥은 하안와열 → 측두하와 → 안와하구 → 안와하관 → 안와하공 → 안면으로 연결된다.
㉡ 하행구개동맥은 익구개와 → 익구개동맥 → 구개관 → 대·소구개공 → 구개로 연결된다.
- 익구개관 → 대구개공 → 대구개동맥 → 경구개
- 익구개관 → 소구개공 → 소구개동맥 → 연구개, 구개편도

(2) 정 맥
① 내경정맥의 종류(7종) : 안면정맥, 악정맥, 익돌근정맥총, 하악후정맥, 천측두정맥, 후이개정맥, 후두정맥

악동맥 중 상악대구치와 소구치의 치수 및 협측 치은에 분포하는 동맥은?
① 대구개동맥
② 소구개동맥
③ 후상치조동맥
④ 전상치조동맥
⑤ 후중격동맥

해설
① 경구개의 점막 및 견치 뒤쪽 점막
② 연구개
④ 상악전치, 견치, 치은, 골막, 치조, 상악동 점막
⑤ 비강의 후외측벽

답 ③

머리와 목에서 모여지는 작은 정맥이 유입하는 큰 정맥은 무엇인가?
① 안면정맥
② 악정맥
③ 내경정맥
④ 후두정맥
⑤ 외경정맥

해설
안면정맥, 악정맥, 익돌근정맥총, 하악후정맥, 천측두정맥, 후이개정맥, 후두정맥이 내경정맥의 가지이다.

답 ③

다음 중 천측두정맥과 상악정맥이 결합한 혈관은 무엇인가?

① 하악후정맥
② 외경정맥
③ 내경정맥
④ 상안정맥
⑤ 하안정맥

해설
② 외경정맥은 하악후정맥의 후분지이다.
③ 내경정맥은 하악후정맥의 전분지이다.

답 ①

다음 중 하악후정맥에 관련된 설명이 아닌 것은?

① 천측두정맥은 두정부 및 측두부에 분포한다.
② 안면횡정맥은 안면의 피부 및 이하선에 분포한다.
③ 중측두정맥은 측두에 분포한다.
④ 천측두정맥과 악정맥이 합류된 정맥이다.
⑤ 설하선 속에 있다.

해설
⑤ 이하선 속에 있다.

답 ⑤

② 주요 정맥에 유입되는 정맥

구 분		분포영역
설정맥에 유입되는	설배정맥	혀의 등 부위
	설심정맥	혀의 배면
	설하정맥	구강저
안면정맥에 유입되는	상순정맥	상 순
	하순정맥	하 순
	심안면정맥	익돌근 정맥총과 안면정맥을 연결
	교근정맥	교 근
	이하선정맥	안면정맥에 유입 후 후안면정맥과 합류
	이하정맥	내경정맥으로 합류
	외구개정맥	구개와 인두벽과 안면정맥을 연결
하악후정맥에 유입되는	천측두정맥	두정부 및 측두부
	중측두정맥	측두부
	안면횡정맥	안면의 피부 및 이하선
	악정맥	익돌근정맥총과 하악후정맥을 연결
익돌근정맥총에 유입되는	상치조정맥	상악 치아 및 그 부위의 치은점막
	악관절정맥	악관절
	익돌근정맥	익돌근
	교근정맥	교 근
	심측두정맥	측두근
	협근정맥	협 근
	접구개정맥	비강 및 구개
	하안정맥	안 와

㉠ 하악후정맥은 이하선 속의 천측두정맥과 상악정맥의 합류로 이루어진다.
㉡ 익돌근정맥총은 내측익돌근 및 외측익돌근 주변의 그물모양의 형태로 상·하악 치아, 구개, 비강, 측두하와에서 다수의 정맥과 합류하여 악정맥과 또다시 합류한다.

(3) 림프계통

① 림프절의 분포

구 분	분포영역
협림프절	협근 위에 있는 3~6개의 림프절
악하림프절	얼굴 앞부분과 이마의 림프관은 안면혈관을 따라 악하림프절에 유입
이하선림프절	얼굴의 외측 부분과 눈꺼풀의 림프관
이하림프절	턱과 아랫입술 중앙 부위 림프관
설림프절	혀 뒷부분 1/3의 외측에 위치한 2~3개의 림프절
천경림프절	유양돌기 위의 2~3개의 림프절
심안면림프절	얼굴 깊숙이 있는 4~5개의 림프절
심경림프절	내경정맥을 따라 있는 15~30개의 림프절

② 림프절의 수입관과 수출관

구 분	수입관	수출관
협림프절	얼 굴	악하림프절
악하림프절	하악견치, 소구치, 대구치, 상악 치아 및 치은, 상순·하순의 외측 부위, 혀의 외측 모서리, 비강의 앞 부위, 악하선, 설하선	상심경림프절
이하선림프절	이하선, 비부, 안점, 외이, 외이도, 이마 및 측두부	
이하림프절	하악 절치 및 그 치은, 하순의 중앙, 혀의 앞부분(혀 끝), 구강저	
설림프절	혀의 심부 및 천부	
천경림프절	목의 얇은 부위의 이하선	
심안면림프절	안와, 비강, 측두와, 측두하와, 익구개와, 구개, 인두의 코 부위, 구개편도	
심경림프절	상심경림프절	하심경림프절
	하심경림프절	경림프본간

- 경림프본간은 내경정맥을 따라 우림프관(우쇄골하정맥과 우내경정맥이 만나는 곳)과 흉관(좌쇄골하정맥과 좌내경정맥이 만나는 곳)으로 나뉘어 상대정맥을 통해 심장으로 들어간다.

다음 중 후두, 식도, 혀, 입천장, 비강, 코인두, 기관, 갑상선에서 수입되어 심경림프절로 수출되는 림프절은 무엇인가?

① 이하림프절
② 악하림프절
③ 이하선림프절
④ 심안면림프절
⑤ 천경림프절

답 ④

다음 중 하악견치, 소구치, 대구치, 상악치아, 치은, 상순 및 하순의 외측, 혀의 외측, 비강의 앞, 설하선, 악하선에서 수입되어 상심경림프절로 수출되는 림프절은 무엇인가?

① 이하림프절
② 악하림프절
③ 이하선림프절
④ 심안면림프절
⑤ 천경림프절

답 ②

다음 중 하순의 중앙 부위, 혀 끝, 구강저의 앞부분에서 수입되어 악하림프절, 경정맥견갑설골근림프절로 수출되는 림프절은 무엇인가?

① 이하림프절
② 악하림프절
③ 이하선림프절
④ 심안면림프절
⑤ 천경림프절

답 ①

뇌신경에 대한 특징으로 틀린 것은?

① 후각, 시각, 미각, 청각, 균형감각이 있다.
② 인두굽이에서 기원한다.
③ 자율운동신경이다.
④ 신체구조상 특수감각이다.
⑤ 체절에서 기원한 근육에 분포한다.

[해설]
④ 일반감각이다.

답 ④

뇌신경 중 감각신경으로만 연결된 것은?

① 후신경 - 시신경 - 삼차신경
② 시신경 - 내이신경 - 삼차신경
③ 후신경 - 내이신경 - 안면신경
④ 시신경 - 내이신경 - 안면신경
⑤ 후신경 - 시신경 - 내이신경

[해설]
⑤ 삼차신경과 안면신경은 혼합신경이다.

답 ⑤

10 머리 및 목의 신경

(1) 12쌍의 뇌신경

구분	뇌신경	기 능	감각신경	운동신경	혼합신경	부교감 신경섬유 포함하는 신경	구강영역과 관련이 깊은 신경
I	후신경	후 각	○				
II	시신경	시 각	○				
III	동안신경	안구운동 동공축소얼굴		○		○	
IV	활차신경	안구운동		○			
V	삼차신경	얼굴, 눈, 코, 치아, 치은, 혀의 감각 저작근 운동			○		○
VI	외전신경	안구운동		○			
VII	안면신경	안면근 운동 혀의 전방 2/3 미각 누선, 설하선, 악하선 분비			○	○	○
VIII	내이신경	청각 몸의 평형감각	○				
IX	설인신경	혀의 후방 1/3 미각 구개, 인두, 편도선의 촉각 이하선의 분비			○	○	○
X	미주신경	인두, 측두근의 운동 후두덮개부분의 미각			○	○	○
XI	부신경	구개근육, 인두근, 목, 후두근		○			○
XII	설하신경	혀의 운동		○			○

(2) 삼차신경

① 삼차신경의 부속신경절은 삼차신경절이다.

신경가지		부속신경절	분 포
삼차신경	안신경	모양체신경절	안와, 비강, 이마에 분포
	상악신경	익구개신경절	상악치아, 치은, 구개, 상악골 부위 피부, 상악동 점막, 비강의 뒷부분에 분포
	하악신경	이신경절 악하신경절	하악치아, 치은, 혀의 앞쪽 2/3부분, 저작근, 악관절, 하악골 부위의 피부와 측두 부위에 분포

② 상악신경의 주요 가지와 분포

신경가지	통 과	분 포
대구개신경	대구개공	경구개(치은 및 점막)
소구개신경	소구개공	연구개, 구개편도, 구개수
비구개신경	절치관과 절치공	경구개 앞부분
후상치조신경	후상치조공	상악대구치, 협측치은, 상악동
중상치조신경	안와하관의 뒷부분	상악의 소구치, 협측치은
전상치조신경	안와하관의 앞부분	상악절치, 상악견치, 순측치은

③ 하악신경의 주요 가지와 분포

신경가지		분 포
경막지		뇌경막
협신경		볼의 피부, 하악대구치의 볼점막
이개측두신경		이개의 전방 및 측두부, 악관절
설신경	설하지	하악의 설측치은과 구강저의 점막
	설 지	혀의 앞쪽 2/3에서의 감각과 미각
하치조신경	하치지	하악 치아
	하치은지	하악 전치부 순측 치은, 하악 소구치부위 협측 치은
	이신경	턱의 피부, 하순의 피부와 점막
저작근 관여 신경	교근신경	교 근
	심측두신경	전심측두근은 측두근 앞부분 후심측두근은 측두근 뒷부분
	외측익돌근신경	외측익돌근
	내측익돌근신경	내측익돌근, 구개범장근, 고막장근

얼굴, 눈, 코, 치아, 치은 및 혀의 감각을 담당하는 뇌신경은 무엇인가?

① 시신경 ② 활차신경
③ 안면신경 ④ 삼차신경
⑤ 외전신경

해설
① 시 각
② 안구운동
③ 안면근의 운동
⑤ 안구운동

답 ④

다음 중 삼차신경절의 가지와 부속신경절에 대한 연결이 옳은 것은?

① 상악신경 – 난원공 – 익구개신경절
② 상악신경 – 정원공 – 이신경절
③ 하악신경 – 난원공 – 익구개신경절
④ 하악신경 – 정원공 – 악하신경절
⑤ 안신경 – 상안와열을 통과 – 모양체신경절

해설
①, ③ 상악신경 – 정원공 – 익구개신경절
②, ④ 하악신경 – 난원공 – 이신경절, 악하신경절

답 ⑤

삼차신경에 대한 다음의 설명 중 옳은 것은?

① 뇌신경 중 가장 큰 신경은 삼차신경이다.
② 삼차신경 중 가장 큰 신경은 상악신경이다.
③ 상악신경은 혼합신경이다.
④ 안신경은 눈으로 가는 운동신경이다.
⑤ 상악신경은 이신경절이 부속신경절이다.

해설
② 삼차신경 중 가장 큰 신경은 하악신경이다.
③ 상악신경은 감각신경이다.
④ 안신경은 눈으로 가는 감각신경이다.
⑤ 상악신경의 부속신경절은 익구개신경절이고, 하악신경의 부속신경절이 이신경절, 악하신경절이다.

답 ①

다음 중 안면신경에 대한 설명으로 옳은 것은?

① 안면근을 움직이는 운동신경이다.
② 혀의 뒤쪽 1/3의 미각을 담당하는 감각신경이다.
③ 부속신경절은 이신경절이다.
④ 대추체신경은 교감신경을 운반한다.
⑤ 이하선신경총은 3개의 가지를 낸다.

해설
② 혀의 앞쪽 2/3의 미각을 담당하는 감각신경이다.
③ 부속신경절은 슬신경절이다.
④ 대추체신경은 부교감신경을 운반한다.
⑤ 이하선신경총은 5개의 가지를 낸다(측두지, 관골지, 협근지, 하악연지, 경지).

답 ①

(3) 안면신경

① 안면신경의 성분

구 분	분 포
운동신경	뇌교의 안면신경핵, 안면근, 광경근, 두피, 외이, 경돌설골근, 악이복근 후복
감각신경	연수의 고립로핵, 고삭신경으로 혀 앞쪽 2/3 부위의 미각
부교감신경	뇌교의 상타액핵, 누선, 비선, 구개선, 설하선, 악하선의 분비

② 안면신경의 주요 가지와 분포

㉠ 대추체신경 : 안면신경이 두개골을 나가기 전에 분지한 가지
㉡ 고삭신경 : 미각 및 선의 분비에 관여하는 부교감신경을 함유, 악하신경절로 정보 전달
㉢ 안면신경 : 경돌유공을 지난 후 후이개신경, 경돌설골근신경, 후악이복근신경으로 분지
㉣ 이하선신경총에서 나오는 5가지 : 안면표정근에 관여

구 분		분 포
대추체신경		• 부교감신경 함유 • 누선, 구개선, 비선
고삭신경		• 악하선·설하선의 원심성 부교감신경 함유 • 혀의 앞쪽 2/3 미각
이하선신경총 (안면표정근의 5가지)	측두지	전두근, 안륜근, 추미근, 전이개근, 상이개근
	관골지	안륜근, 소권골근, 대권골근
	협근지	구륜근, 협근, 비근, 구각거근, 상순비익거근, 상순거근
	하악연지	이근, 구각하체근, 하순하체근
	경지	광경근

③ 안면신경과 관련되는 신경절 : 부속신경절은 슬신경절(무릎신경절)

신경가지		역 할
슬신경절	고삭신경	혀 앞쪽 2/3의 미각과 악하선,설하선의 분비
	대추체신경	누선, 비선, 구개선의 분비
익구개신경절		대추체신경은 익구개신경절과 연접 후 누선, 비선, 구개선에 부교감신경섬유를 보냄
악하신경절		고삭신경은 설신경과 합류 후 악하신경절과 연접, 설하선에 부교감신경섬유를 보냄

(4) 설인신경

① 설인신경의 성분

종류	역할
일반감각	혀의 뒤쪽 1/3, 인두
특수감각	혀의 뒤쪽 1/3의 미각을 담당
운동신경	경돌인두근에 분포
부교감신경	이하선의 분비에 관여

② 설인신경과 관련되는 신경절

종류	분포
설지	혀 뒤쪽 1/3 부분 점막에 분포하는 일반감각과 미각
경돌인두근지	경돌인두근에 분포
인두지	일반감각과 인두선의 분비, 인두근에 분포
편도지	구협에 분포

(5) 설하신경

① 설하신경의 성분 : 운동신경(혀의 근육에 분포하여 혀를 움직임)
② 설하신경의 기능 : 음식물을 섞거나 삼키고 말할 때, 혀의 근육을 이용하여 움직일 때
③ 설하신경과 관련되는 신경절

종류	분포
설근지	내래설근, 외래설근(경돌설근, 이설근, 설골설근)
경신경고리	설골하근

다음 중 설인신경에 대한 설명으로 옳은 것은?

① 혀의 뒤쪽 1/3의 운동을 담당한다.
② 악하선의 분비에 관여한다.
③ 교감신경이다.
④ 뇌신경 중 가장 길고 여러 장기에 분포한다.
⑤ 경돌인두근의 운동에 관여한다.

해설
① 혀의 뒤쪽 1/3의 감각을 담당한다.
② 이하선의 분비에 관여한다.
③ 부교감신경이다.
④ 미주신경에 대한 설명이다.

답 ⑤

CHAPTER 01 적중예상문제

1 골의 개요

01 인체의 가상면에 대한 설명으로 틀린 것은?

① 횡단면은 신체를 위아래로 나누는 절단면이다.
② 수평면은 횡단면과 동일하다.
③ 정중시상면은 시상면과 동일하고, 정중면과는 일치하지 않는다.
④ 전두면은 신체를 앞뒤로 나누는 절단면이다.
⑤ 전두면은 관상면과 동일하다.

> **해설**
> 정중시상면은 정중면과 동일하고, 여러 시상면 중 하나이다.

02 해부학의 기본용어로 관계가 옳은 것은?

① 내측 - 정중면에서 가까운 쪽
② 외측 - 몸통의 겉과 속 공간에서 표면에 가까운 쪽
③ 상 - 특정 구조물의 위쪽, 머리에 먼 쪽
④ 천 - 몸의 중심에서 멀리 떨어진 쪽
⑤ 외 - 정중면에서 먼 쪽

> **해설**
> ② 외측은 정중면에서 먼 쪽이다.
> ③ 상은 특정 구조물의 위쪽으로 머리에 가까운 쪽이다.
> ④ 천은 인체의 피부에 가깝게 위치하는 쪽이다.
> ⑤ 외는 몸통의 겉과 속 공간에서 표면에 가까운 쪽이다.

03 다음 중 두개골에 대한 설명으로 옳은 것은?

① 뇌두개골은 두개골과 안면두개골로 구성된다.
② 측두골과 두정골은 1개씩 존재한다.
③ 뇌두개골은 안면두개골보다 수가 많다.
④ 안면두개골 중 누골, 비골, 하비갑개, 관골, 상악골, 구개골은 2개씩 존재한다.
⑤ 두개골에는 설골을 포함하지 않는다.

> **해설**
> ① 두개골은 뇌두개골과 안면두개골로 구성된다.
> ② 접형골과 두정골은 2개씩 존재한다.
> ③ 뇌두개골은 5종 7개이고, 안면두개골은 10종 16개이다.
> ⑤ 두개골에는 설골을 포함한다.

04 골구강(bony oral cavity)을 형성하는 낱개머리뼈로 옳은 것은?

① 서골(vomer)
② 비골(nasal bone)
③ 관골(zygomatic bone)
④ 하악골(mandible)
⑤ 누골(lacrimal bone)

> **해설**
> ④ 골구강은 상악골 2개, 구개골 2개, 하악골 1개로 구성된다.

정답 01 ③ 02 ① 03 ④ 04 ④

2 상악골과 하악골

01 하악체(body of mandible)의 내측면에서 볼 수 없는 구조물은?

① 이복근와(digastric fossa)
② 이극(mental spine)
③ 이융기(mental protuberance)
④ 악설골근선(mylohyoid line)
⑤ 설하선와(sublingual fossa)

해설
③ 이융기는 하악체의 외측면에서 볼 수 있는 구조물이다. 하악체의 내측면에는 이복근와, 이극, 악설골근선, 설하선와, 악하선와가 있다.

02 하악지의 외측면에서 관찰되는 구조물은?

① 관절돌기   ② 전두돌기
③ 안와돌기   ④ 구개돌기
⑤ 치조돌기

해설
- 상악골에서 관찰되는 돌기(4종) : 전두돌기, 권골돌기, 구개돌기, 치조돌기
- 하악지의 외측면 구조물 : 관절돌기, 교근조면(교근정지), 근돌기(측두근정지), 하악각, 하악경, 하악두
- 구개골의 돌기(3종) : 안와돌기, 접형골돌기, 추체돌기

03 하악공(mandibular foramen)에 대한 설명으로 옳지 않은 것은?

① 하치조신경 및 혈관이 통과한다.
② 나이의 증가에 따라 하악관의 상대적인 위치가 올라간다.
③ 성인의 하악공은 하악지의 내측면 중앙 부근에 위치한다.
④ 치조골 흡수가 심한 경우에도 하악지 내의 하치조신경 노출은 되지 않는다.
⑤ 하악관의 기시점 역할을 한다.

해설
④ 치조골 흡수가 심한 경우 하악관의 위쪽 뼈가 흡수되어 하치조신경이 노출될 수 있다.

04 하악골의 구조물 중 근육과의 부착이 옳은 것은?

① 교근조면 – 교근
② 근돌기 – 교근
③ 익돌근조면 – 외측익돌근
④ 익돌근와 – 내측익돌근
⑤ 이복근와 – 측두근

해설
② 근돌기 – 측두근
③ 익돌근조면 – 내측익돌근
④ 익돌근와 – 외측익돌근
⑤ 이복근와 – 악이복근 전복

정답 01 ③ 02 ① 03 ④ 04 ①

05 상악골에서 가장 얇은 뼈로, 구각거근이 부착하는 곳은 어디인가?
① 전비극 ② 견치와
③ 안와면 ④ 절치공
⑤ 절치와

> 해설
> ② 견치와는 견치융기의 원심면에서 상악 소구치 치근을 덮는 함요부이다.

06 절치공에 대한 설명으로 옳은 것은?
① 상악체의 상악동에서 볼 수 있다.
② 측절치 뒤에 있는 절치관의 입구이다.
③ 비구개신경이 통과한다.
④ 상악견치 부위의 설측치은에 관여한다.
⑤ 정중구개봉합의 바로 뒤에 위치한다.

> 해설
> ① 상악체의 비강면에서 볼 수 있다.
> ② 중절치 뒤에 있는 절치관의 입구이다.
> ④ 상악전치 부위의 설측치은에 관여한다.
> ⑤ 정중구개봉합의 제일 앞에 위치한다.

07 이공(mental foramen)에 대한 설명으로 옳지 않은 것은?
① 제1소구치 하방에 위치한다.
② 후상방으로 열려 있다.
③ 하악체의 외측면에서 보여진다.
④ 이신경과 이혈관이 통과한다.
⑤ 유아기에는 하악저에 가깝게 있다가, 노인기에 치조연에 가깝게 위치가 변화한다.

> 해설
> ① 제2소구치 하방에 위치한다.

08 다음 중 하악와(mandibular fossa)에 대한 설명으로 옳은 것은?
① 관절결절 앞에 위치한다.
② 하악골에 속한다.
③ 하악두와 함께 턱관절을 형성한다.
④ 안면신경이 통과한다.
⑤ 활주운동과 관련한다.

> 해설
> ① 관절결절 뒤에 위치한다.
> ② 측두골에 속한다.
> ④ 경유돌공에 안면신경이 통과한다.
> ⑤ 관절결절은 활주운동과 관련한다.

3 구개골과 설골

01 상악골의 구개돌기와 구개골 수평판의 앞 모서리로 경구개를 가르는 봉합은?

① 정중구개봉합 ② 관상봉합
③ 시상봉합 ④ 횡구개봉합
⑤ 인자봉합

해설
① 정중구개봉합은 골구강 내의 봉합이다.
② 관상봉합은 전두골과 좌우 두정골 사이의 봉합이다.
③ 시상봉합은 좌우 두정골 사이의 봉합이다.
⑤ 인자봉합은 좌우 두정골과 후두골 사이의 봉합이다.

02 다음 중 구개골의 수직판에서 볼 수 없는 구조는?

① 안와돌기 ② 접형골돌기
③ 접구개공 ④ 사골능
⑤ 골구개형성

해설
⑤ 골구개형성은 수평판에서 볼 수 있다.
수직판에서 볼 수 있는 구조 : 돌기(안와돌기, 접형골돌기, 추체돌기), 접구개절흔, 접구개공, 사골능, 비갑개능

03 다음 중 구개골의 수평판에서 볼 수 없는 구조는?

① 소구개공 ② 대구개공
③ 정중구개봉합 ④ 횡구개봉합
⑤ 추체돌기

해설
⑤ 추체돌기는 수직판에서 볼 수 있다.

04 머리뼈에서 분리되어 있는 U자 모양의 뼈로 다른 뼈와 직접 관절하지 않는 뼈는 무엇인가?

① 접형골(sphenoid bone)
② 하악골(mandible)
③ 상악골(maxillary)
④ 설골(hyoid bone)
⑤ 구개골(palatine bone)

정답 01 ④ 02 ⑤ 03 ⑤ 04 ④

4 접형골과 측두골

01 접형골(sphenoid bone)에 대한 설명으로 옳지 않은 것은?

① 체, 대익, 소익, 익상돌기로 구분한다.
② 터키안장에는 뇌하수체를 수용한다.
③ 시신경관에는 시신경과 안동맥이 통과한다.
④ 정원공에는 하악신경이, 난원공에는 상악신경이 통과한다.
⑤ 내·외측익돌근의 기시부는 외측익상판이다.

해설
④ 정원공에는 상악신경이, 난원공에는 하악신경이 통과한다.

02 접형골의 대익에서 관찰되며, 상악신경이 통과하는 구조물은?

① 난원공   ② 이공
③ 정원공   ④ 극공
⑤ 대구개공

해설
- 접형골 대익 구조물 : 정원공–상악신경, 난원공–하악신경, 극공–중경막신경
- 하악지의 외측면 구조물 : 관절돌기, 교근조면(교근정지), 근돌기(측두근정지), 하악각, 하악경, 하악두
- 이공–이신경, 이혈관 : 하악골 하악체의 외측면 구조물, 제2소구치 하방
- 대구개공–대구개신경 및 혈관, 소구개공–소구개신경 및 혈관 : 구개골의 구조물

5 두개골의 전체적인 관찰

01 상안와열을 통과하는 신경과 혈관으로 틀린 것은?

① 활차신경
② 상안정맥
③ 안신경
④ 하안정맥
⑤ 동안신경

해설
④ 하안정맥은 하안와열에서 통과한다. 상안와열을 통과하는 신경 및 혈관은 동안신경, 활차신경, 삼차신경, 안신경, 상안정맥이다.

02 부비동(paranasal sinus)의 종류가 아닌 것은?

① 접형골동(sphenoidal sinus)
② 골구강(bony oral cavity)
③ 사골동(ethmoidal sinus)
④ 전두동(frontal sinus)
⑤ 상악동(maxillary sinus)

03 시상봉합과 인자봉합이 만나 삼각형 모양으로, 출생 후 3개월경 닫히는 천문은?

① 전천문   ② 후천문
③ 전측두천문   ④ 후측두천문
⑤ 뒷가쪽숫구멍

해설
③ 전측두천문은 전두골, 접형골, 측두골, 두정골이 만나며, 쌍으로 존재한다.
④ 후측두천문은 인상봉합과 인자봉합이 만나는 자리이며, 두정골, 측두골, 후두골이 만난다.
⑤ 뒷가쪽숫구멍은 후측두천문이다.

04 천문이 닫히는 시기가 점차 늦은 순서대로 올바르게 연결된 것은?

① 전천문 → 후천문 → 전측두천문 → 후측두천문
② 전천문 → 전측두천문 → 후천문 → 후측두천문
③ 전천문 → 전측두천문 → 후측두천문 → 후천문
④ 후천문 → 후측두천문 → 전천문 → 전측두천문
⑤ 후천문 → 후측두천문 → 전측두천문 → 전천문

해설
⑤ 후천문(생후 3개월) → 후측두천문(생후 1년) → 전측두천문(생후 1년~1년 반) → 전천문(생후 2년)

02 다음 중 저작근의 기시 부위와 정지 부위에 대한 설명으로 옳은 것은?

① 측두근은 관골돌기에서 기시한다.
② 내측익돌근은 익돌근조면에서 기시한다.
③ 외측익돌근은 익돌근과의 관절낭에서 정지한다.
④ 교근은 근돌기에서 정지한다.
⑤ 외측익돌근은 익상돌기 외측판의 내측면에서 기시한다.

해설
① 측두근은 하측두선과 측두와, 측두근막에서 기시하며, 교근은 관골돌기에서 기시한다.
② 내측익돌근은 익상돌기의 외측판의 내측면과 익돌와에서 기시하며, 하악지의 내측면과 익돌근조면에서 정지한다.
④ 교근은 하악각, 하악지, 교근조면에서 정지한다.
⑤ 외측익돌근은 익상돌기 외측판의 외측면에서 기시한다.

6 두경부의 근육

01 안면근과 그 작용이 바르게 연결된 것은?

① 비근 – 비첨을 아래로 당김
② 대권골근 – 미소 짓는 표정
③ 소근 – 턱과 하순을 올리고 뾰족하게 함
④ 구륜근 – 구강전정에 있는 음식물을 입술 쪽으로 보냄
⑤ 협근 – 입을 가볍게 혹은 강하게 닫음

해설
① 비근 – 콧구멍을 넓히거나 좁힘
③ 소근 – 구각을 후외방으로 당겨 보조개 형성
④ 구륜근 – 입을 가볍게 혹은 강하게 닫음
⑤ 협근 – 뺨을 압박하여 구강전정에 있는 음식물을 치아 쪽으로 보냄

03 저작근의 작용 중 하악골의 전진운동에 관여하지 않는 것은?

① 교근의 얕은 부분
② 교근의 깊은 부분
③ 전측두근
④ 내측익돌근
⑤ 외측익돌근

04 저작근의 작용 중 측방운동에 관여하는 것은?

① 교근의 얕은 부분
② 교근의 깊은 부분
③ 전측두근
④ 내측익돌근
⑤ 외측익돌근

해설
⑤ 측방운동에 관여하는 것은 후측두근과 외측익돌근이다.

정답 04 ⑤ / 01 ② 02 ③ 03 ② 04 ⑤

05 저작근의 작용 중 후퇴운동에 관여하는 것은?
① 교근의 얕은 부분
② 교근의 깊은 부분
③ 전측두근
④ 내측익돌근
⑤ 외측익돌근

> **해설**
> ② 후퇴운동에 관여하는 것은 교근의 깊은 부분, 후측두근이다.

06 설골상근의 신경지배와 연결이 옳은 것은?
① 악이복근 전복 – 안면신경
② 이설골근 – 하악신경
③ 악이복근 후복 – 하악신경
④ 이설골근 – 안면신경
⑤ 경돌설골근 – 안면신경

> **해설**
> ① 악이복근 전복 – 하악신경
> ②, ④ 이설골근 – 설하신경
> ③ 악이복근 후복 – 안면신경

7 악관절

01 악관절에 대한 설명으로 틀린 것은?
① 하악골의 하악와와 측두골의 하악두를 악관절이라 한다.
② 활막성 관절이다.
③ 양측성 관절이다.
④ 치아 교합과 관계한다.
⑤ 뇌와 뇌신경에 지배당한다.

> **해설**
> ① 하악골의 하악두와 측두골의 하악와 사이를 악관절이라 한다.

02 악관절의 기능운동이 아닌 것은?
① 접번운동
② 전진운동
③ 후퇴운동
④ 측방운동
⑤ 개구운동

> **해설**
> ① 접번운동과 활주운동은 기본운동이다.

03 개구운동에 관여하는 저작근은?
① 내측익돌근
② 외측익돌근
③ 교 근
④ 측두근
⑤ 이설골근

> **해설**
> ① 내측익돌근 : 폐구, 하악골의 전진, 측방
> ② 외측익돌근 : 개구, 하악골의 전진, 측방
> ③ 교근 : 폐구, 하악골의 전진, 후퇴
> ④ 측두근 : 폐구, 하악골의 전진, 후퇴, 회전, 측방

8 구강의 구성

01 구강의 기능으로 옳지 않은 것은?
① 음식물의 저작
② 발음기관
③ 연하작용
④ 음식물의 섭취
⑤ 맛을 느끼지 못함

> **해설**
> 맛을 느끼고, 소화기관의 첫부분 역할을 한다.

02 다음 중 구순과 관련된 설명으로 맞는 것은?

① 구각은 상순과 하순이 닿아 형성되는 가로의 틈이다.
② 비순구는 상순비익거근, 상순거근, 소관골근이 지난다.
③ 인중은 구열의 양쪽 끝이다.
④ 하순은 탄력성 많은 결합조직속의 구륜근의 횡문근 섬유로 구성된다.
⑤ 구열은 상순의 한가운데에서 코로 이어지며, 얕은 고랑의 형태이다.

> **해설**
> ① 구각은 구열의 양 끝이다.
> ③ 인중은 상순의 한가운데서 코로 이어지며, 얕은 고랑의 형태이다.
> ④ 하순은 이순구에 의해 턱끝과 경계를 이룬다.
> ⑤ 구열은 상순과 하순이 닿아 형성되는 가로의 틈이다.

03 구순의 근육과 운동방향에 대한 연결이 옳지 않은 것은?

① 구각의 후방운동 – 소근
② 하순의 하방운동 – 광경근
③ 하순의 하방운동 – 구각하체근
④ 구각의 후방운동 – 협근
⑤ 구각의 하방운동 – 이거근

> **해설**
> ⑤ 이거근은 하순의 상방운동에 관여한다.

04 입술의 상방운동에 관여하는 구순근육으로 옳은 것은?

① 구각거근   ② 광경근
③ 하순하체근 ④ 소 근
⑤ 협 근

> **해설**
> 입술의 상방운동에는 상순비익거근, 상순거근, 소권골근, 대권골근, 구각거근이 관여한다.

05 혀의 아랫면과 구강의 바닥 사이에 있는 정중면의 점막주름은 무엇인가?

① 설소대   ② 설하주름
③ 채상주름 ④ 설정중구
⑤ 설 첨

> **해설**
> ② 설하주름은 설하소구에서 후외방으로 뻗는 점막융기이다.
> ③ 채상주름은 설소대 바깥에 있는 주름이다.
> ④ 설정중구는 V자형의 분계구에서 각을 이루는 부위의 오목한 곳이다.
> ⑤ 설첨은 혀의 뿌리이다.

06 설유두(lingual palillae)에 대한 설명으로 틀린 것은?

① 단맛은 혀 끝에서 느낀다.
② 쓴맛은 맨 안쪽에서 느낀다.
③ 짠맛은 양쪽에서 느낀다.
④ 신맛은 가운데에서 느낀다.
⑤ 4가지 맛을 느낀다.

> **해설**
> ④ 신맛은 양쪽에서 느낀다.

07 설체부 전체에 분포하며 미뢰가 없는 설유두는?

① 엽상유두 ② 유곽유두
③ 심상유두 ④ 사상유두
⑤ 버섯유두

> **해설**
> • 미뢰 없음 : 사상유두
> • 미뢰 있음 : 심상유두(혀 끝, 버섯모양), 유곽유두(분계구 앞), 엽상유두(혀의 외측)

정답 02 ② 03 ⑤ 04 ① 05 ① 06 ④ 07 ④

9 두경부의 혈관

01 다음 중 외경동맥의 가지가 아닌 것은?
① 설동맥   ② 안면동맥
③ 악동맥   ④ 천측두동맥
⑤ 하행인두동맥

해설
외경동맥의 가지는 상갑상선동맥, 상행인두동맥, 설동맥, 안면동맥, 후두동맥, 후이개동맥, 천측두동맥, 악동맥의 8종이다.

02 다음의 외경동맥 중 상·하악 치아에 분포하는 동맥은 무엇인가?
① 후이개동맥   ② 안면동맥
③ 상행인두동맥   ④ 악동맥
⑤ 전측두동맥

03 이하동맥의 분포 부위가 아닌 것은?
① 악설골근   ② 악이복근 전복
③ 광경근   ④ 악하림프절
⑤ 이하림프절

04 악관절에 관여하는 동맥가지는 무엇인가?
① 심이개동맥   ② 중경막동맥
③ 부뇌막동맥   ④ 측두동맥
⑤ 익돌근지

해설
② 중경막동맥 – 극공을 통과, 중두개와의 경막과 뼈
③ 부뇌막동맥 – 난원공을 통과, 삼차신경절, 두개골, 경막
④ 측두동맥 – 측두근
⑤ 익돌근지 – 외측익돌근과 내측익돌근

05 하치조동맥의 분포영역이 아닌 것은?
① 익돌근지   ② 치 지
③ 절치지   ④ 이동맥
⑤ 설 지

06 다음 중 익구개부 동맥이 아닌 것은?
① 안와하동맥   ② 익돌관동맥
③ 후상치조동맥   ④ 접구개동맥
⑤ 심이개동맥

해설
⑤ 심이개동맥은 하악부 동맥이다.

정답 01 ⑤ 02 ④ 03 ④ 04 ① 05 ① 06 ⑤

07 측두근, 외측익돌근, 내측익돌근 사이의 그물모양이며 상악치아, 하악치아, 구개 및 비강, 측두하와에서 다수의 정맥을 받는 해부학적 구조는 무엇인가?

① 안면정맥
② 천측두정
③ 설정맥
④ 하악후정맥
⑤ 익돌근정맥총

08 다음 중 전측두정맥과 상악정맥이 결합한 혈관은 무엇인가?

① 하악후정맥
② 외경정맥
③ 내경정맥
④ 상안정맥
⑤ 하안정맥

해설
② 외경정맥은 하악후정맥의 후분지이다.
③ 내경정맥은 하악후정맥의 전분지이다.

09 다음 중 하악후정맥에 관련된 설명이 아닌 것은?

① 천측두정맥은 두정부 및 측두부에 분포한다.
② 안면횡정맥은 악면의 피부 및 이하선에 분포한다.
③ 중측두정맥은 측두에 분포한다.
④ 천측두정맥과 악정맥이 합류된 정맥이다.
⑤ 설하선 속에 있다.

해설
⑤ 이하선 속이다.

10 머리 및 목의 신경

01 뇌신경 중 혼합신경이 아닌 것은?

① 설인신경
② 미주신경
③ 설하신경
④ 삼차신경
⑤ 안면신경

해설
① 시 각
② 안구운동
④ 안면근의 운동
⑤ 안구운동

02 장액선으로 귀의 전하방에 위치한 대타액선의 지배신경은?

① 설인신경
② 안면신경
③ 삼차신경
④ 후상치조신경
⑤ 고삭신경

해설
- 대타액선의 신경지배 : 설인신경[이하선(장액선)], 안면신경[악하선(묽은 혼합), 설하선(끈끈한 혼합)]
- 삼차신경(혼합신경)의 신경가지 : 안신경 + 상악신경 + 하악신경
- 상악신경의 신경가지 : 대구개신경(경구개), 소구개신경(연구개), 비구개신경(경구개 앞), 후상치조신경, 중상치조신경, 전상치조신경
- 고삭신경 : 안면신경의 신경가지 중 하나, 미각(혀 앞 2/3) 및 선을 분비하는 부교감신경을 포함

03 다음 중 부교감신경섬유를 포함한 뇌신경이 아닌 것은?

① 설인신경
② 미주신경
③ 안면신경
④ 동안신경
⑤ 삼차신경

04 얼굴, 눈, 코, 치아, 치은 및 혀의 감각 및 저작근을 담당하는 뇌신경은?

① 시신경　　　② 안면신경
③ 외전신경　　④ 삼차신경
⑤ 활차신경

해설
- 시신경 : 시각(감각)
- 안면신경 : 안면근의 운동
- 외전신경 : 안구의 운동
- 활차신경 : 안구의 운동
- 삼차신경 : 안신경+상악신경+하악신경, 혼합신경(감각+운동)

05 뇌신경 중 치과학 영역과 관련이 깊은 신경이 아닌 것은?

① 삼차신경　　② 안면신경
③ 내이신경　　④ 설인신경
⑤ 설하신경

해설
③ 청각 및 몸의 평형감각에 관련 있는 감각신경이다.

06 다음 중 안면신경에 대한 설명으로 옳은 것은?

① 안면근을 움직이는 운동신경이다.
② 혀의 뒤쪽 1/3의 미각을 담당하는 감각신경이다.
③ 부속신경절은 이신경절이다.
④ 대추체신경은 교감신경을 운반한다.
⑤ 이하선신경총은 3개의 가지를 낸다.

해설
② 혀의 앞쪽 2/3의 미각을 담당하는 감각신경이다.
③ 부속신경절은 슬신경절이다.
④ 대추체신경은 부교감신경을 운반한다.
⑤ 이하선신경총은 5개의 가지를 낸다(측두지, 관골지, 협근지, 하악연지, 경지).

07 혀의 뒤쪽 1/3 부위의 감각 및 미각을 담당하는 뇌신경은 무엇인가?

① 설하신경　　② 설인신경
③ 삼차신경　　④ 미주신경
⑤ 부신경

해설
① 혀의 운동에 관여
⑤ 승모근 및 흉쇄유돌근에 분포

08 상악신경의 주요 가지 중 통과하는 해부학적 부위와의 연결이 옳은 것은?

① 후상치조신경 – 후상치조공
② 중상치조신경 – 안와하관의 앞쪽
③ 전상치조신경 – 절치공
④ 대구개신경 – 소구개공
⑤ 소구개신경 – 대구개공

해설
② 중상치조신경 – 안와하관의 뒤쪽
③ 전상치조신경 – 안와하관의 앞쪽
④ 대구개신경 – 대구개공
⑤ 소구개신경 – 소구개공

09 하악신경의 가지 중 안면신경의 고삭신경과 함께 혀의 앞쪽 2/3의 미각, 설하선과 악하선의 분비에 관여하는 신경은 무엇인가?

① 설인신경　　② 설신경
③ 하치조신경　④ 악설골근신경
⑤ 이개측두신경

정답　04 ④　05 ③　06 ①　07 ②　08 ①　09 ②

10 하악신경의 신경과 분지의 연결이 옳지 않은 것은?
① 설신경 – 설하지
② 설신경 – 설지
③ 하치조신경 – 하치지
④ 하치조신경 – 하치은지
⑤ 하치조신경 – 협신경

해설
⑤ 하치조신경은 하치지, 하치은지, 이신경으로 분지한다.

11 다음의 하악신경 중 저작근에 관여하는 신경이 아닌 것은?
① 심측두신경
② 천측두신경
③ 교근신경
④ 외측익돌근신경
⑤ 내측익돌근신경

12 하악의 매복사랑니의 발치를 위해 마취하는 신경은?
① 대구개신경
② 소구개신경
③ 하치조신경
④ 후상치조신경
⑤ 설신경

해설
- 상악 : 대구개신경-경구개, 소구개신경-연구개, 구개편도, 구개수, 후상치조신경-상악대구치, 협측치은, 상악동
- 하악 : 설신경-(설하지-하악의 설측치은, 구강저점막, 설지-혀의 2/3 부위 미각)
- 하악 : 하치조신경-(하치지-하악치아, 하치은지-하악전치 순측치은, 소구치 협측 치은, 이신경-턱 피부, 하순의 피부, 점막)

13 다음의 안면신경 중 미각과 선의 분비에 관여하는 부교감신경을 함유하였으며, 혀의 앞쪽 2/3의 미각을 지배하는 신경은?
① 대추체신경
② 고삭신경
③ 후이개신경
④ 경돌설골근신경
⑤ 후악이복근신경

해설
① : 대추체신경은 누선, 구개선, 비선에 분포하는 부교감신경
③, ④, ⑤ : 후이개신경, 경돌설골근신경, 후악이복근신경은 운동신경가지

14 다음 중 안면표정에 관여하는 이하선신경총에 대한 설명으로 틀린 것은?
① 협근지 – 구륜근, 협근, 비근, 구각거근, 상순비익거근, 상순거근에 분포
② 하악연지 – 이근, 구각하체근, 하순하체근에 분포
③ 측두지 – 전두근, 안륜근, 추미근, 전이개근, 상이개근에 분포
④ 경지 – 흉쇄유돌근에 분포
⑤ 관골지 – 안륜근, 대권골근, 소권골근에 분포

해설
④ 경지는 광경근에 분포

15 다음 중 부교감신경 흥분 시 반응에 대한 설명으로 옳은 것은?
① 타액분비 감소
② 동공 축소
③ 심혈관계 항진
④ 소화흡수 억제
⑤ 모양체근 축소

해설
① 타액분비는 증가
③ 심혈관계 억제
④ 소화흡수 항진
⑤ 모양체근 확대

CHAPTER 02 치아형태

1 치아의 분류 및 표기법

(1) 치아의 특징
① 고도로 석회화된 구강 내의 경조직성 기관
② 치아의 4대 기능 : 저작, 발음, 심미, 치주조직의 보호
③ 치아의 구조 : 치관과 치근(백악법랑경계 기준)

분류		기 준
해부학적	치 관	치경선 위쪽
	치 근	치경선 아래쪽
임상적	치 관	육안으로 보임
	치 근	육안으로 안 보임

(2) 치아의 경조직
① 치아의 경조직의 분류

구 분	특 징	구 성
법랑질 (enamel)	• 치관의 표면을 구성 • 백색 혹은 청백색의 반투명 • 고도로 석회화(깨지기 쉽다) • 형태적으로 치관의 위쪽이 가장 두껍고, 치경선 쪽으로 점점 얇아짐	• 96~98% 무기질 • 1% 유기질 • 3% 수분
상아질 (dentin)	• 치아 내부의 대부분, 치아구성의 주체 • 황백색 또는 황색 • 단단함(법랑질보다 탄력성이 있음) • 외측 - 법랑질(치관), 백악질(치근) • 내측 - 치수강	• 70% 무기질 • 18% 유기질 • 12% 수분
백악질 (cementum)	• 치근의 상아질을 둘러싸고 있음 • 치주인대가 부착 • 치조골과 치아를 연결	• 65% 무기질 • 23% 유기질 • 12% 수분

다음 중 치아의 주요 역할로 모두 옳게 연결된 것은?

가. 발 음
나. 음식물의 저작
다. 얼굴의 심미
라. 치주조직의 보호

① 가
② 가, 다
③ 나, 라
④ 가, 다, 라
⑤ 가, 나, 다, 라

답 ⑤

다음 중 상아질에 대한 설명으로 옳은 것은?

① 치아구성의 주체이다.
② 무기질 65%, 유기질 23%, 수분 12%로 구성된다.
③ 혈관, 림프관, 신경섬유를 포함한다.
④ 치아의 구성조직 중 연조직이다.
⑤ 법랑질과 백악법랑경계를 형성한다.

해설
②, ⑤는 백악질, ③, ④는 치수에 대한 설명이다.

답 ①

② 상아질의 분류

분류	특징
1차 상아질	치근의 완성 전에 형성
2차 상아질	치근의 완성 후에 형성
3차 상아질(수복상아질)	유해한 자극에 반응하여 형성

(3) 치아의 연조직

① 치수의 특징

구 분	특 징	구 성
치수(pulp)	혈관, 림프관, 신경섬유를 포함	유기질 25%
	2차·3차 상아질을 형성	
	치아에 영양을 공급	수분 75%

② 치수강(치수로 이루어지며, 치아의 외형과 비슷함)

(4) 유치(총 20개)

① 유치의 구성

구 분	특 징	구 성
유절치	상악 유중절치 2개, 상악 유측절치 2개, 하악 유중절치 2개, 하악 유측절치 2개	총 8개
유견치	상악 유견치 2개, 하악 유견치 2개	총 4개
유구치	상악 제1유구치 2개, 상악 제2유구치 2개, 하악 제1유구치 2개, 하악 제2유구치 2개	총 8개

② 유치의 맹출순서와 맹출시기
  ㉠ 유중절치(생후 6개월 맹출 시작) → 유측절치 → 제1유구치 → 유견치 → 제2유구치(생후 20~30개월 맹출 완료) = A → B → D → C → E
  ㉡ 맹출순서 : 하악의 유중절치(A)가 가장 먼저 맹출하고, 상악의 제2유구치(E)가 가장 나중에 맹출한다.

③ 맹출 후 일생을 통해 교환되지 않는 치아로 일생치성이다.

다음 중 치근이 완성된 이후에 형성되는 상아질을 무엇이라 하는가?
① 1차 상아질
② 2차 상아질
③ 3차 상아질
④ 수복상아질
⑤ 4차 상아질

해설
① 치근형성 이전에 형성되는 상아질이다.
③ 수복상아질이라고도 하며, 유해한 자극에 반응해 형성되는 상아질이다.

답 ②

다음 중 유치에 대한 설명으로 틀린 것은?
① 일악편측에 5개씩이다.
② 영구치가 맹출하는 만 6세가 되면 모두 탈락하여 탈락치라고 한다.
③ 유견치가 제1유구치보다 늦게 맹출한다.
④ 생후 6개월에 하악의 유중절치가 처음으로 맹출한다.
⑤ 일생치성의 특징을 갖는다.

해설
② 만 6세가 되면 유치탈락이 시작되어 탈락치라고 한다.

답 ②

(5) 영구치(총 32개)

① 영구치의 구성

구 분	특 징	구 성
절 치	상악중절치 2개, 상악측절치 2개, 하악중절치 2개, 하악측절치 2개	총 8개
견 치	상악견치 2개, 하악견치 2개	총 4개
소구치	상악 제1소구치 2개, 상악 제2소구치 2개, 하악 제1소구치 2개, 하악 제2소구치 2개	총 8개
대구치	상악 제1대구치 2개, 상악 제2대구치 2개, 상악 제3대구치 2개, 하악 제1대구치 2개, 하악 제2대구치 2개, 하악 제3대구치 2개	총 12개

② 영구치의 맹출순서와 맹출시기
　㉠ 상악 : 제1대구치 → 중절치 → 측절치 → 제1소구치 → 제2소구치 → 견치 → 제2대구치 → 제3대구치
　㉡ 하 악
　　• 제1대구치(생후 6년) → 중절치 → 측절치 → 견치 → 제1소구치 → 제2소구치 → 제2대구치 → 제3대구치
　　• 하악 제1대구치가 가장 먼저 맹출하고, 상악 제2대구치가 가장 나중에 맹출한다(제3대구치 제외 시).

③ 일생을 통해 한번의 교환으로 인해 맹출되는 치아로 이생치성이다.
　㉠ 절치, 견치, 소구치 총 20개의 치아는 유치를 대신하거나 계승해서 나오는 대생치이다.
　㉡ 대구치 총 12개의 치아는 유치의 뒤쪽에 덧붙여서 나오는 가생치이다.

(6) 치아의 표기법(치식)

① Palmer notation system(사획구분법, 팔머표기법)
　㉠ 유 치

우 측	E	D	C	B	A	A	B	C	D	E	좌 측
	E	D	C	B	A	A	B	C	D	E	

　㉡ 영구치

우 측	8	7	6	5	4	3	2	1	1	2	3	4	5	6	7	8	좌 측
	8	7	6	5	4	3	2	1	1	2	3	4	5	6	7	8	

다음 중 영구치가 아닌 것은 무엇인가?
① #54
② #45
③ #33
④ #26
⑤ #18

해설
① 상악 우측 제1유구치의 치식이다.

답 ①

② Universal numbering system(만국표기법, 연속표기법)
  ㉠ 유 치

우 측	A	B	C	D	E	F	G	H	I	J	좌 측
	T	S	R	Q	P	O	N	M	L	K	

  ㉡ 영구치

우 측	1	2	3	4	5	6	7	8	9	10	11	12	13	14	15	16	좌 측
	32	31	30	29	28	27	26	25	24	23	22	21	20	19	18	17	

③ FDI system(국제표준표기법, 두자리숫자표기법)
  ㉠ 유 치

우 측	55	54	53	52	51	61	62	63	64	65	좌 측
	85	84	83	82	81	71	72	73	74	75	

  ㉡ 영구치

우 측	18	17	16	15	14	13	12	11	21	22	23	24	25	26	27	28	좌 측
	48	47	46	45	44	43	42	41	31	32	33	34	35	36	37	38	

다음 중 표현하는 다른 하나는 무엇인가?

① 상악 우측 제1대구치
② 국제표준표기법 – #16
③ 만국표기법 – #3
④ 팔머표기법 –
⑤ 상악 우측 12세구치

해설
⑤ 12세구치는 제2대구치이다.

답 ⑤

(7) 치아형태와 관련된 용어
① 연(margin) : 치면에서의 가장자리

위 치		관찰되는 연
전 치	협측면, 설측면	근심연, 절단연, 원심연, 치경연
	인접면	순측연, 치경연, 설측연
구 치	협측면	근심연, 교합연, 원심연, 치경연
	인접면	협측연, 치경연, 설측연, 교합연
	교합면	근심연, 협측연, 원심연, 설측연

② 우각(angle) : 능각(2개의 치면이 만나는 선상의 각)과 첨각(3개의 치면이 만나는 우각)

위 치		부 위
능각 (line angle)	전 치	근심순측능각, 근심설측능각, 원심순측능각, 원심설측능각
	구 치	근심협측능각, 근심설측능각, 원심협측능각, 원심설측능각, 협측교합측능각, 설측교합측능각, 근심교합측능각, 원심교합측능각
첨각 (point angle)	전 치	근심순측설측첨각, 원심순측설측첨각
	구 치	근심협측교합측첨각, 원심협측교합측첨각, 근심설측교합측첨각, 원심협측교합측첨각

다음 중 치아의 형태와 관련된 용어에 대한 설명으로 옳은 것은?

① 2개의 치면이 만나 선상의 1각을 형성하는 것은 첨각이다.
② 3개의 치면이 만나 형성되는 우각은 능각이다.
③ 전치의 인접면을 구성하는 연은 총 4개이다.
④ 구치의 교합면을 구성하는 연은 총 4개이다.
⑤ 능각은 전치에 2개, 구치에 4개가 있다.

해설
① 능각에 대한 설명이다.
② 첨각에 대한 설명이다.
③ 전치의 인접면을 구성하는 연은 총 3개이다(순측연, 설측연, 치경연).
⑤ 능각은 전치 4개, 구치 8개이며, 첨각은 전치 2개, 구치 4개이다.

답 ④

다음 중 치관에 존재하는 돌출 부위를 모두 고른 것은?

| 가. 발육엽 | 나. 교 두 |
| 다. 절단결절 | 라. 교두간강 |

① 가, 나, 다
② 가, 다
③ 나, 라
④ 라
⑤ 가, 나, 다, 라

해설
교두간강은 함몰 부위이다.

답 ①

2 치관의 구성 및 형태

(1) 치관에 존재하는 볼록한 부위

① 교두(cusp)
  ㉠ 소·대구치의 교합면에 산 모양으로 돌출되어 있는 부분
  ㉡ 소구치는 2~3개, 대구치는 4~5개, 하악 제1대구치의 수가 가장 많음(교두 5개)
  ㉢ 교두정(crest) : 교두의 가장 높은 부분

② 결절(tubercle)
  ㉠ 교두보다 작은 불규칙한 돌출 부분
  ㉡ 결절의 종류

결 절	설 명	
절단결절	절치의 절단, 연령 증가에 따라 마모됨	
설면결절	• 설면치경결절, 치경결절, 기저결절 • 절치의 설면치경의 1/3 부위, 약간 원심 쪽으로 위치 • 상악견치에서 가장 뚜렷	
이상결절	부가적 결절로 법랑질의 과잉발육이 원인	
	개재결절	상악 제1소구치
	카라벨리씨결절	상악 제1대구치, 상악 제2유구치
	가성구치결절	상악 제2대구치
	후구치결절	상악 제3대구치
	6교두와 7교두	하악 제1대구치

③ 융선(ridge)
  ㉠ 치아의 표면에 선모양으로 돌출되어 있는 부분
  ㉡ 융선의 종류

변연융선	모든 치아	전치의 설면과 구치의 교합면에서 근·원심연에 형성
순면융선 (협면융선)	전치의 순면, 구치의 협면	
설면융선	견치의 설면	견치의 설면첨두에서 치경부로 주행
교두융선	구 치	구치의 교두정에서 근/원심, 협/설측으로 주행
삼각융선	구 치	구치의 각 교두정에서 교합면 중심부로 주행
횡주융선	소구치 1개, 하악 대구치 2개	협측삼각융선과 설측삼각융선이 직선으로 연결
사주융선 (연합융선)	상악 제2유구치 1개, 상악 대구치 1개	협측삼각융선과 설측삼각융선이 대각선으로 연결

④ 첨 두
  ㉠ 견치의 중앙순측엽의 발달로 절단연 중앙에 있는 창 모양의 돌출부
  ㉡ 약간 근심측으로 있어, 원심절단연이 근심절단연보다 길다.
⑤ 발육엽(lobe)
  ㉠ 치관 발육 시 법랑질 형성의 기본 단위로, 치관이 열구에 의해 나뉜 부분
  ㉡ 전치와 상악소구치, 하악 제1소구치 – 순(협)측 3개, 설측 1개
  ㉢ 하악 제2소구치(제3교두형) – 협측 3개, 설측 2개
  ㉣ 대구치는 교두의 수와 위치가 발육엽의 수와 위치에 일치
⑥ 극돌기
  ㉠ 상악전치부 설면결절에서 보인다.

(2) 치관에 존재하는 오목한 부위
  ① 구(groove)
    ㉠ 볼록한 부위 사이의 상대적으로 오목한 선상의 부위
    ㉡ 구의 분류 : 발육구, 부구, 삼각구
  ② 와(fossa)
    ㉠ 2개 이상의 구(groove)가 만나며, 불규칙한 형태, 넓은 오목한 원형, 삼각형의 부위
    ㉡ 전치 – 설면와, 구치 – 근심와, 중심와, 원심와
  ③ 소와(pit) : 와(fossa)에서 가장 깊은 점상의 부위이며, 발육구가 만나는 곳
  ④ 교두간강 : 구치부 교합면의 협측교두와 설측교두 사이의 오목 부위

3 치근의 형태

(1) 치근의 수에 따른 치근의 분류

분 류	설 명
단근치	• 1개의 치근 • 유전치, 영구치의 전치 및 소구치(상악 제1소구치 제외)
복근치	• 2개의 치근 • 상악 제1소구치(협/설 분지) • 하악 대구치와 하악 유구치(근/원심 분지)
다근치	• 3개 이상의 치근 • 상악 유구치, 상악 대구치, 협 2개/설 1개로 분지 • 협측 치근은 근/원심으로 분지

다음 중 치관의 돌출 부위에 대한 설명으로 틀린 것은?
① 교두 중 가장 높은 부위는 교두정이다.
② 치관이 열구에 의해 나누어지는 부분은 엽이다.
③ 치관의 접촉점은 전치가 구치보다 넓다.
④ 견치의 절단면 중앙에 창 모양의 돌출부는 첨두이다.
⑤ 상악 제1소구치에서는 개재결절이 있다.

해설
③ 접촉점은 대구치로 갈수록 넓어진다.
답 ③

다음 중 치관의 함몰 부위에 대한 설명이 옳은 것은?
① 구에는 발육구, 부구, 삼각구가 있다.
② 삼각융선과 변연융선의 경계에 있는 것은 부구이다.
③ 치면의 2개 이상의 구가 만나는 곳의 함몰부는 소와이다.
④ 발육구가 서로 만나는 곳이 생기는 것은 와이다.
⑤ 교합면의 협측교두와 설측교두 사이에는 구가 있다.

해설
② 삼각구에 대한 설명이다.
③ 와에 대한 설명이다.
④ 소와에 대한 설명이다.
⑤ 교두간강에 대한 설명이다.
답 ①

다음 중 상징에 대한 설명으로 옳은 것은?

① 상징을 통해 치아의 앞, 뒤를 구별한다.
② 치아를 절단에서 볼 때는 우각상징을 본다.
③ 치아를 설면에서 볼 때는 치근상징을 본다.
④ 치아를 인접면에서 볼 때 치경선 만곡상징을 본다.
⑤ 치관의 근심면과 치근의 근심면은 약간 경사진다.

해설
① 상징으로 근, 원심을 구별한다.
② 절단에서 볼 때는 만곡상징을 본다.
③ 순면에서 볼 때 치근상징과 우각상징을 본다.
⑤ 치관의 근심면과 치근의 근심면은 거의 수직이고, 치관의 원심면과 치근의 원심면이 약간 경사진다.

답 ④

다음 중 상악중절치에 대한 설명으로 틀린 것은?

① U자 모양의 치관을 가진다.
② 근심절단우각이 예각이고, 원심절단우각은 둔각이다.
③ 근원심의 길이가 길고, 협설의 길이는 짧다.
④ 치근의 장축이 원심 쪽으로 경사져 있다.
⑤ 절단결절이 미약하여 나이가 들면 보기 힘들다.

해설
⑤ 절단결절은 맹출 시에는 뚜렷하나 점차 마모된다.

답 ⑤

4 치아의 상징

(1) 치아상징의 정의
좌, 우측의 같은 이름의 치아는 각각의 특징으로 치아를 구별할 수 있다.

(2) 치관상징

분류	설명
우각상징	• 순(협)면에서의 근심연은 직선적이고 길고, 원심연은 곡선적이고 짧음 • 원심우각이 근심우각보다 치경 쪽으로 위치 • 근심우각은 예각, 원심우각은 둔각(근심우각 < 원심우각) • 상악 절치에서 뚜렷, 하악중절치에서 미미
만곡상징	• 절단연(교합면)에서 근심반부는 발달이 잘되어 만곡도가 크지만, 원심반부는 만곡도가 완만하고 작음 • 상악 제1소구치는 반대(원심반부가 잘 발달되어 만곡도가 큼) • 견치와 상악 제1대구치에서 뚜렷, 하악중절치는 미미
치경선 만곡상징	• 근·원심(인접면)에서, 근심만곡도가 원심만곡도보다 더 크게 잘 발달 • 전치부에서는 만곡이 뚜렷, 소구치와 대구치로 갈수록 완만 • 근심만곡도가 원심만곡도 보다 약 1mm 큼

(3) 치근상징

① 순(협)면에서 치근은 치아장축에 원심측으로 경사진다(≠평행).
② 대구치, 견치, 상악측절치는 치근상징이 뚜렷하다.
③ 상악중절치, 소구치, 하악중절치는 치근상징이 미미하다.

5 영구치 – 절치

(1) 상악중절치

① 상악중절치 순면 구조물

순면	• 치관이 U자 모양, 사다리꼴 모양 • 순면이 전치부 중 가장 넓고 비교적 평탄 • 4개의 연(근심연(길고 직선형), 원심연(짧고 곡선형), 절단연(원심 쪽으로 경사), 치경연(치근측으로 굽어져 볼록함)) • 우각상징 뚜렷 : 근심절단우각(예각) < 원심절단우각(둔각) • 근원심 길이 > 협설 길이 • 만곡상징 뚜렷 : 근심반부 > 원심반부 • 3개의 순면융선(가장 풍융, 근심순측융선, 중앙순측융선, 원심순측융선) • 복와상선(imbrication line) : 치경선과 평행 2~3개의 선 • 절단결절 : 연령 증가에 따라 마모

② 상악중절치 설면 구조물

설 면	• 치경부 쪽으로 좁아지는 V자 모양, 삼각형 모양 • 근심변연융선(폭이 넓고, 풍융도가 작음), 원심변연융선(폭이 좁고, 풍융도가 큼) • 설면결절 : 최고점은 살짝 원심 쪽에 있음 • 극돌기 : 설면결절과 설면와 사이의 1~3개의 돌기 • 설면와 : 설면결절 하방과 근·원심 변연융선의 함몰부

③ 상악중절치 절단의 형태

절 단	• 3개의 절단결절(연령 증가에 따른 마모) • 근원심폭 > 순설폭 • 근심반부의 풍융도 > 원심반부의 풍융도 • 절단의 순설폭은 거의 중앙 • 원심 쪽으로 가면서 살짝 경사

④ 상악중절치의 특징
  ㉠ 절치 중 가장 크다.
  ㉡ 만 7~8세에 맹출을 시작하여, 만 10세에 치근이 완성된다.
  ㉢ 굵은 원추형의 단근치이고, 치근상징이 있다(치근의 원심경사).

⑤ 상악중절치의 좌우 구분
  ㉠ 순 면
    • 근심연의 길이 > 원심연의 길이
    • 근심반부의 넓이 > 원심반부의 넓이
    • 원심절단우각의 각도 > 근심절단우각의 각도
    • 절단연의 원심경사
  ㉡ 근·원심
    • 근심접촉부가 절단 가까이 > 원심접촉부는 치경부 가까이
    • 근심면의 넓이 > 원심면의 넓이
    • 근심면 치경선 만곡도 > 원심면 치경선 만곡도
  ㉢ 설 면
    • 설면결절이 약간 원심 쪽으로 위치
    • 근심변연융선의 길이 > 원심변연융선의 길이
  ㉣ 절단 : 순측의 원심반부의 풍융 > 순측의 근심반부의 풍융
  ㉤ 치근첨 : 치근첨의 원심경사

상악중절치의 순면에서 치경선 1/3과 평행하며 2~3개의 선상 함몰 부위는 무엇인가?

① 순면융선
② 치경연
③ 복와상선
④ 극돌기
⑤ 설면와

해설
④, ⑤는 설면에서 볼 수 있는 돌출 부위이다.

답 ③

상악중절치의 좌우 구별법으로 틀린 것은?

① 원심연보다 근심연이 길다.
② 원심반부보다 근심반부가 크다.
③ 근심절단우각보다 원심절단우각이 크다.
④ 근심면보다 원심면치경부 만곡도가 크다.
⑤ 원심측 접촉부보다 근심측 접촉부가 절단에 가깝다.

답 ④

상악측절치의 특징으로 옳은 것은?

① 맹공이 불분명해 치아우식증이 잘 나타난다.
② 형태학적 변이가 거의 없다.
③ V자 모양으로 삼각형에 가깝다.
④ 복와상선과 우각상징이 뚜렷하다.
⑤ 상악중절치보다 절단이 두껍다.

해설
① 맹공이 뚜렷하여 치아우식증의 호발 부위이다.
② 형태학적으로 다양하게 변이한다.
③ 타원형의 외형을 가진다.
④ 복와상선이 뚜렷하지 않다.

답 ⑤

다음 중 설명이 다른 하나는 무엇인가?

① 근·원심폭이 좁다.
② 우각상징이 매우 뚜렷하다.
③ 견치화 경향으로 왜소치로 나타나는 경우가 있다.
④ 설면와의 함몰이 깊지 않다.
⑤ 설면와가 좁고 사절흔이 나타난다.

해설
④는 상악중절치에 대한 설명이며, 나머지는 상악측절치에 대한 설명이다.

답 ④

상악중절치와 상악측절치의 공통점이 아닌 것은 무엇인가?

① 치근이 원심경사한다.
② 근심측 접촉점은 원심측 접촉점보다 중앙에 있다.
③ 절단연이 원심 쪽에서 치경측으로 경사진다.
④ 근심절단 우각이 예리하고, 원심절단우각은 둔각이다.
⑤ 순면에서 원심반부보다 근심반부가 풍융하다.

해설
② 상악중절치의 근심측 접촉점은 절단에 가깝고(절단 1/3), 원심측 접촉점은 절단 1/3과 중앙 1/3 사이에 있으며, 상악측절치의 근심측 접촉점은 절단 1/3과 중앙 1/3 사이이며, 원심측 접촉점은 중앙 1/3이다.

답 ②

(2) 상악측절치

① 상악측절치 순면 구조물

순면	• 상악중절치와 비슷한 형태이나 크기가 작다. • 근-원심 폭이 작다(중절치보다 2mm 작다). • 우각상징이 매우 뚜렷 : 원심우각상징(둔각) > 근심우각상징(예각) • 왜소치의 형태가 있음

② 상악측절치 설면 구조물

설면	• 변연융선과 치경융선이 매우 강하고 크며 V자 모양 • 절단융선도 잘 발달 • 설면와가 좁고 깊다. • 맹공과 사절흔이 있다. • 치아우식의 호발 부위

③ 상악측절치 절단의 형태

절단	상악중절치보다 절단연이 두껍다.

④ 상악측절치의 특징
  ㉠ 타원형, 중절치보다 크기가 작다.
  ㉡ 만 8~9세에 맹출을 시작하여, 만 11세에 치근이 완성된다.
  ㉢ 가느다란 원추형의 단근치이고, 근원심의 양측면에 근면구가 있다.
  ㉣ 상악중절치와 상악측절치의 비교
    • 크기 : 중절치 > 측절치
    • 우각상징 : 측절치(매우 뚜렷) > 중절치
    • 설면구조물은 중절치에서는 극돌기가 보이고, 측절치에서는 사절흔, 맹공이 보인다.
    • 설면발육 정도 : 측절치 > 중절치
    • 측절치에는 복와상선이 없다.

⑤ 상악측절치의 좌우 구분
  ㉠ 순면
    • 근심연은 직선이고 길고, 원심연은 곡선이고 짧음
    • 근심반부의 넓이 > 원심반부의 넓이
    • 원심절단우각의 각도 > 근심절단우각의 각도
  ㉡ 근·원심
    • 근심접촉부가 절단 가까이 > 원심접촉부는 치경부 가까이
    • 근심면의 넓이 > 원심면의 넓이
    • 근심면 치경선 만곡도 > 원심면 치경선 만곡도
  ㉢ 설면 : 설면결절이 약간 원심 쪽으로 위치

ⓛ 절 단
  - 절단이 원심 쪽으로 치경측 경사
  - 만곡상징 : 순측의 근심반부의 풍융 > 순측의 원심반부의 풍융
ⓜ 치근첨 : 치근첨의 원심경사

(3) 하악중절치

① 하악중절치 순면 구조물

순 면	• 4개의 연(근심연, 원심연, 절단연, 치경연) • 근심순면융선, 중앙순면융선, 원심순면융선 • 근심순면구, 원심순면구 • 풍융도가 약하고, 절단은 거의 수평 • 만곡상징이 약하다(풍융도 미약). • 우각상징이 약하다(절단이 거의 수평이며, 거의 직각).

② 하악중절치 설면 구조물

설 면	• 근심변연융선, 원심변연융선의 발육이 약하다. • 설면결절도 발육이 약하다. • 설면와가 발육이 약해 약간 함몰되어 있다.

③ 하악중절치 절단의 형태

절 단	순설경(6mm) > 근원심경(5mm)이다(상악절치는 근원심경 > 순설경이다).

④ 하악중절치의 특징
  ㉠ 구강 내에서 가장 작은 치아로, 좌우 구별이 어렵고 상악중절치와만 교합한다.
  ㉡ 만 6~7세에 맹출을 시작하여, 만 9세에 치근이 완성된다.

⑤ 하악중절치의 좌우 구분
  ㉠ 근·원심 : 근심면 치경선 만곡도 > 원심면 치경선 만곡도
  ㉡ 치 근
    - 치근첨의 원심경사
    - 치근의 근심중앙부에 융선, 원심면에서는 구를 볼 수 있다.

(4) 하악측절치

① 하악측절치 순면 구조물

순 면	우각상징이 있음(원심우각 > 근심우각)

② 하악측절치 설면 구조물

설 면	• 근심변연융선, 원심변연융선 • 설면결절이 원심 쪽으로 기울어져 있다. • 설면와가 미약하고, 사절흔과 맹공이 나타나지 않는다.

하악중절치에 대한 설명으로 옳은 것은?
① 좌우 구분이 비교적 쉽다.
② 구강 내 영구치 중 가장 작다.
③ 우각상징이 뚜렷하다.
④ 만곡상징이 뚜렷하다.
⑤ 1치 : 2치의 교합관계를 갖는다.

해설
① 좌우 구별이 가장 어렵다.
③ 우각상징이 거의 없다.
④ 만곡상징이 거의 없다.
⑤ 1치 : 1치의 교합관계를 갖는다.
답 ②

다음의 치아 중 치아의 좌우가 대칭이라 구별이 잘되지 않는 것은?
① 상악중절치
② 하악중절치
③ 상악측절치
④ 하악측절치
⑤ 상악견치
답 ②

다음 중 치근의 길이가 가장 긴 절치는 무엇인가?
① 상악중절치 ② 상악측절치
③ 하악중절치 ④ 하악측절치
⑤ 상악유절치

해설
하악측절치(14mm) > 상악중절치(13mm) = 상악측절치(13mm) > 하악중절치(12.5mm)이며, 절치에 한정하지 않은 모든 치아 중 치근의 길이가 가장 긴 치아는 상악견치(17mm)이다.
답 ④

하악중절치와 하악측절치의 공통점은 무엇인가?

① 원심면보다 근심면의 치경선 높이가 높다.
② 치근단이 약간 원심경사한다.
③ 치근의 원심면에 융선이 있다.
④ 근심절단우각이 예각이고, 원심절단우각은 둔각이다.
⑤ 절단연의 원심 부위가 약간 설측경사한다.

해설
② 하악중절치의 좌우 구별법이다.
③ 하악중절치와 하악측절치 모두 치근의 근심면 중앙에 융선이 있다.
④, ⑤ 하악측절치의 좌우 구별법이다.

답 ①

③ 하악측절치 절단의 형태

| 절단 | · 순설경(6.5mm) > 근원심경(5.5mm)
· 하악 치열궁 곡선을 따라 원심 쪽으로 갈수록 설측으로 경사진다. |

④ 하악측절치의 특징
  ㉠ 절치의 크기 비교 : 상악중절치 > 상악측절치 > 하악측절치 > 하악중절치
  ㉡ 만 7~8세에 맹출을 시작하여, 만 10세에 치근이 완성된다.
  ㉢ 치근은 가늘고, 길며, 근원심으로 눌린 원뿔 모양이다.
  ㉣ 하악중절치와 하악측절치의 비교
    • 하악중절치는 좌우대칭, 하악측절치는 비대칭
    • 우각상징 : 하악중절치는 근·원심 모두 예리(거의 직각), 하악측절치는 원심이 약간 둔각
    • 설면결절이 하악중절치는 중앙, 하악측절치는 약간 원심 쪽으로 위치
    • 근원심 길이 : 하악측절치 > 하악중절치
    • 절단연이 하악중절치는 순설 이등분선에 거의 직각, 하악측절치는 원심설측으로 경사짐
    • 치근첨의 원심경사 : 하악측절치 > 하악중절치
⑤ 하악측절치의 좌우 구분
  ㉠ 근·원심 : 근심면 치경선 만곡도 > 원심면 치경선 만곡도
  ㉡ 절 단
    • 절단연의 원심이 설측으로 경사
    • 원심절단우각 > 근심절단우각(거의 직각)
  ㉢ 치근 : 치근의 근심중앙부에 융선, 원심면에서는 구를 볼 수 있다.

6 영구치 - 견치

(1) 견치 치관의 특징

① **순측** : 근심순측엽, 중앙순측엽, 원심순측엽으로 3개의 순측엽으로 구성된다.
② 치근이 길고, 깊게 치조와에 있어, 교정치료 및 보철치료에 아주 중요한 역할을 한다.
③ 치아우식증과 치주질환이 잘 생기지 않는다.
④ 순-설측 폭경 > 근-원심 폭경
⑤ 치근의 근·원심면에 뚜렷한 구가 있다.

(2) 상악견치

① 상악견치 순면 구조물

순 면	• 오각형 • 근심연이 직선이며 길고, 원심연이 곡선이고 짧다. • 3개의 순면융선(근심순면융선, 원심순면융선, 원심순면융선) • 2개의 구(근심순면구, 원심순면구) • 2개의 절단연(근심절단연과 원심절단연) • 절단연이 길이 : 원심절단연 > 근심절단연 • 우각상징 : 원심절단우각(둔각) > 근심절단우각 • 순설경의 길이 > 근원심경의 길이 • 첨두가 약간 근심으로 위치하며, 근심절단연과 원심절단연을 구분 • 복와상선(imbrication line)이 뚜렷

② 상악견치 설면 구조물

설 면	• 순면보다 약간 작음 • 치경부 쪽으로 좁아지는 마름모형 • 발달된 설면융선이 근심설면와와 원심설면와를 구분 • 1~2개의 뚜렷한 극돌기

③ 상악견치 절단의 형태

절 단	• 첨두가 순설경에서는 순측으로, 근원심경에서는 근심측으로 위치 • 순설경(8mm) > 근원심경(7.5mm)

④ 상악견치의 특징

　㉠ 전체 치아 중에서 가장 길다.

　㉡ 만 11~12세에 맹출을 시작하여, 만 13~15세에 치근이 완성된다.

　㉢ 순·설의 폭경이 크고 굵은 원추형이다.

⑤ 상악견치의 좌우 구분

　㉠ 순 면

　　• 원심절단우각 > 근심절단우각

　　• 중앙순면융선이 약간 근심 쪽으로

　　• 원심절단연의 길이 > 근심절단연의 길이

　　• 원심반부의 넓이 > 근심반부의 넓이, 근심반부의 풍융도 > 원심반부의 풍융도

　㉡ 근·원심

　　• 근심접촉부가 절단 가까이 > 원심접촉부는 치경부 가까이

　　• 근심면 치경선 만곡도 > 원심면 치경선 만곡도

　㉢ 절단 : 첨두가 약간 근심측에 위치

다음 중 상악견치에 대한 설명으로 틀린 것은?

① 자정작용이 용이하여 2대 구강병이 잘 생기지 않는다.
② 교정치료에 아주 중요한 역할을 한다.
③ 전체 치아 중 치아의 길이가 가장 길다.
④ 절치와 같이 근·원심경이 순·설경보다 길다.
⑤ 순면에서 오각형의 형태를 가진다.

해설
④ 절치와 다르게 순설경이 더 길다.
답 ④

상악견치의 근심면에 대한 특징으로 옳은 것은?

① 첨두는 약간 근심에 위치한다.
② 근심절단연이 길다.
③ 근심접촉부는 치경연에 가깝다.
④ 치경선의 높이는 근심부가 치경측에 가깝게 낮다.
⑤ 근심절단우각이 크다.

해설
② 근심절단연이 짧다.
③ 근심접촉부는 절단연에 가깝다.
④ 치경선의 높이는 근심부가 절단연에 가깝게 높다.
⑤ 근심절단우각이 작다.
답 ①

하악견치에 대한 설명으로 틀린 것은?

① 구강 내 치관의 길이가 가장 길다.
② 구강 내 치경선의 만곡도 차이가 가장 크다.
③ 첨두가 원심 쪽으로 치우친다.
④ 상악견치에 비해 발육이 약하다.
⑤ 설면결절과 변연융선이 아주 약하다.

해설
③ 첨두는 근심 쪽으로 치우친다.

답 ③

하악견치의 원심면에 대한 설명으로 옳은 것은?

① 원심접촉부가 절단에 가깝게 위치한다.
② 원심절단우각이 약간 더 작다.
③ 중앙순면융선이 약간 원심으로 치우친다.
④ 원심절단연이 근심절단연보다 길다.
⑤ 원심부 치경선 높이가 절단에 가깝다.

해설
① 근심접촉부가 절단에 가깝게 위치한다.
② 근심절단우각이 더 작다.
③ 중앙순면융선이 약간 근심으로 치우친다.
⑤ 근심부 치경선 높이가 더 절단에 가깝다.

답 ④

다음 중 상악견치가 하악견치보다 발달한 것이 아닌 것은?

① 치관 길이
② 치근 길이
③ 첨두의 예리함
④ 순설경
⑤ 근원심폭경

답 ①

(3) 하악견치

① 하악견치 순면 구조물

순 면	• 근심연은 근심절단각 부근이 가장 풍융하다. • 원심연은 근심연보다 치경측에 가까운 부분이 가장 풍융하다. • 모든 융선이나 발육이 상악견치보다 약하다. • 첨두는 중앙에서 근심 쪽에 위치한다. • 원심반부 > 근심반부 • 원심우각 > 근심우각

② 하악견치 설면 구조물

설 면	• 변연융선, 설면결절의 발육이 약하다. • 극돌기의 빈도도 낮다.

③ 하악견치 절단의 형태

절 단	• 첨두는 근심에 위치하며, 상악견치보다 위치가 낮고 둔하다. • 원심절단연의 길이 > 근심절단연의 길이

④ 하악견치의 특징
   ㉠ 상악견치보다 치관의 폭이 좁으나, 치관의 길이는 길다(11mm).
   ㉡ 만 9~10세에 맹출을 시작하여, 만 12~14세에 치근이 완성된다.
   ㉢ 치근이 길이가 상악에 비해 약간 짧다(상악견치 17mm > 하악견치 16mm).
   ㉣ 구강 내 치경선 만곡도의 차이가 가장 크다(약 1.5mm 차이).

⑤ 하악견치의 좌우 구분
   ㉠ 순 면
      • 원심절단우각 > 근심절단우각
      • 중앙순면융선이 약간 근심 쪽으로 치우침
      • 원심절단연의 길이 > 근심절단연의 길이
      • 원심반부의 넓이 > 근심반부의 넓이, 근심반부의 풍융도 > 원심반부의 풍융도
   ㉡ 근·원심 : 근심면 치경선 만곡도(절단쪽으로 더 높음) > 원심면 치경선 만곡도
   ㉢ 절 단 : 첨두가 약간 근심측에 위치

⑥ 상악견치와 하악견치의 비교

항 목	상악견치		하악견치
치관의 길이	10mm	<	11mm
치근의 길이	17mm	>	16mm
근원심경	7.5mm	>	7mm
순설경	8mm	>	7.5mm

㉠ 상악견치가 발육이 좋고, 윤곽이 뚜렷하며, 하악견치는 발육이 낮고 단순하다.
㉡ 상악견치의 첨두는 높고 예리하며, 하악견치의 첨두는 낮고 완만하다.
㉢ 상악견치의 근심접촉부는 절단 1/3과 중앙 1/3의 경계이며, 하악견치의 근심접촉부는 절단 1/3이다.
㉣ 상악견치의 원심접촉부는 중앙 1/3이며, 하악견치의 접촉부는 절단 1/3과 중앙 1/3의 경계이다.

7 영구치 - 소구치

(1) 소구치의 특징

① 소구치 치관은 높은 협측교두 1개, 낮은 설측교두 1개로 구성된다(하악 제2소구치 제외).
② 하악 제2소구치의 치관은 제3교두형을 나타낸다.
③ 치관을 교합면에서 볼 때, 상악소구치는 계란형이고, 하악소구치는 사각형이다.
④ 소구치 치근은 단근치이며, 상악 제1소구치만 복근치이다.
⑤ 소구치의 크기 : 상악 제1소구치 > 상악 제2소구치 > 하악 제2소구치 > 하악 제1소구치

(2) 상악 제1소구치

① 상악 제1소구치 순면 구조물

순 면	• 중앙협면융선이 원심에 치우친다. • 협측교두정이 원심에 치우친다. • 근심교합연이 원심교합연보다 길고 경사가 심하다. • 근심우각이 원심우각보다 커서 근심반부가 원심반부보다 크다.

② 상악 제1소구치 설면 구조물

설 면	• 설측교두가 협측교두보다 낮아서(약 1mm) 설측에서 협측교두가 보인다. • 설측교두정이 협측교두정보다 약간 근심 쪽에 있다. • 기능교두 : 설측교두

다음 중 소구치의 크기 순서로 옳게 나열된 것은?

① 상악 제1소구치 > 상악 제2소구치 > 하악 제1소구치 > 하악 제2소구치
② 상악 제1소구치 > 하악 제1소구치 > 상악 제2소구치 > 하악 제2소구치
③ 상악 제1소구치 > 상악 제2소구치 > 하악 제2소구치 > 하악 제1소구치
④ 하악 제1소구치 > 상악 제1소구치 > 상악 제2소구치 > 하악 제2소구치
⑤ 하악 제2소구치 > 상악 제2소구치 > 하악 제1소구치 > 상악 제1소구치

답 ③

상악 제1소구치에 대한 설명으로 틀린 것은?

① 개재결절이 나타난다.
② 협측반부와 설측반부의 비율이 3 : 2이다.
③ 협측교두와 설측교두의 높이 차이가 1mm이다.
④ 일반적인 우각상징과 만곡상징이 나타난다.
⑤ 소구치 중 가장 발육이 좋다.

해설
④ 우각상징과 만곡상징이 반대로 나타난다.

답 ④

상악 제1소구치의 해부학적 구조에 대한 설명으로 옳은 것은?

① 협측교두정이 약간 근심에 위치한다.
② 설측교두정은 약간 원심에 위치한다.
③ 근심우각이 크고, 원심우각이 작다.
④ 근심측 접촉면과 원심측 접촉면의 크기가 동일하다.
⑤ 원심변연융선에 개재결절이 나타난다.

해설
① 협측교두정은 약간 원심에 위치한다.
② 설측교두정은 약간 근심에 위치한다.
④ 원심측 접촉면의 크기가 더 크다(제2소구치와 인접).
⑤ 개재결절은 근심변연융선에 나타난다.

답 ③

상악 제1소구치의 근심 측에 대한 특징이 아닌 것은?

① 근심변연융선과 근심교두융선이 만나면 예각을 이룬다.
② 근심접촉부가 치경연에 더 가깝게 위치한다.
③ 근심협측반부가 더 작다.
④ 설측교두정은 근심측에 가깝다.
⑤ 근심교합연이 원심교합연보다 길다.

해설
① 근심변연융선과 근심교두융선이 만나면 둔각을 이룬다.

답 ①

③ 상악 제1소구치 교합면과 인접면의 형태

교합면	• 원심변연융선이 근심변연융선보다 길다. • 교두가 더 발달하여 협측교두와 설측교두의 크기 비율이 3 : 2이다. • 협측교두의 협설폭경이 설측교두의 협설폭경보다 크다. • 중심구가 교합면을 협설로 나눈다. • 근심협측삼각구, 근심설측삼각구, 원심협측삼각구, 원심설측삼각구가 있다.
인접면	• 근심와, 원심와가 있고, 근심소와와 원심소와가 있다. • 근심변연융선이 지나는 가장 함몰된 면 • 개재결절(terra tubercle) • 원심면이 제2소구치의 근심면과 인접하여 접촉부가 넓다. • 원심접촉부는 근심접촉부보다 더 협측으로, 교합면 쪽으로 치우친다.

④ 상악 제1소구치의 특징
  ㉠ 소구치 중 발육이 가장 좋다.
  ㉡ 만 10~11세에 맹출을 시작하여, 만 12~13세에 치근이 완성된다.
  ㉢ 협측반부가 설측반부보다 더 크기가 발달하였다.
    (협측반부 : 설측반부 = 3 : 2)
  ㉣ 1개의 횡주융선, 개재결절(Terra tubercle)을 가진다.
  ㉤ 일반적인 만곡상징과 우각상징이 반대로 나타난다.

⑤ 상악 제1소구치의 좌우 구분
  ㉠ 협면 : 근심교합연의 길이 > 원심교합연의 길이
  ㉡ 근·원심
    • 원심접촉부가 근심접촉부보다 더 협측으로 교합면 쪽으로 치우쳐 있다.
    • 근심부의 치경선의 높이가 원심부보다 교합면 쪽으로 치우쳐 있다.
  ㉢ 교합면
    • 협측교두정이 중앙에서 약간 원심측에, 설측교두정은 약간 근심측에 위치한다.
    • 원심협측반부가 근심협측반부보다 크다(만곡상징의 반대).
    • 근심변연구가 근심변연융선을 지나 근심연으로 연장된다.
    • 개재결절은 주로 근심변연융선상에 있다.
    • 협측교두의 근심교두융선과 근심변연융선은 둔각을 이루며, 협측교두의 원심교두융선과 원심변연융선은 예각을 이룬다.

(3) 상악 제2소구치

① 상악 제2소구치 협면 구조물

협 면	• 근·원심교두융선이 비슷하거나 근심교두융선이 짧다. • 교두정의 위치도 약간 근심에 가깝다. • 근심반부가 좁고, 원심반부가 넓다. • 근심연은 길고 직선적이며, 원심연은 짧고 곡선적이다. • 상악 제1소구치에 비해 교두가 작고, 짧고, 무디고, 둥글다.

② 상악 제2소구치 설면 구조물

설 면	• 설측교두가 협측교두보다 낮다(0.5mm). • 설측엽의 발달로 설측면이 전체적으로 풍융하며, 중앙 1/3에서 가장 풍융하다.

③ 상악 제2소구치 교합면과 인접면의 형태

교합면	• 협측교두와 설측교두의 비율은 1 : 10이다. • 협측연, 설측연, 근심연, 원심연이 나타난다. • 중심구가 제1소구치보다 짧고 부구가 많다(융선, 구, 소와의 발육이 적다). • 근심협측우각은 예각에 가깝고, 원심협측우각은 둔각에 가깝다. • 근심반부와 원심반부는 대칭적이다.
인접면	• 근심면이 평탄하고, 원심면은 풍융하다. • 교두정이 둔하다.

④ 상악 제2소구치의 특징
  ㉠ 소구치 중 설측교두가 가장 발달되어 있으며, 좌우 대칭적이라 좌우 구별이 어렵다.
  ㉡ 만 10~12세에 맹출을 시작하여, 만 12~14세에 치근이 완성된다.
  ㉢ 협측반부와 설측반부의 비율이 같으며(1 : 1), 설측교두가 잘 발달되어 있다.
  ㉣ 1개의 횡주융선을 가진다.

⑤ 상악 제2소구치의 좌우 구분
  ㉠ 협 면
    • 근심교합연의 길이 < 원심교합연의 길이
    • 근심우각 < 원심우각
  ㉡ 근·원심
    • 근심면은 평탄하고, 원심면은 약간 풍융하다.
    • 접촉부는 근심접촉부가 원심접촉부보다 교합면 측으로 가깝다.
  ㉢ 치근 : 치근이 원심측으로 기울어져 있다.

상악 제2소구치의 특징으로 옳지 않은 것은?
① 소구치 중 좌우구별이 어렵다.
② 협측교두와 설측교두의 차이가 0.5mm이다.
③ 협측교두가 기능교두이다.
④ 교합면의 협측반부와 설측반부가 1 : 1이다.
⑤ 단근치이다.

해설
③ 상악구치는 설측교두가 기능교두이다.

답 ③

상악 제2소구치의 원심면의 특징으로 틀린 것은?
① 원심교합연이 더 길다.
② 원심우각이 더 크다.
③ 원심면이 풍융하다.
④ 치근첨이 원심으로 기울어져 있다.
⑤ 협측교두정이 약간 원심측에 있다.

해설
⑤ 협측교두정이 약간 근심측에 있다.

답 ⑤

상악 제1소구치와 상악 제2소구치의 차이점으로 틀린 것은?

① 교두의 수
② 교두의 크기
③ 근심변연구의 유무
④ 치근의 수
⑤ 협측교두정의 위치

해설
① 교두의 수는 협측 1개, 설측 1개로 동일하다.
② 상악 제1소구치가 교두가 크고 예리하나, 상악 제2소구치는 작고 무디다.
③ 상악 제1소구치는 근심변연구가 있으나, 상악 제2소구치는 없다.
④ 상악 제1소구치는 복근치이나, 상악 제2소구치는 단근치이다.
⑤ 상악 제1소구치는 협측교두정이 약간 원심에 위치하나, 상악 제2소구치는 중앙이나 약간 근심에 위치한다.

답 ①

⑥ 상악 제1소구치와 상악 제2소구치의 비교

구 분		상악 제1소구치	상악 제2소구치
협 면	협측교두정	약간 원심	중앙이나 약간 근심
	교두융선	근심이 길다.	비슷하거나 근심이 짧다.
	교 두	크고 길고 날카롭다.	작고 짧고 완만하다.
설 면	교 두	설측교두가 1mm 짧다.	설측교두가 0.5mm 짧다.
교합면	근심협측우각	둔 각	예 각
	원심협측우각	예 각	둔 각
	근심반부와 원심반부	비대칭	대 칭
	융선, 구, 소와 발육	좋다.	약하다.
	근심변연융선(개재결절과 근심변연구)	있다.	없다.
인접면	변연융선	비스듬함	치아장축에 직각
	근심변연구	있다.	없다.
	원심면	근심면보다 넓다.	근심면과 비슷하다.
	원심측 치근함몰	얕다.	깊다.
	치 근	복근치(협/설 치근)	단근치

(4) 하악 제1소구치

① 하악 제1소구치 협면 구조물

협 면	• 협측교두정이 약간 근심에 치우친다. • 근심교합연이 원심교합연보다 짧다.

② 하악 제1소구치 설면 구조물

설 면	• 소구치 중 가장 발육이 미약하다. • 설측교두가 작아 소구치의 견치화 경향을 보인다. • 근심설구가 있어 근심변연융선과 근심교두경사를 분리한다.

③ 하악 제1소구치 교합면과 인접면의 형태

교합면	• 다이아몬드 모양 • 협측교두와 설측교두의 비율이 3 : 1이다. • 협측삼각융선과 설측삼각융선이 만나 1개의 횡주융선을 형성한다.
인접면	• 근심면에서 협측교두의 길이와 설측교두의 길이 비율이 3 : 2이다. • 근심설측구가 있다. • 근심변연융선은 설측경사가 심하다. • 원심변연융선이 잘 발달되어 치축과 거의 직각되게 주행한다. • 전체적으로 완만한 볼록면으로 되어 있다. • 근심접촉부보다 원심접촉부가 넓다.

하악 제1소구치에 대한 설명으로 틀린 것은?

① 소구치 중 가장 작다.
② 소구치의 견치화 경향이 나타난다.
③ 교합면은 다이아몬드 모양이다.
④ 협측교두와 설측교두의 높이차가 거의 없다.
⑤ 협측반부와 설측반부의 비율이 3 : 1 이다.

해설
④ 협측교두와 설측교두의 높이차가 많이 난다(3mm).

답 ④

④ 하악 제1소구치의 특징
　㉠ 소구치의 견치화 경향이 있으며, 소구치 중 가장 작다.
　㉡ 만 10~12세에 맹출을 시작하여, 만 12~13세에 치근이 완성된다.
　㉢ 협측반부가 설측반부보다 더 크기가 발달하였다(협측반부 : 설측반부 = 3 : 1).
　㉣ 협측교두가 설측교두보다 3mm가 높다.
⑤ 하악 제1소구치의 좌우 구분
　㉠ 협면 : 근심교합연 < 원심교합연, 근심우각 < 원심우각
　㉡ 설면 : 설면의 근심측에 근심설측구가 있다.
　㉢ 근·원심 : 근심 쪽 접촉부가 원심 쪽 접촉부보다 교합측에 가깝다.
　㉣ 교합면 : 교합면의 협설측 삼각융선이 이루는 횡주융선이 근심측으로 기울어져 있어, 횡주융선을 기준으로 하는 원심반부가 근심반부보다 넓다.

(5) 하악 제2소구치
① 하악 제2소구치 협면 구조물

| 협 면 | • 협측교두정이 중앙이거나 약간 근심에 있다.
• 원심교합연이 근심교합연보다 길다.
• 치관이 짧고, 교두정이 둔하나 협면 자체는 하악 제1소구치보다 크다. |

② 하악 제2소구치 설면 구조물

| 설 면 | • 설측엽이 잘 발달했다.
• 설측교두의 발육 상태에 따라 2교두형과 3교두형으로 분류한다(Black의 분류).
• 2교두형은 1개의 설측교두, 3교두형은 2개의 설측교두를 갖는다. |

③ 하악 제2소구치 교합면과 인접면의 형태

| 교합면 | • 교합면의 변화가 가장 심하다.
• 2교두형 : 협측교두와 설측교두, U형이나 H형. 설면구와 중심소와가 없다.
• 3교두형 : 협측교두와 근심설측교두와 원심설측교두, Y형(협측교두 > 근심설측교두 > 원심설측교두의 크기와 높이 순이다)
• 3교두형에서는 협측교두융선과 교합면의 설측연에 중심소와가 있다. |
| 인접면 | • 근심변연융선이 원심변연융선보다 높다.
• 접촉위치도 근심측이 원심측보다 약간 높으며, 교합 1/3과 중앙 1/3의 경계이다. |

④ 하악 제2소구치의 특징
　㉠ 소구치 중 유일하게 중심와가 있다.
　㉡ 만 10~12세에 맹출을 시작하여, 만 12~14세에 치근이 완성된다.
　㉢ 협측반부가 설측반부보다 더 크기가 발달하였다(협측반부 : 설측반부 = 2 : 1).
　㉣ 대구치화 경향이 있으며, 소구치 중 3교두가 나타난다.
　㉤ 근원심으로 압편된 단근치이며, 치근첨이 약간 원심으로 만곡되어 있다.

하악 제1소구치의 좌우 구별법에 대한 내용으로 옳은 것은?

① 근심교합연이 원심교합연보다 길다.
② 근심우각이 원심우각보다 크다.
③ 근심변연융선이 치축에 직각으로 주행한다.
④ 근심반부가 원심반부보다 크다.
⑤ 설면의 근심측에 근심설측구가 있다.

해설
① 근심교합연이 원심교합연보다 짧다.
② 근심우각이 원심우각보다 작다.
③ 근심변연융선이 설측치경부 방향으로 경사진다.
④ 근심반부가 원심반부보다 작다.

답 ⑤

다음 중 중심와를 갖는 치아는 무엇인가?

① 상악 제1소구치
② 상악 제2소구치
③ 하악 제1소구치
④ 하악 제2소구치
⑤ 해당 없음

답 ④

다음 중 하악 제2소구치의 교합면에 대한 설명으로 옳은 것은?

① 3교두형은 U자, H자 교두형을 나타낸다.
② 2교두형은 Y자 교두형을 나타낸다.
③ 협측에 1개, 설측에 1~2개의 교두를 나타낸다.
④ 2교두형에서는 가장 깊은 중심소와가 있다.
⑤ 3교두형에서는 협측교두와 설측교두의 삼각융선이 만나 횡주융선을 이룬다.

해설
① 3교두형은 Y자 교두형을 나타낸다.
② 2교두형은 U자, H자 교두형을 나타낸다.
④ 3교두형에서는 가장 깊은 중심소와가 있다.
⑤ 2교두형에서는 협측교두와 설측교두의 삼각융선이 만나 횡주융선을 이룬다.

답 ③

하악 제2소구치의 근심면에 대한 설명으로 옳은 것은?

① 협면의 근심교합연이 원심교합연보다 짧다.
② 협면의 근심우각이 원심우각보다 크다.
③ 3교두형인 경우 근심설측교두와 원심설측교두가 1 : 1로 같다.
④ 근심변연융선이 원심변연융선보다 낮다.
⑤ 3교두형인 경우 설면구가 약간 근심측에 있다.

해설
② 협면의 근심우각이 원심우각보다 작다.
③ 3교두형인 경우 근심설측교두가 원심설측교두보다 크다.
④ 근심변연융선이 원심변연융선보다 높다.
⑤ 3교두형인 경우 설면구가 약간 원심측에 있다.

답 ①

다음 중 하악 제1소구치와 하악 제2소구치의 차이점이 아닌 것은?

① 설면의 크기
② 치관의 설측경사
③ 근심변연융선의 위치
④ 교합면의 크기
⑤ 근심설측구의 유무

답 ④

⑤ 하악 제2소구치의 좌우 구분
　㉠ 협 면
　　• 근심교합연의 길이 < 원심교합연의 길이
　　• 근심우각 < 원심우각
　㉡ 교합면
　　• 근심변연융선이 원심변연융선보다 높다.
　　• 3교두형인 경우 근심설측교두가 원심설측교두보다 크고 높으며, 설면구도 약간 원심측으로 위치한다.
　　• 협측교두와 설측교두의 비율은 2 : 1이다.
　　• 협측교두의 높이가 설측교두보다 1~1.5mm 높다.

⑥ 하악 제1소구치와 하악 제2소구치의 비교

구 분		하악 제1소구치	하악 제2소구치
협 면	치관 길이	8.5mm	8mm
	협면융선	뚜렷하다.	약하다.
설 면	치관 길이	협측교두의 2/3(5.5mm)	• 2교두형 : 7mm • 3교두형의 근심설측교두 : 7mm • 원심설측교두 : 6.5mm
	교두의 수	1개	1~2개
	근심설측구	있다.	없다.
교합면	횡주융선	뚜렷하다.	약하다.
	교두의 수	2개	2~3개
	외 형	불규칙한 마름모나 삼각형	불규칙한 사각형이나 오각형
	협측반부 : 설측반부	3 : 1	2 : 1
인접면	근심변연융선	낮고 경사짐	높고 수평적
	치관의 경사	심한 설측경사	약한 설측경사

8 영구치 – 대구치

(1) 대구치의 특징

① 6세 구치는 제1대구치로 일반적으로 만 6세에 맹출한다.
② 12세 구치는 제2대구치로 일반적으로 만 12세에 맹출한다.
③ 지치는 제3대구치로 일반적으로 사춘기가 지나 맹출하며, 사랑니를 말한다.
④ 저작교두의 특징
　㉠ 저작기능을 수행한다.
　㉡ 상악은 설측교두, 하악은 협측교두가 저작교두이다.
　㉢ 저작교두는 길이가 짧고, 교두정이 낮고 완만하다.

⑤ 상악대구치와 하악대구치의 협측교두와 설측교두의 높이 비교
  ㉠ 상악대구치는 협측교두가 설측교두보다 높다.
  ㉡ 하악대구치는 설측교두가 협측교두보다 높다.
⑥ 대구치의 치근 : 상악대구치는 협설 방향이고, 하악대구치는 근원심 방향이다.
⑦ 상악 제1대구치와 하악 제1대구치의 비교
  ㉠ 상악대구치는 평행사변형이고, 하악대구치는 직사각형이나 사다리꼴이다.
  ㉡ 상악대구치는 4교두 3치근(다근치)이며, 하악대구치는 5교두 2치근(복근치)이다.
⑧ 제5교두(Carabelli's 결절) : 상악 제1대구치에 나타나며, 근심설측교두에 나타난다.

(2) 상악 제1대구치

① 상악 제1대구치 협면 구조물

협면	• 협면구에 의해 근심협측교두와 원심협측교두가 나뉘고, 협면구는 근원심경의 중앙에 있으며, 협면의 중앙부에서 얕아진다. • 협면소와(buccal pit) : 협면구가 치관 길이의 중심에서 근원심으로 갈라지는 경우의 정점 • 근심협측교두의 우각은 예각이며, 원심협측교두의 우각은 둔각이다. • 근심협측교두와 원심협측교두가 나타난다.

② 상악 제1대구치 설면 구조물

설면	• 원심설측교두가 교두 중 가장 작다. • 근심설측교두와 원심설측교두가 나타난다. • 설면구 : 두 교두 사이의 함몰부, 심한 원심경사 • 근심설측교두가 교두 중 가장 크다(근원심경의 70% 차지). • 카라벨리씨 결절이 보인다.

③ 상악 제1대구치 교합면과 인접면의 형태

교합면	교두	• 크기 : 근심설측교두 > 근심협측교두 > 원심협측교두 > 원심설측교두 • 근심협측교두 : 원심협측교두 = 5 : 5, 근심설측교두 : 원심설측교두 = 7 : 3 • 높이 : 협측교두 > 설측교두 • 근심설측교두의 설면에 카라벨리씨 결절이 나타난다.
	융선	• 각 교두마다 협측융선, 삼각융선, 근심교두융선, 원심교두융선을 갖는다. • 근심변연융선이 원심변연융선보다 높고, 발육이 좋다. • 사주융선 : 원심협측교두에서 내려오는 삼각융선과 근심설측교두에서 내려오는 삼각융선이 비스듬히 연결된 연합융선
	와 & 소와	• 근심와가 근심변연융선 내측에 존재 • 근심소와 : 근심와 중 가장 깊은 곳, 근심구가 끝나는 부위 • 3개의 삼각구(근심협측삼각구, 근심설측삼각구, 원심협측삼각구)가 존재하고, 원심설측 방향으로는 삼각구가 없다.
인접면		• 근심면은 치경연, 근심연, 원심연, 교합연을 갖는다. • 중앙 1/3 부위가 최대풍융부이다. • 원심면은 치경연이 대체로 곧다. • 원심면의 협설폭 < 근심면의 협설폭

상악 제1대구치의 특징이 아닌 것은?

① 상악 치열궁에서 가장 먼저 맹출하는 치아이다.
② 다근치이며, 1개의 설측근과 2개의 협측근으로 분지한다.
③ 하악 제1대구치보다 맹출이 빠르다.
④ 근심설측교두의 설면에 카라벨리씨결절이 나타난다.
⑤ 상악대구치 중 가장 발육이 좋다.

해설
③ 하악 제1대구치의 맹출이 가장 빠르다.
답 ③

다음 중 상악 제1대구치의 교합면에 대한 설명으로 옳은 것은?

① 협측연, 설측연, 근심연, 원심연이 있는 규칙적인 평행사변형이다.
② 협측교두가 둔하고, 설측교두가 예리하다.
③ 근심 쪽 교두가 둔하고, 원심 쪽 교두가 발달했다.
④ 근심협측삼각구, 근심설측삼각구, 원심협측삼각구, 원심설측삼각구가 나타난다.
⑤ 근심협측우각과 원심설측우각은 예각이며, 원심협측우각과 근심설측우각은 둔각이다.

해설
① 협측연, 설측연, 근심연, 원심연이 있는 불규칙적인 평행사변형이다.
② 설측교두가 둔하고, 협측교두가 예리하다.
③ 원심 쪽 교두가 둔하고, 근심 쪽 교두가 발달했다.
④ 원심설측삼각구는 나타나지 않는다.
답 ⑤

다음 중 상악 제1대구치의 교두 크기의 순서로 옳은 것은?

① 근심설측교두 > 근심협측교두 > 원심협측교두 > 원심설측교두
② 근심협측교두 > 근심설측교두 > 원심설측교두 > 원심협측교두
③ 근심설측교두 > 원심설측교두 > 원심협측교두 > 근심협측교두
④ 근심협측교두 > 원심설측교두 > 근심설측교두 > 원심협측교두
⑤ 근심설측교두 > 근심협측교두 > 원심설측교두 > 원심협측교두

답 ①

다음 중 상악 제2대구치의 특징으로 옳지 않은 것은?

① 상악 제1대구치와 형태적으로 거의 비슷하다.
② 상악 치열궁에서 가장 마지막에 맹출한다(사랑니 제외).
③ 상악 제1대구치보다 약간 작고 발육이 약하다.
④ 설면에 가성구치결절이 나타난다.
⑤ 상악 제1대구치보다 교합면의 부구와 소와가 많이 나타난다.

해설
④ 협면에 가성구치결절이 나타난다.

답 ④

④ 상악 제1대구치의 특징
  ㉠ 상악대구치 중 가장 크고 발육상태가 좋다.
  ㉡ 만 6세에 맹출을 시작하여, 만 9~10세에 치근이 완성된다.
  ㉢ 4개의 교두와 3개의 치근을 갖는다.
  ㉣ 교두의 크기 : 근심설측교두 > 근심협측교두 > 원심협측교두 > 원심설측교두
  ㉤ 치근의 크기 : 설측근 > 근심협측근 > 원심협측근
  ㉥ 근심설측교두의 설측에 카라벨리씨 결절(제5교두)이 나타난다.
  ㉦ 3개의 삼각융선, 3개의 삼각구, 1개의 사주융선을 갖는다.

⑤ 상악 제1대구치의 좌우 구분
  ㉠ 설면 : 근심설측과 원심설측에서 치관이 압편된 모양
  ㉡ 교합면
   • 가장 큰 교두가 근심설측교두이고, 가장 작은 교두는 원심설측교두이다.
   • 사주융선이 원심협측교두에서 근심설측교두로 비스듬히 주행한다.
   • 근심설측교두에 카라벨리씨 결절이 있다.
   • 근심협측우각과 원심설측우각은 예각이고, 원심협측우각과 근심설측우각은 둔각이다.
  ㉢ 인접면
   • 근심면은 크고 평탄하고, 원심면은 작고 풍융하다.
   • 근심변연융선이 원심변연융선보다 발육이 좋고, 교합측으로 더 높게 있다.
  ㉣ 치근 : 근심협측치근이 원심협측치근보다 크고 넓다.

(3) 상악 제2대구치

① 상악 제2대구치 협면 구조물

협 면	• 상악 제1대구치보다 좁고, 치관이 짧고, 융선의 형태가 미약하다. • 협면에 원심측으로 구가 있으나 깊고, 명확하지 않다.

② 상악 제2대구치 설면 구조물

설 면	• 전체적으로 풍융하다. • 원심설측교두의 발육이 아주 약하다. • 카라벨리씨 결절이 나타나지 않는다.

③ 상악 제2대구치 교합면과 인접면의 형태

교합면	• 협설경이 근원심경보다 크다. • 원심설측교두의 발육상태에 따라 4교두형과 3교두형으로 구분한다. • 4교두형 : 상악 제1대구치와 유사하나 전반적인 발육상태가 약하다. 평행사변형. 원심설측교두가 아주 작다. • 3교두형 : 상악 제3대구삼각형의 형태치와 유사한 역삼각형 • 근심협측우각과 원심설측우각은 예각, 원심협측우각과 근심설측우각은 둔각이다. • 융선이나 구의 발육이 약하고 불규칙적이나, 부구가 많이 발달했다.
인접면	• 근원심경이 제1대구치보다 좁다. • 원심면은 근심면보다 더 좁다.

④ 상악 제2대구치의 특징
  ㉠ 협측에 가성구치결절이 나타나는 치아이다.
  ㉡ 만 12~13세에 맹출을 시작하여, 만 14~16세에 치근이 완성된다.
  ㉢ 대체적인 형태는 상악 제1대구치와 유사하나, 좀 더 작고 발육이 약하다.
  ㉣ 4교두형이나 3교두형을 나타낸다.
  ㉤ 3치근의 다근치이나, 각 치근간의 이개도가 작고, 융합되는 경향이 있다.

⑤ 상악 제2대구치의 좌우 구분
  ㉠ 협면 : 근심우각 < 원심우각
  ㉡ 교합면
    • 근심설측과 원심협측에서 강하게 압편되었다.
    • 원심설측교두가 가장 발육이 약하다.
    • 근심협측부는 외측으로 돌출되고, 원심협측부는 완만하게 만곡되어 있다.
    • 근심설측교두가 원심설측교두보다 크고 잘 발달되어 있다.
  ㉢ 치근 : 원심 방향으로 경사져 있다.

(4) 상악 제3대구치

① 상악대구치 중 가장 작다.
② 만 17~21세에 맹출을 시작하여, 만 18~25세에 치근이 완성된다.
③ 보통 2개의 대합치와 교합한다(하악 제2대구치와 하악 제3대구치).
④ 후구치결절이 나타난다.
⑤ 3치근의 다근치이나, 각 치근간의 이개도가 매우 작아 유합되는 단근치의 형태도 있다.

다음 중 상악 제2대구치의 교합면에 대한 설명으로 옳은 것은?

① 근원심경이 협설경보다 크다.
② 원심협측교두에 따라 4교두형과 3교두형으로 나뉜다.
③ 4교두형은 하악 제1대구치와 비슷한 사다리꼴이다.
④ 3교두형은 상악 제3대구치와 비슷한 역삼각형이다.
⑤ 교두와 융선은 뾰족하고, 구와 와는 규칙적이다.

해설
① 협설경이 근원심경보다 크다.
② 원심설측교두에 의해 나뉜다.
③ 4교두형은 상악 제1대구치와 비슷한 평행사변형이다.
⑤ 교두와 융선은 둔하고, 구와 와는 불규칙적이다.

답 ④

(5) 하악 제1대구치

① 하악 제1대구치 협면 구조물

협면	• 근원심경이 가장 넓은 치아이다. • 교합연이 길고, 치경연이 짧은 사다리꼴 모양 • 근심연은 거의 직선, 원심연은 볼록하게 주행 • 크기와 높이 : 근심협측교두 > 원심협측교두 > 원심교두 • 협면소와는 치아우식증 호발 부위이다.

② 하악 제1대구치 설면 구조물

설면	• 협면과 대체적으로 비슷하나, 폭이 좁고, 높이가 높다. • 근심설측교두가 원심설측교두보다 약간 높거나 비슷하다. • 설측교두정이 협측교두정보다 예리하고 높다.

③ 하악 제1대구치 교합면과 인접면의 형태

		• 부등변사각형 모양 • 근원심경 11mm > 협설경 10.5mm • 근심우각은 예각, 원심우각은 둔각 • 협/설 : 협측은 2개의 협측구로 세 부분으로 나뉘고, 설측은 설측구로 두 부분으로 나뉜다. • 근/원심 : 원심은 근심보다 좁고 볼록하며, 원심변연구가 존재한다.
교합면	교 두	• 5교두이며, 협측교두(하악의 기능교두)는 둔하고, 설측교두는 날카롭다. • 높이 : 근심설측교두 > 원심설측교두 > 근심협측교두 > 원심협측교두 > 원심교두 • 크기 : 근심협측교두 > 근심설측교두 > 원심설측교두 > 원심협측교두 > 원심교두
	융 선	• 근심횡주융선 = 근심협측교두의 삼각융선 + 근심설측교두의 삼각융선 • 원심횡주융선 = 원심협측교두의 삼각융선 + 원심설측교두의 삼각융선 • 근심변연융선이 원심변연융선보다 발육이 좋고, 길고 두껍다.
	와, 소와	• 근심와, 중심와, 원심와가 있고, 근심소와, 중심소와, 원심소와가 있다. • 3개의 와 중에 근심와가 가장 뚜렷하고, 원심와가 가장 불분명하다.
	발육구와 삼각구	• 근심협측구와 원심협측구, 설측구, 중심구가 있다. • 설측구는 중심소와와 연결된다.
인접면		• 치경연, 근심연, 원심연, 교합연으로 구성된다. • 중앙 1/3 부위가 최대풍융부이다. • 원심면은 근심면보다 약간 협측으로 위치한다.

④ 하악 제1대구치의 특징

㉠ 하악대구치 중 발육상태가 가장 좋으며, 가장 크다.
㉡ 만 6~7세에 맹출을 시작하여, 만 9~10세에 치근이 완성된다.
㉢ 5교두와 2치근을 갖는다.
㉣ 교두의 높이 : 근심설측교두 > 원심설측교두 > 근심협측교두 > 원심협측교두 > 원심교두
㉤ 교두의 크기 : 근심협측교두 > 근심설측교두 > 원심설측교두 > 원심협측교두 > 원심교두
㉥ 4개의 삼각융선, 3개의 삼각구, 2개의 횡주융선을 갖는다.

하악 제1대구치에 대한 설명으로 옳지 않은 것은?

① 5개의 교두를 갖는다.
② 하악대구치 중 발육상태가 가장 좋다.
③ 구강 내에서 치근의 면적이 가장 큰 치아이다.
④ 하악 치열궁 중 가장 먼저 맹출하는 영구치이다.
⑤ 2개의 치근을 갖는 복근치이다.

해설
③ 구강 내에서 근·원심폭경이 가장 커 치관이 가장 크다.

답 ③

다음 중 하악 제1대구치의 교두 높이 순서로 옳은 것은?

① 근심설측교두 > 원심설측교두 > 근심협측교두 > 원심협측교두 > 원심교두
② 근심설측교두 > 근심협측교두 > 원심협측교두 > 원심설측교두 > 원심교두
③ 근심설측교두 > 원심설측교두 > 근심협측교두 > 원심교두 > 원심협측교두
④ 근심협측교두 > 근심설측교두 > 원심설측교두 > 원심협측교두 > 원심교두
⑤ 근심협측교두 > 원심설측교두 > 근심설측교두 > 원심협측교두 > 원심교두

답 ①

⑤ 하악 제1대구치의 좌우 구분
  ㉠ 협면 : 근심우각 < 원심우각
  ㉡ 교합면
    • 가장 작은 교두가 원심교두이다.
    • 근심변연은 직선적이고, 원심변연은 만곡되어 있다.
    • 원심변연융선이 근심변연융선보다 높다.
  ㉢ 치근 : 근심치근이 원심치근보다 더 크고, 발달되어 있고, 협설경이 크다.
⑥ 상악 제1대구치와 하악 제1대구치의 비교

구 분		상악 제1대구치	하악 제1대구치
치 관	협설경	11mm	10.5mm
	근원심경	10mm	11mm
협 면	협면구의 수	1	2
설 면	설측구의 위치	원심측	중앙
교합면	형태	변형된 평행사변형	부등변사각형, 사다리꼴
	교두의 수	4	5
	가장 큰 교두	근심설측교두	근심협측교두
	가장 작은 교두	원심설측교두	원심교두
	중심소와에서 끝나는 구	협측구	설측구
	발육된 삼각융선의 수	3	4
	삼각구의 수	3	3
	없는 삼각구	원심설측삼각구	원심협측삼각구
	연합융선	1개의 사주융선	2개의 횡주융선
	카라벨리씨 결절	있다.	없다.
	길이	12~13mm	14mm
치 근	치근분리	치경부 아래 4mm	치경부 약간 밑
	치근의 종류	다근치	복근치
	치근의 수	3	2

다음 중 하악 제1대구치의 협면 구조물에 대한 설명이 옳지 않은 것은?
① 교합연이 길고 치경연이 짧다.
② 협면소와는 치아우식증이 잘 생길 수 있는 부위이다.
③ 근심연은 거의 직선이나, 원심연은 풍융하다.
④ 3개의 교두 중 원심교두가 가장 낮다.
⑤ 근심협면구와 원심협면구가 5 : 5 이다.

해설
⑤ 근심협면구가 원심협면구보다 크다.
답 ⑤

다음 중 하악 제1대구치의 특징으로 옳지 않은 것은?
① 사다리꼴모양이다.
② 설측구가 원심 쪽에 위치한다.
③ 근심협측교두가 가장 크다.
④ 협면구가 2개이다.
⑤ 원심협측삼각구가 없다.

해설
② 설측구는 중앙에 위치한다.
답 ②

다음 중 하악 제2대구치에 대한 설명으로 옳은 것은?

① 협면의 외형이 하악 제1대구치와 비슷하나 약간 작다.
② 협면에서의 교두는 2개가 관찰된다.
③ 2교두형에서는 근심협측교두가 원심협측교두보다 크다.
④ 설측교두가 협측교두와 거의 비슷하다.
⑤ 근심치근과 원심치근이 이개도가 크다.

해설

② 협면에서의 교두는 2~3개가 관찰된다.
③ 2교두형에서는 근심협측교두가 원심협측교두보다 작다.
④ 설측교두가 협측교두보다 높다.
⑤ 근심치근과 원심치근의 이개도가 작고, 융합하는 경우도 있다.

답 ①

(6) 하악 제2대구치

① 하악 제2대구치 협면 구조물

협면	• 제1대구치와 유사한 부등변사각형이나 크기가 작다. • 협면구에 의해 근심협측교두와 근심설측교두가 비슷하게 나뉜다. • 2교두형일 때 원심협측교두가 근심협측교두보다 크고, 교두경사가 완만하다. • 3교두형일 때도 있다.

② 하악 제2대구치 설면 구조물

설면	협측교두보다 교두가 높고 날카롭다.

③ 하악 제2대구치 교합면과 인접면의 형태

교합면	4교두형에서 • 모양 : 각이 지지 않은 사각형, 근심연은 직선형, 원심연은 곡선형 • 크기 : 근심협측교두 > 원심협측교두 > 근심설측교두 > 원심설측교두 • 융선 : 근심변연융선, 원심변연융선, 근심횡주융선, 원심횡주융선 • 와 : 근심와, 중심와, 원심와 • 소와 : 근심소와, 중심소와, 원심소와 • 구 : 근심구, 원심구, 협측구, 설측구, 근심설측삼각구, 원심설측삼각구, 근심협측삼각구, 원심협측삼각구 • 중심구, 협측구, 설측구가 만나 +(십자형)의 구를 이룬다.
인접면	원심교두가 없어 원심면의 풍융도가 약하다.

④ 하악 제2대구치의 특징

㉠ 하악 제1대구치와 대체적으로 유사하나, 크기가 약간 작고, 발육이 약하다.
㉡ 만 11~13세에 맹출을 시작하여, 만 14~15세에 치근이 완성된다.
㉢ 원심교두가 퇴화되어 4교두형이 많다.
㉣ 대구치 중 유일하게 4개의 삼각구를 가진다.
㉤ 교두의 크기 : 원심협측교두 > 근심협측교두 > 근심설측교두 > 원심설측교두
㉥ 4개의 교두, 4개의 삼각융선, 4개의 삼각구, 2개의 횡주융선
㉦ 복근치이며, 치근의 이개도가 작고, 융합되는 경우가 있다.

⑤ 하악 제2대구치의 좌우 구분

㉠ 협면 : 근심우각 > 원심우각
㉡ 교합면
　• 근심연은 직선적이고, 원심연은 완만한 곡선형태이다.
　• 치관의 원심협측에 원심교두의 흔적이 있는 경우가 있다.
㉢ 치근 : 치근은 원심으로 경사진다.

⑥ 하악 제1대구치와 하악 제2대구치의 비교

구 분		하악 제1대구치	하악 제2대구치
치 관	근원심경	11mm	10.5mm
협 면	협면구의 수	2	1
설 면	설면구의 수	1	주행하다 사라짐
교합면	크 기	넓다.	약간 좁다.
	주발육구	Y형	+형
	근원심연	직선형	곡선형
	모 양	오각형	사각형
	교두의 수	5	4
치 근	치근의 길이	13mm	14mm
	치근의 종류	복근치	복근치
	치근의 특징	모아져 원심경사	벌어짐

(7) 하악 제3대구치

① 대구치 중 가장 작다.
② 만 17~21세에 맹출을 시작하여, 만 18~25세에 치근이 완성된다.
③ 상악 제3대구치처럼 이상형태가 나타나는 경우가 많다.
④ 하악 제1대구치와 비슷하나 원심교두가 작고, 설측으로 치우쳐 있다.
⑤ 치근은 복근치이거나 단근치인 경우도 있다.

9 유 치

(1) 유치의 특징

① 유치는 유중절치, 유측절치, 유견치, 제1유구치, 제2유구치로 구성된다.
② 상악 10개, 하악 10개로 총 20개이다.
③ 유치의 맹출시기와 맹출순서 : 하악 유중절치(6개월) → 하악 유측절치(7개월) → 상악 유중절치(7.5개월) → 상악 유측절치(9개월) → 하악 유견치(12개월) → 상악 유견치(14개월) → 하악 제1유구치(16개월) → 상악 제1유구치(18개월) → 하악 제2유구치(20개월) → 상악 제2유구치(24개월)
④ 유치의 기능 : 저작, 발음, 심미, 악골의 성장을 자극, 간격 유지, 교합수준의 유지, 건전한 영구치열의 발육도모

다음 중 유치의 맹출순서로 옳은 것은?

① A → B → C → D → E
② A → B → D → C → E
③ A → B → C → E → D
④ A → C → B → D → E
⑤ A → C → D → B → E

답 ②

다음 중 영구치와 다른 유치의 기능으로 모두 고른 것은?

가. 음식물의 저작
나. 얼굴의 심미적 기능
다. 발음에 도움
라. 영구치 치배의 정상적 맹출자리 확보 및 조정작용

① 가, 나, 다   ② 가, 다
③ 나, 라   ④ 라
⑤ 가, 나, 다, 라

답 ④

⑤ 유치와 영구치의 차이점

구 분	유 치	영구치
치아수	20	32
치관의 크기	작다.	크다.
치근의 크기	작다.	크다.
치관의 근원심폭	넓다.	좁다.
치경융선	뚜렷	덜 발달
설면결절	뚜렷	덜 발달
색 깔	유백색, 청백색	황백색, 회백색
법랑질	얇으나 두께가 일정	두껍고 두께가 불규칙
상아질	얇 음	두꺼움
치근관	영구치보다 가늘다.	유치보다 두껍다.

(2) 유절치

① 상악 유중절치 : 유절치 중 가장 큰 치아이다.

구 분	특 징
치 관	• 치관의 길이가 짧고, 근원심경이 넓다. • 근심연과 절단연은 직선적이고, 원심연은 곡선적이다. • 절단결절과 순면구가 없어 직선으로 주행한다. • 설면치경결절이 발달되어 있다.
치 근	치관 길이에 비해 치근이 길다.

② 상악 유측절치 : 유중절치와 대체적으로 비슷하나 크기가 작다.

구 분	특 징
치 관	절단연의 경사가 크고, 설면결절이 근심으로 치우친다.
치 근	순측원심경사되고, 원추형이다.

③ 하악 유중절치 : 유치 중 가장 작고, 좌우 대칭적이다.

구 분	특 징
치 관	절단연이 수평이고, 절단은 거의 직선이다.
치 근	직선형이고, 치관 길이의 2배이다.

④ 하악 유측절치 : 상악 유측절치와 유사, 하악 유중절치보다 치관이 크고, 치근도 길다.

구 분	특 징
치 관	근심연이 길고, 원심연이 짧다.
치 근	원심경사되어 있다.

(3) 유견치

① 상악 유견치 : 유전치 중 크기가 가장 크다.

구 분	특 징
치 관	• 첨두가 약간 원심에 위치한다. • 근원심폭이 치관 길이에 비해 넓다. • 우각상징이 약하다. • 근심절단연이 원심절단연보다 길다.
치 근	유치 중 가장 길고, 치관 길이의 2배이다.

② 하악 유견치

구 분	특 징
치 관	• 상악유견치보다 근원심경이 좁다. • 첨두가 약간 근심에 위치한다. • 우각상징이 뚜렷하다.
치 근	순설면은 원심경사하고, 인접면에서는 순측경사한다.

(4) 유구치

① 상악 제1유구치 : 소구치와 대구치의 중간형으로 매우 특이하며, 상악대구치와 유사하다.

구 분	특 징
치 관	• 근심협측교두가 대부분이고, 원심협측교두가 작다. • 근심설측교두가 크고, 원심설측교두가 작다. • 설면이 상악소구치와 비슷하다. • 교합면에서 협측 2개, 설측 2개의 교두를 갖는다.
치 근	3치근으로 다근치이다.

② 상악 제2유구치 : 상악 제1대구치와 유사한 마름모꼴이며, 크기가 작다.

구 분	특 징
치 관	• 교합면에서 협측 2개, 설측 2개의 교두를 갖는다. • 근심변연융선과 원심변연융선의 발육이 좋다. • 협면구에 의해 근심협측교두와 원심협측교두의 크기가 비슷하다. • 설면에서 카라벨리씨결절이 나타난다. • 교두의 크기 : 근심설측교두 > 근심협측교두 > 원심협측교두 > 원심설측교두 • 3개의 발육구, 4개의 교두, 1개의 사주융선을 갖는다.
치 근	3치근으로 다근치이나 가끔 4치근을 갖는 경우도 있다.

③ 하악 제1유구치 : 비슷한 영구치가 없는 특이한 모양이다.

구 분	특 징
치 관	• 근원심경이 협설경보다 크다. • 근심협측교두가 원심협측교두보다 크다. • 교합면에서 협측에 2개, 설측에 2개의 교두를 갖는다. • 근심교두가 원심교두보다 발달했다. • 근심 쪽의 횡주융선이 원심 쪽의 횡주융선보다 발달했다. • 협측구와 설측구는 원심에 가깝게 있다. • 2개의 협면융선과 1개의 협면치경융선을 갖는다. • 교합면이 부등변사각형이다.
치 근	복근치이며, 치근의 이개도가 크다.

④ 하악 제2유구치 : 하악 제1대구치와 유사하나, 크기가 작다.

구 분	특 징
치 관	• 협측에서 2개의 발육구로 3개의 교두로 나뉘며, 크기가 비슷하다. • 설측에서 1개의 발육구로 2개의 교두로 나뉜다. • 교합면에서 근심협측구, 중심구, 원심협측구, 설측구에 의해 5교두를 나타낸다. • 근심설측과 원심설측은 예각이며, 근심협측과 원심협측은 둔각이다.
치 근	• 복근치이며, 치경직하에서 분지하고, 이개도가 크다. • 치근 길이는 치관 길이의 2배이다.

CHAPTER 02 적중예상문제

1 치아의 분류 및 표기법

01 다음 중 대생치가 아닌 것은?

① 상악중절치
② 하악견치
③ 상악 제1소구치
④ 하악 제2소구치
⑤ 상악 제3대구치

해설
⑤ 대생치는 유치를 계승하여 맹출하는 치아이다.
①, ②, ③, ④는 모두 가생치이다.

02 다음 중 치아의 구성조직에 대한 설명으로 연결이 옳은 것은?

① 해부학적 치관 - 치은선의 윗부분
② 임상적 치관 - 치경선의 윗부분
③ 백악법랑경계(CEJ) - 치관과 치근의 경계
④ 해부학적 치근 - 치은에 싸여 있는 부분
⑤ 임상적 치근 - 백악질로 덮여 있는 부분

해설
① 해부학적 치관 - 치경선의 윗부분, 법랑질로 싸여 있음
② 임상적 치관 - 육안으로 보이는 부분, 치은선의 윗부분
④ 해부학적 치근 - 치경선의 아랫부분, 백악질로 싸여 있음
⑤ 임상적 치근 - 치은에 싸여 육안으로 안 보이는 부분

03 다음 중 법랑질에 대한 설명으로 옳지 않은 것은?

① 인체 중 가장 단단한 조직이다.
② 치아의 경조직 중 무기질의 함량이 매우 높다.
③ 치관에서의 법랑질의 두께는 일정하다.
④ 깨지기 쉽다.
⑤ 대부분 백색이다.

해설
③ 치관에서의 법랑질의 두께는 치관의 윗부분에서 두껍고, 치경선에서 가장 얇다.

04 다음 중 치아의 외형과 비슷하고 치수로 채워져 있으며, 치아의 중심을 무엇이라 하는가?

① 치수강
② 수 실
③ 치근관구
④ 수상저
⑤ 치근첨

해설
②, ③, ④, ⑤는 모두 치수강의 해부학적 구조이다.

정답 01 ⑤ 02 ③ 03 ③ 04 ①

05 다음 중 각 치아의 명칭이 바르게 연결된 것은 무엇인가?

① 제1소구치 – 쌍두치
② 견치 – 전구치
③ 제2대구치 – 12세구치
④ 중절치 – 제절치
⑤ 중절치 – 제문치

해설
① 제1소구치 – 전구치
② 견치 – 창두치
④, ⑤ 중절치 – 제1문치

06 일반적으로 많이 사용하며, 유치는 알파벳의 대문자로, 영구치는 아라비아숫자로 표기하는 치식의 표현 방법은 무엇인가?

① 팔머표기법   ② 만국표기법
③ 국제표준표기법 ④ 두자리숫자표기법
⑤ 연속표기법

해설
① 사획구분법이라고도 한다.

2 치관의 구성 및 형태

01 다음 중 치면에 대한 설명이 틀린 것은?

① 상악에서 구개를 향한 면을 구개면이라 한다.
② 하악에서 혀를 향한 면을 설면이라 한다.
③ 인접하고 있는 두 개의 치아가 서로 접촉하는 면은 접촉면이라 한다.
④ 전치에는 교합면이 있고, 구치에는 절단면이 있다.
⑤ 정중선을 중심으로 가까운 쪽 면은 근심면이고, 먼 쪽 면은 원심면이다.

해설
④ 전치에는 절단면이 있고, 구치에서는 교합면이 있다.

02 다음 중 구치부 치관을 구성하는 치면이 아닌 것은?

① 순 면   ② 협 면
③ 설 면   ④ 근심면
⑤ 교합면

03 전치 설면의 치경 1/3 부위에 근심변연융선과 원심변연융선이 만나 형성된 돌출 부위는 무엇인가?

① 절단결절   ② 치경결절
③ 설면융선   ④ 극돌기
⑤ 이상결절

해설
① 절치의 절단에 형성된 돌출 부위이다.
③ 견치 설면 첨두에서 치경부를 향해 이어지는 융선이다.
④ 상악 전치부 설면결절 중 작은 돌출 부위이다.
⑤ 상악 구치부에 나타난다.

04 다음 중 교두의 수가 가장 많은 치아는 무엇인가?

① 하악 제2대구치   ② 하악 제1대구치
③ 상악 제3대구치   ④ 상악 제2대구치
⑤ 상악 제1대구치

해설
② 총 5개이다.

3 치근의 형태

01 치근이 협·설로 분지되는 치아는?

① 상악 제1소구치
② 하악 제1소구치
③ 하악 제1유구치
④ 상악 제2소구치
⑤ 하악 제2소구치

해설
② 하악 제1소구치 : 단근치
③ 하악 제1유구치 : 근·원심 분지
④ 상악 제2소구치 : 단근치
⑤ 하악 제2소구치 : 단근치

4 치아의 상징

01 좌, 우측의 같은 이름의 치아는 각각의 특징으로 치아를 구별할 수 있는데 이를 무엇이라고 하는가?

① 치아상징   ② 치관상징
③ 우각상징   ④ 치경선만곡상징
⑤ 치근상징

5 절 치

01 다음 중 절치의 크기 순서로 옳은 것은?

① 상악중절치 > 상악측절치 > 하악중절치 > 하악측절치
② 상악중절치 > 상악측절치 > 하악측절치 > 하악중절치
③ 상악중절치 > 하악중절치 > 상악측절치 > 하악측절치
④ 하악중절치 > 상악측절치 > 하악측절치 > 상악중절치
⑤ 하악중절치 > 하악측절치 > 상악중절치 > 상악측절치

02 하악중절치의 특징으로 옳은 것은?

① 설면결절이 약간 원심에 위치한다.
② 좌우 비대칭적이다.
③ 절단이 약간 원심설측으로 기울어진다.
④ 원심절단각이 약간 둔각이다.
⑤ 절단연이 약간 순측에 위치한다.

해설
① 하악중절치는 설면결절이 중앙에 위치한다.
② 하악중절치는 좌우 대칭적이다.
③ 하악중절치의 절단은 순·설 이등분선에 대해 직각이다.
④ 하악중절치의 근·원심 절단각 모두 예리하다.

03 전치부의 치아 중 치면열구전색 대상 치아는?

① 상악견치   ② 하악견치
③ 상악중절치   ④ 하악측절치
⑤ 상악측절치

해설
⑤ 상악측절치의 설면 : 설면와가 좁고 깊은 특성으로 치아우식의 호발 부위

정답 04 ② / 01 ① / 01 ① / 01 ② 02 ⑤ 03 ⑤

04 구강 내에서 가장 작은 치아로 좌우 구별이 어렵고 1치 : 1치로 교합하는 치아는?

① 상악 중절치　② 상악 측절치
③ 하악 중절치　④ 하악 측절치
⑤ 하악 제3대구치

> **해설**
> ③ 1:1치로 교합하는 치아 : 하악 중절치, 상악 제2대구치(사랑니 제외)

6 견 치

01 다음 중 상악견치에 대한 설명이 아닌 것은?

① 치관의 길이가 11mm로 제일 길다.
② 근심측 접촉면은 절단 1/3과 중앙 1/3의 경계이다.
③ 근원심 치경선 만곡도의 차는 1.0이다.
④ 치근의 길이가 17mm로 제일 길다.
⑤ 외형이 복잡하고 풍융하고, 발육이 좋아 구조물이 선명하다.

> **해설**
> ① 하악견치에 대한 설명으로, 상악견치의 치관 길이는 10mm이다.

02 상악 견치의 특징으로 옳은 것은?

① 첨두가 근심으로 위치한다.
② 근심절단연의 길이가 길다.
③ 설면에 복와상선이 뚜렷하다.
④ 2개의 순면융선이 있다.
⑤ 근심절단의 우각상징이 뚜렷하다.

> **해설**
> • 근심절단연이 짧고, 원심절단연이 길다.
> • 순면에 복와상선이 뚜렷하고, 설면은 극돌기가 뚜렷하다.
> • 순면에 3개의 순면융선, 2개의 구, 2개의 절단연을 가진다.
> • 원심절단의 우각상징(둔각)이 크고 뚜렷하다.

7 소구치

01 일반적인 소구치의 특징으로 옳은 것은?

① 모든 소구치는 협측과 설측에 1개씩의 교두를 가진다.
② 치근의 길이는 대구치와 같거나 짧다.
③ 모든 소구치는 원추형의 단근치이다.
④ 협측교두가 설측교두보다 높다.
⑤ 상악소구치의 교합면은 사각형이다.

> **해설**
> ① 하악 제2소구치는 제외한다.
> ② 치근의 길이는 대구치와 같거나 길다.
> ③ 상악 제1소구치는 협설로 분지된 복근치이다.
> ⑤ 상악소구치의 교합면은 계란형이다.

02 하악 제2소구치에 대한 설명으로 틀린 것은?

① 소구치 중 3교두가 나타난다.
② 협측반부와 설측반부의 비율이 1 : 1이다.
③ 발육구에 따라 Y자, U자, H자 교두형을 나타낸다.
④ 하악 제1소구치보다 설측 발육이 좋다.
⑤ 대구치화 경향이 나타난다.

> **해설**
> ② 협측반부와 설측반부의 비율은 2 : 10다.

8 대구치

01 다음 중 대구치에 대한 일반적인 특징으로 옳은 것은?

① 상악대구치의 기능교두는 협측이다.
② 하악대구치의 기능교두는 설측이다.
③ 상악대구치의 치근은 근·원심으로 분지한다.
④ 하악대구치의 치근은 협·설로 분지한다.
⑤ 상·하악 모두 기능교두가 비기능교두보다 낮다.

> **해설**
> ① 상악대구치의 기능교두는 설측이다.
> ② 하악대구치의 기능교두는 협측이다.
> ③ 상악대구치의 치근은 협·설로 분지한다.
> ④ 하악대구치의 치근은 근·원심으로 분지한다.

02 상악 제1대구치의 설면에서 나타나는 구조물은?

① 후구치결절 ② 설면결절
③ 카라벨리씨결절 ④ 가성구치결절
⑤ 개재결절

해설
① 후구치결절 : 상악 제3대구치
② 설면결절 : 절치의 설면 치경에서 보이며, 상악 견치에서 가장 뚜렷
④ 가성구치결절 : 상악 제2대구치 협면
⑤ 개재결절 : 상악 제1대구치 교합면

03 다음 중 상악 제1대구치의 치관의 협면부의 특징으로 틀린 것은?

① 협면의 교합연은 W자형을 나타낸다.
② 협면구에 의해 근심협측교두와 원심협측교두로 나뉜다.
③ 근심협측교두와 원심협측교두는 7 : 3이다.
④ 협면부가 치관의 중앙에서 정지하여 근원심으로 분지되는 경우 협면소와가 나타난다.
⑤ 협측의 발육구는 2개이다.

해설
③ 근심협측교두와 원심협측교두는 5 : 5이다.

04 상악 제2대구치의 근심측에 대한 특징으로 옳은 것은?

① 근심협측과 원심설측에서 압편되어 있다.
② 협면의 근심우각이 원심우각보다 크다.
③ 근심설측교두가 원심설측교두보다 크다.
④ 치근은 근심경사한다.
⑤ 근심협측부는 완만하고, 원심협측부가 돌출되어 있다.

해설
① 근심설측과 원심협측에서 압편되어 있다.
② 협면의 근심우각이 원심우각보다 작다.
④ 치근은 원심경사한다.
⑤ 근심협측부가 돌출되고, 원심협측부는 완만하다.

05 다음 중 하악 제1대구치의 교두 크기 순서로 옳은 것은?

① 근심설측교두 > 원심설측교두 > 근심협측교두 > 원심협측교두 > 원심교두
② 근심설측교두 > 근심협측교두 > 원심협측교두 > 원심설측교두 > 원심교두
③ 근심설측교두 > 원심설측교두 > 근심협측교두 > 원심교두 > 원심협측교두
④ 근심협측교두 > 근심설측교두 > 원심설측교두 > 원심협측교두 > 원심교두
⑤ 근심협측교두 > 원심설측교두 > 근심설측교두 > 원심협측교두 > 원심교두

06 다음 중 하악 제1대구치의 근심면에 대한 특징으로 옳은 것은?

① 가장 작은 교두는 원심교두이다.
② 근심변연은 곡선적이다.
③ 근심면과 원심면의 크기는 동일하다.
④ 근심치근과 원심치근의 크기는 동일하다.
⑤ 근심우각이 원심우각보다 크다.

해설
② 근심변연은 직선적이고, 원심변연이 풍융하다.
③ 근심면이 원심면보다 더 넓다.
④ 근심치근이 원심치근보다 더 크다.
⑤ 근심우각이 원심우각보다 작다.

정답 02 ③ 03 ③ 04 ③ 05 ④ 06 ①

07 다음 중 4개의 발육구를 발견할 수 있는 치아는 무엇인가?
   ① 하악 제1대구치   ② 하악 제2대구치
   ③ 하악 제3대구치   ④ 상악 제1대구치
   ⑤ 상악 제2대구치

08 교합면이 오각형의 형태인 영구치는?
   ① 하악 제1대구치   ② 하악 제2대구치
   ③ 상악 제1대구치   ④ 상악 제2대구치
   ⑤ 상악 제3대구치

   해설
   ① 하악 제1대구치 : 오각형
   ② 하악 제2대구치 : 사각형
   ③ 상악 제1대구치 : 평행사변형
   ④ 상악 제2대구치 : 원심설측교두가 아주 작은 평행사변형(4교두형)이나 상악 제3대구치삼각형과 유사(3교두형)

09 다음 중 하악 제2대구치의 교두의 크기를 바르게 나열한 것은?
   ① 근심설측교두 > 원심설측교두 > 근심협측교두 > 원심협측교두
   ② 근심설측교두 > 근심협측교두 > 원심설측교두 > 원심협측교두
   ③ 근심협측교두 > 원심협측교두 > 원심설측교두 > 근심설측교두
   ④ 근심협측교두 > 원심협측교두 > 근심설측교두 > 원심설측교두
   ⑤ 근심협측교두 > 근심설측교두 > 원심협측교두 > 원심설측교두

10 다음 중 하악 제2대구치의 원심측 특징이 아닌 것은?
   ① 협면에서 원심우각이 근심우각보다 작다.
   ② 교합면에서 원심연이 좀 더 곡선적이다.
   ③ 치근은 원심으로 경사진다.
   ④ 원심측의 교두가 근심측의 교두보다 대체로 크다.
   ⑤ 원심교두가 없는 경우에 흔적이 원심협측치관에서 나타나기도 한다.

   해설
   ④ 근심측의 교두가 원심측의 교두보다 약간 더 크다.

9 유치

01 다음 중 상악 영구치의 맹출순서로 옳은 것은?
   ① 1 → 2 → 3 → 4 → 5 → 6 → 7 → 8
   ② 6 → 1 → 2 → 3 → 4 → 5 → 7 → 8
   ③ 6 → 1 → 2 → 3 → 5 → 4 → 7 → 8
   ④ 6 → 1 → 2 → 4 → 3 → 5 → 7 → 8
   ⑤ 6 → 1 → 2 → 4 → 5 → 3 → 7 → 8

02 다음 중 하악 영구치의 맹출순서로 옳은 것은?
   ① 1 → 2 → 3 → 4 → 5 → 6 → 7 → 8
   ② 6 → 1 → 2 → 3 → 4 → 5 → 7 → 8
   ③ 6 → 1 → 2 → 3 → 5 → 4 → 7 → 8
   ④ 6 → 1 → 2 → 4 → 3 → 5 → 7 → 8
   ⑤ 6 → 1 → 2 → 4 → 5 → 3 → 7 → 8

정답 07 ② 08 ① 09 ④ 10 ④ / 01 ⑤ 02 ②

03 다음 중 유치와 영구치에 대한 설명으로 틀린 것은?
① 유치는 백색 혹은 청백색이며, 영구치는 황백색이다.
② 유치보다 영구치 전치의 설면결절과 치경부융선이 더 발달했다.
③ 유치는 총 20개이며, 영구치는 총 32개이다.
④ 유구치의 치근이개도는 영구치보다 크다.
⑤ 유치는 영구치보다 전체적으로 작다.

04 유치와 영구치의 차이점으로 옳은 것은?
① 유치의 치관 근원심폭이 좁다.
② 영구치의 상아질이 얇다.
③ 유치의 치근관이 가늘다.
④ 영구치의 설면결절이 뚜렷하다.
⑤ 유치의 치경융선이 덜 발달되었다.

> **해설**
> • 근원심폭 : 유치 > 영구치
> • 상아질의 두께 : 유치 < 영구치
> • 설면결절, 치경융선의 뚜렷함 : 유치 > 영구치

05 다음 중 상·하악 유치의 맹출시기를 옳게 나열한 것은?
① 상악 유중절치 → 하악 유중절치 → 하악 유측절치 → 상악 유측절치 → 하악 유견치 → 상악 유견치 → 하악 제1유구치 → 상악 제1유구치 → 하악 제2유구치 → 상악 제2유구치
② 상악 유중절치 → 하악 유중절치 → 하악 유측절치 → 상악 유측절치 → 상악 유견치 → 하악 유견치 → 하악 제1유구치 → 상악 제1유구치 → 하악 제2유구치 → 상악 제2유구치
③ 하악 유중절치 → 상악 유중절치 → 하악 유측절치 → 상악 유측절치 → 하악 유견치 → 상악 유견치 → 상악 제1유구치 → 하악 제1유구치 → 하악 제2유구치 → 상악 제2유구치
④ 하악 유중절치 → 하악 유측절치 → 상악 유중절치 → 상악 유측절치 → 상악 유견치 → 하악 유견치 → 하악 제1유구치 → 상악 제1유구치 → 하악 제2유구치 → 상악 제2유구치
⑤ 하악 유중절치 → 하악 유측절치 → 상악 유중절치 → 상악 유측절치 → 하악 유견치 → 상악 유견치 → 하악 제1유구치 → 상악 제1유구치 → 하악 제2유구치 → 상악 제2유구치

06 유치 치관의 맹출완료 시기는 언제인가?
① 18개월   ② 20개월
③ 22개월   ④ 24개월
⑤ 26개월

07 영구치 치관의 맹출완료 시기는 언제인가?(제3대구치 제외)
① 만 12세 이전   ② 만 12~14세
③ 만 15~17세   ④ 만 18~20세
⑤ 만 20세 이후

CHAPTER 03 구강조직

다음 중 생명체의 구조적, 기능적, 유전적 기본 단위는 무엇인가?

① 세 포   ② 핵
③ 조 직   ④ 기 관
⑤ 미토콘드리아

해설
② 핵은 세포의 생명활동을 조절한다.
③ 조직은 동일한 기능과 구조를 갖는 세포의 집단이다.
④ 기관은 다양한 성질의 조직이 모여 일정한 기능을 하는 조직의 집단이다.
⑤ 세포 내에 필요한 에너지를 생산하는 기관이다.

답 ①

다음 중 세포 소기관인 핵에 대한 설명으로 옳은 것은?

① 세포 내에 필요한 에너지를 생산한다.
② 단백질을 합성한다.
③ 유전물질을 저장한다.
④ 물질이동을 보조한다.
⑤ 생체가 필요로 하는 물질을 생산한다.

해설
① 미토콘드리아에 대한 설명이다.
② 리보솜에 대한 설명이다.
④ 미세소관에 대한 설명이다.
⑤ 소포체에 대한 설명이다.

답 ③

1 서 론

(1) 세포, 조직 및 기관의 특징

① 세포의 정의 : 생명의 기본 단위, 핵과 세포로 구성
② 조직의 정의 : 동일한 기능과 구조를 가진 세포의 집단
③ 기관의 정의 : 다양한 성질의 조직이 모인 집단, 일정한 기능을 수행
④ 세포의 소기관

구 분	설 명
핵	가장 크고, 진하고, 분명함, 유전물질의 저장
미토콘드리아	에너지 생산, ATP 생성
골지체	물질 분비 기능, 용해소체 생성
용해소체	식세포 작용, 자가용해
리보솜	단백질 합성
미세소관	세포의 전체적 형태유지, 물질이동에 도움

소포체	• 세포 내 망상구조(=형질내세망)
	• 단백질 생성이 활발한 세포에서 많이 나타남
	• 핵에서 만든 물질을 세포 내로 이동
	• 리보솜 부착에 따라
	  – 조면소포체 : 단백질 합성
	  – 활면소포체 : 지방질 합성, 콜레스테롤 대사

중심체	핵 가까이 위치, 세포분열에 관여
과산화소체	미토콘드리아 옆에 위치, 미토콘드리아에서 만든 활성산화물 제거

(2) 세포의 유사분열 과정

① 간기 : 세포분열의 사이, DNA가 복제되는 시기
② 세포주기

G1	1차 휴지기, 합성전기	세포의 성장, 대부분의 세포가 이 시기에 있음
S	합성기	세포의 합성이 이루어짐, DNA의 복제
G2	2차 휴지기, 합성후기	유사분열 준비
M	유사분열기	• 2개의 세포로 분열 • 세포의 주기 중 매우 짧은 시간(30분~2시간)
G0	정지기	세포의 주기를 벗어난 세포무리

③ 세포의 유사분열기(체세포분열)

전 기	핵막과 핵소체 소실되고, 세포질이 양극으로 퍼짐
중 기	중심체에서 방추사 뻗으며, 염색체가 적도판에 배열
후 기	방추사에 의해 염색체가 양극으로 분리
말 기	방추사가 사라지고 2개의 딸세포로 분열. 핵막이 다시 나타남

2 조 직

(1) 상피조직

① 상피조직의 특징
  ㉠ 신체 및 기관 표면과 혈관의 작은 공간과 같은 내면을 덮고 있는 조직이다.
  ㉡ 재생이 가능하고, 재생속도가 빠르다.
  ㉢ 혈관이 없다.
  ㉣ 상피조직끼리 결합력이 강하다.
  ㉤ 상피조직과 결합조직 사이에 기저막이 있다.
  ㉥ 표면에 섬모를 가질 때도 있다.
  ㉦ 위치에 따라 특수하게 분화되어 있다.

② 상피조직의 분류
  ㉠ 기능적 분류표

보호상피	외부 충격, 수분 증발, 병원균으로부터 동물체를 보호
샘상피	선을 구성하고 소화효소를 분비
흡수상피	영양물질을 흡수
감각상피	감각을 담당
호흡상피	호흡에 의해 산소를 배출
배상피	고환과 난소의 표면을 이루는 상피

  ㉡ 형태적 분류

단층상피	단층 편평상피	혈관의 내피
	단층 입방상피	침샘의 도관
	단층 원주상피	자궁, 난관, 위점막
위중층상피	위(거짓)중층상피	비강, 상기도
중층상피	중층 편평상피	인체 대부분의 상피조직, 구강점막, 식도
	중층 입방상피	난 포
	중층 원주상피	연구개의 상면, 요도의 일부
	이행상피	요도, 요관, 방광, 신우

다음 중 세포분열의 사이에 DNA가 복제되는 시기는 언제인가?

① 전 기   ② 중 기
③ 후 기   ④ 말 기
⑤ 간 기

해설
① 염색체가 형성된다.
② 방추사를 형성한다.
③ 염색체가 방추사에 의해 이동한다.
④ 세포질이 분열한다.

답 ⑤

다음 중 상피조직에 대한 설명으로 틀린 것은?

① 혈관이 없다.
② 재생이 가능하다.
③ 영양분은 외부로부터 공급받는다.
④ 털, 손톱, 치아의 법랑질은 상피조직이다.
⑤ 위치에 따라 특수하게 분화된다.

해설
③ 결합조직으로부터 영양분을 얻는다.

답 ③

다음 중 상피조직의 중층상피의 분류가 아닌 것은?

① 편평상피   ② 입방상피
③ 원주상피   ④ 이행상피
⑤ 위중층상피

답 ⑤

다음 중 피부의 역할이 아닌 것은?
① 얼굴 표정에 관여한다.
② 비타민 D 합성에 관여한다.
③ 유해물질로부터 보호한다.
④ 체온을 유지한다.
⑤ 신경이 없어 지각을 하지 못한다.

답 ⑤

③ 피 부
  ㉠ 피부의 기능 : 보호 작용, 체온의 유지, 지각, 비타민 D 합성
  ㉡ 피부의 기본구조와 기능
    • 표피 : 신경과 혈관이 없으며, 표층의 세포 각화로 탈락과 소실을 반복
    • 진피 : 표피-진피의 경계는 점상 혹은 선상의 요철 모양
    • 피하조직 : 진피의 하층의 근조직이나 골조직 사이

표피 (중층편평상피)	각질층	표피에 가까워져 비듬이나 때로 탈락
	투명층	무구조의 투명한 세포로 두터운 표피에서 볼 수 있음
	과립층	상피세포가 각화되기 위한 준비단계
	가시층 (유극층)	기저층의 위쪽. 세포와 세포가 섬유상구조를 이룸
	기저층	진피와 접함. 멜라닌세포가 존재
진피 (치밀결합조직)	유두층	진피의 결합조직돌기가 표피의 상피조직에 깊이 있음
	그물층 (망상층)	탄성섬유가 있으며 나이가 들수록 감소하여 주름 생김
피하조직(성긴결합조직)		피부 표면 자극의 완충, 지방세포가 많고, 체온조절

(2) 결합조직
  ① 결합조직의 특징
    ㉠ 인체의 기본 조직 중 가장 많은 무게를 차지함
    ㉡ 대부분 유사분열능력이 있어 재생 가능
    ㉢ 혈관이 분포되어 있어 직접 혈액공급을 받음(연골 제외)
    ㉣ 영양, 방어, 지지 등의 다양한 기능
    ㉤ 세포는 적고, 세포 사이의 간격이 넓고, 세포간질이 많음
  ② 결합조직을 구성하는 세포

다음 중 결합조직에 대한 설명으로 틀린 것은?
① 인체조직을 지지한다.
② 대부분의 결합조직은 재생이 가능하다.
③ 염증세포가 나타난다.
④ 연골을 제외하고 혈관이 분포되어 있다.
⑤ 상피조직보다 세포가 많다.

답 ⑤

섬유모세포		• 결합조직의 주된 세포 • 교원질을 합성하고, 교원섬유를 생성
대식세포		• 포식작용 • 단핵구 상태에서 염증 시 대식세포로 분화
면역에 관여	비만세포	히스타민을 유리하여 혈액의 호염기성 백혈구 유도
	형질세포	면역글로불린 생성
	B림프구 등	항체형성

③ 결합조직을 구성하는 섬유

아교섬유(교원섬유)	• 콜라겐 단백질 분자, 인장력을 견디는 힘. 섬유의 주종 • 피부, 연골, 뼈, 기저막 등
탄력섬유(탄성섬유)	• 엘라스틴 단백질 분자. 조직의 움직임을 가능하게 함 • 인대, 귓바퀴의 연골, 피부의 진피, 연구개, 기관지 등
세망섬유(망상섬유)	• 레티큘린 단백질 분자. 인체에서 드물게 나타남 • 혈관 등

④ 결합조직의 분류

섬유성 결합조직	성긴결합조직	피부의 진피, 구강점막의 고유판의 표층
	치밀결합조직	성긴결합조직의 하방, 힘줄, 인대, 관절낭
특수 결합조직	지방결합조직	세포내부에 지방을 축적, 바탕질이 거의 없음
	탄력결합조직	탄력섬유를 포함. 성대
	세망결합조직	혈액세포를 위한 지지뼈대를 형성

다음 중 결합조직의 일반적인 세포로 교원섬유를 생성하는 세포는 무엇인가?
① 대식세포   ② 백혈구
③ 섬유모세포   ④ 비만세포
⑤ 형질세포

답 ③

(3) 골조직

① 골조직의 특징
  ㉠ 인체의 골격을 구성
  ㉡ 근육을 지지
  ㉢ 생명유지에 필요한 기관을 보호
  ㉣ 골수에서 혈액세포를 생성
  ㉤ 혈관과 신경이 분포
  ㉥ 모든 결합조직 중 가장 분화되어 있음
  ㉦ 무기질은 대부분 칼슘수산화인회석

② 골조직의 구조

골 막	혈관과 신경이 뼈를 형성. 치유기능 역할
골 수	뼈의 가장 안쪽. 혈액의 줄기세포가 있음
골층판	교원섬유와 무기질의 규칙적 배열됨
하버스관	혈관과 신경이 지나감. 주변 뼈조직 세포에 영양공급
볼크만관	혈관과 신경이 지나감, 하버스관에 대해 직각, 사선 주행
골소강	뼈 모세포가 있는 공간

다음 중 뼈의 분류 중 뼈의 재생에 관여하며 치유기능을 갖추고, 혈관과 신경이 많이 분포된 곳은 어디인가?
① 골 막   ② 골 수
③ 하버스관   ④ 볼크만관
⑤ 골소강

답 ①

다음 중 혈액을 만드는 혈액의 줄기세포가 있는 골조직은 어디인가?
① 골 막   ② 골 수
③ 하버스관   ④ 볼크만관
⑤ 골소강

답 ②

배자의 발육과정의 나열이 옳은 것은?

① 유도 → 분화 → 증식 → 형태발생 → 성숙
② 유도 → 분화 → 증식 → 성숙 → 형태발생
③ 유도 → 증식 → 분화 → 형태발생 → 성숙
④ 유도 → 증식 → 분화 → 성숙 → 형태발생
⑤ 증식 → 유도 → 분화 → 성숙 → 형태발생

답 ③

다음 중 발생 2주에 일어나는 현상이 아닌 것은?

① 판 모양의 배아모체가 관찰된다.
② 주머니배가 착상된다.
③ 주머니배가 배자가 된다.
④ 이배엽성 배반이 형성된다.
⑤ 구강이 형성된다.

답 ⑤

3 배아의 발생

(1) 배아전기(1주)

① 수정 → 접합자 → 유사분열 → 오디배(상실배) → 주머니배(포배) → 착상
② 오디배 단계에서 태아가 자궁강 내로 들어감
③ 주머니배 단계에서 영양막층은 분만전 지지조직이 되고, 배자층은 배자가 됨

(2) 배아기(2~8주)

① 2주 : 이배엽성 배반이 형성됨
  ㉠ 배재원판이 납작하고 둥근 2층의 판 모양
  ㉡ 배재원판의 위판이 외배엽으로 자궁의 공간에서 먼 쪽에 있음
  ㉢ 아래판이 내배엽으로 자궁 공간의 가까운 쪽에 있음
② 3주 : 삼배엽성 배반이 형성됨
  ㉠ 원시선, 척삭, 신경관이 형성
  ㉡ 척삭전판이 구강을 형성하고, 융모막은 융모를 형성

(3) 태아기(9주~출산 전)

구 분	위 치	분화조직	치아조직
외배엽	배자원판의 위판층	표피, 외이, 신경계, 피부샘, 침샘	법랑질
중배엽	위판층의 이동세포	진피, 근육, 골수, 연골, 생식기관	
내배엽	배자원판의 아래판층	호흡기와 소화기계통, 혀의 표피	
신경능선세포	이동된 신경외배엽	머리와 목의 뼈, 신경계통 일부	상아질, 치수, 백악질, 치주인대, 치조골

4 얼굴과 구강의 발생

(1) 얼굴을 형성하는 돌기

① 4주 초(배아기)에 원시구강 주위 5개의 돌기에서 얼굴 발생에 관여
  ㉠ 비전두돌기 : 이마, 콧등, 코끝, 콧망울(외측비돌기), 비중격(내측비돌기)
  ㉡ 상악돌기 한 쌍 : 볼의 윗부분과 윗입술
  ㉢ 하악돌기 한 쌍 : 턱, 볼의 아랫부분과 아랫입술

(2) 입술의 형성과정과 구순열의 원인

상순은 발생 4주에 상악돌기는 윗입술의 가쪽, 내측비돌기는 윗입술의 중앙을 형성하고, 융합부전 시 구순열이 생긴다.

(3) 구개의 형성과정과 구개열의 원인

① 발생 5~6주(1차 구개) : 전상악돌기와 내측비돌기에서 발생하나, 비강과 구강이 서로 통합되어 구개가 없으며, 혀가 전체를 차지한다.
② 발생 6~12주(2차 구개) : 좌우의 구개돌기와 비중격에서 발생하며 비강과 구강이 완전히 차단되고 혀가 내려가며, 융합부전 시 구개열이 생긴다.
③ 발생 12주(입천장 완성) : 상악돌기와 좌우 구개돌기가 모두 융합된다.

5 치아의 발생

(1) 치배의 형성

① 치판(발생 6주)
  ㉠ 기원 : 구강상피세포의 외배엽
  ㉡ 과정 : 구강점막상피의 증식과 비후로 외배엽성 중간엽으로 성장, 일차상피띠 형성
② 전정판(발생 7주)
  ㉠ 과정 : 치판의 입술 쪽에 새로운 구강점막상피가 증식·비후되어 수직함입, 구강 전정을 형성
③ 치배(발생 8주)
  ㉠ 상피세포 덩어리, 치배의 수는 유치의 수와 같다.
  ㉡ 치배의 구성요소 : 법랑기관, 치아유두, 치낭

(2) 치아의 발생단계

시 기		치배의 특징
개시기(배자기)	발생 6~7주	• 유치의 수만큼 치배를 갖는다. • 발생장애 : (부분)무치증, 과잉치
뇌상기(싹시기)	발생 8주	• 치아판이 중간엽 속으로 성장한다. • 발생장애 : 거대치, 왜소치
모상기(모자시기)	발생 9~10주	• 법랑기관 : 법랑질 형성 • 치유두 : 상아질과 치수를 형성 • 치낭 : 백악질, 치주인대, 치조골을 형성 • 발생장애 : 치내치, 쌍생치, 융합치, 결절

발생 6~12주경 좌우의 구개돌기와 비중격의 융합부전으로 나타나는 기형은 무엇인가?
① 구순열 ② 구개열
③ 무치증 ④ 하악전돌
⑤ 상악후퇴

답 ②

다음 중 태생 약 8주 경, 상피세포 덩어리로 유치의 수와 동일한 수로 형성되는 것은?
① 치 판 ② 전정판
③ 치 배 ④ 법랑기관
⑤ 치아유두

답 ③

다음 중 치아의 발생단계와 발육단계의 연결이 옳은 것은?
① 개시기 - 거대치, 왜소치
② 뇌상기 - 치내치, 쌍생치, 융합치
③ 모상기 - 과잉치, 무치증
④ 종상기 - 법랑질 형성부전, 상아질 형성부전
⑤ 뇌상기 - 허친슨 절치

해설
① 개시기 - 과잉치, 무치증
② 뇌상기 - 거대치, 왜소치
③ 모상기 - 치내치, 쌍생치, 융합치
⑤ 종상기 - 허친슨 절치

답 ④

시기		치배의 특징
종상기(종시기)	발생 11~12주	• 법랑기관의 4층 분화 　- 외치법랑상피 : 법랑기관의 방어벽 　- 내치법랑상피 : 법랑모세포로 분화 　- 성상세망(법랑수) : 법랑질 생성에 도움 　- 중간층 : 법랑질의 석회화에 도움 • 치유두의 2세포 분화 　- 치유두의 바깥세포 : 상아모세포로 분화 　- 치유두의 중심세포 : 치수로 분화 • 치 낭 　- 치낭의 안쪽층 : 백악질을 형성 　- 치낭의 바깥층 : 치주인대와 치조골을 형성
침착기와 성숙기	치아마다 다름	발생장애 : 법랑진주, 법랑질이형성증, 상아질이형성증, 유착

※ 상아모세포는 치유두의 외배엽성 중간엽세포(신경능선세포)에서 기원한다.

(3) 치관의 형성

① 법랑질의 형성
　㉠ 전법랑모세포가 상아전질의 유도로 법랑모세포가 된다.
　㉡ 법랑모세포가 바닥막 쪽으로 법랑질을 형성한다.
　㉢ 상아법랑경계(DEJ)를 형성한다.

② 상아질의 형성
　㉠ 경조직 중 가장 먼저 발생한다(발생 18주).
　㉡ 치유두의 바깥세포가 전법랑세포의 유도로 상아모세포가 된다.
　㉢ 상아모세포가 상아전질(석회화되지 않은 상아질)을 형성한 후 상아모세포돌기를 남겨 점차 석회화된다.
　㉣ 상아질이 법랑질보다 먼저 분비활동을 시작하여 법랑질보다 더 두껍게 된다.

(4) 치근의 형성과정

① 치근상아질의 형성
　㉠ Hertwig 상피근초의 외치상피와 내치상피가 치근의 외형을 형성한다.
　㉡ 내치상피세포가 치유듀세포에서 상아모세포로 분화를 유도하여 치근상아질을 형성한다.
　㉢ 발생장애 : Hertwig 상피뿌리집이 붕괴된 후 남은 세포가 Malassez 상피잔사가 되는데, 이때 방향이 잘못되면 만곡치, 덧뿌리로 형성되며, 성숙된 치주인대에 남아 있게 되면 치근단낭, 양성종양을 일으킬 수 있다. 또한, 법랑모세포의 잘못된 이동으로 백악질 치근면에 법랑질이 형성(법랑진주)된다.
　㉣ 치근에는 법랑그물과 중간층이 없어 법랑모세포의 분화가 불가능하여 법랑질이 없다.

다음의 경조직 중 가장 먼저 발생하는 것은?

① 법랑질　② 상아질
③ 백악질　④ 치조골
⑤ 모두 동일하다.

답 ②

치주인대에 위치하여 치성종양이나 치근단육아종으로 이행될 수 있는 것은?

① Hertwig 상피근초
② Malassez 상피잔사
③ 치경고리
④ Tome's 돌기
⑤ 치아줄기

답 ②

② 백악질의 형성
  ㉠ Hertwig 상피근초가 붕괴되고, 치낭의 세포가 치근상아질에 닿으면, 치낭의 간엽세포가 백악모세포로 분화하여 백악질을 형성한다.
  ㉡ 1차 백악질(무세포백악질) : 치경부에서 매우 느리게 진행된다.
  ㉢ 2차 백악질(유세포백악질) : 치근의 중앙~치근단에서 매우 빠르게 진행되며, 백악바탕질에서 백악모세포가 유지되어 백악세포가 된다.
  ㉣ 상아백악질경계(DCJ) : 상아질 위에 백악질이 침착되어 형성된다.
③ 치수의 형성 : 백악질형성과 동시에 치아유두의 중심세포에서 치수를 형성하며, 상아질로 둘러싸인다.
④ 치주인대와 치조골의 형성
  ㉠ 형성된 백악질 주위에 동시에 치주인대와 아교섬유가 형성된다.
  ㉡ 아교섬유의 끝이 주변치조골의 내면지점까지 연장되어 석회화를 시작하면 치조골이 형성된다.
⑤ 다근의 형성 : 치아줄기에서 Hertwig 뿌리집이 차등적으로 성장하여 하나의 치근에서 각 치아의 고유의 치근 수로 형성된다.

(5) 치아의 맹출

① 유치의 맹출
  ㉠ 법랑모세포가 퇴축법랑상피를 형성하면 구강으로 맹출을 한다.
  ㉡ 맹출이 지속되면, 구강점막상피와 퇴축법랑상피가 만든 유착 부분이 퇴행하여 맹출터널을 형성하여 치관이 구강 내 노출된다.
  ㉢ 파골세포가 치조골을 흡수시키고, 파치세포가 치근상아질, 백악질, 치관법랑질의 일부를 흡수시켜 유치를 탈락시킨다.
② 영구치의 맹출
  ㉠ 맹출과정은 유치와 동일하다.
  ㉡ 퇴축법랑상피로부터 치성낭종의 발육장애가 나타날 수 있다.

6 치아조직

(1) 법랑질

① 법랑질의 특성
  ㉠ 인체에서 가장 단단하다(무기질 96%, 유기질 1%, 수분 3%).
  ㉡ 세포가 없어 손상 후 회복되지 않는다.
  ㉢ 혈관과 신경이 없다.
  ㉣ 무기질 – 인산칼슘과 수산화인회석, 유기질 – amelogenin 등의 법랑단백질로 구성된다.

다음 중 법랑질에 대한 특성으로 틀린 것은?

① 혈관과 신경이 존재하지 않는다.
② 유치의 법랑질이 더 불투명해서 하얗게 보인다.
③ 무기질은 주로 칼슘수산화인회석이다.
④ 세포가 없어 재생이 안 된다.
⑤ 유기질의 함량이 수분보다 높다.

답 ⑤

② 법랑질의 구조물
  ㉠ Retzius 선조
    • 법랑질의 성장선으로 석회화에 따른 주기적 변화를 보인다.
    • 최근 7일 동안 만들어진 법랑질의 양
    • 치아표면의 윤곽과 평행한 줄무늬
  ㉡ 신생선
    • 출생 시의 스트레스와 외상이 반영되어 출생 전과 출생 후의 경계부에 나타나는 성장선
    • Retzius 선조가 짙어진 형태
  ㉢ 슈레거 띠 : 인접한 법랑소주 간의 주행방향 차이, Retzius 선조의 직각방향
  ㉣ 법랑소주의 횡선문
    • 법랑소주의 장축과 평행
    • 법랑질의 성장선으로 하루에 $4\mu m$씩 성장하며, 석회화의 정도에 차이를 반영
  ㉤ 법랑방추 : 성숙한 법랑질에 나타나는 구조, 상아법랑경계(CEJ)에 짧은 상아세관으로 보임
  ㉥ 법랑총
    • 상아법랑경계(CEJ) 근처의 작고 검은 솔 모양의 돌기
    • 치경부에 많고, 석회화가 덜 되어 있고, 유기질 함량이 높음
  ㉦ 법랑엽판
    • 치경부의 상아법랑경계에서 교합면 쪽으로 부분적으로 석회화된 수직적 층판
    • 석회화가 낮고, 유기질 함량이 높고, 우식에 이환되기 쉬움
  ㉧ 상아법랑경계(DEJ) : 물결 모양, 볼록한 면이 상아질을 향한다.
  ㉨ 법랑질표면의 주파선조 : Retzius 선조가 법랑질 표면에 도달하는 치경부에 평행하게 있는 여러 개의 고랑
  ㉩ 법랑소주
    • 법랑질의 결정구조의 단위
    • 상아법랑경계(DEJ)에서 법랑질의 외면까지 법랑질의 두께만큼 존재한다.
    • 교두와 절단면 쪽의 법랑소주가 백악법랑경계(CEJ) 쪽보다 두껍다.
    • 가로절단면에서 열쇠구멍 모양을 한다.
    • 법랑모세포의 Tomes 돌기에 의한 특이성을 갖는다.
③ 법랑바탕질의 침착과 성숙
  ㉠ 침착기
    • 법랑질은 법랑바탕질의 형성과정(침착기에 해당)이다.
    • 법랑모세포의 Tomes 돌기에서 분비되어 형성된다.
    • 상아법랑경계(DEJ) 근처에서 형성되며, 절단면(교합면) 쪽에서 먼저 형성된다.
  ㉡ 성숙기 : 성숙기 동안 법랑바탕질의 광화가 완료되며, 법랑질의 광화는 맹출 이후에도 계속된다.

다음 중 법랑소주에 대한 설명으로 옳은 것은?
① 교두 쪽 법랑소주가 치경부 쪽 법랑소주보다 얇고 짧다.
② 세로절단면에서 열쇠구멍 모양을 한다.
③ 법랑질의 성장선은 Retzius선 만 있다.
④ 2개의 법랑모세포가 1개의 법랑소주를 형성한다.
⑤ 법랑질의 결정구조의 단위이다.

해설
① 교두 쪽 법랑소주가 치경부 쪽 법랑소주보다 길고 두껍다.
② 가로절단면에서 열쇠구멍 모양을 한다.
③ 법랑질의 성장선은 Retzius선, 신생선이 있다.
④ 4개의 법랑모세포가 1개의 법랑소주를 형성한다.

답 ⑤

다음 중 성숙한 법랑질에서 상아법랑경계의 짧은 상아세관이 보이며, 상아모세포돌기가 법랑질로 침범하는 것은?
① 법랑엽판   ② 법랑방추
③ 법랑총   ④ 슈레거 띠
⑤ 상아법랑경계

해설
① 불완전하게 발육된 법랑소주이다.
③ 상아법랑경계 근처의 작고 검게 보이는 솔, 불완전한 발육의 법랑소주 집합체
④ Retzius선조의 거의 직각, 법랑소주의 주행방향 차이 때문에 나타난다.
⑤ 물결 모양으로 볼록면이 상아질 쪽이다.

답 ②

(2) 상아질
  ① 상아질의 특성
    ㉠ 법랑질보다 덜 단단하다(무기질 70%, 유기질 20%, 수분 10%).
    ㉡ 노출된 상아질은 황백색 → 진한 황색 → 검은색으로 시간에 따라 변화한다.
    ㉢ 무기질 - 수산화인회석, 유기질 - 아교질, 지질 등
    ㉣ 상아질 속에 감각신경이 있다(상아세관 내 조직액의 이동이 신경을 자극한다는 학설).
  ② 상아질의 구조물
    ㉠ 상아질의 성장선
      • 에브너선 : 치아의 외형에 평행한 성장선, 하루에 $4\mu m$씩 성장하며 5일마다 방향 전환
      • 오웬외형선 : 에브너선 층판의 일부
      • 안드레젠선 : $20\mu m$ 간격으로 만들어진 상아질
      • 신생선 : 출생 시의 생리적 외상에 의한 광화장애 반영
    ㉡ 상아세관
      • 상아질 내의 긴 관 모양, 불투명
      • 내부에 상아세관액, 상아모세포돌기, 감각신경의 축삭돌기가 있다.
      • 치수에 가까운 쪽은 폭이 좁아지고 밀도가 높아짐(법랑질에 가까운 쪽은 반대) - 방사상으로 주행
      • 1차 만곡(S자형, 치경부상아질에서 뚜렷), 2차 만곡(1차 만곡 내의 미세한 나선형 곡선)
      • 나이 듦에 따라 상아세관의 폭경과 자극에 대한 치수와의 반응도 감소한다.
    ㉢ 상아세관과 상아질의 관계에 따른 분류
      • 관주상아질 : 매우 석회화되어 있으며, 나이 듦에 따라 두꺼워진다.
      • 관간상아질 : 상아질의 대부분으로 관주상아질의 사이를 채우고 있다.
      • 구간상아질 : 저광화, 비광화된 상아질 부위
      • 투명상아질 : 상아세관이 폐쇄된 것으로, 노인의 치아, 정지 우식, 만성 우식에서 나타난다.
    ㉣ 상아질 형성 시기에 따른 분류
      • 1차 상아질 : 치근단공 형성 이전에 형성되며, 외피상아질(상아질의 외층)과 치수상아질(치수벽의 외층)로 구성된다.
      • 2차 상아질 : 치근단공 형성 이후에 형성되며, 주행방향이 불규칙하고, 일생 동안 형성된다.
      • 3차 상아질 : 손상의 결과로 형성된 상아질로 자극의 강도와 기간에 비례하여 형성된다.

상아질에 대한 설명으로 옳은 것은?
① 치배의 치유두에서 형성된다.
② 무기질함량이 법랑질보다 낮아서 약하고, 매끈하다.
③ 상아질은 황색에서 시간에 따라 검게 변한다.
④ 방사선투과는 치수보다 더 잘된다.
⑤ 상아질은 치아 전체에서 관찰된다.

해설
② 무기질함량이 법랑질보다 낮아서 약하고, 거칠다.
③ 상아질은 황백색에서 점차 짙은 황색으로 시간이 지남에 따라 검게 변한다.
④ 방사선투과는 법랑질보다 더 잘된다.
⑤ 상아질은 치관에서만 관찰된다.
답 ①

다음 중 상아세관에 대한 설명으로 옳지 않은 것은?
① 상아질은 불투명하다.
② 치수에 가까운 쪽이 폭이 좁다.
③ 연령증가 시 상아세관의 폭이 좁다.
④ 상아질 우식 시 치수로 들어가는 통로 역할을 한다.
⑤ 상아세관 속에는 감각신경이 없다.
답 ⑤

치아의 외형에 평행한 상아질의 성장선으로 5일 주기로 방향이 변하며 매일 4 μm씩 성장하는 것은?
① 안드레젠선   ② 신생선
③ 오웬외형선   ④ 에브너선
⑤ 상아전질

해설
① 안드레젠선 : 간격이 $20\mu m$의 성장선
② 신생선 : 출생 시의 생리적 외상이 반영
③ 오웬외형선 : 에브너층판의 일부, 간격이 제각각
⑤ 상아전질 : 상아모세포에서 분화, 풋상아질을 형성하는 역할, 성장선이 아니다.
답 ④

ⓜ 기타 구조물
- 사로 : 과도한 교모, 우식 등으로 법랑질이 얇아져 상아질에 직접적 자극이 가해져 상아세관의 상아돌기가 변성, 괴사하여 어둡게 나타난다.
- Tome's 과립층 : 상아백악경계(DEJ)의 불규칙하고 어두운 과립의 연속된 층판 형태이다.

③ 상아질의 침착과 성숙
  ㉠ 침착기
  - 풋상아질을 형성하고, 일생 동안 침착한다.
  - 상아모세포에서 상아전질이 분비되어 풋상아질을 층상으로 매일 $4\mu m$ 형성하고, 치수의 외벽 쪽에 남아 상아질 침착을 계속한다.
  ㉡ 성숙기
  - 1차 광화기 : 칼슘수산화인회석이 아교섬유 내에서 석회소구를 형성, 성장, 융합한다.
  - 2차 광화기 : 층상으로 형성한다.

(3) 치 수
① 치수의 특성
  ㉠ 상아질에 영양을 공급하고, 상아질을 지지(소성결합조직)하고 유지하며, 일생 동안 형성된다.
  ㉡ 감각기능
  ㉢ 유기질 25%, 수분 75%로 구성
  ㉣ 나이 듦에 따라 치수강과 치근첨공이 좁아진다.
② 치수의 구조물
  ㉠ 섬유모세포(가장 많음), 상아모세포(쉽게 관찰됨), 미분화중간엽세포, 혈관, 신경세포
  ㉡ 치수 내 세포의 성분은 대부분이 아교섬유, 일부분은 세망섬유로 구성
③ 치수의 표층구조
  ㉠ 상아모세포층 : 상아모세포가 치수의 외벽을 덮는다. 2차, 3차 상아질을 형성, 감각신경의 축삭의 신경세포체가 있다.
  ㉡ 세포결핍층 : 상아모세포층보다 세포수가 적고, 신경층과 모세혈관층이 있다.
  ㉢ 세포밀집층 : 세포결핍층보다 세포밀도가 높고, 혈관이 풍부하게 분포한다.
  ㉣ 세포중심 : 치수실의 중심부에 위치, 세포 많고, 혈관도 많다.

다음 중 치수의 기능이 아닌 것은?
① 상아질의 계속적 유지와 지지에 관여
② 상아질에 영양공급
③ 1차 상아질 형성
④ 통각을 느끼는 감각기능
⑤ 염증반응

답 ③

다음 중 치수 내의 가장 많은 세포는 무엇인가?
① 섬유모세포
② 상아모세포
③ 혈 관
④ 신경세포
⑤ 미분화중간엽세포

답 ①

(4) 백악질
  ① 백악질의 특성
    ㉠ 무기질(수산화인회석) 65%, 유기질(아교섬유, 다당류) 23%, 수분 12%로 구성된다.
    ㉡ 신경과 혈관이 없어 치주인대로부터 영양을 공급받는다.
    ㉢ 백악법랑경계(CEJ)에서 가장 얇다.
    ㉣ 단근치는 치근단 부분에서, 복근치는 치근분지부에서 가장 두껍다.
    ㉤ 발생과정 : 치아종에서 Hertwig 상피근초의 미분화세포가 치근상아질표면으로 이동하여 백악모세포로 분화하고, 백악바탕질을 형성하여 백악질을 침착시키고, 내부에 백악모세포가 갇혀 백악세포가 되며, 백악바탕질이 완성되면 석회화되어 백악질이 된다.
  ② 백악질의 구조물
    ㉠ 샤피섬유(Sharpey's fiber) : 백악질 표면에 대해 수직으로 박혀 있다.
    ㉡ 백악모세포 : 치주인대 내 백악질 표면을 따라 배열, 치아 손상 시 백악질을 형성한다.
    ㉢ 백악법랑경계(CEJ)의 형태
      • 백악질과 법랑질이 접촉 없어 상아질이 노출(10%)
      • 백악질과 법랑질이 자유연에서 접촉(30%)
      • 백악질의 일부가 법랑질을 덮음(60%)
    ㉣ 정지선 : 백악질의 성장선이다.
  ③ 백악질의 종류

1차 백악질(무세포성 백악질)	2차 백악질(세포성 백악질)
최초의 층으로 침착	1차 백악질 완성 후 침착
치경부 1/3	치근단 1/3, 치근분지부
천천히 만들어진다.	빨리 만들어진다.
백악세포가 없다.	백악세포가 있다.
두께 변화가 없다.	시간이 지나면 층이 더해진다(재생).
성장선의 간격이 일정, 규칙적	성장선의 간격이 넓고, 불규칙적

다음 중 백악질에 대한 설명으로 틀린 것은?
① 단근치에서 치근단 부분의 백악질이 가장 두껍다.
② 다근치에서 치근 분지부의 백악질이 가장 두껍다.
③ 백악질은 유기질이 23%를 이룬다.
④ 백악질이 가장 얇은 부분은 백악법랑경계이다.
⑤ 신경과 혈관이 없어 치수로부터 영양공급을 받는다.
답 ⑤

백악질의 샤피섬유는 백악질 표면에 대해 주행이 어떻게 되나?
① 수평주행
② 수직주행
③ 대각선 방향 주행
④ 치경부 쪽으로 넓어진다.
⑤ 치근단 쪽으로 넓어진다.
답 ②

다음 중 1차 백악질에 대한 설명이 아닌 것은?
① 무세포성백악질이라고 한다.
② 시간이 경과해도 두께가 일정하다.
③ 천천히 형성된다.
④ 치근분지부에 특히 많다.
⑤ 최초의 층으로 침착한다.
답 ④

7 치주조직

(1) 치주인대

① 치주인대의 기능과 특징
  ㉠ 백악질과 치조골을 연결하는 섬유성 결합조직으로 치아를 지지하는 역할
  ㉡ 주섬유, 기질, 여러 세포가 분포함
  ㉢ 감각 수용기, 영양공급, 항상성, 흡수 및 방어기능
② 치주인대에 존재하는 세포 : 섬유모세포, 백악모세포, 골모세포와 파골세포, 파치세포, 미분화간엽세포, Malassez 상피잔사, 대식세포와 비만세포 등
③ 치주인대의 섬유

주섬유	치조정섬유군	경사력, 분출, 감입, 회전력에 저항
	수평섬유군	경사력, 회전력에 저항
	사주섬유군	교합력에 완충, 가장 많은 수
	치근단섬유군	분출, 회전력에 저항
	치근간섬유군	분출, 감입, 회전력, 뒤틀림에 저항
치은섬유군 (변연치은의 고유판에서 관찰)	치아치은군	치은을 부착, 가장 많은 수
	치조치은군	치은이 치조골에 부착되는 데 도움
	윤주군	유리치은이 치아에 부착되는 데 도움
	치아골막군	치아를 치조골에 고정시키는 데 도움
	횡중격섬유군	치궁의 모든 치아를 연결

(2) 치조골

① 치조골의 특징
  ㉠ 상·하악골의 일부분으로 치아를 지지, 보호
  ㉡ 결정구조는 수산화인회석이고, 무기질 60%, 유기질 25%, 수분 15%로 구성
  ㉢ 백악질에 비해 쉽게 개조되어 교정적 치아 이동이 가능
  ㉣ 개조된 치조골에서는 정지선과 반전선이 나타남
② 치조골의 분류
  ㉠ 고유치조골 : 속상골과 층판골로 구성, 직접적 치아지지 역할
  ㉡ 경질판(치조백선, lamina dura) : 고유치조골의 외측의 흰색선, 치주질환이나 치근단 병변 시 소실
  ㉢ 지지치조골 : 바깥쪽의 피질골(구치 기준 1.5~3mm)과 중앙의 해면골로 구성

다음 중 치주인대에 대한 설명으로 틀린 것은?
① 치아유두에서 유래한다.
② 교합력을 완충한다.
③ 신경과 혈관이 분포한다.
④ 통각, 촉각, 온도감각, 압각을 느낀다.
⑤ 섬유성 결합조직으로 아교섬유로 이루어진다.

해설
① 치아주머니에서 유래한다.

답 ①

다음 중 치조골에 대한 설명으로 옳은 것은?
① 백악질보다 개조가 어렵다.
② 초기의 치조골에서는 정지선과 반전선이 나타난다.
③ 기능에 따라 치간중격과 근간중격으로 나뉜다.
④ 위치에 따라 고유치조골과 지지치조골로 나뉜다.
⑤ 상악골, 하악골 모두 첫 번째 인두굽이에서 유래한다.

해설
① 백악질보다 개조가 쉬워 교정적 치아 이동이 가능하다.
② 개조된 치조골에서는 정지선과 반전선이 나타난다.
③ 기능에 따라 고유치조골과 지지치조골로 나뉜다.
④ 위치에 따라 치간중격과 근간중격으로 나뉜다.

답 ⑤

(3) 치 은

① 치은의 특성
  ㉠ 치은은 회백조의 핑크색, 치조점막은 선홍색을 나타낸다.
  ㉡ 치근을 보호, 교합압 흡수, 치아를 지지하는 역할을 한다.

② 치은의 구조
  ㉠ 유리치은(변연치은) : 각 치아의 치은 모서리, 유리치은구의 높이 = 치은열구의 깊이
  ㉡ 부착치은
    - 저작점막
    - 건조 시 무광택이고 단단하고 운동성이 없으며, 많은 점몰이 존재
    - 건상각질 중층편평상피, 상피의 각화로 저작 시 교합압을 점막하조직에 전달
  ㉢ 치간유두 : 치간강을 메우며, 치아의 근심면과 원심면으로 이루어진 삼각형 모양의 틈
  ㉣ 치간함몰부치은
    - 치아와 치아의 접촉점 아래 치은이 오목한 곳
    - 변연치은으로 구성되어 비각화상태
    - 치주질환 형성에 중요. 보통 구치 발치 시 관찰 가능
  ㉤ 치아치은결합조직
    - 열구상피 : 치은열구, 중층편평상피로 비각화, 치은열구액을 분비
    - 접합상피 : 치은열구가 더 연장된 부분. 상피부착(세포와 비세포의 세포결합), 7일 내 재생되며, 치은열구내로 세포탈락 시에도 미성숙·미분화상태

다음 중 부착치은에 대한 설명이 아닌 것은?
① 많은 점몰이 관찰된다.
② 각 치아의 치은 모서리 부위를 덮는다.
③ 저작점막이다.
④ 건조 시 무광택으로 운동성이 없다.
⑤ 건성각질 중층편평상피이다.

해설
② 유리치은에 대한 설명이다.
답 ②

다음 중 치간강을 메우고 있으며, 치아의 근심면과 원심면 사이의 삼각형 모양의 틈은?
① 변연치은   ② 유리치은
③ 치간유두   ④ 부착치은
⑤ 치간함몰부치은
답 ③

8 구강연조직

(1) 구강점막의 특성
① 고유판(고유결합조직)과 고유판을 덮고 있는 중층편평상피로 구성
② 보호기능, 감각기능, 분비기능, 체온조절 기능

(2) 구강점막의 기본구조
① 이장점막
  ㉠ 구강점막의 65%
  ㉡ 부드러운 표면, 젖어 있는 비각질상피, 점막하조직이 있다.
  ㉢ 늘어나거나 압박 가능하며 쿠션작용을 한다.
  ㉣ 입술점막, 치조점막, 협점막, 구강저, 혀의 아랫면, 연구개에 있다.
② 저작점막
  ㉠ 음식물 저작 시 압박, 마찰, 마모된다.
  ㉡ 각질상피로, 점막하조직이 없다.
  ㉢ 고무 같은 표면감촉, 탄력성이 있다.
  ㉣ 부착치은과 경구개에 있다.
③ 특수점막 : 설유두와 관련, 구강점막 중 미각을 담당

구 분	부 위	상 피	특 징	점막하조직
이장점막	입술점막과 볼점막	두꺼운 비각화상피	• 결합조직유두 불규칙 • 탄력섬유 약간 • 혈관공급 풍부	• 지 방 • 작은 침샘 • 근육에 단단히 부착
이장점막	치조점막	얇은 비각화상피	• 결합조직유두가 없을 수도 있음 • 탄력섬유 풍부 • 혈관공급 풍부	• 작은 침샘 • 근육에 느슨히 부착
이장점막	구강바닥과 혀의 배쪽면	매우 얇은 비각화상피	• 구강바닥은 넓음 • 혀의 배면에 결합조직유두가 많음 • 탄력섬유 약간 존재 • 혈관공급이 풍부	• 구강바닥은 지방조직, 턱밑샘, 혀밑샘이 존재 • 뼈나 근육에 느슨히 부착 • 작은 침샘 • 하방의 근육에 단단히 부착
이장점막	연구개	얇은 비각화상피	• 두꺼운 고유판 • 결합조직유두와 뚜렷한 탄력층	• 매우 얇음 • 지방조직 • 침 샘 • 근육에 단단히 부착
저작점막	부착치은	두꺼운 각화상피	• 뼈에 대한 점막골막으로의 역할 • 혈관공급 풍부	없 음
저작점막	경구개	두꺼운 진성각화상피	점막골막으로의 역할	• 앞쪽은 지방조직 • 뒤쪽은 작은 침샘 • 경계 부위만 존재

다음 중 구강점막의 기능이 아닌 것은?

① 상피와 결합조직의 분리와 연결
② 보호기능
③ 체온유지 기능
④ 감각기능
⑤ 분비기능

해설
① 바닥막의 역할이다.
답 ①

다음 중 이장점막에 대한 설명으로 틀린 것은?

① 구강점막의 65%이다.
② 부드럽고, 젖어 있다.
③ 늘어나거나 압박되는 쿠션작용을 한다.
④ 비각질 중층편평상피이다.
⑤ 점막하조직이 없거나 얇다.

해설
⑤ 저작점막에 대한 설명이다.
답 ⑤

저작점막이 나타나는 부위로 옳은 것은?

① 유리치은   ② 볼점막
③ 연구개   ④ 경구개
⑤ 혀의 배면

해설
④ 저작점막은 부착치은, 경구개, 혀의 등쪽 면에 나타난다.
답 ④

(3) 구강점막 상피와 고유판

① 상피의 역할 : 세균의 침입과 물리적 자극에 대한 보호, 건조에 대한 보호 작용
② 구강 내 중층편평상피

구 분	세포층	특 징
비각질 중층편평상피	• 표면층 • 중간층 • 바닥층	• 구강상피의 가장 일반적 • 이장점막의 최외층
진성각질 중층편평상피	• 각질층 • 과립층 • 가시층 • 바닥층	• 구강상피에서 가장 적음 • 저작점막 및 특수점막 관련 • 각질층에 핵이 없음
착각질 중층편평상피	• 각질층 • 과립층(없거나 불분명) • 가시층 • 바닥층	• 건강한 구강의 독특한 조직소견 • 특정저작점막 및 특수점막과 연관 • 각질층에 핵이 있음

③ 구강점막의 고유판
  ㉠ 고유판 : 구강상피를 지지하는 결합조직으로 모든 종류의 상피의 바닥막 하방에 있다.
  ㉡ 아교섬유가 대부분으로 탄력섬유도 관찰 가능하다. 유두층과 치밀층의 2층구조이다.
  ㉢ 섬유모세포가 가장 일반적인 세포이다.

(4) 혀

① 혀의 기능과 구조
  ㉠ 발음, 지각, 미각기관으로 음식물을 이동시킨다.
  ㉡ 기능적으로는 저작점막, 구조적으로는 이장점막의 특징을 가진다.
② 설유두

구 분	임상소견	현미경소견	미뢰	기능
사상유두 (실유두)	• 가장 일반적인 형태 • 끝이 뾰족한 원뿔모양	두꺼운 각화상피	X	물리적 기능
심상유두 (버섯유두)	• 수가 적음 • 작은 버섯모양, 빨간색	얇은 각화상피	O	맛
엽상유두 (잎새유두)	혀의 뒷면 가쪽에 4~11개	잎새모양의 각화상피	O	맛
유곽유두 (성곽유두)	• 분계고랑의 앞쪽 • 큰 버섯모양 7~15개	혀의 표면에서 함몰	O	맛

구강점막 상피에 대한 설명으로 옳은 것은?

① 비각질중층편평상피는 각질층, 과립층, 가시층, 바닥층으로 구성된다.
② 비각질중층편평상피는 저작점막 및 특수점막과 관련한다.
③ 진성각질중층편평상피는 표면층, 중간층, 바닥층으로 구성된다.
④ 진성각질중층편평상피는 구강상피의 가장 일반적인 형태이다.
⑤ 착각질중층편평상피는 특정 저작점막 및 특수점막과 관련한다.

해설
① 비각질중층편평상피는 표면층, 중간층, 바닥층으로 구성된다.
② 비각질중층편평상피는 구강상피의 가장 일반적인 형태이다.
③ 진성각질중층편평상피는 각질층, 과립층, 가시층, 바닥층으로 구성된다.
④ 진성각질중층편평상피는 저작점막 및 특수점막과 관련한다.

답 ⑤

다음 중 미뢰가 없는 설유두는?

① 사상유두 ② 심상유두
③ 엽상유두 ④ 유곽유두
⑤ 버섯유두

답 ①

작고 붉은 점 모양으로 수가 적고, 미뢰가 있으며 맛을 느낄 수 있는 설유두는?

① 사상유두 ② 심상유두
③ 엽상유두 ④ 유곽유두
⑤ 실유두

답 ②

다음 중 타액에 대한 설명으로 틀린 것은?

① 소화에 도움
② 항세균작용
③ 구강점막을 부드럽게
④ 치면의 재광화
⑤ 치석 형성 시 유기물의 공급원

해설
⑤ 치석 형성 시 무기질의 공급원이다.

 ⑤

다음의 타액선 중 구강저에 위치하여 혼합선으로 허밑샘관에 개구하는 것은?

① 이하선 ② 악하선
③ 설하선 ④ 전설선
⑤ 후설선

 ③

(5) 타액선

① 타액의 역할
  ㉠ 구강점막의 윤활, 보호, 효소작용을 통해 소화에 도움, 항세균작용
  ㉡ 치은연상치석 형성 시 무기질의 공급원

② 대타액선

구 분	크 기	위 치	배출도관	선조관	개제관	분비꽈리
이하선	가장 큼	귀의 전하방	귀밑샘	짧다.	길다.	장액성
악하선	중 간	하악저	턱밑샘	길다.	짧다.	혼 합
설하선	가장 작음	구강저	턱밑샘	없거나 드물다.	없다.	혼 합

③ 소타액선
  ㉠ 구순선, 협선, 구치선, 설선 – 점액성 + 약간의 장액성
  ㉡ 구개선 – 점액성
  ㉢ 설선 : 전설선 – 혼합성, 후설선 – 점액성, von Ebner선 – 장액성

CHAPTER 03 적중예상문제

1 서론

01 광학현미경의 조직표본 제작 방법으로 옳은 것은?

① 고정 → 수세 → 탈수 → 포매 → 박절 → 염색
② 고정 → 수세 → 탈수 → 박절 → 포매 → 염색
③ 고정 → 수세 → 포매 → 탈수 → 박절 → 염색
④ 수세 → 고정 → 탈수 → 포매 → 박절 → 염색
⑤ 수세 → 고정 → 탈수 → 박절 → 포매 → 염색

02 조직표본 제작 시 가장 대표적으로 사용하는 고정액은 무엇인가?

① 1% 포르말린 ② 10% 포르말린
③ 1% 자일렌   ④ 10% 파라핀
⑤ 10% 알코올

03 다음 중 조직표본 제작 시 파라핀이 가장 많이 사용되며, 적당한 경도를 얻는 단계는 무엇인가?

① 투 명   ② 박 절
③ 침 투   ④ 포 매
⑤ 염 색

> **해설**
> ① 투명 : 자일렌에 2시간씩 3회 담가 조직의 투명도를 증가시킴
> ② 박절 : 가장 숙련을 요하는 과정으로 1~20㎛ 단위로 자름
> ③ 침투 : 조직재의 공간으로 포매제인 파라핀을 넣음
> ⑤ 염색 : 세포의 핵부터 염색됨

04 다음 중 세포 내에 필요한 에너지를 생산하며, ATP를 만드는 기관은?

① 핵   ② 미토콘드리아
③ 골지체   ④ 리보솜
⑤ 중심체

> **해설**
> ① 유전물질을 저장하고, 세포의 생명 활동을 조절한다.
> ③ 물질분비기능이 있다.
> ④ 단백질을 합성한다.
> ⑤ 핵 근처에서 세포분열에 관여한다.

05 다음 중 아미노산을 합성하여 단백질을 형성하는 기관은 무엇인가?

① 핵   ② 미토콘드리아
③ 골지체   ④ 리보솜
⑤ 중심체

06 다음 중 체세포분열에 관하여 염색체가 움직여 적도판에 일렬로 배열되는 시기는 언제인가?

① 전 기   ② 중 기
③ 후 기   ④ 말 기
⑤ 간 기

정답 01 ① 02 ② 03 ④ 04 ② 05 ④ 06 ②

2 조 직

01 다음 중 비강을 포함한 상기도를 둘러싼 상피조직의 종류는 무엇인가?

① 단층 원주상피　② 거짓 중층상피
③ 중층 편평상피　④ 중층 원주상피
⑤ 중층 입방상피

해설
① 자궁, 난관, 위점막의 상피조직
③ 구강점막, 식도
④ 연구개
⑤ 난 포

02 다음 중 인체 대부분의 상피조직으로, 각질을 형성하여 세균의 침입을 방지하는 역할을 하는 상피조직은 무엇인가?

① 단층 원주상피　② 거짓 중층상피
③ 중층 편평상피　④ 중층 원주상피
⑤ 중층 입방상피

03 다음의 상피조직의 기능분류 중 구강, 피부에서처럼 외부의 충격으로부터 보호하고, 수분의 증발을 막으며, 병원균으로부터 보호하는 상피조직은 무엇인가?

① 보호상피　② 샘상피
③ 감각상피　④ 배상피
⑤ 흡수상피

해설
② 소화효소를 분비하고 선을 구성한다.
③ 감각을 담당한다.
④ 고환과 난소의 상피조직이다.
⑤ 소장의 상피조직으로 영양물질을 흡수한다.

04 다음 중 피부에 대한 설명으로 옳은 것은?

① 표피에는 신경과 혈관이 일부 있다.
② 진피에는 멜라닌생성세포가 존재한다.
③ 표피는 치밀결합조직이다.
④ 진피에는 신경과 혈관이 없다.
⑤ 피하조직에는 지방세포가 많이 분포한다.

해설
① 표피에는 신경과 혈관이 없다.
② 표피의 기저층에는 멜라닌생성세포가 존재한다.
③ 진피는 치밀결합조직이다.
④ 진피의 유두층에는 신경과 혈관이 많이 분포한다.

정답　01 ②　02 ③　03 ①　04 ⑤

05 다음 중 표피의 구조에 해당하지 않는 것은?
① 기저층   ② 유두층
③ 유극층   ④ 과립층
⑤ 투명층

해설
② 유두층은 진피의 구조에 해당한다.
① 멜라닌세포가 존재한다.
③ 기저층 위쪽의 세포간교를 이룬다.
④ 각화 준비단계의 표피층이다.
⑤ 두터운 표피에서 관찰된다.

06 진피를 이루는 층에서 모세혈관이 많이 분포되어 표피의 기저층에 산소와 영양을 공급하는 곳은?
① 망상층   ② 유두층
③ 과립층   ④ 투명층
⑤ 각질층

해설
• 표피조직 – 각질층(비듬, 때) – 투명층(무구조) – 과립층(각화 준비단계) – 기저층(진피와 접함, 멜라닌세포)
• 진피조직 – 유두층(표피와 접함, 돌기형태) – 그물층(탄성섬유, 주름관계)
• 피하조직

07 다음 중 피부의 표피에서 손바닥, 발바닥 등에서 보이며, 무구조의 투명한 세포로 구성되는 표피층은 무엇인가?
① 기저층   ② 각질층
③ 유극층   ④ 과립층
⑤ 투명층

08 다음 중 표피의 가장 바깥층으로 핵이 없으며, 비듬이나 때로 탈락되는 피부구조는 무엇인가?
① 기저층   ② 각질층
③ 유극층   ④ 과립층
⑤ 투명층

09 다음의 피부 구조 중 치밀결합조직의 형태로, 연령증가 시 감소하여 주름을 형성하는 데 관여하는 피부층은 무엇인가?
① 망상층   ② 유두층
③ 유극층   ④ 과립층
⑤ 피하조직

해설
② 대식세포와 비만세포가 관찰된다.

10 다음 중 결합조직의 세포와 역할의 연결이 옳은 것은?
① 대식세포 – 호중구에 관여
② B림프구 – 면역글로불린 생성에 관여
③ 백혈구 – 조직구라고도 하며 탐식작용에 관여
④ 형질세포 – 관련된 항체형성에 관여
⑤ 비만세포 – 호염기성 백혈구 유도에 관여

해설
① 조직구라고도 하며, 탐식작용에 관여
② 항체 생성에 관여
③ 호중구에 관여
④ 면역글로불린 생성에 관여

정답 05 ② 06 ② 07 ⑤ 08 ② 09 ① 10 ⑤

11 다음 중 결합조직의 섬유 중 혈관에서 볼 수 있으며, 그물과 같은 망을 형성하는 섬유는 무엇인가?
① 교원섬유　② 탄력섬유
③ 망상섬유　④ 아교섬유
⑤ 탄성섬유

12 다음 중 교원섬유에 대한 설명으로 틀린 것은?
① 콜라겐으로 구성되어 있다.
② 인장력을 갖는다.
③ 인체 섬유의 대부분이다.
④ 피부, 연골에서 나타난다.
⑤ 늘어났다가 원래대로 돌아오는 능력이 있다.

13 다음 중 연골에 대한 설명으로 틀린 것은?
① 혈관과 신경이 없다.
② 내배엽에서 기원한다.
③ 단단하지만 탄력을 가진다.
④ 출생 후 특정연조직을 지지하는 역할을 한다.
⑤ 골조직보다 치유가 늦다.

14 다음 중 뼈에 대한 설명으로 틀린 것은?
① 혈관과 신경이 분포하지 않는다.
② 인체의 기관을 보호한다.
③ 무기질은 대부분 칼슘수산화인회석이다.
④ 칼슘과 인산 등을 저장한다.
⑤ 단단한 결합조직이다.

15 다음 중 혈액에 대한 설명으로 옳은 것은?
① 백혈구는 산소와 이산화탄소를 운반한다.
② 적혈구는 염증과 면역반응에 관여한다.
③ 혈소판에는 핵이 존재한다.
④ 혈액세포의 대부분은 골수의 줄기세포에서 기원한다.
⑤ 적혈구, 백혈구, 혈소판으로 구성된다.

해설
① 적혈구는 산소와 이산화탄소를 운반한다.
② 백혈구는 염증과 면역반응에 관여한다.
③ 혈소판에는 핵이 없으며, 백혈구에만 핵이 존재한다.
⑤ 적혈구, 백혈구, 혈소판, 혈장으로 구성된다.

16 다음의 백혈구 중 염증반응 시 가장 먼저 반응하는 것은 무엇인가?
① 호중성 백혈구　② 호산성 백혈구
③ 호염기성 백혈구　④ 대식세포
⑤ 비만세포

해설
② 알레르기, 기생충 감염 시 반응
③ 히스타민, 헤파린에 관여
④ 용해요소를 갖고 있음
⑤ 히스타민과 헤파린을 분비

11 ③　12 ⑤　13 ②　14 ①　15 ④　16 ①

17 다음 중 면역반응에 관여하는 백혈구가 아닌 것은?

① 호중성 백혈구
② 형질세포
③ 비만세포
④ 호염기성 백혈구
⑤ 림프구

18 다음 중 얼굴과 저작근에 분포하는 근육은 무엇인가?

① 평활근
② 민무늬근
③ 심장근
④ 줄무늬근
⑤ 골격근

19 다음의 신경조직에 대한 설명으로 옳은 것은?

① 근육을 이완시켜 표정을 만든다.
② 내배엽으로부터 유래한다.
③ 뇌신경 31쌍, 척수신경 12쌍으로 구성된다.
④ 외부자극을 전달하여 간접적으로 감각수용에 관여한다.
⑤ 기관계를 움직이고 감각을 수용한다.

해설
① 근육을 수축시켜 표정을 만든다.
② 외배엽으로부터 유래한다.
③ 뇌신경 12쌍, 척수신경 31쌍으로 구성된다.
④ 외부자극을 전달하여, 직접 동통과 접촉의 감각 수용에 관여한다.

20 다음 중 신경계의 기능적 세포 구조는 무엇인가?

① 신경세포체
② 수상돌기
③ 축 삭
④ 시냅스
⑤ 신경세포

21 다음 중 신경조직과 그 역할이 틀린 것은?

① 축삭의 말이집은 절연성이 있어 자극이 늦게 전달된다.
② 축삭말단과 수상돌기에는 시냅스가 있다.
③ 축삭은 세포체로부터 자극을 내보낸다.
④ 신경세포체는 자극전달에 관여하지 않는다.
⑤ 수상돌기는 세포체로 자극을 받아들인다.

정답 17 ① 18 ⑤ 19 ⑤ 20 ⑤ 21 ①

3 배아의 발생

01 다음 중 치아 및 관련조직이 발달하는 발육시기는 언제인가?
① 발생 첫 주
② 발생 2~8주
③ 발생 9~12주
④ 발생 13~20주
⑤ 발생 20주 이후

4 얼굴과 구강의 발생

01 다음 중 배자의 발육과정 중 고유의 구조와 기능을 가진 특별한 세포로 변화하는 과정의 단계는 무엇인가?
① 유 도
② 성 숙
③ 형태발생
④ 분 화
⑤ 증 식

5 치아의 발생

01 다음 중 법랑질이 기원하는 곳은 어디인가?
① 외배엽　② 중배엽
③ 내배엽　④ 신경능선세포
⑤ 신경외배엽

02 치유두의 중심세포에서 분화되는 조직은?
① 법랑질
② 상아질
③ 백악질
④ 치 수
⑤ 치주인대

해설
④ 치수 : 치유두의 중심세포
① 법랑질 : 법랑기관
② 상아질 : 상아모세포는 치유두의 바깥세포에서 분화
③ 백악질 : 치낭의 안쪽층
⑤ 치주인대와 치조골 : 치낭의 바깥층

03 다음 중 신경능선세포에서 기원하는 곳이 아닌 것은?
① 상아질　② 백악질
③ 법랑질　④ 치주인대
⑤ 치조골

04 다음 중 구개와 구강의 발생에 대한 설명으로 틀린 것은?
① 1차 구개는 비강과 구강이 서로 통합한다.
② 2차 구개는 비강과 구강이 완전히 차단되어 있다.
③ 입천장은 좌우 구개돌기의 융합으로 이루어진다.
④ 1차 구강은 비강과 구강이 서로 통합한다.
⑤ 2차 구강은 비강과 구강이 완전히 분리되어 있다.

01 ② / 01 ④ / 01 ① 02 ④ 03 ③ 04 ③ **정답**

05 발생 4주경 상악돌기와 내측비돌기의 융합부전으로 나타나는 기형은 무엇인가?

① 구순열 ② 구개열
③ 무치증 ④ 하악전돌
⑤ 상악후퇴

06 다음 중 혀에 대한 설명으로 틀린 것은?

① 발생 4~8주에 형성된다.
② 혀의 앞 2/3는 제1인두궁이에서 기원한다.
③ 혀의 뒤 1/3은 제2인두궁이에서 기원한다.
④ 발생 8주 이후 혀의 앞과 뒤의 연결 부위가 융합한다.
⑤ 혀의 발생이 입천장 완성보다 빠르다.

> 해설
> ③ 혀의 뒤 1/3은 제3인두궁이에서 기원한다.
> ⑤ 혀의 완성은 발생 8주이며, 입천장 완성은 발생 12주이다.

07 다음 중 치아의 발생단계의 나열이 옳은 것은?

① 개시기 → 뇌상기 → 모상기 → 종상기 → 침착기 → 성숙기
② 개시기 → 뇌상기 → 모상기 → 종상기 → 성숙기 → 침착기
③ 개시기 → 모상기 → 뇌상기 → 종상기 → 침착기 → 성숙기
④ 개시기 → 모상기 → 종상기 → 뇌상기 → 성숙기 → 침착기
⑤ 개시기 → 종상기 → 뇌상기 → 모상기 → 침착기 → 성숙기

08 다음 중 무치증에 대한 설명으로 옳지 않은 것은?

① 치아의 개시기의 발생장애이다.
② 부분적 혹은 전체적으로 치아가 없을 수 있다.
③ 내배엽 형성장애와 관련된다.
④ 영구치의 상악측절치에서 호발한다.
⑤ 영구치의 제3대구치에서 호발한다.

09 뇌상기의 발생장애로 옳은 것은?

① 치내치
② 쌍생치
③ 융합치
④ 결 절
⑤ 거대치

> 해설
> • 개시기(발생 6~7주) : 무치증, 과잉치
> • 뇌상기(발생 8주) : 거대치, 왜소치
> • 모상기(발생 9~10주) : 치내치, 쌍생치, 융합치, 결절
> • 침착기와 성숙기(12주 이후) : 법랑진주, 법랑질 이형성증, 상아질 이형성증, 유착

10 다음 중 모상기에 생기는 발생장애에 대한 설명으로 옳지 않은 것은?

① 치내치 – 법랑기관이 비정상적으로 치아유두에 삽입
② 쌍생치 – 하나의 치배가 비정상적으로 두 개로 나뉨
③ 융합치 – 두 개의 치배가 융합되어 하나가 됨
④ 결절 – 법랑부의 작고 둥근 돌출부로 나타남
⑤ 유착 – 백악질의 형성이상으로 나타남

정답 ▶ 05 ① 06 ③ 07 ① 08 ③ 09 ⑤ 10 ⑤

11 다음 중 종상기에 대한 설명으로 옳지 않은 것은?
① 발생 9~10주이다.
② 혈관이 관찰된다.
③ 법랑기관에서 법랑모세포가 분화한다.
④ 치아유두에서 상아모세포와 치수가 분화한다.
⑤ 치아주머니에서 백악질과 치주인대와 치조골이 분화한다.

12 치아의 침착기에 치근 위에 법랑질이 침착되어 치석으로 오인하기 쉬운 발생장애는 무엇인가?
① 유 착
② 상아질 이형성증
③ 법랑질 이형성증
④ 법랑진주
⑤ 결 절

13 영구치 맹출 시 치관이 형성된 후 퇴축법랑상피로부터 형성된 낭종은?
① 치성낭종
② 발육낭종
③ 치근낭종
④ 비치성낭종
⑤ 근단성낭종

해설
② 치성낭종이 발육 중인 치아 위에 생긴다.

6 치아조직

01 다음 중 법랑소주의 횡선문에 대한 설명으로 옳지 않은 것은?
① 하루에 4μm씩 생긴다.
② 법랑질의 성장선이다.
③ Retzius 선조가 짙어진 형태이다.
④ 법랑소주의 장축에 평행한 어두운 줄무늬이다.
⑤ 법랑소주의 석회화에 따른 차이로 인해 나타난다.

해설
③ Retzius 선조가 짙어진 형태는 신생선이다.

02 치아표면의 윤곽과 평행한 법랑질의 성장선은?
① 슈레거 띠
② 횡선문
③ 레찌우스 선
④ 신생선
⑤ 상아법랑경계

해설
법랑질의 구조물
- 슈레거 띠 : 레찌우스 선의 수직
- 횡선문 : 법랑소주의 장축과 평행, 1일 4m 성장
- 레찌우스 선 : 최근 7일 동안 만들어진 법랑질의 양을 관찰할 수 있음. 석회화에 따른 주기적 변화 관찰 가능
- 신생선 : 출생 시 스트레스와 외상 반영, 유치와 제1대구치의 법랑질에서 뚜렷
- 상아법랑경계 : 물결모양, 볼록 쪽이 상아질 방향

03 다음 중 상아질의 구조물에 대한 설명으로 틀린 것은?
① 관간상아질이 상아질의 대부분이다.
② 관주상아질은 석회화 정도가 높아 나이가 증가하면 얇아진다.
③ 투명상아질은 상아세관이 없다.
④ 사로는 교모 등으로 법랑질이 얇아져 상아세관이 변성된 것으로 밝지 않다.
⑤ 상아질 속에 감각신경이 있다.

04 3차 상아질에 대한 특징은?

① 손상의 결과로 생성된 상아질이다.
② 치근단공 형성 이후에 생성된다.
③ 외피상아질과 치수상아질로 구성된다.
④ 주행방향이 불규칙하다.
⑤ 일생 동안 형성된다.

> 해설
> • 1차 상아질 : 치근단공 형성 이전, 외피상아질 + 치수상아질로 구성
> • 2차 상아질 : 치근단공 형성 이후 생성, 주행방향이 불규칙, 일생 동안 형성
> • 3차 상아질 : 손상의 결과, 자극의 강도와 기간에 따라 형성

05 다음 중 치근단공이 만들어지기 전에 치수의 외형을 결정하는 것은 무엇인가?

① 1차 상아질　② 2차 상아질
③ 3차 상아질　④ 관주상아질
⑤ 관간상아질

06 치아의 우식, 와동형성, 교모 등의 국소적 손상에 의해 생성되는 경화상아질은 무엇인가?

① 1차 상아질　② 2차 상아질
③ 3차 상아질　④ 관주상아질
⑤ 관간상아질

07 다음 중 상아모세포에 의해 2차 상아질을 생성하는 곳은 어디인가?

① 세포밀집대
② 세포결핍대
③ 상아모세포대
④ 섬유모세포
⑤ 치수중심

> 해설
> ① 세포밀집대 : 혈관이 분포
> ② 세포결핍대 : 모세혈관층이 분포
> ⑤ 치수중심 : 혈관과 신경이 특징적으로 분포

08 다음 중 치수석에 대한 설명이 옳은 것은?

① 석회화되어 치수조직 경계부에 존재한다.
② 대부분 상아세관이 존재한다.
③ 치아 발육기에 형성되나 드물다.
④ 방사선 사진상에서 투과된다.
⑤ 자유상태로 상아질에 붙어 있을 때도 있다.

> 해설
> ① 석회화되어 치수조직 내부에 존재한다.
> ② 대부분 무구조이다.
> ③ 치아 발육기에 형성되고 아주 흔하다.
> ④ 방사선 사진상에서 불투과된다.

09 다음 중 백악법랑경계의 3가지 형태에 대해 적절히 연결한 것은?

① 중복 – 60%, 접촉 – 30%, 간격 – 10%
② 중복 – 60%, 간격 – 30%, 접촉 – 10%
③ 접촉 – 60%, 중복 – 30%, 간격 – 10%
④ 접촉 – 60%, 간격 – 30%, 접촉 – 10%
⑤ 간격 – 60%, 접촉 – 30%, 중복 – 10%

정답　04 ①　05 ①　06 ③　07 ③　08 ⑤　09 ①

10 다음 중 백악질의 성장선은 무엇인가?
   ① 신생선　　② 에브너선
   ③ 정지선　　④ Retzius선
   ⑤ 오웬외형선

7 치주조직

01 다음 중 치조골에 대한 설명의 연결이 틀린 것은?
   ① 고유치조골의 치경부 쪽 가장 높은 곳이 치조능선이다.
   ② 방사선 사진상 불투과성 흰선은 경질판이다.
   ③ 치조골의 얼굴 쪽과 혀 쪽에 있는 치밀골은 피질골이다.
   ④ 두 개의 인접한 치아 사이의 치조골은 치간중격이다.
   ⑤ 단근치에서 근간중격 관찰이 쉽다.

   해설
   ⑤ 근간중격은 한 치아의 치근 사이에 존재하는 치조골로 다근치에서 발견된다.

02 다음의 치주치아인대 중 가장 많은 수를 차지하며 교합력 완충 역할을 하는 섬유군은?
   ① 치조능선군　　② 수평군
   ③ 사주군　　　　④ 치근단군
   ⑤ 치근간군

03 다음의 치은섬유군 중 가장 많은 수를 차지하며 치은을 부착하는 역할을 하는 섬유군은?
   ① 치아치은군　　② 치조치은군
   ③ 윤주군　　　　④ 치아골막군
   ⑤ 경중격섬유군

04 치주인대와는 분리되어 있으나, 변연치은의 고유판에서 관찰되는 섬유군은?
   ① 치아치은군　　② 치조치은군
   ③ 윤주군　　　　④ 치아골막군
   ⑤ 치은섬유군

05 치주인대의 대부분을 차지하며, 교합압에 완충작용을 하는 섬유군은?
   ① 치조정섬유군
   ② 치근간섬유군
   ③ 수평섬유군
   ④ 사주섬유군
   ⑤ 치근단섬유군

   해설
   치주인대의 주섬유
   • 치조정섬유군(경사력, 분출, 감입, 회전력에 저항)
   • 치근간섬유군(분출, 감입, 회전력, 비틀림)
   • 수평섬유군(경사력, 회전력)
   • 치근단섬유군(분출, 회전력)

10 ③ / 01 ⑤ 02 ③ 03 ① 04 ⑤ 05 ④ **정답**

06 다음 중 치주조직의 구성으로 옳지 않은 것은?

① 치 은 ② 백악질
③ 치조골 ④ 상아질
⑤ 치주인대

07 무세포성 백악질에 대한 특징은?

① 최초의 층으로 침착된다.
② 재생능력이 있다.
③ 성장선의 간격이 넓다.
④ 치근분지부에 위치한다.
⑤ 빠르게 형성된다.

해설
- 무세포성 백악질 : 1차 백악질, 최초의 층, 치경부 1/3, 천천히 형성, 백악세포 없음, 성장선 간격 일정(규칙적)
- 유세포성 백악질 : 2차 백악질, 1차 백악질 완성 후 침착, 치근단 1/3, 치근분지부, 빨리 형성, 백악세포 있음, 성장선 간격 넓고 불규칙적, 재생능력으로 층이 더해짐

08 다음 중 치간함몰부치은에 대한 설명으로 옳은 것은?

① 구치 발치 시에 관찰 가능하다.
② 부착치은으로 구성되어, 비각화되어 있다.
③ 치주질환과 연관성이 적다.
④ 치아마다 접촉면의 크기가 일정하다.
⑤ 치아와 치아 접촉점 사이의 치간치은이 볼록한 부위이다.

해설
② 변연치은으로 구성되어, 비각화되어 있다.
③ 치주질환과 연관성이 크다.
④ 치아마다 접촉면의 크기가 다양하다.
⑤ 치아와 치아 접촉점 아래의 치간치은이 오목한 부위이다.

09 다음 중 치아치은결합조직에 대한 설명으로 틀린 것은?

① 열구상피와 접합상피로 구성된다.
② 열구상피는 면역학적 성분이 포함된 치은열구액을 분비한다.
③ 열구상피가 더 깊이 길어지면 접합상피가 된다.
④ 접합상피는 약 7일이면 재생된다.
⑤ 접합상피는 완전 성숙된 상태에서 치은열구내로 떨어져 소실된다.

해설
⑤ 접합상피는 죽어서 치은열구내로 떨어져 소실될 때까지도 미성숙, 미분화상태이다.

8 구강연조직

01 다음 중 결합조직유두가 불규칙하고, 탄력섬유는 약간 있으며, 혈관공급이 풍부한 부위는 어디인가?

① 입술점막과 볼점막
② 연구개
③ 치조점막
④ 경구개
⑤ 구강저

02 고유판이 두꺼운 얇은 비각화상피로 결합조직유두와 뚜렷한 탄력층을 갖는 부위는 어디인가?

① 입술점막과 볼점막
② 연구개
③ 치조점막
④ 경구개
⑤ 구강저

03 다음 치은에 대한 설명으로 옳지 않은 것은?
① 유리치은구는 부착치은과 유리치은의 경계이다.
② 유리치은은 치아의 최상단으로 치조골에 고정되어 있지 않다.
③ 부착치은은 점막하 조직이 없고, 가동성이 없다.
④ 부착치은에서는 점몰이 관찰되지 않아 유리치은과 구별이 어렵다.
⑤ 치은열구의 깊이는 유리치은구의 외면 높이와 거의 일치한다.

해설
④ 부착치은에서는 점몰이 관찰되어, 부착치은과 유리치은을 구별하는 역할을 한다.

04 다음 중 혀에 대한 설명으로 틀린 것은?
① 발음을 담당한다.
② 미각을 담당한다.
③ 음식물을 소화시킨다.
④ 구조적으로 이장점막이다.
⑤ 기능적으로 저작점막이다.

05 다음 중 소타액선이 아닌 것은?
① 구순선   ② 협 선
③ 설 선   ④ 구치선
⑤ 설하선

해설
⑤ 이하선, 악하선, 설하선은 대타액선이다.

06 다음의 타액선 중 장액선은 무엇인가?
① 이하선   ② 악하선
③ 설하선   ④ 전설선
⑤ 후설선

해설
②, ③, ④ 혼합선
⑤ 점액선

정답 03 ④ 04 ③ 05 ⑤ 06 ①

CHAPTER 04 구강병리

1 염증

(1) **염증의 정의** : 생체에 작용하는 다양한 자극에 대한 국소적 방어반응

(2) **염증의 5대 증상**
① 발적(redness)
② 발열(heat)
③ 종창(swelling)
④ 동통(pain)
⑤ 기능상실

(3) **염증의 원인**
① 물리적 인자 : 출혈을 일으킬 수 있는 물리적 외상
  (예 기계적 자극, 방사선, 자외선 손상, 온도 등)
② 화학적 인자 : 화학적 물질에 의함
  (예 강산, 강알칼리, 기타 화학물질 등)
③ 생물학적 인자 : 미생물감염
  (예 세균, 바이러스, 진균, 기생충 등)
④ 면역학적 인자 : 면역계의 이상반응

(4) **삼출액**
① 염증 부위에서 혈관의 투과성이 높아져 혈관 내의 혈장, 혈구, 단백질의 성분이 혈관에서 빠져나와 혈관 밖의 조직에 고여 있는 액체이다.
② 염증이 원인으로, 혼탁하고, 세포성분을 많이 포함하며, 피브린 함유는 중등도이다.

(5) **급성·만성 염증의 구분**

구 분	경 과	증상 정도	삼출 정도	관련 세포
급성 염증	빠름	심함	많음	호중구, 단핵구
만성 염증	늦음	미미함	미미함	림프구, 형질세포, 대식세포

다음 중 염증의 징후가 나타나는 순서로 옳은 것은?
① 발적→종창→동통→발열→기능장애
② 발적→발열→종창→동통→기능장애
③ 발열→발적→동통→종창→기능장애
④ 동통→발적→발열→종창→기능장애
⑤ 동통→발열→발적→종창→기능장애

답 ②

다음 중 급성 염증에 대한 설명으로 옳은 것은?
① 세포가 점차 증식되고 조직이 수복된다.
② 증상이 뚜렷하지 않다.
③ 염증의 진행속도가 느리다.
④ 삼출액에 의한 부종이 있다.
⑤ 림프구, 형질세포 등이 관여한다.

해설
나머지는 만성 염증에 대한 설명이다.

답 ④

다음의 세포 중 1차 방어에 역할을 하는 세포는 무엇인가?
① 단핵구 ② 비만세포
③ 림프구 ④ 형질세포
⑤ 호중구

해설
단핵구는 2차 방어에 역할을 한다.
답 ⑤

(6) 급성 염증반응에 관여하는 세포

구 분	설 명
호중구 (다핵형백혈구)	• 과립형백혈구의 종류 • 골수에 있는 전구세포에서 유래 • 급성 감염, 이물질 탐식작용(1차 방어), 화농성 염증에 관여
단핵구 (대식세포)	• 무과립형백혈구의 종류 • 면역반응에서의 보조자 역할 • 탐식작용(2차 방어), 항원처리, 림프구에 항원정보전달

(7) 육아조직
① 결손 발생 시 창면과 그 주위에 형성된 선홍색의 부드러운 과립성 조직
② 대식세포, 호중구, 림프구, 형질세포 등의 염증성 세포가 관찰
③ 조직손상 시 인접부위의 상피세포와 모세혈관의 내피세포 증식을 통해 회복
④ 시간경과 후 풍부한 섬유아세포와 모세혈관을 함유한 육아조직으로 대체 및 기질화
⑤ 흉터종(켈로이드)은 육아조직이 과잉 성장한 것이다.

다음 중 1차 치유에 대한 설명으로 옳은 것은?
① 손상이 클 때이다.
② 반흔을 남길 수 있다.
③ 창면이 열려 있는 경우이다.
④ 세균감염의 가능성이 매우 높다.
⑤ 2~4일 내에 치유된다.

해설
나머지는 2차 치유에 대한 설명이다.
답 ⑤

(8) 1차·2차 상처치유
① 1차 상처치유 : 청결한 외과적 절창과 같이 조직의 절단된 부위가 근접해 있고, 세균감염과 응혈이 없어 2~4일 내에 치유된다.
② 2차 상처치유 : 손상이 크거나, 창면이 노출되거나, 결손 부위의 양측단이 멀리 떨어져 있는 경우에 세균감염이 있고, 반흔을 남긴 채로 치유된다.
③ 2차 상처치유와 1차 상처치유의 차이
  ㉠ 창면이 크고 노출되며, 세균감염이 있다.
  ㉡ 제거가 꼭 필요한 다량의 괴사조직과 염증성 삼출물이 있다.
  ㉢ 치유하는 데 많은 시간이 필요하다.
  ㉣ 육아조직의 형성이 현저하며, 다량의 교원섬유가 만들어진다.

2 면역질환

(1) 면역의 정의 : 외래의 이물질에 대한 생체 방어작용

외래의 이물질이 자신의 것이 아닐 때 그에 대한 생체 방어작용은 무엇인가?
① 면 역 ② 감 염
③ 염 증 ④ 발 적
⑤ 알레르기

답 ①

(2) 면역학적 구강질환
① 재발성 아프타(recurrent aphthous stomatitis)
  ㉠ 위치 : 구강점막 중 특히 협, 구순, 혀에 단독으로 혹은 복합적으로 나타난다.
  ㉡ 임상소견 : 통증이 매우 심하며 1~2주 후 자연치유되나 반복적이며, 흉터는 없다.
  ㉢ 원인 : 불명, 자가면역과 관련, 알레르기, 호르몬, 스트레스 등에 관여한다.

ⓔ 특징 : 여성에서 호발, 10~30세에서 호발, 베체트증후군의 주 병변의 하나이다.
　　ⓜ 육안검사 : 궤양성 병변으로 원형, 궤양의 표면이 회백색 막, 궤양의 변연부가 붉다.
　　ⓑ 현미경검사 : 점막상피가 괴사 및 탈락 후 궤양이 형성, 궤양면에 위막이 있고, 하층에 육아조직으로 형성된다.
② 편평태선
　　⊙ 위치 : 협점막, 혀, 구개, 치은의 점막
　　ⓒ 임상소견 : 통증은 없으며, 궤양이 형성되어야 통증이 수반된다.
　　ⓔ 원인 : 불명
　　ⓖ 특징 : 여성에서 호발, 40대 이상
　　ⓜ 육안검사 : 발적된 홍반에서 유백색의 미세한 선으로 레이스 모양이다.
　　ⓑ 현미경검사 : 점막상피에서 각화, 착각화가 진행되어 과각화 착각화증을 나타내며, 상피직하의 결합조직에서 림프구의 대상침윤이 나타난다.
③ 베체트증후군(Behcet syndrome)
　　⊙ 위치 : 구강점막의 재발성 아프타, 눈의 홍채염과 망막염, 외음부의 궤양 등
　　ⓒ 임상소견 : 난치병의 하나이며, 잘 치유되지 않는다.
　　ⓔ 원인 : 불명
　　ⓖ 특징 : 20대 이상

3 감염질환

(1) 구강결핵(oral tuberculosis)
① 위치 : 폐에 호발하는 만성육아종성 염증
② 임상소견 : 미열, 식은땀, 쇠약감, 체중감소, 기침, 각혈
③ 원인균 : *Mycobacterium tuberculosis*
④ 특징 : 경결감이 있는 만성 궤양이며, 구강에서 2차 출현으로 치은, 혀에 호발

(2) 구강매독(oral syphilis)
① 위치 : 입술과 구강에 호발
② 원인균 : *Treponema pallidum*
③ 특징 : HIV 감염에 위험, 매독의 진행단계
④ kissing, cunnilingus, fellatio 등을 통해 상피층의 미세한 틈으로 침투

다음 중 재발성 아프타에 대한 설명으로 옳은 것은?

① 습관성 아프타라고도 한다.
② 남성에게 호발된다.
③ 2~4주 이내 자연치유된다.
④ 쇼그렌증후군의 증상 중 하나이다.
⑤ 구강점막에 흉터가 남는다.

해설
② 여성에게 호발된다.
③ 1~2주 내 자연치유된다.
④ 베체트증후군의 증상 중 하나이다.
⑤ 구강점막에 흉터는 생기지 않고, 같은 부위에서 재발한다.

답 ①

다음 중 베체트증후군에 대한 설명으로 틀린 것은?

① 자가면역질환이다.
② 자연치유가 된다.
③ 눈의 홍채염과 망막염을 동반한다.
④ 구강점막에서 재발성 아프타를 보인다.
⑤ 외음부의 궤양을 동반한다.

해설
② 자연치유가 잘되지 않으며, 난치병의 하나이다.

답 ②

다음 중 단순포진에 대한 설명으로 틀린 것은?

① 세균성 감염에 의한다.
② 입술 점막에 소수포가 생긴다.
③ 약 1주 후 자연치유된다.
④ 수포 내 삼출액이 저류되어 있다.
⑤ 병리조직학적으로 호중구의 침윤이 두드러진다.

해설
① 바이러스성 감염에 의한다.

답 ①

다음 중 칸디다증에 대한 설명으로 옳은 것은?

① 항생제, 부신피질호르몬제, 면역억제제의 고용량 복용 시 나타난다.
② 노인, 신생아, 고혈압 환자에게 자주 나타난다.
③ AIDS 환자는 입술에서 쉽게 발생된다.
④ 구강상주진균이 원인이다.
⑤ 기회감염인 경우가 적다.

해설
① 항생제, 부신피질호르몬제, 면역억제제의 장기복용 시 나타난다.
② 노인, 신생아, 당뇨병 환자에게 호발한다.
③ AIDS 환자는 특히 혀에 자주 발생한다.
⑤ 기회감염인 경우 나타나기 쉽다.

답 ④

다음 중 마모에 대한 설명으로 옳지 않은 것은?

① 마모면이 매끄러우며 오래 경과 시 황색으로 착색된다.
② 마모면 부근의 치수에 병적 제3상아질이 형성된다.
③ 소구치와 견치의 순면, 치경부에 많이 나타난다.
④ 교합력에 의한 치질 마모가 아니다.
⑤ 치아의 기계적 손상에 해당한다.

해설
② 마모면 부근의 치수에 제2상아질이 형성된다.

답 ②

(3) 구순포진(herpe simplex)

① 위치 : 구순점막 부위에 소수포 홍반이 몇 개 나타나다가 미란과 궤양이 형성된다.
② 임상소견 : 피부와 점막에 수포, 약 1주 후 치유된다.
③ 원인 : 단순포진은 단순 herpes virus, 대상포진은 수두대상포진 virus 감염에 의한 것이다.
④ 현미경검사 : 점막상피 내 수포가 관찰, 수포와 상피하 결합조직에서 호중구의 침윤이 관찰, 수포는 삼출액 저류로 피부, 점막상피 내, 상피직하에서 관찰된다.

(4) 칸디다증(candidiasis)

① 위치 : 구강점막, 특히 혀에서 호발, 구각부와 치은에서도 나타난다.
② 원인 : *Candida albicans*(구강 상주진균)에 의함, 국소적으로는 의치에 의한 물리적 자극이 점막에 가해지거나, 구강 내가 불결한 경우, 항생제, 부신피질호르몬제, 면역억제제의 장기간 사용 시 발생한다.
③ 특징 : 노인, 신생아, 당뇨병환자, 항생제의 남용에 의한다.
④ 육안검사 : 회백색의 위막양의 막상물질이나 거즈로 닦아내면 쉽게 분리되고, 만성화되면 분리가 안 된다.
⑤ 현미경검사 : 점막상피의 표층, 각화층이나 착각화층에서 candida균의 침입이 있으며, 결합조직으로의 침입은 어려워 경도의 염증반응을 보인다.

4 치아의 손상

(1) 치아의 기계적 손상

구 분	설 명
교모 (생리적마모, atrittion)	• 교합과 저작 시 마찰에 의한 치질 마모 • 첫 번째 증상 : 앞니의 절단결절이 사라지고 교두가 편평 • 섬유질이 풍부한 음식일수록 생리적 마모를 촉진 • 이갈이의 습관에 의한 영향
마모 (abrasion)	• 교합력 이외의 여러 기계적 작용(칫솔질)에 의해 치질 마모 • 증상 : 소구치, 견치의 순면, 치경부에 많이 나타남 • 잘못된 칫솔질, 마모성 치약, 뻣뻣한 칫솔 사용에 의한 영향 • 머리핀, 바늘, 핀을 치아로 무는 습관에 영향
굴곡파절 (afraction)	• 치경부에 생긴 쐐기 모양의 병터 • 병적 파절 : 깊은 쐐기상의 결손이 있는 치아, 우식치아, 부적절한 충전을 시행한 치아에서 정상 치아에서는 괜찮은 교합력에서도 파절될 때 • 외상성 파절 : 운동, 교통사고, 충돌 등 직간접적으로 가해지는 외력이나 지나친 교합력에 영향

(2) 치아의 화학적 손상

구 분	설 명
침식 (erosion)	• 화학물질에 의한 치아 경조직 상실 • 치아의 순면, 설면, 인접면, 교합면에서 모두 나타남 • 법랑질이 불투명해지고 혼탁 및 착색이 일어남 • 법랑질이 심해지면 상아질이 노출되고, 2차 상아질의 형성이 시작 • 여러 치아를 포함하기 때문에 범위가 넓음 • 원인 : 화학약품의 접촉, 흡입과 연하에 의한 피부조직의 응고, 융해나 괴사 등의 손상, 청량음료, 스포츠이온음료, 과일주스, 과일드링크, 신맛의 과일, 식초, 피클, 위산의 역류 등

5 치수 및 치근단 질환

(1) 치수염

① 치수염의 원인
  ㉠ 물리적 원인 : 치아균열, 절삭, 교모, 마모, 연마 시 마찰열 자극 등
  ㉡ 화학적 원인 : 수복재, 치수진정재, 치수복조재, 상아질 소독재 등
  ㉢ 생물학적 원인 : 우식병소의 세균, 기형치아로 인한 감염, 치아우식증 등

② 가역성 치수염과 비가역성 치수염

구 분	가역성 치수염	비가역성 치수염
통증 양상	• 일시적 • 자극 해소 시 통증 소실 • 예리하고 날카로운 통증 • 외부 자극 시 통증	• 지속적 • 자극 해소에도 20분 이상 통증 • 혈관의 맥박과 통증이 일치 • 자발통
관련 치과병력	경조직 손상에 관련된 진료	광범위한 수복물, 깊은 우식, 외상
원인치아 발견	쉬 움	모 호
전기치수검사반응	낮은 수치	낮은 혹은 높은 수치
타진반응	없 음	있 음
방산통	없 음	있 음
환자의 자세의 영향	없 음	있음(누웠을 때 심해짐)

③ 급성 치수염과 만성 치수염

구 분	급성 치수염	만성 치수염
특 징	• 염증 진행이 빠름 • 통증이 매우 심함	• 염증의 진행이 완만 • 불쾌감 있고, 통증 심하지 않음 • 증상이 불분명

다음 중 침식증에 대한 설명으로 옳은 것은?
① 산에 의해 치아가 기계적으로 손상된 것이다.
② 상악 전치의 순면에 호발한다.
③ 법랑질의 침식 시 좁고 얕은 오목면이 여러 개 나타난다.
④ 법랑질이 점차 투명해지고, 약간의 착색이 나타난다.
⑤ 위장장애가 있으면 하악 전치부 설측에도 나타난다.

해설
① 산에 의한 손상은 화학적 손상이다.
② 하악 전치의 순면에 호발한다.
③ 넓고 얕은 오목면이 존재한다.
④ 법랑질이 점차 불투명해지고, 착색이 나타난다.
답 ⑤

다음 중 치수의 병변 중 염증성 병변에 해당하는 것은?
① 치수석회화   ② 치수위축
③ 치수변성   ④ 치수괴사
⑤ 치수염

해설
①, ②, ③, ④ 퇴행성 변화이다.
답 ⑤

다음 중 만성 치수염에 대한 설명으로 틀린 것은?
① 염증의 진행이 느리다.
② 증상이 모호하다.
③ 상행성 치수염이 해당한다.
④ 불쾌감이 없다.
⑤ 통증이 심하지 않다.

해설
③ 상행성 치수염은 급성 치수염의 종류이다.
답 ③

다음 중 급성 화농성 치수염에 대한 설명으로 옳은 것은?
① 차가운 것에 통증이 심하다.
② 야간에 통증이 심하다.
③ 자극이 있을 때 통증이 심하다.
④ 단것에 통증이 있다.
⑤ 상아질까지 진행된 우식의 경우에 발생한다.

해설
①, ③, ④, ⑤ 급성 장액성 치수염에 대한 설명이다.
① 차가운 것에 통증이 심하다가 점차 뜨거운 것에도 아프다.
③ 자극이 없어도 자발통이 있다.
⑤ 치수까지 진행된 우식의 경우에 발생한다.

답 ②

다음 중 급성 화농성 치수염의 통증에 대한 설명으로 틀린 것은?
① 자발통   ② 박동통
③ 방산통   ④ 자극통
⑤ 격 통

해설
⑤ 격통은 매우 심한 정도의 통증을 말한다.

답 ④

㉠ 급성 치수염

구 분	특 징
급성 장액성 치수염	• 초기치수염 단계 • C2 우식의 단계 • 단것, 차가운 것에 통증, 자극이 있을 때 통증 • 염증세포의 침윤, 충혈, 삼출 등의 경미한 통증
급성 화농성 치수염	• 심한 치수의 염증 단계 • C3 우식의 단계 • 자발통, 지속적 통증, 방산통 • 밤에 더 아프고, 맥박과 동시에 통증 • 뜨거운 것에 통증, 냉자극은 통증을 완화시킴 • 호중구의 현저한 침윤, 심한 부종, 심한 충혈
상행성 치수염	• 치주낭 아랫부분의 염증이 치근단공이나 부근관을 통해 치수로 파급 • 원인치아의 이상이 불분명함에도 비가역적 치수염과 비슷한 증상이 나타남 • 경조직과 병변과 무관한 세균감염임

㉡ 만성 치수염

구 분	특 징
만성 궤양성 치수염	• 우식이 진행되어 경조직이 탈락하고 치수가 외부노출됨 • 궤양성 병변을 보이는 치수염으로 자발통이 없음 • 식편압입으로 인한 경도의 통증과 불쾌감
만성 증식성 치수염	• 노출된 치수의 만성자극으로 치수조직이 증식됨 • 증식된 치수조직이 우식와를 채움 • 자발통이 없음, 교합과 저작 시 외상, 압흔, 출혈이 나타남 • 유치나 유년기의 영구치에 호발

㉢ 치수괴사
• 치수가 생명력을 잃은 상태이다.
• 치아우식증이 원인이면, 심한 통증과 전신증상이 나타난다.
• 외상성 사고가 원인이면, 치아의 변색만 생기고 수개월 내 증상이 없다.

(2) 치근단 질환
① 치근단 질환의 원인
㉠ 물리적 원인 : 근관치료 기구에 의한 근단공 주위 조직 자극, 수복물 과잉충전으로 인한 교합이상 등
㉡ 화학적 원인 : 근관소독제, 근관충전재 등이 근단공 바깥으로 빠져나가 자극이 심한 경우 등
㉢ 생물학적 원인 : 염증의 원인균과 괴저병변과 관련된 미생물, 부패산물, 세균의 독소 등

② 급성 근단성 치주염

구 분	특 징
급성 근단성 장액성 치주염	• 치아의 정출감, 이완 동요 • 교합통, 타진통 심하지 않음 • 전신증상 없음 • 방사선상 이상소견 없음 • 삼출액에 의한 경도의 부종 • 림프구와 형질세포 관찰
급성 근단성 화농성 치주염	• 급성 근단성 장액성 치주염에서 이행 • 정출감, 이완동요, 교합통, 타진통 모두 심함 • 지속적, 박동성 통증 • 전신증상 있음(악하림프절 종창, 압통, 발열, 식욕부진 등) • 방사선상 치주인대가 약간 넓어진 소견 • 호중구와 림프구의 침윤, 충혈이 심함 • 조직의 괴사와 용해가 나타나는 경우 급성 치조농양으로 이행 • 염증 주변부 치조골 흡수가 나타남 • 인접주위조직으로 확산 시 골수염, 상악동염, 구개농양, 골막하농양, 구강저봉와직염으로 나타날 수 있음 • 유치에서는 후속영구치 형성장애 초래(Turner's tooth)

③ 만성 근단성 치주염

구 분		특 징
만성 근단성 화농성 치주염		• 급성 근단성 장액성 치주염의 만성화, 급성 근단성 화농성 치주염의 잠복되어 만성화된 경우 • 증상이 심하지 않음 • 교합통, 타진통이 약함 • 림프절의 종창, 압통도 거의 없음 • 방사선상에서 반구상의 투과상이 관찰 • 근첨부 농양의 형성 관찰 • 농양주위 육아조직에 림프구, 형질세포, 호중구, 대식세포 등 • 누공이 형성되면 외부로 배농될 수 있음
만성 근단성 육아성 치주염	치근단육아종	• 무수치, 처치치아, 잔존치근에서 나타남 • 자각증상, 교합통, 타진통 거의 없음 • 방사선상에서 경계가 뚜렷한 구상의 투과상 • 염증성 침윤세포, 모세혈관, 섬유아세포의 증식이 관찰 • 외층이 섬유성 결합조직으로 구성되어 백악질과 결합
	치근단낭종	• 장기간 치료되지 않은 치근단 육아종에서 이행 • 무수치, 처치치아, 잔존치근에서 나타남 • 자각증상, 교합통, 타진통 거의 없음 • 방사선상에서 경계가 뚜렷한 구상의 투과상 • 낭종이 커지면 피질골이 얇아지며 팽창 • 내층은 미성숙 육아조직, 외층은 섬유성 조직 • 낭종강 내 장액성·점액성 액체 콜레스테롤 결정, 상피세포가 나타남 • 주위 치조골 흡수

급성 근단성 장액성 치주염에 대한 설명으로 틀린 것은?

① 치아의 정출감이 있다.
② 치아의 동요도가 있다.
③ 전신증상이 없다.
④ 방사선상 이상소견이 없다.
⑤ 유치에서 후속영구치의 형성장애를 가져온다.

해설
⑤ 급성화농성치주염에 해당하며, Turner's tooth라고 한다.

답 ⑤

급성 화농성 치주염의 증상에 대한 설명으로 틀린 것은?

① 자발통　② 교합통
③ 박동성 통증　④ 타진통
⑤ 이하림프절 종창

해설
⑤ 악하림프절 종창

답 ⑤

만성 근단성 화농성 치주염에 대한 설명으로 옳지 않은 것은?

① 압통과 림프절 종창이 있다.
② 방사선상 투과상이 나타난다.
③ 근단부에서 농양이 형성된다.
④ 만성 치주농양 시 누공이 형성될 수 있다.
⑤ 증상이 뚜렷하지 않다.

해설
① 압통과 림프절 종창이 거의 없다.

답 ①

다음 중 만성 근단성 육아성 치주염의 공통점이 아닌 것은?

① 처치치아 혹은 잔존치근 상태의 치아에서 이환된다.
② 자각증상이 거의 없다.
③ 방사선상 투과상을 나타낸다.
④ 근첨부에서 육아조직으로 구성된 조직이 형성된다.
⑤ 교합통과 타진통이 없다.

해설
④ 치근단육아종에 해당한다.

답 ④

급성 악골 골수염에 대한 설명으로 옳은 것은?

① 영유아의 경우 하악에 호발한다.
② 원인은 바이러스 감염이다.
③ 성인의 경우 상악에 호발한다.
④ 경도의 종창과 동통을 나타낸다.
⑤ 영유아는 구개점막에서 감염된다.

해설
① 영유아는 상악에서 호발한다.
② 원인은 포도상구균과 연쇄상구균에 의한 감염이다.
③ 성인은 하악에 호발한다.
④ 심한 종창과 발적, 백혈구 증가 등이 나타난다.

답 ⑤

다음 중 치성 상악동염의 증상이 아닌 것은?

① 원인 치아의 동요
② 자발통
③ 코막힘
④ 치은협이행부 점막의 종창
⑤ 비 루

답 ②

발치와 내 혈액응고 기전이 제대로 이루어지지 않아 나타나는 병변은?

① 악골 골수염
② 만성 화농성 골수염
③ 골석화증
④ 섬유성 골이형성증
⑤ 치조골염

해설
⑤ 건성발치와라고도 한다.

답 ⑤

6 골내 치성 감염성 질환

(1) 악골 골수염

① 악골의 골수에서 볼 수 있는 염증성 병변
② 성인은 하악에서, 영유아는 상악에서 호발
③ 포도상구균과 연쇄상구균에 의한 감염이 원인

구 분		특 징
급성 악골 골수염		• 병변부의 악골에서 통증 • 주변 연조직으로 확산 시 구강점막, 피부에 발적과 종창 • 치아의 동요, 국소림프절의 종창, 발적, 백혈구 증가 • 2주 지나면 방사선상 만성 투과상 관찰 • 골수에 충혈, 염증성 부종, 호중구 침윤이 나타남
만성 악골 골수염	만성 화농성 골수염	• 경도의 동통과 통증 • 방사선상 미만성인 투과상 • 부골을 수반, 섬유성 조직의 증식
	만성 경화성 골수염	• 방사선상 국소성, 미만성의 불투과상 • 골수 내 다량의 골질 형성

(2) 치성 상악동염

① 치아의 병변이 원인이 되어 나타나는 상악동 염증
② 치아의 근단성 치주염, 변연성 치주염의 병소, 발치와의 감염이 상악동으로 파급
③ 치은협이행부 점막과 상협부 피부의 종창, 압통, 코막힘, 비루, 원인치의 동요, 타진통 등의 증상
④ 방사선상 원인치의 근단부에 골흡수상, 치조백선 소실, 상악동 내부 불투과상
⑤ 상악동 점막 출혈, 염증성 출혈, 염증세포 침윤, 상피의 박리, 농양형성

(3) 치조골염(건성발치와, dry socket)

① 발치와 내 혈액응고가 일어나지 않고 노출된 치조벽이 건조해 보임
② 발치창의 세균감염이 원인이 된 발치와의 골염
③ 환자가 발치 후 2~3일 이후 통증 호소, 환부의 악취, 국소림프절의 종창
④ 발치가 곤란한 경우 발치 시 나타난다. 매복된 하악 제3대구치 발치 후에 일어남

(4) 발치창의 치유

① 제1기(출혈 및 혈병생성기)
  ㉠ 수분~30분 : 지혈, 혈병 생성
  ㉡ 1~2일 : 주위조직의 염증과정 시작, 부종, 염증세포의 침윤

② 제2기(육아조직에 의한 혈병의 기질화기)
  ㉠ 7일 : 혈병이 육아조직으로 치환, 상피의 재상피화
③ 제3기(결합조직에 의한 육아조직의 치환기, 창상의 상피화)
  ㉠ 10~20일 : 육아조직의 치환이 완성, 발치와에 신생골이 채워짐
④ 제4기(거친 원섬유성 골에 의한 결합조직의 치환기)
  ㉠ 30일 : 발치와의 2/3가 거친 원섬유성 골로 채워짐
⑤ 제5기(치조돌기의 재건 및 성숙 골조직에 의한 미성숙 골의 치환기)
  ㉠ 40일 : 발치와가 원섬유성 골로 채워진 후 조직표본에서 치조백선의 윤곽 관찰
  ㉡ 2~6개월 : 골개조 완료, 발치창의 완전치유

7 치아의 발육 이상

(1) 크기 이상

구 분		특 징
왜소치	진성 전체성 왜소치	• 모든 치아가 정상 크기보다 작음 • 뇌하수체성 소인증에서 볼 수 있음
	상대성 전체성 왜소치	• 치아의 크기는 정상, 악골이 커서 작게 보임 • 유전적
	국소성 왜소치	• 하나의 치아에만 국한 • 왜소치 중 가장 흔하게 볼 수 있음 • 상악측절치, 지치, 과잉치에서 호발
거대치	진성 전체성 거대치	• 모든 치아가 정상 크기보다 큼 • 뇌하수체성 거인증에서 볼 수 있음
	상대성 전체성 거대치	• 치아의 크기는 정상, 악골이 작아서 커 보임 • 유전적
	국소성 거대치	드물지만 하악 제3대구치에서 볼 수 있음

(2) 형태 이상

구 분	특 징
쌍생치	• 1개의 치배가 불완전한 2개의 치배로 분리 • 1개의 치근에 2개의 치관, 1개의 치수강 • 유치에서 호발
융합치	• 2개의 치배가 발육 중 융합됨 • 2개의 치근, 1개의 치관, 방사선상에서 별개의 치수강 • 유치 전치부에서 호발
유착치	• 2개의 인접한 치근면이 백악질에서만 결합 • 총생, 외상에 의한 발생 • 상악대구치와 인접한 과잉치에서 호발

다음의 치아의 발육장애 중 분류와 설명이 바르게 연결된 것은?
① 진성 전체성 거대치 – 뇌하수체성 소인증에서 보인다.
② 상대성 전체성 왜소치 – 유전적이다.
③ 국소성 거대치 – 상악측절치, 지치, 과잉치에서 호발한다.
④ 상대성 전체성 거대치 – 치아의 크기는 작고, 악골이 크다.
⑤ 국소성 왜소치 – 왜소치 중 가장 드물다.

해설
① 진성 전체성 왜소치 – 뇌하수체성 소인증에서 보인다.
③ 국소성 거대치 – 가끔 하악 제3대구치에서 보인다.
④ 상대성 전체성 거대치 – 치아의 크기는 정상인데, 악골이 작다.
⑤ 국소성 왜소치 – 왜소치 중 가장 흔하다.
답 ②

2개의 인접한 치근면이 백악질에 의해서만 결합되어 있는 것은?
① 쌍생치   ② 융합치
③ 유착치   ④ 치내치
⑤ 치외치
답 ③

2개의 치배가 발육 중 상아질에 의해 융합되어 있는 것은?

① 쌍생치 ② 융합치
③ 유착치 ④ 치내치
⑤ 치외치

답 ②

다음 중 치아의 형태 이상과 호발 부위가 바르게 연결된 것은?

① 치외치 – 상하악 대구치
② 치내치 – 상악 중절치
③ 유착치 – 상악 대구치와 인접한 과잉치 사이
④ 융합치 – 하악 유전치
⑤ 쌍생치 – 하악 유전치

해설
① 치외치 – 상하악 소구치
② 치내치 – 상악 측절치
④ 융합치 – 유치 전치부
⑤ 쌍생치 – 유치 전체

답 ③

구 분	특 징
치내치	• 치관 일부의 법랑질과 상아질의 치수 내로 깊이 함입되어 있음 • 상악측절치에서 호발
치외치	• 교합면의 이상결절 • 교두에 치수가 있어 교합력에 의해 치수노출 가능성이 높음 • 상하악 소구치에서 호발
법랑진주	• 치근부에서 나타나는 작은 구상의 법랑질 • 상아질을 포함하는 경우가 있음 • 대구치의 치근분지부와 치경부에서 호발

(3) 치아 수 이상

구 분		특 징
무치증	완전무치증	• 영구치와 유치 모두가 결손(아주 희귀) • 유전적 외배엽 이형성증에서 나타남
	부분무치증	• 부분적 치아결손(아주 흔함) • 영구치 : 지치 > 상·하악 제2소구치 > 절치 순으로 호발 • 유치 : 상악의 유측절치 • 외배엽 이형성증, 퇴화현상, 열성유전, 영양장애, 방사선 장애가 원인
과잉치		• 정상치아보다 작고, 맹출되지 않고 대부분 매복됨 • 원인이 불명확 • 상악 양중절치 간의 정중치아에 호발

(4) 법랑질 관련

① 법랑질 형성부전

구 분	특 징
저형성형	법랑모세포의 법랑기질 분비량의 문제로 비정상적 두께의 법랑질 나타냄
저석회화형	법랑기질의 석회화 과정의 문제로 저석회화
미성숙형	미성숙 법랑질 결정체를 보이는 불완전한 석회화

② 법랑질 저형성증의 원인

㉠ 발열성 질환 : 수두, 홍역, 성홍열 등
㉡ 비타민 결핍 : 비타민 A, C, D 등(치관에만 영향)
㉢ 국소감염 : 영구치 형성 시의 유치의 우식증으로 인한 치근단 감염(Turner's tooth)
㉣ 외상 : 외상에 의한 영구치배의 법랑모세포 손상으로 1~2 치아에 나타남
㉤ 선천매독 : 매독의 *Treponema pallidum*이 원인균. Hutchinson' tooth.
  • 영구치와 절치는 치경부가 넓고, 절단연이 좁으며, 절단연에 절흔이 관찰
  • 제1대구치는 교두 위축으로 오디모양을 나타내거나 상실구치의 형태
  • 선천매독의 3대 징후 : 실질성 각막염, 내이성 난청, 허친슨절치나 상실구치
㉥ 출생 시 손상과 조산

8 구강영역의 낭

낭종은 내부가 상피로 이루어진 주머니로 내부에는 액체가 있고 외부에는 섬유성 결합조직이 있다.

(1) 악골의 낭종

① 치성낭종(odontogenic cyst) : 퇴축법랑상피, 치판의 잔사, 말라세쯔 상피잔사가 원인

구 분	특 징
치근단낭종	• 치아우식증과 치수감염에 의하여 가장 흔함 • 실활치아의 근단, 치근단육아종에서 발생 • 치조돌기와 악골의 팽윤, 안면의 종창 • 낭종은 담황색, 황갈색의 액체와 콜레스테롤 결정 함유 • 방사선상 경계가 뚜렷한 투과상, 낭종 내에 원인치아의 치근을 포함함 • 상악측절치, 중절치에서 호발
잔류치근낭종	• 치아 발거 후 치근낭종의 일부가 남아 장기잔존 • 증상 없음 • 방사선상 무치악부에서 단방성의 경계가 확실한 투과상
함치성낭종	• 치관의 형성 완료 후 치관 주위에 잔존하는 퇴축법랑상피에서 유래하며, 낭종강 내 매복치의 치관을 포함 • 악골의 변형, 치아의 위치이상, 치근흡수를 가져옴 • 방사선상 경계가 뚜렷한 단방성, 다방성의 투과상, 치관부위만 둘러싼 투과상 • 10~30대 남성에서 호발 • 하악은 지치와 소구치부, 상악은 정중부와 견치부에서 호발
석회화 치성낭종	• 낭종벽에 유령세포가 있어 석회화 침착이 나타남 • 국소적 무통성 팽창, 낭종벽이 두꺼움 • 방사선상 경계가 뚜렷한 투과상이나, 방사선 불투과성 물질을 포함 • 낭종벽 상피는 입방형이고, 원주형세포로 증식하여 특징적 환영세포가 나타남 • 10~30대 호발 • 전치부와 제1대구치에서 호발
치성각화낭종	• 각화 또는 착각화 중층편평상피의 이장에 의한 치성낭 중 하나, 치판의 세포잔사에서 유래 • 얇고 찢어지기 쉬운 낭종벽으로, 한 조각으로 적출이 어렵고, 부속낭종이 존재하여 재발이 쉬움 • 방사선상 경계가 명확한 방사성 투과성 병소, 다방성 투과상 • 20~30대 호발 • 하악구치부에서 호발
맹출낭	• 함치성낭종의 한 종류 • 맹출 중인 치아의 함치성낭이 연조직으로 노출된 경우 • 저작력에 의해 저절로 터지거나 외과적 치관노출술 필요

주머니 모양으로, 내부가 상피로 이루어져 액체가 있고, 외부에는 섬유성 결합조직이 있는 것은?

① 염 증 ② 농 양
③ 낭 종 ④ 종 양
⑤ 암

답 ③

다음 중 실활치의 근첨에서 발생하며, 치성낭종 중 가장 흔한 것은?

① 함치성낭종
② 잔류치근낭종
③ 석회화치성낭종
④ 원시성낭종
⑤ 치근단낭종

답 ⑤

다음 중 함치성낭종에 대한 설명으로 틀린 것은?

① 낭종강이 매복치의 치관과 닿아 있다.
② 남성에게 호발한다.
③ 10~30대에서 호발한다.
④ 상악은 정중부와 견치에서 호발한다.
⑤ 하악은 지치와 소구치에서 호발한다.

해설
낭종강 내 매복치의 치관을 포함한다.

답 ①

다음 중 영유아에서는 상악에, 성인에게서는 하악에 호발되는 치성낭종은 무엇인가?
① 치근낭종
② 치은낭종
③ 함치성낭종
④ 원시성낭종
⑤ 석회화치성낭종

답 ②

다음 중 치성낭종이 아닌 것은?
① 안열성낭종
② 잔류치근낭종
③ 치은낭종
④ 맹출낭
⑤ 원시성낭종

해설
안열성낭종은 비치성낭종이다.

답 ①

다음 중 비치성낭종 중 상악에 호발하며, 비구개낭종, 정중구개낭종 등을 무엇이라고 하는가?
① 안열성낭종
② 술후성 상악낭종
③ 하마종
④ 점액낭종
⑤ 유표피낭종

답 ①

다음 중 연조직의 낭종 중 구강저에 나타나지 않는 낭종은?
① 하마종
② 점액낭종
③ 유피낭종
④ 유표피낭종
⑤ 갑상설관낭종

답 ⑤

구 분	특 징
원시성낭종	• 낭종 내에 매복치가 없음 • 치아의 경조직 형성 전 치배법랑기의 낭종성 변화에 의함 • 악골의 변화, 치아의 이동을 야기 • 방사선상 경계가 뚜렷한 단방성, 다방성의 투과상 • 10~20대 남성 호발 • 하악지치에서 호발
치은낭종	• 치은에서 발생하는 낭종 • 영아 - 상악에서 호발, 치조제상 점막에서 발생 • 성인 - 하악견치, 소구치부에서 호발 유리치은, 부착치은에서 발생, 40~50대에서 호발

② 비치성낭종

구 분	특 징
안열성낭종	• 태생기에 안면 및 구강을 형성하는 여러 돌기의 유합 시 상피의 잔류로 인해 형성 • 치아와 무관 • 상악에서 호발(비구개낭종, 정중구개낭종, 구상상악낭종)
술후성 상악낭종	• 상악동염의 근치 수술 후 십수 년 이후 상악동 안이나 협부에서 발생 • 상악동 안에서 발생 시 병소가 커지면 상악부, 협부, 구개부가 팽창 • 구강영역 낭종 중 20%를 차지 • 중년에서 호발

(2) 연조직의 낭종

구 분	특 징
유피낭종, 유표피낭종	• 태생기 외배엽의 미입이나 후천적 외상에 의한 상피의 미입으로 나타나는 낭종 • 유피낭종 - 상피의 피개와 피부부속기를 가짐 • 유표피낭종 - 상피의 피개만 가짐 • 20대에 호발 • 구강저에 호발
하마종	• 설하선 등의 대타액선의 도관이 막혀 종창이 발생 • 관련된 타액선을 포함해 제거하면 재발 안 됨 • 구강저에서 호발
점액낭종	• 타액의 배출장애에 의한 낭종 • 낭종 내 염증성 세포와 점액물질이 존재 • 하순에서 호발(구강저, 혀, 협점막에 나타남) • 반구상으로 팽창되어 경계가 뚜렷한 파동성 병소 • 모든 연령에서 발생
상악동 내 점액낭종	• 방사선성 반구상의 불투과상 • 상악동저부에 호발

9 구강영역의 종양

종양이란 정상세포가 비정상적으로 계속적으로 과잉증식하는 것으로, 신체 모든 세포에서 발생하나 그 생물학적 성상과 발생한 모체조직에 따라 분류한다.

(1) 양성·악성종양의 특성

구 분	양성종양	악성종양
분화 정도	좋음	나쁨
성장속도	느림	빠름
피 막	명확	불명확
전 이	없음	많음
세포분열	적음	많음
재 발	드뭄	많음
전신영향	적음	많음
방사선상	치아의 변위	치아가 종양에 포함

다음 중 정상세포가 비정상적으로 계속적으로 증식하는 것은?
① 염증 ② 농양
③ 낭종 ④ 종양
⑤ 암

답 ④

(2) 구강영역의 종양

① 치성종양
　㉠ 치성종양의 정의 : 치아의 형성에 관여하는 조직으로부터 유래하는 종양
　㉡ 치성종양의 분류

양 성	상피성 치성종양	법랑모세포종, 선양치성종양, 석회화상피성치성종양, 편평치성종양
	복합성 치성종양 (간엽성 치성종양)	치성섬유종, 치성점액종, 법랑모세포섬유종, 법랑모세포 섬유치아종, 치아종
악 성	상피성 치성종양	악성 법랑모세포종, 법랑모세포종성 암종, 원발성 골내암, 치성낭종상피의 악성변화
	복합성 치성종양	치성암육종, 법랑모세포섬유육종

　㉢ 대표적인 치성종양

구 분	특 징
법랑모세포종 (ameloblastoma)	• 법랑기에서 유래하는 양성 상피성 종양 • 발육이 완만, 통증이 없음 • 크기에 의해 내부는 압박 흡수, 외부는 팽창 • 침윤성 증식과 전이의 발생이 가능 • 악골 내 단방성, 다방성 투과상 • 법랑모세포종은 변연부의 기저세포층이 입방·원주세포로 이루어지며 중심부는 성상형 세포로 구성 • 하악 대구치부, 지치 부근에서 호발

다음 중 법랑모세포종은 어떤 치성종양인가?
① 양성 상피성 치성종양
② 양성 복합성 치성종양
③ 악성 상피성 치성종양
④ 악성 복합성 치성종양
⑤ 비치성 양성종양

답 ①

다음 중 선양치성 종양은 어떤 치성종양인가?

① 양성 상피성 치성종양
② 양성 복합성 치성종양
③ 악성 상피성 치성종양
④ 악성 복합성 치성종양
⑤ 비치성 양성종양

답 ①

중년 여성에게 많으며, 다발성으로 하악전치치근단부에 호발하며, 증상이 따로 없는 백악질종은?

① 양성 백악아세포종
② 백악질형성 섬유종
③ 근첨성 백악질이형성증
④ 거대형 백악질종
⑤ 전암병변

해설
① 10~20대 남성, 하악 구치부의 치근 부위에서 호발
② 젊은 사람, 중년, 하악 구치부
④ 중년 이후 여성, 상하악의 구치부

답 ③

구 분		특 징
선양치성 종양		• 법랑기에서 유래하는 양성 상피성 종양 • 발육이 완만, 적출 후 재발이 거의 없음 • 방사선상 주위와 경계가 뚜렷한 단방성 투과상 • 선관양구조(입방·원주 세포)와 화관상 구조(원주형세포의 2열 배열, 사이에 호산성물질 함유)가 산재성으로 나타나며, 사이에 다각형세포가 충실성으로 증식 • 종양 내는 석회물질, 종양 주위는 섬유성조직의 피막 • 젊은 여성에서 호발, 상악 견치부에 호발, 매복치아를 수반
치아종		• 치배의 형성 이상에서 생기는 종양, 일종의 발육기형 • 방사선상 경계가 뚜렷한 불투과상 • 20대 이전에서 발견
	복합 치아종	• 정상치아와 유사 • 상악 전치부에 호발
	복잡 치아종	• 치아조직 배열이 복잡 • 하악구치부, 상악전치부 호발
백악질종		• 백악질의 증식이 특징
	양성 백악아세포종	• 발육이 완만, 피질골의 팽창 • 방사선상 치근부에 경계는 명확한 투과상, 유원형의 불투과상 • 백악질소주의 형태, 세포성분이 적고, 백악질 내 반전선이 명확 • 10~20대, 남성에서 호발 • 대구치 치근 부위, 하악 구치부 호발
	백악질형성 섬유종	• 증대 시 악골이 팽창 • 방사선상 골파괴 관찰, 경계가 뚜렷한 투과성 병변, 반점상 불투과상 • 다양한 크기의 유원형 괴상 백악질 • 젊은 사람, 중년에 호발 • 하악 구치부 호발
	근첨성 백악질 이형성증	• 임상적 무증상 • 방사선상 초기에는 근단부 경계 명확한 투과상, 후기에는 좁은 투과대로 감싸인 불투과상 • 세포 성분이 많은 섬유성 조직 • 중년 여성에서 호발 • 다발성으로 하악전치 근단부에 호발
	거대형 백악질종	• 다량의 백악질을 형성, 악골의 현저한 팽창 • 방사선상 크고 치밀한 불투과상 • 세포 성분이 적고, 섬유성 조직도 적음 • 중년 이후의 여성에서 호발 • 상하악의 구치부에 호발

② 비치성 종양
  ㉠ 구강영역에 있어 치아를 형성하는 조직 이외의 조직으로부터 유래하는 종양
  ㉡ 비치성 종양의 분류

양성종양	구강유두종, 구강멜라닌성모반, 구강흑색극세포종, 섬유종, 골종, 치은종, 양성타액선종양
전암병소	구강백반증, 구강홍반증, 광선구순염, 상피내암, 색소성모반
악성종양	편평세포암종, 상악동의암종, 악성흑색종, 악성타액선종

• 양성종양

구 분	특 징
유두종 (양성상피성종양)	• 구강점막을 덮는 중층상피가 증식 • 유두종 바이러스 감염이 원인 • 손가락 모양의 돌기를 갖는 무통성, 외향성 병터 • 하얗거나 약간 붉은색으로 정상 점막색과 비슷 • 30~50대에 호발 • 혀, 연구개에 호발
섬유종 (양성비상피성종양)	• 섬유모세포와 교원섬유로 구성되어 증식 • 성인에게 호발, 여성에게 호발 • 치은, 협점막, 구개, 혀, 구순에서 호발
골종 (양성비상피성종양)	• 결정상이나 괴상으로 나타나는 골조직의 과형성 • 상악 : 견치와, 경구개, 상악동에 호발 • 하악 : 하악각의 내외연, 하악의 하연, 구치부의 설측에 호발 • 40대 이상에서 호발

• 전암병소
 - 백반증, 홍반증, 편평태선
 - 상피성이형성 변화
 - 백반증(leukopoakia) : 병변부의 점막이 백색으로 변색되는 병변의 총칭
  ⓐ 임상적으로, 물리적으로 다른 질환의 특징이 없음
  ⓑ 원인 : 흡연, 음주, 우식와의 변연과 충전물에 의한 자극, 칸디다 감염, 노화
  ⓒ 백반이 비후, 열구상 혹은 유두상의 모양
  ⓓ 증식상피의 일부가 암의 상태일 수 있고, 전암상태를 나타나는 상피이형성을 나타냄
  ⓔ 중년 이상에서 호발
  ⓕ 혀, 협점막, 치은에서 호발

다음 중 유두종에 대한 설명으로 옳지 않은 것은?

① 비치성 양성상피성종양이다.
② 30대 이후 중년에서 호발한다.
③ 상피가 착각화, 각화가 나타난다.
④ 만성 자극과 세균감염이 원인이다.
⑤ 점막상피가 유두상으로 발육한다.

해설
④ 만성 자극과 바이러스성 감염에 의한다.

답 ④

다음 중 골종에 대한 설명으로 옳은 것은?

① 비치성 양성상피성종양이다.
② 20세 이상에서 호발한다.
③ 성인의 두개골과 안면골의 골조직이 저형성된 것이다.
④ 여성에 호발한다.
⑤ 상악은 견치와, 경구개, 상악동에서 호발한다.

해설
① 비치성 양성비상피성종양이다.
② 40대 이상에서 호발한다.
③ 성인의 두개골과 안면골의 골조직이 과형성된 것이다.
④ 성별 특이성은 없다.

답 ⑤

다음 중 백반증에 대한 설명으로 틀린 것은?

① 악성종양에 속한다.
② 병변부의 점막이 백색인 병변이다.
③ 흡연과 음주, 노화 등이 원인이다.
④ 중년 이상에서 호발한다.
⑤ 다른 특징적 임상적 소견이 없다.

해설
① 백반증은 전암병소이다.

답 ①

다음 중 구강영역의 암종 중 가장 흔한 것은?
① 골육종　　② 신경초종
③ 편평세포암　④ 신경섬유종
⑤ 악성흑색종

답 ③

- 악성종양
  - 암종 : 상피성 조직에서 유래하는 악성종양
  - 육종 : 비상피성 조직에서 유래하는 악성종양

구 분	특 징
편평세포암	• 구강영역의 암종 중 가장 흔하다(95% 이상). • 유두종상, 육아상, 백반상, 궤양상 등의 형태 • 침윤성으로 증식 및 전이 • 분화가 좋고, 중층편평상피와 유사 • 40~70대에서 호발, 남성에서 호발 • 치은, 혀, 협점막, 구강저, 구개, 구순에서 발현
골육종	• 악성 비상피성 종양 • 모든 연령층에서 발생함 • 남성에서 호발, 상악에서 호발
특수종양	• 백혈병과 악성림프종 등의 조혈조직 종양 • 신경초종, 신경섬유종, 악성흑색종 등의 신경조직 종양

10 조직생검

환자의 병력, 증상, 징후를 고려하여 여러 가지 방법으로 환자를 검사하고 질병이나 신체의 이상을 밝혀내는 과정은 무엇인가?
① 상 담　　② 사 정
③ 진 단　　④ 진 찰
⑤ 분 석

답 ③

(1) **생검(biopsy)의 정의** : 질환이 의심되는 부위의 일부 또는 전체를 외과적으로 절제하여 병리학적 진단을 하는 것이다.

(2) **생검의 적응증**

① 의심되는 신생물
② 치근단 육아종 및 낭을 포함한 모든 치근단 병소
③ 치근단과 분리된 구강영역의 낭성 병소
④ 구강 내 연조직에 발생된 과각화나 백색 병소
⑤ 입술, 구강점막, 혀의 만성 궤양성 병소
⑥ 외상성, 세균성으로 설명 불가능한 구강영역의 종창
⑦ 작은 외상에 의한 통상적인 창상치유 유도에도 불구하고 2주 이상 지속될 때
⑧ 외과적 시술과정 중 얻어진 연조직

다음 중 생검의 적응증이 아닌 것은?
① 특성이 결정된 조직덩어리
② 의심되는 신생물
③ 구강점막의 계속적 변화
④ 원인을 알 수 없는 궤양
⑤ 의문이 생기는 뚜렷한 종양성 성장

해설
특성이 결정되지 않은 조직덩어리가 생검의 적응증이다.

답 ①

(3) **생검의 종류**

① **절제생검** : 병소의 크기가 작은 경우, 조직 전부를 외과적 절제하여 검사
② **절개생검** : 병소의 크기가 큰 경우, 조직의 일부를 채취하여 검사
③ **침생검** : 굵고 긴 침으로 심부의 간, 신장 같은 장기에서 채취
④ **천차흡인생검** : 가는 침으로 피부에서 가까운 골수, 유방 등 장기에서 채취
⑤ **박리세포진단생검** : 표피조직의 탈락된 세포를 채취

(4) 조직표본의 제작과정

절제 → 고정(10% 중성포르말린용액) → 수세 → 탈수 → 파라핀 → 포매 → 박절 → 염색 → 봉입 → 검경

(5) 생검 시 필요한 요구사항

① 최소 5×5mm 이상 채취하며, 주변 인접조직의 손상을 최소한으로 한다.
② 정상조직을 포함하며, 과도한 손상과 압력은 피한다.
③ 마취제는 병변 부위에 직접 주입하지 말고, 기구에 의한 조직변형이 없도록 한다.
④ 괴사조직은 제외한다.
⑤ 채취조직은 즉시 고정시킨다.
⑥ 병소가 여러 부위이면, 채취도 여러 군데에서 한다.

생검 시 조직고정에 사용하는 용액은?

① 1% 포르말린
② 10% 포르말린
③ 50% 포르말린
④ 0.9% 생리식염수
⑤ 100% 정제수

답 ②

다음 중 생검 시 주의사항으로 옳지 않은 것은?

① 병변 부위만 제거한다.
② 심한 괴사 부위는 제외한다.
③ 마취제는 병변 부위에 직접 주입하지 않는다.
④ 기구로 과도한 손상이나 압력을 주지 않는다.
⑤ 병소가 크면 여러 곳에서 채취한다.

해설
① 병변 부위와 건전 부위를 같이 채취해야 한다.

답 ①

CHAPTER 04 적중예상문제

1 염증

01 다음 염증원인 중 물리적 요인이 아닌 것은?
① 효 소
② 기계적 자극
③ 온 도
④ 전기적 자극
⑤ 방사선

> **해설**
> ① 효소는 화학적 요인으로 분류한다.

02 다음 중 삼출액에 대한 설명으로 틀린 것은?
① 염증 부위에서 혈관의 투과성이 높아져 혈관 밖으로 빠져나온 액체이다.
② 염증 이외의 원인에 의해 혈관에서 나온다.
③ 장액성삼출액은 혈장과 단백질로 구성된다.
④ 화농성삼출액은 백혈구가 많다.
⑤ 투명하지 않고, 세포가 많다.

> **해설**
> ② 여출액에 관련된 설명이다.

2 면역질환

01 다음 중 진균의 감염에 의한 질환은 무엇인가?
① 결 핵   ② 칸디다증
③ 치관주위염   ④ 단순포진
⑤ 급성 타액선염

> **해설**
> ①, ③, ⑤는 세균 감염성 질환이며, ④는 바이러스 감염성 질환이다.

02 다음 중 면역에 관련하는 항체의 종류가 아닌 것은?
① IgA   ② IgD
③ IgE   ④ IgI
⑤ IgM

> **해설**
> 면역에 관련하는 항체의 종류는 IgA, IgD, IgE, IgG, IgM이다.

03 다음 중 쇼그렌증후군에 대한 설명으로 틀린 것은?
① 세균감염성질환이다.
② 중년 여성에게 호발한다.
③ 류마티스 관절염을 동반한다.
④ 구강건조증 증상이 있다.
⑤ 결화각막염을 동반한다.

> **해설**
> ① 쇼그렌증후군은 자가면역질환 중 하나이다. 자가면역질환은 자신의 신체 장기를 이물질로 오해하여 발생하는 면역반응으로 생기는 질병이다.

정답 01 ① 02 ② / 01 ② 02 ④ 03 ①

3 감염질환

01 다음 중 흡연, 음주, 우식와의 변연, 충전물에 의한 자극에 의해 발생하는 질환은?

① 2차 우식
② 급성 포진성 치은구내염
③ 칸디다증
④ 재발성 아프타
⑤ 백반증

02 다음 중 상아질에 대한 설명이 옳게 연결된 것은?

① 제1상아질 – 연령 증가에 따른 생리적 반응으로 형성된다.
② 제2상아질 – 치아 맹출 이후 치근이 완성될 때까지 형성된다.
③ 제3상아질 – 병적 제2상아질이라고 한다.
④ 제3상아질 – 상아세관이 좁고 가늘며, 규칙적이다.
⑤ 제3상아질 – 상아세관이 많으며, 기질이 적다.

> **해설**
> ① 제2상아질에 대한 설명이다.
> ② 제1상아질에 대한 설명이다.
> ④ 상아세관이 좁고 가늘며, 불규칙적이다.
> ⑤ 상아세관이 적으며, 기질이 많다.

4 치아의 손상

01 다음 중 구순파열에 대한 설명으로 옳은 것은?

① 양측성이다.
② 여성에게 호발한다.
③ 발육장애에 의한 선천성 파열이다.
④ 발음장애와 연하장애가 있다.
⑤ 좌우의 구개돌기 및 비중격의 융합부전이 원인이다.

> **해설**
> ① 편측성이며 좌측이 더 호발한다.
> ② 남성에게 호발한다.
> ④, ⑤ 구개파열에 대한 설명이다.

5 치수 및 치근단 질환

01 가역적 치수염의 특징은?

① 방산통이 있다.
② 타진에 반응이 없다.
③ 원인 치아가 불분명하다.
④ 자발성 통증이 있다.
⑤ 지속적 통증이 있다.

> **해설**
> **가역적 치수염**
> 방산통 없음, 타진에 무반응, 원인 치아 분명, 자극 시에만 통증, 일시적 통증

02 다음 중 식편압 시 약간 통증이 있으며, 자발통이 없으며, 분명한 치수노출이 있는 것은?

① 급성 장액성 치수염 ② 급성 화농성 치수염
③ 상행성 치수염 ④ 만성 궤양성 치수염
⑤ 만성 증식성 치수염

03 다음 중 만성 증식성 치수염의 증상에 해당하지 않는 것은?

① 자발통이 없다.
② 성인에게 호발한다.
③ 교합 시 외상이나 출혈이 있을 수 있다.
④ 만성적 자극에 의한다.
⑤ 기계적 자극에 의한다.

> **해설**
> ② 성인보다 유치나 유년기의 영구치 구치부에 호발한다.

04 치근단육아종의 병리학적 소견으로 옳은 것은?

① 상피의 대부분이 중층편평상피로 이루어진다.
② 치근의 백악질과 결합한다.
③ 육아종의 외층은 섬유성 조직이다.
④ 육아종 내에 상피세포로 이루어져 있다.
⑤ 주위 치조골의 흡수 소견이 있다.

> **해설**
> ①, ③, ④, ⑤는 치근단낭종에 대한 설명이다.

6 골내 치성 감염성 질환

01 다음 중 치성 상악동염의 조직학적 소견에 대한 설명으로 옳지 않은 것은?

① 상악동 점막 출혈
② 상악동 점막 상피의 박리
③ 염증성 여출액
④ 농양의 형성
⑤ 염증세포의 침윤

> **해설**
> ③ 염증성 삼출액이다.

02 다음의 발치창의 치유과정 중 치조골의 골개조가 끝나는 것은 언제인가?

① 1주
② 1개월
③ 3개월
④ 6개월
⑤ 12개월

7 치아의 발육 이상

01 다음 중 치외치에 대한 설명으로 틀린 것은?
① 상하악 소구치에서 호발한다.
② 교합면에 이상결절이 발생한다.
③ 치관 일부의 법랑질과 상아질이 치수 내로 함입되어 있다.
④ 교합력에 의해 치수노출 가능성이 높다.
⑤ 교두가 법랑질–상아질–치수로 구성된다.

해설
③ 치내치에 대한 설명이다.

02 다음 중 치근부에 국소적으로 나타나는 작은 구상의 법랑질은 무엇인가?
① 이상결절 ② 법랑진주
③ 탈론교두 ④ 법랑질증식
⑤ 법랑질 과형성

03 다음 중 과잉치의 호발 부위는 어디인가?
① 상악 양중절치 사이
② 상악 중절치와 측절치 사이
③ 상악 제1소구치와 제2소구치 사이
④ 상악 제1대구치와 제2대구치 사이
⑤ 상악 제3대구치 후방

04 치외치가 가장 호발되는 치아는?
① 상악 제1대구치
② 상악 제1소구치
③ 상악측절치
④ 하악 제1대구치
⑤ 하악 제3대구치

해설
치아의 형태이상 중 호발 부위
쌍생치–유치, 융합치–유치 전치, 유착치–상악대구치, 치내치–상악측절치, 치외치–상·하악 소구치, 법랑진주–대구치 치근분지부와 치경부

05 다음 중 부분적 치아결손이 나타나는 부분무치증의 호발 부위는 어디인가?
① 절 치 ② 견 치
③ 소구치 ④ 대구치
⑤ 지 치

06 다음 중 부분무치증의 원인이 아닌 것은?
① 영양장애
② 열성유전
③ 방사선장애
④ 유전적 내배엽 이형성증
⑤ 퇴화현상

해설
④ 유전적 외배엽 이형성증이 원인이다.

정답 01 ③ 02 ② 03 ① 04 ② 05 ⑤ 06 ④

07 다음 중 법랑모세포가 법랑기질을 충분히 분비하지 못해 법랑질이 얇게 나타나는 경우는?

① 법랑질 미성숙형
② 법랑질 저형성형
③ 법랑질 저석회화형
④ 법랑진주
⑤ 탈론교두

해설
① 미성숙형 – 미성숙법랑질결정체를 보이는 불완전한 석회화
③ 저석회화형 – 법랑기질의 석회화 과정의 문제로 저석회화
④ 치근부에 나타나는 작은 구상의 법랑질
⑤ 전치설면의 과잉교두로 상악중절치에서 호발

08 법랑질 저형성증의 원인으로 적절하지 않은 것은?

① 수 두
② 유치우식으로 인한 치근단 감염
③ 비타민 과잉
④ 외 상
⑤ 출생 시 손상

해설
법랑질 저형성증 원인
발열(수두, 홍역, 성홍열), 비타민 결핍, 국소감염(터너치아), 외상으로 법랑모세포 손상, 선천매독, 출생 시 손상과 조산
※ 선천매독의 3대 징후 : 실질성 각막염, 내이성 난청, 허친슨절치나 상실구치

09 다음 중 법랑질 저형성증의 요인이 아닌 것은?

① 출생 시 손상과 조산
② 발열성 질환
③ 국소감염
④ 외 상
⑤ 비타민 과잉

해설
⑤ 비타민의 결핍이다(비타민 A, C, D).

10 다음 중 출생 시 이미 맹출한 치아로 하악 유중절치에 호발하는 것은?

① 신생치　　② 선천치
③ 반매복치　④ 과잉치
⑤ 유전치

해설
① 신생치 : 출생 후 30일 이내에 맹출

11 다음 중 영구치의 맹출지연의 원인이 아닌 것은?

① 유치의 만기잔존
② 영구치배의 위치부정
③ 크레틴병
④ 매 독
⑤ 성적조숙

해설
⑤ 성적조숙과 유치의 조기상실은 영구치의 조기맹출의 원인이다.

12 다음 중 유치의 맹출지연의 이유가 아닌 것은?

① 대부분 원인 불명
② 곱추병
③ 영양장애
④ 쇄골두개이골증
⑤ 크레틴병

13 허친슨절치(Hutchinson's incisor)의 원인은?

① 재발성 아프타
② 편평태선
③ 칸디다증
④ 구순포진
⑤ 선천매독

> 해설
> - 재발성 아프타 – 베체트증후군의 주병변 중 하나
>   ※ 베체트증후군 : 구강점막의 재발성 아프타, 눈의 홍채염과 망막염, 외음부 궤양
> - 칸디다증 – 의치의 물리적 자극, 항생제, 부신피질호르몬, 면역억제제 장기 복용
> - 구순포진 – 바이러스 감염

8 구강영역의 낭

01 다음 중 실활치아에서 호발하는 치성낭종은 무엇인가?

① 치근단낭종
② 치은낭종
③ 함치성낭종
④ 치성각화낭종
⑤ 석회화치성낭종

02 각화 또는 착각화 중층편평상피의 이장에 의한 치성낭종이며, 치판의 세포잔사에서 유래하는 것은?

① 치성각화낭종
② 치근단낭종
③ 함치성낭종
④ 원시성낭종
⑤ 석회화치성낭종

03 맹출 중인 치아의 함치성낭이 연조직으로 노출된 경우 저절로 터지거나, 외과적인 치관노출술이 필요한 것은?

① 치성각화낭종
② 치근단낭종
③ 맹출낭
④ 원시성낭종
⑤ 석회화치성낭종

04 치성낭종 내에 매복치가 없으며, 치배법랑기의 낭종성 변화에 의한 것은?

① 치성각화낭종
② 치근단낭종
③ 맹출낭
④ 원시성낭종
⑤ 석회화치성낭종

05 다음 중 타액의 배출장애에 의한 낭종으로, 낭종 내 염증성 세포가 있는 것은?

① 안열성낭종
② 술후성 상악낭종
③ 하마종
④ 점액낭종
⑤ 유표피낭종

정답 13 ⑤ / 01 ⑤ 02 ① 03 ③ 04 ④ 05 ④

06 다음 중 설하선 등의 타액선 도관이 막혀 종창이 구강저에 흔하게 발생되는 것은?

① 안열성낭종
② 술후성 상악낭종
③ 하마종
④ 점액낭종
⑤ 유표피낭종

07 다음 중 점액낭종에 대한 설명으로 틀린 것은?

① 낭종 내 염증성 세포가 있다.
② 호발 부위는 하순이다.
③ 구강저에 있는 큰 점액낭종은 하마종이라고 한다.
④ 10대에서 호발한다.
⑤ 점막면에 반구상의 형태로 나타난다.

> **해설**
> ④ 모든 연령에서 호발한다.

08 낭종강 내 매복치의 치관을 포함하며, 퇴축법랑상피에서 유래하는 낭종은?

① 치근단낭종
② 잔류치근낭종
③ 치성각화낭종
④ 함치성낭종
⑤ 석회화치성낭종

> **해설**
> **치성낭종의 종류와 원인**
> 치근단낭종(치아우식증이 원인), 잔류치근낭종(발거 후 일부 남아 만기잔존), 함치성낭종, 석회화치성낭종(낭종벽 유령세포), 치성각화낭종(중층편평상피세포의 세포잔사가 원인), 맹출낭(맹출 중인 치아의 함치성낭이 연조직으로 노출), 원시성낭종(매복치가 없는 낭종), 치은낭종

9 구강영역의 종양

01 다음 중 양성종양에 대한 설명으로 옳은 것은?

① 침윤성 발육
② 재발이 잘됨
③ 전이가 많음
④ 발육속도가 느림
⑤ 전신에 많은 영향

> **해설**
> ①, ②, ③, ⑤ 악성종양에 대한 설명이다.

02 종양의 침윤성 발육에 대한 설명으로 틀린 것은?

① 주위에 피막을 형성하지 않는다.
② 주로 양성종양이다.
③ 종양이 주위의 조직을 압박하며 증식하지 않는다.
④ 종양과 주위 조직의 경계가 불분명하다.
⑤ 종양이 주위 조직을 파괴한다.

> **해설**
> ② 침윤성 발육을 하는 종양은 주로 악성종양이다.

03 다음 중 양성상피성종양은?

① 섬유종
② 연골종
③ 유두종
④ 지방종
⑤ 혈관종

> **해설**
> 양성상피성종양은 유두종과 선종이 있으며, ①, ②, ④, ⑤는 양성비상피성종양이다.

04 다음 중 구강영역의 악성종양에 대한 설명으로 옳은 것은?
① 발육속도가 늦다.
② 치아를 변위시킨다.
③ 팽창성 발육을 한다.
④ 재발이 드물다.
⑤ 종양이 치아를 포함한다.

05 다음 중 법랑모세포종에 대한 설명이 아닌 것은?
① 20~40대에 호발한다.
② 발육이 완만하고 자발통이 없다.
③ 하악대구치, 특히 지치 부위에서 호발한다.
④ 양성종양이라 침윤성증식과 전이가 불가능하다.
⑤ 방사선에서 단방성 혹은 다방성의 투과상을 보인다.

해설
④ 양성종양이나 침윤성증식과 전이가 가능하다.

06 다음 중 젊은 여성에서 호발하며, 상악의 견치부에서 호발하고, 매복치를 동반하는 치성종양은 무엇인가?
① 법랑아세포종
② 거대형백악질종
③ 선양치성 종양
④ 치아종
⑤ 양성백악아세포종

해설
① 20~40대 호발 ② 중년 이후의 여성
④ 20대 이전 발견 ⑤ 10~20대 남성

07 다음 중 치아종에 대한 설명으로 옳지 않은 것은?
① 치배의 형성 이상에서 생기는 종양이다.
② 방사선상 경계가 불분명한 불투과상을 나타낸다.
③ 복합치아종은 상악 전치부에서 호발한다.
④ 복잡치아종은 치아조직배열이 복잡하다.
⑤ 일종의 발육기형이다.

해설
② 치아종은 방사선상 경계가 분명한 불투과상을 나타낸다.

08 다음 중 악성 비상피성종양으로, 모든 연령층에서 발생하나 남성과 특히 상악에서 호발하는 악성종양은 무엇인가?
① 골육종
② 신경초종
③ 편평세포암
④ 신경섬유종
⑤ 악성흑색종

09 다음 중 편평세포암에 대한 설명으로 틀린 것은?
① 40~70대의 남성에게 호발한다.
② 치은, 혀 협점막, 구개 등에 호발한다.
③ 침윤성의 증식과 전이를 한다.
④ 분화가 좋고, 정상적인 중층편평상피와 유사하다.
⑤ 분화가 안 좋으면, 암진주가 더 많이 나타난다.

해설
⑤ 분화가 안 좋은 편평세포암은 암진주를 거의 볼 수가 없다.

정답 04 ⑤ 05 ④ 06 ③ 07 ② 08 ① 09 ⑤

10 구강영역의 암종 중 가장 흔한 것은?
① 골육종　　② 편평세포암
③ 유두종　　④ 섬유종
⑤ 골 종

> **해설**
> **비치성종양**
> • 양성종양 : 유두종, 섬유종, 골종 등
> • 전암병소 : 백반증, 홍반증, 편평태선 등
> • 악성종양 : 편평세포암, 골육종, 특수종양 등

10 조직생검

01 다음 중 조직 전체를 외과적으로 절제하여 검사하는 생검은?
① 절제생검　　② 절개생검
③ 펀치생검　　④ 침생검
⑤ 소파생검

02 구강 내 점막의 작은 병소로 조직 전부를 외과적으로 절제하는 생검은?
① 박리세포진단생검
② 천자흡인생검
③ 침생검
④ 절개생검
⑤ 절제생검

> **해설**
> **생검의 특징**
> • 절제생검 : 병소 크기 작을 때, 조직 전부 외과적 절제
> • 절개생검 : 병소 크기 클 때, 조직 일부 채취
> • 침생검 : 심부의 간, 신장 같은 장기에서 채취
> • 천자흡인생검 : 피부에 가까운 골수, 유방 같은 장기에서 채취
> • 박리세포진단생검 : 표피조직의 탈락된 세포 채취

03 다음 중 조직의 일부만을 외과적으로 잘라내어 검사하는 생검은?
① 절제생검　　② 절개생검
③ 펀치생검　　④ 침생검
⑤ 소파생검

CHAPTER 05 구강생리

1 생체의 항상성

(1) 생체의 항상성 정의
인체 내의 환경을 비교적 일정하게 유지하고 지속시키는 신체의 능력을 말한다.

2 세 포

(1) 세포의 정의
① 생물체를 구조하는 최소 단위이다.
② 세포는 핵과 세포질로 구성되며, 세포막으로 둘러싸여 있다.

(2) 세포 소기관의 종류와 기능
① 핵

구 분		설 명
핵	핵 막	• 이중막 구조 • 핵공을 통해 물질이동의 통로
	핵 질	• 주로 DNA, 액체성분
	핵소체(핵인)	• 주로 DNA, RNA, 단백질로 구성 • 리보솜 형성에 관여
	염색체	• 유전인자(DNA)를 포함함

다음 중 세포에 대한 설명으로 틀린 것은?

① 생물체를 구성하는 최소 단위이다.
② 세포는 투과성을 가진 세포막으로 둘러싸여 있다.
③ 핵과 세포질로 이루어진다.
④ 핵은 유전물질을 가진다.
⑤ 적혈구와 혈소판 등에서 핵을 볼 수 있다.

해설
인체 내의 성숙한 적혈구와 혈소판에는 핵이 없다.

답 ⑤

② 세포질

구 분		설 명
세포질	소포체 (세포질세망, 형질내세망)	• 세포에 의해 만들어진 물질을 저장하거나 운반 • 리보솜 O, 단백질을 합성 • 리보솜 X, 지질 합성, 성호르몬 합성에 관여
	골지체 (골지복합체)	단백질의 가공, 농축, 포장
	리보솜 (리보소체)	단백질의 합성 장소
	리소솜 (용해소체)	• 소화효소 • 자가용해기능
	미토콘드리아 (사립체)	• ATP 생성 • 외막과 내막의 이중층 구조 • 자가증식 가능(스스로 복제 가능)
	중심소체	세포 분열 시 방추가 형성

(3) 세포막

① 세포막의 구조
  ㉠ 모든 세포에 존재하고 세포를 둘러싸고 있음
  ㉡ 성장에 필요한 물질은 흡수하고 노폐물을 배설하는 반투과성 막
  ㉢ 지질(이중막구조)과 단백질로 구성

② 세포막의 기능
  ㉠ 세포와 외부환경의 경계로 세포 내부의 항등성을 유지
  ㉡ 외부자극 수용으로 물질이동의 통로 역할
  ㉢ 여러 효소를 포함하여 물질대사를 촉진
  ㉣ 세포의 신호, 세포정보를 전달하는 수용기 역할

(4) 세포의 물질이동

① 수동수송
  ㉠ 에너지 사용 없이 농도경사에 따른 이동
  ㉡ 확산, 촉진확산, 삼투, 여과 등

② 능동수송
  ㉠ 세포막에 있는 농도경사를 거스르는 물질이 작용함
  ㉡ 포식작용, 대식작용, 세포 외 유출 등
  ㉢ 에너지가 필요함, ATP 필요(Na^+-K^+ 펌프)

③ 이화작용 : 고분자화합물을 분해시켜 에너지를 방출

④ 동화작용 : 고분자화합물을 합성시키기 위해 에너지를 소비

⑤ 세포호흡 : 포도당으로 ATP 생성, TCA회로, 전자전달계 등이 해당

다음 중 세포의 물질이동에 관하여 에너지 사용이 필요한 물질이동 방법은?

① 삼 투 ② 여 과
③ Na^+-K^+ 펌프 ④ 촉진확산
⑤ 확 산

[해설]
③ 에너지 사용이 필요한 물질이동방법인 능동수송에 해당한다.
①, ②, ④, ⑤ 에너지 사용이 필요하지 않은 수동수송이다.

답 ③

다음 중 삼투가 일어나지 않는, 등장성 용액은 무엇인가?

① 0.1% 생리식염수
② 0.9% 생리식염수
③ 1.0% 생리식염수
④ 1.9% 생리식염수
⑤ 2.0% 생리식염수

답 ②

3 신경흥분과 근수축

(1) 신경세포의 구조
① 신경세포(뉴런) : 신경계의 형태적, 기능적 최소단위
② 신경세포의 기능 : 물리적·화학적 자극에 반응, 신경자극 전도, 화학조절물질 방출
③ 신경세포의 구성

세포체	• 미토콘드리아, 니슬소체, 신경원섬유, 골지체, 핵 등에 존재 • 과립성 세포질
수상돌기	• 세포체로 자극을 전달 • 축삭돌기의 말단과 접속 • 세포로부터 정보를 받는 역할
축삭돌기	• 세포체로부터 자극을 전달(정보전달) • 전기절연체인 수초로 덮임 • 신경을 연결하는 부분

(2) 신경세포의 기능
① 시냅스-축삭돌기가 다른 뉴런의 세포체, 축삭돌기, 수상돌기와 기능적 연결
② 신경이 받은 자극이 전기신호의 형태였다가 축삭돌기 끝에서 교체된 화학물질(신경전달물질)이 다음 신경세포의 수상돌기에 전달되어 다시 전기신호로 교체되어 전달
③ 신경종말에는 소포(신경전달물질)와 미토콘드리아가 존재
④ 시냅스는 전방전도의 법칙을 갖는다(한 방향으로 고정).

(3) 신경과 근육 사이의 흥분 전달방식
① 자극→신경섬유 흥분→활동전압 발생→신경섬유 따라 전도
② 신경종말까지 전도→신경종말 내의 소포 속의 아세틸콜린 분비 및 확산
③ 신경종말 종판의 아세틸콜린 수용체에 도달하여 수용체-아세틸콜린 복합체 생성
④ 복합체가 종판의 막에 대한 투과성 높임→탈분극, 새로운 흥분을 발생→근섬유에 전달

(4) 골격근의 수축과 이완 기전
① 근의 수축
  ㉠ 골격근은 운동신경의 지배를 받는다.
  ㉡ 운동신경의 활동을 T세관을 통해 근막을 흥분시켜 활동전위를 발생시킨다.
  ㉢ 활동전위가 T세관에 전위 변화를 일으킨다.
  ㉣ 근형질내세망의 Ca^{2+}가 근원섬유 사이로 확산된다.
  ㉤ 미오신 필라멘트 사이에 엑틴 필라멘트가 미끄러져 들어간다.

다음 중 뉴런(Neuron)에 대한 설명으로 옳지 않은 것은?
① 신경계의 기본 단위이다.
② 신경자극을 전달한다.
③ 세포체와 수상돌기, 축삭돌기로 구성된다.
④ 수상돌기에는 핵이 존재한다.
⑤ 축삭돌기에는 수초로 덮여 있고, 신경을 전달하는 역할을 한다.

해설
핵은 세포체에 존재한다.
답 ④

신경의 흥분을 전달하는 전도 중, 전류가 랑비에르 마디로 흘러 무수신경보다 약 50배 빠른 신경전도는 무엇인가?
① 절연전도
② 양방향 전도
③ 불감쇠 전도
④ 도약전도
⑤ 전방전도

해설
① 다른 이웃의 다른 섬유에게 흥분전도하지 않는다.
② 신경섬유 중 어느 한 점을 자극하면 두 방향으로 전도한다.
③ 섬유의 직경이 일정하면 전도 속도도 일정하다.
⑤ 시냅스의 연락방법으로, 한 방향으로만 전도한다.
답 ④

② 근의 이완
  ㉠ Ca^{2+}가 다시 근형질내세망으로 흡수되면 근의 이완이 일어난다.

4 순환생리

(1) 혈액의 기능
① 혈액가스와 물질의 운반
② 삼투압 조절과 pH 조절
③ 호르몬의 운반
④ 체온조절
⑤ 감염방어
⑥ 지혈작용
⑦ 항상성 유지
⑧ 대사산물 운반

(2) 혈액의 성분
① pH 7.4, 체중의 약 8%
② 혈장과 혈구로 구성
③ 혈장 = 물 + 유기물 + 단백질
④ 혈구 = 적혈구 + 백혈구 + 혈소판

(3) 적혈구
① 적혈구의 구조와 기능
  ㉠ 원반 모양, 핵 없음, 중앙부 오목
  ㉡ 평균수명 120일, 골수자극으로 생성, 비장을 비롯한 장기에서 파괴
  ㉢ 적혈구의 헤모글로빈 – 적색을 띠는 원인, 산소와 이산화탄소의 운반
  ㉣ 적혈구와 산소결합 시는 선홍색, 산소상실 시는 적자색
② 용혈 : 정상적인 혈장삼투압(0.9%)보다 높은 고장성 용액에서는 수축되고, 낮은 저장성 용액에서는 수분 흡수로 팽창하다가 파열되어 헤모글로빈이 혈구 밖으로 나오는 현상이다.

다음 중 혈액의 기능으로 옳은 것은?
① 산소는 폐로 운반하고, 이산화탄소는 조직세포로 운반한다.
② 호르몬을 각 장기로 운반한다.
③ 체내의 고온부에서 열을 발산시키고, 저온부에서 열을 빼앗는다.
④ 혈액 내의 적혈구가 식균작용으로 면역작용에 관여한다.
⑤ 혈관벽이 손상되면, 적혈구가 응집되어 혈액응고에 관여한다.

해설
① 산소는 조직세포로 운반하고, 이산화탄소는 폐로 운반한다.
③ 고온부에서 열을 빼앗고, 저온부에서 열을 발산시킨다.
④ 식균작용으로 면역작용에 관여하는 것은 백혈구이다.
⑤ 혈액응고에 관여하는 것은 혈소판이다.
답 ②

다음 중 적혈구에 대한 설명으로 옳은 것은?
① 적혈구는 핵이 있으며, 골수에서 생성된다.
② 고장성 용액에서 수분 흡수되어 세포가 파열된다.
③ 적혈구는 산소와 이산화탄소 모두를 운반한다.
④ 저장성 용액에서는 세포가 수축한다.
⑤ 적혈구 내의 헤모글로빈이 산소와 결합하면 적자색을 띤다.

해설
① 적혈구는 핵이 없고, 골수에서 생성되고 비장 등의 장기에서 파괴된다.
② 고장성 용액에서는 세포가 수축된다.
④ 저장성 용액에서는 수분이 흡수되어 세포가 파열된다.
⑤ 산소와 결합 시 선홍색을 띠고, 산소 상실 시 적자색을 띤다.
답 ③

(4) 백혈구

① 백혈구의 구조와 기능

구 분	분 류	설 명
과립 백혈구	호중구	• 60~70% • 혈액 내 가장 많으며, 급성 염증에 관여 • 과립세포의 포식작용
	호산구	• 2~4% • 기생충 감염에 관여 • 식균작용에 의해 이물질의 단백질 분해
	호염기구	• 0.5% • 히스타민 분비, 헤파린 과립 함유 • 알레르기, 과민반응에 관여 • 면역반응
무과립 백혈구	림프구	• 20~25% • T림프구 : 항원정보를 B림프구에 전달, 직접 식작용, 세포성 면역 • B림프구 : 형질세포로 분화하여 항체형성, 체액성 면역
	단핵구	• 4~8% • 만성 염증에 관여 • 강한 탐식능력 • 무과립세포, 질병 시 거대세포 형성

(5) 혈소판

① 무색, 무정형세포
② 혈액응고에 관여
③ 여성이 더 많으나, 월경 시 감소, 임신 시 증가
④ 골수에서 생성되고 비장에서 파괴

(6) 혈액응고

① 혈장 중의 피프리노겐이 피브린으로 변하는 과정, 약 3~8분
② 항응고 물질 : 헤파린과 안티트롬빈
③ 혈액응고 기전

구 분	설 명
1단계	내인성 혹은 외인성 기전으로 프로트롬빈 액티베이터가 형성
2단계	프로트롬빈 액티베이터에 의해 프로트롬빈이 트롬빈으로 분해
3단계	트롬빈에 의해 피브리노겐이 피브린으로 분해

다음 중 백혈구에 대한 설명으로 옳은 것은?

① 핵이 없다.
② 형태는 원반 모양이다.
③ 과립백혈구는 림프조직에서 생성된다.
④ 혈액 내 가장 많은 것은 호중구이다.
⑤ 급성 염증에는 무과립백혈구가 관여한다.

해설
① 백혈구는 핵이 있다.
② 형태는 일정하지 않고, 원형이나 부정형이다.
③ 과립백혈구는 골수에서 생성된다.
⑤ 급성 염증에는 호중구가 관여한다.

답 ④

다음 중 혈액응고 기전에 관련된 설명으로 옳은 것은?

① 혈장 중의 fibrin이 fibrinogen으로 변하는 과정이다.
② 헤파린은 혈액응고 촉진요소이다.
③ 혈관 밖으로 나온 혈액이 5~10분째 강력한 지혈을 일으키는 것은 1차 지혈이다.
④ 혈관벽이 손상되거나 혈소판 수가 감소한 것은 출혈성 소인이다.
⑤ 정상적인 혈액응고에 필요한 시간은 3~8시간이다.

해설
① 혈장 중의 fibrinogen이 fibrine이 되는 과정이다.
② 헤파린은 항응고물질이다.
③ 2차 지혈에 대한 설명이다.
⑤ 3~8분이 정상이다.

답 ④

(7) 혈 압

① 혈압의 정의 : 상완동맥으로 흐르는 혈액의 압력

구 분	설 명	정상혈압
최고혈압	• 수축기 혈압 • 심장이 수축할 때의 최대압력	120mmHg(110~130mmHg)
최저혈압	• 이완기 혈압 • 심장의 확장기에 혈류를 유지하는 압력	80mmHg(65~85mmHg)
맥 압	최고혈압과 최저혈압의 차이	40~50mmHg

다음 중 호흡에 대한 설명으로 틀린 것은?

① 산소는 들여보내고, 이산화탄소를 배출한다.
② 혈액을 매개로 한다.
③ 조직세포와 혈액 사이에는 내호흡이 일어난다.
④ 외부공기와 혈액 사이에는 외호흡이 일어난다.
⑤ 단순한 폐호흡은 내호흡이다.

해설
단순한 폐호흡은 외호흡이다.
답 ⑤

(8) 호 흡

① 호흡의 정의 : 대사에 필요한 산소를 공급받고, 이산화탄소를 배출하는 과정
② 내호흡 : 모세혈관과 조직세포 사이의 가스교환과정
③ 외호흡 : 외부의 공기와 혈액 사이의 가스교환과정
④ 흡식 : 공기가 폐로 들어감(능동운동)
⑤ 호식 : 폐포 내의 공기를 외부로 내보냄(수동운동)

(9) 폐포와 조직의 가스교환

① 폐포-혈액 사이의 가스교환
  ㉠ 폐포의 O_2분압 > 모세혈관의 O_2분압, 폐포 내의 O_2가 모세혈관으로 확산
  ㉡ 폐포의 CO_2분압 < 모세혈관의 CO_2분압, 모세혈관의 CO_2 폐포로 확산
② 혈액-조직세포 사이의 가스교환
  ㉠ 모세혈관의 O_2분압 > 조직세포 O_2분압, 모세혈관의 O_2가 조직세포로 확산
  ㉡ 모세혈관의 CO_2분압 < 조직세포 CO_2분압, 조직세포의 CO_2 모세혈관으로 확산

다음 중 체열에 대한 설명으로 옳은 것은?

① 체온은 피부에서 측정한 온도이다.
② 체열은 주로 골격근과 간에서 생성한다.
③ 체열은 대부분 전도를 통해 발산된다.
④ 체온은 항상 일정하게 유지되지 않는다.
⑤ 골격근과 간의 체온조절 중추가 체온조절에 관여한다.

해설
① 체온은 신체 내부의 온도이다.
③ 체열은 대부분 복사(60%)를 통해 발산된다.
④ 체온은 항상 일정하게 유지된다(약 37℃).
⑤ 시상하부에서 관여한다.
답 ②

(10) 체열의 생산과 손실

① 체온의 특징
  ㉠ 밤에 낮고(오전 4~6시 최저), 낮에 높다(오후 2~5시 최고).
  ㉡ 여성의 성주기와 일치, 배란 시 0.5℃ 체온 상승
  ㉢ 식후 30~60분간 체온 상승
② 체열의 생산
  ㉠ 골격근, 간 등에서 신체가 생산하는 열
  ㉡ 안정 시 체열의 1/2은 내장에서, 1/4은 골격근에서 생산
  ㉢ 내분비기관 작용과도 영향(에피네프린은 급격한 열생산, 갑상선호르몬은 장시간 열생산)
③ 체열의 발산
  ㉠ 복사 : 접촉 없이 떨어져 있는 물체에 전달
  ㉡ 전도 : 공기층이 피부에서 멀어지면 열발산을 촉진

ⓒ 유감증산 : 본인이 느낄 수 있는 수분증발
ⓔ 불감증산 : 본인이 느끼지 못하는 수분증발

5 소화와 배설

(1) 위 액
   ① 성 분
      ㉠ pH 1.0~1.5의 산성
      ㉡ 염산과 점액성분으로 구성
   ② 작 용

구분	내용
염 산	• 펩시노겐을 활성화시켜 단백질 분해효소로 작용 • 위 내 산성환경 유지 • 음식물에 포함된 세균을 죽이고, 세균 번식 방지 • 위 내용물의 발효 억제와 음식물 부패 방지
점 액	뮤신을 가진 점액이 위점막면의 표면을 덮어 위점막 보호

(2) 소 장
   ① 기능 : 소화와 흡수
      ㉠ 탄수화물을 포도당, 과당, 갈락토오스로 분해
      ㉡ 단백질을 아미노산으로 분해
      ㉢ 지방을 지방산과 글리세린으로 분해
   ② 담 즙
      ㉠ 간세포에서 생성
      ㉡ 담즙산염(지방산의 흡수 촉진)과 담즙색소로 구성
      ㉢ 하루 500~1,000mL, pH 7.8~8.6, 황금색
   ③ 췌장액
      ㉠ 지방당분을 분해
      ㉡ 탄수화물, 단백질, 지방을 소화하는 효소가 포함

구 분	소화효소
탄수화물	아밀라아제
단백질	트립신
지 방	스테압신

   ㉢ 하루 500~800mL, 무색, 투명
   ④ 장 액
      ㉠ 십이지장선과 장선에서 분비, 알칼리성
      ㉡ 탄수화물, 단백질, 지방을 소화하는 효소가 포함

다음 중 위액에 대한 설명으로 틀린 것은?

① pH 1.0~1.5로 강산성을 나타낸다.
② 레닌은 단백질 분해효소이다.
③ 염산이 살균작용을 한다.
④ 점액의 뮤신이 위점막을 보호한다.
⑤ 위액은 1일 약 1.5~2.5L 분비된다.

해설
펩신은 단백질 분해효소이다.

답 ②

다음 중 소장의 소화와 흡수에 대한 설명으로 틀린 것은?

① 탄수화물을 포도당, 과당 등으로 분해한다.
② 단백질을 아미노산으로 분해한다.
③ 지방을 지방산과 글리세린으로 분해한다.
④ 셀룰로오스는 장벽을 자극하여 운동을 멈추게 한다.
⑤ 위장에서 배출된 산성미즙을 알칼리성 용액과 혼합하여 대장으로 보낸다.

해설
셀룰로오스는 장벽을 자극하여 운동을 촉진한다.

답 ④

다음 중 소장관이 종축에 따라 신축하는 운동으로 장 내용물을 혼합하는 운동은 무엇인가?

① 분절운동 ② 진자운동
③ 연동운동 ④ 소 화
⑤ 흡 수

해설
① 내용물을 죽상으로 만들어 소화액과 혼합
③ 장관의 일부에 생긴 수축이 파상적으로 전달
④ 소화관에 들어간 음식이 소화관 벽을 통해 체내로 들어가는 물리화학적 분해 작용
⑤ 소화된 물질이 소화관 벽에서 혈관이나 림프관으로 들어가는 과정

답 ②

다음 중 신장의 요의 역할에 대해 틀린 것은?

① 혈액의 삼투압을 조절한다.
② 혈장의 포도당, 아미노산 등의 농도를 조절한다.
③ 체액량을 조절한다.
④ 혈중의 불필요한 대사산물이나 유해물질을 제거한다.
⑤ 육식할 때 알칼리화, 채식할 때 산성화된다.

해설
요는 육식할 때 산성화, 채식할 때 알칼리화 된다.

답 ⑤

⑤ 소장의 운동
  ㉠ 분절운동 : 내용물을 죽상으로 만들어 소화액과 혼합
  ㉡ 진자운동 : 소장관이 종축에 따라 신축, 장 내용물 혼합
  ㉢ 연동운동 : 소장관의 일부 수축으로 내용물 수송

(3) 대 장
  ① 대장의 기능
    ㉠ 소화와 영양소 흡수는 일어나지 않음
    ㉡ 물과 전해질의 흡수만 일어남
  ② 대장의 운동
    ㉠ 분절운동 : 수분의 흡수를 효율적으로 하게 함
    ㉡ 연동운동 : 식후에 현저, 대장내용물을 완전히 제거하는 강한 운동, 변의를 느끼게 함

(4) 신 장
  ① 신장의 기능
    ㉠ 체액 조절
    ㉡ 배 설
    ㉢ 혈압 조절
    ㉣ 조혈 촉진
    ㉤ 대사 조절
  ② 요의 특징
    ㉠ 물질대사 결과 생긴 부산물과 노쇠한 세포의 분해산물이 소변과 체외배설한다.
    ㉡ 체액량 조절
    ㉢ 삼투압과 pH 조절
    ㉣ 혈장 중의 포도당, 아미노산, 염기 등의 농도 조절
  ③ 신장의 요의 생성과정
    ㉠ 신장에서 혈액물질이 여과하는 과정에서 발생
    ㉡ 네프론(신장 단위) : 신소체+세뇨관으로 구성, 약 100만 개
    ㉢ 혈액이 사구체에서 여과되어 보먼주머니로 나옴
    ㉣ 단백질을 제외한 모든 혈장성분이 여과되어 보우만강으로 나와 원뇨가 생성
    ㉤ 재흡수와 재분비 과정을 거친다(재흡수-포도당, 아미노산, 물, Na^+, Cl^-, 재분비 - K^+, H^+, NH_3가 관여).

6 타 액

(1) 타액의 기능

① 소화작용 : 아밀라아제 - 전분을 덱스트린이나 맥아당으로 분해
② 윤활작용 : 뮤신 - 구강 점막을 매끄럽게, 저작·연하·발음기능을 원활
③ 점막의 보호(물리적) : 뮤신, 수분, EGF(상피성장인자) 등
④ 완충작용 : 중탄산염(탄산수소염), 인산염 등
⑤ 탈회작용과 성숙 및 재석회화작용 : 칼슘 농도와 인산 농도 포화 유지
⑥ 청정작용 : 구강 청결, 세균부착 억제
⑦ 항균작용 : 리소자임, 락토페린 등
⑧ 배설작용 : 유독물질을 타액으로 배설
⑨ 체액 조절작용 : 체액이 감소하면 체내 수분생성이 감소
⑩ 내분비작용 : 파로틴 분비(뼈나 치아의 발육을 촉진, 노화현상 억제)

(2) 타액의 조성과 특성

① 일일 타액분비량 : 1.0~1.5L, 안정 시 타액분비량은 0.1~0.9mL/min

구 분	악하선	이하선	설하선
안 정	65%	23%	4%
자 극	63%	34%	3%

② 타액의 특성
  ㉠ 전타액(여러 종류의 타액선에서 나온 침이 섞인 것)은 무색투명 또는 약간 백탁
  ㉡ 점성이 높은 것은 설하선 타액이고, 가장 낮은 것은 이하선타액임(뮤신 함유량에 의함)
  ㉢ 타액 중의 탄산수소염에 따라 pH 변동, pH 5.0~8.0 사이
  ㉣ 타액분비량이 많으면 약알칼리, 분비량이 적을 때는 약산성
  ㉤ 수분 99.2~99.5% + 유형성분(대부분 당단백질과 효소)

(3) 타액선의 신경지배

① 부교감신경 : 묽은타액분비, 이하선(하부타액핵의 지배)
② 교감신경 : 점성타액의 소량분비, 악하선과 설하선(연수의 상부타액핵의 지배)
③ 삼차신경, 안면신경, 설인신경, 미주신경은 타액분비에 영향을 미치는 감각자극

(4) 타액분비기전

① 안정 시 : 고유타액, 비자극타액으로 수면 중 등 자극이 없이 점액성으로 분비
② 반사 시 : 자극타액으로 명확한 자극에 의한 분비로 장액성으로 분비
③ 조건반사성 : 무조건반사(출생 시부터 가지는 반사경로에 의함), 조건반사(반복적 훈련)

타액에 대한 특성으로 옳지 않은 것은?

① 무색, 무미, 무취
② 뮤신의 함유량에 따라 설하선 타액의 점도가 가장 높다.
③ 일일 1.0~1.5L 분비한다.
④ 타액은 수분이 99.2~99.5%이다.
⑤ 원타액은 여러 종류의 타액선에서 나온 침이 섞인 것이다.

해설
⑤ 전타액(혼합타액)은 여러 종류의 타액선에서 나온 침이 섞인 것이다.

답 ⑤

다음 중 타액선에 대한 설명으로 틀린 것은?

① 분비종말부와 도관으로 구성된다.
② 분비종말부의 장액세포가 이하선 선방부에 있다.
③ 대타액선 중 악하선이 가장 점액선의 비율이 높다.
④ 소타액선은 대부분이 혼합선이다.
⑤ 타액분비는 자율신경에 의해 조절된다.

해설
대타액선 중 설하선이 가장 점액선의 비율이 높다(약 70%).

답 ③

다음 중 우식증을 예방하는 타액의 기능이 아닌 것은?

① 항탈회작용
② 재석회화작용
③ 청정작용
④ 완충작용
⑤ 점막보호

해설
⑤ 치주질환 발생을 예방하는 것과 관련된 타액의 기능이다.

답 ⑤

다음 중 타액분비가 감소하는 것과 관계 없는 것은?

① 미각 장애
② 쇼그렌증후군
③ 재발성 궤양 형성
④ 다발성 치아우식증
⑤ B형 간염 보균

답 ⑤

(5) 타액과 관련된 질환

① 구강질환

우식증	타액의 완충작용, 항탈회작용, 재석회화작용, 청정작용, 항균작용 등이 우식예방에 효과
치주질환	타액의 점막보호작용, 항균작용 등이 치주질환 예방에 효과

② 전신질환

쇼그렌증후군	• 폐경 후 여성에게 호발 • 3대 징후(건조성각막염과 결합조직 병변, 구강건조증) 중 하나가 구강건조증 • 타액분비의 감소로 저작과 연하 곤란, 미각장애, 궤양이 형성되는 등의 구강 통증이 있음
바이러스성 질환	• B형 간염 : 바이러스가 타액으로 배설 • AIDS : 타액으로 배설 • 바이러스가 점막 부착을 저지하는 타액 내의 항바이러스 타액 물질(뮤신, 분비형 IgA)이 존재

7 내분비

(1) 뇌하수체 호르몬

① 뇌하수체 전엽 호르몬

성장호르몬	표적기관 : 뼈, 근육, 조직 – 신체발육, 성장촉진
프로락틴	표적기관 : 유선 – 유즙분비 자극
부신피질자극호르몬	표적기관 : 부신피질 – 당질 코르티코이드 생성과 분비 촉진
갑상선자극호르몬	표적기관 : 갑상선 – 티록신의 분비 촉진
성산자극호르몬	• 여포자극호르몬 : 난포의 발육, 난소의 자극, 에스트로겐 분비 촉진 및 남성의 정자형성 촉진 • 황체형성호르몬 : 배란, 프로게스테론의 분비촉진, 남성의 테스토스테론 분비 촉진

② 뇌하수체 후엽 호르몬

옥시토신	표적기관 : 유선, 자궁 – 자궁근의 수축과 유즙분비 촉진
항이뇨호르몬	표적기관 : 말초혈관, 신장 – 항이뇨작용, 혈압상승, 항이뇨호르몬의 분비조절, 수분의 재흡수

(2) 갑상선 호르몬

① 갑상선 호르몬

티록신	표적기관 : 체조직 – 에너지대사, 열 발생
칼시토닌	• 표적기관 : 뼈 – 혈중 칼슘농도 저하, 골흡수 억제 • 표적기관 : 신장 – 칼슘 배출 증가

② 갑상선 호르몬과 치아의 관계

항 진	바세도우병(그레이브스병), 갑상선기능항진증, 불안, 땀분비 증가, 발열, 고혈압, 체중 감소 등
	유치의 조기탈락 및 영구치의 조기맹출
저 하	크레틴병, 체중 증가, 무기력, 추위에 예민
	치아의 발생 지연, 유치의 맹출 지연, 영구치의 형성과 맹출도 지연, 영구치 맹출 후 기능 저하는 영향 거의 없음

(3) 부갑상선 호르몬의 생리작용과 관련 질환

① 부갑상선 호르몬

파라토르몬	• 표적기관 : 뼈 – 혈중 칼슘농도 상승, 골흡수 촉진 • 표적기관 : 신장 – 칼슘의 재흡수 촉진

② 부갑상선 호르몬과 치아의 관계

항 진	낭포성 섬유성 골염, 골다공증
	치아에서 칼슘이 빠져나오지 못함
저 하	근육의 강직 발생
	치아의 형성부전

(4) 부신호르몬

① 부신 수질 호르몬

에피네프린 (아드레날린)	심박수 증가, 심박출량 증가, 혈당치 상승
노르에피네프린 (노르아드레날린)	말초혈관 수축작용에 의한 혈압 상승

② 부신 피질 호르몬

코르티솔 (항스트레스호르몬)	• 지방과 단백질 분해로 당질로 바꿈, 혈당치 상승 • 항염증작용으로 류마티스 치료에 이용
알도스테론	신장에 작용하여 Na$^+$의 재흡수에 도움

다음 중 갑상선 기능항진과 관련 있는 것은?

① 낭포성섬유성골염
② 그레이브스병
③ 크레틴병
④ 쿠싱증후군
⑤ 애디슨병

해설
① 부갑상선 기능항진
③ 갑상선 기능저하
④ 부신피질 기능항진
⑤ 부신피질 기능저하

답 ②

다음 중 호르몬 저하로 치아의 형성부전, 근육의 강직발생에 관계하는 것은?

① 칼시토닌
② 알도스테론
③ 파라토르몬
④ 티록신
⑤ 파로틴

해설
③ 부갑상선 호르몬의 일종임
① 칼시토닌 저하 시 크레틴병
② 알도스테론 저하 시 애디슨병
④ 티록신 저하 시 크레틴병
⑤ 파로틴 저하 시 상아질 석회화 부전

답 ③

③ 부신 피질 호르몬의 분비 이상

기능항진	• 쿠싱증후군(보름달 얼굴, 비만, 고혈압) • 원발성 알도스테론증 • 선천성 피질 과형성증
기능저하	• 애디슨병(저혈압, 체력저하, 색소침착) • 속발성 부신 피질 기능 부전 • 범뇌하수체 기능부전

(5) 췌장호르몬
① 인슐린
  ㉠ 소화액과 Langerhans섬의 β세포에서 인슐린을 분비
  ㉡ 포도당의 세포 내 저장을 촉진하여 혈당을 낮춤
  ㉢ 인슐린이 결핍되면 혈당이 높아지고, 인슐린 대량주사 시 인슐린 쇼크의 발생 가능
② 글루카곤
  ㉠ 소화액과 Langerhans섬의 α세포에서 글루카곤을 분비
  ㉡ 인슐린의 작용과 반대로, 혈당을 높임

(6) 남성 및 여성 호르몬
① 남성호르몬

난포자극호르몬	정자형성 촉진
황체형성호르몬	고환의 간질세포로 안드로겐 분비 촉진
안드로겐	대부분 테스토스테론으로 구성

② 여성호르몬

에스트로겐	여성의 2차 성징 및 배란 촉진
프로게스테론	임신 유지
옥시토신	분만 시 자궁수축에 관여
프로락틴	옥시토신과 함께 유즙 분비에 관여

다음 중 포도당의 세포 내 저장을 촉진하여 혈당을 저하시키는 호르몬은?

① 에피네프린 ② 글루카곤
③ 인슐린 ④ 알도스테론
⑤ 코르티솔

해설
② 인슐린과 반대작용을 하며 혈당을 높인다.

답 ③

다음 중 아기를 분만한 직후 대량분비되며, 유선을 자극하여 젖 분비를 촉진하는 뇌하수체 전엽 호르몬은?

① 성선 자극 호르몬
② 프로락틴
③ 옥시토신
④ 갑상선 자극 호르몬
⑤ 부신피질 자극 호르몬

해설
③ 뇌하수체 후엽 호르몬으로 자궁을 수축하여 분만을 돕고, 분만 후 유선을 자극하여 젖 분비를 촉진한다.

답 ②

다음의 여성호르몬과 작용이 바르게 연결되지 못한 것은?

① 에스트로겐 – 배란 촉진
② 프로게스테론 – 임신 유지
③ 옥시토신 – 분만 시 자궁수축
④ 프로락틴 – 유즙분비
⑤ 안드로겐 – 여성의 2차 성징

해설
⑤ 안드로겐은 대부분 테스토스테론으로 남성호르몬이다. 여성의 2차 성징은 에스트로겐의 역할이다.

답 ⑤

8 치아와 치주조직의 생리

(1) 치아 경조직

① 치아의 경조직의 조성

구 분	법랑질	상아질	백악질	치 수
무기질	96%	70%	4%	4%
유기질	1%	20%	6%	6%
수 분	3%	10%	90%	90%

㉠ 무기질(수산화인회석의 결정 형태) - 칼슘 > 인 > 탄산염
㉡ 유기질 - 법랑질 - 아멜로제닌, 에나멜린, 상아질과 백악질 - 콜라겐
㉢ 수분 - 법랑질과 상아질의 수산화인회석 사이, 상아세관 내액 등
㉣ 치수의 기능 - 2차 상아질 형성, 수복기능, 감각기능, 영양기능

(2) 치아 형성과 호르몬

구 분	기 능	저 하
갑상선 호르몬	• 티록신 - 물질대사 • 칼시토닌 - 혈중 칼슘 농도 저하	치아 발생, 맹출 지연
부갑상선 호르몬	혈중 칼슘 농도 상승	치아형성부전
뇌하수체 호르몬	성장과 대사 촉진	골격, 치아발육 지연
타액선 호르몬	석회화 촉진	뼈, 연골, 치아의 석회화 지연, 상아질 석회화 부전

다음 중 치아형성에 관여하지 않는 호르몬은?
① 갑상선 호르몬
② 부갑상선 호르몬
③ 뇌하수체 호르몬
④ 부신 수질 호르몬
⑤ 타액선 호르몬

해설
④ 스트레스를 받았을 때 항상성을 유지하는 역할로, 심박수, 혈류량, 혈압 상승에 관여

답 ④

9 구강영역의 감각

(1) 구강영역의 감각수용기

감 각	수용기
촉각	마이스너소체
압각	메르켈소체
냉각	크라우제소체
온각	루피니소체
통각	유리신경말단
미각	혀의 미뢰, 연구개, 목젖 등
갈증감각	구강점막
공간감각	혀 끝>입술>연구개

다음 중 구강 내 감각 수용기의 연결이 옳은 것은?
① 냉각 - 루피니소체
② 온각 - 크라우제소체
③ 촉각 - 마이스너소체
④ 압각 - 유리신경말단
⑤ 통각 - 메르켈소체

해설
① 냉각 - 크라우제소체
② 온각 - 루피니소체
④ 압각 - 메르켈소체
⑤ 통각 - 유리신경말단

답 ③

CHAPTER 05 구강생리

치아에 자극을 가했을 때 어떤 치아가 자극을 받았는지 알아내는 감각은 무엇인가?
① 치통착오 ② 교합감각
③ 정 위   ④ 치수감각
⑤ 연관통

해설
③ 절치부에서 예민하고, 변연성 치주염에서의 통증 정위가 정확하다.
답 ③

자극이 가해지는 부위와 통증을 느끼는 부위가 다른 치아의 감각은?
① 치통착오 ② 교합감각
③ 정 위   ④ 치수감각
⑤ 연관통

답 ⑤

(2) 치아의 감각

① 위치감각

정 위	• 치아에 자극을 가했을 때, 어느 치아인지 알아내는 것 • 치수염은 부정확, 변연성 치주염은 정확 • 절치부가 예민
정해율	• 같은 치아라고 알아맞히는 것 • 정중선에서 가까울수록 정확
치통착오	치통의 원인치아를 정확히 알 수 없음

② 교합감각
  ㉠ 상하의 치아로 물체를 물었을 때 물체의 크기와 단단한 정도를 파악하는 것
  ㉡ 정상치열은 0.02mm, 총의치 장착자는 0.6mm
  ㉢ 자연치가 많은 사람이 치주인대도 많아서 더 예민

③ 치수감각
  ㉠ 치수신경의 흥분으로 인한 통각(자극의 종류와 무관)
  ㉡ 기전 : 상아세관내액의 이동으로 감각이 발생하여 온도변화의 폭과 속도가 중요

(3) 치은의 기능
① 치조골의 치조돌기와 치경부를 덮음
② 치아를 구강환경으로부터 차단하고 보호
③ 치아의 정상적 유지
④ 음식물이 치아 사이에 편입 방지
⑤ 교합압을 흡수하여 음식물의 이동에 도움

(4) 치조골
① 상악골과 하악골의 치조돌기 부분
② 기능 : 치아를 고정, 외력으로부터 치아가 쓰러지지 않도록 보호
③ 치조골의 구성

고유치조골		치조와를 덮는 부분이며 치밀골로 구성
지지치조골	피질골	설면, 협면과 순면의 지지치조골
	해면골	구치의 고유치조골과 피질골 사이에 위치

(5) 백악질
① 백악질의 구성
  ㉠ 1차 백악질(무세포성 백악질) : 치아 맹출 시 이미 존재
  ㉡ 2차 백악질(유세포성 백악질) : 치아 맹출 후 형성

② 백악질의 기능
  ㉠ 치근을 둘러싸고 있어 치근을 보호
  ㉡ 치주인대를 통해 치아를 악골에 고정하고 영양공급
  ㉢ 샤피섬유와 결합하여 치아를 지지

10 미 각

(1) 미 각

① 미 뢰
  ㉠ 설유두의 심상유두, 유곽유두, 엽상유두에 미뢰가 존재
  ㉡ 미뢰에 화학물질이 닿으면 미각을 수용하게 됨

② 미각의 역할
  ㉠ 반사적 타액 분비로 저작과 연하에 도움
  ㉡ 반사적 위액, 이자액, 담즙 분비로 소화에 도움
  ㉢ 후각에 이상 시 미각도 영향을 받음
  ㉣ 생체 내부의 환경 유지에 유용

③ 미각의 종류

종 류	설 명	부 위
단 맛	CH_2OH기(당이나 알코올), OH기	혀 끝
신 맛	H^+	혀 가장자리
짠 맛	Na^+	혀 전체
쓴 맛	알칼로이드, 무기염류의 음이온, $(NO_2)_n$	혀 뿌리
감칠맛	글루타민산염	

(2) 미각역치

① 정의 : 맛을 알 수 있는 최저 농도

② 온도에 따른 미각역치

종 류	설명(역치가 낮아야 미각이 예민)
단맛(자당)	온도가 높으면 역치가 낮음
신맛(식초)	온도의 영향을 거의 받지 않음
짠맛(식염)	온도가 낮으면 역치가 낮음
쓴맛(염산 키닌)	• 온도가 낮으면 역치가 낮음 • 지각역치가 가장 낮은 맛

다음 중 미뢰에 대한 설명으로 틀린 것은?

① 1개의 미뢰에 5~20개의 미각세포가 있다.
② 사춘기에 미뢰가 많다.
③ 심상유두, 엽상유두, 유곽유두에 미뢰가 있다.
④ 미뢰 끝의 미공에서 미각을 느낀다.
⑤ 약 45세부터는 미뢰가 유지된다.

해설
⑤ 약 45세부터는 미뢰가 점차 감소한다.
답 ⑤

다음 중 미각의 역할에 대한 설명으로 틀린 것은?

① 반사적으로 타액을 분비한다.
② 후각 이상이 영향을 받는다.
③ 미각역치는 맛을 느끼는 최고 농도이다.
④ 저작과 연하에 도움을 준다.
⑤ 위액, 이자액, 담즙을 분비하게 한다.

해설
③ 미각역치는 맛을 알 수 있는 최저의 농도이다.
답 ③

다음 중 온도에 영향을 받지 않는 맛은?

① 감칠맛 ② 신 맛
③ 쓴 맛   ④ 짠 맛
⑤ 단 맛

답 ②

(3) 미각장애의 원인
① 연령 증가
② 내분비계의 이상
③ 정신적, 심리적 요인
④ 소화기능의 병적 변화
⑤ 후각장애
⑥ **미맹** : 맛을 느끼는 특정 화학물질에 대해 맛을 느끼지 않음(한국인의 10%)
⑦ 의치장착 후

11 교합과 저작

(1) 하악반사
① **정의** : 감각수용기의 흥분으로 중추에서 변환되어 의식화되지 않고, 효과기에 일정한 반응을 일으키는데 효과기가 저작근에 있는 경우
② 종류와 특징

종 류	설 명
개구반사	• 방어반사, 회피반사 • 주로 폐구근의 활동 억제가 원인 • 저작 시 혀를 깨물거나, 돌을 씹어서 순간적으로 입이 벌어짐
하악반사	• 단일시냅스반사 • 하악의 생리적 안정위 유지 • 턱끝을 아래로 치면, 폐구근이 수축하여 입을 닫음
치주인대 저작근 반사	• 치아를 계속적으로 두드리거나 치아에 지속적인 힘을 가하면 입을 닫음 • 음식물 저작 시 치아에 가해지는 힘에 의해 저작력이 강화됨
폐구반사	• 연하반사에 수반되는 반사 • 음식물이나 물을 삼킬 때 입을 닫음

(2) 저작의 기능
① 소화 보조
② 미각 보조
③ 타액분비 촉진
④ 이물질 발견 후 제거
⑤ 구강의 자정작용
⑥ 뇌 활성화
⑦ 저작기관 발달
⑧ 구강조직의 혈류순환 촉진
⑨ 저작에 대한 심리적 만족함

다음 중 치아, 치은 등의 악안면 조직을 자극 했을 때, 폐구근의 활동으로 반사적으로 입이 벌어지는 현상은?

① 폐구반사 ② 개구반사
③ 하악반사 ④ 한계반사
⑤ 치주인대 저작근 반사

해설
⑤ 치아를 두드렸을 때, 폐구근의 활동이 증가하여 저작력의 강화 및 약화에 작용

답 ②

다음 중 저작의 기능이 아닌 것은?
① 소화에 도움
② 타액분비 촉진
③ 뇌 활성화
④ 구강조직의 혈류 순환에 도움
⑤ 항균작용에 도움

답 ⑤

(3) 교합력과 저작력

구 분	특 징
교합력	• 교합에 의해 교합면에 가해지는 힘 • 연령 증가 시 감소(최대교합력은 20대) • 남성이 큼 • 구치부가 큼 • 무치악은 유치악의 50% 교합력 • 최대교합력은 15~20mm 개구 시 발생
저작력	실제로 음식을 씹는 힘

※ 교합력 : 대구치부(특히 제1대구치) > 소구치부 > 견치 > 절치부

12 연하, 구토, 구호흡, 구취, 발성

(1) 연하과정

① 연하의 특징
  ㉠ 연하는 음식물을 구강에서 위로 보내기 위한 운동이다.
  ㉡ 연하는 수의적 운동으로 시작하여 불수의적 운동이 완성된다.

② 연하의 과정

단계	설 명
구강단계 (1단계)	• 수의적 단계 • 음식물이 구강~인두까지 • 혀가 경구개에 닿으면서, 저작한 음식물이 구강 내 후방으로 이동된다. 설배에 의해 인두로 음식물이 이동하면, 구순이 닫히고 상하 치아가 교합한다.
인두단계 (2단계)	• 불수의적 단계 • 음식물이 인두~식도까지 • 연구개와 목젖이 후상방으로 견인되고, 상인두벽은 전방으로 이동하고, 설골과 후두는 전상방 이동하고, 후두개는 폐쇄된다. • 호흡의 일시정지(연하성 무호흡)
식도단계 (3단계)	• 불수의적 단계(식도의 연동운동) • 음식물이 식도~위까지

③ 혀 내밀기형 이상연하장애
  ㉠ 상하악의 치아가 접촉하지 않고, 혀가 상하악 전치의 사이에 존재하여 구강주위 근이 강하게 수축하여 입을 다문 상태에서 연하는 형태이다.
  ㉡ 영아기의 연하 형태이며, 개교 등의 교합이상 시 나타난다.

다음 중 교합력에 대한 설명으로 틀린 것은?

① 실제로 음식을 씹는 힘이다.
② 최대교합력은 20대에 가장 크다.
③ 남성이 여성보다 크다.
④ 무치악이 유치악보다 50% 작다.
⑤ 최대교합력은 15~20mm 개구 시 발생한다.

해설
① 실제로 음식을 씹는 힘은 저작력이다.
답 ①

다음의 연하 단계 중 1단계에 대한 설명이 아닌 것은?

① 수의적 단계이다.
② 설배에 의해 음식물이 이동한다.
③ 음식물이 구강~인두로 이동한다.
④ 구강단계이다.
⑤ 반사성, 연하반사가 나타난다.

해설
⑤ 반사성, 연하반사는 2단계 인두단계에 해당한다.
답 ⑤

다음 중 비성 구호흡의 원인이 아닌 것은?

① 비인두강 질환 통기장애
② 아데노이드 비대
③ 상악 돌출로 인한 개교
④ 축농증
⑤ 비중격 만곡증

해설
③ 개교가 원인인 구호흡은 치성 구호흡으로 구분한다.

답 ③

다음 중 아데노이드 안모의 특징으로 옳은 것은?

① 하순이 두꺼움
② 타액의 자정작용이 좋음
③ 상악은 후퇴, 하악은 돌출
④ 입을 항상 다물고 있음
⑤ 구치부 치은의 종창과 염증

해설
② 타액의 자정작용 상실
③ 상악은 돌출, 하악은 후퇴
④ 항상 입을 벌리고 있음
⑤ 전치부 치은의 종창과 염증

답 ①

구취의 특성이 아닌 것은?

① 기상 직후나 식후 구취가 심하다.
② 연령 증가 시 감소
③ 휘발성 황화물에 의함
④ 구강 내 감염 시 구취가 증가
⑤ 구강 내 세균의 단백질 분해 시 발생

해설
② 연령 증가 시 구취도 증가

답 ②

다음 중 구취가 많이 발생되는 원인이 아닌 것은?

① 치면세균막의 축적
② 타액분비 과잉
③ 우식과 치주질환
④ 설태의 축적
⑤ 구강 내 감염

답 ②

(2) 구호흡

① 구호흡의 종류와 원인

종류	원인
비성 구호흡	• 비인두강 질환에 따른 통기장애 • 아데노이드 비대, 축농증, 비중격 만곡증
치성 구호흡	상악돌출, 개교로 구순 폐쇄 불가
습관성 구호흡	손가락 빨기, 손톱 깨물기

② 구호흡에 의한 장애
  ㉠ 치열형성에 이상
  ㉡ 구강 악안면계의 발육 이상
  ㉢ 아데노이드 안모
    • 구순과 그 주위가 느슨하고 하순이 두꺼움
    • 상악 돌출 및 하악 후퇴
    • 입을 약간 벌리고 있음
    • 전치부 치은 종창이나 염증 소견
    • 구순, 구강점막 건조, 타액의 자정작용 상실

(3) 구 취

① 원인 : 휘발성 황화물, 구강 내 세균의 단백질 분해로 발생

원인	설명
구강 내 원인	• 음식물 잔사, 설태, 치면세균막의 축적 • 치아우식, 치주질환, 구강연조직의 염증 • 타액의 분비기능 저하 • 구호흡으로 구강건조
전신적 원인	• 이비인후과 질환 • 호흡기계 질환 • 내과적 질환
심리적 원인	실제로 냄새가 없음에도 본인이 구취를 느낌

② 특 성
  ㉠ 타인에게 불쾌감을 주는 호기의 냄새
  ㉡ 연령 증가 시 심해짐
  ㉢ 성별에 따라 다름
  ㉣ 기상 직후가 가장 심함(생리적 구취)

③ 구취 제거 방법
  ㉠ 구강 내 청결
  ㉡ 염증 치료
  ㉢ 우식 치료

(4) 발음장애

원 인	발음장애	설 명
구개열	k, g	파열음 발음 시 연구개의 폐쇄, 비인강 폐쇄 부전 시 심함
치아결손	s, d	상악 전치 결손 시 심함
의치사용		무치악으로 인한 발음장애는 의치조정 및 발음 훈련으로 개선
부정교합	s, d	• 구순, 치아, 혀의 비정상적 접촉 • 심한 개교에서 발음장애가 심함

다음 중 구개열에 의한 발음장애는 무엇인가?

① s, n ② b, p
③ s, d ④ k, g
⑤ f, h

답 ④

다음 중 상악 전치 결손으로 인한 발음장애는 무엇인가?

① s, n ② b, p
③ s, d ④ k, g
⑤ f, h

답 ③

CHAPTER 05 적중예상문제

1 생체의 항상성

01 다음 중 인체 내의 환경을 비교적 일정하게 유지하는 것은 무엇인가?

① 적 응
② 항상성
③ 물질대사
④ 반 응
⑤ 운 동

2 세 포

01 다음 중 세포질에서 단백질의 합성 장소는 어디인가?

① 리보솜
② 골지체
③ 리소솜
④ 미토콘드리아
⑤ 핵 막

해설
② 소포체에서 만들어진 물질의 보관 장소
③ 세포 내의 소화기관
④ ATP 형성
⑤ 핵과 세포질 사이의 물질이동 통로

02 다음 중 세포 내에 에너지를 생산하는 세포 소기관은 무엇인가?

① 리보솜
② 골지체
③ 리소솜
④ 미토콘드리아
⑤ 핵 막

03 세포질에서의 단백질 합성장소는?

① 리보솜
② 리소솜
③ 골지체
④ 미토콘드리아
⑤ 핵 막

해설
② 리소솜 : 세포 내 소화기관
③ 골지체 : 소포체에서 만들어진 물질 보관 장소
④ 미토콘드리아 : ATP 형성
⑤ 핵막 : 핵과 세포질 사이의 물질이동통로

04 다음 중 세포를 둘러싼 세포막에 대한 설명으로 틀린 것은?

① 성장에 필요한 물질을 흡수하고 노폐물을 배설한다.
② 반투과성 막이다.
③ 모든 물질을 투과한다.
④ 지질과 단백질로 구성된다.
⑤ 세포의 물질이동에 관여한다.

해설
③ 세포막은 선택적 투과를 한다.

정답 01 ② / 01 ① 02 ④ 03 ① 04 ③

05 세포막 내에서 에너지 사용 없이 농도경사에 따라 이동하는 현상은?

① 확산
② 능동수송
③ 이화작용
④ 동화작용
⑤ 세포호흡

해설
- 에너지 사용 없이 농도경사에 따른 이동
  - 수동수송(확산 : 고농도에 저농도로 이동)
  - 촉진확산(단백질운반체와 결합 후 이동)
  - 삼투(저농도에서 고농도로 이동)
  - 여과(용매만 투과, 고압력에서 저압력으로 이동)
- 에너지 사용으로 농도경사 역행
  - 능동수송 : Na-K 펌프, ATP 필요
  - 이화작용 : 고분자화합물 분해
  - 동화작용 : 고분자화합물 합성
  - 세포호흡 : 포도당으로 ATP 생성

4 순환생리

01 다음 중 혈액에 대한 설명으로 옳지 않은 것은?

① 혈액은 혈장과 혈청으로 구성된다.
② 혈액은 체중의 약 8%가 총량이다.
③ 혈구는 혈액의 세포성분으로 구성된다.
④ 혈장의 혈액세포와 대사물질을 운반한다.
⑤ 혈액의 pH는 7.4이다.

해설
① 혈액은 혈장과 혈구로 구성되며, 혈청은 혈장에서 피브리노겐(혈액응고에 관여)을 제외한 것이다.

02 다음 중 적혈구가 수분흡수에 의한 팽창으로 적혈구의 막이 찢어져 혈색소가 빠져 나오는 현상에 대한 설명이 아닌 것은?

① 용혈현상이라고 한다.
② 고장성 용액에서 나타난다.
③ 혈색소는 적혈구가 붉게 나타나는 원인이다.
④ 0.5% 생리식염수에서 나타난다.
⑤ 0.1% 생리식염수에서 나타난다.

해설
② 용혈은 정상적인 혈장삼투압(0.9%)보다 낮은 수치에서 나타난다.

3 신경흥분과 근수축

01 다음 중 뉴런이 다른 뉴런에 연접하는 연결 부위는 무엇인가?

① 신경종말
② 시냅스
③ Ranvier's 결절
④ 축삭돌기
⑤ 수상돌기

해설
③ 축삭돌기의 수초가 1~3mm 간격으로 끊어져 있는 부위로 도약전도에 관여한다.

03 다음 중 백혈구의 종류와 기능이 다르게 연결된 것은?

① 림프구는 바이러스 감염에 관여한다.
② 호중구는 포식작용 후 사멸하여 고름이 된다.
③ 호산구는 단백질 합성 능력이 있다.
④ B림프구는 면역글로불린 형성에 관여한다.
⑤ T림프구는 세포성 면역반응에 관여한다.

해설
③ 호산구는 단백질 분해 능력이 강하다.

04 다음 중 체온의 상승조건이 아닌 것은?
① 하루 중 낮 2~5시
② 여성의 배란기
③ 식후 30~60분 동안
④ 격심한 운동 직후
⑤ 1년 중 11~4월

해설
⑤ 1년 중 5~9월의 체온이 가장 높다.

03 다음 중 신장에서 재흡수되는 것이 아닌 것은?
① 물　　② 아미노산
③ Na^+　　④ 포도당
⑤ K^+

해설
재분비 : K^+, H^+, NH_3

5 소화와 배설

01 다음 중 췌장액에 대한 설명으로 옳은 것은?
① 모든 영양소를 모두 소화시키는 효소가 있다.
② 황금색의 소화액으로 약 500~800mL 분비한다.
③ 간세포에서 생성한다.
④ 외분비선에서는 소화액을 분비한다.
⑤ 스테압신은 단백질 분해에 관여하는 효소이다.

해설
① 3대 영양소를 모두 소화시키는 효소가 있다.
② 무색, 무취의 소화액이다. 황금색은 담즙의 특성이다.
③ 간세포에서는 담즙을 생성한다.
⑤ 아밀라아제는 전분을 분해, 트립신은 단백질을 분해, 스테압신은 지방의 분해효소이다.

02 다음 중 대장의 소화와 흡수 작용에 대한 설명으로 옳은 것은?
① 연동운동, 분절운동, 진자운동을 한다.
② 소화와 영양소의 흡수가 일부 이루어진다.
③ 물과 전해질을 흡수한다.
④ 운동성이 소장보다 빠르다.
⑤ 액체와 고체 모두 배설의 시기가 동일하다.

해설
① 연동운동과 분절운동만 한다. 진자운동은 하지 않는다.
② 소화와 영양소의 흡수가 일어나지 않는다.
④ 운동성이 소장보다 늦지만, 내용물 이동의 길이가 길다.
⑤ 액체 배설이 고체보다 빠르다.

6 타 액

01 타액 분비에 대한 설명으로 옳은 것은?
① 수면 중에는 자극이 없어 장액성 타액이 분비된다.
② 짠맛에서 가장 많은 타액이 분비된다.
③ 식도 점막을 자극하면 타액이 분비된다.
④ 삼차신경, 안면신경, 설하신경, 미주신경의 감각자극에서 타액이 분비된다.
⑤ 구강점막의 급격한 온도자극이나 동통자극 시 타액이 분비된다.

해설
① 수면 중에는 자극이 없어 점액성 타액이 분비된다.
② 신맛에서 가장 많은 타액이 분비된다.
③ 위와 십이지장 점막 자극 시 타액이 분비된다.
④ 삼차신경, 안면신경, 설인신경, 미주신경의 감각자극에 타액이 분비된다.

02 다음 중 타액의 기능으로 옳지 않은 것은?
① 완충작용　　② 윤활작용
③ 소화작용　　④ 청정작용
⑤ 흡수작용

해설
⑤ 타액의 기능 : 소화, 윤활, 보호, 완충, 재석회화, 청정, 항균, 배설, 내분비 등

정답　04 ⑤ / 01 ④ 02 ③ 03 ⑤ / 01 ⑤ 02 ⑤

7 내분비

01 다음 중 크레틴병과 관련 있는 것은?
① 부신피질 기능항진
② 부신피질 기능저하
③ 부갑상선 기능항진
④ 갑상선 기능저하
⑤ 갑상선 기능항진

02 다음 중 갑상선 호르몬인 티록신의 작용이 옳은 것은?
① 에너지대사와 열 발생
② 혈중의 칼슘 배출을 증가
③ 혈중의 칼슘 농도를 증가
④ 지방과 단백질을 분해
⑤ 심박수, 심박출량, 혈당 상승

해설
② 갑상선 호르몬 중 칼시토닌
③ 부갑상선 호르몬인 파라토르몬
④ 부신피질 호르몬 중 코르티솔
⑤ 부신수질 호르몬 중 에피네프린

03 다음 중 치수변성, 법랑질 형성부전, 치은출혈과 관계하는 비타민은?
① 비타민 A ② 비타민 B
③ 비타민 C ④ 비타민 D
⑤ 비타민 K

해설
① 치아의 석회화 부전
④ 상아질 석회화 부전

04 다음 중 신장의 세뇨관에서 수분의 재흡수에 관여하는 뇌하수체 호르몬은?
① 갑상선 자극 호르몬
② 옥시토신
③ 프로락틴
④ 성선자극 호르몬
⑤ 항이뇨호르몬

05 뇌하수체 전엽의 프로락틴과 성장호르몬의 분비를 억제하는 호르몬은?
① 시상하부 호르몬
② 부신피질 자극 호르몬
③ 난포자극 호르몬
④ 황체형성 호르몬
⑤ 갑상선 자극 호르몬

06 갑상선호르몬 중 칼시토닌 저하 시 나타나는 것은?
① 낭포성섬유성골염
② 애디슨병
③ 크레틴병
④ 쿠싱증후군
⑤ 그레이브스병

해설
① 낭포성섬유성골염 : 부갑상선호르몬 기능항진
② 에디슨병 : 부신피질호르몬 기능저하
④ 쿠싱증후군 : 부신피질호르몬 기능항진
⑤ 그레이브스병 : 갑상선호르몬 기능항진

정답 01 ④ 02 ① 03 ② 04 ⑤ 05 ① 06 ③

8 치아와 치주조직의 생리

01 다음 중 치아의 경조직 중 무기질에 해당하는 물질은?

① 콜라겐
② 아멜로제닌
③ 상아세관 내액
④ 에나멜린
⑤ 칼 슘

해설
①, ②, ④ : 유기질 성분
③ : 수분 성분

9 구강영역의 감각

01 다음 중 갈증감각을 수용하는 감각수용기는 어디인가?

① 마이스너소체
② 유리신경말단
③ 루피니소체
④ 크라우제소체
⑤ 구강점막

02 자극이 가해지는 부위와 통증을 느끼는 부위가 다른 치아의 감각은?

① 치통착오
② 교합감각
③ 정 위
④ 치수감각
⑤ 연관통

03 전치부에서 예민하고, 치아에 자극 시 자극받은 치아를 알아내는 감각은?

① 교합감각
② 운동감각
③ 위치감각
④ 연관통
⑤ 미 각

해설
치아의 감각
- 위치감각 : 정위(자극 시 어느 치아인지 알아냄), 정해율(같은 치아임을 알아맞힘), 치통착오(원인 치아 정확히 모름)
- 교합감각 : 물체를 물었을 때 크기와 강도 파악, 자연치가 많은 사람이 예민
- 치수감각 : 치수신경의 흥분이 원인인 통각

04 다음 중 치수감각에 대한 설명으로 틀린 것은?

① 치수신경의 흥분에 의한 감각이다.
② 주로 통각이나 자극 종류와 무관하다.
③ 온도변화는 상아세관내액의 변화에 따른다.
④ 상아질의 통각 기전은 치수혈류량 변동에 의한다.
⑤ 상아질의 지각과민증은 치수의 자극감수성이 저하된 상태이다.

해설
⑤ 치수의 자극감수성이 항진된 상태에서 지각과민증이 나타난다.

05 다음 중 상아질 지각과민증의 완화방법으로 틀린 것은?

① 치태 제거
② 유산알미늄 함유 치약
③ 아이오노머시멘트 도포
④ 0.8% 염화아연액 이온 도포
⑤ 파라포름알데하이드 함유 치주붕대 첨부

해설
④ 8% 염화아연액 이온 도포

06 촉각의 감각수용기로 옳은 것은?
① 마이너스소체
② 메르켈소체
③ 루피니소체
④ 크라우제소체
⑤ 유리신경말단

해설
② 압각 : 메르켈소체
③ 온각 : 루피니소체
④ 냉각 : 크라우제소체
⑤ 통각 : 유리신경말단

10 미 각

01 미각과 화학구조가 바르게 연결된 것은?
① 감칠맛 – 알칼로이드
② 신맛 – 글루타민산
③ 쓴맛 – H^+
④ 짠맛 – Na^+
⑤ 단맛 – OH^-

해설
① 감칠맛 – 글루타민산
② 신맛 – H^+
③ 쓴맛 – 알칼로이드
⑤ 단맛 – OH^-

02 다음 중 혀의 전반에서 느낄 수 있어 지각역치에 별 차이가 없는 맛은?
① 감칠맛   ② 신 맛
③ 쓴 맛   ④ 짠 맛
⑤ 단 맛

03 다음 중 미각 이상의 원인이 아닌 것은?
① 내분비계 이상
② 의치를 사용하지 않는 무치악 환자
③ 미 맹
④ 후각장애
⑤ 소화기능의 병적 변화

11 교합과 저작

01 다음 중 턱 끝을 아래로 쳐서 폐구근을 신전시킬 시 반사적으로 반대 방향으로 폐구근이 수축되어 입을 폐구하는 현상은?
① 폐구반사
② 개구반사
③ 하악반사
④ 한계반사
⑤ 치주인대 저작근 반사

02 다음 중 설근부에 자극이 있을 때 하악이 거상되어 폐구되는 현상으로 연하 시 일어나는 현상은?
① 폐구반사
② 개구반사
③ 하악반사
④ 한계반사
⑤ 치주인대 저작근 반사

03 하악의 생리적 안정위 유지에 관계되는 것은?
① 개구반사
② 폐구반사
③ 치주인대저작근반사
④ 하악반사
⑤ 치간공극

> **해설**
> ① 개구반사 : 폐구근의 활동 억제가 원인, 혀를 깨물면 입이 벌어짐
> ② 폐구반사 : 음식물 연하에 수반되는 반사
> ③ 치주인대저작근반사 : 치아를 계속 두드리면 입을 닫음

04 다음 중 최대교합력이 발생하는 치아는 어디인가?
① 제2대구치
② 제1대구치
③ 제2소구치
④ 제1소구치
⑤ 중절치

05 습관성 구호흡의 원인으로 옳은 것은?
① 개교(Openbite)
② 비중격 만곡증
③ 축농증
④ 상악돌출
⑤ 손톱 깨물기

> **해설**
> • 비성 구호흡 : 비인두강질환에 따른 통기장애, 축농증, 아데노이드 비대, 비중격 만곡증
> • 치성 구호흡 : 상악돌출, 개교로 인해 구순 폐쇄 불가
> • 습관성 구호흡 : 손톱 깨물기, 손가락 빨기

12 연하, 구토, 구호흡, 구취, 발성

01 다음 중 연하의 단계 중 비강이 차단되어 호흡이 일시 정지 되는 연하성 무호흡이 언제 일어나는가?
① 연하과정 전반
② 구강단계
③ 인두단계
④ 식도단계
⑤ 제3단계

> **해설**
> ③ 인두단계는 제2단계이다.

CHAPTER 06 구강미생물

1 미생물의 형태 및 특성

(1) 미생물(microorganisms)
육안으로 볼 수 없는 미세한 생물로 현미경으로만 관찰 가능하다.

(2) 원핵세포와 진핵세포

구 분	원핵세포	진핵세포
핵	O	O
핵막과 세포소기관	X	O
세포벽	O	X
예 시	세균, 남조류, 리체차, 마이코플라스마, 클라미디아 등	진균류, 조류, 원충, 사람 등
전자현미경 상의 외형	간 단	복 잡
크 기	5μm 이하	5μm 이상
DNA 배열	원형의 2중가닥 염색체 세포질에 퍼져 있음	염기성 단백질과 결합된 선형의 염색체가 핵막 안에 있음
내부막 구조	없 음	소포체와 골지체
막성 소기관	없 음	미토콘드리아와 엽록체
외피의 구조	펩티도글리칸층 있음	펩티도글리칸층 없음
리보솜	작다(70s).	크다(80s).
증 식	무성의 이분법	유성생식과 무성생식 감수분열과 체세포분열
항생제의 작용	원핵세포 특유의 구조와 대사경로	대부분 불활성화

(3) 세균(bacteria)의 일반적인 특성
① 단세포 생물로 이루어진 가장 작고 하등한 미생물로 2분열법 분열을 한다.
② 세포막은 있으나, 세포막 내 구조는 단순하다.
③ 핵막, 유사분열기, 미토콘드리아, 형질내세망은 없다.
④ DNA와 RNA는 존재하나 엽록소가 없어 광합성을 못한다.
⑤ 인공배지에 잘 증식하고 현미경으로 관찰 가능하다.
⑥ 세균의 종류는 모양에 따라 구균, 막대균, 나선균으로 분류한다(크기 : 0.2~0.5μm).

다음 중 생물의 분류계통 중 가장 상위 단계는 무엇인가?
① 계　　② 강
③ 목　　④ 과
⑤ 종

해설
가장 상위단계는 계이며, 계-문-강-목-과-속-종의 7단계로 구성한다.
답 ①

다음 중 원핵세포에 대한 설명으로 옳은 것은?
① 핵막으로 둘러싸여 있다.
② 구조가 복잡하고 크기가 크다.
③ 세포벽이 없다.
④ 사람과 조류 등이 해당한다.
⑤ 유전물질인 DNA가 세포질에 퍼져 있다.

해설
⑤ 원핵세포는 핵막이 없고, 구조가 단순하며, 세포벽이 있고, 단세포성 세균 등이 해당된다.
①, ②, ③, ④는 진핵세포에 대한 설명이다.
답 ⑤

다음 중 세균을 둘러싸며, 다당류로 구성되어 세포벽 바깥에 존재하는 세균의 구조는?

① 협 막   ② 당질층
③ 세포질막   ④ 세포질
⑤ 메소솜

해설
② 세균의 표면을 덮고 있으며, 세균의 부착성에 관계
③ 단백질과 인지질로 구성되어 세포 내 물질수송에 관여하며 에너지를 생산
④ DNA, RNA가 있으며 대사물질을 포함
⑤ 세포막의 함입 부분으로 세포분열 시 횡격막의 기원

답 ①

다음 중 세포벽에 대한 설명이 아닌 것은?

① 펩티도글리칸의 분자구조를 갖는다.
② 세포의 모양을 유지한다.
③ 세균과 숙주조직의 부착을 매개한다.
④ 삼투압에 대한 보호작용을 한다.
⑤ 세포 외측의 단단한 벽 구조이다.

해설
③ 세균과 숙주조직의 부착을 매개하는 것은 협막의 기능이다.

답 ③

(4) 세균의 구조와 기능

① 세포벽 외부 구조물

편 모	• 세균의 표면에 단백질로 되어 긴 모양의 섬유상 부속기관 • 세균의 운동성에 관여 • 항원성(H항원)이 있음 – 무모균 : 균체 주위에 편모가 없음 – 단모균 : 균체 한쪽 끝에 한 개의 편모 – 총모균 : 균체 한쪽 끝에 여러 개의 편모 – 양모균 : 균체 양 끝에 한 개 이상의 편모 – 주모균 : 균체에 많은 편모
섬 모	• 세포의 표면에 단백질로 되어 편모보다 짧고 직선적인 돌기 • 성 섬모에 의해 생식에 이용 • 세균이 사람 세포의 표면에 있는 수용체에 부착하는 데 관련
협 막	• 세균을 둘러싼 무정형의 다당류층 • 세포벽의 바깥쪽에 있으며, 항원성 결정에 중요 • 세포와 숙주 조직 및 인공삽입물의 부착을 매개
점액층(당질층)	• 일부 세균에서 관찰되며, 세포벽을 둘러싼 성긴 그물망 모양 • 항원성(K항원)이 있음

② 세포벽 내부 구조물

세포벽	• 세포막 바깥의 복합층, 다공성 구조물 • 세포의 모양을 유지 • 그람양성균 세포벽 – 세포벽의 90%가 펩티도글리칸, 두껍고 강한 골격 구조 – 타이코산이 세포 내외로 이온 수송 • 그람음성균 세포벽 – 세포벽의 10%가 펩티도글리칸, 얇은 구조 – 지질단백질이 펩티도글리칸과 외막을 연결 – 외막은 인지질의 이중구조, 세균을 보호
세포질막	• 세포벽의 펩티도글리칸 층 바로 안쪽, 선택적 투과성의 막 • 단백질 60~70%, 인지질 20~30% • 세포의 삼투, 확산, 여과, 촉진확산 역할 • 세포벽 전구물질, 효소와 독소의 분비 • 산화환원반응에 의한 에너지 생산
세포질	• DNA, RNA 등이 존재 • 대사물질과 다양한 이온을 포함
리보솜	세균의 리보솜은 70s, 사람의 리보솜은 80s로 이 차이가 세균의 단백질 합성을 저해하는 항생제 선택 시 기준이 된다.
메소솜	세포막이 함입된 부분으로, 세포분열 시 횡격막의 기원
아 포	• 환경이 안 좋은 경우 형성하는 휴지기 세포 • 121℃ 15분 이상에서 사멸 • 내부는 수분이 적고, 외부는 두꺼운 껍질의 구조

(5) 세균의 증식에 영향을 미치는 환경요소
   ① 물
      ㉠ 세균의 세포질 내 용매, 세균질량의 80~90%
      ㉡ 내성을 가지는 대표적인 세균이 호흡기계 감염원인 결핵균
   ② 온 도
      ㉠ 병원균의 최적온도는 37℃에서 가장 왕성한 증식
      ㉡ 발육온도에 따라
         • 저온세균 : 0~25℃, 최적온도는 12~18℃, 수중환경의 세균
         • 중온세균 : 15~45℃, 최적온도는 30~37℃, 대부분의 병원성 세균
         • 고온세균 : 40℃ 이상, 최적온도는 55~60℃, 일부의 토양세균, 온천에서 발생하는 세균
   ③ 산 소
      ㉠ 호기성균 : 산소를 필요로 함
         • 미호기성균 : 아주 적은 양의 산소가 필요
         • 편성호기성균 : 반드시 산소가 필요
      ㉡ 통성혐기성균 : 산소 존재 여부와 무관, 가장 많음
      ㉢ 편성혐기성균 : 산소가 있으면 증식이 안 됨
   ④ 이산화탄소
      ㉠ 세균의 대사에 소량의 이산화탄소가 필요
      ㉡ 호이산화탄소성세균 : 고농도의 이산화탄소가 필요
   ⑤ 수소이온농도
      ㉠ pH 6.5~7.5가 최적
      ㉡ 일부 세균은 산성이나 알칼리성을 나타냄
   ⑥ 삼투압과 염분농도
      ㉠ 세균의 세포질은 일정한 삼투압을 갖음
      ㉡ 호염성세균 : 고 염농도하에서 존재함, 반드시 Na^+가 필요
      ㉢ 통성호염성세균 : 고 염농도하에서 존재함. 반드시 Na^+가 필요하지는 않음
      ㉣ 호건성세균 : 건조한 환경에서 존재

(6) 바이러스의 일반적인 특성
   ① 핵산으로서 DNA와 RNA 중 어느 한쪽만을 가짐
   ② 핵산은 캡시드라는 단백질 껍질에 둘러싸여 있음
   ③ 외피는 지질단백질로 이루어져 있고, 외피 유무에 따라 naked와 enveloped로 구분
   ④ 에너지 생산기구나 단백질 합성기구가 없음
   ⑤ 오직 살아 있는 세포에서만 증식
   ⑥ 증식의 방법은 바이러스 핵산의 복제

다음 중 세균증식에 영향을 미치는 환경요소가 아닌 것은?

① 온 도　　② 산 소
③ 이산화탄소　④ 염 도
⑤ 감염원

해설
세균증식에 영향을 미치는 환경요소는 물, 온도, 산소, 이산화탄소, 수소이온농도, 삼투압, 염분농도이다.

답 ⑤

다음 중 바이러스의 특징으로 옳은 것은?

① 유전인자로서 DNA와 RNA를 모두 갖는다.
② 육안관찰이 불가하며, 광학현미경으로 관찰된다.
③ 죽어 있는 세포에서 증식할 수 있다.
④ 바이러스 핵산의 복제를 통해 증식한다.
⑤ 증식과정은 흡착-탈각-침입-방출-복제-조립이다.

해설
① DNA나 RNA 둘 중 하나만 가진다.
② 광학현미경으로 관찰 불가하다.
③ 살아 있는 세포에서만 증식한다.
⑤ 흡착 - 침입 - 탈각 - 복제 - 조립 - 방출의 증식과정을 나타낸다.

답 ④

⑦ 세포 내에서는 복제 중인 바이러스 핵산 분자로, 세포 외에서는 대사활성이 없는 감염성 바이러스 입자로 존재
⑧ 광학현미경으로 관찰할 수 없음

(7) 진균의 일반적인 특성
① 진핵생물 중 하등생물에 속하며, 통상적으로 효모, 곰팡이, 버섯이라고 부름
② 핵과 복잡한 세포벽 구조
③ 유기산화, 유기영양생물이며 대부분 호기성
④ 식물과 비슷하나 엽록소가 없어 광합성 능력과 운동성이 없음
⑤ 유성생식과 무성생식으로 증식 - 환경조건 불리 시 포자 형성
⑥ 최적온도는 25℃, 최적 pH는 pH 5~6
⑦ 사람의 세포와 비슷, 진균억제약제는 사람의 세포에도 유해함
⑧ 균사를 형성하는 사상균과 균사를 형성하지 않는 효모형으로 구분

2 감 염

(1) 감염에 관여하는 미생물의 인자
① 부착성
  ㉠ 숙주의 생체에 병원균이 부착하고 정착하는 성질
  ㉡ 부착인자 : 섬모, 리포테이코산, 균체 표층의 다당류와 단백질
② 침습성
  ㉠ 침입 부위에 정착한 후 세균인 경우 주위 조직 내 침입하여 확산해 가는 능력
  ㉡ 혈류에서 가장 침습성이 강함
  ㉢ 침습도움효소 : 히알루론산 분해효소, 스트렙토도르나제, 스트렙토키나제, 혈장응고효소 등
③ 증식성
  ㉠ 침입한 숙주의 살균력이나 저항력에 대항하여 증식하는 병원체의 능력
  ㉡ 증식도움효소 : 협막, 카탈라제(H_2O_2 분해) 생산 등
④ 독소생산성
  ㉠ 독소 및 독성물질을 생산할 수 있는 능력
  ㉡ 독소 : 미생물의 대사산물이나 구성성분 중에 생체에 장애를 주는 것

다음 중 병원체인 병원미생물이 숙주의 생체 내에 침입하여 점막의 표면에 붙어 증식한 상태는 무엇인가?

① 오 염   ② 감 염
③ 전 파   ④ 염 증
⑤ 면역반응

해설
① 단순히 점막 표면에 병원미생물이 부착만 하고 증식하지 않음
③ 미생물이 한 숙주에서 다른 숙주로 도달하는 과정
④ ⑤ 염증과 면역반응은 감염 발생 시 숙주에서 나타나는 반응

답 ②

ⓒ 독소의 분류

구 분	외독소	내독소
생성균	대개 그람양성, 약간 그람음성	모든 그람음성
방출형태	세포 외 분비	세포의 파괴로 분비
화학적 특성	polypeptide	lipopolysaccharide 복합체
안정성	불안정 60℃ 이상 가열 시 변성	비교적 안정 60℃ 이상에서 몇 시간 견딤
독성력	강 함	약 함
조직에 대한 영향	높은 특이성	비특이성
열의 유발	약 간	고 열
항원성	강 함	약 함
독소의 이용	toxoid화	toxied화 불가
대표적 질병	보툴리눔 가스궤저, 파상풍, 디프테리아, 장독소, 식중독	살모넬라증, 저혈압, 맥관 내 응고

⑤ 숙주세포의 상해
  ㉠ 세포 내에서만 증식하는 미생물은 증식장소인 숙주세포의 변성과 괴사를 초래
      (예 바이러스, 리켓차, 클라디미아, 원충 등)

(2) 감염에 관여하는 숙주의 방어기전

① 비특이적 방어기구(자연저항성)
  ㉠ 피부, 점막
    • 생체에서 분비되는 물질이 항균작용을 발휘하거나 상재균이 외래미생물의 정착과 증식을 방해(예 한선, 피지선의 분비물, 눈물, 콧물, 타액, 위액, 사춘기 이후의 질, 피부나 점막의 물리적 방어벽, 기도의 점막 등)
  ㉡ 조직세포
    • 체액성 인자(라이소자임, 보체 등)의 살균작용
    • 세포성 인자(호중구, 대식세포 등)의 식균작용
  ㉢ 조직액, 혈액
    • 조직액이나 혈액 중에 들어간 미생물 등의 이물질 입자가 다형핵백혈구(호염구, 호산구, 호중구)나 대식세포(단핵구, 세망내피제)에 의해 둘러싸여 처리

② 특이적 방어기구(획득면역)
  ㉠ 체액성 면역 : B림프구(골수에서 성숙, 2차 침입 시에 항원을 인식 후 기억세포가 형질세포와 기억세포로 분화)가 생성하는 면역글로불린에 의한 반응
  ㉡ 세포성 면역 : T림프구(흉선에서 성숙)에 의한 반응

다음 중 내독소에 대한 설명으로 틀린 것은?

① 세포의 파괴로 독소가 방출된다.
② 모든 그람음성세균은 내독소를 생성한다.
③ 60℃ 이상 가열 시 변성된다.
④ 백신이 없다.
⑤ 지질다당류로 세포벽이 구성된다.

해설
③ 외독소에 대한 설명이다. 내독소는 60℃ 이상에서 몇 시간 견딘다.

답 ③

다음 중 감염에 관여하는 숙주측 인자 중 비특이적 방어기구가 아닌 것은?

① 피 부   ② 조직액
③ 면역글로불린 ④ 점 막
⑤ 혈 액

해설
③ 면역글로불린은 특이적 방어기구에 속한다. 비특이적 방어기구는 피부, 점막, 조직액, 혈액, 조직세포이다.

답 ③

다음 중 치은열구액에서 구강미생물의 생장에 영향을 미치는 요인은?

① 조직액   ② 호중구
③ 비타민   ④ 단백질
⑤ 항균물질

답 ①

다음 중 숙주 내로 침입한 병원성 미생물이나 부적합한 물질을 제거하여 생체를 보호하는 총체적 방어체계는 무엇인가?

① 선천적 면역 ② 획득면역
③ 면 역   ④ 능동면역
⑤ 수동면역

해설
① 특정항원에 대한 비특이적 반응
② 감염에 의해 나타나는 특이적 면역
④ 생체가 항원에 직접 노출된 이후 획득한 면역능력
⑤ 면역된 개체로부터 면역되지 않은 개체가 혈액, 혈청, 림프구를 받아서 획득한 면역능력

답 ③

다음 중 예방접종은 어떠한 면역에 포함되는가?

① 인공수동면역
② 자연수동면역
③ 자연능동면역
④ 인공능동면역
⑤ 획득면역

해설
① 초유나 모유섭취에 의해 얻어지는 면역
② 능동적으로 생성한 항체를 다른 개체에 옮겨 나타나는 면역
③ 자연상태에서의 감염에 의해 얻어지는 면역
⑤ 감염에 의해 일어나는 특이적 면역

답 ④

3 면 역

(1) 선천면역과 후천면역

구 분	선천면역	후천면역
정 의	선천적으로 가지는 비특이적 면역 반응	감염에 의한 특이적 면역
역 할	• 침입한 병원균에 즉시 반응 • 1차 방어	2차 방어
특 징	• 이물질에 대한 특이성 없음 • 면역기억 없음 • 물리적 방어벽, 표면 분비물, 체액성 인자, 면역세포를 이용	• 항원특이성 있음 • 면역기억 있음

(2) 능동면역과 수동면역

① 능동면역 : 생체가 자연으로나 인위적으로 항원에 직접 노출된 이후에 그 자신이 직접 면역능력을 획득
② 수동면역 : 면역된 개체로부터 면역이 되어 있지 않은 개체가 혈액, 혈청성분, 림프구 등을 받아서 획득

능동면역	자연능동면역	생체가 자연상태에서 일어나는 감염에 의해 얻어지는 면역
	인공능동면역	병원성이 없는 병원체를 인위적으로 감염시켜 체내에서 능동적 면역 반응을 나타내게 함(예 예방접종)
수동면역	자연수동면역	항체가 태반을 통해 태아에게 전달되는 경우에 얻어지는 면역 (예 초유나 모유 섭취에 의함)
	인공수동면역	어떤 생체가 능동적으로 생성한 항체를 다른 개체에 옮겨주어 나타나는 면역

(3) 특이적 면역과 비특이적 면역

① 특이적 면역 : 정상적인 숙주가 태어날 때부터 가지고 있는 저항성, 미생물에 비선택적으로 적용

특이적 면역	체액성 면역	• 세균 같은 항원에 대항 항체를 생성하는 면역 • 항원과 접촉한 B림프구가 형질세포가 되어 항체 또는 면역글로불린을 분비 • 항체는 세포가 아닌 체액에서 분비
	세포성 면역	• 주로 감작 림프구에 의존하여 세포와 결합한 바이러스 항원에 관계 • 항원에 자극을 받은 T림프구가 사이토카인을 생산하여 면역세포를 자극 • 세포매개면역이라고 함

② 비특이적 면역 : 숙주가 미생물 또는 미생물에서 유래되는 물질에 접촉함으로써 후천적으로 획득하는 저항성, 면역기구에 의해 특정 미생물에만 선택적으로 작용

(4) 특이적 면역 중 체액성 면역과 관련한 항체(면역글로불린)

IgG	• 정상인의 혈청 중 가장 다량 • 태반을 통과하는 유일한 면역 • 세균과 독소에 저항 • 항원 침투 시 IgM보다 생산이 늦으나, 같은 항원의 재침투에서는 짧은 잠복기에 다량으로 장기간 생산
IgM	• 항원 자극 시 가장 먼저 생산 • 면역반응 초기에 중요한 응고인자
IgA	• 점액분비물 중 가장 많음 • 인체의 외부방어 역할 • 유즙(특히 초유), 눈물, 타액, 기도, 소화관, 비뇨 생식기의 점맥의 외분비액
IgD	• 혈중에 소량 • 대부분 B림프구 표면에 존재
IgE	• 극히 미량 • 알레르기, 기생충 감염 시 증가하며 인체 외부방어 역할

> 다음의 사람의 면역글로불린 중 세균 감염의 초기에 가장 빨리 항원을 감작하여 나타나는 항체는?
> ① IgG ② IgM
> ③ IgA ④ IgD
> ⑤ IgE
>
> 답 ②

(5) 면역에 관여하는 세포

다형핵 백혈구	호중구	• 말초 혈액의 40~70% • 식균작용에 중요한 역할
	호산구	• 말초 혈액의 1~5% • 기생충 제거, 감염방어, 포식 후 소화작용 • 즉시 과민반응에 작용
	호염기구	• 말초 혈액의 1% 미만 • 헤파린, 히스타민이 포함 • 즉시 과민반응에 작용
대식세포		• 항원을 제시하는 역할 • 혈액(단핵구), 조직(큰포식세포), 결합조직(조직구), 간(쿠퍼세포), 폐(폐포 대식세포), 뼈(파골세포) 등으로 분화
림프구	B림프구	• 항체의 생성이 가능함 • 면역반응의 특이성에 관여
	T림프구	• 세포매개면역 • 도움 T세포, 세포독성 T세포, 억제 T세포 등
	자연살해세포 (NK cell)	• 선천면역에서 중요한 역할 • 비특이적으로 종양세포나 바이러스 감염세포를 인지, 즉각적 제거
비만세포		• 표면에 IgE가 있음 • 즉시 알레르기 질환의 원인
사이토카인		• 림프구나 큰 포식세포에서 생산되는 물질 • 세포활성화에 기여

> 다음 중 기억능력을 가지며, 항체를 생성하고, 면역반응의 특이성에 관여하는 것은?
> ① 호중구 ② 호산구
> ③ 호염기구 ④ B림프구
> ⑤ T림프구
>
> 답 ④

다음의 항미생물제 중 세균의 단백질 합성을 억제하며, 부작용으로 법랑질 형성부전, 치아착색, 골발육의 부전 등을 초래하는 것은?

① 페니실린계
② 세펨계
③ 테트라사이클린계
④ 마이크로라이드계
⑤ 설파제

답 ③

다음 중 포도상구균에 대한 설명으로 틀린 것은?

① 그람음성의 통성혐기성이다.
② 식중독 질환의 원인균이다.
③ 아포를 형성하지 못한다.
④ 황색포도상구균은 건강인의 피부에서도 검출된다.
⑤ 항생제를 투여하여 치료한다.

해설
① 그람양성의 통성혐기성이다.

답 ①

(6) 테트라사이클린계 제제

① 세균의 단백질 합성을 억제
② 대표물질 : tetracycline, minocycline, doxycycline
③ 광범위 항생물질, 내성균 증가
④ 부작용 : 태생기, 성장기에 투여 시 법랑질 형성부전, 치아착색, 골 발육부전 등

(7) 포도상구균

일반적 성상	• 그람양성의 통성혐기성 • 직경 0.8~1.0μm의 구균, 포도송이 모양 • 면포와 아포가 없음 • 카탈라제 시험에 양성 (예 식중독, 화농성 질환의 원인균)
분류	황색포도상구균과 표피포도상구균
배양과 성장	• 한천배지, 고농도 3~10%의 NaCl 첨가 배지에서 발육 • *S. aureus* – 황금색, *S. epidermidis* – 백자기색 집락이 특징
저항성	• 아포형성을 못해 보통의 멸균소독법으로 사멸 • 무아포 세균 중 가장 저항성이 강함
병원성	• 황색포도상구균은 건강인의 피부에서도 검출(비강이 많음) • 황색포도상구균에 의한 인체질환 – 화농성 염증, 표피 박탈성 피부염, 독소성 쇼크증후군, 장염, 식중독 등
치료	• 항생제 투여(페니실린계, 세펨계)
예방	• 보균자나 화농창이 있는 사람의 접근금지, 균 제거 • 손 씻기, 마스크 착용

(8) 연쇄구균

일반적 성상	• 그람양성의 통성혐기성 • 직경 0.6~1.0μm의 구균(폐렴구균은 쌍구균) • 면포와 아포가 없음 • 카탈라제 시험에 음성 (예 화농성 질환의 원인균)
분류	화농성 연쇄상구균과 폐렴구균
배양과 성장	혈액 한천배지, 혈청 첨가배지에서 발육

① 화농성 연쇄상구균(A군 - 용혈성 연쇄상구균)

특 징	• 건강한 사람의 구강 내, 인두 등에 분포 • 만성편도염 환자에게는 상주
병원성	• 연쇄상구균 중 가장 병원성이 강함 • 전신으로 퍼지기 쉬움 • 가장 흔한 질환은 인두염과 편도선염 • 농가진, 단독 등의 화농성 염증도 일으킴 • 2차성으로 급성사구체신염, 류마티스열이 올 수 있음
치 료	항생제 투여(페니실린계, 세팜계)

② 폐렴구균

특 징	• 대엽성 폐렴이나 화농성 염증의 원인균 • 연쇄가 짧고, 직경은 0.5~1.0㎛ • 반달형 구균 두 개가 마주보는 쌍구균 형태 • 대부분 다당체의 협막이 존재
병원성	• 폐렴의 원인균으로, 건강인의 인두에서 5~10% 검출 • 바이러스성 호흡기 질환, 심장병에 의한 폐의 울혈, 전신마취 등으로 저항력 저하 요인에 의해 감염이 쉬움
치 료	항생제 투여(페니실린계가 최적)

(9) 간염 바이러스

① 간염 바이러스가 간세포에서 증식한 이후 면역학적 반응으로 간세포에 이상을 초래
② 치과치료 중 전파 위험성이 높음
③ A형 간염

특 징	• 정20면체의 외각단백질과 한 가닥의 RNA의 구조 • 분변을 통해 경구감염을 일으킴
감염위험성	• 위생관리가 안 되는 환경에서 발생 • 어린이와 젊은 층에서 호발 • 보균자가 없음 • 패류를 충분히 조리하지 않은 채 먹으면 감염
저항성	• 위산에 죽지 않음, 산에 강함 • 지질성분의 피막이 없음 • 담즙에 파괴되지 않아 배설되어 감염원이 됨 • 자연환경에서 안정, 열에도 잘 견딤
예 방	100℃에서 5분간 노출 시 감염성 상실

다음 중 화농성 연쇄상구균이 구강악안면영역에서 일으키는 질환이 아닌 것은?

① 치수염
② 악골 골수염
③ 치근단치주염
④ 봉와직염
⑤ 치주질환

해설
⑤ 치주질환 원인균은 폐렴구균이다.

답 ⑤

다음 중 A형 간염바이러스에 대한 설명으로 옳은 것은?

① 배설물, 음료수, 음식을 통한 경구감염을 일으킨다.
② 염기에 강하다.
③ 열에 강하지만, 100℃에서 3분 노출 시 감염성을 잃는다.
④ 여름에 많이 발생한다.
⑤ 발열이 심하고, 만성화경향을 나타낸다.

해설
② 산(pH 3.0)에 강해 위산에 죽지 않는다.
③ 열에 강하지만, 100℃에서 5분 노출 시 감염성을 잃는다.
④ 가을~봄에 많이 발생한다.
⑤ 발열은 심하나, 만성화경향이 없고, 보균 상태로 존재하지 않는다.

답 ①

다음 중 B형 간염바이러스에 대한 설명으로 옳지 않은 것은?

① 혈액이나 체액이 상처를 통해 감염된다.
② 비경구성 감염이다.
③ 치사율이 1~2%이며, 만성화 경향을 보인다.
④ 분만 시 수직감염을 보인다.
⑤ 편평태선, 구강암, 침샘병을 야기한다.

해설
⑤ C형 간염바이러스에 대한 설명이다.
답 ⑤

④ B형 간염

특 징	• 혈액을 통해 비경구적으로 감염 • DNA 바이러스 • 최소한 3종의 바이러스 항원이 존재 : HBs, HBc, HBe 항원 • 간 친화형 바이러스로 간세포에서 증식 • 서서히 발증, 발열은 없음 • 치사율 1~2%, 만성화경향 • 무증상의 보균자가 존재
감염원	혈액을 취급하는 종사자, 성적 접촉, 분만 시 태반, 모친의 타액이나 모유 등을 통해 감염

⑤ C형 간염

특 징	• 간염의 원인체 외에 다른 바이러스에 의해 간염을 일으킴 • 급성감염환자의 50%까지 만성으로 이환(간병변, 간암) • 편평태선, 구강암, 침샘병 등의 증상 야기
예방법	철저한 멸균과 개인방호

4 구강환경과 미생물

(1) 구강환경의 특징

① 타액, 음식물, 치은열구액으로부터 영양분 공급
② 습도 유지
③ pH 6.8~7.2로 중성상태 유지
④ 구강 내 온도 37℃ 전후로 유지
⑤ 치아의 맹출과 함께 산소 분압이 낮은 부위가 형성되어 호기성균, 통성혐기성균, 혐기성균 등이 적당히 발육

다음 중 세균이나 바이러스의 직접적 응집과 구강점막에 부착되는 기전을 저해하는 항미생물 인자는?

① 리소자임 ② 락토페린
③ IgA ④ IgM
⑤ 과산화효소

해설
① 세포벽을 손상, 항균작용
② 단백질 분해효소, 정균작용
④ 치은열구에서 유래, 점액의 감염방어 기전
⑤ 철분과 결합, 세균의 발육저해
답 ③

(2) 타액의 항미생물인자

① 리소자임
　㉠ 세균의 세포벽 용해, 세균의 발육을 저해
　㉡ 과립성, 단핵구성 세포에서 유래
　㉢ 타액, 땀, 유즙, 눈물에 함유
② 뮤신 : 세균이 치아 표면이나 구강 점막에 부착하는 것을 억제
③ 면역글로불린
　㉠ 타액선이 존재하는 형질세포에서 분리되는 IgA - 미생물의 구강 점막 정착을 저해
　㉡ IgG, IgM - 비브리오, 스피로헤타, 살모넬라 등에 대한 항체 활성

④ 퍼옥시다제
  ㉠ 열에 의해 쉽게 파괴
  ㉡ 유산균, 연쇄구균의 발육을 저해, 정균작용
  ㉢ 단백질 분해효소로 작용, 독성물질을 무력화하거나 비활성화시킴
⑤ 락토페린
  ㉠ 철분과 결합하여 세균의 발육 저해
  ㉡ 열저항성 단백질로 상피세포나 백혈구에서 유래

(3) 구강미생물총 형성에 영향을 미치는 인자
① 미생물 대사산물 : 세균들 서로의 생장에 도움을 주는 공생 관계를 유지
② 숙주의 구강환경 : 섭취 음식물의 종류, 타액의 유출량, pH, 온도, 치아의 건강, 구강위생상태, 부적절한 보철물, 약물 복용, 숙주의 면역상태 등이 구강환경에 영향
③ 구강질환 : 치아우식증(*S. mutans*, *Lactobacillus* 수 증가), 치주질환(그람음성세균)

(4) 구강미생물과 치면세균막
① 획득피막의 형성
  ㉠ 청결한 치면에 타액 내 당단백질이 흡착하여 균일한 막을 형성
② 집락화와 증식
  ㉠ 후천성 얇은 막 위에 세균이 부착하여 증식
  ㉡ 최초의 세균 : 구균, *Streptococcus neisseria*
  ㉢ 피막형성 24시간 후에 총 세균의 95%가 *Streptococcus*
③ 세균총 성립
  ㉠ 세균들이 공생하면서 치면세균막 세균총을 형성
  ㉡ 호기성 세균이 감소, 통성이나 편성혐기성 세균이 증가
  ㉢ 3일까지는 대부분 구균, 5일부터 사상균 출현, 7일 이후 다시 구균이 대부분이나 사상균도 현저히 증가
④ 치면세균막의 성숙
  ㉠ 모든 시기에 걸쳐 연쇄 구균이 약 50%
  ㉡ 초기 치면세균막에서 우세한 *Neisseria*나 *Nocardia*는 점차 감소
  ㉢ *Actinomyces*, *Veillonella*, *Corynebacterium*이 증가
  ㉣ 7일 이후 치면세균막에서는 구성 세균의 종류와 비율이 거의 일정
  ㉤ 전체 비율로는 낮은 *Fusobacterium*을 비롯한 혐기성균이 증가, 스피로헤타, 나선균이 출현

다음 중 치면세균막 형성의 1단계로 청결한 치면에 타액 내의 당단백질이 흡착하는 과정은 무엇인가?

① 치면세균막의 성숙
② 세균총 형성
③ 세균의 집락화와 증식
④ 세균의 부착
⑤ 획득피막의 형성

 ⑤

5 치아우식과 미생물

(1) 치아우식의 발생기전
① 뮤탄스 연쇄구균이 당일 분해하여 생성된 산이 치아 경조직인 수산화인회석에 작용하여, 가용성인 칼슘이온과 인산으로 분해된다.
② 치아우식의 발생조건
  ㉠ 세균에 의해 생산된 산이 일정시간 치아 표면에 정체
  ㉡ pH 5.5 이하가 되면 수산화인회석이 탈회

(2) *Streptococcus mutans*의 특성
① 치아우식의 1차 원인균
② 치아 표면에 부착하는 능력
③ 설탕이 분해하여 생긴 과당과 포도당에서 젖산을 생산하여 치면의 탈회를 유발
④ 세포 내의 다당체를 합성, 루칸(덱스트란)과 프럭탄(레반) 합성
⑤ 세포 점막에 프로톤 펌프로 인해 pH 5 이하에서도 생존(내산성)

6 치주질환과 미생물

(1) 치주질환을 일으키는 세균의 내독소와 외독소

외독소	• 세균이 생성하는 인체의 특정 세포 또는 조직에 해로운 물질 • Leukotoxin or Leukosidin 치주질환 관련 외독소 (예) 파상풍, 디프테리아, 근육마비, 식중독 등) • 유년형 치주염과 연관
내독소	• 공통적으로 그람음성세균이 갖는 독력인자 • 모든 그람음성균의 세포벽에 존재하는 지질 다당류(LPS) • 내독소가 백악질에 흡수되면 조직재생 및 치주조직의 재부착이 일어나지 않음 • 치은염과 연관

(2) *Aggregatibacter actinomycetemcomitans*의 특성
① 그람음성간균, 이산화탄소 친화성
② 협막에 존재
③ 유년성 치주염의 원인균, 감염성 심내막염의 원인
④ 생산내독소 보유, 단백분해효소 생성, 면역반응 억제, 세포부착능력

다음의 조건 중 *S. mutans*를 증가시키는 숙주의 구강환경은?
① 당 함유가 낮은 음식 섭취
② 타액유출이 증가
③ 수소이온농도가 산성
④ 구강 내 보철물 존재
⑤ 숙주의 양호한 면역상태

답 ③

다음 중 치아우식증의 1차 원인균은 무엇인가?
① *Streptococcus mutans*
② *Streptococcus sanguis*
③ *Streptococcus salivarius*
④ *Streptococcus mitior*
⑤ *Streptococcus viridans*

해설
② 열구우식의 원인, 베체트병과 연관
③ 주로 혀 표면, 타액 중 서식
④ 치면세균막을 포함한 구강 전반에 상주
⑤ 발치 시 혈액에 침입하여 세균성 심내막염의 원인균

답 ①

다음 중 급성 유년형 치주염의 주요원인균은 무엇인가?
① *Aggregatibacter actinomycetemcomitans*
② *Porphyromonas gingivalis*
③ *Prevotella intermedia*
④ *Treponema pallidum*
⑤ *Mycobacterium tuberculosis*

답 ①

(3) *Porphyromonas gingivalis*의 특성
  ① 그람음성, 소간균, 혐기성, 흑색
  ② 성인형 치주염의 원인균
  ③ 섬모 및 협막이 존재, 독력인자를 생성, 당분해 능력이 없음, 악취
  ④ 단백질을 분해하는 효소의 활성(collagenase, 섬유소 용해효소, lecithinase)

(4) *Prevotella intermedia*의 특성
  ① 그람음성, 간균, 혐기성, 흑색
  ② 사춘기성 치은염, 임신성 치은염과 관련, 급성 괴사성 궤양성 치은염의 원인균
  ③ 내독소, 면역글로불린, collagenase 파괴효소 활성
  ④ 발육촉진물질(에스트로겐, 난포호르몬)

7 기타 구강질환과 미생물

(1) 구강 칸디다증 원인균의 특성과 증상
  ① 입안에 곰팡이의 일종인 칸디다가 증식, 숙주의 저항이 약할 때 발병하는 기회감염
  ② *Candida albicans*가 원인균
  ③ 진균이며, 입, 인두, 질, 피부, 소화기관에 빈번하게 감염
  ④ 구강점막의 붉은 반점 위 미세한 백색 침착물, 응결된 우유처럼 부드럽고 융기된 백색반점, 작열감, 압박감, 통증, 자극성 음식 섭취 시 불편감 등

(2) 구강 매독 원인균의 특성과 증상
  ① 성적 접촉에 의해 발생, 수혈을 통해 전파
  ② *Treponema pallidum*이 원인균
  ③ 선천성 매독 : 임신기간 중 태반을 통한 수직감염, Hutchinson 치아, Mulberry molar, 실질성 각막염, 내이성 난청을 일으킴
  ④ 후천성 매독
    ㉠ 1기(감염 직후~3주) : 무증상, 경성하감(무통성 궤양)→자연소실, 구강점막, 혀, 연구개의 편도, 후두부, 치은부에 호발
    ㉡ 2기(감염 8~12주) : 혈류를 따라 전신으로 확산, 점막반, 매독성 구각미란, 매독성 구협염 등이 발생, 잠복감염상태로 이환, 증상은 점차 소실
    ㉢ 3기(감염 3년 이상) : 증상은 대부분 구강에서 나타남, 고무종, 간질성 설염 등으로 이환

다음 중 여성호르몬과 관련하여 사춘기나 임신기의 치주조직 국소부위에서 급격히 증가하며, 급성괴사성궤양성치은염의 원인균은 무엇인가?
① *Aggregatibacter actinomycetemcomitans*
② *Porphyromonas gingivalis*
③ *Prevotella intermedia*
④ *Treponema pallidum*
⑤ *Mycobacterium tuberculosis*

해설
④ 구강매독의 원인균
⑤ 결핵의 원인균

답 ③

다음 중 구강 칸디다증에 대한 설명으로 옳지 않은 것은?
① 구각부에서 균열과 미란이 나타난다.
② 의치와 접촉한 점막에서 발적과 종창이 나타난다.
③ 신생아, 고령자 등 저항력이 낮은 환자에게 나타난다.
④ 아구창이라고도 한다.
⑤ 균교대증이 일어나면 원인균이 감소한다.

해설
⑤ 균교대증이 일어나면 원인균이 이상증식한다.

답 ⑤

다음 중 구강매독에 대한 설명으로 틀린 것은?
① 숙주의 저항이 약할 때 발병하는 기회감염이다.
② 직접적 성적 접촉이 원인이다.
③ 구강점막이 궤양화된다.
④ *Treponema pallidum*이 원인균이다.
⑤ 선천매독은 태반을 통한 수직감염이 원인이다.

해설
① 구강칸디다증에 대한 설명이다.

답 ①

(3) 구강 결핵 원인균의 특성과 증상
① 허파에 많이 감염되는 세균성 만성 전염병
② *Mycobacterium tuberculosis*가 원인균
③ 구강궤양, 치근단주위 육아종, 골감염, 결핵성 림프절염의 증상

(4) 방선균증 원인균의 특성과 증상
① 치면세균막의 세균이 발치나 악골외상에 의해 조직에 침입해 발생하는 내인성 질환
② *Actinomyces israelii*가 원인균
③ 하악에 다발, 종창, 농양, 누공의 형성, 농즙 배출, 황색이나 갈색의 과립 관찰

(5) 단순포진 바이러스 감염증 원인과 증상
① *Human herpes virus 1*(안면부) *and 2*(생식기)가 원인균
② 경미한 또는 심한 발열, 림프절, 입과 목의 통증
③ 구강점막에 소포 발생, 소포 터진 후 홍반성 또는 노란 회색 기저부위가 있는 원형 혹은 표층의 궤양 형성, 치은염증 형성

(6) 수두 – 대상포진 바이러스 감염의 원인과 증상
① 동일한 바이러스가 소아에 최초 감염 시 수두를 일으킨 이후 신경절에 잠복했다가, 성인에게 산발적으로 대상포진을 일으킴
② *Varicella-zoster virus*가 원인균
③ 수두의 증상 : 경구개, 연구개, 목구멍, 목젖에서 발생, 구강 내에서 홍반으로 둘러싸인 궤양, 수포는 터져서 잘 관찰되지 않음
④ 대상포진의 증상 : 혀의 앞 1/2, 연구개, 볼에서 발생, 수포는 구강 내에서 터짐, 홍반성 경계부위와 노란 회색의 표면을 가짐, 심한통증을 수반하는 궤양병소

(7) 후천성 면역결핍증(AIDS) 원인과 증상
① 면역체계의 T helper cell에 침투하여 감염시켜 10년 이상의 잠복기 후 면역체계 파괴
② *Human immunodeficiency virus*가 원인균, 혈액이나 정액 등의 체액, 태반, 모유를 통해 감염
③ 구강칸디다증, 구각구순염, 구강모발성백반증, 카포시육종, 괴사성궤양성 치주질환 등

(8) B형 간염 바이러스의 특성과 증상
① 간에 염증을 일으키는 질환으로 체액이나 혈액을 통해 감염
② *Hepatitis B virus*가 원인
③ 무증상 보균자가 많음, 황달증상, 간경화증, 간세포 암종 등의 증상

다음 중 치과에서 B형 간염의 전파를 막기 위한 예방법으로 옳지 않은 것은?
① 전신병력을 확인
② B형 간염 백신 접종
③ 사용한 일회용품은 폐기
④ 보균자의 타액과 혈액이 묻은 기구는 세척 후 사용
⑤ 마스크, 글러브 등 개인보호장구 착용

답 ④

(9) 타액선염 원인 바이러스의 특성과 증상
  ① 유행성 이하선염
    ㉠ *Paramyxo virus*가 원인
    ㉡ 타액선 염증, 비대, 발열, 목의 통증, 저작 시 통증, 이하선관 입구의 발적, 하악각 하부의 상향성 압력에 의한 통증이나 통각, 이하선 편측 또는 양쪽에 통증을 동반한 종창
  ② 급성 화농성 이하선염
    ㉠ *Staphylococcus*가 원인균
    ㉡ 이하선에 농을 동반한 염증이 급성으로 진행
    ㉢ 종창, 동통, 발열, 저작 시 통증이 심해짐
  ③ 만성 이하선염
    ㉠ 주병변이 도관계에 있거나 선소엽간 및 선세포에 있음, 원인은 불명
    ㉡ 이하선 종창, 발적, 통증
  ④ 급성 이하선염
    ㉠ 침색에 돌이 생기는 타석증, 구내염, 구강의 봉와직염에 의한 속발증
    ㉡ 발적, 종창, 통증

다음 중 주로 소아에게 발병하는 급성 발열성 전염병으로 직접적 접촉에 의하며, 발열과 두통이 수반되는 것은?

① 수 두
② 유행성 이하선염
③ 홍역바이러스
④ 세균성 타액선염
⑤ 악하선염

답 ②

다음 중 유행성 이하선염의 증상으로 틀린 것은?

① 코프릭반점
② 개구장애
③ 뇌수막염
④ 하악각에 압통
⑤ 이통(귀에 통증)

해설
① 코프릭반점은 홍역바이러스의 증상이다.

답 ①

다음 중 타액선이 기형인 성인에게 호발되며, 종창, 동통, 발열, 저작 시 통증을 호소하는 것은?

① 수 두
② 유행성 이하선염
③ 홍역바이러스
④ 세균성 타액선염
⑤ 악하선염

해설
④ 급성 화농성 이하선염이라고도 한다.

답 ④

CHAPTER 06 적중예상문제

1 미생물의 형태 및 특성

01 다음 중 생물의 분류 계통 중 가장 기본 단위는 무엇인가?
① 계 ② 강
③ 목 ④ 과
⑤ 종

해설
가장 기본단계는 종이며, 종-속-과-목-강-문-계의 7단계로 구성한다.

02 다음 중 구강미생물학의 특성이 아닌 것은?
① 구강에 한정된 분야의 학문이다.
② 내인성 감염증 위주의 학문이다.
③ 생태학의 대표적인 학문 분야이다.
④ 원핵생물계에 속한다.
⑤ 각 세균은 단세포로 구성된다.

해설
① 광범위한 분야의 학문이다.

03 다음 중 펩티도글리칸층의 세포벽 구조를 가지는 세포가 아닌 것은?
① 원핵세포 ② 진핵세포
③ 연쇄상구균 ④ 포도상구균
⑤ 나선균

해설
② 신핵세포는 펩티노글리칸층이 없나.

04 다음 중 세균의 일반적인 특성으로 옳은 것은?
① 세포막은 있으며, 세포막 내 구조가 복잡하다.
② DNA와 RNA가 존재한다.
③ 엽록소가 있어 광합성을 한다.
④ 단세포 생물로 이루어진 미생물로 무성생식과 유성생식을 한다.
⑤ 인공배지에서 증식이 어렵고, 육안관찰이 불가능하다.

해설
① 세포막이 있고, 막 내 구조가 단순하다.
③ 엽록소가 없어 광합성을 못한다.
④ 단세포 생물로 이루어진 미생물로 2분열법으로 분열한다.
⑤ 인공배지에서의 증식이 쉽고, 육안관찰이 불가능해 현미경관찰이 가능하다.

05 진균의 특성으로 옳은 것은?
① 대부분 혐기성이다.
② 환경이 불리하면 포자를 형성하지 않는다.
③ 진핵생물 중 고등생물에 속한다.
④ 최적 pH는 5~6이다.
⑤ 광합성 능력이 있다.

해설
• 진균 : 대부분 호기성, 환경이 분리하면 포자형성, 진핵생물 중 하등생물에 포함, 광합성 능력 없음. 최적 온도 25℃, 최적 pH 5~6
• 바이러스 : 살아 있는 세포에만 증식, DNA와 RNA 중 하나만 가짐, 바이러스 핵산복제, 광학현미경 관찰 불가

01 ⑤ 02 ① 03 ② 04 ② 05 ④

06 다음 중 편모에 대한 설명으로 옳은 것은?
① 세균의 표면에 있으며, 단백질로 구성된다.
② K항원을 갖는다.
③ 세균의 부착성에 관여한다.
④ 숙주에 부착하여 성섬모에 의해 생식에 이용된다.
⑤ 세균성 바이러스에 부착하여 유전정보교환을 촉진한다.

해설
② H항원을 갖는다.
③ 세균의 부착성에 관여하는 것은 당질층이다.
④, ⑤ 섬모에 대한 설명이다.

07 세균의 아포를 사멸하기 위한 최소 조건으로 옳은 것은?
① 100℃, 10분
② 100℃, 25분
③ 121℃, 15분
④ 121℃, 25분
⑤ 134℃, 10분

해설
③ 100℃에서는 사멸하지 않고, 121℃에서 15분간 적용해야 완전 사멸한다.

08 다음 중 그람음성균에 대한 설명으로 틀린 것은?
① 펩티도글리칸이 10%를 차지하는 세포벽 구조를 갖는다.
② 지질단백질이 세포벽과 외막을 연결한다.
③ 외막은 인지질의 이중구조로 세균을 보호한다.
④ 외막의 외벽에 지질다당류가 존재한다.
⑤ 외막은 지질단백질이나 지질다당류를 포함하며, 구조가 단순하다.

해설
⑤ 외막은 지질단백질과 지질다당류를 포함하여 구조가 복잡하다.

09 다음 중 가지가 있으며, 균사로 구성되고, 식품과 항미생물제 제조와 관련하여 동식물에 질병을 일으키는 것은?
① 사상균
② 효 모
③ 집합균류
④ 담자균류
⑤ 자낭균류

2 감 염

01 다음 중 감염에 관여하는 미생물측 인자가 아닌 것은?
① 부착성
② 침습성
③ 증식성
④ 독소생산성
⑤ 조직세포

해설
⑤ 조직세포는 숙주측 인자이다.

3 면 역

01 다음의 사람의 면역글로불린 중 혈청이나 조직액 중에 가장 많이 존재하며, 출생 후 1개월 동안 신생아에게 면역성을 부여하고, 태반통과성이 있는 항체는?
① IgG
② IgM
③ IgA
④ IgD
⑤ IgE

정답 06 ① 07 ③ 08 ⑤ 09 ① / 01 ⑤ / 01 ①

02 다음의 사람의 면역글로불린 중 타액, 모유, 눈물 등의 분비액에 가장 많으며, 점막 조직의 방어 역할에 중요한 항체는?

① IgG ② IgM
③ IgA ④ IgD
⑤ IgE

> 해설
> ④ 표면 면역글로불린으로 존재하는 항체
> ⑤ 즉시형 과민반응유발하는 항체

05 다음 중 대식세포에 대한 설명이 틀린 것은?

① 식균작용을 한다.
② 다른 면역계 세포를 활성화시킨다.
③ 면역반응을 조절한다.
④ 병원체와 감염세포를 B림프구가 인식하도록 돕는다.
⑤ 혈액에서는 단핵구, 뼈에서는 파골세포로 분화한다.

> 해설
> ④ 병원체와 감염세포를 T림프구가 인식하도록 항원을 제시한다.

03 다음 중 세포성 면역에 대한 설명으로 옳지 않은 것은?

① B림프구가 관여한다.
② 기억세포가 있다.
③ 사이토카인을 생성하여 면역세포를 자극한다.
④ 세포를 매개로 일어나는 세포매개면역이다.
⑤ 결핵, 진균감염 등이 적절한 예이다.

> 해설
> ① 세포성 면역은 T림프구가 관여하고, 체액성 면역은 B림프구가 관여한다.

06 다음 중 간혹 정상세포를 공격하여 다양한 자기면역 질환을 일으키는 원인이 되는 것은?

① B림프구 ② T림프구
③ 자연살해세포 ④ 비만세포
⑤ 사이토카인

> 해설
> ① 체액면역의 핵심세포, 항체 생성
> ② 세포매개면역, 염증반응을 유도
> ④ 알레르기 질환의 원인
> ⑤ 세포를 활성화시켜 포식세포작용에 도움

04 다음의 면역 관련 세포 중 즉시감염반응에 관여하며 헤파린과 히스타민을 포함하는 것은?

① 호중구 ② 호산구
③ 호염기구 ④ B림프구
⑤ T림프구

07 다음 중 T세포에 항바이러스성과 항암기능을 지시하고 알레르기 반응을 촉진하는 것은?

① B림프구 ② T림프구
③ 자연살해세포 ④ 비만세포
⑤ 사이토카인

정답 02 ③ 03 ① 04 ③ 05 ④ 06 ③ 07 ⑤

08 다음 중 B형 간염 바이러스에 대한 설명으로 옳지 않은 것은?

① 혈액이나 체액이 상처를 통해 감염된다.
② 비경구성 감염이다.
③ 치사율이 1~2%이며, 만성화 경향을 보인다.
④ 분만 시 수직감염을 보인다.
⑤ 편평태선, 구강암, 침샘병을 야기한다.

해설
⑤ C형 간염바이러스에 대한 설명이다.

09 능동면역에 대한 설명으로 옳은 것은?

① 초유나 모유 섭취에 의한다.
② 예방접종이 대표적인 예다.
③ 생체가 능동적으로 생성한 항체를 다른 개체에 전이하는 면역이다.
④ 면역된 개체로부터 면역이 안 된 개체가 혈액 등을 받아서 획득한다.
⑤ 선천적으로 가지는 비특이적 면역이다.

해설
② 예방접종 – 인공능동면역
① 초유나 모유 섭취 – 자연수동면역
③ 생체가 능동적으로 생성한 항체를 다른 개체에 전이함 – 인공수동면역
④ 면역된 개체로부터 면역이 안 된 개체가 혈액을 받아 획득 – 수동면역
⑤ 선천적으로 가지는 비특이적 면역 – 선천면역

4 구강환경과 미생물

01 다음 중 구강환경의 특징으로 틀린 것은?

① 미생물의 증식에 적합한 환경조건을 유지한다.
② 치아 맹출 여부에 따라 산소분압이 달라진다.
③ 타액이 지속적으로 분비되어 수분이 풍부하다.
④ 타액이나 치은열구액 중 리소자임이 미생물 발육을 돕는다.
⑤ pH 6.8~7.2이며, 구강 내 온도는 37℃ 전후이다.

해설
④ 리소자임은 미생물의 발육을 억제할 수 있는 조절인자이다.

02 구강미생물의 생성과 성장에 영향을 미치는 요인이 아닌 것은?

① 타 액
② 음식물
③ 미생물
④ 치은열구액
⑤ 진통제 복용

03 다음 중 타액에서 분비되는 구강미생물의 억제에 영향을 미치는 요인은?

① 조직액
② 호중구
③ 비타민
④ 단백질
⑤ 항균물질

정답 08 ⑤ 09 ② / 01 ④ 02 ⑤ 03 ⑤

04 다음의 조건 중 *S. mutans*를 증가시키는 숙주의 구강환경은?

① 당 함유가 낮은 음식 섭취
② 타액유출이 증가
③ 수소이온농도가 산성
④ 구강 내 보철물 존재
⑤ 숙주의 양호한 면역상태

05 다음 중 혐기성 그람양성 간균이나 운동성 간균을 함유한 치면세균막은 무엇인가?

① 획득피막
② 집락 형성
③ 세균총 형성
④ 성숙치면세균막
⑤ 세균총 증식

02 다음 중 치면세균막이 치아표면에 잘 부착하고, 물에 녹지 않아 치면세균막 형성에 중점적 역할을 하는 것은?

① 덱스트란　　② 프럭탄
③ 뮤 탄　　　　④ 칼 슘
⑤ 인 산

6 치주질환과 미생물

01 다음 중 난치성 치주염, 재발성 치주염의 국소부위, 만성 치주염의 주요 원인균은 무엇인가?

① *Aggregatibacter actinomycetemcomitans*
② *Porphyromonas gingivalis*
③ *Prevotella intermedia*
④ *Treponema pallidum*
⑤ *Mycobacterium tuberculosis*

5 치아우식과 미생물

01 다음 중 치아우식 발생 조건에 대한 설명으로 틀린 것은?

① 세균에 의해 생성된 산이 일정시간 치아의 표면에 정체되어야 한다.
② 치면세균막 내의 세균이 증가하고, 함께 생성된 젖산이 결합하여 농도가 증가한다.
③ pH 5.5 이하에서 수산화인회석이 탈회된다.
④ 덱스트란이 치면세균막에 오래 정체되면 우식이 발생한다.
⑤ *S. sanguinis*, *S. salivarius*가 설탕을 이용해 포도당과 과당의 중합체를 합성한다.

> **해설**
> ④ 덱스트란은 수용성이라 치면세균막에 존재해도(정체되는 산이 적어) 우식이 발생하지 않는다.

02 사춘기나 임신기의 치주조직 국소 부위에서 급격히 증가하여 발생하는 급성 괴사성궤양성 치은염의 원인균은?

① *Aggregatibacter actinomycetemcomitans*
② *Prevotella intermedia*
③ *Treponema pallidum*
④ *Mycobacterium tuberculosis*
⑤ *Paramyxo virus*

> **해설**
> ① *Aggregatibacter actinomycetemcomitans* - 유년성 치주염, 감염성 심내막염
> ③ *Treponema pallidum* - 구강 매독
> ④ *Mycobacterium tuberculosis* - 구강 결핵
> ⑤ *Paramyxo virus* - 유행성이하선염

7 기타 구강질환과 미생물

01 다음 중 선천성 매독의 증상으로 옳은 것은?

① 림프절 종창
② 매독성 백반증
③ 간질성 설염
④ 구각부 구각미란
⑤ 허친슨절치

해설
⑤ 선천성 매독의 3대 증상 : 허친슨절치, 내이성 난청, 실질성 각막염

02 다음 중 폐에서 주로 감염되는 세균성 만성 전염병으로 구강궤양, 치근단 주위 육아종, 골감염 등이 나타나는 질환은?

① 방선균증
② 구강결핵
③ 단순포진바이러스
④ 후천성면역결핍증
⑤ 수두-대상포진바이러스

03 다음 중 방선균증의 증상이 아닌 것은?

① 골소실을 동반한 치주조직의 파괴
② 목, 얼굴에 많이 나타나며, 하악에 호발
③ 개구장애 일으킨 후 감염 부위 종창
④ 다발성 농양으로 구강 내 점막에 개구
⑤ 누공에서 배출되는 농즙 내 유황과립이 포함

해설
④ 다발성 농양으로 피부로 개구된다.

04 치면세균막의 세균이 발치나 악골외상의 조직에 침입하는 방선균증의 원인균은?

① *Candida albicans*
② *Porphyromonas gingivalis*
③ *Human herpes virus 2*
④ *Varicella-zoster virus*
⑤ *Actinomyces israelii*

해설
① *Candida albicans* - 칸디다증
② *Porphyromonas gingivalis* - 성인형 치주염
③ *Human herpes virus 2* - 생식기형 단순포진 바이러스
④ *Varicella-zoster virus* - 수두(소아), 대상포진(성인)

05 다음 중 구강점막, 입술, 각막 등 안면부에 수포성 병변을 유발하며, 5~7일 후 자연치유되는 것은?

① 단순포진바이러스 1형
② 단순포진바이러스 2형
③ 수두-대상포진바이러스
④ 홍역바이러스
⑤ 멈프스바이러스

해설
② 생식기를 중심으로 한 하반신에 발생

06 다음 중 초기 감염 이후 동일한 바이러스가 삼차신경절에 잠복했다가 수년~수십 년 이후 성인에게 산발적으로 일으키는 것은?

① 단순포진바이러스 1형
② 단순포진바이러스 2형
③ 수두-대상포진바이러스
④ 홍역 바이러스
⑤ 멈프스 바이러스

> **해설**
> • 수두의 증상 : 잠복기 2주, 발열, 구진성발진, 수포와 가피의 형성
> • 대상포진의 증상 : 2~4주 잠복기, 발열, 권태감, 발진(2~4주), 통증(수주~수개월)

07 다음 중 후천성 면역결핍증의 원인균은 무엇인가?

① *Varicella-zoster virus*
② *Candida albicans*
③ *Human immunodeficiency virus*
④ *Paramyxo virus*
⑤ *Staphylococcus*

> **해설**
> ① 수두-대상포진바이러스의 원인균
> ② 구강 칸디다증의 원인균
> ④ 유행성 이하선염(멈프스 바이러스)의 원인균
> ⑤ 급성 화농성 이하선염의 원인균

08 다음 중 후천성 면역결핍증에 대한 원인으로 틀린 것은?

① 혈 액   ② 정 액
③ 태 반   ④ 모 유
⑤ 세균감염

09 면역체계에 침투하여 감염시켜 10년 이상의 잠복기 후 면역체계가 파괴되는 원인균은?

① *Streptococcus mutans*
② *Staphylococcus*
③ *Human immunodeficiency virus*
④ *Candida albicans*
⑤ *Human herpes virus 2*

> **해설**
> ① *Streptococcus mutans* – 치아우식증
> ② *Staphylococcus* – 급성 화농성 이하선염
> ④ *Candida albicans* – 칸디다증
> ⑤ *Human herpes virus 2* – 생식기형 단순포진 바이러스

10 다음 중 후천성 면역결핍증의 구내 증상이 아닌 것은?

① 하악신경절을 따라 확산
② 카포시육종
③ 헤르페스성 치은구내염
④ 구강 내 칸디다증
⑤ 괴사성궤양성 치은염

> **해설**
> ① 수두의 증상에 대한 설명이다.

06 ③ 07 ③ 08 ⑤ 09 ③ 10 ①

CHAPTER 07 지역사회구강보건

1 공중구강보건

(1) 공중구강보건학
   ① 정의 : 일정한 지리적 영역에서 공동생활을 영위하고 있는 사람들이 조직적인 공동노력으로 구강건강을 증진시키는 원리와 방법을 연구하고 실천하는 학문
   ② 목적 : 국민 구강건강의 증진과 국민 치아수명의 연장
   ③ 지역사회구강보건과 개별구강진료의 비교

구 분	지역사회구강보건	개별구강진료
목 적	지역사회구강건강 수준 향상	내원환자의 악안면구강상병 치료와 치아보철
대 상	지역사회 주민 전체	내원환자
연구내용	지역사회 주민의 생태와 구강보건	내원환자의 구강상병의 원인, 진행, 치료법
활동주체	지역사회 주민과 개발조직 및 구강보건팀	내원환자와 치과의사
활동과정	지역사회 주민의 자발적이고 조직적인 의식개발과정	내원환자 개개인을 상대로 하는 진단 및 치료과정
활동결과	지역사회구강건강의 향상	내원환자의 구강건강의 향상

   ④ 공중구강보건학의 특성
      ㉠ 공동책임이 인식된 사회에서 전개
      ㉡ 분업과 협업방식으로 전개
      ㉢ 복합사업으로 전개
      ㉣ 예방사업 위주
      ㉤ 건강한 사람까지 대상
   ⑤ 공중구강보건사업의 요건
      ㉠ 다수의 사람
      ㉡ 사회적, 경제적, 직업적, 교육적 수준과 무관하게 혜택이 됨
      ㉢ 수행이 쉬움
      ㉣ 재료, 도구, 장비가 적게 사용됨
      ㉤ 비전문가의 관리가 용이
      ㉥ 경비가 저렴

다음 중 공동생활을 영위하고 있는 사람들이 조직적인 공동노력으로 구강건강을 증진·유지시키는 원리와 방법을 연구·실천하는 학문은 무엇인가?
① 공중구강보건학
② 구강보건통계학
③ 구강보건교육학
④ 예방치의학
⑤ 구강역학

답 ①

다음 중 공중구강보건의 활동주체는 무엇인가?
① 내원환자
② 치과의사
③ 내원환자의 보호자
④ 지역사회주민
⑤ 시·군·구청장

해설
④ 공중구강보건의 활동주체는 지역사회주민과 개발조직, 구강보건팀이다.

답 ④

다음 중 공중구강보건사업에 대한 설명으로 옳은 것은?
① 개인 책임이 인식된 사회
② 구강병 발생요인을 개별적으로 관리
③ 분업의 형태로 전개
④ 질병에 이환된 사람만 대상
⑤ 재활사업을 위주로 전개

해설
③ 분업과 협업의 형태로 전개
① 공동책임이 인식된 사회
② 구강병 발생요인을 복합적으로 관리
④ 건강한 사람까지 모두가 대상
⑤ 예방사업을 위주로 전개

답 ③

ⓐ 안전함
ⓑ 효과가 있어야 함
ⓒ 수혜자가 전폭적으로 수용함
ⓓ 수혜자가 쉽게 배워서 실천할 수 있어야 함
ⓒ 포괄구강보건진료 : 일반성과 전문화를 조화시키고, 예방을 강조하여 치료위주의 질병관리를 지양하며 육체적, 정신적, 사회적으로 조화를 이루는 건강관리이다.

(2) 구강건강과 구강병

① 구강건강의 정의 : 상병에 이환되어 있지 않고, 정신작용과 사회생활에 장애가 되지 않는 악안면구강조직 기관의 상태
② 구강건강관리의 필요성
  ㉠ 구강병에 기인하는 고통을 제거
  ㉡ 합리적 생존을 유지
  ㉢ 건실한 사회생활 영위, 생활장애를 제거
③ 공중구강보건의 역사적 변천과정

전통구강보건기	• ~조선 후기 • 민간요법, 한방요법으로 구강병 관리
구강보건여명기	• 조선 후기~해방 • 1910년 치의사 면허 관장하는 경무총감부에 위생과 설치 • 1922년 경성 치과의학교 설립
구강보건태동기	• 해방 직후~1950년대 말 • 1945년 보건후생국 내 치무과가 설치되며, 구강보건행정이 시작 • 1948년 조선치과위생연구소 설치
구강보건발생기	• 1960년대 • 1961년 대한구강보건학회 창립 • 1962년 전문가 불소도포사업 실시 • 1965년 최초의 치과위생사 교육 시작
구강보건성장기	• 1970년대~현재 • 1976년 학교집단 칫솔질 후 불소용액 양치사업 실시 • 1977년 전문대 치위생과 개설 • 1981년 진해에 전국 최초로 수돗물불소농도조정사업 시작 • 1986년 전국 보건(지)소에 치과위생사 배치

④ 중대구강병의 정의 : 특정 시기, 특정 사회의 필요에 따라 중요한 관리 대상이 되는 구강병으로, 발생빈도가 높고, 기능장애를 일으키는 대표적 구강병이다.

다음 중 우리나라에서 구강보건행정이 시작된 시기는 언제인가?

① 전통구강보건기
② 구강보건여명기
③ 구강보건태동기
④ 구강보건발생기
⑤ 구강보건성장기

답 ③

다음 중 우리나라에서 전문가 불소도포사업이 처음으로 실시된 시기는 언제인가?

① 전통구강보건기
② 구강보건여명기
③ 구강보건태동기
④ 구강보건발생기
⑤ 구강보건성장기

해설
④ 1962년에 실시하였다.

답 ④

⑤ 구강병의 발생원인
  ㉠ 숙주요인, 병원체요인, 환경요인

숙주요인	• 치아의 형태, 성분, 위치, 배열 • 타액의 유출량, 점조도, 완충능 • 호르몬, 임신, 식성, 종족특성, 감수성 • 식균작용, 살균성물질생산력, 비특이성보호작용병소의 위치, 외계저항력
병원체요인	병원성, 세균, 전염성, 전염방법, 독력, 독소생산능력, 침입력
환경요인	• 지리, 기온, 기습, 토양성질, 공기 • 음료수 불소이온농도, 구강환경 • 직업, 경제조건, 주거, 인구이동, 문화제도, 식품의 종류와 영양가

  ㉡ 필요요인과 충분요인

필요요인	특정 구강병이 발생하는 데 반드시 작용하는 원인요소
충분요인	특정인에서 구강병이 발생하는 데 작용하는 전체요인

⑥ 구강병 관리의 원리
  ㉠ 구강병이 발생하는 데 작용하는 요인과 요인이 작용하는 기구를 규명하고, 1가지 이상의 요인을 제거하거나 요인이 작용하는 기구를 단절하는 원리(필요요인을 우선적으로 제거)이다.
  ㉡ 모든 구강병은 숙주요인, 병원체요인, 환경요인의 복합적인 작용에 의한다.
  ㉢ 숙주요인, 병원체요인, 환경요인 중 어느 1가지 요인이라도 작용하지 않으면 구강병이 발생하지 않는다.
  ㉣ 숙주요인, 병원체요인, 환경요인 중 1가지 요인을 제거하더라도 구강병은 예방되고, 진행은 정지되며, 치유되기도 한다.
  ㉤ 많은 질병에 영향을 미치는 공통적 위험요인을 관리하여 건강증진을 도모하면, 특정 질병에 대한 접근법보다 적은 비용으로 큰 효과를 거둘 수 있다는 개념에 근거한다.

⑦ 구강병 관리의 원칙과 관리방법
  ㉠ 예방이 위주, 치료는 지원
  ㉡ 구강병을 포괄적으로 관리하되, 3차 예방법보다 2차 예방법, 2차 예방법보다 1차 예방법으로 관리한다.
  ㉢ 1차 예방 : 질병이 발생되기 이전 단계인 병원성기의 질병관리로 대부분 개인, 지역사회, 전문가의 공동노력에 의한다.
  ㉣ 2차 예방 : 질병에 이환된 사실을 증명할 수 있는 조기질환의 질병관리로 대부분 전문가에 의한다.

ⓜ 3차 예방 : 진전질환기와 회복기의 질병관리로 대부분 전문가에 의한다.

병원성기		질환기		회복기
전구병원성기	조기병원성기	조기질환기	진전질환기	
1차 예방		2차 예방		3차 예방
건강증진	특수방호	조기발견치료	기능감퇴제한	상실기능재활
• 구강보건교육 • 영양관리 • 칫솔질	• 구강환경관리, 수돗물불소농도조정 • 불소도포 • 식이조절 • 치면열구전색 • 예방충전 • 치면세마 • 부정교합예방	• 초기우식병소충전 • 치은염치료 • 부정교합차단 • 주기적검진	• 진행우식병소충전 • 치수복조 • 치근단치료 • 치아발거 • 치주병치료 • 부정교합교정	• 치관보전 • 가공의치보철 • 국부의치보철 • 전부의치보철 • 악안면성형 • 임플란트

(3) 구강건강관리
  ① 집단의 구강건강관리과정 : 실태조사 → 실태분석 → 사업계획 → 재정조치 → 사업수행 → 사업평가, 순환주기는 12개월
  ② 계속구강건강관리제도의 정의 : 개인 및 집단의 구강건강을 일정한 주기에 따라 계속적으로 관리하여 구강보건을 실천하도록 지원하는 제도로 포괄적이고 예방지향적이다.
  ③ 계속구강건강관리 방법
    ㉠ 환자와 진료일정을 미리 약속한다.
    ㉡ 진료일 전 일정을 재확인시킨다.
    ㉢ 계속구강건강관리 카드를 작성한다.
    ㉣ 구강건강관리의 필요성을 인지한다.
    ㉤ 환자와 인간관계를 형성한다.
  ④ 예방지향 포괄구강진료의 준칙
    ㉠ 구강병을 예방한다.
    ㉡ 증진된 구강건강을 계속 유지한다.
    ㉢ 발생된 구강병을 조기에 발견하고 치료한다.
    ㉣ 지역사회구강보건과 연계하는 구강진료를 전달한다.
    ㉤ 개인의 포괄적인 구강건강을 증진하고 유지시킨다.

다음 중 예방지향적 포괄구강진료에 대한 설명이 아닌 것은?
① 구강병을 일찍 발견하여 치료한다.
② 회복된 구강건강수준을 가급적 유지한다.
③ 구강질병을 가능한 한 예방한다.
④ 지역사회구강보건과 연계된다.
⑤ 치아의 보존이 매우 중요하다.

해설
⑤ 개별적인 치아의 보존보다 종합적인 구강건강 회복과 유지가 중요하다.
답 ⑤

2 대상자별 구강보건(모자, 학생, 성인, 노인, 산업장근로자)

(1) 임산부구강보건
   ① 모자구강보건의 개념 : 태아, 신생아, 영유아 및 임산부의 구강건강을 증진하고 유지시키는 원리와 방법을 연구하는 계속적 노력과정
   ② 임산부구강보건관리 방법
      ㉠ 구강환경관리
         - 입덧에 의한 구강관리 소홀, 간식 횟수 증가로 불소치약, 불소용액양치, 불소도포 필요
         - 임신 초기, 말기, 출산 직후는 치료 어려움이 있어 구강관리의 중요성을 강조
      ㉡ 구강병치료 : 임신 전에 치료, 임신 중기 약 12~27주 사이에 치료
      ㉢ 구강보건교육 : 동기유발 중요
      ㉣ 식이지도 : 양질의 식품
      ㉤ 약물복용
         - 임신 초기에 투여하는 약물로 인해 구강악안면기형 유발 가능
         - 테트라사이클린 항생제 복용은 기형치 발생, 치아의 변색 유발
         - 자궁 내에서 신생아가 약물 노출 시 신경계 문제 가능성 높음
         - 약물을 복용한 산모는 모유를 통한 약물 중독방지를 위해 모유수유 금지
      ㉥ 방사선노출 : 신체성장 및 지능발달 지연
      ㉦ 영양과 환경 : 영양과 환경요소는 기형 발생의 원인
      ㉧ 질병 : 풍진 바이러스 감염 시 치아에 장애
      ㉨ 흡연, 음주, 카페인 등
         - 흡연 : 태아의 성장부진, 선천성 기형, 지능발달 지연 초래
         - 음주 : 임신 여부 확인 시 즉시 중단
         - 카페인 : 커피와 홍차의 제한

(2) 영아구강보건
   ① 영아구강보건의 개념 : 출생 후 1년 이하의 영아는 스스로 관리가 안 되어, 유치 맹출 후 어머니의 구강환경관리가 필요
   ② 영아구강보건관리 방법
      ㉠ 구강청결관리 : 양육자가 천이나 거즈, 칫솔을 이용하여 닦고 마사지
      ㉡ 불소이용(교육의 90%) : 영아 대상으로 가장 효과적인 불소복용방법은 수돗물불소농도조정사업
      ㉢ 정기 구강검진 : 출생 후 1년이 되기 전, 늦어도 첫 번째 유치가 맹출하는 6개월경 첫 구강검사 시행
      ㉣ 식이지도(교육의 10%) : 9~12개월경 우유병 대신 컵을 사용하고, 우유병을 물고 잠들면 우유병을 제거

다음 중 스스로 관리가 불가하여 유치 맹출 후 어머니의 구강환경관리가 필요한 대상자로, 우유병 우식 발생이 호발되는 대상자는 누구인가?

① 신생아
② 영 아
③ 유 아
④ 초등학생
⑤ 중학생

답 ②

다음 중 영유아 치아우식 예방법에서 가장 중요한 것은 무엇인가?
① 불소도포   ② 불소복용
③ 칫솔질교습 ④ 식이조절
⑤ 전문가예방

답 ②

(3) 유아구강보건
① 유아구강보건의 개념 : 2~6세 미만 유아의 구강건강을 증진하고 유지시키기 위한 계속적인 노력과정으로, 유치열이 완성되고, 유치우식발생이 빈발하며 저작기능이 발달한다.
② 유아구강보건관리 방법
 ㉠ 불소복용(40%) : 영구치 치관의 형성완료까지 불소복용을 권장, 가장 효과적인 방법은 수돗물불소농도조정사업
 ㉡ 불소도포(20%) : 불소겔, 불소용액, 불소이온도포 등
 ㉢ 식이지도(20%) : 사탕 대신 자일리톨, 간식 섭취의 횟수 관리
 ㉣ 가정구강환경관리(10%) : 치면세균막 관리
  • 양육자가 직접 칫솔질을 해줌
  • 유아가 칫솔질을 하는 경우 양육자가 마무리하고, 인접면은 치실을 사용
 ㉤ 전문가 예방(10%) : 치면열구전색, 정기 구강검진, 계속구강건강관리사업
  • 치면열구전색은 교합면의 우식예방에 효과적
  • 정기 구강검진은 1년에 2회를 권장
  • 계속구강건강관리사업은 조기발견과 조기치료가 목적

다음 중 학생구강보건의 목적으로 옳지 않은 것은?
① 학교교육과는 개별적으로 시행
② 학생의 건강생활태도를 향상
③ 학생의 구강병을 예방
④ 상실된 치아의 기능을 재활
⑤ 구강보건에 대한 지식을 교육

해설
① 학교교육의 능률 향상에 도움이 된다.

답 ①

(4) 학생구강보건
① 학생구강보건의 목적 : 학생과 교직원의 구강병을 예방하고, 구강건강을 증진·유지하여 학교생활의 안녕을 도모하고, 학교교육의 능률향상을 위함이다.
② 학생구강보건관리 방법
 ㉠ 정기구강검진
 ㉡ 구강건강관찰
 ㉢ 구강건강상담
 ㉣ 학교 구강보건교육사업
 ㉤ 학교 응급구강병처치
 ㉥ 학교 집단칫솔질사업
 ㉦ 학생 치아홈메우기사업
 ㉧ 학생 계속구강건강관리사업

(5) 초등학교 학생구강보건
① 초등학교 학생구강보건의 개념 : 유치에서 영구치로의 교환시기로 치아우식증, 치은염, 부정교합이 발생한다. 성장이 빠르고 감수성이 예민하여 구강보건교육을 통해 구강보건행동이 습관화되도록 해야 한다.

② 초등학교 학생구강보건관리 방법
  ㉠ 불소도포(30%)와 불소복용(20%)
  ㉡ 식이조절(15%)
  ㉢ 가정구강환경관리(20%) : 칫솔질, 정기적인 치과방문, 구강보건에 대한 관심
  ㉣ 전문가예방처치(15%) : 치아 홈메우기

(6) 중·고등학교 학생구강보건
  ① 중·고등학교 학생구강보건의 개념 : 영구치가 대부분 맹출된 시기로, 치아우식증과 치주병이 발생하며, 치아의 외상에 관심이 필요하다.
  ② 중·고등학교 학생구강보건관리 방법
    ㉠ 전문가예방처치(30%)
    ㉡ 가정구강환경관리(30%)
    ㉢ 불소도포(25%)
    ㉣ 식이조절(15%)

(7) 학생정기구강검진
  ① 학생정기구강검진의 목적
    ㉠ 학생의 구강건강 상태를 파악할 수 있다.
    ㉡ 구강병의 초기 발견 및 초기 치료를 유도한다.
    ㉢ 학생과 교사의 구강건강에 대한 관심이 증대된다.
    ㉣ 구강보건자료가 수집된다.
    ㉤ 학교 구강보건 기획에 필요한 자료가 수집된다.
  ② 학생계속구강건강관리사업 : 학교에서 1년을 주기로 학생의 구강건강을 계속적으로 관리하는 사업이다.
  ③ 학생구강건강상담과 학생구강보건교육
    ㉠ 학생구강건강상담 : 학생을 개별적으로 지도 및 관리하여 구강건강을 증진하는 행위이다.
    ㉡ 학생구강보건교육 : 학생에 교육하면 학부모, 형제에게 파급효과가 있고, 교직원에게 교육하면 학생에 대한 지도, 교육, 상담에 도움이 된다.
  ④ 학생집단불소용액양치사업
    ㉠ 집단적으로 학교에서 불소용액으로 양치하는 사업이다.
    ㉡ 장점 : 짧은 시간, 제조가 쉽고, 도포방법이 쉽다. 특수장비와 기구가 필요하지 않다.
    ㉢ 목적 : 적절한 칫솔질을 하고, 교습하며 습관화한다. 불소용액으로 양치한다. 구강관리능력을 함양시킨다.
  ⑤ 학생치아홈메우기사업 : 치아우식증이 많이 발생하는 취학 전 아동과 초등학교 학생의 구치부 교합면의 홈을 메우는 예방법으로 건전한 영구치를 보존한다.

다음 중 중고등학교 구강보건관리의 특징으로 옳은 것은?

① 불소복용의 상대적 중요도가 가장 높다.
② 치아우식 경험률은 증가하고, 치주질환 유병률은 감소한다.
③ 외상으로 인한 치아 손상우려가 있다.
④ 혼합치열기로 치은염이 시작된다.
⑤ 전문가 예방처치의 상대적 중요도가 가장 낮다.

해설

①, ⑤ 전문가 예방처치(30%) + 가정구강환경관리(30%) + 불소도포법(25%) + 식이조절(15%)의 상대적 중요도를 갖는다.
② 치아우식 경험률과 치주질환 유병률이 모두 증가한다.
④ 초등학교 구강보건관리의 특징이다.

답 ③

다음 중 계속 학생구강건강관리사업의 포괄구강진료의 항목으로 옳은 것은?

① 구강검진
② 유치 치근관 충전
③ 불소 복용
④ 집단 식이조절
⑤ 구치부 치관제작 및 장착

해설

① 교환기 유치 발거, 유치와 영구치의 우식 병소 충전 및 우식치아 발거 및 치수절단, 영구치 치근관 충전, 파절전치의 경우 치관제작 및 장착, 치주조직질환 치료, 전문가 불소도포, 치면세마, 치면열구전색, 개별 칫솔질 교습 및 개별 식이조절

답 ①

다음 중 성인구강보건사업의 개발에 대한 설명으로 틀린 것은?

① 상실된 치아의 기능 재활사업
② 축적된 구강질환 치료사업
③ 구강질환 예방사업
④ 구강보건교육사업
⑤ 아직 체계가 부족하고 한계가 명확히 설정되지 않았다.

답 ③

다음 중 노인구강보건사업이 중요한 이유가 아닌 것은?

① 평균수명의 연장
② 노인인구의 증가
③ 가족제도의 변화로 인한 노인 소외
④ 청·장년기부터 축적된 구강병
⑤ 높은 구강진료소비도

답 ⑤

다음 중 구강건강을 유지하는 데 장애가 되는 근로환경과 근로방법, 생활조건의 개선 및 관리하는 방법에 관하여 연구하는 학문과 기술은 무엇인가?

① 노인구강보건
② 성인구강보건
③ 산업장구강보건
④ 지역사회구강보건
⑤ 장년구강보건

답 ③

(8) 성인구강보건

① 성인구강보건의 개념 : 치아우식증과 치주병이 축적되고 치아상실이 많으며(특히 35세 이후), 아직 성인 구강보건의 체계와 한계가 명확하지 않다.
② 성인구강보건관리방법
  ㉠ 청년구강보건(18~39세) : 치아우식, 치주병, 가공의치 보철 치료가 필요하다.
  ㉡ 장년구강보건(40~65세) : 치아우식, 치주병, 발치, 가공의치와 국소의치의 보철 치료가 필요하다.

(9) 노인구강보건

① 노인구강보건의 개념 : 국민의 평균수명 연장, 핵가족 제도 등의 사회변화에 맞춰 노인의 구강건강을 증진, 유지한다.
② 노인구강보건관리 방법
  ㉠ 의치보철사업
  ㉡ 노인불소도포
  ㉢ 스켈링 및 치면세균막관리 사업
  ㉣ 식이조절
  ㉤ 방문구강보건교육
  ㉥ 계속노인구강건강관리

(10) 산업장구강보건

① 산업장구강보건의 개념 : 산업장의 근로자가 높은 작업능률을 유지하면서 작업을 지속하여 생산성을 높일 수 있도록 구강건강을 유지하는 데 장애가 되는 근로환경, 근로방법, 생활조건을 개선 및 관리하는 방법에 대해 연구한다.
② 산업장구강보건관리 방법
  ㉠ 기업, 치과의사, 치과위생사, 정부의 조직적 공동노력이 필요
  ㉡ 계속근로자구강건강관리사업의 개발이 필요
③ 법정직업성 구강병
  ㉠ 직업성 치아부식증
    • 불화수소, 염소, 염화수소, 질산, 황산을 취급하는 근로자에게 발생
    • 1994년 노동부가 지정
    • 산성의 분무와 가스가 치아표면에 직접 작용하여 치아를 탈회시켜 치질의 결손을 초래
④ 직업성 구강병의 예방법
  ㉠ 정기적인 구강검진
  ㉡ 구강보건교육
  ㉢ 작업환경, 작업습관 및 작업행태의 개선
  ㉣ 개인보호장비의 착용

3 지역사회구강보건

(1) 지역사회구강보건

① **지역사회구강보건의 개념** : 지역사회의 조직적인 공동노력으로 포괄구강보건진료를 전달하고 구강보건의식을 개발하여 구강건강을 증진·유지시키는 계속적인 과정으로 중대구강병을 예방하고 구강보건을 실천하도록 지원하는 것이 목적이다.

② **지역사회구강보건사업의 분류**
  ㉠ 활동목적에 따라 : 구강보건진료, 구강보건교육
  ㉡ 활동대상 주민에 따라 : 유아, 학생, 청년, 성인, 노인, 특수집단 구강보건
  ㉢ 활동방법에 따라 : 집단칫솔질, 집단불소용액 양치, 불소복용, 치아홈메우기, 계속구강건강관리, 방문구강보건사업 등

③ **중대구강병** : 특정 시대, 특정 지역사회에서 발생 빈도가 높고, 심각한 치아기능장애의 원인이 되는 구강병으로 한국은 치아우식증과 치주조직병이다.

(2) 지역사회구강보건활동

① 구강보건사업
  ㉠ 3단계(연속순환과정) : 사업기획 → 사업 수행 → 사업평가

사업기획	사업수행	사업평가
• 목적 설정 • 채택가능방법 열거 • 채택가능방법 비교 • 방법 채택 • 사업과정 결정 • 예정표 작성 • 분담기능 설정 • 자원 할당	• 인재 선발 • 교육훈련 • 임무 부여 • 사업수행과정 조정 • 사업수행과정 점검	• 사업결과 평가 • 평가결과 환류

  ㉡ 4년마다 지역보건법으로 각 시·도 단위에서 수립하고, 연차별 시행계획은 매년 수립
  ㉢ 4단계 : 지역사회진단 → 사업기획 → 사업수행 → 사업평가
  ㉣ 6단계 : 지역사회조사 → 조사결과 분석 → 사업기획 → 재정 조치 → 사업수행 → 사업평가

다음 중 지역사회구강보건에 대한 설명으로 옳은 것은?

① 기능의 회복 및 재활이 최우선이다.
② 주민의 구강보건지식수준을 높인다.
③ 구강보건진료를 통한 단편적인 노력과정이다.
④ 지역사회의 구강건강수준을 증진·유지한다.
⑤ 주민의 구강진료필요수준을 증가시킨다.

답 ④

다음 중 지역사회구강보건에 대한 설명으로 옳은 것은?

① 지역사회 지도자의 노력으로 발전
② 구강보건행동을 개발하는 과정
③ 지역사회의 유지의 일환
④ 전체 주민에게 예방구강보건진료를 전달
⑤ 20세기부터 발전이 시작

해설
① 지역사회의 조직적 공동노력으로 발전
② 구강보건의식을 개발하는 과정
③ 지역사회의 개발의 일환
④ 전체 주민에게 포괄구강보건진료를 전달

답 ⑤

다음 중 구강보건사업의 목적을 구체화하고 구강보건사업을 수행하는 절차와 방법에 관한 과정은 무엇인가?

① 구강보건사업 진단
② 구강보건사업 기획
③ 구강보건사업 조사
④ 구강보건사업 수행
⑤ 구강보건사업 평가

답 ②

다음 중 구강보건실태조사 중 사회제도에 해당하는 것이 아닌 것은?

① 종교제도
② 봉사제도
③ 구강보건제도
④ 일반 보건의료제도
⑤ 음료수 불소이온농도

답 ⑤

② 지역사회조사 내용

구강보건실태	• 구강건강실태 : 치아우식경험도, 지역사회치주요양필요 정도 • 구강보건진료필요 : 상대구강보건진료수요, 유효구강보건진료필요, 주민의 구강보건의식, 구강병 예방사업으로 감소시킬 수 있는 상대구강보건진료필요, 공급할 수 있는 구강보건 진료 수혜자, 활용 가능한 구강보건인력자원과 활용, 주민의 견해
인구실태	• 인구수, 이동(증가와 감소) • 주민의 일반적 건강과 위생상태, 주민의 가치관 • 성별, 연령별, 직업별, 교육수준별, 산업별 인구구성 등
환경조건	• 지역사회의 유형(도시와 농촌) • 교통, 통신, 공공시설 • 기상, 토양, 천연 및 산업자원, 보건의료자원 • 식음수 불소이온농도
사회제도	• 구강보건진료제도 • 일반보건진료제도 • 가족제도, 행정제도, 봉사제도, 종교제도, 경제제도 등

③ 지역사회조사방법
　㉠ 기존자료조사법 : 이미 존재하는 기록을 열람하여 자료를 수집, 직접조사방법
　㉡ 관찰조사법 : 조사자가 조사대상 개체나 집단 실태를 직접 관찰하고 정보를 수집하여 상황을 파악하는 방법, 직접조사방법
　㉢ 설문조사법 : 설문 내용을 문항으로 만들어 조사하는 방법
　㉣ 대화조사법 : 면접자가 지역주민과 직접 대면하여 대화하거나 통신수단을 이용해 필요한 자료를 수집
　㉤ 사례분석법 : 소수의 대상에 대하여 집중분석하는 방법

다음 중 한 개인이나 가족 또는 지역사회를 대상으로 분석적으로 조사하는 지역사회 실태조사방법은 무엇인가?

① 사례조사법
② 기존자료조사법
③ 관찰법
④ 면접법
⑤ 설문지법

답 ①

기존자료조사법	장점	조사 시간, 노력, 경비의 절약
	단점	신뢰할 수 있는 자료의 엄선
관찰조사법	장점	• 조사대상자의 협조 필요가 적음 • 세부적 사항 포착이 가능
	단점	• 조사대상의 적시포착이 어려움 • 고도의 관찰기술이 필요 • 조사자의 주관개입 가능성이 큼
설문조사법	장점	• 조사시간, 경비의 절약 • 한번에 여러 사람 조사가 가능 • 면접기술의 불필요
	단점	• 응답자가 조사내용을 이해하지 못하는 가능성 • 교육수준이 낮거나 불성실한 응답자의 그릇된 정보수집 가능성
대화조사법	장점	• 세부적 사항 조사가 가능 • 누구에게나 조사 가능
	단점	• 시간과 경비가 많이 소요 • 고도의 대화기술이 필요 • 조사자의 주관개입 가능성
사례분석법	장점	소수의 사례를 집중적으로 검토하고 분석
	단점	조사대상이 되는 사례가 제한적

④ 지역사회조사과정(7단계) : 조사목적설정 → 조사항목선정 → 조사방법선정 → 조사대상결정 → 조사용지작성 → 조사요원훈련 → 조사계획실행
⑤ 지역사회구강보건사업의 기획(계획)
   ㉠ 범위에 따라
- 전체구강보건사업계획 : 현재의 제반여건을 참작하여 달성해야 할 구강보건목적을 설정하고, 설정한 구강보건목적을 달성할 수 있는 절차와 절차과정의 문제점을 해결하는 방안을 명시하는 설계이다.
- 구강보건활동계획 : 전체구강보건사업계획을 효과적으로 수행해 갈 수 있는 세부적 구강보건활동을 명시한 설계이다.

전체구강보건사업계획	• 장기적 기본지침 • 장기(10~30년), 중기(3~5년), 단기(1년 이내)
구강보건활동계획	• 세부적 단기적 활동지침 • 분기별, 월별, 주별, 일별

   ㉡ 주체에 따라

하향식	정부주도, 주민의사반영 없으며 일부 후진국에서 채택
상향식	지역사회주민의 요구를 최대한 반영해 방향설정에 따라 수립
공동	공중구강보건전문가와 지역사회구강보건지도자가 함께 수립

   ㉢ 목적에 따라
- 구강병예방사업계획
- 구강병치료사업계획
- 치아보철사업계획
- 구강보건교육사업계획

   ㉣ 구강보건사업 기획과정(7단계) : 목표설정 → 정책결정 → 업무결정 → 절차설계 → 일정표작성 → 편제작성 → 직무배정
   ㉤ 구강보건사업 기획과정(3단계) : 목적설정 → 방법결정 → 절차설계

⑥ 지역사회구강보건사업의 수행
   ㉠ 교육대상에 따라

개별구강보건교육법	방문, 내방, 서신, 전화응답, 전언, 회람, 전시 등
집단구강보건교육법	전시, 강연회, 강습회, 토론, 회의, 좌담회, 평가회, 견학 등
대중구강보건교육법	팸플릿, 리플릿, 신문, 잡지, 방송, 영화, 전시회, 포스터 등

   ㉡ 교육수단에 따라

문자구강보건교육법	팸플릿, 리플릿, 기사, 회람, 신문 등
언어구강보건교육법	회화, 방문, 내방, 전화응답, 라디오 등
그림구강보건교육법	전시, 포스터, 영화, 도표 슬라이드 등

다음 중 지역사회조사과정이 바르게 나열된 것은 무엇인가?

① 목적설정 → 항목선정 → 방법선정 → 대상결정 → 용지작성 → 요원훈련 → 계획실행
② 목적설정 → 방법선정 → 항목선정 → 대상결정 → 용지작성 → 요원훈련 → 계획실행
③ 목적설정 → 대상결정 → 항목선정 → 방법선정 → 요원훈련 → 용지작성 → 계획실행
④ 목적설정 → 대상결정 → 항목선정 → 방법선정 → 용지작성 → 요원훈련 → 계획실행
⑤ 목적설정 → 항목선정 → 대상결정 → 방법선정 → 용지작성 → 요원훈련 → 계획실행

답 ①

다음 중 현재의 제반여건을 참작하여 달성하여야 할 구강보건목적을 설정하고, 설정한 구강보건목적을 달성할 수 있는 절차와 절차 과정에 해결해야 할 문제점을 해결하는 방안을 명시하는 설계는 무엇인가?

① 구강보건사업계획
② 구강병예방사업계획
③ 구강병치료사업계획
④ 구강병보건교육사업계획
⑤ 구강보건활동계획

답 ①

⑦ 지역사회구강보건사업 평가
  ㉠ 지역사회구강보건사업의 평가목적
    • 사업의 효과를 판정
    • 목적의 달성 정도 파악
    • 사업의 책임을 명확히 함
    • 새로운 지식을 획득함
    • 만족감을 줌
    • 기획의 장단점을 파악
    • 사업의 추진방향 검토
    • 사업의 효율성의 지표
  ㉡ 지역사회구강보건사업 평가원칙
    • 명확한 평가목적에 따라
    • 장·단기 효과를 구분
    • 객관적 평가
    • 계속적 평가
    • 평가결과가 다음 기획의 기초자료로 사용
    • 장단점을 지적
    • 사업기획, 수행, 평가에 영향을 받게 될 자가평가의 주체가 되어야 함

4 불소복용사업과 불소용액양치사업

(1) 불소복용사업
  ① 불소복용사업의 개발과정

1단계 (1901~1933년)	• 반점치의 원인규명 • 반점치의 원인은 불소의 과잉식음
2단계 (1933~1945년)	• 식음수 불소이온농도와 반점치, 치아우식증의 관계를 규명 • 적정식음수불소이온농도는 연평균 매일 최고기온과 반비례함
3단계 (1945~1975년)	• 수돗물불화검증 • 안정성, 경제성, 효과성을 입증

  ② 불소의 치아우식예방의 이론적 근거
    ㉠ 치아우식증을 예방함
    ㉡ 미량 투여 시 인체에 위해작용이 나타나지 않음
    ㉢ 필수영양소이고 조절소이며 구성소임
  ③ 수돗물불소농도조정사업의 적정불소이온농도
    ㉠ 온대지방 기준 0.8~1.2ppm
    ㉡ 열대지방은 낮게(물을 더 많이 마심), 한대지방은 높게

다음 중 구강보건사업의 평가원칙으로 적절하지 않은 것은?

① 단기효과와 장기전망으로 구분한다.
② 불명확한 평가목표에 따라 평가한다.
③ 계속해서 평가한다.
④ 가능한 객관적이어야 한다.
⑤ 계획에 관여한 사람, 수행에 참여한 사람, 평가에 영향을 받을 사람이 참여한다.

해설
② 명확한 평가목적에 따라 평가한다.

답 ②

다음 중 불소복용을 이용한 공중구강보건사업 중 가장 먼저 개발되었고, 가장 효과가 좋은 사업은 무엇인가?

① 도시관급수불소농도조정법
② 불소정제복용법
③ 불소시럽복용법
④ 식염복용법
⑤ 식염불화법

답 ①

다음 중 수돗물불소농도조정사업에 적용하며, 식음수에 적당한 불소농도는?

① 0.5~0.7ppm ② 0.8~1.2ppm
③ 1.3~1.5ppm ④ 1.6~1.8ppm
⑤ 1.9~2.1ppm

답 ②

④ 수돗물불소농도조정사업에 이용하는 불화물의 종류
  ㉠ 불화나트륨, 불화규소나트륨, 불화규산
⑤ 수돗물불소농도조정사업의 특성
  ㉠ 효과적, 경제적, 공평함, 안전함, 실용적, 용이함
⑥ 불소보충복용사업
  ㉠ 불소이온농도가 0.7ppm 미만인 식음수를 섭취하는 집단
  ㉡ 유치우식증과 영구치우식증의 예방효과를 극대화
⑦ 연령별 1일 불소복용량

구 분	생후 6~18월	생후 18~36월	3~6세	6~12세
복용 불소량 (mg/일)	0.25	0.5	0.75	1.0
복용 불화소다량 (mg/일)	0.55	1.1	1.65	2.2

(2) 불소용액양치사업
  ① 불소용액양치사업의 방법
    ㉠ 0.05% 불화나트륨(NaF)은 매일 1회, 0.2% 불화나트륨(NaF)은 1주 1회 혹은 2주 1회
    ㉡ 유치원 아동은 5mL/회, 초등학교 학생 10mL/회
    ㉢ 칫솔질 후 1분만 양치하고 뱉음, 30분 동안 음식 섭취를 하지 않음
  ② 불소용액양치사업의 장점
    ㉠ 짧은 시간
    ㉡ 쉬운 방법
    ㉢ 불소용액제조가 쉬움
    ㉣ 구강보건전문기술이 필요 없음
    ㉤ 학업에 지장이 없음
    ㉥ 아이들의 책임감을 자극
    ㉦ 가장 실천성이 높음
  ③ 불소용액양치사업의 효과
    ㉠ 치아우식증 예방
    ㉡ 칫솔질에 의한 치주병과 치아우식증 예방
    ㉢ 칫솔질 교습
    ㉣ 지역사회구강보건의 양상에 변화
    ㉤ 소아구강진료필요를 감소

다음 중 학교불소용액양치사업의 장점이 아닌 것은?

① 학생이 쉽게 수행한다.
② 교사의 책임감을 불러일으킨다.
③ 단시간 내 도포한다.
④ 학업에 지장을 주지 않는다.
⑤ 양치용액을 쉽게 만든다.

해설
② 학생의 책임감을 불러일으킨다.

답 ②

5 구강역학

(1) 구강역학
구강병이 발생하는 데 작용하는 요인과 요인들이 작용하는 기전을 규명하는 조사과정

(2) 기술역학
질병의 발생을 이해하고 질병발생의 원인과 가설을 얻기 위해 실행되는 연구(예 구강병의 분포 조사 결정하는 원리와 방법을 연구, 구강병의 발생률과 유병률을 조사)

(3) 해석역학
① 기술역학적 방법으로 얻은 자료를 기초로 하여 가설을 설정하고 그 가설을 입증하기 위해 실험적·관찰적으로 수행하는 연구방법(예 구강병의 원인을 규명)
② 단면조사, 환자-대조군연구, 코호트 연구로 세분화

(4) 질병발생 양태

범발성	질병이 수개 국가 혹은 전 세계에서 발생 (예 치아우식증, 치주병, 감기)
유행성	질병이 어떤 나라나 어떤 지역사회의 많은 사람에게 발생 (예 페스트, 콜레라)
지방성	특이한 질병이 일부 지방이나 지역사회에 계속 발생 (예 반점치)
산발성	질병이 이곳 저곳에서 개별적 발생 (예 구강암)
전염성	질병이 병원성 미생물이나 그 독성산물에 의해 옮기며 발생 (예 장티푸스)
비전염성	영양장애, 물리적·문화적·기계적 병원으로 인해 발생 (예 중독)

다음 중 기술역학에 대한 설명으로 옳지 않은 것은?

① 질병 발생의 원인에 대한 확신을 얻고자 한다.
② 원인특성을 2가지(사람과 시간)의 측면에서 기술한다.
③ 전체 지역의 건강수준에 필요한 정보를 제공한다.
④ 기술구강역학은 구강병의 원인을 규명하고자 한다.
⑤ 해석역학에서 검증할 가설을 제공한다.

해설
① 질병 발생의 원인에 대한 가설을 얻고자 한다.
② 원인특성은 사람, 장소, 시간의 측면에서 기술한다.
③ 특정 지역의 건강수준에 필요한 정보를 제공한다.
④ 기술구강역학은 구강병의 분포를 조사 결정하는 원리와 방법을 연구한다.

답 ⑤

다음 중 반점치처럼 일부의 지역사회에서 특이질병으로 계속해서 발생하는 것은 어떠한 질병발생양태인가?

① 범발성 ② 유행성
③ 지방성 ④ 전염성
⑤ 비전염성

해설
② 콜레라, 페스트 등
④ 장티푸스 등
⑤ 중독 등

답 ③

(5) 역학 현상

시간적 현상	추세변화	시대적, 연대적 변동, 장기간의 질병률과 사망률의 변동 (예 디프테리아, 결핵, 소화기 전염병, 폐렴, 유행성 감기, 심장질환)
	순환변화	수년 간격으로 발생하는 유행성독감, 백일해, 홍역
	계절변화	여름철 소화기 전염병이나 겨울철 유행성 감기
	불규칙변화	일시적·돌발적 발생
지리적 현상		지역사회에서 계속 발생 (예 반점치, 말라리아)
생체적 현상		숙주의 생체특성(연령, 성별, 종족 등)에 따라 질병 발생의 양태가 달라짐
사회적 현상		• 질병이 사회환경요인에 의해 영향을 받아 발생함 • 도시, 농촌, 인구밀도, 교통사정, 직업요인, 경제능력, 교육수준, 보건시설, 진료시설, 사회안정도 등

다음 중 만성불소중독치아가 나타나는 역학현상의 원인은 무엇인가?

① 시간적 현상
② 지리적 현상
③ 생체적 현상
④ 사회적 현상
⑤ 불규칙 변화

답 ②

해설
만성불소중독 시 치아는 반점치로 나타나며, 반점치는 지리적 역학현상에 해당한다.

다음 중 치주병이 고학력자보다 저학력자에게 호발하는 역학현상의 원인은 무엇인가?

① 시간적 현상
② 지리적 현상
③ 생체적 현상
④ 사회적 현상
⑤ 불규칙 변화

답 ④

해설
학력에 따른 질환의 발생 및 유병은 교육수준에 따른 요인으로 사회적 역학현상에 해당한다.

CHAPTER 07 적중예상문제

1 공중구강보건

01 다음 중 공중구강보건의 목적은 무엇인가?
① 국민의 건강수준 향상
② 국민의 잇몸건강 유지
③ 국민의 치아건강 향상
④ 국민의 치아수명 연장
⑤ 국민의 구강건강 유지

해설
④ 공중구강보건의 목적은 국민구강건강의 증진과 국민치아수명의 연장이다.

02 공중구강보건학과 예방치학을 포함하는 치학의 영역은 무엇인가?
① 기초치학　② 실용치학
③ 치료치학　④ 재활치학
⑤ 구강보건학

03 다음 중 기초치학인 것은 무엇인가?
① 구강내과학　② 구강약리학
③ 치주과학　　④ 치과교정학
⑤ 구강외과학

해설
② 기초치학 : 구강해부학, 구강생리학, 구강약리학, 구강생화학, 구강미생물학, 구강조직학, 치아형태학, 치과재료학을 포함한다.

04 다음 중 공중구강보건사업에 대한 설명으로 옳은 것은 무엇인가?
① 재료, 도구, 장비가 많이 사용된다.
② 다수의 사람이 쉽게 수행할 수 있다.
③ 사회, 경제적 수준에 맞추어 혜택이 달라져야 한다.
④ 전문가만 관리할 수 있어야 한다.
⑤ 수혜자가 전문가의 도움이 있어야 실천할 수 있다.

해설
① 재료, 도구, 장비는 가능한 적게 사용한다.
③ 사회, 경제적 수준과 상관없이 모두에게 혜택이 있어야 한다.
④ 비전문가도 쉽게 관리할 수 있어야 한다.
⑤ 수혜자가 쉽게 배워서 실천할 수 있어야 한다.

05 구강보건수준 향상을 목적으로 모든 시술이 서로 협조적인 효과를 이루어 보다 효율적으로 건강수준을 향상시킬 수 있는 구강보건진료 형태는 무엇인가?
① 공중구강보건
② 지역사회구강보건
③ 포괄구강보건
④ 예방구강보건
⑤ 개별구강보건

해설
③ 전문성과 일반성을 모두 가진다.

정답　01 ④　02 ⑤　03 ②　04 ②　05 ③

06 다음 중 우리나라에 1981년 처음으로 도시관급수 불소농도조정사업이 시작된 곳은 어디인가?

① 진 해 ② 청 주
③ 서 울 ④ 제 주
⑤ 인 천

해설
① 1981년 진해, 1982년 청주에서 시작하였으며, 이때는 구강보건성장기이다.

07 전국 최초로 수돗물불소농도조정사업이 시작된 시기는?

① 구강보건성장기
② 구강보건발생기
③ 구강보건태동기
④ 구강보건여명기
⑤ 전통구강보건기

해설
① 구강보건성장기 : 학교 불소용액양치사업, 진해 수돗물불소농도 조정사업
② 구강보건발생기 : 최초의 치과위생사 교육 시작
③ 구강보건태동기 : 구강보건행정 시작
④ 구강보건여명기 : 경성 치과의학교 설립
⑤ 전통구강보건기 : 민간요법, 한방요법으로 구강관리

08 다음 중 제1치아발거원인 질병은 무엇인가?

① 매복치 ② 치아우식증
③ 치주질환 ④ 과잉치
⑤ 부정교합

해설
③ 치주질환은 제2치아발거원인으로 35세 이후에서 호발한다.

09 다음 중 공중구강보건의 발전 방향으로 틀린 것은?

① 구강질병 유병률을 증가시킨다.
② 발생된 구강질병의 후유증을 감소시키지 못한다.
③ 평균수명 연장으로 구강건강에 대한 합리적 관리가 필요하다.
④ 구강보건교육 사업을 촉진한다.
⑤ 구강보건경제학적 연구를 촉진한다.

해설
① 구강질병 유병률을 감소시킨다.

10 다음 중 포괄구강보건진료의 특징은 무엇인가?

① 단편성 ② 일시성
③ 특수성 ④ 전문성
⑤ 재활지향성

해설
④ 일반성과 전문성이 조화되어 예방지향적인 구강보건진료이다.

11 예방지향적 포괄구강진료에 대한 설명은?

① 상실된 구강기능 회복이 중요하다.
② 집단의 포괄구강건강을 증진하고 유지시킨다.
③ 지역사회 구강보건과 연계한다.
④ 기능이 감퇴된 구강기능을 제한한다.
⑤ 치아의 보존이 중요하다.

해설
① 구강병을 예방하고, 발생된 구강병은 조기에 발견하고 치료한다.
② 개인의 포괄구강건강을 증진하고 유지한다.
④ 기능이 감퇴된 구강기능을 제한한다. → 3차 예방에 대한 설명
⑤ 치아의 보존보다 종합적 구강건강의 회복과 유지가 중요하다.

정답 06 ① 07 ① 08 ② 09 ① 10 ④ 11 ③

12 다음 중 3대 구강병에는 포함되나 중대 구강병이 아닌 것은?

① 치아우식증　② 치주질환
③ 부정교합　　④ 과잉매복치
⑤ 부분무치증

> **해설**
> ③ 3대 구강병은 치아우식증, 치주질환, 부정교합이며, 중대구강병은 치아우식증과 치주질환이다.

2 대상자별 구강보건
(모자, 학생, 성인, 노인, 산업장근로자)

01 다음 중 영유아 구강보건의 특징이 아닌 것은?

① 예방관리가 우선이다.
② 성인보다 예방사업의 효과가 높다.
③ 학교 구강보건의 기초가 된다.
④ 식이조절의 중요도가 가장 높다.
⑤ 지역사회의 경제 성장과 비례한다.

> **해설**
> ④ 영아는 불소복용법(90%) + 식이조절(10%), 유아는 불소복용법(40%) + 불소도포법(20%) + 식이지도(20%) + 가정구강환경관리(10%) + 전문가 예방처치(10%)의 상대중요도를 갖는다.

02 다음 중 칫솔질방법으로 횡마법을 교육하며, 불소복용법이 상대적으로 중요한 구강환경관리 필요대상자는 누구인가?

① 영 아　　　② 유 아
③ 초등학생　　④ 중고등학생
⑤ 보호자

03 다음 중 유아구강보건사업의 내용이 아닌 것은?

① 치면열구전색
② 우식감수성에 따른 불소도포
③ 수돗물불소농도조정사업으로 불소복용
④ 칫솔질 교습을 유아에게 직접 교육
⑤ 치면착색제를 통한 동기유발

> **해설**
> ④ 칫솔질 교습은 보호자(어머니)에게 한다.

04 보건소에 내원한 5세 아동에게 가장 효과적인 구강보건관리 방법은?

① 식이지도　　　② 가정구강환경관리
③ 전문가 예방　　④ 불소도포
⑤ 불소복용

> **해설**
> • 유아(2~6세 미만)
> - 불소복용 40%
> - 불소도포 20%
> - 식이지도 20%
> - 가정구강환경관리 10%
> - 전문가 예방 10%

05 다음 중 초등학교 학생의 구강보건관리 내용으로 옳지 않은 것은?

① 부정교합 등으로 치은염이 시작된다.
② 불소복용의 상대적 중요도가 가장 높다.
③ 치아우식관리가 필요하다.
④ 칫솔질과 식이조절이 필요하다.
⑤ 구강보건교육이 필요하다.

> **해설**
> ② 초등학교 학생의 상대적 중요도 불소도포(30%) + 불소복용(20%) + 가정구강환경관리(20%) + 전문가 예방처치(15%) + 식이조절(15%)이다.

06 초등학생의 치아우식과 치주병의 예방에 가장 중요한 관리방법은?

① 전문가 예방처치 ② 가정구강환경관리
③ 식이조절 ④ 불소도포
⑤ 불소복용

해설

초등학생 구강보건
- 불소도포 30% → 불소복용 20%
- 가정구강환경관리 20% → 식이조절 15%
- 전문가예방처치 15%

07 다음 중 학생구강보건사업의 내용으로 옳지 않은 것은?

① 정기구강검진
② 학생 치면열구전색사업
③ 학교 응급구강병처치
④ 학교 구강보건교육사업
⑤ 구강병 치료

해설

학생구강보건사업의 내용 : 학교 구강보건교육사업, 학교응급구강병처치, 학교집단불소용액수구사업, 학생치면열구전색사업, 학교집단칫솔질사업, 계속학생구강건강관리사업, 구강건강의 관찰, 상담, 정기구강검진

08 다음 중 계속 학생구강건강관리사업의 목표결과는 무엇인가?

① 우식영구치 경험지수가 높다.
② 우식영구치 지수가 높다.
③ 우식영구치율이 높다.
④ 우식경험충전 영구치지수가 높다.
⑤ 우식경험충전 영구치율은 낮다.

해설

① 우식영구치 경험지수가 낮다.
② 우식영구치 지수가 낮다.
③ 우식영구치율이 낮다.
⑤ 우식경험충전 영구치율이 높다.

09 다음 중 계속학생구강건강관리사업의 주기는 얼마인가?

① 3개월 ② 6개월
③ 1년 ④ 2년
⑤ 3년

10 다음 중 학교 구강보건 교육계획의 수립에 대한 설명으로 옳은 것은?

① 학생의 주도적 역할로 계획
② 교직원과 학생이 함께 수립
③ 전체 학교 교육일정과 겹치지 않게 수립
④ 분절적으로 수립
⑤ 지식의 변화를 가져오는 교육계획을 수립

해설

① 학교가 주도적 역할로 계획
③ 전체 학교 교육일정 중의 일부로 수립
④ 계속적으로 수립
⑤ 행동변화를 도모하는 교육계획을 수립

11 다음 중 학교 구강검진의 목적은 무엇인가?

① 구강보건자료를 수집한다.
② 학생과 학부모의 구강건강 관심을 증대시킨다.
③ 학교 구강보건기획의 결과를 측정한다.
④ 교직원의 구강건강상태를 파악한다.
⑤ 구강병을 초기에 발견하여 진행을 예방한다.

해설

② 학생과 교직원의 구강건강 관심을 증대시킨다.
③ 학교 구강보건기획의 자료를 수집한다.
④ 학생의 구강상태를 파악한다.
⑤ 구강병을 초기에 발견하여 치료를 유도한다.

정답 ▶ 06 ④ 07 ⑤ 08 ④ 09 ③ 10 ② 11 ①

12 다음 중 학교 정기구강검진 기간으로 옳은 것은?

① 매년 3월 1일~4월 40일
② 매년 4월 1일~5월 31일
③ 매년 5월 1일~6월 30일
④ 매년 6월 1일~7월 31일
⑤ 매년 1월 1일~12월 31일

13 다음 중 학교 구강보건사업의 내용이 아닌 것은?

① 학교 구강보건교육사업
② 학교 응급구강병 처치
③ 학교 집단칫솔질사업
④ 학교 집단불소복용사업
⑤ 학교 집단불소용액양치사업

14 다음 중 각급 학교의 장은 학교정기구강검진의 결과를 교육감에게 언제까지 보고하는가?

① 4월 30일　② 5월 31일
③ 6월 30일　④ 7월 31일
⑤ 12월 31일

15 다음 중 교육감은 보고받은 정기구강검진 결과를 교육부장관에게 언제까지 제출하는가?

① 5월 31일　② 7월 31일
③ 9월 30일　④ 11월 30일
⑤ 12월 31일

16 다음 중 장년구강보건사업의 내용으로 옳지 않은 것은?

① 치아우식
② 치주병
③ 발 치
④ 총의치 치료 필요
⑤ 가공의치 치료 필요

> **해설**
> • 청년(18~39세) : 치아우식, 치주병, 가공의치보철 치료 필요
> • 장년(40~65세) : 치아우식, 치주병, 발치, 가공의치 치료 필요, 국소의치보철 치료 필요

17 다음 중 노인구강건강실태에 대한 설명으로 옳은 것은?

① 구강진료소비도가 높다.
② 초기 구강병치료를 받을 가능성이 낮다.
③ 비타민 D가 결핍되어 설염이 생긴다.
④ 치아우식증이 발생, 진행되어 발치한다.
⑤ 혈압 관련 약물로 인해 타액양이 감소되어 치주질환이 발생된다.

> **해설**
> ① 구강진료소비도가 낮다.
> ③ 비타민 B_{12}의 부족으로 설염이 생긴다.
> ④ 치주질환이 발생, 진행되어 발치한다.
> ⑤ 타액량 감소는 구강건조증과 치아우식증이 발생된다.

정답　12 ②　13 ④　14 ④　15 ③　16 ④　17 ②

18 다음 중 노인구강병 예방사업의 내용으로 옳지 않은 것은?

① 식이조절
② 노인불소복용
③ 스케일링
④ 구강보건교육
⑤ 치면세균막관리

해설
② 노인불소도포

19 다음 중 직업성 치아부식증으로 지정된 산이 아닌 것은?

① 염 소
② 염 산
③ 불 산
④ 질 소
⑤ 황 산

해설
④ 염소, 염산, 불산, 질산, 황산이다.

20 다음 중 산성의 분무 및 가스가 치아표면에 직접 작용하여 치아를 탈회시켜 치질의 투명도를 낮추고 치질의 결손을 일으키는 증상은 무엇인가?

① 직업성 부식증
② 교합면 교모증
③ 치경부 마모증
④ 인접면 우식증
⑤ 치아의 변성과 착색

21 다음 중 산업장 구강보건관리과정이 바르게 나열된 것은?

① 구강환경진단→구강보건교육→치료 및 예방처치→구강건강관리
② 구강환경조사→구강환경진단→치료 및 예방처치→구강건강관리
③ 구강환경진단→치료 및 예방처치→구강보건교육→구강건강관리
④ 구강환경조사→치료 및 예방처치→구강환경진단→구강건강관리
⑤ 구강환경진단→구강건강관리→구강보건교육→치료 및 예방처치

22 다음 중 사업장 구강보건관리내용으로 옳지 않은 것은?

① 작업환경 개선
② 작업습관 개선
③ 작업형태 개선
④ 작업시간 개선
⑤ 개인보호장비

정답 18 ② 19 ④ 20 ① 21 ① 22 ④

3 지역사회구강보건

01 다음 중 지역사회의 특징이 아닌 것은?
① 일정한 인구집단
② 공통의 경험으로 결합
③ 외부의 사회봉사기관의 지지
④ 주민의 지방적 동질성을 의식
⑤ 인접한 지역의 주민을 포함

> **해설**
> ③ 기본적인 사회봉사기관을 지역사회 내에 포함한다.

02 다음 중 지역사회구강보건사업의 목적이 아닌 것은?
① 구강질병 예방
② 구강질병 치료
③ 상실치아 기능재활
④ 구강보건행동 교정
⑤ 구강보건지식 향상

03 지역사회구강보건사업의 특징으로 옳은 것은?
① 구강상병의 치료를 목적으로 한다.
② 치과의사와 치과위생사가 활동 주체이다.
③ 주민의 생태와 구강보건을 연구한다.
④ 구강상병의 원인을 규명한다.
⑤ 구강상병을 진단하고 요양하는 과정이다.

> **해설**
> ① 구강상병의 치료와 의치보철의 목적 : 개별구강진료, 지역사회 구강건강수준 증진(지역사회구강보건사업)
> ② 치과의사와 환자가 활동주체 : 개별, 지역사회주민과 개발조직 및 구강보건팀이 주체(지역사회)
> ④, ⑤ 구강상병의 원인규명, 진행과정 요양방법 : 개별, 지역주민의 생태와 구강보건연구(지역사회)

04 다음 중 지역사회구강보건사업의 활동방법으로 적절하지 않은 것은?
① 불소복용
② 치면열구전색
③ 집단칫솔질교육
④ 집단불소용액양치
⑤ 노인의치보철

05 다음 중 지역사회구강보건개발과정에 대한 설명으로 옳은 것은?
① 1년마다 수립한다.
② 사업기획 → 사업수행 → 사업평가를 순환하는 계속적 과정이다.
③ 구강보건법에 근거한다.
④ 기획단계에는 인재선발, 교육훈련, 임무분담이 포함된다.
⑤ 시, 군, 구 단위에서 수립한다.

> **해설**
> ① 4년마다 수립한다.
> ③ 지역보건법에 근거한다.
> ④ 수행단계에는 인재선발, 교육훈련, 임무분담이 포함된다.
> ⑤ 시, 도 단위에서 수립한다.

06 다음 중 구강보건 의사소통원칙으로 옳지 않은 것은?
① 조작배제   ② 불신배제
③ 편견배제   ④ 신속전달
⑤ 선전배제

> **해설**
> ④ 조작배제, 편견배제, 불신배제, 선전배제와 사실전달, 상호전달, 계속전달의 7가지 원칙

정답 01 ③ 02 ⑤ 03 ③ 04 ⑤ 05 ② 06 ④

07 다음 중 의사전달자가 한 말을 확인하여 반문하는 형식의 경청방법은 무엇인가?

① 총괄법　　② 환류법
③ 침묵법　　④ 반사법
⑤ 요약법

08 다음 중 의사전달자가 한 말을 의사수용자가 반복하는 대화경청방법은 무엇인가?

① 총괄법　　② 환류법
③ 침묵법　　④ 반사법
⑤ 요약법

09 다음 중 구강검사와 같이 조사자가 조사대상이 되는 개체나 집단의 실태를 직접 관찰하여 정보를 수집하는 지역사회 실태 조사방법은 무엇인가?

① 사례분석법
② 기존자료조사법
③ 관찰조사법
④ 대화조사법
⑤ 설문조사법

10 면접자가 지역주민과 통신수단을 이용해 필요한 자료를 수집하는 방법은?

① 관찰조사법
② 설문조사법
③ 대화조사법
④ 사례분석법
⑤ 기존자료조사법

> **해설**
> ① 관찰조사 : 조사자가 조사대상 개체나 집단을 직접 관찰하여 정보를 수집하여 상황 파악
> ② 설문조사 : 설문내용을 문항으로 만들어 조사
> ④ 사례분석 : 소수의 대상에 집중분석
> ⑤ 기존자료조사 : 이미 존재하는 기록을 열람하여 자료 수집

11 다음 중 시간과 경비가 많이 소요되며, 상당수준의 대화기술이 요구되지만, 세부적인 사항을 조사할 수 있는 지역사회 실태 조사방법은 무엇인가?

① 사례분석법
② 기존자료조사법
③ 관찰조사법
④ 대화조사법
⑤ 설문조사법

12 다음 중 전체구강보건사업계획 수립 시 얼마 이상의 기간을 기본으로 하는가?

① 6개월　　② 1년
③ 3년　　　④ 5년
⑤ 10년

정답 07 ②　08 ④　09 ③　10 ③　11 ④　12 ②

13 지역사회구강보건활동에서 가장 먼저 시행되어야 하는 것은?

① 사업평가
② 조사결과 분석
③ 재정조치
④ 지역사회조사
⑤ 사업수행

해설
- 지역사회구강보건활동 : 4년마다 시·도에서 수립, 연차별 시행계획은 매년 수립
- 지역사회조사 → 조사결과분석 → 사업기획 → 재정조치 → 사업수행 → 사업평가

14 다음 중 전체구강보건사업계획을 효과적으로 수행해 나갈 수 있도록 세부적인 구강보건활동을 명시한 설계는 무엇인가?

① 공동구강보건사업계획
② 구강병예방사업계획
③ 구강병치료사업계획
④ 구강병보건교육사업계획
⑤ 구강보건활동계획

15 다음 중 지역사회주민의 독자적인 필요와 방향설정에 따라 수립되며, 외부와의 제반협조가 어려운 한계가 있는 구강보건사업계획은 무엇인가?

① 전체구강보건사업계획
② 하향식 구강보건사업계획
③ 상향식 구강보건사업계획
④ 공동 구강보건사업계획
⑤ 구강보건교육사업계획

16 다음 중 구강보건사업계획 수립 시 고려사항이 아닌 것은?

① 세분화되는 구강보건사업을 개별화하여 기획
② 사업수행과정에 원활한 협조를 위해 교육적 과정으로 기획
③ 연속성과 융통성을 가지는 지속적 과정으로 기획
④ 지역사회 주민들과 더불어 계획을 수립
⑤ 지역사회 주민에게 만족감을 주는 구강보건목적 명시

해설
① 세분화되는 구강보건사업을 통합적 과정으로 기획

17 다음 중 개별구강보건교육법으로 옳은 것은?

① 강연회   ② 전화응답
③ 좌담회   ④ 토 론
⑤ 방 송

해설
② 개별구강보건교육 : 방문, 서신, 전화응답, 전언, 회람, 전시, 내방

18 지역사회조사내용 중 인구실태에 해당하는 것은?

① 지역사회치주요양필요 정도
② 주민의 일반적 건강상태
③ 치아우식경험도
④ 지역사회유형
⑤ 주민의 구강보건필요의식

해설
- 구강보건실태 : 치아우식경험도, 지역사회치주요양필요 정도
- 인구실태 : 인구수, 이동, 건강 및 위생상태, 가치관, 성, 연령, 직업, 교육수준별 구성
- 환경조건 : 지역사회 유형, 시설, 자원, 식수 불소이온농도
- 사회제도 : 구강보건진료제도, 일반보건진료제도, 가족, 행정, 봉사, 종교, 경제제도

정답 13 ④ 14 ⑤ 15 ③ 16 ① 17 ② 18 ②

19 다음 중 지역사회 구강보건사업의 평가 목적으로 옳지 않은 것은?

① 현재의 실태 파악
② 사업 추진방향 검토
③ 기획의 장단점 파악
④ 후속사업활동 우선순위 결정
⑤ 사업 효과성의 지표

해설
⑤ 구강보건사업평가의 목적 : 현재의 실태 파악, 기획의 실행 파악, 사업효율성의 지표, 사업 추진방향 검토, 기획의 장단점 파악, 주민과 함께 전개할 수 있는 기술 개선, 만족감 제공, 후속사업활동 우선순위 결정이다.

20 지역사회구강보건사업의 평가원칙은?

① 단편적으로 평가한다.
② 주관적으로 평가한다.
③ 장·단기 효과를 통합하여 평가한다.
④ 평가결과를 다음 기획의 기초자료로 사용한다.
⑤ 전문가를 통해 평가한다.

해설
지역사회구강보건사업의 평가원칙
• 평가결과를 다음 기획의 기초자료로 사용한다.
• 종합적, 객관적, 계속적 평가
• 장·단기 효과를 구분해 평가
• 사업의 기획, 수행, 평가에 영향을 받을 사람이 평가
• 명확한 평가 목적에 따라

4 불소복용사업과 불소용액양치사업

01 다음 중 수돗물불소농도조정사업에 대한 내용으로 옳지 않은 것은?

① 치질의 내산성 증가로 치아우식이 예방된다.
② 식음수 불소농도와 치아우식 경험도는 비례한다.
③ 불소는 인간의 건강을 유지하는 데 필수영양소이다.
④ 저농도의 불소는 불화인회석, 고농도의 불소는 불화칼륨이나 불화마그네슘을 생성한다.
⑤ 미량의 불소가 포함된 관급수의 복용은 인체에서 위해작용이 전혀 없다.

해설
② 식음수 불소농도와 치아우식 경험도는 반비례한다.

02 다음 중 수돗물불소농도조정사업의 특징으로 옳지 않은 것은?

① 가장 먼저 개발되었다.
② 가장 효과적이고 실용적이다.
③ 안전하고 경제적이다.
④ 수혜자의 관심과 노력이 필요하다.
⑤ 대표적 공중구강보건사업이다.

해설
④ 수혜자가 별도로 관심을 가지고 노력하지 않아도 치아우식증을 예방한다.

03 적정한 수돗물불소이온농도로 옳은 것은?

① 불소이온농도가 1.0ppm 이하면 불소보충복용사업을 진행한다.
② 열대지방의 불소이온농도는 1.2ppm이다.
③ 치아우식증과 치주병의 예방효과를 극대화한다.
④ 한대지방의 불소이온농도는 0.8ppm이다.
⑤ 불소는 인체의 필수영양소이다.

> **해설**
> • 불소이온농도가 0.7ppm 이하면 불소보충복용사업 진행
> • 온대지방 기준 0.8~1.2ppm, 열대지방에서는 낮게, 한대지방에서는 높게 설정
> • 치아우식증(영구치, 유치) 예방효과, 치주병과 무관

04 수돗물불소농도조정사업의 치아우식예방효과에 대한 설명으로 옳지 않은 것은?

① 인접면 치아우식 예방효과가 80~90%이다.
② 출생 직후부터 14세까지 식음하는 경우가 가장 효과적이다.
③ 치면열구전색을 함께하는 것이 좋다.
④ 소아에게서만 효과가 나타난다.
⑤ 소와, 열구 치아우식 예방효과는 40%이다.

> **해설**
> ④ 소아, 성인, 노인에게서 모두 치아우식 예방효과가 나타난다.

05 다음 중 수돗물불소이온농도 조정사업의 적정농도의 기준은 무엇인가?

① 연평균 매일 최고기온
② 연평균 매일 최저기온
③ 연평균 매일 평균기온
④ 연평균 매월 평균기온
⑤ 연평균 매월 최고기온

> **해설**
> ① 연평균 매일 최고기온과 불소이온농도는 반비례한다.

06 다음 중 수돗물불소이온농도의 적정여부 판정은 불소농도를 조정하기 시작한 시기로부터 (1)이 경과된 다음 초등학교 3~4학년 학생의 (2)에 출현된 반점도별 반점치 유병률을 활용한다. (1)과 (2)에 적당한 것은?

① 1년, 상악중절치 ② 1년, 하악중절치
③ 3년, 상악중절치 ④ 3년, 상악측절치
⑤ 5년, 상악중절치

07 다음 중 저농도 불소농도에 해당하는 경미도 반점치 유병률은?

① 5% 미만 ② 9% 미만
③ 9~10% ④ 10% 이상
⑤ 15% 이상

> **해설**
> ③ 적정농도
> ④ 고농도

08 학교급수불소농도조정사업에 대한 설명으로 옳은 것은 무엇인가?

① 도시관급수불소농도조정사업이 시행된 곳에서 추가로 하는 것이 좋다.
② 발육하는 치과는 불소도포, 맹출한 치아는 불소복용이 효과가 좋다.
③ 치아우식 예방효과는 50%이다.
④ 도시관급수 적정불소농도의 4.5배의 농도로 한다.
⑤ 학생들의 협동적 공동 노력이 필요하다.

> **해설**
> ① 도시관급수불소농도조정사업이 시행되지 않는 도시지역 사회의 학교에서 한다.
> ② 발육하는 치과는 불소복용, 맹출한 치아는 불소도포가 효과가 좋다.
> ③ 치아우식 예방효과는 33%이다.
> ⑤ 학생들의 협동적 노력이 불필요하다.

정답 03 ⑤ 04 ④ 05 ① 06 ⑤ 07 ② 08 ④

09 다음 중 불소보충복용사업은 불소농도가 얼마 미만인 식음수를 식음하는 집단이 사업대상이 되는가?

① 0.1ppm
② 0.3ppm
③ 0.5ppm
④ 0.7ppm
⑤ 0.9ppm

10 다음 중 학생집단불소용액양치사업의 방법에 대한 설명으로 옳은 것은?

① 0.01% 불화나트륨용액을 매일 1회 양치
② 0.1% 불화나트륨용액을 1~2주에 1회 양치
③ 유치원 아동은 1회에 1인당 10mL의 용액을 이용
④ 초등학생은 1회에 1인당 15mL의 용액을 이용
⑤ 자가불소도포법 중 가장 효과가 좋다.

해설
① 0.05%의 불화나트륨용액을 매일 1회 양치
② 0.2%의 불화나트륨용액을 1~2주에 1회 양치
③ 유치원 아동은 1회에 1인당 5mL의 용액을 이용
④ 초등학생은 1회에 1인당 10mL의 용액을 이용

11 다음 중 학교불소용액양치사업의 효과로 적절하지 않은 것은?

① 성인에게서는 효과가 나타나지 않아 지역사회구강보건의 양상에 영향을 준다.
② 칫솔질에 대한 교습효과가 있다.
③ 칫솔질로 인한 치주조직병과 치아우식증 예방효과가 있다.
④ 불소용액양치로 치아우식증 예방효과가 있다.
⑤ 소아의 구강진료필요를 감소시킨다.

해설
① 성인에게서도 효과가 지속된다.

12 불소용액양치사업의 장점은?

① 실천성이 가장 높다.
② 보호자의 책임감을 자극한다.
③ 성인구강진료필요를 감소시킨다.
④ 구강보건전문기술이 필요하다.
⑤ 불소용액제조가 어렵다.

해설
• 불소용액양치사업의 장점 : 짧은 시간, 쉬운 방법, 아이들 학업에 지장 없음, 아이들의 책임감 자극, 실천성이 가장 높음
• 불소용액양치사업의 효과 : 치아우식증 예방, 칫솔질에 의한 치아우식증과 치주병 예방, 지역사회구강보건 양상 변화, 소아구강진료 필요 감소

5 구강역학

01 다음 중 역학에 대한 설명으로 옳지 않은 것은?

① 사람에게서 유행하는 질병을 연구한다.
② 질병의 발생, 분포, 경향을 규명한다.
③ 질병의 원인을 탐구하여, 치료법을 규명한다.
④ 구강역학은 구강병이 발생하는 데 작용하는 요인을 밝힌다.
⑤ 역학은 특히 임상연구에서 많이 활용한다.

해설
③ 질병의 원인을 탐구하고, 해결방법을 제시하며, 예방책을 수립한다.

02 구강역학 중 구강병이 발생되는 양태, 역학현상을 조사하고 확인하는 것은 무엇인가?

① 분포결정   ② 해석구강역학
③ 가설설정   ④ 가설입증
⑤ 단면조사

해설
① 기술구강역학이라고도 한다.

03 특정 지역에서 반점치가 지역사회에 계속 발생되는 구강병의 특징은?

① 산발성이 있다.
② 비전염성이다.
③ 유행성이다.
④ 지방성이다.
⑤ 범발성이다.

해설
① 산발성 : 구강암
② 비전염성 : 중독
③ 유행성 : 페스트, 콜레라
⑤ 범발성 : 치아우식증, 치주병, 감기

04 다음 중 치아우식병이 성인보다 아동에게, 흑인보다 백인에게 호발하는 역학현상의 원인은 무엇인가?

① 시간적 현상
② 지리적 현상
③ 생체적 현상
④ 사회적 현상
⑤ 불규칙 변화

05 치아우식증이 전 세계에서 발생하는 것은 어떠한 질병발생양태인가?

① 범발성
② 유행성
③ 지방성
④ 전염성
⑤ 비전염성

06 구강건강결정요인 중 개인적 특성은?

① 유전자
② 구강위생
③ 사회적 표준
④ 빈 곤
⑤ 교육환경

해설
① 개인적 특성은 성, 연령, 유전자이다.

07 다음 중 구강건강결정요인이 아닌 것은?

① 개인적 특성
② 구강건강행동
③ 사회적 특성
④ 정치·경제적 조건
⑤ 구강건강교육경험

정답 03 ④ 04 ③ 05 ① 06 ① 07 ⑤

CHAPTER 08 구강보건행정

1 구강보건진료

(1) 구강보건진료의 분류

목표에 따라	구강병 검진, 구강병 치료, 구강병 예방, 기능 재활
전달순서에 따라	1차 구강보건진료, 2차 구강보건진료
서비스 완급에 따라	일상구강보건진료, 응급구강진료
전문성에 따라	일반구강보건진료, 전문구강진료
계속구강건강관리제도의 전달단계에 따라	• 기초구강보건진료 : 시작단계의 구강병의 치료, 예방, 개별구강보건교육, 유병률로 조사 • 계속관리구강보건진료 : 예방지향적이고 포괄적인 구강진료를 계속 전달하고 전달받는 진료, 발생률로 조사

(2) WHO에 의한 1차 구강보건진료의 특성
① 지역사회 내부에서 제공되어야 한다.
② 지역사회 주민의 자발적 참여와 공중구강 보건진료기관의 활동으로 제공된다.
③ 지역사회의 기본적 구강보건진료를 충족시킬 수 있다.
④ 치의사 이외의 구강진료요원과 비전문적 자조요원의 협동적 노력으로 제공한다.
⑤ 후송체계의 확립을 전제 조건으로 한다.
⑥ 전체 지역사회개발사업의 일환으로 제공한다.
⑦ 자원의 낭비를 최소화한다.
⑧ 자조요원에게는 구강병의 예방, 구강보건교육, 후송 등의 기능을 부여한다.

(3) 절대구강보건진료 필요
① 전문가에 의해 조사되지 않는 부분까지 포함한다.
② 논리적·이론적으로 구강건강을 증진·유지시키는 데 필요한 구강보건진료 필요

(4) 상대구강보건진료 필요
① 전문가에 의해 조사되는 구강보건진료 필요이다.
② 구강병 발생 정도와 무관하게 구강보건진료를 받아야 한다고 인정되는 구강보건진료
③ 연령, 이미 전달된 구강보건진료의 양, 무치악의 유무에 따라 영향

다음 중 1차 구강보건진료의 특성으로 옳은 것은?

① 지역사회 외부의 지원이 필요하다.
② 자원의 낭비가 계속적으로 이루어진다.
③ 지역사회 주민의 강제적 참여가 있어야 한다.
④ 지역사회의 기본적인 구강보건진료를 충족해야 한다.
⑤ 후송체계가 확립되지 않아도 좋다.

해설
① 지역사회 내에서 해결한다.
② 자원의 낭비를 최소화한다.
③ 주민의 자율적 참여가 있어야 한다.
⑤ 후송체계 확립이 전제조건이다.

답 ④

다음 중 구강건강을 증진시키고 유지하는 데 필요하며 전문가에 의해서 조사되는 구강보건진료는 무엇인가?

① 절대구강보건진료 필요
② 구강보건진료 수요
③ 상대구강보건진료 필요
④ 유효구강보건진료 수요
⑤ 잠재구강보건진료 수요

답 ③

(5) 구강보건진료 수요
구강보건진료 소비자가 구매하고자 하는 구강보건진료, 환자입장

(6) 유효구강보건진료 수요
① 구강보건진료 소비자가 실제 제공받아서 소비하는 구강보건진료
② 유효구강보건진료 수요의 영향요인
　㉠ 구강병 이환 정도
　㉡ 구강진료비 지불능력
　㉢ 구강보건진료 소비자의 구강보건 의식수준
　㉣ 이미 전달된 구강보건진료의 양
　㉤ 치과진료기관과 소비자의 거주지 사이의 거리
　㉥ 무치악자
③ 성인층<유아기나 청소년기, 남자<여자, 경제수준이 낮은 집단<높은 집단

(7) 잠재구강보건진료 수요(상대구강보건진료 필요 – 유효구강보건진료수요)
① 상대구강보건진료 필요 : 실제로 전문가에 의해 조사된 구강보건진료 필요
② 구강진료가수요 : 구강건강을 증진·유지하는 데 필요하지 않은 구강진료수요로 진료비의 개인적 부담이 없거나 많지 않은 사람(의료보호, 요양급여 등)

2 구강보건진료제도

※ 구강보건 진료를 필요로 하는 모든 사람들에게 적절한 서비스를 제공하는 것과 관련된 제도를 포함한다(구강보건진료의 개발, 생산, 분배, 자원의 균등배치 등).

(1) 전통구강진료제도

특 성	• 치아의 발거, 의치 보철 등 응급상황 위주의 진료행위 • 소비자는 질환자 • 진료의 효율보다 명분과 인술의 개념 중심
해결방법	전통, 관습
채 택	과거 봉건사회, 군주주의 국가
우리나라	외국치의학 도입~이조 말엽까지

다음 중 구강보건진료 소비자가 실제 제공받아서 소비하는 구강보건진료는 무엇인가?
① 절대구강보건진료 필요
② 구강보건진료 수요
③ 상대구강보건진료 필요
④ 유효구강보건진료 수요
⑤ 잠재구강보건진료 수요

답 ④

구강보건진료제도에 포함되는 내용이 아닌 것은?
① 구강보건진료의 생산
② 구강보건진료의 소비
③ 구강보건진료의 개발
④ 구강보건진료의 분배
⑤ 구강보건진료자원의 균등 배치

답 ②

(2) 자유방임형 구강진료제도(민간주도형)

특 성	• 국민의 선택권이 보장 • 생산자의 재량권이 부여(진료 범위, 내용) • 생산자와 소비자의 관계 • 진료의 질적수준 향상, 정부간섭의 극소화 • 진료자원의 편재, 진료 낭비, 진료비 상승
해결방법	민간 치의사의 진료비
채 택	미 국
우리나라	이조 말엽~1970년대 중반까지

(3) 혼합구강보건진료제도(사회보장형)

특 성	• 모든 국민에게 균등한 기회 제공 • 포괄적 서비스를 제공 • 진료자원의 균등 배분 • 구강보건진료의 규격화, 소비자의 선택권 미약 • 생산자와 소비자 사이에서 정부가 조정자 역할
해결방법	구강진료비와 정부의 의사결정과 행정기획
채 택	영국, 덴마크
우리나라	1970년대 말~현재

(4) 공공부조형 구강보건진료제도

특 성	• 진료자원의 균등분포, 전체 국민에게 균등하게 의료서비스를 제공 • 정부와 소비자가 구성, 국민의 선택권이 없음 • 진료의 양적 수준 및 질적 수준 저하 • 행정체계의 경직성
해결방법	정부의 의사결정과 행정기획으로 해결
채 택	사회주의 국가

(5) 현대구강보건진료제도의 요건

① 모든 국민이 필요한 구강보건진료를 소비할 수 있다.
② 모든 소비자가 경제성, 지역성을 배제하고 진료를 제공받을 수 있다.
③ 구강보건진료자원이 균등하게 분포한다.
④ 구강보건진료의 사치화 경향이 배제되어야 한다.
⑤ 진료수요를 최소로 줄인다.
⑥ 구강병의 유병률을 감소시킨다.
⑦ 예방적이고 포괄적인 구강보건진료를 제공한다.
⑧ 상대구강보건진료 필요를 모두 충족시킨다.

다음 중 혼합구강보건진료제도에서 정부의 조정역할의 범위가 아닌 것은?

① 구강보건 예산편성
② 구강보건사업 추진계획 수립
③ 구강보건사업 수행
④ 장기 구강보건계획 수립
⑤ 구강보건사업 평가

답 ③

현대구강보건진료제도의 방향으로 적절하지 않은 것은 무엇인가?

① 구강보건진료의 사치화 경향의 규제가 필요하다.
② 상대구강보건진료 필요를 일부 충족시킬 수 있어야 한다.
③ 예방지향적이고 포괄적인 구강보건진료가 되어야 한다.
④ 주기적으로 계속구강건강관리가 이루어져야 한다.
⑤ 소비자가 필요할 때 구강보건진료를 소비할 수 있어야 한다.

해설
② 상대구강보건진료 필요를 모두 충족시킬 수 있어야 한다.

답 ②

⑨ 계속구강건강관리가 이루어진다.
⑩ 즉각적인 응급구강진료가 가능하다.

3 구강보건진료전달체계

(1) 구강보건진료전달체계의 개념
① 구강보건진료 생산자와 소비자는 쉽게 접촉되어야 한다.
② 수요가 많으면 지역사회 내부에서 생산·전달하며, 수요가 적으면 접촉이 어려운 곳에서 2차적으로 전문치과의사가 생산·전달한다.

(2) 구강보건진료전달체계의 확립방안
① 전문인력 확보
② 충분한 재정 확보
③ 진료의 규격화
④ 구강보건진료기관의 균형적 분포
⑤ 진료비 상승 억제
⑥ 환자의뢰제도 확립

(3) 구강보건진료전달체계의 구분

단 속	• 불규칙적, 단속적인 구강병의 발현 증세 제거로 내원환자를 관리 • 단속구강건강관리제도 = 전통구강건강관리제도 = 대중구강건강관리제도 • 비효율적, 낭비적(치료>예방, 구강건강수준 비효율적 증진)
계 속	• 일정 주기에 따라 계속적으로 예방지향적 포괄구강진료를 전달 • 효율적, 절약적(구강진료 필요 낮아짐, 구강건강수준 높아짐)
산발적	• 여기저기서 단속적인 구강진료를 전달하고 전달받는 제도 • 특정 구강진료생산자에 편중, 구강진료자원의 낭비, 비효율적
체계적	• 순차적 구강진료를 전달하고 전달받는 제도 • 구강진료자원의 낭비를 방지, 효율적

(4) 구강진료전달체계 개발원칙
① 전체 국민에게 필요한 양질의 구강진료를 저렴한 구강진료비로 전달하는 체계 개발
② 가급적 지역사회 내부에서 구강보건문제를 해결할 수 있는 체계 개발
③ 가급적 구강병관리 원칙이 적용되는 체계 개발
④ 가급적 민간구강진료자원의 활용을 최대화하도록 체계 개발
⑤ 치과대학 부속치과병원을 연구, 교육, 봉사기관으로 규정하여 한정된 지역사회의 주민 전체를 대상으로 필요한 구강진료를 전달

다음 중 일정한 주기로 계속적으로 예방지향적이고 포괄적인 구강진료를 전달하는 구강보건진료전달체계는 무엇인가?
① 단속구강진료전달제도
② 전통구강건강관리제도
③ 대중구강건강관리제도
④ 계속구강건강관리제도
⑤ 체계적 구강건강관리제도

답 ④

(5) 체계적 구강진료전달방법

1차 구강보건진료	• 지역사회 내부에서 1차적으로 제공되는 비교적 간단한 서비스 • 지역사회주민 전체가 대상, 포괄구강보건진료(예방, 치료, 재활, 교육) • 진료기관 : 치과의원, 보건소, 학교 구강보건실 등 • 전달주체 : 치의사 + 구강보건요원, 비중 99.8%
2차 구강보건진료	• 1차 진료로 해결할 수 없는 심각한 문제가 있는 사람 • 전문구강진료, 악안면구강외과, 임상구강병리, 복잡한 치열교정 분야 • 진료기관 : 치과대학 부속치과병원, 종합병원 치과 등 • 전문치의사, 비중 0.2%

4 구강보건진료자원

(1) 구강보건진료자원의 분류

인력자원	구강보건관리인력 : 치과의사, 전문치과의사	
	구강보건 보조인력	• 진료실 부담 구강보건 보조인력 : 학교 치과간호사, 치과치료사, 치과위생사 • 진료실 진료 비분담 구강보건 보조인력 : 구강진료 보조원 • 기공실 진료 비분담 구강보건 보조인력 : 치과기공사
무형 비인력자원	인적자본 : 치학지식, 구강진료 기술	
유형 비인력자원	비인적자본 : 시설, 장비, 기구	
	중간재 : 재료, 약품, 구강환경 관리용품	

다음 중 구강보건진료 진료제공자는 누구인가?
① 치의사
② 치과기공사
③ 치과위생사
④ 치과코디네이터
⑤ 치과조무사

답 ①

(2) 치과위생사의 업무

공중구강보건업무	학교집단 칫솔질사업 관리, 학교불소용액 수구사업 관리, 학교계속구강건강 관리사업 관리, 공중구강보건교육 업무
구강진료 분담업무	계속구강건강관리제도 운영, 개별구강보건교육, 치면세균막 관리, 식이조절, 전문가 불소도포, 치면열구전색, 치면세마, 초기우식병소 충전, 치아 방사선 사진 촬영 및 현상, 구강진료기구 소독

다음 중 진료담당 구강보건 보조인력은 누구인가?
① 치과조무사
② 치과위생사
③ 치과기공사
④ 치의사
⑤ 구강진료보조원

해설
② 진료담당 구강보건보조인력은 학교치아간호사, 치아치료사, 치과위생사이다.

답 ②

(3) 구강보건진료기관의 분류

진료 내용	구강진료기관	치과대학 부속치과병원, 종합병원 치과, 치의원
	구강보건기관	보건소 구강보건실, 학교건강관리소 구강보건실, 대학교 보건소
분담 기능	1차 구강보건진료기관	치의원, 보건(지)소 구강보건실
	2차 구강보건진료기관	치과대학 부속치과병원

다음 중 환자가 자기가 전달받아 소비하는 구강보건진료에 대한 정확한 정보를 입수하는 소비자의 권리는 무엇인가?
① 정보입수권
② 의사반영권
③ 구강보건 진료소비권
④ 개인비밀 안전보장권
⑤ 구강보건 진료선택권

답 ①

다음 중 우리나라 구강진료비 책정제도는 무엇인가?
① 행위별 수가제
② 인두제
③ 포괄수가제
④ 총액계약제
⑤ 일당 진료비 책정제도

답 ①

다음 중 각자 구강진료비조달제도에 대한 설명으로 옳지 않은 것은?
① 개업술이 중시된다.
② 소득계층별 편재화 현상이 심화된다.
③ 유효구강진료수요가 증가하면, 구강진료비도 증가한다.
④ 구강진료 소비자가 각자 진료비를 조달한다.
⑤ 전통적인 구강진료비 조달제도이다.

해설
③ 유효구강진료수요와 구강진료비는 반비례한다.

답 ③

다음 중 의료보호대상자들의 구강진료비조달제도는 무엇인가?
① 각자 구강진료비 조달제도
② 구강진료비 선불제도
③ 구강진료비 후불제도
④ 정부 구강진료비 조달제도
⑤ 집단 구강진료비 조달제도

답 ④

(4) 구강보건진료 소비자의 권리
① 구강보건 정보입수권
② 구강보건 진료소비권
③ 구강보건 의사반영권
④ 구강보건 진료선택권
⑤ 개인비밀보장권
⑥ 단결조직활동권
⑦ 피해보상청구권

(5) 구강보건진료 소비자의 의무
① 진료정보 제공의무
② 진료약속 이행의무
③ 병(의)원규정 준수의무
④ 구강진료비 지불의무
⑤ 요양지시 복종의무
⑥ 자기구강건강 관리의무

5 구강보건진료비

(1) 구강보건진료비결정제도

행위별 구강보건진료비 결정제도	진료의 행위에 따라 진료비가 결정
	구강진료가 단편화되며, 재활지향 구강진료
인두당 구강보건진료비 결정제도	일정기간 동안 한 사람의 구강건강을 관리하는 데 필요한 비용으로 결정
	구강진료가 포괄화되며, 예방지향 구강진료

(2) 구강보건진료비조달제도

각자 구강보건진료비 조달제도	• 소비자가 지불해야 할 행위별 구강진료비를 직접 조달 • 상술의 개념으로 전환되기 쉬움 • 유효구강보건진료수요와 구강진료비는 상호 반비례 • 높은 진료비, 사치성 진료 • 소득계층별 편재현상이 심화
집단 구강보건진료비 조달제도	• 진료를 받기 전 공동으로 추산된 진료비를 일정기간 주기적 적립하여 조달 • 미국의 진료비 선불제도 • 우리나라의 국민건강보험료가 해당
정부 구강보건진료비 조달제도	• 정부가 국민의 구강보건진료비를 조달 • 의료급여 사업

(3) 구강보건진료비지불제도

책정기준에 따라	• 행위별 • 포 괄 • 인두당
지불시기에 따라	• 구강진료비 선불제도 • 구강진료비 즉불제도 • 구강진료비 후불제도
지불경로에 따라	• 직접 구강진료비 지불제도 : 소비자가 직접 지불 • 간접 구강진료비 지불제도 : 소비자는 진료받은 사실만 확인하고 제3자가 간접적으로 소비자에게 지불하는 방식으로 구강병치료 위주로 제공, 과잉진료 가능성이 높고, 지불되는 진료비에 비해 구강건강수준의 효율적 관리는 되지 못함

6 구강보건행정

(1) 구강보건행정의 개념
국가가 구강보건의 전문지식을 활용하여 구강보건목적달성에 필요한 인력과 물자를 조직, 관리하고 구강보건목적을 달성하는 동적 과정

(2) 구강보건행정의 범위
① 구강보건진료재정
② 구강보건진료서비스 전달
③ 구강보건진료의 정책수립 및 관리
④ 구강보건지료자원의 개발과 조직화

(3) 구강보건행정의 요소(7종)
① 구강보건지식
  ㉠ 구강보건문제를 해결하기 위한 구강보건진료 필요와 구강건강관리비, 구강보건 의식을 조사
  ㉡ 구강보건학적 이론과 기술
  ㉢ 공중구강보건지식의 토착화 과정 : 이해→숙달→활용→평가→재창조
② 구강보건조직
  ㉠ 국민의 구강건강이 증진되고, 구강보건을 발전시키는 구강보건행정의 목적을 달성하기 위해 참여하는 인적자원들이 협동적으로 활동하도록 체계적으로 결합한 구조

다음 중 공중구강보건지식의 과정이 바르게 연결된 것은?

① 이해 → 활용 → 숙달 → 평가 → 재창조
② 이해 → 숙달 → 활용 → 평가 → 재창조
③ 이해 → 활용 → 숙달 → 재창조 → 평가
④ 이해 → 숙달 → 활용 → 재창조 → 평가
⑤ 이해 → 활용 → 평가 → 재창조 → 숙달

답 ②

다음 중 행정조직의 업무를 분류하고 분담하는 조직의 기본원리는 무엇인가?

① 통제범위원리 ② 지휘통일원리
③ 권한위임원리 ④ 분업원리
⑤ 조정원리

답 ④

다음 중 구강보건행정요소에서 가장 중요한 자원은 무엇인가?

① 구강보건지식
② 구강보건조직
③ 구강보건교육
④ 구강보건인력
⑤ 구강보건관련법규

답 ④

다음 중 구강보건행정의 특성이 아닌 것은?

① 과학행정   ② 일반행정
③ 교육행정   ④ 봉사행정
⑤ 기술행정

[해설]
② 구강보건행정의 특성 – 전문행정(과학행정, 기술행정), 봉사행정, 교육행정

답 ②

다음 중 구강보건행정의 특성 중 5가지가 아닌 것은?

① 전문행정   ② 교육행정
③ 봉사행정   ④ 협동적 행정
⑤ 공중지지참여

[해설]
⑤ 구강보건행정특성의 5가지 : 전문, 교육, 봉사행정, 조직적·협동적 행정

답 ⑤

ⓒ 조직의 기본원리

조정원리	조직의 제반기능과 업무를 모아서 배열
분업원리	행정 조직의 업무를 분류하여 분담
계층원리	상위자가 하위자에게 책임과 권한을 순차적으로 위임
권한위임원리	최고관리자가 위임한 권한을 부하직원이 관리활동을 수행
지휘통일원리	한 명의 상관에게 명령을 받음
통제범위원리	통제범위의 한계를 초과하지 않음

③ 구강보건인력
  ㉠ 구강보건진료자원 중 가장 중요한 자원
  ㉡ 인력의 분류

주인력(전문인력) 의료인	치과의사(전문의)
보조인력(협조인력) 의료기사	진료실(치과위생사), 기공실(치기공사)
보조인력	치과간호조무사

④ 구강보건시설장비
⑤ 구강보건재정 : 예산편성 → 예산심의 → 예산집행 → 결산 및 회계감사
⑥ 구강보건법령 : 현장책임을 평가하고 측정할 수 있는 기준을 제시하는 데 가장 보편적이고 객관적
⑦ 공중지지참여

공중이 행정과정에 참여하는 방법	• 제도적 참여 : 협찬과 자치 • 비제도적 참여 : 운동과 교섭
공중지지참여의 확대방안	• 의사소통의 통로 마련 • 정책결정 과정에 참여 • 시민의 행정접근기구 확충 • 주민 자주관리기구 인정

(4) 구강보건행정의 특성
① 3종 : 전문, 교육, 봉사행정
② 5종 : 전문, 교육, 봉사행정, 조직적 행정, 협동적 행정

(5) 구강보건행정의 과정
구강보건행정목표를 설정하고 설정된 목표를 효율적으로 달성하기 위한 행정의 제반활동을 체계화하는 과정

(6) 구강보건행정과정의 단계
　① 3단계 : 기획 → 조정 → 평가
　② 6단계 : 기획 → 조직 → 인사 → 재정 → 지휘(지시, 조정, 통제) → 평가
　③ 7단계 : 기획 → 조직 → 인사 → 지휘 → 조정 → 보고 → 예산
　④ 12단계 : 문제제기 → 문제조사 → 사업계획 → 법령조치 → 재정조치 → 운영계획 → 행정조치 → 의사전달 → 공보교육 → 사업추진 → 결과보고 → 사업평가

(7) 정책의 구조(구성요소)

제1구성요소	미래구강보건상	• 구강보건정책목표 • 실태조사를 통해 수량으로 표시 • 상위목표는 추상적, 하위목표는 구체적
제2구성요소	구강보건발전방향	• 구강보건정책수단 • 정책목표를 달성하기 위한 방법, 절차
제3구성요소	구강보건행동노선	구강보건정책방안
제4구성요소	구강보건정책의지	
제5구성요소	공식성	

다음 중 구강보건의 정책방안이기도 한 구강보건 정책의 구성요소는 무엇인가?
① 공식성
② 구강보건행동노선
③ 현재구강보건상
④ 구강보건발전방향
⑤ 구강보건정책의지
답 ②

(8) 정책결정과정 시 참여자의 역할
　① 공식적 참여자

대통령	직접적 정책결정 참여
행정기관과 관료	• 공공문제에 대한 전문지식과 높은 관심 • 정책집행의 실질적 수단 보유
입법부	• 법률이나 예산의 형태로 정책을 결정 • 정책집행에 대한 통제와 감시기능
사법부	법률심사권, 법령해석권을 통해 참여

　② 비공식적 참여자

국 민	투표, 정당업무지지, 이익집단의 형성과 활동에 참여, 시민운동
이익집단	• 국회의원, 고위관료에 압력행사 • 정당에 구강보건의사 반영시킴
정 당	사회적 이해관계의 결집과 정책에 대한 지지의 확보
전문가집단	정책에 대한 아이디어 제시
대중매체	특정 이슈에 관심 유발

다음의 구강보건정책결정자 중 공식적 참여자는 누구인가?
① 대통령
② 정 당
③ 이익집단
④ 국회의원
⑤ 일반국민
답 ①

다음 중 구강보건정책평가의 기준이 아닌 것은?

① 적절성　② 형평성
③ 적정성　④ 효과성
⑤ 효율성

해설
⑤ 효과성, 능률성, 적정성, 형평성, 응답성, 적절성이 구강보건정책평가의 기준이다.

답 ⑤

다음 중 정책의 목표와 성과가 가치가 있는 것인지를 평가하는 구강보건정책평가의 기준은?

① 적절성　② 형평성
③ 적정성　④ 효과성
⑤ 효율성

답 ①

다음 중 사회보험제도에 속하지 않는 것은?

① 건강보험　② 실업보험
③ 연금보험　④ 산재보험
⑤ 민간보험

답 ⑤

다음 중 사회보장제도에 대한 설명이 아닌 것은?

① 어려움이 있는 사회구성원들의 생활을 국가가 공공지원한다.
② 사회구성원들의 평균수준의 생활을 보장하는 제도이다.
③ 전체 국민을 대상으로 한다.
④ 보험료의 징수와 세금으로 재원을 마련한다.
⑤ 소득 재분배 효과가 있다.

해설
② 최저생활을 보장하는 제도이다.

답 ②

(9) 구강보건정책의 반영사항
① 구강건강을 증진시키기 위한 국가시책
② 국민건강관리사업 중 구강보건사업의 비중에 관한 국가의 견해
③ 민간 구강진료부문과 공공 구강진료부문의 역할에 관한 국가의 견해
④ 구강보건 진료수혜의 계층별 우선순위
⑤ 구강병의 예방과 치료에 대한 국가의 비교적인 태도
⑥ 구강보건개발 및 구강보건 사업평가에 대한 정부의 투자 의사

(10) 정책집행상 순응의 확보방법
① 교육과 설득
② 선 전
③ 정책의 수정이나 관습의 채택
④ 제재 수단의 사용
⑤ 보상수단

(11) 정책평가의 기준

효과성	목표달성의 정도
효율성	집행활동의 투입과 산출의 비율
적정성	의도된 문제의 해결 정도
형평성	사회의 각 부분에 고르게 작용하였는지 판단
응답성	정책이 시민의 요구에 얼마나 반응하였는지 정도
적절성	정책의 목표와 성과가 가치 있는 것인지의 평가

7 사회보장

(1) 사회보장
① 국민에게 위험이 발생했을 때 사회적으로 보호하는 대응체계
② 사회적 근심과 걱정을 제거하고 평온한 삶을 사회가 보장한다는 의미
③ 각종 사회적 위해로 인한 위기에 대해 사회구성원의 최저생활을 보장하는 제도
④ 전체 국민을 대상으로 함

(2) 사회보험
① 사회가 사회구성원의 부상, 재해 등의 생활장애를 보험방법으로 보증
② 종류(4종) : 건강보험, 연금보험, 실업보험, 산재보험
③ 사회보장사고(8종) : 부상, 분만, 재해, 폐질, 사망, 실업, 노령, 질병

④ 사회보험의 구성요소(8가지)

보험자	• 보험사업을 운영하는 자 • 건강보험의 경우 정부나 건강보험조합
피보험자	보험급여를 받는 자
피부양자	피보험자가 부양하는 자
보험사고	보험급여의 이유가 되는 사고
보험급여	• 피보험자, 피부양자에게 급여가 되는 금전, 물건, 용역 • 현금급여 : 요양비, 분만비 • 현물급여 : 요양급여, 건강검진
운영기관	보건복지부, 고용노동부
요양취급기관	요양급여를 받은 자에게 요양을 급여하는 진료기관
재 원	보조금, 보험료

⑤ 사회보험과 사보험(민간보험)의 특성 비교

구 분	사회보험	사보험
목 적	최저생계, 의료보장	개인적 필요에 의한 보장
가 입	강 제	임 의
부양성	국가 또는 사회부양성	없 음
독점과 경쟁	정부 및 공공기관 독점	자유경쟁
부담의 원칙	공동부담이 원칙	본인부담 위주
수급권	법적 수급권	계약적 수급권
재원부담	능력비례부담	개인의 선택
보험료 수준	위험률 상당 이하요율	경험률
보험료 부담방식	주로 정률제	주로 소득정률제
급여 수준	균등급여	기여비례
보험사고 대상	사 람	사람, 물건
성 격	집단보험	개별보험

(3) 공공부조

① 스스로 생계를 영위할 수 없는 자들의 생활을 그들이 자력으로 생활할 수 있을 때까지 국가가 재정자금으로 부조하여 최저생활을 보장하는 일종의 구빈제도
② 사회보장법 제3조제3호에 근거함
③ 생활의 어려움을 보장하는 생활보호, 의료에 대한 보장을 하는 의료급여로 구분
④ 조세를 중심으로 하는 일반재정수입에 의존
⑤ 정부와 지방자치단체가 주체

다음 중 사회보험의 구성요소로 적합하지 않은 것은?

① 보험자
② 요양평가기관
③ 피보험자
④ 보험사고
⑤ 운영기관

해설
② 사회보험의 구성요소는 보험자, 피보험자, 피부양자, 보험사고, 보험급여, 운영기관, 요양취급기관, 재원의 8가지이다.

답 ②

다음 중 사회보험에 대한 설명으로 옳은 것은?

① 개인적 필요에 따라 선택적으로 보장한다.
② 개별보험의 성격을 갖는다.
③ 임의가입형식이다.
④ 계약급부를 따른다.
⑤ 사회적으로 위험이 있다.

해설
①, ②, ③, ④는 사보험(민간보험)에 대한 설명이다.

답 ⑤

⑥ 종류(7종)

생계보호	• 일상생활에 기본적으로 필요한 금품을 매월 정기적으로 지급 • 수급자에게 의복, 음식물, 연료비, 기타 생활 필요품 구비 위함
주거보호	수급자에게 안정된 주거를 위해 필요한 임차료, 유지수선비, 기타 대통령령이 정하는 수급품을 지급
의료보호	수급자에게 진찰, 검사, 약제와 치료재료의 지급, 수술과 그 밖의 치료, 예방과 재활, 입원, 간호, 이송 등을 위한 조치 실시
자활보호	수급자의 자활을 조성하기 위하여 시행
교육보호	수급자에게 입학금, 수업료, 학용품비, 기타 수급품 지원
해산보호	조산, 분만 전과 분만 후의 필요한 조치와 보호
장제보호	수급자가 사망한 경우 사체의 검안, 운반, 화장 또는 매장, 기타 장제조치를 시행

(4) 사회보험과 공공부조의 차이점

구 분	사회보험	공공부조
대 상	장기고유재(질병, 사망, 노령)	단기고유재(빈곤)
재 원	제2, 3자가 부담	일반세금
수급 여부	수급 여부와 금액 예측 가능	예측 불가
보험수급	법적권리	법적권리가 아님
소득보장	일반적	개별적
수급자에 영향	자립십	이타심
내 용	재해, 질병, 부상, 사망, 폐질, 실업, 분만, 노령	생계급여, 주거급여, 의료급여, 교육급여, 해산급여, 장제급여, 자활급여

(5) 건강보험제도의 개념

국민의 질병 등의 치료, 재활, 건강증진에 대해 평상시 보험료를 적립해 두었다가 사고가 발생하는 경우 현물 또는 현금으로 급여를 제공한다.

다음 중 건강보험을 운영하는 주체는 누구인가?

① 보건복지부
② 건강보험심사평가원
③ 국민건강보험공단
④ 대통령
⑤ 보건복지부장관

해설
• 건강보험에 관한 정책결정 : 보건복지부
• 운영 주체 : 국민건강보험공단

답 ③

(6) 건강보험사업의 발전과정

1963.12.16	의료보험법 제정
1977.1.1	의료보호제도 실시
1979.7.1	300인 이상 사업장까지 의료보험 확대
1982.12.1	16인 이상 사업장까지 의료보험 확대
1987.7.1	의료보험실시(전국적)
1988.1.1	농·어촌지역의료보험 실시
1988.7.1	5인 이상 사업장까지 당연적용
1989.7.1	도시지역의료보험 실시(전국민의료보험제도 시행)
1989.10.12	약국 의료보험 실시
1997.12.31	국민의료보험법 제정·공포
1999.2.8	국민건강보험법 제정·공포
2000.7.1	국민건강보험법 시행 및 의약분업 실시
2008.7.1	노인장기요양보험 실시

우리나라에서 전국민의료보험제도가 시행된 해는 언제인가?

① 1963년 ② 1977년
③ 1988년 ④ 1989년
⑤ 1997년

 ④

(7) 건강보험의 보험급여체계

① 소멸시효 : 3년, 우리나라는 현물급여원칙

보험급여	현금급여	요양비(요양기관 이외 요양)
		임의급여(분만비, 장제비)
		보장구 구입비
	현물급여	요양급여(예방, 치료, 재활 = 의치보철)
		건강검진(일반검사, 특별검사, 진단)

(8) 의료급여제도의 개념

① 생활보호대상자와 일정수준 이하의 저소득층을 대상으로 국가재정으로 의료혜택을 주는 공공부조제도
② 건강보험과 함께 국민의 의료보장정책의 중요한 수단
③ 의료급여에 관한 업무 수행 : 시장, 군수, 구청장
④ 의료급여증의 유효기간은 매년 1월 1일~12월 31일
⑤ 시장, 군수, 구청장이 소득과 재산조사로 매년 책정
⑥ 1종 수급권자 : 거택보호자, 시설수용자, 의사상자, 인간문화재, 국가유공자, 귀순북한동포, 성병감염자, 이재자 등은 외래와 입원 모두 전액 정부가 부담
⑦ 2종 수급권자 : 1종에 해당되지 않는 자, 자활보호자, 외래는 1,500원의 본인부담이 있고, 입원은 본인이 20% 부담한다. 입원으로 본인부담이 20만원을 초과하는 경우 의료급여기금에서 대납하고 3개월 경과 후 3~12회로(최대 3년간) 무이자 균등 분할 상환하는 의료급여 대불금을 지원한다.

다음 중 의료급여에 관한 업무 수행은 누가 담당하는가?

① 대통령
② 보건복지부 장관
③ 시장, 군수, 구청장
④ 보건소장
⑤ 선택의료기관장

 ③

의료급여의 내용에 포함되지 않는 것은?

① 예방과 재활
② 진찰과 검사
③ 간호와 간병
④ 처치 수술과 치료
⑤ 약제와 치료재료의 지급

해설
③ 간병은 해당하지 않는다.

답 ③

(9) 의료급여의 내용

① 진찰과 검사
② 약제, 치료재료의 지급
③ 처치, 수술, 그 밖의 치료
④ 예방, 재활
⑤ 입원, 간호
⑥ 이송과 그 밖의 의료목적의 달성을 위한 조치

CHAPTER 08 적중예상문제

1 구강보건진료

01 다음 중 구강보건진료의 목표에 따른 분류가 아닌 것은?
① 응급구강진료
② 구강병 검진
③ 구강병 예방
④ 구강병 치료
⑤ 기능 재활

02 다음 중 구강건강을 증진시키고 유지하기 위해 필요로 하는 구강보건진료는 무엇인가?
① 구강보건예방
② 구강보건진료 필요
③ 구강보건진료 수요
④ 구강보건진료 소비
⑤ 유효구강건강 수요

03 다음 중 구강보건진료 수요에 영향을 미치는 요인은?
① 연 령
② 구강보건진료 생산자의 의식수준
③ 치과진료기관과 소비자의 거주지 거리
④ 구강병 이환 정도
⑤ 구강진료비 지불능력

해설
④ 구강보건진료 수요 영향요인은 구강병 이환 정도, 이미 전달된 구강보건진료의 양, 구강보건 소비자의 의식수준이다.

04 다음 중 상대구강진료 필요에 영향을 미치는 요인은?
① 연 령
② 구강병 이환 정도
③ 진료비 지불능력
④ 구강보건진료 소비자의 의식수준
⑤ 구강보건진료 생산자의 의식수준

해설
① 상대구강진료 필요 영향요인은 연령, 이미 전달된 구강보건진료의 양, 무치악 유무이다.

05 전문가에 의해 탐지하며, 논리적·이론적으로 필요한 구강보건진료는?
① 잠재구강보건진료 수요
② 유효구강보건진료 수요
③ 절대구강보건진료 필요
④ 상대구강보건진료 필요
⑤ 잠재구강보건진료 수요

해설
구강보건 필요와 수요
① 절대구강보건진료 필요 : 전문가, 논리적·이론적으로 필요한 부분
② 유효구강보건진료 수요 : 구강보건진료 소비자가 실제 제공받아 소비하는 진료
④ 상대구강보건진료 필요 : 전문가, 조사할 수 있는 부분(연령, 이미 전달된 양, 무치악 유무에 따라 상이)
⑤ 잠재구강보건진료 수요 : 상대구강보건진료 필요에서 유효구강보건진료수요를 뺀 나머지

정답 01 ① 02 ② 03 ④ 04 ① 05 ③

06 다음 중 유효구강보건진료 수요가 비교적 많은 집단으로 옳은 것은?

① 유아기 < 성인
② 여자 < 남자
③ 경제수준이 낮은 집단 < 경제수준이 높은 집단
④ 교육수준이 높은 집단 < 교육수준이 낮은 집단
⑤ 도시거주자 < 농어촌 거주자

> 해설
> ① 유아기 > 성인
> ② 여자 > 남자
> ④, ⑤ 해당 없음

07 다음 중 구강병 발생 정도와 관계없이 구강보건진료를 받아야 한다고 인정되는 구강보건진료는 무엇인가?

① 절대구강보건진료 필요
② 구강보건진료 수요
③ 상대구강보건진료 필요
④ 유효구강보건진료 수요
⑤ 잠재구강보건진료 수요

08 다음 중 상대구강보건진료 필요 중 유효구강보건진료 수요를 제외한 구강보건진료 필요는 무엇인가?

① 절대구강보건진료 필요
② 구강보건진료 수요
③ 구강진료 가수요
④ 유효구강보건진료 수요
⑤ 잠재구강보건진료 수요

> 해설
> ③ 구강건강의 증진, 유지와 무관한 구강보건진료, 정부의 무료사업현장에서 나타난다.

2 구강보건진료제도

01 다음 중 전통구강보건진료에 대한 설명으로 옳은 것은?

① 응급상황에 대한 처치 위주의 진료이다.
② 민간 치의사의 진료비로 해결한다.
③ 국민의 선택권이 보장된다.
④ 영국과 덴마크의 보건진료가 해당된다.
⑤ 예방지향적이고 포괄적이다.

> 해설
> ②, ③ 자유방임형
> ④ 혼합구강보건진료
> ⑤ 현대구강보건진료

02 다음 중 혼합구강보건진료제도(사회보장)에 대한 설명으로 틀린 것은?

① 모든 국민에게 균등한 기회를 제공한다.
② 포괄적인 서비스를 제공한다.
③ 정부에서 구강보건기획을 총괄한다.
④ 소비자의 선택권이 미약하다.
⑤ 생산자와 소비자로 구성된다.

> 해설
> ⑤ 자유방임형은 생산자와 소비자로 구성되고, 혼합형은 생산자, 소비자, 정부로 구성된다.

03 다음 중 정부가 관장하는 공공부조형 구강보건진료제도에 대한 장점은 무엇인가?

① 진료자원이 균등하게 분포된다.
② 국민의 선택권이 없다.
③ 구강병의 유병률이 감소된다.
④ 항상 즉각적인 응급구강진료가 가능하다.
⑤ 진료의 질적수준이 향상된다.

> 해설
> ② 공공부조형의 단점
> ③, ④ 현대구강보건진료제도의 목표
> ⑤ 자유방임형의 장점

04 다음 중 가장 성숙도가 높은 구강보건제도는 무엇인가?

① 법정구강보건진료제도
② 구강보건진료관습제도
③ 구강보건진료윤리제도
④ 작용적구강보건진료제도
⑤ 보조구강보건진료제도

05 정부와 소비자 사이에 형성된 제도로, 개인에게 치과의사 및 구강보건진료기관의 선택이 없는 구강보건진료제도는?

① 사회보장형 구강보건진료제도
② 공공부조형 구강보건진료제도
③ 자유방임형 구강보건진료제도
④ 민간주도형 구강보건진료제도
⑤ 혼합형 구강보건진료제도

해설
- 공공부조형 : 전체 국민에게 균등하게 의료서비스 제공, 행정체계의 경직성, 사회주의 국가
- 사회보장형(혼합) : 생산자와 소비자 사이에서 정부가 조정자 역할, 영국, 덴마크
- 자유방임형(민간주도) : 국민의 선택권 보장, 생산자와 소비자관계, 질적수준 향상, 정부간섭 최소화, 미국
- 전통 : 소비자는 질환자, 인술개념, 응급상황 위주 진료

3 구강보건진료전달체계

01 다음 중 계속구강건강관리제도의 장점은 무엇인가?

① 구강병을 초기에 발견하여 모두 치료할 수 있다.
② 기초관리연도에는 노력과 비용이 많이 필요하지 않다.
③ 계속관리연도에는 노력과 비용이 점점 더 많이 소요된다.
④ 구강진료필요를 최대화한다.
⑤ 구강건강수준을 유지한다.

해설
② 기초관리연도에는 노력과 비용이 소요된다.
③ 계속관리연도에는 노력과 비용이 점차 줄어든다.
④ 구강진료필요를 최소화한다.
⑤ 구강건강수준을 최고도로 증진시킨다.

02 다음 중 순차적으로 구강진료를 전달하여 치아수명 연장에 목적이 있는 구강진료전달제도는 무엇인가?

① 단속구강건강관리제도
② 전통구강건강관리제도
③ 대중구강건강관리제도
④ 계속구강건강관리제도
⑤ 체계적 구강건강관리제도

03 다음 중 구강진료전달체계 개발 시 필요한 원칙이 아닌 것은?

① 전체 국민에게 필요한 양질의 구강진료를 저렴한 구강진료비로 전달할 수 있게 한다.
② 치과대학 부속 치과병원을 진료기관으로 규정하여 한정된 지역사회의 주민 전체를 대상으로 필요한 구강진료를 전달한다.
③ 가급적 구강병관리 원칙이 적용되도록 한다.
④ 가급적 민간구강진료자원의 활용을 최대화하도록 한다.
⑤ 가급적 지역사회 내부에서 구강보건문제를 해결할 수 있도록 한다.

> 해설
> ② 치과대학 부속 치과병원은 연구, 교육, 봉사기관으로 규정한다.

04 구강보건진료 전달체계의 확립방안으로 옳은 것은?

① 환자의뢰제도 확립
② 3차 의료기관 설치 확대
③ 진료비 감소 억제
④ 구강보건진료기관의 집중화
⑤ 신의료기술의 승인 확대

> 해설
> **구강보건진료 전달체계의 확립방안**
> 전문인력 확보, 충분한 재정 확보, 진료의 규격화, 구강보건진료기관의 균형적 분포, 진료비 상승 억제, 환자의뢰제도 확립

05 다음 중 1차 구강보건진료에 대한 설명이 아닌 것은?

① 지역사회 내부에서 제공되는 비교적 간단한 서비스이다.
② 지역사회주민 전체가 대상이다.
③ 치료와 재활에 집중된 구강보건진료이다.
④ 치과의원, 보건소 등이 해당된다.
⑤ 치과의사와 구강보건요원이 전달 주체이다.

> 해설
> ③ 예방, 치료, 재활, 교육을 포함하는 포괄구강보건진료이다.

06 다음 중 1차 구강진료 중 개별구강진료에 해당하지 않는 것은?

① 치과교정과 전문진료
② 구강병의 치료
③ 구강병의 예방
④ 의치 및 보철
⑤ 개별 구강보건교육

> 해설
> ① 전문진료는 2차 구강진료에 해당한다.

4 구강보건진료자원

01 다음 중 치과위생사의 공중구강보건업무가 아닌 것은?

① 학교집단 칫솔질사업 관리
② 학교 계속구강건강관리사업 관리
③ 학교불소용액 수구사업 관리
④ 계속구강건강관리제도 운영
⑤ 공중구강보건교육 업무

> 해설
> ④ 구강진료 분담업무에 포함된다.

02 다음 중 치과위생사의 구강진료 분담업무가 아닌 것은?

① 치면세균막 관리
② 식이조절
③ 전문가 불소도포
④ 구강진료기구 소독
⑤ 구강 CT사진 촬영 및 현상

03 다음 중 구강보건진료 소비자는 누구인가?

① 전체 국민
② 치과 병·의원에 내원하는 환자
③ 보건(지)소 구강보건실에 내원하는 환자
④ 의료급여대상자
⑤ 국민건강보험의 보험자

04 구강보건진료자원에 대한 설명으로 옳은 것은?

① 시설과 장비는 비인적자본이다.
② 치과위생사는 구강보건관리인력이다.
③ 재료와 약품은 비인적자본이다.
④ 치학지식은 중간재이다.
⑤ 치과의사는 인적자본이다.

> **해설**
> • 구강보건보조인력 : 치과위생사
> • 중간재 : 재료, 약품, 구강환경관리용품
> • 구강보건관리인력 : 치과의사와 전문치과의사
> • 인적자본 : 치학지식, 구강진료기술
> • 비인적자본 : 시설, 장비, 기구

05 다음 중 구강보건진료소비자의 권리로 옳은 것은?

① 진료 정보 제공
② 병의원 규정 준수
③ 구강진료비 지불
④ 자기 구강건강관리
⑤ 구강보건의사 반영

06 다음 중 구강보건진료 소비자의 권리가 이행되지 못하는 이유는 무엇인가?

① 구강보건진료 소비자를 보호하는 법령이 구체화되어 있기 때문이다.
② 구강보건진료 정보가 구강보건진료 소비자에게 적절히 공급되기 때문이다.
③ 구강진료행위가 인술이라는 전통적 가치관 때문이다.
④ 구강보건진료 소비자의 주권의식이 형성되어 있기 때문이다.
⑤ 구강보건진료 소비자 단체가 생성되어 있기 때문이다.

07 구강보건소비자의 권리 중 구강보건진료 정보입수권에 대한 것은?

① 치과의사 면허를 받은 자에게 구강진료를 소비할 수 있다.
② 환자는 본인이 전달받아 소비하는 구강보건진료에 대한 정확한 정보를 입수할 수 있다.
③ 생산자에게 불량한 구강진료와 구강약품에 대한 사정과 배상을 요구할 수 있다.
④ 자신이 구강건강을 증진·유지하기 위해 적극적으로 관리해야 한다.
⑤ 의료기관, 생산자, 진료재료를 선택할 수 있다.

> **해설**
> ① 치과의사 면허를 받은 자에게 구강진료를 소비한다. → 구강보건진료 진료소비권
> ③ 생산자에게 불량한 ~ 배상을 요구할 수 있다. → 피해보상청구권
> ④ 자신이 구강건강증진 ~ 관리해야 한다. → 자기구강건강관리의무
> ⑤ 의료기관, 생산자, 진료재료를 선택할 수 있다. → 구강보건진료선택권

정답 03 ① 04 ① 05 ⑤ 06 ③ 07 ②

08 다음 중 구강보건진료자원 중 무형의 비인적 자본은 무엇인가?
① 건 물
② 장 비
③ 기 구
④ 구강위생재료
⑤ 치학지식

09 다음 중 구강보건진료자원 중 유형의 비인적 자본이 아닌 것은?
① 건 물
② 장 비
③ 기 구
④ 구강위생재료
⑤ 구강보건의식

10 다음 중 2차 구강보건진료기관으로 옳은 것은?
① 보건소 구강보건실
② 보건지소 구강보건실
③ 치과교정과 치과의원
④ 치과병원
⑤ 치과대학 부속병원

11 다음 중 구강보건기관에 해당되지 않는 것은?
① 치과의원
② 구강보건실
③ 대학교 보건소
④ 학교건강관리소의 구강보건실
⑤ 보건소의 구강보건실

5 구강보건진료비

01 다음 중 일정기간 한 사람의 구강건강을 관리하는 데 필요한 비용을 산정하여 구강건강관리를 계약하는 진료비 책정제도는 무엇인가?
① 행위별 수가제
② 인두제
③ 포괄수가제
④ 총액계약제
⑤ 일당 진료비 책정제도

02 다음 중 행위별 구강진료비 지불제도의 장점은 무엇인가?
① 진료기술 발전에 기여한다.
② 구강건강수준이 향상된다.
③ 질병관리원칙이 적용된다.
④ 예방진료가 우선 공급된다.
⑤ 행정적 절차가 간소화된다.

해설
②, ③, ④ 인두당 구강진료비 지불제도의 장점이다.
⑤ 포괄구강진료비 지불제도의 장점이다.

정답 08 ⑤ 09 ⑤ 10 ⑤ 11 ① / 01 ② 02 ①

03 다음 중 행위별 구강진료비에 대한 설명이 아닌 것은?

① 많은 환자, 복잡한 진료를 선호하고, 과잉진료가 우려된다.
② 구강병 관리원칙과 예방진료비가 무시된다.
③ 우리나라와 북유럽에서 채택한 지불제도이다.
④ 진료내역에 따라 진료비를 지불해야 한다.
⑤ 의료비가 상승되고 시장경제의 원칙을 갖는다.

해설
③ 북유럽은 인두제를 채택하였다.

04 다음 중 특정 질병에 대한 일정 진료비를 산정하여 일률적으로 적용하는 진료비 지불제도는 무엇인가?

① 행위별 수가제
② 인두제
③ 포괄수가제
④ 총액계약제
⑤ 일당 진료비 책정제도

05 다음 중 포괄구강진료비 지불제도에 대한 설명으로 옳지 않은 것은?

① 진료가 최소화되며, 진료비가 절감된다.
② 행정적 절차가 간소화된다.
③ 양질의 진료를 선호한다.
④ 공중구강보건사업 시 적용할 수 있다.
⑤ 특정 질병에 대해 산정된 일정진료비를 적용한다.

해설
③ 양질의 진료를 기피할 우려가 있다.

06 다음 중 직접 구강진료비 지불제도에 대한 설명으로 옳은 것은?

① 치료 위주로 진료한다.
② 국민건강보험의 요양급여가 해당한다.
③ 제3자 구강진료비 지불제도이다.
④ 과잉진료의 가능성이 높다.
⑤ 자유방임형 구강진료제도이다.

해설
①, ②, ③, ④ 간접 구강진료비 지불제도에 대한 설명이다.

07 다음 중 우리나라에서 적용 중인, 구강진료를 받는 즉시 구강진료비를 지불해야 하는 지불제도는 무엇인가?

① 직접 구강진료비 지불제도
② 구강진료비 선불제도
③ 구강진료비 즉불제도
④ 구강진료비 후불제도
⑤ 간접 구강진료비 지불제도

6 구강보건행정

01 다음 중 구강보건행정에 대한 설명으로 틀린 것은?

① 목적은 구강건강증진이다.
② 구강보건전문지식과 일반행정지식이 필요하다.
③ 주민 스스로의 인식과 노력을 유도한다.
④ 소수의 인간을 지휘, 조정, 통제한다.
⑤ 협동적 행동특성을 갖는다.

해설
④ 다수의 인간을 지휘, 조정, 통제하는 조직적 행위이다.

정답 03 ③ 04 ③ 05 ③ 06 ⑤ 07 ③ / 01 ④

02 다음 중 구강보건 문제를 해결하기 위한 구강보건진료필요, 구강건강관리비, 구강보건의식을 조사하는 구강보건행정요소는 무엇인가?

① 구강보건지식
② 구강보건조사
③ 구강보건조직
④ 구강보건이해
⑤ 공중지지참여

03 다음 중 최고관리자가 위임한 권한으로 부하직원이 활동을 수행하는 조직의 기본원리는 무엇인가?

① 통제범위원리
② 지휘통일원리
③ 권한위임원리
④ 분업원리
⑤ 조정원리

> **해설**
> ① 통제범위 한계를 초과할 수 없다.
> ② 한 명의 상관으로부터 지휘를 받는다.
> ⑤ 조직의 제반기능과 업무를 조화롭게 모아서 배열한다.

04 상위자가 하위자에게 책임과 권한을 순차적으로 위임하는 것은?

① 조정원리
② 분업원리
③ 계층원리
④ 권한위임원리
⑤ 지휘통일원리

> **해설**
> ① 조정원리 : 조직의 제반기능과 업무를 모아서 배열
> ② 분업원리 : 업무를 분류하여 분담
> ④ 권한위임의 원리 : 최고관리자가 부하 직원에게 권한을 위임하여 관리활동을 하도록 함
> ⑤ 지휘통일원리 : 한 명의 상관에게 명령받음

05 다음 구강보건인력 중 주인력은 누구인가?

① 치과의사
② 치과위생사
③ 치과기공사
④ 치과간호조무사
⑤ 치과코디네이터

> **해설**
> ②, ③ 보조인력 의료기사이다.
> ④ 보조인력이다.

06 다음 중 구강보건행정의 특성 5가지가 아닌 것은?

① 전문행정
② 교육행정
③ 봉사행정
④ 협동적 행정
⑤ 공중지지참여

> **해설**
> ⑤ 구강보건행정의 특성 5가지 : 전문, 교육, 봉사행정, 조직적·협동적 행정

07 다음 중 공중구강보건의 목적을 달성하기 위해 공중구강보건의 원리를 적용하여 행정조직을 행하는 과정은 무엇인가?

① 구강보건행정
② 구강보건행정과정
③ 구강보건기획
④ 구강보건정책기획
⑤ 구강보건정책분석

08 다음 중 국민의 구강보건생활을 조정하거나 변화시키기 위한 정부의 의식적 조치는 무엇인가?
① 구강보건행정
② 구강보건행정과정
③ 구강보건기획
④ 구강보건정책기획
⑤ 구강보건정책분석

해설
② 구강보건행정목표를 설정하고 달성하기 위해 필요한 인력과 물자를 동원하여 활용하는 조직의 협동적 활동을 합리적으로 체계화하는 과정

09 다음의 구강보건행정과정 중 역학조사, 사회조사가 이루어지는 단계는?
① 구강보건문제제기
② 구강보건문제조사
③ 구강보건운영계획
④ 구강보건의사전달
⑤ 구강보건사업평가

10 다음 중 기본 구강보건행정과정으로 옳은 것은?
① 기획→조정→평가
② 기획→조직→평가
③ 기획→행동→평가
④ 기획→교육→평가
⑤ 기획→추진→평가

11 다음의 구강보건행정 단계 중 장래의 목적을 달성하기 위해 행동을 설계하는 과정은 무엇인가?
① 기 획
② 조 직
③ 계 획
④ 인 사
⑤ 교 육

12 다음 중 6단계 구강보건행정과정이 옳게 나열된 것은?
① 계획→인사→조직→재정→지휘→평가
② 계획→조직→인사→재정→지휘→평가
③ 기획→인사→재정→조직→지휘→평가
④ 기획→조직→지휘→인사→재정→평가
⑤ 기획→조직→인사→재정→지휘→평가

13 다음 중 구강보건기획 소요기간에 대한 분류에서 단기구강보건기획의 기준은?
① 5년
② 3년
③ 1년
④ 분기별
⑤ 매 월

정답 08 ④ 09 ② 10 ① 11 ① 12 ⑤ 13 ③

14 다음 중 구강보건정책수단이기도 한 구강보건정책의 구성요소는 무엇인가?

① 공식성
② 구강보건행동노선
③ 현재구강보건상
④ 구강보건발전방향
⑤ 구강보건정책의지

15 다음 중 구강보건의 정책방안이기도 한 구강보건정책의 구성요소는 무엇인가?

① 공식성
② 구강보건행동노선
③ 현재구강보건상
④ 구강보건발전방향
⑤ 구강보건정책의지

16 다음 중 구강보건정책에서 반영해야 하는 내용이 아닌 것은?

① 구강건강을 증진시키기 위한 국가시책
② 구강보건진료 수혜에 대한 계층별 우선순위
③ 구강보건 진료인력의 양성, 배치, 활용 등에 대한 국가의 태도
④ 구강보건개발 및 구강보건사업평가에 대한 전문가의 기대
⑤ 국민건강관리사업 중 구강보건사업의 비중에 대한 국가의 견해

> **해설**
> ④ 구강보건개발 및 구강보건사업평가에 대한 정부의 투자의사이다.

17 구강보건정책과정의 공식적 참여자는?

① 이익집단
② 대통령
③ 전문가집단
④ 피해집단
⑤ 일반 국민

> **해설**
> • 공식적 참여자 : 대통령, 의회, 행정기관, 관료, 사법부
> • 비공식적 참여자 : 국민, 이익집단, 정당, 전문가집단, 대중매체

18 구강보건정책결정자 중 정부기관에 소속되지 않고, 참신하고 객관적인 아이디어를 제시하며, 정부의 비대화를 방지하는 역할을 하는 것은?

① 국회의원   ② 이익집단
③ 전문가집단   ④ 일반국민
⑤ 정 당

19 다음 중 일반국민이 구강보건정책결정에 참여하는 방법이 아닌 것은?

① 각종 시민운동
② 이익집단의 형성과 활동에 참여
③ 투표에 참가
④ 정당업무에 협조
⑤ 고위관료에게 압력행사

> **해설**
> ⑤ 이익집단에서 구강보건정책결정에 참여하는 방법이다.

14 ④ 15 ② 16 ④ 17 ② 18 ③ 19 ⑤

20 다음 중 구강보건정책수립과정의 3단계 구분법으로 옳은 것은?

① 문제형성 → 정책분석 → 정책채택
② 문제제기 → 정책입안 → 정책집행
③ 문제확인 → 목표설정 → 대안선택
④ 목표설정 → 정책입안 → 정책채택
⑤ 정책입안 → 정책채택 → 정책평가

21 다음 중 제기된 구강보건문제로부터 구강보건정책의 방안을 만들어 제안하는 구강보건정책과정은 무엇인가?

① 목표설정　　② 정책수정
③ 정책입안　　④ 대안분석
⑤ 대안탐색

> **해설**
> ①, ④, ⑤ 구강보건정책분석과정이다.

22 다음 중 구강보건정책 수립 시의 문제제기 방법이 아닌 것은?

① 검 사　　② 신 고
③ 통 보　　④ 진 정
⑤ 보 도

> **해설**
> ① 검진, 조사, 보고, 신고, 통보, 감시, 진정, 보도 등의 사회적 압력을 통한다.

23 다음 중 구강보건정책수립의 4단계 과정이 옳게 나열된 것은?

① 문제형성 → 정책입안 → 정책분석 → 정책채택
② 문제제기 → 정책입안 → 정책집행 → 정책수정
③ 문제제기 → 정책수정 → 정책입안 → 정책집행
④ 문제확인 → 정책입안 → 정책분석 → 정책채택
⑤ 문제확인 → 정책입안 → 정책채택 → 정책수정

24 다음 중 구강보건정책의 기본방향으로 옳은 것은?

① 구강보건인력 확충
② 구강보건인력 개발
③ 구강보건지식 개발
④ 구강보건기술 확립
⑤ 구강보건기술 수행

> **해설**
> ② 구강보건정책의 기본방향은 구강보건기술 개발, 구강보건인력 개발, 구강보건진료전달체계 확립이다.

25 다음의 구강보건행정 조직 중 가장 하급의 조직은 무엇인가?

① 중앙구강보건행정조직
② 지방구강보건행정조직
③ 구강보건국
④ 구강보건과
⑤ 구강보건편대

> **해설**
> ⑤ 보건소와 보건지소가 해당한다.

정답 20 ①　21 ③　22 ①　23 ②　24 ②　25 ⑤

26 다음 중 구강보건과에서 관장하는 사항은?
① 구강보건사업에 대한 세부계획의 수립
② 지역사회구강보건사업의 실행 및 평가
③ 수돗물불소농도조정사업 계획의 시행과 평가
④ 구강보건교육의 지원 및 평가
⑤ 치과진료기관의 지원

해설
① 구강보건사업에 관한 종합계획의 수립 및 조정
② 지역사회구강보건사업의 조정 및 평가
③ 수돗물불소농도조정사업 계획의 수립 및 시행
④ 구강보건교육과 홍보계획의 수립 및 시행

27 다음 중 목표달성의 정도에서 산출한 재화와 용역의 양을 제외하는 방법으로 하는 구강보건정책평가의 기준은?
① 적절성   ② 형평성
③ 적정성   ④ 효과성
⑤ 효율성

7 사회보장

01 사보험에 대한 특징으로 옳지 않은 것은?
① 개인적 필요에 의한 보장이다.
② 임의가입이다.
③ 계약적 수급권을 가진다.
④ 보험사고의 대상이 사람과 물건이다.
⑤ 재원은 공동부담이 원칙이다.

해설
• 사회보험 : 최저생계, 의료보장, 강제가입, 법적수급권, 사고대상이 사람, 재원은 공동 부담
• 사보험 : 개인 필요에 의한 보장, 임의가입, 계약적 수급권, 사고대상이 사람과 물건, 재원은 개별 부담

02 다음 중 피부양자에 대한 설명으로 옳지 않은 것은?
① 피보험자 직계존속
② 피보험자 직계비속 및 그 배우자
③ 피보험자의 배우자
④ 보험급여를 받는 자
⑤ 피보험자에 의해 부양되는 자

해설
④ 보험급여를 받는 자는 피보험자이다.

03 다음 중 사회보장사고에 해당되지 않는 것은?
① 부상   ② 사고
③ 재해   ④ 사망
⑤ 노령

해설
② 사회보장사고는 부상, 분만, 재해, 폐질, 사망, 실업, 노령, 질병이 해당한다.

04 다음 중 사회가 사회구성원 중 질병, 노령 등의 생활위험에 대해 부조하여 최저생활을 보장하는 것은?
① 사회보장   ② 사회보험
③ 사회부조   ④ 공공서비스
⑤ 진료사회보장

해설
① 사회보장 : 사회가 사회구성원의 상병, 실업, 노쇠 등에 의한 생활장애를 공동으로 보장
② 사회보험 : 사회가 사회구성원의 부상, 재해 등의 생활장애를 보험방법으로 보증
④ 공공서비스 : 사회가 서비스를 필요로 하는 모든 국민에게 제공함
⑤ 진료사회보장 : 건강보험과 의료급여로 구성되며, 사회보장제도의 일종

05 다음 중 사회부조제도에 포함되지 않는 것은?
① 생계보호
② 의료보호
③ 건강보호
④ 자활보호
⑤ 교육보호

해설
사회부조제도 : 생계보호, 의료보호, 자활보호, 교육보호, 해산보호, 장제보호의 6가지이다.

06 다음 중 사회부조제도의 주체는 누구인가?
① 국민 전체
② 사회부조 대상자
③ 양로, 구호 등의 목적의 사회시설 이용자
④ 건강보험공단
⑤ 지방자치단체

해설
⑤ 사회부조제도의 주체는 정부와 지방자치단체이다.

07 다음 중 우리나라에서 현금급여로 이루어지는 보험급여에 해당하지 않는 것은?
① 질병 관련 요양급여
② 건강검진
③ 부상 관련 요양급여
④ 보장구
⑤ 출산 관련 요양급여

해설
요양비, 보장구, 장제비, 상병수당은 현금급여에 해당한다.

08 급여의 방법이 다른 건강급여는?
① 요양기관에서의 요양비
② 보장구 구입비
③ 분만비
④ 장제비
⑤ 건강검진비

해설
- 현금급여 : 요양기관 이외의 요양비, 분만비, 장제비, 보장구 구입비
- 현물급여 : 요양비(예방, 치료, 재활=의치보험), 건강검진

09 현재 우리나라에서 만 18세 이하의 제1, 2대구치 중 건전한 교합면에 받을 수 있는 건강보험 급여 항목은?
① 치석 제거
② 광중합형 복합레진 충전
③ 치면열구전색
④ 예방적 불소도포
⑤ 전문가 잇솔질 교습

해설
건강보험적용 가능한 진료항목
- 치석제거 : 만 19세 이상, 연 1회
- 광중합형 복합레진충전 : 만 5세~만 12세 이하 영구치우식
- 임플란트 : 만 65세 이상의 부분무치악, 평생 2대
- 가철성의치 : 만 65세 이상, 완전무치악과 부분무치악, 7년에 1회(악당)

10 다음 중 일반적인 연간요양급여기간으로 옳은 것은?
① 30일
② 90일
③ 180일
④ 210일
⑤ 1년(365일)

해설
④ 65세 이상이거나 등록 장애인의 경우 연간급여요양기간이다.

정답 05 ③ 06 ⑤ 07 ② 08 ⑤ 09 ③ 10 ③

11 다음 중 보험급여의 소멸시효로 옳은 것은?
① 180일　　② 1년(365일)
③ 3년　　④ 5년
⑤ 10년

12 다음 중 요양급여 취급기관이 아닌 것은?
① 약 국　　② 의 원
③ 치과병원　　④ 보건소
⑤ 보건복지부

> **해설**
> 요양급여 취급기관은 보건기관, 약국, 의료기관으로, 요양기관수 취자에게 요양을 전달하는 진료기관이다.

13 다음 중 의료급여 수급권자가 아닌 사람은?
① 국민기초생활보장법에 의한 생활보호대상자
② 화재 및 수해 이재민
③ 독립유공자
④ 중요 유형문화재 보유자
⑤ 광주민주화운동 관련자

> **해설**
> ④ 중요 무형문화재 보유자가 해당된다.

14 다음 중 1종 수급권자에 해당하는 사람은 누구인가?
① 18세 이상인 자
② 65세 미만인 자
③ 경증 장애인
④ 보장시설에서 급여를 받는 자
⑤ 30일 이상의 치료 및 요양이 필요한 자

> **해설**
> ④ 18세 미만인 자, 65세 이상인 자, 중증 장애인, 3개월 이상의 치료 및 요양이 필요한 자, 병역법에 의한 병역의무 이행 중인 자, 보장시설에서 급여를 받고 있는 자, 희귀난치성질환으로 6개월 이상 치료를 받거나 치료를 요하는 자가 속한 세대의 구성원이 해당된다.

15 다음 중 의료급여에 해당하는 설명으로 옳은 것은?
① 의료급여증의 유효기간은 3년이다.
② 1종 수급권자는 외래 및 입원 전액을 정부가 부담한다.
③ 2종 수급권자는 외래 이용 시 정부부담이 1,500원이다.
④ 수급권자는 지역의 주민센터장이 소득과 재산조사로 책정한다.
⑤ 2종 수급권자는 입원 시 본인이 15%를 부담한다.

> **해설**
> ① 의료급여증의 유효기간은 매년 1월 1일~12월 31일까지이다.
> ③ 2종 수급권자는 외래 이용 시 본인부담이 1,500원이다.
> ④ 수급권자는 시장, 군수, 구청장이 소득과 재산조사로 책정한다.
> ⑤ 2종 수급권자는 입원 시 본인이 20%를 부담한다.

정답　11 ③　12 ⑤　13 ④　14 ④　15 ②

CHAPTER 09 구강보건통계

1 구강건강실태조사

(1) 구강보건통계학의 정의
① 보건통계학의 한 분야이며, 구강건강과 질병에 관련된 여러 현상들을 기술통계학 방법과 추측통계학 방법으로 기술하고 추론하는 학문 분야이다.
② 전반적인 구강보건현상에 대한 결과를 도출하고, 일반화하는 학문 분야이다.

(2) 구강건강실태조사
① 구강건강실태조사 과정 : 조사목적설정 → 표본추출 → 조사승인 취득 및 예정표 작성 → 조사요원 교육 및 훈련 → 조사대 편성과 본조사 준비
② 표본추출
  ㉠ 검사대상의 인간집단을 결정
  ㉡ 계층별 특성 관련 정보 : 지역사회기록, 관계문헌, 예비조사를 통한 수집 등
  ㉢ 반드시 고려해야 할 집단의 특성 : 연령, 성별, 종족, 학교군, 거주지 등
  ㉣ 가장 우선으로 고려해야 할 사항 : 연령
  ㉤ 표본의 크기가 충분하도록 노력
    • 표본의 크기는 연구자가 원하는 정밀도에 따라 결정된다.
    • 표본이 커지면, 정밀도가 높아지고, 비용도 커진다.
  ㉥ 국제적 표본의 비교 기준연령(WHO)

5세	유치우식경험도
12세	영구치우식경험도
15세	• 치주조직병 이환 정도 • 치주요양 필요 정도
35~44세	성인의 구강건강수준
65~74세	• 노인의 구강건강수준 • 국민에게 전달한 보건진료의 포괄적 효과

  ㉦ 확률적 표본추출방법

단순무작위 추출법	• 임의적 조작 없음 • 표본이 동일하게 선출될 기회를 가짐 • 난수표, 통 안의 쪽지, 주사위, 통계 프로그램 등
계통적 추출법	• 일정한 순서에 따라 배열된 목록에서 매번 K번째 요소를 추출 • 공평한 표본추출로 대표성이 높음

다음 중 구강보건현상이나 구강보건과 관계되는 현상을 숫자로 간결하게 표시한 자료는 무엇인가?
① 구강보건교육
② 구강보건통계
③ 구강보건진단
④ 구강보건현상
⑤ 구강보건정보

답 ②

다음 중 표본에 대한 설명으로 옳은 것은?
① 모집단 전체를 말한다.
② 표본조사는 전수조사가 불가능한 경우에만 할 수 있다.
③ 비용과 시간과 인력이 더 많이 필요하다.
④ 자료를 수집, 정리하는 과정에서 오차를 줄일 수 있다.
⑤ 모든 자료가 동일하게 추출되는 조건에서 추출하는 방법은 비확률표본추출이다.

해설
① 표본은 모집단에서 추출한 일부의 집단이다.
② 표본조사는 전수조사가 가능한 경우에도 할 수 있다.
③ 비용과 시간과 인력이 절약된다.
⑤ 모든 자료가 동일하게 추출되는 조건에서 추출하는 방법은 확률표본추출이다.

답 ④

다음 중 표본추출에 대한 내용으로 옳은 것은?

① 표본의 크기는 최소화한다.
② 자료수집이 어려운 경우 바로 본조사를 실행한다.
③ 구강보건실태조사에서 가장 우선적으로 고려해야 하는 것은 거주지이다.
④ 연령, 성별, 종족, 거주지, 학교군 등을 반드시 고려한다.
⑤ 통계에서는 대부분 비확률표본을 사용한다.

해설
① 표본의 크기는 충분해야 한다.
② 자료수집이 어려운 경우 예비조사를 실행한다.
③ 구강보건실태조사에서 가장 우선적으로 고려해야 하는 것은 연령이다.
⑤ 통계에서는 대부분 확률표본을 사용한다.

답 ④

층화 추출법	• 여러 개의 계층 분할 후 각 계층에서 임의 추출함 • 각 계층의 특성을 알고 있어야 함 • 층화가 잘못되면, 오차가 커짐
집락 추출법	• 집락을 추출 단위로 하여 표본을 임의 추출함 • 조사범위가 광범위한 경우 사용

③ 조사팀 편성과 교육훈련
  ㉠ 이중검사 : 동일한 조사 대상군에 대해 서로 다른 날 검사하며, 하루에 해야 하는 경우 최소 30분 이상을 두고 두 번째 검사를 시행한다. 표본인구의 10%가 대상이다(검사결과의 일관성 유지 : 오차율 10%).
  ㉡ 조사대상자는 본조사대상자와 같은 사람이어야 한다.
  ㉢ 시행한 2회의 조사결과를 비교하여 조사자 자신이 범하는 진단착오와 기록착오를 알고, 시정할 수 있어야 한다.

(3) 구강건강실태조사의 기록

① 일반자료

일련번호	• 모든 피검자에게 부여 • 아라비아 숫자로 기록
국 적	• 세계보건기구가 정한 숫자 • 국명이나 국가로 표시
검사일자	• 세계보건기구의 형식 : 일/월/연 • 한국의 형식 : 연/월/일
성 명	앞에 성, 뒤에 이름
연 령	만 연령 기록
성 별	남이나 여로 기록
조사자	조사자가 2명 이상인 경우 성명을 기록
조사목적에 따라 종족, 지역, 도시, 마을, 학교 등이 추가 기록될 수 있음	

② 구강검사준비
  ㉠ 검사자의 성명, 연령, 성별, 국적, 검사연월일, 일련번호를 반드시 기록한다.
  ㉡ 기록자는 조사자의 맞은편에 앉는다.
  ㉢ 피검자는 조명원을 향하여 앉는다.
  ㉣ 조사용 기구는 피검자의 옆에 위치한다.
  ㉤ 칸막이를 사용하여 피검자의 입구와 출구를 분리한다.
  ㉥ 사용할 기구와 수량, 중량을 최소화한다.
  ㉦ 같은 광도의 조명을 사용하며, 직사광선보다 자연광이 바람직하다.
  ㉧ 인공조명 사용 시 500~1,000lux의 청백광 조명을 이용한다.
  ㉨ 1시간(60분) 기준 필요한 탐침과 치경은 30~50개이다.

③ 치아검사
　㉠ 한 개의 치아를 완전히 조사한 다음 다른 치아를 조사
　㉡ 상악 치아를 모두 조사한 다음 하악 치아를 조사
　㉢ 영구치와 유치가 동일 부위에 공존하면 영구치아를 현존치아로 간주
　㉣ 치아의 일부분만 육안 관찰이 되거나, 탐침으로 확인된 치아는 현존치아로 간주
　㉤ 보고시기 : 2~14세는 매년, 15~34세는 5년 단위, 35~64세는 10년 단위

숫자	문자 영구치	문자 유치	구 분	검사결과
0	S	s	건전치아	• 진행성 우식병소가 없음 • 우식병소가 치료된 흔적이 없음 • 비포함 : 백색반점, 변색반점, 거친반점, 탐침의 끝은 걸려도 연화치질이나 유리법랑질을 확인할 수 없는 소와와 열구
2	D	d	우식치아	• 연화치질이나 유리법랑질이 탐지 • 한 개 이상의 치면에 충전물이 있으며, 다른 치면에 우식병소가 있음 • 임시충전되어 계속적 치료가 필요 • 곧 탈락할 유치이지만 우식이 있음 • 탐침이 확실히 병소에 삽입되어 걸릴 때
3	I	i	발거대상우식치아	• 치수가 노출된 우식치아, 잔근치아 • 후속영구치가 맹출되지 않은 잔근유치
5	M		우식경험상실치아	• 치아우식증을 원인으로 발거 • 가공의치의 가공치 • 인공매식치아 • 비포함 : 상실유치, 생리적으로 탈락된 유치, 치아상실의 원인이 불명확한 경우
6	F	f	우식경험충전치아	• 영구충전재로 충전 • 충전물 주위에 치아우식이 없음 • 치아우식증으로 치관을 장착
8	A		우식비경험상실치아	• 맹출시기가 지났으나 맹출되지 않은 영구치 • 외상으로 상실된 영구치 • 선천성 무치증 • 치주조직병으로 상실된 영구치 • 치열교정목적으로 발거된 영구치 • 25세 이전까지 미맹출 사랑니
9	X	x	우식비경험처치치아	• 가공의치의 지대치 • 우식증 이외의 원인으로 치관을 장착 • 밴드장착

다음 중 발거 대상인 우식영구치를 표기하는 방법은 무엇인가?
① D　② M
③ F　④ A
⑤ S

해설
② 우식증으로 인한 상실치, 발거대상인 우식치아를 표기
① 구강에 현존하는 미처치 우식영구치아
③ 우식이 원인이 되어 충전한 영구치
④ 맹출 시기가 지났음에도 맹출되지 않은 영구치, 우식증 이외의 원인으로 상실된 영구치
⑤ 진행 중인 우식병소가 없는 건전영구치

답 ②

④ 구강점막
  ㉠ 2세 이상의 모든 대상자
  ㉡ 우측 협점막→상하순점막→좌측 협점막→구개점막→설배→설연→혀의 운동상태→혀의 하면→구강저의 순서로 조사

숫자	검사결과	
0	정상	
1	급성 괴저성 궤양성 치은염	• 빈센트감염 • 치간유두와 치은연의 괴사 • 회황색의 위막 • 경한 자극에 출혈 • 심한 통증과 악취 • 치은에서 점막까지 확대된 염증성 병소
2	구강암	• 구강점막의 경계가 불명확 • 수주 동안 지속
3	구강백반증	문질러도 떨어지지 않는 백색 반점
4	기타 구강점막질환	

⑤ 치주조직
  ㉠ 치경만을 가지고 조사
  ㉡ 30~60초 이내의 치주조직 상태를 기록
  ㉢ 잔존치근을 제외한 모든 치아의 주위를 조사
  ㉣ 육안으로 관찰되지 않아도 탐침으로 탐지되면 현존치아로 간주
  ㉤ 보고시기 : 2~14세는 매년, 15~34세는 5년 단위, 35~64세는 10년 단위

숫자	검사항목		검사결과
0	치주조직상태	건강 치주조직	• 치은에 변색 없고 치주낭이 없음 • 현저한 치은변색이 없음 • 손으로 약하게 치은 압박 시 출혈이 없음 • 비포함 : 유리치은의 단순종창으로 치은열구가 깊어진 경우, 치조골 흡수로 인한 치은퇴축, 백악질이 노출되더라도 현저한 치은염의 증상이 나타나지 않음
1		치은염	• 염증으로 한 부위 이상에서 치은의 색깔이 적색이나 적청색 소견 • 손으로 약하게 치은 압박 시 출혈이 있음 • 치은표면의 견고성과 표면질감의 변화 • 치은증식 등의 외형적 변화
2		치주조직병	• 치조골흡수로 인한 현저한 치아동요 • 치주낭 • 현저한 치조골 소실로 인한 저작장애나 저작기능의 상실
	발거대상 치주조직병 이환치아		• 치주조직병의 진행으로 치아의 기능을 상실하고 발거할 수밖에 없음 • 치아우식병과 충전물 상태의 치아라도 발거해야 하는 원인이 치주병
	치주조직병 기인 상실치아		• 치주조직병을 원인으로 발거한 치아 • 치아우식병과 충전물 상태의 치아지만 발거된 원인이 치주병
	치석		한 개 이상의 치면에 치석이 부착

2 영구치우식증 통계

(1) 영구치우식경험도

D (decayed)	• 현재 구강 내에 존재하는 보존 가능한 미처치 우식치 • 발거대상(extraction indicated) 우식치아
M (missing)	우식을 원인으로 하여 이미 상실된 치아
F (filled)	우식을 원인으로 하여 충전된 치아

(2) 영구치우식산출지표

① 영구치우식증지표의 종류

구 분	백분율(rate)	지수(index)
영구치우식경험자(DMF)	DMF rate	–
우식경험영구치(DMFT)	DMFT rate	DMFT index
우식경험영구치면(DMFS)	DMFS rate	DMFS index
우식영구치(DT)	DT rate	DT index
상실영구치(MT)	MT rate	MT index
처치영구치(FT)	FT rate	FT index

② 영구치우식경험률(DMF rate)

$$\frac{1개 \ 이상의 \ 우식경험영구치를 \ 가지고 \ 있는 \ 사람의 \ 수}{피검자 \ 수} \times 100(\%)$$

㉠ 조사대상 인구집단 중 1개 이상의 우식경험영구치아를 가지고 있는 사람의 전체 피검자 수에 대한 백분율

㉡ 결과특성
- 정비례 : 연령 증가
- 반비례 : 문화수준, 수돗물불소농도조정지역

③ 우식경험영구치율(DMFT rate)

$$\frac{우식경험영구치아 \ 수}{피검 \ 영구치아 \ 수(상실치 \ 포함)} \times 100(\%)$$

㉠ 조사대상 우식영구치아 수의 전체 피검 영구치아(분석단위=치아)의 수에 대한 백분율

㉡ 결과특성
- 정비례 : 연령 증가, 영구치우식경험률
- 반비례 : 문화수준

다음 중 영구치우식통계를 표기하는 방법은 무엇인가?

① DMF   ② dmf
③ DMFT   ④ dmft
⑤ DMFS

해설
③ 우식경험영구치
⑤ 우식경험영구치면

답 ①

다음 중 전체 인구 중 영구치아의 우식증을 경험한 사람에 대한 백분율을 조사하는 지표는 무엇인가?

① 영구치우식경험률(DMF rate)
② 우식경험영구치율(DMFT rate)
③ 우식영구치율(DT rate)
④ 우식경험영구치지수(DMFT index)
⑤ 우식영구치지수(DT index)

답 ①

다음 중 우식경험영구치율(DMFT rate)의 계산식으로 옳은 것은 무엇인가?

① $\frac{1개 \ 이상의 \ 우식경험영구치를 \ 가지고 \ 있는 \ 자의 \ 수}{피검자 \ 수} \times 100$

② $\frac{1개 \ 이상의 \ 우식경험영구치를 \ 가지고 \ 있는 \ 자의 \ 수}{피검자 \ 수}$

③ $\frac{우식경험영구치아 \ 수}{피검 \ 영구치아 \ 수} \times 100$

④ $\frac{우식경험영구치아 \ 수}{피검 \ 영구치아 \ 수}$

⑤ $\frac{우식경험영구치아 \ 수}{피검자 \ 수} \times 100$

해설
① 영구치우식경험률(DMF rate)
④ 우식경험영구치지수(DMFT index)

답 ③

ⓒ Bodecker의 치면 분류

치 아	치면 분류	
유 치	모든 치아	근심면, 원심면, 협면, 설면, 교합면
영구치	상·하악 전치, 상악 소구치	근심면, 원심면, 협면, 설면, 교합면
	하악 소구치, 상악 제3대구치	교합면 2치면(근심, 원심)
	하악 대구치	협면 2치면(협면소와, 협면)
	상악 제1, 2대구치	교합면 2치면(근심, 원심), 구개면 (구개소와, 구개면)

④ 우식경험영구치면율(DMFS rate)

$$\frac{\text{우식경험영구치면 수}}{\text{피검 영구치면 수(상실치면 포함)}} \times 100(\%)$$

㉠ 조사대상 우식경험영구치면 수의 피검 영구치면 수(분석단위=치면)에 대한 백분율
㉡ 결과특성
  • 정비례 : 연령, 영구치우식경험률
  • 반비례 : 문화수준
㉢ 치면분류 방법(보데커의 치면분류)
  • 유치는 총 100개의 치면을 갖는다.
  • 영구치는 총 180개의 치면을 갖는다.

총 치면	분류	치 아	
5	근심면, 원심면, 협면, 설면, 교합면	유 치	
5	근심면, 원심면, 협면, 설면, 교합면	상·하악의 모든 전치, 상악 소구치	영구치
6	근심면, 원심면, 협면, 설면, 근심교합면, 원심교합면	하악 소구치, 상악 제3대구치	
6	근심면, 원심면, 협면소와, 협면, 설면, 교합면	하악 대구치	
7	근심면, 원심면, 협면, 구개소와, 구개면, 근심교합면, 원심교합면	상악 제1, 2대구치	

※ 발거된 치아 : 3면, 인조치관장착치아 : 3면, 인접면우식증 : 2면

⑤ 우식영구치율(DT rate)

$$\frac{\text{우식영구치 수}}{\text{우식경험영구치 수}} \times 100(\%)$$

㉠ 치아우식증을 경험한 모든 영구치 중 현재 치아우식증이 진행 중인 치아의 백분율
㉡ 결과특성
  • 반비례 : 치아우식증을 초기에 발견하여 치료하는 경우, 소득수준, 교육수준, 계속구강건강관리를 받은 집단

다음 중 우식경험영구치면율(DMFS rate)을 조사하는데, 발거된 치아는 몇 면에 우식이 있다고 판정하는가?

① 1면 ② 2면
③ 3면 ④ 4면
⑤ 5면

해설
③ 발거된 치아와 인조치관이 장착된 치아는 3면으로 판정한다.

답 ③

⑥ 처치영구치율(FT rate)

$$\frac{\text{처치영구치 수}}{\text{우식경험영구치 수}} \times 100(\%)$$

㉠ 치아우식증을 경험한 모든 영구치 중 현재 치아우식증을 치료하여 영구 충전된 치아의 백분율
㉡ 결과특성
  • 정비례 : 치아우식증을 초기에 발견하여 치료하는 경우, 소득수준, 교육수준, 계속구강건강관리를 받은 집단

⑦ 상실영구치율(MT rate)

$$\frac{\text{상실영구치 수}}{\text{우식경험영구치 수}} \times 100(\%)$$

㉠ 치아우식증을 경험한 모든 영구치 중에서 치아우식증으로 인해 치아를 이미 상실했거나 그 부위를 인공치아로 대치한 치아의 백분율
㉡ 결과특성
  • 정비례 : 연령
  • 반비례 : 문화수준, 수돗물불소농도 적용지역, 치아우식증을 초기에 발견하여 치료하는 경우, 소득수준, 교육수준, 계속구강건강관리를 받는 집단
㉢ 영향요인 : 주민의 구강보건의식, 구강보건인력의 구강보건의식, 정부의 구강보건방침, 구강보건진료제도 등

⑧ 우식경험영구치지수(DMFT index)

$$\frac{\text{피검자가 보유한 우식경험영구치아 수}}{\text{피검자 수}}$$

㉠ 한 사람이 보유하고 있는 평균 우식경험영구치아의 수
㉡ 결과특성
  • 정비례 : 연령
  • 반비례 : 문화수준, 수돗물불소농도조정 지역, 반점치아가 발생되는 지역
㉢ 의의 : 연구집단의 영구치 우식경험도를 비교하는 구강보건지표

⑨ 우식경험영구치면지수(DMFS index)

$$\frac{\text{피검자가 보유한 우식경험영구치면 수}}{\text{피검자 수}}$$

㉠ 한 사람이 보유하고 있는 평균 우식경험영구치면의 수
㉡ 결과특성
  • 정비례 : 연령
  • 반비례 : 문화수준, 수돗물불소농도조정 지역

다음 중 우식경험영구치 지수를 높이는 결과특성은 무엇인가?

① 반점치아가 발생되는 지역
② 수돗물불소농도조정사업의 수혜지역
③ 높은 연령
④ 높은 문화수준
⑤ 영구치 우식경험률이 낮은 지역

답 ③

다음 중 제1대구치의 건강도의 평점 기준 중 최고점은 얼마인가?

① 4점   ② 10점
③ 20점 ④ 30점
⑤ 40점

해설
⑤ #16, #26, #36, #46을 조사하며 각 치아당 10점이 최고점이다.

답 ⑤

다음 중 건전한 제1대구치의 평점은 얼마인가?

① 40점 ② 10점
③ 5점   ④ 1점
⑤ 0점

답 ②

다음 중 제1대구치의 우식경험률 계산식 중 ( ) 안에 알맞은 말은 무엇인가?

$$\text{제1대구치의 우식경험률} = (\quad) - \text{제1대구치의 건강도}$$

① 1   ② 10
③ 100   ④ 1,000
⑤ 10,000

답 ③

(3) 제1대구치 건강도

$$\frac{\text{제1대구치 건강도 평점}}{40} \times 100(\%)$$

① 제1대구치의 우식경험률 = 100 – 제1대구치건강도(%)
② 4개의 제1대구치에 대한 총평점수 40점에 대한 백분율이다.
③ 1개의 제1대구치의 최고평점은 10점이며, 최저평점은 0점이다.
④ 4개의 제1대구치에 대한 최고평점은 40점이며, 최저평점은 0점이다.
⑤ 평점기준

평 점	치아의 상태		
10	건 강		
9.5			1치면 충전
9		1치면 우식	2치면 충전
8.5			3치면 충전
8		2치면 우식	4치면 충전
7.5			5치면 충전, 크라운치아
7		3치면 우식	
6		4치면 우식	
5		5치면 우식	
0			상실, 발거 지시

(4) 기능상실치율

$$\frac{\text{상실치아} + \text{발거대상 치아 수}}{\text{피검 영구치아 수(상실치 포함)}} \times 100(\%)$$

① 상실치아와 발거대상치아의 원인은 치아우식증과 기타 구강질환에 의해 발거 및 발거대상이 된 치아를 모두 포함한다.
② 결과특성
  ㉠ 반비례 : 수돗물불소농도조정 수혜지역, 계속구강건강관리사업 지역

(5) 우식치명률

$$\frac{\text{우식으로 인한 상실치아 수} + \text{발거대상 우식치아 수}}{\text{우식경험 총 치아 수}} \times 100(\%)$$

3 유치우식증 통계

(1) 유치우식증 통계의 기준

분류		설 명
5세 이하	d	미처치 우식유치 중 보존 치료가 가능한 우식유치
	m	• 우식을 원인으로 이미 발거한 유치 • 검사 당시 발거지시 유치
	f	이미 충전되어 보존되고 있는 과거 우식유치
6세 이하	d	검사 당시에 존재한 충전으로 보존 가능한 우식유치
	e	• 우식을 원인으로 발거해야 할 유치 • 상실된 우식경험유치는 제외
	f	이미 충전되어 보존되고 있는 과거 우식유치
WHO 유치우식	d	• 충전으로 보존할 수 있는 유치 • 보존이 불가능하여 발거해야 하는 우식유치
	f	이미 충전되어 보존되고 있는 과거의 우식유치

① 유치우식경험률(dmf rate) : 전체 인구 중 유치우식증을 경험한 사람의 비율

$$\frac{1개 \text{ 이상의 우식경험 유치를 가진 피검 아동의 수}}{피검 \text{ 아동 수}} \times 100(\%)$$

② 우식경험유치율(dmft rate) : 피검 유치 중 우식경험유치의 백분율

$$\frac{피검 \text{ 치아 중 우식경험 유치 수}}{피검 \text{ 유치 수}} \times 100(\%)$$

③ 우식경험유치면율(dmfs rate) : 상실유치면을 포함한 피검 유치면 가운데서 우식경험유치면의 백분율

$$\frac{피검 \text{ 치아 중 우식경험 유치면 수}}{피검 \text{ 유치면 수(상실치면 포함)}} \times 100(\%)$$

④ 우식경험유치지수(dmft index) : 한 사람이 보유하고 있는 평균 우식경험 유치 수

$$\frac{피검 \text{ 아동이 보유한 총 우식경험 유치 수}}{피검 \text{ 아동 수}}$$

⑤ 우식경험유치면지수(dmfs index) : 한 사람이 보유하고 있는 평균 우식경험 유치면 수

$$\frac{피검 \text{ 아동이 보유한 총 우식경험 유치면 수}}{피검 \text{ 아동 수}}$$

다음 중 유치우식통계에서 우식증으로 인해 발거된 유치로 옳게 표기된 것은?

① d ② m
③ f ④ D
⑤ M

답 ②

다음 중 상실 우식경험유치를 포함하여 유치우식통계를 조사하는 연령 기준은 무엇인가?

① 5세 이하 ② 6세 이하
③ 7세 이하 ④ 8세 이하
⑤ 9세 이하

해설
① 6세 이상은 상실 우식경험유치를 제외한다.

답 ①

다음 중 우식경험유치지수를 계산하는 방법은 무엇인가?

① $\frac{1개 \text{ 이상의 우식경험 유치를 가진 피검자 수}}{피검자 \text{ 수}} \times 100$

② $\frac{1개 \text{ 이상의 우식경험 유치를 가진 피검자 수}}{피검자 \text{ 수}}$

③ $\frac{우식경험유치 \text{ 수}}{피검자 \text{ 수}} \times 100$

④ $\frac{우식경험유치 \text{ 수}}{피검자 \text{ 수}}$

⑤ $\frac{우식유치 \text{ 수}}{우식경험유치 \text{ 수}} \times 100$

답 ④

⑥ 기타 통계

우식유치율(dt rate)	처치유치율(ft rate)	발거대상우식유치율(mt rate)
우식경험유치 중 우식유치의 백분율	우식경험유치 중 처치유치의 백분율	우식경험유치 중 발거대상우식유치 또는 상실 유치의 백분율
$\dfrac{\text{우식유치 수}}{\text{우식경험유치수}} \times 100(\%)$	$\dfrac{\text{처치유치 수}}{\text{우식경험유치 수}} \times 100(\%)$	$\dfrac{\text{상실 영구치}}{\text{우식경험유치 수}} \times 100(\%)$

4 치주조직평가

(1) 치주병이환치율

$$\dfrac{\text{치주조직병이환 단위 치주 조직수}}{\text{피검 현존치아 수}} \times 100(\%)$$

(2) 러셀의 치주조직지수(Russel's periodontal index)
① 치주조직병이 진행된 정도를 정확하고 포괄적으로 표시하는 지표
② 최고점은 8점이며, 최저점은 0점이다.
③ 결과특성
　㉠ 정비례 : 흑인, 연령
　㉡ 반비례 : 학교집단 칫솔질사업 참여 학교, 구강보건지식수준, 소득수준
④ 개인의 치주조직병지수 평점기준

평 점	상 태
0	염증성 변화가 없는 건강한 치은
1	염증이 있으나 전체 치은을 둘러싸지 않은 비포위성 치은염
2	염증이 치은을 둘러싸고 있는 포위성 치은염
6	포위성 치은염이고 치주낭이 형성되어 있고, 치아의 동요도는 없음
8	염증의 진행으로 현저한 치조골 소실이 보이며, 치아의 동요도가 있음

⑤ 집단의 치주조직병지수

$$\dfrac{\text{개인의 치주조직병지수의 합}}{\text{총 피검자 수}}$$

다음 중 치주조직병이 진행된 정도를 정확히 포괄하는 치주조직병 통계는 무엇인가?
① 치주조직병지수
② 유두변연부착치은염지수
③ 치은염지수
④ 지역사회치주요양필요지수
⑤ 치주염지수

답 ①

⑥ 집단의 치주조직병지수 평점기준

평점	상태
0.0~0.2	정상 치주조직
0.3~0.9	단순 치은염
0.7~1.9	초기 치주조직병
1.6~5.0	진행 치주조직병
3.8~8.0	파괴 치주조직병

(3) 유두변연부착치은염지수(P-M-A index)

① 개인의 발생된 치은염의 양을 표시하는 지표
② 치은을 세 부위로 나누어(P-M-A) 치은염이 존재하는 부위의 수의 합계
③ P(유두치은염, papillary gingivitis), M(변연치은염, marginal gingivitis), A(부착치은염, attached gingivitis)의 세 부위에서 각각 염증이 있으면 1점, 없으면 0점
④ 6전치 사이에 있는 5개의 치간유두 + 5부위의 변연치은 + 5부위의 부착치은으로, 상·하악을 조사한다(총 30개의 단위치은, 0점이 최저점, 30점이 최고점).

(4) 치은염지수(gingival index)

① Loe와 Silness가 창안
② 치은염의 위치와 증상과 진행 정도를 표시하는 종합지표
③ 4개의 치은연 : 근심치은연, 원심치은연, 협측치은연, 설측치은연
④ 최저치 0점, 최고치 3점
⑤ 치아별, 개인별, 부위별 치은염지수를 구할 수 있다.
⑥ 치은염 평점기준

평점	상태
0점	정상치은연
1점	경미한 색변화와 종창, 약한 자극에 출혈되지 않는 정도의 염증
2점	발적, 종창의 증상, 경한 자극으로 출혈되는 정도의 염증
3점	현저한 발적과 종창, 궤양, 자연적 출혈, 심한 염증

(5) 지역사회치주요양필요지수(CPITN)

① Community Periodontal Treatment Need Index
② 특정 집단이나 지역사회 주민에게 전달하여야 할 치주요양의 필요를 표시
③ 치은염의 발생 여부, 치석의 부착 여부, 치주낭의 깊이를 표시

다음 중 치주조직병지수의 최고점은 얼마인가?

① 3 ② 4
③ 5 ④ 6
⑤ 8

답 ⑤

다음 중 개인의 발생된 치은염의 양을 표시하는 치주조직병 통계는 무엇인가?

① 치주조직병지수
② 유두변연부착치은염지수
③ 치은염지수
④ 지역사회치주요양필요지수
⑤ 치주염지수

답 ②

다음 중 지역사회 전체 주민을 대상으로 치은염의 발생 여부, 치석의 부착 여부, 치주낭의 깊이를 표시하는 치주조직병 통계는 무엇인가?

① 치주조직병지수
② 유두변연부착치은염지수
③ 치은염지수
④ 지역사회치주요양필요지수
⑤ 치주염지수

답 ④

④ 20대 이상, 10개의 지정치아, 검사 기록은 6개 기록

| #17 or #16 | #11 | #26 or #27 |
| #47 or #46 | #31 | #36 or #37 |

⑤ 검사대상
  ㉠ 한 삼분악에 발거대상이 아닌 2개 이상의 치아가 현존할 때(한 삼분악에 1개의 치아만 현존하거나, 발치해야 할 치아가 2개 이상이라면 검사대상에서 제외)
  ㉡ 검사한 삼분악에 1개의 치아만 현존하면 인접 삼분악에 포함
  ㉢ 특정 삼분악에 지정치아가 없으면 그 삼분악에 존재하는 모든 치아의 치주조직을 검사하여 가장 안 좋은 치주조직의 결과를 기록

⑥ 검사대상에서 제외
  ㉠ 완전히 맹출하지 못한 영구치아를 둘러싼 치주조직은 제외
  ㉡ 수직동요와 불쾌감을 유발하는 치아는 발거대상치로 판단
  ㉢ 제3대구치의 치주조직은 제외

⑦ 치주조직검사 평점

평 점		상 태
0	건전치주조직	삼분악의 치주조직에 치은출혈, 치석, 치주낭 등의 병적 증상이 없음
1	출혈치주조직	삼분악의 치주조직에 치석, 치주낭의 병적 증상은 없으나 치주낭 측정 중이나 직후 출혈이 있음
2	치석부착치주조직	삼분악의 치주조직에 육안으로 관찰되는 치은연상치석이나 육안으로 관찰되지 않는 치은연하치석이 부착되어 있음
3	천치주낭형성조직	삼분악의 치주조직에 4~5mm 깊이의 치주낭이 형성
4	심치주낭형성조직	삼분악의 치주조직에 6mm 이상 깊이의 치주낭이 형성

⑧ 지역사회치주요양필요지수

평 점	치주조직검사	치주요양필요자
0	건전치주조직	치주요양불필요자
1	출혈치주조직	치면세균막관리필요자
2	치석부착치주조직	치면세마필요자
3	천치주낭형성조직	
4	심치주낭형성조직	치주조직병치료필요자

다음 중 지역사회치주요양필요지수를 측정함에 있어, 특정 삼분악에 지정치아가 없는 경우의 치주조직검사 결과 기록방법은?

① 해당 삼분악에 현존하는 모든 치아주위 치주조직을 검사한 후 가장 진행된 치주조직의 결과를 기록
② 해당 삼분악에 현존하는 모든 치아주위 치주조직을 검사한 후 평균 치주조직의 결과를 기록
③ 해당 삼분악에 현존하는 치아 중 지정치아에 인접한 치아를 검사한 후 가장 진행된 치주조직의 결과를 기록
④ 인접 삼분악의 치주조직 결과를 동일하게 기록
⑤ 기록에서 제외

답 ①

다음 중 지역사회치주요양필요지수 중 치면세균막관리필요자율을 나타내는 표기는 무엇인가?

① $CPITN_0$
② $CPITN_1$
③ $CPITN_2$
④ $CPITN_3$
⑤ $CPITN_4$

답 ②

5 반점치

(1) 적정관급수 불소이온농도
① 0.8~1.2ppm
② Dunning : 경도 이상의 반점치가 발생되지 않아야 한다.
③ Maier : 경도 이상의 반점치가 발생되지 않아야 하며, 경미도 반점치 유병률이 10% 이하가 되어야 한다.

(2) 치아별 반점치 평점기준

평점	분류	상태
0	정상치아	정상적인 법랑질 형태와 투명도의 상태를 유지
0.5	의문치아	• 약간의 투명도 상실, 작은 백반 • 정상치아와 경미도 반점치로 판정하기 곤란
1	경미도치아	불투명한 백반이 치아 전체면적의 25% 이내
2	경도치아	• 불투명한 백반이 치아 전체면적의 25~50% 이내 • 연한갈색의 착색이 수반되기도 함
3	중등도치아	• 불투명한 백반이 모든 치아면에 존재 • 교모, 갈색의 착색이 수반되기도 함
4	고도치아	• 전체 치면에 반점과 소와 존재 • 법랑질의 형성부전, 부식증상 • 갈색이나 흑색의 착색이 수반되기도 함

(3) Dean과 Mckay의 반점치지수
① 최저치 0점, 최고치 4점
② 개인별 반점치지수의 평균을 집단의 반점치지수로 한다.
③ 음료수 불소이온농도가 높으면 지역사회에서 고도반점치 유병률이 높고, 의문반점치 유병률은 낮다.

(4) Horowitz의 개인의 반점치지수 : 개인의 각 치아 반점치 점수 중 두 번째로 높은 것

평점	분류	상태
0	정상치아	• 1개의 반점치아만 가짐 • 1개의 치아만 중등도 반점치이며, 다른 치아는 모두 정상
2	경도반점치아	경도 반점치 2개, 중등도 반점치 1개, 나머지는 정상
3	중등반점치아	중등도 반점치 2개, 나머지는 정상

다음 중 적정관급수 불소이온농도의 범위는 무엇인가?
① 0.1~0.3ppm
② 0.4~0.7ppm
③ 0.8~1.2ppm
④ 1.3~1.7ppm
⑤ 1.8~2.0ppm
답 ③

다음 중 Maier가 적정관급수 불소이온농도의 기준으로, 경미도 반점치 유병률의 기준은 얼마인가?
① 1% 이하　② 5% 이하
③ 10% 이하　④ 15% 이하
⑤ 20% 이하
답 ③

다음 중 지역사회 반점치아 지수 중 정상지수로 옳은 것은?

① 0.0~0.4 ② 0.4~0.6
③ 0.7~1.0 ④ 1.0~2.0
⑤ 2.0~3.0

[해설]
② 의심, ③ 경미, ④ 중등, ⑤ 현저, 3.0~4.0은 중대이다.

답 ①

(5) 지역사회 반점치지수

$$\frac{조사대상자별\ 반점치아지수의\ 합}{조사대상자의\ 수}$$

지수	0.0~0.4	0.4~0.6	0.6~1.0	1.0~2.0	2.0~3.0	3.0~4.0
평가	정상	의심	경미	중등	현저	중대

(6) 반점치 유병률 : 반점치아의 통계지표로 이용

$$\frac{반점도별\ 반점치\ 유병자\ 수}{피검자\ 수} \times 100(\%)$$

다음 중 구강환경상태를 정량적으로 표시하는 구강지표는 무엇인가?

① 구강환경관리능력지수(PHP)
② 간이구강환경지수(S-OHI)
③ 잔사지수(DI)
④ 치석지수(CI)
⑤ 구강환경지수(OHI)

답 ⑤

6 구강환경평가

(1) 구강환경지수(OHI)

① Oral Hygiene Index
② 구강환경상태를 정량적으로 표시하는 구강보건지표
③ 구강환경지수(OHI, 최고점 12) = 잔사지수(DI, 최고점 6) + 치석지수(CI, 최고점 6)
④ 제3대구치를 제외한 현존하는 모든 영구치를 대상으로, 협면(3점)과 설면(3점)을 조사
⑤ 잔사지수(DI=Debris Index)

평점	상 태
0	음식물 잔사와 외인성 색소침착이 없음
1	음식물 잔사나 외인성 색소침착이 치면의 1/3 이하를 덮음
2	음식물 잔사가 2/3 이하를 덮음
3	음식물 잔사가 2/3 이상을 덮음

⑥ 치석지수(CI=Calculus Index)

평점	상 태
0	치석이 없음
1	치은연하치석은 없고, 치은연상치석이 치경부 1/3 부위에 존재
2	소량의 치은연하치석이 점상으로 존재, 치은연상치석이 치면 2/3 이하로 존재
3	다량의 치은연하치석이 환상으로 존재, 치은연상치석이 치면 2/3 이상으로 존재

다음 중 잔사지수(DI)가 상악우측 제1대구치의 협면에는 치경부측 1/3 부위에 음식 잔사가 부착되어 있으며, 구개면에는 치경부 2/3에 해당하는 부위까지 음식 잔사가 부착된 경우, 상악 우측 제1대구치의 구강환경지수는 얼마인가?

① 2   ② 3
③ 4   ④ 5
⑤ 6

[해설]
협면 1점 + 구개면 2점

답 ②

(2) 간이구강환경지수(S-OHI)

① Simplified Oral Hygiene Index
② 6개의 치아를 한 면씩 총 6치면을 검사

#16 협면	#11 순면	#26 협면
#46 설면	#31 순면	#36 설면

③ 간이구강환경지수(최고점 6점) = 잔사지수(S – DI, 최고점 3) + 치석지수(S – CI, 최고점 3)

지 수	0.0~1.2	1.3~3.0	3.1~6.0
평 가	정 상	불 결	매우 불결

(3) 구강환경관리능력지수(PHP)

① Patient Hygiene Performance
② 구강환경을 관리하는 개인의 능력을 정량적으로 측정하여 표시하는 지표
③ 6개의 치아를 한 면씩 총 6치면을 검사

#16 협면	#11 순면	#26 협면
#46 설면	#31 순면	#36 설면

④ 검사대상 치면을 각각 5부분으로 나눔(근심/원심/치은부/중앙부/절단부)
⑤ 각 부분에 치면세균막이 붙어 있으면 1점, 미부착 시 0점
⑥ 한 개 치아 기준으로 최저 0점, 최고 5점

$$\frac{\text{검사결과의 합계(합계 최고점 = 30점)}}{\text{검사치아의 수(6치아)}}$$

다음 중 구강환경관리능력지수(PHP)는 얼마인가?

치 아		지 수	치 아		지 수
#16	협 면	2점	#36	협 면	1점
	설 면	3점		설 면	3점
#11	순 면	1점	#31	순 면	1점
	설 면	2점		설 면	2점
#26	협 면	1점	#46	협 면	1점
	설 면	2점		설 면	3점

① 7　　② 9
③ 11　　④ 13
⑤ 15

해설
#16 협 2점 + #11 순 1점 + #26 협 1점 + #36 설 3점 + #31 순 1점 + #46 설 3점 = 11점

답 ③

CHAPTER 09 적중예상문제

1 구강건강실태조사

01 다음 중 구강보건통계학에 대한 설명으로 틀린 것은?
① 구강보건실태조사의 기준이 명확해야 한다.
② 적은 경비로 짧은 시간 내에 일부의 구강보건실태를 조사하여 일반화한다.
③ 검사자가 여러 명인 경우 검사자 간의 차이가 적어야 한다.
④ 구강역학연구를 효율화할 수 있다.
⑤ 구강보건사업의 기초자료로 활용될 수 있다.

> **해설**
> ② 적은 경비로 짧은 시간 내에 다수의 구강보건실태를 조사하여 반영한다.

02 다음 중 자연적 순서에 따라 배열된 목록에서 K번째 요소를 추출하여 표본을 형성하는 표본추출방법은 무엇인가?
① 단순확률표본추출
② 계통적추출법
③ 층화추출법
④ 편의추출법
⑤ 할당표본추출법

> **해설**
> ① 임의적 조작 없이 표본이 동일하게 선출된 기회를 갖는 표본추출방법으로 난수 이용, 주사위 이용법 등이다.

03 일정한 순서에 따라 배열된 목록에서 k번째 요소를 추출하는 방법은?
① 난수표
② 계통적 추출법
③ 층화 추출법
④ 집락 추출법
⑤ 단순무작위 추출법

> **해설**
> ③ 층화 추출법 : 여러 개의 계층 분할 후 계층에서 임의 추출
> ④ 집락 추출법 : 집락을 추출단위로 하여 임의 추출, 조사범위가 클 때
> ⑤ 단순무작위 추출법 : 모든 표본이 동일하게 선출된 가능성 가짐 (예) 난수표, 통 안의 쪽지, 주사위, 통계프로그램)

04 다음 중 구강보건실태조사과정의 순서로 적합한 것은?
① 조사목적설정 → 표본추출 → 조사승인취득 및 예정표 작성 → 조사요원 교육훈련 → 조사대편성 및 본조사 준비
② 조사목적설정 → 조사승인취득 및 예정표 작성 → 표본추출 → 조사요원 교육훈련 → 조사대편성 및 본조사 준비
③ 조사목적설정 → 표본추출 → 조사승인취득 및 예정표 작성 → 조사대편성 및 본조사 준비 → 조사요원 교육훈련
④ 표본추출 → 조사목적설정 → 조사승인취득 및 예정표 작성 → 조사요원 교육훈련 → 조사대편성 및 본조사 준비
⑤ 표본추출 → 조사목적설정 → 조사요원 교육훈련 → 조사승인취득 및 예정표 작성 → 조사대편성 및 본조사 준비

정답 01 ② 02 ② 03 ② 04 ①

05 다음 중 WHO에서 기준한 국제적 표본비교 연령으로 영구치 우식경험도 비교 기준연령으로 옳은 것은?

① 10세　　② 12세
③ 15세　　④ 19세
⑤ 20세

06 다음 중 WHO에서 기준한 국제적 표본비교 연령으로 치주조직병 이환 정도의 비교 기준연령으로 옳은 것은?

① 12세　　② 15~19세
③ 20~25세　　④ 25~34세
⑤ 35~44세

> **해설**
> ② 사춘기연령이 해당한다.

07 다음 중 구강보건실태조사 결과를 보고 받는 사람은 누구인가?

① 보건복지부장관
② 질병관리청장
③ 시·군·구청장
④ 보건소장
⑤ 보건사회연구원장

08 다음 중 검사자 간의 오차를 줄이고, 검사결과의 일관성 유지를 위해 실행하는 이중검사의 오차율 기준은 얼마인가?

① 5%　　② 10%
③ 15%　　④ 20%
⑤ 50%

09 다음 중 조사자 간의 조사가 결과의 오차가 커지는 이유로 적합한 것은?

① 조사자가 기록자에게 조사결과를 명확히 전달해서
② 기록자가 조사결과를 구체적, 서술적으로 기록해서
③ 만성질환은 쉽게 관찰될 수 있어서
④ 조사자의 피로도가 낮고, 관심도가 높아서
⑤ 조사자의 정신적 스트레스가 거의 없어서

> **해설**
> ② 기록자가 조사결과를 간단하고 명료하게 작성해야 조사결과의 오차가 작아진다.

10 다음 중 검사장의 동선에 대한 내용으로 옳은 것은?

① 피검자는 조명원과 나란히 앉는다.
② 기구대는 피검자의 맞은편에 위치한다.
③ 기록자는 검사자의 옆에 위치한다.
④ 피검자의 입구와 출구는 동일하다.
⑤ 피검자는 한번에 한 사람씩 검사하도록 한다.

> **해설**
> ① 피검자는 조명원을 향해서 앉는다.
> ② 기구대는 피검자의 옆에 위치한다.
> ③ 기록자는 검사자의 맞은편에 위치한다.
> ④ 피검자의 입구와 출구는 칸막이로 분리시킨다.

정답 05 ② 06 ② 07 ④ 08 ② 09 ② 10 ⑤

11 다음 중 집단구강검진에서 이용하는 구강검사방법은 무엇인가?
① 시 진
② 촉 진
③ 상 담
④ 탐 지
⑤ 면 담

12 다음 중 구강보건실태조사의 일반자료 조사기록 원칙이 아닌 것은?
① 모든 피검자에게 일련번호를 부여한다.
② 검사일자는 우리나라에서는 연/월/일 순으로 기재한다.
③ 연령은 만 연령으로 기재한다.
④ 성별은 조사 후 기록자가 기재한다.
⑤ 일련번호는 아라비아 숫자로 구성된다.

> **해설**
> ④ 성별은 조사 중에 기록해야 한다.

2 영구치우식증 통계

01 다음 중 건전치아가 아닌 것은?
① 백묵 모양의 백색반점이 있는 치아
② 연화치질이나 유리법랑질이 확인되는 치아
③ 소와와 열구가 착색된 치아
④ 탐침의 끝이 걸리는 치아
⑤ 변색반점이나 거친 반점이 있는 치아

> **해설**
> ② 탐침의 끝은 걸려도 연화치질이나 유리법랑질을 확인할 수 없는 소와와 열구가 건전치아이다.

02 다음 중 치아검사 시 현존치아로 간주하는 것은?
① 방사선에서 관찰된 매복치아
② 유치와 영구치가 동일 부위 공존 시의 유치
③ 맹출 중이라 일부만 육안 관찰이 가능한 치아
④ 육안으로 관찰이 안 되고 탐침으로도 탐지가 안 되는 치아
⑤ 육안으로 관찰이 안 되고 방사선으로 탐지되는 치아

> **해설**
> ①, ⑤ 방사선과 무관, 육안검사와 탐지로 구분
> ② 유치와 영구치 동일 부위 공존 시 영구치아만을 현존치아로 간주
> ④ 육안으로 관찰이 안 되고 탐침으로 탐지가 되어야 현존치아로 간주

03 다음 중 집단의 구성원이 가지고 있는 총 영구치면 중 치아우식증을 경험한 영구치아의 치면에 대한 백분율을 조사하는 지표는 무엇인가?
① 영구치우식경험률(DMF rate)
② 우식경험영구치율(DMFT rate)
③ 우식경험영구치면율(DMFS rate)
④ 우식경험영구치지수(DMFT index)
⑤ 우식경험영구치면지수(DMFS index)

04 피검치아 30개 중에서 우식치아 4개, 우식으로 인한 발거해야 할 치아 1개, 우식으로 인해 발거된 치아가 1개, 치료를 완료한 치아가 4개일 때 우식치명률은?
① 7.5%
② 10%
③ 20%
④ 33.3%
⑤ 50%

> **해설**
> **우식치명률**
> $$\frac{\text{우식으로 인한 상실치아 수} + \text{발거대상 우식치아 수}}{\text{우식경험 총치아 수}} \times 100\%$$
> $$= \frac{(1+1)}{10} \times 100\% = 20\%$$

05 다음 중 영구치우식경험률(DMF rate)에 대한 설명으로 옳은 것은 무엇인가?

① 연령과 반비례한다.
② 문화수준과 비례한다.
③ 수돗물불소농도조정사업 수혜를 받은 지역에서 높다.
④ 우식증이 많이 발생되는 집단에서 높다.
⑤ 학교 불소이온농도사업 수혜를 받은 지역에서 높다.

해설
① 연령과 비례한다.
② 문화수준과 반비례한다.
③ 수돗물불소농도조정사업 수혜를 받은 집단에서 낮다.
⑤ 학교 불소이온농도사업 수혜를 받은 지역에서 낮다.

06 20대 대학생 100명을 대상으로 구강검사 결과, 전체 보유한 영구치 치아가 2,000개였고, 현재 진행 중인 우식치아 500개, 우식증으로 인하여 충전된 치아 200개였으며, 우식으로 인한 상실치아는 100개였다. 우식경험영구치율(DMFT rate)은?

① 10% ② 25%
③ 30% ④ 40%
⑤ 50%

해설
우식경험영구치율

$$\frac{\text{우식경험 영구치아 수}}{\text{피검 영구치아 수(상실치 포함)}} \times 100\%$$

$$= \frac{(500 + 200 + 100)}{2,000} \times 100\% = 40\%$$

07 다음 중 영구치우식통계와 관련된 역학적 특성으로 틀린 것은 무엇인가?

① 우식영구치율은 선진국에서 낮다.
② 처치영구치율은 선진국에서 높다.
③ 상실영구치율은 선진국에서 높다.
④ 우식영구치율은 우식경험영구치 중 우식영구치의 백분율이다.
⑤ 상실영구치율은 우식경험영구치 중 상실영구치의 백분율이다.

해설
③ 상실영구치율은 선진국과 후진국에서 낮고, 중진국에서 높다.

08 다음 중 보데카의 치면분류도에 대한 설명으로 틀린 것은 무엇인가?

① 유치는 100면으로 분류한다.
② 영구치는 사랑니를 포함하여 180면으로 분류한다.
③ 유치는 모든 치아를 5치면으로 분류한다.
④ 영구치 중 상악 소구치는 교합면을 근심교합면과 원심교합면으로 추가 분류한다.
⑤ 영구치 중 상악 제1대구치는 7치면으로 분류한다.

해설
④ 영구치 중 하악 소구치는 교합면을 근심교합면과 원심교합면으로 추가 분류한다.

09 다음 중 보테카의 치면분류 중 6치면으로 분류되는 치아가 아닌 것은?

① 하악 제1소구치
② 하악 제2소구치
③ 상악 제3대구치
④ 하악 제1대구치
⑤ 상악 제2대구치

해설
⑤ 6치면으로 분류되는 치아는 하악 소구치, 상악 제3대구치, 하악 대구치이다.

정답 05 ④ 06 ④ 07 ③ 08 ④ 09 ⑤

10 보데커의 치면분류에서 2개의 면으로 산출하는 것은?

① 인접면우식증
② 발거된 치아
③ 인조치관장착치아
④ 맹출 중인 매복사랑니
⑤ 치경부우식증

해설

보데커 치면분류
- 유치 100면, 영구치 180면
- 인접면우식증 : 2면
- 인조치관장착치아, 발거된 치아 : 3면

11 다음 중 우식경험영구치지수(DMFT Index)를 계산하는 식으로 옳은 것은?

① $\dfrac{\text{우식영구치 수}}{\text{피검자 수}}$
② $\dfrac{\text{처치영구치 수}}{\text{피검자 수}}$
③ $\dfrac{\text{상실영구치 수}}{\text{피검자 수}}$
④ $\dfrac{\text{우식경험영구치아 수}}{\text{피검자 수}}$
⑤ $\dfrac{\text{우식경험영구치아 수}}{\text{피검 영구치아 수}}$

해설

① 우식영구치지수
② 처치영구치지수
③ 상실영구치지수

12 다음 중 제1대구치 건강도의 계산식은 무엇인가?

① $\dfrac{\text{총 제1대구치의 건강도 평점}}{4} \times 100(\%)$
② $\dfrac{\text{총 제1대구치의 건강도 평점}}{4}$
③ $\dfrac{\text{총 제1대구치의 건강도 평점}}{40} \times 100(\%)$
④ $\dfrac{\text{총 제1대구치의 건강도 평점}}{40}$
⑤ $\dfrac{\text{총 제1대구치의 건강도 평균}}{4} \times 100(\%)$

13 상악 우측 제1대구치는 1개의 치면에 우식, 하악 우측 제1대구치는 건전, 상악 좌측 제1대구치는 2개의 치면에 인레이가 충전되어 있었으며, 하악 좌측 제1대구치는 크라운이 수복되어 있을 때 제1대구치의 건강도는?

① 88.75
② 35
③ 35.5
④ 64.5
⑤ 65

해설

제1대구치 건강도
#16 9점, #46 10점, #26 9점, #36 7.5점 → 총합 : 35.5
(35.5) / 40 × 100 = 88.75
※ 100 − 제1대구치 건강도 = 제1대구치의 우식경험률
100 − 88.75 = 11.25

3 유치우식증 통계

01 다음 중 유치우식경험률을 계산하는 방법은 무엇인가?

① $\dfrac{\text{1개 이상의 우식경험유치를 가진 피검자 수}}{\text{피검자 수}} \times 100(\%)$
② $\dfrac{\text{1개 이상의 우식경험유치를 가진 피검자 수}}{\text{피검자 수}}$
③ $\dfrac{\text{우식경험유치 수}}{\text{피검자 수}} \times 100(\%)$
④ $\dfrac{\text{우식경험유치 수}}{\text{피검자 수}}$
⑤ $\dfrac{\text{우식유치 수}}{\text{우식경험유치 수}} \times 100(\%)$

해설

④ 우식경험유치지수

02 다음 중 한 사람이 보유하고 있는 평균우식경험유치 수는 무엇인가?

① 유치우식경험률
② 우식경험유치율
③ 우식경험유치지수
④ 우식경험유치면율
⑤ 우식경험유치면지수

> 해설
> ① 전체 인구 중 유치우식증을 경험한 사람의 비율
> ② 피검 유치 중 우식경험유치의 비율
> ④ 상실유치면을 포함한 피검유치면 중 우식경험유치면의 비율
> ⑤ 한 사람이 보유하고 있는 평균우식경험유치면수

03 다음 중 전체인구 중 유치우식증을 경험한 사람의 비율은 무엇인가?

① 유치우식경험률
② 우식경험유치율
③ 우식경험유치지수
④ 우식경험유치면율
⑤ 우식경험유치면지수

04 다음 중 우식경험유치 중 우식유치의 백분율은 무엇인가?

① 유치우식경험률
② 우식경험유치율
③ 우식경험유치지수
④ 발거대상우식유치율
⑤ 우식유치율

> 해설
> ④ 우식경험유치 중 발거대상우식유치나 상실유치의 백분율

05 구강건강실태조사에서 치아의 검사결과로 옳은 것은?

① 외상으로 상실된 영구치 – A
② 가공의치의 가공치 – D
③ 진행성 우식병소가 없음 – F
④ 가공의치의 지대치 – I
⑤ 치수가 노출된 우식치아 – D

> 해설
> ① 외상으로 상실된 영구치 → 우식비경험상실치아 – A
> ② 가공의치의 가공치 → 우식경험상실치아 – M
> ③ 진행성우식병소가 없음 → 건전치아 – S
> ④ 가공의치의 지대치 → 우식비경험처치치아 – X
> ⑤ 치수가 노출된 우식치아 → 발거대상우식치아 – I

06 다음 중 치아에 대한 기호와 상태를 바르게 연결한 것은 무엇인가?

① S – 영구치 건전치아
② d – 영구치 우식치아
③ F – 유치 충전치아
④ x – 유치 상실치아
⑤ I – 영구치 우식상실치아

> 해설
> ② d – 유치 우식치아
> ③ F – 영구치 우식경험충전치아
> ④ x – 유치 우식비경험처치치아
> ⑤ I – 영구치 발거대상우식치아

07 다음 중 유치우식증 통계에 존재하지 않는 것은 무엇인가?

① 우식경험상실치아
② 발거대상우식치아
③ 우식비경험처치치아
④ 상실치아
⑤ 건전치아

> 해설
> ① 우식경험상실치아와 우식비경험상실치아는 존재하지 않는다.

정답 02 ③ 03 ① 04 ⑤ 05 ① 06 ① 07 ①

4 치주조직평가

01 다음 중 치아를 둘러싸고 있는 염증이 있는 포위 치은염의 경우 치주조직평점은 얼마인가?

① 0
② 1
③ 2
④ 6
⑤ 8

02 다음 중 치주조직병지수에 대한 설명으로 옳은 것은?

① 학교집단칫솔질사업을 실시하는 집단에서 지수가 높다.
② 의심스러운 경우 높은 점수를 취한다.
③ 조사대상의 50%에 대해 이중검사를 실시한다.
④ 연령이 많을수록 지수가 높다.
⑤ 구강보건지식과 소득수준과 정비례한다.

> **해설**
> ① 학교집단칫솔질사업을 실시하는 집단에서 지수가 낮다.
> ② 의심스러운 경우 낮은 점수를 취한다.
> ③ 조사대상의 10%에 대해 이중검사를 실시한다.
> ⑤ 구강보건지식과 소득수준이 높을수록 지수가 낮다(반비례).

03 다음 중 집단 치주조직병지수가 0.2인 경우 어떤 단계의 치주조직병인가?

① 정상 치주조직
② 단순 치은염
③ 초기 치주조직염
④ 진행 치주조직염
⑤ 파괴 치주조직염

> **해설**
> ① 0.0~0.2 정상 치주조직
> ② 0.3~0.9 단순 치은염
> ③ 0.7~1.9 초기 치주조직염
> ④ 1.6~5.0 진행 치주조직염
> ⑤ 3.8~8.0 파괴 치주조직염

04 다음 중 유두변연부착치은염 지수의 최고점은 얼마인가?

① 1점
② 5점
③ 6점
④ 8점
⑤ 30점

05 다음 중 유두변연부착치은염지수와 관련 없는 치아는 무엇인가?

① 상악 우측 견치
② 상악 좌측 제1소구치
③ 하악 좌측 측절치
④ 하악 우측 측절치
⑤ 하악 우측 견치

> **해설**
> ② 상, 하악 6전치 사이의 치간유두를 중심으로 한다.

정답 01 ① 02 ④ 03 ① 04 ⑤ 05 ②

06 다음 중 치은염지수에 대한 설명으로 옳은 것은?

① 근심치은연, 원심치은연, 설측치은연, 협측치은연을 측정한다.
② Russel에 의해 고안되었다.
③ 최고점이 5점이다.
④ 현저한 발적과 종창, 자연출혈, 심한 염증소견인 경우 4점이다.
⑤ 집단의 치은염지수를 구할 수 있다.

해설
② Loe와 Silness에 의해 고안되었다.
③ 최고점은 3점이다.
④ 현저한 발적과 종창, 자연출혈, 심한 염증소견인 경우 3점이다.
⑤ 개인별, 치아별, 부위별 치은염지수를 구할 수 있다.

07 다음 중 지역사회치주요양필요지수 중 치주조직병치료필요자율을 나타내는 표기는 무엇인가?

① $CPITN_0$
② $CPITN_1$
③ $CPITN_2$
④ $CPITN_3$
⑤ $CPITN_4$

08 다음 중 15~19세의 집단의 지역사회의 치주요양필요자의 기준은 무엇인가?

① 치주요양불필요자율
② 치면세균막관리필요자율
③ 치면세마필요자율
④ 치주조직병치료필요자율
⑤ 치주조직병계속관리자율

09 다음 중 지역사회치주요양필요지수의 검사 대상은 무엇인가?

① 제3대구치의 주위 조직
② 삼분악에 2개 이상의 치아가 존재
③ 수직동요와 불쾌감을 유발하는 치아
④ 삼분악에 발거해야 할 2개 이상의 치아만이 존재
⑤ 맹출 중인 영구치아의 치주조직

해설
① 검사대상에서 제외
③ 발거대상으로 판정하여 검사대상에서 제외
④ 검사대상에서 제외
⑤ 완전히 맹출하지 못한 영구치아의 치주조직이 검사대상에서 제외

10 다음 중 지역사회치주요양필요지수의 측정 부위가 아닌 것은?

① #16
② #21
③ #27
④ #31
⑤ #36

해설
③ 제1대구치나 제2대구치를 측정하면 된다.

정답 06 ① 07 ⑤ 08 ② 09 ② 10 ②

11 다음 중 지역사회치주요양필요지수의 치주조직 검사 기준으로 연결이 바르게 된 것은?

① 0점 – 치주조직 건전자
② 1점 – 치석부착자
③ 2점 – 치은출혈자
④ 3점 – 심치주낭형성자
⑤ 4점 – 천지주낭형성자

12 다음 중 지역사회요양필요지수에서 치석부착자의 치주요양필요자 구분은 무엇인가?

① 치주요양불필요자
② 치면세균막관리 필요자
③ 치면세마필요자(예방)
④ 치면세마필요자(치료)
⑤ 치주조직병치료 필요자

5 반점치

01 다음 중 Dean과 Mckay의 반점치 지수에 대한 설명으로 옳지 않은 것은?

① 최저점은 0점이다.
② 최고점은 3점이다.
③ 개인별 반점치지수의 평균을 집단의 반점치지수로 한다.
④ 음료수 불소이온농도가 높으면 고도반점치 유병률이 높다.
⑤ 음료수 불소이온농도가 높으면 의문반점치 유병률이 낮다.

해설
② 반점치 지수의 최고점은 4점이다.

02 다음 중 반점치 유병률을 구하는 계산식은 무엇인가?

① $\dfrac{\text{반점도별 반점치 유병자 수}}{\text{피검자 수}} \times 100(\%)$

② $\dfrac{\text{반점도별 반점치 유병자 수}}{\text{피검자 수}}$

③ $\dfrac{\text{조사 대상자별 반점치아 지수의 합}}{\text{피검자 수}} \times 100(\%)$

④ $\dfrac{\text{조사 대상자별 반점치아 지수의 합}}{\text{피검자 수}}$

⑤ $\dfrac{\text{조사 대상자별 반점치아 지수의 평균}}{\text{피검자 수}} \times 100(\%)$

03 다음 중 지역사회 반점치아 지수를 구하는 계산식은 무엇인가?

① $\dfrac{\text{반점도별 반점치 유병자 수}}{\text{피검자 수}} \times 100$

② $\dfrac{\text{반점도별 반점치 유병자 수}}{\text{피검자 수}}$

③ $\dfrac{\text{조사 대상자별 반점치아 지수의 합}}{\text{피검자 수}} \times 100$

④ $\dfrac{\text{조사 대상자별 반점치아 지수의 합}}{\text{피검자 수}}$

⑤ $\dfrac{\text{조사 대상자별 반점치아 지수의 평균}}{\text{피검자 수}} \times 100$

04 다음 중 Horowitz의 개인 반점치지수에 대한 설명으로 옳은 것은?

① 각 치아의 반점치 점수 중 가장 높은 것을 개인의 반점치 지수로 한다.
② 한 개의 반점치아만 가지고 있으면 개인의 반점지수는 1이다.
③ 백색의 불투명한 치면이 25% 이하로 보이면 반점지수는 1이다.
④ 부식이 있는 치아는 중등도 반점치아로 하며, 반점지수는 3이다.
⑤ 두 개 이상의 중등도 반점치아를 가지면 고도반점치아로 하며, 반점지수는 4이다.

> **해설**
> ① 각 치아의 반점치 점수 중 두 번째로 높은 것을 개인의 반점지 지수로 한다.
> ② 한 개의 반점치만 가지고 있으면 개인의 반점지수는 0이다.
> ④ 부식이 있는 치아는 고도 반점치아로 하며, 반점지수는 4이다.
> ⑤ 두 개 이상의 중등도 반점치아를 가지면, 중등도 반점치아로 하며, 반점지수는 3이다.

05 다음 중 투명도가 약간 상실되었으며, 직경 1~2mm의 백반이 2~3개가 존재하는 경우 치아별 반점도 평점 기준은 무엇인가?

① 정상치아
② 의문반점치아
③ 경미도 반점치아
④ 경도 반점치아
⑤ 중등도 반점치아

06 상하악의 6전치를 검사한 결과 고도반점치 1개, 중등반점치 3개, 경도반점치 5개, 나머지 치아는 정상일 때 반점도 판정은?

① 정 상
② 경미도
③ 경 도
④ 중등도
⑤ 고 도

> **해설**
> **Horowitz의 개인 반점치지수** : 개인의 각 치아 반점치 점수 중 두 번째로 높은 것

07 다음 중 백색반점이 치면의 50~70%에 존재하며, 갈색소가 침착된 경우 반점도별 평점은 얼마인가?

① 0
② 0.5
③ 1
④ 2
⑤ 3

> **해설**
> ⑤ 중등도반점치아로 판단하며, 평점은 3점이다.

08 다음 중 지역사회 반점치아 지수가 0.9인 경우 평가로 옳은 것은?

① 정 상
② 의 심
③ 경 미
④ 중 등
⑤ 현 저

정답 04 ③ 05 ② 06 ④ 07 ⑤ 08 ③

6 구강환경평가

01 다음 중 구강환경을 관리하는 개인의 능력을 정량적으로 표시하는 지표는 무엇인가?

① 구강환경관리능력지수(PHP)
② 간이구강환경지수(S-OHI)
③ 잔사지수(DI)
④ 치석지수(CI)
⑤ 구강환경지수(OHI)

02 다음 중 치경부 2/3에 해당하는 부위까지 음식물이 부착된 경우의 잔사지수(DI)는 얼마인가?

① 0   ② 1
③ 2   ④ 3
⑤ 6

03 다음 중 치석지수(CI)를 측정하는데, 치은연하에 부착되어 있는 환상의 치석이 발견된 경우 지수는 얼마인가?

① 0   ② 1
③ 2   ④ 3
⑤ 6

04 다음 중 하악 좌측 제1대구치에서 잔사지수가 3, 치석지수가 2인 경우 구강환경지수(OHI)는 얼마인가?

① 1   ② 2
③ 2.5   ④ 3
⑤ 5

> **해설**
> ⑤ 구강환경지수(OHI) = 치석지수(CI) + 잔사지수(DI)

05 이 환자의 간이구강환경지수 평점지수는?

- 상악 우측 중절치 순면과 설면에 음식물 잔사가 1/3 이내 부착
- 하악 좌측 중절치 순면에 음식물 잔사가 치면의 1/3 이내 부착
- 상악 좌측 제1대구치 설면에 치은연상치석이 치면의 2/3 이내 존재
- 하악 좌측 제1대구치 설면에 치은연하치석이 환상으로 존재

> **해설**
> • 간이구강환경지수(S-OHI) 평점
> #11 순면 1/3 이내 : 1점, 설면 : 해당 없음
> #31 순면 1/3 이내 : 1점
> #26 설면 : 해당 없음
> #36 설면 - 환상치석 : 3점

01 ① 02 ③ 03 ④ 04 ⑤ 05 ④

06 다음 중 구강환경평가와 관련된 통계에 대한 설명으로 맞는 것은?

① 구강환경지수(OHI)는 치석지수와 잔사지수의 평균이다.
② 치석지수(CI)는 모든 치아의 설면을 측정한다.
③ 간이구강환경지수(S-OHI)는 6개 치아의 협면을 측정한다.
④ 간이구강환경지수(S-OHI)는 검사대상치면을 5개로 나눈다.
⑤ 간이구강환경지수(S-OHI)와 구강환경관리능력지수(PHP)의 검사 부위는 동일하다.

해설
① 구강환경지수는 치석지수와 잔사지수의 합이다.
② 치석지수는 모든 치아의 협, 설면을 측정한다.
③ 간이 구강환경지수는 #16 협, #11 순(협), #26 협, #36 설, #31 순(협), #46 설면을 측정한다.
④ 구강환경관리능력지수는 검사대상치면을 5개로 나눈다.

07 다음 중 간이구강환경지수(S-OHI)의 검사 부위가 아닌 것은?

① 상악 우측 제1대구치 협면
② 상악 우측 중절치 순면
③ 하악 우측 중절치 순면
④ 하악 좌측 제1대구치 설면
⑤ 상악 좌측 제1대구치 협면

해설
③ 하악 좌측 중절치 순면

08 다음 중 상악 좌측 제1대구치의 검사결과를 토대로, 상악 좌측 제1대구치의 구강환경관리능력지수(PHP)는 얼마인가?

부위		지수	부위		지수
협면	근심	0	설면	근심	1
	원심	1		원심	0
	치은부	1		치은부	1
	중앙부	1		중앙부	0
	절단부	0		절단부	0

① 0　　　　② 0.5
③ 2　　　　④ 3
⑤ 5

해설
④ 상악 좌측 제1대구치는 협면이 검사 부위이다.

09 다음 중 구강환경평가 통계에 대한 설명으로 틀린 것은?

① 잔사지수의 최고점은 3점이다.
② 치석지수의 최고점은 3점이다.
③ 구강환경지수의 최고점은 6점이다.
④ 간이구강환경지수의 최고점은 6점이다.
⑤ 구강환경관리능력지수의 최고점은 5점이다.

해설
③ 구강환경지수는 잔사지수 + 치석지수이며, 모든 치아의 협면과 설면을 조사하여 최고점은 12점이다.

10 다음 중 구강환경평가 통계 중 치면세균막 부착 여부를 평가하여 검사대상 치아의 지수를 합산 후 검사한 치아로 나누는 통계는 무엇인가?

① 간이구강환경관리능력지수(M-PHP)
② 간이구강환경지수(S-OHI)
③ 잔사지수(DI)
④ 구강환경관리능력지수(PHP)
⑤ 구강위생환경지수(OHI)

CHAPTER 10 구강보건교육

다음 중 모든 사람들이 구강건강을 합리적으로 관리할 수 있도록 구강건강에 대한 관심과 지식, 태도 및 행동을 변화시키는 목적달성 과정은 무엇인가?

① 사회교육
② 구강교육
③ 구강보건교육
④ 공중구강보건
⑤ 예방치학

답 ③

1 구강보건교육을 위한 생애주기별 발달심리

(1) 구강보건교육의 정의

개인 및 집단의 구강건강을 합리적인 방법으로 관리할 수 있도록 구강건강에 대한 관심과 지식, 태도 및 행동의 변화를 도모하고자 하는 목적 달성 과정

(2) 구강보건교육의 중요성

구강건강증진적 측면, 예방적 측면, 치과위생사의 직무적 측면

(3) 생애주기별 발달 심리

구 분		내 용
유 아	0~1세	• 프로이트 : 구순기 • 다른 사람과 어머니를 구별하고, 어머니와 애착관계 형성 • 격리불안증, 외인불안증 • 치과에 내원하지 않음
걸음마기	1~3세	• 프로이트 : 항문기 • 구강진료에 대한 공포감과 거부감 • 부산하게 돌아다니고, 욕구불만이 생기는 시기
학령전기	4~5세	• 언어가 풍부, 공포와 상상력이 생기는 시기 • 기억이 생기고, 신체조절을 배우고, 타인을 모방하는 시기 • 사랑과 관심을 독점하려는 경향, 칭찬을 좋아함 • 오이디푸스콤플렉스 : 남자아이는 어머니, 여자아이는 아버지를 독점하여 사랑
학령기	6~11세	단체의식이 형성, 치과방문에 협조적
청소년기		정서적 불안, 간식 섭취가 많음
성인기		• 시간이 부족, 경제사정이 어려운 경우가 많음 • 자신의 건강을 염려하는 시기
노인기		• 사고능력의 저하, 고정된 습관이 많음 • 노여움이 쉬움

2 구강보건행동 유발을 위한 교육심리

(1) 생애주기별에 따른 심리적 특징

구 분		내 용
태아기	출생 시	• 어머니의 건강과 정서적 안정이 중요 • 어머니를 통한 구강보건교육
유 아	0~1세	• 기본적 신뢰감이 형성되거나 불신감이 형성되는 시기 • 어머니에 대한 애착관계(격리반응과 격리불안 경험) • 어머니와 애정형성이 잘되면 신뢰감 형성 • 어머니의 부적절성, 비일관성, 거부적 태도 등은 불신감을 초래 • 불신감이 있으면, 치과 방문 시 설득 불가, 격리 불안 특성이 높음
걸음마기	1~3세	• 호기심이 왕성, 자기주장을 많이 하고, 생떼를 부리는 시기 • 자율성, 수치감, 의심이 형성 • 일관성 있는 훈련과 적절한 통제가 필요 • 아동의 독립성과 자율성을 인정해주어야 함 • 구강진료 시 거부적 태도, 심한 공포증, 기계조작의 공포가 있고, 부모로부터 격리가 힘든 시기
학령전기	4~5세	• 모방하기 좋아함, 학부모의 솔선수범, 구강건강관리를 일상적, 의무적으로 받아들임 • 주도성, 죄책감의 형성, 자기중심적 • 칭찬과 격려를 좋아하고, 공포와 상상력이 풍부한 시기 • 기본적인 인간행동 형성 시기
학령기	6~11세	• 성적·지적 호기심, 사회성 발달 • 근면성, 열등감, 정서적 감수성 예민, 지적 활동이 활발 • 유치가 탈락하고 영구치가 맹출하는 시기 • 치과에 자주 방문하여 예방적 관리가 필요
청소년기		• 주요 성장변화가 일어나는 시기 • 정서적 불안, 개념화 능력이 발달 • 무분별한 간식 섭취, 탄수화물 섭취 증가 • 구강위생관리습관의 계속 유지를 위해 부모와 교육자의 관심 있는 지도가 필요
성인기		• 신체적, 사회적, 정신적 완숙 시기 • 활발한 사회활동 시기 • 본인의 구강건강에 대한 책임을 알게 해주어야 함 • 치아우식 감수성은 감소, 치주병이 진행되는 시기
노인기		• 고령화에 따른 노화과정으로 신체적, 심리적, 사회적으로 기능저하, 기능부전으로 불편함이 있음 • 고정적 습관과 사고능력의 저하 • 자존감이 잘 형성됨 • 구강에 고통이 심함(구강건조, 치아상실, 침샘위축 등) • 점진적 변화로 구강건강의 중요성을 이해하도록 함

(2) 생애주기별 구강의 특성

구 분		내 용
유 아	0~1세	• 강한 빨기욕구 • 생후 6개월 이후 치아 맹출 시작 • 우유병 우식증
학령기	6~11세	• 유치 탈락, 영구치 맹출 시작 • 치아우식 감수성이 예민
청소년기		• 탄수화물 섭취 증가로 인한 다발성 우식증 • 치은염과 치주염 발생 • 구강조직과 치아가 예민
성인기		만성 구강병 진행(치아우식 감수성 감소, 치주병 진행 증가)
노인기		• 많은 치아 상실 • 치경부 우식 증가 • 치주병 심각 • 각화의 저하, 건조한 점막, 탄력성 상실

다음 중 유아기에 필요한 구강보건교육 내용으로 적합하지 않은 것은?

① 불소 복용
② 불소 도포
③ 식이조절
④ 구강관리
⑤ 예방처치

 ⑤

(3) 생애주기별 특성에 따른 구강관리법

구 분		내 용
유 아	0~1세	• 거즈로 치면 닦기 • 칫솔과 친해지기 • 전신적인 불소화합물을 복용하여 우식저항이 있는 치질형성에 도움 • 양육자 구강보건교육 : 유치의 발생, 유치의 수, 배열 상태, 유치의 기능과 중요성, 유치우식예방법, 유치열 및 영구치열의 완성시기, 유치와 영구치의 관계 등
걸음마기	1~3세	• 부모와 양육자와 아동 모두에게 구강보건교육을 실시 • 모자감염에 대한 교육 • 이닦기 시범을 모방놀이를 하며 교육 • 치아 맹출 시기로 전신적 불소 이용 • 구강병이 없어도 치과에 내원하여 친숙해지도록 하기 • 구강 내에 적합한 비교적 작고 부드러운 칫솔 선택하게 교육
학령전기	4~5세	• 부모의 솔선수범 • 구강건강관리 습관에 대한 칭찬 • 묘원법 교습 • 상상력이 풍부한 시기로, 치과치료가 필요하면 미리 자세히 설명해주고 안심시켜줘야 함
학령기	6~11세	• 부모의 지속적 감독과 지도 • 치아우식 감수성이 높아 치과에 자주 방문, 예방처치 필요 • 치과방문에 대한 필요성 설명 후 치과방문에 협조적
청소년기		• 운동참가 시 마우스가드 제작 및 착용하여 외상 예방 • 식후 칫솔질 및 하루에 한 번은 치실사용 교육 • 가정에서 충분한 영양과 구강위생관리 실천을 위해 부모의 관심 있는 지도 필요

구 분	내 용
성인기	• 구강건강에 대한 책임감 함양이 중요 • 정기적인 치과내원 권유 • 건강한 구강상태를 유지하기 위한 동기유발이 중요
노인기	• 오랜 습관과 특성을 고려한 점진적 습관 변화 • 저작기능의 회복, 구강검진의 장점을 납득 • 본인과 보호자에게 구강보건교육 시행 • 시설수용노인은 시설관리자와 도우미에게 구강보건교육 시행 • 구강보건 내용은 짧게, 반복적, 강조, 확인하도록 함

(4) **동기**(motive) : 목적을 추구하는 행동을 하게 하는 상태, 준비 태세

(5) **욕구, 충동, 유인**

① 욕구(need) : 행동을 유발하는 내적 원인, 개체 내의 결핍과 과잉에 의해 나타나는 상태

㉠ Maslow의 욕구단계

7단계	자아실현의 욕구	자신을 발견하고 잠재력을 실현하고자 하는 욕구
6단계	심미의 욕구	조화, 질서, 미적 감각을 추구하는 욕구
5단계	인식의 욕구	탐구하고 이해하고자 하는 욕구
4단계	존경의 욕구	자신감, 성취감, 타인에게 인정받고 싶은 욕구
3단계	소속감과 사랑의 욕구	집단에 소속되고 싶은 욕구
2단계	안전의 욕구	위기와 위협으로부터의 보호, 불안, 공포, 무질서로부터의 자유, 법과 질서와 제약으로부터 벗어나고자 하는 욕구
1단계	생리적 욕구	식욕, 수면욕, 갈증, 성욕

② 충동(drive) : 잠재적인 힘을 행동으로 이끌어가게 하는 것

③ 유인(incentive) : 충동에 의해서 유발된 행동이 접근하거나 피하는 목표나 대상을 성취, 획득, 달성하면 행동은 중지되고 개체의 긴장상태는 해소

(6) **동기화**(motivation)

① 동기화의 정의 : 행동을 일으키고, 행동의 목표를 정확히 하며, 행동을 지속시켜주며, 행동을 일정한 방향으로 이끌어가는 과정

② 과정 : 환기 → 목표추구행동 → 목표달성 → 환기상태의 소멸

③ 원 리

㉠ 호기심을 활용

㉡ 학습자의 주의력을 집중

㉢ 현재의 흥미를 활용, 새롭고 특이한 흥미를 조장

㉣ 구체적 유인과 상징적 유인을 설정

㉤ 현실적이고 실현 가능한 목표를 설정

다음 중 성인기에 대한 설명으로 옳은 것은?

① 성적으로 성장의 절정기이다.
② 상황을 정당화시키려고 하는 경향이 있다.
③ 치아우식 감수성이 높고, 치주병이 진행된다.
④ 외상성 손상에 대한 구강보건교육이 필요하다.
⑤ 오랜 습관과 특성이 있어 점진적 변화를 추구한다.

해설
① 청소년기에 대한 설명이다.
③ 치아우식 감수성이 낮아지고, 치주병이 진행된다.
④ 청소년기에 대한 설명이다.
⑤ 노년기에 대한 설명이다.

답 ②

다음 중 Maslow의 욕구 단계 중 자신을 발견하고 잠재력을 실현하고 싶으며 가장 상위의 욕구는 무엇인가?

① 자아실현의 욕구
② 존경의 욕구
③ 소속과 애정의 욕구
④ 안전의 욕구
⑤ 생리적 욕구

답 ①

다음 중 충동에 의해 유발된 행동이 접근하거나 피하려고 하는 대상이나 목표로, 행동의 목표가 되는 것은 무엇인가?

① 동 기
② 유 인
③ 욕 구
④ 필 요
⑤ 충 동

답 ②

다음 중 동기화의 원리에 대한 설명으로 옳은 것은?

① 현재의 흥미보다는 새로운 흥미유발이 필요하다.
② 학습자의 능력수준보다 한 단계 위의 학습과제를 제공해야 한다.
③ 학습목표달성을 못한 경우 학습자에게 알리지 않는다.
④ 실현 가능한 목표를 설정한다.
⑤ 포괄적인 유인을 설정한다.

해설
① 현재의 흥미를 충분히 활용하며, 새로운 흥미도 유발한다.
② 학습자의 능력수준에 맞는 학습과제를 제공한다.
③ 학습목표달성도는 학습자에게 알려주어야 한다.
⑤ 상징적인 유인과 구체적인 유인을 설정한다.

답 ④

ⓑ 학습자의 능력에 적당한 학습과제를 제공
ⓐ 학습자의 학습목표 달성도를 평가하여 알려야 함
ⓞ 지나친 긴장은 혼란과 비능률을 초래함

④ 방 법

자연적 동기화 (내재적)	• 학습하는 그 자체에서 긴장이 완화될 경우 일어나는 행동 • 요인 : 학습목표의 설정과 명료화, 학습결과의 환기와 확인, 성공감 등
인위적 동기화 (외재적)	• 학습 이외의 다른 조건에 의함 • 요인 : 상과 벌, 경쟁과 협동, 교육자의 태도 등

(7) **구강진료실에서 동기유발과정**
① 환자의 요구 파악
② 환자의 동기유발인자 발견
　㉠ 환자의 행위를 일으키는 정서 상태
　㉡ 환자 태도, 동기
　㉢ 구강 내 문제점, 구강의 건강 상태
　㉣ 환자의 흥미, 관심도
　㉤ 질문을 통한 일상적 또는 현재의 진료 상태
③ 구강보건교육계획 수립과 수행
④ 계속관리

3 구강보건교육계획

(1) **대상자에게 알맞은 교육목적과 교육목표**
① 목적 : 달성하고자 하는 것, 의도가 광범위, 포괄적, 전체적
② 목표 : 목적을 달성하기 위한 구체적인 행동, 의도가 부분적, 특정적, 구체적
③ 교육목적의 원칙 : 목적은 목표를 포함, 통일성, 포괄성
④ 교육목표의 원칙
　㉠ 목표별로 단일성과만 기술
　㉡ 예상되는 성취도와 학습자가 특정한 행동으로 그 성취도를 표시할 수 있도록 수준 표시
　㉢ 설정한 학습목적을 달성하기 위한 하나의 구체적인 행동 기술

(2) **블룸의 교육목표개발 5원칙** : 실용적, 행동적, 달성 가능, 측정 가능, 이해 가능

다음 중 광범위하고, 포괄적이고, 전체적인 것으로 노력해서 달성하고자 하는 것은 무엇인가?

① 목 적
② 목 표
③ 성 과
④ 결 과
⑤ 의 도

답 ①

(3) 교육목표의 교육학적 분류

분류		설명
지적영역	암기수준	• 기억력에 의존하여 암기하여 얻는 지식 • 가장 낮은 수준의 배움 (예) ~을 나열할 수 있다)
	판단수준	• 완전히 이해하여 해석, 설명, 판단하여 얻는 지식 • 암기보다 높은 수준의 학습 (예) ~을 설명할 수 있다, ~을 구별할 수 있다)
	문제해결수준	• 지식을 완전히 이해하여 그것을 종합하여 어떤 문제에 직면한 경우 지식을 응용, 해결할 수 있는 수준의 지식과 능력 • 가장 높은 수준의 지식 (예) ~경우에 ~를 할 수 있다)
정의적영역		교육 후 학습자의 태도변화를 요구하는 수준 (예) ~실천할 수 있다)
정신운동영역		학습 후에 수기를 할 수 있는 정도의 교육목표 (예) ~(행동을) 할 수 있다)

4 구강보건교육방법 및 매체

(1) 교육목표에 알맞은 교수법
 ① 목적, 시간, 장소에 따라 교육방법이 달라야 한다.
 ② 같은 주제라도 여러 가지 교육방법을 적절히 조화시켜 실시해야 한다.
 ③ 교수법 선택의 영향요인 : 교육목표, 학습내용, 교육시기, 대상자의 성숙도, 대상자의 집단 크기, 투입되는 시간, 자료와 필요장비의 가능성, 환경적 조건, 교육자의 학습지도 기술, 학습 심리 및 학습이론 등

(2) 교수법의 특성
 ① 강 의

정 의	가장 오래된 방법, 언어를 통한 교육, 언어가 매개체 역할
장 점	• 서론, 단원의 시작 부분에서 내용의 전달과 소개에 적당 • 반복적 가르침, 최근의 정보 보충, 수정하는 설명에 효율적 • 단기기억을 요구하는 사실적 정보에 적합 • 대집단이 대상인 경우가 유리 • 교사가 직접 행하기 때문에 생동감이 있고, 교사에게도 여러 사람을 가르치기 때문에 행동강화가 됨
단 점	• 교사의 일방적 방식, 수동적인 학습, 주의집중력이 저하 • 고차원적 사고력, 학습태도의 변화, 동기유발을 시키지 못함 • 지적수준이 낮은 학생에게는 부적당

다음 중 '학생은 치아의 구조를 나열할 수 있다'는 교육목표의 교육학적 분류로 적합한 것은?
① 정신운동영역
② 정의적영역
③ 지적영역 – 판단수준
④ 지적영역 – 문제해결수준
⑤ 지적영역 – 암기수준

답 ⑤

다음 중 '치아우식 예방을 위해 회전법을 시행할 수 있다'는 교육목표의 교육학적 분류로 적합한 것은?
① 정신운동영역
② 정의적 영역
③ 지적영역 – 판단수준
④ 지적영역 – 문제해결수준
⑤ 지적영역 – 암기수준

답 ①

다음 중 강의법에 대한 설명으로 옳지 않은 것은?
① 가장 많이 사용한다.
② 일방적인 수업방법이다.
③ 40명 이상의 대집단에서 사용한다.
④ 교안에 의해 진행된다.
⑤ 높은 수준의 학습에 적합하다.

해설
⑤ 낮은 수준의 학습에 적합하다.

답 ⑤

② 토의

정의	두 사람 이상이 아이디어와 정보를 교환하는 과정
장점	• 타인의 의견을 이해하고 비판적으로 수용하는 태도가 함양 • 결정된 내용을 따르고 협력하는 태도 • 타인의 의견을 듣고 자기의 인식을 확대하고 심화하는 연구적 태도 • 민주적으로 회의를 운영하는 태도 • 토의과정을 통해 학습자의 사회화 촉진
단점	• 참여자 수가 제한 • 많은 시간이 소요 • 억지 참여는 체계적 사고를 방해, 방관적·무관심한 태도 • 소수의 의견이 무시되거나 경시될 수 있음 • 예측 못 한 상황의 발생 가능성 • 발표 내용보다 발표자에 대한 관심이 있을 수 있음

㉠ 토의법의 종류

브레인스토밍	• 문제해결을 위해 창의적, 획기적 아이디어를 다양하게 수집 • 6~12명의 구성원(리더와 기록원을 지정해야 함)
집단토의	• 특정 주제에 대해 집단 내 참가자가 자유롭게 의견을 상호 교환하고, 결론을 내리는 방법 • 5~10명의 구성원
분단토의	• 몇 개의 소집단을 토의시키고, 다시 전체 회의에서 종합 • 각 분단은 6~8명의 구성원(각 분단마다 분단장과 사회자를 지정)
배심토의	주제에 전문적 견해를 가진 전문가 4~7명이 의장의 안내를 따라 토의를 진행
세미나	참가자 모두가 토의의 주제 분야에 권위 있는 전문가와 연구자로 구성되어 문제를 과학적으로 분석하기 위한 집회형태
심포지엄	동일한 주제에 대한 전문적 지식을 가진 몇 사람을 초청 후 발표된 내용을 중심으로 사회자가 마지막 토의시간을 마련하여 문제 해결하고자 함

③ 시범

정의	학습자가 배워야 할 시술과 절차를 실제 또는 사례를 관찰이나 모방을 통해 학습을 시도하는 방법
장점	• 글과 말보다 학습과정을 분명히 전달 • 학습자가 즉시 익힐 수 있음 • 학습내용의 요점이 쉽게 관찰되고 파악
단점	• 시범 후 실습할 수 있는 장소와 시설이 필요 • 시범교사가 정확하게 설명해야 하고 시범을 보여야 함 • 추상적인 것은 다루기 어려움

※ 시범의 유의사항 : 목적과 내용을 인지시켜야 함, 학습자 전체가 관찰 가능해야 함, 목표 달성 여부 평가 실시, 교육자의 연습을 반복하여 교습

다음 중 토의에 포함되지 않는 교수법으로 옳은 것은?

① 협동교수법 ② 심포지엄
③ 분단토의   ④ 세미나
⑤ 브레인스토밍

해설
토의의 종류 : 브레인스토밍, 집단토의, 그룹토의, 분단토의, 배심토의, 세미나, 심포지엄, 원탁토의

답 ①

④ 상 담

정의	훈련을 받은 사람과 도움이 필요한 사람이 상호작용적 관계에서 문제를 해결하고 행동적, 인지적, 정서적으로 변화하는 과정
종류	• 개별상담 : 전문가인 상담자와 피상담자가 대면적·개인적·역동적 관계로 상호작용하여 문제를 해결하고, 피상담자의 행동변화가 나타남, 일반적인 구강보건교육의 형태 • 집단상담 : 홈룸, 학교생활, 진로, 학생자치활동 등이 있음
고려 사항	집단의 크기(6~7명, 10~12명), 집단구성원의 선정, 상담시간의 길이, 상담의 횟수, 필요한 물리적 장치 마련, 상담집단을 폐쇄적으로 할지 개방적으로 할지 결정, 집단 참여에 대한 준비 등

(3) 교육공학

① 교육목표를 달성하기 위해 교육과 그에 관련된 과정, 상담, 행정, 평가에 걸쳐 발생할 수 있는 문제를 해결하고, 목표의 성취를 통한 통합적이고 체계적인 접근법

② 교육공학의 개념

학습에 대한 개념	설 명
과정과 자원에 대한 개념	• 과정 : 특정한 결과를 향한 일련의 활동과 조직 • 자원 : 학습을 지원하는 원천
설계, 개발, 활용, 관리, 평가에 대한 개념	교육공학의 기본적 기능, 활동영역
이론과 실제에 대한 개념	• 명제로 구성 • 지식기반으로 문제해결을 위해 지식을 적용함

③ 교육공학의 효능
  ㉠ 교육의 생산성 증대
  ㉡ 교육의 개별화 도모
  ㉢ 교육의 과학화 촉진
  ㉣ 교수력 강화
  ㉤ 학습의 직접화와 동시화 실현
  ㉥ 교육의 균등화

(4) 교육기자재

① 교육매체의 분류
  ㉠ 교육현장에서 교육목적의 효율적 달성을 위해 활용되는 자료, 기구, 수단, 방법을 포괄

다음 중 교육공학의 효능으로 적합하지 않은 것은 무엇인가?

① 교육의 개별화
② 교육의 과학화
③ 교수능력의 강화
④ 교육의 소비성 증대
⑤ 교육의 기회 균등화

답 ④

다음 중 교육자료를 떼었다 붙였다 하며 사용하는 시청각 자료를 활용하는 교육매체는 무엇인가?
① 괘 도
② 융 판
③ 게시판
④ 그림, 사진
⑤ 모 형

답 ②

ⓒ 교육매체의 분류

시 각	평면교재	그림, 포스터, 사진
	입체교재	모형, 표본, 실물
청 각		라디오, 녹음
시청각	도구적 매개체	칠판, 도표
	기계적 매개체	카메라, 사진기, 영사기, 녹음기
	전파적 매개체	라디오, TV

② 교육매체의 특성

칠 판	• 이용이 쉬운 가장 기본적 교육매체 • 다방면으로 시각적 교재를 제공 • 집단교육이 용이 • 적은 훈련과 연습으로도 효과적으로 사용 • 필기를 시킬 목적 • 비교적 저렴, 준비물이 간단, 반복사용이 가능
그림, 사진	• 어떤 현실을 압축하여 간결하게 표현된 것 • 현장감 • 사용이 쉬움, 휴대가 간편, 특별한 장비 필요 없음 • 제작이 쉽고, 경제적, 반복사용이 가능 • 학습자에게 배부 가능, 토론을 유도
실물, 모형	• 현장학습과 같은 효과 • 색채, 형태, 촉감, 냄새, 음식, 맛 등을 조사 • 감각기관을 동원하는 구체적, 직접적, 입체적 학습매체 • 특별한 교구와 시설 불필요 • 시청각 매체 중 가장 교육효과가 뛰어남 • 소그룹 교육에 적합, 학습자의 흥미유발 • 보관이 어려움
괘 도	• 학습자, 교육자가 다양하게 활용 • 제작이 쉽고, 경제적, 많은 양의 자료 취급 가능 • 제작에 많은 시간 소요, 괘도의 크기 한정 • 빈도가 많아지면 파손 우려
포스터, 게시판	• 정보를 간단하고 인상적으로 빠르게 기억되게 하기 위해 벽이나 게시판에 붙이는 시각적 자료 • 포스터 : 주로 동기유발 목적으로 사용
비디오	• 시범장면을 보여줄 때 사용 • 보관이 간편, 필요시 시청 가능, 반복재생과 녹화 가능 • 고장 시 전문가에게 의존 • 동적 교육매체

③ 교육매체의 선정기준
  ㉠ 학습자의 능력에 적합
  ㉡ 학습자의 동기 유발
  ㉢ 학습목표가 기준
  ㉣ 단원의 학습목표와 일치
  ㉤ 교육적 가치
  ㉥ 학습자의 태도, 습성의 적절한 변화
  ㉦ 학습효과의 지속
④ 교육기자재의 선택기준
  ㉠ 교육 시각
  ㉡ 교육 대상의 크기
  ㉢ 교육 소요시간
  ㉣ 활용 가능한 장비
  ㉤ 교육 환경

(5) 학습목표에 따른 교육매체의 선택

학습목표	교육매체
사실적 정보의 학습	교과서, 강의, 사진, 영화, 녹음, 프로그램
시각적 확인의 학습	사진, 영화, 입체자료
원리, 개념, 규칙의 학습	영화, TV
과정의 학습	시범, 영화, 프로그램
기능, 작업의 학습	시범, 영화
태도, 견해의 학습	강의

5 교수 – 학습의 실제

(1) **교육과정의 정의** : 교육목적의 달성을 위해 교육자와 학교의 기획 아래 이루어지는 학생들의 학습내용과 경험의 총체

(2) **교육과정의 순환과정**
  ① 교육적 문제와 요구분석
  ② 교육목표의 설정
  ③ 교육내용 및 학습경험의 선정
    ㉠ 교육내용의 선정기준 : 교육목표와의 관련성, 학습가능성, 사회적 유동성, 타당성

다음 중 교육매체의 선택 시 고려사항으로 적합하지 않은 것은?

① 교육대상의 연령
② 교육 소요시간
③ 교육의 시각
④ 활용 가능한 장비
⑤ 교육대상의 크기

답 ①

다음 중 구강보건교육 기자재의 학습효과 평가기준으로 적합하지 않은 것은?

① 손쉽게 구하기 쉬운 교육매체
② 학생들의 흥미에 밀접한 연관
③ 특별한 목적에 적합
④ 교육자의 이용에 기술이 불필요
⑤ 교육매체가 정확한 지식을 포함

답 ④

ⓒ 학습경험의 선정기준 : 기회의 원리, 만족의 원리, 가능성의 원리, 다활동의 원리, 다성과의 원리, 협동의 원리

④ 교육내용 및 학습경험 조직 : 계열성의 원리, 계속성의 원리, 범위의 원리, 통합성의 원리, 균형성의 원리

수직적 조직	교육과정 요소를 순차적으로 배열 (예) 유아에게 묘원법 → 초등학교 입학 후 회전법 교육)
수평적 조직	교육과정 요소를 나란히 배열 (예) 치아우식예방법으로 올바른 칫솔질, 불소이용, 치면열구전색 등)

⑤ 교수-학습의 실제
⑥ 평 가

(3) 교수-학습계획의 원리
① 교육목적에 타당해야 함
② 교육자의 창의성이 발휘되어야 함
③ 역동성 있게 구성되어야 함
④ 포괄성 있게 작성되어야 함

(4) 교수-학습과정에 영향을 줄 수 있는 요인
① 가정과 사회 구조
② 교육자 특성
③ 학급과 학교의 특성
④ 학습집단의 특성

6 진료실 구강보건교육

(1) 구강진료과정에서의 교육의 범주

구 분	내 용
진료과정에 따라	• 진료방침과 진료과정에 대해 설명 • 주로 치과위생사가 담당
치료계획에 따라	• 특정 치료가 필요한 이유, 치료계획에 대해 설명 • 주로 치의사가 담당
예방원칙에 따라	• 예방처치법과 구강병과의 관련성, 진행과정에 대해 설명 • 주로 치과위생사가 담당
진료내용에 따라	• 진료내용과 치료 후 처치에 대한 설명 • 치의사, 치과위생사가 담당
진료환경에 따라	• 진료과정 중 생기는 소음, 장비, 상황에 대한 설명 • 치의사, 치과위생사, 보조인력이 담당

다음 중 교수-학습계획의 원리로 적합하지 않은 것은 무엇인가?
① 교육자의 창의성
② 교육목적에 타당
③ 역동성으로 구성
④ 포괄적으로 구성
⑤ 개별적으로 구성

답 ⑤

다음 중 진료실에서의 환자교육 내용으로 적합하지 않은 것은 무엇인가?
① 예방처치법
② 치료 전 처치내용
③ 치료 후 처치내용
④ 치료계획 및 치료내용
⑤ 진료과정 및 소음

답 ②

(2) **진료실 교육개발과정**
    ① 교육대상자 선정
    ② 교육목적 설정
    ③ 교육목표 설정
    ④ 교육내용과 교육프로그램 설계
    ⑤ 교육자료 수집 및 정리
    ⑥ 교육과정, 내용, 평가방법에 대한 의견교환 및 토의 후 결정
    ⑦ 교육 수행 및 평가(의견교환 및 토의를 거쳐 교육과정 통일)

(3) **개별교육내용 작성을 위한 교수-학습과정**
    ① 환자요구도 조사(청취원칙 : 분석, 직시, 주의집중, 탐구력)
    ② 환자의 가치관 이해 및 측정
    ③ 학습목표와 학습목적 개발
    ④ 교습 및 정보교환
    ⑤ 평가(대화의 원칙을 적용 : 주의집중, 이해력, 유지력, 적응)

(4) **치면세균막 관리 교육**
    ① 목적 : 치주병 예방, 치아우식증 예방, 구강 내 미생물 감소, 구취 제거, 치석 형성 예방, 구강 청결
    ② 교육계획 수립
        ㉠ 대상자의 치주조직 및 치아 상태, 전신건강상태, 교육대상자의 연령, 동기유발인자, 현재 구강위생 관리상태 등을 고려
        ㉡ 대상자에게 치과진료가 필요한 경우, 치료계획에 따라 시기 결정
        ㉢ 교육 방법은 시범 후 실습이 가장 효과적
        ㉣ 1차 교육 – (3주 후) – 2차 교육 – (2개월 후) – 3차 교육
    ③ 치아우식증과 치주병의 원인이 되는 치면세균막을 관리해 줄 수 있는 가장 기본적인 방법 : 칫솔질

7 공중구강보건교육

(1) **공중구강보건교육의 개념** : 바람직한 방향으로 인간의 구강보건 행동을 변화시키고자 하는 목적달성과정

(2) **구강보건교육자원의 종류** : 구강보건교육자, 구강보건학습자, 구강보건교육 내용

다음 중 지역사회의 구강건강을 합리적으로 관리하도록 구강보건에 대한 지식, 태도, 행동을 변화시키는 목적달성과정을 무엇이라고 하는가?

① 예방치학
② 공중구강보건교육
③ 치위생학
④ 국가구강보건사업
⑤ 구강보건관리학

답 ②

(3) **구강보건교육개발과정** : 공중구강보건교육 목적설정 → 공중구강보건교육지도 → 공중구강보건교육평가의 선순환과정

(4) **공중구강보건교육의 교육지도과정** : 교육내용 정리 → 교육방법 선정 → 교재 제작 정리 → 교육지도 활동

(5) **공중구강보건행동 유발과정** : 이해 → 관심 → 참여 → 행동(관심과 참여는 교육자와 학습자가 반복적으로 접촉하는 단계)

(6) **공중구강보건교육방법의 분류**

대상별	집단 구강보건교육방법	개별 구강보건교육보다 효과 낮음
	대중 구강보건교육방법	헤아릴 수 없는 대중
의사소통방향별	일방통행 구강보건교육방법	
	양방통행 구강보건교육방법	소통과정에 구강보건태도, 행동, 지식의 변화를 유도
지식주입경로별	시각 구강보건교육방법	
	청각 구강보건교육방법	
	시청각 구강보건교육방법	학습한 것을 기억하게 하는 데 효과적
형식별	이론 구강보건교육방법	제한된 시간 내에 많은 양의 지식 전달
	실천 구강보건교육방법	구강보건행동을 실천하는 과정에 변화를 유도
교육자와 피교육자의 접촉 여부	직접 구강보건교육방법	교육자와 학습자의 대면
	간접 구강보건교육방법	구강보건매체를 이용하며 직접 대면하지 않음
특 수	단상 구강보건토론법	여러 명의 구강보건전문가가 단상에서 학습자인 청중 앞에서 자유롭게 토론
	집단 구강보건토론법	10~20명의 집단구성원이 의견을 발표하고, 사회자가 전체 의견을 종합
	구강보건심포지엄법	여러 명의 구강보건 교육자가 특정한 구강보건문제에 대해 분담하여 강연
	분임구강보건토의법	참가자가 많은 구강보건 관련 집회에서 몇 개의 분임으로 나누어 토의 후 다시 전체회의에서 종합
	구강보건주간행사법	매년 구강보건 주간을 정하여 다양한 구강보건교육을 시행하여 구강보건을 바람직한 방향으로 변화, 국민의 구강건강수준 증진을 위함
	구강보건연극	건전한 치아, 구강건강 등에 대해 희곡을 연출
	기 타	시낭송회, 구강보건 표어, 포스터 공모 시상 및 전시

(7) **공중구강보건교육의 5원칙** : 실용적, 동적, 이해 가능, 측정 가능, 달성 가능

다음 중 일방통행식 구강보건교육의 형태로 적절하지 않은 것은 무엇인가?

① 강 연 ② 리플릿
③ 영 화 ④ 좌담회
⑤ 라디오

해설
- 좌담회의 경우 참여자의 소통이 이루어지므로 양방통행 구강보건교육방법에 해당한다.
- 강연, 리플릿, 영화, 라디오 등은 정해진 전달자에 의해 구강보건교육이 이루어진다.

답 ④

다음 중 제한된 시간 내에 많은 양의 지식 전달을 목표로 하는 공중구강보건교육의 방법은 무엇인가?

① 경험 구강보건교육
② 이론 구강보건교육
③ 간접 구강보건교육
④ 개별 구강보건교육
⑤ 양방통행식 구강보건교육

답 ②

다음 중 집단 구강보건교육 중 구강보건교육 효과가 확실한 교육대상 인간집단의 규모는 무엇인가?

① 5명 이하 ② 10명 이하
③ 20명 이하 ④ 30명 이하
⑤ 50명 이하

답 ③

8 대상자별 구강보건교육

(1) 영유아 구강보건교육
  ① 영유아 구강보건교육 특성
    ㉠ 스스로 구강관리 능력이 없어 보호자를 통한 지도가 필요
    ㉡ 이 시기에 이루어진 습관이 성인으로 이루어짐
  ② 영유아 구강보건교육의 내용
    ㉠ 유치 명칭, 수, 맹출순서, 기능
    ㉡ 유치와 영구치의 감별(모양, 색깔, 크기)
    ㉢ 유치의 우식예방법

(2) 장애인 구강보건교육
  ① 장애인 구강보건교육 특성
    ㉠ 구강위생관리의 중요성의 인식 부족
    ㉡ 구강관리의 실천의 어려움
    ㉢ 건강, 보건, 위생에 관한 인식과 가치관이 낮음
  ② 장애인 구강보건교육의 내용
    ㉠ 치면세균막관리
    ㉡ 식이조절
    ㉢ 불소사용
    ㉣ 장애인 부모 등 보호자에 대한 구강보건교육

(3) 임산부 구강보건교육
  ① 임산부 구강보건교육 특성
    ㉠ 근본적 원인은 구강위생상태의 불량으로 인한 치면세균막과 치석
    ㉡ S. mutans의 모자감염 가능성을 최소화해야 함
    ㉢ 구강위생교육, 식이조절, 구강보건교육이 필요
  ② 임산부의 구강 특성 : 국소적치은비대, 임신성 치은염, 지치 주위염 등
  ③ 임산부 구강보건교육의 내용
    ㉠ 치면세균막관리
    ㉡ 식이조절
    ㉢ 모자감염에 대한 교육
    ㉣ 초기 3개월과 말기 3개월에 치과진료를 피하고 응급진료만 가능
    ㉤ 약물복용 시 의사와 상의

다음 중 영유아 구강보건교육이 중요한 이유로 가장 적합하지 않은 것은 무엇인가?
① 스스로 구강관리를 할 수 없다.
② 보호자를 통한 지도가 필요하다.
③ 잠재적인 습관이 성인까지 이행된다.
④ 불소 도포가 예방효과가 가장 크다.
⑤ 유치의 기능과 중요성에 대해 교육한다.

해설
④ 불소복용이 예방효과가 가장 크다.
답 ④

다음 중 임산부의 구강보건교육에 대한 설명으로 옳은 것은 무엇인가?
① 정상적인 진료는 출산 3개월 후에 가능하다.
② 입덧으로 인해 구강위생관리가 잘 이루어진다.
③ 구강건강에 대한 1차적인 책임은 관리의사에게 있다.
④ 호르몬에 의해 구강점막질환이 발생된다.
⑤ 임신 초기 3개월에 치과 진료가 가능하다.

답 ①

다음 중 노인의 구강보건교육 특성에 대한 설명으로 옳은 것은 무엇인가?

① 다른 연령대보다 치과 내원 횟수가 많다.
② 구강건조증으로 인해 사탕을 권유한다.
③ 구강보건교육을 위한 시간보다 진료를 위한 시간이 많다.
④ 불소가 함유되지 않은 치약 사용을 권장한다.
⑤ 말을 최대한 천천히 하고, 한 번만 지시한다.

해설
① 타 연령대보다 치과 내원 횟수가 적다.
③ 구강보건교육을 위한 시간 할애가 많다.
④ 불소가 함유되어 있는 치약 사용을 권장한다.
⑤ 말은 천천히 하고, 중요 내용은 반복 지시한다.

답 ②

(4) 노인 구강보건교육

① 노인 구강보건교육 특성
  ㉠ 변화가 작은 교육목표를 설정함
  ㉡ 구강관리를 통해 전신건강의 증진, 삶의 질이 개선되도록 동기유발
  ㉢ 대상자가 가지고 있는 질환의 필요에 따른 교육

② 노인의 구강 특성 : 치주질환으로 다수의 상실치, 치근우식증 증가, 타액분비율 감소, 의치 하방의 병소, 구강진료비 지불능력 감소, 치과 내원 횟수 적음

③ 노인 구강보건교육의 내용
  ㉠ 구강의 중요성
  ㉡ 노년기 구강의 문제점
  ㉢ 치아우식증 : 정의, 원인, 진행
  ㉣ 치주병 : 정의, 원인, 진행
  ㉤ 구강건조증 : 정의, 원인, 증상, 관리법
  ㉥ 치경부마모증
  ㉦ 입냄새 관리법
  ㉧ 구강관리법 : 올바른 칫솔질, 치간칫솔 사용, 틀니사용 시 주의할 점, 치석 제거, 식이조절, 정기 구강검진, 무자격자 치료 금지, 금연 등

(5) 사업장 근로자 구강보건교육

① 사업장 근로자 구강보건교육 특성
  ㉠ 국가구강보건사업에서 소외됨
  ㉡ 학령기에 발생한 치아우식증과 치주병의 축적
  ㉢ 치아상실의 증가, 바쁜 일상, 구강의 중요성에 대한 인식이 낮아 구강관리가 취약

② 사업장 근로자 구강 특성 : 지각과민, 입냄새, 잇몸출혈 등

9 구강보건교육 평가

(1) **교육평가의 기능** : 이해와 진단기능, 학습 촉진의 기능, 교육매체 개선기능
(2) **교육평가 도구의 구비조건** : 타당도, 신뢰도, 객관도, 실용도
(3) **교육목표에 따른 구강보건 평가방법**

학습자 성취도	학습자의 지식, 태도, 행동을 정해 놓은 구강보건교육으로 평가하여 판단
교육 유효도	교육과정 자체의 요인(교육방법, 기자재 등)을 평가하여 판단
구강보건 증진도	구강보건 증진 정도를 정해 놓은 기준에 맞춰 평가하여 판단

(4) **교육내용에 따른 구강보건 평가방법**

지적영역	검사법	• 학습자의 지식을 평가 • 비교적 객관적으로 평가
정의적영역	관찰법, 질문지법, 면접법	• 학습자의 태도변화를 측정 • 객관적 측정이 어려움
정신운동영역		• 학습자의 수기 변화를 평가 • 객관적 측정이 어려움

(5) **구강보건교육 평가방법의 나열**

검사법	• 지적 영역의 평가에서 사용 • 주관식 검사법 : 서술형, 평가자의 주관 개입 가능성 • 객관식 검사법 : 점수화에 용이, 학습내용 영역을 포함
관찰법	• 조사자의 감각을 통해 직접적으로 대상자나 사물의 특성을 과학적으로 관찰하여 분석하는 방법 • 교육대상자의 행동변화를 알고자 함 • 자연적 관찰법과 실험적 관찰법
질문지법	• 대상자가 설문을 읽고, 직접 답을 작성함 • 학습자의 반응, 태도, 의견을 알고자 함
면접법	대상자와 대화를 통해 자료를 수집

다음 중 구강보건교육평가의 기능으로 적합하지 않은 것은 무엇인가?

① 교육매체 개선
② 학습 촉진
③ 교육목표 수정
④ 이 해
⑤ 진 단

답 ③

다음 중 교육방법, 교육기재, 교육과정 자체의 요인을 평가하는 구강보건교육평가는 무엇인가?

① 교육유효도평가
② 학습자성취도 평가
③ 형성평가
④ 진단평가
⑤ 총괄평가

해설
② 학습자의 능력, 태도, 행동을 평가
③ 학습이 진행되는 과정에서 평가
④ 학습의 시작 시점에서 평가
⑤ 학습의 종결 시 평가

답 ①

CHAPTER 10 적중예상문제

1 구강보건교육을 위한 생애주기별 발달심리

01 다음 구강보건교육의 중요성에 대해 설명한 것이 아닌 것은?

① 국민 삶의 질 향상에 기여
② 구강보건교육은 3차 예방의 건강증진에 해당
③ 구강보건교육은 치과위생사의 업무
④ 구강건강의 증진과 유지가 목적
⑤ 예방적인 측면이 강조

해설
② 구강보건교육은 1차 예방의 건강증진에 해당

2 구강보건행동 유발을 위한 교육심리

01 다음 중 무치아기 시기로, 거즈 등으로 입안을 닦아주는 관리가 필요한 생애주기는 무엇인가?

① 신생아기　　② 영아기
③ 유아기　　　④ 아동기
⑤ 청소년기

해설
① 출생 후 4주까지

02 다음 중 우유병우식증이 호발되며, 유치 맹출이 시작되는 생애주기는 무엇인가?

① 신생아기　　② 영아기
③ 유아기　　　④ 아동기
⑤ 청소년기

해설
② 생후 1~12개월

03 다음 중 유아기에 해당하는 설명이 아닌 것은?

① 구강 내 유치가 맹출되기 시작한다.
② 어른들의 역할과 행동을 모방한다.
③ 공포와 상상력이 풍부하다.
④ 자기통제능력이 있다.
⑤ 상벌체계를 통해 행동이 강화된다.

해설
① 영아기에 대한 설명이다.

04 다음 중 청소년기의 구강건강관리가 중요한 이유로 적절한 것은?

① 치주염의 발생이 증가한다.
② 고정적인 습관이 생긴다.
③ 사고능력이 쇠퇴된다.
④ 유치의 조기상실로 영구치의 부정교합에 영향을 준다.
⑤ 탄산 및 인스턴트의 식품 섭취가 증가되어 치아우식증이 발생한다.

해설
① 치은염의 발생이 증가
②, ③ 노년기에 대한 설명
④ 유아기의 구강건강관리가 중요한 이유

정답　01 ②　/　01 ①　02 ②　03 ①　04 ⑤

05 다음 중 치아우식 감수성이 높으며, 혼합치열기로, 대부분 치과방문에 잘 적응하고 협조적인 생애주기는 언제인가?

① 학령전기　② 학령기
③ 청소년기　④ 성인기
⑤ 노인기

06 다음 중 개체의 행동을 유발하는 개체 자체 내의 원인으로 개체 내의 결핍이나 과잉에 의해 나타난 상태는 무엇인가?

① 동 기　② 동기유발
③ 욕 구　④ 필 요
⑤ 충 동

해설
① 한 사람의 행동을 결정하는 의식적, 무의식적 원인
② 행동을 일으키게 하고, 일어난 행동을 유지하고, 일정한 목표로 방향을 설정해 이끌어 나가는 과정
⑤ 욕구를 특정한 행동양식으로 이끌어가게 하는 것

07 다음 중 외재적 동기유발의 방법으로 옳은 것은?

① 상과 벌
② 학습목표의 확인
③ 결과의 환기
④ 결과의 확인
⑤ 성공감

해설
① 외재적 동기유발은 상과 벌, 경쟁과 협동 등이다.
②, ③, ④, ⑤ 내재적 동기유발에 대한 설명이다.

08 다음 중 동기화의 과정이 바르게 연결된 것은 무엇인가?

① 환기→목표추구행동→목표달성→환기상태소멸
② 환기→목표추구행동→환기상태소멸→목표달성
③ 환기→목표달성→목표추구행동→환기상태소멸
④ 목표추구행동→환기→목표달성→환기상태소멸
⑤ 목표추구행동→환기→환기상태의 소멸→목표달성

09 자연적 동기화로 옳은 것은?

① 학습결과의 확인
② 상과 벌
③ 경쟁과 협동
④ 교육자의 태도
⑤ 학습 이외의 조건

해설
- 동기화 : 행동을 일으키고, 지속시키며, 일정한 방향으로 이끌어가는 과정
- 내재적 동기화(자연적) : 학습하는 과정에서 긴장완화 시 나타나는 행동, 학습목표의 설정, 명료화, 학습결과의 환기와 확인, 성공감
- 외재적 동기화(인위적) : 학습 이외의 조건, 상과 벌, 경쟁과 협동, 교육자의 태도

10 다음 중 Maslow의 욕구 단계 중 만족스러운 타인과의 관계로 집단에 소속되고 싶은 욕구는 무엇인가?

① 자아실현의 욕구
② 존경의 욕구
③ 소속과 애정의 욕구
④ 안전의 욕구
⑤ 생리적 욕구

11 다음 중 행동을 일으키고 행동 목표를 정확히 하여, 유발된 행동을 지속시켜 주며, 행동을 일정방향으로 이끌어가는 것은 무엇인가?
① 충 동 ② 유 인
③ 유의성 ④ 동기화
⑤ 동 기

12 다음 중 환자의 동기유발인자로 적합하지 않은 것은?
① 환자의 정서 상태
② 구강 내 문제점
③ 환자의 흥미
④ 환자의 태도
⑤ 환자의 구강보건 행동

3 구강보건교육계획

01 다음 중 목표에 대한 설명이 아닌 것은?
① 구체적인 동사로 기술한다.
② 행동이나 행위를 나타낸다.
③ 목적을 달성하기 위한 것이다.
④ 노력해서 달성하고자 하는 것이다.
⑤ 특징적이고, 부분적이다.

해설
④ 목적에 대한 내용이다.

02 다음 중 교육목표작성의 원칙은 무엇인가?
① 교육자의 교수수행이라는 관점에서 기술한다.
② 학습이 성공적일 때 나타나는 행동의 종류를 기술한다.
③ 학습이 실패했을 때 나타나는 행동의 종류를 기술한다.
④ 목표를 포함하여 포괄적 성과를 기술한다.
⑤ 학습의 과정을 내용으로 기술한다.

해설
① 학습자의 학습수행이라는 관점에서 기술한다.
④ 목표마다 단일성과를 기술한다.
⑤ 학습의 결과를 내용으로 기술한다.

03 다음 중 블룸의 교육목표 개발의 원칙이 아닌 것은?
① 포괄적 ② 실용적
③ 행동적 ④ 달성 가능
⑤ 측정 가능

해설
블룸의 교육개발목표 5원칙 : 실용적, 행동적, 달성 가능, 측정 가능, 이해 가능

04 다음 중 교육목표의 일반적인 설정원칙으로 적합하지 않은 것은?
① 추상적으로 기술된다.
② 통일성 있게 기술된다.
③ 교육대상자에게 적절하게 기술된다.
④ 교육대상자의 조건에 맞게 타당해야 한다.
⑤ 포괄적으로 기술된다.

11 ④ 12 ⑤ / 01 ④ 02 ② 03 ① 04 ① **정답**

05 교육목적의 설정원칙으로 옳은 것은?
① 실용적으로 개발한다.
② 구체적 행동으로 기술한다.
③ 광범위하고 포괄적으로 설정한다.
④ 목표마다 단일성과를 기술한다.
⑤ 학습이 끝나면 성취도를 표기한다.

해설
- 교육목적 설정원칙 : 광범위, 포괄적, 전체적, 통일성, 목적은 목표를 포함한다.
- 교육목표 설정원칙 : 목표마다 단일성과 기술, 학습 종료 후 학생이 알 수 있는 성취도 평가, 구체적 행동에 대해 하나씩 기술
※ 블룸의 목표개발 5원칙 : 실용적, 이해 가능, 측정 가능, 행동적, 달성 가능

06 다음 중 태도의 변화를 추구하며, 학습자의 태도변화에 대한 객관적 측정이 어려운 교육학적 분류는 무엇인가?
① 정신운동영역
② 정의적영역
③ 지적영역 – 판단수준
④ 지적영역 – 문제해결수준
⑤ 지적영역 – 암기수준

07 학생은 치아의 구조를 나열할 수 있다는 교육 목표의 교육학적 분류는?
① 지적영역 – 암기수준
② 지적영역 – 문제해결수준
③ 지적영역 – 판단수준
④ 정의적영역
⑤ 정신운동영역

해설
- 지적영역
  – 암기수준 : ~을 나열할 수 있다.
  – 판단수준 : ~을 설명할 수 있다.
  – 문제해결수준 : ~ 경우에 ~ 할 수 있다.
- 정의적영역 : ~ 실천할 수 있다.
- 정신운동영역 : ~ (행동을) 할 수 있다.

08 다음 중 '학생은 치주질환의 진행과정을 설명할 수 있다'는 교육목표의 교육학적 분류로 적합한 것은?
① 정신운동영역
② 정의적영역
③ 지적영역 – 판단수준
④ 지적영역 – 문제해결수준
⑤ 지적영역 – 암기수준

4 구강보건교육방법 및 매체

01 다음 중 시범의 단점으로 적합한 것은?
① 정보량이 과다할 수 있다.
② 대상자가 능동적이다.
③ 교사의 시범이 정확해야 한다.
④ 장소와 시설이 필요하지 않다.
⑤ 학습자 간 개인차를 고려하지 않는다.

해설
①, ⑤ 강의법의 단점이다.
② 대상자는 수동적이다.
④ 적절한 장소와 시설이 필요하다.

02 다음 중 시범의 교수방법을 선택했을 때의 고려사항으로 적합하지 않은 것은?
① 동기유발에 효율적이다.
② 시범은 1회만 제공한다.
③ 목표달성 여부에 대한 평가를 실시해야 한다.
④ 학습자가 소집단을 이루어야 한다.
⑤ 목적과 내용을 인지시킨다.

해설
② 학습자의 이해도 확인을 위해 재시범을 할 수 있는 기회가 있어야 한다.

03 다음 중 교사와 학습자 간의 의사소통의 기회가 많아 능동적인 학습자의 태도가 필요한 교수방법은 무엇인가?
① 문답법　　　② 시뮬레이션
③ 토 의　　　④ 시 범
⑤ 강의법

해설
② 실제장면과 유사한 상황을 인위적으로 비슷하게 학습함
③ 서로의 의견을 교환하고 함께 문제를 해결할 수 있도록 돕는 방법

04 다음 중 어떤 문제를 해결하기 위해 획기적이고 창의적인 아이디어가 필요할 때 방안을 모색하는 집단 창의적 방법은 무엇인가?
① 분단토의　　　② 브레인스토밍
③ 배심토의　　　④ 원탁토의
⑤ 집단토의

해설
① 전체를 6명씩 나누는 소집단으로 구성하여 토의 후 전체에서 종합하는 방법
③ 특정 주제에 대해 상반되는 견해를 갖는 전문가 4~7명의 패널이 의장의 안내에 따라 토의를 진행하는 방법
④ 토의의 가장 기본적인 형태, 5~10명의 소집단이 자유롭게 의견을 교환하는 방법
⑤ 집단 내 참가자들이 특정 주제에 대해 자유롭게 상호의견을 교환하고 결론을 내는 방법

05 다음 중 어떤 문제를 학습자가 직접 활동을 통해 답을 알아내고, 문제를 해결하여 그 결과를 논의하는 교습방법은 무엇인가?
① 문제해결법　　　② 프로그램학습
③ 시뮬레이션　　　④ 역할활동
⑤ 극활동

06 문제해결을 위해 창의적이고 획기적인 아이디어를 수집하는 토의법은?
① 심포지엄　　　② 세미나
③ 배심토의　　　④ 분단토의
⑤ 브레인스토밍

해설
① 심포지엄 : 동일한 주제에 전문적 지식을 가진 몇 사람 초청 후 발표 내용을 중심으로 사회자가 토의시간을 통해 문제해결 도모
② 세미나 : 참가자 모두가 주제 분야에 권위 있는 전문가와 연구자로 구성, 과학적으로 문제분석을 하기 위한 집회 형태
③ 배심토의 : 주제에 전문적 견해가 있는 4~7인이 의장의 안내에 따라 토의 진행
④ 분단토의 : 몇 개의 소집단을 토의시키고, 다시 전체 회의에서 종합

07 다음 중 40명 이상의 집단에 적합한 교육방법은 무엇인가?
① 토 론　　　② 시 범
③ 실 습　　　④ 문 답
⑤ 강 의

08 강의 교수법의 단점은?
① 지적 수준이 낮은 학생에게 적당하다.
② 수동적인 학습형태이다.
③ 동기유발이 가능하다.
④ 참여자 수가 제한된다.
⑤ 학습과정을 분명히 전달한다.

해설
①, ③ 강의의 단점 : 지적 수준이 낮은 학생에게 부적당하다. 동기유발이 어렵다.
④ 토의 단점 : 참여자 수가 제한된다.
⑤ 시범의 장점 : 학습과정을 분명히 전달한다.

09 다음 중 교육적인 문제해결을 위해 과학적으로 잘 조직된 지식의 통합적이고 체계적인 과정은 무엇인가?
① 교육과정 ② 교육공학
③ 교육효과 ④ 교 육
⑤ 교육방법

10 다음 중 교육이 수행되는 경우, 교육목적을 효율적으로 달성하기 위해 활용되는 모든 기구, 자료, 수단, 방법은 무엇인가?
① 교육매체 ② 교육자료
③ 교육정보 ④ 교육수단
⑤ 유인물

11 교육공학의 효능으로 옳은 것은?
① 교육의 소비성 증대
② 교육의 집중화
③ 간접적 학습화
④ 교육의 집단화
⑤ 교수력 강화

> **해설**
> **교육공학의 효능**
> 교육의 생산성 증대, 교육의 개별화 도모, 교육의 과학화 촉진, 교수력 강화, 학습의 직접화와 동시화 실현, 교육의 균등화

12 학습자의 지적수준 적합성을 고려한 교육매체의 선택기준은?
① 타당성
② 난이도
③ 적절성
④ 질적 양호성
⑤ 이용 가능성

> **해설**
> • 교육매체의 선정기준 : 학습자의 능력, 학습자의 동기유발, 학습목표가 기준, 단원의 학습목표와 일치, 교육적 가치, 학습자의 태도와 습성의 적절한 변화, 학습효과의 지속
> • 교육기자재의 선택기준 : 교육 시각, 교육 대상의 크기, 교육 소요시간, 활용 가능한 장비, 교육환경

13 다음 중 교육매체에 대한 설명으로 옳지 않은 것은?
① 기능에 따라 시각기능, 청각기능, 시청각기능으로 분류한다.
② 그림, 포스터, 사진 등은 평면교재이다.
③ 표본, 모형 등은 입체교재이다.
④ 도구적 매체는 교육자에 의해 완전히 통제된다.
⑤ 기계적 매체는 전파적 매체보다 독립적이고 전문적이다.

> **해설**
> ⑤ 전파적 매체는 기계적 매체보다 독립적이고 전문적이다.

14 다음 중 기계적 매체에 대한 설명으로 옳지 않은 것은 무엇인가?
① 대량생산이 가능하다.
② 사진과 슬라이드 등이다.
③ 확대와 축소가 가능하다.
④ 교육자에 의해 완전히 통제되고 지배된다.
⑤ 비교적 전문적인 기술이 필요하다.

> **해설**
> ④ 도구적 매체에 대한 설명이다.

15 다음 중 교육매체의 선택 시 고려사항으로 적합하지 않은 것은?

① 교육대상의 연령
② 교육 소요시간
③ 교육의 시각
④ 활용 가능한 장비
⑤ 교육대상의 크기

16 다음 중 효과적인 구강보건교육매체의 선정기준으로 적합하지 않은 것은?

① 교육적 가치
② 학습목적과 일치
③ 학습자의 능력에 적합
④ 학습자의 습성
⑤ 학습효과의 장기적 지속

해설
② 학습목표와 일치

17 다음 중 괘도 작성 시의 고려사항으로 적합한 것은 무엇인가?

① 표현하고자 하는 내용을 구체적으로 나타낸다.
② 얇은 종이를 택하여 가볍도록 한다.
③ 색을 사용할 때는 최대한 다양하게 사용한다.
④ 교육대상자가 이해하기 어려운 기호는 한글로 표시한다.
⑤ 숫자는 간략화하고, 최신의 자료를 사용한다.

해설
① 표현하고자 하는 내용을 간략하게 작성한다.
② 질이 좋은 종이를 사용하여 여러 번 사용할 수 있도록 한다.
③ 색을 사용할 때는 어디에 집중할 건지 명확히 결정한다.
④ 교육대상자가 이해하기 어려운 기호는 사용하지 않는다.

18 다음 중 게시판을 완성 후 평가하는 기준으로 적합하지 못한 것은 무엇인가?

① 흥미를 유발할 수 있는가
② 시기적으로 적합한가
③ 배치가 균형이 잡혔는가
④ 학습에 도움이 되었는가
⑤ 색깔은 다양하게 사용하였는가

해설
⑤ 글씨는 눈에 잘 띠고, 색깔은 효과적이었는가가 적합하다.

19 다음 중 여러 사람에게 알리려는 정보를 간단하고 분명하게 나타내는 시각적 자료인 교육매체는 무엇인가?

① 게시판　　② 포스터
③ 모 형　　④ 실 물
⑤ 융 판

20 다음 중 구강보건교육 기자재의 학습효과 평가기준으로 적합하지 않은 것은?

① 손쉽게 구하기 쉬운 교육매체
② 학생들의 흥미에 밀접한 연관
③ 특별한 목적에 적합
④ 교육자의 이용에 기술이 불필요
⑤ 교육매체가 정확한 지식을 포함

15 ① 16 ② 17 ⑤ 18 ⑤ 19 ② 20 ④

21 다음 중 교안의 구성요소로 적합하지 않은 것은 무엇인가?
① 교육매체
② 교육대상
③ 교육시간
④ 교육목표
⑤ 교육평가

해설
① 교안의 구성요소 : 단원명, 대상, 교육시간, 교육장소, 교육목적과 교육목표, 교육내용, 교육방법, 절차의 설계, 평가

22 다음 중 효과적인 학습시간 편성에 대해 옳은 것은 무엇인가?
① 아동의 교육시간이 성인과 노인보다 짧음
② 기억과 이해도가 필요한 학습내용은 오후가 좋음
③ 피교육자의 휴식시간을 고려
④ 동적 학습내용은 오전이 좋음
⑤ 성인, 노인의 교육시간이 같게 배정

해설
② 기억과 이해도가 필요한 학습내용은 오전이 좋음
③ 피교육자의 질문시간을 고려
④ 동적 학습내용은 오후가 좋음
⑤ 각 대상자별로 교육시간이 다르게 배정

5 교수 – 학습의 실제

01 다음 중 교수-학습과정에 영향을 줄 수 있는 요인이 아닌 것은 무엇인가?
① 가정과 사회구조
② 교육매체의 특성
③ 학급과 학교의 특성
④ 교육자의 특성
⑤ 학습집단의 특성

02 구강보건교육 순환과정 중 교육내용 선정 후 진행할 단계는?
① 교수-학습
② 학습경험 선정
③ 교육평가
④ 교육내용과 경험구조
⑤ 교육목표 설정

해설
• 순환과정 : 교육적 문제와 요구분석 → 교육목표설정 → 교육내용 및 학습경험 선정 → 교육내용 및 학습경험조직 → 교수-학습의 실제 → 교육평가
• 교육내용의 선정기준 : 교육목표와의 관련성, 학습 가능성, 사회적 유동성, 타당성
• 학습경험의 선정기준 : 기회의 원리, 만족의 원리, 가능성의 원리, 다활동의 원리, 다성과의 원리, 협동의 원리
• 교육내용 및 학습경험조직 : 계열성의 원리, 계속성의 원리, 범위의 원리, 통합성의 원리, 균형성의 원리

6 진료실 구강보건교육

01 다음 중 환자를 대상으로 하는 교육의 개발에 관련된 내용으로 적합하지 않은 것은 무엇인가?
① 성취하려는 교육목적 설정
② 성취하려는 교육목표 설정
③ 필요한 교육자료의 준비
④ 교육의 결과를 평가하는 평가방법 설정
⑤ 격의 없이 의견을 교환

해설
④ 교육의 과정 전반에 대해 평가하는 평가방법 설정

02 다음 중 환자요구도 조사단계에서의 청취원칙이 아닌 것은 무엇인가?
① 분 석
② 직 시
③ 이해력
④ 탐구력
⑤ 주의집중

해설
③ 평가단계의 대화원칙

03 다음 중 구강보건인력의 동기유발인자로 적절하지 않은 것은 무엇인가?

① 정서적 상태
② 사회경제적인 면
③ 구강보건에 대한 잘못된 지식
④ 구강의 건강상태
⑤ 구강진료수요 욕구

04 다음 중 치면세균막 관리 교육의 목적으로 적절하지 않은 것은 무엇인가?

① 치아우식증 예방
② 구강 내 미생물 감소
③ 구취 제거
④ 치과검진 유도
⑤ 치주병 예방

05 다음 중 치면세균막관리 교육계획 수립에 대한 설명으로 적절한 것은 무엇인가?

① 대상자의 사회·경제적 요인을 고려하여 목표를 설정한다.
② 치과 치료가 필요한 경우, 치료가 완료된 이후에 시작한다.
③ 2차 교육 후 2개월 뒤 3차 교육을 한다.
④ 교육방법은 강의법이 가장 효과적이다.
⑤ 1차 교육 후 3개월 뒤 2차 교육을 한다.

해설
① 대상자의 치주조직 및 치아 상태, 전신건강상태, 교육대상자의 연령, 동기유발인자, 현재 구강위생 관리상태를 고려한다.
② 대상자에게 치과진료가 필요한 경우 치료계획에 따라 시기를 결정한다.
④ 교육방법은 시범 후 실습이 가장 효과적이다.
⑤ 1차 교육 후 3주 뒤 2차 교육을 한다.

06 다음 중 치아우식증과 치주병의 원인이 되는 치면세균막을 관리하는 가장 기본적인 방법은 무엇인가?

① 불소도포
② 정기검진
③ 칫솔질 교습
④ 보조구강위생관리용품 교습
⑤ 전문가구강위생관리

7 공중구강보건교육

01 다음 중 구강보건교육자원으로 적합하지 않은 것은 무엇인가?

① 교육사업 예산
② 구강보건교육자
③ 구강보건학습자
④ 구강보건교육과정
⑤ 구강보건교육교재

02 다음 중 공중구강보건교육의 교육지도 과정에 포함되지 않는 것은 무엇인가?

① 교육내용 정리
② 교육대상자 선정
③ 교육방법 선정
④ 교재 제작 정리
⑤ 교육지도 활동

03 다음 중 구강보건행동 유발과정으로 교육자와 학습자가 반복적으로 접촉하는 단계는 무엇인가?

① 이 해　　② 관 심
③ 동기유발　④ 행 동
⑤ 조 사

해설
② 관심과 참여는 교육자와 학습자가 반복적으로 접촉해야 하는 단계이다.

04 다음 중 간접구강보건교육에 대한 설명으로 옳지 않은 것은 무엇인가?

① 교육자와 학습자가 접촉하지 않는다.
② 교육의 효과가 부정확하다.
③ 시간과 노력이 절약된다.
④ 책이나 팜플렛 등의 구강보건교육매체가 이용된다.
⑤ 동기유발이 필요하지 않다.

05 다음 중 TV, 인터넷 등을 이용하는 구강보건교육방법으로 헤아릴 수 없이 많은 교육대상자에게 효과적인 구강보건교육 형태는 무엇인가?

① 집단구강보건교육
② 대중구강보건교육
③ 구강보건강연회
④ 구강보건영상회
⑤ 구강보건심포지움

해설
① 집단구강보건교육은 셀 수 있는 인간집단을 대상으로 한다.

06 다음 중 시각적 구강보건교육에 대한 특징으로 옳지 않은 것은 무엇인가?

① 구강보건자료를 전시한다.
② 자료제작에 시간이 오래 걸린다.
③ 학습한 것을 기억하게 하는 데 효과가 좋다.
④ 자료 제작에 경비가 많이 든다.
⑤ 청각교육법보다 정확도가 높다.

해설
③ 시청각 구강보건교육에 대한 내용이다.

07 다음 중 특정구강보건문제에 대하여 여러 명의 구강보건교육자가 분담하여 강연하는 구강보건교육방법은 무엇인가?

① 집단구강보건토론법
② 분임구강보건토의법
③ 단상구강보건토론법
④ 구강보건심포지엄법
⑤ 구강보건주간행사법

08 다음 중 집단 구성원들에게 각자의 의견을 발표하게 한 뒤 사회자가 전체 의견을 종합하는 구강보건교육 방법은 무엇인가?
① 집단구강보건토론법
② 분임구강보건토의법
③ 단상구강보건토론법
④ 구강보건심포지엄법
⑤ 구강보건주간행사법

09 다음 중 지역사회지도자를 대상으로 한 구강보건교육방법으로 적절한 것은 무엇인가?
① 구강보건심포지엄법
② 단상구강보건토론법
③ 집단구강보건토론법
④ 구강보건주간행사법
⑤ 설교식 구강보건교육법

10 다음 중 계속적인 인간행위의 변화를 추구하는 과정과 프로그램은 무엇인가?
① 교육내용
② 교육평가
③ 교육목표
④ 교육목적
⑤ 교육과정

11 칫솔질 방법을 교육 후 칫솔질을 올바르게 하는지 관찰할 때 평가영역은?
① 학습자의 성취도 평가
② 구강보건증진도 평가
③ 교육의 효과성 평가
④ 교육의 유효도 평가
⑤ 교육의 효율성 평가

해설

교육목표에 따른 평가방법
학습자의 성취도(학습자의 지식, 태도, 행동), 교육 유효도(교육방법, 기자재 평가), 구강보건증진도(증진정도 평가)

8 대상자별 구강보건교육

01 다음 중 다발성 우식환자의 우식원인으로 적합하지 않은 것은 무엇인가?
① 구강 내 산생성균의 증가
② 무분별한 발효성 음식물
③ 산에 약한 치아의 구조
④ 식이습관의 불균형
⑤ 전문가구강위생관리 부족

정답 08 ① 09 ③ 10 ⑤ 11 ① / 01 ⑤

02 다음 중 심신 장애 대상자와 구강보건교육 내용으로 적합한 것은 무엇인가?
① 심신장애자가 이해하기 어려운 경우 반복적으로 교육한다.
② 자폐아의 경우 의사소통이 어렵기 때문에, 치료에 중점을 둔다.
③ 시각장애인은 직접 만져보고 느끼도록 교육한다.
④ 청각장애인은 쉬운 것부터 반복 교육하며, 보호자와 동시에 교육한다.
⑤ 지체 부자유자는 전동칫솔보다는 일반칫솔을 사용하여 교육한다.

해설
① 심신장애자가 이해하기 어려운 경우 보호자와 함께 교육한다.
② 자폐아의 경우 예방에 중점을 둔다.
④ 청각장애인은 눈높이를 같게 하여 천천히 대화한다.
⑤ 지체부자유자는 전동칫솔을 추천하여 교육한다.

03 다음 중 산업장 근로자의 구강보건교육 중 물리적 요인에 의한 구강 내 발현증상으로 옳지 않은 것은 무엇인가?
① 교모증
② 금속맛
③ 마모증
④ 치석침착
⑤ 치경부 치아우식증

해설
② 수은중독으로 인하며, 화학적 요인에 포함된다. 화학적 요인은 수은, 카드뮴, 납, 크롬, 인, 강산 등이다.
①, ③, ④ 광부, 건설업 종사자는 마모성 분진으로 인해 치아가 쉽게 닳는다.
⑤ 제과, 제빵 등 공기 중 당 분진농도가 높으면 치경부 우식이 잘 생긴다.

04 장애인에게 필요한 구강보건교육의 내용은?
① 치근면우식증의 관리
② 보호자에 대한 구강보건교육
③ 유치와 영구치의 교환시기
④ 전동칫솔 사용 추천
⑤ 국소의치의 관리

해설
• 임산부 : 치면세균막관리, 식이조절, 모자감염, 초기 3개월과 말기 3개월에 치과진료 피하고 응급진료만 가능
• 장애인 : 치면세균막관리, 식이조절, 불소 사용, 보호자에게 구강보건교육
• 노인 : 치아우식증, 치주병, 구강건조증, 치경부 마모증, 구취관리법, 틀니 사용 주의사항 등 구강관리법
• 사업장 : 지각과민, 구취, 치은출혈의 특성을 가짐

9 구강보건교육 평가

01 다음 중 교육평가도구의 조건이 아닌 것은?
① 타당도
② 만족도
③ 신뢰도
④ 객관도
⑤ 실용도

교육은 우리 자신의 무지를 점차 발견해 가는 과정이다.

– 윌 듀란트 –

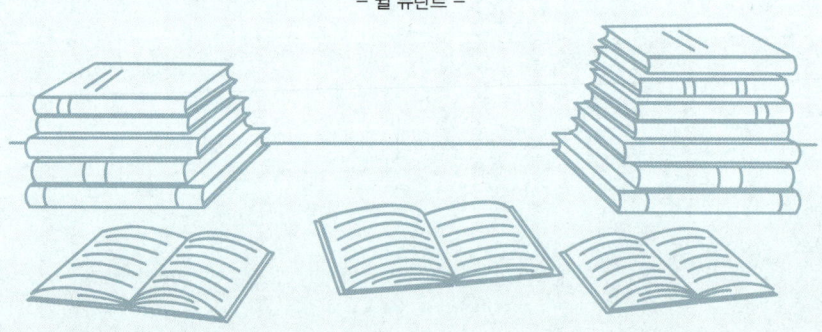

치과위생사 국가시험 한권으로 끝내기

PART 02 치위생학 2

임상치위생처치

CHAPTER 01	예방치과처치
CHAPTER 02	치면세마
CHAPTER 03	치과방사선

임상치과지원

CHAPTER 04	구강악안면외과
CHAPTER 05	치과보철
CHAPTER 06	치과보존
CHAPTER 07	소아치과
CHAPTER 08	치 주
CHAPTER 09	치과교정
CHAPTER 10	치과재료

CHAPTER 01 예방치과처치

1 개별구강관리

(1) 구강병의 3대 발생 요인

숙주요인	치아요인	치아성분, 치아형태, 타액위치, 치아배열, 병소의 위치
	타액요인	타액유출량, 타액점조도, 타액완충능, 타액성분, 수소이온농도, 식균작용, 살균성 물질 생산력
	구강 외 신체요인	호르몬, 임신, 식성, 종족특성, 유전, 연령, 설명, 특이체질, 치아 우식감수성, 살균성 물질 생산력
병원체요인		세균의 종류와 양, 병원성, 독력, 전염성, 전염방법, 산 생산능력, 독소 생산능력, 침입력
환경요인	구강 내 환경요인	구강청결상태, 구강온도, 치면세균막, 치아 주위 성분
	구강 외 환경요인 자연환경	지리, 기온, 기습, 토양성질, 공기, 식음수 불소이온농도사업
	구강 외 환경요인 사회환경	식품의 종류, 식품의 영양, 주거, 인구이동, 직업, 문화제도, 경제조건, 생활환경, 구강보건진료제도

구 분	설 명
필요요인	특정 구강병이 발생하는 데 반드시 작용하는 원인요인
충분요인	특정인에게 발생하는 데 작용하는 전체요인

(2) 구강병 관리의 원리

1가지 이상의 구강상병 요인이 작용하지 못하도록 그 요인을 제거하거나 작용 기구를 단절하여 구강상병을 효과적으로 관리하는 원리

다음 구강병 발생요인 중 숙주요인이 아닌 것은 무엇인가?

① 치아성분
② 호르몬
③ 타액점조도
④ 치면세균막
⑤ 병소의 위치

해설
치면세균막은 환경요인이다.

답 ④

다음 중 특정 구강병이 발생하는 데 반드시 작용하는 원인요소는 무엇인가?

① 숙주요인　② 환경요인
③ 병원체요인　④ 필요요인
⑤ 충분요인

해설
⑤ 특정인에서 구강병이 발생하는 데 작용하는 전체요인

답 ④

다음 중 구강상병관리의 원칙으로 옳은 것은?

① 1, 2, 3차 예방법을 동시에 관리한다.
② 2차 예방법보다 3차 예방법으로 관리한다.
③ 1차 예방법보다 2차 예방법으로 관리한다.
④ 개별적으로 관리한다.
⑤ 포괄적으로 관리한다.

해설
①, ②, ③ 3차 예방법보다 2차 예방법, 2차 예방법보다 1차 예방법으로 관리한다.
답 ⑤

(3) 구강병 진행과정과 구강병 예방의 분류

병원성기		질환기		회복기
전구병원성기	조기병원성기	조기질환기	진전질환기	
건강증진	특수방호	조기치료	기능감퇴제한	상실기능재활
1차 예방		2차 예방	3차 예방	
영양관리 구강보건교육 칫솔질 치간세정푼사질	식이조절 불소복용 불소도포 치면열구전색 치면세마 교환기유치발거 부정교합예방	초기우식병소충전 치은염치료 부정교합차단 정기구강검진	치수복조 치수절단 근관충전 진행우식병소충전 유치치관수복 치주조직병치료 부정치열교정 치아발거	가공의치보철 국부의치보철 전부의치보철 임플란트보철

① 1차 예방 : 질병이 발병하는 것을 사전에 막거나, 2차 예방이 필요해지기 전에 질병이 더 이상 진행하는 것을 회복시키기 위해 사용하는 방법
② 2차 예방 : 질병 발생 시 더 이상 질병이 진행되지 않도록 시행하는 일반적인 치료방법이나 인체 조직을 가능한 원상에 가깝게 회복시키는 행동
③ 3차 예방 : 2차 예방 실패 후 손실된 조직을 대체하고 환자의 신체능력과 정신상태를 가능한 한 정상에 가깝게 회복시키는 방법

(4) 구강병 관리의 원칙

구강질환을 포괄적으로 관리하되, 3차 예방보다 2차 예방, 2차 예방보다 1차 예방으로 관리한다.

다음 중 개인구강건강관리의 진료순환주기에 대한 설명으로 옳은 것은?

① 3개월
② 6개월
③ 12개월
④ 교합면 초기우식병소가 관찰되는 정도로 진행되는 데 소요되는 기간
⑤ 진찰단계에서 확인된 초기우식병소가 치수치료로 진행되는 데 소요되는 기간

해설
② 인접면 초기우식병소가 관찰되는 정도로 진행되는 데 소요되는 기간
답 ②

(5) 개인구강상병관리과정

주기는 6개월(진찰단계에서 관찰되지 않은 인접면 초기우식병소가 관찰될 수 있도록 진행 확대되는 데 소요되는 기간)이다.

구 분	설 명
진 찰	검사 : 상병을 진단하는 데 필요한 정보를 수집
진 단	전체 진료과정 중 가장 중요
요양계획(치료계획)	• 예방, 치료, 재활을 포함 • 치료보다는 예방을 우선으로 함
진료비 영수	요양계획수립과 제시단계에서는 진료비 영수가 전제
요양(치료)	치료, 예방처치, 재활처치
요양결과 평가	개인구강상병관리 과정은 6개월 주기

(6) 예방치학

① 개인에게 발생되는 구강상병을 진료하는 과정이나 지역사회별로 구강보건사업을 수행하는 과정에서 구강상병의 발생을 예방하는 원리, 방법을 연구하고 실용하는 실용치학이다.
② 임상 예방치학과 공중구강보건학의 목적은 동일하다.
③ 임상 예방치학의 대상은 개인, 공중구강보건학의 목적은 집단이 대상이다.
④ 시술이 간편하고 비교적 간단하다.
⑤ 시술 전후의 감각적 변화가 없어야 한다.
⑥ 안전하며 경제적이어야 한다.
⑦ 대상자의 구강건강유지 및 증진유지가 궁극적 목적이다.
⑧ 단기간에 효과를 입증하기 어렵다.

2 치아우식병(증)

(1) 치아우식병

법랑질, 상아질 등의 치질이 파괴되어 무기질과 유기질이 이탈되어 생긴 치아결손현상

(2) 치아우식병의 분류기준

진행정도	법랑질우식증	1도 우식(C1) 치질의 파괴가 법랑질에만 국한된 것
	상아질우식증	2도 우식(C2) 치질의 파괴가 상아질까지 파급된 것
	치수침범 (천공우식증)	3도 우식(C3) 치질의 파괴가 치수 부위까지 침범된 것
	치근침범	4도 우식(C4) 치질의 파괴가 치근 부위까지 침범된 것
부 위	소와열구우식증	교합면의 열구, 소와, 협면 소와, 구개면 소와에서 발생
	평활면우식증	주로 인접면(근심면, 원심면)에서 발생
조 건	1차 우식증	건전한 치면에 처음으로 생긴 우식병소
	2차 우식증	충전물 주위에서 2차적으로 생긴 우식병소

(3) 치아우식 발생추이

① 신석기 이후부터 발견됨, 5~7세기부터 16세기까지 약간 변화
② 두개골에서 치경부우식증과 치근우식증이 발견
③ 17세기 이후 설탕 사용의 증가로 현재처럼 우식증 발생이 증가

다음 중 부위에 따른 치아우식증의 분류가 옳은 것은?

① 법랑질우식
② 소와열구우식
③ 치근우식
④ 1차 우식증
⑤ 상아질우식

해설
①, ③, ⑤ 우식진행과정에 따른 분류
④ 조건에 따른 분류

답 ②

④ 특징
  ㉠ 모든 인간집단에게 발생
  ㉡ 이환도가 높음
  ㉢ 유병률과 진행도는 비례
  ㉣ 유병률과 진행도에 차이가 있음
  ㉤ 치아우식경험도는 경제사회조건, 자연환경조건에 따라 상이, 문화수준에 비례
  ㉥ 치아우식경험률은 연령에 비례
  ㉦ 범발성, 만성, 비가역성, 축적성 질환

(4) 치아우식 발생과 설탕 관련 입증효과

설탕 섭취여부 효과 (극단통제 효과)	• 설탕을 거의 섭취하지 않았던 고대 인류는 거의 없고, 설탕제품 생산 근로자에게는 우식증이 빈발 • 12세까지 당질식품의 섭취를 거의 못했던 호주의 호프우드하우스 고아원 원생들에게는 우식증이 없었으나 출소 후 증가 • 당분을 많이 포함한 우유를 유아에게 장시간 입에 물려두면, 여러 치아에 심한 우식증이 발생
설탕 소비증가 효과	설탕 소비가 증가한 나라에서 우식증이 비례적으로 증가(서유럽 영국, 호주, 미국, 스웨덴)
우식성 음식 성상차이 효과	액체 형태로 마시는 경우에는 치아우식증이 많이 발생되지 않으나, 점착성이 높은 가당 음식을 먹으면 우식증이 심해진다(바이페홈의 연구).
설탕 대치 효과	자일리톨, 솔비톨, 아스파탐, 전화탕, 사카린, 고과당 콘시럽 등 저우식성 감미료를 설탕 대신 사용하면 우식증 발생이 낮음
설탕 식음빈도 증가 효과	설탕음식의 식음 빈도가 증가하면, 우식발생이 증가

(5) 치아우식 발생분포

발생이 높음	발생이 낮음
현대인	고대인, 근대인
아동	성인
과거의 선진국, 최근의 후진국	과거의 후진국, 최근의 선진국
성인여자, 소아남자	성인남자, 소아여자
대도시	농어촌(전원지역)
미국 백인	미국 흑인
교육, 직업, 태도, 가치관이 높은 집단	교육, 직업, 태도, 가치관이 낮은 집단

다음 중 치아우식발생률이 높은 환자군에 대한 설명으로 옳은 것은?

① 고대인 > 현대인
② 아동 > 성인
③ 성인남자 > 성인여자
④ 소아여자 > 소아남자
⑤ 농어촌 > 대도시

해설
① 고대인 < 현대인
③ 성인남자 < 성인여자
④ 소아여자 < 소아남자
⑤ 농어촌 < 대도시

답 ②

(6) 치아우식병 발생요인

숙주요인	치아요인	치아성분	불소를 이용해 내산성을 증가시키면, 치아가 산에 의해 탈회되는 것을 예방한다.
		치아형태	교합면의 좁고 깊은 소와와 열구를 치면열구전색으로 치아의 형태를 개선하여 예방한다.
		치아의 위치와 배열	침, 혀, 볼, 음식에 의한 치아표면의 자정작용이 나빠져 우식증 발생에 영향을 준다.
	타액요인	유출량	적으면 호발
		점조도	높으면 호발
		수소이온농도(pH)	낮으면 호발
		완충작용	안되면 호발
		항균작용	없으면 호발
		성 분	칼슘과 인산의 함량이 직접 영향을 주지는 않음
	구강 외 신체요인	연령, 성별, 종족, 유전, 발육장애, 정서장애	
병원체요인	• 1882년 Miller의 화학세균설 • Williams - 치면에 세균막이 형성되어 세균이 붙어 살며, 이것이 우식증의 원인이라고 규명함 • 치아우식증 유발 세균은 뮤탄스 연쇄상구균		
환경요인	구강 내 환경요인	치면세균막	
	구강 외 환경요인	자연환경	식음수 불소이온농도
		사회환경	생활환경, 음식습관(당분의 양, 종류, 정도, 물리적 성상, 섭취빈도, 청정식품의 섭취 등)

(7) 치아우식병의 예방법

숙주요인제거	치질 내 산성 증가	불소복용, 불소도포
	세균 침입로 차단	치면열구전색, 질산은도포
환경요인제거	치면세균막관리	칫솔질, 치간세정, 물양치, 치면세마
	식이조절	우식성 식품 금지, 청정식품 섭취
병원체요인제거	당질분해억제	비타민 K 이용, 사이코사이드 이용
	세균증식억제	요소와 암모늄 세치제 사용, 엽록소사용법, 항생제 배합 세치제 사용

(8) 4단 치아우식 예방법

치면세균막관리	• 칫솔질, 치간세정푼사질, 치간칫솔질 사용 • 치주병 예방에도 매우 중요
불소이용	수돗물불소농도조정, 불소배합 세치제, 불소용액양치, 전문가 불소도포
치면열구전색	교합면의 좁고 깊은 열구에 산 부식재(30~40% 인산) 사용 후 전색제(BIS-GMA) 도포 후 중합
식이조절	대체당의 개발과 실용화, 설탕소비 억제를 위한 제도적 장치, 다발성 우식증 아동에 대한 식이요법

다음 중 4단 치아우식 예방법의 나열로 옳은 것은 무엇인가?

① 불소이용 → 치면세균막관리 → 치면열구전색 → 식이조절
② 식이조절 → 치면세균막관리 → 치면열구전색 → 불소이용
③ 치면열구전색 → 치면세균막관리 → 불소이용 → 식이조절
④ 치면세균막관리 → 불소이용 → 치면열구전색 → 식이조절
⑤ 불소이용 → 치면열구전색 → 치면세균막관리 → 식이조절

답 ④

다음 중 치아우식증 원인설 중 무기질이 먼저 파괴된 후 유기성분이 용해되는 과정은 무엇인가?

① 단백용해설
② 화학세균설
③ 충 설
④ 화학설
⑤ 단백용해킬레이션설

해설
① 유기질이 먼저 파괴
⑤ 유기질과 무기질이 동시에 파괴

답 ②

다음 중 칫솔질 후 즉시 표면에 흡착되어 형성되는 막은 무엇인가?

① 획득피막
② 치면세균막
③ 음식물잔사
④ 착 색
⑤ materia alba

해설
② 점착성 당단백질의 피막에 구강 내 세균이 부착하여 군락을 형성함
④ 치아의 변색에 관여하는 색소침착
⑤ 치면세균막의 바깥쪽에 느슨하게 붙어 있는 잔사

답 ①

(9) 화학세균설

① 치아우식증 원인설 중 하나
② 1980년 M.D. Miller
③ 치태 내 세균에 의해 당성분이 분해되어 발생되는 산으로 치아표면이 탈회되고, 치질 내 유기성분이 용해된다.
④ 황색소의 침착기전, 유기질이 먼저 파괴되는 것을 설명할 수 없음

(10) 스테판곡선

① 포도당 용액 양치 후 나타나는 치면세균막 수소이온농도(pH)의 변화곡선
② 정상 수소이온농도는 pH 7, 광질이탈이 가능한 수소이온농도는 pH 5.0~5.5
③ 일반인의 경우 산생성은 수분 이내에 이루어진다.
④ 타액의 자정작용으로 수소이온농도가 정상회복되는 데 약 20~30분 소요

3 치면세균막

(1) 치면세균막의 형성과정

① **획득피막의 형성** : 치아를 깨끗이 닦아 건조시킨 후 타액에 담그면, 침 속의 당분과 단백질이 결합되어 당단백질이 형성
② **치면세균막의 형성** : 획득피막에 구강 내 세균이 부착하여 군락을 형성하고 치면의 일부를 덮음
③ **치석의 형성** : 치면세균막이 치면에 부착되어 제거되지 않고, 장기간 있으면 구강 내 타액 중 칼슘, 인 등을 흡수하여 석회화가 일어나 발생

(2) 치면세균막 내 세균의 대사산물

① 산(젖산)
② 세포 내 다당류 : 글리코겐과 형태 유사
③ 세포 외 다당류 : 치면세균막 세균 중에서 뮤탄스 연쇄상구균이 자당을 이용하여 형성
  ㉠ 자당을 분해하여 글루칸(다수 포도당 결합체)과 프럭탄(다수 과당 결합체)을 생성
  ㉡ 글루칸 : 덱스트란-세균의 에너지원, 뮤탄-세균이 치면에서 떨어지지 않도록 함

4 치주병

(1) 치주병
치아주위조직에서 발생하여 진행되며, 치주골을 파괴시키는 염증 면역성 질환이다.

(2) 치주병의 발생분포

발생이 높음	발생이 낮음
농어촌	도 시
남 자	여 자
35세 이후	35세 이전
생산직	사무직
저학력자	고학력자
저개발국	개발국

> 다음 중 치주질환의 특성으로 옳은 것은 무엇인가?
> ① 치조골의 흡수로 치아 동요 유발
> ② 임신부 치아상실의 원인
> ③ 급성질환
> ④ 20세 이상 급증
> ⑤ 치아우식증과 발생이 비례
>
> **해설**
> ② 노년기 치아상실의 원인
> ③ 만성질환
> ④ 35세 이상 급증
> ⑤ 치아우식증의 발생과 무관
>
> **답** ①

(3) 치주병의 발생요인

숙주요인	구강 내	치아총생, 치아기능부전, 외상성교합, 치아상실, 악습관
	구강 외	흡연, 씹는 담배, 임신, 당뇨, 간질치료약, 스테로이드, 스트레스, 피로, 직업성 습관, 과도한 음주, 연령, 성별
환경요인	구강 내	구강청결 정도, 불량보철물, 교정장치, 치면세균막, 치석
	구강 외	• 자연환경요인 : 지리, 식품 • 사회환경요인 : 도시화 정도
병원체요인	구강 내	방선간균, *Actinomyces*의 방선균속 등
기능적요인	물리화학자극	음식물 치간압입, 상해

5 부정교합

(1) 부정교합의 유병률
① 혼합치열기부터 급격히 증가
② 사춘기에서 급격히 증가
③ 성인에서는 연령에 따라 서서히 증가
④ 현대사회로 올수록 부정교합 유병률이 증가 : 심미적 기준 변화, 이종 유전자 간 조합, 식습관의 변화, 치의사 수의 증가
⑤ 사회경제적요인, 문화요인에 영향을 받음

(2) 부정교합의 발생요인
① 선천적요인 : 치아 크기, 악골 크기의 부조화, 큰혀, 작은혀, 구강 주위근의 긴장도 차이
② 후천적요인 : 불량악습관(손가락 빨기, 유아성연하, 구호흡), 유치의 조기상실

> 다음 중 부정교합에 대한 설명으로 옳지 않은 것은?
> ① 혼합치열기에서의 부정교합 유병률이 높다.
> ② 치아 발거의 직접적 원인이다.
> ③ 여성에게서 부정교합 유병률이 높다.
> ④ 치아우식증과 치주질환을 유발한다.
> ⑤ 치열, 연령, 성별 등의 영향을 받는다.
>
> **해설**
> ② 치아발거의 간접적 원인이다.
>
> **답** ②

(3) 부정교합의 예방법(후천적요인의 예방)

불량악습관	손가락빨기	• 주로 상악 전치 부위가 순측으로 돌출 • 손가락을 빨지 못하게 지도 • 필요하다면, 손가락 빨기 방지장치 사용
	유아성연하	• 습관교정이 필요 • 구강의 해부학적 이상에 대한 것이라면 원인요소의 제거가 필요
	구호흡	• 습관교정이 필요 • 원인을 찾아 제거해야 하나, 단순한 악습관이 아니면 해결 어려움
유치의 조기상실 방지		• 우식 유치의 조기치료 필요 • 유치의 조기상실 시 간격유지장치 이용

6 기타 구강병

(1) 구강암

① 구강암의 발생요인
  ㉠ 흡연, 음주
  ㉡ 불결한 구강환경
  ㉢ 불량 보철물, 불량 충전물에 의한 만성 자극
  ㉣ 태양광선 조사(구순암 발생)

② 구강암의 분포
  ㉠ 40대 이후, 남성에서 호발
  ㉡ 입술, 혀, 협점막, 구치부의 치은에서 자주 발생
  ㉢ 구강암은 전체 암의 5% 차지
  ㉣ 구강암의 90% 이상은 편평상피구강암

③ 구강암의 예방법
  ㉠ 구강위생관리 : 칫솔질, 치면세균막관리
  ㉡ 구강보건교육 : 금연교육을 포함
  ㉢ 정기적 구강검진 : 구강질환의 조기발견 및 조기치료
  ㉣ 불량 보철물의 관리

(2) 반점치

① 반점치(=치아불소증)의 특징
  ㉠ 치아 표면에 백색이나 갈색의 반점 소견
  ㉡ 불소이온의 과량으로 함유된 식음수의 식음이 원인
  ㉢ 법랑질 형성부전이나 상아질 형성부전의 일종
  ㉣ 만성 불소중독치아

다음 중 구강암에 대한 설명으로 옳은 것은 무엇인가?

① 흡연과 음주가 구강암 발생요인이다.
② 30대 이후에 호발한다.
③ 구강암의 10%는 편평상피구강암이다.
④ 여성에게 호발한다.
⑤ 전체 암의 1% 정도이다.

해설
② 40대 이후 호발
③ 90%가 편평상피구강암이다.
④ 남성에서 호발된다.
⑤ 전체 암의 5% 정도이다.

답 ①

② 반점치의 예방법
  ㉠ 불소이온농도 하향조정법 : 불소이온농도가 0.8~1.2ppm이 되도록 맞춤
  ㉡ 식음수 교체법
  ㉢ 식음수 불소제거법
  ㉣ 식음수 배합법

(3) 치경부 마모증
  ① 치경부 마모증의 원인
    ㉠ 칫솔질 관련 : 시간, 횟수, 속도, 진행방향
    ㉡ 칫솔 강모의 길이와 강도, 마모력이 강한 세치제 사용
  ② 치경부 마모증의 예방법
    ㉠ 매일 필요한 횟수만큼, 필요한 시간 동안 칫솔질
    ㉡ 회전법으로 칫솔질
    ㉢ 적절한 길이의 강모, 적정 마모도의 세치제를 사용

다음 중 치경부 마모증의 호발 부위로 적절하지 않은 것은 무엇인가?
① 중절치
② 측절치
③ 견 치
④ 제1소구치
⑤ 제2소구치

답 ①

7 칫 솔

(1) 칫솔을 특성에 따라 분류

용도에 따라	일반칫솔	일반 대중이 이용
	특별(특수)칫솔	지체부자유자, 특정 부위에 사용하는 칫솔
칫솔질 동력에 따라	수동칫솔	
	전동칫솔	
강모 강도에 따라	약강도 강모 칫솔	지름이 0.18~0.24mm
	중강도 강모 칫솔	지름이 0.25~0.31mm
	강강도 강모 칫솔	지름이 0.32mm 이상
강모 다발의 열수에 따라	1열 강모 다발 칫솔	치주염, 치은출혈, 치은비대에 사용
	2열 강모 다발 칫솔	치주염환자의 바스법 적용 시 사용
	3열 강모 다발 칫솔	정상환자, 치경부 마모환자의 회전법 적용 시 사용
	4열 강모 다발 칫솔	정상환자, 치면세균막 지수가 높은 환자의 회전법 적용 시 사용
강모 단면의 모양에 따라	오목형	순면과 협면의 청결에 용이
	볼록형	설면의 청결에 용이
	편평형	정상환자의 회전법에 용이
	요철형	치간부 청결에 용이
강모 재질에 따라	천연칫솔모	건조가 잘 안 되고, 탄력성이 없음
	나일론모	탄력이 일정, 건조가 잘되고 청결이 유지, 형태와 강도를 표준화함, 제작이 쉽고 경제적

다음 중 칫솔의 보관에 대해 설명한 것으로 적절하지 않은 것은 무엇인가?

① 평균 3개월 정도 사용한다.
② 청결한 장소에 보관한다.
③ 건조한 곳에 보관한다.
④ 칫솔모가 서로 접촉하지 않도록 보관한다.
⑤ 칫솔 두부를 아래쪽으로 향하게 하여 보관한다.

 ⑤

(2) 칫솔 선정기준

① 칫솔 선택의 기준 : 두부의 끝은 둥근 모양, 나일론 강모, 손잡이는 직선형이거나 15° 미만으로 약간 경사, 두부는 구치부 치아 2~3개를 덮는 크기
② 대상자별 칫솔 선정기준

칫솔요인	• 강모 : 재료, 굵기, 길이, 모양, 경사 방향 • 두부 : 크기 • 손잡이 : 굴절 여부, 길이, 너비
인적요인	연령, 성별, 치은 상태, 일일 칫솔질 빈도, 흡연습관
구강 내 상태	치주상태, 치면세균막 지수, 치경부 마모증, 과민성 치질, 계속가공의치, 고정성 교정장치, 임플란트

8 세치제

(1) 크림세치제 성분에 따른 기능

주성분	세마제	• 25~60%로 배합 • 음식물 잔사와 치면세균막 제거 • 치아 표면의 연마, 활택 • 부착된 획득피막을 세정 • 인산일수소칼슘이 마모력이 가장 작음 • 무수인산칼슘이 마모력이 가장 큼 • 탄산칼슘과 인산칼슘이 대표적 사용
	세정제	• 치아표면을 깨끗이 세정하는 작용 • 발포제 포함 : 거품을 내는 성분 • 침투-흡착-부화-분산작용
	결합제	구성성분의 분리 예방
	습윤제	• 고체로 변하지 않게 함 • 글리세린과 솔비톨이 대표적 사용
기타 성분	약효제	불소, 살균성분, 효소
	감미제	맛을 좋게 함
	방부제	치약에 미생물 번식을 방지
	향 료	냄새를 좋게 함

다음 중 세치제의 기본작용으로 적합한 것은 무엇인가?

① 치아표면의 세정
② 치아표면의 미백
③ 치아표면의 코팅
④ 치아표면의 광택
⑤ 칫솔질의 효율

 ①

(2) 세치제 선정기준

① 세치제 선정기준
  ㉠ 물리적 조성이 균일
  ㉡ 경화되지 않아야 함
  ㉢ 구강점막과 신체에 위해하지 않아야 함
  ㉣ 독성이 없어야 함
  ㉤ 색깔 변화가 없어야 함

② 대상자별 세치제 선정기준
  ㉠ 백악질이나 상아질이 노출된 치아, 치은절제술을 받은 지 얼마 안 된 사람은 약마모력의 세치제
  ㉡ 치주조직과 구강점막은 건전하나 평균 치면세균막 지수가 높거나, 일일 평균 칫솔질 횟수가 적고, 구강환경상태가 불량한 사람은 강마모력의 세치제
  ㉢ 아동은 불소가 함유된 세치제

9 보조구강위생용품

(1) 치실, 치실고리, 치실손잡이, 슈퍼플로스

치실	목적	• 치아 사이 인접면의 치면세균막과 음식물 잔사 제거 • 치아 표면 연마 • 치간 부위 우식병소 및 치은연하치석 존재 확인 • 수복물 변연의 부적합성, 치간 부위 과충전 검사 • 치은유두의 마사지 효과로 치은출혈 감소 • 치간 부위 청결로 구취 감소
	사용법	• 양중지사용법 : 10대 청소년, 수기능력이 좋은 성인에게 사용 • 고리법 : 수기능력이 낮은 사람, 신체적 장애가 있는 사람
치실고리	사용법	치실을 끼운 치실고리를 협측에서 설측으로 삽입, 치실을 치실고리에서 분리 후 근-원심방향으로 움직여 치간 사이와 인공치아의 기저부를 닦고 협측으로 당겨서 제거함
	적용대상자	• 치간 사이가 너무 견고해 치실이 접촉점을 통과하지 못하는 경우 • 가공의치 부위의 지대치와 인공치 사이 • 가공의치의 인공치아의 기저부 • 고정성 교정장치의 브라켓과 와이어 사이 • 서로 고정되어 있는 치아
치실손잡이	목적	치실을 사용하는 데 있어 손가락을 구강 내로 넣어야 하는 불편함을 대신함
	사용법	치실손잡이 내 가지에 치실을 팽팽하게 유지할 수 있도록 감아서 사용
	적용대상자	• 치실을 제대로 사용할 능력이 없는 사람 • 오심과 구토반사가 심한 사람 • 개구장애가 있는 사람 • 지체부자유자나 장기입원환자
슈퍼플로스	목적	• 칫솔이나 치실이 잘 닿지 않는 부위에 사용 • 치은퇴축으로 치아 사이가 넓거나 치실질을 해야 하는 부위가 넓을 때 치면세균막을 효과적으로 제거
	적용대상자	계속가공의치, 국소의치, 임플란트 보철물 환자

다음 중 계속가공의치의 기저부의 치면세균막 제거를 목적으로 사용하는 보조구강위생용품은 무엇인가?

① 칫솔
② 치실
③ 슈퍼플로스
④ 고무치간자극기
⑤ 치실고리

답 ③

(2) 치간칫솔, 첨단칫솔

치간칫솔	목 적	치간청결에 유용
	사용법	• 협면에서 설면으로 왕복운동, 솔이 치은에 닿음 • 철심이 치아에 닿거나 꺾이지 않아야 함
	적용대상자	• 치간이 넓은 환자 • 치주질환 환자나 치주수술을 받은 환자 • 고정성 보출물을 장착, 인공치아 매식물을 장착한 환자 • 고정성 교정장치 장착자의 브라켓, 와이어 아래, 치간 사이 등 • 치아 사이, 치근 이개부에 약재 도포
첨단칫솔	목 적	• 일반칫솔의 두부에서 전방부의 강모단만 남겨놓은 형태 • 임플란트 부위, 맹출 중인 치아, 치은연 부위의 치면세균막 제거에 유용
	적용대상자	• 치아 사이 • 고정성 교정장치 장착자의 브라켓, 와이어 주위 • 치은퇴축이나 치주수술 후 노출된 치근이개부 • 치간유두 소실로 치간공극이 크게 노출된 부위 • 상실치의 인접치면 • 최후방 구치의 원심면

(3) 물사출기, 고무치간자극기, 잇몸마사지기

물사출기	목 적	순면이나 협면에서 물을 분사하여 치아 사이에 음식물 잔사를 제거
	사용법	팁을 치아장축에 직각이 되도록 위치하여 적용
고무치간자극기	목 적	치아 사이에서 치간유두에 자극을 주어 치은을 마사지하고 염증 완화에 효과
	사용법	• 팁을 치아장축에 대해 직각 또는 45°로 삽입 • 협–설로 왕복운동으로 하며, 공간이 넓은 경우 원호운동하여 치간 치은을 마사지
	적용대상자	치근 이개부, 개방된 치아공극
잇몸마사지기	사용법	치은에 압력을 가하며 작은 원호운동
	적용대상자	치은에 넓게 분포된 치주염이나, 치주수술 후 환자의 잇몸마사지

(4) 러버컵, 양치액, 혀세척기

러버컵	사용법	• 세마제를 치면에 1/8 단위로 바르고, 설측부터 시작, 원심부터 시작, 러버컵을 치면에 대고 압력을 가한 후 치은연하로 러버컵 끝이 들어가도록 함 • 한 치아를 3~4부위로 나눠 시행
양치액	목 적	• 칫솔질 후 남아 있는 치면세균막을 제거 • 상쾌한 맛과 기분을 갖게 함 • 구강 내 미생물의 양을 일시적으로 감소 • 구강 내 구취 제거
혀세척기	목 적	구취억제 및 제거 목적
	사용법	혀 세척기의 최대한 혀 배면의 기저부에 대고 가볍게 안쪽에서 바깥쪽으로 훑어 내림
	적용대상자	구취환자, 혀 배면의 열구가 길거나, 설유두가 긴 경우

다음 중 최후방구치의 원심면의 치면세균막 제거를 목적으로 사용하는 보조구강위생용품은 무엇인가?

① 칫 솔
② 치간칫솔
③ 첨단칫솔
④ 물사출기
⑤ 슈퍼플로스

답 ③

다음 중 구취억제 및 구취제거의 목적으로 사용하는 보조구강위생용품은 무엇인가?

① 치 실
② 치간칫솔
③ 물사출기
④ 혀세척기
⑤ 첨단칫솔

답 ④

10 칫솔질 교습법

(1) 칫솔질의 목적
    ① 치면세균막의 제거와 재형성 방지
    ② 음식물 잔사와 착색 제거
    ③ 치은조직의 자극
    ④ 치아우식증과 치주병의 예방
    ⑤ 구취 제거

(2) 칫솔질로 예방 가능한 구강병
    ① 치아우식증 : 구강을 청결하게 유지시키는 가장 기본적이고 효과적인 방법
    ② 치주병 : 세정과 마사지작용으로 치주병을 예방하는 효과

(3) 칫솔질 방법 선정기준
    ① 치아의 배열상태
    ② 결손 치아의 유무
    ③ 구강 내 인공장치물
    ④ 치주조직의 건강도
    ⑤ 환자의 협조도

> 다음 중 칫솔질 방법의 선정기준이 아닌 것은 무엇인가?
> ① 치아의 배열상태
> ② 치아의 결손 부위
> ③ 치주조직의 상태
> ④ 백악질 노출 정도
> ⑤ 환자의 건강상태
>
> **답** ⑤

(4) 칫솔질의 운동형태

수평왕복운동	횡마법
진동운동	바스법, 스틸맨법, 차터스법
상하쓸기운동	회전법, 종마법, 변형스틸맨법, 변형차터스법
원호운동	폰즈법
압박운동	와타나베법

다음 중 고정성 교정장치가 장착되어 있는 부위에 적합한 칫솔질은 무엇인가?

① 횡마법
② 폰즈법
③ 회전법
④ 바스법
⑤ 스틸맨법

 ①

다음 중 고정성 보철물을 장착한 환자에게 적합한 칫솔질은 무엇인가?

① 회전법
② 폰즈법
③ 차터스법
④ 바스법
⑤ 스틸맨법

 ③

(5) 종류별 칫솔질의 대상자와 방법

회전법	대상자	일반대중, 특별한 구강병이 없는 경우
	장점	• 치면세균막 제거 효과가 높음 • 잇몸마사지 효과 높음 • 배우기 쉽고 적용이 쉬움
	단점	• 7~8세 이하의 소아에게 적용 어려움 • 구강 내 특수환경이 존재하는 경우 실천 어려움
횡마법	대상자	일정한 방법으로 교육할 수 없는 영유아
	장점	• 실천이 용이 • 순면, 협면, 교합면의 치면세균막 제거 효과
	단점	• 치아 사이, 설면의 치면세균막 제거가 어려움 • 치경부 마모증, 과민성 치질 유발 • 치은 퇴축 유발
바스법	대상자	치은염, 치주염 환자
	장점	• 치은열구 내 치면세균막 제거 효과 • 잇몸마사지 효과 • 잇몸염증 완화 및 치주조직 건강회복능력
	단점	• 환자의 특별한 관심이 필요 • 치간 사이 음식물 잔사 제거가 어려움 • 오랫동안 사용하면 치면세균막지수가 높아짐
스틸맨법	대상자	광범위한 치주질환자
	장점	치은의 염증완화, 치은의 마사지 효과
	단점	• 치아표면의 치면세균막지수가 높아짐 • 배우기가 어려워 적용이 어려움
차터스법	대상자	교정장치 장착부위, 고정성 보철물 장착자
	장점	• 치아 사이와 인접면의 치면세균막 제거 효과 • 인공치아 기저부의 치면세균막 제거 효과 • 고정성 보철물 주위 치주조직에 마사지 효과
	단점	적용이 어렵고, 시행이 잘못되면 잇몸 손상
묘원법	대상자	미취학아동, 회전법이 서투른 아동
	장점	• 배우기 쉽고, 적용이 쉬움 • 차후에 회전법으로 전환이 쉬움
	단점	• 설면을 닦기가 어려움 • 치아 사이에 음식물찌꺼기의 제거가 잘 안됨 • 평균 치면세균막지수를 낮추는 데 크게 기여 못함
와타나베법	대상자	만성적인 치은염, 치주질환자
	장점	• 치간, 순면, 설면의 청결 • 음식물제거와 치은마사지 효과가 좋음 • 비외과적인 치주질환의 치료
	단점	전문가가 직접 시술해야 함

11 치면세균막지수 산출법

(1) 구강환경관리능력지수(PHP Index)
① Patient Hygiene Performance
② 6개의 치아를 한 면씩 총 6치면을 검사

#16 협면	#11 순면	#26 협면
#46 설면	#31 순면	#36 설면

③ 검사대상 치면을 각각 5부분으로 나눔(근심/원심/치은부/중앙부/절단부)
④ 각 부분에 치면세균막이 붙어 있으면 1점, 미부착 시 0점
⑤ 1개 치아 기준으로 최저 0점, 최고 5점

$$\frac{검사결과의\ 합계(합계최고점=30점)}{검사치아의\ 수(6치아)}$$

(2) 개량 구강환경관리능력지수(PHP - M Index)
① Patient Hygiene Performance - Modified
② 6개의 치아의 협면과 설면으로 12치면을 검사

#15	#13	#26
#44	#32	#36

③ 검사대상 치면을 각각 5부분으로 나눔(근심/원심/치은부/중앙부/절단부)
④ 각 부분에 치면세균막이 붙어 있으면 1점, 미부착 시 0점
⑤ 1개 치아 기준으로 최저 0점, 최고 10점, 전체치아 총점 60점

(3) 오리어리지수(O'Leary Index)
① 구강 내 모든 치아를 근심, 원심, 협면, 설면으로 구분
② 탈락 치아는 제외, 고정성 보철물과 임플란트는 동일하게 기록
③ 입안을 강하게 헹궈 음식물 잔사를 제거시키고, 착색제 도포 후 다시 헹굼
④ 착색된 부위를 결과 기록지에 빨간색으로 표시, 치아와 치은의 경계는 탐침으로 확인
⑤ 1개 치아 기준으로 최저 0점, 최고 4점

$$\frac{착색된\ 치면의\ 수}{검사치면\ 수(치아의\ 수\times4면)} \times 100$$

다음 중 구강환경관리능력지수(PHP)가 5일 때, 적합한 예방처치는 무엇인가?

① 치면열구전색
② 불소 도포
③ 전문가 치면 세마
④ 구강보건교육
⑤ 식이조절

답 ④

다음 중 오리어리지수에 대한 설명으로 옳지 않은 것은?

① 구강 내 모든 치아를 대상으로 한다.
② 임플란트는 포함한다.
③ 탈락치아는 포함하지 않는다.
④ 1개 치아를 기준으로 최고점은 4점이다.
⑤ 치아를 근심, 원심, 협면, 설면, 교합면으로 구분한다.

해설
⑤ 치아를 근심, 원심, 협면, 설면으로 구분한다.

답 ⑤

다음 중 일반 성인에게 적합한 칫솔질에 대한 설명으로 옳은 것은?

① 칫솔의 강모 단면이 둥글어야 한다.
② 칫솔의 강모의 탄력이 강해야 한다.
③ 불소가 포함되어 있는 세치제를 사용한다.
④ 세치제의 마모력이 약해야 한다.
⑤ 주로 폰즈법을 적용한다.

해설
① 강모 단면은 수평이어야 한다.
② 칫솔의 강모는 중등도의 탄력을 갖는다.
④ 세치제의 마모력은 중등도이다.
⑤ 주로 회전법을 적용한다.

 ③

다음 중 치주질환자에게 적합한 칫솔질법이 아닌 것은?

① 바스법
② 변형바스법
③ 와타나베법
④ 스틸맨법
⑤ 회전법

 ⑤

12 대상자별 칫솔질교습

	칫솔질방법 / 구강위생용품	
일반인	칫솔질방법	회전법
	구강위생용품	• 칫솔 : 강모 단면이 수평, 중등도의 탄력 • 세치제 : 중등도 마모력, 불소가 포함
치주질환자	칫솔질방법	바스법, 스틸맨법, 와타나베법
	구강위생용품	• 칫솔 : 두부가 작고 부드러운 2줄모 • 세치제 : 치은염 완화하는 약제가 포함 • 치은마사지기, 고무치간자극기, 치실, 치간칫솔, 물사출기
고정성치열 교정장치	칫솔질방법	• 교정장치 : 횡마법, 브라켓 상·하 : 차터스법 • 교정장치 비부착 부위 : 회전법 • 치은염 발생 부위 : 바스법
	구강위생용품	• 칫솔 : 요형의 3~4줄 교정형칫솔 • 치간칫솔, 첨단칫솔, 고무치간자극기 • 불소를 이용하여 브라켓 주변의 탈회 예방
가공의치 장착자	칫솔질방법	차터스법, 개량 차터스법
	구강위생용품	• 칫솔 : 강모 속이 비교적 넓고, 강모 단면이 요철 • 세치제 : 마모제가 높지 않음 • 치실과 치실고리, 슈퍼플로스, 첨단칫솔, 치간칫솔
인공치아 매식자	칫솔질방법	차터스법, 개량차터스법
	구강위생용품	• 칫솔 : 두 줄 강모, 너무 조밀하지 않음 • 세치제 : 마모제가 높지 않음 • 치간칫솔(필수), 치실, 물사출기
소아 환자	칫솔질방법	폰즈법(묘원법)
	구강위생용품	• 칫솔 : 두부 2cm 이하, 둥근모양 • 세치제 : 마모도는 낮고, 불소와 향료가 포함
총의치 장착자		• 총의치의 외면은 회전법 • 미끄러지거나 떨어뜨려도 부러지지 않도록 수건을 깔거나 세면대에 물을 받아 놓고 닦음 • 적신 거즈로 조직을 눌러가며 마사지
국소의치장착자		• 회전법을 주로 사용, 치은염의 경우 개량 바스법 • 1~2개의 치아 고립 시 부분칫솔, 첨단칫솔을 이용 • 지대치가 가공의치로 존재하면 차터스법
치경부마모증환자		• 횡마법에서 회전법으로 전환 • 칫솔 : 약강모의 칫솔 • 세치제 : 약마모도, 액상세치제, 지각과민둔화제가 함유된 세치제

13 전문가 치면세균막관리

(1) 치간청결물리요법(PMTC ; Professional Mechanical Tooth Cleaning)
  ① 치과의사나 치과위생사 등 특별히 훈련된 전문가들이 물리적 기구를 이용하여 치은연상 및 치은연하 1~3mm까지 모든 치아면의 치면세균막을 제거
  ② 필요한 기구와 술식과정
    ㉠ 치면세균막 착색
    ㉡ 연마제 도포
    ㉢ 인접면 치간청결 : profin angle, EVA tip
    ㉣ 협, 설면의 치면세마 및 연마 : prophylactic angle, rubber cup, polishing brush
    ㉤ 양 치
    ㉥ 불소도포
    ㉦ 구강보건교육

(2) 와타나베법
  ① 치아 사이에 끼어 있는 음식물을 강모단으로 밀어내어 음식물을 제거
  ② 치은염을 완화하고 치주조직 회복을 촉진시키는 비외과적 방법
  ③ 만성 치주염에 효과적
  ④ 1주 간격으로 3~4회 술자가 직접 해줄 때 효과
  ⑤ 적용대상
    ㉠ 사춘기 급성치은염 환자
    ㉡ 만성 치은염 환자
    ㉢ 40대 이상의 만성 치주염 환자
    ㉣ 재발성 아프타성 구내염 환자
  ⑥ 효 과
    ㉠ 인접면 및 협설면의 청결
    ㉡ 치은 마사지
    ㉢ 비외과적 치주치료방법

다음 중 와타나베법에 대한 설명으로 옳은 것은 무엇인가?

① 급성 치주염에 효과적이다.
② 3~4일 간격으로 술자가 직접 해야 한다.
③ 치주조직의 회복을 촉진시키는 외과적 치주치료 방법이다.
④ 치아 사이의 음식물을 강모단으로 눌러서 제거한다.
⑤ 재발성 아프타성 구내염 환자가 적응증이다.

해설
① 만성 치주염에 효과적
② 일주일 간격으로 3~4회 실시
③ 비외과적 치주치료방법
④ 강모단으로 밀어내어 제거

답 ⑤

14 불화물 국소도포

(1) 불소

① 불소의 특성
  ㉠ 주로 상부 소화관에서 흡수
  ㉡ 음식물 내 불소는 약 80%가 인체에 흡수
  ㉢ 수분 내 불소는 85~97%가 인체에 흡수

② 불소의 인체 내 신진대사
  ㉠ 흡수된 불소는 뼈와 신장으로 모여 오줌으로 배설
  ㉡ 골조직, 생성 중인 치아와 같은 칼슘 조직에 친화력이 높음
  ㉢ 연령, 불소섭취 상태에 따라 골조직 내 불소농도가 달라짐
  ㉣ 골격성장으로 성인은 더 흡수, 노인은 더 배설

③ 불소의 치아우식 예방기구
  ㉠ 맹출 전 효과 : 불소복용효과, 수산화인회석 결정에 결합하여 법랑질의 용해도 감소
  ㉡ 맹출 후 효과 : 불소도포효과, 초기우식과정에서 칼슘과 인산의 재석회화가 촉진
  ㉢ 해당작용 억제 : 세균이 당분을 분해하여 산을 만드는 과정을 억제
  ㉣ 살균효과
  ㉤ 평활면과 인접면에서의 우식 감소 효과
  ㉥ 우식예방효과는 열구전색사업을 함께해야 함

④ 불소의 독성
  ㉠ 용량 증가에 따라 반응이 달라짐
  ㉡ 소량은 혜택이나 과량은 독이 됨
  ㉢ 과량 복용 시 : 가능한 빨리 구토 유도, 불소와 잘 결합하는 물질(우유)의 섭취
  ㉣ 불소독성의 정도

증 상	성인의 급성치사량	심한 골격 불소증	골경화증 (방사선 사진상 변화)	치아 불소증
불소 섭취량	2.5~5.0g	10~25mg	8~20mg	체중 1kg당 0.1mgF
기 간	2~4시간 이내	매일 10~20년 동안 섭취		치아 형성기에 매일

⑤ 불소국소도포의 방법

전문가 불소도포법	불소용액 도포법
	불소겔 도포법
	불소이온 도포법
	불소바니시 도포법
자가 불소도포법	불소세치제 사용법
	불소용액 양치법

다음 중 불화물 국소도포의 효과에 대한 설명으로 옳지 않은 것은?

① 교합면에서의 우식 감소 효과가 있다.
② 해당 작용을 억제하는 기전을 갖는다.
③ 맹출 후 재석회화가 촉진된다.
④ 맹출 전 법랑질의 용해도가 감소된다.
⑤ 살균효과가 있다.

답 ①

⑥ 불소의 치면침착기구(흡착 → 치환 → 재결정화 → 결정성장)
  ㉠ 흡착 : 불소가 수산화인회석 구조에 직접 부착
  ㉡ 치환 : 불소와 수산기가 교환
  ㉢ 재결정화 : 치아의 수산화인회석이 용해된 후 칼슘, 인과 불소가 결합, 치아의 결정구조에 불화인회석으로 침착
  ㉣ 결정성장 : 타액 내 칼슘, 인, 불소가 결합하여 불화인회석을 형성, 치아의 구조에 결합
⑦ 불소국소도포용 불화물

불화나트륨 (sodium fluoride, NaF)	• 고운 분말 형태 • 2% 용액의 형태(증류수 98mL+불화나트륨 2g) • 유리병에 넣으면 유리를 부식시켜 플라스틱병에 보관 • 6개월간 보관 가능 • 무색, 무미, 무취, 아동 도포에 유리, 주로 아동에게 효과 • 3, 7, 10, 13세에 1주 간격으로 4회 도포, 가능한 치아 맹출 직후 하는 것이 이상적
불화석 (Stannous fluoride, SnF_2)	• 아동은 8%, 성인은 10% • 강한 산성으로 직전에 용액을 제조 • 글리세린이나 솔비톨 등의 감미료를 섞어 용액을 안정화 • 쓰고 떫은 금속 맛 • 치은에 자극, 치아 변색시킬 수 있음 • 3세부터 매년 1~2회 도포 권장
산성불화인산염 (APF)	• 1.23%의 농도를 제조(2%+0.34%를 섞어 제조) • pH 3.5 • 겔 형태 • 도재와 복합레진수복물에 부식위험이 있음 • 아동과 성인 모두 사용 • 3세부터 매년 1~2회 도포 권장

(2) 불소도포과정

불소용액도포	불화나트륨	• 치면세마 : 러버컵+글리세린이 없는 퍼미스, 무왁스치실 • 치아분리 : 방습면봉, 홀더 • 치면건조 • 불소도포 : 4분
	불화석	• 치면세마 • 불화석 제조 및 준비 • 치아분리 • 치면건조 • 불화석 도포

다음 중 불소이온도포법 적용 시 사용되는 불화물은 무엇인가?

① 불화나트륨
② 불화석
③ 산성불화인산염
④ 불소겔
⑤ 모두 적용 가능하다.

답 ①

불소겔도포	• 트레이 준비 • 치면세마 • 불소겔 준비 • 치아분리 • 치면건조 • 불소겔도포 전처치 : 무왁스치실로 사전도포 • 불소겔도포 • 후처치 : 잉여분 제거
불소이온도포	• 불소이온도입기 준비 : 2% 불화나트륨 + 불소이온트레이 • 치면세마 • 치아분리 : 상악부터 실시 예정 • 치면건조 • 전처치 • 이온트레이장착 및 작동 : 100~200mA, 약 4분, 도포과정 중 술자나 보호자가 환자의 몸에 접촉금지 • 후처치 : 전류를 0에 맞추고 이온도입기 제거
불소바니시	• 치면세마 • 치아분리 • 치아건조 • 바니시도포 • 주의사항 : 1시간 동안 식음 금지, 3~4시간 후 정상식사, 도포 당일은 칫솔질과 치실 금지
불소용액양치	0.2% 불화나트륨을 2주에 1회 양치하거나 0.05% 불화나트륨용액으로 매일 1회 양치
불소세치제	• 불화나트륨 불화석, 불화인산나트륨을 세치제에 포함 • 15~25% 우식예방효과 • 아동환자, 우식환자, 우식활성도가 높은 환자, 우식와동이 있는 환자에게 적용

(3) 불소도포의 효과

① 불화물 종류에 따른 우식예방효과

2% 불화나트륨	30~40%
8~10% 불화석	30~50%
1.23% 산성불화인산염	40~50%

다음 중 1.23%의 산성불화인산염 도포 시 우식예방효과로 적절한 것은 무엇인가?

① 20~30%
② 30~40%
③ 40~50%
④ 50~60%
⑤ 60~70%

답 ③

② 불소국소도포의 효과를 좌우하는 요인 : 도포용 불화물의 종류, 불화물의 농도, 도포시간, 도포시기, 도포방법, 도포빈도, 환자의 구강상태

③ 불소국소도포 시 주의사항
  ㉠ 도포 시 진료의자를 바로 세운다.
  ㉡ 불소용액과 겔은 필요한 만큼만 사용한다.
  ㉢ 타액흡입기를 사용한다.
  ㉣ 불소도포 완료 후 타액, 이물질, 거즈, 면봉을 구강 내에서 깨끗이 제거한다.
  ㉤ 여분의 불소겔은 면구로 깨끗이 제거한다.

④ 과량 섭취 시 응급조치사항
  ㉠ 우유를 마셔서 불소 농도를 희석시킨다.
  ㉡ 우유와 달걀을 섭취하여 불소와 결합제로 사용되는 칼슘을 제공하며, 자극완화제로 위점막을 보호하도록 한다.
  ㉢ 구토를 유도한다.
  ㉣ 석회수나 Maalox(위염치료제)를 복용시킨다.
  ㉤ 환자를 빠르게 응급실로 보낸다.

15 치면열구전색

(1) 치면열구전색
① 소구치, 대구치, 유구치의 교합면, 전치의 설면에 좁고 깊은 소와나 열구를 복합레진으로 메워주어 소와나 열구에서 발생되는 우식증을 예방하는 방법
② 전색 : 우식이 없는 건전치질의 소와와 열구를 치질 삭제 없이 전색제로 미리 메우는 예방처치술식(충전 : 우식이 진행된 치질을 삭제하고, 와동을 형성하여 충전재를 와동에 넣는 치과치료술식)

(2) 치면열구전색 대상

적응증	• 임상적으로 탐침 끝이 걸릴 정도의 좁고 깊은 소와를 가진 치아 • 선택된 소와가 완전히 맹출한 경우 • 동악 반대 측 동명치아의 치면에 우식이 있거나 수복물이 있는 치아의 건전 교합면 • 소와나 열구에 초기우식병소가 있는 경우 • 협면과 설면에 좁고 깊은 소와가 있는 경우 • 절치에 설측소와가 있는 경우
비적응증	• 환자의 행동이 시술과정 중 적절한 건조상태를 유지할 수 없는 경우 • 와동이 큰 우식병소가 있는 경우 • 큰 교합면 수복물이 존재하는 경우 • 넓고 얕은 소와 열구, 교모가 심한 치아
대상치아고려요인	• 연령 : 만 3~25세의 청소년과 청년(3~4세는 유치 전색에 중요, 6~7세는 제1대구치, 11~13세는 제2대구치와 소구치 전색에 중요) • 개개인의 치아우식 감수성 • 불소사용 여부

다음 중 치면열구전색의 금기증으로 적절한 것은 무엇인가?
① 전색 과정 중 건조상태가 어려운 치아
② 충전되지 않은 치아
③ 소와나 열구에 초기 우식병소가 있는 경우
④ 교합면이 건전한 치아
⑤ 좁고 긴 소와와 열구가 있는 치아

답 ①

다음 중 치면열구전색제의 요건으로 적절하지 않은 것은?

① 심미성
② 구강조직에 무해성
③ 타액에 무용해성
④ 교합압에 대한 큰 저항성
⑤ 흐름성이 낮아야 함

해설
⑤ 흐름성이 높아야 함

답 ⑤

(3) 치면열구전색 재료

① 치면열구전색제의 요건
  ㉠ 법랑질 표면에 접착이 잘되어야 함
  ㉡ 교합압에 대해 저항이 커야 함
  ㉢ 균열, 파절, 탈락이 안 되어야 함
  ㉣ 심미성이 양호해야 함
  ㉤ 구강조직에 손상이 없어야 함
  ㉥ 타액에 의해 용해되지 않아야 함
  ㉦ 빠른 중합이 이루어져야 함
  ㉧ 전색 시 흐름성이 좋아야 함

② 치면열구전색 과정

치면청결	
치아격리	
치면건조	
산부식	• 30~50% 인산용액 • 치면에 부드럽게 두드리는 동작 • 유치는 1분 30초, 영구치는 1분, 반점치는 15초
물세척	
건 조	하얗고 거칠고 뿌옇게 보이는 상태
전색제도포	• 가장 깊은 곳에 전색제를 위치 • 소와 열구를 따라 도포 • 약간 넘치게 채우고 경사지면 기구 끝으로 채워 넣음
전색제경화	• 전색제 도포된 치면의 2~3mm 위에 광조사 팁을 치면과 수직방향으로 위치시킨 다음 스위치를 켠다. • 처음 10초간 팁의 끝을 고정한다. • 여러 개의 치면을 전색하는 경우 치면마다 각각 광조사를 한다. • 광조사 시간은 제조사의 지시를 따른다. • 팬이 꺼진 다음 전원스위치를 끈다.
교합 및 인접면 검사	• 교합검사 : 전색제는 약간 낮게 하여 교합 시 충격을 줄이고 보호 • 인접면 검사 : 치실이 매끄럽게 들어가는지 확인 • 치면연마 : 교합조정한 전색제 표면은 연마가 필요

③ 전색에 사용되는 기구 및 재료
  ㉠ 기본기구 : mirror, pincet, explorer, 3 way syringe
  ㉡ scaler, 삭제기구 : round bur
  ㉢ 치면세마용 앵글, 러버컵, 연마제, 방습면봉, 러버댐
  ㉣ etchant, 전색제, 광조사기
  ㉤ 교합지와 홀더, polishing bur

④ 치면열구전색 시 주의사항
　㉠ 중합이 완료될 때까지 방습이 최대한 유지되도록 한다.
　㉡ 경화된 전색제 표면에 남은 오일 잔여물은 거즈로 닦아낸다.
　㉢ 전색의 수정이 요구되면 산부식과 건조에 더 유의하여 시행한다.
　㉣ 전색제로 덮이지 않은 산부식된 치면은 1시간에서 몇 주 이내 정상적 법랑질 표면으로 된다는 사실을 환자에게 안내한다.
⑤ 치면열구전색상태 및 전색제의 유지조건
　㉠ 전색제와 치아표면의 접촉면적을 증가시켜야 한다.
　㉡ 치면의 소와와 열구가 불규칙하고 좁을수록 전색제에 유리하다.
　㉢ 법랑질 표면이 청결해야 하고, 교합은 약간 낮아야 한다.
　㉣ 전색제를 도포할 치면은 철저하게 건조되어 있어야 한다.

16 구강건강과 식품

(1) 탄수화물과 치아우식과의 관계
① 탄수화물은 치아우식 발생에 필수적이다.
② 섭취량보다 섭취횟수와 물리적 성상이 더 큰 영향을 준다.
③ 다당류보다 단당류가 더 큰 영향을 준다.
④ 이당류 자당은 *S. mutans*의 에너지원으로 사용된다.

(2) 구강보건학적 관점에 따른 식품의 분류

구 분		주요영양소	식품군
보호식품	구성식품	단백질	콩, 알, 생선, 고기
		칼 슘	뼈째 먹는 생선, 우유, 유제품
청정식품	조절식품	무기질, 비타민	채소, 과일
우식성식품	열량식품	당 질	감자, 곡류
		지 방	유지류

① 보호식품 : 치아가 형성되는 과정 중 섭취하여 경조직의 석회화를 촉진시킨다.
② 청정식품 : 다당류 중 섬유소 함량이 많은 식물성 음식은 치아표면을 세정시킨다.
③ 우식성식품 : 당성분을 포함하여 치아우식증 유발 가능성이 높다.

(3) 식품의 치아우식유발지수
식품 전당량과 식품이 가지는 치아에 대한 점착도라는 2가지 요인이 작용하여 치아우식증을 유발시킬 수 있는 정도를 나타내는 지표이다.

다음 중 치면열구전색 시술의 주의사항으로 적절하지 않은 것은 무엇인가?
① 경화된 전색제 표면에 남은 오일 잔여물은 거즈로 닦아낸다.
② 치면열구전색 시술 전 치면세마를 시행한다.
③ 전색제로 덮이지 않은 산부식된 치면은 시간이 지나도 계속 유지된다.
④ 전색의 수정이 요구되면 산부식과 건조에 더 주의한다.
⑤ 중합이 완료될 때까지 방습이 최대한 유지한다.

답 ③

다음 중 치아우식 식단처방에 대한 설명으로 옳은 것은 무엇인가?
① 탄수화물의 섭취량은 총 섭취열량의 50~70%가 되도록 한다.
② 일일 음식물 섭취횟수는 3회의 정규식사와 간식으로 한다.
③ 단백질 함량이 많은 보호식품의 섭취는 권장한다.
④ 당 함량이 많은 음식물의 섭취를 권장한다.
⑤ 청정식품의 섭취를 제한하여 타액분비를 촉진한다.

해설
① 탄수화물 섭취량은 30~50%가 되도록 한다.
② 간식은 불리함을 강조하여 포함하지 않는다.
④ 당 함량이 높고 부착성이 높은 우식성 식품은 금지한다.
⑤ 청정식품은 권장하여, 타액분비를 촉진한다.

답 ③

(4) 설탕과 치아우식 발생의 관련성
① *S. mutans*는 다른 당보다 설탕에 의해 치면세균막 내에서 성장하고 집락을 이룬다.
② 치면세균막 형성을 촉진하여 우식발생률이 높아진다.

(5) 자일리톨과 치아우식 발생과의 관련성
① 5탄당 알코올, 치아우식예방효과
② *S. mutans*에 대해 정균작용
③ 치아의 재광화에 도움
④ 세균 내 산 생성을 감소, 치면세균막의 수소이온농도를 낮춤

(6) 치아우식예방을 위한 식이조절
① 개인의 식습관을 크게 변화시키지 않고, 당분섭취의 양과 횟수를 줄이고, 이상적인 영양소를 공급하고, 모든 식음과정에 청정음식을 섭취하는 방향으로 섭취습관과 식단을 조절한다.
② 목 적
  ㉠ 객관적으로 개인의 식이습관을 평가하는 기회
  ㉡ 개인의 음식 선호도, 양 평가
  ㉢ 식이습관의 빈도, 규칙성 평가
  ㉣ 탄수화물의 섭취빈도, 양 평가
  ㉤ 청정식품과 보호식품의 포함 정도 평가
  ㉥ 개인의 기초식품 권장량 제공
③ 대상자
  ㉠ 설탕소비량이 가장 많은 모든 10대
  ㉡ 다발성 치아우식증 환자
    • 연령의 우식경험치지수가 해당 평균치 이상인 경우
    • 6개월 내 10개 치면에 신생우식이나 재발우식이 발생된 경우
    • 우식증에 비교적 저항성이 높은 치면에 우식이 발생된 경우
    • 우식의 입구는 작으나 광범위한 상아질 파괴가 있는 경우
    • 우식치질이 연하고 습하고 빠르게 진행된다고 인정되는 경우
  ㉢ 치열교정 예정인 사람
  ㉣ 우식발생요인 검사결과 양성 판정된 사람
  ㉤ 치아우식 예방에 관심이 높은 사람

다음 중 다발성 치아우식증 환자의 기준으로 적절하지 않은 것은 무엇인가?

① 해당 연령의 평균우식경험치지수보다 높은 경우
② 우식치질이 빠르게 진행되는 경우
③ 우식의 입구는 작으나 내부의 상아질 파괴가 큰 경우
④ 우식증이 비교적 저항성 높은 치면에 발생된 경우
⑤ 6개월 내 6개의 치면에 신생우식이 발생된 경우

해설
⑤ 6개월 내 10개 치면에 신생우식이나 재발우식이 발생된 경우

답 ⑤

④ 과 정
  ㉠ 식이조사 : 24시간 회상법, 약 5일간, 가정용 도량형 단위로 작성
  ㉡ 식이분석 : 우식성식품의 섭취 여부를 분류, 총 섭취 횟수에 20분을 곱하면 우식발생 가능시간을 알 수 있음, 청정식품, 기초식품 섭취 여부와 양 조사
  ㉢ 식이상담
  ㉣ 식단처방 : 처방식단과 일상식단의 차이가 적게, 필수영양소는 공급, 환자의 기호, 식습관, 환경요인을 고려하여 반영
⑤ 치아우식예방 식단처방의 준칙
  ㉠ 일일 음식물 섭취 횟수는 3회 정규식사로 규정, 간식의 불리함 강조
  ㉡ 육류, 유제품처럼 단백질과 인이 다량 함유된 보호식품의 섭취를 권장
  ㉢ 탄수화물 섭취량은 총 섭취열량의 30~50%가 되도록 함
  ㉣ 사탕, 과자류 등처럼 당 함량이 높고 부착성이 높은 우식성 식품을 엄격히 금지
  ㉤ 신선한 과일, 채소처럼 청정식품의 섭취를 권장하여 구강 내 자정작용, 타액분비 촉진

17 치아우식 발생요인 검사

검사	내용
타액분비율검사	• 타액의 분비량과 점조도는 치면의 자정작용과 관계 • 비자극성 타액분비량과 자극성 타액분비량을 별도로 측정 • 준비물 : 비가향 파라핀, 타액수집용 시험관 • 비자극성 타액분비량 5분, 자극성 타액분비량 5분 수집 • 비자극성은 3.7mL, 자극성은 13.8mL • 타액분비 저조 시 타액분비 촉진을 위해 필로카르핀을 투여
타액점조도검사	• 자극성타액을 증류수와 비교하여 측정 • 준비물 : 오스왈드피펫, 비가향 파라핀, 증류수 • 평균비 점조도 1.3~1.4 • 2.0 이상이면 관심을 가지고 검토해야 함 • 항히스타민 복용 시 현저히 증가 • 타액분비 저조 시 타액분비 촉진을 위해 필로카르핀을 투여 • $\dfrac{\text{2mL 타액이 흐르는 데 소요된 시간(초)}}{\text{2mL 증류수가 흐르는 데 소요된 시간(초)}}$ = 타액의 점조도
타액완충능검사	• 타액에 산을 첨가하며 생기는 산도의 변화에 적응하는 능력 • 0.1N 유산용액, 지시약(BCG, BCP) • 파라핀을 씹어 자극성타액 2mL + BCG와 BCP의 동량 혼합 지시약 3방울 • pH 5.0이 될 때까지 떨어뜨려 떨어뜨린 유산용액의 방울수 • 6방울 미만 : 매우부족, 6~10방울 : 부족, 10~14방울 : 충분, 14방울 이상 : 충분 • 탄산소다복용은 일시적으로 완충능 보충 • 과일, 채소 등 섭취하여 완충능 보충을 권유

다음 중 비자극성 타액과 자극성 타액분비량을 측정하는 치아우식 발생요인 검사는 무엇인가?

① 타액점조도검사
② 타액완충능검사
③ 구강 내 산생성균검사
④ 구강 내 포도당 잔류시간검사
⑤ 타액분비율검사

답 ⑤

다음 중 타액완충능검사 시 사용하는 지시약으로 적절한 것은 무엇인가?

① BTB
② Tes-tape
③ 0.1N 유산용액
④ BCG, BCP
⑤ 필로카르핀

답 ④

다음 중 구강 내 포도당 잔류시간검사에 대한 내용으로 옳지 않은 것은 무엇인가?

① 사탕을 먹은 직후부터 구강 내 타액 중 포도당이 없어질 때까지의 시간을 측정한다.
② 평균 시간은 10~15분이면 보통으로 판정한다.
③ Tes-tape로 1분마다 확인한다.
④ 15분 이상인 경우 부착성 당질음식의 제한이 필요하다.
⑤ Tes-tape가 황색에서 녹색으로 변화한다.

해설
③ Tes-tape로 3분마다 확인한다.
 ③

다음 중 구취의 발생에 대한 설명으로 옳지 않은 것은 무엇인가?

① 구강 내 세균 중 호기성 세균과 관련
② 휘발성 황화합물의 형성과 관련
③ 황화수소가 대표 물질
④ 아침에 좀 더 심해짐
⑤ 정상적으로 구취는 누구에게나 있다.

해설
① 혐기성 세균과 관련
 ①

구강 내 산생성균검사	· 산 생성속도를 지시약이 녹색에서 황색으로 변색하는 정도로 측정 · 0.1N 유산용액 · 24시간 : 고도활성, 48시간 : 중등도 활성, 72시간 : 경도활성 – 경도활성 : 설탕식음량, 설탕식음횟수 줄이고 매 식음 직후 칫솔질 – 중등도활성 : 설탕식음량, 설탕식음횟수 줄이고, 간식횟수 줄이고, 매 식음 직후 칫솔질 – 고도활성 : 설탕식음량, 설탕식음횟수, 간식횟수 줄이고 매 식음 직후 칫솔질을 하며, 식이조절을 함
구강 내 포도당 잔류시간검사	· 사탕을 먹은 후 구강 내 타액 중 포도당이 없어질 때까지의 시간을 측정 · Tes-tape로 3분 간격으로 확인 · 보통 10~15분으로 판정 · 15분 이상인 경우 부착성 당질음식의 섭취 제한이 필요

18 특수구강건강관리

(1) 구 취

① 구취 발생원리
  ㉠ 구강 내 세균 중 단백분해성 혐기성 세균과 연관
  ㉡ 혐기성 세균이 구강 내 탈락상피세포, 백혈구, 타액, 음식물에 포함된 황을 함유하는 아미노산에 작용, 휘발성 황화합물(황화수소, 황화메틸메르캅탄, 황화디메틸 등)을 생성

② 구취 발생요인

구강 내 국소요인	설태, 외상성궤양, 헤르페스감염, 구강암, 치주염, 구강건조증, 치수감염을 포함한 치아우식증, 불량수복물과 보철물 등
구강 외 신체요인	호흡계질환, 전신요인, 소화기질환, 약물복용, 트리메틸아민뇨증 등
심리적 요인	타인이 문제 삼지 않을 정도로 구취가 없지만, 본인이 느끼며 고민하는 경우 자취증, 자아구취증이라고 함
기타 요인	· 음식물 · 흡 연 · 생리적 구취 : 기상 시, 여성의 월경과 임신 시, 공복과 건조 때 생기는 긴장성 구취, 노인성 구취 등

③ 구취 관리법

자가관리	· 칫솔질 · 중탄산나트륨 세치제(2.5% bicarbonate) · 혀솔질로 혀의 설태 제거 · 구강관리보조용품 사용 · 구강세정제(일시적 효과)
전문가관리	· 항균성 양치액(0.2% carnobate, mycistatin, listerine, two-phase oil-water, ZnCl$_2$ 포함된 함수제 등) · 초음파 치석제거기로 혀 세정 · 치석 제거를 포함한 치주치료 시행 · 치과치료 – 보존치료, 보철치료, 절개와 배농 등

(2) 흡연자
   ① 흡연자의 구강상태 : 혀의 유두가 뭉툭, 광택이 있는 섬유성치은, 칫솔질 시 소량의 출혈
   ② 흡연자의 구강관리법 : 칫솔질, 보조구강위생용품 사용

(3) 노 인
   ① 노인의 구강상태 : 보철물, 의치장착, 치주질환, 치경부우식, 치아상실, 구강건조, 구강 내 감염에 쉽게 이환, 구강위생관리능력 저하
   ② 노인의 구강관리법 : 구강위생관리를 통한 동기유발, 구강보건교육 식이조절, 구강 미생물검사, 우식활성검사 시도, 치경부우식증이나 치경부 마모증 부위에 불소도포, 충전, 전색 등

(4) 지각과민증
   ① 노출된 상아질이나 치근의 표면에 자극을 가했을 때 나타나는 특이한 지각반응, 동통반응
   ② 지각과민의 원인 : 치관부의 법랑질 제거(교모, 마모, 부식), 치아우식증, 부적절한 칫솔질, 치은퇴축, 치근노출, 세치제에 의한 마모, 치근활택술에 의해 얇은 백악질 탈락, 불량한 구강환경관리 등
   ③ 지각과민의 관리법
      ㉠ 치석과 치면세균막 조절 : 회전법, 약강모의 칫솔, 약마모도의 세치제
      ㉡ 상아질 표면의 피복 : 둔화약제를 포함한 세치제, 상아질접착제 도포
      ㉢ 지각과민 처치제(MS-coat) 도포
      ㉣ 표면 석회화 촉진법
      ㉤ 레진 충전법
      ㉥ 약물을 이용한 변성 응고법
      ㉦ 불소바니시 도포

다음 중 지각과민치아의 관리법으로 적절하지 않은 것은 무엇인가?

① 불소도포
② 레진충전
③ 과민처치제 도포
④ 법랑질 표면의 피복
⑤ 약강모의 칫솔과 약마모도의 세치제 사용

해설
④ 상아질 표면의 피복(상아질접착제 사용)

 ④

CHAPTER 01 적중예상문제

1 개별구강관리

01 다음 중 예방치학의 정의로 옳은 것은 무엇인가?
① 개인 환자를 대상으로 구강병의 발생을 예방하는 원리와 방법을 연구
② 질병이 발생되기 이전 단계의 질병관리
③ 손실된 조직을 대체하고 환자의 신체능력을 정상에 가깝게 회복
④ 상실된 치아와 악안면 구강조직기능의 재발하는 원리와 방법을 연구
⑤ 1차 예방이라고 한다.

02 다음 중 전구병원성기의 건강증진에 해당하지 않는 것은?
① 구강보건교육   ② 구강환경관리
③ 영양관리   ④ 칫솔질
⑤ 치실사용

해설
② 조기병원성기에 해당한다.

03 구강병 진행과정의 연결이 옳은 것은?
① 진전질환기 - 조기치료 - 치수복조
② 회복기 - 상실기능재활 - 부정치열교정
③ 조기질환기 - 특수방호 - 교환기유치발거
④ 조기병원성기 - 특수방호 - 치면열구전색
⑤ 전구병원성기 - 건강증진 - 치면세마

해설

병원성기		질환기		회복기
전구병원 성기	조기병원 성기	조기 질환기	진전 질환기	
건강검진	특수방호	조기치료	기능감퇴 제한	상실기능 재활
1차 예방		2차 예방	3차 예방	
• 영양관리 • 구강보건 교육 • 칫솔질 • 치간세정 푼사질	• 식이조절 • 불소복용 • 불소도포 • 치면열구 전색 • 치면세마 • 교환기 유치발거 • 부정교합 예방	• 초기우식 병소충전 • 치은염 치료 • 부정교합 차단 • 정기구강 검진	• 치수복조 • 치수절단 • 근관충전 • 진행우식 병소충전 • 유치치관 수복 • 치주조직 병치료 • 부정치열 교정 • 치아발거	• 가공 의치보철 • 국부 의치보철 • 전부 의치보철 • 임플란트 보철

※ 표 내용을 반드시 암기합니다. 특히, 치은염치료 - 치주조직병 치료, 초기우식병소충전 - 진행우식병소충전, 부정교합예방 - 부정치열교정, 정기구강검진

04 다음 중 예방치과 시술의 특성이 아닌 것은 무엇인가?
① 시술 자체가 간편하다.
② 시술 전후의 감각적 변화가 없다.
③ 안전성이 높다.
④ 경제적이다.
⑤ 효과가 높다.

05 다음 중 구강상병의 진행과정 중 정기구강검진이 해당하는 시기는?
① 전구병원성기 ② 조기병원성기
③ 조기질환기 ④ 진전질환기
⑤ 회복기

06 다음 중 병원성기에 해당하지 않는 것은 무엇인가?
① 불소복용 ② 식이조절
③ 치면열구전색 ④ 치면세마
⑤ 부정교합 교정

> 해설
> ⑤ 부정교합예방을 위한 교환기 유치발거는 해당된다.

07 치아우식병의 발생요인 중 구강 내 환경요인으로 옳은 것은?
① 치면세균막 ② 타액 유출량
③ 치아 배열 ④ 수소이온농도
⑤ 살균성 물질 생산력

> 해설
> **치아우식병 발생요인**

숙주 요인	치아요인	치아성분, 치아형태, 치아의 위치와 배열, 병소의 위치
	타액요인	타액 유출량, 타액 점조도, 타액 완충능, 타액 성분, 수소이온농도, 식균작용, 살균성 물질 생산력
	구강 외 신체요인	호르몬, 임신, 식성, 종족특성, 유전, 연령, 설명, 특이체질, 치아우식감수성, 살균성 물질 생산력
병원체 요인		세균의 종류와 양, 병원성, 독력, 전염성, 전염방법, 산 생산능력, 독소 생산능력, 침입력
환경 요인	구강 내 환경요인	구강청결 상태, 구강온도, 치면세균막, 치아 주위 성분
	구강 외 환경요인 자연환경	지리, 기온, 기습, 토양성질, 공기, 음용수 불소이온농도 사업
	구강 외 환경요인 사회환경	식품의 종류, 식품의 영양, 주거, 인구 이동, 직업, 문화제도, 경제조건, 생활환경, 구강보건진료제도

08 다음 중 음료수불소이온농도는 어떤 구강병 발생요인인가?
① 숙주요인 ② 환경요인
③ 병원체요인 ④ 시간요인
⑤ 충분요인

2 치아우식병(증)

01 다음 중 치아우식증의 특징으로 옳지 않은 것은?
① 비가역성 질환이다.
② 축적성 질환이다.
③ 치아우식 유병률과 진행도는 동일하다.
④ 만성적 질환이다.
⑤ 범발성 질환이다.

> 해설
> ③ 유병률과 진행도는 차이가 있다.

02 다음 중 설탕을 섭취하지 않았던 고대인에게 우식증의 발생도가 적용되는 가설은 무엇인가?
① 극단통제 효과
② 설탕 소비증가 효과
③ 설탕 대치 효과
④ 설탕 식음빈도증가 효과
⑤ 우식성 음식의 성상차이 효과

03 다음 중 저우식성 감미제를 첨가한 음식을 섭취하는 집단에서 치아우식증의 발생률이 낮음을 설명하는 가설은 무엇인가?

① 극단통제 효과
② 설탕 소비증가 효과
③ 설탕 대치 효과
④ 설탕 식음빈도증가 효과
⑤ 우식성 음식의 성상차이 효과

04 설탕을 액체로 마시는 경우보다 점착성이 높은 음식을 먹으면 우식증이 심해지는 바이페홈의 연구로 입증된 설탕 관련 효과는?

① 설탕 식음빈도 증가 효과
② 설탕 대치 효과
③ 우식성 음식 성상 차이 효과
④ 설탕 소비증가 효과
⑤ 설탕 섭취여부 효과

> **해설**
> • 설탕 섭취 여부 효과(극단통제 효과) : 12세까지 당질식품을 거의 섭취하지 못한 호주의 호프우드하우스 고아원생들에게는 우식증이 없었으나 퇴소 후 증가, 우유병성우식증, 고대인류에게 치아우식이 거의 없음, 설탕제품 생산자에게 호발에 대한 내용
> • 설탕 대치 효과 : 자일리톨, 솔비톨, 아스파탐, 전화탕, 사카린, 고과당 콘시럽의 저우식성 감미료 사용 시 우식증 발생 낮음

05 다음 중 치아우식증 진행과정 중 불소국소도포의 예방처치가 불필요한 단계는 무엇인가?

① 건전치질
② 초기법랑질우식
③ 건전상아질우식
④ 치수침범우식
⑤ 치근단병소

06 다음 중 치아우식의 발생빈도가 가장 높은 치아는 무엇인가?

① 제3대구치 ② 제2대구치
③ 제1대구치 ④ 제2소구치
⑤ 제1소구치

07 치아우식 예방법 중 병원체요인 제거방법은?

① 치질 내 산성 증가
② 치면세균막관리
③ 세균 진입로 차단
④ 식이조절
⑤ 세균증식 억제

> **해설**
>
> | 숙주요인 제거 | 치질 내 산성 증가 | 불소복용, 불소도포 |
> |---|---|---|
> | | 세균 침입로 차단 | 치면열구전색, 질산은도포 |
> | 환경요인 제거 | 치면세균막관리 | 칫솔질, 치간세정, 물양치, 치면세마 |
> | | 식이조절 | 우식성 식품 금지, 청정식품 섭취 |
> | 병원체요인 제거 | 당질분해 억제 | 비타민 K 이용, 사이코사이드 이용 |
> | | 세균증식 억제 | 요소와 암모늄 세치제 사용, 엽록소 사용법, 항생제 배합 세치제 사용 |

08 다음 중 *S. mutans*와 관련된 우식은 무엇인가?

① 치아의 인접면과 평활면
② 치아의 열구와 소와
③ 치근우식
④ 다발성우식
⑤ 유치우식

> **해설**
> ② *L. casei*가 관여
> ③ *A. viscosis*가 관여

3 치면세균막

01 다음 중 치은연상치석의 특징이 아닌 것은?
① 하악 전치부 설면에 많이 발생
② 치은의 상부에 부착
③ 흰색이나 노란색을 띔
④ 타액에서 칼슘과 인을 흡수함
⑤ 하악 구치부 협면에서 많이 발생

해설
⑤ 상악 구치부 협면에서 많이 발생

02 다음 중 치면세균막 형성에 관여하는 영향요인이 아닌 것은?
① 개인의 구강건강관리 습관
② 치면세균막과 세균의 친화성
③ 타액의 자정작용
④ 치아표면의 강도
⑤ 세균의 종류와 수

4 치주병

01 다음 중 양대구강병으로 바르게 연결된 것은 무엇인가?
① 치아우식증 – 치주질환
② 치아우식증 – 부정교합
③ 치주질환 – 부정교합
④ 만성치은염 – 상아질우식증
⑤ 치근우식증 – 만성치주염

02 다음 중 건강한 치주조직이 아닌 것은 무엇인가?
① 선홍색인 조직
② 치은퇴축이 없는 조직
③ 치은표면에 점몰이 관찰되는 조직
④ 치은열구 깊이가 2mm 이상인 조직
⑤ 발적, 부종이 없는 조직

해설
④ 치은열구 깊이 2mm 이내

03 다음 중 치주질환 발생률이 높은 집단에 대한 설명으로 옳은 것은?
① 남자 > 여자
② 사무직 > 생산직
③ 선진국 > 개발도상국
④ 고학력자 > 저학력자
⑤ 흑인 > 백인

해설
② 생산직 > 사무직
③ 개발도상국 > 선진국
④ 저학력자 > 고학력자
⑤ 인종무관

04 다음 중 치주질환의 발생요인 중 흡연은 무엇인가?
① 숙주요인 ② 환경요인
③ 병원체요인 ④ 기능적요인
⑤ 시간요인

해설
② 환경요인 : 치면세균막, 치석 등이 해당

정답 01 ⑤ 02 ④ / 01 ① 02 ④ 03 ① 04 ①

05 상해로 인한 치주병 발생요인으로 옳은 것은?

① 숙주요인
② 사회환경요인
③ 병원체요인
④ 기능적요인
⑤ 자연환경요인

> **해설**
>
> | 숙주 요인 | 구강 내 | 치아총생, 치아기능부전, 외상성 교합, 치아상실, 악습관 |
> |---|---|---|
> | | 구강 외 | 흡연, 씹는 담배, 임신, 당뇨, 간질치료약, 스테로이드, 스트레스, 피로, 직업성 습관, 과도한 음주, 연령, 성별 |
> | 환경 요인 | 구강 내 | 구강청결 정도, 불량보철물, 교정장치, 치면세균막, 치석 |
> | | 구강 외 | 자연환경요인 : 지리, 식품
사회환경요인 : 도시화 정도 |
> | 병원체 요인 | 구강 내 | 방선간균, Actinomyces의 방선균 속 등 |
> | 기능적 요인 | 물리화학자극 | 음식물 치간압입, 상해 |

06 다음 중 음식물의 치간압입은 어떤 요인으로 분류되어 치주질환을 발생시키는가?

① 숙주요인   ② 환경요인
③ 병원체요인 ④ 기능적요인
⑤ 시간요인

5 부정교합

01 다음 중 부정교합의 분류 시 기준은 무엇인가?

① 상악 제1대구치 ② 하악 제1대구치
③ 상악견치   ④ 상악 제2대구치
⑤ 하악 제2대구치

> **해설**
> ① 상악 제1대구치(기준)에 대한 하악 제1대구치의 관계를 따른다.

02 다음 중 부정교합의 숙주요인으로 옳은 것은 무엇인가?

① 치면세균막   ② 유치만기잔존
③ 불량습관   ④ 외 상
⑤ 유 전

> **해설**
> ①, ②, ③ 환경요인
> ④ 병원체요인

03 다음 중 손가락 빨기를 통해 유발되는 부정교합의 분류는 무엇인가?

① 1급 부정교합
② 2급 1류 부정교합
③ 2급 2류 부정교합
④ 3급 부정교합
⑤ 하악전돌 부정교합

6 기타 구강병

01 다음 중 구강암의 예방법이 아닌 것은 무엇인가?

① 구강위생 관리
② 불량 보철물의 관리
③ 무치악의 기능회복
④ 구강질환의 조기발견 및 조기치료
⑤ 금연 교육

02 다음 중 치경부마모증의 원인이 아닌 것은 무엇인가?

① 칫솔질 시간
② 칫솔 강모의 길이
③ 마모력이 없는 세치제
④ 칫솔질의 횟수
⑤ 칫솔질의 방법

해설
③ 마모력이 강한 세치제 사용

03 다음 중 반점치에 대한 설명으로 적절한 것은 무엇인가?

① 법랑질 형성부전의 일종이다.
② 치아표면에 백색반점이 생겨 심미적이다.
③ 식음수 불소이온농도와 반점치의 비율은 반비례한다.
④ 유치에서 호발한다.
⑤ 식음수 불소이온농도와 치아우식증 예방률은 반비례한다.

해설
② 치아표면에 백색반점이 생겨 비심미적이다.
③ 식음수 불소이온농도와 반점치의 비율은 정비례한다.
④ 영구치에서 호발한다.
⑤ 식음수 불소이온농도와 치아우식증 예방률은 정비례한다.

04 다음 중 반점치 예방법으로 적절하지 않은 것은 무엇인가?

① 불소이온농도를 치아우식증 예방효과가 있는 정도로 낮춘다.
② 식음수의 불소 농도를 반점치가 나타나지 않을 정도로 낮춘다.
③ 식음수의 불소를 제거한다.
④ 불소이온농도를 1.2ppm 이상으로 조정한다.
⑤ 불소흡수제를 이용한다.

해설
④ 불소이온농도가 0.8~1.2ppm이 되도록 조정한다.

7 칫 솔

01 다음 중 지체부자유자에게 권유하는 칫솔로 적절한 것은?

① 수동칫솔
② 약강도 강모칫솔
③ 1열 강모다발칫솔
④ 일반칫솔
⑤ 특수칫솔

02 다음 중 칫솔선택의 기준으로 적합하지 않은 것은 무엇인가?

① 두부의 크기는 전치부 치아를 2~3개 덮을 정도
② 강모는 나일론
③ 손잡이는 15° 미만으로 경사진 것
④ 두부의 끝은 둥근 모양
⑤ 손잡이가 직선형인 것

해설
① 두부의 크기는 구치부 치아를 2~3개 덮을 정도

8 세치제

01 다음 중 가장 많이 사용하는 세치제의 형태는 무엇인가?
① 고체 세치제　② 액체 세치제
③ 분말 세치제　④ 크림 세치제
⑤ 교질 세치제

02 다음 중 지각과민 환자에게 권하며, 세마제가 혼합되지 않은 세치제는 무엇인가?
① 고체 세치제　② 액체 세치제
③ 분말 세치제　④ 크림 세치제
⑤ 교질 세치제

03 다음의 세치제 성분 중 가장 많은 것은 무엇인가?
① 감미제　② 세정제
③ 결합제　④ 습윤제
⑤ 세마제

해설
⑤ 약 25~60%

04 다음 중 물리적 성상이 고체로 변하는 것을 방지하는 것은 무엇인가?
① 감미제　② 세정제
③ 결합제　④ 습윤제
⑤ 세마제

9 보조구강위생용품

01 다음 중 치실사용법으로 옳지 않은 것은?
① 치실을 50cm 가량 잘라서 사용한다.
② 교합면에서 인접면으로 톱질하듯이 삽입한다.
③ 치간이 넓은 사람에게는 waxed floss를 적용한다.
④ 초보자에게는 unwaxed floss를 적용한다.
⑤ 중지에 감아서 사용한다.

해설
④ 초보자에게는 waxed floss를 적용한다.

02 다음의 특성을 가진 환자에게 적용하는 보조구강위생용품은?

> 치간 사이에 견고함, 가공의치의 인공치아 기저부, 고정성 교정장치의 브라켓과 와이어 사이

① 치 실　② 치실 손잡이
③ 치실고리　④ 슈퍼플로스
⑤ 첨단칫솔

해설
① 치 실
　• 치아 표면 연마, 치은연하치석 확인, 수복물 변연의 적합 확인, 치은유두 마사지 효과
　• 방법 : 양중지(10대, 성인), 고리(신체장애)
② 치실손잡이 : 오심과 구토가 심한 사람, 개구장애, 지체부자유자, 장기입원환자
④ 슈퍼플로스 : 치은퇴축으로 치아 사이 넓은 계속가공의치, 국소의치, 임플란트 보철물
⑤ 첨단칫솔 : 임플란트 부위, 맹출중 치아, 상실치아의 인접면, 최후방구치의 원심면, 교정 브라켓, 와이어 주위

정답 01 ④　02 ②　03 ⑤　04 ④　/　01 ④　02 ③

10 칫솔질 교습법

01 다음 중 치은염이 있는 환자에게 적합한 칫솔질은 무엇인가?
① 회전법   ② 폰즈법
③ 차터스법   ④ 바스법
⑤ 스틸맨법

02 다음 중 임플란트가 있는 부위에 적합한 칫솔질은 무엇인가?
① 와타나베법   ② 스틸맨법
③ 차터스법   ④ 묘원법
⑤ 회전법

03 치주질환자의 바스법을 교육할 때 사용하는 칫솔은?
① 전동칫솔
② 약강도칫솔
③ 1열 강모다발칫솔
④ 2열 강모다발칫솔
⑤ 특수칫솔

> **해설**
> ① 전동칫솔 : 지체부자유자
> ③ 1열 강모다발 : 치주염, 치은출혈, 치은비대에 적용
> ④ 2열 강모다발 : 치주염환자의 바스법 적용 시
> ⑤ 특수칫솔 : 지체부자유자, 특정 부위에 사용하는 칫솔

04 교정장치의 장착 부위, 고정성 보철물의 장착 부위에 적합한 칫솔질 방법은?
① 횡마법   ② 스틸맨법
③ 차터스법   ④ 바스법
⑤ 와타나베법

> **해설**
> ① 횡마법 : 영유아
> ② 스틸맨법 : 광범위한 치주질환자
> ④ 바스법 : 치은염, 치주염환자
> ⑤ 와타나베법 : 만성적 치은염, 치주질환자, 전문가의 직접 시술 시 적용

05 다음 중 와타나베법에 대한 설명으로 옳지 않은 것은 무엇인가?
① 환자가 직접 시행하는 칫솔질 방법이다.
② 2줄 강모의 칫솔을 사용한다.
③ 치은열구의 세척에 효과적이다.
④ 칫솔은 변형펜 잡기로 잡는다.
⑤ 치주질환 및 만성치은염환자에게 적합하다.

> **해설**
> ① 전문가가 시행하는 칫솔질 방법이다.

11 치면세균막지수 산출법

01 다음 중 개량 구강환경관리능력지수(PHP-M)의 대상치아로 적합한 것은 무엇인가?
① 상악 우측 제1대구치
② 상악 좌측 제1대구치
③ 하악 좌측 제2대구치
④ 하악 우측 측절치
⑤ 상악 좌측 견치

> **해설**
> ② #15, 13, 26, 36, 32, 44가 해당된다.

정답 01 ④ 02 ③ 03 ④ 04 ③ 05 ① / 01 ②

02 다음 중 구강환경관리능력지수(PHP)의 최고점은 얼마인가?

① 5점　　② 10점
③ 30점　　④ 60점
⑤ 100점

03 다음 중 개량 구강환경관리능력지수의 최고점은 얼마인가?

① 5점　　② 10점
③ 30점　　④ 60점
⑤ 100점

04 오리어리지수에 대한 설명으로 옳은 것은?

① 구강 내 6개의 치아를 대상으로 한다.
② 검사대상 치면을 5 부위로 나눈다.
③ 착색 부위는 빨간색으로 표기한다.
④ 최저점 0점, 최고점 5점이다.
⑤ 탈락 치아를 포함한다

> **해설**
> - 구강환경관리능력지수(PHP Index) : 6개 치아의 6면, 0~5점/면당, 전체 치아 총점(30점만점)/6개 치아 = 결과
> - 개량 구강환경관리능력지수(PHP-M Index) : 6개 치아의 12면(협, 설), 0~5점/면당, 전체 치아 총점(60점 만점)/6개 치아 = 결과
> - 오리어리지수(O'leary Index) : 구강 내 모든 치아, 4면(협, 설, 근, 원), 0~4점/면당, 탈락 치아 제외, 임플란트와 고정성 보철물은 동일하게 표기, 강한 가글 후 착색제 도포 후 다시 헹굼. 착색 부위는 빨간색 표시, 착색치면 수/검사치면 수(치아 수×4로 계산)×100

12 대상자별 칫솔질교습

01 다음 중 치경부마모증 환자에게 적합한 칫솔질법은 무엇인가?

① 횡마법　　② 묘원법
③ 회전법　　④ 와타나베법
⑤ 스틸맨법

02 다음 중 계속가공의치(임플란트)에 적합한 칫솔질법은?

① 회전법　　② 바스법
③ 스틸맨법　　④ 차터스법
⑤ 와타나베법

03 다음 중 소아 환자에게 적합한 칫솔질에 대한 설명으로 옳은 것은?

① 불소가 포함되지 않은 세치제를 사용한다.
② 회전법을 적용한다.
③ 세치제의 마모도가 높아야 한다.
④ 향료가 포함되어 있다.
⑤ 칫솔의 두부가 성인과 비슷해야 한다.

> **해설**
> ① 불소가 포함된 세치제를 사용한다.
> ② 폰즈법을 적용한다.
> ③ 세치제의 마모도가 낮아야 한다.
> ⑤ 칫솔의 두부가 작고 둥글어야 한다.

정답　02 ①　03 ④　04 ③　/　01 ③　02 ③　03 ④

13 전문가 치면세균막관리

01 다음 중 치과의사나 치과위생사 등 특별히 훈련된 전문가들이 물리적 기구를 이용하여 치은연상 및 치은연하 1~3mm까지 모든 치아면의 치면세균막을 제거하는 술식은 무엇인가?

① 전문가 치면세마 ② 치간청결물리요법
③ 치은마사지법 ④ 와타나베법
⑤ 치석 제거

02 다음 중 치간청결물리요법의 대상자로 적절하지 않은 것은 무엇인가?

① 중등도 치주염 환자
② 치주 수술환자
③ 고정성 교정장치 장착환자
④ 신체장애자
⑤ 타액분비가 낮은 자

해설
① 초기 치은염 환자에 적용

03 교정장치의 장착 부위, 고정성 보철물의 장착 부위에 적합한 칫솔질 방법은?

① 횡마법 ② 스틸맨법
③ 차터스법 ④ 바스법
⑤ 와타나베법

해설
① 횡마법 : 영유아
② 스틸맨법 : 광범위한 치주질환자
④ 바스법 : 치은염, 치주염환자
⑤ 와타나베법 : 만성적 치은염, 치주질환자, 전문가의 직접 시술 시 적용

04 다음 중 와타나베법 시행에 대한 설명으로 옳은 것은?

① 세줄모의 강모가 나열된 칫솔을 사용한다.
② 칫솔의 강모는 단단해야 한다.
③ 열구 안으로 칫솔모를 넣는다.
④ 전치부는 칫솔강모단을 치근단 방향으로 90° 기울인다.
⑤ 중등도의 압력을 준다.

해설
① 두줄모를 사용
② 칫솔의 강모는 부드러워야 한다.
③ 바스법에 대한 설명
④ 전치부는 40~50° 기울인다.

14 불화물 국소도포

01 다음 중 자가불소도포법으로 옳은 것은?

① 불소바니시도포법 ② 불소용액도포법
③ 불소세치제사용법 ④ 불소이온도포법
⑤ 불소겔도포법

해설
③ 자가불소도포법 : 불소세치제사용법, 불소용액양치법

02 다음 중 불화나트륨의 도포 시 매일 1분간 양치했을 때의 적절한 농도는 무엇인가?

① 0.01% ② 0.05%
③ 0.1% ④ 0.5%
⑤ 2%

정답 01 ② 02 ① 03 ③ 04 ⑤ / 01 ③ 02 ②

03 다음에서 설명하는 불소의 종류는?

> 강한 산성으로 직전에 용액을 제조한다. 3세 이상에서 매년 1~2회 도포를 권장한다.

① 불화나트륨 ② 불화석
③ 산성불화인산염 ④ 불화인산나트륨
⑤ 불화규소

해설
① 불화나트륨 : 고운 분말, 만들면 6개월 보관, 플라스틱병 보관, 무색, 무미, 무취, 아동에게 효과
② 불화석 : 글리세린, 솔비톨 등에 섞어 용액 안정화, 치은 자극, 변색 가능성
③ 산성불화인산염 : 겔 형태, 도재와 복합레진수복물 부식 위험

04 다음 중 불화나트륨의 도포과정에 대한 설명으로 옳지 않은 것은 무엇인가?

① 불소도포 전 치면세마를 시행한다.
② 왁스치실을 사용한다.
③ 글리세린이 없는 퍼미스를 이용한다.
④ 치아분리와 치면건조를 꼭 시행한다.
⑤ 불소도포를 4분간 실시한다.

해설
② 무왁스치실을 사용한다.

05 다음 중 불화나트륨에 대한 설명으로 옳은 것은 무엇인가?

① 3개월간 보관이 가능하다.
② 빛이 차단되는 유리병에 보관한다.
③ 약간 쓰고 떫은 금속 맛이 난다.
④ 모든 치아의 맹출 완료 후 하는 것이 이상적이다.
⑤ 주로 아동에게 효과가 높다.

해설
① 6개월 보관이 가능
② 유리를 부식시켜 플라스틱병에 보관
③ 무색, 무미, 무취이다.
④ 맹출 직후 하는 것이 이상적

06 불소 과량 섭취 시 하는 응급조치사항은?

① 우유를 마시게 한다.
② 식염수를 마시게 한다.
③ 물을 마시게 한다.
④ 장염치료제를 투약한다.
⑤ 환자를 눕혀 긴장을 이완시킨다.

해설
불소 과량 섭취 시 응급조치사항
우유, 달걀, 자극완화제, 석회수, 위염치료제, 구토 유도, 응급실로 이송

15 치면열구전색

01 다음 중 치면열구전색으로 우식예방효과가 가장 높은 치면은 무엇인가?

① 협 면 ② 설 면
③ 교합면 ④ 원심면
⑤ 근심면

02 다음 중 치면열구전색술 시행 후 적절한 1차 평가기간은 무엇인가?

① 전색 후 1개월
② 전색 후 3개월
③ 전색 후 6개월
④ 전색 후 9개월
⑤ 전색 후 12개월

03 치면열구전색 시 주의사항으로 옳은 것은?

① 산부식 완료까지 방습이 유지되어야 한다.
② 전색제와 치아 표면의 접촉면적을 최소화한다.
③ 교합이 잘되도록 해야 한다.
④ 전색제로 덮이지 않은 산부식 치면은 수주 이내 정상화된다.
⑤ 경화된 전색제 표면의 잔여 오일은 알코올로 닦아낸다.

> **해설**
> ① 광중합 완료까지 방습 유지
> ② 전색제와 치아 표면의 접촉면적 최대화
> ③ 교합은 낮게
> ⑤ 경화된 전색제 표면의 잔여 오일은 거즈로 닦기

04 치면열구전색을 적용할 수 없는 경우는?

① 좁고 깊은 소와를 가진 치아
② 동악 반대측 동명치아의 우식
③ 교모가 심한 치아
④ 수복물이 있는 치아의 건전교합면
⑤ 소와나 열구에 초기우식병소

> **해설**
> • 적응증 : 좁고 깊은 소와, 동악 반대측 동명치아 우식, 수복물이 있는 치아의 건전교합면, 소와나 열구의 초기 우식병소
> • 비적응증 : 환자의 행동조절 불가로 방습 불가, 와동 큰 우식병소, 큰 교합면 수복물, 넓고 얕은 소와열구, 교합면 교모가 심한 치아

16 구강건강과 식품

01 다음 중 탄수화물과 치아우식과의 관계에 대한 설명으로 옳은 것은?

① 다당류가 단당류보다 더 큰 영향을 준다.
② 탄수화물은 치아우식 발생에 필수적이다.
③ 섭취횟수보다 섭취량이 더 중요하다.
④ 단당류의 자당은 *S. mutans*의 에너지원이 된다.
⑤ 탄수화물의 화학적 성상이 큰 영향을 미친다.

> **해설**
> ① 단당류가 더 큰 영향을 준다.
> ③ 섭취횟수가 더 중요하다.
> ④ 이당류 자당은 *S. mutans*의 에너지원으로 사용된다.
> ⑤ 탄수화물의 물리적 성상이 영향을 미친다.

02 탄수화물과 치아우식의 관계로 옳은 것은?

① 탄수화물은 치아우식 발생에 필수적이다.
② 섭취 횟수보다 섭취량이 중요하다.
③ 물리적 성상보다 화학적 성상이 중요하다.
④ 단당류보다 다당류가 영향이 크다.
⑤ 단당류의 자당은 *S. mutans*의 에너지원이다.

> **해설**
> 섭취 횟수, 물리적 성상, 단당류가 더 큰 영향, 이당류의 자당은 *S. mutans*의 에너지원

03 다음 중 치아가 형성되는 과정 중 섭취하여 경조직의 석회화를 촉진하는 데 도움을 주는 식품은 무엇인가?

① 보호식품　　② 청정식품
③ 조절식품　　④ 우식성식품
⑤ 열량식품

> **해설**
> ②, ③ 청정식품 = 조절식품 : 비타민, 무기질 등
> ④, ⑤ 우식성식품 = 열량식품 : 지방, 당질 등

정답 03 ④　04 ③　/　01 ②　02 ①　03 ①

04 다음 중 식이조절 과정 중 식이조절대상자에게 처방할 식단에 대해 논의하는 과정은 무엇인가?

① 식이조사　　② 식이분석
③ 식이상담　　④ 식단처방
⑤ 식이평가

해설
① 약 5일간, 24시간 회상법
② 식이분석 : 우식성식품의 섭취 여부를 분류
④ 식단처방 : 처방식단과 일상식단의 차이가 적게, 필수영양소는 공급, 환자의 기호, 식습관, 환경요인을 고려하여 반영

05 다음 중 식이분석 시 우식발생 가능시간을 계산하는 식으로 적절한 것은 무엇인가?

① 1일 총섭취횟수 × 10분
② 1일 총섭취횟수 × 20분
③ 1일 총섭취횟수 × 30분
④ 1회 평균섭취횟수 × 10분
⑤ 1회 평균섭취횟수 × 20분

06 다음 중 자일리톨에 대한 설명으로 옳은 것은 무엇인가?

① *S. mutans*에 대해 항균작용
② 치아의 재광화를 지연
③ 세균 내 산 생성을 감소
④ 치면세균막의 수소이온농도를 높임
⑤ 치아우식예방효과가 미미함

해설
① 정균작용이 있다.
② 치아의 재광화에 도움을 준다.
④ 치면세균막의 수소이온농도를 낮춘다.
⑤ 5탄당 알코올로, 치아우식예방효과가 있다.

17 치아우식 발생요인 검사

01 다음 중 타액분비율검사에 대한 설명으로 옳지 않은 것은 무엇인가?

① 타액수집용 시험관이 필요하다.
② 5분 동안 채취한다.
③ 비자극성 타액의 기준값은 3.7mL이다.
④ 자극성 타액의 기준값은 13.8mL이다.
⑤ 자극성 타액분비량과 비자극성 타액분비량을 함께 측정한다.

해설
⑤ 각각 별도로 측정한다.

02 치아우식발생요인검사와 기구의 연결로 옳은 것은?

① 타액분비율검사 – 필로카핀
② 구강 내 포도당잔류시간검사 – BCG
③ 스나이더검사 – 비가향 파라핀
④ 구강 내 산생성균검사 – 탄산소다
⑤ 타액완충능검사 – 0.1N 유산용액

해설
지각과민의 관리법 : 회전법, 약강모칫솔, 약마모도 치약, 상아질접착제 도포, 지각과민처치제 도포, 표면석회화 촉진, 레진충전, 불소바니시 도포 등

03 다음 중 타액점조도검사 시의 평균비 점조도로 적절한 것은?

① 1.0 미만
② 1.0~1.2
③ 1.3~1.4
④ 1.5~1.6
⑤ 2.0 이상

해설
⑤ 2.0 이상이면 관심을 가지고 추가 검토를 시행해야 한다.

04 다음 중 타액에 산을 첨가하여 생기는 산도의 변화에 대한 적응 능력을 평가하는 치아우식활성검사는 무엇인가?

① 타액점조도검사
② 타액완충능검사
③ 구강 내 산생성균검사
④ 구강 내 포도당 잔류시간검사
⑤ 타액분비율검사

05 다음 중 구강 내 산생성균 검사 시 고도 활성으로 평가된 경우가 아닌 것은?

① 지시약이 48시간 내에 변화한다.
② 설탕의 식음량을 줄인다.
③ 설탕의 식음횟수를 줄인다.
④ 매 식음 직후 칫솔질을 한다.
⑤ 식이조절을 시행한다.

해설
① 24시간 내 변화한다.

18 특수구강건강관리

01 다음 중 구취의 원인요소를 제거하는 행위가 아닌 것은 무엇인가?

① 전문가 치면세마
② 설태 관리
③ 클로르헥시딘 용액 처방
④ 염화아연용액 처방
⑤ 불소용액 처방

02 생리적 구취에 대한 설명은?

① 불량 수복물이 있으면 구취가 증가한다.
② 아침에 기상 시 구취가 증가한다.
③ 타인은 느끼지 못하지만, 본인이 구취를 느끼며 고민한다.
④ 소화기질환에 의해 구취가 증가한다.
⑤ 흡연 시 구취가 증가한다.

해설
- 불량 수복물 : 구강 내 국소요인
- 타인은 느끼지 못하고 본인이 느낌 : 심리적 요인
- 소화기질환 : 구강 외 신체요인
- 흡연, 음식물 등 : 기타 요인
- ※ 생리적 구취 : 기상 시, 여성의 월경과 임신, 공복과 건조, 긴장성 구취, 노인성 구취

정답 03 ③ 04 ② 05 ① / 01 ⑤ 02 ②

03 다음 중 노인의 구강상태에 대한 설명으로 적절하지 않은 것은 무엇인가?

① 구강 내 감염이 쉽게 이환
② 구강위생관리능력 저하
③ 의치장착 및 치아상실
④ 구강건조
⑤ 구강건강인지능력 우수

04 다음 중 노출된 상아질이나 치근의 표면에 자극이 있을 때 나타나는 지각반응은 무엇인가?

① 2차 우식증
② 지각과민증
③ 치경부마모증
④ 가역적치수염
⑤ 치아파절

05 다음 환자에게 필요한 예방처치는?

> 시림 증상이 있음, 치경부 마모 소견이 있음

① 치석 제거
② 불소도포
③ 치면열구전색
④ 와타나베 칫솔질법 교습
⑤ 식이조절

해설

지각과민의 관리법 : 회전법, 약강모칫솔, 약마모도 치약, 상아질접착제 도포, 지각과민처치제 도포, 표면석회화 촉진, 레진충전, 불소바니시 도포 등

06 다음 중 65세 이상의 노인의 예방진료계획으로 적절하지 않은 것은?

① 칫솔질 교육
② 치면열구전색
③ 10% 불화석 도포
④ 전문가 치면세마
⑤ 구강위생용품 처방

해설

③ 과민성 치질이 둔화되는 결과를 얻음

정답 03 ⑤ 04 ② 05 ② 06 ②

CHAPTER 02 치면세마

1 치면세마의 개념

(1) 치면세마, 치석제거술, 치근활택술의 개념
　① 치면세마 : 구강질환을 예방하기 위해 구강 내의 치면세균막, 치석, 외인성 색소 등의 침착물을 물리적으로 제거하고, 치아표면을 활택하게 연마하여 재부착을 방지할 목적으로 실시하는 예방술식
　② 치석제거술 : 치아의 치관부 및 치근면에서 치태, 치석, 착색물 등을 제거하는 술식
　③ 치근활택술 : 치근면으로부터 변성되거나 괴사된 백악질을 제거하여 거친면을 활택하는 술식

(2) 치면세마의 목적
　① 구강환경을 청결히 유지하고 개선
　② 구강질환을 유발시키는 국소요인 제거
　③ 구강 내 구취 제거
　④ 심미성 증진
　⑤ 구강위생관리에 동기부여
　⑥ 불소도포, 치면열구전색의 조건을 갖춤
　⑦ 치주조직의 건강을 유지할 수 있도록 환자에게 도움

(3) 치면세마 시 고려해야 할 대상자의 분류

Class C	12세 이하의 어린이, 유치열기, 혼합치열기
Class Ⅰ	• 영구치 • 치은연에 가벼운 착색과 치면세균막 • 하악 전치부 설면, 상악 구치부 협면에 치은연상치석 존재 • 간단한 치석 제거와 치면연마가 필요
Class Ⅱ	• 중등도의 치면세균막, 치면착색 • 치아의 1/2 이하의 치은연상치석과 치은연하치석
Class Ⅲ	• 다량의 치면세균막, 치면착색 • 치아 1/2 이상의 치은연상치석, 심한 치은연하치석
Class Ⅳ	• 심한 착색 및 치은연상치석 • 치아 1/2 이상의 베니어형 치은연하치석, 치근부 치석 • 깊은 치주낭(5mm 이상)으로 치아동요도가 심함

다음 중 치아의 치관부 및 치근면에서 치태, 치석, 착색물 등을 제거하는 술식은 무엇인가?
① 치면세마
② 치석제거술
③ 치근활택술
④ 치주소파술
⑤ 치면연마

답 ②

다음 중 영구치 치은연에 가벼운 착색과 치면세균막이 있어 간단한 치석제거와 치면연마가 필요한 단계는 무엇인가?
① Class C
② Class Ⅰ
③ Class Ⅱ
④ Class Ⅲ
⑤ Class Ⅳ

답 ②

2 치면부착물

(1) 연성부착물

① 후천성 얇은 막(획득피막, acquired pellicle)
   ㉠ 치면, 보철물, 치석, 인공물의 표면에 형성되는 무구조, 무세포성의 유기체막
   ㉡ 두께 0.05~0.8μm, 치은 주변에서 두껍게 형성
   ㉢ 치면 연마 후 수분 내 재형성
   ㉣ 치아를 산으로부터 보호
   ㉤ 세균과 세포탈락 물질이 음식물 잔사와 결합 시 치면세균막 형성의 핵물질

② 치면세균막(치태, dental plaque)
   ㉠ 치아우식증, 치주질환의 초기 원인, 치석 형성의 초기 물질
   ㉡ 세균이 주성분, 수분 80% + 유기질과 무기질 20%, 세균 80% + 고형성분 20%
   ㉢ 치은변연 1/3 부위, 치간 부위, 하악, 거친치면, 보철물, 편측저작 시 비저작 부위에 주로 침착
   ㉣ 부착력이 좋으며, 칫솔질, 치석 제거 등의 물리적 힘에 의한 제거

(2) 경성부착물

① 치석(calculus)
   ㉠ 치면세균막이 석회화되어 단단하고 거친 덩어리를 형성
   ㉡ 무기질 80% + 유기질 20%
   ㉢ 약 20~48시간에 석회화가 시작, 석회화 평균기간은 약 12일

② 치석의 부착위치에 따른 특징

구 분	치은연상치석 (supragingival calculus)	치은연하치석 (subgingival calculus)
위 치	치은변연 위의 임상적 치관	치은변연 하방, 치주낭 내로 연장
분 포	• 하악 전치부 설면 • 상악 구치부 협면	• 모든 치아의 인접면, 설면 • 특히, 하악 전치부 설면
색 깔	백색, 황색	흑색, 갈색
무기질의 기원	타액	치은열구액
성 상	점토상, 치밀도 낮음, 경도 낮음	치밀도 높음
진 단	육안관찰	탐침, 압축공기, 방사선 등

다음 중 경성침착물은 무엇인가?

① 획득피막
② 치 석
③ 치면세균막
④ 치 태
⑤ 착 색

답 ②

③ 치석의 부착형태에 따른 특징

구 분	설 명
단단한 덩어리형 치석 (crustaceous calculus)	• 단단하고 큰 덩어리로 쉽게 떨어짐, 불규칙한 형태 • 흰색, 상아색이나 색소와 함께 섞여 나타남 • 주로 치은연상치석, 완전히 석회화가 되지 않음
베니어형 치석 (veneer calculus)	• 얇은 베니어 모양, 치은연상과 치은연하에 나타남 • 치석 제거나 치근활택술 시 작업각도가 작아서 형성됨
선반형 치석 (ledge calculus)	주로 치은연하치석, 연한갈색~녹색까지 색깔이 다양
과립형 치석 (granular calculus)	• 과립성 조각, 점상 치석 • 치은연상이나 치은연하에 나타남

(3) 치면착색

외인성 착색	비금속성	• 황색 : 구강관리 소홀할 때, 치면세균막이 분포하는 부위에 희미한 노란 착색 • 녹색 : 주로 어린이, 색소세균과 곰팡이가 원인, 주로 상악 전치부의 순면과 치경부에 호발, 단독으로 나타남 • 검은선 : 비교적 구강위생상태가 깨끗한 비흡연자, 여성, 어린이에게 호발, 제거 후 재발이 잘 됨 • 주홍색, 적색 : 색소성 세균에 의함, 전치부 순면과 설면 치경부 1/3 부위에 호발 • 갈색 : 법랑질의 표면이 거칠거나 치약 없이 칫솔질하는 사람의 경우, 상악 구치부 구개측 인접면 부위, 제거 후 호발이 쉬움 • 담배 : 흡연, 타르의 산화부산물, 치석과 혼합되어 치경부나 설면에 분포
	금속성	구리, 철, 니켈, 카드뮴, 은, 수은, 금 등
내인성 착색	무수치	치수출혈, 치수괴사 등에 의함
	약물과 금속	• 아말감 수복물의 금속이온 전이 현상 • 보철물의 경계 • 클로르헥시딘 장기 사용 시 갈색 착색
	불완전한 치아형성	법랑질 형성부전	• 하얀색 반점이나 소와 모양 • 노란갈색과 회갈색 • 법랑아세포의 성장부족
		불소침착	• 하얀색 반점, 연한 갈색 • 법랑질 석회화 중 불소이온농도가 2ppm 이상인 음료수의 과잉 섭취
		상아질 형성부전	• 투명, 유백색, 회백색, 청갈색 • 발육기간 내 조상아세포층의 발육억제
		항생제 복용	• 밝은 갈색에서 흑갈색, 회색으로 변화 • 임신 중 테트라사이클린 항생제 복용

다음의 외인성 착색 중 비교적 구강위생상태가 깨끗한 비흡연자, 여성, 어린이에게 호발되며, 제거 후 재발이 잘되는 착색은 무엇인가?

① 황 색
② 녹 색
③ 적 색
④ 갈 색
⑤ 검은선

답 ⑤

다음 중 구강검사의 목적으로 옳지 않은 것은 무엇인가?
① 환자의 계속구강관리 및 교육
② 구강암과 다른 질환의 조기발견
③ 환자의 주된 증상과 구강상태 기록
④ 치아를 포함한 구강 내의 조직을 조사
⑤ 법적 문제 발생 시 증거자료

해설
④ 얼굴 및 경부, 치아를 포함한 구강 내외의 모든 조직을 조사하고 평가함
답 ④

3 구강검사

(1) 구강검사의 목적

① 치면세마를 효율적으로 시행하며, 치면세마로 일어날 수 있는 예후에 중요한 자료
② 얼굴 및 경부, 치아를 포함한 구강 내외의 모든 조직을 조사하고 평가함
③ 환자 개인의 건강상태를 알 수 있는 지표
④ 환자의 주된 증상과 구강상태를 기록
⑤ 예방처치 및 치료계획 수립
⑥ 구강암 및 다른 질환의 조기발견
⑦ 환자 시술 시 진단과 치료를 행하는 데 도움
⑧ 환자의 계속구강관리 및 교육
⑨ 법적 문제 발생 시 증거자료

(2) 구강 내 검사방법

문 진	환자에게 구강실태에 대한 주소, 현증, 기왕력 등 질문을 통해 알아내는 것
시 진	• 환자의 현증을 육안으로 보고 파악 • 직접관찰 : 신체의 외형, 색조, 크기 등 • 투사 : 강한 조명으로 전치부 인접면의 치아우식증 관찰 • 방사선학적 관찰 : 방사선을 이용하여 관찰
청 진	신체 내부에서 발생되는 소리를 청취하여 정보를 얻음
타 진	손가락, 기구로 조직을 두들겨보며 환자의 반응, 소리에 의해 정보를 얻음
촉 진	진찰 대상을 직접 만지거나 눌러보면서 조직의 촉각을 감지

4 진료기록부

(1) 치과진료기록부의 작성목적

① 환자의 구강상태, 건강상태, 질병을 치료하는 데 필요한 사항에 대해 알기 쉽게 도식으로 표현
② 10년간 보관
③ 환자의 주된 증상과 구강상태를 기록
④ 응급사고, 재해 시 신원파악의 자료
⑤ 비정상적 부위 및 질병의 징후가 있는 부위에 대해 주의 환기
⑥ 구강암을 포함한 구강병소의 조기 발견 및 치료가 가능
⑦ 개인의 구강상태를 비교하여 구강위생관리의 효과 및 환자의 교육에 도움

(2) 치과진료기록 기호를 이용하여 대상자의 구강 내 상태 작성

상 태	약 어	상 태	약 어
missing tooth	=, ‖	caries	$C_1{\sim}C_3$
uneruption	≡, ‖	root rest	R.R
semieruption	△	cervical abrasion	Abr.
amalgam filling	A.F., ✚	interdental space	∧, ∨
Gold crown	G.Cr., ○	tooth mobility	Mo(+)
Porcelain crown	P.Cr.	fracture	Fx
Gold bridge	G.Br.	attrition	Att
Porcelain bridge	P.Br.	abscess	Abs,
Partial denture	PD.	fistula	Ft, Ω
Full denture	FD	percussion reaction	P/R(+)
sealant	S	gingiva recession	‿(하악), ⁀(상악)
implant	IMPL	food impaction	↑, ↓

(3) 구강 내에 상태에 따라 색상별로 작성된 치과진료기록 기호를 구분

검정색, 파란색	처치된 치아, 결손치
빨간색	치료 중 치아, 치료가 필요한 치아
녹 색	치 은

(4) 치과조명등 사용법
① 구강진료 부위에서 60~90cm 떨어져 있어야 한다.
② 장시간 사용 시 열이 발생하며, 램프 교환 시 램프의 열을 충분히 식힌 후 교환한다.
③ 실내조명과는 1 : 4 비율로 밝은 것이 좋다.
④ 상악 : 환자의 구강 전방에서 바닥과 45°를 이루도록 위치
⑤ 하악 : 구강의 직상방에 위치
⑥ 반사경은 부드러운 천이나 거즈에 에틸알코올을 조금 묻혀 가볍게 닦는다.
⑦ 완전 건조 후 사용한다.

다음 중 치과진료기록부의 도식이 바르게 연결되지 않은 것은 무엇인가?
① 임플란트 - IMPL.
② 금속주조관 - G. Cr.
③ 잔존치근 - R.R.
④ 치면열구전색 - S
⑤ 파절 - Att.

해설
⑤ 파절 - Fx.

답 ⑤

다음 중 치과진료기록 기호 작성 시 결손치를 표시하는 색깔은 무엇인가?
① 검은색
② 빨간색
③ 녹 색
④ 노란색
⑤ 보라색

답 ①

다음 중 고속 핸드피스 관리에 대한 방법으로 적절하지 않은 것은 무엇인가?

① 사용 후 에틸알코올 거즈로 닦는다.
② 핸드피스에 버를 끼우고, 알코올 속에서 헤드부를 담가 흔든다.
③ 멸균포장지에 포장하여 멸균한다.
④ 핸드피스 제조회사의 지시에 따른다.
⑤ 사용 전에는 20~30초간 공회전을 한다.

해설
⑤ 사용 후에는 에틸알코올 거즈로 닦은 뒤 공회전을 한다.

답 ⑤

(5) 핸드피스의 사용 후 관리

고속 핸드피스	• 제조회사의 지시를 따른다. • 사용 후 에틸알코올거즈로 닦는다. → 20~30초 동안 핸드피스를 동작하여 물과 공기를 배출한다. → oil spray를 주입한다. → 핸드피스에 버를 끼운 채로 알코올 속에 핸드피스 헤드부를 담가 10회 정도 흔들어준다. → 멸균포장지에 싸서 밀봉 후 멸균기에 넣어서 멸균한다.
저속 핸드피스	• 사용 후 에틸알코올거즈로 닦는다. • 1일 1회 angle 전용 adaptor를 이용하여 oil spray를 주입한다. • head와 body를 분리하여 각각 청소한 후 중간 구멍에 각각 oil spray를 주입한다. • 멸균 가능한 핸드피스는 멸균 전 윤활제를 바르고 121℃ 20분이나 132℃ 15분 멸균을 시행한다.

5 치면세마기구

(1) 기구의 부분적 명칭과 특징

작동부 (working end)	• 치아 표면에 부착된 침착물을 제거하는 목적과 기능을 수행하기 위해 사용되는 부분 • 작동부의 횡단부 : 삼각형(sickle scaler), 반원형(curet scaler), 장방형(hoe, file, chisel scaler, periodontal probe), 원통형(explorer, periodontal probe) • 작동부의 최첨단 : point(sickle scaler, explorer), blunt(probe), round(gracey curet), blade(hoe, chisel, file scaler)
연결부 (shank)	• 작동부와 손잡이를 연결하는 부위 • 치아면에 기구가 잘 적합되도록 중간적 역할 • 경부의 길이와 각도가 기구 선택의 기준 • 하방연결부(terminal shank) : 치면에 맞는 절단연을 결정하는 지표 • 연결부의 각 : 적합이 어려울수록 큰 각이 필요
손잡이 (handle)	• 기구 동작 시 잡는 부분 • 기구 번호와 기구 명칭이 표시 • 속이 빈 손잡이가 진동을 전달하는 데 좋아 촉감이 좋음 • 손잡이 굵기 8~9mm가 피로도가 적음

(2) 치경(dental mirror)

① 구강 내를 관찰하는 데 기본이 되며 가장 많이 사용
② 작동부, 경부, 손잡이의 3부분 구조, 손상 시 작동부만 교체하여 사용
③ 경부는 작동부 내면과 45°의 각도를 가져 술자의 손목의 구부러짐을 방지
④ 치경의 직경은 약 1.5~3cm로 다양하나 성인 2cm, 어린이 1.5cm 주로 이용

⑤ 치경의 용도

간접시진	• 구강 내에 직접 볼 수 없는 부위에 적용 • 최후방 구치, 전치부 설면 등 시진 시 이용
당김, 젖힘	• 환자의 시술 부위가 잘 보이도록 구강 내 조직을 젖힘 • 기계나 기구의 위험으로부터 조직을 보호
간접조명	• 조명등 빛을 반사시켜 시술 부위를 밝게 함 • 전치부 설면, 상악 구치부 설면, 최후방 구치에 이용
투조	• 조명등 빛을 반사시켜 치아에 조사함 • 전치부 치아우식, 인접면의 치석 발견 시 이용

(3) 탐침(explorer)

① 감각을 가장 예민하게 전달하며, 거친 치면에 닿으면 술자의 손에 진동을 전달하는 검사기구
② 가늘고 긴 작동부, 날카로운 첨단, 원형의 횡단면
③ 작동부와 경부

작동부 (working end)	• tip : point를 포함한 1~2mm 부위, 치주상태 검사 시 이용 • point : 작동부의 예리한 끝, 우식치아나 충전물의 결함 여부 탐지에 이용
연결부(Shank)	사용목적에 따라 직선형, 만곡형, 복합형이 있음

④ 탐침의 용도
  ㉠ 치아 형태의 이상 유무
  ㉡ 백악질의 표면상태 확인
  ㉢ 수복물과 충전물의 상태 점검
  ㉣ 치은연상치석과 치은연하치석의 탐지
  ㉤ 구강 내 우식치아, 탈회치아의 발견
  ㉥ 수복물 장착 후 잉여 접착제 제거
⑤ 탐침의 사용법

파지법	변형필기잡기법
손 고정	시술치아나 인접치아 1~2개 치아 이내
올바른 작동부 결정	• 올바른 환자 자세 • 올바른 술자 위치 • 올바른 손고정, 손잡이 방향 • 하방연결부가 치아장축에 평행
적합	• 유리치은연 바로 위에 탐침 tip의 측면 부착 • 전치부는 근원심 중앙에 구치부는 원심능각에 위치
삽입	tip의 배면이 접합상피를 느낄 때까지 수직방향 삽입
동작	• 치은연에서 접합상피까지 탐지 • up & down 동작

다음 중 치경에 대한 설명으로 옳지 않은 것은?

① 구강 내를 관찰하는 데 기본이 되며 가장 많이 사용한다.
② 작동부, 경부, 손잡이의 구조를 갖는다.
③ 경부는 작동부 내면과 15°의 각을 갖는다.
④ 성인에게 사용하는 치경의 직경은 약 2cm이다.
⑤ 치경은 간접시진, 간접조명, 젖힘, 당김, 투조 등을 하는 데 이용된다.

해설
③ 경부는 작동부와 45°의 각을 갖는다.
답 ③

다음 중 감각을 가장 예민하게 전달하여, 거친 치면에 닿아 손에 진동을 전달하는 검사기구는 무엇인가?

① sickle scaler
② 탐 침
③ 치주탐침
④ cord packer
⑤ gracey curet

답 ②

다음 중 탐침의 끝 1~2mm를 일컫는 말은 무엇인가?

① tip   ② toe
③ blade ④ point
⑤ end

답 ①

(4) 치주탐침(periodontal explorer, periodontal probe)

① 가늘며(치은 연하부위에 적합이 가능하며 치아와 치은 사이에 쉽게 삽입이 가능) 막대모양의 작동부, mm 단위로 눈금표시, tip이 무딤, 횡단면은 원형이나 직사각형
② 치은연에서 접합상피까지의 치주낭의 깊이를 측정하고 치은 출혈을 확인
③ 치은연에서 백악법랑경계부까지의 치은퇴축의 측정
④ 치은증식, 임상적 부착소실, 부착치은의 폭, 구강 내 병소의 크기 측정
⑤ 임상적 부착소실 = 치주낭 깊이 + 치은퇴축
⑥ 치주탐침의 사용법

파지법	변형필기잡기법
손 고정	• 시술치아나 인접치아 1~2개 치아 이내 • 10~20g의 힘, 가볍게 파지, 손의 감각을 예민하게 유지
적 합	• 건강한 치은은 섬유부착이 단단하여 삽입이 어려움 • tip의 측면이 치근면에 닿도록 하여 상피부착부에 손상 없도록 함 • 전치부는 근원심 중앙에 구치부는 원심능각에 위치 • 인접면은 손잡이를 기울여서 col 부위까지 측정
삽 입	치아 장축에 평행하여 삽입하기 어려운 경우 손잡이를 움직여서 넣음
측정, 동작	• 치아당 6곳(협측 3부위, 설측 3부위) • 치은 변연과 일치되는 눈금을 기록(4mm 이상만 기록) • working stroke

(5) sickle scaler

① 치은연상에 부착된 다량의 치석을 제거하고, 치은 변연 하부 1mm까지 연장되어 부착된 치석을 제거
② 날의 내면과 측면이 만나는 2개의 절단연, 2개의 측면이 만나는 날카로운 배면
③ 기구단면 : 삼각형, 내면과 측면은 70~80°, 내면과 경부는 90°, 직선형 연결부
④ sickle scaler의 사용법

파지법	• 변형필기잡기법 • 기구선택 시 전치부는 직선형, 구치부는 굴곡형을 선택
손 고정	시술치아나 인접치아 1~2개 치아 이내
적 합	• 전치부는 근원심 중앙에 구치부는 원심능각에 위치 • 치은연 직상방 1~2mm 위에서 tip의 배면이 치아에 닿도록 함
작업각도	60~80°
동 작	• 중등도의 측방압, 짧고 중첩된 동작 • 전치부는 수직동작, 구치부는 수직 또는 사선동작 • pull stroke

---

다음 중 sickle scaler의 작동 동작으로 적합한 것은 무엇인가?

① pull stroke
② push stroke
③ pull and push stroke
④ working stroke
⑤ up and down stroke

답 ①

(6) 일반큐렛(universal curet)

① 치아 표면의 침착물, 치은연하의 치석, 거친 백악질 표면의 활택, 병적 치주낭 제거 및 치은열구의 육아조직을 제거함
② 모든 치면에 사용, 날의 내면과 측면이 만나는 2개의 절단연, 한 면으로만 만곡
③ 기구단면 : 내면과 경부는 90°, 연결부의 길이와 각도가 다양(전치부 : 각도가 작고 길이가 짧음, 구치부 : 각도가 크고 길이가 김)
④ 일반큐렛의 사용법

파지법	변형필기잡기법
손 고정	시술치아나 인접치아 1~2개 이내
적 합	• 유리치은연 상부의 치아면에 작동부 적합 • 날이 치아면에 0°인 상태에서 적합
작업각도	45~90°
측 정	• 가벼운 힘으로 탐지 • 교합면을 향해 짧고 중첩된 동작 • 부위에 따라 사선동작과 수직동작이 가능 • pull stroke

(7) 특수큐렛(gracey curet)

① 각 치아의 부위별로 특수하게 고안
② 1~18번까지 9개가 1세트
③ 기울어진 쪽의 절단연, 손잡이가 먼 하부의 절단연만 사용 가능 : off set날
④ 날의 내면과 하방연결부가 60~70°의 각도
⑤ 특수큐렛의 종류

gracey 1-2	전 치	gracey 7-8	구치의 협면과 설면	gracey 13-14	구치의 원심면
gracey 3-4		gracey 9-10		gracey 15-16	구치의 근심면
gracey 5-6	전치, 소구치	gracey 11-12	구치의 근심면	gracey 17-18	구치의 원심면

⑥ 특수큐렛의 사용법

파지법	변형필기잡기법
손 고정	시술치아나 인접치아 1~2개 이내
적 합	• 올바른 절단연을 선택(치면적합 시 날의 배면과 측면이 보여야 함), 연결하방부가 치아장축과 평행 • 날이 치아면에 대해 0°인 상태로 부착상피 내로 삽입
작업각도	60~70°
측 정	• 치석 제거 시 날의 1/3만 사용 • 손가락, 손목, 아래팔을 모두 이용해 운동 • 교합면을 향해 짧고 중첩된 동작 • 부위에 따라 사선동작과 수직동작이 가능 • pull stroke

---

다음 중 일반큐렛에 대한 설명으로 적절하지 않은 것은?

① 모든 치면에 사용할 수 있다.
② 내면과 경부는 90°를 이룬다.
③ 부위에 따라 사선동작과 수직동작이 가능하다.
④ pull stroke로 작동한다.
⑤ 작업각도는 45° 미만이다.

해설
⑤ 작업각도는 45~90°이다.

답 ⑤

다음 중 특수큐렛에 대한 설명으로 옳지 않은 것은 무엇인가?

① 각 치아의 부위별로 특수하게 고안되었다.
② 1~18번까지 18개가 1세트이다.
③ 손잡이가 먼 하부의 절단연만 사용 가능하다.
④ 날의 내면과 하방연결부가 60~70°를 이룬다.
⑤ gracey 5-6은 전치와 소구치에 모두 적용할 수 있다.

해설
② 1~18번까지 9개가 1세트이다.

답 ②

6 감염관리

(1) 멸균의 개념

멸균 (sterilization)	세균의 포자를 포함한 모든 형태의 미생물을 파괴
소독 (disinfection)	• 병원성 미생물의 생활력을 파괴 • 무생물에 사용되는 화학물질을 이용 • 증식성 병원균은 사라지나 포자형태와 바이러스는 남음 • 화학적소독, 자비소독, hot oil, 자외선소독 등
위생 (sanitization)	• 미생물의 숫자만 안전한 수준으로 감소시켜 공중위생의 수준으로 유지 • 세균을 완전히 제거하지 않음

(2) 멸균의 종류

고압증기멸균 (autoclave method, high pressure sterilization)	특 징	• 고온, 고압의 수증기를 이용하여 미생물을 파괴 • 스테인리스 기구, 직물, 유리, 스톤, 열에 저항성 있는 합성수지, 멸균 가능한 핸드피스 등
	방 법	121℃ 15psi 15분, 132℃ 30psi 6~7분
	장 점	• 침투력이 우수한 다공성 재질의 면제품 멸균에 적합 • 화학용액, 배지의 멸균에 적합
	단 점	• 합성수지에 손상 • 기구의 날을 무디게 하고 금속을 부식시킴 • 멸균 후 별도의 건조단계가 필요
	기 타	• 증류수를 사용 • 멸균기 내부 청소 및 관리가 필요
건열멸균 (dry heat sterilization)	특 징	• 공기를 가열하여 열에너지가 기구로 전달 • 작게 포장하고 간격을 두고 배치 • oil, powder, 근관치료용 기구, blade, scissor, needle 등 날카로운 기구
	방 법	120℃ 6시간, 160℃ 2시간, 170℃ 1시간
	장 점	기구 부식이 없으며 경제적
	단 점	• 멸균시간이 길다. • 온도가 높아 손상 가능성이 있음 • 기구 날을 무디게 한다.
	기 타	• 부식방지를 위해 완전 건조 후 멸균해야 함 • 유리제품은 멸균 후 급속냉각을 피해야 함

다음 중 침투력이 좋아 다공성 면제품에 적용되는 멸균방법은 무엇인가?

① 고압증기멸균
② 알코올소독
③ 건열멸균
④ 불포화화학증기멸균
⑤ 자비소독

답 ①

	특징	• 폐쇄된 공간에서 특수한 화학용액으로 뜨거운 화학증기를 만들어 이용 • 취급 시 눈, 피부에 접촉, 흡입에 주의 • 핸드피스, bur, 교정기구, 날카로운 기구
불포화 화학증기멸균 (unsaturated chemical vapor sterilization)	방법	132℃ 15~20분
	장점	• 짧은 멸균시간 • 기구의 유효수명 증가(녹슬거나 무뎌지지 않음) • 별도의 건조과정이 필요 없음 • 경제적
	단점	• 화학제 냄새제거를 위한 통풍 필요 • 침투력이 약함
	기타	• 취급 시 장갑과 보안경 착용 • 기구 적재는 공간을 넉넉히 남겨야 함 • 환기가 잘되는 곳에서 작동

다음 중 불포화 화학증기멸균에 적용되는 방법으로 적절한 것은 무엇인가?

① 121℃, 15~20분
② 121℃, 30~40분
③ 132℃, 6~7분
④ 132℃, 15~20분
⑤ 132℃, 30~40분

답 ④

(3) 멸균 전 기구준비

세척 전 대기용액		• 혈액과 타액의 세척 용이를 위함(굳지 않도록 함) • 소독작용을 함 • 매일 교환 • 페놀화합물, 아이오도포 등을 사용
기구세척	손 세척	• 혈액이 묻은 기구는 찬물로 헹굼 • 손잡이가 긴 솔, 가사용 고무장갑, 보안경, 마스크, 앞치마 착용
	초음파 세척	• 손 세척보다 단시간 내 세밀한 부분 세척이 가능 • 뚜껑을 반드시 덮어 에어로졸이 나오지 않도록 함 • 세척시간 5~10분 이내 • 매일 교환, 표면소독제로 소독
기구포장		• 종이수건, 기구건조기 등을 이용하여 건조 후 포장 • 멸균지시테이프 표시

(4) 개인방호

① 손 세척
  ㉠ 손가락~팔꿈치까지 문질러 씻고, 물이 손가락~팔꿈치로 흐르게 함
  ㉡ 항균제가 포함된 액체비누를 사용
  ㉢ 수도꼭지는 발이나 무릎으로 조절하는 자동수도꼭지 사용
  ㉣ 장갑 착용 전과 후에 항상 손세척을 함

② 술자 보호장비
  ㉠ 장갑 : 치과 진료 중 타액이나 혈액 내 미생물에 의한 술자 감염을 예방
  ㉡ 보호용마스크 : 파편과 에어로졸로부터 술자 감염을 예방. 95%의 세균여과율과 호흡가능성, 콧구멍이나 입술에 닿지 않으며, 전체의 주변에서 밀착, 환자마다 교체하며 젖었으면 즉시 새것으로 교체
  ㉢ 보안경 : 김이 서리지 않아야 함. 매 환자마다 물과 세정제로 닦아주고, 결핵균 박멸성 소독제를 이용해서 소독

다음 중 술자 보호장비 착용에 대한 설명으로 옳은 것은 무엇인가?

① 치과 진료 중 장갑을 꼭 착용한다.
② 보호용 마스크는 80% 이상의 세균여과율을 갖고 있어야 한다.
③ 보안경은 매일 물과 세정제로 세척한다.
④ 안면보호대는 눈을 가리는 안경형으로 사용한다.
⑤ 진료실에서 오염된 옷은 치과에서 직접 세탁하며, 면 재질을 추천한다.

해설
② 95%의 세균여과율을 갖고 있어야 한다.
③ 보안경은 매 환자 후 물과 세정제로 세척한다.
④ 안면보호대는 턱 끝까지 가리는 모양으로 사용한다.
⑤ 진료실 유니폼은 합성섬유를 추천한다.

답 ①

ㄹ 안면보호대 : 턱까지 내려오는 것을 사용
ㅁ 가운 : 진료실에서 오염된 옷은 집으로 가져가지 말고 세탁업자에게 맡기거나 치과에서 직접 세탁, 하루에 한 번씩 갈아입기, 재질은 합성섬유 추천, 위험한 환자 진료 후 새것으로 갈아입거나 일회용 사용

7 대상자와 술자의 자세

(1) 환자의 자세

① 환자의 높이 : 개구한 상태에서 술자의 팔꿈치 높이와 같거나 좀 더 낮게 위치하며, headrest와 backrest를 조절하여 환자의 몸과 척추가 일직선이 되고 머리가 중앙에 오도록 위치시킨다.
② 상악 시술 시 : 환자가 개구한 상태에서 턱을 들어 하악 전치부 순면이 바닥과 평행하도록 하며, 술자의 팔이 허리 높이에 있도록 한다.
③ 하악 시술 시 : 환자가 개구한 상태에서 턱을 내려 상악 전치부 순면이 바닥과 평행하도록 하며, 술자의 팔이 허리 높이에 있도록 한다.

수직자세 (uprighting position)	• back rest가 바닥과 80~90° • 조명등은 일반적으로 사용되지 않음 • 하악의 전치부 시술이나 병력청취 시 주로 사용
경사자세 (semi-uprighting position)	• backrest가 바닥과 45° • 조명등은 45° • 술자는 선 자세로 유지 • 심혈관, 심근경색, 임산부 등에 적용
수평자세 (supine position)	• 환자의 머리와 발 끝이 같은 높이 • 환자가 개구한 상태에서 상악의 교합면이 바닥과 거의 수직 • 조명은 바닥과 45° • 주로 상악부위 시술 시 적용
변형수평자세 (modified supine position)	• 환자가 개구한 상태에서 하악의 교합면이 바닥과 거의 평행 • 주로 하악 부위 시술 시 적용

(2) 술자의 자세

① 발바닥은 바닥에 편평하게
② 허벅지는 바닥에 평행하게
③ 등은 의자 시트와 100° 정도 되게 깊숙이 앉음
④ 머리와 목은 바로 세워 척추와 일직선상
⑤ 시술 시 머리는 20° 이상 굽히지 않음
⑥ 체중을 균일하게 분산
⑦ 어깨가 수평을 유지하도록 함
⑧ 상박은 몸의 측면 가까이

다음 중 환자의 자세에 대한 설명으로 옳지 않은 것은?

① 환자는 개구한 상태에서 술자의 팔꿈치보다 같거나 낮게 위치한다.
② 환자의 몸과 척추가 일직선이 된다.
③ 상악시술 시 환자가 개구 상태에서 턱을 들어 하악전치부 순면과 바닥이 평행하도록 한다.
④ 하악시술 시 환자가 개구 상태에서 턱을 내려 상악전치부 순면과 바닥이 평행하도록 한다.
⑤ 술자의 팔이 허리높이보다 약간 높게 있도록 한다.

해설
⑤ 술자의 팔이 허리높이에 있도록 한다.

답 ⑤

⑨ 팔은 손목과 같은 높이, 전완과 바닥이 평행
⑩ 상박을 향해 60° 넘지 않도록, 아래로는 10° 넘지 않도록
⑪ 시술 시 손등과 전완이 같은 방향으로 유지, 비틀리지 않도록
⑫ 다리는 전방위치(7~8시)에서 술자의 양 다리를 붙이고, 후방위치에서는 양 다리를 벌림
⑬ 환자와 술자의 적절한 거리유지로 술자가 기구조작 시 불편하지 않도록 함

(3) 술자의 위치

전방위치 (7~8시)	• 환자의 오른쪽에서 누워 있는 방향과 반대방향으로 있음 • 술자의 양손이 환자의 오른쪽에서 진료 • 전치부 시술 시 적합 • 다리는 붙여서 등받이 밑에 넣음
측방위치 (9시~10시 30분)	• 환자의 오른쪽 귀가 있는 부위를 보고 앉음 • 술자의 양손이 환자의 오른쪽에서 진료 • 구치부 시술 시 적합 • 다리는 붙여서 등받이 밑에 넣거나 양 다리를 벌림
후방위치 (11~12시)	• 환자의 머리 고정부 모서리나 후방에 위치해서 앉음 • 술자의 오른손은 환자의 오른쪽, 왼손은 환자의 왼쪽에서 진료 • 전치부 및 구치부 시술 시 적합 • 양 다리를 벌리고 앉음

다음 중 술자의 자세로 구치부 시술 시 적합하며, 술자의 양손이 환자의 오른쪽에서 진료를 하는 것은 무엇인가?
① 7~8시 방향
② 9~10시 방향
③ 11~12시 방향
④ 12~1시 방향
⑤ 2~3시 방향

해설
② 측방위치에 해당

답 ②

8 치석제거술

(1) 기구 잡는법

표준 펜 잡기법 (standard pen grasp)	• 엄지와 검지의 끝, 중지의 측면으로 기구를 잡음 • 가장 손쉬운 방법
변형 펜 잡기법 (modified pen grasp)	• 엄지, 검지, 중지를 사용하여 삼각형의 형태로 기구를 잡음(삼각대효과 : 예민한 촉각) • 치주기구 사용 시 가장 기본적인 파지법 • 엄지의 내면 : 검지의 반대방향, 핸들에 위치 • 검지의 내면 : 엄지보다 위쪽, 핸들에 위치 • 중지의 내면과 측면 경계부 : 기구를 경부에서 받침
손바닥 잡기법 (palm grasp)	• 손바닥으로 기구를 감싸듯이 잡음 • 큰 기구를 견고하게 잡을 수 있음

다음 중 손 고정에 대한 설명으로 옳은 것은 무엇인가?

① 환자의 피로도 감소에 도움
② 부착물의 제거에 효과적
③ 기구조작 시 손과 기구를 분리할 수 있음
④ 기구에 중지나 약지 중 하나가 접촉한 상태를 유지
⑤ 구외고정이 구내고정보다 고정력이 좋음

해설
① 술자의 피로도 감소에 도움
③ 기구조작 시 손과 기구를 안정시킴
④ 기구에 중지와 약지가 접촉한 상태가 유지
⑤ 구내고정이 구외고정보다 고정력이 좋음

답 ②

다음 중 기구의 작동부를 치면에 대는 동작은 무엇인가?

① 기구선택
② 기구적합
③ 기구삽입
④ 기구작업
⑤ 기구동작

답 ②

(2) 손 고정(fulcrum)

① 올바른 손 고정
  ㉠ 중지와 약지가 접촉한 상태를 유지해야 함
  ㉡ 기구조작 시 손과 기구를 안정시켜 기구의 조절이 용이해야 함
  ㉢ 기구가 미끄러져 치주조직이 손상되지 않도록 함
  ㉣ 부착물의 효과적 제거에 도움
  ㉤ 술자의 피로도 감소에 도움

② 구내 손 고정법과 구외 손 고정법

구내 손 고정법	• 시술 부위의 가까운 구강 내 경조직이나 인접치아에 손을 고정함 • 시술할 부위와 동일 악궁이나 같은 사분면에 위치 • 약지의 내면, 끝면, 측면을 사용
구외 손 고정법	• 환자의 얼굴, 뺨, 턱, 입술 등에 손을 고정함 • 치경 사용 시 많이 사용 • 구내 손 고정법보다 견고하지 못해 안정성이 완벽하지 못함

(3) 기구적합(instrument adaptation) : 기구의 작동부를 치면에 대는 동작

(4) 기구삽입(instrument insertion) : 기구를 치은연하로 삽입하는 동작

(5) 작업각도(instrument angulation)

① 치아면과 기구 작동부 내면의 이상적 각도는 45~90°이다.
② 치석이 클수록 90°에 가깝고, 70~80°가 일반적이다.

기구	적합	삽입	작업각도
periodontal probe	tip 1~2mm 측면	평활면 15° 인접면 col 위치에 따라 최후방구치 45°	15° 이내
11/12 explorer		치면 만곡에 따라	
sickle scaler		삽입 없음	삽입 없음
universal curet	blade 하방 1/3	내면과 치면 0°	내면과 치면이 45~90° 전치부 50~60° 구치부 70~80°
gracey curet			

(6) 기구동작(instrument stroke) : 기구의 작동부가 치면을 따라 움직이는 동작

① 동작에 따른 분류

pull	치주용 기구로 침착물을 제거할 때 침착물의 기저부에서 치아의 교합면 쪽으로 기구를 움직임
push	• 치주용 기구로 침착물을 제거할 때 침착물을 연조직 쪽으로 밀어 넣음 • 부서진 잔사가 남을 수 있고, 고도의 기술이 필요 • chisel scaler 사용 시 적용
pull & push	file scaler, explorer 사용 시 적용
working	• 기구의 동작이 걸음을 걷는 것처럼 위 아래로 넣었다 뺐다 하는 동작 • periodontal probe 사용 시 적용

② 방향에 따른 분류

수직 (vertical stroke)	• 치아의 장축에 평행한 기구 동작 • 전치부 순, 설면, 인접면, 구치부 인접면에 효과
수평 (horizontal stroke)	• 치아의 장축에 수직인 기구동작 • 치면의 변화로 짧게 이루어져야 함 • 전치부 순, 설면, 구치부의 선각 부위에 효과
사선 (oblique stroke)	• 치아의 장축에 사선 방향으로 가로지르는 기구동작 • 구치부 협, 설면에 효과적
원형 (circular stroke)	1~2mm 직경의 원을 그리듯이 약한 압력의 기구동작

(7) 측방압(lateral pressure)

① 550~950g의 범위로 부착된 치석의 양이나 기구에 따라 상이
② 너무 약하면 치석 표면이 매끄러워서 탐지나 제거가 어렵고, 강하면 치면을 거칠게 함

(8) 상악 치아별 치면세마 시술법

① 환자 supine position
② 상악 교합면이 바닥에서 수직
③ 조명은 환자 가슴에서 45°, 60~90cm 거리

우측 구치부 협면 좌측 구치부 설면	• 술자위치 : front position • 환자자세 : 머리는 정면이나 약간 좌측 • 손 고정 : 협면 시에는 설측교두, 설면 시에는 협측교두 • 동작 : 구치부 원심능각 기준으로 수직, 사선 동작
우측 구치부 설면 좌측 구치부 협면	• 술자위치 : side position • 환자자세 : 머리는 정면이나 약간 우측 • 손 고정 : 협면 시에는 설측교두, 설면 시에는 협측교두 • 동작 : 구치부 원심능각 기준으로 수직, 사선 동작

다음 중 치주용 기구로 침착물을 제거할 때 사용하는 기구동작방법으로 부서진 잔사가 남을 수 있어 고도의 기술이 필요하며, chisel scaler 사용 시 적용하는 기구동작은 무엇인가?

① pull stroke
② push stroke
③ pull and push stroke
④ working stroke
⑤ up and down stroke

답 ②

전치부 순면 술자 먼 쪽 전치부 설면 술자 먼 쪽	• 술자위치 : back position • 환자자세 : 머리는 중앙 • 손 고정 : 인접치 절단 • 동작 : 전치 근원심 중앙을 기준으로 수직 동작
전치부 순면 술자 가까운 쪽 전치부 설면 술자 가까운 쪽	• 술자위치 : front position • 환자자세 : 머리는 중앙 • 손 고정 : 인접치 절단이나 순면 • 동작 : 전치 근원심 중앙을 기준으로 수직 동작

(9) 하악치아별 치면세마 시술법

① 환자 modified supine position
② 상악 교합면이 바닥에서 평행
③ 조명은 환자 구강에서 직상방 수직, 60~90cm 거리

우측 구치부 협면 좌측 구치부 설면	• 술자위치 : front position • 환자자세 : 머리는 좌측 • 손 고정 : 협면 시에는 설측교두, 설면 시에는 협측교두 • 동작 : 구치부 원심능각 기준으로 수직, 사선 동작
우측 구치부 설면 좌측 구치부 협면	• 술자위치 : side position • 환자자세 : 머리는 우측 • 손 고정 : 협면 시에는 설측교두, 설면 시에는 협측교두 • 동작 : 구치부 원심능각 기준으로 수직, 사선 동작
전치부 순면 술자 먼 쪽 전치부 설면 술자 먼 쪽	• 술자위치 : back position • 환자자세 : 머리는 중앙 • 손 고정 : 인접치 절단이나 순면 • 동작 : 전치 근원심 중앙을 기준으로 수직 동작
전치부 순면 술자 가까운 쪽 전치부 설면 술자 가까운 쪽	• 술자위치 : front position • 환자자세 : 머리는 중앙 • 손 고정 : 인접치 절단 • 동작 : 전치 근원심 중앙을 기준으로 수직 동작

9 치근활택술

(1) 치근활택술의 정의

치근 표면에서 치면세균막과 함께 묻혀 있는 잔존치석, 독소, 괴저성 및 미생물에 감염된 백악질을 제거하여 치근의 거친 면을 평활하고 활택하게 하게 함

(2) 치근활택술의 목적

① 변성되거나 괴사된 백악질 및 염증성 치주낭을 제거하여 건강한 치은조직 형성에 도움
② 깊은 치주낭을 얕게 하여 건강한 치은 열구 형성에 도움
③ 건강한 결합조직의 부착과 상피접합이 이루어지는 치면 형성에 도움

다음 중 하악치아의 치면세마 시술에 대한 설명으로 적합하지 않은 것은 무엇인가?

① 환자는 modified supine position의 자세를 한다.
② 하악의 교합면이 바닥과 평행하도록 한다.
③ 전치부 시술 시 환자의 머리는 중앙을 향한다.
④ 조명은 환자의 구강에서 직상방으로 수직이어야 한다.
⑤ 구치부의 협면 시술 시 손고정은 설면에 한다.

해설
② 상악의 교합면이 바닥과 평행하도록 한다.
 ②

다음 중 치근활택술의 목적으로 적합하지 않은 것은 무엇인가?

① 깊은 치주낭을 얕게 함
② 건강한 결합조직의 부착에 도움
③ 변성되거나 괴사된 백악질을 제거
④ 염증성 치주낭을 제거
⑤ 염증성 육아조직을 제거

답 ⑤

(3) 치근활택술의 적응증과 금기증

적응증	금기증
• 치은염 • 얕은 치주낭 • 외과적 처치의 전처치 • 진행성 치주염 • 내과병력을 가진 전신질환자	• 치면세균막 관리가 안 되는 사람 • 깊은 치주낭 • 치주골 파괴가 심한 사람 • 심한 지각과민 환자 • 급성 치주염 환자 • 심한 치아동요 환자

(4) 치근활택술의 방법

① 기구 잡는법 : 변형연필잡기법
② 손 고정
③ 기구적합
④ 작업각도 : 60~70°
⑤ 기구동작 : 약하고 길게 여러 방향(수직, 사선, 수평), 보통 20~40회
⑥ 기구 사용 완료 후 치은연하 탐지기로 치근면 확인
⑦ 3% H_2O_2나 식염수로 백악질의 조각이나 세척이 다 제거되도록 치주낭 세척

10 초음파 치석 제거

(1) 개 요

① 초음파 : 방음체의 진동이 공기 등을 매개로 만들어내는 파도와 같은 음파
② 초음파 스케일러 : 고주파의 전기에너지를 진동에너지로 변환시켜 경성 치면부착물을 분쇄함
③ 초음파 치석 제거 시 물의 역할
  ㉠ 시술 부위 세척으로 시야 확보
  ㉡ 미세진동 효과
  ㉢ 치주조직의 마사지 효과
  ㉣ 초음파 치석 제거 동작 시 발생되는 열을 식힘
  ㉤ 시술 후의 회복을 도와주고 감염을 줄임

다음 중 초음파 치석 제거 시의 물의 역할에 대한 설명으로 옳지 않은 것은?

① 미세진동 효과로 연성침착물 제거
② 시술부위 세척으로 시야 확보
③ 치주조직의 마사지 효과
④ 초음파 치석제거기의 발생되는 열 식힘
⑤ 시술 후의 감염 줄임

해설
① 경성침착물제거

답 ①

다음 중 초음파 치석제거기의 단점이 아닌 것은?

① 수동제거보다 피로가 높음
② 구호흡환자에게 적용 어려움
③ 에어로졸이 발생
④ 촉각의 민감성 제한
⑤ 특정 종류의 인공심장박동기의 기능방해

🗹 ①

(2) 초음파 치석 제거의 장단점

장 점	단 점
• 큰 치석과 과도한 침착물 제거가 용이	• 소 음
• 항균효과, 살균효과	• 촉각의 민감성이 감소
• 치주낭과 치근면의 치면세균막 파괴와 제거에 효과	• 물 때문에 시야확보 어려움
	• 에어로졸로 질병전염이 쉬움
• 상처가 적고 치유가 빠름	• 구호흡 환자에게 적용 어려움
• 기구조작이 간편	• 부적합한 기구는 영구적 손상을 줌
• 시술시간 단축	• 특정 종류의 인공심장박동기의 기능 방해
• 수동 제거보다 피로 줄임	• 성장 중의 어린이에게 적용 안 함
• 치은조직에 마사지 효과	• 멸균할 수 없는 부품이 포함되어 감염관리에 제한

(3) 초음파 치석 제거의 적응증과 금기증

적응증	금기증
• 치은연상 및 치은연하 치석 제거	• 성장기 어린이 환자
• 다량의 치석과 심한 외인성 착색	• 전염성 질환자
• 초기 치은염	• 감염에 대한 감수성이 높은 환자
• 지치주위염의 주변 조직 청결	• 호흡기 질환자
• 궤양조직이나 불량육아조직	• 도재치아, 복합레진 충전물, 임플란트
• 부적절한 변연의 과잉 아말감 충전물 제거	• 심장박동조율기 장착 환자
• 교정환자의 밴드 접착 후 과잉 시멘트 제거	• 연하곤란이나 구토반사가 심한 환자
• 수복물 접착 후 과잉 시멘트 제거	• 치주염이 심한 환자
	• 임신 및 폐경기 환자
	• 지각과민 환자

초음파 치석제거기 사용 시 기구적합 및 삽입 시의 적절한 각도는 무엇인가?

① 15° 미만
② 30° 미만
③ 45° 미만
④ 치아마다 다르다.
⑤ 치아장축과 수직

🗹 ①

(4) 초음파 치석제거기의 사용법

① 환자의 병력, 금기증 유무 확인
② 환자자세 : modified supine position
③ 기구 잡기 : modified pen grasp
④ 손 고정
⑤ insert tip : 치아장축과 평행, 15° 미만 유지
⑥ 한 부위에 오래 머무르지 않음, 많은 압력을 가하지 않음
⑦ 환자가 과민하면 작업각 확인, 강도 낮춤, 다른 치아 먼저 시술
⑧ 수기구로 잔존치석 제거
⑨ H_2O_2로 구강 내 소독 및 양치

(5) 초음파 scaler와 수동 scaler의 차이점

구 분	초음파 scaler	수동 scaler
적 용	• 크고 단단한 침착물 • 심한 외인성 착색 제거	• 미세한 잔존치석 제거 • 치은연하치석 제거
시술시간	빠름	오래 걸림
사용각도	치아장축과 평행, 15° 이내	45~90° 이내
압 력	45~75g	400~1,000g
작업단	크고 둔함	얇고 예리함
기구연마	필요 없음	필요함
조직손상	적고, 치유가 빠르다.	많고, 치유가 늦다.
항세균효과	물분사로 있음	치주낭 안에 남아 있을 수 있음

11 치면연마

(1) 치면연마

① 치석제거술, 치근활택술, 외인성 착색물 제거 후 거칠어진 치아 표면의 활택과 심미성 등의 완전한 효과를 얻기 위한 과정

② 치면연마의 목적
  ㉠ 심미성 증진
  ㉡ 침착물의 재부착 방지
  ㉢ 충전물 활택을 통해 2차 우식 예방 및 보철물의 수명 증가
  ㉣ 환자의 구강위생에 관한 동기유발

③ 엔진연마 방법

on-off method	• 치아 표면을 전치부 4등분, 구치부 6등분 • 러버컵의 끝으로 적당한 속도와 압력으로 치아에 붙였다 떼었다 하는 동작
painting method	• 치아 표면을 전치부 3등분 후 • 러버컵의 끝으로 적당한 속도와 압력으로 치경부에서 절단연 쪽으로 압력을 가하며 쓸어 올리듯이 문지르는 동작

④ 치면연마 시 주의사항
  ㉠ 항상 젖은 상태에서 사용
  ㉡ 글리세린과 같은 윤활제를 도포하여 열의 발생을 줄임
  ㉢ 불소도포나 치면열구 전색 시 글리세린이 없는 연마제를 사용
  ㉣ 불소가 포함되어 있는 연마제를 사용하는 것을 추천

12 기구연마

(1) 기구연마의 목적
① 기구의 모양을 원래의 형태로 유지
② 시술시간의 절약
③ 치아표면의 긁힘 방지, 조직의 손상 방지
④ 환자의 불안감과 술자의 피로 감소
⑤ 침착물과 부착물의 효과적 제거

(2) 기구연마의 시기
① 기구 사용 시 치면에서 기구가 미끄러질 때
② 치면이 활택되는 느낌이 없을 때
③ 보통 1~2회 사용 후 시행
④ cutting edge가 무뎌졌을 때
⑤ cutting edge가 빛에 반사될 때

(3) 기구연마석의 종류

자연석	• 무딘기구 윤곽형성 후 연마 시, 약간 무딘기구 연마 시 • 윤활제 : 오일 • 종류 : arkansas stone
인공석	• 무딘기구 연마 시, 아주 무딘기구 윤곽선 형성 시 • 윤활제 : 물 • 종류 : ruby stone, carborundum stone, diamond stone, ceramic stone

(4) 연마 시 윤활제의 역할
① 마찰열, 마모를 방지
② 동작을 용이하게 함
③ 연마석 보호 : 긁힘, 유리화 방지
④ 스톤을 젖어 있는 상태 유지

(5) 기구연마 시 주의사항
① 기구의 형태에 대한 이해
② 기구 날이 무디어진 정도에 따라 연마석 선택
③ 기구의 측면과 내면의 각도에 변동이 없도록 주의
④ 기구날을 3등분하여 골고루 연마가 되도록
⑤ wire edge가 안 생기도록 주의
⑥ 기구날의 무딘 상태가 식별되면 즉시 연마
⑦ 연마석은 치주기구와 함께 항상 준비

다음 중 기구연마의 목적으로 적합하지 않은 것은 무엇인가?
① 시술시간의 절약
② 치아표면의 긁힘 증가
③ 조직의 손상을 방지
④ 술자의 피로도 감소
⑤ 기구와 모양을 원래의 형태로 유지

해설
② 치아표면의 긁힘 방지

답 ②

다음 중 기구연마의 적절한 시기로 적합하지 않은 것은 무엇인가?
① 매일마다
② 기구 사용 시 치면에서 기구가 미끄러질 때
③ 매회 사용 후 시행
④ 치면이 활택되는 느낌이 없을 때
⑤ cutting edge가 무뎌졌을 때

답 ①

다음 중 기구연마 시 윤활제의 역할에 대한 설명으로 옳은 것은 무엇인가?
① 마찰열 감소
② 기구의 마모를 촉진
③ 동작에 제한을 둠
④ 연마석의 유리화 촉진
⑤ 스톤이 소독된 상태를 유지

답 ①

(6) 기구연마의 방법

연마석 고정법	• 연마석을 약간 경사지게 함 • 기구를 변형펜 잡기법으로 하고, 약지를 연마석 측면에 고정 • 내면과 연마석 날 각도는 100~110° 유지 • 기구날을 전체 3등분하여 나누어서 골고루 연마 • pull & push stroke • wire edge 형성을 최소화 하기 위해 pull stroke로 마무리 • 주로 기구날의 측면이 편평한 형태의 기구에 적합
기구 고정법	• 연마석을 올바르게 잡음 • 기구를 왼손으로 손바닥 잡기법으로 잡고 탁자 위나 술자의 상박 쪽으로 붙여서 고정 • 내면과 연마석 날 각도는 100~110° 유지 • 기구날을 전체 3등분하여 나누어서 골고루 연마 • up & down stroke • wire edge 형성을 최소화하기 위해 down stroke로 마무리 • 주로 기구날의 측면이 둥근 형태의 기구에 적합

(7) 연마석 고정법

① 연마석 중앙에 오일 1~2방울 떨어뜨리고 거즈로 고르게 펴 바름
② 연마석을 왼손으로 고정
③ 기구를 변형펜 잡기법으로 잡고 약지의 내면을 연마석 측면에 손고정
④ 기구의 내면과 연마석 면이 90°가 되도록 함
⑤ 손잡이를 조절하여 기구날의 내면과 연마석 면이 100~110° 되도록 위치
⑥ 기구 날을 3등분하여 짧은 동작으로 pull & push stroke, 중등도 압력
⑦ wire edge 방지를 위해 pull stroke로 마무리
⑧ 침전물이 생기면 연마가 이루어졌다는 것임
⑨ universal curet, sickle scaler는 절단연이 2개이므로 반대편 절단연도 동일 과정으로 연마
⑩ 기구의 back의 heel에서 tip까지 한 번에 연결시켜 연마

(8) 기구 고정법

① 연마석 중앙에 오일 1~2방울 떨어뜨리고 거즈로 고르게 펴 바름
② 왼손으로 기구를 손바닥 잡기법으로 잡고, 술자의 상박을 몸고정시켜 지지를 얻음
③ 연마석을 올바르게 잡음
④ 기구의 내면과 연마석 면이 90°가 되도록 함(연마석이 12시 방향)
⑤ 기구날의 내면과 연마석 면이 100~110° 되도록 위치(연마석이 1시 방향)
⑥ 기구 날을 3등분하여 짧은 동작으로 up & down stroke, 중등도 압력
⑦ wire edge 방지를 위해 down stroke로 마무리
⑧ 침전물이 생기면 연마가 이루어졌다는 것임
⑨ universal curet, sickle scaler는 절단연이 2개이므로 반대편 절단연도 동일 과정으로 연마
⑩ 기구의 back의 heel에서 tip까지 한 번에 연결시켜 연마

다음 중 연마석 고정법에 대한 설명이 아닌 것은 무엇인가?

① 연마석을 경사지게 한다.
② 기구는 손바닥잡기법으로 잡는다.
③ 내면과 연마석의 각도는 100~110°를 유지한다.
④ pull and push stroke를 한다.
⑤ 항상 pull stroke로 마무리한다.

해설
② 변형펜잡기로 잡는다.

답 ②

다음 중 기구 고정법에 대한 설명으로 적합하지 않은 것은 무엇인가?

① 주로 기구날의 측면이 편평한 형태의 기구에 적합
② 내면과 연마석 날 각도는 100~110° 유지
③ up and down stroke
④ down stroke로 마무리한다.
⑤ 기구의 날을 3등분하여 골고루 연마한다.

답 ①

(9) area-specific curet의 연마방법(기구 고정법)

① 연마석 중앙에 오일 1~2방울 떨어트리고 거즈로 고르게 펴 바름
② 왼손으로 기구를 손바닥잡기법으로 잡고, 술자의 상박을 몸고정시켜 지지를 얻음
③ 기구의 홀수 번호 - 날 끝이 술자 쪽, 짝수 번호 - 날 끝이 술자의 반대편 쪽
④ 기구의 내면과 연마석 면이 90°가 되도록 함(연마석이 12시 방향)
⑤ 기구날의 내면과 연마석 면이 100~110° 되도록 위치(연마석이 1시 미만 방향)
⑥ 기구 날을 3등분하여 짧은 동작으로 up & down stroke, 중등도 압력
⑦ wire edge 방지를 위해 down stroke로 마무리
⑧ arch motion(반원형동작)으로 toe 부분이 둥글게 마무리
⑨ 침전물이 생기면 연마가 이루어졌다는 것임
⑩ 기구의 back의 heel-tip까지 한 번에 연결시켜 연마

13 대상자별 치면세마

임산부	• 임신 중기(4~6개월)가 비교적 안정적 • 발치, 치주수술 등은 출산 이후 시행 • 진료 시 시간은 짧게, 환자자세는 semi-uprighting position • 치석침착이 심하면 여러 번 내원 필요 • 출혈이 심할 수 있음
노인	• 시술 전 전신건강상태 파악 • 얼굴을 가까이 하고 대화 • 치근노출 시 시리지 않도록 기구 조작에 유의 • 크고 단단한 치석이 있으면 여러 조각으로 나누어 제거 • 시술 전후 환자교육, 잔존치 관리 중요성에 대한 교육
임플란트 장착 환자	• 치면세균막 관리(플라스틱기구, 테프론 코팅처리 된 임플란트 적용 기구 사용), 치은 연상침착물 제거에 한정 • 티타늄 표면은 약한 압력으로 동작(최소한의 힘) • 금속이나 금속 tip이 있는 초음파, 음파 기구는 사용 제한 • 3개월 간격의 정기적 치면세마 실시 • 자가관리로 구강위생관리용품 사용 추천
당뇨 환자	• 공복혈당 126mg/dL 이상, 당화혈색소 7% 이상인 경우 • 구강점막, 혀, 치주조직이 비정상적 민감성, 건조현상 • 혈당조절 여부 확인, 조절이 안 되면 치료는 연기 • 시술이 심리적 스트레스를 일으키므로 인슐린 요구량 증가 • 균형잡힌 아침식사와 약 복용 후 오전시간에 진료 • 시술 중 저혈당 증상 발생 시 과일주스 등 당분 섭취 • 철저한 자가관리 중요성 인지하도록 교육
고혈압 환자	• 성인이 된 후 안정상태에서 140/90mmHg 이상인 경우 • 고혈압이면서 내과치료를 받지 않으면 치과진료 연기 • 혈압 상승 시 치석 제거 중 과도한 출혈 발생 • 진료는 오후에 하며, 진료시간은 짧게 함 • 협심증 발생 시 45°의 앉은 자세

다음 중 노인의 치면세마에 대한 설명으로 적절한 것은 무엇인가?

① 시술 중 전신건강상태 파악
② 마스크를 착용한 상태로 대화
③ 시술 전 환자교육이 필요
④ 크고 단단한 치석은 한 번에 제거
⑤ 치근노출 시 시린 부분은 국소마취 후 진행

해설
① 시술 전 전신건강상태 파악
② 얼굴을 가까이 하고 대화
④ 크고 단단한 치석은 여러 개로 나눠서 제거
⑤ 치근노출 시 시린 부분은 기구조작에 유의

답 ③

간염 환자	• HBs항원이 양성 • 감염방지를 위해 모든 기구는 멸균, 일회용 사용 • 술자는 개인보호장비 착용(마스크, 장갑, 안경 등) • 초음파기구, 공기-물 사용 금지 • 치료 완료 후 모든 기구는 멸균

다음 중 간염 환자의 치면세마 시 유의사항으로 적절하지 않은 것은 무엇인가?

① 초음파기구를 사용하여 단시간에 시행한다.
② 치료 완료 후 모든 기구는 멸균한다.
③ 술자는 개인보호장비를 착용한다.
④ 감염방지를 위해 기구는 최대한 일회용을 사용한다.
⑤ 가능하면 수기구로 시행한다.

해설
① 물과 공기의 사용을 금지한다.

답 ①

CHAPTER 02 적중예상문제

1 치면세마의 개념

01 다음 중 구강질환을 예방하기 위해 구강 내의 치면세균막, 치석, 외인성 색소 등의 침착물을 물리적으로 제거하고, 치아표면을 활택하게 연마하여 재부착을 방지할 목적으로 실시하는 예방술식은 무엇인가?

① 치면세마 ② 치석제거술
③ 치근활택술 ④ 치주소파술
⑤ 치면연마

02 다음 중 치면세마의 목적으로 적절하지 않은 것은 무엇인가?

① 치주조직의 건강 유지에 도움
② 구강위생관리에 동기부여
③ 구취제거
④ 구강환경의 유지와 개선
⑤ 구강기능의 재활

03 12세 이하의 어린이, 유치열기와 혼합치열기에 적용하는 치면세마 대상자 분류는?

① Class Ⅰ ② Class Ⅱ
③ Class Ⅲ ④ Class Ⅳ
⑤ Class C

해설
① Class Ⅰ : 영구치, 치은연에 가벼운 착색, 치면세균막, 주로 대타액선 부위
② Class Ⅱ : 치아 1/2 이하의 치은연상치석과 치은연하치석
③ Class Ⅲ : 치아 1/2 이상의 치은연상치석, 심한 치은연하치석
④ Class Ⅳ : 치아 1/2 이상, 베니어형, 치근치석, 깊은 치주낭 (5mm 이상)

04 다음 중 Class Ⅳ의 단계가 아닌 것은 무엇인가?

① 혼합치열기
② 심한 착색
③ 치은연상치석
④ 치은연하치석
⑤ 깊은 치주낭

해설
① Class C에 해당

2 치면부착물

01 다음 중 획득피막에 대한 내용으로 옳은 것은 무엇인가?

① 치석 형성의 초기물질이다.
② 주로 세균이 성분이다.
③ 부착력이 좋다.
④ 칫솔질로 제거가 가능하다.
⑤ 치아를 산으로부터 보호한다.

해설
①, ②, ③, ④ 치면세균막에 대한 설명이다.

02 다음 중 치은연상치석에 대한 설명으로 옳지 않은 것은 무엇인가?

① 하악전치부 설면에 분포한다.
② 주로 백색이다.
③ 타액의 무기질에서 기원한다.
④ 육안으로 확인이 가능하다.
⑤ 치밀도가 높아 경도가 높다.

해설
⑤ 치은연하치석에 대한 설명이다.

정답 01 ① 02 ⑤ 03 ⑤ 04 ① / 01 ⑤ 02 ⑤

03 다음 중 치면세마를 통해 제거할 수 없는 착색물은 무엇인가?

① 획득피막
② 치면세균막
③ 치 석
④ 니코틴 착색
⑤ 변성백악질

04 인공물의 표면에 형성되며, 무구조 및 무세포성 유기체 구조물은?

① 치 석
② 치면세균막
③ 획득피막
④ 백 질
⑤ 착 색

> **해설**
> ① 치석 : 치면세균막의 석회화
> ② 치면세균막 : 주성분이 세균, 칫솔질 등 물리적 힘으로 제거
> ④ 백질 : 치면세균막 위에 느슨하게 붙어 있는 구조
> ※ 연성부착물 : 획득피막, 치면세균막, 백질

05 치은연상치석에 대한 설명으로 옳은 것은?

① 치은변연 하방에 생성한다.
② 타액으로부터 무기질이 기원한다.
③ 어두운 흑색이나 갈색이다.
④ 치밀도가 높고, 경도가 높다.
⑤ 육안으로 관찰이 어려워 탐침이 필요하다.

> **해설**
> • 치은연상치석 : 치은변연 위, 대타액선 부위, 백색, 황색, 타액으로부터 무기질 기원, 점토상, 경도와 치밀도 낮음, 육안관찰 가능
> • 치은연하치석 : 치은변연 하방, 치주낭 내 연장, 구강 전체, 특히 하악전치부설면, 흑색, 갈색, 치은열구액 무기질 기원, 높은 치밀도, 탐침, 압축공기, 방사선으로 진단

06 주로 색소 세균과 곰팡이가 원인으로 상악 전치부의 순면에 호발하며, 어린이에게 나타나는 착색은?

① 검은선
② 적 색
③ 갈 색
④ 녹 색
⑤ 황 색

> **해설**
> ① 검은선 : 구강 상태가 비교적 깨끗한 여성, 어린이에게 호발, 재발 잘됨
> ② 적색 : 색소성 세균이 원인, 전치부 순면과 설면 치경부 1/3 부위 호발
> ③ 갈색 : 법랑질 표면이 거칠거나 치약 없이 칫솔질하는 사람, 상악 구치부 구개측 인접면 부위에 호발
> ⑤ 황색 : 구강관리 소홀 시 치면세균막 분포 부위에 연노랑 착색

07 다음 중 외인성착색의 원인으로 적절한 것은 무엇인가?

① 무수치
② 법랑질 형성부전
③ 흡 연
④ 불소침착
⑤ 항생제복용

> **해설**
> ①, ②, ④, ⑤ 내인성착색

08 다음 중 베니어 모양치석에 대한 설명으로 적절한 것은 무엇인가?

① 주로 치은연하치석의 분포 모양이다.
② 단단하고 큰 덩어리로 쉽게 제거된다.
③ 치석제거나 치근활택술 시 작업각도가 작아서 형성된다.
④ 완전히 석회화가 되지 않았다.
⑤ 주로 흰색이나 상아색이다.

> **해설**
> ① 선반형치석
> ②, ④, ⑤ 단단한 덩어리형치석

3 구강검사

01 다음 중 환자에게 구강실태에 대한 주소, 현증, 기왕력 등 질문을 통해 알아내는 것은 무엇인가?

① 문 진
② 시 진
③ 진 찰
④ 청 진
⑤ 촉 진

02 다음 중 강한 조명으로 전치부 인접면의 치아우식증을 관찰하는 것은 무엇인가?

① 문 진　② 시 진
③ 진 찰　④ 청 진
⑤ 촉 진

4 진료기록부

01 다음 중 치과진료기록부의 작성에 대한 설명으로 옳지 않은 것은 무엇인가?

① 환자의 주된 증상을 기록한다.
② 응급사고 시 신원파악의 자료가 된다.
③ 환자의 구강상태에 대한 필요사항을 도식으로 표현한다.
④ 5년간 보관한다.
⑤ 비정상적 부위 및 질병 징후에 대해 주의환기에 도움을 준다.

> 해설
> ④ 10년 보관

02 치과진료기록 기호로 옳은 것은?

① missing tooth − Ⅲ
② abscess − ○
③ cervical abrasion − Att
④ semieruption − △
⑤ fistula − Fx

> 해설

상태	약어	상태	약어
missing tooth	=, ∥	caries	$C_1 \sim C_3$
uneruption	≡, ∥∥	root rest	R.R
semieruption	△	cervical abrasion	Abr.
amalgam filling	A.F., ✣	interdental space	∧, ∨
gold crown	G.Cr., ○	tooth mobility	Mo(+)
porcelain crown	P.Cr.	fracture	Fx
gold bridge	G.Br.	attrition	Att
porcelain bridge	P.Br.	abscess	Abs, ●
partial denture	PD.	fistula	Ft, Ω
full denture	FD	percussion reaction	P/R(+)
sealant	S	gingiva recession	⌣(하악), ⌢(상악)
implant	IMPL	food impaction	↑, ↓

03 다음 중 치과진료기록부의 도식이 바르게 연결된 것은 무엇인가?

① food impaction − ≡, ∥∥
② missing tooth − ∧, ∨
③ abscess − ●
④ interdental space − ↑, ↓
⑤ uneruption − =, ∥

> 해설
> ① ↑, ↓
> ② =, ∥
> ④ ∧, ∨
> ⑤ ≡, ∥∥

정답　01 ①　02 ②　/　01 ④　02 ④　03 ③

5 치면세마기구

01 다음 중 기구별 작동부의 단면 모양으로 옳은 것은 무엇인가?

① explorer - 반원형
② gracey curet - 직사각형
③ sickle scaler - 삼각형
④ file scaler - 장방형
⑤ hoe scaler - 반원형

> **해설**
> ① 원통형
> ② 반원형
> ④ 직사각형
> ⑤ 장방형

02 다음 중 치주기구에서 측면과 내면이 만나 이루는 선은 무엇인가?

① blade
② tip
③ line
④ cutting edge
⑤ working end

03 다음 중 치석 제거를 위한 기구 날과 치아표면의 적합 각도로 가장 적절한 것은 무엇인가?

① 0°   ② 15°
③ 30°   ④ 45°
⑤ 60°

04 다음 중 치아 표면에 부착된 침착물을 제거하는 목적과 기능을 수행하기 위해 사용되는 부분은 무엇인가?

① working end   ② shank
③ handle   ④ tip
⑤ cutting edge

05 다음 중 조명 등의 빛을 반사시켜 치아에 조사하여, 인접면의 치석 발견, 전치부의 치아우식 발견 시 사용하는 치경의 사용방법은 무엇인가?

① 간접시진   ② 당 김
③ 투 조   ④ 젖 힘
⑤ 간접조명

06 치과조명등을 사용하는 방법으로 옳은 것은?

① 상악에 사용 시 구강의 직상방에 위치한다.
② 술자의 시야에서부터 60~90cm 거리에 위치한다.
③ 하악에 사용 시 구강의 전방과 바닥에서 90°를 이룬다.
④ 실내조명과는 1 : 4 비율로 밝게 한다.
⑤ 반사경은 중성세제를 이용해 닦는다.

> **해설**
> **치과조명등의 사용**
> • 하악 사용 시 구강의 직상방, 상악 사용 시 구강의 전방과 바닥은 45°를 이루도록 위치
> • 반사경은 부드러운 천이나 거즈에 에틸알코올을 묻혀 가볍게 닦는다.
> • 환자의 구강진료 부위에서부터 60~90cm 거리에서 위치한다.

정답 01 ③ 02 ④ 03 ① 04 ① 05 ③ 06 ④

07 다음 중 탐침의 용도로 적합하지 않은 것은?

① 수복물과 충전물의 상태 점검
② 구강 내 우식치아 발견
③ 수복물 장착 후 잉여접착제 제거
④ 치은연상치석 및 치은연하치석의 탐지
⑤ 배농 시의 탐침

08 치경의 용도로 적합하지 않은 것은?

① 간접시진 ② 타 진
③ 간접조명 ④ 투 조
⑤ 젖 힘

> **해설**
> • 치경의 용도 : 간접시진, 당김, 젖힘, 간접조명, 투조
> • 탐침의 용도 : 치아의 형태이상 유무, 백악질 상태, 수복물과 충전물 상태, 치석탐지, 구강 내 우식치아와 탈회치아 발견, 잉여 접착제 제거

09 다음 중 치주탐침에 대한 설명으로 적절한 것은 무엇인가?

① 30~50g의 힘을 준다.
② up and down stroke를 시행한다.
③ 측정값을 모두 기록한다.
④ 치아당 2곳을 측정한다.
⑤ 변형필기 잡기법을 적용한다.

> **해설**
> ① 10~20g의 힘
> ② working stroke
> ③ 측정값 중 4mm 이상만 기록
> ④ 치아당 6부위를 측정

10 다음 중 치은연상에 부착된 다량의 치석을 제거하고, 치은변연 하부 1mm까지 부착된 치석을 제거하는 데 사용되는 기구는 무엇인가?

① ultrasonic scaler
② sickle scaler
③ universal curet
④ gracey curet
⑤ explorer

11 다음 중 sickle scaler의 내면과 측면의 각도로 적절한 것은 무엇인가?

① 45°
② 55~65°
③ 70~80°
④ 85~95°
⑤ 100~110°

12 다음 중 치아 표면의 침착물, 치은연하의 치석, 거친 백악질 표면의 활택, 병적 치주낭 제거 및 치은열구의 육아조직을 제거하는 목적으로 사용하는 기구는 무엇인가?

① ultrasonic scaler
② sickle scaler
③ universal curet
④ gracey curet
⑤ explorer

13 치면세마 기구의 횡단부로 옳은 것은?

① 반원형 – hoe scaler
② 삼각형 – sickle scaler
③ 삼각형 – periodontal probe
④ 원통형 – gracey curet
⑤ 반원형 – explorer

해설
② 삼각형 : sickle scaler
①, ⑤ 반원형 : gracey curet
③ 장방형 : hoe, chisel, file scaler, periodontal probe
④ 원통형 : explorer, periodontal probe

6 감염관리

01 병원성 미생물의 생활력을 파괴하는 감염관리는?

① 멸 균   ② 소 독
③ 위 생   ④ 세 척
⑤ 세 정

해설
① 멸균 : 세균의 포자를 포함한 모든 형태의 미생물 파괴
② 소독 : 병원성 미생물만 파괴, 화학적 소독, 자비소독, hot oil, 자외선 소독 등이 있음
③ 위생 : 세균을 완전히 제거하지 않음. 미생물의 숫자만 안전한 수준으로 감소시킴

02 다음 중 멸균에 대한 설명으로 옳은 것은 무엇인가?

① 세균의 포자를 포함한 모든 형태의 미생물을 파괴
② 미생물의 숫자만 안전한 수준으로 감소시켜 공중위생의 수준으로 유지
③ 병원성 미생물의 생활력을 파괴
④ 증식성 병원균은 사라지나 포자형태와 바이러스는 남음
⑤ 무생물에 사용되는 화학물질을 이용

해설
② 위생
③, ④, ⑤ 소독

03 다음 중 핸드피스나 교정기구에 적합한 멸균방법은 무엇인가?

① 고압증기멸균
② 알코올소독
③ 건열멸균
④ 불포화화학증기멸균
⑤ 자비소독

04 병원성 미생물의 생활력을 파괴하는 감염관리는?

① 멸 균   ② 소 독
③ 위 생   ④ 세 척
⑤ 세 정

해설
① 멸균 : 세균의 포자를 포함한 모든 형태의 미생물 파괴
② 소독 : 병원성 미생물만 파괴, 화학적 소독, 자비소독, hot oil, 자외선 소독 등이 있음
③ 위생 : 세균을 완전히 제거하지 않음. 미생물의 숫자만 안전한 수준으로 감소시킴

05 다음 중 고압증기멸균의 조건으로 적합한 것은 무엇인가?

① 121℃ 15psi 7분
② 121℃ 30psi 15분
③ 121℃ 15psi 15분
④ 132℃ 15psi 7분
⑤ 132℃ 30psi 15분

해설
③ 121℃ 15psi 15분, 132℃ 30psi 6~7분

06 다음 중 고압증기멸균의 특징이 아닌 것은 무엇인가?

① 합성수지는 손상된다.
② 별도의 건조단계가 필요하다.
③ 증류수를 사용해야 한다.
④ 멸균기 내부 청소가 필요하다.
⑤ 침투력이 약하다.

> **해설**
> ⑤ 침투력이 좋아 다공성 면제품의 멸균에 이용된다.

07 다음 중 기구의 세척 전 대기용액에 대한 설명으로 옳지 않은 것은 무엇인가?

① 혈액과 타액이 굳지 않도록 함
② 소독작용을 함
③ 매회 교환을 함
④ 페놀화합물, 아이오도포 용액을 사용함
⑤ 기구 전체를 대기용액에 잠기게 함

> **해설**
> ③ 매일 교환한다.

08 다음 중 기구세척 시의 유의점으로 옳은 것은 무엇인가?

① 초음파 세척은 5~10분만 사용한다.
② 초음파 세척은 뚜껑을 열어 세척이 잘되는지 본다.
③ 손세척 시 혈액이 묻은 기구는 따뜻한 물로 1차 헹굼한다.
④ 손잡이가 짧은 솔을 이용해 세척한다.
⑤ 수술용 장갑 착용 후 세척과정을 시행한다.

> **해설**
> ② 뚜껑은 닫아 에어로졸이 나오지 않게 한다.
> ③ 혈액이 묻은 기구는 차가운 물로 1차 헹굼한다.
> ④ 손잡이가 긴 솔을 이용한다.
> ⑤ 가사용 고무장갑 착용 후 세척과정을 시행한다.

7 대상자와 술자의 자세

01 다음 중 치과조명등에 대한 설명으로 옳은 것은 무엇인가?

① 반사경은 에틸알코올을 조금 묻혀 부드러운 천으로 닦는다.
② 상악 – 구강의 직상방에 위치
③ 하악 – 환자의 구강전방과 바닥이 45°를 이루도록 위치
④ 실내조명과는 1 : 5의 비율로 밝은 것이 좋다.
⑤ 구강진료부에서 50~60cm 떨어져 있어야 한다.

> **해설**
> ② 상악 – 환자의 구강 전방에서 바닥과 45°를 이루도록 위치
> ③ 하악 – 구강의 직상방에 위치
> ④ 실내 조명과는 1 : 4 비율로 밝은 것이 좋음
> ⑤ 구강진료 부위에서 60~90cm 떨어져 있어야 함

02 치석제거를 할 때 술자의 자세로 옳은 것은?

① 등은 의자시트와 90°를 이루도록 한다.
② 상박은 몸의 측면에서 거리를 두도록 한다.
③ 술자의 전방 위치에서는 양다리를 벌린다.
④ 팔은 손목보다 약간 낮은 위치에 두도록 한다.
⑤ 시술 시 머리는 20° 이상 굽히지 않는다.

> **해설**
> ① 등은 의자시트와 100°를 이루도록 한다.
> ② 상박은 몸의 측면에 가깝도록 한다.
> ③ 술자의 전방 위치에서는 다리를 모으고, 후방 위치에서는 양다리를 벌린다.
> ④ 팔은 손목과 같은 높이로 한다.

03 다음 중 저속 핸드피스 멸균조건으로 적절한 것은?

① 121℃, 10분 ② 121℃, 15분
③ 121℃, 20분 ④ 132℃, 10분
⑤ 132℃, 20분

> **해설**
> ③ 121℃, 20분이나 132℃, 15분 멸균

8 치석제거술

01 다음 중 심혈관질환자, 심근경색이나 임산부에 적용하는 환자의 자세는 무엇인가?
① 수직자세 ② 경사자세
③ 수평자세 ④ 변형수평자세
⑤ 모두 가능하다.

02 다음 중 주로 상악부위 시술에 적용하며, 환자의 개구 상태에서 상악의 교합면이 바닥과 수직이 되는 자세는 무엇인가?
① 수직자세 ② 경사자세
③ 수평자세 ④ 변형수평자세
⑤ 모두 가능하다.

03 다음 중 술자의 기본자세에 대한 설명으로 옳은 것은?
① 머리와 목이 일직선이 되도록 한다.
② 상박은 몸통과 20° 이상 떨어지도록 한다.
③ side position에서 술자는 양 다리를 모은다.
④ 등은 의자시트와 90°가 되도록 깊숙이 앉는다.
⑤ 대퇴부는 바닥과 약간 비스듬하도록 한다.

> 해설
> ② 상박은 몸통과 20° 이하로 떨어진다.
> ③ side position에서 술자는 양 다리를 벌린다.
> ④ 등은 의자시트와 100°가 되도록 깊숙이 앉는다.
> ⑤ 대퇴부는 바닥과 평행하도록 한다.

04 하악치아의 치면세마 시술에 대해 옳은 것은?
① 환자는 Supine position으로 위치한다.
② 구치부 협면 시술 시 손 고정은 협측에 한다.
③ 상악의 교합면이 바닥과 평행하도록 한다.
④ 조명은 환자의 가슴에서 45°를 이루도록 한다.
⑤ 전치부 시술 시 사선동작을 위주로 한다.

> 해설
> 환자는 Modified supine position(변형수평자세)으로 위치한다.
> ② 구치부 협면 시술 시 손 고정은 설측에 한다.
> ④ 조명은 환자의 구강에서 직상방 수직, 60~90cm 거리에 위치한다.
> ⑤ 전치부 시술 시 수직동작을 위주로 한다.

05 다음 중 술자의 후방위치에 해당하는 설명이 아닌 것은 무엇인가?
① 술자는 양 다리를 벌리고 앉는다.
② 전치부 시술 시 적합하다.
③ 구치부 시술 시 적합하다.
④ 환자의 머리 고정부의 모서리나 후방에 앉는다.
⑤ 환자의 누워 있는 방향과 반대방향으로 있는다.

06 다음 중 변형펜 잡기에 대한 설명이 아닌 것은 무엇인가?
① 엄지와 검지, 중지로 기구를 잡는다.
② 치주기구 사용 시 가장 기본적인 파지법이다.
③ 큰 기구를 견고하게 잡을 수 있다.
④ 다른 파지법보다 촉각이 예민해진다.
⑤ 중지의 내면이 기구의 경부를 받치는 역할을 한다.

> 해설
> ③ 손바닥 잡기법의 특징이다.

정답 ▶ 01 ② 02 ③ 03 ① 04 ③ 05 ⑤ 06 ③

07 다음 중 구외 손 고정법에서 이용하는 부위가 아닌 것은 무엇인가?
① 환자의 치아
② 환자의 뺨
③ 환자의 턱
④ 환자의 입술
⑤ 환자의 얼굴

08 올바른 손 고정에 대한 내용은?
① 환자의 피로도 감소에 도움이 된다.
② 치경 사용 시 구외 손 고정법을 사용한다.
③ 구내 손 고정은 시술할 부위의 반대악궁에 고정한다.
④ 중지와 약지가 떼어진 상태를 유지한다.
⑤ 구외 고정이 구내 고정보다 고정력이 좋다.

> **해설**
> ① 술자의 피로도 감소에 도움
> ③ 구내 손 고정은 시술 부위의 동일 악궁이나 같은 사분면에 위치한다.
> ④ 중지와 약지를 살짝 접촉한 상태를 유지한다.
> ⑤ 구내 고정의 고정력이 더 좋다.

09 다음 중 치아면과 기구작동부의 내면의 이상적 각도로 적합한 것은 무엇인가?
① 0~30°
② 30~60°
③ 60~90°
④ 45~90°
⑤ 90~110°

10 다음 중 치주탐침의 작업각도로 적합한 것은 무엇인가?
① 15° 이내
② 30° 이내
③ 45° 이내
④ 60° 이내
⑤ 90° 이내

11 다음 중 삽입하지 않는 기구는 무엇인가?
① 11/12 explorer
② periodontal probe
③ sickle scaler
④ universal curet
⑤ gracey curet

12 다음 중 file scaler, explorer의 사용 시의 기구동작으로 적합한 것은 무엇인가?
① pull stroke
② push stroke
③ pull and push stroke
④ working stroke
⑤ up and down stroke

정답 07 ① 08 ② 09 ④ 10 ① 11 ③ 12 ③

13 다음 중 기구동작의 방향으로 구치부의 협설면에 효과적인 기구동작 방향은 무엇인가?

① 수 직
② 수 평
③ 사 선
④ 원 형
⑤ 중 첩

14 다음 중 치석 제거를 위한 치주기구의 조작 중 측방압에 대한 설명으로 가장 적절한 것은?

① 350~650g이 가장 적절하다.
② 550~950g이 가장 적절하다.
③ 750~1,150g이 가장 적절하다.
④ 치석 표면이 매끄러우면 강하게 제거한다.
⑤ 측방압은 일정해야 한다.

> 해설
> ⑤ 측방압은 치석의 양이나 기구에 따라 달라진다.

15 다음 중 술자의 7~8시 방향 자세에서 조작할 수 있는 부위는 무엇인가?

① 상악 전치부 순면의 술자 먼 쪽
② 상악 전치부 설면의 술자 먼 쪽
③ 상악 우측 구치부 설면
④ 상악 좌측 구치부 협면
⑤ 상악 우측 구치부 협면

16 다음 중 치석 제거를 위한 기구동작 시 사선동작으로 이행하는 부분이 아닌 것은 무엇인가?

① 상악 전치부 순면 술자 먼 쪽
② 상악 우측 구치부 협면
③ 상악 좌측 구치부 설면
④ 상악 우측 구치부 설면
⑤ 상악 좌측 구치부 협면

9 치근활택술

01 다음 중 치근의 표면의 치면세균막과 잔존치석, 독소 및 미생물에 감염된 백악질을 제거하여 치근을 평활하고 활택하게 하는 것은 무엇인가?

① 치면세마
② 치면세균막 제거
③ 치석 제거
④ 치근활택술
⑤ 치주소파술

02 다음 중 치근활택술의 금기증이 아닌 것은 무엇인가?

① 깊은 치주낭
② 치주골 파괴가 심한 사람
③ 심한 지각과민 환자
④ 급성 치주염 환자
⑤ 내과병력을 가진 전신질환자

03 다음 중 치근활택술 시행 후 치주낭 세척 시 사용하는 소독제로 적합한 것은 무엇인가?

① 증류수
② 1% H_2O_2
③ 3% H_2O_2
④ 1% 포비돈
⑤ 3% 포비돈

10 초음파 치석 제거

01 다음 중 초음파 치석제거기의 장점이 아닌 것은 무엇인가?

① 항균효과
② 살균효과
③ 치유촉진
④ 시술시간 단축
⑤ 감염관리에 제한

02 다음 중 초음파 치석제거기의 금기증으로 적절한 것은 무엇인가?

① 초기치은염 환자
② 교정환자의 밴드 접착 후 과잉시멘트 제거
③ 불량육아조직의 제거
④ 성장기 어린환자
⑤ 심한 외인성 착색

03 초음파 치석제거 시 물의 역할로 옳지 않은 것은?

① 감염을 감소에 도움
② 동작 시 발생되는 열 감소에 도움
③ 시술 후 회복에 도움
④ 환자의 집중력 유지에 도움
⑤ 시야 확보에 도움

> **해설**
> **초음파 치석제거기의 물**
> • 시술 부위 세척으로 시야 확보
> • 미세진동효과
> • 치주조직 마사지효과
> • 동작 시 발생되는 열 감소
> • 회복에 도움을 주고 감염을 줄임

04 다음 중 초음파 스케일러에 대한 특징으로 적합한 것은 무엇인가?

① 미세한 잔존치석 제거에 유리
② 사용각도가 45~90° 이내
③ 작업단이 얇고 예리함
④ 조직손상의 가능성이 높음
⑤ 항세균효과가 있음

> **해설**
> ①, ②, ③, ④ 수동 scaler의 특징이다.

정답 03 ③ / 01 ⑤ 02 ④ 03 ④ 04 ⑤

05 초음파 치석제거기의 사용방법으로 옳은 것은?

① 한 부위에 집중하여 적용한다.
② 사용 전 수기구로 잔존 치석 제거를 시행한다.
③ 환자가 과민하면 강도를 낮춘다.
④ 기구의 적합각도는 45°를 유지한다.
⑤ 손 고정을 반드시 필요로 하지 않는다.

> **해설**
> ① 한 부위에 오래 머무르지 않는다.
> ② 초음파 치석제거기 사용 후 수기구를 사용한다.
> ④ 기구의 적합각도는 15° 미만을 유지한다.
> ⑤ 반드시 손 고정을 한다.

11 치면연마

01 치면연마의 효과로 적절한 것은?

① 침착물의 재부착 촉진
② 의료진의 구강위생 동기유발
③ 술자의 피로도 감소
④ 보철물의 수명 단축
⑤ 2차 우식 예방

> **해설**
> • 치면연마 : 침착물의 재부착 방지, 충전물 활택을 통해 2차 우식 예방 및 보철물의 수명 증가, 환자의 구강위생 동기유발
> • 기구연마 : 기구의 모양을 원래 형태로 유지, 시술시간 절약, 치아 표면 굵힘 방지, 조직 손상 방지, 환자의 불안감과 술자의 피로도 감소, 침착물과 부착물의 효과적 제거

02 다음 중 painting method에 대한 설명으로 옳지 않은 것은 무엇인가?

① 엔진을 이용한 치면연마 방법이다.
② 러버컵의 끝으로 치아에 붙였다 뗐다가 하는 방법이다.
③ 치경부에서 절단연 쪽으로 움직인다.
④ 전치부는 3등분한다.
⑤ 러버컵과 연마제가 필요하다.

> **해설**
> ② on-off method에 대한 설명이다.

03 다음 중 치면연마에 대한 주의사항으로 적절한 것은 무엇인가?

① 치면을 건조시킨 상태에서 사용한다.
② 불소도포 전에는 글리세린이 포함된 연마제를 사용한다.
③ 스켈링 후 치면연마에는 불소가 포함된 연마제를 사용한다.
④ 교정 밴드의 접착 부위에는 글리세린이 포함된 연마제를 사용한다.
⑤ 치면열구전색 전에는 글리세린이 포함된 연마제를 사용한다.

12 기구연마

01 다음 중 기구연마의 목적으로 적합하지 않은 것은 무엇인가?

① 시술시간의 절약
② 치아 표면의 굵힘 증가
③ 조직의 손상을 방지
④ 술자의 피로도 감소
⑤ 기구의 모양을 원래의 형태로 유지

> **해설**
> ② 치아 표면의 굵힘 방지

정답 05 ③ / 01 ⑤ 02 ② 03 ③ / 01 ②

02 다음 중 기구연마석으로서 인공석에 대한 설명이 아닌 것은 무엇인가?

① 아주 무딘 기구의 연마 시 사용
② 윤활제로 오일을 사용
③ ruby stone
④ diamond stone
⑤ ceramic stone

해설
② 윤활제로 물을 사용한다.

03 기구연마의 적절한 시기는?

① cutting edge가 무뎌졌을 때
② cutting edge가 빛에 반사되지 않을 때
③ 기구를 새로 구입한 직후
④ 치면에서 기구가 미끄러지지 않을 때
⑤ 기구를 떨어뜨려 cutting edge가 부러졌을 때

해설
기구연마 시기
- cutting edge가 빛이 반사될 때
- 치면에서 미끄러질 때
- 보통 1~2회 사용 후
- cutting edge가 무뎌졌을 때

04 다음 중 기구연마 시 주의사항으로 적절한 것은 무엇인가?

① 치주기구가 무딘 상태가 되면 연마석을 따로 준비한다.
② wire edge가 최대한 생기도록 한다.
③ 기구 날을 3등분하여 팁 부분이 연마가 되도록 한다.
④ 기구 날이 무디어진 정도에 따라 연마석을 선택한다.
⑤ 기구의 측면과 내면의 각도를 조금씩 변동시킨다.

해설
① 치주기구와 연마석은 함께 준비한다.
② wire edge가 안 생기도록 한다.
③ 기구 날을 3등분하여 골고루 연마가 되도록 한다.
⑤ 기구의 측면과 내면의 각도는 변동 없이 유지되어야 한다.

05 연마석고정법으로 기구연마를 할 때 동작으로 옳은 것은?

① pull and push stroke
② pull stroke
③ working stroke
④ up and down stroke
⑤ down stroke

해설
- 연마석고정법 : pull and push stroke, 마지막은 pull stroke
- 기구고정법 : up and down stroke, 마지막은 down stroke
- periodontal explorer 작동 시 - working stroke

06 기구 고정법으로 universal curet을 연마 시 옳은 내용은?

① 고등도의 압력으로 연마한다.
② 침전물이 생기지 않도록 연마한다.
③ 2개의 절단연을 연마한다.
④ wire edge 형성을 위해 down stroke로 연마한다.
⑤ 기구 날을 3등분하여 pull and push stroke로 연마한다.

> **해설**
> • 중등도의 압력
> • 침전물이 생기면 연마가 잘된 것
> • wire edge를 형성하지 않도록 down stroke로 마지막에 연마한다.
> • 기구 날을 3등분하여 up and down stroke로 연마한다.

13 대상자별 치면세마

01 대상자별 치면세마로 옳은 것은?

① 임플란트 장착 부위에는 초음파기구를 사용한다.
② 당뇨환자의 혈당조절이 어려우면 치료를 연기한다.
③ 노인환자는 시술 후 전신건강상태를 파악한다.
④ 임신 후기가 치과치료에 안정적이다.
⑤ 고혈압 환자는 오전에 진료한다.

> **해설**
> ② 당뇨환자의 혈당조절이 어려우면 치료는 연기, 오전시간에 진료
> ① 임플란트 장착부위 : 플라스틱 기구, 테플론 코팅기구, 연상침착물만 제거, 초음파기구는 사용 안 됨
> ③ 노인환자 : 얼굴 가까이 대화, 잔존치 중요성 교육, 시술 전 전신건강 상태 파악
> ④ 임산부 : 임신 중기가 안정적, 발치와 수술은 출산 이후 시행
> ⑤ 고혈압 : 오후 진료

02 다음 중 임산부의 치면세마에 대한 설명으로 적절하지 않은 것은 무엇인가?

① 출혈이 심할 수 있음
② 임신 초기가 비교적 안정적
③ 발치는 출산 이후에 시행함
④ 치료시간을 짧게 함
⑤ 환자는 경사자세를 함

> **해설**
> ② 임신 중기가 비교적 안정적이다.

03 다음 중 당뇨환자의 치면세마에 대한 설명으로 옳지 않은 것은 무엇인가?

① 혀, 구강점막이 비정상적으로 둔하다.
② 혈당조절이 안 되면 치료를 연기한다.
③ 시술 시 심리적 스트레스로 인슐린 요구량이 증가될 수 있다.
④ 가능하면 아침식사와 약 복용 후 오전 시간에 진료한다.
⑤ 시술 중 저혈당 증상 발생 시 당분을 섭취하게 한다.

> **해설**
> ① 혀, 치주조직, 구강점막이 비정상적으로 민감하다.

CHAPTER 03 치과방사선

다음 중 전자기방사선의 특징이 아닌 것은 무엇인가?

① 질량과 무게가 없음
② 전하가 있음
③ 빛의 속도와 동일
④ 측정 불가능한 에너지
⑤ 전장과 자장의 주기적 진동이 영향을 미침

해설
④ 측정 가능한 에너지이다.

답 ④

다음 중 X선의 성질에 대한 설명으로 옳지 않은 것은 무엇인가?

① 전장이나 자장에 의해 굴절되지 않는다.
② 원자를 전리시킬 수 있다.
③ X선 필름에 대해 감광작용을 한다.
④ 특정한 화학물질과 작용하여 형광을 발생시킨다.
⑤ 파장이 길어 물질을 투과한다.

해설
⑤ 파장이 짧아 물질을 투과한다.

답 ⑤

1 X선 특성과 발생

(1) 전자기방사선

① 전장과 자장의 주기적 진동에 의해 그 에너지를 공간에 전파하는 파동
② 질량과 무게가 없고, 전하는 있음
③ 빛의 속도와 동일, 입자와 파동의 양상으로 진행
④ 진동 방향과 진행 방향이 직각, 전기진동과 자기진동은 수직
⑤ 측정 가능한(진동수, 파장) 에너지
⑥ 전파, 원적외선, 적외선, 가시광선, 자외선, 엑스선, 감마선, 우주선이 포함

(2) 전리방사선과 비전리방사선

① 전리능력(전자가 원자 밖으로 이탈 하는 능력)에 따른 분류

전리방사선	• X선, Y선, 중성자선 등 • 의료용 방사선으로 이용 • 고에너지 • 전기적 성질에 따라 직접전리방사선과 간접전리방사선으로 분류
비전리방사선	• 전파, 원적외선, 적외선, 자외선 등 • 저에너지

(3) X선의 성질

① 직진 시(전장이나 자장에 의해 굴절되지 않음) 초당 약 30만km 전파
② 눈에 보이지 않음
③ 사진 : X선 필름에 감광작용이 있으며, 이를 통해 물체의 음영을 투사
④ 전리 : 원자를 전리시킬 수 있음
⑤ 형광 : 특정한 화학물질과 작용하여 형광을 발생시킬 수 있음
⑥ 투과 : 파장이 짧아 물질 투과가 가능
⑦ 열작용

(4) X선 광자에너지와 전자 결합에너지와의 관계
   ① 콤프톤(compton) 효과 : X선 광자의 에너지 ≫ 전자의 결합에너지(차이가 매우 클 때)
   ② 광전효과 : X선 광자가 물질에 흡수되는 현상, X선 광자의 에너지 ≥ 전자의 결합에너지
   ③ 고전산란 : X선 광자의 에너지 < 전자의 결합에너지

2 진단용 X선 발생장치

(1) X선관의 구성

X선관	유리관	
	음 극	필라멘트, 집속컵
	양 극	텅스텐타깃, 구리동체
	절전유	
	여과기	
	시준기	막시준기
		조사통

① 유리관 : 납을 포함한 진공유리관
② 음 극
  ㉠ 필라멘트 : 전자의 공급원, 텅스텐코일(용융점이 높고 가는 철사로 구성, 열전자 방출)이 가열되어 전자를 방출하여 공간전하를 형성
  ㉡ 집속컵 : 몰리브덴, 열전자를 텅스텐타깃에 도달하는 데 도움, 양극의 초점을 향함
③ 양 극
  ㉠ 텅스텐타깃 : 음극 필라멘트에서 방출된 전자로부터 X선 광자가 발생되는 초점
  ㉡ 구리동체 : 양극에서 발생되는 열을 효과적으로 제거하여 열전도를 빠르게 함
    • 선초점원리 : 초점을 경사지게 위치하여 초점이 작아지는 효과 얻음(실효초점<실초점)
    • 힐효과 : 타깃을 기울어지게 하여 나타나는 효과(필름의 부위마다 X선의 강도가 상이)
④ 절전유 : 냉각작용, 전기절연작용, 열분산매개체
⑤ 여과기 : 저에너지, 장파장을 제거, X선 형성에 도움
  ㉠ 총여과 = 고유여과 + 부가여과
  ㉡ 고유여과 : X선의 유리관, 절연유, 타깃 자체, 조사창
  ㉢ 부가여과 : 알루미늄판 부가에 의함

다음 중 전자의 공급원으로 공간전하를 형성하는 데 관여하는 것은 무엇인가?

① 유리관
② 필라멘트
③ 텅스텐타깃
④ 구리동체
⑤ 여과기

해설
③ 음극 필라멘트에서 방출된 전자로부터 X선 광자가 발생되는 초점
④ 양극에서 발생되는 열을 효과적으로 제거하여 열전도를 빠르게 함

답 ②

⑥ 시준기 : X선속의 크기와 형태를 조절, 1차 방사선의 크기 제한, 산란방사선의 제거
  ㉠ 막시준기 : 7.0cm(2.5인치) 이내의 납격판
  ㉡ 조사통 : 장조사통(16인치)과 단조사통(8인치), 원통형-조사통 끝이 X선속의 직경 결정

(2) 제어판

관전압조절기	• 전자의 속도조절, X선의 질 결정, X선속을 제공 • 관전압과 전자의 속도는 비례 • 파장과 선예도, X선 양은 반비례 • 대조도에 영향
관전류조절기	• 텅스텐 필라멘트의 온도조절, 전자의 수, X선 양 결정 • 전류와 필라멘트의 열, 타깃에 충돌하는 전자 수는 비례 • 흑화도에 영향
타이머	노출시키는 데 필요한 시간을 결정

다음 중 관전압조절기에 대한 설명으로 옳은 것은 무엇인가?
① X선의 양을 조절
② 관전압과 전자의 속도는 반비례
③ 파장과 X선 양은 비례
④ 대조도에 영향
⑤ 흑화도에 영향

해설
① X선의 질 결정
② 관전압과 전자의 속도는 비례
③ 파장과 X선의 양은 반비례
⑤ 관전류에 대한 설명
　　　　　　　　답 ④

(3) 특성방사선과 저지방사선

특성방사선	• 전자가 저지극에 충돌하여 저지극 원자의 내각전자 이탈 시 발생 • 텅스텐의 K각 전자가 이탈 시 다른 각의 전자가 K각으로 전이하여 자리를 채움 • 원자의 전기적 중성을 방해
저지방사선 (제동방사선)	• 고속화 전자가 텅스텐 원자핵 근처를 통과할 때, 핵의 인력으로 인해 원래 진행방향에서 편향되어 감속되어 에너지를 잃음 • 잃은 에너지의 양 = X선 광자로 방출

(4) X선속

① X선속의 강도
  ㉠ X선속의 강도 = X선속의 양 X선속의 질
  ㉡ 초점으로부터의 거리의 제곱에 반비례(거리역자승의 법칙)
  ㉢ 반가층 : 방사선동의원소의 원자수가 본래의 1/2이 될 때까지 걸리는 시간

② X선속의 분류

1차 방사선	X선관의 초점에서 직접 방출되는 방사선	
	유용방사선	1차 방사선 중 조사창과 시준기를 통해 방출
	중심방사선	유용방사선의 정중앙을 지나는 X선
2차 방사선	1차 방사선이 진행되는 동안 투과하는 물체나 환자에 의해 발생	
	산란선	1차 방사선이 원래 방향으로부터 편향된 방사선
	누출방사선	1차 방사선의 관구덮개를 통해 유출된 방사선

3 X선 필름과 증감지

(1) X선 필름의 구성

밖 ↓ 안	보호막	얇고 투명한 도포물질
	감광유제	• 가시광선에 감광되어 X선 사진상을 기록 • 할로겐화은 결정 = 브롬화은(90~99%) + 아이오딘화은(1~10%) • 젤라틴 : 할로겐화은 결정을 균일하게 분포시킴, 현상액과 정착액이 잘 침투하도록 함, 감광유제의 손상방지 역할
	접착제	• 필름의 지지체의 양면을 덮음 • 감광유제를 지지체에 부착하는 역할
	지지체	• 폴리에스터 플라스틱 재질, 0.2mm 두께 • 유연강도가 높음 • 장기간 보관 가능 • 현상 시 크기 변형이 없음 • 눈의 피로도 감소

다음 중 할로겐화은 결정을 균일하게 분포시키며, 감광유제의 손상방지 역할을 하는 것은 무엇인가?

① 보호막
② 감광유제
③ 젤라틴
④ 접착제
⑤ 폴리에스터

답 ③

(2) 필름보관방법

촬영 완료된 필름	• 5년 보관 • 환기가 잘되는 곳, 습기가 적은 곳, 일광이 차단된 곳
촬영 안 된 필름	• 온도(18~20℃)와 습도가 낮은 곳 • 방사선 촬영기 부근, 방사선 동위원소 부근 보관 금지 • 일광이 차단된 곳 • 압력, 마찰, 화학약품 금지 • 유통기한 내 필름 사용

4 X선 사진상의 특성

(1) 흑화도

① 필름 전체의 어두운 정도
② 영향요인

흑화도 증가	• 초점-필름 사이의 거리가 짧을수록 • 관전류, 관전압, 노출시간의 증가 • 포그와 산란선이 있으면 • 현상액의 온도가 높을수록 • 현상시간이 길수록
흑화도 감소	• 물체가 두꺼울수록 • 물체의 밀도가 높을수록

다음 중 필름 전체의 어두운 정도는 무엇인가?

① 대조도
② 흑화도
③ 선예도
④ 감광도
⑤ 투과도

답 ②

(2) 대조도

① 방사선 사진상 다른 부위에서 흑화도가 다른 정도, 투과력을 의미
② 영향요인

대조도 증가	• 관전류를 높이고 관전압을 낮추면 • 물체가 두꺼울수록 • 물체의 밀도가 높을수록 • 유효한 흑화도를 가진 범위의 곡선의 경사도가 1 이상 • 검은 필름 • 증감지와 함께 사용할 수 있는 필름
대조도 감소	• 포그와 산란선이 있으면 • 현상시간이 길 때 • 현상이 불완전할 때

(3) 선예도

① 물체의 외형을 정확하게 재현할 수 있는 능력
② 영향요인

선예도 증가	• 필름의 할로겐화은 결정의 크기가 작은 필름의 사용 • 초점의 크기를 작게 • 피사체와 필름의 거리의 감소 • 초점과 피사체의 거리 증가
선예도 감소	• 환자나 X선 관구의 움직임 • 증감지와 필름이 덜 밀착된 경우 • 뚱뚱한 환자의 경우 흡수에 의해 발생

다음 중 선예도 감소와 관련된 설명이 아닌 것은 무엇인가?

① 환자의 움직임
② 증감지와 필름 사이가 덜 밀착
③ X선 관구의 움직임
④ 환자의 체격이 큰 경우
⑤ 초점의 크기가 작음

해설
⑤ 선예도 증가요인과 관련된 설명
답 ⑤

(4) 감광도

① 표준 흑화도(1.0)의 방사선 사진을 만드는 데 필요한 X선 조사량
② 감광유제 민감도에 의해 속도 차이가 나타남

5 X선 필름의 현상

(1) 현 상

X선에 노출된 부위	• 금속은 필름을 흑색 또는 회색이 되게 함 • 노출된 할로겐화은 결정 중 브롬이 제거(금속 은만 남음)
X선에 노출되지 않은 부위	• 브롬이 제거되지 않아 브롬화은 결정이 남음 • 현상이 끝난 뒤 희거나 투명하게 됨

① 현상액
　㉠ 잠상을 흑색의 금속은 입자로 전환하여 눈에 보이게 함
　㉡ pH 11
　㉢ 현상액의 구성

현상주약 (환원제)	• 하이드로퀴논 : 상의 대조도 조절, 흑색조 형성 • 엘론과 메톨 : 선예도 조절, 회색조 형성
보호제	• 필름착색 방지, 현상액 산화방지, 주약 수명연장 • 황화나트륨, 아황산나트륨
촉진제	• 젤라틴을 부드럽게 하여 현상액을 브롬화은 결정체에 쉽게 침투시킴 • 탄산나트륨, 수산화나트륨
지연제	• 현상지연, 포그 발생 억제, 현상 탈락 방지 • 브롬화칼륨

② 현상과정 : 20℃에서 4~5분 시행. 현상액에 필름을 넣고 가볍게 상하로 움직임

(2) 중간수세과정
15~20초 시행, 현상의 얼룩방지, 정착액의 기능연장, 과현상 방지

(3) 정 착
① 정착액
　㉠ 현상과정에서 환원되지 않은 할로겐화은을 수용성으로 바꾸어 물에 녹게 함
　㉡ pH 4.8~5.2
　㉢ 정착액의 구성

청정제	• 미노출된 할로겐화은 결정의 용해도 증가로 상을 선명하게 함 • 티오황산나트륨, 티오황산암모늄 수용액
보호제	• 현상액 산화방지, 산화된 현상액 제거, 티오황산나트륨의 변성방지 • 황화나트륨, 아황산나트륨
산화제	• 현상액에 의한 알칼리를 중화, 정착액의 산성도 유지 • 초 산
경화제	• 젤라틴 손상방지, 건조시간 단축 • 황화알루미늄칼륨, 황화크롬칼륨

② 정착과정 : 20℃에서 10~15분 시행. 정착액에서 젤라틴이 충분히 경화되도록 함

(4) 수세과정
15~21℃의 물. 충분히 수세하지 않으면 남은 은화합물이 불투과성 변색을 일으킴

(5) 자연건조
먼지가 적어 그늘에서 자연건조 혹은 히터와 환풍기를 결합시킨 건조기 안에서 건조함

다음 중 현상액의 구성이 아닌 것은 무엇인가?
① 환원제
② 청정제
③ 보호제
④ 촉진제
⑤ 지연제

해설
② 정착액의 구성에 대한 설명이다.
답 ②

다음 중 정착액의 청정제로 적합한 것은 무엇인가?
① 티오황산나트륨
② 황화나트륨
③ 초 산
④ 황화알루미늄칼륨
⑤ 황화크롬칼륨

해설
② 보호제
③ 산화제
④, ⑤ 경화제
답 ①

다음 중 치아의 구조 중 방사선에 투과되는 구조는 무엇인가?

① 법랑질
② 상아질
③ 백악질
④ 치 수
⑤ 치조백선

 ④

6 해부학적 구조물

(1) 치아의 구조 식별

법랑질	방사선 불투과	92% 무기질
상아질		65% 무기질
백악질		50% 무기질
치 수	방사선 투과	신경과 혈관을 포함한 연조직

(2) 치아의 지지구조 식별

치조골	• 방사선 불투과 • 치아 주위 치조골은 대부분 해면골로 구성
치조백선	• 방사선 불투과 • 치조정의 피질골과 연속되어 치밀 • 교합력이 높은 부위의 치조백선이 넓고 치밀
치조정	• 방사선 불투과 • 인접치아의 백악법랑경계 하방 1.5~2.0mm 이내
치주인대강	• 방사선 투과 • 교원섬유로 구성

다음 중 상악의 견치 부위에서 관찰되는 방사선 불투과상으로 적합한 것은 무엇인가?

① 측 와
② 역Y자
③ 상악결절
④ 관골돌기
⑤ 전비극

 ②

(3) 상악 구조물의 방사선 투과 여부에 따른 분류

방사선	구조물	위 치	설 명
투과	절치공	중절치	형태, 위치, 크기, 선예도 다양
	정중구개봉합		
	비 와		
	측 와	측절치	
	상악동	견치~대구치	• 4면의 피라미드 형태 • 공기를 함유
불투과	하비갑개	중절치	비와의 좌우 측벽
	전비극		V자 모양
	비중격		정중선 양쪽
	역Y자	견 치	상악동의 전내벽과 비와의 측벽이 서로 교차
	관골돌기, 관골궁	대구치	상악동 후방부위
	상악결절, 구상돌기		

(4) 하악 구조물의 방사선 투과 여부에 따른 분류

방사선	구조물	위치	설명
투과	설 공	중절치	설 측
	이 와	전 치	• 순 측 • 이융선 상방의 미만성 투과상
	이 공	소구치	하악관의 전방입구
	악하선와	구치부	하악체 설면의 골의 함몰
	하악관		• 하치조신경과 혈관이 주행 • 이공~하악공까지 연결
	영양관	대구치	
불투과	이 극	전 치	설 측
	이융선		순 측
	외사선	구치부	제1대구치 하방 치조돌기까지 주행
	내사선		하악지 내면에서 전하방 주행
	악설골융선	대구치	

(5) 구내 필름의 배열

① 촬영 시 : 인식점이 튀어나온 곳이 X선의 관구를 향하고, 항상 치관 쪽에 인식점이 위치
② 배열 시 : 필름의 앞면에 인식점(볼록)이 있음
③ 환자의 우측 치아가 마운터의 좌측에 위치하도록 함
④ 플라스틱이나 판지로 제작된 마운터에 넣어 보관
⑤ 목적 : 환자의 좌우 구별을 위함

7 X선 촬영

(1) 구내촬영법의 종류

구내촬영법	치근단촬영	평행촬영법
		등각촬영법
	교익촬영	
	교합촬영	

(2) 치근단촬영의 목적

① 치아 및 치아주위조직 평가
② 발치 전 치근상태 평가
③ 미맹출 치아의 존재 여부와 위치평가

다음 중 하악의 구조물 중 방사선 불투과성이 아닌 것은 무엇인가?

① 외사선
② 내사선
③ 악설골융선
④ 이융선
⑤ 영양관

해설
⑤ 하악의 구조물이며, 투과성이다.

답 ⑤

다음 중 구내촬영법이 아닌 것은 무엇인가?

① 평행촬영법
② 교익촬영
③ 교합촬영
④ 등각촬영법
⑤ 두부규격방사선촬영법

답 ⑤

④ 근관치료 전후의 근관의 수와 형태 평가
⑤ 치근단 병소의 평가

(3) 치근단촬영 시 설정항목

환자의 두부고정	• 정중시상면과 교합평면이 기준 • 악궁의 교합평면이 바닥과 평행 • 상악촬영 : 비익과 이주를 연결한 선이 바닥과 평행 • 하악촬영 : 구각과 이주를 연결한 선이 바닥과 평행
필름의 위치설정	• 인식점의 볼록한 부위가 술자를 향하도록 함 • 검사 대상치아의 뒷면 • 검사 대상치아가 필름의 중앙에 오도록 함 • 전치부는 세로, 구치부는 가로 방향 • 인식점은 항상 치관을 향함 • 필름의 상연과 교합면은 서로 평행이며 3mm 여유를 둠 • 필름의 고정은 환자가 함 • 필름의 모서리를 구부려 불편함을 줄임
관구의 위치설정	• 상악촬영 : 양의 수직각도, 교합면을 기준으로 위에서 아래 방향으로 조사 • 하악촬영 : 음의 수직각도, 교합면을 기준으로 아래에서 위 방향으로 조사

(4) 치근단촬영의 종류

① 평행촬영법
  ㉠ 필름을 치아의 장축에 평행하도록 위치시키며, 중심방사선이 필름에 직각되어 조사함
  ㉡ 필름유지기구를 이용(해부학적 구조물을 피하기 위해 필름 – 치아의 거리가 멀다), 16인치의 장조사통 이용(초점 – 필름의 거리 증가로 인한 확대 보정, X선 강도 감소)
  ㉢ X선 강도 감소보완방법 : 관전압, 관전류, 노출시간 증가, 고감광도 필름 사용
  ㉣ 장점과 단점

장 점	• 중심방사선의 조사방향 조절이 용이 • 해부학적 구조물과 치근의 중첩 없이 선명 • 정확한 수직각으로 상의 왜곡이 적음
단 점	• 필름유지기구의 구강압박으로 불편 • 구강환경에 따라 필름-치아를 평행하게 유지하기 어려움

② 등각촬영법
  ㉠ 치아의 장축과 필름이 이루는 각의 이등분선에 중심선이 직각으로 조사
  ㉡ 1904년 Price, 1907년 Cieszynski에 의해 고안
  ㉢ 주의사항
    • 단조사통을 이용
    • 전악 촬영 시 14장 필요

다음 중 평행촬영법의 촬영에서 X선 강도의 감소를 보완하기 위한 방법으로 적절하지 않은 것은 무엇인가?

① 관전압 증가
② 관전류 증가
③ 노출시간 증가
④ 고감광도 필름 사용
⑤ 현상시간 증가

답 ⑤

- 상의 왜곡 발생이 쉬움(중심선의 수직각 부적절 시 상의 연장이나 단축이 나타남)
- 중심방사선은 필름의 정중앙을 향한다.
- 관구는 환자의 피부와 약간 접촉하는 느낌이 나도록 한다.
- 필름의 유지는 환자의 손가락이나, 필름유지기구를 사용한다.

ㄹ) 장점과 단점

장 점	• 단조사통의 사용으로 노출시간이 단축 • 해부학적 장애물이 있는 환자에게 적용 가능
단 점	• 필름유지 시 환자의 손가락이 1차 방사선에 노출 • 상악구치부 촬영 시 관골돌기가 낮거나 돌출되면 치근단평가가 어려움 • 수직각의 정확한 적용이 어려워 상의 왜곡이 발생

ㅁ) 촬영방법

구 분		중심방사선 위치	수직각도	수평각도
상 악	절 치	비 첨	45°	0° 양측중절치인접면
	견 치	비 익	45°	60~75° 견치근심부접점
	소구치	동공하방-비익이주선	35°	70~80° 소구치인접면
	대구치	눈외안각-비익이주선	25°	80~90° 대구치인접면
하 악	절 치	하악하연 상방 3cm	-15°	0° 양측중절치인접면
	견 치	비익-하악하연 상방 3cm	-20°	40~50° 견치근심부접점
	소구치	동공하방-하악하연 상방 3cm	-10°	70~80° 소구치인접면
	대구치	외안각-하악하연 상방 3cm	-5°	80~90° 대구치인접면

ㅂ) 평행촬영법과 등각촬영법의 비교

구 분	평행촬영법	등각촬영법
방사선원은 가능한 작아야 한다.	○	○
방사선원-피사체는 가능한 멀어야 한다.	○	×
피사체-필름은 가능한 짧아야 한다.	×	○
피사체-필름은 가능한 평행해야 한다.	○	×
중심선은 피사체와 필름에 대해 가능한 수직이어야 한다.	○	×

다음 중 등각촬영법에 대한 설명으로 옳지 않은 것은 무엇인가?

① 단조사통을 사용한다.
② 필름유지 시 환자의 손가락이 1차 방사선에 노출된다.
③ 수직각의 정확한 적용이 어렵다.
④ 해부학적 장애물이 있는 환자에게 적용된다.
⑤ 방사선 노출시간이 비교적 길다.

답 ⑤

다음 중 TPR에 대한 설명으로 적절하지 않은 것은 무엇인가?
① 환자의 불편감보다 정확한 방사선 사진을 촬영하기 위한 방법이다.
② 필름을 환자가 손으로 고정하는 경우에는 적용할 수 없다.
③ Relax(늦춤) - 환자가 필름유지기구를 물었을 때 유지기구 잡는 손을 늦춘다.
④ Position(위치설정) - 촬영하고자 하는 치아가 필름의 중앙에 위치한다.
⑤ Tilt(기울임) - 필름을 넣을 때 필름 유지기구를 기울인다.

해설
① 환자의 불편감과 통증을 최소화하여 정확한 방사선 사진을 촬영한다.

답 ①

③ Tilt-Position-Relax
 ㉠ 환자의 불편감과 통증을 최소화하여 정확한 방사선 사진을 얻기 위함
 ㉡ Tilt(기울임) : 환자의 구강 내에 필름을 넣을 때 필름유지기구를 기울여 줌
 ㉢ Position(위치설정) : 촬영하고자 하는 치아가 필름 중앙에 위치하도록 함
 ㉣ Relax(늦춤) : 환자가 필름유지기구를 무는 동안 유지기구를 잡는 손을 늦추어 잡음

(5) 교익촬영
① 1924년 Raper에 의해 고안
② 상·하 치아를 교합시킨 상태에서 촬영
③ **피사체** : 필름이 비교적 평행관계
④ **치아와 필름** : 중심방사선은 수직관계
⑤ 교익촬영의 목적
 ㉠ 초기 인접면 치아우식증, 재발성 치아우식증 검사
 ㉡ 치주질환의 유무 및 정도 평가
 ㉢ 상·하악 교합관계 검사
 ㉣ 치수강 검사, 치아우식증의 치수접근도 검사
⑥ 장점과 단점

장 점	• 상의 왜곡이 적음 • 한 장의 필름으로 여러 개의 치아 관찰 가능
단 점	치근단 부위는 볼 수 없음

⑦ 촬영방법

	중심방사선 위치	수직각도	수평각도
소구치	교합면	+10°	소구치 사이의 인접면
대구치			제1, 2대구치 사이의 인접면

(6) 교합촬영
① 교합촬영의 목적
 ㉠ 종양, 낭 등 큰 병소의 모양이나 크기 관찰
 ㉡ 타석 관찰
 ㉢ 악골의 관찰
 ㉣ 과잉치, 매복치의 검사
② 장점과 단점

장 점	• 치근단촬영이나 교익촬영보다 넓은 부위를 관찰 • 환자가 개구제한이 있어도 촬영 가능 • 협-설의 위치관계가 파악 가능
단 점	전체적 치아 상의 왜곡

③ 촬영의 종류

분류	
전방부 일반교합촬영	• 구개와 상악전치 • 정중시상면은 바닥과 수직, 교합면은 바닥과 평행 • 필름의 전면이 상악궁을 향함
절단면 교합촬영	• 하악의 협 : 설측 피질골, 구강저의 이물질, 타석의 위치평가 • 교합면은 바닥과 수직 • 필름의 전면이 하악궁을 향함

④ 촬영방법

분류		중심방사선 위치	수직각도	수평각도
상악	전방부 교합촬영법	비첨	+65°	0°
	표준 교합촬영	비교	+75°	
하악	전방부 교합촬영법	턱의 첨부	-55°	
	절단면 교합촬영	구강저의 중앙	-90°	

(7) 피사체 위치결정방법

분류		
직각촬영법		• 주로 하악골, 매복된 하악치아, 하악에서 발견되는 이물질의 위치 결정 • 구내용 필름 2장을 서로 다른 직각 방향에서 촬영(치아장축과 평행, 교합면과 평행)
관구이동법	Clark법칙	• 관구를 원래의 위치에서 촬영한 뒤 관구의 수평각 변경 후 추가 촬영하여 비교 • SLOB(Same Lingual Opposite Buccal) : 관구의 방향이 동일하면 설측, 반대로 이동하면 협측
	협측피사체법칙 (Richard법칙)	• 수직각도를 변화, 하악관의 협-설 위치파악 • 하악 제3대구치의 경우 수직각을 0°와 -20°에서 촬영 후 비교

(8) 파노라마

① 환자의 머리를 고정하면, 그 주위를 X선 관구가 한쪽 방향으로 회전하고, 상수용기(필름)는 반대방향으로 회전하면서 영상을 촬영
② 파노라마 촬영의 목적
  ㉠ 치아 및 치아주위조직의 전반적인 평가
  ㉡ 치아 및 악골의 발육이상 평가
  ㉢ 제3대구치, 상하악골의 광범위한 병소 평가
  ㉣ 상악동 평가
  ㉤ 측두하악관절 평가
  ㉥ 외상에 의한 악안면 골절 평가

다음의 구내촬영 중 하악의 협-설측 피질골, 구강저의 이물질, 타석의 위치를 평가하기 위한 촬영방법은 무엇인가?

① 치근단촬영
② 교익촬영
③ 전방부 일반교합촬영
④ 절단면 교합촬영
⑤ 파노라마 촬영

답 ④

다음 중 협측피사체의 법칙의 적용 시 하악 제3대구치의 위치관계를 알기 위해 설정하는 수직각으로 적절한 것은?

① 0°, +20°
② 0°, -20°
③ 0°, +10°
④ 0°, -10°
⑤ 0°, -90°

답 ②

③ 파노라마 촬영의 장단점

장 점	단 점
• 많은 해부학적 구조물	• 구내방사선 사진보다 선명도 낮음
• 악골의 병소와 상태 관찰	• 상의 부정확성이 높음(확대, 왜곡, 중첩)
• 촬영법이 간단	• 촬영기가 고가임
• 촬영 시 환자의 불편감 없음	• 환자의 움직임에 의한 불선예도 발생
• 환자의 방사선노출량 낮음	• 인접면의 중첩(구치부)
• 무치악, 개구불능 환자에게 적용	

④ 전악 구내촬영과 파노라마 촬영의 비교

전악 구내촬영	파노라마 촬영
• 0.2~0.8초의 노출로 14장 촬영	• 전체과정 약 2분, 노출시간 약 15초
• 환자가 필름고정이 어려움	• 현상시간 절약, 배열 및 정리 불필요
• 14장 촬영 시 방사선노출량이 큼	• 환자의 불편감이 적음
• 선명도가 좋음	• 추가적 치근단 촬영이 필요할 수 있음

(9) 대상별 촬영

① 소아 환자의 촬영

  ㉠ 필름 고정은 소아 환자가 직접 한다.
  ㉡ 촬영하는 동안 보호자는 대기실에서 대기한다.
  ㉢ 코로 호흡하게 하고, 관심을 다른 곳으로 분산한다.
  ㉣ 전악 구내촬영 시 10장, 교익필름 2장이 필요하다.
  ㉤ 방사선 노출량 설정은 10세 이하는 약 50%, 10~15세의 경우 25% 낮춰 적용한다.
  ㉥ 상악은 일반 성인용필름, 하악은 소아용 필름을 선택한다.

② 무치악 환자의 촬영

  ㉠ 필름 유지기구 사용 시 솜뭉치나 거즈를 추가하여 필름을 고정한다.
  ㉡ 전악 구내촬영 시 14장, 교익촬영은 필요하지 않고, 교합촬영은 가능하다.
  ㉢ 방사선 노출량 설정은 25% 낮춰 적용한다.
  ㉣ 등각촬영 시 수직각도를 55~65° 증가시켜 적용한다.

(10) 디지털 영상

① 디지털 영상 획득 장치

  ㉠ 간접 디지털 : CR방식, X선량이 영상판에 노출되면, 레이저 조사를 추가로 하여 스캐닝하여 영상을 획득한다.
  ㉡ 직접 디지털 : DR방식, X선량이 CCD, CMOS, 평판검출기 등에 노출되면, 아날로그 디지털 변화기가 디지털 신호로 전환하여 영상을 획득한다.

다음 중 소아의 구내촬영에 대한 설명으로 옳지 않은 것은 무엇인가?

① 전악 구내촬영 시 치근단 필름 10장과 교익필름 2장이 필요하다.
② 코로 크게 호흡하도록 한다.
③ 필름 고정은 보호자가 한다.
④ 방사선 노출량은 10세 이하의 경우 약 50% 낮춰 적용한다.
⑤ 상악은 성인용 필름을 사용한다.

[해설]
③ 필름 고정은 소아가 직접 한다.

답 ③

② 디지털 촬영의 장단점

장 점	단 점
• 방사선 노출량 감소 • 효율성 증가 • 암실이 불필요 • 환자 교육용 도구	• 장비 설치 비용이 고가 • 촬영법의 교육 필요 • 일회용 센서커버 사용 • 필름보다 센서가 두껍고, 단단함

다음 중 디지털 영상촬영 장치의 장점으로 옳지 않은 것은 무엇인가?

① 방사선 노출량이 감소한다.
② 필름이 두껍고 단단하다.
③ 암실이 불필요하다.
④ 환자교육의 도구로 사용할 수 있다.
⑤ 효율성이 증가한다.

답 ②

8 사진상의 실책

(1) 촬영 중 실수

필름노출	저노출	저노출되어 필름이 밝음
	과노출	과노출되어 필름이 어두움
	비노출	노출되지 않아 투명함
	빛에 노출	백광에 노출되면 필름이 어두움(검정색)
필름위치		• 교합면에 평행하지 못하면 교합면이 잘림 • 필름을 깊숙이 넣지 못하면 치근단이 잘림
조사각도	수평각 오류	치아의 인접면이 겹쳐 보임
	수직각 오류	상의 축소나 확대
조사통가림		중심방사선이 필름의 중앙을 향하지 않아 필름의 일부만 노출
구부러진 상		좁은 악궁, 주로 상악 견치 부위에서 잘 나타남
중첩된 상	손가락 중첩	환자의 손가락이 필름 앞에 위치한 경우
	보철물 중첩	가철성 보철물이 있는 상태에서 촬영한 경우
이중 노출된 상		필름이 두 번 노출된 경우
뒤로 찍힌 상		필름을 뒤로 위치시켜 노출한 경우 타이어 자국, 청어가시 모양

(2) 현상과정 중 실수

현 상	저현상	현상시간 부족, 현상온도 낮음, 오래된 현상액
	과현상	현상시간 과도, 현상온도 높음, 현상액 농도 진함
오 염	현상액오염	현상과정 전 현상액이 묻으면 검은 반점
	정착액오염	현상과정 전 정착액이 묻으면 흰 반점
착색된 상		정착액의 기능저하, 정착시간의 부족(암갈색), 부족한 수세(황갈색)
긁힌 상		감광유제가 날카로운 것에 긁혀 흰 선이 나타남
안개 상		• 유효기간이 지난 필름 • 필름에 도달하는 빛이 많음(스며든 빛, 안전등, 정착 전 흰빛)
밝은 상		• 현상 중 : 저온처리액, 저현상, 저노출, 과정착 • 촬영 중 : 법랑질 표면의 이중중첩, 필름을 뒤집어서 촬영
어두운 상		• 현상 중 : 부적절한 정착, 고온처리액, 과현상 • 촬영 중 : 과노출

다음 중 현상과정 전 현상액이 필름에 일부 묻으면 필름의 변화로 옳은 것은?

① 검은 반점
② 흰 반점
③ 암갈색
④ 황갈색
⑤ 흰 선

해설
① 현상액오염에 해당
② 현상과정 전 정착액에 오염
③ 정착시간 부족
④ 수세시간 부족
⑤ 필름이 긁혔을 때

답 ①

다음의 방사선의 생물학적 효과 중 기준 피폭선량까지는 방사선 장해가 나타나지 않는다는 것과 관련된 것은 무엇인가?

① 확률적 영향
② 결정적 영향
③ 방사선 손상
④ 방사선 감수성
⑤ 방사선 효과

답 ②

9 방사선의 생물학적 효과

(1) 확률적 영향과 결정적 영향

확률적 영향	• 피폭선량이 증가하면 확률적 영향이 증가 • 무작위적 과정 • 피폭선량의 증감과 방사선 장해 정도는 무관 • 암(종양), 백혈병, 유전적 장애 등
결정적 영향	• 기준 피폭선량까지는 방사선 장해가 나타나지 않음 • 한계 피폭선량 초과 시 방사선 장해가 나타남 • 피폭선량이 증가하면 방사선 장해가 악화 • 피부홍반, 탈모, 백내장, 생식능력 감소, 골수 기능 저하 등

(2) 방사선 손상

직접효과	• 이온화방사선 : 세포 내 표적 부위의 직접충돌이 원인 • 고에너지 방사선에서 나타남
간접효과	• X선광자가 세포 내 흡수되어 물과 작용하여 독소를 생성 • 생성된 독소가 세포를 손상시킴

(3) 방사선 감수성

① 세포 : 세포분열이 활발할 때 방사선 감수성이 높음
② 조직 : 재생능력이 클 때 방사선 감수성이 높음
③ 장기 : 형태적·기능적 미분화 상태(림프구나 난모 예외)

(4) 방사선 효과

① 체세포와 생식세포의 효과

급성효과	• 고선량 방사선 • 조사 직후~수주 이내 발현 • 조혈, 위장관, 심혈관, 중추신경계에 영향
지연효과	• 저선량 방사선 • 오랜 기간(저선량 방사선의 반복노출) • 암, 임신초기 3개월 방사선 노출 시 영향

② 방사선의 만성효과 : 개체에 피폭된 후 수년 이상 경과 후 나타나는 장애(백혈병, 악성종양의 유발, 수명단축, 조직의 국소장애 등)

10 방사선 방호

(1) 방사선 방호의 원칙

① 행위의 정당화 : 정당한 이유가 있을 때 촬영함
② 방사선 방어의 최적화 : 확률적 영향의 발생을 용인 가능한 수준까지 제한함

③ 개인의 선량한도를 준수 : 결정적 영향의 발생을 방지

(2) 환자의 방사선 방호

촬영결정	• 신환 : 방사선을 이용한 전악검사가 필수 • 구환 : 진단, 치료, 질병예방에 도움이 되는 경우만 시행
장비 선택	상수용기	• 고감광도 필름 • 희토류증감지 사용
	초점-필름 거리	장조사통 사용
	X선속 시준	환자의 피부 표면에서 7cm 이하
	여 과	부가여과기 사용
	조사통	납이 내장된 조사통(산란방사선 감소)
	방어장비	• 모든 환자에게 사용 • 납방어복(1/4mm 두께), 갑상선 보호대

다음 중 환자의 방사선 방호에 대한 설명으로 적절하지 않은 것은 무엇인가?
① 신환은 방사선을 이용한 전악검사가 필수이다.
② 장조사통을 이용한다.
③ 부가여과기를 이용한다.
④ 모든 환자에게 납방어복과 갑상선 보호대를 착용한다.
⑤ 환자의 피부 표면에서 7cm 이상의 거리를 유지한다.

해설
⑤ 7cm 이하의 거리를 유지한다.
답 ⑤

(3) 술자의 방사선 방호

방어벽	• 환자가 X선이 노출되는 동안 술자는 방어벽이나 벽 뒤에 머문다. • 방어벽은 1mm 두께의 납이 포함되어 X선을 충분히 흡수해야 한다.
방사선원-촬영자의 관계	• 거리 : 방사선원, 환자에서 술자간의 거리는 최소 2m 이상 • 위치 : 술자는 방사선 중심선속에 대해 90~135°에 위치 • X선 노출되는 동안 촬영자와 환자 모두 관구를 잡지 않음

① 방사선 관련 종사자의 허용선량 : 연간 50mSv
② 방사선 관련 종사자의 누적선량 : 5(N-18)

11 방사선 사진의 임상응용

(1) 치아우식병(증)
방사선 투과성, 가장 흔한 병소

종 류	감별요인
인접면우식증	• 초기 : 작은 투과성 절흔 • 중기 : 치아표면을 기저부로 하는 삼각형 모양에서 점차 U형으로 진행
교합면우식증	상아질을 기저부로 하는 삼각형 모양(교합면측이 좁음)
협면, 설면우식증	• 원형의 투과성 • 경계가 명확, 깊이 측정이 어려움
치근우식증	• 백악법랑경계부와 치은연 사이 • 초기 : V자형 • 중기 : 경계가 불명확한 접시모양
기 타	이차우식, 다발성우식, 방사선우식 등

다음 중 상아질을 기저부로 하는 삼각형 모양의 방사선 투과성 감별요인을 보이는 우식증으로 적절한 것은?
① 인접면우식증
② 교합면우식증
③ 설면우식증
④ 치근우식증
⑤ 2차 우식증

답 ②

(2) 치주병

구내질환이 있는 경우 치조정이 희미해지고, 골소실이 관찰된다.

진행 정도	감별요인
초기	• 1~2mm 치은염 • 치조정 높이, 치주인대강, 피질골 이상소견 없음
초기 치주염	• 3~4mm • 치조정 높이 낮아짐, 치조백선 소실, 치주인대강 비후
중등도 치주염	• 4~6mm • 치조골 파괴, 골결손
중증 치주염	• 6mm 이상 • 수평적, 수직적 골소실

(3) 치근단병소

이환치의 치근단을 중심으로 한 투과성 병소, 급성 염증의 경우 7~10일 이후 골조직 변화가 관찰된다.

종류	설명
치근단육아종	• 원형이나 타원형의 투과상 • 치주인대강의 확장 • 실활치의 근단, 만성적 염증화된 육아조직 덩어리
치근단낭	방사선 투과상, 경계가 명확하며, 피질골로 둘러싸여 있음
치근단농양	• 방사선 투과상, 치주인대강이 확장 • 주로 치수괴사의 결과, 농의 국소적 집약
경화성골염	• 방사선 불투과, 치밀화 골염 • 골소주의 불규칙적 증가와 확대, 골수강은 감소
골경화	• 방사선 불투과, 하악 구치부 치근단 주위 • 관련 치아는 정상 생활력을 가지며 임상증상 없음

(4) 치근단 병소와 해부학적 구조물을 감별

① 해부학적 구조물 : 상악전치부의 절치공, 하악소구치부의 이공
② 치근단 병소 : 치주인대강 비후, 치조백선의 불연속성, 방사선 투과성
③ 감별기준
  ㉠ 수평각 변경 시 동일한 위치에 상이 나타나면 치근단 병소이다.
  ㉡ 소구치와 대구치 치근이 상악동 내로 들어가면 촬영각도 때문일 가능성이 크다.
  ㉢ 골중격이 치근단 부위와 겹치면 낭종병소와 유사해 보인다.

다음 중 치수괴사의 결과로 방사선 투과상을 나타내며 치주인대강이 확장된 것은 무엇인가?

① 치근단낭
② 치근단농양
③ 치근단육아종
④ 경화성골염
⑤ 골경화

 ②

CHAPTER 03 적중예상문제

1 X선 특성과 발생

01 전자기방사선에 대한 설명으로 옳은 것은?
① 빛의 속도보다 빠르다.
② 질량은 없고, 무게는 있다.
③ 측정이 불가능한 에너지이다.
④ 주기적 진동 에너지를 공간에 전파한다.
⑤ 진동방향과 진행방향이 일치한다.

해설
전자기방사선의 특징
- 빛의 속도와 동일
- 질량 없음, 무게 없음
- 측정 가능한 에너지
- 전기진동과 자기진동이 수직
- 진동방향과 진행방향이 직각

02 다음의 전자기 방사선 중 전리방사선은 무엇인가?
① 자외선 ② 적외선
③ 가시광선 ④ X선
⑤ 초단파

해설
①, ②, ③, ⑤ 비전리방사선에 포함된다.

03 다음 중 어떤 방사성 물질의 양이 현재의 1/2까지 감소하는 데 필요한 시간은 무엇인가?
① 반감기 ② 전 리
③ 자 장 ④ 투 과
⑤ 여 과

04 다음 중 전자의 결합에너지보다 X선 광자의 에너지가 매우 클 때 일어나는 것은 무엇인가?
① 전 이 ② 이온화
③ 콤프톤효과 ④ 광전효과
⑤ 고전산란

해설
④ X선 광자가 물질에 흡수되는 현상, X선 광자의 에너지 ≥ 전자의 결합에너지
⑤ 고전산란 : X선 광자의 에너지 < 전자의 결합에너지

2 진단용 X선 발생장치

01 다음 중 초점을 경사지게 하여 초점이 작아지게 하는 효과는 무엇인가?
① 선초점원리 ② 힐효과
③ 고유여과 ④ 부가여과
⑤ 전기절연효과

해설
② 타깃을 기울어지게 하여 나타나는 효과(필름의 부위마다 X선의 강도가 상이)

정답 01 ④ 02 ④ 03 ① 04 ③ / 01 ①

02 여과기의 기능으로 옳은 것은?

① 열을 효과적으로 제거한다.
② 냉각작용을 한다.
③ 산란방사선을 제거한다.
④ 열분산의 매개체이다.
⑤ 장파장을 제거한다.

> **해설**
> ① 열을 효과적으로 제거하여 열전도를 빠르게 한다. – 양극의 구리동체
> ② 냉각작용을 한다. – 절연유
> ③ 산란방사선을 제거한다. 1차 방사선의 크기를 제한한다. – 시준기
> ④ 열분산의 매개체이다. – 절연유

03 다음 중 고유여과에 관여하는 곳이 아닌 것은 무엇인가?

① X선속의 유리관
② 알루미늄판
③ 절연유
④ 타깃 자체
⑤ 조사창

> **해설**
> ② 부가여과에 관여한다.

04 다음 중 막시준기의 규격에 대해 적합한 것은 무엇인가?

① 5cm 이내의 납격판
② 7cm 이내의 납격판
③ 10cm 이내의 납격판
④ 12cm 이내의 납격판
⑤ 15cm 이내의 납격판

05 전자가 저지극에 충돌하여 저지극 원자의 내각전자 이탈 시 발생하는 것은 무엇인가?

① 제동방사선
② 특성방사선
③ 저지방사선
④ X선속
⑤ 전리방사선

06 다음 중 X선속의 강도를 계산하는 방법은 무엇인가?

① X선속의 양 × X선속의 질
② X선속의 양 × X선속의 노출시간
③ X선속의 양 ÷ X선속의 질 × 100
④ X선속의 양 ÷ X선속의 노출시간 × 100
⑤ X선속의 양 + X선속의 질

07 다음 중 1차 방사선 중 조사창과 시준기를 통해 방출되는 것은 무엇인가?

① 2차 방사선
② 유용방사선
③ 중심방사선
④ 산란선
⑤ 누출방사선

정답 02 ⑤ 03 ② 04 ② 05 ② 06 ① 07 ②

08 다음 중 1차 방사선이 원래 방향으로부터 편향된 방사선은 무엇인가?

① 2차 방사선
② 유용방사선
③ 중심방사선
④ 산란선
⑤ 누출방사선

3 X선 필름과 증감지

01 다음 중 X선 필름 중 가장 바깥에 있는 물질은 무엇인가?

① 보호막　　② 감광유제
③ 접착제　　④ 지지체
⑤ 젤라틴

02 다음 중 촬영이 완료된 필름의 보관기간으로 적절한 것은 무엇인가?

① 1년　　② 2년
③ 3년　　④ 5년
⑤ 10년

03 다음 중 촬영이 안 된 필름의 보관에 대한 설명으로 적절한 것은 무엇인가?

① 온도는 18~20℃가 적당하다.
② 방사선촬영기 부근에 보관한다.
③ 환기가 잘되는 곳에 보관한다.
④ 적당한 압력을 가해 보관한다.
⑤ 습도는 무관하다.

해설

환기가 잘 되는 곳에는 촬영이 완료된 필름을 보관한다.

04 촬영이 되지 않은 필름의 보관방법은?

① 필름현상기 근처
② 일광이 잘 들어오는 곳
③ 습도가 낮고, 온도가 높은 곳
④ 방사선촬영기 근처
⑤ 방사선 동위원소 근처

해설

- 촬영 완료 필름 : 5년 보관, 환기 잘되고, 습기가 적고 일광이 차단된 곳
- 촬영 안 된 필름 : 온도 18~20℃, 습도 낮은 곳, 일광차단, 마찰, 압력, 화학약품, 방사선촬영기, 방사선 동위원소부근 보관 금지

4 X선 사진상의 특성

01 다음 중 흑화도 증가와 관련되지 않은 것은 무엇인가?

① 관전류 증가
② 현상액의 온도가 높음
③ 관전압 증가
④ 초점 – 필름 사이의 거리가 멀수록
⑤ 노출시간의 증가

정답 08 ④ / 01 ① 02 ④ 03 ① 04 ① / 01 ④

02 흑화도에 영향을 주는 제어판의 구조는?

① 관전압조절기 ② 타이머
③ 관전류조절기 ④ 집속컵
⑤ 텅스텐타깃

> **해설**
> **제어판의 구조** : 관전압조절기(대조도영향), 관전류조절기(흑화도 영향), 타이머
> - 집속컵 - X선관에 내부 구조, 열전자를 텅스텐타깃에 도달하는 데 도움
> - 텅스텐타깃 - X선관 내부구조, X선 광자가 발생되는 초점

03 흑화도 감소요인으로 옳은 것은?

① 관전류 증가
② 관전압 증가
③ 현상액의 온도 증가
④ 물체의 밀도 증가
⑤ 초점과 필름의 거리 감소

> **해설**
> - 흑화도 증가요인 : 초점-필름거리 짧을수록, 관전류, 관전압, 노출시간, 포그와 산란선이 있는 경우, 현상액의 온도, 현상시간 길수록
> - 흑화도 감소요인 : 물체가 두꺼울수록, 밀도가 높을수록

04 다음 중 대조도의 증가에 대한 설명이 아닌 것은 무엇인가?

① 물체가 두꺼움
② 물체의 밀도가 높음
③ 관전류는 높고, 관전압은 낮음
④ 현상시간이 길 때
⑤ 증감지와 함께 사용할 때

> **해설**
> ④ 현상시간이 긴 것은 대조도 감소에 영향

05 다음 중 물체의 외형을 정확하게 재현하는 능력은 무엇인가?

① 대조도 ② 흑화도
③ 선예도 ④ 감광도
⑤ 투과도

06 대조도 감소요인으로 옳은 것은?

① 물체 밀도 증가 ② 검은 필름
③ 관전류 증가 ④ 관전압 감소
⑤ 현상시간 증가

> **해설**
> - 대조도 증가요인 : 관전류, 물체의 밀도 증가, 흑화도 범위의 경사도 1 이상, 검은 필름, 증감지와 함께 사용, 관전압 낮출수록
> - 대조도 감소요인 : 포그와 산란선이 있는 경우, 현상시간 증가, 불완전한 현상

07 다음 중 표준흑화도의 수치는 무엇인가?

① 0.01 ② 0.1
③ 1.0 ④ 10.0
⑤ 100.0

정답 02 ③ 03 ④ 04 ④ 05 ③ 06 ⑤ 07 ③

08 표준흑화도의 방사선 사진을 만드는 데 필요한 X선 조사량은?

① 대조도   ② 흑화도
③ 감광도   ④ 선예도
⑤ 민감도

해설
① 대조도 : 다른 부위에서 흑화도가 다른 정도, 투과력
② 흑화도 : 필름 전체의 어두운 정도
④ 선예도 : 물체의 외형을 재현하는 능력
※ 표준 흑화도 = 1.0

5 X선 필름의 현상

01 다음 중 현상 시 X선에 노출된 부위에 대한 설명으로 옳은 것은?

① 필름이 흑색이 된다.
② 필름이 희거나 투명하게 된다.
③ 브롬화은 결정이 남는다.
④ 브롬이 제거되지 못한다.
⑤ 필름이 뿌옇게 된다.

해설
②, ③, ④ X선에 노출되지 않은 필름의 현상에 대한 설명이다.

02 다음 중 현상액의 수소이온농도로 적절한 것은 무엇인가?

① pH 3   ② pH 5
③ pH 7   ④ pH 9
⑤ pH 11

03 다음 중 현상액 중 젤라틴을 부드럽게 하여 현상액을 브롬화은 결정체에 쉽게 침투하는 데 역할을 하는 것은 무엇인가?

① 현상주약   ② 보호제
③ 지연제   ④ 촉진제
⑤ 경화제

04 다음 중 현상액의 보호제로 사용되는 것은 무엇인가?

① 엘론과 메톨   ② 탄산나트륨
③ 브롬화칼륨   ④ 아황산나트륨
⑤ 수산화나트륨

해설
④ 아황산나트륨과 황화나트륨이 이용된다.
① 현상주약
②, ⑤ 촉진제
③ 지연제

05 다음 중 현상주약으로 상의 대조도 조절에 관여하는 물질은 무엇인가?

① 엘론과 메톨
② 탄산나트륨
③ 황화나트륨
④ 브롬화칼륨
⑤ 하이드로퀴논

해설
① 선예도 조절
③ 필름의 착색방지, 현상액의 산화방지, 현상주약의 수명연장에 관여

정답 08 ③ / 01 ① 02 ⑤ 03 ④ 04 ④ 05 ⑤

06 다음 중 중간수세과정에 대한 설명으로 적절하지 못한 것은 무엇인가?

① 20℃에서 4~5분 시행한다.
② 현상의 얼룩을 방지한다.
③ 정착액의 기능을 연장한다.
④ 과현상을 방지한다.
⑤ 정착액에 넣기 전에 시행한다.

> 해설
> ① 현상과정에 대한 설명이다. 15~20초간 실시한다.

07 다음 중 현상과정에서 환원되지 않은 할로겐화은을 수용성으로 바꾸는 역할을 하는 것은 무엇인가?

① 중간수세　　② 정착액
③ 브롬화칼륨　④ 황화나트륨
⑤ 하이드로퀴논

08 다음 중 정착액의 구성으로 적합하지 않은 것은 무엇인가?

① 청정제　　② 보호제
③ 산화제　　④ 촉진제
⑤ 경화제

> 해설
> ④ 현상액의 구성이다.

09 다음 중 젤라틴의 손상을 방지하고 건조시간을 단축시키는 역할을 하는 것은 무엇인가?

① 청정제　　② 보호제
③ 산화제　　④ 촉진제
⑤ 경화제

10 다음 중 정착과정의 조건에 대한 설명으로 가장 적합한 것은 무엇인가?

① 20℃에서 10~15분 시행
② 25℃에서 10~15분 시행
③ 20℃에서 20~25분 시행
④ 25℃에서 20~25분 시행
⑤ 20℃에서 30~35분 시행

6 해부학적 구조물

01 다음 중 치아의 지지구조로, 교원섬유로 구성되어 방사선이 투과되는 것은 무엇인가?

① 치조골　　② 백악질
③ 치조백선　④ 치주정
⑤ 치주인대강

정답　06 ①　07 ②　08 ④　09 ⑤　10 ①　/　01 ⑤

02 치아의 지지구조 중 방사선 투과성인 것은?
① 치조백선 ② 치조정
③ 치조골 ④ 치주인대강
⑤ 치 수

해설
- 치아의 구조 : 방사선 불투과 – 법랑질, 상아질, 백악질, 방사선투과 – 치수
- 치아의 지지구조 : 방사선 불투과 – 치조골, 치조백선, 치조정, 방사선투과 – 치주인대강

03 다음 중 상악의 중절치의 구조물 중 방사선이 투과되는 것은 무엇인가?
① 정중구개봉합 ② 상악동
③ 전비극 ④ 하비갑개
⑤ 비중격

04 다음 중 상악의 대구치 부위에서 관찰되는 방사선 불투과성이 아닌 것은 무엇인가?
① 구상돌기 ② 관골돌기
③ 관골궁 ④ 상악동
⑤ 상악결절

해설
①, ②, ③, ⑤ 상악의 대구치 부위의 방사선 불투과성 구조물

05 상악대구치에서 투과상으로 나타나는 해부학적 구조물은?
① 역Y자 ② 상악동
③ 측 와 ④ 하비갑개
⑤ 관골궁

해설
- 상악 투과 : 중절치 부위 – 절치공, 정중구개봉합, 비와, 측절치 – 측와, 상악동 – 견치 ~ 대구치
- 상악 불투과 : 중절치 – 하비갑개(비와의 측벽), 전비극(V자), 비중격(정중선 양쪽), 견치 – 역Y자, 대구치 – 관골돌기, 관골궁, 상악결절, 구상돌기

06 다음 중 하악의 중절치의 구조물 중 방사선 투과상을 나타내는 것은 무엇인가?
① 이 와 ② 이 공
③ 설 공 ④ 이 극
⑤ 이융선

07 다음 중 하악 소구치 부위에서 하악관의 전방 입구로 방사선 투과상을 나타내는 구조물은 무엇인가?
① 이 공 ② 이 와
③ 대구개공 ④ 소구개공
⑤ 하악공

정답 02 ④ 03 ① 04 ④ 05 ② 06 ③ 07 ①

08 이공에서 하악공까지 연결되는 투과상의 해부학적 구조물은?

① 설 공
② 하악관
③ 이융선
④ 외사선
⑤ 내사선

해설

방사선	구조물	위치	설 명
투 과	설 공	중절치	설 측
	이 와	전 치	• 순 측 • 이융선 상방의 미만성 투과상
	이 공	소구치	하악관의 전방입구
	악하선와	구치부	하악체 설면의 골의 함몰
	하악관		• 하치조신경과 혈관이 주행 • 이공~하악공까지 연결
	영양관	대구치	
불투과	이 극	전 치	설 측
	이융선		순 측
	외사선	구치부	제1대구치 하방 치조돌기까지 주행
	내사선		하악지 내면에서 전하방 주행
	악설골융선	대구치	

09 다음 중 구내필름의 배열과 관련된 설명으로 옳은 것은 무엇인가?

① 환자의 우측 치아가 마운터의 우측에 오도록 한다.
② 필름의 배열 시 필름의 앞면에 인식점(오목)이 있다.
③ 촬영 시 인식점의 오목면이 X선의 관구를 향한다.
④ 플라스틱이나 판지로 제작된 마운터에 넣어 보관
⑤ 인식점은 항상 치근 쪽에 위치한다.

해설
① 환자의 우측 치아가 마운터의 좌측에 오도록 한다.
② 필름의 배열 시 필름의 앞면에 인식점이 있다(볼록).
③ 촬영 시 인식점의 볼록면이 X선의 관구를 향한다.
⑤ 인식점은 항상 치관 쪽에 향한다.

7 X선 촬영

01 다음 중 치근단 촬영의 목적으로 적합하지 않은 것은 무엇인가?

① 발치 전 치근의 상태 평가
② 미맹출 치아의 존재 여부 확인
③ 치근단 병소의 평가
④ 치아 및 치아주위조직 평가
⑤ 삼차신경통의 진단

02 다음 중 치근단 촬영 시 환자의 두부고정에 대한 설명으로 옳은 것은 무엇인가?

① 악궁의 교합평면은 바닥과 수직
② 상악촬영 시 구각과 이주를 연결한 선이 바닥과 평행
③ 하악촬영 시 비익과 이주를 연결한 선이 바닥과 평행
④ 정중시상면이 바닥과 수직
⑤ 환자의 두부고정은 치아에 따라 모두 다르다.

해설
① 악궁의 교합평면은 바닥과 평행
② 상악촬영 시 비익과 이주를 연결한 선이 바닥과 평행
③ 하악촬영 시 구각과 이주를 연결하는 선이 바닥과 평행
⑤ 환자의 두부고정은 악궁에 따라 다르다.

03 다음 중 필름의 위치설정에 대한 설명으로 옳지 않은 것은 무엇인가?

① 필름의 상연과 교합면은 3mm의 여유를 둔다.
② 인식점은 항상 치관을 향한다.
③ 필름의 고정은 술자가 한다.
④ 필름의 모서리를 구부려 불편함을 줄인다.
⑤ 검사대상치아의 뒷면에 필름을 위치한다.

해설
③ 필름의 고정은 환자가 한다.

04 다음 중 치근단 촬영 시 필름을 치아의 장축에 평행하도록 위치시키고, 중심방사선이 필름에 직각되게 조사하는 방법은 무엇인가?

① 평행촬영법　　② 등각촬영법
③ 교익촬영법　　④ 교합촬영법
⑤ 직각촬영법

05 필름의 위치설정 방법으로 옳은 것은?

① 인식점의 볼록한 부위가 술자를 향한다.
② 필름의 상연과 교합면은 수직이도록 한다.
③ 필름의 고정은 술자가 한다.
④ 전치부, 구치부 모두 가로방향으로 한다.
⑤ 인식점은 항상 치근을 향한다

> **해설**
> ② 필름의 상연과 교합면은 평행하며 3mm의 거리를 둔다.
> ③ 필름의 고정은 환자가 한다.
> ④ 전치부는 세로방향, 구치부는 가로방향으로 한다.
> ⑤ 인식점은 항상 치관을 향한다.

06 다음 중 평행촬영법의 장점이 아닌 것은 무엇인가?

① 필름유지기구가 필요하다.
② 정확한 수직각으로 상의 왜곡이 적다.
③ 치근의 중첩이 없다.
④ 해부학적 구조물이 선명하다.
⑤ 중심방사선의 조절이 용이하다.

> **해설**
> ① 평행촬영법의 단점이다.

07 평행촬영법 시 X선 강도의 감소보완방법으로 옳은 것은?

① 관전압 감소
② 관전류 감소
③ 노출시간 감소
④ 고감광도필름 사용
⑤ 장조사통 사용

> **해설**
> • 관전압, 관전류, 노출시간 감소, 고감광도필름 사용
> • 장조사통 사용 : 초점 – 필름 간의 거리 증가로 인한 확대를 보정하고 X선의 강도를 감소시키는 역할

08 다음 중 치근단촬영법의 하나로, 치아의 장축과 필름이 이루는 각의 이등분선에 중심선이 직각으로 조사되는 방법은 무엇인가?

① 평행촬영법　　② 등각촬영법
③ 교익촬영법　　④ 교합촬영법
⑤ 수직촬영법

09 다음 중 등각촬영법에 대한 설명으로 틀린 것은 무엇인가?

① 전악 촬영 시 14장이 필요하다.
② 상의 왜곡발생이 쉽다.
③ 중심방사선의 수직각 부적절 시 상의 단축이나 연장이 나타난다.
④ 장조사통을 이용한다.
⑤ 필름의 유지는 환자의 손가락으로 한다.

> **해설**
> ④ 단조사통을 이용한다.

정답 04 ① 05 ① 06 ① 07 ④ 08 ② 09 ④

10 다음 중 상악의 견치의 중심방사선의 위치로 적절한 것은 무엇인가?

① 비 첨
② 비 익
③ 동공하방-비익이주선
④ 눈외안각-비익이주선
⑤ 비익-하악하연 3cm 상방

11 다음 중 하악대구치의 중심방사선 위치로 적절한 것은 무엇인가?

① 하악 하연 상방 3cm
② 비익과 하악하연 상방 3cm
③ 동공하방과 하악하연 상방 3cm
④ 외안각과 하악하연 상방 3cm
⑤ 눈외안각과 비익이주선

해설
⑤ 상악대구치의 중심방사선의 위치

12 다음 중 평행촬영법에 대한 설명으로 옳지 않은 것은 무엇인가?

① 중심선은 피사체와 필름에 대해 가능한 수직이어야 한다.
② 방사선원은 가능한 작아야 한다.
③ 피사체와 필름은 가능한 평행해야 한다.
④ 피사체와 필름은 가능한 짧아야 한다.
⑤ 방사선원과 피사체는 가능한 멀어야 한다.

해설
④ 피사체와 필름은 가능한 멀어야 한다.

13 다음 중 평행촬영법과 등각촬영법의 공통점은 무엇인가?

① 방사선원은 가능한 작아야 한다.
② 중심선은 피사체와 필름에 대해 가능한 수직이어야 한다.
③ 피사체-필름은 가능한 짧아야 한다.
④ 피사체와 필름은 가능한 평행해야 한다.
⑤ 방사선원-피사체는 가능한 멀어야 한다.

14 다음 중 교익촬영의 목적으로 적합하지 않은 것은 무엇인가?

① 초기 인접면 치아우식증 검사
② 재발성 치아우식증 검사
③ 상하악의 교합관계 검사
④ 치수강 검사
⑤ 치근단질환 검사

15 다음 중 교익촬영법의 수직각도로 적절한 것은 무엇인가?

① -20°   ② -10°
③ 0°   ④ +10°
⑤ +20°

16 다음 중 교합촬영의 목적으로 적절하지 않은 것은 무엇인가?

① 상하악 치아의 교합관계 검사
② 종양, 낭 등의 큰 병소의 모양 관찰
③ 타석 관찰
④ 악골 관찰
⑤ 과잉치 검사

17 다음 중 교합촬영법의 수평각도로 적절한 것은 무엇인가?

① −20° ② −10°
③ 0°   ④ +10°
⑤ +20°

18 다음 중 관구의 방향이 동일하면 설측, 반대로 이동하면 협측이라는 원리는 무엇인가?

① 직각촬영법
② Clark 법칙
③ 협측피사체 법칙
④ 반대법칙
⑤ 수평각변형법칙

19 다음 중 직각촬영법에 대한 설명으로 옳지 않은 것은 무엇인가?

① 주로 상악골에 적용한다.
② 매복된 하악치아의 진단에 적용한다.
③ 서로 다른 직각방향에서 촬영한 필름을 비교한다.
④ 구내용 필름을 치아장축과 평행하게 촬영한다.
⑤ 구내용 필름을 교합면과 평행하게 촬영한다.

20 인접면의 치아우식증 진단을 위해 필요한 촬영은?

① 파노라마촬영
② 치근단촬영
③ 교익촬영
④ 교합촬영
⑤ Cone beam CT촬영

> **해설**
> **교익촬영의 목적**
> 초기 인접면우식, 재발성 치아우식, 치주질환의 유무 및 정도, 교합관계검사, 치수강검사, 치수접근도검사

21 다음 중 파노라마 촬영의 목적으로 적합하지 않은 것은 무엇인가?

① 하치조신경손상에 대한 평가
② 상악동 평가
③ 측두하악관절 평가
④ 외상에 의한 악안면골절 평가
⑤ 치아주위조직의 전반적인 평가

정답 16 ① 17 ③ 18 ② 19 ① 20 ③ 21 ①

22. 파노라마촬영의 장점으로 옳은 것은?

① 무치악 환자에게 적용
② 환자의 방사선 노출량이 높음
③ 환자의 움직임으로 불선예도 발생
④ 전악구내촬영에 비해 방사선 노출량이 큼
⑤ 선명도가 좋음

> **해설**
> • 장점 : 무치악, 개구장애 환자에게 가능, 방사선 노출량이 적음
> • 단점 : 환자의 움직임으로 불선예도 발생, 선명도가 낮음

23. 다음 중 파노라마 촬영의 단점이 아닌 것은?

① 구내방사선 사진보다 선명도가 낮음
② 치아의 인접면이 중첩됨
③ 상의 부정확성이 높음
④ 촬영법이 간단
⑤ 환자의 움직임에 의한 불선예도 발생

> **해설**
> ④ 파노라마 촬영의 장점

24. 다음 중 무치악환자의 구내 촬영에 대한 설명으로 옳지 않은 것은 무엇인가?

① 필름유지기구 사용 시 솜뭉치나 거즈를 이용한다.
② 전악 구내촬영 시 14장이 필요하다.
③ 교익촬영은 필요하지 않다.
④ 방사선 노출량은 50% 낮춰 적용한다.
⑤ 교합촬영은 가능하다.

> **해설**
> ④ 방사선 노출량은 25% 낮춰 적용한다.

25. 소아 환자의 촬영방법으로 옳은 것은?

① 필름 고정은 보호자가 한다.
② 촬영하는 동안 보호자는 환자와 함께한다.
③ 전악구내 촬영 시 14장이 필요하다.
④ 상악은 성인용 필름, 하악은 소아용 필름을 사용한다.
⑤ 10세 이하의 방사선 노출량은 25% 낮춘다.

> **해설**
> ① 필름 고정은 소아 환자가 직접
> ② 촬영하는 동안 보호자는 대기실에 대기(분리)
> ③ 전악 구내 촬영 시 10장, 교익필름 2장이 필요
> ⑤ 방사선 노출량은 10세 이하는 50% 낮추고, 10~15세 이하는 25% 낮춘다.

8 사진상의 실책

01. 현상과정 전 현상액이 필름에 묻을 때 필름의 변화는?

① 검은 반점   ② 흰 반점
③ 암갈색   ④ 황갈색
⑤ 흰 선

> **해설**
> ② 흰 반점 : 현상과정 전 정착액에 오염
> ③ 암갈색 : 정착시간 부족
> ④ 황갈색 : 수세시간 부족
> ⑤ 흰 선 : 필름이 긁혔을 때

02. 다음 중 중심방사선이 필름의 중앙을 향하지 않아 필름의 일부만 노출된 것은 무엇인가?

① 필름노출   ② 필름위치
③ 조사각도   ④ 조사통가림
⑤ 뒤로 찍힌 상

03 다음 중 촬영 중 실수로 필름이 어둡게 나온 경우에 해당하는 것은 무엇인가?
① 필름 저노출
② 필름 과노출
③ 빛에 필름노출
④ 필름 비노출
⑤ 이중노출된 상

04 다음 중 필름에 타이어 자국이나 청어가시 모양이 나타난 경우에 해당하는 촬영 중 실수는 무엇인가?
① 손가락 중첩
② 보철물 중첩
③ 이중노출된 상
④ 뒤로 찍힌 상
⑤ 구부러진 상

05 치아의 인접면이 겹쳐 보이는 실수의 원인은?
① 교합면에 필름이 평행하지 못함
② 필름이 두 번 노출됨
③ 좁은 악궁
④ 수직각 오류
⑤ 수평각 오류

> **해설**
> ① 교합면과 필름이 평행하지 못함 : 교합면 잘림 – 필름 위치의 문제
> ② 필름이 두 번 노출됨 : 상이 2개로 나옴
> ③ 좁은 악궁 : 상이 구부러짐. 특히, 상악 견치 부위
> ④ 수직각 오류 : 상의 축소나 확대

06 다음 중 유효기간이 지난 필름은 현상 후 어떻게 나타나는가?
① 어두운 상
② 밝은 상
③ 안개 상
④ 착색된 상
⑤ 긁힌 상

07 다음 중 필름이 검은상이 나타나는 이유로 적합하지 않은 것은 무엇인가?
① 현상액의 온도 높음
② 현상액의 농도가 진함
③ 현상시간이 부족
④ 부적절한 정착
⑤ 촬영 중 과노출

08 현상과정 중 안개 상 필름이 나타나는 이유는?
① 현상온도가 높음
② 정착액의 기능 저하
③ 부적절한 정착
④ 저온처리액
⑤ 유효기간이 지난 필름

> **해설**
> ① 현상온도 높음 : 과현상, 어두운 상
> ② 정착액의 기능 저하 : 착색된 상(정착시간 부족 – 암갈색, 부족한 수세 – 황갈색)
> ③ 부적절한 정착 : 어두운 상
> ④ 저온처리액 : 밝은 상
> ⑤ 유효기간 지난 필름, 스며든 빛, 안전등, 정착 전 빛 노출 : 안개 상

정답 03 ② 04 ④ 05 ⑤ 06 ③ 07 ③ 08 ⑤

9 방사선의 생물학적 효과

01 다음 중 X선 광자가 세포 내 흡수되어 물과 작용하여 생성된 독소가 세포를 손상시키는 것은 무엇인가?

① 확률적 영향
② 결정적 영향
③ 방사선 손상의 직접효과
④ 방사선 손상의 간접효과
⑤ 방사선 감수성

02 다음 중 방사선의 지연효과에 대한 설명으로 적절하지 않은 것은?

① 오랜 기간 반복 노출
② 고선량 방사선의 노출
③ 암 치료에 이용
④ 임신 초기 3개월에 방사선 노출 시 영향
⑤ 체세포와 생식세포에 영향

해설
② 저선량 방사선의 노출

03 다음 중 방사선이 개체에 피복된 후 수년 이상 경화 후 나타나는 장애는 무엇인가?

① 급성효과　　② 지연효과
③ 만성효과　　④ 방사선 감수성
⑤ 방사선효과

10 방사선 방호

01 다음 중 술자의 방호에 대한 설명으로 적절한 것은 무엇인가?

① 방어벽은 10mm 두께의 납이 포함되어 있어야 한다.
② 환자가 X선에 노출되는 동안 필름을 고정시켜 준다.
③ 방사선원과 촬영자의 거리는 최소 2m 이상이어야 한다.
④ X선 노출 시 술자는 관구를 잡는다.
⑤ 술자는 방사선 중심선속에 대해 0~90°에 위치한다.

해설
① 방어벽은 1mm 두께의 납이 포함되어 있어야 한다.
④ X선 노출 시 환자와 술자 모두 관구를 잡지 않는다.
⑤ 술자는 방사선 중심선속에 대해 90~135°에 위치한다.

02 방사선 관련 종사자의 연간 허용선량은?

① 연간 10mSv
② 연간 30mSv
③ 연간 50mSv
④ 연간 100mSv
⑤ 연간 200mSv

해설
- 방사선 관련 종사자의 허용선량 : 연간 50mSv
- 방사선 관련 종사자의 누적선량 : 5(N-18)
※ 방사선원과 환자에서 술자 간 거리 최소 2m 이상, 술자는 방사선 중심선 속에 대해 90~135°, 방어벽에 1mm의 납 포함

정답 01 ④ 02 ② 03 ③ / 01 ③ 02 ③

11 방사선 사진의 임상응용

01 다음 중 백악법랑경계부와 치은연 사이에 방사선 투과상으로 초기에는 V자형에서 점차 경계가 불명확한 접시 모양으로 보이는 것은 무엇인가?

① 인접면 우식증
② 교합면 우식증
③ 설면 우식증
④ 치근우식증
⑤ 2차 우식증

02 다음 중 치조정의 높이가 낮아지고 치조백선이 소실되며, 치주인대강이 비후된 방사선 사진상 소견으로 적절한 것은 무엇인가?

① 초기 치은염
② 초기 치주염
③ 중등도 치주염
④ 중증 치주염
⑤ 급성 치주염

03 방사선 투과상이 아닌 병소는?

① 치근우식증
② 교합면우식증
③ 치근단낭
④ 치근단육아종
⑤ 경화성골염

해설
- 투과상 : 치아우식증 관련, 치근단육아종, 치근단낭, 치근단농양
- 불투과상 : 경화성골염, 골경화

04 다음의 치근단 병소 중 방사선 불투과, 골소주의 불규칙적 증가와 확대, 골수강의 감소를 보이는 것은 무엇인가?

① 치근단 육아종
② 치근단 농양
③ 경화성 골염
④ 골경화
⑤ 치근단낭

정답 01 ④ 02 ② 03 ⑤ 04 ③

CHAPTER 04 구강악안면외과

1 진찰

(1) 구강악안면외과학의 정의

구강, 안면 부위 및 주위 조직에서 발생하는 질병, 기형, 손상, 결손에 대한 병인을 진단하여 외과적 치료, 재건치료, 보조치료를 시행하여 기능회복과 심미적 복원을 목적으로 하는 치의학의 분야

(2) 생명징후(Vital Sign)

생명의 위험도를 나타내는 소견

분류	설명
혈압 (BP, Blood Pressure)	• 상완동맥에서 측정 • 정상혈압 120(수축기, 최고혈압)/80(이완기, 최저혈압) • 정상맥압(수축기-이완기) 30~50mmHg
맥박 (PR, Pulse Rate)	• 상완동맥, 요골동맥, 측동맥에서 측정 • 정상맥박 성인 60~80회/분, 소아 90~110회/분 • 서맥(갑상선기능저하, 심혈관, 뇌압 항진) 50~60회/분 • 빈맥(발열, 갑상선기능항진, 심부전) 100회/분 이상
체온 (BT, Body Temperature)	• 직장(37.5℃), 구강(37℃), 액와(36.5℃)에서 측정 • 정상체온 성인 36.5~37.5℃, 유아 37~37.5℃, 노인 36℃
호흡 (RP, Respiration Rate)	• 호흡 = 호기 + 흡기 • 정상호흡 성인 15~20회/분, 유아 25~30회/분 • 서호흡 10회/분 이하 • 빈호흡 25회/분 이상 • 호흡과 맥박 = 1 : 4

2 전신질환자의 치과치료

(1) 심혈관계 질환자의 치과치료

① 치료시간 : 고혈압, 심근경색, 협심증은 오후 중 짧게
② 혈관이완약물 복용환자는 서서히 일으켜 자세성 저혈압 주의
③ 스트레스와 불안 최소화(스트레스 시 심부전, 뇌출혈, 뇌경색이 나타남)
④ 가능한 에피네프린 없는 국소마취제 이용
⑤ 1 : 10만 에피네프린 함유된 국소마취제 사용 시 천천히 삽입, 1~2개 앰플 사용 권장

다음 중 생명징후가 아닌 것은 무엇인가?
① 혈 압
② 맥 박
③ 체 온
④ 호 흡
⑤ 혈 당

답 ⑤

⑥ 세균성 심내막염 예방을 위해 출혈 예상되는 진료 전에 예방적 항생제 투여
⑦ 협심증 환자 : 수축기 혈압이 100mmHg 이하에 설하 나이트로글리세린 투여(0.3~0.4mg)
⑧ 심근경색 환자 : 심근경색 발병 6개월 이내 통상적 치과치료 금지
⑨ 심박조율기 장착 환자 : 전기소작기 사용 금지

(2) 내분비계 질환자의 치과치료
① 치료시간 : 당뇨환자는 아침식사 후 오전 중 치과진료
② 식사시간에는 치료약속을 피할 것(저혈당 우려)
③ 혈당이 조절이 되지 않으면 창상 치유가 지연되고, 감염확률이 높아짐
④ 스트레스에 주의, 저혈당 상황에서 오렌지주스(과당음료) 복용하도록 도움
⑤ 부신기능부전증 : 치료 전 스테로이드 투여 후 진료
⑥ 갑상선기능항진증 : 내과 주치의 의뢰, 철저한 내과 관리가 될 때까지 치과치료 금지

(3) 출혈성 질환자의 치과치료
① 치료 전 출혈성 질환, 항응고제 투여 여부 확인, 보존치료만 시행하며 외과치료는 금기
② 혈소판 수, 프로트롬빈 시간, 출혈시간, 지혈대 검사 등 필요
③ 진통제 처방 시 아스피린은 사용하지 않음
④ 신장 투석환자는 항응고제(헤파린) 투여 전에 치과치료를 시행

3 외과 기구의 준비

(1) 멸균방법
① 멸 균

멸균 (sterilization)	세균의 포자를 포함한 모든 형태의 미생물을 파괴
소독 (disinfection)	• 병원성 미생물의 생활력을 파괴 • 무생물에 사용되는 화학물질을 이용 • 증식성 병원균은 사라지나 포자형태와 바이러스는 남음 • 화학적 소독, 자비소독, hot oil, 자외선소독 등
위생 (sanitization)	• 미생물의 숫자만 안전한 수준으로 감소시켜 공중위생의 수준으로 유지 • 세균을 완전히 제거하지 않음

다음 중 내분비계 질환자의 치과치료에 대해 틀린 것은 무엇인가?

① 당뇨 환자의 진료시간은 아침식사 후 오전 중으로 한다.
② 스트레스에 주의해야 한다.
③ 당뇨 환자는 혈당 조절이 안 되면 감염확률이 높아진다.
④ 부신기능부전 환자는 치료 전 스테로이드를 투여한다.
⑤ 갑상선기능항진 환자는 응급치료만 가능하다.

해설
⑤ 철저한 내과적 관리가 될 때까지 치과치료를 금지한다.

답 ⑤

다음 중 합성수지에 손상을 일으키며, 기구의 날을 무디게 하고, 금속을 부식시키는 멸균방법은 무엇인가?

① 건열멸균
② 고압증기멸균
③ 불포화 화학증기멸균
④ 표면소독
⑤ 대기용액 침전

답 ②

② 멸균방법

고압증기멸균 (autoclave)	특 징	• 고온, 고압의 수증기를 이용하여 미생물을 파괴 • 스테인리스 기구, 직물, 유리, 스톤, 열에 저항성 있는 합성수지, 멸균 가능한 핸드피스 등
	방 법	121℃ 15psi 15분, 132℃ 30psi 6~7분
	장 점	• 침투력이 우수한 다공성 재질의 면제품 멸균에 적합 • 화학용액, 배지의 멸균에 적합
	단 점	• 합성수지에 손상 • 기구의 날을 무디게 하고 금속을 부식시킴 • 멸균 후 별도의 건조단계가 필요
	기 타	• 증류수를 사용 • 멸균기 내부 청소 및 관리가 필요
건열멸균 (dry heat sterilization)	특 징	• 공기를 가열하여 열에너지가 기구로 전달 • 작게 포장하고 간격을 두고 배치 • oil, powder, 근관치료용 기구, blade, scissor, needle 등 날카로운 기구
	방 법	120℃ 6시간, 160℃ 2시간, 170℃ 1시간
	장 점	기구 부식이 없으며 경제적
	단 점	• 멸균시간이 길다. • 온도가 높아 손상 가능성이 있음 • 기구 날을 무디게 한다.
	기 타	• 부식방지를 위해 완전 건조 후 멸균해야 함 • 유리제품은 멸균 후 급속냉각을 피해야 함
불포화 화학증기멸균 (chemiclave)	특 징	• 폐쇄된 공간에서 특수한 화학용액으로 뜨거운 화학증기를 만들어 이용 • 취급 시 눈, 피부에 접촉, 흡입에 주의 • 핸드피스, bur, 교정기구, 날카로운 기구
	방 법	132℃ 15~20분
	장 점	• 짧은 멸균시간 • 기구의 유효수명 증가(녹슬거나 무뎌지지 않음) • 별도의 건조과정이 필요 없음 • 경제적
	단 점	• 화학제 냄새 제거를 위한 통풍 필요 • 침투력이 약함
	기 타	• 취급 시 장갑과 보안경 착용 • 기구 적재는 공간을 넉넉히 남겨야 함 • 환기가 잘 되는 곳에서 작동

(2) 술자의 무균처치

① 술자와 수술에 참여하는 모든 수술팀이 소독을 시행
② 손~전완부까지 소독
③ 소독약(히비탄, 베타딘)으로 화학적 수세 및 피부 표면의 세균과 부착물의 기계적 세척
④ 수술용 가운, 모자, 마스크, 신발, 글러브 착용

다음 중 술자의 무균처치 시 사용하는 소독약으로 적합한 것은 무엇인가?

① 알코올
② 베타딘
③ 클로르헥시딘
④ 과산화수소수
⑤ 차아염소산나트륨

해설
② 베타딘과 히비탄을 이용한다.

답 ②

(3) 환자의 수술 부위 소독
① 구강 내 : 전악 치석 제거, 구강 전체 소독
② 구강 외 : 베타딘으로 안에서 바깥으로 원을 그리며(10~15cm 범위) 피부소독, 한 번 소독한 부위는 재소독하지 않음
③ 방포과정 : 소독되지 않은 부위는 멸균천으로 완전히 덮음
④ 수술팀의 몸이 닿기 쉬운 곳, 수술대, 마취기 사이 등에 모두 멸균천으로 덮어 격리 함

(4) 구강악안면외과 수술기구

용 도	명 칭	설 명
조직 절개	외과용 칼 (surgical blade)	• No.11 : 직선으로 뾰족, 농양의 절개 및 배농 시 사용 • No.12 : 곡선으로 구부러짐, 치아의 후방부 및 치주조직의 피판형성 시 사용 • No.15 : 피부와 점막 절개, 지치발치 시 사용
	손잡이 (blade holder)	주로 No.3 사용
골막거상	골막기자 (periosteal elevator)	• 절개 후 점막과 골막을 분리하는 역할 • 주로 No. 9 사용(넓은 곳은 조직거상, 좁은 곳은 치간유두 박리 시 사용) • seldin, molt, prichard 등의 종류가 있음
지혈 및 조직 잡음	지혈겸자 (hemostatic forceps)	• 혈관출혈 시 지혈, 치근조각 제거, 느슨한 조직을 잡을 때 사용 • mosquito, kelly 등의 종류
	조직겸자 (tissue forceps)	연조직을 부드럽게 잡아 안정시킬 때 사용
골 제거	골겸자 (bone rongeur forcep)	치조골을 다듬거나 제거, 골성형술 시 사용
	골줄 (bone file)	골연을 부드럽게 제거하는 데 사용
	끌과 망치 (bone chisel & mallet)	골을 절단하며 제거하는 데 사용
	외과용 버 (surgical bur)	고속 핸드피스에 끼워 치아 분할, 피질골 제거 등에 사용

다음 중 조직의 절개 시 사용하며, 곡선으로 구부러져 치아의 후방부 및 치주조직의 피판형성 시 사용하는 외과 기구는 무엇인가?
① surgical blade No.11
② surgical blade No.12
③ surgical blade No.15
④ 골막기자
⑤ 외과용 골겸자

해설
① 직선으로 뾰족하여 농양의 절개 및 배농 시 사용
③ 피부와 점막의 절개, 지치발치 시 주로 사용
④ 골막거상 기구
⑤ 골연을 부드럽게 하는 데 사용

답 ②

다음 중 골 제거를 위한 외과용 기구가 아닌 것은 무엇인가?
① 골겸자
② 골 줄
③ 끌과 망치
④ 외과용 버
⑤ 조직겸자

해설
⑤ 연조직을 부드럽게 잡아 안정시킬 때 사용

답 ⑤

용도	명칭	설명
봉합	봉침기 (needle holder)	조직의 봉합 시 봉합침을 지지, 바늘을 잡을 때 사용
	봉합침 (suture needle)	• 둥근형(구내, 근막 봉합) • 세모형(세밀한 수술 시)
	봉합사 (silk)	• 숫자가 작을수록 굵은 봉합사임 • 흡수성 봉합사와 비흡수성 봉합사 • 단선 봉합사와 복합선 봉합사
	봉합사가위 (dean scissor)	봉합사 절단 시 사용
발치	발치기자 (extraction elevator)	• 치아를 탈구시켜 골에서 분리 • 치근이 부러지는 것을 최소화
	발치겸자 (extraction forcep)	치조골에서 치아를 제거

4 국소마취

(1) 국소마취제의 특성

① 국소마취 : 의식을 소실하지 않으며, 신체의 일정 부위를 지배하는 말초신경의 기능을 가역적으로 마비, 지각전달을 차단시키는 방법
② 소독가능
③ 과민반응이 없어야 하고, 전신의 독성이 없어야 함
④ 마취 효과가 신속하되, 지속시간이 충분해야 함
⑤ 인체 내 생체대사 반응을 통해 약물의 작용이 가역적이어야 함
⑥ 완전한 마취가 가능해야 함

(2) 국소마취제의 종류

도포형		ester type tetracaine HCl, amide type lidocaine HCl
주사형	amide	• 리도카인 • 도포마취제로도 효과 있음 • 안전성이 높음 • 알레르기에 최소반응 • 2~3분 내 마취 발현, 지속시간 2~4시간 • 혈관수축제를 포함할 수 있음
	ester	코카인, 프로카인 등

다음 중 국소마취에 대한 설명으로 옳은 것은 무엇인가?

① 의식을 소실시킨다.
② 지각 전달을 차단한다.
③ 말초신경의 기능을 비가역적으로 마비시킨다.
④ 과민반응이 있어야 한다.
⑤ 완전한 마취가 불가능해야 한다.

해설
① 국소마취는 의식을 소실시키지 않는다.
③ 말초신경의 기능을 가역적으로 마비시킨다.
④ 과민반응이 없어야 한다.
⑤ 완전한 마취가 가능해야 한다.

답 ②

(3) 국소마취 후의 합병증
① 전신적 합병증 : 마취액의 과량사용, 마취액의 독작용, 특이체질, 과민반응, 불안반응 등
② 국소적 합병증

구 분	원 인	감소방법 및 대응법
통 증	• 주사침이 무딘 경우 • 마취제의 낮은 온도 • 마취액의 빠른 주입	• 예리한 주사침 사용 • 따뜻한 마취제 주입 • 마취액을 천천히 주입
부종 및 혈종	신경과 같이 주행하는 혈관의 파열	• 흡입되는 주사기 사용 • 짧은 주사침 사용 • 종창 발생 후 2주 이내 소멸 • 24시간 이내 냉찜질 후 온찜질
개구장애	출혈, 근육손상, 마취 시 감염 등	• 온찜질 • 진통제와 근이완제 투약 • 개구운동 적극적 시행
주사침의 파절	• 환자의 급격한 움직임 • 제조 시 결합 • 술자가 마취 시 측방으로 힘을 주는 경우	• 파절된 주사침을 신속히 제거 • 주사침을 못 찾으면 외과적으로 제거
신경병증	주사침 자입 시 신경이 손상	• 정기관찰 • 3~6개월 후 회복이 안 되면 치료 필요

(4) 실신의 전구증상
안색변화, 피로, 구역질, 현기증, 식은땀, 얕은 호흡상태와 의식소실

5 발치술

(1) 발치술의 적응증
① 치아우식증 관련 : 치수의 병적 상태로 근관치료 및 치근단절제술 불가한 치아
② 치주질환 관련 : 치료가 곤란한 급성 및 만성 치주염에 포함된 치아, 치아를 포함한 주위 치조골이 병적 상태인 치아
③ 외상 : 치아파절이나 치조골 외상으로 치료가 불가능한 치아
④ 유치 관련 : 만기잔존 유치, 보존 불가능한 선천치
⑤ 교정치료, 치아이식을 위한 발거대상 치아, 보철치료에 장애가 되는 치아
⑥ 매복치, 과잉치
⑦ 심미장애
⑧ 환자가 원하는 경우(분명한 동의가 있어야 함)

다음 중 국소마취의 전신적 합병증으로 적절한 것은 무엇인가?
① 과민반응
② 통 증
③ 혈 종
④ 개구장애
⑤ 신경병증

해설
① 전신적 합병증 : 마취액의 과량사용, 마취액의 독작용, 특이체질, 과민반응, 불안반응
②, ③, ④, ⑤ 국소적 합병증에 해당

답 ①

다음 중 발치술의 적응증으로 옳지 않은 것은 무엇인가?
① 의료진이 원하는 경우
② 환자가 원하는 경우
③ 매복치, 과잉치
④ 심미장애
⑤ 치료가 불가능한 외상치아

답 ①

다음 중 발치술의 전신적 금기증으로 옳은 것은 무엇인가?

① 급성 감염성 구내염
② 방사선 조사를 받은 부위의 치아
③ 봉와직염을 동반한 급성 감염
④ 악성종양 증식 부위에 포함된 치아
⑤ 생리적 변동

해설
①, ②, ③, ④ 발치술의 국소적 금기증

답 ⑤

(2) 발치술의 금기증

국소적 금기증	전신적 금기증
• 급성 감염성 구내염 • 악성종양 증식 부위에 포함된 치아 • 급성 지치주위염의 원인 치아 • 봉와직염을 동반한 급성 감염 • 방사선 조사를 받은 부위의 치아	• 생리적 변동 • 약제 사용환자 • 심장 및 순환계 질환자 • 만성 소모성질환자 • 혈액질환자

(3) 발치술의 합병증

발치 중 합병증	발치 후 합병증
• 엉뚱한 치아의 발치 • 인접치아 손상 • 치아의 파절, 치조골 골절 • 상악동 천공, 상악결절 파절 • 상악동 내, 악하간극으로 치아 전위 • 치은 및 점막의 열상 • 하치조신경의 손상 • 악관절 외상 • 출혈 및 실신	• 부 종 • 동 통 • 출 혈 • 감염(치조골염, 건성발치와) • 개구장애 • 화농성육아종

다음 중 단순 발치의 과정이 아닌 것은 무엇인가?

① 수술 부위 소독
② 점막의 절개 및 피판의 박리
③ 발치와 내 소파
④ 치아의 탈구 및 발거
⑤ 봉 합

해설
② 외과적 발치의 과정이다.

답 ②

(4) 발치과정

① 단순 발치

순 서	필요한 기구
구내 세정	치경, 핀셋, 탐침, 흡인기, 멸균된 장갑, 멸균된 소공포
수술 부위 소독	구강 내 소독제재
국소마취	마취 주사기, 주사침, 국소마취제
치주인대 절단	
치아의 탈구 및 발거	발치겸자, 발치기자
발치와 내 소파	지혈겸자, 외과용 큐렛, 세척용주사기, 주사침, 생리식염수
봉 합	봉합침, 봉합사, 봉침기, 봉합사가위
거즈 물려 지혈	지혈용 거즈

② 외과적 발치

순 서	필요한 기구
구내 세정	치경, 핀셋, 탐침, 흡인기, 멸균된 장갑, 멸균된 소공포
수술 부위 소독	구강 내 소독제재
국소마취	마취 주사기, 주사침, 국소마취제
점막, 골막, 피판의 절개 및 박리	외과용 칼, 손잡이, 골막기자
치조골 삭제 및 치아의 분할	핸드피스, 외과용 버, 견인기
치아의 탈구 및 발거	발치겸자, 발치기자
발치와 내 소파	지혈겸자, 외과용 큐렛, 세척용주사기, 주사침, 생리식염수

순 서	필요한 기구
치조골형태 수정	골겸자, 골줄, 끌과 망치
봉 합	봉합침, 봉합사, 봉침기, 봉합사가위
거즈 물려 지혈	지혈용 거즈

(5) 창상치유

① 발치와의 치유과정

   ㉠ 제1기(출혈 및 혈병생성기)
- 수분~30분 : 지혈, 혈병 생성
- 1~2일 : 주위조직의 염증과정 시작, 부종, 염증세포의 침윤

   ㉡ 제2기(육아조직에 의한 혈병의 기질화기)
- 7일 : 혈병이 육아조직으로 치환, 상피의 재상피화

   ㉢ 제3기(결합조직에 의한 육아조직의 치환기, 창상의 상피화)
- 10~20일 : 육아조직의 치환이 완성, 발치와에 신생골이 채워짐

   ㉣ 제4기(거친 원섬유성 골에 의한 결합조직의 치환기)
- 30일 : 발치와의 2/3가 거친 원섬유성 골로 채워짐

   ㉤ 제5기(치조돌기의 재건 및 성숙 골조직에 의한 미성숙 골의 치환기)
- 40일 : 발치와가 원섬유성 골로 채워진 후 조직표본에서 치조백선의 윤곽 관찰

② 창상치유의 지연요소

   ㉠ 감 염
   ㉡ 창상의 크기
   ㉢ 이물질
   ㉣ 혈류의 공급상태
   ㉤ 환자의 전신상태

(6) 발치 후 주의사항

① 발치 후 지혈을 위해 2시간 동안 거즈를 물고 있게 한다.
② 외과적 수술 부위에는 48시간 동안 냉찜질을 한다.
③ 타액과 피는 모두 삼킨다.
④ 유동식을 권장하고, 충분한 휴식을 하며, 처방약은 모두 복용한다.
⑤ 무리한 운동, 뜨거운 목욕, 흡연, 빨대 사용, 음주를 하지 않는다.
⑥ 발치 부위는 칫솔질을 피하고 구강소독제를 사용한다.
⑦ 심한 통증 및 출혈 시에는 치과에 내원한다.

다음 중 창상치유의 지연요소가 아닌 것은 무엇인가?

① 무균상태
② 혈류의 공급상태
③ 환자의 전신상태
④ 창상의 크기
⑤ 감 염

답 ①

다음 중 국소적 지혈처치 방법에 대한 설명으로 옳은 것은 무엇인가?

① 탐폰은 약제가 포함된 거즈를 출혈 부위에 충전하는 것이다.
② 압박지혈은 출혈 부위에 강한 힘으로 일시적으로 압박하는 것이다.
③ 지압 시 출혈점을 압박한다.
④ 발치와 봉합은 혈관의 절단부를 직접 찾아 봉합하는 방법이다.
⑤ 압박붕대는 악교정 수술 후 7일간 시행한다.

해설
② 압박지혈은 출혈 부위에 완만한 힘으로 지속적으로 압박하는 것이다.
③ 지압 시 출혈점보다 더 근원 쪽으로 압박한다.
④ 발치와 봉합은 발치와를 대각선상으로 봉합하는 것이다.
⑤ 압박붕대는 악교정 수술 후 1~2일간 시행한다.

답 ①

(7) 지혈처치 방법

국소적	압박지혈	출혈 부위에 완만한 힘으로 지속적으로 압박
	탐 폰	• 출혈 부위가 깊고 커서 지혈이 불가능한 경우 • 멸균거즈, 약제가 포함된 거즈를 충전
	지 압	출혈점보다 더 근원 쪽으로 압박
	압박붕대	악교정수술, 대수술 이후 1~2일간 시행
	발치와봉합	발치와를 대각선상으로 봉합
	혈관봉합	혈관의 절단부를 직접 찾아 봉합
	창상연봉합	출혈되는 창상연을 직접 봉합
	전기응고	전기소작기 이용
전신적	국소적 지혈제	혈관수축제(에피네프린), 물리적 응고촉진제(젤라틴스폰지, 산화셀룰로오스), 혈액응고인자(프롬빈, 섬유소)를 이용
	전신적 지혈제	비타민 K(저프로트롬빈혈증), 비타민 C(혈관강화약), 혈액응고인자제, 프로트롬빈, 섬유소원제제, 칼슘제제 등 이용

6 외 상

(1) 치아의 외상

치아와 치수의 손상	치관균열, 비복잡치관파절, 복잡치관파절, 비복합치관-치근파절, 복잡치관-치근파절, 치근파절
치주조직의 손상	진탕, 아탈구, 함입성탈구, 측방탈구, 정출성탈구, 완전탈구, 잔존치근파절
치조골의 손상	치조와의 분쇄골절, 치조와벽의 골절, 치조돌기의 골절, 상악골 및 하악골의 악골골절
악골의 손상	단순골절, 복합골절, 완전골절, 불완전골절, 복잡골절, 분쇄골절
연조직의 손상	좌상, 찰과상, 외상성 문신, 관통창, 총상 및 파편상, 화상

다음 중 법랑질, 상아질, 백악질과 치수를 포함하여 파절된 것은 무엇인가?

① 비복잡 치관파절
② 치관균열
③ 비복잡 치관-치근파절
④ 복잡 치관-치근파절
⑤ 치근파절

해설
① 법랑질과 상아질에 국한하여 파절
② 법랑질에 국한되어 균열
③ 법랑질, 상아질, 백악질이 파절되었으나 치수를 포함하지 않음
⑤ 상아질, 백악질, 치수를 포함하는 파절

답 ④

(2) 치아와 치수의 외상과 치료방법

치관균열	• 법랑질에 국한하여 균열이 나타나서 찬 음식에 민감 • 치료 : 정기검진
비복잡 치관파절	• 법랑질과 상아질에 국한하여 파절된 상태 • 치료 : 법랑질-파절면 연마, 상아질-치수보호 후 주기적 관찰
복잡 치관파절	• 법랑질, 상아질, 백악질의 파절이며 치수를 포함 • 치료 : 치수노출에 따라 치수복조, 치수절단, 근관치료 시행 후 필요시 보철치료도 시행
비복잡 치관-치근파절	• 법랑질, 상아질, 백악질의 파절이며, 치수를 포함하지 않고, 치아가 일시에 강한 힘을 받아서 나타나는 파절 • 치료 : 근관치료, 치은절제술, 교정으로 정출, 보철치료

복잡 치관-치근파절	• 법랑질, 상아질, 백악질의 파절이며, 치수를 포함 • 치료 : 근관치료 후 보철수복, 발치
치근파절	• 상아질, 백악질 및 치수를 포함 • 치료 : 치경부파절-근관치료와 보철수복, 치근중앙부파절과 치근단부파절 - 스플린트고정, 정기관찰, 증상발현 시 발치

(3) 치주조직의 외상과 치료방법

치아진탕	• 치아의 동요나 전위 없이 치주인대만 손상, 타진에 민감 • 치료 : 정기적 치수생활력검사로 치수손상 여부 확인
아탈구	• 일부 치주인대 끊어짐, 전위는 안 되고 치아동요가 있음 • 치료 : 동요 시 고정, 정기관찰, 방사선치료, 필요시 근관치료
함입성탈구	• 치조골 안쪽으로 위치변위, 치조골 골절과 동반 • 치료 : 재맹출이 느려지면 맹출유도, 치수생활력검사
측방성탈구	• 치조골의 바깥쪽으로 위치변위, 치조골의 골절과 동반 • 치료 : 치아 재위치로 고정 후 정기관찰
정출성탈구	• 치조골 바깥쪽으로 위치변위 • 치료 : 치아 재위치로 고정 후 정기관찰
완전탈구	• 치아가 치조골에서 완전히 탈락 • 치료 : 가능한 치조와 내에 넣고 이동하거나 우유나 식염수에 넣고 이동하여 치관부를 잡고 치근부를 식염수로 세척한 후 치조와 내 고정하며(30분 이내), 병변 발견 시 근관치료, 발치를 고려

(4) 악골골절

① 악골골절의 원인

외상성골절	교통사고, 운동, 폭력 등 외력에 의함
병적골절	• 낭종, 종양 같은 국소질환 • 전신질환자의 경우 병적으로 약해진 상태에서 작은 충격에 의함

② 악골골절의 분류

골절 상태에 따른	단순골절	• 골막이 유지되며 외부와 연결되지 않은 하나의 골절선이 보임 • 하악 무치악에서 호발
	복합골절	• 외부 창상과 연결되며, 골절부가 구강 내로 노출됨 • 안면부 중앙에서 시작되며 여러 안면골이 포함됨
	완전골절	골절된 단면이 인접하지 않게 완전 분리된 골절
	불완전골절	• 골의 한쪽은 부러지고 다른 쪽은 구부러지는 경우 • 소아에 호발
	복잡골절	• 하나의 골절 부위에 골절편이 2개인 경우 • 혈관, 신경 등 주위 인접구조물에 손상
	분쇄골절	하나의 골절 부위에 골절편이 여러 개인 경우

다음 중 외상으로 인해 일부의 치주인대가 끊어져 전위는 되지 않고, 치아 동요만 있는 상태의 치주조직 외상은 무엇인가?

① 치아진탕
② 아탈구
③ 함입성탈구류
④ 측방성탈구
⑤ 정출성탈구

해설
① 치아의 동요와 전위가 모두 없으며, 치주인대만 손상
③ 치조골 안쪽으로 위치변위, 치조골 골절과 동반
④ 치조골 바깥쪽으로 위치변위, 치조골 골절과 동반
⑤ 치조골 바깥쪽으로 위치변위

답 ②

다음 중 악골골절의 원인 중 다른 하나는 무엇인가?

① 교통사고
② 낭 종
③ 운 동
④ 찰과상
⑤ 폭 력

해설
①, ③, ④, ⑤는 외상성골절, ②는 병적골절에 해당

답 ②

골절 부위에 따른	중안모 골절	• 상악골골절(수평골골절과 피라미드형 골절) • 횡단골절(안면골이 두개골과 분리) • 상악골 및 관골 복합체 골절 • 비완와사골골절 • 비골골절 • 안와하골절
	하악골 골절	• 호발빈도 : 하악과두＞우각부＞정중부＞골체부＞치조돌기＞상행지＞관상돌기 • 10~20대에 호발 • 호발원인 : 폭력＞교통사고＞스포츠＞산업재해

③ 악골골절의 증상

중안모골절	얼굴피하 출혈, 결막아래 출혈, 안구변위, 비골변위, 비폐쇄, 얼굴모양 함몰, 무의식 상태, 관골궁 골절 시 개구장애 등
하악골골절	안면 변형, 안면피부의 지각마비와 동통, 개구장애, 저작장애, 발음장애, 부정교합 및 치열부정, 골절편의 이동 및 이상동요 등

(5) 연조직 처치의 과정

창상부 세척(생리식염수) 및 소독(베타딘) → 이물질 제거 → 괴사조직 절제(No.11 blade) → 24시간 이내 조기봉합

7 소수술

(1) 절개 및 배농술

① 적응증과 배농시기

㉠ 농양이 형성된 부위에 절개를 하여 농을 배출하고 내압을 감소시켜 통증을 완화시킴

㉡ 국소적으로 동통이 감소할 때

㉢ 국소적으로 열이 내려갈 때

㉣ 염증이 최고조에 이르러 흡인 시 농을 확인할 수 있을 때

㉤ 백혈구의 수치가 정상수치로 회복될 때

㉥ 종창부위에 파동이 촉지될 때

㉦ 봉와직염 같이 감염이 신속히 파급될 때 압력 해소가 필요할 때

㉧ 피부가 국소적으로 적색이며, 윤이 나고 뚜렷한 발적 부위가 있을 때

다음 중 절개 및 배농의 적응증에 대해 옳지 않은 것은 무엇인가?

① 전신적으로 동통 감소
② 전신적으로 열이 내려감
③ 염증이 가라앉아 흡인 시 농을 확인할 수 있을 때
④ 백혈구 수치가 높은 수치로 유지될 때
⑤ 윤이 나고 뚜렷한 발적 부위가 있을 때

해설
① 국소적 동통 감소
② 국소적 열이 내려감
③ 염증이 최고조에 이르러 흡인 시 농을 확인할 수 있을 때
④ 백혈구 수치가 정상수치로 회복될 때

답 ⑤

② 수술 순서와 필요한 기구

순 서	필요한 기구
구내 세정	치경, 핀셋, 탐침, 흡인기, 멸균된 장갑, 멸균된 소공포
수술 부위 소독	구강 내 소독제재
국소마취	마취 주사기, 주사침, 국소마취제
절 개	외과용 칼, 손잡이
배 농	
농양강 내 괴사조직 제거 및 세정	• 세척용 주사기, 주사침 • 외과용 큐렛, 조직겸자, 골막기자
드레인 삽입, 주위조직과 봉합하여 고정	• 드레인(거즈드레인, 고무드레인, 폴리에틸렌관 등) • 봉합사, 봉합침, 지침기, 봉합사 가위
거즈드레싱	소독용 거즈
후처치	반창고(구강 외 절개 시)

③ 절개 및 배농술 후 환자 관리
  ㉠ 절개 및 배농술 후 온찜질을 함
  ㉡ 감염이 완전 해소될 때까지 매일 소독(배농관을 따라 생리식염수로 충분히 세척, 배농관을 교환하여 삽입)
  ㉢ 배농관은 점차 짧은 것으로 교체, 거즈드레인은 감염 심부에 닿지 않게 함
  ㉣ 배농이 더 이상 되지 않으면 배농관을 삽입하지 않음
  ㉤ 배농이 멈추고 감염증상 해소된 시점에서 최소 3일 더 항생제를 사용함

(2) 치조골 정형 및 골융기제거술
  ① 적응증
    ㉠ 의치 장착 시 과잉의 치조골과 날카로운 치조골의 돌출 부위
    ㉡ 다수치 발거 시 날카로운 치조중격
    ㉢ 상악골과 하악골의 골륭의 존재로 점막손상 우려 시
  ② 수술 순서와 필요한 기구

순 서	필요한 기구
구내 세정	치경, 핀셋, 탐침, 흡인기, 멸균된 장갑, 멸균된 소공포
수술부위 소독	구강 내 소독제재
국소마취	마취 주사기, 주사침, 국소마취제
점막절개 및 피판형성	외과용 칼, 손잡이
피판 거상 후 노출	조직겸자, 견인기, 골막기자
골삭제	골겸자, 끌과 망치, 골줄, 버와 핸드피스
세정에 의한 골삭제편 제거	세척용주사기, 주사침
봉 합	봉합침, 봉합사, 봉침기, 봉합사가위

다음 중 치조골 정형 시 골삭제에 사용되는 기구가 아닌 것은 무엇인가?

① 외과용 버
② 조직겸자
③ 골 줄
④ 골겸자
⑤ 끌과 망치

답 ②

(3) 치아재식술

① 적응증

ㄱ. 근관치료 관련
- 근관치료 도중 기구가 근단부를 넘어 파절, 제거 불가능한데, 통증이 있는 경우
- 근관의 협착이나 만곡으로 근관치료를 계속할 수 없는 경우
- 근관 충전재가 근단부를 넘은 상태에서 통증이 있는 경우
- 치근관벽이 천공된 경우
- 근단에 병소가 있으나 근관폐쇄로 접근이 어려운 경우
- 근관치료에도 불구하고 호전되지 않는 경우

ㄴ. 치근 외벽이나 치근 내벽에서 치근 흡수가 호전되지 않는 경우

ㄷ. 해부학적으로 상악동, 하악관, 이공 등에 근접되어 외과적 치근단절제술이 어려운 경우

② 수술 순서와 필요한 기구

순 서	필요한 기구
구내 세정	치경, 핀셋, 탐침, 흡인기, 멸균된 장갑, 멸균된 소공포
수술부위 소독	구강 내 소독제재
국소마취	마취 주사기, 주사침, 국소마취제
발 거	발치겸자
치조와 세척	주사침, 세척용주사기
발거된 치아의 발수 및 근관충전	근관치료 재료
치아식립 및 레진과 강선을 이용한 부목 고정	부목(레진, 강선), 교정용 플라이어(wire holder, wire cutter)
교합조정	교합지

③ 치아처치법

ㄱ. 치아의 치주인대가 손상되지 않도록 유의

ㄴ. 치아가 마르지 않도록 생리식염수나 우유에 보관

ㄷ. 15분 이내에 재식하는 것이 좋음

8 감염성 질환

(1) 치성 감염의 원인

① 치아와 관련된 질환(치아우식증, 치주질환, 치아의 파절)이 진행되어 안면부의 동통과 부종으로 나타나는 감염으로, 기회성 세균, 병원성 감염, 혐기성 세균과 관련된 구강상주균에 의한다.

다음 중 치아재식술 시 성공률이 높은 치아재식 시술시간은 무엇인가?

① 5분
② 10분
③ 15분
④ 20분
⑤ 25분

답 ③

② 치조골 경계를 넘어서 진행되면 홍반성, 점막성, 피부성 감염인 봉와직염을 형성한다.
③ 봉와직염의 특성

구 분	기 간	동 통	크 기	경 계	촉 진	배 농	균 주
봉와직염	급 성	전신적	큼	희미함	경결함	없 음	호기성
농 양	만 성	국소적	작 음	뚜렷함	파동성	있 음	혐기성

(2) 치관주위염
① 치성 감염의 가장 일반적인 예
② 치관주위염의 증상 : 안면부의 발적·종창·동통과 전신의 오한·발열, 저작 및 연하곤란, 개구장애, 악취, 림프선 부종 등
③ 치관주위염의 치료방법 : 보존적 치료(항생제, 진통제, 운동제한, 비타민), 치은절제술, 원인치아 발거

9 낭종의 수술법

(1) 낭종적출술(enucleation)
낭종의 크기가 크지 않고 인접 해부학적 구조물에 손상이 예상되지 않는 경우, 피부 점막을 절개하여 낭종을 완전히 적출한 후 절개창을 봉합하는 수술 방법

(2) 낭종조대술(marsupialization)
낭종이 크고 인접 해부학적 구조물에 손상이 예상되는 경우, 치아를 함유한 낭종에서 원인치아를 보존하여 맹출을 유도할 때 개창을 형성하여 낭종 내용물을 흡인하고 낭종내벽과 구강점막을 연결하는 술식

(3) 낭종적출술과 낭종조대술의 특징 비교

구 분	치유기간	정기소독	재발률	생활치손상	상악동, 비강으로의 누공
낭종적출술	빠 름	불필요	낮 음	가능성 있음	발생 가능
낭종조대술	늦 음	필요함	있 음	없 음	위험 없음

다음 중 치관주위염의 증상으로 적절하지 않은 것은?
① 안면부의 발적과 동통
② 전신의 오한과 발열
③ 저작 및 연하 곤란
④ 개구장애
⑤ 림프선 감염

해설
⑤ 림프선 부종과 악취가 치관주위염의 증상이다.

답 ⑤

다음 중 악관절의 관절낭이나 관절 인대의 이완 등으로 하악과두의 위치가 관절융기의 전방으로 과하게 이동한 상태는 무엇인가?
① 악관절 내장증
② 악관절 탈구
③ 악관절 경직증
④ 개구제한
⑤ 악관절 위치이상

 ②

10 턱관절 질환

(1) 악관절 탈구
관절낭이나 관절인대의 이완 등으로 하악과두의 위치가 관절융기의 전방으로 과하게 이동한 상태

(2) 악관절 탈구 시 치료방법
① 환자의 전방에서 술자는 양쪽 엄지손가락에 거즈를 감는다.
② 엄지손가락을 환자의 하악 최후방 구치 뒤쪽의 외사능 부위 위에 올려둔다.
③ 나머지 손가락으로 하악골 우각부와 하연을 단단히 잡는다.
④ 순간적으로 하악을 하방으로 밀며 동시에 후방으로 밀어 하악와에 하악골을 넣는다.
⑤ 정복된 후 2~3일은 탄력붕대를 감아 고정과 안정을 도모한다.

CHAPTER 04 적중예상문제

1 진 찰

01 다음 중 구강, 안면 부위 및 주위조직에서 발생하는 질병, 기형, 손상, 결손에 대한 병인을 진단하여 외과적 치료, 재건치료, 보조치료를 시행하여 기능회복과 심미적 복원을 목적으로 하는 치의학의 분야는 무엇인가?

① 치과보철학 ② 구강악안면외과학
③ 치과보존학 ④ 치과교정학
⑤ 치주학

2 전신질환자의 치과치료

01 다음 중 심혈관계 질환자의 치과치료에 대해 옳은 것은 무엇인가?

① 고혈압 환자는 진료시간을 오전 중 짧게 한다.
② 에피네프린이 포함된 국소마취제를 이용한다.
③ 치료 후 예방적 항생제를 투여한다.
④ 협심증 환자는 수축기 혈압 100mmHg 이하에 설하로 나이트로글리세린을 투여한다.
⑤ 심근경색 환자는 심근경색 발병 3개월 이내 통상적 치과치료를 금지한다.

해설
① 진료시간은 오후 중 짧게 한다.
② 에피네프린이 없는 국소마취제를 이용한다.
③ 치료 전 예방적 항생제를 투여한다.
⑤ 심근경색환자는 심근경색 발병 6개월 이내 통상적 치과치료를 금지한다.

02 다음 중 출혈성 환자의 치과치료에 대해 옳은 것은 무엇인가?

① 보존치료는 금기이다.
② 외과치료는 선택적으로 시행한다.
③ 진통제로 아스피린을 처방한다.
④ 신장투석환자는 항응고제 투여 후 치과치료를 시행한다.
⑤ 혈소판 수, 출혈시간, 프로트롬빈 시간 등의 검사가 필요하다.

해설
① 보존치료는 가능하다.
② 외과치료는 금지한다.
③ 진통제로 아스피린을 사용하지 않는다.
④ 신장투석환자는 항응고제 투여 전 치과치료를 시행한다.

3 외과 기구의 준비

01 다음 중 세균의 포자를 포함한 모든 형태의 미생물을 파괴하는 것은 무엇인가?

① 세 척   ② 위 생
③ 멸 균   ④ 소 독
⑤ 박 멸

02 다음 중 소독의 종류로 옳지 않은 것은 무엇인가?

① 자비소독 ② 화학적 소독
③ hot oil   ④ 자외선소독
⑤ 무균처치

정답 01 ② / 01 ④ 02 ⑤ / 01 ③ 02 ⑤

03 다음 중 불포화 화학증기멸균법의 장점이 아닌 것은 무엇인가?

① 짧은 멸균시간
② 기구가 녹슬거나 무뎌지지 않음
③ 별도의 건조과정 불필요
④ 침투력
⑤ 경제적

> **해설**
> ④ 침투력이 약한 것이 불포화 화학증기멸균법의 단점이다.

04 다음 중 건열멸균에 적합한 치과 기구가 아닌 것은 무엇인가?

① towel   ② scissor
③ needle   ④ file
⑤ powder

> **해설**
> ① 다공성 재질의 면 제품 멸균은 고압증기멸균법이 적합하다.

05 다음 중 고압증기멸균의 멸균방법으로 옳은 것은 무엇인가?

① 121℃ 10psi 15분, 132℃ 15psi 6~7분
② 121℃ 10psi 15분, 132℃ 25psi 6~7분
③ 121℃ 10psi 15분, 132℃ 30psi 6~7분
④ 121℃ 15psi 15분, 132℃ 30psi 6~7분
⑤ 121℃ 15psi 15분, 132℃ 35psi 6~7분

06 다음 중 불포화 화학증기멸균의 멸균방법으로 옳은 것은 무엇인가?

① 132℃ 15~20분   ② 132℃ 6~7분
③ 123℃ 25~30분   ④ 123℃ 15~20분
⑤ 123℃ 6~7분

07 다음 중 환자의 수술 부위 소독에 대해 옳지 않은 것은 무엇인가?

① 소독되지 않은 부위는 멸균천으로 완전히 덮는다.
② 수술팀의 몸이 닿기 쉬운 곳은 멸균천으로 완전히 덮는다.
③ 구강 내 전악 치석 제거를 한다.
④ 구강 외 베타딘으로 위에서부터 아래로 피부를 소독한다.
⑤ 구강 외 베타딘이 소독된 부위는 재소독하지 않는다.

> **해설**
> ④ 베타딘의 구강 외 소독 시 안에서 바깥으로 원을 그리며 소독한다(약 10~15cm 범위).

08 환자의 수술 부위 소독으로 옳은 것은?

① 수술 부위만 치석제거를 시행한다.
② 구외 소독은 베타딘을 사용한다.
③ 소독된 부위는 멸균천으로 완전히 덮는다.
④ 1차 소독이 완료된 부위는 2차 소독을 시행한다.
⑤ 소독제 도포 방향은 위에서 아래로 진행한다.

> **해설**
> ① 구내 소독은 전악 치석제거로 구강 전체를 소독한다.
> ③ 소독되지 않은 부위는 멸균천으로 완전히 덮는다.
> ④ 소독이 완료된 부위에 재소독은 시행하지 않는다.
> ⑤ 소독제 도포 방향은 안에서 바깥으로 원을 그린다(10~15cm 범위).

정답 03 ④ 04 ① 05 ④ 06 ① 07 ④ 08 ②

09 다음 중 조직을 잡을 때 사용하는 기구는 무엇인가?
   ① 조직겸자   ② 골막기자
   ③ 핀 셋   ④ 봉침기
   ⑤ 지혈겸자

4 국소마취

01 다음 중 주사형 amide에 대한 설명이 아닌 것은 무엇인가?
   ① 도포마취제로 효과가 있다.
   ② 혈관수축제를 포함할 수 있다.
   ③ 안전성이 높다.
   ④ 2~3분 내 마취가 발현된다.
   ⑤ 코카인, 프로카인 등이 있다.

   해설
   ⑤ 주사형 ester에 대한 설명이다.

02 국소마취에 대한 설명으로 옳은 것은?
   ① 멸균이 가능해야 한다.
   ② 완전한 마취는 불가능해야 한다.
   ③ 인체 내 생체 대사반응을 통해 비가역적으로 작용한다.
   ④ 신체의 일부를 지배하는 말초신경의 기능에 작용한다.
   ⑤ 마취의 지속시간이 짧아야 한다.

   해설
   ① 소독이 가능해야 한다.
   ② 완전한 마취가 가능해야 한다.
   ③ 인체 내 생체 대사반응으로 가역적 작용한다.
   ⑤ 마취의 빠른 효과, 충분한 지속시간

03 다음 중 국소마취 시 통증을 감소시키는 방법으로 옳은 것은 무엇인가?
   ① 차가운 마취제를 주입한다.
   ② 마취액을 최대한 빠르게 주입한다.
   ③ 날카로운 주사침을 사용한다.
   ④ 마취 후 진통제를 투약한다.
   ⑤ 주사침을 최대한 빨리 제거한다.

   해설
   ① 따뜻한 마취제를 주입한다.
   ② 마취액을 천천히 주입한다.

04 다음 중 마취 후 개구장애가 온 경우 대응법으로 옳은 것은 무엇인가?
   ① 냉찜질
   ② 항생제 투약
   ③ 개구가 가능할 때까지 개구운동 금지
   ④ 근이완제 투약
   ⑤ 정기관찰

   해설
   ① 온찜질
   ② 진통제 투약
   ③ 적극적인 개구운동 시행

05 다음 중 실신의 전구증상으로 틀린 것은 무엇인가?
   ① 깊은 호흡상태
   ② 식은땀
   ③ 구역질
   ④ 피 로
   ⑤ 안색변화

   해설
   ① 얕은 호흡상태와 의식소실

5 발치술

01 발치의 전신적 금기증으로 옳지 않은 것은?
① 혈액질환자
② 심장질환자
③ 급성 소모성 질환자
④ 약제 사용환자
⑤ 생리적 변동자

해설
국소적 금기증
급성 감염성 구내염, 악성종양 증식 부위에 포함된 치아, 급성 지치주위염 원인 치아, 봉와직염 동반한 급성 감염, 방사선 조사를 받은 부위 치아

02 다음 중 발치 후 합병증이 아닌 것은 무엇인가?
① 엉뚱한 치아의 발치
② 치조골염
③ 개구장애
④ 건성발치와
⑤ 화농성육아종

해설
① 발치 중 합병증이다.
②, ③, ④, ⑤ 외 부종, 동통, 출혈 : 발치 후 합병증

03 다음 중 발치 중 합병증으로 옳지 않은 것은 무엇인가?
① 화농성육아종
② 치은 및 점막의 열상
③ 출혈 및 실신
④ 상악동 천공
⑤ 하치조신경의 손상

해설
① 발치 후 합병증이다.

04 다음 중 단순발치 과정에 필요한 외과용 기구가 아닌 것은?
① 발치겸자
② 발치기자
③ 생리식염수
④ 외과용 버
⑤ 지혈용 거즈

해설
④ 외과적 발치 시 필요한 기구이다.

05 다음 중 발치와의 치유과정 중 출혈이 되며, 혈병이 생성되는 시기는 무엇인가?
① 제1기
② 제2기
③ 제3기
④ 제4기
⑤ 제5기

해설
② 육아조직에 의한 혈병의 기질화기
④ 거친 원섬유성 골에 의한 결합조직 치환기
⑤ 치조돌기의 재건 및 성숙 골조직에 의한 미성숙 골 치환기

06 다음 중 결합조직에 의해 육아조직의 치환이 완성되며, 발치와에 신생골이 채워지는 시기는 언제인가?
① 발치 후 7일
② 발치 후 10~20일
③ 발치 후 30일
④ 발치 후 40일
⑤ 발치 후 90일

해설
② 제3기에 해당한다.

정답 01 ③ 02 ① 03 ① 04 ④ 05 ① 06 ②

07 다음 중 발치 후 주의사항으로 적절한 것은 무엇인가?
① 지혈을 위해 30분간 거즈를 물고 있는다.
② 타액과 피는 뱉어낸다.
③ 외과적 수술 부위는 48시간 동안 온찜질을 한다.
④ 발치 부위는 칫솔질을 피하고 구강소독제를 사용한다.
⑤ 처방된 약은 통증이 없으면 복용하지 않는다.

해설
① 지혈을 위해 2시간 동안 거즈를 물고 있는다.
② 타액과 피는 삼킨다.
③ 외과적 수술 부위는 48시간 동안 냉찜질을 한다.
⑤ 처방된 약은 모두 복용한다.

08 발치 후 주의사항으로 적절한 것은?
① 피는 뱉어낸다.
② 빨대를 사용한다.
③ 따뜻한 식사를 한다.
④ 온찜질을 한다.
⑤ 발치 부위에 칫솔질을 하지 않는다.

해설
발치 후 주의사항
• 피와 침은 모두 삼킨다.
• 빨대, 뜨거운 목욕, 무리한 운동, 흡연, 음주 금지
• 48시간 냉찜질
• 발치 부위는 칫솔질을 하지 않고, 구강소독제를 이용한다.

09 다음 중 지혈처치 시 사용하는 국소적 지혈제가 아닌 것은 무엇인가?
① 산화셀룰로오스   ② 젤라틴스폰지
③ 에피네프린   ④ 프롬빈
⑤ 비타민 C

해설
⑤ 혈관강화약으로 전신적 지혈제에 해당
①, ② 응고촉진제
③ 혈관수축제
④ 혈액응고인자

6 외 상

01 다음 중 외상으로 인한 치주조직의 손상이 아닌 것은 무엇인가?
① 측방탈구   ② 정출성 탈구
③ 잔존치근 파절   ④ 진 탕
⑤ 치근파절

해설
⑤ 치아와 치수의 손상에 해당한다.

02 다음 중 외상으로 인한 연조직 손상에 해당하지 않는 것은 무엇인가?
① 찰과상   ② 외상성 문신
③ 화 상   ④ 진 탕
⑤ 파편상

해설
④ 치주조직의 손상에 해당한다.

03 다음 중 법랑질에 한하여 균열이 나타나 찬 음식에 민감할 경우 임상적 처치는 무엇인가?
① 정기검진   ② 레진 충전
③ 근관치료   ④ 발 치
⑤ 상아질접착제 도포

04 다음 중 치근파절이 나타난 치아의 임상적 처치로 옳은 것은 무엇인가?

① 치경부 파절 시 레진 충전
② 치근중앙부 파절 시 발치
③ 치근단부 파절 시 발치
④ 증상발현 시 근관치료 및 보철
⑤ 치근중앙부 및 치근단부 파절 시 스플린트 시행

해설
⑤ 치근파절은 상아질, 백악질, 치수를 포함하기 때문에 충전처치가 불가하다.
① 치경부 파절 시 근관치료 및 보철수복
②, ③ 치근중앙부 및 치근단부 파절 시 스플린트 시행 후 정기검진
④ 증상발현 시 발치

05 다음 중 비복잡 치관–치근파절 시 적절한 임상처치가 아닌 것은 무엇인가?

① 근관치료 ② 파절면 연마
③ 치은절제술 ④ 교정으로 정출
⑤ 보철치료

해설
② 비복잡 치관 : 치근파절 시 법랑질, 상아질, 백악질이 파절되었으나 치수를 포함하지 않은 파절, 파절면 연마는 비복잡 치관파절에 적용

06 다음 중 치아가 치조골에서 완전히 탈락했을 때, 치아를 이동하는 방법으로 적절하지 않은 것은 무엇인가?

① 치조와 내에 넣고 병원으로 이동한다.
② 우유나 식염수에 넣어 병원으로 이동한다.
③ 치근부를 잡아서 운반한다.
④ 30분 이내 치조와 내에 고정해야 한다.
⑤ 식염수로만 세척한다.

해설
③ 치근부에는 치주인대가 있기 때문에 치관부를 잡아서 운반한다.

07 다음 중 악골의 골절된 단면이 인접하지 않게 완전히 분리된 골절은 무엇인가?

① 단순골절 ② 복합골절
③ 완전골절 ④ 불완전골절
⑤ 복잡골절

해설
① 골막이 유지되며 하나의 골절선을 보임
② 외부의 창상과 연결되며 골절부가 구강 내로 노출됨
④ 골의 한쪽은 부러지고, 다른 쪽은 구부러짐
⑤ 하나의 골절 부위에 골절편이 2개인 경우

08 다음 중 하나의 골절 부위에 골절편이 여러 개인 경우의 악골골절은 무엇인가?

① 복합골절 ② 완전골절
③ 불완전골절 ④ 복잡골절
⑤ 분쇄골절

09 다음 중 중안모골절에 해당하는 악골골절이 아닌 것은 무엇인가?

① 상악골골절 ② 하악골골절
③ 관골복합체골절 ④ 비골골절
⑤ 안와하골절

해설
② 하악골골절은 중안모골절에 포함되지 않는다.

10 다음 중 하악골골절의 호발빈도가 가장 높은 부위는 무엇인가?

① 관상돌기 ② 상행지
③ 치조돌기 ④ 하악과두
⑤ 우각부

해설
하악골골절 호발빈도
하악과두 > 우각부 > 정중부 > 골체부 > 치조돌기 > 상행지 > 관상돌기

11 다음 중 하악골골절의 가장 높은 호발원인은 무엇인가?

① 교통사고 ② 폭 력
③ 스포츠   ④ 산업재해
⑤ 골다공증

해설
하악골골절 호발원인
폭력 > 교통사고 > 스포츠 > 산업재해

12 다음 중 연조직 손상 시 처치과정에 대해 옳은 것은 무엇인가?

① 창상 부위의 세척은 멸균증류수를 이용한다.
② 창상부의 소독은 알코올을 이용한다.
③ 이물질을 꼭 제거한다.
④ 괴사조직은 blade No.12를 이용해 절개한다.
⑤ 1시간 내 조기 봉합한다.

해설
① 창상 부위 세척은 생리식염수를 이용한다.
② 창상 부위 소독은 베타딘을 이용한다.
④ 괴사조직은 blade No.11을 이용해 절제한다.
⑤ 24시간 내 조기 봉합한다.

7 소수술

01 다음 중 절개 및 배농의 술식과정이 아닌 것은 무엇인가?

① 수술부위 소독 ② 전신마취
③ 절 개   ④ 배 농
⑤ 드레인 삽입

02 절개 및 배농이 가능한 시기로 적절한 것은?

① 국소적으로 열이 내려갈 때
② 극심한 통증이 있을 때
③ 백혈구 수치가 높을 때
④ 부위의 발적이 감소되었을 때
⑤ 종창 부위의 파동이 없을 때

해설
절개 및 배농의 시기
• 국소적으로 열 감소, 통증 감소
• 백혈구 수치가 정상 수치로 회복될 때
• 뚜렷한 발적 부위, 윤이 남, 피부가 적색일 때
• 종창 부위의 파동이 촉지될 때

03 다음 중 절개 및 배농술 후 주의사항으로 옳은 것은 무엇인가?

① 절개 및 배농술 후 온찜질을 한다.
② 배농관을 따라 클로르헥시딘으로 충분히 소독한다.
③ 배농관은 점차 얇은 것으로 교체한다.
④ 거즈드레인은 감염 심부에 닿아야 한다.
⑤ 감염증상 해소 시 항생제 투여를 중단한다.

해설
② 배농관을 따라 생리식염수로 충분히 세척한다.
③ 배농관은 점차 짧은 것으로 교체한다.
④ 거즈드레인은 감염 심부에 직접 닿지 않도록 한다.
⑤ 감염증상 해소 시 최소 3일 더 항생제를 투여한다.

정답 10 ④ 11 ② 12 ③ / 01 ② 02 ① 03 ①

04 다음 중 치조골 정형 및 골융기제거술의 적응증으로 옳지 않은 것은 무엇인가?
① 의치장착 시 방해
② 치조골의 돌출 부위가 날카로워 혀에 걸림
③ 다수치 발거 시 치조중격이 날카로움
④ 상악골이나 하악골에 골류의 존재로 점막손상의 가능성
⑤ 전체적인 치조골의 수평적 소실

05 다음 중 치아재식술의 적응증으로 옳지 않은 것은 무엇인가?
① 근관 충전재가 근단부를 넘은 상태에서 통증이 있는 경우
② 근관치료 이후에도 증상이 호전되지 않는 경우
③ 해부학적 구조물에 근접하여 외과적 치근단절제술이 어려운 경우
④ 발거된 잇몸에 건전한 사랑니를 발치하여 재식
⑤ 근관의 협착이나 만곡으로 근관치료를 계속할 수 없는 경우

8 감염성 질환

01 다음 중 치성 감염의 원인으로 적절하지 않은 것은 무엇인가?
① 치아우식증 ② 치주질환
③ 병원성 감염 ④ 호기성 세균
⑤ 기회성 세균

해설
④ 혐기성 세균이 관여한다.

02 다음 중 봉와직염에 대한 특성이 아닌 것은 무엇인가?
① 급성으로 진행 ② 전신적 통증
③ 경계가 뚜렷함 ④ 배농이 없음
⑤ 호기성 균주

해설
③ 농양에 대한 특성이다.
①, ②, ④, ⑤ 큰 크기, 촉진 시 경결함 = 봉와직염의 특성

03 봉와직염의 특징으로 옳은 것은?
① 병소의 크기가 큼
② 병소의 경계가 뚜렷함
③ 배농이 가능함
④ 혐기성 세균에 의함
⑤ 만성으로 진행됨

해설
• 봉와직염 : 급성, 전신, 크기 크고, 경계 희미하고, 촉진 시 경결함, 배농 없음, 호기성 균주
• 농양 : 만성, 크기 작고, 경계 뚜렷하고, 촉진 시 파동성, 배농 있음, 혐기성 균주

04 다음 중 치성 감염의 가장 일반적인 예로 적합한 것은 무엇인가?
① 치관주위염 ② 치은염
③ 치주염 ④ 근단농양
⑤ 치주농양

05 다음 중 치관주위염의 치료방법으로 적절한 것은 무엇인가?

① 항생제와 진통제 투여
② 원인치아의 근관치료
③ 비타민 투여
④ 치은절제술
⑤ 운동제한

해설
② 원인치아의 발거가 치료방법이다.

03 다음 중 낭종조대술에 대한 설명으로 옳은 것은 무엇인가?

① 낭종의 크기가 작아야 함
② 해부학적 구조물의 손상이 예상되지 않음
③ 낭종에서 원인치아와 함께 발거
④ 개창을 형성하여 낭종 내용물을 흡인
⑤ 낭종내벽과 구강점막을 분리시킴

해설
① 낭종의 크기가 큼
② 해부학적 구조물의 손상이 예상
③ 원인치아를 보존하며 맹출유도 시 적용
⑤ 낭종내벽과 구강점막을 연결시킴

9 낭종의 수술법

01 다음 중 낭종적출술에 대한 설명으로 옳지 않은 것은 무엇인가?

① 낭종의 크기가 크지 않음
② 인접 해부학적 구조물의 손상이 예상되지 않음
③ 피부 점막을 절개
④ 낭종을 일부 적출
⑤ 절개창을 봉합

해설
④ 낭종을 완전히 적출하는 술식이다.

02 다음 중 낭종적출술의 특징은 무엇인가?

① 치유기간이 빠름
② 정기소독이 필요함
③ 재발률이 높음
④ 생활치 손상 가능성이 없음
⑤ 상악동이나 비강으로의 누공형성 가능성이 없음

해설
②, ③, ④, ⑤ 낭종조대술의 특징이다.

10 턱관절 질환

01 다음 중 악관절 탈구 시 치료방법으로 옳지 않은 것은 무엇인가?

① 환자의 전방에서 술자는 양쪽 엄지손가락에 거즈를 감는다.
② 술자의 엄지손가락을 환자의 최후방 구치 뒤쪽 외사능 부위에 올려둔다.
③ 술자의 나머지 손가락으로 하악골 우각부와 하연을 잡는다.
④ 순간적으로 하악을 하방으로 밀며 후방으로 밀어 하악와에 하악골을 넣는다.
⑤ 정복 후 7일을 탄력붕대를 감아 고정을 도모한다.

해설
⑤ 정복 후 2~3일 탄력붕대를 감는다.

CHAPTER 05 치과보철

1 치과보철치료의 특징과 교합

(1) 치과보철치료의 특징

① 치아보철치료가 필요한 환자
  ㉠ 연령이 증가하여 치아나 치주조직의 붕괴가 있는 환자
  ㉡ 교통사고 또는 안전사고 등의 외상을 입은 환자

② 치과보철치료의 특징
  ㉠ 치아상실 없이 치아우식증, 치관파절로 치관의 형태가 붕괴된 경우 : 인공재료를 이용하여 외관과 기능을 회복함
  ㉡ 하나 또는 그 이상, 다수치가 상실된 경우 : 인공치아와 인공치은으로 상실된 부위의 외관과 기능을 회복함

③ 치과보철치료의 목적
  ㉠ 치아 및 치주조직의 결손과 교합의 이상으로 일어나는 기능저하를 회복함
  ㉡ 치아의 결손을 따라 나타나는 구강 내의 형태적 및 생리적 변화를 의치로 치료함
  ㉢ 의치장착에 따른 치료의 경과와 예후 관찰
  ㉣ 치아의 결손에 따른 질환의 예방

④ 치과보철치료 대상자의 연령과 보철치료와의 관계
  ㉠ 젊은층 : 주로 고정성보철물
  ㉡ 연령증가 : 가철성보철물 비율이 증가

⑤ 치과기공과 관련된 치과위생사의 역할
  ㉠ 환자의 구강 내를 주의 깊게 관찰
  ㉡ 환자의 작은 변화에 관심을 기울여 안전하고 쾌적한 치료를 받도록 도움
  ㉢ 환자가 치료를 이해하고 치과의사를 신뢰할 수 있도록 함
  ㉣ 환자가 진료에 적극적으로 협조하도록 동기유발에 기여
  ㉤ 병원의 흐름을 파악, 환자에 대한 주요사항을 치과의사에게 전달, 원활한 진료가 이루어지도록 도움

다음 중 치과보철치료의 목적이 아닌 것은 무엇인가?

① 치아 및 치주조직의 결손과 교합의 이상으로 일어나는 기능저하를 회복함
② 치아의 결손을 따라 나타나는 구강 내의 형태적 생리적 변화를 의치로 치료함
③ 의치장착에 따른 치료의 경과와 예후 관찰
④ 다수치가 상실된 경우 인공재료를 이용하여 외관과 기능을 회복함
⑤ 치아의 결손에 따른 질환의 예방

해설
④ 다수치가 상실된 경우 치아 부위를 인공치아와 인공치은으로 외관으로 회복함, 치아상실 없이 치아우식증과 치아파절로 치관의 형태 붕괴 시 인공재료를 이용해 외관과 기능을 회복함

답 ④

⑥ 치과보철치료 환자에게 필요한 환자 지도 내용

보철치료 시작 전	• 환자의 주소 파악 • 전신질환과 치과 병력 청취 • 방사선 촬영, 진단모형 제작 • 진단결과와 치료계획 설명 • 환자와 합의하여 치료방향, 보철물 종류, 재료 선택 • 환자의 협조사항에 대해 설명
보철치료 기간 중	• 세심한 주의 • 환자의 의문사항을 적극 해결
보철치료 장착 후	• 자연치와의 차이점 인지시킴 • 구강위생용품의 사용법 교육

(2) 교 합

① 치열 : 유치나 영구치의 맹출이 끝난 후 교합면 방향에서 보이는 상악 또는 하악 치아의 열

② 치조제의 특징
  ㉠ 골흡수와 생성이 동시에 일어나지만, 흡수가 더 빠르게 진행된다.
  ㉡ 상악은 흡수 방향이 협측에서 구개측으로 일어난다.
  ㉢ 하악은 설측에서 협측으로 일어나나 거의 동일하다.
  ㉣ 상악이 좁아져 하악의 치조제가 넓어져 보인다.

③ 치열궁의 특징
  ㉠ 구치의 협측 교두정이나 중심구~견치의 교두정~절치의 절단면을 연결한 궁상의 선
  ㉡ 정면에서 보이는 얼굴외형이나 상악중절치 순면의 외형과 유사하다.
  ㉢ 일반적으로 영구치의 치열궁은 상악은 반타원형, 하악은 포물선형을 나타낸다.

④ 만 곡

전후적 교합만곡	• 상악 치열을 협측에서 봤을 때의 만곡 • 아래로 돌출된 원호 모양
스피만곡	하악견치의 첨두~소구치와 대구치의 협측교두정~하악지의 전연까지의 만곡
측방교합만곡	하악치아를 전두면에서 봤을 때 좌우 동명 구치의 협·설 교두를 연결하여 생기는 만곡(비기능 교두가 기능 교두보다 짧다)

⑤ 평 면

교합평면	하악중절치의 절단연과 하악 제2대구치의 원심협측 교두정을 포함한 가상의 평면
프랑크푸르트평면	• 안와의 최하방점~외이도의 상연을 연결 • 악태모형 제작, 두부 방사선 규격 촬영, 상악 모형의 교합기 장착 시 이용
캠퍼평면	• 비익의 하단~이주의 상연을 연결 • 가상교합평면을 정하는 기준

다음 중 치조제의 기본적인 특성에 대해 옳은 것은 무엇인가?

① 골흡수가 모두 이루어진 후 골생성이 이루어진다.
② 하악은 협측에서 설측으로 골흡수가 일어나나 거의 동일하다.
③ 하악의 치조제가 좁아지고, 상악의 치조제가 넓어진다.
④ 상악은 협측에서 설측으로 골흡수가 일어난다.
⑤ 골흡수보다 골생성이 더 빠르게 진행된다.

해설

① 골흡수와 골생성은 동시에 이루어진다.
② 하악은 설측에서 협측으로 골흡수가 일어난다.
③ 상악은 치조제가 좁아지고, 하악의 치조제가 넓어진다.
⑤ 골생성보다 골흡수가 더 빠르게 진행된다.

답 ④

다음 중 자연치의 이상적 교합관계는 무엇인가?

① 견치 유도교합
② 편측성 평형교합
③ 양측성 평형교합
④ 중심교합위
⑤ 하악안정위

답 ①

⑥ 교합관계

양측성 평형교합	• 전방교합 시 모든 치아가 접촉함 • 총의치에 적용 : 의치의 유지와 안정에 도움을 주는 이상적 교합관계
편측성 평형교합	• 측방운동 시 작업 측의 모든 구치부는 접촉, 비작업 측은 접촉하지 않은 교합관계 • 고정성 보철물에 적용
견치 유도교합	• 전방운동 시 견치만 접촉, 절치와 구치가 견치에 의해 유도 • 자연치의 이상적인 교합관계(치아의 최소마모와 치주조직에 부담이 적음)

⑦ 하악위 : 상악에 대한 하악의 임의적 위치관계

⑧ 중심위
  ㉠ 측두하악관절이 기준이 되는 악구강계에서 가장 편안하고 기능적 관계
  ㉡ 악관절의 위치관계로 무치악의 보철임상에 매우 중요, 교합 재구성 시 기준
  ㉢ 하악이 상악에 대해 최후방에 위치(중심교합보다 1~2.25mm 후방에 위치)

⑨ 중심교합위
  ㉠ 치아가 기준이 되며 과두가 중심관계보다 약간 전방에 위치
  ㉡ 기능교두가 대합치에 최대한 면적으로 접촉하며, 최대교두감합위라고도 함
  ㉢ 치아가 최대 면적 접촉을 이루도록 꽉 다문 치아와 치아 사이의 위치관계
  ㉣ 상악 치아의 장축이 하악 동명치보다 원심에 위치, 상악이 하악을 순·협으로 피개, 하악중절치와 상악 최후방 구치를 제외하고 1 : 2 치아관계

⑩ 하악안정위
  ㉠ 상하악 치아가 접촉하지 않고, 하악이 중심교합보다 약간 하방에 위치
  ㉡ 상체를 세운 상태에서 안정을 취할 때 하악의 자세(하악은 중력만 받음)
  ㉢ 총의치 환자의 교합고경 결정 수단으로 중요

다음 중 치아상실 후 변화에 대해 적절한 것은 무엇인가?

① 인접치아가 치아상실 부위의 반대편으로 기울어진다.
② 상실 부위의 대합치는 함입된다.
③ 구강기능이 활발해진다.
④ 다수치 상실 시 수직고경이 유지되어 주름이 펴진다.
⑤ 발치된 치조와가 완전한 골로 바뀌는 데는 6개월 정도가 소요된다.

해설
① 인접치아가 치아상실 부위 방향으로 기울어진다.
② 상실 부위의 대합치는 정출된다.
③ 구강기능이 저하된다.
④ 다수치 상실 시 수직고경이 감소되어 주름이 깊어진다.

답 ⑤

(3) 치아상실 후의 변화

① 치아상실 후 치조부의 주요 변화
  ㉠ 발치 후 오목한 치조와에 혈병→육아조직 형성→신생골 생성→치근첨공의 치조돌기 상단 뼈가 흡수→육아조직이 치은조직으로 덮힘→치조골의 골 흡수와 생성이 진행(생성의 속도가 느림)→치조와가 완전한 골로 바뀌는 데는 5~6개월 정도 소요
  ㉡ 상악의 흡수는 순·협측에서 구개 방향으로(치조궁 축소 경향) 진행
  ㉢ 하악의 전·소구치의 흡수는 높이가 낮아짐
  ㉣ 하악의 구치의 흡수는 설측에서 협측으로(치조궁은 변화하지 않거나 확대되는 경향) 진행

② 치아상실 후 인접치아 및 대합치아의 변화
  ㉠ 치아상실 부위 쪽으로 서서히 인접치가 기울어짐
  ㉡ 상실 부위의 대합치 정출
  ㉢ 구강기능 저하, 구강기능 붕괴

③ 치아상실 후 안모 변화
  ㉠ 다수치 상실 : 입술, 뺨이 움푹 들어감
  ㉡ 교합지지 상실 : 수직고경 감소, 깊은 주름, 안모가 더 많이 변화

2 금속관

(1) 전부금속관
① 심미적 기대가 없는 구치부 수복 시 치관의 외면 전체를 금속으로 피개하여 삭제된 모든 면에 유지를 얻을 수 있게 한다.
② 전부금속관의 적응증
  ㉠ 근관치료된 치아
  ㉡ 지대축조한 치아
  ㉢ 가철성 국소의치 장착 시 clasp이나 attachment가 걸리는 치아
  ㉣ 우식이환율이 매우 높은 환자
  ㉤ 우식이나 외상으로 보존치료로 회복 불가할 정도로 치관부 결손이 큰 치아
③ 전부금속관의 장단점

장 점	• 치아의 모든 면을 피개-유지력이 좋고, 형태재현성이 용이함 • 경도와 강도가 높아 저작압이나 교합에 대한 저항성이 있음 • 치경부 변연이 knife margin에도 적합도 우수, 시멘트 변연누출이 적음 • 치질삭제량이 많지 않아(기능교두 1.5mm, 비기능교두 1.0mm, 변연 0.5mm) 얇게 제작 가능하며, 치근이개부 연장이 쉬움 • 가철성 보철물이나 도재에 비해 제작과정이 간단함
단 점	• 모든 치아면을 삭제해야 함 • 치수, 치아조직, 치은에 대한 자극 가능성이 높음 • 전기치수검사가 금속의 전기적 반응으로 적용이 어려움 • 방사선 불투과로 2차 우식의 조기발견에 어려움 • 심미성에 제한 • 열전도가 좋아 생활치에 지각과민 가능성

(2) 고정성 보철물제작의 임상과정
① 지대치 형성
  ㉠ 지대치 형성목적 : 보철물이 장착될 수 있는 공간의 부여, 보철물의 지지나 유지 부여
  ㉡ 지대치 형성 시 생체 고려사항
    • 치아삭제 시 발생되는 열 : 절삭력이 좋은 버와 냉각수 사용
    • 기계적 손상을 줄이고 안전한 시술을 위해 직·간접적으로 보면서 치아를 삭제
    • 환자의 갑작스러운 반사작용에 혀와 주위 연조직이 다치지 않도록 보호
    • 치아삭제 시 파편으로부터 술자를 보호하기 위해 보안경을 사용

다음 중 금속관의 장점이 아닌 것은 무엇인가?
① 유지력 우수
② 교합에 대한 저항성
③ 형태재현성
④ 시멘트 변연누출이 적음
⑤ 전기치수검사가 불가

답 ⑤

② 지대축조의 장단점

장점	• 지대치의 형태를 갖추어 보철물의 유지력 부여 • 약해진 치질을 보강하여 교합력을 견디게 함 • 최종보철물의 두께를 고려한 치아 삭제를 하여 보철물의 수명 연장에 도움 • 치경부의 변연적합성 향상에 도움
단점	• 치아 측면과 치근의 천공 발생 가능성 • GP cone 과다 제거 시 치근단 폐쇄 부분의 손상 가능성

③ 치은압배
  ㉠ 치은압배사를 치은열구에 삽입하여 일시적으로 치은열구를 넓혀, 인상채득 시 지대치의 변연 부위의 마무리 선이 정확히 인기되도록 함
  ㉡ 치은압배의 방법

single cord technique	• 일반적으로 사용 • 코드삽입 상태에서 치아를 삭제 • 코드 제거 후 인상채득
double cord technique	• 치은열구가 깊을 때 • 치은출혈이 많을 때 • 단일코드로 치은압배가 불가능할 때 • 첫 번째 코드는 외과용 봉합사나 얇은 코드 사용 • 두 번째 코드는 좀 더 굵은 코드 사용 • 5~7분 후 출혈에 주의하며 두 번째 코드 제거 후 인상채득
임시치관을 이용	• 건조된 임시치관의 내면에 이장재 레진의 모노머 • 지대치에는 바세린을 바름 • 이장재 레진을 혼합해 레진치관에 채워 힘을 주어 적합
전기소작기를 이용	• 치은의 이상증식, 염증성 치은이 남은 경우 • 심장박동기 장착환자에게는 사용할 수 없음 • 사용 시 악취가 남 • 영구적 치은퇴축이 발생될 수 있어 신중히 선택

  ㉢ 치은압배 시 주의사항
    • 치은의 손상이 최소
    • 압배압과 압배시간 최소
    • 환자의 전신질환 반드시 확인
    • 압배사가 15분 이상 삽입 시 비가역적 치은퇴축이 발생

④ 교합채득
  ㉠ 구강 내에서 채득한 상악과 하악의 모형을 인체와 같은 관계로 재현하기 위하여 상악과 하악치열의 교합관계를 기록함
  ㉡ 교두감합위(중심교합위)에서 교합채득을 시행함

다음 중 일반적으로 사용하는 치은압배 방법은 무엇인가?

① 압축공기를 이용
② single cord technique
③ double cord technique
④ 임시치관을 이용
⑤ 전기소작기를 이용

답 ②

⑤ 임시치관 장착 : 최종보철물이 완성되기 전 인접치아의 근심이동을 방지하고, 전치부는 심미적인 이유로, 생활치는 노출된 상아세관의 오염으로 인한 염증으로부터 보호하기 위함이다.

3 도재관

(1) 심미보철물의 색조선택 방법
① 자연광 아래
② 환자의 동일한 눈높이
③ 색 선택 시 영향을 미치는 요인 제거(립스틱 등)
④ 먼저 명도를 선택 후 채도를 선택
⑤ 물기가 남은 상태에서 선택
⑥ 너무 오래 하나의 치아에 주시하지 말아야 함
⑦ 최근에는 치아측색기기를 이용

(2) 금속도재관

적응증	• 심미성 요구 치아 • 치아파절, 치아우식에 이환된 치아 • 변색치, 착색치 • 연결 부위가 긴 가공의치 • 심미성이 요구되는 국소의치의 지대치 • 교합이 긴밀하지 않은 전치
금기증	• 치관 길이가 짧고, 치수가 큰 치아 • 설면와가 깊고 설면결절이 없는 전치 • 치관의 치경부가 심하게 좁은 치아 • 피개가 정상이 아닌 치아(과개교합, 반대교합, 절단교합) • 이갈이 등 악습관이 있는 환자
장 점	• 심미성 • 변연부 적합성 • 강 도 • 유지력
단 점	• 치질삭제량이 많음 • 지대치 형성과정 중 치은 자극 가능성 • 치연변연부 색의 부조화 가능성 • 치은퇴축 후 치은연하의 금속노출로 비심미적

다음 중 임시치관의 기능에 대한 설명으로 옳지 않은 것은 무엇인가?
① 전치부는 심미적 이유로 장착
② 생활치는 노출된 상아세관의 오염으로부터 보호
③ 최종보철물 장착 전 치아가 파절되지 않도록 도움
④ 인접 치아의 원심이동을 방지
⑤ 최종보철물 장착 전의 치아 보호

해설
④ 인접 치아의 근심이동을 방지

답 ④

다음 중 전부도재관의 장점은 무엇인가?

① 치주조직에 자극이 덜함
② 제작과정이 정밀함
③ 치질의 삭제량이 많음
④ 특수한 장비가 필요
⑤ 경도가 약함

[해설]
②, ③, ④, ⑤ 전부도재관의 단점

답 ①

(3) 전부도재관

적응증	• 심미성 요구 • 광범위한 우식 • 금속, 레진에 과민반응환자 • 환자의 구치부 수복
금기증	• 미성숙 치아 • 치관이 짧거나 작은 치아 • 설면와가 깊고 설면결절이 없는 전치 • 피개가 정상이 아닌 치아(과개교합, 반대교합, 절단교합) • 이갈이 등 악습관이 있는 환자
장점	• 심미적 • 형태와 치아의 색 조절이 용이 • 투명도 • 치주조직에 자극이 적음 • 변색이나 착색되지 않음
단점	• 특수한 장비 필요 • 경도가 약함 • 제작과정이 복잡하고 정밀함 • 비경제적 • 치질삭제량이 많음 • 변연마진이 shoulder or heavy margin이어야 함

다음 중 도재라미네이트의 금기증은 무엇인가?

① 착색된 치아
② 변색된 치아
③ 절단교합되는 치아
④ 정중이개의 수복
⑤ 해부학적 형태이상 치아

답 ③

(4) 도재라미네이트

적응증	• 변색이나 착색된 치아 • 법랑질 형성부전증 치아 • 해부학적으로 형태나 위치가 이상한 치아 • 정중이개의 수복
금기증	• 절단교합, 긴밀교합으로 치아교모 관찰 • 현저한 치아총생 • 이갈이 등 악습관이 있는 환자 • 실질 결손이 커서 법랑질의 양이 부족한 경우
장점	• 치질 삭제량이 적음 • 지대치 형성에 소요시간이 짧음 • 대개 마취가 필요 없음 • 도재의 심미성으로 자연치아에 유사한 색 표현이 가능 • 설측삭제를 하지 않음
단점	• 수리가 어려움 • 제작 시 과풍융 상태가 될 수 있음 • 탈락 가능성이 높음 • 접합부의 완전봉쇄가 어려움

4 고정성 국소의치

(1) 가공의치 구성요소

지대장치	• 삭제된 지대치의 상부구조물 • 치과수복물의 유지와 지지를 제공
가공치	• 결손된 부분을 보완하는 인공치아 • 전체를 금속으로 제작 시 협측면에 홈을 파서 도재나 레진으로 채움 • 치조제의 심미적(전치), 기능적, 위생적(구치) 상태를 고려하여 형태를 설정
연결부	지대치와 가공치를 연결해주는 장치

(2) 가공의치의 종류

고정성 가공의치	• 일반적인 장치 • 두 지대치의 삽입로가 평행해야 함
반고정성 가공의치	• 지대장치와 가공의치의 연결 부위가 두 부분으로 분리되어 각각 구강 내에 접착 • key & keyway : Female 부위를 먼저 접착한다.
가철성 가공의치	• 환자가 스스로 착탈 가능한 브리지 • 내관과 외관으로 이중치관으로 구성
기 타	• cantilever bridge : 한쪽 끝에만 지대치를 갖는 가공의치 • maryland bridge : 전치부의 소수치아 결손 시 적용 가능

(3) 가공치의 형태

안장형 (saddle)	• 치조제의 볼록한 부위에 가공치의 오목한 접촉면이 닿으며 협면과 설면을 덮음 • 위생관리가 어려움
ridge lap	안장형에서 설측을 제거한 형태
modified ridge lap	• 안장형에서 치조제정상~설측을 제거하여 협측면만 접촉 • 심미성이 중요한 전치에 사용
hygienic	• 치조제와 접촉하지 않음 • 구치에 사용 • 위생적이나 심미적이지 못함
conical	얇은 치조제의 정상에서 둥글게 살짝 접촉함

다음 중 가공의치의 구성 요소 중 삭제된 지대치의 상부구조물로, 치과수복물의 유지와 지지를 제공하는 것은 무엇인가?

① 지대장치
② 가공치
③ 연결부
④ attachment
⑤ pontic

해설
② 결손된 부분을 보완하는 인공치아
③ 지대치와 인공치를 연결해주는 장치

 ①

다음 중 가공치의 형태 중 치조제와 접촉하지 않으며 위생적이나 심미적이지 않은 가공치의 형태는 무엇인가?

① conical
② hygienic
③ modified ridge lap
④ ridge lap
⑤ saddle

 ②

(4) 가공치의 요구조건

생체조직과 적합	치조제 접촉 부위는 연마가 잘된 금이나 도재를 이용
환자의 불편감 해소	• 치조제 접촉 부위는 가능한 작고 볼록 • 접촉 부위는 각화된 치은에만 한정 • 치조제에 압력이 없도록 함
국소 위생적	• 치간공극이 열려 있어야 자정작용이 가능 • 치실, 치간칫솔 등을 사용하여 청결 유지가 가능
기능적	• 가공치가 자연치보다 약간 작음 • 가공치가 1개이면, 교합면 협–설 폭경이 2/3 정도로 줄어듦

(5) 가공의치 환자의 구강관리 방법

구강세척기, 칫솔, 치약을 사용하며, 가공치 부분은 차터스법의 칫솔질, 치실고리, 슈퍼플로스, 치간칫솔 등을 사용하여 청결하게 관리한다.

5 가철성 국소의치

(1) 국소의치의 분류

① 잔존치 결손에 따라 분류(kennedy분류법)

Class Ⅰ	양측성 치아결손 부위가 잔존치의 최후방에 위치
Class Ⅱ	편측성 치아결손 부위가 잔존치의 최후방에 위치
Class Ⅲ	편측성 치아결손 부위가 잔존치의 중앙에 위치
Class Ⅳ	정중선을 중심으로 치아결손 부위가 단순하게 위치

② 교합압의 지지에 따라 분류

치아지지 국소의치	• 교합압을 결손부 양측 지대치가 받음 • kennedy분류법의 Class Ⅲ
치아–조직지지 국소의치	• 교합압의 일부를 지대치가 받고, 나머지는 무치악 치조제 점막이 받음 • kennedy분류법의 Class Ⅰ, Ⅱ

③ 국소의치를 사용목적에 따라 분류

최종국소의치		최종적으로 장착하는 통상적인 의치
임시	즉시의치	발치 전 제작하여, 발치 당일 장착
	치료의치	치주치료, 교합수정, 점막조정 등의 목적으로 사용
	이행의치	치아의 추가 상실이나 조직변화 시 추가로 대치할 것을 예상하여 제작

다음 중 가공의치 환자에게 적용하는 보조구강위생용품으로 적절하지 않은 것은?

① 물사출기
② 치실고리
③ 슈퍼플로스
④ 치간칫솔
⑤ 첨단칫솔

해설
⑤ 최후방구치에 적용하는 보조구강위생용품

답 ⑤

다음 중 부위에 따른 치아우식증의 분류가 옳은 것은?

① 법랑질우식
② 소와열구우식
③ 치근우식
④ 1차 우식증
⑤ 상아질우식

해설
①, ③, ⑤ 우식진행과정에 따른 분류
④ 조건에 따른 분류

답 ②

(2) 국소의치의 구성요소

주연결장치	상악	단순구개판	• 넓고 얇은 금속판 • 이물감이 적음 • 임시국소의치에 주로 사용
		U자형 구개연결장치	• 구개부 골융기가 있을 때 제한적 • 지대치 손상 가능성, 하부조직 자극 • 견고성 결여
		전후방구개판	대부분의 상악 국소의치에 사용
		구개판형 연결장치	• 후연이 경구개와 연구개까지 연장(광범위한 조직 피개) • 지대치 불량 시 • 구개부 골융기가 없을 때 • 유지력 우수
	하악	설측바	• 대부분의 하악 국소의치에 사용 • 치은조직에서 4mm 떨어져 제작
		설측판	• 치아 설면의 1/3을 피개 • 하방에는 설측바가 존재 • 치은염증 유발 가능성 • 치주가 약한 치아 고정 시 사용
		연속바	• 설측바에 추가 • 설면결절이나 설면의 중앙에 놓이는 바 형태 • 치주조직 피개는 하지 않으나 이물감이 있음
		순측바	• 설측바를 제작할 수 없을 때 • 하악의 설측에 골융기가 있을 때
부연결장치			• 주연결장치와 다른 요소들의 연결 부분 • 의치의 기능압을 지대치로 전달
직접유지장치	클래스프형		• 교합면레스트 : 교합압 분산, 치아와 음식물 삽입 방지, 안정에 기여 • 유지암 : 클래스프의 끝이 지대치 최대 풍융부의 아래 홈에 위치하여 유지를 얻음 • 보상암 : 유지암의 반대편에서 치아를 안정시킴
	정밀부착형	치관 내	지대치에 부착된 female에 국소의치에 부착된 male이 삽입되어 유지를 얻음
		치관 외	지대치에 male, 국소의치에 female이 부착
레스트			국소의치의 수직적 지지, 의치의 침하 방지, 국소의치의 수평적 지지에 기여
의치상	레진의치상		무게가 가벼워 상악에 유리
	금속의치상		• 구강 내 형태변화가 없음 • 구강조직의 건강에 도움 • 하부조직의 온도전달이 용이(이물감 적음) • 무겁지만 얇음
인공치아			• 상실된 치아를 회복하는 데 사용되는 가공치 • 도재치아는 인공치와 교합되는 경우 사용 • 레진치아는 일반적으로 가장 많이 사용

다음 중 국소의치의 구성요소 중 상악의 주연결장치가 아닌 것은 무엇인가?

① 단순구개판
② 구개판형 연결장치
③ 전후방구개판
④ U자형 구개연결장치
⑤ 연속바

해설
⑤ 하악의 주연결장치이다.

답 ⑤

다음 중 클래스프에 대한 설명으로 적절한 것은 무엇인가?

① 유지암 – 교합압을 분산하는 역할
② 유지암 – 음식물 삽입 방지
③ 보상암 – 유지암에서 치아를 안정시킴
④ 교합면 레스트 – 클래스프의 끝이 유지를 얻는 데 도움
⑤ 유지암 – 유지장치의 안정에 기여

해설
① 교합면레스트 – 교합압 분산하는 역할
② 교합면레스트 – 음식물 삽입 방지
③ 보상암 – 유지암의 반대편에서 치아를 안정시킴
⑤ 교합면레스트 – 유지장치의 안정에 기여

답 ④

① 주연결장치
　　㉠ 악궁의 한쪽과 반대쪽을 연결하는 단위
　　㉡ 주연결장치에 국소의치의 모든 구조물이 부착
　　㉢ 충분히 견고해야 함
② 유지장치 : 교합면 방향으로 이탈하려는 힘에 저항
③ 의치상
　　㉠ 인공치를 지지하고, 구강조직과 접촉하여 교합압을 전달함
　　㉡ 의치상의 내면은 치조제의 점막과 접촉하며, 외면은 혀와 협점막에 접촉함

(3) 국소의치의 임상과정

① 인상채득방법

해부학적 형태 인상	• 치아지지 국소의치 • 교합압을 받지 않는 결손부의 치조제 표면을 인기
기능적 형태인상	• 치아-조직지지 국소의치 • 교합압을 받은 상태의 치조제 표면을 인기

② 교합채득
③ 납의치 시험접착
　　㉠ 인공치 확인 : 형태, 색조, 크기, 정중선 일치, 치아길이 등
　　㉡ 외형 : 자연스러운 입술선, 입술지지도
　　㉢ 적합 : frame과 의치상의 적합상태, 교합고경과 교합상태, 발음장애 등
④ 국소의치장착
　　㉠ 거울 앞에서 국소의치장착의 착탈을 보여주고 환자 스스로 장착하도록 함
　　㉡ 부드러운 음식을 먼저 먹고, 단단하거나 끈적이는 음식은 충분히 적응된 이후에 함
　　㉢ 국소의치 사용에 적응은 환자의 태도와 의지가 중요함

(4) 국소의치 장착환자의 구강관리 방법

자연치아 관리	• 회전법, 차터스법(계속가공의치) • 첨단칫솔, 치간칫솔, 치실, 혀세척기(혀클리너), 물사출기(워터픽) 등
국소의치 관리	• 식후 국소의치용 칫솔로 닦음 • 바닥에 수건을 깔거나 물을 떠 놓고 닦음 • 취침 중 의치를 빼서 물이나 의치세정액 속에 보관 • 뜨거운 곳 옆에 두지 않음 • 국소의치 착탈은 본인이 함 • 양측 저작, 큰소리로 읽거나 어려운 발음을 반복

다음 중 국소의치의 장착 시 주의사항으로 옳은 것은 무엇인가?

① 국소의치 사용에 적응은 환자의 태도와 의지가 중요하다.
② 단단하고 끈적이는 음식물 식사가 가능하다.
③ 식후 국소의치용 물로 국소의치를 닦는다.
④ 뜨거운 물에 넣어 소독을 한다.
⑤ 국소의치의 착탈은 의사가 한다.

답 ①

6 총의치

(1) 총의치장착 환자의 특성
① 오랫동안 총의치를 장착한 환자
② 최근 6개월 이내 무치악이 된 환자
③ 모든 치아를 상실한 경우
④ 잔존 자연치가 국소의치의 지대치로 이용이 불가한 환자

(2) 총의치의 지지와 유지

지지의 영향요소	• 의치 지지조직에 가해지는 힘 • 의치상 면적은 크고, 인공치의 교합면은 작은 것이 유리, 의치 지지조직의 휴식 부여, 이상기능과 악습관의 교정 • 이상기능 • 연 하 • 잔존치조제
유지의 영향요소	• 의치와 구강조직이나 의치와 타액 간의 물리적 힘 • 의치 주변의 근육 작용 • 치조골의 형태 • 구강점막상태에 따른 해부학적 요소 • 교 합 • 의치상의 면적이 클수록 좋음

다음 중 총의치의 지지에 영향을 미치는 요소가 아닌 것은?
① 이상기능
② 연 하
③ 잔존치조제
④ 환자의 협조도
⑤ 의치상의 면적

답 ④

(3) 총의치의 구성요소

인공치	전치부는 심미성, 구치부는 저작효율성을 목적으로 제작
의치상	• 점막면(조직과 접촉)과 연마면(혀, 협점막과 접촉)으로 구성 • 재료에 따라 레진의치상과 금속의치상

다음 중 총의치의 구성요소로 점막면과 연마면으로 구성되는 것은 무엇인가?
① 주연결장치
② 부연결장치
③ 인공치
④ 의치상
⑤ 유지장치

해설
④ 총의치의 구성요소 = 인공치 + 의치상

답 ④

(4) 총의치의 임상과정
① 교합채득

수직적 악간관계	기계적	• 기존에 사용하던 의치의 계측 • 발치 전 기록을 참고
	생리적	• 생리적 안정위 • 발음(스, 츠, 즈)과 심미성 • 연하운동 • 교합력 측정
수평적 악간관계		• 교합고경 결정 후 상악에 대한 하악의 전후적, 좌우적 관계 • 중심위를 찾아야 함 • 하악의 tapping, 연하운동을 이용

② 표준선기입 : 상하악 교합상의 순측면에 정중선과 구각선(견치 원심면의 기준)을 왁스조각도로 표시
③ 납의치시험적합
  ㉠ 기능 : 연조직 운동, 교합상태, 치은의 형태와 발음 등
  ㉡ 심미(환자의 동의 필요) : 안모, 인공치아의 심미성
④ 총의치장착
  ㉠ 의치의 적합성과 조정 : 예리한 부위, 과도한 압박 부위, 조직간섭 확인 후 제거
  ㉡ 교합관계 : 인공치아의 교합상태, 측방운동 시 양측성 교합운동이 되도록 함

(5) **총의치장착 환자의 구강관리 방법**

구강점막 관리	• 의치 제거 시 따뜻한 물로 헹굼 • 손가락, 부드러운 칫솔을 이용한 잇몸마사지
총의치 관리	• 식후 총의치용 칫솔로 닦음 • 바닥에 수건을 깔거나 물을 떠 놓고 닦음 • 취침 중 의치를 빼서 물이나 의치세정액 속에 보관 • 뜨거운 곳 옆에 두지 않음
환자 교육	• 기능회복의 한계를 설명 • 양측저작, 만족스러운 식사를 하기까지 6~8주 소요 • 1년에 한 번은 정기구강검사를 위해 치과에 내원 • 환자가 직접 의치를 수리하지 않아야 함 • 인공치의 교합면 마모 가능성 • 총의치의 적합불량 시 첨상이 필요 • 어색한 발음은 읽기 반복으로 적응

다음 중 총의치의 관리방법으로 적절하지 않은 것은 무엇인가?

① 뜨거운 곳 옆에 두지 않는다.
② 취침 중에는 의치를 빼지 않는다.
③ 식후 총의치용 칫솔로 닦는다.
④ 바닥에 수건을 깔거나 물을 떠놓고 닦는다.
⑤ 1년에 한 번은 정기구강검사를 위해 치과에 내원한다.

[해설]
② 취침 중에는 의치를 빼서 물이나 의치세정액 속에 보관한다.

답 ②

CHAPTER 05 적중예상문제

1 치과보철치료의 특징과 교합

01 다음 중 치과기공과 관련된 치과위생사의 역할로 바람직하지 않은 것은 무엇인가?

① 환자의 작은 변화에 관심을 기울임
② 환자가 치료를 이해할 수 있도록 함
③ 환자가 적극적으로 협조하도록 동기유발에 기여
④ 치과의사의 전달사항을 환자에게 전달
⑤ 안전하고 쾌적한 진료를 받을 수 있도록 도움

해설
④ 환자의 전달사항을 치과의사에게 전달

02 다음 중 보철치료 시작 전 환자에게 필요한 지도내용으로 적합하지 않은 것은 무엇인가?

① 환자의 의문사항을 적극 해결
② 환자의 주소 파악
③ 방사선촬영과 진단모형 제작
④ 환자의 협조사항에 대해 설명
⑤ 진단결과와 치료계획 설명

해설
보철치료 시작 전 정확한 진단 및 치료계획을 위해 방사선촬영 및 진단모형을 제작해야 한다.

03 치아상실 후의 변화로 옳은 것은?

① 발치된 치조와가 완전한 골로 치환되는 데 6개월이 소요된다.
② 구강기능이 활발해진다.
③ 상실 부위의 대합치가 함입된다.
④ 인접치가 상실 부위의 반대편으로 기울어진다.
⑤ 다수치 상실 시 수직고경이 낮아져 주름이 펴진다.

해설
② 구강 기능이 저하된다.
③ 상실 부위의 대합치가 정출된다.
④ 인접치가 상실부 위의 방향으로 기울어진다.
⑤ 다수치 상실 시 수직고경이 낮아져 주름이 생긴다.

04 다음 중 유치나 영구치의 맹출이 끝난 후 교합면에서 보이는 상악 또는 하악 치아의 열을 무엇이라 하는가?

① 교 합　　② 배 열
③ 악 궁　　④ 치 열
⑤ 치조제

05 다음 중 상악의 치열을 협측에서 봤을 때의 만곡은 무엇인가?

① 스피만곡　　② 전후적교합만곡
③ 측방교합만곡　　④ 교합만곡
⑤ 교두만곡

해설
① 하악견치의 첨두~소구치와 대구치의 협측교두정~하악지의 전연까지의 만곡
③ 하악치아를 전두면에서 봤을 때 좌우 동명구치의 협설교두를 연결해 생기는 만곡

정답 01 ④　02 ①　03 ①　04 ④　05 ②

06 다음 중 교합평면을 이루는 기준점으로 적합한 것은 무엇인가?

① 하악중절치의 절단연과 하악 제1대구치의 원심협측교두
② 하악중절치의 절단연과 하악 제2대구치의 원심협측교두
③ 상악중절치의 절단연과 상악 제1대구치의 원심협측교두
④ 상악중절치의 절단연과 상악 제2대구치의 원심협측교두
⑤ 비익의 하단과 이주의 상연

> 해설
> ⑤ 캠퍼평면에 대한 설명

07 다음 중 프랑크푸르트 평면에 대한 설명으로 옳지 않은 것은 무엇인가?

① 가상의 교합평면을 정하는 기준
② 악태모형 제작에 이용
③ 두부 규격방사선 촬영에 이용
④ 상악모형의 교합기 장착 시 이용
⑤ 안와의 최하방점과 외이도의 상연을 연결

> 해설
> ① 캠퍼평면에 대한 설명

08 다음 중 총의치에 적용하는 교합관계로 전방교합 시 모든 치아가 접촉하는 교합관계는 무엇인가?

① 견치 유도교합
② 편측성 평형교합
③ 양측성 평형교합
④ 중심교합위
⑤ 하악안정위

> 해설
> ① 전방운동 시 견치만 접촉, 자연치의 이상적 교합관계
> ② 측방운동 시 작업측의 모든 구치부는 접촉하며, 비작업측의 모든 귀부는 접촉하지 않는 교합관계로 고정성 보철물에 적용
> ④ 치아가 기준, 하악과두가 중심관계보다 약간 전방에 위치
> ⑤ 상하악 치아가 접촉하지 않으며 하악이 중심교합보다 약간 하방에 위치

09 다음 중 측두하악관절이 기준이 되며 악구강계에서 가장 편안하고 기능적인 관계는 무엇인가?

① 하악위
② 중심위
③ 중심교합위
④ 하악안정위
⑤ 교두감합위

10 다음 중 총의치 환자의 교합고경 결정수단으로 중요한 하악의 위치관계는 무엇인가?

① 하악위
② 중심위
③ 중심교합위
④ 하악안정위
⑤ 교두감합위

06 ② 07 ① 08 ③ 09 ② 10 ④

2 금속관

01 다음 중 전부금속관의 적응증으로 옳지 않은 것은?

① 지대축조한 치아
② 가철성 국소의치 장착 시 clasp에 걸리는 치아
③ 우식이환율이 적은 치아
④ 우식으로 치관부 결손이 심한 치아
⑤ 외상으로 보존치료로 회복이 불가한 치관부 결손 치아

해설
③ 우식이환율이 높은 치아

02 다음 중 전부금속관의 단점이 아닌 것은 무엇인가?

① 도재관에 비해 제작과정이 간단하다.
② 모든 치아의 면을 삭제해야 한다.
③ 심미적이지 못하다.
④ 열전도가 좋아 생활치에 지각과민 가능성이 있다.
⑤ 방사선 불투과로 2차 우식의 조기발견이 어렵다.

해설
① 전부금속관의 장점

03 다음 중 지대치 형성 시 유의사항으로 적절하지 않은 것은 무엇인가?

① 마모가 된 버를 사용
② 냉각수를 사용
③ 직·간접적으로 치아를 보면서 삭제
④ 혀와 주위 연조직이 다치지 않도록 보호
⑤ 치아삭제 시 파편으로부터 술자를 보호하기 위해 보안경 사용

해설
① 절삭력이 좋은 버를 사용해야 함

04 다음 중 지대축조의 단점은 무엇인가?

① 최종보철물의 두께를 고려하여 축조함으로써 보철물 수명연장에 도움
② 치경부의 변연적합성 향상에 도움
③ 지대치의 형태를 갖추어 보철물의 유지력 부여
④ GP cone의 과다 제거 시 치근의 천공 등의 손상 가능성이 있음
⑤ 약해진 치질을 보강하여 교합력을 견디게 함

05 다음 중 double cord technique에 대한 설명으로 옳지 않은 것은 무엇인가?

① 치은열구가 깊을 때 사용한다.
② 치은출혈이 많을 때 사용한다.
③ 첫 번째 코드는 굵은 코드를 사용한다.
④ 두 번째 코드 제거 후 인상을 채득한다.
⑤ 단일코드로 치은압배가 불가능할 때 한다.

해설
③ 첫 번째 코드는 얇은 외과용 봉합사를 이용, 두 번째 코드는 굵은 것을 삽입

06 double cord technique 치은압배에 대한 설명으로 적절한 것은?

① 두 번째 코드만 제거하고 인상을 채득한다.
② 치은출혈이 많은 경우 적용이 어렵다.
③ 첫 번째 코드는 굵은 코드를 사용한다.
④ 일반적으로 많이 사용하는 방법이다.
⑤ 치은열구가 얕을 때 사용한다.

해설
- single cord : 가장 일반적으로 사용, 코드삽입 상태에서 치아 삭제, 코드제거 후 인상채득
- double cord : 치은열구 깊을 때, 치은출혈이 많을 때, 단일코드로 치은압배가 어려울 때, 첫 번째는 외과용 봉합사나 얇은 코드, 두 번째는 좀 더 굵은 코드, 5~7분 후 두 번째 코드만 제거 후 인상채득

정답 01 ③　02 ①　03 ①　04 ④　05 ③　06 ①

07 다음 중 전기소작기를 이용한 치은압배 방법의 장점은 무엇인가?
① 치은의 이상증식 시 제거가 용이
② 심장박동기 환자에게 사용할 수 없음
③ 사용 시 악취가 남
④ 영구적 치은퇴축이 일어날 수 있음
⑤ 염증성 치은이 없는 경우 사용

해설
②, ③, ④ 전기소작기를 이용한 치은압배의 단점

08 다음 중 교합채득 시의 하악의 위치는 어디인가?
① 중심교합위
② 안정위
③ 하악안정위
④ 하악위
⑤ 하악의 전방운동 시 채득

해설
① 교두감합위

3 도재관

01 다음 중 심미보철물의 제작 시 색조선택 방법으로 적절하지 않은 것은 무엇인가?
① 너무 오래 하나의 치아를 주시하지 않는다.
② 치아를 완전 건조시킨 상태에서 선택한다.
③ 명도를 먼저 선택한 후 채도를 선택한다.
④ 환자와 동일한 눈높이에서 선택한다.
⑤ 자연광 아래에서 선택한다.

해설
② 물기가 남은 상태에서 선택한다.

02 다음 중 금속도재관의 장점이 아닌 것은 무엇인가?
① 심미성
② 변연부 적합성
③ 강 도
④ 유지력
⑤ 변연부 색의 부조화 가능성

03 다음 중 금속도재관의 금기증이 아닌 것은 무엇인가?
① 치관의 길이가 짧고, 치수가 큰 치아
② 피개가 정상이 아닌 치아
③ 이갈이 등 악습관이 있는 치아
④ 치과의 치경부가 넓은 치아
⑤ 설면와가 깊고, 설면결절이 없는 전치

해설
④ 치관의 치경부가 심하게 좁은 치아가 금기증이다.

04 상악 우측 중절치의 심미보철물 제작 시 색조선택방법은?
① 직사광선 아래에서 선택한다.
② 하나의 치아를 주시하여 색조를 선택한다.
③ 채도를 먼저 선택한 후 명도를 선택한다.
④ 환자와 동일한 눈높이에서 선택한다.
⑤ 확실한 건조 후 색조를 선택한다.

해설
자연광 아래
② 한 치아만 오랫동안 주시하지 말 것
③ 명도 선택 후 채도 선택
⑤ 물기가 남은 상태에서 선택

05 다음 중 도재라미네이트의 단점이 아닌 것은 무엇인가?

① 제작 시 과풍융 상태가 될 수 있음
② 탈락 가능성이 높음
③ 수리가 어려움
④ 접합부의 완전 봉쇄가 어려움
⑤ 설측의 삭제를 하지 않음

> 해설
> ⑤ 도재라미네이트의 장점

03 다음 중 가공치의 형태 중 치조제에 볼록한 부위에 가공치의 오목한 접촉면이 닿으며 협면과 설면을 덮으나 위생관리가 어려운 형태는 무엇인가?

① conical
② hygienic
③ modified ridge lap
④ ridge lap
⑤ saddle

4 고정성 국소의치

01 다음 중 가공의치 중 한쪽 끝에만 지대치를 갖는 가공의치는 무엇인가?

① maryland bridge
② cantilever bridge
③ 반고정성 가공의치
④ 가철성 가공의치
⑤ 고정성 가공의치

> 해설
> ① 전치부의 소수치아 결손 시 적용하는 가공의치
> ③ key and keyway, male and female 구조로 지대장치와 가공치의 연결부가 분리되어 각각 구강 내 접착
> ④ 환자가 스스로 착탈 가능한 브리지, 내관과 외관으로 구성

04 다음 중 가공치의 요구조건으로 옳지 않은 것은?

① 치조제의 접촉 부위는 가능한 넓고 평평해야 함
② 가공치가 자연치보다 약간 작음
③ 치조제의 접촉 부위가 가능한 작고 볼록함
④ 치조제의 접촉 부위는 연마가 잘 된 금이나 도재를 이용
⑤ 치간공극이 열려 있어 자정작용이 가능해야 함

> 해설
> ① 치조제의 접촉 부위는 가능한 작고 볼록해야 함

5 가철성 국소의치

01 다음 중 국소의치의 분류 시 양측성 치아결손 부위가 잔존치의 최후방에 위치하는 것은 무엇인가?

① Class Ⅰ ② Class Ⅱ
③ Class Ⅲ ④ Class Ⅳ
⑤ Class Ⅴ

> 해설
> ② 편측성 치아결손 부위가 잔존치의 최후방에 위치
> ③ 편측성 치아결손 부위가 잔존치의 중앙에 위치
> ④ 정중선을 중심으로 치아결손 부위가 단순하게 위치

02 다음 중 일반적인 가공의치로 두 지대치의 삽입로가 평행해야 하는 가공의치는 무엇인가?

① maryland bridge
② cantilever bridge
③ 반고정성 가공의치
④ 가철성 가공의치
⑤ 고정성 가공의치

정답 ▶ 05 ⑤ / 01 ② 02 ⑤ 03 ⑤ 04 ① / 01 ①

02 다음 중 치아지지 국소의치가 적용되는 kennedy의 분류법은 무엇인가?
① Class Ⅰ ② Class Ⅱ
③ Class Ⅲ ④ Class Ⅳ
⑤ Class Ⅴ

해설
①, ② 치아-조직지지 국소의치가 적용

03 치료의치에 대한 설명으로 옳은 것은?
① 최종적으로 장착하는 통상적인 의치
② 발치 전 제작하여 발치 당일에 장착하는 의치
③ 교합수정 및 점막조정 등의 목적으로 사용하는 의치
④ 치아의 추가 상실 시 대치할 것을 예상하여 사용하는 의치
⑤ 결손부의 양측 인공치에 교합압이 전달되는 의치

해설
① 최종적으로 장착하는 통상적인 의치 - 최종국소의치
② 발치 전 제작하여 발치 당일에 장착하는 의치 - 즉시의치
④ 치아의 추가 상실 시 대치할 것을 예상하여 사용하는 의치 - 이행의치
⑤ 결손부의 양측 인공치에 교합압이 전달되는 의치 - 치아지지 국소의치

04 다음 중 국소의치의 구성요소 중 주연결장치에 해당하지 않는 것은 무엇인가?
① 클래스프 ② 단순구개판
③ 설측바   ④ 전후방구개판
⑤ 순측바

해설
① 직접유지장치에 해당

05 다음 중 하악의 국소의치에서 대부분 적용하며 치은조직에서 약 4mm 떨어져 제작하는 주연결장치는 무엇인가?
① 순측바   ② 연속바
③ 설측판   ④ 설측바
⑤ 부연결장치

해설
① 설측바를 제작할 수 없을 때 적용
② 설측바에 추가하는 주연결장치
③ 치아의 설면 1/3을 피개하여 치주가 약한 치아를 고정하는 데 도움
⑤ 의치의 기능압을 전달하는 부분

06 다음 중 국소의치의 수직적 지지, 의치의 침하 방지, 국소의치의 수평적 지지에 기여하는 가철성 국소의치의 구조는 무엇인가?
① 클래스프 ② 주연결장치
③ 의치상   ④ 레스트
⑤ 인공치아

07 다음 중 의치상에 대한 설명으로 적합하지 않은 것은 무엇인가?
① 레진의치상은 무게가 가벼워 하악에 유리
② 금속의치상은 구강 내 형태변화가 없음
③ 금속의치상은 구강조직의 건강에 도움
④ 금속의치상은 하부조직의 온도전달에 용이
⑤ 금속의치상은 무겁지만 얇음

해설
① 레진의치상은 무게가 가벼워 상악에 유리

02 ③ 03 ③ 04 ① 05 ④ 06 ④ 07 ①

08 다음 중 인공치아의 선택과 관련되어 옳은 것은 무엇인가?
① 도재치아는 자연치아와 교합되는 경우 사용한다.
② 레진치아는 인공치와 교합되는 경우 사용한다.
③ 도재치아는 치아의 변색이 나타난다.
④ 레진치아는 도재치아보다 마모가 늦다.
⑤ 레진치아를 일반적으로 가장 많이 사용한다.

해설
① 도재치아는 인공치와 교합되는 경우 사용한다.
③ 레진치아는 치아의 변색이 나타난다.
④ 레진치아가 도재치아보다 마모가 빠르다.

09 다음 중 교합채득 시 인공치를 통해 확인해야 하는 것이 아닌 것은 무엇인가?
① 인공치의 크기
② 인공치의 길이
③ 인공치의 색조
④ 인공치의 형태
⑤ 인공치의 개수

10 국소의치의 관리방법으로 옳은 것은?
① 뜨거운 곳 옆에 두지 않는다.
② 한쪽으로 저작하도록 한다.
③ 취침 시에도 장착하도록 한다.
④ 흐르는 물에 거즈로 닦는다.
⑤ 국소의치 착탈은 보호자가 하도록 한다.

해설
② 양측성 저작
③ 취침 시 빼고 물이나 의치세정액에 보관
④ 물을 떠 놓고, 바닥에 수건을 깔고, 의치전용 칫솔로 세척
⑤ 국소의치 착탈은 본인이 한다.

6 총의치

01 다음 중 총의치장착 환자의 특성으로 옳지 않은 것은 무엇인가?
① 오랫동안 총의치를 장착한 환자
② 최근 1개월 이내 무치악이 된 환자
③ 모든 치아를 상실한 경우
④ 잔존 자연치가 국소의치의 지대치로 이용이 불가능한 환자
⑤ 점착성 있는 음식물의 섭취에 제한이 있다.

해설
② 최근 6개월 이내 무치악이 된 환자

정답 08 ⑤ 09 ⑤ 10 ① / 01 ②

02 총의치 제작 중 교합채득 후 다음 단계로 옳은 것은?

① 인상채득
② 표준선기입
③ 교합조정
④ 총의치장착
⑤ 납의치시험적합

해설
총의치 제작
개인트레이 제작 – 정밀 인상채득 – 교합채득 – 표준선기입 – 납의치시험적합 – 총의치장착

03 다음 중 총의치의 유지에 영향을 미치는 요소가 아닌 것은?

① 의치상의 면적
② 교 합
③ 치조골의 형태
④ 의치 주변의 근육
⑤ 악습관

04 총의치의 수직적 생리적 악간관계 채득과 관련되지 않은 것은 무엇인가?

① 생리적 안정위
② 발음과 심미성
③ 기존에 사용하던 의치의 계측
④ 연하운동
⑤ 교합력 측정

해설
③ 기계적 수직적 악간관계 채득과 관련한다.

05 총의치 장착 시 의치의 적합성과 조정 시 고려사항이 아닌 것은 무엇인가?

① 예리한 부위 점검
② 과도한 압박 부위 점검
③ 조직간섭의 확인 후 제거
④ 견치유도교합 유도
⑤ 인공치의 교합상태

해설
④ 견치유도교합은 자연치의 교합에 해당한다.

CHAPTER 06 치과보존

1 보존수복

(1) 보존치료의 영역

아말감		• 아말감수복 • 치질접착형 아말감수복 • 핀 유지형 아말감수복
심미수복	복합레진수복	• 복합레진충전(직접법) • 복합레진 인레이 및 온레이(간접법)
	글래스아이오노머 수복	직접법
	도재 전장관수복	간접법
	라미네이트 수복	• 복합레진 라미네이트(간접법) • 도재 라미네이트(간접법)
주조 금수복		금인레이 및 온레이(간접법)

(2) 수복재료의 요구조건

① 적합성 : 와동벽에 잘 적합
② 안정성 : 타액에 불용해, 형태나 체적이 변하지 않아야 함, 변색 및 부식저항성
③ 재료적 특성 : 마모도, 경도, 강도, 열팽창계수가 치질과 유사, 열전도성이 낮음
④ 생체안정성 : 경조직 및 연조직에 무해
⑤ 심미성 : 색조가 안정, 조화

(3) 보존수복치료의 적응증

① 치아우식증
② 마모증, 교모증, 침식증, 굴곡파절 및 파절
③ 형태이상, 위치이상, 법랑질 및 상아질 형성부전증, 정중이개, 치간이개
④ 변색치아
⑤ 교합불량
⑥ 상아질 지각과민증
⑦ 불량한 기존수복물 교체

다음 중 수복재료의 요구조건이 아닌 것은 무엇인가?

① 변색 및 부식저항성
② 타액에 용해성
③ 마모, 강도 등이 치질과 유사
④ 색조가 안정
⑤ 와동벽에 잘 적합

해설
② 타액에 불용해성

답 ②

(4) 임상진단

① 치수생활력검사방법
   ㉠ 온도검사
   ㉡ 전기치수검사
   ㉢ 와동형성에 의한 검사
   ㉣ 치수혈류검사, 치수맥박산소검사, 치수광혈량검사

② 온도검사 기구

한랭검사	• 검사할 치아를 분리하여 공기로 건조 • 치관부의 협측면에 냉자극을 가함
온열검사	• 검사할 치아를 분리하여 공기로 건조 • 치관부의 협측면에 온자극을 가함(임시스타핑을 이용)

③ 전기치수검사 장비
   ㉠ 검사할 치아를 분리하여 공기로 건조
   ㉡ 전기치수검사기를 치아의 협측이나 교합면의 중앙부에 접촉
   ㉢ 전해질이 치아 내 수복물이나 인접 치은조직 등의 연조직에 접촉하지 않도록 함
   ㉣ 환자가 검사기의 손잡이를 잡게 하여 전기회로를 형성
   ㉤ 점차 전류를 증가시켜 환자가 감각을 느끼는 첫 반응에 해당하는 눈금수를 기록

2 와동형성과 삭제기구

(1) 치료형태에 따른 와동의 분류(G.V.Black.)

1급 와동	구치부의 교합면 와동과 전치부의 설측면 와동
2급 와동	구치부의 인접면 와동
3급 와동	전치부의 인접면 와동, 절단연 포함하지 않음
4급 와동	전치부의 인접면 와동, 절단연 포함
5급 와동	모든 치아의 순면이나 설면의 치은 쪽 1/3에 위치한 와동
6급 와동	전치부의 절단연이나 구치부의 교두를 포함한 와동

(2) 와동형성의 목적
① 손상된 경조직 제거 및 치수보호
② 수복물 변연을 보존적으로 연장
③ 수복재의 심미적 기능적 충전
④ 수복물이 저작압에 파절되지 않도록 함
⑤ 2차 우식 발생 방지

다음 중 전기치수검사를 하는 과정에 대한 설명이 옳은 것은 무엇인가?

① 검사할 치아는 젖어 있어야 한다.
② 치아의 설측이나 교합면의 중앙부에 접촉한다.
③ 술자가 검사기의 손잡이를 잡도록 한다.
④ 환자가 감각을 느끼는 두 번째 반응에 해당하는 눈금수를 기록한다.
⑤ 전해질이 치아 내 수복물이나 연조직에 닿지 않도록 한다.

해설
① 검사할 치아를 공기로 건조한다.
② 치아의 협측이나 교합면의 중앙부에 접촉한다.
③ 환자가 검사기의 손잡이를 잡도록 한다.
④ 환자가 감각을 느끼는 첫 번째 반응에 해당하는 눈금수를 기록한다.

답 ⑤

다음 중 전치부의 절단연이나 구치부의 교두를 포함한 와동은 무엇인가?

① 2급 와동
② 3급 와동
③ 4급 와동
④ 5급 와동
⑤ 6급 와동

답 ⑤

(3) 와동형성 단계

외형과 깊이 설정	• 손상된 부위는 모두 와동에 포함 • 파절 가능성이 있는 유리법랑질도 모두 와동에 포함
저항, 유지 형성	• 와동저는 편평한 상자 모양 • 유지 부족 시 핀과 포스트를 이용 가능함
잔존 우식상아질 제거	• 저속형 버와 수동기구 이용 • 필요시 치수 보호
와동외벽 정리	변연부 마무리
와동의 세정	따뜻한 물로 세척 후 공기로 와동의 습기 제거

(4) 와동형성 시 사용하는 기구

회전삭제기구	핸드피스	
	절삭용회전기구	치과용 버, 다이아몬드 버, 연마기구 등
수동삭제기구	excavator	연화상아질 제거
	chisel	법랑질 절삭
	knife, file, carver	수복물 연마

① 버
  ㉠ 두부–경부–연결부의 구조
  ㉡ 형태에 따른 분류

round bur	우식상아질의 제거
inverted cone bur	첨와(undercut)의 형성
pear shaped bur	아말감 와동 형성
straight fissure bur	아말감 와동의 수정과 정리
tapered fissure bur	인레이 와동 형성

  ㉢ 재질에 따른 분류 : 강철버, 카바이드 버 등
  ㉣ 회전속도에 따른 분류 : 고속 버, 저속 버
  ㉤ 다이아몬드 버 : 금관수복을 위한 지대치 형성, 복합레진수복을 위한 와동형성

(5) 기구의 감염관리방법

핸드피스	• 고압증기멸균법(증기멸균 가능 시) • 화학소독제로 닦아 냄(증기멸균 불가 시) • EO gas 멸균이 적당 • 표면오염 제거 후 세척-주유-멸균 • 제조사의 지시를 따라야 함
버	• 찌꺼기는 wire brush와 세제로 제거 • 건열멸균, EO gas멸균, 고압증기멸균법으로 멸균

다음 중 와동형성 시 사용하는 회전삭 제기구는?
① chisel
② excavator
③ knife
④ file
⑤ bur

답 ⑤

3 방습과 격벽

(1) 러버댐

① 러버댐의 구성

러버댐 시트	• 얇은 고무판 • 빛을 덜 반사하는 탁한 면이 술자 쪽을 향함
러버댐 프레임	U자형의 금속제 프레임 사용
러버댐 클램프	• 시트를 치아에 고정하는 역할 • 격리할 치아에 장착
러버댐 펀치	치아 크기에 맞춰 시트에 구멍을 뚫음
러버댐 포셉	클램프를 벌려 치아에 장착과 제거 시 사용

② 러버댐의 장단점

장 점	단 점
• 타액으로부터 격리 • 연조직 보호 • 시야 확보 • 눈의 피로 방지 • 감염에 대한 보호	• 방습조작에 시간, 노력, 비용이 필요 • 구호흡 환자에게 적용 어려움 • 맹출 불완전 시 적용 어려움 • 위치이상, 경사치 등에 탈락이 쉬움 • 러버댐 알레르기 환자에게 적용 불가

③ 러버댐의 장착과 제거

장 착	제 거
• 천 공 • 클램프 선택 및 시적 • 러버댐 장착(클램프를 구멍에 끼우고 치아에 고정한 다음 프레임 끼우고 러버댐 날개의 시트를 젖힘)	• 장착의 순서와 반대 • 러버댐 시트 위 정리 • 한 손으로 프레임을 잡고 한 손으로 겸자를 잡아 클램프를 동시에 제거 • 치아 사이에 잔사 여부 확인

(2) 치간이개 : 2급 와동 수복 시 치아 사이를 일시적으로 벌어지게 함

① 치간이개의 목적
  ㉠ 인접면 치아우식증 검사
  ㉡ 러버댐과 교정용 밴드의 삽입공간 확보
  ㉢ 인접면 결손 시 치아의 접촉점과 외형회복에 도움

② 치간이개 방법 : 즉시(wedge, 치간분리기), 지연(rubber, ligature wire, Gutta percha)

(3) 치은압배

① 치은압배의 목적
  ㉠ 치은연하 우식검사
  ㉡ 치은연하 와동에서의 출혈방지와 방습
  ㉢ 인레이 치료 시 치은연하까지 인상채득 및 장착 시 치은손상방지

다음 중 러버댐의 장점은 무엇인가?
① 구호흡환자에게 적용이 어려움
② 맹출의 불완전 시 적용이 어려움
③ 감염에 대한 보호
④ 러버댐 알레르기 환자에게 적용 불가
⑤ 방습조작에 시간과 노력이 필요

[해설]
①, ②, ④, ⑤ 러버댐의 단점

답 ③

다음 중 치은압배의 목적이 아닌 것은 무엇인가?
① 치은연상 우식검사
② 치은연하 우식검사
③ 치은연하 와동에서의 출혈방지
④ 치은연하 와동에서의 방습
⑤ 치아손상방지

답 ①

② 치은압배 방법 : 물리적 압배(cord), 물리화학적 압배(cord + 화학제), 외과적 압배(치은절제술)

(4) 격벽법

① 격벽법의 목적
  ㉠ 기구 접근이 불가능한 인접면을 매끈한 상태로 만든다.
  ㉡ 인접치아와의 접촉점 회복
  ㉢ 상실된 와동벽을 대신하여 적절한 해부학적 형태 재현
② 격벽법 방법 : 토플마이어, 아이보리, 오토매트릭스 등
③ 토플마이어 격벽의 장착과 제거

장 착	제 거
• 스트립 밴드를 구부려 유지기에 끼우고 나사를 조임 • 밴드 고리 크기 조절용 나사로 밴드를 긴밀하게 조임 • 장착 후 wedge로 빠지지 않게 고정	• 밴드고정나사를 풀어 유지기를 먼저 제거 • 스트립 밴드와 wedge 제거

> 다음 중 격벽법에 대한 설명으로 적절한 것은 무엇인가?
> ① 기구 접근이 가능한 인접면에 적용
> ② 치아의 교합면의 접촉점 회복
> ③ 1급 와동에서 적용
> ④ 토플마이어 격벽 제거 시 스트립 밴드를 먼저 제거
> ⑤ 토플마이어 격벽 장착 후 wedge로 빠지지 않게 고정
>
> **해설**
> ① 기구접근이 불가한 인접면에 적용
> ② 치아의 인접면 접촉점 회복
> ③ 불필요
> ④ 밴드고정나사를 풀어 유지기를 먼저 제거
>
> **답** ⑤

4 치수보호

(1) 이장재의 사용목적과 사용법

용액 이장재 (와동바니시) (10%코펄수지)	사용목적	• 아말감 충전 시 금속이완의 상아세관침투로 인한 착색 방지 • 수복물 주위 변연누출 감소 • 산성화학물질의 상아세관 침투를 방지
	사용법	• 바니시를 소면구에 묻혀 와동 내에 도포 • 휘발되며 건조되므로 2회 이상 반복 • 용기를 꽉 닫아 농도가 진해지지 않도록 주의
현탁액 이장재 (수산화칼슘)	사용목적	• 열차단은 어렵고 화학적 차단만 가능 • 3차 상아질 형성을 유도 • 강알칼리로 우식병소의 소독 효과
	사용법	• 주재료와 촉매재를 동량 혼합 • 도포용 기구로 소량, 얇게, 상아질에만 도포

(2) 기저재의 사용목적과 사용법

① 기저재의 사용목적
  ㉠ 열자극과 화학적 자극에 보호
  ㉡ 불충분한 상아질을 대체하여, 와동 내면의 형태를 수정하고 보충
  ㉢ 충전압력으로부터 치수보호 및 치수 진정효과, 항우식효과

다음 중 치수보호를 위한 기저재 중 유지놀에 의한 치수진정효과가 있으나 복합레진과 사용이 불가한 것은 무엇인가?

① 폴리카복실레이트시멘트
② 글래스아이오노머시멘트
③ 인산아연시멘트
④ 산화아연유지놀시멘트
⑤ 레진시멘트

답 ④

② 기저재의 사용법

산화아연유지놀시멘트 (ZOE)	• 유지놀에 의한 치수진정효과 • 복합레진과 사용 불가(레진 중합 방해) • 치질적합성이 없음
인산아연시멘트 (ZPC)	• 차가운 유리판에서 소량씩, 넓게, 천천히 혼합 • 인산용액의 초기산도로 치수에 위해 위험으로 이장재 적용 후 사용
글래스아이오노머시멘트 (GIC)	• 플라스틱 혼합자로 혼합해야 함 • 복합레진 시 기저재로 많이 이용 • 자연치와 유사한 색조 • 치질과 화학적 접착
폴리카복실레이트시멘트 (PCC)	• 냉장보관 불가(낮은 온도에서 점성 증가) • 차가운 유리판에서 혼합 시 작업시간 연장 • 치수자극이 없음 • 치질과 화학적 접착

5 아말감수복

(1) 아말감수복

장점	단점
• 경제적이고 수명이 길며 용도가 다양 • 강도와 마모저항성이 우수 • 치아의 경조직이나 치수에 화학적 자극이 없음 • 재료의 취급과 술식이 비교적 간단	• 변연강도가 낮음 • 부식과 변색이 발생 • 치질과 접착하지 않음 • 비심미적 • 갈바니즘 가능성 • 경화되는 데 시간이 필요 • 열전도가 높음

(2) 2급 와동의 아말감수복 과정

마취 및 방습	
아말감수복을 위한 와동형성	
치수 보호 및 격벽형성	
연화 및 멀링	기포를 없애고, 잔여 과잉 수은 제거
아말감 운반 및 응축	와동 내에서 콘덴서로 다짐
조각 전 버니싱	잔여 수은이 표면으로 올라오게 됨
격벽제거	유지기 제거→웨지 제거→밴드 제거
조각	조각도로 아말감의 외형 조각
조각 후 버니싱	부식이나 착색을 감소시킴
러버댐제거 및 교합조정	
주의사항 전달	하루 동안 저작 금지
아말감 연마	

(3) 아말감 연마 목적

① 치은자극과 파절 가능성이 있는 과잉 충전된 변연부를 제거
② 교합상태 확인, 교합면의 형태 재현
③ 부식저항성 증가
④ 표면의 활택을 증가시켜 변색을 줄임
⑤ 긁힌 표면을 연마하여 2차 우식의 발생을 억제

(4) 아말감 연마의 수행

① 저속 핸드피스 사용
② 거친 연마기구에서 부드러운 연마기구로 사용
③ 연마 시 과도한 열이 발생되지 않도록 젖은 상태에서 천천히 연마
④ 충전 후 24시간 이후에 시행

6 심미수복

(1) 심미수복재료

복합레진	
아크릴릭레진	임시치관 제작에 이용
글래스아이오노머시멘트	
실리케이트시멘트	
도 재	도재인레이 및 온레이에 이용

(2) 복합레진의 술식과정

마취 및 치면세마	
색상선택 및 격리	
수복을 위한 와동형성	
치수보호	• 바니시는 금기 • ZOE cement 사용 금기
산부식	• 인접치 보호를 위해 폴리에스터 스트립 이용 • 부식제도포-수세-건조
접착강화제 도포	접착강화제(primer)를 여러 번 도포 및 압축공기로 용매 건조
액체레진 도포	bonding을 2회 이상 얇게 도포 후 광중합
격 벽	• 와동형성 후에 하기도 함 • 전치부 격벽에는 폴리에스터 스트립을 이용하고, 구치부 격벽에는 토플마이어를 이용한다.
복합레진 충전 및 광중합	소량씩 충전 후 광중합 시행을 여러 번 반복

다음 중 아말감 연마에 대한 설명으로 옳은 것은 무엇인가?

① 연마 시 젖은 상태에서 연마
② 부드러운 연마기구를 이용
③ 고속 핸드피스를 사용
④ 충전 당일 연마가 가능
⑤ 건조된 상태에서 연마

해설
② 거친 연마기구에서 부드러운 연마기구를 이용
③ 저속 핸드피스를 이용
④ 충전 후 24시간 이후 연마 가능

답 ①

다음 중 심미수복재료 중 임시치관제작에 이용되는 재료는 무엇인가?

① 도 재
② 실리케이트시멘트
③ 글래스아이오노머시멘트
④ 아크릴릭레진
⑤ 복합레진

답 ④

외형 다듬기 및 교합조정	
연 마	매우 고운 연마용 디스크, 러버, 퍼미스 등 이용
재접착 및 광택처리	연마 표면을 산 부식 후 액체레진 성분의 광택제(glaze) 도포 후 광중합

(3) 글래스아이오노머

① 글래스아이오노머의 장단점

장 점	단 점
• 불소요리에 의한 항우식효과 • 치질과 화학적 접착	• 초기 산도로 인한 치수자극 • 경화반응 초기에 수분민감성

② 글래스아이오노머의 사용방법

구 분	재래형 GI	레진강화형 GI
와동형성	아말감 와동형성법과 동일	복합레진 와동형성법과 동일
와동내면처리	상아질처리제 도포	산부식 및 접착제 처리
충 전	• 한꺼번에 충전 • 20초 광중합	복합레진과 유사하게 수복
외형다듬기와 연마	• 24시간 이후 가능 • 습윤상태 유지 • 연마용 다이아몬드 버 이용 • 연마 후 바니시 도포	광중합 이후 즉시 시행

7 금인레이수복

(1) 금인레이의 장단점

장 점	단 점
• 생체친화성 우수 • 강도 우수 • 마모저항성 우수 • 연마가 쉬움 • 해부학적 형태의 재현	• 비용이 고가 • 치과의 내원 횟수 및 치료시간 소요 • 비심미적 • 합착재가 필요

다음 중 레진강화형 글래스아이오노머의 사용법으로 옳은 것은 무엇인가?

① 복합레진과 유사하다.
② 아말감와동형성법과 동일하다.
③ 상아질 처리제를 와동 내면에 도포한다.
④ 단층충전 후 20초 광중합한다.
⑤ 24시간 이후 연마가 가능하다.

해설
②, ③, ④, ⑤ 재래형 글래스아이오노머의 특징이다.

답 ①

(2) 금인레이의 수복술식(1차 내원)

마 취	
와동형성	교합면 쪽 와동이 약간 더 넓음
인상채득	• 부가중합형 고무인상재로 채득 • 필요시 치은압배 등 시행
교합관계 채득	
임시충전	• 오염으로부터 와동보호 • 치아의 손상예방 • 인접치와 대합치의 위치를 유지 • 저작 및 발음의 기능 유지

(3) 금인레이의 합착과정(2차 내원)

임시충전물 제거	
시 적	• 치실로 반대편 치아 접촉점 확인, 긴밀도 조절 • 탐침으로 변연적합도 검사 • 교합조정 • 치면에 압접
연 마	• 개별모형에 끼운 후 시행
합 착	• 치아의 방습, 와동건조 • 시멘트를 얇게 도포 • 볼버니셔로 와동에 잘 위치시킴 • 시멘트 경화 시까지 압박(인레이장착기) • 시멘트 경화 후 잉여시멘트 제거
교합재확인	

8 생활치수치료법

(1) 치수복조술

간접 치수복조술	• 치수노출의 위험이 있는 부위의 연화상아질에 수산화칼슘을 도포하여 살균, 재강화, 3차 상아질의 형성을 유도 • 러버댐장착 → 와동형성 → 와동의 세척 및 건조 → 수산화칼슘제제 도포(ZOE → varnish → ZPC) → 수주관찰 후 영구충전
직접 치수복조술	• 치수노출 부위에 수산화칼슘을 도포하여 살균, 3차 상아질의 형성을 유도하고 천공부위를 막음 • 러버댐장착 → 와동형성 → 노출된 치수 지혈 → 수산화칼슘제제 도포(ZOE → varnish → ZPC) → 수주관찰 후 영구충전

다음 중 금인레이 수복술식에 대한 내용으로 옳은 것은 무엇인가?

① 시멘트 경화 시까지 인레이 장착기를 이용하여 압박한다.
② 축중합형 고무인상재로 인상을 채득한다.
③ 금인레이 합착 후 교합조정을 시행한다.
④ 금인레이 합착 시 와동이 젖어 있는 상태에서 시행한다.
⑤ 교합면 쪽 와동이 좁다.

해설
② 부가중합형 고무인상재로 인상을 채득한다.
③ 금인레이 시적 시 교합조정을 시행한다.
④ 금인레이 합착 시 와동을 건조시킨 후 시행한다.
⑤ 교합면 쪽 와동이 약간 더 넓다.

답 ①

다음 중 감염되지 않은 치근부 치수의 생활력을 유지하고자 하는 치수치료는 무엇인가?

① 치수복조술
② 치수절단술
③ 치수절제술
④ 생리적 치근단형성술
⑤ 치근단형성술

해설
④ 미성숙영구치의 치수가 일부라도 생활력이 유지되는 경우 치근의 생리적 발육을 도모
⑤ 실활치의 개방치근단에 석회성 장벽을 유도시켜 치근단의 밑받침을 형성하는 방법

답 ②

(2) **치수절단술** : 감염되지 않은 치근부 치수의 생활력 유지가 목적

수산화칼슘 이용	치수절단면에 상아질교를 형성
포모크레졸 이용	• 치수조직 고정 • 유치에서 일반적으로 사용 • FC 5분 적용 후 영구충전가능 • 면구 삽입 후 수일 후 제거 후 영구충전 가능(2회 내원)

(3) **생활치수치료법**

생리적 치근단형성술 (apexogenesis)	• 미성숙영구치의 치수 일부라도 생활력이 유지되는 경우 잔존치수의 생활력을 유지시켜 치근의 생리적 발육을 도모 • 수산화칼슘 치수절단술, FC치수절단술과 동일한 방법
치근단형성술 (apexification)	• 실활치의 개방치근단에 석회성 장벽을 인위적으로 유도시켜 치근단의 밑받침을 형성시켜 근관충전이 가능하도록 함 • 일반적 근관치료와 동일한 방법

9 근관의 형태

(1) **연령에 따른 근관의 형태변화**

젊은 사람	연령 증가 시
• 상아세관이 넓고 규칙적 • 근관과 치근단공이 넓음 • 치수각이 길고, 치수실이 큼	• 상아세관이 불규칙하게 좁아지거나 막힘 • 근관의 끝이 근단에서 멀어짐(외부 백악질 침착) • 치수각과 치수실이 감소 • 근관이 좁고 가늘어짐(2차 상아질과 3차 상아질의 축적)

다음 중 나이가 많아지면서 변화되는 근관의 형태에 대한 설명으로 옳지 않은 것은 무엇인가?

① 근관의 끝이 근단에서 멀어진다.
② 치수각이 짧아진다.
③ 치수실이 작아진다.
④ 근관이 좁고 가늘어진다.
⑤ 상아세관이 규칙적이다.

해설
⑤ 젊은 사람의 근관형태의 특징이다.

답 ⑤

(2) **치아의 치수강 형태**

구 분	근관수	치근단공수
제Ⅰ형	1	1
제Ⅱ형	2	1
제Ⅲ형	2	2
제Ⅳ형	1	2

10 치수 및 치근단질환

(1) 치수질환의 원인

세균학적 요인		• 가장 일반적인 원인 • 천공, 파절, 균열, 치주낭을 통해 치수 내부로 전이 • 근관 내 세균은 주로 혐기성 세균
물리적 요인	전기적 자극	전기치수검사기, 갈바니즘
	기계적 자극	병적마모, 교모, 외상, 악습관, 치아균열, 수복물
	온도적 자극	금속성 수복물의 열전도, 와동형성이나 연마 시 발열
화학적 요인		침식, 과산화수소수, 인산, 아크릴릭레진의 모노머 등

(2) 치수질환 : 주로 연조직 병소로 방사선 사진상 정상소견임

	치수충혈		• 짧은 통증, 자극 제거 시 완화됨 • 일시적 염증상태 • 치료 : 치수에 자극이 가해지지 않도록 함
염증성 변화	급성 치수염		• 자극 제거 후에도 통증 지속 • 간헐적, 발작적, 급성 염증, 자세변화에 의한 통증 • 치료 : 근관치료
	만성 치수염	궤양성	• 노출된 치수표면에 궤양 • 식편압입으로 인한 통증 • 증상이 없거나, 미약, 둔한 불쾌감 • 치료 : 근관치료
		증식성	• 주로 유치 • 상피로 덮이거나 육아조직이 증식 • 식편압입으로 인한 통증 • 육아조직 제거와 치수절단술이나 근관치료
	치수괴사		• 치수가 죽어 부패, 치관이 변색되고, 증상이 없음 • 치료 : 근관치료
퇴행성 변화			섬유화변성, 위축화변성, 석회화변성, 치수 내 흡수 등

(3) 치근단질환 : 방사선상 투과성 병소 관찰

급성	급성 치근단 치주염	• 생활치(교합성 외상)와 실활치(치수염과 치수괴사의 속발성) 모두 발생 가능 • 치아 접촉 시 압통, 동통, 타진통 • 치료 : 교합조정, 근관치료와 관련 처치
	급성 치근단농양	• 괴사된 치수의 감염조직이 근단으로 파급, 농이 국소적으로 축적된 화농상태 • 부종, 통증, 고열의 전신증상 • 심한 통증, 종창, 심한 동요 등 • 치료 : 절개 및 배농, 항생제 투약, 근관치료

다음 중 괴사된 치수의 감염조직이 근단으로 파급되어 농이 국소적으로 축적된 화농상태는 무엇인가?

① 급성 치근단 치주염
② 급성 치근단농양
③ 만성 치근단농양
④ 만성 육아종
⑤ 만성 치근낭종

답 ②

다음 중 세균의 독성물질로 치근단조직을 자극하여 발생하며, 자각증상이 없어 방사선 검사로 관찰되는 것은 무엇인가?

① 급성 치근단 치주염
② 급성 치근단농양
③ 만성 치근단농양
④ 만성 육아종
⑤ 만성 치근낭종

해설
① 생활치와 실활치에서 발생하며, 환자가 심한 통증을 호소
③ 누공이나 방사선 사진상 관찰되며 근단 치조골에 국소적으로 농이 축적
⑤ 증상은 없으나 골파괴가 일어날 수 있으며, 낭종의 중앙부는 액체, 안쪽은 상피, 바깥쪽은 섬유성 결합조직의 구조

답 ④

	만성 치근단농양	• 근단 치조골에 농이 국소적 축적 • 괴사치수의 세균, 과거의 급성 치근단농양이 원인 • 누공이나 방사선 사진상 발견 • 치료 : 근관치료
만 성	만성 육아종	• 세균의 독성물질이 치근단조직 자극 • 증상 없으며, 방사선검사로 관찰 • 치료 : 근관치료
	만성 치근낭종	• 낭종의 중앙부는 액체, 안쪽은 상피, 바깥쪽은 섬유성 결합조직 • 증상이 없으나, 부종이 나타날 수 있음 • 골파괴 시 치아동요, 악골팽창 • 치료 : 근관치료, 필요시 낭종적출, 치근단절제술

11 근관치료

(1) 근관치료의 기본원칙

① 무균처치(기구는 멸균 및 소독, 러버댐 사용, 날카로운 기구의 초음파세척, 개인보호 장비 착용)
② 근관 내 잔사 제거, 치수조직의 완전 제거, 근관의 무균상태 유지, 완전한 근관충전
③ 동통조절, 배농, 조직에 대한 자극 예방

(2) 국소마취

① 국소마취법

침윤마취	간단하고, 빠르며, 상악 마취에 주로 사용
전달마취	침윤마취가 가능하지 않은 부위에 적용(하악)
치수 내 마취	일부 치수가 노출된 경우 치수강 내 직접 주사, 통증이 심함
치근인대 내 마취	치수혈류량 감소가 있어 주로 실활치에 사용

② 국소마취 필요기구 : 주사기, 주사바늘, 마취액

(3) 근관치료의 술식과정과 필요기구

진료준비	국소마취, 방사선 촬영, 교합면 삭제, 러버댐 장착 등
근관와동형성	• 치수강 개방 및 천정 제거 • 치수실의 내용물 제거 • round bur, fissure bur, spoon excavator, NaOCl, 근관탐침(endodontic explorer)
발 수	• 건강한 생활치수나 감염된 생활치수를 제거 • barbered broach
근관장의 측정	• 근관치료 작업을 수행하는 길이, 근관형성과 근관충전의 범위 결정 • 전자근관장측정기 이용 • 방사선 사진 이용 : 사진상에서 근단부 0.5~1mm 짧게 기준함

다음 중 치수강 개방 및 천정을 제거하는 것은 무엇인가?

① 발 수   ② 근관와동형성
③ 근관성형 ④ 근관형성
⑤ 와동형성

해설
① 건강한 생활치수나 감염된 생활치수를 제거
③ 근관충전에 알맞은 근관형태로 만들어지게 함

답 ②

근관형성	근관확대	재래식 방법	• 기울기 없는 원통형 모양 • 작은 번호의 파일 → 큰 번호 파일
		크라운-다운 방법	• 깔대기 모양 • 큰 번호 파일 → 작은 번호 파일 • 니켈 : 티타늄회전파일
		스텝-백 방법	• 깔대기 모양 • 수동파일과 게이트글리든 버를 이용
		수동형 file, 니켈-티타늄 회전파일 등	
	근관성형	근관충전에 알맞은 근관형태로 만들어지게 함	
근관세척	• 근관형성의 화학적 작업(세균, 치수잔사 도말층 등을 제거하여 항균효과와 윤활 효과를 줌) • 근관세척제 사용(치근단 조직에 유해하지 않아야 하며, 괴사 및 생활치수 조직에 용해작용) • 주로 차아염소산나트륨(NaOCl)을 사용, 보조적 EDTA 사용		
근관건조	• 근관 내 소독제 사용 시 약제의 농도 희석을 방지 • 페이퍼포인트 사용		
근관소독	• 동통의 완화, 근관 내 배출되는 삼출물의 조절 • 주로 수산화칼슘 사용(통상 일주일 이상 유지)		
가 봉	• 근관와동의 임시밀폐 • 치아색과 조화롭고, 교합압에 견딜 정도의 강도와 경화가 빨라야 하며, 근관와동의 변연을 완전히 밀폐해야 함 • 주로 소면구 + 임시스타핑 + ZOE or 캐비톤(caviton) 충전		
근관충전	• 근관치료의 최종단계, 재감염을 방지하기 위함 • 충전재의 요건 : 방사선 불투과, 살균력, 세균성장억제, 제거가 쉬워야 함, 무균상태, 밀폐력, 치근단조직에 위해하지 않음 등 • 주로 가타퍼쳐 콘(천연고무와 유사)과 실러 이용		
	측방가압법	• 근관스프레더(spreader)를 옆으로 삽입하여 마스터콘 압박 • 균일한 근관충전이 어려움	
	수직가압법	• 마스터콘 삽입 후 열을 가해 연화된 재료를 압박[가열기구와 근관플러거(plugger)] • 균일한 충전은 가능하나, 과충전의 가능성	
근관충전 후 수복	• 근관와동 충전 후 치관외부를 전체적으로 피개(저작기능의 회복이 목적) • 치관의 파괴가 심한 경우 포스트, 핀 등 조치가 필요		

다음 중 근관세척에 대한 설명으로 옳은 것은 무엇인가?

① 근관 형성의 기계적 작업이다.
② 근관세척제는 치근단 조직에 자극을 준다.
③ 주로 생리식염수를 사용한다.
④ 치수잔사의 도말층을 제거하는 술식이다.
⑤ 수산화칼슘으로 사용하여 삼출물을 조절한다.

해설
① 근관형성의 화학적 작업
② 근관세척제는 치근단 조직에 유해하지 않아야 한다.
③ 주로 차아염소산나트륨을 사용한다.
⑤ 수산화칼슘을 사용하는 것은 근관소독 단계이다.

답 ④

다음 중 비외과적 근관치료와 재근관 치료로 예후가 불량할 때 최종적으로 시행하는 외과적 근관치료방법은 무엇인가?

① 치근단수술
② 치근분리술
③ 치근절단술
④ 편측절제술
⑤ 의도적 치아재식술

해설

②, ③, ④ 치근수술의 종류이다.
⑤ 치근단수술이 불가할 때 마지막으로 치료하는 방법이다.

답 ①

12 치근단절제술

(1) 외과적 근관치료

절개 및 배농		
감압술(개창술, 조대술)		
치근단 수술		비외과적 근관치료, 재근관치료로 예후 불량 시 최종적으로 시행
치근수술	치근분리술	• 편측 절단술 시행 • 절단된 양쪽의 치관과 치근을 보존
	치근절단술	치관은 두고, 한 개나 그 이상의 치근만 제거
	편측절제술	• 치관을 협–설 방향으로 치근이개부까지 절단 • 한쪽의 치관과 치근을 모두 제거
치아재식술		치아의 완전탈구 시 그 자리에 식립함
의도적 치아재식술		• 의도적 발치 후 구강 밖에서 치근단 수술 후 발치와에 다시 식립함 • 치근단수술 불가 시 마지막으로 하는 치료법
치아이식술		치아가 빠진 부위에 기능을 하지 않는 자신의 치아나 다른 사람의 치아를 옮겨 심음

(2) 치근단수술

① 치근단수술 과정과 필요기구

마 취	주사침, 주사기, 마취용액
판막 절개 및 거상	No.12, No.15 칼, 손잡이, 골막기자, 판막견인기
치근단 접근 위한 골 절제술	고속・저속 핸드피스, 버
치근단 소파	외과용 및 치주용 큐렛
치근단절제	고속・저속 핸드피스, 버
지 혈	보스민, bone wax
와동역형성, 역충전	수술현미경, 역충전재료(MTA 등), 미세치경, 미세탐침, 미세플러거, 미세콘덴서, 미세버니셔 등
봉합 및 후처치	봉합사, 봉합침, 봉침기, 가위

② 치근단수술 후 주의사항

　㉠ 수술 당일 냉찜질
　㉡ 수술 부위에 자극 없도록 함(입술 들추는 등)
　㉢ 수술 후 3일 반드시 금연
　㉣ 수술 부위 반대편으로 유동식 섭취, 충분한 수분 섭취
　㉤ 수술 부위를 제외한 나머지 부위 칫솔질, 클로르헥시딘용액 양치
　㉥ 일주일 뒤 봉합사 제거

③ 치근단수술 후 증상

　㉠ 동통, 출혈, 종창
　㉡ 지각이상, 상악동 천공, 봉합부 농양
　㉢ 인접치의 손상

13 치아미백

(1) 치아변색의 원인

국소적 원인	치아 표면의 착색(커피, 차), 치면세균막의 착색, 치수괴사, 치수충혈, 상아질 석회화, 근관충전재, 수복물 등
전신적 원인	노화, 법랑질 형성장애, 테트라사이클린 변색 등

(2) 치아미백제의 종류

과산화수소	• 30% • 무색, 무취 • 불안정 폭발성, 차광용기에 넣어 냉장보관 • 취급에 유의 필요함
과산화요소	• 3~15% • 10%의 과산화요소가 분해되면 약 3.5%의 과산화수소 발생
과붕산나트륨	• 건조된 분말상태에서 안정 • 물과 반응하여 과산화수소 발생

(3) 실활치미백술

① 근관치료한 치아의 치수실 내부에 미백제 적용
② 기존의 수복물 제거 → 근관와동 정리 → 치은연 하방의 GP제거 → GIC를 기저재로 도포 → 과붕산나트륨과 물을 혼합하여 치수실 내 적용 → IRM으로 3mm 두께로 가봉 → 2주 후 약제 교체 → 3~4회 반복

(4) 치아미백술 시 부작용

① 찬것에 대한 민감성, 연조직 자극
② 미백제가 균일하게 닿지 않아 얼룩 반점
③ 자가미백제의 과용과 남용으로 인한 치질 손상
④ 미백제 알레르기

다음 중 과산화수소의 특징에 대한 설명으로 옳지 않은 것은 무엇인가?

① 약 30% 농도를 이용
② 취급에 유의가 필요함
③ 차광용기에 넣어 보관
④ 실내 보관
⑤ 무색 및 무취

해설
④ 냉장보관한다.

답 ④

CHAPTER 06 적중예상문제

1 보존수복

01 다음 중 심미수복의 영역이 아닌 것은 무엇인가?
① 복합레진수복
② 아말감
③ 글래스아이오노머수복
④ 도재전장관수복
⑤ 라미네이트수복

02 다음 중 보존수복치료의 적응증으로 적합하지 않은 것은 무엇인가?
① 치아우식증
② 교합불량
③ 상아질 지각과민증
④ 치아의 형태이상
⑤ 치아동요도가 있는 치아

03 다음 중 치수생활력검사방법이 아닌 것은 무엇인가?
① 온도검사
② 압축공기 분사
③ 전기치수검사
④ 와동형성에 의한 검사
⑤ 치수혈류검사

2 와동형성과 삭제기구

01 다음 중 구치부의 인접면에 있는 와동은 무엇인가?
① 1급 와동
② 2급 와동
③ 3급 와동
④ 4급 와동
⑤ 5급 와동

> **해설**
> ① 구치부의 교합면 와동과 전치부의 설측면 와동
> ③ 전치부의 인접면 와동이나 절단연을 포함하지 않음
> ④ 전치부의 인접면 와동이며, 절단연을 포함

02 다음 중 모든 치아의 순면이나 설면의 치은 쪽 1/3에 위치한 와동은 무엇인가?
① 1급 와동
② 2급 와동
③ 3급 와동
④ 4급 와동
⑤ 5급 와동

정답 01 ② 02 ⑤ 03 ② / 01 ② 02 ⑤

03 절단연을 포함한 전치의 인접면에 와동이 생겼을 때 G.V.Black의 분류는?

① 1급 와동
② 2급 와동
③ 3급 와동
④ 4급 와동
⑤ 5급 와동

해설

와동의 분류	부위	설명	예시
1급 와동	모든 치아	구치부의 교합면 와동, 전치부의 설측면에 형성한 와동 예 O cavity, L cavity 등	
2급 와동	구치부	구치부의 인접면 와동 예 DO cavity, MO cavity 등	
3급 와동	전치부	전치부 외접면 와동 (절단연 포함하지 않음) 예 M cavity, D cavity 등	
4급 와동	전치부	전치부의 인접면 와동 (절단연을 포함) 예 MI cavity, DI cavity 등	
5급 와동	모든 치아	순면이나 설면에 있는 치은 1/3 이내에 형성한 와동	
6급 와동	모든 치아	전치부의 절단연 또는 구치부의 교두에 형성한 와동	

04 다음 중 와동형성의 목적으로 적절하지 않은 것은 무엇인가?

① 손상된 연조직을 제거
② 수복재의 심미적·기능적 충전
③ 수복물이 저작압에 파절되지 않도록 함
④ 2차 우식 발생을 방지
⑤ 수복물의 변연을 보존적으로 연장

해설
① 손상된 경조직을 제거

05 다음 중 와동형성의 단계가 아닌 것은 무엇인가?

① 외형과 깊이를 설정
② 와동 내 기저재 도포
③ 와동외벽 정리
④ 저항과 유지를 형성
⑤ 잔존 우식상아질 제거

3 방습과 격벽

01 다음 중 러버댐 기구 중 시트를 치아에 고정하는 역할을 하는 기구는 무엇인가?

① 러버댐 프레임
② 러버댐 클램프
③ 러버댐 펀치
④ 러버댐 포셉
⑤ 러버댐 시트

02 다음 중 치간이개의 목적이 아닌 것은 무엇인가?

① 인접면 치아우식증의 검사
② 인접면 결손 시 치아의 접촉점과 외형회복에 도움
③ 러버댐 삽입공간 확보
④ 교정용 밴드의 사용공간 확보
⑤ 즉시이개방법으로 ligature wire를 적용함

해설
• 즉시이개방법 : wedge, 치간분리기
• 지연이개방법 : rubber, ligature wire, GP cone

정답 03 ④ 04 ① 05 ② / 01 ② 02 ⑤

03 치간이개의 목적으로 적절한 것은?

① 교정용 밴드의 삽입 공간 확보
② 방습에 도움
③ 치은연하의 출혈방지
④ 상실된 와동벽을 대체
⑤ 치은손상방지

해설

보존처치의 목적
- 러버댐 : 타액 격리, 연조직 보호, 시야 확보, 눈 피로방지, 감염 예방
- 치간이개 : 인접면 우식검사, 러버댐과 교정용 밴드의 삽입공간 확보, 인접면 결손 시 치아의 접촉점과 외형 회복에 도움
- 치은압배 : 치은연하 우식검사, 치은연하 와동에서의 출혈방지와 방습, 인레이 인상 시 치은연하까지 채득, 장착 시 치은손상방지
- 격벽법 : 기구 접근이 불가한 곳의 인접면을 매끈한 상태로, 인접 치아와의 접촉점 회복, 상실한 와동벽 대체로 해부형태 재현

4 치수보호

01 다음 중 치수보호를 위한 용액이장재의 특성으로 옳은 것은 무엇인가?

① 화학적 차단만 가능함
② 3차 상아질의 형성 유도
③ 강알칼리로 우식병소 소독효과
④ 도포용 기구로 상아질에만 도포
⑤ 수복물 주위의 변연누출 감소

해설

①, ②, ③, ④ 현탁액이장재(수산화칼슘)의 특성

02 다음 중 기저재의 사용에 대한 설명으로 옳지 않은 것은 무엇인가?

① 열자극 차단
② 화학적 자극 보호
③ 불충분한 법랑질을 대체
④ 와동의 내면의 형태를 수정 및 보충
⑤ 항우식효과

해설

③ 불충분한 상아질을 대체

03 다음 중 글래스아이오노머시멘트의 특징으로 옳지 않은 것은 무엇인가?

① 자연치와 유사한 색조
② 치질과 기계적 접착
③ 치질과 화학적 접착
④ 플라스틱 혼합자로 혼합해야 함
⑤ 복합레진 사용 시 기저재로 많이 사용

5 아말감수복

01 다음 중 아말감수복의 장점으로 옳은 것은 무엇인가?

① 변연강도가 낮음
② 치질과 접착하지 않음
③ 강도가 우수
④ 열전도가 높음
⑤ 비심미적

해설

①, ②, ④, ⑤ 아말감수복의 단점

02 다음 중 아말감 연마에 대한 설명으로 옳지 않은 것은 무엇인가?

① 교합상태를 확인
② 부식저항성을 증가시킴
③ 표면의 활택 증가로 변색을 줄임
④ 과잉 충전된 변연부를 제거
⑤ 긁힌 표면을 연마하여 치아의 파절 억제

> **해설**
> ⑤ 긁힌 표면을 연마하여 2차 우식의 발생을 억제

6 심미수복

01 다음 중 복합레진의 술식과정에 대한 유의점으로 옳은 것은 무엇인가?

① 치수보호를 위한 기저재로 바니시를 사용한다.
② 산부식 – 수세 후 건조하지 않는다.
③ 접착강화제는 1회만 도포하고 압축공기로 건조시킨다.
④ 액체레진은 2회 이상 얇게 도포 후 광중합한다.
⑤ 복합레진은 단층법으로 충전한다.

> **해설**
> ① 치수보호를 위한 기저재로 바니시와 산화아연유지놀시멘트는 금기이다.
> ② 산부식, 수세, 건조의 과정을 한다.
> ③ 접착강화제는 여러 번 도포하여 압축공기로 건조시킨다.
> ⑤ 복합레진은 적층법으로 시행한다.

02 다음 중 심미수복재료로 적합하지 않은 것은?

① 금인레이
② 복합레진
③ 글래스아이오노머시멘트
④ 세라믹
⑤ 실리케이트시멘트

03 상악 좌측 중절치의 복합레진 충전에 대한 설명으로 옳은 것은?

① 충전 후 24시간 이후 연마가 가능하다.
② 산부식 시 인접치를 포함하여 적용한다.
③ 치수보호를 위해 바니시를 적용할 수 없다.
④ 레진 충전은 1회에 하고, 광중합을 충분히 시행한다.
⑤ 격벽을 위해 토플마이어를 이용한다.

> **해설**
> ① 충전 후 당일 연마 가능, 24시간 이후 연마가 되는 것은 아말감이다.
> ② 산부식 시 인접치는 보호하고 필요에 따라 폴리에스터 스트립을 적용한다.
> ③ 바니시와 ZOE는 금기이다.
> ④ 레진 충전은 소량씩 충전 후 광중합을 여러 번 반복한다.
> ⑤ 전치부 격벽에는 폴리에스터 스트립을 이용하고, 구치부 격벽에는 토플마이어를 이용한다.

7 금인레이수복

01 다음 중 금인레이의 장점은 무엇인가?

① 합착재가 필요하다.
② 비용이 고가이다.
③ 치과의 내원 횟수가 추가로 필요하다.
④ 비심미적이다.
⑤ 해부학적 형태의 재현이 가능하다.

> **해설**
> ①, ②, ③, ④ 금인레이의 단점이다.

정답 02 ⑤ / 01 ④ 02 ① 03 ③ / 01 ⑤

02 상악 우측 제2대구치에 적용한 금인레이의 장점은?

① 비용이 저렴하다.
② 심미성이 높다.
③ 연마가 어렵다.
④ 강도가 치아와 유사하다.
⑤ 생체친화성이 우수하다.

해설
- 금인레이 장점 : 생체친화성, 강도와 마모저항성 우수, 연마 쉽고, 해부학적 형태 재현
- 금인레이 단점 : 고가, 내원 횟수 및 치료시간 소요, 비심미적, 합착제 필요

8 생활치수치료법

01 다음 중 치수노출의 위험이 있는 부위의 연화상아질에 수산화칼슘을 도포하여 3차 상아질을 형성하는 술식은 무엇인가?

① 직접치수복조술
② 간접치수복조술
③ 수산화칼슘을 이용한 치수절단술
④ 치수절단술
⑤ 치수절제술

해설
① 치수노출 부위에 수산화칼슘을 도포하여 살균하고, 3차 상아질의 형성을 유도하며 천공 부위를 막음
③ 치수절단면에 상아질교를 형성하는 것이 목적, 감염되지 않은 치근부의 치수생활력 유지가 목적

02 다음 중 포모크레졸을 이용한 치수절단술에 대한 설명으로 옳지 않은 것은?

① 유치에서 일반적으로 사용한다.
② FC cotton을 5분 정도 적용 후 영구충전이 가능하다.
③ 면구 삽입 시 수일 후 제거 후 영구충전이 가능하다.
④ 치수조직을 고정한다.
⑤ 미성숙 영구치에서 일반적으로 사용한다.

03 다음 중 금인레이수복술식에서 임시충전의 목적이 아닌 것은?

① 치아의 심미성 유지
② 치아의 손상 예방
③ 저작 및 발음의 유지
④ 인접치와 대합치의 위치 유지
⑤ 오염으로부터 와동 보호

03 다음 중 미성숙영구치의 치수 일부분이라도 생활력이 유지되는 경우 잔존치수의 생활력을 유지시켜 치근의 생리적 발육을 도모하는 치수치료방법은 무엇인가?

① 치수복조술   ② 치수절단술
③ 치수절제술   ④ 생리적 치근단형성술
⑤ 치근단형성술

9 근관의 형태

01 다음 중 근관수가 2개이며 치근단공수가 2개인 치수강의 형태는 무엇인가?

① 제Ⅴ형 ② 제Ⅳ형
③ 제Ⅲ형 ④ 제Ⅱ형
⑤ 제Ⅰ형

해설
② 근관수 1개, 치근단공수 2개
④ 근관수 2개, 치근단공수 1개
⑤ 근관수 1개, 치근단공수 1개

02 다음 중 젊은 사람의 근관 형태로 적합한 것은 무엇인가?

① 근관의 끝이 근단에 가깝다.
② 치수각이 짧다.
③ 치조단공이 좁다.
④ 상아세관이 불규칙하다.
⑤ 3차 상아질이 축적되어 있다.

03 노인의 치수강 형태로 옳은 것은?

① 상아세관이 넓다.
② 치수각이 짧다.
③ 1차 상아질이 축적되어 있다.
④ 치근단공이 넓다.
⑤ 상아세관이 규칙적이다.

해설
- 상아세관이 불규칙하고, 좁아지거나 막혀 있다.
- 외부 백악질의 침착으로 근관의 끝이 근단에서 멀어진다.
- 치수각과 치수실이 감소, 근관이 좁고 가늘어져 있다(2차 및 3차 상아질 축적).

10 치수 및 치근단질환

01 다음 중 치수질환의 가장 일반적인 원인은 무엇인가?

① 화학적 요인
② 기계적 자극
③ 전기적 자극
④ 온도적 자극
⑤ 세균학적 요인

02 다음 중 치수질환을 일으키는 기계적 자극이 아닌 것은 무엇인가?

① 갈바니즘 ② 병적마모
③ 외 상   ④ 수복물
⑤ 치아균열

해설
① 전기적 자극이다.

정답 01 ③ 02 ① 03 ② / 01 ⑤ 02 ①

03 다음 중 치수질환에 대한 설명으로 옳지 않은 것은 무엇인가?

① 치수충혈은 일시적 염증상태이다.
② 급성 치수염의 치료는 근관치료이다.
③ 증식성 만성 치수염은 주로 유치에서 발생된다.
④ 궤양성 만성 치수염은 발치한다.
⑤ 치수괴사는 치관이 변색되며 증상이 없다.

> **해설**
> ④ 궤양성 만성 치수염의 치료는 근관치료이다.

04 다음 중 치수질환을 일으키는 퇴행성 변화로 적합하지 않은 것은 무엇인가?

① 치수괴사
② 섬유화 변성
③ 위축화 변성
④ 석회화 변성
⑤ 치수 내 흡수

> **해설**
> ① 염증성 변화이다.

02 다음 중 근관충전재의 요건으로 적합하지 않은 것은 무엇인가?

① 방사선 불투과 ② 살균력
③ 제거가 쉬워야 함 ④ 무균상태
⑤ 세균성장촉진

> **해설**
> ⑤ 세균성장억제

03 다음 중 근관스프레더를 옆으로 삽입하여 마스터콘을 압박하여 균일한 근관충전이 어려운 근관충전방법은 무엇인가?

① 가 봉 ② 단순근관충전
③ 측방가압충전 ④ 수직가압충전
⑤ 근관폐쇄

> **해설**
> ① 근관와동의 임시밀폐, 주로 소면구 + 임시스타핑 + 산화아연유지놀시멘트나 캐비톤 충전
> ② 마스터콘 하나만 충전하는 방법
> ④ 마스터콘 삽입 후 열을 가해 연화된 재료를 압박하여 균일한 충전을 가능하게 함

11 근관치료

01 다음 중 근관치료의 무균처치에 대한 설명으로 옳지 않은 것은 무엇인가?

① 기구는 소독을 한다.
② 러버댐을 사용한다.
③ 날카로운 기구는 초음파세척을 한다.
④ 개인보호장비를 착용한다.
⑤ 근관의 무균상태를 유지한다.

> **해설**
> ① 기구는 멸균 및 소독을 한다.

04 근관치료단계와 기재의 연결이 옳은 것은?

① 근관와동형성 - barbered broach
② 근관세척 - endodontic explorer
③ 발수 - NaOCl
④ 근관충전 - plugger
⑤ 근관확대 - caviton

> **해설**
> ① 근관와동형성 : gate glidden bur
> ② 근관세척 : NaOCl, saline
> ④ 근관충전 : plugger, spreader, GP cone, sealer
> ⑤ 근관확대 : file, reamer, Ni-Ti file

12 치근단절제술

01 다음 중 한쪽의 치관과 치근을 모두 제거하는 치근 수술 방법은 무엇인가?

① 치근단수술
② 치근분리술
③ 치근절단술
④ 편측절제술
⑤ 의도적 치아재식술

해설
② 절단된 양쪽의 치관과 치근을 보존하는 술식
③ 치관은 두고 한 개나 그 이상의 치근만 제거하는 술식

02 다음 중 치아가 빠진 부위에 기능을 하지 않는 자신의 치아나 다른 사람의 치아를 옮겨 심는 치료방법은 무엇인가?

① 치아이식술
② 의도적 치아재식술
③ 치아재식술
④ 치근단수술
⑤ 치근수술

해설
② 의도적 발치 후 구강 밖에서 치근단 수술 후 발치와에 다시 식립함
③ 치아의 완전탈구 시 그 자리에 식립함

03 다음 중 치근단수술 후의 증상에 대해 옳지 않은 것은 무엇인가?

① 치은퇴축
② 지각 이상
③ 출혈
④ 인접치의 손상
⑤ 상악동 천공

13 치아미백

01 다음 중 치아변색의 국소적 원인이 아닌 것은 무엇인가?

① 치아표면의 착색
② 치수괴사
③ 치수충혈
④ 근관충전재
⑤ 테트라사이클린 변색

해설
⑤ 노화, 법랑질 형성장애, 테트라사이클린 변색은 전신적 원인이다.

02 다음 중 치아미백술 시 부작용이 아닌 것은 무엇인가?

① 미백제 알레르기
② 자가미백제의 남용으로 인한 치질 손상
③ 미백제가 균일하게 닿지 않아 생기는 얼룩
④ 따뜻한 것에 대한 민감성
⑤ 연조직 자극

해설
④ 차가운 것에 대한 민감성

정답 01 ④ 02 ① 03 ① / 01 ⑤ 02 ④

CHAPTER 07 소아치과

1 치열발육 및 장애

(1) 치열발육기에 따른 구강조직의 특성

무치열기	• 출생 후 첫 유치가 맹출하기 전까지, 출생~생후 6개월 • 임신 중 건강상태, 분만상태, 신생아의 건강상태 등이 영향 • 구순구개열, 선천치, 신생치 나타날 수 있음
유치맹출기	• 유치열이 완성되기까지, 생후 약 6개월~30개월 • 치과검진 필요 • 반사적 빨기 시작 • 맹출순서, 시기이상, 맹출성혈종, 우유병우식 나타날 수 있음 • 걸음마를 배우는 시기라 치아에 외상가능성 높음
유치열기	• 모든 유치가 맹출 완료된 때까지, 만 6세까지 • 우식이환율이 높아 치과치료가 필요, 조기치료 필요 • 유전적 요인, 습관적 요인에 의한 기능성 치열, 교합이상 발견
혼합치열기	• 유치에서 영구치로 교환되는 시기 • 혼합치열전기(제1대구치 및 영구전치 맹출) : 제1대구치의 이소맹출, 전치의 미운오리새끼, 과잉치, 하악절치의 설측맹출, 제1대구치의 교합면 우식 등 • 혼합치열후기(측방치군교환기) : 영구치의 맹출순서와 위치이상, 소구치의 전위와 매복 등 부정교합발생, 영구전치의 인접면, 제1대구치의 근심인접면 우식 유발, 치은염 호발 등
영구치열기	• 사춘기 • 구강보건교육 필요 • 확실한 치열 및 교합이상 관찰로 본격적 교정진료 시작시기 • 다발성 우식, 사춘기성 치은염, 유년성 치주염 등

다음 중 유치맹출기에 해당하는 특성은 무엇인가?
① 구강보건교육 필요
② 우식이환율이 높은 시기
③ 구순구개열이 나타날 수 있음
④ 조기치료 필요
⑤ 치과검진이 필요

해설
① 영구치열기
② 유치열기
③ 무치열기
④ 유치열기

 ⑤

(2) 유치와 영구치

① 유치의 기능 : 저작, 발음, 심미, 악골의 성장을 자극, 간격유지, 교합수준의 유지, 건전한 영구치열의 발육도모
② 유치의 맹출순서와 맹출시기
  ㉠ 유중절치(생후 6개월 맹출 시작)→유측절치→제1유구치→유견치→제2유구치(생후 20~30개월 맹출 완료) = A→B→D→C→E, 상악과 하악의 맹출순서가 같다.
  ㉡ 하악의 유중절치(A)가 가장 먼저 맹출하고, 상악의 제2유구치(E)가 가장 나중에 맹출한다.

③ 영구치의 맹출순서와 맹출시기
　㉠ 상악 : 제1대구치 → 중절치 → 측절치 → 제1소구치 → 제2소구치 → 견치 → 제2대구치 → 제3대구치
　㉡ 하악 : 제1대구치(생후 6년) → 중절치 → 측절치 → 견치 → 제1소구치 → 제2소구치 → 제2대구치 → 제3대구치
　※ 하악 제1대구치가 가장 먼저 맹출하고, 상악 제2대구치가 가장 나중에 맹출한다.

④ 유치와 영구치의 형태학적 차이점

구 분	유 치	영구치
치아수	20	32
치관의 크기	작다.	크다.
치근의 크기	작다.	크다.
치관의 근원심폭	넓다.	좁다.
치경융선	뚜렷	덜 발달
설면결절	뚜렷	덜 발달
색 깔	유백색, 청백색	황백색, 회백색
법랑질	얇으나 두께가 일정	두껍고 두께가 불규칙
상아질	얇음	두꺼움
치근관	영구치보다 가늘다.	유치보다 두껍다.

(3) 발육장애

① 치아맹출시기 이상에 해당하는 발육장애

유치의 조기맹출		• 선천치(출생 시 이미 맹출) • 신생치(출생 후 30일 이내 맹출) • 하악유전치에서 호발, 치주염에 이환이 쉬움 • 날카로운 절단면의 불편에 따라 발거 혹은 유지
영구치의 조기맹출	국소적 원인	유치의 만성 치근단염으로 인해 후속영구치의 상방 치조골의 파괴
	전신적 원인	성조숙증, 갑상선기능항진증 등
맹출지연	국소적 원인	과잉치, 낭종, 유치의 만기잔존, 총생으로 공간 부족, 약물에 의한 치은증식, 구개 및 구순파열, 영구치 만곡, 치아의 유착 등
	전신적 원인	다운증후군, 쇄골두개이형성증, 갑상선기능저하증, 뇌하수체기능저하증 등

② 치아맹출위치 이상에 해당하는 발육장애

변위맹출(이소맹출, 전위맹출, 열외맹출)	• 상악 제1대구치가 근심 경사하여 맹출 • 매복 시 제2유구치의 동통 호소하는 경우 있으며, 건전한 경우에는 장치를 통해 맹출을 유도하며, 제2유구치 흡수가 심하면 발치 후 공간유지장치를 장착함
설측맹출	• 하악 영구 절치에 약 10~50% 발생 • 영구전치의 치배가 설측에 위치한 것이 원인 • 발치 후 정상위로 배열됨

③ 맹출에 수반되는 연조직 이상과 난맹출

teething(맹출시기)	• 첫 치아 맹출 시의 소아의 심리와 행동상태에 대해 교육 • 타액분비 증가, 식욕 감소, 불면, 구강점막의 발적과 부종, 심리적 불안 • 별도의 처치는 필요 없으며, 구강위생상태 증진에 노력
맹출혈종, 맹출낭종	• 제2유구치나 제1대구치의 맹출부위 치은이 청자색으로 융기 • 동통은 없으며 맹출 후 소실
맹출성 부골	제2유구치나 제1대구치의 맹출 시 작은 뼈조각 관찰

2 유치우식

(1) 유아기우식증

① 우유병우식증
② 2세 이하의 어린이
③ 상악 4전치, 진행이 매우 빠름
④ 이환순서 : 상악절치(가장 먼저) → 상악유견치 → 상악유구치 → 하악유구치 → 하악유전치
⑤ 원인 : 이유기가 늦은 경우 발생

(2) 다발성우식증

① 하악전치에도 치아우식이 발생
② 다수의 치아가 급성으로 진행
③ 청소년기의 다발성우식증 : 구치의 협설면, 상악전치의 순면과 인접면, 하악전치 인접면
④ 원인 : 자당섭취 증가, 타액분비 감소, 불량한 구강위생상태, 치과치료 비협조 등
⑤ **치료** : 최종수복치료, 불소처치, 구강위생교육, 식이조절 등

다음 중 우유병우식증의 호발 부위는 어디인가?

① 상악 절치
② 하악 절치
③ 상악 유견치
④ 상악 유구치
⑤ 하악 유구치

답 ①

(3) 유치우식의 특징

① 우식의 진행이 매우 빠름
② 치수노출이나 감염에 대한 회복력이 좋음
③ 치수염이나 치근막염으로 쉽게 이행
④ 다수치면에 이환되는 경우가 많음
⑤ 이환순서 : 하악유구치(가장 먼저) → 상악유구치 → 상악전치 → 하악전치
⑥ 3~5세경 최고조

3 미성숙영구치

(1) 미성숙영구치의 형태학적 특징

① 전치부의 명확한 절연결절
② 구치부의 명확한 교두정
③ 명확한 부가융선, 소와, 열구
④ 치수강이 크고, 치수각이 돌출되어 있음
⑤ 치근이 미완성이고, 짧고, 근단공이 열려 있음
⑥ 2차 상아질 미형성
⑦ 치수조직에 섬유세포가 많음

(2) 미성숙영구치 우식의 특징

① 우식 호발 부위 : 하악 제1대구치 교합면, 상악중절치 인접면
② 우식진행이 매우 빠름
③ 유치우식과 인접되어 있으면 우식이환이 쉬움
④ 평활면의 초기우식은 적절한 처치(불소)를 통해 재석회화될 수 있음

4 행동조절

(1) 치과진료 시 어린이의 태도에 영향을 주는 요인

① 가정환경
② 일반적인 경험
③ 어린이의 특성
④ 과거의 병원, 치과에서의 치료경험
⑤ 부모와 의사의 관계
⑥ 치과진료실의 분위기

다음 중 유치우식의 특징으로 옳지 않은 것은 무엇인가?

① 단일 치면에 이환되는 경우가 많다.
② 치수염으로 이환이 쉽다.
③ 우식의 진행이 빠르다.
④ 3~5세경 최고조에 이른다.
⑤ 감염에 대한 회복력이 매우 좋다.

해설
① 다수 치면으로 이환되는 경우가 많다.

답 ①

다음 중 미성숙영구치의 우식이 가장 호발되는 부위는 무엇인가?

① 상악 제2대구치 교합면
② 상악 제1대구치 교합면
③ 하악 제2대구치 교합면
④ 하악 제1대구치 교합면
⑤ 상악측절치 설면

해설
④ 미성숙영구치의 우식 호발 부위는 하악 제1대구치교합면과 상악중절치의 인접면이다.

답 ④

다음 중 어린이 진료 시 고려사항으로 적절하지 않은 것은 무엇인가?

① 진료공간을 밝게 한다.
② 진료시간은 가능한 오후로 한다.
③ 명료한 의사전달을 한다.
④ 사전 예고 후 행동한다.
⑤ 보호자와 분리한다.

해설
② 진료시간은 가능한 오전으로, 30분 이내에 한다.

답 ②

다음 중 어린이 환자 치료 시 주의사항으로 적절한 것은 무엇인가?

① 소아의 머리는 약간 낮춘다.
② 초진 시에 외과처치를 시행한다.
③ 인상채득 시 상악을 먼저 한다.
④ 치료 시 방습법을 철저히 한다.
⑤ 저연령의 소아 치료 시 마스크를 착용한다.

해설
① 소아의 머리는 약간 위로하고 두 손은 내린다.
② 초진 시에는 간단한 처치만 시행한다.
③ 인상채득 시 하악을 먼저 한다.
⑤ 저연령의 소아 치료 시 마스크를 착용하지 않는다.

답 ④

---

(2) 어린이 진료 시 일반적인 고려사항

① 진료공간 : 밝게, 소아의 시선이 닿는 곳에 날카로운 기구를 두지 말기
② 진료시간 : 30분 이내, 가능한 오전
③ 의사소통 : 명료한 의사전달, 음성전달에 의한 대화시도, 사전예고 후 행동
④ 적절한 사전행동조절
⑤ 보호자와 분리
⑥ 러버댐 사용

(3) 소아치과 진료에서 치과위생사의 역할

① 적극적인 진료협조로 진료의 질 향상(시술자의 위치 9~12시, 치과위생사의 위치 3시)
② 소아의 심리상태파악
③ 진료동기부여
④ 진료 전 설명
⑤ 소아를 주의 깊게 관찰하여 돌발사고 예방

(4) 어린이 환자 치료의 주의사항

① 소아 환자의 자세 : 머리는 약간 위로, 두손은 내리도록 함
② 기본적인 대응법은 상냥하고 애정을 갖도록 함(tender loving care)
③ 초진 시에는 간단한 처치만 하며, 외과처치는(응급처치 제외) 치과가 익숙해진 후에 한다.
④ 인상채득 시 소아용 트레이로 하악을 먼저 함
⑤ 치료 시 방습법을 철저히 함
⑥ 저연령의 소아 치료 시에는 마스크를 착용하지 않는 것이 바람직함

(5) 심리적 접근법의 종류별 특징

체계적 탈감작법	• 약한 자극에서 강한 자극으로 반복 • 공포와 불안을 극복시키고자 함
말-시범-행동	• tell : 어린이 수준에 맞는 언어, 천천히, 반복하여 이해하도록 함 • show : 기구를 만져보게 함 • do : 설명하고 보여준 대로 치료를 실행함
모방	• 첫 내원 시 효과적 • 다른 어린이의 행동을 따라 하도록 함
분산	• 치료 중 관심과 주의 분산 • 비디오, 오디오 등의 시청각 기기 이용
강화	• 긍정적 강화 : 칭찬(추상적), 장난감(구체적) 등으로 원하는 행동을 유발시키는 효과적 방법 • 부정적 강화 : 음성 조절, 신체의 속박, 격리 무시 등
소멸	좋지 않은 행동이 지속적으로 나타날 때, 무시, 방치함

(6) 물리적 접근법의 종류별 특징

신체속박(pedi-wrap)	• 치료를 위해 불가피한 경우에 사용 • 보호자의 동의를 반드시 얻은 후 사용 • 지체장애자, 비협조적 어린이, 응급상황, 3세 미만의 어린이 등에게 적용
입가리기(home)	• hand-over-mouth-exercise • 어린이가 반항적인 태도를 보일 때 치과의사가 환자의 입을 손으로 막고 대화를 다시 하게 하는 방법 • 보호자의 동의가 필요 • 심리적 접근으로 치료 불가능한 경우 • 3~6세 아동에게 적용
소아의 개구법	개구기 이용

(7) 약물에 의한 진정요법의 종류별 특징

아산화질소 진정법	• 폐로 흡수되고, 혈액을 통해 뇌로 가서 진정작용을 유도 • 호흡기, 비질환을 가진 어린이는 다른 방법으로 대체 • 부작용이 적고, 발현과 회복이 빠르며, 용량조절이 용이 • 환자의 협조가 부족하면 시행이 어려움 • 잠재적 부작용, 만성 독성 가능성(환기가 중요) • 흡입진정회복기에 약 5분간 100% 산소투여가 필요
경구투여	• 가장 유효하며 부작용이 적음 • 영유아의 경우 시럽제를 투여하기도 함
비경구투여	• 직장투여, 비강투여 등 • 경구투여가 불가능하거나 소화기에 흡수되지 않는 약물을 적용

5 유치관수복

(1) 유구치 기성금속관 수복

① 유구치 기성금속관 수복의 적응증
  ㉠ 광범위한 치아우식증이 있는 치아
  ㉡ 다발성 우식 등 우식활성이 높은 치아
  ㉢ 치질의 결손이 있거나 저형성된 치아
  ㉣ 치수치료를 받은 치아
  ㉤ 파절된 치아의 임시수복
  ㉥ 고정성 유지장치 등의 지대치로 사용될 치아

다음 중 유구치 기성금속관 수복의 적응증으로 적절하지 않은 것은?
① 치수치료를 받은 치아
② 광범위한 우식증이 있는 치아
③ 치질이 저형성된 치아
④ 초기 치아우식증이 있는 치아
⑤ 우식활성이 높은 치아

답 ④

② 유구치 기성금속관 수복의 장단점

장 점	단 점
• 치관의 근원심 폭경 회복 • 치질 삭제량이 적음 • 저작기능의 회복이 용이 • 제작이 쉽고, 내구성이 우수	• 치질과 금관 사이의 간격(밀착이 어려움) • 치경부 적합성이 떨어짐 • 두께가 얇아 교합면 천공 우려 • 교합상태나 접촉점 회복이 불리

③ 유구치 기성금속관 수복과정과 필요한 기구

수복과정	필요한 기구
교합상태 확인	
러버댐 장착	
치아 삭제	diamond point bar
기성관의 선택 및 장착	기성관
기성관 조정	crown scissor, contouring pliers
기성관 연마	
기성관 접착	영구접착제

(2) 유전치 레진관 수복

① 유전치 레진관 수복의 적응증
　㉠ 광범위한 수복이 필요
　㉡ 외상치아
　㉢ 법랑질 형성부전치아
　㉣ 치수치료를 받은 치아

② 유전치 레진관 수복과정

수복과정	주의사항
우식치질제거 및 치질 삭제	협설은 최소로 삭제
celluloid crown 선정 및 조정	
치수보호	
지대치 전처리	
celluloid crown에 레진 충전	2/3 가량 기포 없이 채움
지대치 장착	
광중합	
celluloid crown 제거	
연 마	치경부 부근만 최소한으로 시행

다음 중 유전치 레진관 수복의 적응증이 아닌 것은 무엇인가?

① 광범위한 수복이 필요시
② 곧 발치시기가 가까운 치아
③ 외상치아
④ 법랑질 형성부전치아
⑤ 치수치료를 받은 치아

답 ②

6 치수치료

생활치수	보존법	치수진정법
		간접치수복조술
		직접치수복조술
	제거법	치수절단술
		생리적치근단유도술
실활치수	제거법	치근단형성술
		치수절제술

(1) 치수복조술

구 분	간접치수복조술	직접치수복조술
정 의	• 우식의 진행과정을 차단 • 수복상아질 형성을 촉진 • 우식상아질의 재광화 유도	• 작은 크기의 치수노출 • 주변의 건전상아질이 있는 경우 • 약재를 도포하여 치수 보존
적응증	• 치수노출 및 임상증상 없음 • 치아동요 없음 • 방사선상 치근단병변 없음	• 와동형성 시 노출 • 직경 1mm 이내의 노출 • 미성숙영구치
과 정	• 수산화칼슘 도포 • ZOE or IRM으로 임시충전 • 영구수복재(아말감) 충전 • 2~6개월 후 재평가	• 노출된 부위는 saline 세척 및 건조 • 출혈 부위는 소면구로 압박지혈 • 수산화칼슘 도포 • 임시 충전 • 2~6개월 후 영구수복재(아말감) 충전

다음 중 직접치수복조술에 대한 설명으로 옳지 않은 것은 무엇인가?
① 작은 크기의 치수노출
② 수산화칼슘 도포
③ 2~6개월 후 영구수복재 충전
④ 우식상아질의 재광화 유도
⑤ 미성숙영구치에 적용

해설
④ 간접치수복조술에 대한 설명이다.

답 ④

(2) 유치치수절단술

비정상적 치수조직은 제거, 남아 있는 정상적 치수조직의 생활력과 생리적 기능을 유지함

구 분	수산화칼슘 치수절단술	포모크레졸 치수절단술
적응증	• 미성숙영구치의 기계적 치수노출 • 외상에 의한 치수노출	• 유치의 치수노출 • 자발통의 병력 없음 • 치수절단술 후 수복치료가 가능 • 치근의 1/3 이하 흡수 • 치근단부 병소가 존재하지 않는 경우
과 정	• 와동세척, 건조, 지혈 • 수산화칼슘 도포 • ZOE or IRM으로 임시충전 • 2~6개월 후 재평가 • 영구수복재(아말감) 충전	• 치관부 치수조직 절단 • 출혈부위는 소면구로 압박지혈 • FC cotton을 5분 적용 후 임시충전 • 영구충전 • 기성관 등으로 보철수복

다음 중 치수의 감염이 치근관까지 파급되었으나 미성숙영구치로 괴사된 치수를 모두 제거 후 수산화칼슘제제를 이용하여 치근단의 형성을 유도하는 치수치료는 무엇인가?

① 치수절제술
② 생리적 치근단형성술
③ 치근단형성술
④ 치수절단술
⑤ 치수복조술

답 ③

(3) 생리적 치근단유도술(미성숙영구치의 치수절단술)과 치근단형성술

구 분	생리적 치근단유도술	치근단형성술
정 의	생활치수를 가진 미성숙 영구치의 미성숙 치근이 길이성장과 정상적인 치근단 폐쇄가 일어나도록 치근부의 치수 생활력을 유지	미성숙영구치의 치수강과 근관에서 괴사된 치수를 모두 제거 후 수산화칼슘제제를 이용하여 치근단의 형성을 유도(치근의 길이성장은 해당 없음)
적응증	• 외상에 의한 치수노출 • 기계적 치수노출	• 치수의 감염이 치근관까지 파급 • 치수절단술 시행 시 지혈이 불가 • 치근흡수 및 분지부 병변이 없을 때
과 정	치수절단술과 동일	• 치수 제거, 근관 확대, 세척 및 건조 • CMCP를 치수강 내 삽입 • 치관부 임시 충전 • 1~3주 후 수산화칼슘과 CMCP를 혼합하여 치근관 내 충전 • ZOE 임시 충전 • 정기 내원으로 치근단 형성 유무 확인 • 치근단 형성 후 통상적 근관치료 시행

(4) 유치 치수절제술

실활된 유치의 치관부 및 치근부 치수를 완전히 제거하고 근관을 밀폐함

7 외과치료

(1) 소아의 국소마취 후 주의사항

소아의 국소마취 후 주의사항으로 옳지 않은 것은 무엇인가?

① 스스로 입술을 깨물어 부종이 생기는 교상이 발생
② 국소마취 시 주사침에 의해 점막 하방의 혈관손상에 의한 내출혈로 혈종이 생성
③ 마취알레르기 반응
④ 신경성 쇼크
⑤ 환자에게만 직접 교육

해설
⑤ 주의사항은 보호자에게 직접 교육한다.
답 ⑤

교 상	국소마취에 의해 입술 감각이 없어질 때 스스로 입술을 깨물어 부종이 생기는 경우, 2차 감염 시 궤양 형성될 우려
혈 종	국소마취 시 주사침에 의해 점막 하방의 혈관손상 시 내출혈로 인한 혈종 형성될 우려

기타 : 알레르기반응, 신경성 쇼크 등

(2) 유치발치

① 유치발치의 적응증과 금기증

적응증	• 매복치, 과잉치 • 장애가 되는 선천치 • 영구치의 정상맹출에 장애를 주는 만기잔존유치 • 장애아동에서 보존진료가 불가능한 유치 • 영구 계승치아가 있으나 정상적으로 탈락할 수 없는 유치 • 치근단 병소 및 치근 이개부 병소로 인해 감염 제거가 불가능한 유치 • 외상에 의해 심하게 손상된 유치

금기증	국소적 급성 염증	• 급성 치근막염 • 악성종양 의심 • 구강연조직의 급성 염증 • 봉와직염을 동반한 심한 급성 치조골 농양
	전신질환	• 혈액질환, 심장질환, 당뇨, 신장질환 • 전신적 급성 감염 • 방사선치료를 받는 부위에 존재하는 치아

② 유치발치 시 주의사항
  ㉠ 보호자의 이해와 동의
  ㉡ 발치 전 방사선 사진 확인
  ㉢ 발치기구가 소아의 시야에 보이지 않도록 함
  ㉣ 발치겸자를 사용하여 발거
  ㉤ 발치와의 기저부에 병소가 없으면 소파가 필요하지 않음
  ㉥ 발치 후 국소마취에 의한 교상이 없도록 관찰
  ㉦ 10~15분 거즈로 압박지혈 후 귀가 조치

(3) 과잉치가 구강 내에 미치는 영향
① 인접한 절치의 맹출 방해
② 낭종형성
③ 정중이개
④ 유전치의 만기잔존
⑤ 치근흡수로 인한 생활력 상실

(4) 외상
① 외상의 역학

원인	• 1~2세경 : 서툰 보행 • 3~6세경 : 호기심, 치아파절보다 치아변위가 높음 • 7~10세경 : 놀이, 외부활동에 의한 사고, 치관파절, 탈구, 변위 발생
발생빈도	• 상악중절치 > 하악중절치 • 남자 > 여자 • 2~4세, 6~10세 빈발 • 유치열 손상 시 : 치아의 탈구(상악 – 함입, 하악 – 설측변위) • 영구치열 손상 시 : 치수손상을 동반하지 않은 치관파절

② 외상성 손상의 치료방법
  ㉠ 외상을 입은 상황에 대한 정보수집
  ㉡ 일반 과거 병력 확인
  ㉢ 외상 시의 의식불명, 기억상실, 구토 등 유무 확인 후 필요시 신경외과로 검사의뢰
  ㉣ 연조직 진찰 : 점막부 열상 시 봉합, 피부는 성형외과로 의뢰
  ㉤ 경조직 진찰 : 동요, 파절, 치수노출, 전위 등 검사

다음 중 외상의 역학적 특성으로 옳지 않은 것은 무엇인가?
① 1~2세경 서툰 보행이 원인
② 상악중절치가 하악중절치보다 호발
③ 남자아이가 여자아이보다 호발
④ 영구치열 손상 시 주로 치수손상을 포함한 치관파절
⑤ 상악 유치열 손상 시 주로 함입, 하악 유치열 손상 시 주로 설측변위

해설
④ 영구치열손상 시 주로 치수손상을 동반하지 않는 치관파절 소견

답 ④

다음 중 외상성 손상 시 진료방법에 대하여 적절하지 않은 것은 무엇인가?

① 증상에 따라 검사한다.
② 피부 열상 시 자연치유를 기대한다.
③ 구내방사선 사진을 촬영하여 치근파절을 검사한다.
④ 외상을 입은 상황에 대한 정보를 수집한다.
⑤ 점막부 열상 시는 봉합을 한다.

해설
② 피부 열상 시 성형외과로 의뢰한다.

답 ②

ⓑ 구내방사선 사진 : 치근파절 검사
ⓢ 증상에 따른 진료

파 절	치관파절	치수노출 없음	유치 : 파절편 연마
			영구치 : 날카로운 파절선 연마나 복합레진 수복
		1mm 이하 치수노출	직접 치수복조술 시행으로 2차 상아질 형성 유도 후 복합레진 수복
		광범위한 치수노출	유치 : 치수절단술, 치수절제술
			영구치(치근단미완성) : 생리적치근단형성술, 치근단형성술
			영구치(치근단완성) : 치수절단술, 치수절제술
	치근파절		유치 : 동요와 치수감염에 따라 정기관찰이나 발치
			영구치 : 단순파절은 2~3개월간 고정, 다발성 파절은 발치
변 위	진 탕		손가락 끝으로 누르면 반응, 타진에 민감, 치주인대만 손상
	아탈구		약간의 동요, 치은열구에 출혈 관찰
	함 입		유치 : 설측함입이나 영구치 손상 가능성 있으면 발거, 순측함입은 3~4주 이내 재맹출 기대
			영구치 : 함입량에 따라 재맹출 기대나 교정력에 의해 견인, 치수괴사 시 치수절제술
	정 출		유치 : 심하지 않은 경우 정위치, 심하면 발치
			영구치 : 정위치 후 강선고정, 치수괴사 시 치수절제술
	완전탈구		유치 : 발거
			• 영구치 : 빠른 시간 내 치조와에 재식
			• 재식된 치아의 예후의 영향요인 : 구외 존재시간(30분 이내), 탈구된 치아의 보관(우유, 식염수, 구내 혀 아래), 치조와의 처치(소파 없이 irrigation), 치근의 처치(치근표면의 이물질 제거, 잔존 치주인대 보존)

8 치열기에 따른 교합

(1) 유치열기 교합

① 상·하악 제2유구치의 교합관계 : 중심교합상태에서 상악 제2유구치 원심면과와 하악 제2유구치 원심면의 근원심 위치관계에 따라 교합을 분류(전후방교합관계)

수직형	상악 제2유구치 원심면과 하악 제2유구치의 원심면이 같은 수직선상
근심계단형	상악 제2유구치 원심면에 대해 하악 제2유구치 원심면이 근심에 위치
원심계단형	상악 제2유구치 원심면에 대해 하악 제2유구치 원심면이 원심에 위치

② 전치부의 수직교합관계 : 상하악 유전치 사이의 수직적 교합관계

절단교합(edge to edge bite)	상하악 전치부 절단연끼리 교합
개방교합(open bite)	상하악 전치가 개방
심피개교합(deep bite)	상악 전치가 하악 전치의 1/3 이상을 피개
반대교합(cross bite)	하악 전치가 상악 전치를 피개

③ 유치열의 공간

생리적 치간공간	영장공극	• 유치열에서 상악 유견치 근심면과 하악 유견치 원심면에 존재 • 상악은 절치 맹출공간 확보, 하악은 측방치군 교환공간 확보가 목적
	발육공간	• 상하악 유전치 사이에 공간 • 영구치 교환공간 확보가 목적
leeway space		측방치군의 근원심 폭경 : 유치<영구치

④ 유치열의 이상적 교합 : 치열은 난원형, 모두 20개의 치아, 전치부에 발육공간, 상악 유견치 근심과 하악 유견치 원심에 영장공극, 상하악 제2유구치 원심면이 같은 수직선상, 수평피개와 수직피개가 크지 않아야 함

(2) 혼합치열기 교합

만 6세경 영구중절치나 제1대구치 맹출 시작~마지막 유구치의 탈락

① 제1대구치의 맹출
② 제1대구치의 이동

조기근심이동	영장공극의 폐쇄
만기근심이동	제2유구치 탈락 후 leeway space 이용

③ 전치의 맹출 : 상악

상 악	미운오리새끼(부챗살, 역V형, 측절치와 견치가 맹출되면 공간폐쇄)
하 악	혼합치열기 약간의 총생

④ 치열궁의 변화

길이변화	• 감소 : 유중절치 순면~제2대구치 원심까지는 만 6세에 약간 감소 • 증가 : 중절치와 측절치 맹출 후(만 8세) 증가 • 변화 : 영구치열 완성 후 상악은 유지, 하악은 많이 감소
폭경변화	• 증가 : 제1대구치 맹출시기부터 유견치 사이의 폭이 증가, 상악은 중절치 맹출 시, 하악은 측절치 맹출 시 급격히 증가

다음 중 상하악 유전치의 수직적 교합 관계 중 하악전치가 상악전치를 피개하는 것은 무엇인가?

① 정상교합
② 절단교합
③ 심피개교합
④ 반대교합
⑤ 개방교합

해설
② 상하악의 전치부 절단연끼리 교합
③ 상악 전치가 하악전치의 1/3 이상을 피개
⑤ 상하악 전치의 개방

답 ④

다음 중 혼합치열기에서 제1대구치가 조기근심이동할 때 이용하는 생리적 치간공간은 무엇인가?

① 영장공극
② 발육공간
③ leeway space
④ 미운오리새끼
⑤ 유치 치아 사이의 치간공극

답 ①

9 치아공간 상실

다음 중 치아공간 상실의 전신적 요인이 아닌 것은 무엇인가?
① 다운증후군
② 두개안면이형성증
③ 갑상선기능저하증
④ 갑상선기능항진증
⑤ 쇄골두개이형성증

 ④

(1) 치아공간 상실의 요인

구분	내용
국소적 요인	• 인접면 치아우식증 • 유치의 조기상실 • 영구치 맹출지연 및 맹출순서의 변이 • 선천성 결손 • 유착치 • 구강악습관 • 치아와 악골의 부조화
전신적 요인	• 다운증후군 • 두개안면이형성증 • 갑상선기능저하증 • 쇄골두개이형성증

다음 중 제1대구치가 맹출하기 전 제2유구치가 조기상실된 경우 제2유구치 발치 후 즉시 장착하는 공간유지장치는 무엇인가?
① 가철성 공간유지장치
② 낸스 구개호선
③ 설측 호선
④ distal shoe 간격유지장치
⑤ loop형 간격유지장치

 ④

(2) 공간유지장치의 종류와 종류별 특징

	종류	특징
고정성	loop형 간격유지장치	• 유치열이나 혼합치열에서 편측의 제1유구치나 제2유구치 중 1개의 치아 상실일 때, 근원심 공간 유지 • band & loop : 장착 치아가 건전 • crown & loop : 장착 치아의 넓은 우식, 법랑질 형성부전, 치수치료, 구강위생상태 불량 등 • 장점 : 제작 간단, 경제적, 후속영구치 맹출에 무관 • 단점 : 저작기능 회복 및 대합치 정출 예방에 한계
	distal shoe 간격유지장치	• 제1대구치가 맹출하기 전 제2유구치가 조기상실된 경우 • 제2유구치 발치 후 즉시 장착 • 제1대구치가 distal shoe의 원심면 따라 맹출되면 장치제거 후 crown & loop로 장치 교환이 필요
	설측호선	• 혼합치열기에 하악에 편측성이나 양측성으로 2개 이상의 유구치 상실일 때, 대구치의 근심이동 방지 및 치열궁의 길이 유지 • 상실 부위에 맹구치 맹출 시 발육 및 맹출 확인
	낸스 구개호선	• 혼합치열기에 상악에 편측성인 양측성으로 2개 이상의 유구치 상실일 때, 대구치의 근심이동 방지 및 치열궁의 길이 유지 • 상실 부위에 맹구치 맹출 시 발육 및 맹출 확인 • palatal button 접촉 부위에 염증 발현 주의
가철성		• 유치의 조기상실로 발생된 공간 유지 • 환자 스스로 착탈이 되기 때문에 협조가 필요 • 양측성 구치 결손, 편측성 2치 이상의 결손, 전치부 결손 등에 이용

10 장애인 치과치료

(1) 장애질환별 치과치료 시 유의사항

정신지체	• 이른 아침에 약속 • 짧은 진료시간 • 간단한 시술부터 시행 • 환자가 견디지 못하면 진료 중단 후 약물투여나 전신마취 고려
뇌성마비	• tell-show-do에 근거한 심리적 접근법 • 간단한 진료는 휠체어에서 진료 • 환자가 편안한 자세, 머리는 고정, 좌석벨트로 사고 예방 • 러버댐 장착이 필수
경련성 질환	• 항경련제 미리 복용 • 신체속박장치 이용 • 발작 시 얼굴을 돌려주고 경과를 기다림
선천성 심장질환	• 발치, 치주치료, 근관치료 전 투약 필요 • 균혈증에 의한 심내막염 유발 가능성에 주의
자폐증	• 대기시간 최소로 여유롭게 진료 • 보호자에게 구강위생교육 • 선택적으로 의식하 진정요법 적용
시각장애	• 예고 없이 소리, 움직임에 의한 자극에 주의 • 직접 만져보고 느껴서 익숙해지게 함
청각장애	• tell-show-do에 근거하여 기구와 술식을 설명 • 이상이 있으면 환자의 왼손을 들도록 하며 술자의 입을 보게 하고, 표정관리가 중요 • 글로 정보전달

다음 중 장애인 치과치료에 대해 잘못된 것은 무엇인가?

① 경련성 질환 - 항경련제를 미리 복용하나, 신체속박장치를 이용
② 자폐증 - 환자에게 직접 구강위생교육을 실시
③ 청각장애 - 술자의 입을 보게 하고, 표정관리가 중요
④ 뇌성마비 - 간단한 진료는 휠체어에서 시행
⑤ 선천성 심장질환자 - 치과치료 전 투약이 필요

해설
② 보호자에게 구강위생교육을 실시

답 ②

CHAPTER 07 적중예상문제

1 치열발육 및 장애

01 다음 중 혼합치열기의 특성으로 적절하지 않은 것은 무엇인가?
① 제1대구치의 이소맹출
② 전치의 미운오리새끼
③ 치주염 호발
④ 제1대구치의 교합면 우식
⑤ 부정교합 발생

해설
③ 치은염 호발

02 다음 중 유치의 맹출시작 시기는 언제인가?
① 생후 3개월
② 생후 6개월
③ 생후 9개월
④ 생후 12개월
⑤ 생후 18개월

해설
② 생후 6개월에 맹출을 시작하여 생후 20~30개월에 맹출이 완료된다.

03 다음 중 유치의 기능으로 적절하지 않은 것은 무엇인가?
① 건전한 영구치열의 발육도모
② 교합수준 유지
③ 악골의 성장자극
④ 구강안면조직의 지지
⑤ 저작과 발음

04 다음 중 유치에 대한 설명으로 옳지 않은 것은 무엇인가?
① 치아의 수는 20개이다.
② 설면결절이 매우 뚜렷하다.
③ 유백색과 청백색의 색깔이다.
④ 법랑질이 두껍다.
⑤ 치관과 치근이 작다.

해설
④ 영구치의 특징이다.

05 다음 중 출생 시 이미 맹출된 치아는 무엇인가?
① 신생치   ② 선천치
③ 유 치   ④ 쌍생치
⑤ 융합치

해설
① 출생 후 30일 이내에 맹출한 치아

정답 01 ③ 02 ② 03 ④ 04 ④ 05 ②

2 유치우식

01 다음 중 다발성우식증의 원인이 아닌 것은 무엇인가?
① 치과치료 비협조
② 불량한 구강위생상태
③ 타액분비 감소
④ 자당섭취 증가
⑤ 불소도포

02 다음 중 유치우식의 특징으로 옳은 것은 무엇인가?
① 정지성 우식이 많다.
② 치수염으로의 이환이 쉽다.
③ 상악유구치가 가장 먼저 이환된다.
④ 감염에 대한 회복력이 늦다.
⑤ 단일치면에 이환된다.

3 미성숙영구치

01 다음 중 미성숙영구치의 형태학적 특징으로 옳지 않은 것은 무엇인가?
① 명확한 부가융선, 소와, 열구
② 치근의 미완성
③ 근단공의 개방
④ 치수조직에 섬유세포가 많음
⑤ 2차 상아질 형성완료

02 미성숙영구치 우식에 대한 설명은?
① 우식의 진행이 늦다.
② 유치의 우식과 독립되어 있다.
③ 미성숙영구치 초기에 평활면 우식이 나타난다.
④ 상악 제1대구치 교합면에 호발한다.
⑤ 초기우식은 레진충전이 필요하다.

해설
① 우식의 진행이 빠르다.
② 유치의 우식에 인접되어 있다.
④ 하악 제1대구치 교합면과 상악 중절치 인접면이 호발한다.
⑤ 초기우식은 불소도포를 통해 재석회화될 수 있다.

03 다음 중 미성숙영구치 우식의 특징으로 옳지 않은 것은 무엇인가?
① 우식의 진행의 속도가 빠르다.
② 유치우식과 인접 시 우식이환이 쉽다.
③ 평활면의 초기우식은 충전치료가 필요하다.
④ 소와와 열구가 깊으면, 치면열구전색으로 교합면 우식을 예방할 수 있다.
⑤ 불소복용과 불소도포를 통해 재석회화 및 재광화시킬 수 있다.

해설
③ 평활면 초기우식은 불소도포를 통해 재석회화될 수 있다.

정답 ▶ 01 ⑤ 02 ② / 01 ⑤ 02 ③ 03 ③

4 행동조절

01 다음 중 치과진료 시 어린이의 태도에 영향을 주는 요인이 아닌 것은?

① 일반적인 경험
② 과거 치과에서의 경험
③ 진료실의 분위기
④ 부모-의사의 관계
⑤ 의사-어린이의 관계

> **해설**
> 어린이 치과진료 시 태도의 영향요인
> 과거의 의과적, 치과적 경험, 어린이의 성숙도, 어린이의 성격, 어린이와 부모의 관계 및 양육방식, 부모와 치과의사의 관계, 진료실 환경

02 다음 중 소아치과 진료에서 치과위생사의 역할이 아닌 것은 무엇인가?

① 진료동기부여
② 소아의 심리상태 파악
③ 적극적 진료협조로 진료의 질 향상
④ 진료 후 설명
⑤ 돌발사고 예방

> **해설**
> ④ 진료 전 설명

03 다음의 심리적 접근법 중 약한 자극에서 강한 자극으로 반복하여 공포와 불안을 극복하는 방법은 무엇인가?

① 말-시범-행동
② 강 화
③ 소 멸
④ 체계적 탈감작법
⑤ 모 방

> **해설**
> ① 어린이 수준에 맞는 언어를 천천히 반복하여 이해 - 기구를 만져보게 함 - 보여준 대로 치료를 시행함
> ② 긍정적 강화 : 칭찬, 장난감 등으로 원하는 행동을 유발
> 부정적 강화 : 신체의 속박, 격리, 무시
> ③ 좋지 않은 행동이 지속적으로 나타날 때 무시, 방치
> ⑤ 첫 내원 시 다른 아이의 행동을 따라 하도록 함

04 소아가 첫 내원 시 다른 어린이의 행동을 따라하게 하는 심리적 접근법은?

① 분 산
② 체계적 탈감작법
③ 말-시범-행동
④ 강 화
⑤ 모 방

> **해설**
> ① 분산 : 치료 중 비디오, 오디오 등 주의 분산
> ② 체계적 탈감작법 : 약한 자극에서 강한 자극으로 반복. 공포와 불안 극복에 도움
> ③ 말 - 시범 - 행동 : 어린이 수준에 맞는 언어, 반복 이해(tell) - 기구를 만지게 하고(show) - 설명하고 보여준대로 치료(do)
> ④ 강화 : 긍정적 강화 - 칭찬, 장난감, 부정적 강화 - 신체의 속박, 격리, 무시 등

05 다음 중 아산화질소 진정법에 대한 설명으로 옳지 않은 것은 무엇인가?

① 잠재적 부작용이 있다.
② 흡입진정회복기에 약 5분간 100% 산소투여가 필요하다.
③ 보호자의 협조가 필요하다.
④ 발현과 회복이 빠르다.
⑤ 호흡기나 비질환을 가진 어린이는 적용이 어렵다.

> **해설**
> ③ 환자의 협조가 필요하다.

정답 01 ⑤ 02 ④ 03 ④ 04 ⑤ 05 ③

5 유치관수복

01 다음 중 유구치 기성금속관 수복의 장점은 무엇인가?
① 치질과 금관 사이에 간격이 있음
② 치경부 적합성이 우수하지 않음
③ 두께가 얇아 천공가능성이 있음
④ 교합상태의 회복이 분리
⑤ 저작기능의 회복이 용이

02 다음 중 유구치 기성금속관 수복의 장점이 아닌 것은 무엇인가?
① 비심미적
② 제작이 쉬움
③ 치질 삭제량이 적음
④ 저작기능의 회복 용이
⑤ 치관의 근원심 폭경 회복

6 치수치료

01 다음 중 생활치수보존법은 무엇인가?
① 치수진정법
② 치수절단술
③ 생리적 근단유도술
④ 치근단형성술
⑤ 치수절제술

해설
① 생활치수보존법 : 치수진정법, 직간접 치수복조술

02 다음 중 수산화칼슘 치수절단술에 대한 설명으로 옳은 것은 무엇인가?
① 유치의 치수노출
② 자발통의 병력이 없음
③ 미성숙영구치의 기계적 치수노출에 의함
④ 치근단부에 병소가 존재하지 않음
⑤ 치근의 1/3 이하가 흡수된 경우

해설
①, ②, ④, ⑤ 포모크레졸 치수절단술에 대한 설명이다.

03 치근단형성술의 적응증으로 옳은 것은?
① 기계적 치수노출
② 치근의 1/3 이하가 흡수
③ 외상에 의한 치수노출
④ 치수의 감염이 치근단까지 연결
⑤ 유치의 치수노출

해설
치수치료의 종류
- 치근단형성술 : 치수의 감염이 치근단까지 파급, 치수절단술 시행 시 지혈 불가, 치근흡수 및 분지부 병변이 없을 때
- 생리적 치근단유도술, 수산화칼슘 치수절단술 : 외상에 의한 치수노출, 기계적 치수노출
- 포모크레졸 치수절단술 : 유치의 치수노출, 자발통 없음, 치수절단 후 수복치료 가능, 치근의 1/3 이하 흡수, 치근단부 병변 없을 때

04 실활치수 제거법으로 옳은 것은?
① 치수진정법
② 치수절단술
③ 치수복조술
④ 치근단형성술
⑤ 생리적 치근단 유도술

해설
①, ③, ⑤ 생활치수 보존법 - 치수진정법, 치수복조술
② 생활치수 제거법 - 치수절단술, 생리적치근단유도술
④ 실활치수 제거법 - 치근단형성술, 치수절제술

7 외과치료

01 다음 중 유치발치의 적응증이 아닌 것은 무엇인가?

① 외상에 의해 심하게 손상된 유치
② 장애가 되는 선천치
③ 과잉치
④ 영구치의 정상맹출에 장애가 되는 만기잔존유치
⑤ 봉와직염을 동반한 급성 치조골 농양

> **해설**
> ⑤ 국소적 급성 염증은 금기증에 해당한다.

02 다음 중 유치발치 시 주의사항으로 적절한 것은 무엇인가?

① 발치겸자를 이용하여 발치
② 발치 후 방사선 사진 확인
③ 멸균된 발치기구를 소아의 시야에서 개봉
④ 2시간 압박지혈
⑤ 환자의 이해와 동의가 필요

> **해설**
> ② 발치 전 방사선 사진 확인
> ③ 발치기구를 소아의 시야에 보이지 않도록 함
> ④ 10~15분 압박지혈
> ⑤ 보호자의 이해와 동의가 필요

03 다음 중 과잉치가 구강 내에 미치는 영향이 아닌 것은 무엇인가?

① 인접한 치아의 맹출 방해
② 정중이개
③ 악골 골수염
④ 낭종형성
⑤ 치근흡수로 인한 생활력 상실

04 소아의 외상 빈도로 옳은 것은?

① 상악중절치보다 하악중절치에서 빈도가 높다.
② 남아가 여아보다 빈도가 낮다.
③ 하악의 유치열 손상 시 함입 빈도가 높다.
④ 영구치열은 치수손상을 동반하지 않는 치관파절의 빈도가 높다.
⑤ 상악의 유치열 손상 시 설측으로 변위 빈도가 높다.

> **해설**
> **소아외상의 특징**
> • 상악중절치, 남아
> • 하악유치열은 설측변위, 상악유치열은 함입
> • 2~4세(걸음마, 호기심), 6~10세(놀이 외부활동)에 호발

8 치열기에 따른 교합

01 다음 중 유치열기의 구치 교합관계의 기준은 무엇인가?

① 상악 제1유구치
② 상악 제2유구치
③ 하악 제1유구치
④ 하악 제2유구치
⑤ 상악견치

> **해설**
> ② 상악 제2유구치의 원심면이 기준이다.

02 다음 중 유치열기의 생리적 치간공간으로 적합하지 않은 것은 무엇인가?

① 영장공극
② 발육공간
③ leeway space
④ 미운오리새끼
⑤ 유치 치아 사이의 치간공극

> **해설**
> ④ 혼합치열기의 생리적 치간공간

01 ⑤ 02 ① 03 ③ 04 ④ / 01 ② 02 ④   **정답**

03 다음 중 혼합치열기에서 제1대구치가 만기근심이동할 때 이용하는 생리적 치간공간은 무엇인가?

① 영장공극
② 발육공간
③ leeway space
④ 미운오리새끼
⑤ 유치 치아 사이의 치간공극

9 치아공간 상실

01 다음 중 가철성 공간유지장치가 적용되지 않는 것은 무엇인가?

① 편측성 2치 이상의 결손
② 유치의 조기상실로 발생된 공간을 유지
③ 영구치의 조기상실로 발생된 공간을 유지
④ 전치부 결손
⑤ 양측성 구치결손

02 9세 남아로 하악 좌측의 제2유구치가 상실되었으며, 상악 좌측 제1대구치가 건전하게 있는 경우 적절한 공간유지장치는?

① crown and loop
② band and loop
③ distal shoe
④ 설측호선
⑤ 낸스 구개호선

해설
① crown and loop : 장착 치아의 넓은 우식, 법랑질 형성부전 등
③ distal shoe : 제1대구치 맹출 전 제2유구치 조기상실
④ 설측호선 : 하악에 편측성이나 양측성으로 2개 이상의 유구치 상실 시
⑤ 낸스 구개호선 : 상악에 편측성이나 양측성으로 2개 이상의 유구치 상실 시

10 장애인 치과치료

01 다음 중 tell-show-do를 적용할 수 없는 환자는 누구인가?

① 청각장애
② 자폐증
③ 경련성 질환
④ 선천성 심장질환
⑤ 시각장애

02 다음 중 발치나 치주치료 전 술전투약이 필요한 환자는?

① 경련성 질환자
② 뇌성마비
③ 자폐증
④ 선천성 심장질환
⑤ 청각장애

정답 03 ③ / 01 ③ 02 ② / 01 ⑤ 02 ④

CHAPTER 08 치주

다음 중 건강한 부착치은에 대한 설명으로 옳은 것은 무엇인가?

① 전치의 부착치은이 넓고, 구치의 부착치은은 좁다.
② 탄력성이 없다.
③ 점몰이 없다.
④ 치은이 단단하지 않다.
⑤ 치조점막과 구별이 어렵다.

해설
② 탄력성이 있다.
③ 점몰이 있다.
④ 치은이 단단하다.
⑤ 치은치조점막 경계에 의해 치조점막과 구별된다.

답 ①

1 치은

(1) 치은의 형태학적 특징

변연치은(유리치은, 비부착치은, marginal gingiva)	• 치아를 둘러싼 부채꼴 모양 • 치아에 부착하지 않음 • 1mm 정도의 두께, 선홍색 • 변연치은과 치아 내면 사이에 치은열구가 있음 • 치은열구액 : 면역작용, 항세균작용, 자정작용, 접합상피의 치아부착, 치은연하 치태의 배지역할
부착치은 (attached gingiva)	• 변연치은의 연속부분 • 하부치조골에 부착되어 있음 • 1~9mm 정도의 두께(전치부가 넓고, 구치부가 얇음) • 단단하고, 탄력성이 있고, 점몰이 있음 • 치은치조점막 경계에 의해 치조점막과 구별
치간치은(치간유두, interdental gingiva)	• 변연치은 중 치아 사이의 삼각형 공간 • 순측과 설측에 각각 콜(col)이 존재, 염증이 시작되는 부위 • 표면이 각화되지 않아, 염증에 민감

(2) 치은상피의 특징

구강상피	• 육안으로 확인 가능 • 외부자극과 세균자극, 세균성 물질의 침입을 방어 • 기저층, 유극층, 과립층, 각화층의 구조
열구상피	• 유리치은 안쪽에 있으면서, 치은열구의 벽을 형성 • 치은 내면의 조직액을 치은열구로 침투(치은열구액 분비) • 칫솔질 등에 의해 각화됨
접합상피	치아와 결합하는 부분

(3) 치은섬유의 특징

치아치은섬유군	• 치은열구의 기저부 백악질~유리치은 방향 • 치은 부착에 관여
치아골막섬유군	• 백악법랑경계의 백악질~치조정~근단~협설측의 골막 방향 • 치아를 치조골에 고정, 치주인대 보호에 관여
환상섬유군	• 모든 치아의 유리치은에 둘러싸고 있음 • 유리치은 지지에 관여
횡중격섬유군	• 치조중격의 상방~백악질에 매립 • 치아 사이의 간격 유지에 관여

(4) 정상치은의 임상적 특징

색 깔	• 산호색 • 연분홍색 • 인종, 나이, 상피의 두께, 각화 정도, 색소침착 등에 따라 다름
외 형	• 변연치은의 순설측이 옷깃과 같은 모양 • 치간유두가 치간공극을 채워야 함
견고도	• 견고하고 탄력성이 있어야 함 • 변연치은은 유동적이고, 부착치은은 치조골에 부착
표면구조	• 점몰이 있어야 함(오렌지껍질 형태) • 5세 때부터 나타나 성인에 증가, 노년에 감소
멜라닌색소침착	• 갈색소에서 유래 • 멜라닌색소침착이 있어도 정상으로 간주
치은열구 깊이	• 치주낭측정기로 측정 시 1~3mm • 가벼운 탐침 시 출혈이 없어야 함

(5) 연령증가에 따른 치은의 변화

① 치은조직 내 혈액공급량 저하
② 치은조직의 섬유화, 각화도 감소
③ 부착치은의 점몰 감소, 폭경 증가
④ 대사작용이 늦어져, 손상은 쉽고 치유는 느림

다음 중 치은열구의 기저부 백악질에서부터 유리치은 방향으로 주행하는 섬유군은 무엇인가?

① 치아치은섬유군
② 치은치조섬유군
③ 치아골막섬유군
④ 환상섬유군
⑤ 횡중격섬유군

해설
③ 백악법랑경계의 백악질~치조정~근단~협설측의 골막 방향으로 주행, 치주인대 보호에 관여
④ 모든 치아의 유리치은에 둘러싸여 주행, 유리치은의 지지에 관여
⑤ 치조중격의 상방에서 백악질에 매립되어 주행, 치아 사이의 간격 유지에 관여

답 ①

다음 중 연령증가에 따른 치은의 변화로 옳지 않은 것은 무엇인가?

① 치은조직의 각화도가 감소
② 치은조직 내 혈액공급량이 증가
③ 대사작용이 늦어 치유가 느림
④ 부착치은의 폭경이 증가
⑤ 부착치은의 점몰이 감소

해설
② 치은조직 내 혈액공급량이 감소

답 ②

2 치주인대

(1) 치주인대의 기능

물리적 기능	• 교합압 완충 • 치은조직의 유지 • 신경, 혈관 등의 연조직 보호
형성 및 재생 기능	백악질과 치조골의 형성과 재생에 관여
영양공급과 감각	• 백악질과 치조골, 치은에 영양공급 • 압력, 동통의 촉각 감지

(2) 치주인대 주섬유의 종류와 기능

치간횡단섬유군 (횡중격섬유군)	• 치아와 치아 사이의 치조골 상부 주행 • 치조골 파괴 후 가장 먼저 생성
치조정섬유군	• 백악법랑경계 하부의 백악질~치조정까지 주행 • 가장 먼저 교합력을 받음 • 측방압력에 저항 • 치주인대를 보호, 치아를 치조와 내에 유지
수평섬유군	• 치관 쪽 10~15%에 주행 • 측방운동에 저항
사주섬유군	• 백악질~근단 방향 주행 • 백악질 표면의 80~85%, 가장 주된 섬유군 • 수직교합압에 저항
근단섬유군	• 치근단부위~치조와로 주행 • 치아의 기울어짐, 탈락에 저항 • 치수에 공급되는 신경과 혈관을 보호
치근간섬유군	• 다근치의 분지부에서 주행 • 치아의 기울어짐, 회전, 탈락에 저항

다음 중 치주인대의 주섬유군 중 치조골 파괴 후 가장 먼저 생성되는 것은 무엇인가?

① 치간횡단섬유군
② 치조정섬유군
③ 사주섬유군
④ 근단섬유군
⑤ 치근간섬유군

 ①

3 백악질과 치조골

(1) 백악질의 기능

① 치주조직의 항상성 유지
② 백악질의 계속적 침착으로 치근의 길이와 치주인대의 생리적 폭 유지
③ 치근단공 폐쇄
④ 연령증가 시 치아에 영양 공급
⑤ 치수보호
⑥ 치조골에 치아를 부착
⑦ 치근파절 시 결합에 관여

(2) 1차 백악질과 2차 백악질의 특징

1차 백악질	2차 백악질
• 치아의 형성과 맹출 시 최초 생성 • 무세포성 • 치근전체에 분포, 주로 치경부 • 분명한 발육선 • 대부분 샤피섬유 • 치아 지지 • 교체속도가 느림	• 맹출 후 기능에 적응하기 위해 생성 • 세포성(백악아세포) • 치근의 중간부, 근단부에 분포 • 불분명한 발육선 • 대부분 불규칙한 교원섬유 • 치근 보호 • 교체속도가 빠름

(3) 백악질 흡수의 원인

국소적 원인	• 부정치열, 대합치가 없는 치아, 매복치 • 치주질환, 치근단병소, 종양 • 외상성교합, 강한 교정력
전신적 원인	• 결핵, 폐렴, 선천성 골 위축증 • 칼슘 부족, 비타민 A, D 결핍

(4) 치조골의 해부학적 특징

고유치조골	• 치조와 내 고도로 석회화 • 방사선상 치조백선으로 나타남 • 얇은 치밀골로 수천 개의 구멍이 있는 사상판의 형태 • 구멍에 혈관과 신경이 분포 • 샤피섬유가 포함
지지치조골	• 치밀골과 망상골로 구성 • 치밀골의 두께 : 하악 > 상악, 순면 > 설면, 구치부 > 견치, 소구치

(5) 치주조직의 병적 증상

열 개	• 치아의 치경부에서 치조골이 흡수되어 길게 파여 있음 • 원인 : 순측으로 경사진 치근
천 공	• 치근을 덮고 있는 골에 구멍, 치근이 골막과 치은으로만 덮임 • 원인 : 교합성 외상, 돌출된 치근외형, 치아배열의 순측돌출

다음 중 1차 백악질에 대한 설명이 아닌 것은 무엇인가?

① 치아의 형성과 맹출 시 최초로 형성
② 백악아세포가 관여
③ 분명한 발육선
④ 치아를 지지
⑤ 대부분 샤피섬유로 구성

해설
② 2차 백악질에 대한 설명, 1차 백악질은 무세포성이다.

답 ②

치주조직 중 치근을 덮고 있는 골에 구멍이 생겨, 치근의 골막과 치은으로 덮인 것은 무엇인가?

① 열 개
② 천 공
③ 치은퇴축
④ 치은증식
⑤ 치조골 흡수

해설
① 치아의 치경부에서 치조골이 흡수되어 길게 파여 있는 모양

답 ②

4 치주조직과 치아검사

(1) 병력조사의 목적

환자에게 치과에 내원하게 된 주소 및 동기에 대해 말하게 함

(2) 치주조직검사

① 치은검사에서 임상적으로 평가해야 할 항목 : 색상, 외형, 견고도, 표면구조, 출혈 등
② 치은퇴축
  ㉠ 치은퇴축의 원인 : 치은염증, 부적절한 칫솔질, 외상성 교합, 치아의 위치 이상, 높은 소대부착
  ㉡ 치은퇴축의 임상증상 : 노출된 치근면(지각과민증, 치근면우식증, 치수의 변성), 치간부 퇴축(치면세균막, 음식물, 세균축적)
③ 치주낭
  ㉠ 치주낭의 이상증상
    • 치은발적, 치은출혈, 치은퇴축 및 부종
    • 치근노출, 치아동요, 치아이동, 치간이개
  ㉡ 치주낭의 형태에 따라 분류

치은낭 (위낭(false pocket), gingival pocket)	치주조직 파괴 없이 치은증식만 됨
골연상치주낭 (suprabony pocket)	치주조직의 파괴가 원인, 낭의 기저부가 치관 방향
골연하치주낭 (infrabony pocket)	치주조직의 파괴가 원인, 낭의 기저부가 치근 방향

  ㉢ 치주낭을 감염된 치아의 면에 따라 분류

단순치주낭 (simple pocket)	치아의 한 면에 생긴 치주낭
복합치주낭 (compound pocket)	치아의 두 면 이상에 생긴 치주낭
복잡치주낭 (complex pocket)	치주낭의 입구는 한 면이나, 내면이 두 면 이상

다음 중 치은퇴축의 임상증상으로 적합하지 않은 것은 무엇인가?

① 치근면의 노출
② 치간부의 퇴축
③ 치근면우식증
④ 치수의 괴사
⑤ 음식물 압입

해설
④ 치수의 변성

답 ④

(3) 치아검사

① 치아동요

㉠ 치아동요의 분류

1도	• 생리적 동요보다 큼 • 근원심 및 협설측으로 약간 증가된 동요도 • 1mm 이내
2도	• 중등도 동요도 • 1mm 이상
3도	수직적 동요도

㉡ 치아동요의 원인

생리적 동요	• 아침에 일어난 직후 생리적 동요가 많아짐 • 모든 치아는 약간의 생리적 동요를 가짐
병적 동요	• 생리적 동요 범위 이상의 수직적, 수평적 움직임 • 원인 : 치조골 소실, 교합성 외상, 치근단염증의 치주인대 확산, 임신, 월경, 호르몬성 피임약, 골수염, 악골 내 종양 등

5 치주질환

(1) 치주질환의 원인

국소적 원인	• 치면세균막 • 치 석 • 백질, 음식물잔사, 착색, 해부학적 이상, 구호흡 • 식편압입, 잘못된 치과처치, 치열부정, 과도한 교합력 등
전신적 원인	• 비타민 A 결핍(골성장 장애) • 비타민 B 복합체 결핍(치은염, 구순구각염, 구내염) • 무기질 결핍(마그네슘 : 치조골형성 감소, 치은비대, 칼슘 : 골다공증의 증상) • 단백질 부족 • 소모성 질환(매독, 만성신염, 결핵, 당뇨) : 저항감소, 2차 감염 우려 • 스트레스, 흡연, 약물복용 등

(2) 당뇨병과 치주질환의 관계

증 가	농양형성 증가, 치은 확장, 각상의 치은폴립형성, 용종 모양의 치은증식, 치아의 동요도 증가, 감염에 대한 감수성 증가
감 소	당뇨성치근막 붕괴, 골조직 소실, 술후 치유 지연
변 화	콜라겐 대사 변화(합성 저하)로 치주조직의 복구능력 저하

다음 중 생리적 동요에 해당되는 사례는?

① 아침에 일어난 후 치아의 동요도 증가
② 악골 내 종양으로 인한 동요도 증가
③ 임신으로 인한 동요도 증가
④ 치조골 소실로 인한 동요도 증가
⑤ 호르몬성 피임약으로 인한 동요도 증가

해설
②, ③, ④, ⑤ 병적 동요에 해당된다.

답 ①

다음 중 치은염, 구순구각염, 구내염 발생의 원인은 무엇인가?

① 비타민 A 부족
② 비타민 B 복합체 부족
③ 무기질 부족
④ 단백질 부족
⑤ 흡 연

해설
① 골성장 장애
③ 마그네슘 : 골형성 감소, 치은비대, 칼슘 : 골다공증

답 ②

(3) 치태와 치석의 임상적 중요성

① 치태의 임상적 중요성 : 치아우식증, 치은염, 치주질환의 초기원인, 치석 형성의 전구물질
② 치석의 임상적 중요성 : 치면세균막의 저장고, 치아우식증, 치은염, 치주질환의 원인

(4) 치주질환의 분류

① 만성 치주염(성인형치주염)과 국소유년형치주염

만성 치주염	국소유년형치주염
• 35세 이상에서 호발 • 치면세균막, 치석과 직접적 관련 • 발적, 부종, 탐침 시 출혈, 치조골 흡수, 치조백선소실, 치근분지부 병변 • 치주낭, 치조골흡수, 치아동요, 치은비대나 퇴축	• 사춘기, 영구치열에 발생 • 영구치에 급속한 치주 파괴 • 몇 개의 치아만 한정적 • 여자에게 호발 • 치은염증은 없으나 치아동요 • 방사선상 수직적 골파괴 • 주로 절치, 제1대구치 국한, 양측성

② 급성 치주농양과 만성 치주농양

급성 치주농양	만성 치주농양
• 치은을 누르면 동근 모양의 농양 • 치주조직 내 국한 • 치아동요, 심한통증, 타진에 예민 • 체온 상승 가능성	• 깊은 치주낭, 작고 둥근 누공 • 치근벽을 따라 방사선 투과상 • 막연한 둔통 • 특정한 임상증상이 없음

③ 치주농양과 치근단농양

치주농양	치근단농양
• 생활치수 • 깊은 치주낭이 원인 • 통증이 심함 • 치아정출 및 이동, 치주낭형성 • 방사선상 치근측방에 검은 상, 치은변연과 농양 연결	• 실활치수 • 우식증, 치수염, 천공, 불량한 근관치료, 치근 파절 등이 원인 • 동통이 심함 • 방사선상 근단부 경계에 검은 상, 근단부에 한정, 치은변연과 연결

(5) 치주치료의 목적

① 치주조직 관리방법을 교육
② 치주조직 재부착과 재생
③ 치태 내 미생물 제거 및 감소
④ 생리적 치은외형 부여
⑤ 치은의 염증 제거
⑥ 치주낭 제거

다음 중 만성 치주염의 호발 연령에 가장 가까운 것으로 적합한 것은 무엇인가?

① 20세 이상
② 35세 이상
③ 40세 이상
④ 45세 이상
⑤ 50세 이상

답 ②

다음 중 치근단농양에 대한 설명으로 옳지 않은 것은 무엇인가?

① 생활치수에 나타남
② 우식증과 치수염 등이 원인
③ 동통이 매우 심함
④ 방사선상 근단부에 검은 상이 나타남
⑤ 치은변연과 연결

해설
① 실활치에 나타나며, 치주농양은 생활치에 나타난다.

답 ①

(6) 보조적 치주치료의 목적
　① 구강위생상태의 평가
　② 이상적 구강건강 유지
　③ 염증 조절
　④ 치은퇴축 및 치조골 흡수 방지

(7) 교합성 외상
　① 교합성 외상의 원인 : 조기접촉, 이갈이, 과도한 교합력, 악습관
　② 교합성 외상의 분류

1차 교합성 외상	2차 교합성 외상
정상인 치주조직에 과한 교합력이 가해져 일어나는 치주조직 파괴	치주조직이 감소된 상태에서 정상적이거나 과도한 교합력이 가해져 일어나는 치주조직 파괴

　③ 교합성 외상의 증상 : 치아동요 증가, 병적 치아이동, 저작 및 타진 시 불편감, 악관절 이상, 치아의 마모 및 교모면 존재, 치근흡수, 방사선상 치주인대 공간의 확대와 치조백선 소실
　④ 교합조정의 적응증
　　㉠ 광범위한 보철술식 전
　　㉡ 정상치주조직에 과도한 교합력으로 인한 교합성 병변 유발 시
　　㉢ 치주조직의 파괴로 교합력으로 인한 교합성 병변 유발 시
　　㉣ 치과치료(교정 등) 후 교합 불안정 시
　　㉤ 치주조직 파괴로 치아동요 시

6 치은질환

(1) 치은질환의 분류

	치은염	임상증상 : 치은의 색깔 변화, 치은변성과 괴사, 치은증식, 치은종창, 서서히 진행, 출혈이 쉬움
만성	박리성치은염	• 협측에 국한 • 내분비계 불균형이 원인 • 40대 이상의 여성에 호발 • 치은점막 발적, 표피 박리, 구강작열감, 온도에 민감 • 자연적으로 호전

다음 중 정상적인 치주조직에 과한 교합력이 가해져 치주조직의 파괴가 일어나는 것은 무엇인가?
① 1차 외상성 교합
② 2차 외상성 교합
③ 1차 교합성 외상
④ 2차 교합성 외상
⑤ 조기접촉

해설
④ 치주조직이 감소된 상태에서 정상적이거나 과도한 교합력이 가해져 치주조직의 파괴가 일어나는 것

답 ③

다음 중 만성 치은염의 특징으로 옳지 않은 것은 무엇인가?
① 치은의 증식
② 치은의 색깔 변화
③ 치은의 출혈이 안 됨
④ 병변의 진행이 서서히 진행됨
⑤ 치은의 변성

해설
③ 출혈이 쉬움

답 ③

다음 중 급성 괴사성 궤양성 치은염을 호소하는 사람의 양치 방법은 무엇인가?

① 물과 과산화수소를 1:2로 희석 후 1시간마다 양치
② 물과 과산화수소를 1:4로 희석 후 1시간마다 양치
③ 0.12% 클로르헥시딘으로 하루 1회 양치
④ 0.12% 클로르헥시딘으로 하루 2회 양치
⑤ 1.2% 클로르헥시딘으로 하루 1회 양치

해설
물과 과산화수소를 1:4로 희석 후 2시간마다 양치

답 ④

급성	괴사성 궤양성 치은염		• 치간유두 괴사 • 출혈성 치은 • 호흡 시 심한 악취 • 점액성 타액분비량 증가 • 음식물의 접촉에 예민 • 격통, 재발
		응급 치료법	• 치태 및 치석 제거 • 과산화수소 면봉으로 위막 제거 • 물과 과산화수소 1:4 희석 후 2시간마다 양치 • 0.12% 클로르헥시딘으로 하루 2회 양치 • 술, 담배, 자극성 음식물 금지 • 비타민 B 복합체, 비타민 C, 항생제 투여 • 부드러운 칫솔로 치아 표면의 잔사 제거 • 급성 증상 후 치주치료 시행
	포진성 치은구내염		• 단순포진바이러스에 의한 감염 • 외상 2일 후 수포, 2시간 후 수포 터져 궤양 형성 • 유아, 어린이, 치은의 순설면, 협점막 등에 호발 • 7~10일 경과 후 자연치유 • 병소와 직접 접촉하면 전염 가능
	치관주위염		• 불완전한 맹출치아 혹은 맹출 중인 치아의 치관 주위의 급성 감염증 • 하악 제3대구치에서 호발 • 치은판의 종창, 발적, 치관주위 농양으로 진행되며, 개구장애 동반
		응급 치료법	• 따뜻한 물로 병소 부위 세척 • 초음파세척기로 침착물 제거 • 전신 증상 있으면 항생제 투여 • 급성 증상의 완화 후 외과처치 결정

7 외과적 치주치료

(1) 치주 외과기구의 명칭과 용도

다음 중 육아조직, 섬유성 치간유두조직, 단단한 치은연하의 침착물을 제거하는 치주외과기구는 무엇인가?

① 골막기자
② 외과용 큐렛
③ 외과용 치즐
④ 치주 큐렛
⑤ bone rongeur

해설
① 치주판막의 거상 및 이동
③, ⑤ 치조골의 제거 및 성형

답 ②

주사기, 마취액, 주사침		국소마취
periodontal knife	치은절제용 수술칼 (kirkland knife)	치은절제술, 치은성형술 시
	치간치은용 수술칼 (orban knife)	치은절제술에서 치간치은 절제 시
	외과용 수술칼	치주수술에서 절개 시
	전기수술기	연조직 절제 및 성형 시
골막기자 (Periosteal elevator)		치주판막술 시 판막 거상 및 이동
외과용 큐렛(surgical curette), Sickle		육아조직, 섬유성 치간유두 조직, 단단한 치은연하의 침착물 제거

외과용 치즐, 호, 파일, 골겸자(bone rongeur)	치주수술 시 치조골 제거 및 성형 시
가 위	치은판막에 남아 있는 잔여조직 제거 시
치주낭표시자 (pocket marker)	• 구강상피 표면에 출혈점 표시하여 육안으로 치주낭 깊이를 알 수 있게 함 • 협측용과 설측용이 한 쌍
지침기, 봉합침, 봉합사, 가위	봉 합

(2) 외과적 치주치료 방법

① 치은절제술

적응증	• 제거되지 않는 치주낭 • 증식된 치은조직 • 얕은 골연하낭 제거, 골연상의 치주농양, 이개부 병변 노출 • 형태학적 치관 노출 • 치은연하우식증 치료 • 임상적 치관 길이 연장
금기증	• 골내낭 존재 • 치조골 수술 필요시 • 심미적 문제 예상 시 • 지각과민성 치근 • 전신조건이 외과적 치주치료가 불가능할 때 • 부착치은이 불충분한 경우
기본술식	• 시술 전 투약, 마취 • 치주낭 표시 • 치은절제 • 변연된 치은, 치간유두 제거, 육아조직 제거, 치석, 괴사성 물질 제거 • 생리적 치은형태 형성 • 지혈, 치주포대 부착

② 비변위판막술

특 징	1차 유합에 의한 치유 가능, 치주낭은 제거하나 각화치은은 보존
적응증	• 깊은 치주낭 • 골연하치주낭 • 이개부 병변 노출 • 치조골 수술이나 골이식을 위해 치조골 노출이 필요할 때
기본술식	• 절 개 • 치주판막거상 • 염증 및 육아조직 제거 • 치석제거, 치근활택, 필요시 골이식 • 압박지혈, 봉합, 치주인대 부착

③ 치은-치조점막술의 분류 : 유리치은이식술, 결합조직이식술, 치관연장술, 소대연장술, 구강전정성형술

다음 중 치은절제술의 적응증으로 옳은 것은 무엇인가?

① 골내낭 존재
② 치조골 수술이 필요시
③ 지각과민성 치근
④ 부착치은의 불충분
⑤ 치은연하 우식증 치료

답 ⑤

④ 치근이개부 병변의 치료법의 분류

이개부개조술	치근절제술	근관치료 후 치관은 남기고 잔존 치근 중 하나만 제거
	치아절제술	치관부를 포함하여 한 개 또는 두 개의 치근을 절제
	치근분리술	한 개의 대구치를 두 개의 소구치 모양으로 회복
	터널화	협-설의 이개부 관통으로 구강위생관리에 도움
이개부성형술		이개부 제거 및 형태수정을 위해 치은성형술, 골성형술, 치아성형술 등을 시행

다음 중 치주포대의 효과로 적절하지 않은 것은 무엇인가?
① 출혈방지
② 지각과민
③ 동통경감
④ 치유촉진
⑤ 감염방지

답 ②

(3) **치주수술 후 주의사항과 치주포대**
① 수술 후 동통, 전신 무기력감, 오한 가능성
② 종창의 가능성 예방을 위해 냉찜질
③ 술후 3시간은 차가운 음식
④ 수술 당일 과도한 양치 금지
⑤ 치주포대(출혈방지, 치아고정, 감염방지, 지각과민 경감, 동통경감, 창상보호, 치유촉진 등) 위 칫솔질 금지, 금연

8 임플란트

(1) **임플란트 환자의 수술 전 고려사항**
① 절대적 금기증 : 혈액질환, 심한 전신질환, 약물중독자, 두경부 방사선 치료환자 등
② 상대적 금기증 : 개구제한 환자, 이갈이 환자, 흡연자, 조절되지 않는 당뇨 등

다음 중 임플란트 시술 완료 후 치과 의사에게 점검을 받는 주기로 적당한 것은?
① 1개월
② 3개월
③ 6개월
④ 12개월
⑤ 18개월

해설
② 3개월 주기 점검, 12~18개월 주기 방사선 사진촬영, 18~24개월 주기 상부구조 세척

답 ②

(2) **임플란트 수술 후 유지치료 시 전문가의 역할**
① 치과의사 : 3개월마다 점검, 85% 치태효율 검사, 12~18개월 주기 방사선 촬영, 18~24개월 주기 상부구조 세척, 고정체 처치 필요시 표면해독 및 골재생 실시
② 치과위생사 : 염증성 변화 점검, 85% 치태효율 평가, 병변 관찰 시 플라스틱 치주탐침으로 탐침, 상부구조 결합상태, 스크류 파절, 통증 부위 등 점검, 임플란트 전용 스케일러로 치태 및 치석 제거

9 전신질환자의 치주관리

(1) 당뇨병 환자의 치주치료 시 주의사항
① 비조절성 당뇨환자는 치주치료 금지
② 국소마취제는 1 : 10만 이하로 포함된 것만 사용
③ 예방적 항생제 투여
④ 오전 중 예약
⑤ 조직의 외상을 최소화

(2) 고혈압 환자의 치주치료 시 주의사항
① 식염수세척 금지, 갑작스러운 자세변화 금지
② 국소마취제는 에피네프린 함유 사용 금지, 에피네프린 함유된 압배사 사용 금지
③ 예방적 항생제 투여
④ 오후 중 예약, 가능한 짧게
⑤ 스트레스와 불안 감소
⑥ 외과 처치 후 과도한 출혈 예상

(3) 간염 환자의 치주치료 시 주의사항
① 초음파 스케일러 사용 금지, 저속 핸드피스 사용
② 철저히 멸균
③ 구강 내 접촉 부위 최소화
④ 러버댐으로 격리 시술
⑤ 개인보호장비 착용(마스크, 보안경, 장갑 등)

(4) 노인 환자의 치주치료 시 주의사항
① 열린 대화, 적절한 신뢰감
② 외상 최소화
③ 처방용량 재계산(과민성 증가)
④ 오전 중 예약, 가능한 짧게

다음 중 고혈압 환자의 치주치료 시 주의사항으로 옳은 것은 무엇인가?
① 국소마취제 중 에피네프린 함유가 된 것을 사용
② 압배사 사용 시 에피네프린 함유가 된 것을 사용
③ 오전 중 예약
④ 예방적 항생제 투여
⑤ 진료시간을 충분히 확보

해설
①, ② 에피네프린이 함유되지 않은 것을 사용
③ 오후 중 예약
⑤ 진료시간을 짧게 함

답 ④

CHAPTER 08 적중예상문제

1 치 은

01 다음 중 변연치은에 대한 설명이 아닌 것은 무엇인가?
① 치아를 둘러싼 부채꼴 모양의 치은이다.
② 건강한 변연치은은 선홍색을 나타낸다.
③ 변연치은과 치아내면 사이에 치은열구가 있다.
④ 하부치조골에 부착되어 있다.
⑤ 치아에 부착되어 있지 않다.

해설
④ 부착치은에 대한 설명이다.

02 다음 중 삼각형의 공간으로 염증이 시작되는 부위는 어디인가?
① 변연치은   ② 유리치은
③ 부착치은   ④ 비부착치은
⑤ 치간치은

03 다음 중 치은의 열구상피에 대한 설명으로 옳은 것은 무엇인가?
① 유리치은의 바깥쪽이다.
② 치은 내면의 조직액이 치은열구로 침투한다.
③ 염증에 의해 각화된다.
④ 시간이 지나면서 점차 각화된다.
⑤ 건강한 열구상피는 적색이다.

해설
① 유리치은의 안쪽이다.
③ 칫솔질에 의해 각화된다.

04 다음 중 치은상피가 치아에 결합되는 부분은 무엇인가?
① 변연치은   ② 부착치은
③ 구강상피   ④ 열구상피
⑤ 접합상피

05 다음 중 정상치은의 임상적 특징으로 적절하지 않은 것은 무엇인가?
① 치간유두가 치간공극을 채워야 한다.
② 치은이 견고하고 탄력성이 있어야 한다.
③ 표면에 점몰이 있어야 한다.
④ 멜라닌색소침착이 없어야 한다.
⑤ 가벼운 탐침 시 출혈이 없어야 한다.

해설
④ 멜라닌색소침착은 정상치은으로 본다.

06 노인의 치은변화로 적절한 것은?
① 치은조직의 각화도가 증가된다.
② 부착치은의 폭경이 감소된다.
③ 치은조직이 섬유화된다.
④ 대사작용이 빨라진다.
⑤ 치은조직 내 혈류량이 증가된다.

해설
① 치은조직 섬유화 및 각화도 감소
② 부착치은의 점몰 감소 및 폭경 증가
④ 대사작용 늦어져 손상은 쉽고, 치유는 느리다.
⑤ 치은조직 내 혈류량 저하

정답 01 ④ 02 ⑤ 03 ② 04 ⑤ 05 ④ 06 ③

2 치주인대

01 다음 중 치주인대의 기능으로 적합하지 않은 것은 무엇인가?

① 교합압의 완충
② 백악질과 치조골의 형성과 재생에 관여
③ 압력과 동통의 감지
④ 치은조직의 재생
⑤ 신경 및 혈관 등의 연조직 보호

해설
④ 치은조직의 유지

02 다음 중 치주인대의 주섬유군 중 수직교합압에 저항하는 것은 무엇인가?

① 치간횡단섬유군
② 치조정섬유군
③ 사주섬유군
④ 근단섬유군
⑤ 치근간섬유군

03 다근치의 분지부에 주행하는 치주인대섬유군은?

① 치근간섬유군
② 치조정섬유군
③ 수평섬유군
④ 사주섬유군
⑤ 치간횡단섬유군

해설
치주인대의 주섬유군

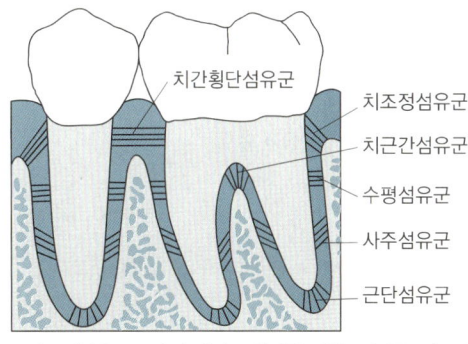

- 치조정섬유군 : 가장 먼저 교합력을 받음, 치아를 치조와 내에 유지
- 수평섬유군 : 측방운동에 저항
- 사주섬유군 : 수직교합압에 저항
- 치간횡단섬유군 : 치조골 파괴 후 가장 먼저 생성

04 다음 중 치주인대의 주섬유군 중 치아의 기울어짐, 회전, 탈락에 저항하며, 다근치의 분지부에 주행하는 것은 무엇인가?

① 치간횡단섬유군
② 치조정섬유군
③ 사주섬유군
④ 근단섬유군
⑤ 치근간섬유군

정답 01 ④ 02 ③ 03 ① 04 ⑤

3 백악질과 치조골

01 다음 중 백악질의 역할로 옳지 않은 것은 무엇인가?
① 치주조직의 재생
② 치근단공 폐쇄
③ 치수보호
④ 치조골에 치아를 부착
⑤ 치근파절 시 결합에 관여

> 해설
> ① 치주조직의 항상성 유지

02 다음 중 백악질 흡수의 전신적 원인은 무엇인가?
① 부정치열
② 치주질환
③ 강한 교정력
④ 선천성 골 위축증
⑤ 치근단병소

> 해설
> ①, ②, ③, ⑤ 백악질 흡수의 국소적 원인

03 다음 중 지지치조골에 대한 설명은 무엇인가?
① 치조와 내 고도로 석회화되어 있다.
② 방사선상 치조백선으로 나타난다.
③ 구멍에 혈관과 신경이 분포한다.
④ 샤피섬유가 포함된다.
⑤ 치밀골과 망상골로 구성된다.

> 해설
> ①, ②, ③, ④ 고유치조골에 대한 설명이다.

4 치주조직과 치아검사

01 다음 중 치은퇴축의 원인이 아닌 것은 무엇인가?
① 치은염증
② 부적절한 칫솔질
③ 외상성 교합
④ 높은 소대의 부착
⑤ 치아우식증

02 다음 중 치주낭의 병적 증상은 무엇인가?
① 치은출혈　② 치은퇴축
③ 치간이개　④ 치아동요
⑤ 치경부마모증

03 다음 중 치주조직의 파괴 없이 치은증식만 된 것은 무엇인가?
① 치은낭　② 치주낭
③ 골연상치주낭　④ 골연하치주낭
⑤ 치은열구

> 해설
> ③ 치주조직의 파괴가 원인으로 낭의 기저부가 치관 방향
> ④ 치주조직의 파괴가 원인으로 낭의 기저부가 치근 방향

정답　01 ①　02 ④　03 ⑤　／　01 ⑤　02 ⑤　03 ①

04 다음 중 치아의 2면에 생긴 치주낭은 무엇인가?
① 단순치주낭
② 복합치주낭
③ 복잡치주낭
④ 위 낭
⑤ 치은낭

해설
① 치아의 1면에 생긴 치주낭
③ 치주낭의 입구는 1면이나 내면이 2면 이상
④ 위낭 = 치은낭, 치조골의 소실 없이 치은증식만 됨

05 다음 중 치아의 수직적 동요도가 있는 경우 동요도를 표시하는 방법은 무엇인가?
① 0도
② 1도
③ 2도
④ 3도
⑤ 4도

해설
② 생리적 동요보다 약간 큼, 1mm 이내
③ 중등도 동요도, 1mm 이상

5 치주질환

01 다음 중 치주질환의 국소적 원인으로 적절하지 않은 것은 무엇인가?
① 획득피막
② 치면세균막
③ 치 석
④ 구호흡
⑤ 치열부정

02 당뇨병과 치주질환의 관계에 대한 설명 중 치주조직의 감소와 관련된 것은 무엇인가?
① 농양형성
② 치은폴립
③ 치은증식
④ 감염에 대한 감수성 증가
⑤ 골조직 소실

해설
①, ②, ③, ④ 당뇨로 인한 증가수치에 해당

03 다음 중 치태의 임상적 의의로 적합하지 않은 것은 무엇인가?
① 치석 형성의 전구물질
② 치주질환의 원인
③ 치은염의 원인
④ 치아우식증의 원인
⑤ 치면세균막의 저장고

해설
⑤ 치석의 임상적 의의에 해당

04 다음 중 만성 치주염의 임상증상으로 옳지 않은 것은 무엇인가?
① 발적 및 부종
② 치주낭 생성
③ 치아의 동요
④ 치은의 비대
⑤ 방사선상 수직적 골파괴

해설
⑤ 국소유년형치주염의 증상

정답 04 ② 05 ④ / 01 ① 02 ⑤ 03 ⑤ 04 ⑤

05 다음 중 사춘기, 영구치열에 주로 발생하며, 몇 개의 치아만 한정적으로 발생하며, 여자에게 호발되는 치주질환은 무엇인가?

① 급성 치주염
② 만성 치주염
③ 국소유년형치주염
④ 급성 치주농양
⑤ 만성 치주농양

06 다음 중 막연한 둔통으로, 작고 둥근 누공을 관찰할 수 있으며, 치주낭이 매우 깊은 치주질환은 무엇인가?

① 만성 치주염
② 급성 치주농양
③ 만성 치주농양
④ 급성 치근단농양
⑤ 만성 치근단농양

07 치주농양의 특징으로 옳은 것은?

① 생활치수에 기원한다.
② 방사선상 근단부 경계에 검은 상이 관찰된다.
③ 우식증 및 치수염이 원인이다.
④ 여성에서 호발된다.
⑤ 양측성으로 나타난다.

해설
- 치주농양 : 생활치수, 깊은 치주낭이 원인, 방사선상 치근측방에 검은 상, 변연치은과 연결
- 국소 유년형치주염 : 여성에게 호발, 사춘기, 영구치열에 발생, 치은염증은 없으나 치아동요는 있음. 주로 절치나 제1대구치에 국한되며, 양측성으로 관찰, 방사선상 수직적 골파괴

08 다음 중 치주치료의 목적으로 적합하지 않은 것은 무엇인가?

① 치주조직의 재부착과 재생
② 생리적 치은외형 부여
③ 치은의 염증 제거
④ 치주낭의 유지
⑤ 치주조직관리 방법을 교육

해설
④ 치주낭을 제거하는 것이 목적이다.

09 다음 중 보조적 치주치료의 목적으로 적합한 것은 무엇인가?

① 치은 증식 방지
② 구강위생상태의 교육
③ 현재의 구강건강을 유지
④ 치은염증의 완전한 제거
⑤ 치조골 흡수를 방지

해설
① 치은의 퇴축 방지
② 구강위생상태의 평가
③ 이상적 구강건강 유지
④ 치은의 염증 조절

10 다음 중 교합성 외상의 원인이 아닌 것은 무엇인가?

① 치아의 조기접촉
② 이갈이
③ 악습관
④ 과도한 교합력
⑤ 부적절한 충전물

11 다음 중 교합성 외상의 증상으로 적절하지 않은 것은 무엇인가?

① 타진 시 불편감
② 악관절 이상
③ 치아의 마모 및 교모면 존재
④ 치근흡수
⑤ 치조백선의 명료

해설
⑤ 치조백선이 소실

12 다음 중 교합조정의 적응증에 대한 설명으로 옳지 않은 것은 무엇인가?

① 광범위한 보철술식 전
② 치과치료 후 교합 불안정 시
③ 치주조직의 파괴로 치아동요 시
④ 정상치주조직에 교합력이 과해 교합성 병변 시 발치
⑤ 날카로운 교두에 혀가 쓸리는 경우

6 치은질환

01 치은염, 구순구각염, 구내염의 발생 원인은?

① 흡연
② 단백질 부족
③ 무기질 부족
④ 비타민 A 부족
⑤ 비타민 B 부족

해설
- 무기질 부족(마그네슘 : 치조골형성 감소, 칼슘 : 골다공증)
- 비타민 A 결핍 : 골성장 장애

02 다음 중 급성 괴사성궤양성치은염의 임상증상으로 옳지 않은 것은 무엇인가?

① 점액성 타액분비 증가
② 격통
③ 호흡 시 심한 악취
④ 출혈성 치은
⑤ 변연치은 괴사

해설
⑤ 치간유두 괴사, 음식물의 접촉에 예민

03 급성 괴사성궤양성치은염의 응급처치법은?

① 따뜻한 물로 병소 부위를 세척한다.
② 과산화수소 면봉으로 위막을 제거한다.
③ 초음파 세척기로 침착물을 제거한다.
④ 전신증상이 있으면 항생제를 투여한다.
⑤ 급성증상 상태에서 치주치료를 시행한다.

해설
- 급성 괴사성궤양성치은염 : 물과 과산화수소를 1 : 4로 희석 후 2시간마다 양치, 0.12% 클로르헥시딘으로 하루 2회 양치
- 치관주위염 : 따뜻한 물로 병소 부위 세척, 초음파 세척기로 침착물 제거, 전신증상 있으면 항생제 투여, 급성증상 후 치주치료 시행

04 다음 중 만성 박리성치은염에 대한 설명으로 옳지 않은 것은 무엇인가?

① 내분비계 불균형이 원인
② 40대 여성에게 호발
③ 설측에 국한
④ 표피의 박리
⑤ 자연적으로 호전

해설
③ 협측에 국한

05 다음 중 급성 치관주위염에 대한 설명으로 옳은 것은 무엇인가?

① 상악 제3대구치에서 호발
② 치은판의 종창, 발적, 농양으로 진행
③ 차가운 물로 병소 부위 세척
④ 7~10일 후 자연치유
⑤ 비타민 B 복합체 및 비타민 C 투여

> **해설**
> ① 하악 제3대구치에서 호발
> ③ 따뜻한 물로 병소 부위 세척
> ④ 전신증상 있으면 항생제 투여, 7~10일 후 자연치유는 포진성 치은구내염에 해당
> ⑤ 급성 괴사성궤양성치은염의 치료방법에 해당

7 외과적 치주치료

01 다음 중 치은절제술에서 치간치은을 절제하는 데 사용하는 치주 외과기구는 무엇인가?

① kirkland knife
② orban knife
③ No.12 blade
④ No.15 blade
⑤ 전기수술기

> **해설**
> ① 치은절제 시 사용
> ⑤ 연조직의 절제 및 성형 시 사용

02 다음 중 치은절제술의 적응증이 아닌 것은 무엇인가?

① 전신적으로 외과적 치주치료가 불가할 때
② 치은조직의 증식
③ 치주낭이 제거되지 않을 때
④ 임상적 치관 길이의 연장
⑤ 얕은 골 연하낭 제거

> **해설**
> ① 치은절제술의 금기증에 해당

03 다음 중 비변위판막술의 특징으로 옳지 않은 것은 무엇인가?

① 치근 이개부의 병변 노출 시에 적용한다.
② 필요시 골이식을 동반한다.
③ 골연상치주낭의 제거에 효과적이다.
④ 치주낭은 제거하고, 각화치은은 보존한다.
⑤ 1차 유합에 의한 치유가 가능하다.

> **해설**
> ③ 골연하치주낭의 제거에 효과적이다.

04 다음 중 치은-치조점막술에 포함되지 않는 술식은 무엇인가?

① 치관연장술
② 치은절제술
③ 유리치은이식술
④ 소대연장술
⑤ 구강전정성형술

05 다음 중 치근이개부에 병변이 발생했을 때, 이개부의 형태 제거 및 형태 수정을 위해 치은성형술, 골성형술, 치아성형술을 시행하는 것은 무엇인가?

① 치근절제술
② 치아절제술
③ 이개부성형술
④ 치근분리술
⑤ 터널화

> **해설**
> ① 근관치료 후 치관은 남기고 잔존치근 중 하나만 제거
> ② 치관부를 포함하여 1개 또는 2개의 치근을 절제
> ④ 1개의 대구치를 2개의 소구치 모양으로 회복

정답 05 ② / 01 ② 02 ① 03 ③ 04 ② 05 ③

06 하악 우측의 제1대구치를 2개의 소구치모양으로 회복하는 술식은?
① 터널화
② 치근분리술
③ 치아절제술
④ 치근절제술
⑤ 이개부성형술

해설

치근이개부병변의 치료법
① 터널화 : 협–설의 이개부 관통시킴
③ 치아절제술 : 치관부를 포함하여 1개 또는 2개의 치근 절제
④ 치근절제술 : 근관치료 후 치관은 남기고, 잔존 치근 중 하나만 제거
⑤ 이개부성형술 : 이개부 제거 및 형태수정을 위한 치은성형술, 골성형, 치아성형술을 시행함
※ 이개부개조술(4가지) – 터널화, 치근분리술, 치아절제술, 치근절제술

07 다음 중 협–설의 이개부를 관통하여 구강위생관리에 도움을 주는 치간이개부의 치주수술은 무엇인가?
① 치근절제술
② 치아절제술
③ 이개부성형술
④ 치근분리술
⑤ 터널화

8 임플란트

01 다음 중 임플란트 환자의 절대적 금기증이 아닌 것은 무엇인가?
① 조절되지 않는 당뇨
② 혈액질환
③ 심한 전신질환
④ 약물중독자
⑤ 두경부 방사선 치료환자

해설
① 상대적 금기증에 해당한다.

02 다음 중 임플란트 시술완료 후 치과위생사가 평가하는 치태효율 평가수치로 가장 적절한 것은?
① 75%
② 80%
③ 85%
④ 90%
⑤ 95%

9 전신질환자의 치주관리

01 다음 중 당뇨 환자의 치주관리 시 주의점으로 적절한 것은 무엇인가?
① 예방적 항생제를 투여한다.
② 오후 중 예약한다.
③ 국소마취제는 1 : 10만 이상 포함된 것을 사용한다.
④ 비조절성 당뇨환자는 조직의 외상을 최소화하여 치주치료한다.
⑤ 치주치료 중 고혈당 증상이 올 수 있으니 유의한다.

해설
② 오전 중 예약
③ 국소마취제는 1 : 10만 이하 포함된 것을 사용
④ 비조절상 당뇨환자는 치주치료를 금지
⑤ 치주치료 중 저혈당 증상이 올 수 있어 유의

02 다음 중 간염 환자의 치주치료 시 주의사항으로 적절하지 않은 것은 무엇인가?
① 초음파스케일러 사용 금지
② 고속 핸드피스 사용
③ 철저히 멸균
④ 러버댐 격리
⑤ 개인 보호장비의 착용

해설
② 저속 핸드피스를 사용, 에어로졸을 최소화

CHAPTER 09 치과교정

1 치아교정의 목적과 치과위생사의 역할

(1) 치과교정치료의 목적
① 발음장애, 저작기능, 심미장애 개선
② 근육 이상 개선
③ 정상적 악골성장 유도
④ 악관절장애 개선
⑤ 보철치료를 위한 교정
⑥ 치아우식증, 치주질환, 외상 예방

다음 중 부정교합으로 인해 나타날 수 있는 문제점으로 적절하지 않은 것은?
① 저작장애
② 안모대칭 유발
③ 악관질증 유발
④ 심미장애
⑤ 치아우식증 유발

해설
② 안모비대칭 유발

답 ②

(2) 부정교합으로 인한 문제점
① 치아우식증 및 치주질환 유발
② 발음장애
③ 저작장애
④ 안모비대칭 유발
⑤ 악관절증 유발
⑥ 안면주위근에 악영향
⑦ 심미장애

(3) 유치열기 교정치료의 목적
① 골격성장의 방향을 개선
② 교합관계 개선
③ 구강악습관의 제거 및 지도
④ 기능성 하악골의 편위 시 치료
⑤ 골격성 하악전돌 시 치료

(4) 혼합치열기 교정치료의 목적
① 교정의 효율성을 증대시키는 장점
② 전치부 총생 시 치료
③ 순악구개열에 의한 이상 시 치료
④ 전치부 개방교합, 반대교합 시 치료
⑤ 구치부 반대교합 시 치료
⑥ 매복치아의 배열 시 치료
⑦ 과개교합 시 치료
⑧ 상악전돌 시 치료

(5) 영구치열기 교정치료의 특징
① 성장을 이용한 교정치료의 한계
② 대부분 고정식 교정장치로 치료
③ 총생, 상악전돌, 하악전돌, 양악전돌, 치아 사이 공극, 전치부 개방교합 시 치료

(6) 교정치료와 일반치과진료의 차이점
① 교정치료의 진료내용이 타 진료와 구별
② 환자가 연령이 낮은 경우 보호자와 소아 모두 치료와 상담의 주체
③ 치료기간이 장기
④ 구강위생관리의 여건 악화
⑤ 환자의 협조 필요

(7) 치과교정임상에 있어서의 치과위생사의 역할
① 교정치료 전후의 사진촬영 및 인상채득
② 부분적인 교정용 철사의 결찰, 철거
③ 브라켓의 치아 접착 준비
④ 구치부 밴드의 사이즈 선택 보조, 튜브의 납착
⑤ 브라켓 제거 시 남아 있는 잉여레진 제거 후 치면연마
⑥ 교정장치의 사용법, 구강위생관리 및 악습관 개선 지도
⑦ 치간이개
⑧ 밴드와 브라켓 탈락 확인

(8) 교정임상에서의 치과위생사의 업무범위
① 구강위생지도 및 관리 : 환자교육, 칫솔질 지도, 식이조절 지도, 예방처치, 구강위생관리
② 악습관의 제거 및 교정지도

다음 중 영구치열기 교정치료의 특징으로 적절한 것은 무엇인가?
① 성장을 이용한 교정치료
② 가철식 교정장치로 치료
③ 악골성장의 속도를 개선
④ 매복치의 맹출을 위한 교정치료
⑤ 총생, 치아 사이 공극에 대한 교정치료

해설
① 성장을 위한 교정치료의 한계
② 고정식 교정장치로 치료
③ 악골성장은 혼합치열기에 해당

 ⑤

다음 중 교정임상에서의 치과위생사의 업무범위로 적절한 것은 무엇인가?
① 예방처치
② 교정발치
③ 교정장치의 부착
④ 측모 방사선 사진 촬영
⑤ 교정장치의 철거

답 ①

③ 진료보조
  ㉠ 환자의 스케줄 조정 및 환자 자료 정리
  ㉡ 진단자료 준비 : 인상채득, 석고주입, 모형제작, 방사선 촬영 및 현상, 구내사진 및 안면사진 촬영, 동의서 기록
  ㉢ 브라켓 접착 준비
  ㉣ 치간이개
  ㉤ 교정용 와이어의 결찰 및 제거
  ㉥ 밴드에 튜브 납착, 밴드적합, 접착, 잉여시멘트 제거
  ㉦ 본딩제 제거 후 치면연마

(9) 교정치료에서 구강위생관리를 위한 치과위생사의 역할
  ① 불소이용
  ② 구강위생교육 : 칫솔질, 보조구강위생용품 등

(10) 구내외 교정장치 및 보정장치의 주의사항
  ① 단단한 음식물은 잘게 잘라 섭취, 섭취 후에는 반드시 칫솔질 수행
  ② 통증이 있을 때 부드러운 음식물을 섭취, 따뜻한 소금물로 양치
  ③ 구강 내 와이어 교환 시 2~3일간 통증 발생
  ④ 끈적이는 음식물을 섭취하지 않음
  ⑤ 장치가 닿거나 찔려 아플 때에는 교정용 왁스 이용
  ⑥ 구외 교정장치인 경우 : 장치 착탈을 올바른 방법으로 하며, 일정시간 이상 착용
  ⑦ 보정장치인 경우 : 처음 3개월이 매우 중요, 장치가 느슨해지면 치과에 연락, 케이스에 넣어 보관(분실위험)

2 성장발육

(1) 교정치료와 관계가 깊은 장기의 성장발육곡선(Harris & Scammon)

림프형	• 아데노이드, 편도, 림프선 • 사춘기 이전(약 12세경) 성장 완료 • 사춘기에 200% 성장 • 점점 퇴화되어 20세경 정상치 복귀
신경형	• 뇌, 척수, 두개골, 척추 성장 • 6~8세경, 성인의 90% 성장
일반형	• 골격, 근육, 호흡기, 소화기, 신장, 안면골 성장 • 5세경, 사춘기 전후 급격한 성장
생식형	• 고환, 난소, 유방, 성호르몬 등 • 사춘기에 급격히 성장

다음의 성장발육곡선 중 교정치료와 관계가 깊은 것은 무엇인가?
① 림프형, 생식형
② 림프형, 신경형
③ 일반형, 신경형
④ 일반형, 생식형
⑤ 신경형, 생식형

해설
• 신경형 : 뇌, 척수, 두개골, 척추의 성장과 관련
• 일반형 : 골격, 근육, 호흡기, 안면골 성장과 관련
• 생식형 : 고환, 난소, 유방, 성호르몬과 관련
• 림프형 : 아데노이드, 편도, 림프선과 관련

답 ③

(2) 안면과 악골의 성장과 발육

안 면	• 안면골 = 권골 + 구개골 + 상악골 + 하악골 + 설골, 봉합으로 연결 • 폭 → 깊이 → 높이 순으로 발육(상안면부가 두개골의 영향으로 발육이 빠름) • 하안면의 발육은 사춘기 이후에 완성
상악골	• 상악의 성장은 일반형의 성장곡선 • 골내에서 구치가 발육해야 상악골의 전후경이 성장 • 정중구개봉합 부위에서 측방으로 성장발육 • 구개의 하강, 치조골의 발육으로 상악골의 높이가 증대
하악골	• 하악지 후연의 골첨가, 하악지 전연의 골흡수, 치조돌기의 골첨가로 전하방 이동 • 하악체 협면에서의 골첨가, 설면에서의 골흡수로 폭경 증가

(3) 유치열기

영장공극	상악 유견치의 근심과 하악 유견치의 원심에 공극이 존재
발육공극	• 대략 5세경 유전치 사이 공극이 존재 • 치관폭경이 큰 계승영구치 맹출 시 폐쇄
terminal plane	• 상하악 제2유구치 원심면의 전후적 관계 • 수직형 : 대부분, Ⅰ급 부정교합 가능성 • 근심계단형 : 하악 제2유구치가 상악 제2유구치보다 근심, Ⅲ급 부정교합 가능성 • 원심계단형 : 하악 제2유구치가 상악 제2유구치보다 원심, Ⅱ급 부정교합 가능성

(4) 혼합치열기

leeway space	• 유견치와 유구치의 치관근원심폭경의 합 – 후속영구치의 치관 근원심폭경의 합 = leeway space • 하악에서 현저함, 유치(C + D + E) > 영구치(3 + 4 + 5) • 영구전치의 배열에 이용, 제1대구치의 근심이동에 이용
미운오리새끼	• 일시적으로 상악중절치가 부채살 모양으로 벌어짐 • 견치 맹출 시 공간 폐쇄 • 2mm 이상인 경우에는 교정치료가 필요

3 교 합

(1) 정상교합

중심교합위에서 해부학적으로 정상적인 교합상태로 치아주위조직, 저작근, 악관절이 모두 정상기능을 하는 경우

(2) 정상교합의 종류

① 이상적 정상교합 : 해부학적으로 이상적인 상·하악 치아의 교두감합을 이루며 그 기능을 최대한 발휘할 수 있는 교합상태

다음 중 유치열기에 상악 유견치의 근심과 하악 유견치의 원심에 있는 공극을 무엇이라 하는가?

① 영장공극
② 발육공극
③ terminal plane
④ leeway space
⑤ 미운오리새끼

해설
② 대략 5세경 유전치 사이의 공극
③ 상하악 제2유구치 원심면의 전후적 관계
④ 유견치와 유구치의 치관 근원심폭경의 합과 후계영구치 근원심폭경의 합의 차이
⑤ 상악중절치가 맹출 시 벌어져 있다가 견치 맹출공간 시 폐쇄

답 ①

다음 중 정상적인 교합상태로 치아주위조직, 저작근, 악관절이 모두 정상기능을 하는 경우의 교합은 무엇인가?

① 정상교합 ② 반대교합
③ 과개교합 ④ 상악전돌
⑤ 하악전돌

답 ①

② 전형적 정상교합 : 어느 집단과 민족에게 가장 공통적인 특징을 가진 교합상태
③ 개별적 정상교합 : 각 개인에 있어서 최선의 교합상태로 발치를 동반하지 않은 교정치료의 목표가 됨
④ 기능적 정상교합 : 형태적으로 약간의 결함은 있더라도 기능적인 장애가 없는 경우의 교합상태로 발치를 동반한 교정치료의 치료목표가 됨
⑤ 연령적 정상교합 : 각각의 연령의 단계에서 정상적으로 여겨지는 교합상태

(3) 정상교합의 성립조건

상하악골의 조화된 성장발육	• 유치열기 : 영장공극(상악유견치근심, 하악유견치 원심), 발육공극 • 혼합치열기 : 정중이개, 미운오리새끼(원심경사)
치아의 크기와 악골의 크기 조화	하악중절치와 상악 제3대구치를 제외한 1치 : 2치의 교합관계
치아의 정상적 교합접촉관계 및 인접면 접촉관계	• 상악전치가 하악전치의 1/3~1/4 피개 • 인접치아는 긴밀히 접촉 • 구치부 : 교두정-와, 융선-치간공극, 융선-구의 접촉
올바른 치축경사	• 치아장축은 약간 근심경사 • 상악전치는 순측경사 • 하악전치는 설측경사 • 상악구치는 설측경사 • 하악구치는 원심으로 갈수록 심한 설측경사 • 상악견치첨두 : 하악견치원심우각부와 접촉
근의 정상적 발육과 기능	설압, 구순, 협근의 기능압과 균형이 유지
치주조직의 건강	
악관절의 정상적인 형태와 기능	

다음 중 정상교합에서 1치 : 2치의 교합관계를 갖지 않는 치아는 무엇인가?
① 상악중절치
② 하악중절치
③ 상악견치
④ 상악 제2대구치
⑤ 하악 제3대구치

해설
② 하악중절치와 상악 제3대구치는 1치 : 1치의 관계를 갖는다.

답 ②

(4) Angel의 부정교합분류

① 부정교합분류법의 기준 : 상악 제1대구치를 기준으로 하악 제1대구치의 근원심관계

Ⅰ급 부정교합		• 상하악 치열궁의 근원심관계는 정상, 치성교합이 대부분 • 전치부 총생, 공극, 과개교합, 개교 • 부정교합 중 가장 많은 빈도
Ⅱ급 부정교합	1류	• 양측성이나 편측성 하악의 원심교합 • 상악 전치의 전돌(수평피개, 스피만곡 심함), 구호흡 • 근기능 이상 동반 시 V 모양의 악궁형태
	2류	• 양측성이나 편측성 하악의 원심교합 • 상악중절치는 설측경사, 상악측절치는 순측경사 • 수직피개가 심함
Ⅲ급 부정교합		• 양측성이나 편측성으로 상악치열궁에 대해 하악치열궁이 근심에 있음 • 상·하악 전치의 반대교합

다음 중 Angle의 부정교합의 분류 시 기준 치아는 무엇인가?
① 상악 제1대구치
② 하악 제1대구치
③ 상악 제2대구치
④ 하악 제2대구치
⑤ 상악 제3대구치

답 ①

② 부정교합분류법의 장단점

장 점	단 점
• 대략적 설명 가능 • 임상적용이 용이 • 이해가 쉬움	• 상악 제1대구치가 이상이면 문제됨 • 두개골 및 교합영역의 관계는 무시 • 수직적, 측방적 위치관계는 무시

③ 부정교합의 원인

국소적 원인	전신적 원인
• 치아의 수, 위치, 형태, 크기 이상 • 치아의 조기상실 및 만기잔존 • 맹출 장애, 맹출 이상, 치아의 유착 • 치아우식, 부적절한 수복 등	• 유 전 • 대사 이상, 선천적 이상(구개열, 구순열) • 환경, 영양장애, 악습관 • 외상, 사고 등

4 구강악습관

손가락 빨기	• 유아기 약 70~90% • 손가락 빨기 → 전치부 개교 → 혀 내밀기로 습관이행 • 손가락 빨기의 악영향 : 전치부 개교, 상악전돌, 상악절치의 순측경사, 공극치열, 하악절치의 설측경사, 구치부 교차교합, 상악 치열의 협착, 구개의 변형
혀 내밀기	• 원인 : 손가락 빨기, 편도비대 등 구호흡과 연관, 유치의 조기상실 등 • 혀 내밀기의 악영향 : 전치부 개교, 공극치열, 비정상적 연하(유아형 연하 : 혀가 앞으로 돌출, 상·하 치아의 교합 불가, 치조제 사이에 혀를 넣고 하악 고정, 구강주위근과 안면근의 활발한 활동), 구순의 이완, 구호흡, 혀짧은 소리
입술 깨물기, 입술 빨기, 손톱 깨물기	아랫입술 빨기 : 상악전치의 순측전위와 하악전치의 설측전위
이갈이와 이 악물기	치아의 교모, 파절, 저작근 통증 및 턱관절에 영향
구호흡	편도, 아데노이드가 커서 기도를 막으면 구호흡 유발

다음의 구강악습관 중 편도와 아데노이드의 비대로 인한 것은 무엇인가?

① 손가락 빨기
② 구호흡
③ 이 악물기
④ 입술 깨물기
⑤ 혀 내밀기

답 ②

5 교정력

(1) 교정력의 정의

치아 또는 악골에 외력을 작용하여, 주위 조직에 전달시켜 치근막 및 치조골의 변형, 응력 등이 역학적 변화를 일으켜 원하는 방향으로 이동시키는 힘

다음 중 기계력에 관여하는 재료가 아닌 것은 무엇인가?

① 교정용 철사
② 코일스프링
③ 고무실
④ 확대나사
⑤ 입술범퍼

해설
⑤ 기능력에 관여

답 ⑤

다음 중 임상적으로 적정한 교정력에 대한 설명으로 적절하지 않은 것은 무엇인가?

① 자발통이 없어야 함
② 치아에 심한 동요가 없어야 함
③ 방사선 검사 상에서 치근흡수가 없어야 함
④ 치아의 이동이 빠르게 진행되어야 함
⑤ 타진 시 현저한 반응이 없어야 함

해설
④ 치아의 이동이 계획한 방향대로 진행되어야 함

답 ④

다음 중 부위에 따른 치아우식증의 분류가 옳은 것은?

① 법랑질우식
② 소와열구우식
③ 치근우식
④ 1차 우식증
⑤ 상아질우식

해설
①, ③, ⑤ 우식진행과정에 따른 분류
④ 조건에 따른 분류

답 ②

(2) 교정력의 종류

기계력	• 철사에 의한 탄성 : 교정용철사, 보조탄선, 코일스프링 • 고무와 고분자에 의한 탄성 : 고무, 고무실, 치아포지셔너 등 • 금속의 강성 : 확대나사
기능력	• 구강주위 안면근에 의한 교정력 • 구순압 : 입술범퍼 • 협압 : 프랑켈장치 • 저작근 : 액티베이터, 교합사면판, 바이오네이터 등
악정형력	• 악골의 성장을 촉진, 억제하여 안면의 형태 개선 • 상악골의 전방성장 촉진 : 상방견인장치 • 상악골의 전방성장 억제 : 헤드기어 • 상악골의 측방 확대 : 상악골 급속확대장치 • 하악골의 전하방성장 억제 : 이모장치

(3) 임상적으로 적정한 교정력

① 자발통이 없을 것
② 타진 시 현저한 반응과 통증이 없을 것
③ 치아 이동이 계획한 방향대로 진행될 것
④ 치아의 심한 동요가 없을 것
⑤ 방사선 검사에서 치주조직의 이상, 치근흡수 등이 없을 것
⑥ **최적의 교정력** : 치아의 이동속도는 최대, 치아 이동 시 수반되는 치주조직의 적절한 개조

(4) 교정력이 가해질 때 치아의 이동

경사이동 (tipping movement)	• 비조절성 경사이동 : 하나의 힘에 의해 발생, 치근첨과 치관이 반대 방향으로 움직임 • 조절성 경사이동 : 회전중심이 치근첨에 위치, 치경부에서의 응력이 최대
치체이동 (bodily movement)	• 치근첨과 치근부가 동일 방향, 동일 거리로 이동 • 치주인대 전체에 균일한 응력
회전(rotation)	치축을 중심으로 회전
토크(torque, root movement)	• 설측토크와 순측토크로 구분 • 치관부에 순, 설적 회전력을 가해 치근을 주체로 이동 유도
압하(intrusion)	치주인대 전체 압박, 치축에 따라 치근 방향으로 치아 이동
정출(extrusion)	치주인대가 견인, 치축에 따라 치관 방향으로 치아 이동

(5) 교정력이 가해질 때 치주인대와 치조골의 변화

압박부위	• 치주인대의 모세혈관 압력 > 압박 부위 – 치조벽에 직접 흡수 • 치주인대의 모세혈관 압력 < 압박 부위 – 초자양변성, 동통, 파골세포, 간접 흡수 • 압력이 가해지는 부분이 아닌 곳에서 간접 흡수
견인부위	• 섬유아세포 증식 • 치조골표면에 골모세포 출현, 골 증식 • 골증식은 힘의 크기, 방향, 골의 해부학적 요인에 따라 다양

6 교정용 기구 및 재료

(1) 교정용 기구

① 와이어 굴곡용 겸자

영 플라이어 (young's pliers)	굵은 와이어~가는 와이어까지 구부림
트위드루프밴딩 플라이어 (tweed loop bending pliers)	edgewise 장치의 각형 와이어의 루프를 구부림
트위드아치밴딩 플라이어 (tweed arch bending pliers)	• 각형 와이어를 치열궁에 맞게 굴곡 형성 • 선단이 약 2mm의 판상형태
버드빅 플라이어 (bird beak pliers)	원형 와이어의 굴곡 형성
라이트 와이어 플라이어 (light wire pliers, jarabak pliers)	버드빅 플라이어보다 더 가는 원형와이어 굴곡 형성
쓰리조 플라이어 (three jaw pliers)	클래스프의 제작 및 조절에 이용

② 결찰용 겸자

하우 플라이어 (how pliers)	• 다양한 와이어를 잡는 데 사용 • 끝의 내면이 줄로 되어 있음(전치부, 구치부 구분)
웨인갓유틸리티 플라이어 (weingart utility pliers)	• 하우 플라이어와 비슷 • 가는 와이어 조작에 적합 • 구내 호선의 적합 또는 제거 시 사용
매튜 플라이어 (mathew pliers)	결찰 와이어를 잡음
타잉 플라이어 (ligature tying pliers)	결찰 와이어를 잡음

③ 와이어 절단 겸자

와이어커터 (wire cutter)	비교적 굵은 와이어 절단
결찰커터 (pin and ligature cutter)	가늘고 연한 와이어 절단, 구강 내 와이어 절단
디스탈 앤드커터 (distal end cutter)	아치와이어의 말단을 절단

④ 치간이개

㉠ 치간이개용 겸자

세퍼레이팅 플라이어 (separating pliers)	치간 이개를 위해 인접면에 고무링 삽입

㉡ 치간이개 방법 : elastic separator를 이용한 치간이개 방법

다음의 교정용 기구 중 와이어 굴곡용 겸자가 아닌 것은 무엇인가?

① 하우 플라이어
② 영 플라이어
③ 버드빅 플라이어
④ 쓰리조 플라이어
⑤ 라이트 와이어 플라이어

해설
① 결찰용 겸자에 해당함

답 ①

⑤ 밴드적합

㉠ 밴드적합에 사용하는 기구

밴드 푸셔 (band pusher)	밴드의 변연을 치간에 밀어 넣기 위해 사용
밴드 컨투어링 플라이어 (band contouring pliers)	• 선단이 한쪽이 볼록, 다른 한쪽이 오목 • 밴드를 환자의 치면 팽윤에 맞추는 데 사용
밴드 어댑터(band adapter), 밴드 세터(band seater)	교합블록이 있어 밴드를 치아 내 위치
밴드 리무빙 플라이어 (band removing pliers)	치아에 장착된 밴드를 제거하는 데 사용

⑥ 기타 기구

결찰터커 (ligature director, tucker)	결찰선의 말단을 치간에 밀어 넣기 위해 사용
아치포머 (arch former)	각선의 굴곡과 아치와이어에 필요한 토크 부여
브라켓 위치 게이지 (bracket positioning gauge)	밴드상의 수평적 위치를 잡기 위해 사용
점용접기 (spot welder)	밴드에 브라켓이나 튜브를 붙일 때 사용

(2) 교정용 재료

브라켓 (bracket)	• 슬롯(slot)과 윙(wing)으로 구성 • 치면에 고정하여 와이어로부터 교정력을 받음
튜브 (tube)	• 브라켓과 동일하나 주로 최후방구치에 사용 • 종류가 다양(와이어 굵기에 따라)
스크류 (screw)	• 나사의 조절에 의해 간격이 확장 • 치열궁 확대장치에 주로 사용
코일스프링 (coil spring)	• closed coil spring : 수축할 때의 힘, 공간 폐쇄 • open coil spring : 늘어날 때의 힘, 공간 확장
와이어 (wire)	• 코발트-크롬합금 와이어 : 연하고, 성형성이 큼 • 스테인리스스틸와이어 : 성형성과 견성이 우수, 치료 후기 단계 • 니켈-티타늄와이어 : 탄성이 우수, 심하게 변위된 치아에 적용 • 오스트리안와이어 : 변형저항성이 우수, 오랫동안 탄성 유지 • 베타티타늄와이어 : 스테인리스스틸과 니켈티타늄의 중간 성질

다음 중 스테인리스스틸과 니켈티타늄의 중간성질을 가지고 있는 와이어는 무엇인가?

① 코발트-크롬합금 와이어
② 스테인리스스틸와이어
③ 니켈-티타늄 와이어
④ 오스트리안와이어
⑤ 베타티타늄와이어

해설
① 연하고 성형성이 큼
③ 탄성이 우수, 심하게 변위된 치아에 적용
④ 변형저항성이 우수, 탄성이 오래 유지

답 ⑤

7 교정장치

(1) 교정장치의 분류

가철성	상교정장치	sagittal appliance
		transverse appliance
	기능교정장치	액티베이터(activator)
		바이오네이터(bionator)
		프랑켈 장치(frankel appliance)
		입술 범퍼(lip bumper)
		트윈블록(twin block appliance)
	악외교정장치	헤드기어
		상방견인장치(face mask)
		이모장치(chin cap)
	가철식 공간유지장치	
	가철성 보정장치	hawley retainer
		circumferential retainer
		투명보정장치(clear retainer)
		액티베이터(activator)
		치아 포지셔너(tooth positioner)
고정성	multibracket	edgewise appliance
		스트레이트호선장치(SWA)
	확대장치	상악골 급속확대장치
		완서확대장치
	설측호선(lingual arch)	
	고정식 간격유지장치	
	고정성 보정장치	견치 간 고정식 보정장치

다음 중 가철성 기능교정장치가 아닌 것은 무엇인가?

① 트윈블록
② 입술 범퍼
③ 프랑켈 장치
④ 액티베이터
⑤ 치아 포지셔너

해설
⑤ 가철성 보정장치에 포함

답 ⑤

다음 중 고정성 장치가 아닌 것은 무엇인가?

① 상교정장치
② multibracket
③ 상악골 급속확대장치
④ 설측호선
⑤ 고정식 간격유지장치

해설
① 가철성장치에 포함

답 ①

(2) 가철식 교정장치 : 환자 자신이 착탈할 수 있는 교정장치

① 상교정장치
  ㉠ 상악 전치의 반대교합의 개선(상악 구치의 측방확장과 전치의 전방확장)
  ㉡ 구 성

상부 (base plate)	• 아크릴릭 레진으로 형성 • 클래스프, 스프링을 수용 • 치아 이동 시 반작용에 대한 고정원 역할(활성부의 역할) • 교합면 연장 시 교합거상판으로도 사용
유지부 (retentive component)	• 장치의 유지력을 향상시키는 부분 • clasp
활성부 (active component)	• 치아 이동을 위해 교정력을 부여하는 부분 • screw, spring, labial bow

다음 중 하악전치를 순측으로 이동시키고 하악 제1대구치를 원심으로 이동시키는 목적의 교정장치는 무엇인가?

① 액티베이터
② 입술 범퍼
③ 프랑켈 장치
④ 바이오네이터
⑤ 트윈블록

답 ②

② 기능적 교정장치

구분	내용
액티베이터 (activator)	• 혼합치열기의 2, 3급 • 과개교합, 교차교합 • 악습관 개선 시 사용
바이오네이터 (bionator)	• 혼합치열기의 2, 3급 • 과개교합, 개방교합 • 혀의 위치를 고려, 공간 확보 • 하악을 이동시켜 악골을 재위치시킴
프랑켈 장치 (frankel appliance)	• 혼합치열기 초기, 상악의 열성장 • 3급 부정교합, 기능적 반대교합 • 순측과 협측의 비정상적 근육력 제거
입술 범퍼 (lip bumper)	• 전치 순면의 입술 기능압 차단 • 하악전치의 순측이동, 하악 제1대구치의 원심이동이 목적
트윈블록 (twin block appliance)	• 상·하악 장치의 아크릴릭 블록 경사면에 의해 하악의 전방운동 및 측방운동에 제한을 두지 않아 하악골의 위치를 유도 • 치아를 개별적으로 조절 가능

③ 악외교정장치

구분		적응증	구성	역할	견인력	장착시간
face bow형 헤드기어 (head gear)	상방견인	하악골의 전하방성장 억제 (2급 부정교합)	• inner bow, out bow • stop, hook • soldered joint	치아와 상악골을 후상방견인	300~500g	• 12~14 시간/일 • 6~12 개월
	경부견인			치아와 상악골을 후하방견인		
	직후방견인			치아와 상악골을 후방견인		
상방견인장치 (face mask)		상악골의 전방성장 유도 (3급 부정교합)	안면마스크, 구내장치, 고무링	상악의 전방성장 유도	400~600g	• 12~14 시간/일 • 6~12 개월
이모장치 (chin cap)		하악골의 전방성장 억제 (3급 부정교합)	헤드캡, 친캡, 고무링	하악의 후상방견인	300~700g	• 12~14 시간/일 • 3~4년

(3) **고정식교정장치** : 장치를 치아에 접착, 교정력이 술자가 조절하여 확실히 적용

multibracket	• edgewise appliance • SWA(straight wire appliance) : 치면마다의 경사도를 측정하여 슬롯에 반영 • 설측교정장치 : 치료의 난이도, 비용, 기간 증가
확대장치	• 상악골급속확대장치(RPE) : 매일 조절 • 상악골완서확대장치 : 일주일에 한 번 조절(상악 – quad helix, 하악 – bihelix)
설측호선(lingual arch)	제1대구치의 위치 유지

① 고정식 교정장치의 기본요소

브라켓(bracket), 튜브(tube)	• 브라켓 : 산부식접착술로 치관에 부착, 납착된 밴드를 통해 치관에 부착 • 튜브 : 최후방 치아나 고정원 치아의 협면에 브라켓 대신 사용
호선(wire)	• 치아의 이동, 치열궁의 모양을 결정 • 치아의 이동을 발생, 억제 모두 가능
보조장치	고무줄, 스프링 등

② 밴드적합 과정
  ㉠ 치간이개 장치 제거 후 치아 세척
  ㉡ 적절한 크기의 밴드 시적(band pusher), 밴드 제거(band remover) 후 튜브 납착
  ㉢ 밴드 내면에 샌드블라스팅
  ㉣ 치아 세척, 건조, 방습
  ㉤ 밴드 내면에 치은 쪽으로 반쯤 시멘트 바름(band cement)
  ㉥ 밴드 장착 : 골고루 힘을 줄 것
  ㉦ 최종위치 확인 후 10분간 방습, 시멘트 경화(광중합형은 4부분으로 나누어 30초 이상 광중합) 후 잉여시멘트 제거
  ㉧ 하악밴드 후 교합 확인

③ 브라켓 접착과정
  ㉠ 접착 전 치면세마 실시
  ㉡ 치아의 격리 및 건조
  ㉢ 산부식(37% 인산), 수세, 건조
  ㉣ 교정용 primer 도포
  ㉤ 트위저로 브라켓 잡고 브라켓 내면에 레진 도포 후 접착(자가중합 : 5분, 광중합 초기 5초 광중합 후 30~40초씩 추가 광중합)
  ㉥ 과도한 레진 제거

다음 중 설측호선의 목적은 무엇인가?

① 하악중절치의 위치 유지
② 하악 제1대구치의 위치 유지
③ 하악 제2대구치의 위치 유지
④ 하악 제2소구치의 위치 유지
⑤ 하악견치의 위치 유지

답 ②

다음 중 밴드적합 과정에 대한 설명으로 옳지 않은 것은 무엇인가?

① 치간이개 장치 제거 후 치아를 세척한다.
② 밴드 내면에 샌드블라스팅을 한다.
③ 밴드 내면에 교합면 쪽으로 시멘트를 바른다.
④ 밴드에 골고루 힘을 주어 장착한다.
⑤ 최종 위치 후 10분간 방습한다.

해설
③ 밴드 내면의 치은 쪽으로 시멘트를 반쯤 바른다.

답 ③

다음 중 교정치료 이후 재발의 원인으로 적합한 것은 무엇인가?

① 안정적 치아 배열
② 치주조직의 재형성 성공
③ 보정기간 동안 환자의 협조
④ 악안면 성장 완료
⑤ 구강 주위근의 불균형

해설
①, ②, ③, ④ 교정치료 후 재발하지 않는 이유에 해당한다.

답 ⑤

다음 중 동적 교정치료 이후 이동시킨 치아와 악골의 균형 확립이 될 때까지 보정장치를 사용해 교합을 유지하는 것은 무엇인가?

① 치아보정
② 가철보정
③ 고정보정
④ 기계보정
⑤ 물리적 보정

답 ④

(4) 보 정

① 재발(relapse)의 원인
  ㉠ 교정 후 정상적 위치관계, 교합관계, 악골관계가 상실
  ㉡ 구강 주위근의 불균형, 악습관
  ㉢ 악안면 성장 변화
  ㉣ 치주조직의 재형성 실패
  ㉤ 불안정한 치아배열
  ㉥ 보정기간 환자의 비협조

② 보정장치의 목적 : 재발 방지, 치료결과의 안정

③ 보정장치의 종류

가철성	고정유지장치 (hawley retainer)	• 보통 1년 사용 • 구개측이나 설측의 점막을 피개
	가철식 유지장치 (circumferential retainer)	• hawley의 순측 호선이 교합 시 씹히는 것을 방지 • 치아의 협측변위 예방 • 유지력을 얻기 어려움
	투명보정장치 (clear retainer)	• circumferential의 일종 • 심미성 보완
	액티베이터 (activator)	• 2급의 1류 보정을 위한 장치 • 성장이 남아 있는 3급 부정교합의 유지장치
	치아 포지셔너 (tooth positioner)	• 상하치열관계 보정 • 경도의 회전, 공극폐쇄 가능
고정성	견치간 고정식 보정장치	• 견치 간 폭경 유지, 총생 재발 방지 • twist wire, 탄력이 있는 철선 • 6전치 모두 부착

④ 기계보정 : 동적 교정치료 이후 이동시킨 치아와 악골이 새로운 균형확립이 될 때까지 보정장치를 사용해 교합을 유지

CHAPTER 09 적중예상문제

1 치아교정의 목적과 치과위생사의 역할

01 다음 중 치아교정치료의 목적이 아닌 것은 무엇인가?
① 악관절 장애 개선
② 보철치료를 위한 교정
③ 외상 예방
④ 근육 이상의 개선
⑤ 비정상적 악골성장 유도

> 해설
> ⑤ 정상적 악골성장 유도

02 다음 중 유치열기의 교정치료 목적으로 적절하지 않은 것은 무엇인가?
① 골격성장의 속도를 개선
② 교합관계 개선
③ 구강악습관의 제거
④ 기능성 하악골 편위 시 치료
⑤ 골격성 하악전돌 시 치료

> 해설
> ① 골격성장의 방향개선

03 다음 중 혼합치열기의 교정치료 목적으로 적절하지 않은 것은 무엇인가?
① 전치부 총생 시 치료
② 과개교합 시 치료
③ 악관절증 시 치료
④ 전치부의 개방교합이나 반대교합 시 치료
⑤ 상악전돌 시 치료

04 다음 중 일반치과진료와 다른 교정치료의 특성은 무엇인가?
① 진료내용의 구별
② 환자 당사자가 상담의 주체
③ 치료기간이 중기
④ 구강위생관리의 여건 개선
⑤ 보호자의 협조 필요

> 해설
> ② 환자가 어리면 보호자와 환자 모두 상담의 주체
> ③ 치료기간이 장기
> ④ 구강위생관리의 여건 악화
> ⑤ 환자의 협조가 필요

05 다음 중 치과교정임상에서의 치위생사의 역할이 아닌 것은 무엇인가?
① 교정치료 전후의 인상채득
② 브라켓의 치아 접착 준비
③ 튜브의 납착
④ 악습관 개선 지도
⑤ 교정장치의 철거

> 해설
> ⑤ 부분적인 교정용 철사의 결찰과 철거

정답 01 ⑤ 02 ① 03 ③ 04 ① 05 ⑤

06 다음 중 구내외 교정장치 사용의 주의사항으로 적절하지 않은 것은 무엇인가?
① 구강 내 와이어 교환 시 2~3일 내 통증 발생
② 점착성 있는 음식물 섭취 제한
③ 장치가 닿아서 아픈 경우 교정용 왁스 이용
④ 통증이 있을 때, 차가운 소금물로 양치
⑤ 음식물 섭취 후에는 칫솔질 수행

> 해설
> ④ 따뜻한 소금물로 양치

2 성장발육

01 다음 중 안면골을 구성하는 뼈가 아닌 것은 무엇인가?
① 권 골   ② 구개골
③ 상악골   ④ 하악골
⑤ 두개골

> 해설
> 안면골 = 권골 + 구개골 + 상악골 + 하악골 + 설골

02 상악의 성장곡선은 다음 중 어떤 유형을 따르는가?
① 일반형   ② 림프형
③ 생식형   ④ 신경형
⑤ 사춘기 이후 발달

> 해설
> ① 상악은 안면골의 성장으로 일반형에 해당한다.

03 성장발육곡선 중 교정치료와 관계가 깊은 것은?
① 림프형, 생식형   ② 림프형, 신경형
③ 일반형, 신경형   ④ 일반형, 생식형
⑤ 신경형, 생식형

> 해설

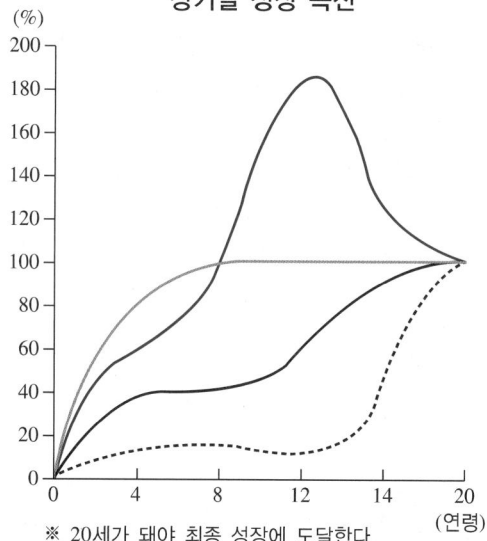

※ 20세가 돼야 최종 성장에 도달한다.

— 일반형
■ 해당 장기 – 신장(키)·체중·호흡기·신장(콩팥)·비장·근육·뼈무게·혈액량
■ 발육패턴 – S자형 패턴 – 영아기·사춘기 때 급성장

— 신경형
■ 해당 장기 – 뇌·척수·시각·머리
■ 발육패턴 – 네 돌 때 성인차의 80%에 도달

— 림프형
■ 해당 장기 – 편도·림프절·흉선
■ 발육패턴 – 10~12세때 성인의 2배에 도달한 뒤 점차 감퇴돼 18세때 성인형이 됨

---생식형
■ 해당 장기 – 생식기·유선·음모·자궁·전립선 등
■ 발육패턴 – 사춘기부터 급속히 커져 16~18세에 성인치에 달함

06 ④ / 01 ⑤ 02 ① 03 ③

04 다음 중 terminal plane에 대한 설명으로 적절한 것은 무엇인가?

① 혼합치열기에 나타난다.
② 상하악 제2유구치의 근심면의 전후적 관계이다.
③ 근심계단형 시 상악전돌 부정교합 가능성이 높다.
④ 원심계단형 시 하악전돌 부정교합 가능성이 높다.
⑤ 수직형이 대부분이다.

> **해설**
> ① 유치열기에 나타난다.
> ② 상하악 제2유구치의 원심면의 전후적 관계이다.
> ③ 근심계단형 시 하악전돌 부정교합의 가능성이 높다.
> ④ 원심계단형 시 상악전돌 부정교합의 가능성이 높다.

05 다음 중 미운오리새끼의 시기 중 공간이 얼마 이상인 경우 교정치료가 필요한가?

① 0.5mm 이상
② 1.0mm 이상
③ 1.5mm 이상
④ 2.0mm 이상
⑤ 2.5mm 이상

06 다음 중 leeway space에 대한 설명으로 적절한 것은 무엇인가?

① 상악에서 현저하다.
② 영구견치의 배열에 이용된다.
③ 제1대구치의 원심이동에 이용된다.
④ 유견치와 유구치의 치관근원심폭경의 합 = 후계영구치의 근원심폭경의 합
⑤ 유견치와 유구치의 치관근원심폭경 > 후계영구치의 근원심폭경의 합

> **해설**
> ① 하악에서 현저하다.
> ② 영구전치의 배열에 이용된다.
> ③ 제1대구치의 근심이동에 이용된다.

3 교 합

01 다음 중 정상교합의 성립조건으로 적절하지 않은 것은 무엇인가?

① 치주조직의 건강
② 치아의 건강
③ 악관절의 정상적인 형태와 기능
④ 올바른 치축경사
⑤ 상하악골의 조화된 성장발육

02 정상교합을 구성하는 치축경사로 옳은 것은?

① 치아장축은 원심경사
② 상악전치 순측경사
③ 하악전치 순측경사
④ 상악구치 협측경사
⑤ 하악구치 협측경사

> **해설**
> **정상교합의 치축경사**
> • 치아장축은 약간 근심경사
> • 상악전치 순측경사, 하악전치 설측경사
> • 상악구치 설측경사, 하악구치 설측경사

03 Angle의 부정교합 분류의 기준 치아는?
① 상악 견치
② 하악 제2대구치
③ 상악 제2대구치
④ 상악 제1대구치
⑤ 하악 제1대구치

해설
Angle의 부정교합 분류

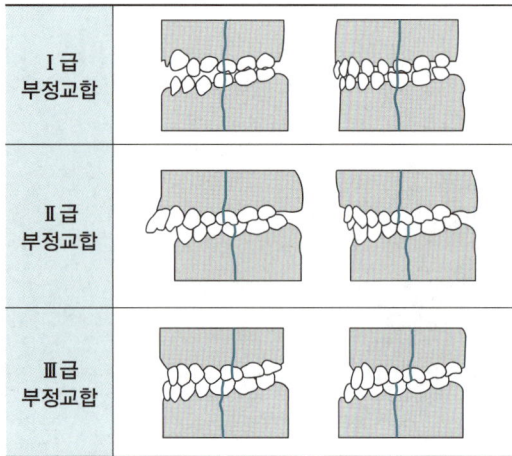

- 1급 : 부정교합 중 가장 많은 빈도, 전치부의 총생, 공극, 과개교합, 개교
- 2급 1류 : 심한 수평피개
- 2급 2류 : 심한 수직피개
- 3급 : 반대교합

04 다음 중 상악전치의 전돌로 인해 수평피개와 심한 스피만곡을 볼 수 있는 Angle의 부정교합 분류는 무엇인가?
① Ⅰ급 부정교합
② Ⅱ급 1류 부정교합
③ Ⅱ급 2류 부정교합
④ Ⅲ급 부정교합
⑤ Ⅳ급 부정교합

해설
① 상하악 치열궁의 근원심관계는 정상, 전치부 총생, 과개교합, 개교 등
③ 수직피개가 심함
④ 하악치열궁의 근심 위치로 반대교합

05 다음 중 부정교합 분류의 특징에 대해 옳은 것은 무엇인가?
① 자세히 설명 가능
② 임상적용이 불편함
③ 이해가 어려움
④ 하악 제1대구치가 이상이면 문제
⑤ 치아의 수직적 및 측방적 관계는 무시

해설
① 대략적 설명 가능
② 임상적용이 쉬움
③ 이해가 쉬움
④ 상악 제1대구치가 이상이면 문제

06 다음 중 부정교합의 전신적 원인으로 적절하지 않은 것은?
① 유 전
② 대사 이상
③ 구개열 및 구순열
④ 유치만기잔존
⑤ 외 상

4 구강악습관

01 다음 중 혀 내밀기의 원인으로 적절하지 않은 것은 무엇인가?
① 손가락 빨기
② 유치의 조기상실
③ 편도비대
④ 구호흡
⑤ 영구치의 조기맹출

02 다음 중 혀 내밀기의 결과 나타나는 상태로 적절하지 않은 것은 무엇인가?

① 성인형 연하
② 상·하 치아의 교합 불가
③ 비정상적 연하
④ 구순의 이완
⑤ 혀 짧은 소리

해설
① 유아형 연하를 나타냄

03 하악골의 전하방 성장을 억제하기 위한 교정장치는?

① 헤드기어
② 상악골 급속확대장치
③ 상방견인장치
④ 액티베이터
⑤ 이모장치

해설
⑤ 이모장치 : 하악골의 전하방성장 억제
① 헤드기어 : 상악골의 전방성장 억제
② 상악골 급속확대장치 : 상악골의 측방 확대
③ 상방견인장치 : 상악골의 전방성장 촉진

5 교정력

01 다음 중 치아의 악골에 외력을 작용하여 주위조직에 전달시켜 치근막 및 치조골의 변형, 응력 등의 역학적 변화를 일으켜 원하는 방향으로 이동시키는 힘은 무엇인가?

① 교정력   ② 보정력
③ 기계력   ④ 기능력
⑤ 악정형력

해설
③ 철사에 의한 탄성에 의한 교정력
④ 구강 주위 안면근에 의한 교정력
⑤ 장치를 통해 악골의 성장의 촉진이나 억제를 하는 교정력

04 다음 중 교정력이 가해질 때 압박 부위에 대한 설명으로 적절하지 않은 것은 무엇인가?

① 치조벽의 직접 흡수
② 초자양변성
③ 섬유아세포 증식
④ 파골세포
⑤ 간접흡수

해설
③ 견인 부위에 해당하는 설명

02 다음 중 구순압을 조절하는 교정장치는 무엇인가?

① 프랑켈장치
② 헤드기어
③ 입술범퍼
④ 바이오네이터
⑤ 액티베이터

해설
① 협압 조절
② 상악골의 전방성장 억제(악정형력)
④, ⑤ 저작근 조절

6 교정용 기구 및 재료

01 다음의 와이어 굴곡용 겸자 중 클래스프의 제작과 조절에 이용되는 겸자는 무엇인가?

① 영 플라이어
② 트위드 루프밴딩 플라이어
③ 버드빅 플라이어
④ 라이트와이어 플라이어
⑤ 쓰리조 플라이어

정답 02 ① / 01 ① 02 ③ 03 ⑤ 04 ③ / 01 ⑤

02 다음의 교정용 기구 중 결찰용 겸자가 아닌 것은 무엇인가?

① 매튜 플라이어
② 타잉 플라이어
③ 웨인갓유틸리티 플라이어
④ 결찰커터
⑤ 하우 플라이어

해설
④ 와이어 절단겸자에 해당함

03 다음 중 교정밴드 적합 시 사용하는 기구가 아닌 것은 무엇인가?

① 세퍼레이팅 플라이어
② 밴드 컨투어링 플라이어
③ 밴드 세터
④ 밴드 리무빙 플라이어
⑤ 밴드 어댑터

해설
① 치간이개 시 사용함

04 밴드적합 과정에 대한 설명으로 옳은 것은?

① 밴드 내면에 샌드블라스팅을 한다.
② 밴드 내면의 교합면 쪽으로 시멘트를 도포한다.
③ 밴드 장착 시 협측을 깊게 누른다.
④ 하악 밴드를 먼저 하고 상악을 시행한다.
⑤ 광중합형은 교합면에 충분히 광중합을 한다.

해설
② 밴드 내면의 치은 쪽으로 시멘트 도포
③ 밴드 장착 시 모든 부분을 골고루 힘을 준다.
④ 상악 밴드를 먼저 하고 하악을 한다. 하악까지 완성 후 교합확인이 필요하다.
⑤ 광중합형은 4부분으로 나누어(협설근원) 각각 30초 이상 충분히 광중합한다(자가중합형은 10분간 방습).

05 다음 중 결찰선의 말단을 치간에 밀어 넣기 위해 사용하는 교정 기구는 무엇인가?

① 밴드 푸셔
② 영 플라이어
③ 결찰터커
④ 결찰커터
⑤ 밴드 컨투어링 플라이어

06 아치와이어의 말단을 절단하기 위한 기구는?

① tucker
② wire cutter
③ distal end cutter
④ how plier
⑤ pin and ligature cutter

해설
① 결찰커터 : 결찰선의 말단을 치간에 밀어 넣음
② 와이어 커터 : 굵은 와이어 절단
④ 디스탈 엔드 커터 : 와이어를 잡는 데 사용
⑤ 핀 앤드 리게처 커터 : 구강 내 와이어 절단

07 다음 중 치열궁 확대장치에 주로 사용하는 교정재료는 무엇인가?
① 브라켓
② 튜브
③ 스크류
④ 코일스프링
⑤ 와이어

08 다음 중 성형성과 견성이 우수하여, 교정치료 후기 단계에서 사용하는 와이어는 무엇인가?
① 코발트-크롬 합금 와이어
② 스테인리스 스틸와이어
③ 니켈-티타늄 와이어
④ 오스트리안와이어
⑤ 베타티타늄와이어

7 교정장치

01 다음 중 가철성 교정장치에 해당하지 않는 것은 무엇인가?
① 가철식 공간유지장치
② 악외장치
③ 기능교정장치
④ 상교정장치
⑤ 확대장치

> **해설**
> ⑤ 고정성 장치에 포함

02 다음 중 상교정장치의 치료목적은 무엇인가?
① 상악 전치의 반대교합 개선
② 상악 구치의 반대교합 개선
③ 상악 전치의 과개교합 개선
④ 상악 구치의 과개교합 개선
⑤ 하악 구치의 측방확장

> **해설**
> ① 상악 구치의 측방확장과 전치의 전방확장을 목표로 함

03 다음 중 상교정장치에서 클래스프와 스프링을 수용하는 구조물은 무엇인가?
① 상부   ② 유지부
③ 활성부 ④ 교합판
⑤ labial bow

> **해설**
> ① 치아 이동 시 반작용에 대한 고정원 역할도 담당함

정답 07 ③ 08 ② / 01 ⑤ 02 ① 03 ①

04 다음 중 혼합치열기의 초기에 상악의 열성장 시 적용하는 기능적 교정장치는 무엇인가?

① 액티베이터 ② 입술범퍼
③ 프랑켈장치 ④ 바이오네이터
⑤ 트윈블록

해설
① 과개교합, 교차교합 시 사용
② 전치 순면의 입술 기능압을 차단
④ 과개교합, 개방교합 시 사용
⑤ 하악골의 위치를 유도

05 다음의 악외장치 중 3급 부정교합에서 하악골의 전방성장을 억제하기 위해 사용하는 교정장치는 무엇인가?

① 헤드기어 ② 이모장치
③ 상방견인장치 ④ 안면마스크
⑤ 헤드캡

해설
① 2급 부정교합에서 하악골의 전하방성장억제가 목적
③ 3급 부정교합에서 상악골의 전방성장유도가 목적
④ 상방견인장치의 구성 중 일부
⑤ 이모장치의 구성 중 일부

06 다음의 교정장치 중 최후방 치아나 고정원 치아의 협면에 브라켓 대신 사용하는 것은 무엇인가?

① multibracket ② 호 선
③ 튜 브 ④ 고무줄
⑤ 스프링

07 다음 중 브라켓 접착과정에 대한 설명으로 옳지 않은 것은 무엇인가?

① 접착 전 치면세마를 실시한다.
② 산부식을 하고, 수세, 건조과정을 실시한다.
③ 교정용 프라이머를 도포한다.
④ 치아에 레진을 도포한 후 브라켓을 접착한다.
⑤ 자가중합레진의 경우 5분간 유지한다.

해설
④ 브라켓 내면에 레진을 도포한다.

08 다음 중 가철성 보정장치로 보통 1년 정도 사용하며, 구개측과 설측의 점막을 피개하는 장치는 무엇인가?

① hawley retainer
② circumferential retainer
③ clear retainer
④ activator
⑤ tooth positioner

해설
② hawley의 순측 호선이 교합 시 씹히는 것을 방지, 유지력을 얻기가 어려움
③ circumferential의 일종으로 심미성이 보완
④ 성장이 남아 있는 3급 부정교합의 유지장치
⑤ 경도의 회전 및 공극폐쇄가 가능한 보정장치

04 ③ 05 ② 06 ③ 07 ④ 08 ①

CHAPTER 10 치과재료

1 치과 생체재료의 특징

(1) 물리적 특성

경화반응에 따른 크기변화	• 정의 : 시멘트, 인상재, 모형재, 수복 재료 등이 경화과정 중에 팽창하거나 수축하여 크기변화가 일어나며, 일반적으로 길이의 변화로 표기 • 팽창하는 재료 : 석고와 매몰재 • 수축하는 재료 : 알지네이트, 레진, 고무인상재
열적 크기변화 (열팽창계수)	• 정의 : 단위 온도변화에 따른 크기변화율, 수복재료는 열크기 변화가 없어야 구내 안정성이 우수(법랑질, 상아질과 유사해야 함) • 치아와 유사한 열팽창계수를 갖는 재료 : 치과용 세라믹, 글래스아이오노머시멘트
용도에 따른 열전도율	• 치과수복물의 열전도율은 낮을수록 좋음 • 열전도율의 크기 : 금합금 > 아말감 > 인산아연시멘트 > 복합레진 > 치과용세라믹 > 법랑질 > 상아질 > 의치상용 레진 • 치아와 유사한 열전도율을 갖는 재료 : 치과용 세라믹, 복합레진, 시멘트 등 • 깊은 와동에는 치수보호를 위해 열차단 베이스 적용 • 의치상 재료는 음식물의 온도 감각을 위해 열전도가 높은 것이 좋음
용해도와 흡수도	• 용해도와 흡수도가 낮을수록 좋음 • 용해도 : 재료의 일부가 타액이나 체액에 의해 녹음 • 흡수도 : 수복재료 내부로 구강액의 일부가 들어감 • 용해도와 흡수도가 낮은 재료 : 금속, 세라믹
젖음성과 접촉각	• 젖음성이 좋고, 접촉각이 낮을수록 좋음 • 젖음성 : 액체가 고체에 붙는 성질 • 젖음성이 낮으면, 충전 시 수복재의 변색이 줄어듬 • 젖음성이 높아야, 치면열구전색 시 미세열구로 유입

다음 중 치과 생체재료의 물리적 특성이 아닌 것은?
① 탄성계수
② 경화반응에 따른 크기변화
③ 열팽창계수
④ 용도에 따른 열전도율
⑤ 용해도

해설
① 기계적 특성에 해당

답 ①

다음 중 구강 내 이종금속이 존재할 때 각 금속의 이온화 경향 차이로 전위차가 발생하는 것은 치과용 재료의 어떠한 특성인가?

① 응 력
② 피 로
③ 갈바니즘
④ 크 립
⑤ 유 동

해설
② 재료의 파괴하중 이하의 작은 하중을 지속적, 반복적으로 받을 때 시간이 지나면서 어느 순간 파괴됨
④ 재료의 항복하중 이하의 작은 하중을 지속적, 반복적으로 받을 때, 시간이 지나며 영구변형이 일어남

답 ③

다음 중 크립이 가장 큰 치과용 재료는 무엇인가?

① 치과용 합금
② 복합레진
③ 글래스아이오노머시멘트
④ 아말감
⑤ 실란트

답 ④

(2) 전기 화학적 특성(갈바니즘)

구강 내 이종 금속이 존재할 때 각 금속의 이온화 경향 차이로 전위차가 발생, 환자가 느낄 수 있는 만큼(동통, 금속 맛) 전류가 발생되어 부식됨

(3) 기계적 특성

응력	압축응력	• 재료가 눌리는 등의 압축력을 받을 때 발생 • 치아와 유사한 압축응력을 갖는 재료 : 아말감
	굽힘응력	재료를 두 지점에서 받치고, 중앙에서 수직 힘을 받을 때 발생
	인장응력	재료를 잡아당길 때 발생
	전단응력	서로 다른 평면에서 재료에 미끄러지는 힘을 받을 때 발생
탄성계수		• 응력 : 변형률곡선 상의 직선구간의 기울기 • 탄성한계 : 영구변형 없이 견딜 수 있는 최대응력 • 치아와 유사한 탄성계수를 갖는 재료 : 금합금(법랑질), 복합레진과 인산아연시멘트(상아질)
연성		• 인장하중을 받았을 때 파단되는 것 없이 영구변형이 일어남 • 연신율이 좋으면 연성이 좋음 • 연성이 가장 좋은 재료 : 금
전성		• 압축하중을 받았을 때 파단되는 것 없이 영구변형이 일어남 • 압축률이 우수하면 전성이 좋음 • 전성이 가장 좋은 재료 : 금
피로		재료의 파괴하중 이하의 작은 하중을 지속적, 반복적으로 받을 때 어느 순간 파괴되는 현상
크립		• 재료의 항복하중 이하의 작은 하중을 지속적, 반복적으로 받을 때 시간이 지나며 영구변형이 일어남 • 크립이 큰 재료 : 치과용 아말감
유동		• 완전경화상태가 아닐 때, 일정하중을 받았을 때 시간이 경화함에 따라 재료가 변형 • 아말감의 완전경화 전 일정하중에 의해 변형

(4) 생물학적 특성(치아와 수복물 간의 미세누출)

① 치아와 수복물 사이의 공간에 따라 타액, 음식물 잔사, 세균이 유입
② 산, 미생물에 의해 수복물 변연 부위에 치아우식증 발생
③ 원인 : 물리적 특성(열팽창 계수 차이, 열적 체적변화 차이, 재료의 경화과정 중 수축), 화학적 결합 결여

2 복합레진

(1) 복합레진의 주요 구성성분

레진기질	• Bis-GMA, 우레탄디메타크릴레이트 • 점성이 높고, 흡습성이 큼 • 휘발성이 없고, 구내에서 빨리 경화
필러	• 석영, 유리, 교질성 규토입자 • 레진기질을 강화, 중합 또는 경화 시의 발생 수축을 줄임 • 필러 함량이 높으면 강도, 마모저항성이 우수하고, 중합수축은 적어짐 • 구치용 복합레진은 반드시 방사선 불투과(리튬, 바륨, 스트론튬, 아연 포함)
결합제	무기질의 필러가 유기질의 레진기질에 결합에 도움
개시제와 촉진제	경화에 도움
색 소	색조에 도움

다음 중 구치부 복합레진에 포함되어 방사선 불투과성을 나타나게 하는 성분이 아닌 것은 무엇인가?

① 리 튬
② 바 륨
③ Bis-GMA
④ 스트론튬
⑤ 아 연

답 ③

(2) 복합레진의 용도

와동수복	절치부 수복, 코어 축조 등
레진시멘트	• 복합레진과 동일 구조 • 레진기질의 비율 증가로 흐름도를 증가시킴 • 작은 입자 크기의 필러로 피막두께를 감소시킴 • 치질과의 결합력이 있어, 세라믹 수복물 접착에 이용
간접 복합레진수복물	복합레진인레이법 : 필러함량이 많은 혼합형 복합레진
아크릴릭 레진 대체	• 아크릴릭 레진보다 강도, 심미성이 우수 • 임시치관, 의치용 치아, 트레이 제작 등에 이용
소와열구전색	필러 함량이 없는 것부터 소량 함유되어 점도가 낮은 레진으로 이용

다음 중 복합레진의 용도로 적절하지 않은 것은 무엇인가?

① 절치부 수복
② 세라믹 수복물의 접착
③ 임시치관의 제작
④ 소와열구전색
⑤ 금인레이의 접착

답 ⑤

(3) 복합레진 충전방법에 따른 분류

화학중합형	• 2개의 연고 = 개시제(유기질 퍼록사이드) + 촉진제(유기아민) • 혼합 시 중합반응이 시작
광중합형	• 하나의 연고 • 청색광 노출 시 중합반응이 시작(유기아민의 다이케톤 역할)

(4) 광중합형 복합레진의 장단점

장 점	단 점
• 혼합 불필요 • 색상의 안정성 • 작업시간의 조절 가능 • 경화시간이 빠름 • 기포발생이 적어, 착색이 덜 됨 • 강도가 높음	• 중합수축(레진 두께가 2.5mm 이하) • 변연누출이 생길 수 있음 • 색조의 차이에 따라 광조사 시간 조절 필요 • 실내조명에 장시간 노출 시 레진표면 경화 • 술후 과민증이 생길 수 있음

다음 중 복합레진의 조작 시 중합수축을 최소화하는 방법으로 적절하지 않은 것은 무엇인가?

① 필러가 많은 레진을 선택
② 결합제가 많은 레진을 선택
③ 적층 충전법으로 수복
④ 구강 외에서 충분히 수복물을 중합 후 제작
⑤ 광원의 출력을 점차 증가시킴

해설
② 결합제는 무관하다.

답 ②

(5) 복합레진 조작 시 유의사항

① 중합수축으로 인한 문제점 : 미세누출로 인한 2차 우식(수복물이 와동벽에 충분한 결합이 어려움, 부피의 감소로 인한 변연부의 간극 형성, 미세간극 공간형성)
② 중합수축을 최소화시키는 방법
  ㉠ 필러가 많이 포함된 레진을 선택
  ㉡ 광원의 출력을 서서히 증가시킴
  ㉢ 적층 충전법
  ㉣ 구강 외에서 충분히 수복물을 중합하여 제작(레진인레이)
③ 복합레진 조작 시 주의사항 : 플라스틱, 나무 스패츌러, 산화피막을 입힌 금속기구 사용(복합레진 내부의 무기필러에 의해 금속성 스패츌러가 마모되어 금속가루가 재료 변색을 야기)
④ 복합레진 충전 후 지각과민을 감소시키는 방법
  ㉠ 치수를 보호하는 베이스 적용
  ㉡ 타액으로부터 철저히 격리
  ㉢ 적층 충전법으로 수복

3 아말감 합금

(1) 아말감 충전물의 장단점

장 점	단 점
• 와동벽에 대한 적합성 우수	• 완전히 경화되기까지 시간 필요
• 와동 봉쇄성 우수	• 변연 부위의 강도가 약함
• 성형축조 용이	• 색 조
• 전색조작 용이	• 변색과 부식
• 우수한 강도	• 열전도율이 높음
• 화학적 내구성	• 갈바니즘
• 1회 충전 가능	• 유지구조를 위해 치아삭제량의 증가
• 치수에 위해작용이 없음	

다음 중 수은과의 반응성을 좋게 하는 역할을 하는 아말감 합금의 구성성분은 무엇인가?

① 은   ② 주 석
③ 구 리 ④ 아 연
⑤ 금

해설
② 아말감화 촉진, 크립 증가
④ 변색 증가에 영향

답 ①

(2) 아말감 합금의 조성과 역할

은(Ag)	• 60~67% • 수은과 반응성을 좋게 함 • 경화팽창과 강도를 증가시킴 • 경화를 빠르게 함
주석(Sn)	• 25~27% • 경화팽창, 강도, 경도 감소 • 아말감화 촉진 • 크립 증가

구리(Cu)	• 6% 이하 : 저동 또는 재래형 아말감합금 • 6% 이상 : 고동 아말감합금 • 고동아말감합금 특징이 우수 • 은과 비슷한 작용 : 강도, 경도, 경화팽창 증가 • 변색 증가 • 크립 감소
아연(Zn)	• 0.01% 이하 : 무아연합금 • 0.01% 이상 : 아연함유합금 • 산소가 은, 주석, 구리와 결합하는 걸 억제, 산화억제

(3) 아말감 충전물의 압축강도에 영향을 미치는 요인(강도 증가 방법)

① 충전 후 최소 8시간 이상 유동식
② 정확한 혼합시간
③ 제조사 지시에 따른 수은과 합금의 비율
④ 재래형은 충분한 응축압 부여, 구상형은 가벼운 응축압도 무관
⑤ 연화 후 응축시간 지연 시 강도 저하
⑥ 응축 시 수은을 많이 짜내도록 함

(4) 수은 취급 시 주의사항

① 환경조성 : 진료실은 환기, 냉난방기 주기적 교환, 카펫 사용금지, 진공청소기 사용 금지
② 교육 : 모든 사람의 수은중독성 교육, 경고
③ 수은은 견고한 용기에 열차단이 되도록 하여 보관
④ 치과의료진은 매년 정기 소변검사와 혈액검사
⑤ 캡슐형은 나사형 사용
⑥ 수은의 오염 정도를 측정할 수 있는 장비의 설치와 점검 필요
⑦ 구멍이 없는 비닐장갑, 피부접촉 시 바로 비누로 씻어야 함
⑧ 충전된 아말감 제거 연마 시, 반드시 마스크 사용, water spray와 high volume evacuation 동시 사용
⑨ 아말감을 취급하는 장소에서 흡연, 음식물 섭취 금지
⑩ 수은을 엎지르면 많은 양은 주사기로, 적은 양은 반창고로 수거

다음 중 아말감 충전물의 압축강도를 증가시키는 방법으로 적절한 것은 무엇인가?
① 연화 후 응축시간 지연
② 응축 시 수은을 약간 남김
③ 혼합시간의 증가
④ 충전 후 1시간 동안 유동식
⑤ 재래형은 응축압을 충분히 부여

해설
①, ②, ③, ④ 압축강도 저하

답 ⑤

다음 중 아말감을 취급하는 장소에서 적절하지 않은 행동은 무엇인가?
① 금연
② 음식물 섭취 금지
③ 수은을 엎지르면, 진공청소기로 수거
④ 충전된 아말감 연마 시 마스크 착용
⑤ 충전된 아말감 연마 시 high volume evacuation 사용

답 ③

4 치과용 인상재

(1) 치과용 인상재의 분류

구 분	가역성	비가역성
비탄성	• 인상용 콤파운드 • 인상용 왁스	• 인상용 석고 • 인상용 산화아연유지놀 연고
탄 성	하이드로콜로이드(아가)	• 하이드로콜로이드(알지네이트) • 폴리설파이드 • 폴리이써 • 축중합형실리콘 • 부가중합형실리콘

다음 중 비가역성 인상재로 탄성이 없는 인상재는 무엇인가?
① 인상용 왁스
② 아 가
③ 알지네이트
④ 인상용 석고
⑤ 폴리이써

해설
① 비탄성 + 가역성
② 탄성 + 가역성
③, ⑤ 비가역성 + 탄성

 ④

(2) 하이드로콜로이드 인상재의 특성

이액현상	인상재 내에서 물이 증발하여 크기가 줄어드는 현상
팽윤현상	인상재가 물을 흡수하여 크기가 늘어나는 현상

(3) 알지네이트 인상재

① 알지네이트 인상재의 장단점

장 점	단 점
• 비교적 정밀도가 좋음 • 경화가 빠르고 사용이 편리 • 물의 온도로 경화시간 조절 용이 • 물의 양으로 점조도 조절 용이 • 가격이 저렴 • 친수성	• 크기 안정성이 나쁨 • 인상재 중 미세부 재현성이 낮음 • 트레이에서 변형 가능성 높음 • 금속모형재 사용이 불가

다음 중 알지네이트 인상재의 장점이 아닌 것은 무엇인가?
① 가격이 저렴
② 경화가 빠름
③ 물의 온도로 경화시간 조절
④ 친수성
⑤ 물의 양으로 경화시간 조절

해설
⑤ 물의 양으로 점조도 조절

 ⑤

② 알지네이트 인상재의 경화시간 조절법 : 물의 온도로 조절(1℃ 낮은 물을 사용하면 경화시간이 6초 느려짐, 18~24℃의 물 사용)

③ 알지네이트 인상재의 크기 안정성 : 인상채득 후 10분 이내 석고를 주입하는 경우 최대 정확도임(즉시 석고주입을 못하는 경우 : 음형인기를 100% 절대습도에서 아랫방향으로 보관가능)

④ 알지네이트 채득하는 과정과 주의점
㉠ 치아를 닦고, 입안도 체온과 비슷한 물로 씻음
㉡ 인상채득 직전에 혼합된 알지네이트 인상재를 치아에 바르고 난 후 인상채득을 함
㉢ 제조회사가 요구하는 혼수비로 정상혼합
㉣ 혼합시간을 정확히 함
㉤ 경화되고 3~4분 후 최대강도에 도달하면 구강 내에서 제거

⑤ 알지네이트 인상채득 후 나타나는 문제점과 원인

문제점	원 인
과립 형성	• 불충분한 혼합 • 혼합 시 적당하지 않은 물의 온도
찢 김	• 적절하지 못한 두께 • 수분 오염 • 구강 밖으로 조기 제거 • 혼합의 연장
인상 표면의 불규칙한 기포	• 과도한 겔화 • 혼합 시 공기함입 • 구강 내 물기나 이물이 있는 경우
거친 입자	• 부적절한 혼합 • 혼합시간의 연장 • 과도한 겔화 • 낮은 물과 분말의 비율
변형과 부정확한 모형	• 인상에 모형재를 즉시 붓지 않은 경우 • 겔화 동안 트레이 움직임 • 구강 밖으로 조기 제거 • 인상재와 트레이의 유지가 안 좋음 • 트레이에 인상재가 골고루 담기지 않음

(4) 고무인상재의 분류

화학성분	점조도	공급형태
• 폴리설파이드 • 폴리이써 • 부가중합형 실리콘 • 축중합형 실리콘	• 제0형-반죽형 • 제1형-고점조도형 • 제2형-중점조도형 • 제3형-저점조도형	• 2가지 연고형 • 2가지 액형 • 2가지 반죽형 • 연고와 액형 • 반죽과 액형 • 반죽과 연고형

① 부가중합형 실리콘 고무인상재의 특성
  ㉠ 작업시간과 경화시간이 짧음(6~8분)
  ㉡ 냄새가 없고, 의복에 착색되지 않고, 혼합이 쉬움
  ㉢ 찢김 저항성 낮음
  ㉣ 크기 안정성이 우수
  ㉤ 경화 시 열발생이 낮음
  ㉥ 경화 중 수소가스가 발생하여 석고 표면에 기포 발생이 우려
  ㉦ 친수성 부가중합형 실리콘 고무인상재는 지대치에 수분이 있어도 정밀 인상채득이 가능
② 폴리이써 고무인상재의 특성
  ㉠ 알레르기가 있는 환자에게 사용 금지, 약간 쓴맛
  ㉡ 함몰 부위가 깊으면 인상재 제거가 어려움

다음 중 알지네이트 인상체에 과립이 형성된 경우 원인은 무엇인가?
① 적절하지 못한 두께
② 과도한 겔화
③ 구강 내 물기
④ 부적절한 혼합
⑤ 구강 밖으로 조기 제거

 ④

다음 중 고무인상재가 아닌 것은 무엇인가?
① 폴리설파이드
② 폴리이써
③ 부가중합형 실리콘
④ 축중합형 실리콘
⑤ 광중합형 실리콘

 ⑤

다음 중 퍼티 점조도의 재료를 손반죽 후 기성트레이에 담고 거즈나 비닐을 위치시켜 인상채득 후, 낮은 점조도의 인상재를 혼합해 지대치에 주입하여 재료가 경화될 때까지 잡고 있는 인상 채득 방법은 무엇인가?

① 예비인상채득
② 정밀인상채득
③ 1단계 인상채득
④ 2단계 인상채득
⑤ 단일혼합 인상채득

답 ④

다음 중 혼수비에 대한 설명으로 적절한 것은 무엇인가?

① 혼수비는 물에 대한 분말의 비율이다.
② 분말 100g에 사용되는 물의 양(mL)이다.
③ 혼수비가 증가하면 경화시간이 짧아진다.
④ 혼수비가 증가하면 흐름성이 낮아진다.
⑤ 혼수비가 증가하면 강도는 증가한다.

해설
① 혼수비는 분말에 대한 물의 비율이다.
③ 혼수비가 증가하면 경화시간이 증가한다.
④ 혼수비가 증가하면 흐름성이 높아진다.
⑤ 혼수비가 증가하면 강도가 낮아진다.

답 ②

ⓒ 중합수축이 작음
ⓔ 정밀도가 우수, 경도가 큼
ⓜ 영구변형이 매우 낮음
ⓗ 친수성
ⓢ 수분을 흡수하기 때문에 물속에 보관하면 팽윤

③ 고무인상재를 이용한 인상채득 과정

1단계 인상채득	• 단일혼합 : 한 번 혼합하여 일부는 주사기에 넣어 지대치에 주입, 나머지는 트레이에 담아 인상채득 • 이중혼합 : 낮은 점조도의 인상재를 혼합하여 주사기에 넣고 지대치에 주입, 그동안 보조자가 높은 점조도의 인상재를 혼합하여 트레이에 담아 구강 내 위치 후 경화 시까지 잡고 있음
2단계 인상채득	• 퍼티 점조도의 재료를 손반죽 후 기성 트레이에 담고 거즈나 비닐 위치시킨 후 1차 인상채득 • 같은 종류의 낮은 점조도의 인상재를 혼합해 주사기에 넣어 지대치에 주입, 재료가 경화될 때까지 잡고 있음

5 치과용 석고

(1) 치과용 석고의 종류에 따라 용도

1형	인상용 석고	인상채득
2형	석 고	연구용
3형	경석고	작업용
4형	초경석고	다이용
5형	고강도경석고	다이용

(2) 혼수비가 석고의 성질에 미치는 영향

① 혼수비 : 분말에 대한 물의 비율, 분말 100g에 사용되는 물의 양(mL)
② 혼수비가 증가하면, 경화시간과 흐름성은 증가하며, 강도는 낮아진다.

(3) 치과용 석고의 경화시간 조절법(경화시간을 줄이는 방법)

① 불순물을 섞음
② 경화촉진제를 사용(2% 황산칼륨, 미리 경화된 이수석고분말, 소량의 일반식염)
③ 결정핵을 넣음
④ 물을 적게 넣음
⑤ 혼합을 오래 함
⑥ 혼합하는 속도를 빠르게 함
⑦ 입자를 미세하게 조절함
⑧ 경화온도를 40℃에 맞춤(40℃ 이상 되면 단축효과 떨어짐)

(4) 석고모형 제작과정
① 인상재 세척 후 감염방지 처리(인상재에 맞는 소독제와 소독방법 적용)
② 혼합된 석고를 인상재의 한쪽 끝에서 흘려 채워 공기가 함입되지 않도록 함
③ 진동기를 이용
④ 경화 시까지 100% 상대습도에서 보관
⑤ 경화 후 완전건조된 후 작업 시행

(5) 치과용 석고의 취급 시 주의사항
① 혼수비를 정확히 지켜야 함
② 혼합 시 적절한 진동으로 혼합물 내부에 공기가 유입되지 않도록 함
③ 진공상태에서 자동혼합기를 이용하는 것이 가장 좋음
④ 석고는 습기가 없는 곳에서 밀봉하여 보관
⑤ 보관 중 습기가 흡수되어 이수화물로 변한 석고가루가 있으면 결정핵으로 작용, 경화 시간이 짧아짐

6 치과용 시멘트

(1) 인산아연시멘트

용 도	• 교정용 밴드접착 • 수복물 임시접착 • 와동 베이스 • 치주팩 • 근관충전재
특 성	• 냉각된 혼합판으로 작업시간 연장 • 초기산도(pH 4.2 - 치수보호 필요)가 48시간 이후 중성 • 상아질과 열전도율 유사
경화시간영향요인	물이 첨가되면 경화시간 단축
혼합방법	• 분말은 부드럽게 액은 힘차게 흔듦 • 차갑고 건조된 혼합판을 사용 • 분말은 오른쪽 끝, 액은 가운데 분배 • 분말을 3등분하고 그 중 하나만 2등분 • 금속 스패출러로 넓게 펴서 조금씩 혼합 • 총 혼합시간은 1분 30초 • 최종 점조도는 접착용은 1인치 들어 올리는 것이 가능해야 함

다음 중 치과용 석고의 조작 시 주의사항으로 적절한 것은 무엇인가?
① 자동혼합기보다 손으로 혼합하는 것이 좋음
② 석고는 습기가 없는 곳에서 공기 중에 노출시켜 보관
③ 보관 중 습기 흡수로 이수화물로 변한 석고가루가 있으면 경화가 지연
④ 혼수비는 실내 온도에 맞춰서 변동
⑤ 혼합 시 적절한 진동으로 혼합물 내부에 공기유입이 없도록 함

해설
① 자동혼합기의 사용이 가장 좋음
② 석고는 습기가 없는 곳에서 밀봉하여 보관
③ 이수화물이 있으면 경화가 촉진
④ 혼수비는 제조사의 지시에 따라 정확히 지킴

답 ⑤

다음 중 인산아연시멘트와 열전도율이 유사한 치아조직은 무엇인가?
① 법랑질
② 상아질
③ 치 수
④ 백악질
⑤ 치 은

답 ②

(2) 산화아연유지놀시멘트

용도	임시접착용(압축강도 낮음)
특성	• 치수진정효과 • 밀봉성, 단열성 • 중성 • 바니시나 이장재 사용 없이 사용 가능
함께 사용할 수 없는 재료	유지놀이 레진의 용매로 작용될 수 있어 레진사용 금기

(3) 폴리카복실레이트시멘트

용도	• 베이스 • 영구접착용 • 교정용 밴드접착 • 임시수복
특성	• 생체친화성이 우수 • 치질과 화학적으로 결합

> **다음 중 불소의 유리로 항우식 효과가 있는 치과용 시멘트는 무엇인가?**
> ① 폴리카복실레이트시멘트
> ② 인산아연시멘트
> ③ 산화아연유지놀시멘트
> ④ 글래스아이오노머시멘트
> ⑤ 레진시멘트
> **답** ④

(4) 글래스아이오노머시멘트

용도	• 심미수복 • 보철물의 합착 • 베이스 • 치면열구전색
특성	• 치질과 화학적 결합 • 생체 친화성 우수 • 불소 유리로 항우식 효과
혼합방법	• 분말을 가볍게 흔들어 사용 • 비흡수성 종이판이나 유리판에서 혼합 • 작업시간 짧음 • 냉각된 유리판 사용, 금속 스패출러 사용 금지 • 분말을 2~3등분하여 45초간 혼합

(5) 레진강화형 글래스아이오노머시멘트

용도	• 금관 및 계속가공의치의 영구접착 • 교정장치의 접착 • 제3, 5급 와동수복 • 포스트 접착
특성	기존의 글래스아이오노머에 레진 성분을 첨가

(6) 레진시멘트

용도	• 교정용 브라켓 접착 • 라미네이트 접착 • 세라믹 인레이 접착 • 메릴랜드 브리지 접착
특성	• 화학중합형 : 20~30초간 혼합 • 광중합형 : 40초 이상 광중합

(7) 베이스의 사용목적

① 고강도 베이스 : 수복물에 기계적인 지지력 제공, 치수를 열로부터 보호
② 저강도 베이스 : 얇은 두께로 화학물질 차단, 치수에 치료효과 제공

(8) 임시충전재의 사용목적

① 치수보호
② 치수감염 예방
③ 치아의 위치 유지(영구수복재 장착 전까지)
④ 심미성 회복

다음 중 고강도 베이스를 이용하는 목적은 무엇인가?

① 화학물질 차단
② 얇은 두께로 도포
③ 치수에 치료효과 제공
④ 치수에 화학적 자극 차단
⑤ 수복물에 기계적 지지력 제공

해설
②, ③ 저강도 베이스의 이용 목적

답 ⑤

CHAPTER 10 적중예상문제

1 치과 생체재료의 특징

01 다음 중 단위 온도변화에 따른 크기변화율은 무엇인가?
① 젖음성 ② 열팽창계수
③ 탄성계수 ④ 피 로
⑤ 크 립

해설
① 액체가 고체에 붙는 성질
③ 응력-변형률 곡선상의 직선구간의 기울기
⑤ 재료의 항복하중 이하의 작은 하중을 지속적, 반복적으로 받을 때 시간이 지나며 영구변형이 일어남

02 다음 중 치아와 유사한 열팽창계수를 갖는 재료는 무엇인가?
① 석 고
② 알지네이트
③ 레 진
④ 금합금
⑤ 글래스아이오노머시멘트

03 다음 중 열전도율의 크기가 가장 작은 치과용 재료는 무엇인가?
① 금합금 ② 인산아연시멘트
③ 치과용세라믹 ④ 복합레진
⑤ 의치상용 레진

해설
열전도율의 크기
금합금 > 아말감 > 인산아연시멘트 > 복합레진 > 치과용세라믹 > 법랑질 > 상아질 > 의치상용 레진

04 치과재료 중 열전도율이 가장 낮은 재료는?
① 의치상용 레진 ② 복합레진
③ 치과용세라믹 ④ 치과용합금
⑤ 아말감

해설
• 열전도율 순서
금합금 > 아말감 > 인산아연시멘트 > 복합레진 > 치과용세라믹 > 법랑질 > 상아질 > 의치상용 레진
• 열전도율이 치아와 유사한 것 : 치과용 세라믹, 복합레진, 시멘트 등

05 다음의 치과용 재료 특성 중 높을수록 좋은 특성은 무엇인가?
① 용해도
② 접촉각
③ 흡수도
④ 젖음성
⑤ 경화반응에 따른 크기변화

해설
④ 젖음성이 좋아야 미세열구로 유입이 유리
①, ②, ③, ⑤ 낮을수록 안정적

06 다음 중 수복재료 내부로 구강액의 일부가 들어가는 성질은 무엇인가?
① 용해도 ② 흡수도
③ 젖음성 ④ 유 동
⑤ 갈바니즘

해설
① 재료의 일부가 타액이나 체액에 의해 녹음
④ 완전경화가 아닐 때, 일정하중을 받았을 때 시간이 경화함에 따라 재료가 변형됨

정답 01 ② 02 ⑤ 03 ⑤ 04 ③ 05 ④ 06 ②

07 다음 중 서로 다른 평면에서 재료에 미끄러지는 힘을 받을 때 발생하는 치과재료의 특성은 무엇인가?
① 압축응력 ② 굽힘응력
③ 인장응력 ④ 전단응력
⑤ 탄성계수

해설
① 재료가 누르는 압축력을 받을 때
② 재료를 두 지점에서 받치고, 중앙에서 수직 힘을 받을 때
③ 재료를 잡아당길 때

08 다음 중 아말감의 완전경화 전에 일정하중에 의해 형태가 변형되는 치과용 재료의 특성은 무엇인가?
① 연 성 ② 전 성
③ 피 로 ④ 크 립
⑤ 유 동

09 다음 중 연성과 전성이 가장 우수한 재료는 무엇인가?
① 금 ② 레 진
③ 세라믹 ④ 지르코니아
⑤ 치과용 금속

10 다음 중 치과재료의 기계적 특성이 아닌 것은?
① 응 력 ② 피 로
③ 탄성계수 ④ 열팽창계수
⑤ 연 성

해설
④ 치과재료의 물리적 특성에 해당한다.

11 다음 중 재료의 파괴하중 이하의 작은 하중을 지속적, 반복적으로 받았을 때 어느 순간 파괴되는 현상은 무엇인가?
① 응 력 ② 피 로
③ 크 립 ④ 유 동
⑤ 파 절

12 다음 중 치아와 수복물 간의 미세누출은 어떠한 치과의 재료적 특성에 해당하는가?
① 생물학적 특성
② 화학적 특성
③ 기계적 특성
④ 물리적 특성
⑤ 전기화학적 특성

정답 ▶ 07 ④ 08 ⑤ 09 ① 10 ④ 11 ② 12 ①

2 복합레진

01 다음 중 복합레진의 구성 성분 중 레진의 기질을 강화하며, 석영, 유리, 교질성 규토입자 등으로 이루어지는 것은 무엇인가?

① 레진기질 ② 결합제
③ 필러 ④ 개시제
⑤ 촉진제

해설
② 무기질의 필러가 유기질의 레진기질에 결합하도록 도움
④, ⑤ 레진의 경화에 도움

02 다음 중 복합레진의 레진기질의 특성으로 옳지 않은 것은 무엇인가?

① 점성이 높음
② 흡습성이 큼
③ 휘발성이 없음
④ 구내에서 경화가 빠름
⑤ 방사선 불투과

해설
⑤ 방사선이 불투과하는 것은 필러의 특성이다.

03 광중합형 복합레진의 특징으로 옳은 것은?

① 중합수축이 적다.
② 변연누출이 없다.
③ 기포 발생이 적다.
④ 술후 과민증이 없다.
⑤ 혼합이 필요하다.

해설
- 장 점
  혼합 불필요, 색상의 안정성, 작업시간 조절 가능, 경화시간 빠름, 기포발생 적음, 착색 덜 됨, 강도가 높음
- 단 점
  중합수축의 두께(2.5mm 이하)에 유의, 변연누출이 생길 수 있다. 실내조명 장시간 노출 시 레진표면이 경화, 술후 과민증이 생길 수 있다.

04 다음 중 광중합형 복합레진의 중합수축을 최소화하기 위한 레진 두께로 옳은 것은 무엇인가?

① 0.5mm 이하 ② 1.0mm 이하
③ 1.5mm 이하 ④ 2.0mm 이하
⑤ 2.5mm 이하

05 다음 중 복합레진의 조작 시 유의사항으로 적절한 것은 무엇인가?

① 금속성 스패출러를 사용한다.
② 과민증 감소를 위해 치수를 보호하는 베이스를 적용한다.
③ 단일 충전법으로 수복한다.
④ 광원의 출력을 일정하게 유지한다.
⑤ 레진기질이 많이 포함된 레진을 선택한다.

해설
① 금속성 스패출러의 마모로 발생한 금속가루가 재료의 변색을 야기하므로 사용에 유의한다.
③ 적층 충전법으로 수복한다.
④ 광원의 출력이 서서히 증가하도록 한다.

정답 01 ③ 02 ⑤ 03 ③ 04 ⑤ 05 ②

3 아말감 합금

01 다음 중 아말감의 장점이 아닌 것은 무엇인가?

① 우수한 강도
② 치수에 위해작용이 없음
③ 열전도율이 높음
④ 성형축조에 용이
⑤ 와동벽에 대한 적합성 우수

해설
③ 아말감의 단점

02 다음 중 아말감 합금의 구성성분 중 가장 많은 비율을 차지하는 것은 무엇인가?

① 아 연 　　② 구 리
③ 주 석 　　④ 은
⑤ 납

해설
④ 약 60~67%를 차지, 은 > 주석 > 구리 > 아연

03 다음 중 산소가 은, 주석, 구리와 결합하여 발생하는 산화를 억제하는 역할을 하는 구성성분은 무엇인가?

① 아 연 　　② 납
③ 금 　　　④ 수 은
⑤ 동

04 아말감의 압축강도를 증가시키는 방법으로 옳은 것은?

① 충전 후 1시간 이상 유동식을 한다.
② 혼합시간을 최대한 늘린다.
③ 제조사 지시에 따라 혼합비율을 지킨다.
④ 연화 후 응축시간을 지연시킨다.
⑤ 재래형은 가벼운 응축압을 부여한다.

해설
① 충전 후 최소 8시간 이상 유동식
② 혼합시간은 정확히 준수
④ 연화 후 응축시간을 지연시키면 강도 저하
⑤ 재래형은 충분한 응축압, 구상형은 응축압에 무관

05 다음 중 수은 취급 시 주의사항에 대한 설명으로 옳지 않은 것은 무엇인가?

① 카펫 사용금지
② 진공청소기 사용
③ 냉난방기의 주기적 교체
④ 진료실의 환기
⑤ 피부접촉 시 바로 비누로 씻음

해설
② 진공청소기는 사용금지

4 치과용 인상재

01 다음 중 탄성 인상재가 아닌 것은 무엇인가?

① 인상용 콤파운드　② 아 가
③ 폴리설파이드　　④ 축중합형실리콘
⑤ 알지네이트

해설
① 비탄성 인상재

정답 01 ③　02 ④　03 ①　04 ③　05 ②　/　01 ①

02 다음 중 하이드로콜로이드 인상재의 특성으로 물을 흡수하여 크기가 늘어나는 현상은 무엇인가?

① 이액현상 ② 삼투현상
③ 흡수현상 ④ 팽윤현상
⑤ 삼투압현상

> 해설
> ① 인상재 내에서 물이 증발하여 크기가 줄어드는 현상

03 다음 중 알지네이트 인상재의 단점이 아닌 것은?

① 친수성
② 크기 안정성 나쁨
③ 미세부 재현성 낮음
④ 트레이에서 변형 가능성이 높음
⑤ 금속 모형재 사용 불가

> 해설
> ① 알지네이트 인상재의 장점

04 다음 중 알지네이트 인상재의 경화시간 조절 시 1℃ 낮은 물을 사용하면 경화시간이 어떻게 변화하는가?

① 3초 느려짐
② 6초 느려짐
③ 9초 느려짐
④ 3초 빨라짐
⑤ 6초 빨라짐

05 다음 중 알지네이트의 혼합 시 권장하는 물의 온도로 가장 적절한 것은?

① 10~15℃
② 15~20℃
③ 18~24℃
④ 22~28℃
⑤ 25~30℃

06 알지네이트 인상채득 시 다음의 원인으로 나타나는 결과는?

> 부적절한 혼합, 혼합시간 지연, 과도한 겔화, 물과 분말의 비율이 낮음

① 거친 입자   ② 찢 김
③ 과립형성   ④ 변 형
⑤ 불규칙한 기포

> 해설
> ② 찢김 : 적절하지 못한 두께, 수분 오염, 구강 밖 조기 제거, 혼합시간 지연
> ③ 과립형성 : 불충분한 혼합, 적당하지 않은 물의 온도
> ④ 변형 : 인상을 방치 후 모형재 주입, 겔화 동안 트레이 움직임, 구강 밖 조기 제거, 인상재와 트레이의 유지가 안 좋음
> ⑤ 불규칙한 기포 : 과도한 겔화, 혼합 시 공기 함입, 구강 내 물기나 이물

07 다음 중 알지네이트 인상체의 크기 안정성을 높이기 위해 인상채득 후 석고를 주입하는 시기로 적절한 것은 무엇인가?

① 인상채득 직후
② 인상채득 후 5분
③ 인상채득 후 10분
④ 인상채득 후 15분
⑤ 인상채득 후 30분

08 다음 중 알지네이트 인상체에 찢김이 있는 경우 추측되는 원인으로 옳지 않은 것은?

① 혼합의 연장
② 구강 밖으로 조기 제거
③ 인상재와 트레이의 유지가 안 좋음
④ 수분 오염
⑤ 적절하지 못한 두께

해설
③ 알지네이트 인상체의 변형의 원인

09 다음 중 반죽형 고무인상재가 해당하는 것은 무엇인가?

① 제0형
② 제1형
③ 제2형
④ 제3형
⑤ 제4형

해설
② 고점조도형
③ 중점조도형
④ 저점조도형

10 다음 중 부가중합형 실리콘의 특성으로 적절하지 않은 것은 무엇인가?

① 작업시간이 짧음
② 냄새가 없음
③ 크기 안정성이 우수
④ 찢김 저항성이 높음
⑤ 경화 중 수소가스가 발생

해설
④ 찢김 저항성이 낮음

11 다음 중 폴리이써 고무인상재의 특징으로 적합하지 않은 것은 무엇인가?

① 물 속에 있으면 수축
② 함몰 부위가 깊으면 인상재 제거가 어려움
③ 정밀도가 우수
④ 영구변형이 적음
⑤ 친수성

해설
① 수분을 흡수하여, 물속에 보관하면 인상체가 팽윤함

정답 08 ③ 09 ① 10 ④ 11 ①

5 치과용 석고

01 다음 중 인상채득이 가능한 석고의 종류는 무엇인가?
① 1형 ② 2형
③ 3형 ④ 4형
⑤ 5형

해설
② 연구용
③ 작업용
④, ⑤ 다이제작용

02 치과용 석고의 경화시간 단축방법은?
① 물을 충분히 넣음
② 혼합시간을 짧게 함
③ 차가운 물로 혼합
④ 혼합을 천천히 함
⑤ 불순물을 섞음

해설
• 불순물, 경화촉진제, 결정핵 넣음
• 물을 적게 넣음, 혼합을 오래 함, 혼합 속도를 빠르게 함
• 입자가 미세할 때, 40℃에 가까울수록 경화시간 단축(40℃ 이상이면 단축효과 떨어짐)

03 석고모형 제작 시 석고 주입 후 경화 시까지 보관하는 방법으로 적절한 것은 무엇인가?
① 자연건조
② 50% 상대습도에서 보관
③ 100% 상대습도에서 보관
④ 50% 절대습도에서 보관
⑤ 100% 절대습도에서 보관

6 치과용 시멘트

01 다음 중 인산아연시멘트의 용도로 적합하지 않은 것은 무엇인가?
① 교정용 밴드접착
② 수복물의 임시접착
③ 치주팩
④ 근관충전재
⑤ 보철물의 영구접착

02 다음 중 인산아연시멘트의 경화시간 단축에 관여하는 요인은 무엇인가?
① 온 도
② 물
③ 경화촉진제
④ 믹싱패드의 재질
⑤ 혼수비

해설
② 물이 첨가되면 경화시간이 단축

03 다음 중 인산아연시멘트 혼합에 대한 설명으로 적절하지 않은 것은 무엇인가?
① 냉각된 혼합판을 사용한다.
② 금속 스패출러를 사용한다.
③ 플라스틱 스패출러를 사용한다.
④ 총 혼합시간은 1분 30초이다.
⑤ 최종 점조도는 접착용 시 1인치가 들어 올려져야 한다.

정답 01 ① 02 ⑤ 03 ③ / 01 ⑤ 02 ② 03 ③

04 냉각된 혼합판을 이용해야 하는 치과용 시멘트는?

① 산화아연유지놀시멘트
② 인산아연시멘트
③ 폴리카복실레이트시멘트
④ 글래스아이오노머시멘트
⑤ 레진시멘트

해설
인산아연시멘트 혼합방법
차갑고 건조된 혼합판, 분말을 오른쪽 끝, 액은 가운데 분배, 분말을 3등분하고 그중 하나만 2등분, 금속 스패출러로 넓게 펴서 조금씩 혼합, 1분 30초 내에 혼합, 접착용 1인치 점조도가 가능해야 함

05 다음 중 레진과 함께 사용할 수 없는 재료는 무엇인가?

① 인산아연시멘트
② 폴리카복실레이트시멘트
③ 글래스아이오노머시멘트
④ 레진시멘트
⑤ 산화아연유지놀시멘트

해설
⑤ 유지놀이 레진의 용매로 작용

06 다음 중 치질과 화학적으로 결합하는 치과용 시멘트는 무엇인가?

① 폴리카복실레이트시멘트
② 인산아연시멘트
③ 산화아연유지놀시멘트
④ 레진시멘트
⑤ 모든 시멘트는 화학적으로 결합한다.

해설
① 폴리카복실레이트시멘트와 글래스아이오노머시멘트는 화학적 결합을 함

07 다음 중 포스트의 접착에 사용되는 치과용 시멘트는 무엇인가?

① 폴리카복실레이트시멘트
② 산화아연유지놀시멘트
③ 레진시멘트
④ 레진강화형 글래스아이오노머시멘트
⑤ 글래스아이오노머시멘트

08 다음 중 임시충전재의 사용목적으로 적합하지 않은 것은 무엇인가?

① 치수보호
② 심미성 회복
③ 치수감염예방
④ 치아의 위치 유지
⑤ 치아의 저작기능 대체

정답 04 ② 05 ⑤ 06 ① 07 ④ 08 ⑤

교육이란 사람이 학교에서 배운 것을 잊어버린 후에 남은 것을 말한다.

– 알버트 아인슈타인 –

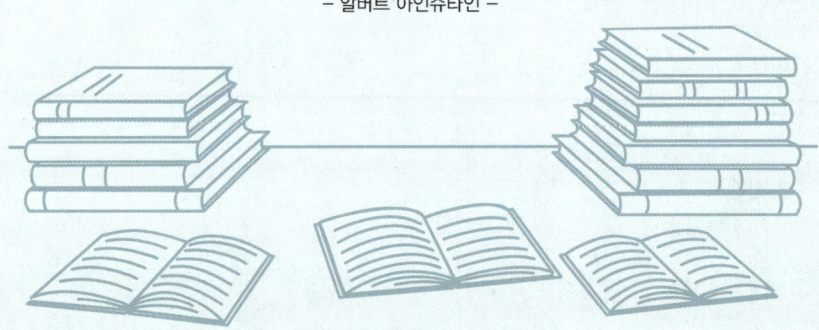

치과위생사 국가시험 한권으로 끝내기

PART 03 의료관계법규

CHAPTER 01 　 의료관계법규

합격의 공식 *시대에듀* www.sdedu.co.kr

CHAPTER 01 의료관계법규

1 의료법(의료기관, 의료인, 의료광고, 감독)

(1) 목적(법 제1조)
① 모든 국민의 수준 높은 의료혜택
② 국민 의료에 필요한 사항을 규정
③ 국민의 건강을 보호·증진

(2) 의료인(법 제2조)
① "의료인"이란 보건복지부장관의 면허를 받은 의사·치과의사·한의사·조산사 및 간호사를 말한다.
② 의료인은 종별에 따라 다음의 임무를 수행하여 국민보건 향상을 이루고 국민의 건강한 생활 확보에 이바지할 사명을 가진다.

의 사	의료와 보건지도
치과의사	치과의료와 구강보건지도
한의사	한방의료와 한방보건지도
조산사	조산과 임산부 및 신생아에 대한 보건과 양호지도
간호사	• 환자의 간호요구에 대한 관찰, 자료수집, 간호판단 및 요양을 위한 간호 • 의사, 치과의사, 한의사의 지도하에 시행하는 진료의 보조 • 간호 요구자에 대한 교육·상담 및 건강증진을 위한 활동의 기획과 수행, 그 밖의 대통령령으로 정하는 보건활동 • 간호조무사가 수행하는 간호사 업무보조에 대한 지도

※ 임신부(임신 중에 있는 여자), 산욕부(해산 후 6개월까지), 신생아(출생 후 28일 미만)
※ 간호조무사의 업무(법 제80조의2) 삭제 〈2024.9.20.〉 [시행일 : 2025.6.21.]
　① 간호사의 보조업무 수행
　　㉠ 환자의 간호요구에 대한 관찰, 자료수집, 간호판단 및 요양을 위한 간호
　　㉡ 의사, 치과의사, 한의사의 지도하에 시행하는 진료의 보조
　　㉢ 간호 요구자에 대한 교육·상담 및 건강증진을 위한 활동의 기획과 수행, 그 밖의 대통령령으로 정하는 보건활동
　② 의원급 의료기관에 한하여 의사, 치과의사, 한의사의 지도하에 환자의 요양을 위한 간호 및 진료의 보조 수행
　③ 구체적 업무의 범위와 한계에 대해 필요한 사항은 보건복지부령으로 정한다.

다음 중 의료법의 목적으로 적절한 것은?
① 모든 국민의 최소한의 의료 혜택
② 국민 의료에 필요한 사항을 규정
③ 국민의 건강을 유지
④ 일부 국민의 수준 높은 의료혜택
⑤ 국민의 평균수명을 증가

답 ②

다음 중 의료기관의 종류에 해당하지 않는 것은 무엇인가?
① 종합병원
② 대학병원
③ 병 원
④ 치과병원
⑤ 한방병원

답 ②

(3) 의료기관의 종류(법 제3조)

① 의료기관 : 의료인이 공중 또는 특정 다수인을 위하여 의료·조산의 업(이하 의료업)을 하는 곳
② 의료기관의 구분

의원급 의료기관	• 의사, 치과의사 또는 한의사가 주로 외래 환자를 대상으로 각각 그 의료행위를 하는 의료기관 • 종류 : 의원, 치과의원, 한의원
조산원	조산사가 조산과 임산부 및 신생아를 대상으로 보건활동과 교육·상담을 하는 의료기관
병원급 의료기관	• 의사, 치과의사 또는 한의사가 주로 입원환자를 대상으로 하는 의료기관 • 종류 : 병원, 치과병원, 한방병원, 요양병원, 정신병원, 종합병원

③ 보건복지부장관은 보건의료정책에 필요하다고 인정하는 경우에는 의료기관의 종류별 표준업무를 정하여 고시할 수 있다.

(4) 병원 등(법 제3조의 2)

병원·치과병원·한방병원 및 요양병원은 30개 이상의 병상(병원, 한방병원만 해당) 또는 요양병상(요양병원만 해당하며, 장기입원이 필요한 환자를 대상으로 의료행위를 하기 위하여 설치한 병상)을 갖추어야 한다.

(5) 종합병원(법 제3조의 3)

① 100개 이상의 병상을 갖출 것
② 100병상 이상 300병상 이하인 경우 내과·외과·소아청소년과·산부인과 중 3개의 진료과목, 영상의학과, 마취통증의학과와 진단검사의학과 또는 병리과를 포함한 7개 이상의 진료과목을 갖추고 각 진료과목마다 전속하는 전문의를 둘 것
③ 300병상을 초과하는 경우에는 내과, 외과, 소아청소년과, 산부인과, 영상의학과, 마취통증의학과, 진단검사의학과 또는 병리과, 정신건강의학과 및 치과를 포함한 9개 이상의 진료과목을 갖추고 각 진료과목마다 전속하는 전문의를 둘 것
④ 종합병원은 ② 또는 ③에 따른 진료과목(이하 이 항에서 "필수진료과목"이라 함) 외에 필요하면 추가로 진료과목을 설치·운영할 수 있다. 이 경우, 필수진료과목 이외의 진료과목에 대하여는 해당 의료기관에 전속하지 아니한 전문의를 둘 수 있다.

(6) 상급종합병원의 지정(법 제3조의 4)

① 보건복지부장관은 다음의 요건을 갖춘 종합병원 중에서 중증질환에 대하여 난이도가 높은 의료행위를 전문적으로 하는 종합병원을 상급종합병원으로 지정할 수 있다.

요건	• 보건복지부령으로 정하는 20개 이상의 진료과목을 갖추고 각 진료과목마다 전속하는 전문의를 둘 것 • 전문의가 되려는 자를 수련시키는 기관일 것 • 보건복지부령으로 정하는 인력·시설·장비 등을 갖출 것 • 질병군별 환자구성 비율이 보건복지부령으로 정하는 기준에 해당할 것 ㉠ 보건복지부장관이 지정을 하는 경우 전문성에 대한 평가를 실시한다. ㉡ 보건복지부장관은 상급종합병원으로 지정받은 종합병원에 대하여 3년마다 평가를 실시하여 재지정하거나 지정을 취소할 수 있다. ㉢ 보건복지부장관은 평가업무를 관계 전문기관 또는 단체에 위탁할 수 있다. ㉣ 상급종합병원의 지정·재지정의 기준·절차 및 평가업무의 위탁절차에 필요한 사항은 보건복지부령으로 정한다.

(7) 전문병원의 지정(법 제3조의 5)

① 보건복지부장관은 병원급 의료기관 중에서 특정 진료과목이나 특정 질환 등에 대하여 난이도가 높은 의료행위를 하는 병원을 전문병원으로 지정할 수 있다.

요건	• 각 호의 요건 ㉠ 특정질환별·진료과목별 환자의 구성비율이 보건복지부령으로 정하는 기준에 해당할 것 ㉡ 보건복지부령으로 정하는 수 이상의 진료과목을 갖추고 각 진료과목마다 전속하는 전문의를 둘 것 ㉢ 최근 3년간 해당 의료기관 또는 그 개설자가 3개월 이상의 의료업 정지나 개설 허가의 취소 또는 폐쇄 명령을 받은 사실이 없을 것 • 보건복지부장관은 전문병원으로 지정하는 경우 위의 사항 및 진료의 난이도에 대한 평가를 실시하여야 한다. • 보건복지부장관은 전문병원으로 지정받은 의료기관에 대하여 3년마다 평가를 실시하여 전문병원으로 재지정할 수 있다. • 보건복지부장관이 지정받거나 재지정 받은 전문병원의 지정 또는 재지정을 취소할 수 있는 경우 ㉠ 거짓이나 그 밖의 부정한 방법으로 지정 또는 재지정을 받은 경우 → 취소해야 한다. ㉡ 지정 또는 재지정의 취소를 원하는 경우 ㉢ 특정 질환별·진료과목별 환자의 구성비율 등이 보건복지부령으로 정하는 기준 또는 보건복지부령으로 정하는 수 이상의 진료과목을 갖추고 각 진료과목마다 전속하는 전문의를 두는 조건에 해당하지 아니하여 시정명령을 받고 이를 이행하지 아니한 경우 ㉣ 의료업이 3개월 이상 정지되거나 개설 허가의 취소 또는 폐쇄 명령을 받은 경우 ㉤ 전문병원에 소속된 의료인, 의료기관 개설자 또는 종사자가 전문병원 지정을 계속 유지하는 것이 부적절하다고 인정되는 경우 • 보건복지부장관은 평가업무를 관계 전문기관 또는 단체에 위탁할 수 있다. • 전문병원의 지정·재지정의 기준·절차 및 평가업무의 위탁절차에 필요한 사항은 보건복지부령으로 정한다.

다음 중 의료인과 의료기관 장의 공통된 의무가 아닌 것은 무엇인가?

① 의료의 질에 기여
② 병원 감염 예방
③ 의료기술의 발전
④ 환자에게 최선의 의료서비스 제공
⑤ 다른 의료인 또는 의료법인 등의 명의로 의료기관 개설할 수 없음

답 ⑤

(8) 의료인과 의료기관 장의 의무(법 제4조)

공통	의료의 질을 높이고 의료관련감염(의료기관 내에서 환자, 환자의 보호자, 의료인 또는 의료기관 종사자 등에게 발생하는 감염)을 예방하며 의료기술을 발전시키는 등 환자에게 최선의 의료서비스를 제공하기 위하여 노력하여야 함
의료인	• 다른 의료인 또는 의료법인 등의 명의로 의료기관을 개설하거나 운영할 수 없다. • 의료인은 일회용 의료기기(한 번 사용할 목적으로 제작되거나 한 번의 의료행위에서 한 환자에게 사용하여야 하는 의료기기로서 보건복지부령으로 정하는 의료기기)를 한 번 사용한 후 다시 사용하여서는 아니 된다.
의료기관의 장	• 보건의료기본법 제6조, 제12조, 제13조에 따른 환자의 권리 등 보건복지부령으로 정하는 사항을 환자가 쉽게 볼 수 있도록 의료기관 내에 게시하여야 한다. 이 경우 게시 방법, 게시 장소 등 게시에 필요한 사항은 보건복지부령으로 정한다. • 환자와 보호자가 의료행위를 하는 사람의 신분을 알 수 있도록 의료인, 의료행위를 하는 학생, 간호조무사 및 '의료기사 등에 관한 법률'에 따른 의료기사에게 의료기관 내에서 대통령령으로 정하는 바에 따라 명찰을 달도록 지시·감독하여야 한다. 다만, 응급의료상황, 수술실 내인 경우, 의료행위를 하지 아니할 때, 그 밖에 대통령령으로 정하는 경우에는 명찰을 달지 아니하도록 할 수 있다.

※ 환자 및 보건의료인의 권리(보건의료기본법 제6조)
  ① 모든 환자는 자신의 건강보호와 증진을 위하여 적절한 보건의료서비스를 받을 권리를 가진다.
  ② 보건의료인은 보건의료서비스를 제공할 때에 학식과 경험, 양심에 따라 환자의 건강보호를 위하여 적절한 보건의료기술과 치료재료 등을 선택할 권리를 가진다. 다만, 이 법 또는 다른 법률에 특별한 규정이 있는 경우에는 그렇지 아니하다.

※ 보건의료서비스에 관한 자기결정권(보건의료기본법 제12조)
  모든 국민은 보건의료인으로부터 자신의 질병에 대한 치료방법, 의학적 연구대상 여부, 장기이식 여부 등에 관하여 충분한 설명을 들은 후 이에 관한 동의 여부를 결정할 권리를 가진다.

※ 비밀보장(보건의료기본법 제13조)
  모든 국민은 보건의료와 관련하여 자신의 신체상·건강상의 비밀과 사생활의 비밀을 침해받지 아니한다.

※ 보건복지부령으로 정하는 의료기기(시행규칙 제3조의2, 재사용이 금지되는 일회용 의료기기)
  ① 사람의 신체에 의약품, 혈액, 지방 등을 투여·채취하기 위하여 사용하는 주사침, 주사기, 수액용기와 연결줄 등을 포함하는 수액세트
  ② ①에 준하는 의료기기로서 감염 또는 손상의 위험이 매우 높아 보건복지부장관이 재사용을 금지할 필요가 있다고 인정하는 의료기기

(9) 의료인의 면허 대여 금지 등(법 제4조의3)

① 의료인(의사·치과의사 및 한의사, 조산사, 간호사)은 받은 면허를 다른 사람에게 대여하여서는 아니 된다.
② 누구든지 의사·치과의사 및 한의사, 조산사, 간호사에 따라 받은 면허를 대여받아서는 아니 되며, 면허 대여를 알선하여서도 아니 된다.

(10) 명찰의 표시 내용 등(시행령 제2조의2)

① 의료행위를 하는 사람의 신분을 알 수 있도록 명찰을 달도록 하는 경우에는 다음의 구분에 따른다.
  ㉠ 명찰의 표시 내용 : 다음의 구분에 따른 사항을 포함할 것
    • 의료인 : 의료인의 종류별 명칭 및 성명. 다만, 전문의의 경우에는 전문과목별 명칭 및 성명을 표시할 수 있다.
    • 의학·치과의학·한방의학 또는 간호학을 전공하는 학교의 학생 : 학생의 전공분야 명칭 및 성명을 표시할 수 있다.
    • 간호조무사 : 간호조무사의 명칭 및 성명을 표시할 수 있다.
    • 의료기사 등에 관한 법률 제2조에 따른 의료기사 : 의료기사의 종류별 명칭 및 성명을 표시할 수 있다.
  ㉡ 명찰의 표시방법 : 의복에 표시 또는 부착하거나 목에 거는 방식 그 밖에 이에 준하는 방식으로 표시할 것
  ㉢ 명찰의 제작방법 : 인쇄, 각인(刻印), 부착, 자수(刺繡) 또는 이에 준하는 방법으로 만들 것
  ㉣ 명찰의 규격 및 색상 : 명찰의 표시 내용을 분명하게 알 수 있도록 할 것
② ①에 따른 명찰의 표시내용, 표시방법, 제작방법 및 명찰의 규격·색상 등에 필요한 세부 사항은 보건복지부장관이 정하여 고시한다.

(11) 의료인의 면허자격요건(법 제5조~제7조)

의사, 치과의사, 한의사(법 제5조)

- 자격을 가진 자로 의사·치과의사 또는 한의사 국가시험에 합격한 후 보건복지부 장관의 면허를 받은 자

[의사·치과의사 또는 한의사의 자격]

- 의학·치의학 또는 한의학을 전공하는 대학을 졸업하고 의학사·치의학사 또는 한의학사 학위를 받은 자
- 평가인증기구의 인증을 받은 의학·치의학 또는 한의학을 전공하는 전문대학원을 졸업하고 석사학위 또는 박사학위를 받은 자
- 보건복지부장관이 정하여 고시하는 인정기준에 해당하는 외국의 학교를 졸업하고 외국의 의사·치과의사 또는 한의사 면허를 받은 자로서 예비시험에 합격한 자
- 평가인증기구의 인증을 받은 의학·치의학 또는 한의학을 전공하는 대학 또는 전문대학원을 6개월 이내에 졸업하고 해당 학위를 받을 것으로 예정된 자는 자격을 가진 자로 본다. 다만, 그 졸업예정시기에 졸업하고 해당 학위를 받아야 면허를 받을 수 있다.
- 입학 당시 평가인증기구의 인증을 받은 의학·치의학 또는 한의학을 전공하는 대학 또는 전문대학원에 입학한 사람으로서 그 대학 또는 전문대학원을 졸업하고 해당 학위를 받은 사람은 자격을 가진 사람으로 본다.

조산사(법 제6조)

- 조산사의 자격을 가진 자로 조산사 국가시험에 합격한 후 보건복지부장관의 면허를 받은 자

[조산사의 자격]

- 간호사 면허를 가지고, 보건복지부장관이 인정하는 의료기관에서 1년간 조산의 수습과정을 마친 자
- 보건복지부장관이 정하여 고시하는 인정기준에 해당하는 외국의 조산사 면허를 받은 자

간호사(법 제7조) 삭제 〈2024.9.20.〉 [시행일 : 2025.6.21.]

간호사 국가시험에 합격한 후 보건복지부장관의 면허를 받은 자

[간호사의 자격]

- 평가인증기구의 인증을 받은 간호학을 전공하는 대학이나 전문대학을 졸업한 자
- 보건복지부장관이 정하여 고시하는 외국의 학교를 졸업하고 외국의 간호사 면허를 받은 자
- 입학 당시 평가인증기구의 인증을 받은 간호학을 전공하는 대학 또는 전문대학에 입학한 사람으로서 그 대학 또는 전문대학을 졸업하고 해당 학위를 받은 자

(12) 의료인의 결격사유(법 제8조)

다음에 해당하는 자는 의료인이 될 수 없다(단, 간호사는 간호법을 따른다).

① 정신질환자(전문의가 의료인으로 적합하다고 인정하는 사람은 그러지 아니함)
② 마약·대마·향정신성의약품 중독자
③ 피성년후견인·피한정후견인
④ 금고 이상의 실형을 선고받고 그 집행이 끝나거나 그 집행을 받지 아니하기로 확정된 후 5년이 지나지 아니한 자
⑤ 금고 이상의 형의 집행유예를 선고받고 그 유예기간이 지난 후 2년이 지나지 아니한 자
⑥ 금고 이상의 형의 선고유예를 받고 그 유예기간 중에 있는 자

※ 정신질환자(정신건강증진 및 정신질환자 복지서비스지원에 관한 법률 제3조의1)
망상, 환각, 사고나 기분의 장애 등으로 인하여 독립적으로 일상생활을 영위하는 데 중대한 제약이 있는 사람

다음 중 의료인의 결격사유로 적합하지 않은 것은 무엇인가?

① 향정신성의약품 중독자
② 피성년후견인
③ 피한정후견인
④ 정신질환자
⑤ 의료관계법 위반으로 금고 이상의 실형을 받고 집행이 종료된 자

답 ⑤

(13) 국가시험 등(법 제9조)

① 의사·치과의사·한의사·조산사 국가시험과 의사·치과의사·한의사 예비시험(이하 "국가시험 등"이라 함)은 매년 보건복지부장관이 시행한다.
② 보건복지부장관은 국가시험 등의 관리를 대통령령이 정하는 바에 따라 한국보건의료인국가시험원법에 따른 한국보건의료인국가시험원에 맡길 수 있다.
③ 보건복지부장관이 국가시험 등의 관리를 맡긴 때에 그 관리에 필요한 예산을 보조할 수 있다.
④ 국가시험 등에 필요한 사항은 대통령령으로 정한다.

(14) 국가시험 등 응시제한 기준(시행령 별표 1)

위반행위	응시제한 횟수
• 시험 중에 대화·손동작 또는 소리 등으로 서로 의사소통을 하는 행위 • 시험 중에 허용되지 않는 자료를 가지고 있거나 해당 자료를 이용하는 행위 • 제7조제1항에 따른 응시원서를 허위로 작성하여 제출하는 행위	1회
• 시험 중에 다른 사람의 답안지 또는 문제지를 엿보고 본인의 답안지를 작성하는 행위 • 시험 중에 다른 사람을 위해 시험 답안 등을 알려주거나 엿보게 하는 행위 • 다른 사람의 도움을 받아 답안지를 작성하거나 다른 사람의 답안지 작성에 도움을 주는 행위 • 본인이 작성한 답안지를 다른 사람과 교환하는 행위 • 시험 중에 허용되지 아니한 전자장비·통신기기 또는 전자계산기기 등을 사용하여 시험답안을 전송하거나 작성하는 행위 • 시험 중에 시험문제 내용과 관련된 물건(시험 관련 교재 및 요약자료를 포함한다)을 다른 사람과 주고받는 행위 • 법 제8조 각 호의 어느 하나에 해당하는 사람이 시험에 응시하는 행위 • 정신질환자 중 전문의가 의료인으로서 적합하다고 인정하는 서류를 허위로 작성하여 제출하는 행위	2회
• 본인이 직접 대리시험을 치르거나 다른 사람으로 하여금 시험을 치르게 하는 행위 • 사전에 시험문제 또는 시험답안을 다른 사람에게 알려주는 행위 • 사전에 시험문제 또는 시험답안을 알고 시험을 치르는 행위	3회

비고 : 위 표의 위반행위에 대한 세부기준 및 유형 등에 대해서는 보건복지부장관이 정하여 고시할 수 있다.

(15) 응시자격 제한 등(법 제10조)

다음 어느 하나에 해당하는 자는 국가시험 등에 응시할 수 없다.
① 부정한 방법으로 국가시험 등에 응시한 자나 국가시험 등에 관하여 부정행위를 한 자는 그 수험을 정지시키거나 합격을 무효로 한다.
② 보건복지부장관은 수험이 정지되거나 합격이 무효가 된 사람에 대하여 처분의 사유와 위반의 정도를 고려하여 대통령령으로 정하는 바에 따라 그 다음에 치러지는 이 법에 따른 국가시험 등의 응시를 3회의 범위에서 제한할 수 있다.

(16) 면허조건과 등록(법 제11조)
① 보건복지부장관은 보건의료시책에 필요하다고 인정되는 의사·치과의사·한의사·조산사에 따른 면허를 내 줄 때 3년 이내의 기간을 정하여 특정 지역이나 특정업무에 종사할 것을 면허의 조건으로 붙일 수 있다.
② 보건복지부장관이 면허를 내 줄때에는 그 면허에 관한 사항을 등록대장에 등록하고 면허를 내주어야 한다.
③ 등록대장은 의사·치과의사·한의사·조산사를 구분하여 따로 작성·비치하여야 한다.
④ 면허등록과 면허증에 필요한 사항은 보건복지부령으로 한다.

(17) 의료인의 권리(법 제12조~제14조)
① 의료기술 등에 대한 보호
  ㉠ 의료인이 하는 의료·조산·간호 등의 의료기술의 시행(이하 "의료행위"라 함)에 대해서는 이 법이나 다른 법령에 의해 따로 규정된 경우 외에는 누구든지 간섭하지 못한다.
  ㉡ 누구든지 의료기관의 의료용 시설·기재·약품, 그 밖의 기물 등을 파괴·손상하거나 의료기관을 점거하여 진료를 방해하여서는 아니 되며, 이를 교사하거나 방조하여서는 아니 된다.
  ㉢ 누구든지 의료행위가 이루어지는 장소에서 의료행위를 행하는 의료인, 간호조무사 및 의료기사 또는 의료행위를 받는 사람을 폭행·협박하여서는 아니 된다.
② 의료기재 압류 금지 : 의료인의 의료업무에 필요한 기구·약품, 그 밖의 재료는 압류하지 못한다.
③ 기구 등 우선 공급 : 의료인은 의료행위에 필요한 기구·약품, 그 밖의 시설 및 재료를 우선적으로 공급받을 권리가 있으며, 권리에 부수되는 물품·노력과 교통수단에 대해서도 동일한 권리가 있다.

(18) 의료인의 의무(법 제15조~제17조)
① 진료 거부 금지 등
  ㉠ 의료인 또는 의료기관개설자는 진료나 조산 요청을 받으면 정당한 사유 없이 거부하지 못한다.
  ㉡ 의료인은 응급환자에게 응급의료에 관한 법률에서 정하는 바에 따라 최선의 처치를 해야 한다.
② 세탁물의 처리
  ㉠ 의료기관에서 나오는 세탁물은 의료인·의료기관 또는 특별자치시장·특별자치도지사·시장·군수·구청장(자치구의 구청장을 말함)에게 신고한 자가 아니면 처리할 수 없다.

ⓛ 세탁물을 처리하는 자는 보건복지부령에 따라 위생적으로 보관, 운반, 처리하여야 한다.
ⓒ 의료기관개설자와 의료기관세탁물처리업 신고를 한 자("세탁물처리업자"라 함)는 세탁물의 처리업무에 종사하는 사람에게 보건복지부령으로 정하는 바에 따라 감염예방교육을 실시하고 그 결과를 기록하고 유지하여야 한다.
ⓡ 세탁물처리업자가 보건복지부령으로 정하는 신고사항을 변경하거나 그 영업의 휴업(1개월 이상의 휴업을 말함)·폐업 또는 재개업을 하려는 경우에는 보건복지부령으로 정하는 바에 따라 특별자치시장·특별자치도지사·시장·군수·구청장에게 신고하여야 한다.
ⓜ 세탁물을 처리하는 자의 시설·장비 기준, 신고절차 및 지도·감독, 그 밖에 관리에 필요한 사항은 보건복지부령으로 정한다.

③ 진단서 등

자신이 진찰 또는 검안한 의사·치과의사 또는 한의사가 진단서·검안서·증명서·처방전(전자처방전 포함)을 작성한다.

㉠ 의료업에 종사하고 직접 진찰하거나 검안한 의사, 치과의사, 한의사가 아니면 진단서·검안서·증명서를 작성하여 환자 또는 형사소송법에 따라 검시를 하는 지방검찰청검사(검안서에 한 함)에게 교부하지 못한다. 다만, 진료 중이던 환자가 최종진료 시부터 48시간 이내에 사망한 경우에는 다시 진료를 하지 아니하더라도 진단서나 증명서를 내줄 수 있으며, 환자 또는 사망자를 직접 진찰하거나 검안한 의사·치과의사 또는 한의사가 부득이한 사유로 진단서·검안서 또는 증명서를 내줄 수 없으면 같은 의료기관에 종사하는 다른 의사·치과의사 또는 한의사가 환자의 진료기록부 등에 따라 내줄 수 있다.
㉡ 의료업에 종사하고 직접 조산한 의사·한의사 또는 조산사가 아니면 출생·사망 또는 사산 증명서를 내주지 못한다. 다만, 직접 조산한 의사·한의사 또는 조산사가 부득이한 사유로 증명서를 내줄 수 없으면 같은 의료기관에 종사하는 다른 의사·한의사 또는 조산사가 환자의 진료기록부 등에 따라 내줄 수 있다.
㉢ 의사·치과의사 또는 한의사는 자신이 진찰하거나 검안한 자에 대한 진단서·검안서 또는 증명서 교부를 요구받은 때에는 정당한 사유 없이 거부하지 못한다.
㉣ 의사·한의사 또는 조산사는 자신이 조산한 것에 대한 출생·사망 또는 사산 증명서 교부를 요구받은 때는 정당한 사유 없이 거부하지 못한다.
㉤ 진단서, 증명서의 서식·기재사항, 그 밖에 필요한 사항은 보건복지부령으로 정한다.

(19) 처방전(법 제17조의2)

① 의료업에 종사하고 직접 진찰한 의사, 치과의사 또는 한의사가 아니면 처방전을 작성하여 환자에게 교부하거나 발송(전자처방전에 한함)하지 못하며, 의사, 치과의사 또는 한의사에게 직접 진찰을 받은 자가 아니면 누구든지 의사, 치과의사 또는 한의사가 작성한 처방전을 수령하지 못한다.

다음 중 진단서 등을 교부할 수 있는 사람은 누구인가?

① 약 사
② 한의사
③ 간호사
④ 조산사
⑤ 한약사

답 ②

② 다음의 경우 해당 환자 및 의약품에 대한 안전성을 인정하는 경우 환자의 직계존속, 비속, 배우자 및 배우자의 직계존속, 형제자매 또는 노인의료복지시설에서 근무하는 사람 등 대통령령으로 정하는 사람(대리수령자)에게 처방전을 교부하거나 발송할 수 있으며, 대리수령자는 환자를 대리하여 그 처방전을 수령할 수 있다.
  ㉠ 환자의 의식이 없는 경우
  ㉡ 환자의 거동이 현저히 곤란하고 동일한 상병에 대하여 장기간 동일한 처방이 이루어지는 경우
  ㉢ 처방전의 발급방법·절차 등에 필요한 사항은 보건복지부령으로 정한다.

다음 중 처방전을 작성하여 환자에게 교부하거나 발송하는 것이 가능한 사람은?

① 약 사
② 한약사
③ 한의사
④ 간호사
⑤ 치과의사

답 ⑤

(20) 처방전 작성과 교부(법 제18조)

① 의사나 치과의사는 환자에게 의약품을 투여할 필요가 있다고 인정하면 약사법에 따라 자신이 직접 의약품을 조제할 수 있는 경우가 아니라면 보건복지부령으로 정하는 바에 따라 처방전을 작성하여 환자에게 내주거나 발송(전자처방전에 한함)해야 한다.
② 누구든지 정당한 사유 없이 전자처방전에 저장된 개인정보를 탐지하거나 누출·변조 또는 훼손하여서는 아니 된다.
③ 처방전을 발행한 의사 또는 치과의사는 처방전에 따라 의약품을 조제하는 약사 또는 한약사가 문의한 때 즉시 이에 응하여야 한다. 단, 다음 어느 하나에 해당하는 사유로 약사 또는 한약사의 문의에 응할 수 없는 경우 사유가 종료된 때 즉시 이에 응하여야 한다.
  ㉠ 응급환자를 진료 중인 경우
  ㉡ 환자를 수술 또는 처치 중인 경우
  ㉢ 그 밖에 약사의 문의에 응할 수 없는 정당한 사유가 있는 경우
④ 의사·치과의사 또는 한의사가 자신이 직접 의약품을 내어주는 경우에는 그 약제의 용기 또는 포장에 환자의 이름, 용법 및 용량, 그 밖에 보건복지부령으로 정하는 사항을 적어야 한다. 다만, 급박한 응급의료상황 등 환자의 진료상황이나 의약품의 성질상 그 약제의 용기 또는 포장에 적는 것이 어려운 경우로서 보건복지부령으로 정하는 경우에는 그러하지 아니하다.
※ 약제용기 등의 기재사항(시행규칙 제13조제1항)
  • 약제의 내용·외용의 구분에 관한 사항
  • 조제자의 면허종류 및 성명
  • 조제연월일
  • 조제자가 근무하는 의료기관의 명칭·소재지
※ 약제의 용기 및 포장에 적는 것이 어려운 경우(약제용기 등의 기재사항, 시행규칙 제13조제2항)
  • 급박한 응급의료상황으로서 환자에 대한 신속한 약제 사용이 필요한 경우
  • 주사제의 주사 등 해당 약제의 성질상 환자에 대한 즉각적 사용이 이루어지는 경우

(21) 의약품정보의 확인(법 제18조의2)

① 의사 및 치과의사는 처방전을 작성하거나 의약품을 자신이 직접 조제하는 경우에 다음의 정보(이하 "의약품정보"라 함)를 미리 확인하여야 한다.
  ㉠ 환자에게 처방 또는 투여되고 있는 의약품과 동일한 성분의 의약품인지 여부
  ㉡ 식품의약품안전처장이 병용금기, 특정연령대금기 또는 임부금기 등으로 고시한 성분이 포함되는지 여부
  ㉢ 그 밖의 보건복지부령으로 정하는 정보
② 의사 및 치과의사는 급박한 응급의료상황 등 의약품 정보를 확인할 수 없는 정당한 사유가 있을 때는 이를 확인하지 아니할 수 있다.
③ 의약품정보의 확인방법·절차, 의약품 정보를 확인할 수 없는 정당한 사유 등은 보건복지부령으로 정한다.

(22) 정보 누설 금지(법 제19조)

① 의료인이나 의료기관 종사자는 의료·조산 또는 간호업무나 진단서·검안서·증명서 작성 및 교부업무, 처방전 작성 및 교부업무, 진료기록 열람·사본 교부업무, 진료기록부 등의 보존업무 및 전자의무기록 작성·보관·관리업무를 하면서 알게 된 다른 사람의 정보를 누설하거나 발표하지 못한다.
② 의료기관 인증에 관한 업무에 종사하는 자 또는 종사하였던 자는 그 업무를 하면서 알게 된 정보를 다른 사람에게 누설하거나 부당한 목적으로 사용하여서는 아니 된다.

(23) 기록 열람 등(법 제21조)

① 환자는 의료인, 의료기관의 장 및 의료기관 종사자에게 본인에 관한 기록(추가기재·수정된 경우 추가기재·수정된 기록 및 추가기재·수정 전의 원본을 모두 포함한다. 이하 같다)의 전부 또는 일부에 대하여 열람 또는 그 사본의 발급 등 내용의 확인을 요청할 수 있다. 이 경우 의료인, 의료기관의 장 및 의료기관 종사자는 정당한 사유가 없으면 이를 거부하여서는 아니 된다.
② 의료인, 의료기관의 장 및 의료기관 종사자는 환자가 아닌 다른 사람에게 환자에 관한 기록을 열람하게 하거나 그 사본을 내주는 등 내용을 확인할 수 있게 하여서는 아니 된다.
③ ②에도 불구하고 의료인, 의료기관의 장 및 의료기관 종사자는 다음의 어느 하나에 해당하면 그 기록을 열람하게 하거나 그 사본을 교부하는 등 그 내용을 확인할 수 있게 하여야 한다. 다만, 의사·치과의사 또는 한의사가 환자의 진료를 위하여 불가피하다고 인정한 경우에는 그러하지 아니하다.
  ㉠ 환자의 배우자, 직계 존속·비속, 형제·자매(환자의 배우자 및 직계 존속·비속, 배우자의 직계존속이 모두 없는 경우에 한정한다) 또는 배우자의 직계 존속이 환자 본인의 동의서와 친족관계임을 나타내는 증명서 등을 첨부하는 등 보건복지부령으로 정하는 요건을 갖추어 요청한 경우

㉡ 환자가 지정하는 대리인이 환자 본인의 동의서와 대리권이 있음을 증명하는 서류를 첨부하는 등 보건복지부령으로 정하는 요건을 갖추어 요청한 경우

㉢ 환자가 사망하거나 의식이 없는 등 환자의 동의를 받을 수 없어 환자의 배우자, 직계 존속·비속, 형제·자매(환자의 배우자 및 직계 존속·비속, 배우자의 직계 존속이 모두 없는 경우에 한정한다) 또는 배우자의 직계 존속이 친족관계임을 나타내는 증명서 등을 첨부하는 등 보건복지부령으로 정하는 요건을 갖추어 요청한 경우

㉣ 「국민건강보험법」 제14조, 제47조, 제48조 및 제63조에 따라 급여비용 심사·지급·대상여부 확인·사후관리 및 요양급여의 적정성 평가·가감지급 등을 위하여 국민건강보험공단 또는 건강보험심사평가원에 제공하는 경우

㉤ 「의료급여법」 제5조, 제11조, 제11조의3 및 제33조에 따라 의료급여 수급권자 확인, 급여비용의 심사·지급, 사후관리 등 의료급여 업무를 위하여 보장기관(시·군·구), 국민건강보험공단, 건강보험심사평가원에 제공하는 경우

㉥ 「형사소송법」 제106조, 제215조 또는 제218조에 따른 경우

㉦ 「군사법원법」 제146조, 제254조 또는 제257조에 따른 경우

㉧ 「민사소송법」 제347조에 따라 문서제출을 명한 경우

㉨ 「산업재해보상보험법」 제118조에 따라 근로복지공단이 보험급여를 받는 근로자를 진료한 산재보험 의료기관(의사를 포함한다)에 대하여 그 근로자의 진료에 관한 보고 또는 서류 등 제출을 요구하거나 조사하는 경우

㉩ 「자동차손해배상 보상법」 제12조제2항 및 제14조에 따라 의료기관으로부터 자동차보험진료수가를 청구받은 보험회사 등이 그 의료기관에 대하여 관계 진료기록의 열람을 청구한 경우

㉪ 「병역법」 제11조의2에 따라 지방병무청장이 병역판정검사와 관련하여 질병 또는 심신장애의 확인을 위하여 필요하다고 인정하여 의료기관의 장에게 병역판정검사대상자의 진료기록·치료 관련 기록의 제출을 요구한 경우

㉫ 「학교안전사고 예방 및 보상에 관한 법률」 제42조에 따라 공제회가 공제급여의 지급 여부를 결정하기 위하여 필요하다고 인정하여 「국민건강보험법」 제42조에 따른 요양기관에 대하여 관계 진료기록의 열람 또는 필요한 자료의 제출을 요청하는 경우

㉬ 「고엽제후유의증 등 환자지원 및 단체설립에 관한 법률」 제7조제3항에 따라 의료기관의 장이 진료기록 및 임상소견서를 보훈병원장에게 보내는 경우

㉭ 「의료사고 피해구제 및 의료분쟁 조정 등에 관한 법률」 제28조제1항 또는 제3항에 따른 경우

㉮ 「국민연금법」 제123조에 따라 국민연금공단이 부양가족연금, 장애연금 및 유족연금 급여의 지급심사와 관련하여 가입자 또는 가입자였던 사람을 진료한 의료기관에 해당 진료에 관한 사항의 열람 또는 사본 교부를 요청하는 경우

⑭ 다음의 어느 하나에 따라 공무원 또는 공무원이었던 사람을 진료한 의료기관에 해당 진료에 관한 사항의 열람 또는 사본 교부를 요청하는 경우
　　　• 「공무원연금법」 제92조에 따라 인사혁신처장이 퇴직유족급여 및 비공무상장해급여와 관련하여 요청하는 경우
　　　• 「공무원연금법」 제93조에 따라 공무원연금공단이 퇴직유족급여 및 비공무상장해급여와 관련하여 요청하는 경우
　　　• 「공무원 재해보상법」 제57조 및 제58조에 따라 인사혁신처장(같은 법 제61조에 따라 업무를 위탁받은 자를 포함한다)이 요양급여, 재활급여, 장해급여, 간병급여 및 재해유족급여와 관련하여 요청하는 경우
　　⑮ 「사립학교교직원 연금법」 제19조제4항제4호의2에 따라 사립학교교직원연금공단이 요양급여, 장해급여 및 재해유족급여의 지급심사와 관련하여 교직원 또는 교직원이었던 자를 진료한 의료기관에 해당 진료에 관한 사항의 열람 또는 사본 교부를 요청하는 경우
　　⑯ 「장애인복지법」 제32조제7항에 따라 대통령령으로 정하는 공공기관의 장이 장애 정도에 관한 심사와 관련하여 장애인 등록을 신청한 사람 및 장애인으로 등록한 사람을 진료한 의료기관에 해당 진료에 관한 사항의 열람 또는 사본 교부를 요청하는 경우
　　⑰ 「감염병의 예방 및 관리에 관한 법률」 제18조의4 및 제29조에 따라 질병관리청장, 시·도지사 또는 시장·군수·구청장이 감염병의 역학조사 및 예방접종에 관한 역학조사를 위하여 필요하다고 인정하여 의료기관의 장에게 감염병환자등의 진료기록 및 예방접종을 받은 사람의 예방접종 후 이상반응에 관한 진료기록의 제출을 요청하는 경우
　　⑱ 「국가유공자 등 예우 및 지원에 관한 법률」 제74조의8제1항제7호에 따라 보훈심사위원회가 보훈심사와 관련하여 보훈심사대상자를 진료한 의료기관에 해당 진료에 관한 사항의 열람 또는 사본 교부를 요청하는 경우
　　⑲ 「한국보훈복지의료공단법」 제24조의2에 따라 한국보훈복지의료공단이 같은 법 제6조제1호에 따른 국가유공자등에 대한 진료기록 등의 제공을 요청하는 경우
　　⑳ 「군인사법」 제54조의6에 따라 중앙전공사상심사위원회 또는 보통전공사상심사위원회가 전공사상 심사와 관련하여 전사자 등을 진료한 의료기관에 대하여 해당 진료에 관한 사항의 열람 또는 사본 교부를 요청하는 경우
④ 진료기록을 보관하는 의료기관이나 진료기록이 이관된 보건소에 근무하는 의사·치과의사 또는 한의사는 자신이 직접 진료하지 아니한 환자의 과거 진료내용의 확인을 요청받은 경우에는 진료기록을 근거로 하여 사실을 확인하여 줄 수 있다.
⑤ ①, ③ 또는 ④의 경우 의료인, 의료기관의 장 및 의료기관 종사자는 전자서명법에 따른 전자서명이 기재된 전자문서를 제공하는 방법으로 환자 또는 환자가 아닌 다른 사람에게 기록의 내용을 확인하게 할 수 있다.

다음 중 처방전의 보존기간은 얼마인가?
① 1년
② 2년
③ 3년
④ 5년
⑤ 10년

답 ②

(24) 진료기록부 등의 보존(시행규칙 제15조)

① 의료인이나 의료기관 개설자는 진료기록부 등을 다음에서 정하는 기간 동안 보존하여야 한다. 다만, 계속적인 진료를 위하여 필요한 경우에는 1회에 한정하여 다음에서 정하는 기간의 범위에서 그 기간을 연장하여 보존할 수 있다.
  ㉠ 환자 명부 : 5년
  ㉡ 진료기록부 : 10년
  ㉢ 처방전 : 2년
  ㉣ 수술기록 : 10년
  ㉤ 검사내용 및 검사소견기록 : 5년
  ㉥ 방사선 사진(영상물을 포함한다) 및 그 소견서 : 5년
  ㉦ 간호기록부 : 5년
  ㉧ 조산기록부 : 5년
  ㉨ 진단서 등의 부본(진단서·사망진단서 및 시체검안서 등을 따로 구분하여 보존할 것) : 3년
② 진료에 관한 기록은 마이크로필름이나 광디스크 등(이하 "필름")에 원본대로 수록하여 보존할 수 있다.
③ 진료에 관한 기록을 보존하는 경우에는 필름촬영책임자가 필름의 표지에 촬영 일시와 본인의 성명을 적고, 서명 또는 날인하여야 한다.

(25) 전자의무기록(법 제23조)

① 의료인 또는 의료기관 개설자는 진료기록부 등을 전자의무기록으로 작성·보관할 수 있다.
② 의료인 또는 의료기관 개설자는 전자의무기록을 안전하게 관리·보존하는 데 필요한 시설 및 장비를 갖추어야 한다.
③ 누구든지 정당한 사유 없이 전자의무기록에 저장된 개인정보를 탐지하거나 누출·변조 또는 훼손하여서는 아니 된다.
④ 의료인이나 의료기관 개설자는 전자의무기록에 추가기재·수정을 한 경우 보건복지부령으로 정하는 바에 따라 접속기록을 별도 보관하여야 한다.

(26) 부당한 경제적 이익 등의 취득 금지(법 제23조의5)

대상자 : 의료인, 의료기관 개설자 및 의료기관 종사자

의약품 공급자로부터 의료인, 의료기관 개설자 및 의료기관 종사자는

- 의약품 채택·처방유도·거래유지 등 판매촉진을 목적으로 제공되는 금전, 물품, 편익, 노무, 향응, 그밖의 경제적 이익(이하 "경제적 이익 등"이라 함)을 받거나 의료기관으로 하여금 받게 해서는 아니 된다.
- 예외사항 : 견본품 제공, 학술대회 지원, 임상시험 지원, 제품설명회, 대금결제조건에 따른 비용할인, 시판 후 조사 등의 행위로서 보건복지부령으로 정하는 범위 안에서의 경제적 이익 등의 경우는 가능하다.

제조업자, 의료기기 수입업자, 의료기기 판매업자 또는 임대업자로부터 의료인, 의료기관 개설자 및 의료기관 종사자는

- 의료기기 채택·사용유도·거래유지 등 판매촉진을 목적으로 제공되는 경제적 이익 등을 받거나 의료기관으로 하여금 받게 해서는 아니 된다.
- 약국개설자로부터 처방전의 알선·수수·제공 또는 환자 유인의 목적으로 경제적 이익 등을 요구·취득하거나 의료기관으로 하여금 받게 해서는 아니 된다.
- 예외사항 : 견본품 제공 등의 행위로서 보건복지부령으로 정하는 범위 안에서의 경제적 이익 등의 경우는 가능하다.

약사법에 따른 약국개설자로부터 의료인, 의료기관 개설자 및 의료기관 종사자는

처방전의 알선·수수·제공 또는 환자의 유인을 목적으로 경제적 이득 등을 요구·취득하거나 의료기관으로 하여금 받게 하여서는 아니 된다.

(27) 의료행위에 관한 설명(법 제24조의2)

① 의사·치과의사 또는 한의사는 사람의 생명 또는 신체에 중대한 위해를 발생하게 할 우려가 있는 수술, 수혈, 전신마취(이하 "수술 등"이라 함)를 하는 경우 환자에게 설명하고 서면으로 그 동의를 받아야 한다. 다만, 설명 및 동의절차로 인하여 수술 등이 지체되면 환자의 생명이 위험해지거나 심신상의 중대한 장애를 가져오는 경우에는 그러하지 아니하다.

② 환자에게 설명하고 동의를 받아야 하는 사항
  ㉠ 환자에게 발생하거나 발생 가능한 증상의 진단명
  ㉡ 수술 등의 필요성, 방법 및 내용
  ㉢ 환자에게 설명을 하는 의사·치과의사 또는 한의사 및 수술 등에 참여하는 주된 의사·치과의사 또는 한의사의 성명
  ㉣ 수술 등에 따라 전형적으로 발생이 예상되는 후유증 또는 부작용
  ㉤ 수술 등 전후에 환자가 준수하여야 하는 사항

③ 환자는 의사·치과의사 또는 한의사에게 동의서 사본의 발급을 요청할 수 있다. 이 경우 이를 요청받은 의사·치과의사 또는 한의사는 정당한 사유가 없으면 이를 거부하여서는 아니 된다.

④ 동의를 받은 사항 중 수술 등의 방법 및 내용, 수술 등에 참여한 주된 의사·치과의사 또는 한의사가 변경된 경우에는 변경 사유와 내용을 환자에게 서면으로 알려야 한다.

⑤ 설명, 동의 및 고지의 방법·절차 등 필요한 사항은 대통령령으로 정한다.

다음 중 환자에게 설명하고 동의를 받아야 하는 사항이 아닌 것은 무엇인가?

① 수술 등의 필요성, 방법, 내용
② 수술 등에 따라 전형적으로 발생이 예상되는 후유증, 부작용
③ 수술 등 전후에 환자가 준수해야 하는 상황
④ 환자에게 설명을 하는 간호사의 성명
⑤ 수술에 참여하는 주된 의사, 치과의사, 한의사의 성명

답 ④

(28) 무면허의료행위 등 금지(법 제27조, 시행규칙 제18조~제19조)

① 의료인이 아니면 누구든지 의료행위를 할 수 없으며, 의료인도 면허된 것 이외의 의료행위를 할 수 없다. 다만, 다음의 어느 하나에 해당하는 자는 보건복지부령으로 정하는 범위에서 의료행위를 할 수 있다.
  ㉠ 외국의 의료인 면허를 소지한 자로 일정 기간 국내에 체류하는 자
  ㉡ 의과대학, 치과대학, 한의과대학, 의학전문대학원, 치의학전문대학원, 한의학전문대학원, 종합병원 또는 외국 의료원조기관의 의료봉사 또는 연구 및 시범사업을 위하여 의료행위를 하는 자
  ㉢ 의학·치의학·한방의학 또는 간호학을 전공하는 학교의 학생
② 의료인이 아니면 의사·치과의사·한의사·조산사 또는 간호사의 명칭이나 이와 비슷한 명칭을 사용하지 못한다.
③ 누구든지 건강보험법이나 의료급여법에 따른 본인부담금을 면제 또는 할인하는 행위, 금품을 제공하거나, 불특정 다수인에게 교통편의를 제공하는 행위 등의 영리를 목적으로 환자를 의료기관이나 의료인에게 소개·알선·유인하는 행위 및 이를 사주하는 행위를 하여서는 아니 된다. 단, 다음 내용 중 하나에 해당하는 행위는 할 수 있다.
  ㉠ 환자의 경제적 사정 등을 이유로 개별적으로 관할 시장·군수·구청장의 사전승인을 받아 환자를 유치하는 행위
  ㉡ 국민건강보험법에 따른 가입자나 피부양자가 아닌 외국인(보건복지부령이 정하는 바에 따라 국내에 거주하는 외국인은 제외) 환자를 유치하기 위한 행위
④ ③의 ㉡에도 불구하고 보험업법에 따른 보험회사, 상호회사, 보험설계사, 보험대리점 또는 보험중계사는 외국인환자를 유치하기 위한 행위를 하여서는 아니 된다.
⑤ 누구든지 의료인이 아닌 자에게 의료행위를 하게 하거나 의료인에게 면허 사항 외의 의료행위를 하게 하여서는 아니 된다.

(29) 개설 등(법 제33조)

① 의료인은 이 법에 따른 의료기관을 개설하지 아니하고는 의료업을 할 수 없으며, 다음의 어느 하나에 해당하는 경우 외에는 그 의료기관 내에서 의료업을 하여야 한다.
  ㉠ 응급의료에 관한 법률에 따른 응급환자를 진료하는 경우
  ㉡ 환자나 환자 보호자의 요청에 따라 진료하는 경우
  ㉢ 국가나 지방자치단체의 장이 공익상 필요하다고 인정하여 요청하는 경우
  ㉣ 보건복지부령으로 정하는 바에 따라 가정간호를 하는 경우
  ㉤ 그 밖에 이 법 또는 다른 법령으로 특별히 정한 경우나 환자가 있는 현장에서 진료를 하여야 하는 부득이한 사유가 있는 경우

② 다음의 어느 하나에 해당하는 자가 아니면 의료기관을 개설할 수 없다. 이 경우 의사는 종합병원·병원·요양병원·정신병원 또는 의원을, 치과의사는 치과병원 또는 치과의원을, 한의사는 한방병원·요양병원 또는 한의원을, 조산사는 조산원만을 개설할 수 있다.
  ㉠ 의사, 치과의사, 한의사 또는 조산사
  ㉡ 국가나 지방자치단체
  ㉢ 의료업을 목적으로 설립된 의료법인(이하 "의료법인"이라 함)
  ㉣ 민법이나 특별법에 따라 설립된 비영리법인
  ㉤ 준정부기관, 지방의료원, 한국보훈복지의료공단

③ ②에 따라 의원·치과의원·한의원 또는 조산원을 개설하려는 자는 보건복지부령으로 정하는 바에 따라 시장·군수·구청장에게 신고하여야 한다.

④ ②에 따라 종합병원·병원·치과병원·한방병원·요양병원 또는 정신병원을 개설하려면 보건복지부령으로 정하는 바에 따라 시·도 의료기관개설위원회의 심의를 거쳐 시·도지사의 허가를 받아야 하고, 종합병원을 개설하려는 경우 또는 300병상 이상 종합병원의 의료기관 개설자가 병원급 의료기관을 추가로 개설하려는 경우 보건복지부령에 따라 시·도 의료기관 개설위원회의 사전심의단계에서 보건복지부장관의 승인을 받아야 한다. 이 경우 시·도지사는 개설하려는 의료기관이 다음 각호의 어느 하나에 해당하는 경우에는 개설허가를 할 수 없다.
  ㉠ 시설기준에 맞지 아니하는 경우
  ㉡ 기본시책, 수급 및 관리계획에 적합하지 아니한 경우

⑤ ③과 ④에 따라 개설된 의료기관이 개설장소를 이전하거나 개설에 관한 신고 또는 허가사항 중 보건복지부령으로 정하는 중요사항을 변경하려는 때에도 ③과 ④와 같다.

의료기관의 개설절차		
의료기관	개 설	변 경
종합병원·병원·치과병원·한방병원, 요양병원 또는 정신병원	시·도 의료기관 개설위원회 심의 거쳐 시·도지사의 허가	
의원·치과의원·한의원 또는 조산원	시장·군수·구청장에게 신고	

⑥ 조산원을 개설하려는 자는 반드시 지도의사를 정하여야 한다.

다음 중 의료기관의 개설권자가 아닌 것은 무엇인가?

① 국 가
② 지방자치단체
③ 준정부기관
④ 한국보훈복지의료공단
⑤ 영리법인

답 ⑤

⑦ 다음의 어느 하나에 해당하는 경우에는 의료기관을 개설할 수 없다.
  ㉠ 약국 시설의 안이나 구내인 경우
  ㉡ 약국의 시설이나 부지를 일부 분할·변경 또는 개수하여 의료기관을 개설하는 경우
  ㉢ 약국과 전용 복도·계단·승강기 또는 구름다리 등의 통로가 설치되어 있거나 이런 것들을 설치하여 의료기관을 개설하는 경우
  ㉣ 건축법 등 관계 법령에 따라 허가를 받지 아니하거나 신고를 하지 아니하고 건축 또는 증축·개축한 건축물에 의료기관을 개설하는 경우
⑧ ②의 ㉠에 따라 의료인은 어떠한 명목으로도 둘 이상의 의료기관을 개설·운영할 수 없다. 다만, 2 이상의 의료인 면허를 소지한 자가 의원급 의료기관을 개설하는 경우에는 하나의 장소에 한하여 면허 종별에 따른 의료기관을 함께 개설할 수 있다.
⑨ 의료법인 및 ②의 ㉣에 따른 비영리법인("의료법인 등"이라 함)이 의료기관을 개설하려면 그 법인의 정관에 개설하고자 하는 의료기관의 소재지를 기재하여 대통령령으로 정하는 바에 따라 정관의 변경허가를 얻어야 한다(의료법인 등을 설립할 때는 설립허가를 말함). 이 경우 그 법인의 주무관청은 정관의 변경허가를 하기 전에 그 법인이 개설하고자 하는 의료기관이 소재하는 시·도지사 또는 시장·군수·구청장과 협의하여야 한다.
⑩ 의료기관을 개설·운영하는 의료법인은 다른 자에게 그 법인의 명의를 빌려주어서는 아니 된다.

(30) 진단용 방사선 발생장치(법 제37조)
① 진단용 방사선 발생장치를 설치·운영하고자 하는 의료기관은 보건복지부령으로 정하는 바에 따라 시장·군수·구청장에게 신고하여야 하며, 보건복지부령으로 정하는 안전관리기준에 맞도록 설치·운영 되어야 한다.
② 의료기관개설자나 관리자는 진단용 방사선 발생장치를 설치한 경우에는 보건복지부령으로 정하는 바에 따라 안전관리책임자를 선임하고, 정기적으로 검사와 측정을 받아야 하며, 방사선 관계 종사자에 대한 피폭관리를 하여야 한다.
③ ②에 따라 안전관리책임자로 선임된 사람은 선임된 날부터 1년 이내에 질병관리청장이 지정하는 방사선 분야 관련 단체(이하 "안전관리책임자 교육기관"이라 함)가 실시하는 안전관리책임자 교육을 받아야 하며, 주기적으로 보수교육을 받아야 한다.
④ ①과 ②에 따른 진단용 방사선 발생장치의 범위·신고·검사·설치 및 측정기준 등에 필요한 사항은 보건복지부령으로 정하고, ③에 따른 안전관리책임자 교육 및 안전관리책임자 교육기관의 지정에 필요한 사항은 질병관리청장이 정하여 고시한다.

진단용 방사선 발생장치를 설치·운영하고자 하는 의료기관은 어디에 신고하는가?
① 보건소장
② 시장·군수·구청장
③ 보건복지부장관
④ 시·도지사
⑤ 대통령

답 ②

(31) 폐업·휴업의 신고(법 제40조)
　① 의료기관 개설자는 의료업을 폐업하거나 1개월 이상 휴업(입원환자가 있는 경우에는 1개월 미만의 휴업도 포함)하려면 보건복지부령으로 정하는 바에 따라 관할 시장·군수·구청장에게 신고하여야 한다.
　② 삭제
　③ 시장·군수·구청장은 ①에도 불구하고 감염병의 예방 및 관리에 관한 법률에 따라 질병관리청장, 시·도지사 또는 시장·군수·구청장이 감염병의 역학조사 및 예방접종에 관한 역학조사를 실시하거나 의료인 또는 의료기관의 장이 질병관리청장 또는 시·도지사에게 역학조사 실시를 요청한 경우로서 그 역학조사를 위하여 필요하다고 판단한 때에는 의료기관 폐업신고를 수리하지 아니할 수 있다.
　④ 의료기관개설자는 의료업을 폐업 또는 휴업하는 경우 보건복지부령이 정하는 바에 따라 해당 의료기관에 입원 중인 환자를 다른 의료기관으로 옮길 수 있도록 하는 등 환자의 권익을 보호하기 위한 조치를 해야 한다.
　⑤ 시장·군수·구청장은 ①에 따른 폐업 또는 휴업신고를 받은 경우 의료기관개설자가 ④에 따른 환자의 권익을 보호하기 위한 조치를 취하였는지 여부를 확인하는 등 대통령령으로 정하는 조치를 하여야 한다.

(32) 진료과목 등(법 제43조)
　① 병원·치과병원 또는 종합병원은 한의사를 두어 한의과 진료과목을 추가로 설치·운영할 수 있다.
　② 한방병원 또는 치과병원은 의사를 두어 의과 진료과목을 추가로 설치·운영할 수 있다.
　③ 병원·한방병원·요양병원 또는 정신병원은 치과의사를 두어 치과 진료과목을 추가로 설치·운영할 수 있다.
　④ ①~③에 따라 추가로 진료과목을 설치·운영하는 경우에는 보건복지부령으로 정하는 바에 따라 필요한 시설·장비를 갖추어야 한다.
　⑤ ①~③에 따라 추가로 설치한 진료과목을 포함한 의료기관의 진료과목은 보건복지부령으로 정하는 바에 따라 표시하여야 한다. 다만, 치과의 진료과목은 종합병원과 보건복지부령으로 정하는 치과병원에 한하여 표시할 수 있다.
　※ 진료과목의 표시(시행규칙 제41조)
　　① 의료기관이 표시할 수 있는 진료과목은 다음 호와 같다.
　　　㉠ 종합병원 : 의료법 제2호 및 제3호의 진료과목
　　　㉡ 병원·정신병원이나 의원 : 내과, 신경과, 정신건강의학과, 외과, 정형외과, 신경외과, 심장혈관흉부외과, 성형외과, 마취통증의학과, 산부인과, 소아청소년과, 안과, 이비인후과, 피부과, 비뇨의학과, 영상의학과, 방사선종양학과, 병리과, 진단검사의학과, 재활의학과, 결핵과, 예방의학과, 가정의학과, 핵의학과, 작업환경의학과 및 응급의학과

다음 중 치과의원에서 표방할 수 있는 진료과목으로 적절하지 않은 것은?
① 구강악안면외과
② 구강생리과
③ 구강병리과
④ 치과보철과
⑤ 구강악안면방사선과

답 ②

ⓒ 치과병원이나 치과의원 : 구강악안면외과, 치과보철과, 치과교정과, 소아치과, 치주과, 치과보존과, 구강내과, 영상치의학과, 구강병리과, 예방치과 및 통합치의학과(총 11과목)
　　ⓔ 한방병원이나 한의원 : 한방내과, 한방부인과, 한방소아과, 한방안·이비인후·피부과, 한방신경정신과, 한방재활의학과, 사상체질과 및 침구과
　　ⓜ 요양병원 : 의료법 제2호 및 제4호의 진료과목

(33) 비급여 진료비용 등의 고지(법 제45조)
① 의료기관 개설자는 요양급여의 대상에서 제외되는 사항 또는 의료급여의 대상에서 제외되는 사항의 비용을 환자 또는 환자의 보호자가 쉽게 알 수 있도록 고지한다.
② 의료기관 개설자는 의료기관이 환자로부터 징수하는 제증명수수료의 비용을 게시한다.
③ 의료기관 개설자는 고지, 게시한 금액을 초과하여 징수할 수 없다.

(34) 비급여 진료비 등의 보고 및 현황조사 등(법 제45조의2)
① 의료기관의 장은 보건복지부령으로 정하는 바에 따라 비급여 진료비용 및 제증명수수료의 항목, 기준, 금액 및 진료내역 등에 관한 사항을 보건복지부 장관에 보고하여야 한다.
② 보건복지부장관은 보고받은 내용을 바탕으로 모든 의료기간에 대한 비급여 진료비용 등의 항목, 기준, 금액 및 진료내역 등에 관한 현황을 조사·분석하여 그 결과를 공개할 수 있다. 다만, 병원급 의료기관에 대하여는 그 결과를 공개하여야 한다.
③ 보건복지부장관은 비급여 진료비용 등의 현황에 대한 조사·분석을 위하여 필요하다고 인정하는 경우에는 의료기관의 장에게 자료의 제출을 명할 수 있다. 이 경우 해당 의료기간의 장은 특별한 사유가 없으면 그 명령에 따라야 한다.
④ 현황조사·분석 및 결과공개의 범위·방법·절차 등에 필요한 사항은 보건복지부령으로 정한다.

(35) 제증명수수료의 기준고시(법 제45조의3)
보건복지부장관은 현황조사 및 분석의 결과를 고려하여 제증명수수료의 항목 및 금액에 관한 기준을 정하여 고시하여야 한다.

(36) 의료광고의 금지 등(법 제56조)
① 의료기관 개설자, 의료기관의 장 또는 의료인(이하 "의료인 등"이라 함)이 아닌 자는 의료에 관한 광고(의료인 등이 신문·잡지·음성·음향·영상·인터넷·인쇄물·간판, 그 밖의 방법에 의하여 의료행위, 의료기관 및 의료인 등에 대한 정보를 소비자에게 나타내거나 알리는 행위를 말한다. 이하 "의료광고"라 함)를 하지 못한다.
② 의료인 등은 다음의 어느 하나에 해당하는 의료광고를 하지 못한다.
　　㉠ 평가를 받지 아니한 신의료기술에 관한 광고

- ⓒ 환자에 관한 치료경험담 등 소비자로 하여금 치료 효과를 오인하게 할 우려가 있는 내용의 광고
- ⓒ 거짓된 내용을 표시하는 광고
- ⓒ 다른 의료인 등의 기능 또는 진료 방법과 비교하는 내용의 광고
- ⓒ 다른 의료인 등을 비방하는 내용의 광고
- ⓒ 수술 장면 등 직접적인 시술행위를 노출하는 내용의 광고
- ⓒ 의료인 등의 기능, 진료 방법과 관련하여 심각한 부작용 등 중요한 정보를 누락하는 광고
- ⓒ 객관적인 사실을 과장하는 내용의 광고
- ⓒ 법적 근거가 없는 자격이나 명칭을 표방하는 내용의 광고
- ⓒ 신문, 방송, 잡지 등을 이용하여 기사(記事) 또는 전문가의 의견 형태로 표현되는 광고
- ⓒ 제57조에 따른 심의를 받지 아니하거나 심의받은 내용과 다른 내용의 광고
- ⓒ 제27조제3항에 따라 외국인환자를 유치하기 위한 국내광고
- ⓒ 소비자를 속이거나 소비자로 하여금 잘못 알게 할 우려가 있는 방법으로 제45조에 따른 비급여 진료비용을 할인하거나 면제하는 내용의 광고
- ⓒ 각종 상장·감사장 등을 이용하는 광고 또는 인증·보증·추천을 받았다는 내용을 사용하거나 이와 유사한 내용을 표현하는 광고. 다만, 다음의 어느 하나에 해당하는 경우는 제외한다.
  - 제58조에 따른 의료기관 인증을 표시한 광고
  - 「정부조직법」 따른 중앙행정기관·특별지방행정기관 및 그 부속기관, 「지방자치법」에 따른 지방자치단체 또는 「공공기관의 운영에 관한 법률」에 따른 공공기관으로부터 받은 인증·보증을 표시한 광고
  - 다른 법령에 따라 받은 인증·보증을 표시한 광고
  - 세계보건기구와 협력을 맺은 국제평가기구로부터 받은 인증을 표시한 광고 등 대통령령으로 정하는 광고
- ⓐ 그 밖에 의료광고의 방법 또는 내용이 국민의 보건과 건전한 의료경쟁의 질서를 해치거나 소비자에게 피해를 줄 우려가 있는 것으로서 대통령령으로 정하는 내용의 광고
③ 의료광고는 다음의 방법으로는 하지 못한다.
  - ⓐ 「방송법」의 방송
  - ⓑ 그 밖에 국민의 보건과 건전한 의료경쟁의 질서를 유지하기 위하여 제한할 필요가 있는 경우로서 대통령령으로 정하는 방법
④ ②에 따라 금지되는 의료광고의 구체적인 내용 등 의료광고에 관하여 필요한 사항은 대통령령으로 정한다.
⑤ 보건복지부장관, 시장·군수·구청장은 제2항제2호부터 제5호까지 및 제7호부터 제9호까지를 위반한 의료인 등에 대하여 제63조, 제64조 및 제67조에 따른 처분을 하려는 경우에는 지체 없이 그 내용을 공정거래위원회에 통보하여야 한다.

다음 중 의료기관인증에 관여하는 사람은 누구인가?

① 대통령
② 보건복지부장관
③ 질병관리청장
④ 국민건강보험공단장
⑤ 건강보험심사평가원장

답 ②

다음 중 의료기관의 폐쇄를 명령할 수 있는 자로 적합한 것은?

① 대통령
② 보건복지부장관
③ 질병관리청장
④ 국민건강보험공단장
⑤ 건강보험심사평가원장

답 ②

(37) 의료기관 인증(법 제58조)

① 보건복지부장관은 의료의 질과 환자 안전의 수준을 높이기 위하여 병원급 의료기관 및 대통령령으로 정하는 의료기관에 대한 인증을 할 수 있다.
② 보건복지부장관은 대통령령으로 정하는 바에 따라 의료기관 인증에 관한 업무를 의료기관평가인증원에 위탁할 수 있다.
③ 보건복지부장관은 다른 법률에 따라 의료기관을 대상으로 실시하는 평가를 통합하여 의료기관평가인증원으로 하여금 시행하도록 할 수 있다.

(38) 개설허가 취소 등(법 제64조)

보건복지부장관 또는 시장·군수·구청장은 다음의 어느 하나에 해당하면 그 의료업을 1년의 범위에서 정지시키거나 개설허가의 취소 또는 의료기관 폐쇄를 명할 수 있다. 다만, 의료기관개설자가 거짓으로 진료비를 청구하고 금고 이상의 형을 받고 그 형이 확정된 때에 해당하는 경우에는 의료기관 개설허가의 취소 또는 의료기관의 폐쇄를 명하여야 하며, 의료기관 폐쇄는 신고한 의료기관에만 명할 수 있다.

정지, 개설허가의 취소 또는 폐쇄를 명하는 경우
• 개설신고 또는 개설허가를 한 날부터 3개월 이내에 정당한 사유 없이 그 업무를 시작하지 아니한 때 • 의료인이 다른 의료인 또는 의료법인 등의 명의로 의료기관을 개설하거나 운영한 때 • 무자격자에게 의료행위를 하게 하거나, 의료인에게 면허사항 이외의 행위를 하게 한 때 • 관계 공무원의 직무수행을 기피 또는 방해하거나 명령을 위반한 때 • 의료법인·비영리법인·준정부기관·지방의료원 또는 한국보훈복지의료공단의 설립허가가 취소되거나 해산된 때 • 규정에 위반한 때(개설장소 이전, 폐업·휴업의 신고 및 진료기록부의 이관, 과대광고, 학술목적 이외의 의료광고) • 정당한 사유 없이 폐업·휴업신고를 하지 아니하고 6개월 이상 의료업을 하지 아니한 때 • 시정명령을 이행하지 아니한 때 • 약사법 규정을 위반하여 담합행위를 한 때 • 의료기관 개설자가 허위로 진료비를 청구하여 금고 이상의 형의 선고를 받아 그 형이 확정된 때 • 사람의 생명 또는 신체에 중대한 위해를 발생하게 한 때
재개설·운영 금지 기간
• 개설허가 취소 또는 폐쇄명령을 받은 자는 개설허가 취소 또는 폐쇄명령을 받은 날로부터 6개월 이내, 의료업 정지처분을 받은 자는 그 업무 정지기간 중에 각각 의료기관을 개설·운영하지 못한다. • 보건복지부장관 또는 시장·군수·구청장은 의료기관이 의료법이 정지되거나 개설허가의 취소 또는 폐쇄 명령을 받은 경우 해당 의료기관에 입원 중인 환자를 다른 의료기관으로 옮기도록 하는 등 환자의 권익을 보호하기 위하여 필요한 조치를 하여야 한다.

(39) 자격정지 등(법 제66조)

① 보건복지부장관은 의료인이 다음의 어느 하나에 해당하면(자격정지 처분 기간 중에 의료행위를 하거나 3회 이상 자격정지 처분을 받은 경우 제외) 1년의 범위에서 그 면허자격을 정지시킬 수 있다. 이 경우 의료기술과 관련한 판단이 필요한 사항에 관하여는 관계 전문가의 의견을 들어 결정할 수 있다.

면허자격 정지 사유

- 의료인의 품위를 심하게 손상시키는 행위를 한 때
- 의료기관 개설자가 될 수 없는 자에게 고용되어 의료행위를 한 때
- 진단서·검안서 또는 증명서를 거짓으로 작성하여 교부하거나 진료기록부 등을 거짓으로 작성하거나 고의로 사실과 다르게 추가기재·수정한 때
- 태아 성 감별금지 행위를 위반한 때
- 의료기사가 아닌 자에게 의료기사의 업무를 하게 하거나 의료기사에게 그 업무 범위를 벗어나게 한 때
- 관련 서류를 위조·변조하거나 속임수 등 부정한 방법으로 진료비를 거짓 청구한 때
- 부당한 경제적 이익 등의 취득금지를 위반한 때
- 그 밖에 이 법 또는 이 법에 따른 명령을 위반한 때

② 행위의 범위는 대통령령으로 정한다.

③ 의료기관은 그 의료기관 개설자가 자격정지처분을 받은 경우에는 그 자격정지기간 중 의료업을 할 수 없다.

④ 보건복지부장관은 의료인이 면허신고를 하지 않은 때에는 신고할 때까지 면허의 효력을 정지할 수 있다.

⑤ 의료기관 개설자가 될 수 없는 자에게 고용되어 의료행위를 한 때에 그 사실을 자진하여 신고한 경우에는 보건복지부령으로 정하는 바에 따라 그 처분을 감경하거나 면제할 수 있다.

⑥ 자격정지 처분은 그 사유가 발생한 날부터 5년(관련 서류를 위조·변조하여 속임수 등 부정한 방법으로 진료비를 거짓 청구함에 따른 자격정지 처분은 7년으로 함)이 지나면 하지 못한다. 다만, 그 사유에 대하여 형사소송법에 따른 공소제기일부터 해당 사건의 재판이 확정된 날까지의 기간은 시효에 삽입하지 아니한다.

(40) 전문의(법 제77조)

① 의사·치과의사 또는 한의사로서 전문의가 되려는 자는 대통령령으로 정하는 수련을 거쳐 보건복지부장관에게 자격 인정을 받아야 한다.

② 전문의 자격인정을 받은 자가 아니면 전문과목을 표시하지 못한다. 다만, 보건복지부장관은 의료체계를 효율적으로 운영하기 위하여 전문의 자격을 인정받은 치과의사와 한의사에 대하여 종합병원·치과병원·한방병원 중 보건복지부령으로 정하는 의료기관에 한하여 전문과목을 표시하도록 할 수 있다.

③ 전문의 자격인정과 전문과목에 관한 사항은 대통령령으로 정한다.

다음 중 치과전문의가 되려는 자는 자격인정을 누구에게 받아야 하는가?

① 대통령
② 보건복지부장관
③ 시·도지사
④ 대한치과의사협회
⑤ 질병관리청

답 ②

(41) 청문(법 제84조)

보건복지부장관, 시·도지사 또는 시장·군수·구청장은 다음의 경우 청문을 실시한다.
① 거짓이나 그 밖의 부정한 방법으로 인증을 받은 경우, 인증기준에 미달하게 된 경우의 취소
② 설립허가의 취소(의료법인)
③ 의료기관 인증 또는 조건부 인증의 취소
④ 시설·장비의 사용금지 명령(시정명령)
⑤ 의료기관 개설허가의 취소 또는 의료기관 폐쇄 명령
⑥ 면허의 취소

2 의료기사 등에 관한 법률(목적 및 종류, 면허 및 결격사유, 의료기사 등의 의무, 감독 및 벌칙)

(1) 목적(법 제1조)

이 법은 의료기사, 보건의료정보관리사 및 안경사의 자격·면허 등에 관한 필요한 사항을 정함으로써 국민의 보건 및 의료 향상에 이바지함을 목적으로 한다.

(2) 정의(법 제1조의2)

① 의료기사 : 의사 또는 치과의사의 지도 아래 진료나 의화학적(醫化學的) 검사에 종사하는 사람을 말한다.
② 보건의료정보관리사 : 의료 및 보건지도 등에 관한 기록 및 정보의 분류·확인·유지·관리를 주된 업무로 하는 사람을 말한다.
③ 안경사 : 안경(시력보정용에 한정한다. 이하 같다)의 조제 및 판매와 콘택트렌즈(시력보정용이 아닌 경우를 포함)의 판매를 주된 업무로 하는 사람을 말한다.

(3) 의료기사의 종류 및 업무(법 제2조)

① 의료기사 : 임상병리사·방사선사·물리치료사·작업치료사·치과기공사·치과위생사(총 6종)
② 의료기사의 업무
　㉠ 임상병리사 : 각종 화학적 또는 생리학적 검사
　㉡ 방사선사 : 방사선 등의 취급 또는 검사 및 방사선 등 관련 기기의 취급 또는 관리
　㉢ 물리치료사 : 신체의 교정 및 재활을 위한 물리요법적 치료
　㉣ 작업치료사 : 신체적·정신적 기능장애를 회복시키기 위한 작업요법적 치료
　㉤ 치과기공사 : 보철물의 제작, 수리 또는 가공
　㉥ 치과위생사 : 치아 및 구강질환의 예방과 위생 관리 등

(4) 업무범위와 한계(법 제3조)

의료기사, 보건의료정보관리사 및 안경사(이하 "의료기사 등")의 구체적인 업무의 범위와 한계는 대통령령으로 정한다.

(5) 치과위생사의 업무범위(시행령 별표 1)

① 치아 및 구강질환의 예방과 위생관리 등에 관한 다음의 구분에 따른 업무
  ㉠ 교정용 호선의 장착·제거
  ㉡ 불소 바르기
  ㉢ 보건기관 또는 의료기관에서 구내 진단용 방사선 촬영업무
  ㉣ 임시 충전
  ㉤ 임시 부착물의 장착
  ㉥ 부착물 제거
  ㉦ 치석 등 침착물의 제거
  ㉧ 치아 본뜨기
② 그 밖에 치아 및 구강질환의 예방과 위생에 관한 업무

> 다음 중 치과위생사의 업무범위로 적합하지 않은 것은 무엇인가?
> ① 치석 등의 침착물 제거
> ② 구외 진단용 방사선 촬영
> ③ 치아 본뜨기
> ④ 교정용 호선의 장착과 제거
> ⑤ 임시부착물의 장착
>
> 답 ②

(6) 면허(법 제4조) 및 결격사유(법 제5조)

① 의료기사 등이 되려면 다음 자격요건 중 하나에 해당하는 사람으로서 의료기사 등의 국가시험에 합격한 후 보건복지부장관의 면허를 받아야 한다.
  ㉠ 고등교육법에 따른 대학·산업대학 전문대학(이하 "대학 등"이라 함)에서 취득하려는 면허에 상응하는 보건의료에 관한 학문을 전공하고 보건복지부령으로 정하는 현장실습과목을 이수하여 졸업한 사람. 다만, 보건의료정보관리사의 경우 고등교육법에 따른 인정기관(이하 "인정기관"이라 함)의 보건의료정보관리사 교육과정 인증을 받은 대학 등에서 보건의료정보 관련 학문을 전공하고 보건복지부령으로 정하는 교과목을 이수하여 졸업한 사람
  ㉡ 외국의 해당하는 학교(보건복지부장관이 고시하는 인정기준에 해당하는 학교)와 같은 수준 이상의 교육과정을 이수하고 외국의 해당 의료기사 등의 면허를 받은 사람
② 다음의 구분에 따른 사람으로서 6개월 이내에 졸업할 것으로 예정된 사람은 ①의 ㉠에 해당하는 사람으로 본다. 다만, 그 졸업 예정 시기에 졸업하여야 면허를 받을 수 있다.
  ㉠ 의료기사·안경사 : 대학 등에서 취득하려는 면허에 상응하는 보건의료에 관한 학문을 전공하고 보건복지부령으로 정하는 현장실습과목을 이수한 사람
  ㉡ 보건의료정보관리사 : 인정기관의 보건의료정보관리사 교육과정을 인증받은 대학 등에서 보건의료정보 관련 학문을 전공하고 보건복지부령으로 정하는 교과목을 이수한 사람

③ 다만, 다음의 어느 하나에 해당하는 경우에는 보건의료정보관리사 국가시험 응시자격을 갖춘 것으로 본다.
  ㉠ 입학 당시 인정기관의 인증을 받은 대학 등에 입학한 사람으로서 그 대학 등에서 보건의료정보 관련 학문을 전공하고 보건복지부령으로 정하는 교과목을 이수하여 졸업하였으나 졸업 당시 해당 대학 등이 인정기관의 인증을 받지 못한 경우
  ㉡ 대학 등이 인정기관의 인증을 처음 실시한 날부터 그 인증신청의 결과가 나오기 전까지의 기간동안 해당 대학 등에 입학한 사람이 그 대학 등에서 보건의료정보 관련 학문을 전공하고 보건복지부령으로 정하는 교과목을 이수하여 졸업한 경우

결격사유(법 제5조)

- 정신건강증진 및 정신질환자 복지서비스 지원에 관한 법률 제3조제1호에 따른 정신질환자. 다만, 전문의가 의료기사 등으로서 적합하다고 인정하는 사람의 경우에는 그러하지 아니하다.
- 마약류 관리에 관한 법률에 따른 마약류 중독자
- 피성년후견인, 피한정후견인
- 이 법 또는 형법 중 제234조, 제269조, 제270조제2항부터 제4항까지, 제317조제1항, 보건범죄단속에 관한 특별조치법, 지역보건법, 국민건강증진법, 후천성면역결핍증 예방법, 의료법, 응급의료에 관한 법률, 시체해부 및 보존에 관한 법률, 혈액관리법, 마약류 관리에 관한 법률, 모자보건법 또는 국민건강보험법을 위반하여 금고 이상의 실형을 선고받고 그 집행이 끝나지 아니하거나 면제되지 아니한 사람

의료기사 등의 면허자격요건의 결격 사유로 해당하지 않는 것은 무엇인가?

① 피한정후견인
② 금고 이상의 실형을 선고받고 그 집행이 면제된 자
③ 피성년후견인
④ 마약류 중독자
⑤ 정신질환자

 ②

---

(7) 국가시험(법 제6조, 시행령 제3조)과 응시자격의 제한(법 제7조)

국가시험의 실시, 관리, 범위(법 제6조, 시행령 제3조)

- 실시 : 대통령령이 정하는 바에 따라 매년 1회 이상 보건복지부장관이 실시
- 관리 : 보건복지부장관은 대통령령으로 정하는 바에 따라 한국보건의료인국가시험원법에 따른 한국보건의료인국가시험원으로 하여금 국가시험을 관리하게 할 수 있다.
- 범위 : 국가시험은 필기시험과 실기시험으로 구분하여 실시하되, 실기시험은 필기시험 합격자에 대해서만 실시한다. 다만, 보건복지부장관이 필요하다고 인정하는 경우에는 필기시험과 실기시험을 병합하여 실시할 수 있다. 필기시험의 과목, 실기시험의 범위 및 합격자 결정, 그 밖에 필요한 사항은 보건복지부령으로 정한다.

국가시험 응시자격 제한(법 제7조)

- 의료기사 등의 결격사유에 해당하는 자
- 부정한 방법으로 응시한 자 또는 부정행위를 한 자는 그 시험을 정지시키거나 합격을 무효로 함
- 시험이 정지되거나 합격이 무효가 된 사람에 대하여 처분의 사유와 위반 정도를 고려하여 보건복지부령으로 정하는 바에 따라 그 다음에 치러지는 국가시험의 응시를 3회의 범위에서 제한할 수 있다.

다음 중 의료기사 등의 국가시험의 부정응시자, 부정행위자는 그 후 얼마 동안 국가시험에 응시할 수 없는가?

① 1회
② 1년
③ 3회
④ 3년
⑤ 5회

 ③

---

(8) 국가시험의 시행과 공고(시행령 제4조)

① 보건복지부장관은 한국보건의료인국가시험원법에 따른 한국보건의료인국가시험원(이하 "국가시험관리기관")으로 하여금 국가시험을 관리하도록 한다.
② 국가시험관리기관의 장은 국가시험을 실시하려는 경우에는 미리 보건복지부장관의 승인을 받아 시험일시·시험장소·시험과목, 응시원서 제출기간, 그 밖에 시험 실시에 필요한 사항을 시험일 90일 전까지 공고하여야 한다. 다만, 시험장소는 지역별 응시인원이 확정된 후 시험일 30일 전까지 공고할 수 있다.

(9) 시험위원(시행령 제5조)

국가시험관리기관의 장은 국가시험을 실시할 때마다 시험과목별로 전문지식을 갖춘 사람 중에서 시험위원을 위촉한다.

(10) 국가시험의 응시(시행령 제6조)

국가시험에 응시하려는 사람은 국가시험관리기관의 장이 정하는 응시원서를 국가시험관리기관의 장에게 제출하여야 한다.

(11) 합격자의 결정(시행규칙 제9조)

① 의료기사 등의 국가시험(이하 "국가시험")의 합격자는 필기시험에서는 각 과목 만점의 40% 이상 및 전 과목 총점의 60% 이상 득점한 사람으로 하고, 실기시험에서는 만점의 60% 이상 득점한 사람으로 한다.
② 국가시험의 출제방법, 과목별 배점비율, 그 밖에 시험 시행에 필요한 사항은 영 제4조제1항에 따라 보건복지부장관이 지정·고시하는 관계 전문기관(이하 "국가시험관리기관")의 장이 정한다.

(12) 부정행위자의 국가시험 제한(시행규칙 제10조, 별표 2)

응시제한 횟수	시험정지·합격무효 처분의 사유 및 위반의 정도
1회	• 시험 중에 대화, 손동작 또는 소리 등으로 서로 의사소통을 하는 행위 • 허용되지 아니한 자료를 가지고 있거나 이용하는 행위
2회	• 시험 중에 다른 응시한 사람의 답안지(실기작품의 제작방법을 포함한다. 이하 같다) 또는 문제지를 엿보고 자신의 답안지를 작성하는 행위 • 시험 중에 다른 응시한 사람을 위하여 답안 등을 알려주거나 엿보게 하는 행위 • 다른 사람으로부터 도움을 받아 답안지를 작성하거나 다른 응시한 사람의 답안지 작성에 도움을 주는 행위 • 답안지를 다른 응시한 사람과 교환하는 행위 • 시험 중에 허용되지 아니한 전자장비, 통신기기, 전자계산기기 등을 사용하여 답안을 전송하거나 작성하는 행위 • 시험 중에 시험문제 내용과 관련된 물건(시험 관련 교재 및 요약자료를 포함한다)을 주고받는 행위
3회	• 대리시험을 치르거나 치르게 하는 행위 • 사전에 시험문제 또는 답안을 타인에게 알려주거나 알고 시험을 치른 행위

(13) 면허증의 발급(시행령 제7조, 시행규칙 제12조, 제22조~제23조)

면허증의 발급(시행령 제7조)

- 국가시험에 합격한 자는 관계서류(보건복지부령으로 정하는 서류)를 첨부하여 보건복지부장관에게 면허증 발급을 신청한다.
- 보건복지부장관은 면허증 발급을 신청한 사람에게 보건복지부령으로 정하는 바에 따라 면허증을 발급한다.
- 보건복지부장관은 면허증 발급을 신청받았을 때에는 발급을 신청받은 날로부터 14일 이내에 종별에 따라 면허증을 발급해야 한다.

면허증 발급 신청 관계서류(시행규칙 제12조)

- 졸업증명서 또는 이수증명서. 단, 외국학교 면허자에 해당하는 자의 경우에는 졸업증명서 또는 이수증명서 및 해당 면허증 사본
- 정신질환자 및 마약류 중독자에 해당하지 아니함을 증명하는 의사의 진단서
- 응시원서 사진과 같은 사진(3.5×4.5cm) 1장

면허증의 재발급(시행규칙 제22조~제23조)

- 사유 : 분실·훼손·면허증의 기재사항 변경
- 반환 : 면허증을 재발급 받은 후 분실된 면허증을 발견한 때에는 지체 없이 보건복지부장관에게 반환
- 면허증의 갈음 : 면허증 재발급 신청 후 면허증을 재발급 받을 때까지 보건복지부장관의 접수증으로 면허증을 갈음

면허증 재발급 신청 구비서류(시행규칙 제22조)

- 훼손된 면허증 또는 분실 사유서
- 사진(신청 전 6개월 이내에 모자 등을 쓰지 않고 촬영한 천연색 상반신 정면사진으로 3.5×4.5cm) 1장
- 변경 증빙서류

(14) 무면허자의 업무금지 등(법 제9조)

① 의료기사 등이 아니면 의료기사 등의 업무를 행하지 못한다. 단, 대학 등에서 취득하려는 면허에 상응하는 교육과정을 이수하기 위하여 실습 중에 있는 사람의 실습에 필요한 경우에는 그러하지 아니하다.
② 의료기사 등이 아니면 의료기사 등의 명칭 또는 유사한 명칭을 사용하지 못한다.
③ 의료기사 등의 면허증은 다른 사람에게 대여하여서는 아니 된다.
④ 누구든지 면허를 대여 받아서는 아니 되며 면허 대여를 알선하여서도 아니 된다.

(15) 비밀누설의 금지(법 제10조)

이 법 또는 다른 법령에 특히 규정된 경우를 제외하고 업무상 알게 된 비밀을 누설하여서는 아니 된다.

(16) 실태 등의 신고(시행령 제8조)

의료기사 등은 법에 따라 그 실태와 취업상황을 면허증을 발급받은 날부터 매 3년이 되는 해의 12월 31일까지 보건복지부령으로 정하는 바에 따라 보건복지부장관에게 신고하여야 한다. 다만, 다음의 어느 하나에 해당하는 경우에는 그 구분에 따른 날부터 매 3년이 되는 해의 12월 31일까지 신고하여야 한다.

① 면허가 취소된 후 면허증을 재발급받은 경우 : 면허증을 재발급받은 날
② 의료기사 등에 관한 법률 일부개정법률 부칙에 따라 신고를 한 경우 : 신고를 한 날

(17) 보수교육(법 제20조)

① 보건기관·의료기관·치과기공소·안경업소 등에서 각각 그 업무에 종사하는 의료기사 등(1년 이상 그 업무에 종사하지 아니하다가 다시 업무에 종사하려는 의료기사 등을 포함한다)은 보건복지부령으로 정하는 바에 따라 보수교육을 받아야 한다.
② 보수교육의 시간·방법·내용 등에 필요한 사항은 대통령령으로 정한다.

(18) 보수교육(시행령 제11조)

① 보수교육(이하 "보수교육")의 시간·방법 및 내용은 다음의 구분에 따른다.
  ㉠ 보수교육의 시간 : 매년 8시간 이상
  ㉡ 보수교육의 방법 : 대면 교육 또는 정보통신망을 활용한 온라인 교육
  ㉢ 보수교육의 내용
    • 직업윤리에 관한 사항
    • 업무 전문성 향상 및 업무 개선에 관한 사항
    • 의료 관계 법령의 준수에 관한 사항
    • 그 밖에 위와 유사한 사항으로서 보건복지부장관이 보수교육에 필요하다고 인정하는 사항
② 보건복지부장관은 교육시간의 인정과 관련하여 그 인정기준, 운영기준 및 평가기준 등에 관한 사항을 정하여 고시하여야 한다.

(19) 보수교육(시행규칙 제18조)

① 의료기사 등에 대한 보수교육 업무를 위탁받은 기관(이하 "보수교육실시기관")은 매년 법 제20조 및 영 제11조에 따른 보수교육(이하 "보수교육")을 실시하여야 한다.
② 보건복지부장관은 다음의 어느 하나에 해당하는 사람에 대해서는 해당 연도의 보수교육을 면제할 수 있다.
  ㉠ 대학원 및 의학전문대학원·치의학전문대학원에서 해당 의료기사 등의 면허에 상응하는 보건의료에 관한 학문을 전공하고 있는 사람
  ㉡ 군 복무 중인 사람(군에서 해당 업무에 종사하는 의료기사 등은 제외한다)
  ㉢ 해당 연도에 법 제4조에 따라 의료기사 등의 신규 면허를 받은 사람

ⓔ 보건복지부장관이 해당 연도에 보수교육을 받을 필요가 없다고 인정하는 요건을 갖춘 사람
③ 보건복지부장관은 다음의 어느 하나에 해당하는 사람에 대해서는 해당 연도의 보수교육을 유예할 수 있다.
  ㉠ 해당 연도에 보건기관·의료기관·치과기공소 또는 안경업소 등에서 그 업무에 종사하지 않은 기간이 6개월 이상인 사람
  ㉡ 보건복지부장관이 해당 연도에 보수교육을 받기가 어렵다고 인정하는 요건을 갖춘 사람
④ 보건기관·의료기관·치과기공소 또는 안경업소 등에서 그 업무에 종사하지 않다가 다시 그 업무에 종사하려는 사람은 제3항제1호에 따라 보수교육이 유예된 연도(보수교육이 2년 이상 유예된 경우에는 마지막 연도를 말한다)의 다음 연도에 다음의 구분에 따른 보수교육을 받아야 한다.
  ㉠ ③에 따라 보수교육이 1년 유예된 경우 : 12시간 이상
  ㉡ ③에 따라 보수교육이 2년 유예된 경우 : 16시간 이상
  ㉢ ③에 따라 보수교육이 3년 이상 유예된 경우 : 20시간 이상
⑤ 보건복지부장관은 보수교육실시기관의 보수교육 내용과 그 운영에 대하여 평가할 수 있다.
⑥ 보수교육을 면제받거나 유예받으려는 사람은 해당 연도의 보수교육 실시 전에 별지 제12호 서식의 보수교육 면제·유예 신청서에 보수교육 면제 또는 유예의 사유를 증명할 수 있는 서류를 첨부하여 보수교육실시기관의 장에게 제출해야 한다.
⑦ 신청을 받은 보수교육실시기관의 장은 보수교육 면제 또는 유예 대상자 여부를 확인하고, 신청인에게 별지 서식의 보수교육 면제·유예 확인서를 발급해야 한다.

(20) 보수교육 관계 서류의 보존(시행규칙 제21조)
보수교육실시기관의 장은 다음의 서류를 3년 동안 보존하여야 한다.
① 보수교육 대상자 명단(대상자의 교육 이수 여부가 적혀 있어야 한다)
② 보수교육 면제자 명단
③ 그 밖에 교육 이수자가 교육을 이수하였다는 사실을 확인할 수 있는 서류

(21) 면허의 취소 등(법 제21조)
① 보건복지부장관은 의료기사 등이 다음의 어느 하나에 해당하면 그 면허를 취소할 수 있다. 다만, ㉠에 해당하는 경우 면허를 취소하여야 한다.
  ㉠ 의료기사의 결격사유에 해당하는 자
  ㉡ 다른 사람에게 면허를 대여한 경우
  ㉢ 치과의사가 발행하는 치과기공물 제작의뢰서에 따르지 않고 치과기공물 제작 등 업무를 한 때

ⓛ 면허자격정지 또는 면허효력정지기간에 의료기사 등의 업무를 하거나 3회 이상 면허자격정지 또는 면허효력정지 처분을 받은 경우

② 의료기사 등이 면허가 취소된 후 그 처분의 원인이 된 사유가 소멸하는 등 대통령령으로 정하는 사유가 있다고 인정될 때는 보건복지부장관은 그 면허증을 재발급할 수 있다. 다만, 다른 사람에게 면허를 대여한 경우, 치과의사가 발행하는 치과기공물 제작의뢰서에 따르지 않고 치과기공물 제작 등 업무를 한 때와 면허자격정지 또는 면허효력정지 기간에 의료기사 등의 업무를 하거나 3회 이상 면허자격정지 또는 면허효력정지 처분을 받은 경우에는 취소된 날부터 1년 이내에는 재발급하지 못한다.

(22) 자격의 정지(법 제22조, 시행령 제13조)

① 보건복지부장관은 다음 자격 정지 사유의 어느 하나에 해당하면 6개월 이내의 기간을 정하여 그 면허자격을 정지시킬 수 있다.

의료기사 등의 자격 정지 사유(법 제22조)

- 품위를 현저히 손상시키는 행위를 한 때
- 치과기공소 또는 안경업소의 개설자가 될 수 없는 자에게 고용되어 치과기공사 또는 안경사의 업무를 행한 때
  - 치과진료를 행하는 의료기관 또는 등록한 치과기공소가 아닌 곳에서 치과기공사의 업무를 행한 때
  - 개설등록을 하지 아니하고 치과기공소를 개설·운영할 때
  - 치과기공물 제작의뢰서를 보존하지 아니한 때
  - 치과기공사 등의 준수사항을 위반한 때
- 그 밖에 이 법 또는 이 법에 따른 명령을 위반한 경우

② 품위손상행위의 범위에 관해서는 대통령령으로 정한다.

③ 보건복지부장관은 의료기사 등이 신고를 하지 아니한 때에는 신고할 때까지의 면허효력을 정지할 수 있다.

④ 자격정지처분은 그 사유가 발생한 날로부터 5년이 지나면 하지 못한다. 단, 그 사유에 대하여 공소가 제기된 경우에는 공소가 제기된 날부터 해당 사건의 재판이 확정된 날까지의 기간은 시효기간에 산입하지 아니한다.

※ 의료기사 등의 품위손상행위의 범위(시행령 제13조)

① 의료기사 등의 업무 범위를 벗어나는 행위
② 의사나 치과의사의 지도를 받지 아니하고 업무를 하는 행위(보건의료정보관리사, 안경사는 제외)
③ 학문적으로 인정되지 아니하거나 윤리적으로 허용되지 아니하는 방법으로 업무를 하는 행위
④ 검사결과를 사실과 다르게 판시하는 행위

다음 중 의료기사 등의 자격정지 사유에 해당하지 않는 것은?

① 품위를 현저히 손상시키는 행위를 할 때
② 개설등록을 하지 않고 치과기공소를 개설·운영할 때
③ 치과기공물제작의뢰서를 보존하지 아니한 때
④ 치과기공사 등이 준수사항을 위반한 때
⑤ 치과기공소의 개설자에게 고용되어 치과기공사의 업무를 행한 때

답 ⑤

(23) 면허증의 재발급(시행령 제12조)

① 면허증의 재발급 사유는 다음의 구분에 따른다.
  ㉠ 정신질환자(단, 전문의가 의료기사 등으로 적합하다고 인정하는 사람은 그러하지 아니하다.), 마약류중독자, 피성년후견인, 피한정후견인을 사유로 면허가 취소된 경우 - 취소의 원인이 된 사유가 소멸되었을 때
  ㉡ 형법 중 제234조, 제269조, 제270조의 제2항에서 제4항까지, 제317조 제1항, 보건범죄단속에 관한 특별조치법, 지역보건법, 국민건강증진법, 후천성면역결핍증 예방법, 의료법, 응급의료에 관한 법률, 시체해부 및 보존에 관한 법률, 혈액관리법, 마약류관리에 관한 법률, 모자보건법 또는 국민건강보험법을 위반한 사유로 면허가 취소된 경우 - 해당 형의 집행이 끝나거나 면제된 후 1년이 지난 사람으로서 뉘우치는 빛이 뚜렷할 때
  ㉢ 면허를 대여한 경우, 면허자격정지 또는 면허효력정지 기간에 의료기사 등의 업무를 하거나 3회 이상 면허자격정지 또는 면허효력정지 처분을 받아 면허가 취소된 경우 - 면허가 취소된 후 1년이 지난 사람으로서 뉘우치는 빛이 뚜렷할 때
  ㉣ 치과의사가 발행하는 치과기공물 제작의뢰서에 따르지 아니하고 치과기공물 제작 등 업무를 하여 면허가 취소된 경우 - 면허가 취소된 후 6개월이 지난 사람으로서 뉘우치는 빛이 뚜렷할 때

② ①에 따른 면허증 재발급의 절차·방법 등에 관하여 필요한 사항은 보건복지부령으로 정한다.

(24) 면허증을 갈음하는 증서(시행규칙 제23조)

의료기사 등이 면허증의 재발급을 신청한 경우에는 면허증을 재발급받을 때까지 그 신청서에 대한 보건복지부장관의 접수증으로 면허증을 갈음할 수 있다.

(25) 청문(법 제26조)

보건복지부장관 또는 시장·군수·구청장은 의료기사 등의 면허 취소, 안경업소의 등록 취소의 경우 청문을 실시하여야 한다.
① 법 제21조제1항(법 제5조)의 결격사유에 따른 면허의 취소
② 법 제24조제1항 개설등록의 취소 등에 따른 등록의 취소

(26) 벌칙(법 제30조)

① 다음 내용 중 어느 하나에 해당하는 의료기사 등은 3년 이하의 징역 또는 3천만원 이하의 벌금에 처한다.
  ㉠ 의료기사 등의 면허 없이 의료기사 등의 업무를 행한 자
  ㉡ 타인에게 의료기사 등의 면허증을 대여한 사람 또는 대여받거나 알선한 사람
  ㉢ 업무상 알게 된 비밀을 누설한 자
  ㉣ 치과기공사의 면허 없이 치과기공소를 개설한 자(다만, 개설등록을 한 치과의사는 제외한다.)

다음 중 보건복지부장관 또는 시장·군수·구청장이 청문을 실시해야 하는 경우는 무엇인가?

① 의료기사 등의 면허 취소
② 의료기사 등의 자격정지
③ 치과기공소의 등록 취소
④ 안경업소의 폐쇄 명령
⑤ 의료기사 등의 품위손상 시

답 ①

다음 중 의료기사 등에 관한 법률에 따라 3년 이하의 징역 또는 3천만원 이하의 벌금에 해당하는 사항이 아닌 것은?

① 면허 없이 의료기사 등의 업무를 행함
② 타인에게 의료기사 등의 면허증을 대여한 자
③ 안경사의 면허 없이 안경업소를 개설한 자
④ 치과기공사의 면허 없이 치과기공소를 개설한 자
⑤ 실태와 취업상황에 관한 신고를 아니한 자

답 ⑤

ⓜ 치과의사가 발행한 치과기공물 제작의뢰서에 따르지 아니하고 치과기공물 제작 등 업무를 행한 자
　　　ⓗ 안경사의 면허 없이 안경업소를 개설한 사람
　② 업무상 알게 된 비밀을 누설한 사람에 대한 죄는 고소가 있어야 공소제기를 할 수 있다.

(27) 벌칙(법 제31조)

① 다음의 어느 하나에 해당하는 자는 500만원 이하의 벌금에 처한다.
　　㉠ 의료기사 등의 면허 없이 의료기사 등의 명칭 또는 이와 유사한 명칭을 사용한 자
　　㉡ 2개소 이상의 치과기공소를 개설한 자
　　㉢ 2개 이상의 안경업소를 개설한 자
　　㉣ 등록을 하지 아니하고 치과기공소를 개설한 자
　　㉤ 등록을 하지 아니하고 안경업소를 개설한 자
　　㉥ 다음의 방법을 위반하여 안경 및 콘택트렌즈를 판매한 사람
　　　• 전자상거래 등에서의 소비자보호에 관한 법률 제2조에 따른 전자상거래 및 통신판매의 방법
　　　• 판매자의 사이버몰(컴퓨터 등과 정보통신설비를 이용하여 재화 등을 거래할 수 있도록 설정된 가상의 영업장을 말한다) 등으로부터 구매 또는 배송을 대행하는 등 보건복지부령으로 정하는 방법
　　㉦ 안경 및 콘택트렌즈를 안경업소 외의 장소에서 판매한 안경사
　　㉧ 영리를 목적으로 특정 치과기공소·안경업소 또는 치과기공사·안경사에게 고객을 알선·소개 또는 유인한 자

(28) 양벌규정(법 제32조)

법인의 대표자, 법인 또는 개인의 대리인·사용인, 그 밖의 종업원이 그 법인 또는 개인의 업무에 관하여 제30조(3년 이하의 징역 또는 3천만원 이하의 벌금) 또는 제31조(500만원 이하의 벌금)의 위반행위를 한 때 그 행위자를 벌하는 외에 그 법인 또는 개인에 대하여도 규정된 벌금을 과한다. 다만, 법인 또는 개인이 그 위반행위를 방지하기 위하여 해당 업무에 관하여 상당한 주의와 감독을 게을리하지 아니한 경우에는 그러하지 아니하다.

(29) 과태료(법 제33조)

① 보수교육업무수탁기관이 보수교육의 시간·방법·내용 등에 관한 사항을 위반하여 보수교육을 실시하거나 실시하지 아니한 경우의 시정명령을 이행하지 아니한 자에게는 500만원 이하의 과태료를 부과한다.

② 다음의 어느 하나에 해당하는 자에게는 100만원 이하의 과태료를 부과한다.
  ㉠ 실태와 취업 상황을 허위로 신고한 사람
  ㉡ 폐업신고를 하지 아니하거나 등록사항의 변경신고를 하지 아니한 사람
  ㉢ 보고를 하지 아니하거나 검사를 거부·기피 또는 방해한 자
③ 과태료는 대통령령으로 정하는 바에 따라 다음의 자가 부과·징수한다.
  ㉠ 보건복지부장관 : ①에 따른 과태료
  ㉡ 특별자치시장·특별자치도지사·시장·군수·구청장 : ②에 따른 과태료
※ 과태료의 부과기준(시행령 별표 2)

(단위 : 만원)

위반행위	과태료 금액		
	1차 위반	2차 위반	3차 위반
법 제11조에 따른 실태와 취업상황 허위신고	80	90	100
법 제13조에 따른 폐업신고를 하지 않거나 등록사항의 변경신고를 하지 않은 경우	20	30	40
법 제15조제1항에 따른 보고를 하지 않거나 검사를 거부·기피 또는 방해한 경우	80	90	100
법 제28조제2항에 따라 보수교육 업무수탁기관이 다음의 시정명령이행을 하지 않는 경우 - 보수교육의 보수교육의 시간·방법·내용 등에 관한 사항을 위반하여 받은 시정명령을 이행하지 않은 경우	300	400	500
법 제28조제2항에 따라 보수교육 업무수탁기관이 다음의 시정명령이행을 하지 않는 경우 - 법 제20조에 따라 보수교육을 실시하지 않아 받은 시정명령을 이행하지 않은 경우	500	500	500

3 지역보건법(지역보건의료계획, 보건소 및 보건지소)

(1) 목적(법 제1조)
① 보건소 등 지역보건의료기관의 설치·운영에 관한 사항
② 보건의료 관련 기관·단체와의 연계·협력을 통하여 지역보건의료기관의 기능을 효과적으로 수행하는 데 필요한 사항 규정
③ 지역보건의료정책을 효율적으로 추진
④ 지역주민 건강증진에 이바지함

(2) 정의(법 제2조)
① 지역보건의료기관 : 지역주민의 건강을 증진하고 질병을 예방·관리하기 위하여 이 법에 따라 설치·운영하는 보건소, 보건의료원, 보건지소 및 건강생활지원센터를 말한다.

다음 중 지역보건의료기관에 해당하지 않는 것은 무엇인가?
① 보건소
② 보건지소
③ 보건의료원
④ 건강생활지원센터
⑤ 도립병원

답 ⑤

② **지역보건의료서비스** : 지역주민의 건강을 증진하고 질병을 예방·관리하기 위하여 지역보건의료기관이 직접 제공하거나 보건의료 관련 기관·단체를 통하여 제공하는 서비스로서 보건의료인(보건의료기본법에 따른 보건의료인을 말함)이 행하는 모든 활동을 말한다.

③ **보건의료 관련 기관·단체** : 지역사회 내에서 공중(公衆) 또는 특정 다수인을 위하여 지역보건의료서비스를 제공하는 의료기관, 약국, 보건의료인 단체 등을 말한다.

(3) 국가와 지방자치단체의 책무(법 제3조)

① 국가 및 지방자치단체는 지역보건의료에 관한 조사·연구, 정보의 수집·관리·활용·보호, 인력의 양성·확보 및 고용 안정과 자질 향상을 위해 노력해야 한다.

② 국가 및 지방자치단체는 지역보건의료업무의 효율적 추진을 위하여 기술적·재정적 지원을 해야 한다.

③ 국가 및 지방자치단체는 지역주민의 건강상태에 격차가 발생하지 아니하도록 필요한 방안을 마련해야 한다.

(4) 지역사회 건강실태조사(법 제4조)

① 질병관리청장과 특별자치시장·특별자치도지사·시장·군수·구청장은 지역주민의 건강 상태 및 건강 문제의 원인 등을 파악하기 위하여 매년 지역사회 건강실태조사를 실시하여야 한다.

② 질병관리청장은 ①에 따라 지역사회 건강실태조사를 실시할 때에는 미리 보건복지부장관과 협의하여야 한다.

③ ①에 따른 지역사회 건강실태조사의 방법, 내용 등에 필요한 사항은 대통령령으로 정한다.

※ 지역사회 건강실태조사의 방법 및 내용(시행령 제2조)

① 질병관리청장은 보건복지부장관과 협의하여 지역보건법 지역사회건강실태조사(이하 "지역사회건강실태조사")를 매년 지방자치단체의 장에게 협조를 요청하여 실시한다.

② 협조 요청을 받은 지방자치단체의 장은 매년 보건소(보건의료원을 포함)를 통하여 지역주민을 대상으로 지역사회 건강실태조사를 실시하여야 한다. 이 경우 지방자치단체의 장은 지역사회의 건강실태조사의 결과를 질병관리청장에게 통보하여야 한다.

③ 지역사회 건강실태조사는 표본조사를 원칙으로 하되, 필요한 경우에는 전수조사를 할 수 있다.

④ 지역사회 건강실태조사의 내용에는 다음의 사항이 포함되어야 한다.

㉠ 흡연, 음주 등 건강 관련 생활습관에 관한 사항
㉡ 건강검진 및 예방접종 등 질병예방에 관한 사항
㉢ 질병 및 보건의료서비스 이용 실태에 관한 사항

ㄹ 사고 및 중독에 관한 사항
　　　ㅁ 활동의 제한 및 삶의 질에 관한 사항
　　　ㅂ 그 밖에 지역사회 건강실태조사에 포함되어야 하다고 질병관리청장이 정하는 사항

(5) 지역보건의료심의위원회(법 제6조)
　① 지역보건의료에 관한 다음 사항을 심의하기 위하여 특별시·광역시·도(이하 "시·도") 및 특별자치시·특별자치도·시·군·구(구는 자치구를 말하며, 이하 "시·군·구")에 지역보건의료심의위원회(이하 "위원회")를 둔다.
　　　ㄱ 지역사회 건강실태조사 등 지역보건의료의 실태조사에 관한 사항
　　　ㄴ 지역보건의료계획 및 연차별 시행계획의 수립·시행 및 평가에 관한 사항
　　　ㄷ 지역보건의료계획의 효율적 시행을 위하여 보건의료 관련 기관·단체, 학교, 직장 등과의 협력이 필요한 사항
　　　ㄹ 그 밖에 지역보건의료시책의 추진을 위하여 필요한 사항
　② 위원회는 위원장 1명을 포함한 20명 이내의 위원으로 구성하며, 위원장은 해당 지방자치단체의 부단체장(부단체장이 2명 이상인 지방자치단체에서는 대통령령으로 정하는 부단체장을 말한다)이 된다. 다만, ④에 따라 다른 위원회가 위원회의 기능을 대신하는 경우 위원장은 조례로 정한다.
　③ 위원회의 위원은 지역주민 대표, 학교보건 관계자, 산업안전·보건 관계자, 보건의료 관련 기관·단체의 임직원 및 관계 공무원 중에서 해당 위원회가 속하는 지방자치단체의 장이 임명하거나 위촉한다.
　④ 위원회는 그 기능을 담당하기에 적합한 다른 위원회가 있고 그 위원회의 위원이 ③에 따른 자격을 갖춘 경우에는 시·도 또는 시·군·구의 조례에 따라 위원회의 기능을 통합하여 운영할 수 있다.
　⑤ ①~④에서 규정한 사항 외에 위원회의 구성과 운영 등에 필요한 사항은 대통령령으로 정한다.
　※ 지역보건의료심의위원회 구성과 운영(시행령 제3조)
　　① 대통령령으로 정하는 부단체장이란 행정부시장이나 행정부지사를 말한다.
　　② 지역보건의료심의위원회에 출석한 위원에게는 예산의 범위에서 수당과 여비를 지급할 수 있다. 다만, 공무원인 위원이 그 소관 업무와 직접 관련되어 참석하는 경우에는 그러하지 아니하다.
　　③ 그 외 위원회의 구성과 운영에 필요한 사항은 해당 지방자치단체의 조례로 정한다.

(6) 지역보건의료계획의 수립(법 제7조)

수립절차

① 시·도지사 또는 시장·군수·구청장은 지역주민의 건강 증진을 위하여 다음의 사항에 포함된 지역보건의료계획을 4년마다 제3항 및 제4항에 따라 수립하여야 한다.
  ㉠ 보건의료수요의 측정
  ㉡ 지역보건의료서비스에 관한 장기·단기 공급대책
  ㉢ 인력·조직·재정 등 보건의료자원의 조달 및 관리
  ㉣ 지역보건의료서비스의 제공을 위한 전달체계 구성 방안
  ㉤ 지역보건의료에 관련된 통계의 수집 및 정리
② 시·도지사 또는 시장·군수·구청장은 매년 지역보건의료계획에 따라 연차별 시행계획을 수립한다.
③ 시장·군수·구청장은 해당 시·군·구 위원회의 심의를 거쳐 지역보건의료계획을 수립한 후 해당 시·군·구 의회에 보고하고 시·도지사에 제출한다.
④ 지역보건의료계획은 사회보장 기본계획, 지역사회보장계획, 국민건강증진종합계획과 연계되도록 한다.
⑤ 지역보건의료계획의 세부내용, 수립방법·시기 등에 관하여 필요한 사항은 대통령령으로 정한다.

협조요청

특별자치시장·특별자치도지사, 시·도지사 또는 시장·군수·구청장은 지역보건의료계획을 수립하는 데 필요하다고 인정되는 경우 보건의료 관련 기관·단체, 학교, 직장 등에 중복·유사 사업의 조정 등에 관한 의견을 듣거나 자료의 제공 및 협력을 요청할 수 있다. 이 경우 요청받은 해당기관은 정당한 사유가 없으면 그 요청에 협조해야 한다.

조정권고

지역보건의료계획의 내용에 관하여 필요하다고 인정하는 경우 보건복지부장관은 특별자치시장·특별자치도지사 또는 시·도지사에게, 시·도지사는 시장·군수·구청장에게 각각 보건복지부령으로 정하는 바에 따라 그 조정을 권고한다.

(7) 지역보건의료계획의 세부내용(시행령 제4조)

① 시·도지사 및 특별자치시장·특별자치도지사는 지역보건의료계획(이하 "지역보건의료계획")에 다음의 내용을 포함시켜야 한다.
  ㉠ 지역보건의료계획의 달성과 목표
  ㉡ 지역현황과 전망
  ㉢ 지역보건의료기관과 보건의료 관련 기관·단체 간의 기능 분담 및 발전 방향
  ㉣ 보건소의 기능 및 업무의 추진계획과 추진현황
  ㉤ 지역보건의료기관의 인력·시설 등 자원확충 및 정비계획
  ㉥ 취약계층의 건강관리 및 지역주민의 건강 상태 격차 해소를 위한 추진계획
  ㉦ 지역보건의료와 사회복지사업 사이의 연계성 확보 계획
  ㉧ 의료기관 병상의 수요·공급
  ㉨ 정신질환 등의 치료를 위한 전문치료시설의 수요·공급
  ㉩ 특별자치시·특별자치도·시·군·구(구는 자치구를 말하며 이하 "시·군·구"라 함) 지역보건의료기관의 설치·운영 지원
  ㉪ 시·군·구 지역보건의료기관 인력의 교육훈련
  ㉫ 지역보건의료기관과 보건의료 관련 기관·단체 간의 협력·연계

다음 중 지역보건의료계획의 수립 주기로 옳은 것은?

① 1년
② 4년
③ 5년
④ 10년
⑤ 15년

답 ②

㉺ 그 밖에 시·도지사 및 특별자치시장·특별자치도지사가 지역보건의료계획을 수립함에 있어서 필요하다고 인정하는 사항
② 시장·군수·구청장은 지역보건의료계획에 다음의 내용을 포함시켜야 한다.
㉠ ①의 ㉠~㉦까지의 내용
㉡ 그 밖에 시장·군수·구청장이 지역보건의료계획을 수립함에 있어서 필요하다고 인정하는 사항

다음 중 지역보건의료계획을 수립하기 전에 지역 내 보건의료실태에 대해 자료를 수집하고 조사를 실시하는 사람은 누구인가?
① 시장·군수·구청장
② 질병관리청장
③ 보건복지부장관
④ 보건소장
⑤ 보건지소장

답 ①

---

(8) 지역보건의료계획의 수립방법(시행령 제5조)

① 시·도지사 또는 시장·군수·구청장은 지역보건의료계획을 수립하기 전에 지역 내 보건의료실태와 지역주민의 보건의료의식·행동양상 등에 대하여 조사하고 자료를 수집해야 한다.
② 시·도지사 또는 시장·군수·구청장은 지역 내 보건의료실태 조사결과에 따라 해당 지역에 필요한 사업계획을 포함하여 지역보건의료계획을 수립하되 국가 또는 특별시·광역시·도의 보건의료시책에 맞춰 수립하여야 한다.
③ 시·도지사 또는 시장·군수·구청장은 지역보건의료계획을 수립하는 경우에 그 주요 내용을 시·도 또는 시·군·구의 홈페이지 등에 2주 이상 공고하여 지역주민의 의견을 수렴하여야 한다.

(9) 지역보건의료계획의 시행(법 제8조)

① 시·도지사 또는 시장·군수·구청장은 지역보건의료계획을 시행하는 경우에는 연차별 시행계획에 의하여 시행한다.
② 시·도지사 또는 시장·군수·구청장은 지역보건의료계획을 시행하는 데 필요하다고 인정하는 경우에는 보건의료 관련 기관·단체 등에 인력·기술 및 재정 지원을 할 수 있다.

(10) 지역보건의료계획의 시행 결과의 평가(법 제9조)

① 지역보건의료계획을 시행한 때에는 보건복지부장관은 특별자치시·특별자치도 또는 시·도의 지역보건의료계획의 시행결과를, 시·도지사는 시·군·구의 지역보건의료계획의 시행결과를 대통령령으로 정하는 바에 따라 각각 평가할 수 있다.
② 보건복지부장관 또는 시·도지사는 필요한 경우 평가결과를 비용의 보조에 반영할 수 있다.
※ 지역보건의료계획 시행 결과 평가(시행령 제7조)
① 시장·군수·구청장은 지역보건의료계획 시행 결과의 평가를 위하여 해당 시·군·구 지역보건의료계획의 연차별 시행계획에 따른 시행 결과를 매 시행연도 다음 해 1월 31일까지 시·도지사에게 제출하여야 한다.
② 시·도지사(특별자치시장·특별자치도지사 포함)는 지역보건의료계획 시행의 평가를 위하여 해당 시·도 지역보건의료계획의 연차별 시행계획에 따른 시행 결과를 매 시행연도 다음 해 2월 말일까지 보건복지부장관에게 제출하여야 한다.

③ 보건복지부장관 또는 시·도지사는 제출받은 지역보건의료계획의 연차별 시행계획에 따른 시행 결과를 평가하려는 경우에는 다음의 기준에 따라 평가하여야 한다.
  ㉠ 지역보건의료계획 내용의 충실성
  ㉡ 지역보건의료계획 시행 결과의 목표달성도
  ㉢ 보건의료자원의 협력 정도
  ㉣ 지역주민의 참여도와 만족도
  ㉤ 그 밖에 지역보건의료계획의 연차별 시행계획에 따른 시행 결과를 평가하기 위하여 보건복지부장관이 필요하다고 정하는 기준
④ 보건복지부장관 또는 시·도지사는 ③에 따라 지역보건의료계획의 연차별 시행계획에 따른 시행 결과를 평가한 후에는 그 평가 결과를 공표할 수 있다.

(11) 보건소의 설치(법 제10조, 시행령 제8조)

① 지역주민의 건강을 증진하고 질병을 예방·관리하기 위하여 시·군·구에 1개소의 보건소(보건의료원을 포함)를 설치한다. 다만, 시·군·구의 인구가 30만 명을 초과하는 등 지역주민의 보건의료를 위하여 특별히 필요하다고 인정되는 경우에는 대통령령으로 정하는 기준에 따라 해당 지방자치단체의 조례로 보건소를 추가로 설치할 수 있다.

> **보건소의 추가 설치(시행령 제8조)**
> • 보건소를 추가로 설치할 수 있는 경우는 다음의 어느 하나에 해당하는 경우로 한다.
>   - 해당 시·군·구의 인구가 30만 명을 초과하는 경우
>   - 해당 시·군·구의 보건의료기본법에 따른 보건의료기관 현황 등 보건의료 여건과 아동·여성·노인·장애인 등 보건의료 취약계층의 보건의료 수요 등을 고려하여 보건소를 추가로 설치할 필요가 있다고 인정되는 경우
> • 보건소를 추가로 설치하려는 경우에는 해당 지방자치단체의 장은 보건복지부장관과 미리 협의해야 한다.

② 동일한 시·군·구에 2개 이상의 보건소가 설치되어 있는 경우 해당 지방자치단체의 조례로 정하는 바에 따라 업무를 총괄하는 보건소를 지정하여 운영할 수 있다.

(12) 보건소의 기능 및 업무(법 제11조)

① 보건소는 해당 지방자치단체의 관할 구역에서 다음의 기능 및 업무를 수행한다.
  ㉠ 건강친화적인 지역사회 여건 조성
  ㉡ 지역보건의료정책의 기획, 조사·연구 및 평가
  ㉢ 보건의료인 및 보건의료기관 등에 대한 지도·관리·육성과 국민보건 향상을 위한 지도·관리
  ㉣ 보건의료 관련 기관·단체, 학교, 직장 등과의 협력체계 구축
  ㉤ 지역주민의 건강증진 및 질병예방·관리를 위한 다음 지역보건의료 서비스 제공
    • 국민건강증진·구강건강·영양관리사업 및 보건교육
    • 감염병의 예방 및 관리

다음 중 보건소의 설치 기준으로 옳은 것은 무엇인가?
① 시·군·구별로 1개소 설치
② 시·군·구별로 2개소 설치
③ 시·군·구별로 3개소 설치
④ 시·군·구별로 4개소 설치
⑤ 시·도지사가 인정하는 경우 추가 설치 가능

답 ①

- 모성과 영유아의 건강 유지·증진
- 여성·노인·장애인 등 보건의료 취약계층의 건강 유지·증진
- 정신건강증진 및 생명존중에 관한 사항
- 지역주민에 대한 진료, 건강검진 및 만성질환 등의 질병관리에 관한 사항
- 가정 및 사회복지시설 등을 방문하여 행하는 보건의료사업
- 난임의 예방 및 관리

② 보건복지부장관이 지정하여 고시하는 의료취약지의 보건소는 대통령령으로 정하는 업무(난임시술 주사제 투약에 관한 지원 및 정보제공)를 수행할 수 있다.
③ 보건소의 기능 및 업무에 관하여 필요한 세부사항은 대통령령으로 정한다.

※ 보건소의 기능 및 업무의 세부사항(시행령 제9조)
  ① 지역보건의료정책의 기획, 조사·연구 및 평가의 세부사항은 다음과 같다.
    ㉠ 지역보건의료계획 등 보건의료 및 건강증진에 관한 중장기 계획 및 실행계획의 수립·시행 및 평가에 관한 사항
    ㉡ 지역사회 건강실태조사 등 보건의료 및 건강증진에 관한 조사·연구에 관한 사항
    ㉢ 보건에 관한 실험 또는 검사에 관한 사항
  ② 보건의료인 및 보건의료기관 등에 대한 지도·관리·육성과 국민보건 향상을 위한 지도·관리의 세부사항은 다음과 같다.
    ㉠ 의료인 및 의료기관에 대한 지도 등에 관한 사항
    ㉡ 의료기사·보건의료정보관리사 및 안경사에 대한 지도 등에 관한 사항
    ㉢ 응급의료에 관한 사항
    ㉣ 농어촌 등 보건의료를 위한 특별조치법에 따른 공중보건의사, 보건진료 전담공무원 및 보건진료소에 대한 지도 등에 관한 사항
    ㉤ 약사에 관한 사항과 마약·향정신성의약품의 관리에 관한 사항
    ㉥ 공중위생 및 식품위생에 관한 사항
  ③ 법 제11조제2항에서 "대통령령으로 정하는 업무"란 난임시술 주사제 투약에 관한 지원 및 정보제공을 말한다.

(13) 보건의료원(법 제12조)

보건소 중 의료법 제3조제2항제3호 가목에 따른 병원의 요건을 갖춘 보건소는 보건의료원이라는 명칭을 사용할 수 있다.

(14) 보건지소의 설치(법 제13조, 시행령 제10조)

① 지방자치단체는 보건소의 업무수행을 위하여 필요하다고 인정하는 경우에는 대통령령으로 정하는 기준에 따라 해당 지방자치단체의 조례로 보건소의 지소(이하 "보건지소")를 설치할 수 있다.

② 보건지소는 읍·면(보건소가 설치된 읍·면은 제외한다)마다 1개씩 설치할 수 있다. 다만, 지역주민의 보건의료를 위하여 특별히 필요하다고 인정되는 경우에는 필요한 지역에 보건지소를 설치·운영하거나 여러 개의 보건지소를 통합하여 설치·운영할 수 있다.

(15) 건강생활지원센터의 설치(법 제14조, 시행령 제11조)
① 지방자치단체는 보건소의 업무 중에서 특별히 지역주민의 만성질환 예방 및 건강한 생활습관 형성을 지원하는 건강생활지원센터를 대통령령으로 정하는 기준에 따라 해당 지방자치단체의 조례로 설치할 수 있다.
② 건강생활지원센터는 읍·면·동(보건소가 설치된 읍·면·동은 제외한다)마다 1개씩 설치할 수 있다.

(16) 지역보건의료기관의 조직(법 제15조, 시행령 제13조~제15조)
① 지역보건의료기관의 조직은 대통령령으로 정하는 사항 외에는 지방자치법 제125조에 따른다.
② 보건소에 보건소장(보건의료원의 경우에는 원장을 말함) 1명을 두되, 의사 면허가 있는 사람 중에서 보건소장을 임용한다. 다만, 의사 면허가 있는 사람 중에서 임용하기 어려운 경우에는 치과의사·한의사·간호사·조산사, 약사 또는 보건소에서 실제로 보건 등과 관련된 업무를 하는 공무원으로서 대통령령으로 정하는 자격을 갖춘 사람을 보건소장으로 임용할 수 있다.

보건소장	① 4급 공무원으로 임용하는 경우 : 다음의 구분에 따른 요건을 갖출 것 ㉠ 치과의사·한의사·간호사·조산사·약사 면허 소지자 • 보건·식품위생·의료기술·의무·약무·간호·보건진료(이하 "보건 등") 분야에서의 근무·연구 경력이 4년 이상이면서 치과의사·한의사·간호사·조산사·약사 면허를 취득한 이후의 근무·연구 경력이 2년 이상인 사람 • 보건 등 분야에서의 근무·연구 경력이 2년 이상이면서 법인 또는 비영리민간단체 지원법에 따라 등록된 비영리민간단체에서 보건소장 직위에 상응하는 직위의 근무 경력이 있는 사람 ㉡ 보건소에서 실제로 보건 등과 관련된 업무를 하는 공무원 • 보건 등 분야에서의 근무 경력이 1년 이상이면서 4급 또는 이에 상응하는 공무원(지방공무원 임용령 보건 등 직렬의 공무원으로 한정)으로 근무한 경력이 있는 사람 • 보건 등 분야에서의 근무 경력이 3년 이상이면서 5급 또는 이에 상응하는 공무원(지방공무원 임용령 보건 등 직렬의 공무원으로 한정)으로 근무한 경력이 있는 사람 ㉢ 보건 등 분야에서의 근무·연구 경력이 2년 이상이면서 법인 또는 비영리민간단체 지원법에 따라 등록된 비영리민간단체에서 보건소장 직위에 상응하는 직위의 근무 경력이 있는 사람

다음 중 보건소장의 임용권자는 누구인가?

① 대통령
② 보건복지부장관
③ 시·도지사
④ 시장·군수·구청장
⑤ 건강생활지원센터장

답 ④

보건소장	② 5급 공무원으로 임용하는 경우 : 다음 각 목의 구분에 따른 요건을 갖출 것
	  ㉠ 치과의사·한의사·간호사·조산사·약사 면허 소지자
	    • 보건 등 분야에서의 근무·연구 경력이 2년 이상이면서 치과의사·한의사·간호사·조산사·약사 면허를 취득한 이후의 근무·연구 경력이 1년 이상인 사람
	    • 보건 등 분야에서의 근무·연구 경력이 1년 이상이면서 법인 또는 비영리민간단체 지원법에 따라 등록된 비영리민간단체에서 보건소장 직위에 상응하는 직위의 근무 경력이 있는 사람
	  ㉡ 보건소에서 실제로 보건 등과 관련된 업무를 하는 공무원
	    • 보건 등 분야에서의 근무 경력이 1년 이상이면서 5급 또는 이에 상응하는 공무원(지방공무원 임용령에 따른 보건 등 직렬의 공무원으로 한정)으로 근무한 경력이 있는 사람
	    • 보건 등 분야에서의 근무 경력이 3년 이상이면서 6급 또는 이에 상응하는 공무원(지방공무원 임용령에 따른 보건 등 직렬의 공무원으로 한정)으로 근무한 경력이 있는 사람
	    • 보건 등 분야에서의 근무·연구 경력이 1년 이상이면서 법인 또는 비영리민간단체 지원법 등록된 비영리민간단체에서 보건소장 직위에 상응하는 직위의 근무 경력이 있는 사람
	③ 보건소장은 시장·군수·구청장의 지휘·감독을 받아 보건소의 업무를 관장하고 소속 공무원을 지휘·감독하며, 관할 보건지소, 건강생활지원센터 및 농어촌 등 보건의료를 위한 특별조치법에 따른 보건진료소(이하 "보건진료소")의 직원 및 업무에 대하여 지도·감독한다.

보건지소장	① 보건지소에 보건지소장 1명을 두되, 지방의무직공무원 또는 임기제공무원을 보건지소장으로 임용한다. ② 보건지소장은 보건소장의 지휘·감독을 받아 보건지소의 업무를 관장하고 소속 직원을 지휘·감독하며, 보건진료소의 직원 및 업무에 대하여 지도·감독한다.
건강생활지원 센터장	① 건강생활지원센터에 건강생활지원센터장 1명을 두되, 보건 등 직렬의 공무원 또는 보건의료기본법에 따른 보건의료인을 건강생활지원센터장으로 임용한다. ② 건강생활지원센터장은 보건소장의 지휘·감독을 받아 건강생활지원센터의 업무를 관장하고 소속 직원을 지휘·감독한다.

(17) 전문인력 등의 적정 배치(법 제16조) 및 운영실태조사(시행령 제20조)

전문인력 등의 적정 배치(법 제16조)
• 지역보건의료기관에는 기관의 장과 해당 기관의 기능을 수행하는 데 필요한 면허·자격 또는 전문지식을 가진 인력을 두어야 한다. • 시·도지사는 지역보건의료기관의 전문인력의 적정 배치를 위하여 필요한 경우 지역보건의료기관 간에 전문인력의 교류를 할 수 있다. • 보건복지부장관과 시·도지사는 지역보건의료기관의 전문인력 등의 자질 향상을 위하여 필요한 교육훈련을 시행한다. • 보건복지부장관은 지역보건의료기관의 전문인력의 배치 및 운영실태를 조사할 수 있으며, 그 배치 및 운영이 부적절하다고 판단될 때에는 그 시정을 위하여 시·도지사 또는 시장·군수·구청장에게 권고할 수 있다. • 전문인력 등의 배치 및 임용 자격 기준과 교육훈련의 대상, 기간, 평가, 그 결과 처리 등에 관하여 필요한 사항은 대통령령으로 정한다.

전문인력 등의 운영실태조사(시행령 제20조)
• 2년마다 실시하며, 필요한 경우 수시로 실시한다. • 보건복지부장관은 지역보건의료기관의 전문인력의 배치 및 운영실태를 조사할 수 있으며, 그 배치 및 운영이 부적절하다고 판단될 때에는 그 시정을 위하여 시·도지사 또는 시장·군수·구청장에게 권고할 수 있다. • 보건복지부장관은 실태조사결과 전문인력의 적절한 배치 및 운영에 필요하다고 판단하는 경우에는 시·도지사(특별자치시장·특별자치도지사 포함)에게 전문인력의 교류를 권고할 수 있다.

다음 중 전문인력 등의 운영실태조사 주기는 얼마인가?
① 3개월　② 6개월
③ 1년　　④ 2년
⑤ 3년

답 ④

(18) 전문인력의 배치기준(시행령 제16조)

지역보건의료기관에 두어야 하는 전문인력(이하 "전문인력")의 면허 또는 자격의 종류에 따른 최소 배치기준은 보건복지부령으로 정한다.

※ 전문인력의 배치(시행규칙 제4조)
① 전문인력의 면허 또는 자격의 종류에 따른 최소배치기준은 별표2와 같다.
② 특별자치시장·특별자치도지사·시장·군수·구청장(구청장은 자치구의 구청장을 말하며, 이하 "시장·군수·구청장")은 전문인력 최소배치기준에 따른 전문인력의 정원을 확보하기 위하여 해당 특별자치시·특별자치도·시·군·구(구는 자치구를 말함)의 직제 및 정원에 관한 규칙에 반영하여야 한다.
③ 시장·군수·구청장은 특별한 사유가 없으면 지역보건의료기관의 전문인력을 보유 면허 또는 자격과 관련되는 직위에 보직하여야 한다.

(19) 전문인력의 임용 자격 기준(시행령 제17조)

전문인력의 임용 자격 기준은 지역보건의료기관의 기능을 수행하는 데 필요한 면허·자격 또는 전문지식이 있는 사람으로 하되, 해당 분야의 업무에서 2년 이상 종사한 사람을 우선적으로 임용하여야 한다.

(20) 전문인력에 대한 교육훈련(시행령 제18조)

① 보건복지부장관 또는 시·도지사(특별자치시장·특별자치도지사를 포함한다)는 전문인력에 대하여 기본교육훈련과 직무분야별 전문교육훈련을 실시하여야 한다.
② 보건복지부장관 또는 시·도지사는 ①에 따른 교육훈련을 소속 교육훈련기관에서 받게 하거나 다음의 어느 하나에 해당하는 기관에 위탁하여 받게 할 수 있다.
㉠ 질병관리청장
㉡ 다른 행정기관 소속의 교육훈련기관
㉢ 민간교육기관

(21) 교육훈련의 대상 및 기간(시행령 제19조)

교육훈련 과정별 교육훈련의 대상 및 기간은 다음의 구분에 따른다.
① **기본교육훈련** : 해당 직급의 공무원으로서 필요한 능력과 자질을 배양할 수 있도록 신규로 임용되는 전문인력을 대상으로 하는 3주 이상의 교육훈련

② 직무 분야별 전문교육훈련 : 보건소에서 현재 담당하고 있거나 담당할 직무 분야에 필요한 전문적인 지식과 기술을 습득할 수 있도록 재직 중인 전문인력을 대상으로 하는 1주 이상의 교육훈련

(22) 전문인력에 대한 교육훈련(시행규칙 제5조)

① 시장·군수·구청장은 신규로 임용되거나 5급 이상 공무원으로 승진 임용된 전문인력에 대해서는 특별한 사유가 없으면 그 직급과 직무분야에 맞는 기본교육훈련(이하 "기본교육훈련")을 받게 한 후에 보직하여야 한다. 다만, 보건복지부장관이 인정하는 교육훈련기관에서 정해진 과정을 마친 사람은 보직 후에 기본교육훈련을 받게 할 수 있다.
② 시·도지사(특별자치시장·특별자치도지사를 포함한다)는 전문인력에 대한 교육훈련을 다른 행정기관 소속의 교육훈련기관 또는 민간교육훈련기관에 위탁하여 받게 한 경우에는 교육훈련비용의 전부 또는 일부를 해당 교육훈련기관에 보조할 수 있다.
③ 전문인력에 대한 교육훈련 과정, 교육훈련 내용, 교육훈련기관의 선정 등에 필요한 사항은 보건복지부장관이 정한다.

(23) 전문인력의 교류 권고(시행규칙 제6조)

보건복지부장관이 시·도지사(특별자치시장·특별자치도지사를 포함한다)에게 전문인력의 적절한 배치 및 운영을 위한 전문인력의 교류를 권고할 수 있는 경우는 다음의 어느 하나에 해당하는 경우로 한다.
① 전문인력의 균형 있는 배치를 위하여 교류하는 경우
② 보건소 간의 협조를 위하여 인접 보건소 간에 교류하는 경우
③ 전문인력의 연고지 배치를 위하여 필요한 경우

다음 중 지역보건의료서비스 신청을 받는 사람은 누구인가?
① 대통령
② 보건복지부장관
③ 시·도지사
④ 시장·군수·구청장
⑤ 보건소장

 ④

(24) 지역보건의료서비스의 실시(법 제19조~제23조)

지역보건의료서비스의 신청(법 제19조)
• 지역보건의료서비스 중 보건복지부령으로 정하는 서비스를 필요로 하는 사람과 그 친족, 그 밖의 관계인은 시장·군수·구청장에게 지역보건의료서비스 제공을 신청할 수 있다. • 시장·군수·구청장이 서비스 제공 신청을 받는 경우 조사하려 하거나 제출받으려는 자료 또는 정보에 관하여 서비스 대상자와 그 서비스 대상자의 1촌 직계 혈족 및 그 배우자에게 법적 근거, 이용 목적 및 범위, 이용방법, 보유기간, 파기방법을 알리고, 해당 자료 또는 정보의 수집에 관한 동의를 받아야 한다. • 서비스 제공 신청은 서비스 제공 신청을 철회하는 경우 시장·군수·구청장에게 조사하거나 제출한 자료 또는 정보의 반환 또는 삭제를 요청할 수 있으며, 이 경우 요청받은 시장·군수·구청장은 특별한 사유가 없으면 그 요청을 따른다. • 규정에 따른 서비스 제공의 신청·철회 및 고지·동의방법에 관하여 필요한 사항은 보건복지부령으로 정한다.

신청에 따른 조사(법 제20조)

① 시장·군수·구청장은 서비스 제공 신청을 받으면 서비스대상자와 부양의무자의 인적사항·가족관계·소득·재산·사회보장급여 수급이력·건강상태 등에 관한 자료 및 정보에 대하여 조사하고 처리할 수 있다. 다만, 서비스대상자와 부양의무자에 대한 조사가 필요하지 아니하거나 그밖에 대통령령으로 정하는 사유에 해당하는 경우는 제외한다.
② 시장·군수·구청장은 ①에 따른 조사에 필요한 자료를 확보하기 위하여 서비스대상자 또는 그 부양의무자에게 필요한 자료 또는 정보의 제출을 요구할 수 있다.
③ 시장·군수·구청장은 ①에 따른 조사를 위하여 주민등록전산정보·가족관계등록전산정보·금융·국세·지방세, 토지·건물·건강보험·국민연금·고용보험·산업재해보상보험·보훈급여 등 대통령령으로 정하는 관련 전산망 또는 자료를 이용하고자 하는 경우에는 관계 중앙행정기관, 지방자치단체, 관련 기관·단체·법인·시설 등에 협조를 요청할 수 있다. 이 경우 자료의 제출을 요청받은 중앙행정기관, 지방자치단체, 관련 기관·단체·법인·시설 등은 정당한 사유가 없으면 이에 따라야 한다.
④ 시장·군수·구청장은 ①의 사항을 확인하기 위하여 필요한 경우 그 권한을 표시하는 증표 및 조사기간, 조사범위, 조사담당자, 관계 법령 등이 기재된 서류를 제시하고 거주지 및 사실 확인에 필요한 관련 장소를 방문할 수 있다.

서비스 제공의 결정 및 실시(법 제21조)

① 시장·군수·구청장은 신청에 따른 조사를 하였을 때 예산 상황 등을 고려하여 서비스 제공의 실시 여부를 결정한 후 서면이나 전자문서로 신청인에게 통보한다.
② 시장·군수·구청장은 서비스 제공의 실시 여부를 결정할 때 제출된 자료·정보의 전부 또는 일부를 통하여 평가한 서비스대상자와 그 부양의무자의 소득·재산 수준이 보건복지부장관이 정하는 기준 이하인 경우에는 관련 조사의 일부를 생략하고 서비스 제공의 실시를 결정할 수 있다.
③ 시장·군수·구청장은 서비스 대상자에게 서비스 제공을 하기로 결정하였을 때, 서비스 제공기간 등을 계획하여 그 계획에 따라 지역보건의료서비스를 제공한다.

정보의 파기(법 제22조)

① 시장·군수·구청장은 조사하거나 제출받은 정보 중 서비스대상자가 아닌 사람의 정보는 5년을 초과하여 보유할 수 없다. 이 경우 시장·군수·구청장은 정보의 보유기한이 지나면 지체 없이 이를 파기하여야 한다.
② 시장·군수·구청장은 ①에 따른 정보가 지역보건의료정보시스템 또는 사회보장기본법에 따른 사회보장정보시스템에 수집되어 있는 경우 보건복지부장관에게 해당 정보의 파기를 요청할 수 있다. 이 경우 보건복지부장관은 지체 없이 이를 파기하여야 한다.
③ 시·도지사, 시장·군수·구청장, 보건의료 관련 기관·단체 또는 의료인은 제공받은 자료 또는 정보를 5년이 지나면 파기하여야 한다.

건강검진 등의 신고(법 제23조)

① 의료법 제27조제1항의 어느 하나에 해당하는 사람이 지역주민 다수를 대상으로 건강검진 또는 순회 진료 등 주민의 건강에 영향을 미치는 행위(이하 '건강검진 등'이라 함)를 하려는 경우에는 보건복지부령으로 정하는 바에 따라 건강검진 등을 하려는 지역을 관할하는 보건소장에게 신고하여야 한다.
② 의료기관이 의료법 제33조제1항의 어느 하나에 해당하는 사유로 의료기관 외의 장소에서 지역주민 다수를 대상으로 건강검진 등을 하려는 경우에도 신고를 하여야 한다.
③ 보건소장은 신고를 받은 경우에는 그 내용을 검토하여 이 법에 적합하면 신고를 수리하여야 한다.

(25) 지역보건의료계획의 제출 시기 등(시행령 제6조)

① 시장·군수·구청장(특별자치시장·특별자치도지사는 제외한다)은 지역보건의료계획(연차별 시행계획을 포함한다)을 계획 시행연도 1월 31일까지 시·도지사에게 제출하여야 한다.

② 시·도지사(특별자치시장·특별자치도지사를 포함한다)는 지역보건의료계획을 계획 시행연도 2월 말일까지 보건복지부장관에게 제출하여야 한다.
③ 시장·군수·구청장은 지역 내 인구의 급격한 변화 등 예측하지 못한 보건의료환경 변화에 따라 지역보건의료계획을 변경할 필요가 있는 경우에는 시·군·구(특별자치시·특별자치도는 제외한다) 위원회의 심의를 거쳐 변경한 후 시·군·구 의회에 변경 사실 및 변경 내용을 보고하고, 시·도지사에게 지체 없이 변경 사실 및 변경 내용을 제출하여야 한다.
④ 시·도지사(특별자치시장·특별자치도지사를 포함한다)는 지역 내 인구의 급격한 변화 등 예측하지 못한 보건의료환경 변화에 따라 지역보건의료계획을 변경할 필요가 있는 경우에는 시·도(특별자치시·특별자치도를 포함한다) 위원회의 심의를 거쳐 변경한 후 시·도 의회에 변경 사실 및 변경 내용을 보고하고, 보건복지부장관에게 지체 없이 변경 사실 및 변경 내용을 제출하여야 한다.

(26) 자료 제출 등(시행규칙 제11조)

① 시장·군수·구청장(특별자치시장·특별자치도지사는 제외한다)은 법 제27조에 따라 지역보건의료기관의 설치·운영에 관하여 매년 12월 31일 기준으로 별지 제2호서식의 지역보건의료기관 설치·운영 현황을 작성하여 다음해 3월 31일까지 시·도지사를 거쳐 보건복지부장관에게 보고하여야 한다.
② 특별자치시장·특별자치도지사는 법 제27조에 따라 지역보건의료기관의 설치·운영에 관하여 매년 12월 31일 기준으로 별지 제2호서식의 지역보건의료기관 설치·운영 현황을 작성하여 다음해 3월 31일까지 보건복지부장관에게 보고하여야 한다.
③ 보건복지부장관은 지역보건의료기관의 설치·운영에 관한 지도·감독을 위하여 필요한 경우에는 소속 공무원으로 하여금 실태조사를 하게 할 수 있으며 실태조사 결과 부적절하다고 판단되는 경우에는 해당 지방자치단체의 장에게 시정을 요구하여야 한다.
④ ①, ②에 따른 보고는 법 제5조에 따른 지역보건의료정보시스템에 입력 및 제출하는 방법으로 할 수 있다.

(27) 개인정보의 누설금지(법 제28조)

지역보건의료기관의 기능 수행과 관련한 업무에 종사하였거나 종사하고 있는 사람 또는 지역보건의료정보시스템을 구축·운영하였거나 구축·운영하고 있는 자는 업무상 알게 된 다음의 정보를 업무 외의 목적으로 사용하거나 다른 사람에게 제공 또는 누설하여서는 아니 된다.
① 보건의료인이 진료과정(건강검진 포함)에서 알게 된 개인 및 가족의 진료정보
② 수집·관리·보유하거나 제공받은 자료 또는 정보
③ 조사하거나 제출받은 금융정보, 신용정보 또는 보험정보
④ ①, ③에 따른 자료 또는 정보를 제외한 개인정보

4 구강보건법(목적 및 책무, 구강보건사업계획, 수돗물불소농도조정사업, 구강보건사업)

(1) 목적(법 제1조)
① 국민의 구강보건에 관하여 필요한 사항을 규정한다.
② 구강보건사업을 효율적으로 추진함으로써 국민의 구강질환을 예방한다.
③ 국민의 구강건강 증진함을 목적으로 한다.

(2) 정의(법 제2조)
① 구강보건사업 : 구강질환의 예방·진단, 구강건강에 관한 교육·관리 등을 함으로써 국민의 구강건강을 유지·증진시키는 사업을 말한다.
② 수돗물불소농도조정사업 : 치아우식증(충치)의 발생을 예방하기 위하여 상수도 정수장 또는 수돗물 저장소에서 불소화합물 첨가시설을 이용하여 수돗물의 불소농도를 적정수준으로 유지·조정하는 사업 또는 이와 관련되는 사업을 말한다.
③ 초등학생 치과주치의 사업 : 초등학생의 구강건강관리를 위하여 구강검사, 구강질환 예방진료, 구강보건교육 등을 지원하는 사업을 말한다.

(3) 국가와 지방자체단체의 책무(법 제3조)
국민의 구강건강 증진을 위하여 필요한 계획을 수립·시행하고, 구강보건사업과 관련된 자료의 조사·연구, 인력양성 등 그 사업시행에 필요한 기술적·재정적 지원을 하여야 한다.

(4) 국민의 의무(법 제4조)
국민은 구강건강증진을 위한 구강보건사업이 효율적으로 시행되도록 협력하여야 하며, 스스로의 구강건강 증진을 위하여 노력하여야 한다.

(5) 구강보건의 날(법 제4조의2)
① 구강보건에 대한 국민의 이해와 관심을 높이기 위하여 매년 6월 9일을 구강보건의 날로 정한다.
② 국가와 지방자치단체는 구강보건의 날의 취지에 부합하는 행사 등 사업을 시행할 수 있다.

구강보건사업에 대한 기본계획을 수립하는 주기는?

① 1년
② 2년
③ 4년
④ 5년
⑤ 10년

답 ④

(6) 구강보건사업 기본계획의 수립·내용(법 제5조)

① 보건복지부장관은 구강보건사업의 효율적 추진을 위하여 5년마다 구강보건사업에 관한 기본계획(이하 "기본계획")을 수립해야 한다.
② 기본계획에 다음의 사업이 포함되어야 한다.

구강보건사업 기본계획의 내용
• 구강보건에 관한 조사·연구 및 교육사업 • 수돗물불소농도조정사업 • 학교 구강보건사업(초등학생 치과주치의 사업 포함) • 사업장 구강보건사업 • 노인·장애인 구강보건사업 • 임산부·영유아 구강보건사업 • 구강보건 관련 인력의 역량 강화에 관한 사업 • 그 밖에 구강보건사업과 관련하여 대통령령으로 정하는 사업

③ 보건복지부장관은 기본계획을 수립하거나 변경하려는 경우에는 관계 중앙행정기관의 장과 미리 협의하여야 한다. 다만, 대통령령으로 정하는 경미한 사항을 변경하는 경우에는 협의를 하지 아니할 수 있다.
④ 기본계획의 수립절차 등에 필요한 사항은 보건복지부령으로 정한다.
※ 구강보건사업 기본계획의 내용(시행령 제2조)
　① 그 밖에 구강보건사업과 관련하여 대통령령으로 정하는 사업이란 다음의 사업을 말한다.
　　㉠ 구강보건 관련 인력의 양성 및 수급에 관한 사업
　　㉡ 구강보건에 관한 홍보사업
　　㉢ 구강보건사업에 관한 평가사업
　　㉣ 그 밖에 구강보건에 관한 국제협력 등 보건복지부장관이 필요하다고 인정하는 사업
　② 대통령령으로 정하는 경미한 사항을 변경하는 경우란 다음의 어느 하나에 해당하는 사업의 내용을 변경하는 경우를 말한다.
　　㉠ 구강보건 관련 인력의 역량강화에 관한 사업
　　㉡ 각 ①의 어느 하나에 해당하는 사업

(7) 구강보건사업계획 등의 통보(시행규칙 제2조)

① 보건복지부장관은 구강보건법에 따라 구강보건사업기본계획을 수립한 경우에는 그 계획이 실시되는 연도의 전년도 9월 30일까지 특별시장·광역시장·특별자치시장·도지사·특별자치도지사(이하 "시·도지사")에게 통보하여야 한다.
② 시·도지사는 특별시·광역시·특별자치시·도·특별자치도의 구강보건사업세부계획을 수립한 후 이를 그 계획이 실시되는 연도의 전년도 10월 31일까지 시장·군수·구청장에게 통보하여야 한다.

③ 시장·군수·구청장은 해당 시·군·구의 구강보건사업시행계획을 수립한 후 이를 그 계획이 실시되는 연도의 전년도 11월 30일까지 관할 시·도지사에게 통보하여야 한다.
④ 시·도지사는 구강보건사업세부계획을 ③에 따라 통보받은 시·군·구의 구강보건사업시행계획과 함께 그 계획이 실시되는 연도의 전년도 12월 31일까지 보건복지부장관에게 통보하여야 한다.

(8) 구강보건사업 시행결과의 제출 및 평가(시행규칙 제3조)
① 시장·군수·구청장은 구강보건사업시행계획의 시행결과를 시행이 완료되는 연도의 다음 연도 1월 31일까지 관할 시·도지사에게 제출하여야 한다.
② 시·도지사는 제출된 시·군·구의 구강보건사업시행계획의 시행결과를 평가한 후 그 평가결과와 해당 시·도의 구강보건사업세부계획의 시행결과를 시행이 완료되는 연도의 다음 연도 2월 말일까지 보건복지부장관에게 제출하여야 한다.
③ 보건복지부장관 및 시·도지사는 구강보건사업시행계획 및 구강보건사업세부계획의 시행결과를 평가할 때에는 그 계획과 추진실적에 기초하여 평가하되, 필요하다고 인정하는 경우에는 해당 계획에 의하여 변화된 다음의 사항을 조사하여 평가에 포함시킬 수 있다.
  ㉠ 해당 시·도 또는 시·군·구의 주민의 구강건강에 대한 지식·태도 및 행동
  ㉡ 해당 시·도 또는 시·군·구의 주민의 구강질환의 증감 등 구강건강상태

(9) 구강보건사업의 세부계획 및 시행계획의 수립·시행(법 제6조)
① 특별시장·광역시장·특별자치시장·도지사·특별자치도지사 : 매년 기본계획에 따라 구강보건사업에 관한 세부계획을 수립·시행해야 한다.
② 시장·군수·구청장 : 매년 기본계획 및 세부계획에 따라 구강보건사업에 관한 시행계획을 수립·시행해야 한다.
③ 세부계획 및 시행계획을 수립·시행하는 경우 학교 구강보건사업에 관하여 해당 교육감 또는 교육장과 미리 협의해야 한다.
④ 세부계획과 시행계획의 수립·시행에 필요한 사항은 보건복지부령에 따른다.

(10) 구강보건사업의 시행(법 제7조)
① 보건복지부장관, 시·도지사 또는 시장·군수·구청장은 이 법에서 정하는 바에 따라 구강보건사업을 시행하여야 한다.
② 특별자치시·특별자치도 또는 시·군·구(자치구를 말한다)의 보건소(보건의료원을 포함한다)에는 지역보건법 제16조에 따라 치과의사 및 치과위생사를 둔다.
③ 보건복지부장관, 시·도지사 또는 시장·군수·구청장은 구강보건사업의 시행을 위하여 필요하면 관계 기관 또는 단체에 인력, 기술 및 재정 지원을 하거나 협조를 요청할 수 있다.

(11) 구강보건사업 시행 결과의 평가(법 제8조)

① 시장·군수·구청장은 해당 시행계획의 시행 결과를 시·도지사에게 제출하여야 한다.
② 시·도지사는 ①에 따라 받은 시행 결과를 평가하고, 그 평가 결과와 해당 세부계획의 시행 결과를 보건복지부장관에게 제출하여야 한다.
③ 보건복지부장관은 ②에 따라 받은 세부계획과 시행계획의 평가 및 시행 결과를 평가하여야 한다.
④ ②, ③에 따른 평가의 방법·절차, 그 밖에 필요한 사항은 보건복지부령으로 정한다.

(12) 구강건강실태조사(법 제9조, 시행령 제4조)

① 질병관리청장은 보건복지부장관과 협의하여 국민의 구강건강상태와 구강건강의식 등 구강건강실태를 3년마다 조사하고 그 결과를 공표하여야 한다. 이 경우 장애인의 구강건강실태에 대하여는 별도로 계획을 수립하여 조사할 수 있다.
② 구강건강실태조사는 구강건강상태조사 및 구강건강의식조사로 구분하여 3년마다 정기적으로 실시한다.
③ 구강건강상태조사와 구강건강의식조사는 표본조사로 실시하며, 구강건강상태조사는 직접구강검사를 통해 실시하고, 구강건강의식조사는 면접설문조사를 통해 실시한다.
④ 구강건강실태조사에 관하여 이에 규정된 것 외에 필요한 사항은 질병관리청장이 따로 정한다.

구강건강상태조사에 포함되어야 할 사항(시행령 제4조)
• 치아건강상태
• 치주조직건강상태
• 틀니보철상태
• 기타 치아반점도 및 구강건강상태에 관한 사항

구강건강의식조사에 포함되어야 할 사항(시행령 제4조)
• 구강보건에 대한 지식
• 구강보건에 대한 태도
• 구강보건에 대한 행동
• 기타 구강보건의식에 관한 사항

(13) 수돗물불소농도조정사업의 관리(법 제11조)

사업관리자(시·도지사, 시장·군수·구청장 및 한국수자원공사 사장)는 수돗물불소농도조정사업과 관련된 업무 중 보건복지부령으로 정하는 업무를 일반수도사업을 하는 사업소의 장 또는 보건소장으로 하여금 수행하게 할 수 있다.
① 불소화합물 첨가시설의 설치 및 운영
② 불소농도 유지를 위한 지도·감독
③ 불소화합물 첨가 인력의 안전 관리
④ 불소제제의 보관 및 관리에 관한 지도·감독

구강건강실태조사를 실시하는 주기는?
① 1년
② 3년
③ 5년
④ 7년
⑤ 10년
답 ②

다음 중 구강건강상태조사에 포함되는 내용이 아닌 것은?
① 치아건강상태
② 틀니보철상태
③ 치주조직건강상태
④ 치아반점도 상태
⑤ 흡연 및 음주 상태
답 ⑤

다음 중 수돗물불소농도조정사업의 사업관리자가 아닌 것은?
① 시장
② 시장·군수·구청장
③ 한국수자원공사 사장
④ 보건소장
⑤ 도지사
답 ④

(14) 수돗물불소농도조정사업의 계획 및 시행(법 제10조)

① 수돗물불소농도조정사업을 시행하려는 시·도지사, 시장·군수·구청장 또는 한국수자원공사법에 따른 한국수자원공사 사장은 다음 내용이 포함된 사업계획을 수립하여야 한다.
  ㉠ 정수시설 및 급수 인구 현황
  ㉡ 사업 담당 인력 및 예산
  ㉢ 사용하려는 불소제제 및 불소화합물 첨가시설
  ㉣ 유지하려는 수돗물 불소농도
  ㉤ 그 밖에 보건복지부령으로 정하는 사항
② 시·도지사, 시장·군수·구청장 또는 한국수자원공사 사장은 공청회나 여러 조사 등을 통해 관계 지역주민의 의견을 적극 수렴하고 그 결과에 따라 수돗물불소농도조정사업을 시행 또는 중단할 수 있다.
③ 보건복지부장관은 사업의 수립·시행에 필요한 기술적·재정적 지원을 할 수 있다.
※ 수돗물불소농도조정사업 계획의 내용(시행규칙 제5조)
  ① 수돗물불소농도조정사업 대상 국민의 안전관리에 관한 사항
  ② 수돗물불소농도조정사업의 발전방안에 관한 사항
  ③ 수돗물불소농도조정사업 계획의 평가에 관한 사항
  ④ 그 밖에 보건복지부장관이 수돗물불소농도조정사업 계획의 수립 및 시행에 필요하다고 인정하는 사항

(15) 수돗물불소농도조정사업계획 내용의 공고사항(시행령 제5조)

수돗물불소농도조정사업을 시행 또는 중단하려는 시·도지사, 시장·군수·구청장 또는 한국수자원공사 사장은 수돗물불소농도조정사업계획에 관한 다음의 내용을 해당 지역주민에게 3주 이상 공보와 해당 지역을 주된 보급지역으로 하는 일간신문에 공고해야 하고 그 밖에 필요한 경우에는 인터넷 홈페이지, 방송 등 효과적인 방법으로 공고할 수 있다.
① 수돗물불소농도조정사업의 시행목적 또는 중단사유
② 수돗물불소농도조정사업의 필요성
③ 수돗물불소농도조정사업의 시행대상 정수장 및 사업대상 지역
④ 수돗물불소농도조정사업의 중단대상 정수장 및 사업대상 지역
⑤ 그 밖에 주민들의 의견 수렴에 필요하다고 인정되는 사항

다음 중 수돗물불소농도조정사업과 관련한 보건소장의 업무가 아닌 것은 무엇인가?

① 불소농도의 측정 및 기록
② 수돗물불소농도조정사업에 대한 교육 및 홍보
③ 연 2회 이상의 불화합물 첨가시설의 점검업무
④ 불소화합물 첨가시설의 점검
⑤ 불소화합물 첨가시설의 운영 및 유지관리

답 ⑤

(16) 수돗물불소농도조정사업과 관련한 보건소장, 상수도 사업소장의 업무(시행규칙 제9조, 제7조)

보건소장의 업무(시행규칙 제9조)

- 불소농도의 측정 및 기록
- 불소화합물 첨가시설의 점검
- 수돗물불소농도조정사업에 대한 교육 및 홍보
- 보건소장이 불소 농도의 측정 및 기록의 업무를 행하는 경우 주 1회 이상 수도꼭지에서 불소농도를 측정하고 그 결과를 별지 제2호 서식의 불소농도측정기록부에 기록하며, 허용범위를 벗어난 경우에는 그 사실을 상수도 사업소장에게 통보해야 한다.
- 보건소장은 불소화합물 첨가시설의 점검업무를 행하는 경우 연 2회 이상 현장을 방문하여 점검하고 그 결과를 별지 제3호 서식의 불소화합물 첨가시설 점검기록부에 기록해야 한다.
- 보건소장은 불소농도 측정결과와 불소화합물 첨가시설 점검결과를 측정 및 점검한 날이 속하는 달의 다음 달 10일까지 사업관리자에게 보고하며, 사업관리자는 통보받은 날로부터 5일 이내에 시·도지사를 거쳐 보건복지부장관에게 통보해야 한다.

상수도 사업소장의 업무(시행규칙 제7조)

- 불소화합물 첨가
- 불소농도 유지
- 불소농도의 측정 및 기록
- 불소화합물 첨가시설의 운영·유지관리
- 불소화합물 첨가 담당자의 안전관리
- 불소제제의 보관 및 관리
- 그 밖에 보건복지부장관이 불소화합물 첨가의 적정화와 안정성 확보를 위해 필요하다고 인정하는 사항
- 상수도 사업소장은 1일 1회 이상 정수장에서 불소농도를 측정하고, 그 결과를 별지 제1호의 서식의 불소농도측정일지에 기록해야 한다.
- 매월의 불소농도 측정결과를 측정한 달의 다음달 10일까지 사업관리자에게 통보하여야 하며, 사업관리자는 통보받은 날로부터 5일 이내에 통보해야 한다.
- 보건복지부장관은 필요하다고 인정할 경우에는 상수도사업장의 불소화합물 첨가장치를 점검하거나 불소농도를 측정할 수 있다.

(17) 불소제제(시행규칙 제4조)

① 불소제제 및 불소화합물 첨가시설은 다음과 같다. 이 경우 불소제제의 표준규격 및 기준 등은 보건복지부장관이 정하는 바에 따른다.
  ㉠ 불소제제 : 불화나트륨, 불화규산 및 불화규소나트륨
  ㉡ 불소화합물 첨가시설 : 정량 불소화합물 첨가기
② 시·도지사, 시장·군수·구청장 또는 한국수자원공사 사장이 유지하려는 수돗물불소농도는 0.8ppm으로 하되, 그 허용범위는 최대 1.0ppm, 최소 0.6ppm으로 한다.

(18) 불소용액의 농도(시행규칙 제10조)

① 불소용액 양치사업에 필요한 양치 횟수는 매일 1회 또는 주 1회로 한다.
② 불소용액 양치사업에 필요한 불소용액의 농도는 매일 1회 양치하는 경우에는 양치액의 0.05%로, 주 1회 양치하는 경우에는 양치액의 0.2%로 한다.
③ 불소 도포사업에 필요한 불소 도포의 횟수는 6개월에 1회로 한다.

(19) 학교 구강보건사업(법 제12조)

① 유아교육법, 유치원 및 초·중등교육법에 따른 학교의 장은 다음의 사업을 해야 한다.
  ㉠ 구강보건교육
  ㉡ 구강검진
  ㉢ 칫솔질과 치실질 등 구강위생관리 지도 및 실천
  ㉣ 불소용액양치와 치과의사 또는 치과의사의 지도에 따른 치과위생사의 불소 도포
  ㉤ 지속적인 구강건강관리
  ㉥ 그 밖에 학생의 구강건강증진에 필요하다고 인정되는 사항
② 학교의 장은 학교 구강보건사업의 원활한 추진을 위하여 그 학교가 있는 지역을 관할하는 보건소에 필요한 인력 및 기술의 협조를 요청할 수 있다.
③ ①에 따른 사업의 세부 내용 및 방법 등에 관하여는 대통령령으로 정한다.

(20) 학교 구강보건교육(시행령 제9조)

① 유아교육법에 따른 유치원 및 초·중등교육법 따른 학교(이하 "학교")의 장은 구강보건교육을 실시하는 경우에는 치아우식증예방 등 구강보건에 관한 사항을 포함하여야 한다.
② 보건복지부장관은 ①의 규정에 의하여 실시하는 학교 구강보건교육에 필요한 자료 등을 교육부장관에게 제공할 수 있다.

(21) 학교 구강검진(시행령 제10조)

학교의 장이 학생에 대하여 학교보건법에 따른 건강검사를 실시한 경우에는 구강검진을 실시한 것으로 본다.

(22) 학교 구강보건시설의 설치(법 제13조, 시행규칙 제11조)

① 학교의 장은 학교 구강보건사업을 시행하기 위하여 보건복지부령으로 정하는 구강보건시설을 설치할 수 있다.
  ㉠ 집단잇솔질을 위한 수도시설
  ㉡ 지속적인 구강건강관리를 위한 구강보건실
  ㉢ 불소용액양치를 위한 구강보건용품 보관시설
② 국가와 지방자치 단체는 구강보건시설을 설치하려는 학교의 장에게 필요한 비용의 전부 도는 일부를 지원할 수 있다.
③ 구강보건시설의 설치기준은 보건복지부장관이 정하는 바에 따른다.

다음 중 학교 구강보건사업의 주체로 적합한 것은 무엇인가?
① 유치원 및 초·중·고등학교의 장
② 보건소장
③ 보건지소장
④ 시장·군수·구청장
⑤ 교육감

답 ①

다음 중 불소용액양치사업으로 매일 1회 양치하는 경우 양치액의 농도로 적절한 것은 무엇인가?

① 0.01%
② 0.05%
③ 0.1%
④ 0.2%
⑤ 0.5%

답 ②

(23) 불소용액의 농도 등(시행규칙 제10조)

① 불소용액양치사업에 필요한 양치 횟수는 매일 1회 또는 주 1회로 한다.
② 불소용액양치사업에 필요한 불소용액의 농도는 매일 1회 양치하는 경우에는 양치액의 0.05%, 주 1회 양치하는 경우에는 양치액의 0.2%로 한다.
③ 불소도포사업에 필요한 불소 도포 횟수는 6개월에 1회로 한다.

(24) 사업장 구강검진(법 제14조, 시행령 제13조~제14조)

① 산업안전보건법에 따라 사업장의 사업주가 보건교육과 건강진단을 실시할 때에는 대통령령으로 정하는 바에 따라 구강보건교육과 구강검진을 함께 실시하여야 한다.

사업장 구강보건사업 중 구강보건교육 내용(시행령 제13조~제14조)
법에 따라 사업장의 사업주가 해당 사업장의 근로자에 대하여 실시하는 구강보건교육에는 다음 사항을 포함하여야 한다. 다만, 직업성 치과질환의 종류, 위험요인, 발생·증상 및 치료, 예방 및 관리에 관한 사항은 직업성 치과질환의 발생위험이 있다고 인정하여 보건복지부령이 정하는 근로자에 대한 구강보건교육의 경우에 한정한다. • 구강보건에 관한 사항 • 직업성 치과질환의 종류에 관한 사항 • 직업성 치과질환의 위험요인에 관한 사항 • 직업성 치과질환의 발생·증상 및 치료에 관한 사항 • 직업성 치과질환의 예방 및 관리에 관한 사항 • 기타 구강보건증진에 사항

② 사업장의 사업주가 산업안전보건법에 따른 건강진단을 실시한 경우에는 구강검진을 실시한 것으로 본다.
③ 사업장의 사업주는 치아부식증 등 구강질환 발생위험이 있는 업무에 종사하는 근로자의 구강보건관리를 위하여 필요한 경우에는 산업구강보건에 관한 학식이 풍부한 치과의사를 위촉할 수 있다.

(25) 사업장 구강보건교육 대상근로자(시행규칙 제12조)

보건복지부령이 정하는 근로자란 산업안전보건법 시행규칙에 따른 특수건강진단 시 치과진찰을 요하는 근로자를 말한다.

(26) 노인·장애인 구강보건사업(법 제15조, 시행령 별표 1)

① 국가와 지방자치단체는 노인복지법에 따라 실시하는 건강진단과 보건교육에 구강검진과 구강보건교육을 포함하여야 한다.
② 국가와 지방자치단체는 노인복지법에 따른 노인복지시설 및 장애인복지법에 따른 장애인복지시설을 이용하거나 입소하여 생활하는 노인 및 장애인 또는 재가(在家) 노인 및 장애인을 대상으로 구강보건사업을 실시하여야 한다.
③ 국가와 지방자치단체는 홀로 사는 노인의 구강건강을 위하여 노력하여야 한다.

④ 노인 및 장애인의 구강보건교육사업 및 구강검진사업의 내용

구 분	내 용
구강보건교육사업	• 치아우식증의 예방 및 관리 • 치주질환의 예방 및 관리 • 치아마모증의 예방과 관리 • 구강암의 예방 • 틀니 관리 • 그 밖의 구강질환의 예방과 관리
구강검진사업	• 치아우식증 상태 • 치주질환 상태 • 치아마모증 상태 • 구강암 • 틀니 관리 • 그 밖의 구강질환 상태

(27) 장애인 구강진료센터의 설치 등(법 제15조의2)

① 보건복지부장관은 장애인의 구강보건 및 구강건강증진에 관한 다음의 업무를 수행하기 위하여 중앙장애인 구강진료센터를 설치·운영하여야 한다.
  ㉠ 권역장애인 구강진료센터 및 지역장애인 구강진료센터의 진료지침 및 방향설정
  ㉡ 권역장애인 구강진료센터 및 지역장애인 구강진료센터와의 정보의 공유 및 협력
  ㉢ 장애인 구강환자의 진료
② 시·도지사는 장애인의 구강진료 등 구강보건 및 구강건강증진을 효율적으로 추진하기 위하여 권역장애인 구강진료센터 및 지역장애인 구강진료센터를 설치·운영할 수 있다. 이 경우 권역장애인 구강진료센터는 각 시·도에 1개소 이상 설치·운영하여야 한다.
③ 보건복지부장관과 시·도지사는 ① 및 ②에 따른 중앙장애인 구강진료센터, 권역장애인 구강진료센터 및 지역장애인 구강진료센터의 설치·운영을 업무에 필요한 전문인력과 시설을 갖춘 기관에 위탁할 수 있다.
④ 보건복지부장관과 시·도지사는 ① 및 ②에 따른 중앙장애인 구강진료센터, 권역장애인 구강진료센터 및 지역장애인 구강진료센터를 위탁·운영하는 자에게 위탁·운영에 필요한 경비의 전부 또는 일부를 보조할 수 있다.
⑤ ① 및 ②에 따른 중앙장애인 구강진료센터, 권역장애인 구강진료센터 및 지역장애인 구강진료센터의 설치·운영 및 ③에 따른 위탁 등에 필요한 사항은 보건복지부령으로 정한다.

(28) 장애인 구강진료센터에 관한 정보제공(법 제15조의3)

국가와 지방자치단체는 장애인이 장애인 구강진료센터의 구강 진료를 쉽게 이용할 수 있도록 장애인에게 장애인 구강진료센터에 관한 정보를 제공하여야 한다.

다음 중 모자·영유아 구강보건사업의 모자보건수첩에 기록하는 사항이 아닌 것은?

① 임산부의 산전 및 산후의 구강건강관리에 관한 사항
② 구강질환의 치료에 관한 사항
③ 구강질환의 예방에 관한 사항
④ 임산부 또는 영유아의 정기 구강건강진단에 관한 사항
⑤ 영유아의 구강 발육에 대한 사항

답 ②

(29) 모자·영유아 구강보건사업(법 제16조, 시행규칙 제13조~제15조)

① 특별자치시장·특별자치도지사 또는 시장·군수·구청장은 모자보건수첩을 발급받은 임산부와 영유아를 대상으로 구강보건교육과 구강검진을 실시하고 그 결과를 모자보건수첩에 기록·관리하여야 한다.
② 「영유아보육법」에 따라 실시하는 영유아건강진단에는 구강검진을 포함하여야 한다.
③ ①, ②에 따른 구강보건교육과 구강검진에 필요한 사항은 보건복지부령으로 정한다.

모자보건수첩 기재사항(시행규칙 제13조)
- 임산부의 산전 및 산후의 구강건강관리에 관한 사항
- 임산부 또는 영유아의 정기 구강검진에 관한 사항
- 영유아의 구강 발육과 구강관리상의 주의사항
- 구강질환 예방진료에 관한 사항
- 그 밖에 임산부 및 영유아의 구강건강관리에 필요한 사항

임산부·영유아 구강보건교육내용(시행규칙 제14조)
- 치아우식증(충치)의 예방 및 관리
- 치주질환(잇몸병)의 예방 및 관리
- 그 밖의 구강질환의 예방 및 관리

임산부·영유아 구강검진내용(시행규칙 제15조)
- 임산부 : 치아우식증 상태, 치주질환 상태, 치아마모증 상태, 그 밖의 구강질환 상태
- 영유아 : 치아우식증 상태, 치아 및 구강 발육 상태, 그 밖의 구강질환 상태

다음 중 보건소의 구강보건실 또는 구강보건센터의 업무에 해당하는 사항이 아닌 것은 무엇인가?

① 구강건강증진을 위한 교육과 홍보
② 노인틀니사업
③ 학교불소용액양치사업
④ 취약계층의 구강질환의 예방 및 진료
⑤ 치아 홈 메우기와 스케일링

답 ③

(30) 보건소의 구강보건실 또는 구강보건센터의 업무 등(시행규칙 제16조의2)

① 구강보건실의 업무
 ㉠ 구강건강증진을 위한 교육·홍보
 ㉡ 구강질환 예방을 위한 불소용액 양치 및 불소 도포, 치아 홈 메우기, 스케일링
 ㉢ 구강검진, 노인틀니사업
 ㉣ 수돗물불소농도조정사업

② 구강보건센터의 업무
 ㉠ 구강건강증진을 위한 교육·홍보
 ㉡ 구강질환 예방을 위한 불소용액 양치 및 불소 도포, 치아 홈 메우기, 스케일링
 ㉢ 구강검진, 노인틀니사업
 ㉣ 수돗물불소농도조정사업
 ㉤ 지역 내 구강건강증진 관련 민간 협력체계 구축
 ㉥ 노인·장애인 및 취약계층의 구강질환 예방 및 진료

③ 구강보건센터의 시술 및 장비 기준(시행규칙 별표)

시 설	면 적	장 비	비 고
구강 진료실	40m² 이상	• 치과용 유닛 체어 2대 • 진료용의자 • 공기압축기, 석션기 • 멸균기 • 구내 X-ray 촬영기 • 치석제거기 • 광중합기 • 진료물품 보관 냉장고 • 냉난방기	유닛 체어 2대(장애인 유닛 체어 포함) 이상을 이용하여 구강질환 예방·치료 등의 1차 진료를 할 수 있는 정도의 시설장비
구강보건 교육실	33m² 이상	• 교육용 칫솔모형 • 교육용 치아모형 • 칫솔질용 세면대 • 간이 위상차 현미경 • 컴퓨터 • 모니터 • 구강카메라 • 교육 상담용 탁자 • 교육물품 보관장 • 냉난방기	
구강보건 사업실	27m² 이상	• 컴퓨터, 프린터 • 전화기, 팩스 • 사무용 책상, 의자 • 회의용 탁자, 의자 • 복사기	

(31) 교육훈련 위탁대상 전문 관계 기관(시행규칙 제17조)

보건복지부장관이 구강보건사업과 관련되는 인력의 자질 향상을 위한 교육훈련을 위탁할 수 있는 전문 관계 기관은 다음과 같다.
① 시·도 지방공무원교육원
② 구강보건전문연구기관
③ 구강보건사업을 하는 법인 또는 단체

(32) 보건소의 구강보건시설 설치·운영(법 제17조의2)

특별자치시·특별자치도 또는 시·군·구의 보건소에는 구강질환 예방 및 진료를 위하여 보건복지부령으로 정하는 바에 따라 구강보건실 또는 구강보건센터를 설치·운영하여야 한다.

(33) 구강관리용품의 연구·개발지원(법 제18조)

보건복지부장관은 「위생용품 관리법」에 따른 구강관리용품의 생산을 위한 연구·개발을 하는 기관·단체 등에 재정적 지원을 할 수 있다.

CHAPTER 01 적중예상문제

1 의료법(의료기관, 의료인, 의료광고, 감독)

01 다음 중 의료인이 아닌 사람은?
① 의 사
② 치과의사
③ 한의사
④ 조산사
⑤ 간호조무사

02 의료법상 종합병원의 병상요건 수는?
① 300개 이상
② 100개 이상
③ 50개 이상
④ 30개 이상
⑤ 10개 이상

> **해설**
> - 종합병원(의료법 제3조의 3) : 100개 이상~300개 이하, 300개 초과에 따라 진료과목 상이
>   - 100개 이상~300개 이하 : 7개 이상(내과·외과·소아청소·산부 중 3+영상, 마취 2+진단검사 or 병리 중 1을 포함)
>   - 300개 초과 : 9개 이상(내과·외과·소아청소·산부·영상·마취 중 6+진단 or 병리 중 1+정신과, 치과)
> - 병원(의료법 제3조의 2) : 30개 이상(병원과 한방병원만 해당)

03 다음 중 주로 입원환자에 대한 의료를 행할 목적으로 개설하는 의료기관은 무엇인가?
① 종합병원
② 치과병원
③ 요양병원
④ 의 원
⑤ 조산원

04 의료법상 규정한 의료기관이 아닌 것은?
① 의 원
② 치과의원
③ 한방병원
④ 대학병원
⑤ 종합병원

> **해설**
> **의료기관의 종류(의료법 제3조)**
> 종합병원, 병원, 한방병원, 치과병원, 요양병원, 정신병원, 의원, 치과의원, 한의원, 조산원(총 10종)

05 다음 중 조산사의 자격과 관련된 내용으로 적절하지 않은 것은 무엇인가?
① 간호사의 면허를 소지
② 인정된 의료기관에서 100건의 조산수습과정 수료
③ 보건복지부장관이 인정하는 외국의 조산사 면허를 받은 자
④ 인정된 의료기관은 산부인과 및 소아청소년과 수련병원이다.
⑤ 인정된 의료기관의 월평균 분만건수는 100건 이상이어야 한다.

> **해설**
> ② 인정된 의료기관에서 1년간 조산수습과정을 마친 자

06 다음 중 의료인의 권리로 적합하지 않은 것은 무엇인가?
① 의료기술 등에 대한 보호
② 의료기재의 압류 금지
③ 진료의 거부 금지
④ 기구 등의 우선 공급
⑤ 의료인의 의료행위에 대해 간섭할 수 없음

정답 01 ⑤ 02 ② 03 ① 04 ④ 05 ② 06 ③

07 다음 중 출생 및 사망의 증명서를 교부할 수 있는 사람은 누구인가?
① 치과의사 ② 약사
③ 간호사 ④ 치과위생사
⑤ 조산사

08 다음 중 진료기록부의 보존기간은 얼마인가?
① 1년 ② 2년
③ 3년 ④ 5년
⑤ 10년

09 다음 중 방사선 사진의 보존기간은 얼마인가?
① 1년 ② 2년
③ 3년 ④ 5년
⑤ 10년

10 의료법상 환자의 진단서 보존기간은?
① 1개월 ② 1년
③ 2년 ④ 3년
⑤ 5년

해설
진료기록부 등의 보관
- 2년
  - 처방전(의료법 시행규칙 제15조)
  - 치과기공물 제작의뢰서(의료기사 등에 관한 법률 시행규칙 제12조의5)
- 3년
  - 진단서(의료법 시행규칙 제15조)
  - 보수교육대상자명단, 보수교육면제자명단, 그 밖에 교육 이수자가 교육을 이수하였다는 사실을 확인할 수 있는 서류 기록(의료기사 등에 관한 법률 시행규칙 제21조)
- 5년 : 환자 명부, 검사내용 및 검사소견 기록, 방사선 사진 및 소견서, 간호기록부, 조산기록부
- 10년 : 진료기록부, 수술기록

11 의료기관에서 진단용 방사선 발생장치를 설치 및 운영하기 위해 어떻게 하는가?
① 시장·군수·구청장에게 신고
② 시장·군수·구청장에게 허가
③ 보건소장에게 신고
④ 보건소장에게 허가
⑤ 시·도지사에게 신고

해설
- 의료기관 종별과 상관없이 시장·군수·구청장에게 신고
- 시장·군수·구청장에게 신고해야 할 때
  - 의원, 치과의원, 한의원, 조산원의 개설
  - 의료기관 개설자가 폐업 또는 1개월 이상의 휴업

정답 07 ⑤ 08 ⑤ 09 ④ 10 ④ 11 ①

12 다음 중 의료인, 의료기관 개설자 및 의료기관 종사자가 의약품공급자로부터 받아서는 안 되는 부당한 경제적 이득에 해당하는 것은?

① 판매촉진 목적의 물품 제공
② 임상시험 지원
③ 견본품 제공
④ 학술의 대회 지원
⑤ 대금결제조건에 따른 비용 할인

13 다음 중 의료행위에 대한 설명으로 옳지 않은 것은 무엇인가?

① 수술, 수혈, 전신마취를 하는 경우 서면으로 동의를 받는다.
② 설명 및 동의절차로 인해 수술이 지체되어 생명이 위험해지는 경우는 동의를 받지 않아도 됨을 보건복지부령으로 정한다.
③ 동의를 받은 사항 중 수술 방법 및 내용이 변경되면 환자에게 서면 통보한다.
④ 환자는 동의서의 사본 발급 요청이 가능하다.
⑤ 동의를 받은 사항 중 수술 등에 참여하는 주된 의사, 치과의사, 한의사가 변경된 경우 서면 통보한다.

14 다음 중 무면허 의료행위 등 금지의 예외사항이 아닌 것은 무엇인가?

① 국민에 대한 의료봉사활동을 위한 의료행위
② 교육사업을 위한 업무
③ 국제봉사단의 의료봉사업무
④ 전공분야와 관련된 실습을 위해 지도교수의 지도와 감독을 받는 의료행위
⑤ 국가비상사태에서의 의료행위

15 다음 중 의료기관 개설권자가 아닌 사람은?

① 의 사
② 치과의사
③ 한의사
④ 조산사
⑤ 간호사

16 다음 중 개설을 위해 시·도지사의 허가가 필요한 의료기관은 무엇인가?

① 치과병원
② 치과의원
③ 의 원
④ 한의원
⑤ 조산원

17 의료기관 개설자가 개설허가 취소를 받았을 때, 의료기관의 운영을 못하는 기간은?

① 1개월
② 2개월
③ 3개월
④ 6개월
⑤ 3년

해설

의료기관의 개설허가 취소(의료법 제64조)
- 개설허가 취소 또는 폐쇄명령을 받은 자는 개설허가 취소 또는 폐쇄 명령을 받은 날부터 6개월 이내 의료기관 개설 및 운영 불가
- 의료기관 개설자가 거짓으로 진료비를 청구하고, 금고 이상의 형을 받아 형이 확정된 경우는 3년 이내 의료기관 개설 및 운영 불가
- 개설신고 또는 개설 허가 후 3개월 이내 정당 사유 없이 업무 시작 안 하면 개설허가 취소
- 정당한 사유 없이 폐업, 휴업 신고 없이 6개월 이상 의료업 하지 않으면 개설허가 취소

정답 12 ① 13 ② 14 ⑤ 15 ⑤ 16 ① 17 ④

18 다음 중 의료기관개설자는 얼마 이상의 휴업 시 관할 시장·군수·구청장에게 신고해야 하는가?
① 1주일 ② 1개월
③ 3개월 ④ 6개월
⑤ 1년

19 다음 중 폐업 시 진료기록부를 이관하는 곳은 어디인가?
① 관할 보건소장
② 관할 시·군·구청장
③ 시·도지사
④ 질병관리청
⑤ 국민건강보험공단

20 다음 중 의료광고 금지 등의 내용에 포함되지 않는 것은 무엇인가?
① 수술장면 등의 직접적 시술행위를 노출
② 신문, 방송, 잡지 등을 이용해 전문가의 의견형태로 표현되는 광고
③ 외국인 환자를 유치하기 위한 국외 광고
④ 다른 의료인 등을 비방하는 내용의 광고
⑤ 평가받지 않은 신의료기술에 대한 광고

21 의료법상 의료인의 결격사유로 옳지 않은 것은?
① 전문의에게 의료인 적합판정을 받은 정신질환자
② 피성년후견인
③ 피한정후견인
④ 금고 이상의 형을 받은 자
⑤ 마약·대마 중독자

해설

의료인의 결격사유(의료법 제8조)
- 정신질환자, 마약·대마·향정신성의약품 중독자, 피성년후견인, 피한정후견인, 금고 이상의 형을 받은 자
- 전문의에게 의료진 적합판정을 받은 정신질환자의 예외에 해당

22 다음 중 의료인의 품위를 심하게 손상시킨 경우 해당 의료인의 자격정지기간은?
① 1개월 이내 ② 6개월 이내
③ 1년 이내   ④ 3년 이내
⑤ 5년 이내

23 다음 중 의료인의 품위손상행위로 적합하지 않은 것은?
① 비도덕적 진료행위
② 거짓 또는 과대광고행위
③ 지나친 진료행위로 부당하게 많은 진료비를 요구하는 행위
④ 환자를 영리를 목적으로 자신이 종사하는 의료기관으로 유인하는 행위
⑤ 학문으로 인정되는 진료행위

정답 18 ② 19 ① 20 ③ 21 ① 22 ③ 23 ⑤

24 의료법상 의료기관의 인증기준에 해당하지 않는 것은?

① 의료기관의 의료서비스 질 향상 활동
② 의료기관의 조직·인력관리
③ 의료서비스의 제공과정
④ 환자의 권리와 안전
⑤ 의료인의 의무와 안전

해설

의료기관 인증기준(의료법 제58조의3)
- 의료기관의 인증기준 : 환자의 권리와 안전, 의료기관의 의료서비스 질 향상 활동, 의료서비스의 제공과정 및 성과, 의료기관의 조직·인력관리 및 운영, 환자 만족도
- 의료기관 인증 유효기간 : 4년(단, 조건부 인증이면 1년)

25 다음 중 청문을 실시해야 하는 상황이 아닌 것은?

① 의료법인의 설립허가 취소
② 의료기관의 개설허가 취소
③ 의료기관의 폐쇄 명령
④ 의료인의 자격 정지
⑤ 시설 및 장비의 사용금지 명령

2 의료기사 등에 관한 법률(목적 및 종류, 면허 및 결격사유, 의료기사 등의 의무, 감독 및 벌칙)

01 의료기사 등에 관한 법률상 의료기사의 종별에 해당하는 것은?

① 안경사
② 의료코디네이터
③ 치과위생사
④ 언어치료사
⑤ 보건의료정보관리사

해설

- 의료기사 : 치과위생사, 물리치료사, 작업치료사, 방사선사, 임상병리사, 치과기공사
- 의료기사 등 : 의료기사(6종) + 보건의료정보관리사, 안경

02 다음 중 의료기사 등의 국가시험 실시의 주최자로 옳은 것은?

① 대통령
② 보건복지부장관
③ 시·도지사
④ 시·군·구청장
⑤ 보건소장

03 다음 중 보건복지부장관이 면허증 교부를 신청받은 후 며칠 이내에 종별에 따른 면허증을 교부해야 하는가?

① 7일　　　② 14일
③ 21일　　④ 30일
⑤ 45일

04 의료기사 등에 관한 법률상 의료기사 등의 실태와 취업상황의 신고는 몇 년마다 하는가?

① 1년　　　② 2년
③ 3년　　　④ 4년
⑤ 5년

해설

- (의료인·의료기사 공통) 최초 면허 발급 후 3년마다 보건복지부장관에게 신고, 매년 8시간 이상 보수교육 이수(의료기사 등에 관한 법률 제11조, 시행령 제11조)
- 실태와 취업상황을 허위로 신고한 사람은 100만원 이하의 과태료 (의료기사 등에 관한 법률 제33조)

정답 24 ⑤　25 ④ / 01 ③　02 ②　03 ②　04 ③

05 다음 중 의료기사 등이 이수해야 하는 보수교육시간은 연간 몇 시간인가?

① 2시간
② 4시간
③ 6시간
④ 8시간
⑤ 10시간

06 치과위생사가 업무상 알게 된 비밀을 누설한 경우의 벌칙은?

① 100만원 이하의 과태료
② 500만원 이하의 과태료
③ 500만원 이하의 벌금
④ 1년 이하의 징역 또는 1천만원 이하의 벌금
⑤ 3년 이하의 징역 또는 3천만원 이하의 벌금

해설
① 100만원 이하의 과태료 : 실태와 취업상황 허위신고, 폐업신고를 안 하거나 등록사항의 변경신고 안 함
② 500만원 이하의 과태료 : 시정명령 불이행
③ 500만원 이하의 벌금 : 면허 없이 의료기사 명칭 또는 유사명칭 사용, 2개소 이상의 치과기공소 개설자, 무등록 치과기공소 개설자, 영리목적으로 특정 치과기공소 또는 치과기공사에게 고객 알선·소개 및 유인한 자
⑤ 3년 이하의 징역 또는 3천만원 이하의 벌금 : 의료기사 등의 면허 없이 의료기사 등의 업무를 한 자, 다른 사람에게 면허를 대여한 자, 면허를 대여받거나 대여를 알선한 자, 업무상 비밀 누설한 자, 치과기공사 면허 없이 치과기공소 개설한 자, 치과기공물 제작의뢰서를 따르지 않고 업무를 수행한 자

07 다음 중 의료기사 등의 자격정지처분은 그 사유가 발생한 날로부터 얼마가 지나면 하지 못하는가?

① 6개월
② 1년
③ 2년
④ 3년
⑤ 5년

08 의료법상 의료기사 등의 품위손상행위에 해당하는 것은?

① 거짓, 과대광고 행위
② 검사결과 거짓 판시
③ 직무 관련 부당한 금품수수
④ 지나친 진료행위
⑤ 영리를 목적으로 환자의 유인 알선 행위

해설
- 의료기사 등의 품위손상행위(4가지) : 의료기사 등의 업무 범위를 벗어나는 행위, 의사나 치과의사의 지도를 받지 아니하고 업무를 하는 행위(보건의료정보관리사, 안경사 제외), 비학문적·비윤리적 업무, 검사결과 거짓 판시(의료기사 등에 관한 법률 시행령 제13조)
- 의료인의 품위손상행위(6가지) : 비학문적·비도덕적 업무, 거짓 또는 과대광고행위, 지나친 진료행위를 하거나 부당하게 많은 진료비 요구행위, 직무 관련 부당한 금품수수, 영리를 목적으로 환자를 유인하거나 유인하게 하는 행위, 영리를 목적으로 환자를 특정 약국에 유치하기 위하여 약국 개설자나 약국에 종사하는 자와 담합하는 행위(의료법 시행령 제32조)

09 다음 중 시정명령을 이행하지 않은 자의 과태료 부과기준과 징수절차는 무엇에 따르는가?

① 대통령령
② 보건복지부장관령
③ 시·도 조례
④ 의료법
⑤ 의료기사 등의 관한 법률

정답 05 ④　06 ⑤　07 ⑤　08 ②　09 ①

10 치과위생사 국가시험에서 다른 응시자의 답안지·문제지를 엿보고 답안지를 작성할 때의 응시 제한 횟수는?
① 1회 ② 2회
③ 3회 ④ 4회
⑤ 5회

정답 ②

해설
- 1회 : 시험 중 대화·손동작·소리 등 서로 의사소통, 허용되지 않은 자료를 가지고 있거나 이용
- 2회 : 시험 중 다른 응시자의 답안지·문제지 엿보고 답안지 작성, 시험 중 답안을 알려주거나 엿봄, 도움을 받아 답안 작성 또는 다른 응시자의 답안 작성을 도움, 다른 응시자와 답안지 교환, 시험 중 비허용 전자장비, 통신기기, 전자계산기 사용하여 답안 작성 및 전송, 시험 중 시험문제 내용 관련 물건 교환
- 3회 : 대리시험 치르거나 치르게 하는 행위, 사전에 시험문제 또는 답안을 타인에게 알려주거나 알고 시험을 치름

3 지역보건법(지역보건의료계획, 보건소 및 보건지소)

01 다음 중 지역보건법의 목적으로 적합하지 않은 것은 무엇인가?
① 보건소 등 지역보건의료기관의 설치와 운영
② 보건의료 관련 기관·단체와의 연계·협력해야 함
③ 지역보건의료정책을 효율적으로 추진
④ 국민보건의 유지에 이바지함
⑤ 지역보건의료기관의 기능을 효과적으로 수행하는 데 필요한 사항 규정

02 다음 중 국가와 지방자치단체의 책무로 적합하지 않은 것은 무엇인가?
① 지역보건의료업무의 효율적 추진을 위한 인적지원 고려
② 인력의 자질 향상에 관한 노력
③ 인력의 양성과 확보
④ 정보의 수집, 관리, 활용과 보호
⑤ 지역보건의료에 관한 조사와 연구

03 다음 중 지역사회 건강실태조사에 대한 설명으로 옳지 않은 것은 무엇인가?
① 지역주민의 건강상태 파악을 위해 실시한다.
② 지역주민의 건강 문제의 원인 파악을 위해 실시한다.
③ 지역사회 건강실태조사는 매년 실시한다.
④ 방법과 내용 등은 보건복지부령으로 정한다.
⑤ 국가와 지방자치단체가 실시한다.

04 지역보건법상 전문인력의 적정 배치와 운영으로 옳은 것은?
① 전문인력의 운영 실태를 3년마다 조사
② 시·도지사는 전문인력의 교류를 권고할 수 있음
③ 전문교육훈련을 3주 이상 시행함
④ 해당 분야에 3년 이상 종사자를 우선 임용
⑤ 전문인력의 운영 실태조사는 시·군·구청장이 주관

해설
① 전문인력의 운영 실태는 2년마다 조사
③ 전문교육훈련은 1주 이상, 기본교육훈련은 3주 이상 시행
④ 해당 분야의 2년 이상 종사자 우선 임용
⑤ 전문인력의 운영 실태조사는 보건소장이 주관

05 다음 중 지역보건의료계획의 세부내용으로 적합하지 않은 것은 무엇인가?
① 보건의료 필요의 측정
② 지역보건의료서비스에 관한 장기·단기 공급대책
③ 인력, 조직, 재정 등의 보건의료자원의 조달 및 관리
④ 지역보건의료에 관련된 통계의 수집과 정리
⑤ 지역보건의료서비스의 제공을 위한 전달체계 구성 방안

정답 10 ② / 01 ④ 02 ① 03 ④ 04 ② 05 ①

06 다음 중 지역보건의료계획의 내용을 공고하는 기간으로 가장 적절한 것은 무엇인가?

① 1주 이상 ② 2주 이상
③ 3주 이상 ④ 4주 이상
⑤ 5주 이상

07 지역보건법상 국가와 시·도가 지역보건의료기관의 설치비와 부대비에 보조금을 지급하는 경우 그 한도는?

① 5분의 2 이내 ② 4분의 1 이내
③ 3분의 2 이내 ④ 3분의 1 이내
⑤ 2분의 1 이내

해설
비용의 보조(지역보건법 제24조)
- 설치비와 부대비 : 3분의 2 이내
- 운영비와 시행비 : 2분의 1 이내

08 다음 중 보건소의 기능으로 적절하지 않은 것은 무엇인가?

① 지역보건의료계획의 평가
② 감염병의 예방 및 관리
③ 모성과 영유아의 건강 유지와 증진
④ 여성, 노인, 장애인 등의 보건의료 취약 계층의 건강 유지와 증진
⑤ 건강검진 및 만성질환 등의 질병관리에 관한 사항

09 다음 중 보건소장의 자격을 갖춘 사람은 누구인가?

① 의 사
② 치과의사
③ 한의사
④ 보건의무직공무원의 1년 이상의 근무경험
⑤ 보건의무직공무원의 3년 이상의 근무경험

10 지역보건법상 지역보건의료기관이 아닌 것은?

① 약 국
② 보건소
③ 보건의료원
④ 보건지소
⑤ 건강생활지원센터

해설
- 지역보건의료기관(4종) : 보건소, 보건의료원, 보건지소, 건강생활지원센터
- 보건의료기관 기관·단체(3종) : 의료기관, 약국, 보건의료인 단체

11 다음 중 시장·군수·구청장이 지역보건의료서비스의 조사 및 제출받은 정보를 보관할 수 없는 기간으로 옳은 것은?

① 1년 초과
② 2년 초과
③ 3년 초과
④ 4년 초과
⑤ 5년 초과

정답 06 ② 07 ③ 08 ① 09 ① 10 ① 11 ⑤

12 지역보건법상 지역보건의료서비스에 해당하는 것은?

① 감염병의 치료와 재활
② 전문인력의 적정 배치와 교육
③ 급성 질환의 질병관리
④ 생명존중에 대한 사항
⑤ 국민보건 향상을 위한 지도·관리

> **해설**
> **지역보건의료서비스의 종류(지역보건법 제11조)**
> 국민건강증진·구강건강·영양관리사업 및 보건교육, 감염병의 예방 및 관리, 모성과 영유아의 건강유지·증진, 여성·노인·장애인 등 보건의료 취약계층의 건강 유지·증진, 정신건강증진 및 생명존중에 관한 사항, 지역주민 대한 진료, 건강검진 및 만성 질환 등의 질병관리에 관한 사항, 가정 및 사회복지시설 등을 방문하여 행하는 보건의료 및 건강사업, 난임의 예방과 관리

4 구강보건법(목적 및 책무, 구강보건사업계획, 수돗물불소농도조정사업, 구강보건사업)

01 다음 중 구강보건법의 목적으로 적절한 것은?

① 국민의 구강보건에 관하여 필요한 사항을 규정
② 국민의 구강질환을 치료
③ 국민의 구강기능을 재활
④ 국민의 구강건강 유지에 이바지
⑤ 국민의 구강보건의 정책 수립에 기여

02 다음 중 구강보건사업의 내용으로 적절하지 않은 것은 무엇인가?

① 수돗물불소농도조정사업
② 사업장 구강보건사업
③ 노인구강보건사업
④ 영유아 구강보건사업
⑤ 구강보건 관련 시설강화에 관한 사업

03 다음 중 구강건강의식조사에 포함되는 사항이 아닌 것은 무엇인가?

① 기타 구강보건의식에 대한 사항
② 구강보건에 대한 지식
③ 구강보건에 대한 관심
④ 구강보건에 대한 태도
⑤ 구강보건에 대한 행동

04 구강보건법상 구강건강실태조사의 주기는?

① 연 2회 이상   ② 연 1회
③ 3년   ④ 5년
⑤ 10년

> **해설**
> **지역보건법의 행위별 주기**
> • 구강보건사업 계획 수립 : 5년
> • 구강건강실태조사 : 3년
> • 수돗물불소농도조정사업계획 공고 : 3주 이상
> • 보건소장의 불화물 첨가시설 방문 : 연 2회 이상
> • 보건소장의 수도꼭지 불소농도 측정 : 주 1회

05 다음 중 수돗물불소농도조정사업의 관리내용으로 적합하지 않은 것은?

① 불소화합물 첨가시설의 관리
② 불소농도 유지를 위한 지도와 감독
③ 불소화합물 첨가 인력의 관리
④ 불소제제의 보관 및 관리에 관한 지도와 감독
⑤ 불소화합물 첨가시설의 설치 및 운영

12 ④ / 01 ① 02 ⑤ 03 ③ 04 ③ 05 ①

06 다음 중 수돗물불소농도조정사업의 계획에 포함되어야 하는 내용이 아닌 것은?

① 유지하려는 수돗물 불소농도
② 사용하려는 불소제제
③ 불소화합물 첨가시설
④ 사업 담당 인력 및 교육
⑤ 정수시설 및 급수 인구의 현황

07 다음 중 수돗물불소농도조정사업과 관련하여 상수도사업소장의 정수장에서의 불소농도 측정주기로 옳은 것은 무엇인가?

① 1시간마다 1회 이상
② 12시간마다 1회 이상
③ 1일 1회 이상
④ 7일 1회 이상
⑤ 15일 1회 이상

08 구강보건법상 상수도사업소장의 업무는?

① 불소화합물 첨가시설의 유지관리
② 불소화합물 첨가시설의 설치 및 운영
③ 불소화합물 첨가인력의 안전관리
④ 불소제제의 보관 및 관리에 관한 지도·감독
⑤ 불소농도 유지를 위한 지도·감독

> **해설**
> - 시·도지사, 시·군·구청장, 한국수자원공사 사장의 업무 : 불소화합물 첨가시설의 설치 및 운영, 불소농도 유지를 위한 지도·감독, 불소화합물 첨가인력의 안전관리, 불소제제의 보관 및 관리에 따른 지도·감독
> - 상수도사업소장의 업무 : 불소화합물 첨가, 불소농도 유지, 불소농도 측정 및 기록, 불소화합물 첨가시설의 운영·유지관리, 불소화합물 첨가 담당자의 안전관리, 불소제제의 보관 및 관리, 그 밖에 보건복지부장관이 불소화합물 첨가의 적정화와 안전성 확보를 위해 필요하다고 인정하는 사항

09 다음 중 수돗물불소농도조정사업과 관련하여 유지해야 하는 수돗물 불소농도는 얼마인가?

① 0.6ppm
② 0.8ppm
③ 1.0ppm
④ 1.2ppm
⑤ 지역마다 다르다.

10 다음 중 학교 구강보건사업에 포함되는 내용이 아닌 것은 무엇인가?

① 구강보건교육
② 구강검진
③ 구강위생관리의 지도 및 실천
④ 불소용액양치
⑤ 치면열구전색

11 다음 중 불소도포사업에 필요한 불소도포 주기로 적절한 것은?

① 1개월
② 3개월
③ 6개월
④ 1년
⑤ 2년

정답 06 ④ 07 ③ 08 ① 09 ② 10 ⑤ 11 ③

12 다음 중 학교 구강보건사업을 실시하기 위해 구강보건실을 설치할 수 있는 사람은 누구인가?

① 보건교사
② 학교의 장
③ 보건소장
④ 시장·군수·구청장
⑤ 교육감

13 구강보건법상 학교 구강보건사업의 내용이 아닌 것은?

① 구강검진
② 구강보건교육
③ 지속적 구강건강관리
④ 불소용액 양치
⑤ 부정교합 예방

> **해설**
> **학교 구강보건(구강보건법 제12조)** : 구강보건교육, 구강검진, 칫솔질과 치실질 등 구강위생관리 지도 및 실천, 불소용액 양치와 치과의사 또는 치과의사의 지도에 따른 치과위생사의 불소 도포, 지속적 구강건강관리, 그 밖에 학생의 구강건강증진에 필요하다고 인정되는 사항

14 구강보건법상 임산부의 구강검진 내용은?

① 치아 및 구강발육상태
② 구강암의 예방
③ 치아마모증의 상태
④ 치아우식증의 예방과 관리
⑤ 치주질환의 예방과 관리

> **해설**
> - 임산부의 구강검진 내용 : 치아우식증 상태, 치주질환 상태, 치아마모증 상태, 그 밖의 구강질환 상태
> - 영유아의 구강검진 내용 : 치아우식증 상태, 치아 및 구강발육 상태, 그 밖의 구강질환 상태
> - 노인·장애인의 구강보건 내용 : 치아우식증의 예방과 관리, 치주질환의 예방과 관리, 치아마모증의 예방과 관리, 구강암의 예방, 틀니의 관리, 그 밖의 구강질환의 예방과 관리

15 다음 중 사업장 구강보건사업 중 구강보건교육내용으로 적합하지 않은 것은?

① 직업성 치과질환의 종류
② 직업성 치과질환의 위험요인
③ 직업성 치과질환의 치료
④ 직업성 치과질환의 예방
⑤ 직업성 치과질환의 재활

정답 12 ② 13 ⑤ 14 ③ 15 ⑤

치과위생사 국가시험 한권으로 끝내기

PART 04 최근 기출유형문제

제1회	최근 기출유형문제
제2회	최근 기출유형문제
제3회	최근 기출유형문제
제4회	최근 기출유형문제

제1회	정답 및 해설
제2회	정답 및 해설
제3회	정답 및 해설
제4회	정답 및 해설

합격의 공식 *시대에듀* www.sdedu.co.kr

제1회 최근 기출유형문제

정답 및 해설 **752**쪽

제1교시 | 100문항(85분)

1 의료관계법규

01 의료법상 의료인의 자격정지 사유는?
① 피성년후견인
② 향정신성의약품 중독자
③ 금고 이상의 실형을 선고받고 그 집행이 끝나거나 그 집행을 받지 아니하기로 확정된 후 5년이 지나지 아니한 자
④ 관련 서류를 위조하여 부정한 방법으로 진료비를 거짓 청구한 자
⑤ 특정 지역에 종사할 것을 명하는 면허조건을 이행하지 아니한 자

02 의료법상 400병상의 종합병원에서 갖추어야 하는 필수진료과목은?
① 안 과
② 정형외과
③ 영상의학과
④ 가정의학과
⑤ 피부과

03 의료법상 의료광고가 금지되는 사항은?
① 공공기관으로부터 받은 인증을 표시한 광고
② 의료기관 인증을 표시한 광고
③ 세계보건기구와 협력을 맺은 국제평가기구로부터 받은 인증을 표시한 광고
④ 대통령령으로 정하는 광고
⑤ 신의료기술 평가를 받지 않은 신의료기술광고

04 의료법상 진료기록부 등의 보존기간 10년인 것은?
① 처방전
② 환자 수술기록
③ 방사선 사진
④ 진단서 등의 부본
⑤ 환자 명부

05 의료법상 치과의사가 제출받은 처방전의 대리수령신청서를 보관해야 하는 기간은?
① 1년
② 2년
③ 3년
④ 4년
⑤ 5년

06 의료기사 등에 관한 법률상 2023년 2월에 신규 면허를 취득한 의료기사가 실태와 취업상황을 신고해야 할 시기는?

① 2023년 12월 31일까지
② 2024년 12월 31일까지
③ 2025년 12월 31일까지
④ 2026년 12월 31일까지
⑤ 2027년 12월 31일까지

07 의료기사 등에 관한 법률상 치과위생사의 업무는?

① 임시 충전
② 임플란트 상부구조의 수리
③ 교정징치의 수리
④ 작업모형의 제작
⑤ 삼차원프린터를 이용한 디자인

08 의료기사 등에 관한 법률상 국가시험에서 허용되지 아니한 자료를 가지고 있거나, 이용하는 행위가 적발되어 수험이 정지되었다. 이 사람에 대한 국가시험 응시제한의 기준은?

① 영구적 응시 제한
② 그 후 3회 제한
③ 그 후 2회 제한
④ 그 후 1회 제한
⑤ 해당 연도만 제한

09 의료기사 등에 관한 법률상 3년 이하의 징역 또는 3천만원 이하의 벌금에 처해지는 경우는?

① 의료기사 등의 면허 없이 의료기사 등의 명칭을 사용한 경우
② 2개소 이상의 치과기공소를 개설한 경우
③ 업무상 알게 된 비밀을 누설한 경우
④ 등록을 하지 않고 치과기공소를 개설한 경우
⑤ 실태와 취업상황을 허위로 신고한 경우

10 의료기사 등에 관한 법률상 의료기사 등의 보수교육에 대한 설명으로 옳은 것은?

① 보수교육 관계서류는 1년간 보관한다.
② 해당 연도에 의료기관에서 그 업무에 종사하지 않은 기간이 6개월 이상인 사람에 대해서 해당 연도의 보수교육을 면제할 수 있다.
③ 운전병으로 군 복무 중인 사람에 대해서는 해당 연도의 보수교육을 유예할 수 있다.
④ 보수교육의 시간은 매년 4시간 이상으로 한다.
⑤ 해당 연도에 의료기사 등의 신규 면허를 받은 사람에 대해서는 해당 연도의 보수교육을 면제할 수 있다.

11 지역보건법상 경기도 성남시 분당구 지역보건의료계획의 수립에 대한 내용이다. ( ) 안에 들어갈 단어를 순서대로 알맞게 연결한 것은?

> 시장은 해당 시 지역보건의료심의위원회의 심의를 거쳐 지역보건의료계획을 수립한 후 해당 ( )에 보고하고, ( )에 제출하여야 한다.

① 시의회 – 도지사
② 시의회 – 보건복지부장관
③ 구의회 – 도지사
④ 구의회 – 보건복지부장관
⑤ 도의회 – 보건복지부장관

12 지역보건법상 지역보건의료기관에 대한 설명으로 옳은 것은?

① 동일한 시·군·구에 2개 이상의 보건소가 설치되어 있는 경우 통합할 수 있다.
② 건강생활지원센터는 시·군·구마다 1개씩 설치할 수 있다.
③ 보건소장은 보건진료소의 직원 및 업무에 대하여 지도·감독한다.
④ 지역보건의료기관의 조직은 보건복지부령으로 정한다.
⑤ 보건소 중 병원의 요건을 갖춘 보건소는 보건의료원이라는 명칭을 사용할 수 있다.

13 지역보건법상 지역보건의료기관 전문인력의 적정 배치 등에 대한 설명으로 옳은 것은?

① 해당 분야의 면허를 소지한 사람으로 해당 분야의 업무에 1년 이상 종사한 사람을 우선 임용하여야 한다.
② 기본교육훈련을 1주 이상 실시해야 한다.
③ 시·도지사는 전문인력의 자질향상을 위하여 필요한 교육훈련을 시행하여야 한다.
④ 시·도지사는 전문인력의 배치 및 운영실태를 매년마다 조사하여야 한다.
⑤ 시장·군수·구청장은 전문인력의 교류를 권고할 수 있다.

14 지역보건법상 의과대학에서 국민에 대한 의료봉사활동을 위해 지역주민 다수를 대상으로 순회하는 진료를 하려는 경우 누구에게 신고하여야 하는가?

① 시·도지사
② 시장·군수·구청장
③ 관할 보건소장
④ 질병관리청장
⑤ 보건복지부장관

15 지역보건법상 지역보건의료계획 시행 결과의 평가기준에 대하여 옳은 것은?

① 대통령이 필요하다고 정하는 기준
② 지역보건의료계획 목표의 적합성
③ 보건의료자원의 효율성
④ 지역주민의 참여도
⑤ 지방자치단체의 만족도

16 구강보건법상 국민구강건강실태조사의 시행주기는?

① 6개월
② 1년
③ 2년
④ 3년
⑤ 5년

17 구강보건법상 권역장애인 구강진료센터의 설치·운영을 위탁할 수 있는 기관은?

① 치과병원
② 치과의원
③ 보건소
④ 보건지소
⑤ 보건진료소

18 구강보건법상 수돗물불소농도조정사업과 관련한 보건소장의 업무는?

① 불소화합물의 첨가
② 수돗물불소농도조정사업에 대한 교육과 홍보
③ 불소농도 유지를 위한 지도와 감독
④ 1일 1회 이상 정수장에서 불소농도 측정
⑤ 측정한 불소농도가 0.7ppm인 경우 상수도 사업장에게 통보

19 구강보건법상 노인을 대상으로 하는 구강보건교육사업의 내용이 아닌 것은?

① 치아우식증의 예방과 관리
② 치주질환의 예방과 관리
③ 반점치의 예방
④ 구강암의 예방
⑤ 틀니 관리

20 구강보건법상 학교 구강보건사업의 구강보건교육에 포함되는 내용이 아닌 것은?

① 불소용액의 양치
② 칫솔질과 치실질 등 구강위생관리의 지도
③ 지속적인 구강건강관리
④ 구강검진
⑤ 구강질환 예방진료에 관한 사항

2 구강해부학

21 악관절의 구조에 해당하는 것은?

① 하악절흔
② 경상돌기
③ 하악와
④ 근돌기
⑤ 관골궁

22 하악의 개구운동 초기에 작용하는 근육은?

① 측두근
② 외측익돌근
③ 내측익돌근
④ 악이복근
⑤ 교근

23 악동맥의 가지 중 상악 구치부 치아와 상악동 점막에 분포하는 동맥은?

① 하행구개동맥
② 협동맥
③ 접구개동맥
④ 후상치조동맥
⑤ 심측두동맥

24 하악 제3대구치를 발치할 때 전달마취가 시행되어야 하는 신경은?

① 하치조신경
② 후상치조신경
③ 비구개신경
④ 안와하신경
⑤ 소구개신경

25. 하악 제2소구치 치근단 부위에서 관찰되는 구조물은?
   ① 이복근와
   ② 이결절
   ③ 하악공
   ④ 이 공
   ⑤ 이 극

26. 혀의 뒷부분 1/3 부위에 분포한 림프절은?
   ① 설림프절
   ② 이하림프절
   ③ 이하선림프절
   ④ 심안면림프절
   ⑤ 심경림프절

27. 혀의 후두덮개 부근의 감각과 운동신경으로 옳은 것은?
   ① 설신경
   ② 고삭신경
   ③ 설인신경
   ④ 미주신경
   ⑤ 설하신경

3 치아형태학

28. 치근의 수가 가장 많은 치아는?
   ① 상악 제1대구치
   ② 상악 제1소구치
   ③ 하악 유구치
   ④ 하악 제1대구치
   ⑤ 하악 제2대구치

29. 우각상징에 대한 설명으로 옳은 것은?
   ① 상악 제1소구치에서 가장 뚜렷하게 나타난다.
   ② 구치의 교합연은 원심에서 근심으로 경사진다.
   ③ 근심연은 원심연보다 짧고 곡선적이다.
   ④ 근심절단우각은 예각이고 원심절단우각은 둔각이다.
   ⑤ 절치의 절단연은 수평으로 나타난다.

30. 하악 제1대구치 교합면에 나타나는 삼각융선-삼각구-횡주융선의 수로 옳은 것은?
   ① 5-4-3
   ② 5-3-2
   ③ 4-4-3
   ④ 4-3-2
   ⑤ 4-3-1

31 상악중절치 치관의 특징으로 옳은 것은?
① 왜소치의 형태가 있다.
② 절단연은 수평이다.
③ 원심절단우각보다 근심절단우각이 크다.
④ 절단결절은 연령증가에 따라 마모된다.
⑤ 원심연이 근심연보다 길다.

32 치관의 길이가 가장 긴 치아는?
① 하악 견치
② 상악 견치
③ 하악 측절치
④ 상악 측절치
⑤ 상악 중절치

33 상악 제1소구치에 나타나는 결절은?
① 설면결절
② 개재결절
③ 후구치결절
④ 가성구치결절
⑤ 카라벨리씨결절

34 치근이 협측과 설측으로만 분지된 치아는?
① 상악 제1소구치
② 상악 제2대구치
③ 하악 제1대구치
④ 하악 제2대구치
⑤ 하악 제1유구치

4 구강조직학

35 교원섬유를 생성하는 결합조직의 세포는?
① 형질세포
② 파골세포
③ 대식세포
④ 섬유모세포
⑤ 비만세포

36 법랑질의 성장선 중 석회화에 따른 주기적 변화가 나타나는 성장선은?
① 횡선문
② 에브너선
③ 레찌우스선
④ 안드레젠선
⑤ 신생선

37 구순열의 발생원인으로 옳은 것은?
① 내측비돌기와 외측비돌기의 융합부전
② 외측비돌기와 하악돌기의 융합부전
③ 내측비돌기와 상악돌기의 융합부전
④ 좌우 상악돌기의 융합부전
⑤ 좌우 외측비돌기의 융합부전

38 상아세관이 폐쇄되어 정지우식이나 만성우식에서 나타나는 상아질은?
① 1차 상아질
② 투명상아질
③ 관주상아질
④ 3차 상아질
⑤ 관간상아질

39 침착기에 발생될 수 있는 장애는?
① 치내치
② 법랑진주
③ 왜소치
④ 무치증
⑤ 결 절

40 2차 구개와 비강과 구강의 차단에 관여하는 것은?
① 구개돌기
② 상악돌기
③ 하악돌기
④ 내측비돌기
⑤ 외측비돌기

41 1차 백악질의 특징으로 옳은 것은?
① 성장선의 간격이 규칙적이다.
② 시간이 지나면 층이 더해진다.
③ 백악세포가 있다.
④ 치근분지부에 있다.
⑤ 2차 백악질 완성 후 침착한다.

5 구강병리학

42 노인, 신생아, 당뇨병환자에게 주로 호발되며, 항생제의 남용에 의해 발생되는 질환은?
① 구순포진
② 칸디다증
③ 구강결핵
④ 구강매독
⑤ 대상포진

43 급성 염증 부위로 가장 먼저 이동하여 탐식작용을 하는 세포는?
① 대식세포
② 비만세포
③ 형질세포
④ 호중구
⑤ 호산구

44 초기치수염의 단계로 단것과 차가운 것에 통증이 있는 질환은?
① 가역성 치수염
② 비가역성 치수염
③ 상행성 치수염
④ 급성장액성 치수염
⑤ 급성화농성 치수염

45 교모의 원인으로 옳은 것은?
① 습관성 이갈이
② 과도한 측방교합력
③ 빈번한 과일음료 섭취
④ 잘못된 칫솔질 습관
⑤ 역류성 식도염

46 발치와 내 혈액응고기전이 제대로 이루어지지 않았을 때의 질환은?

① 악골 골수염
② 섬유성 골이형성증
③ 골석회화증
④ 치조골염
⑤ 만성 화농성골수염

47 매독에 감염된 산모의 태반으로부터 수직감염이 된 태아에게 나타날 수 있는 발육이상은?

① 유착치
② 융합치
③ 신생치
④ 법랑진주
⑤ 상실구치

48 양성종양의 특징으로 옳은 것은?

① 방사선상으로 치아가 종양에 포함하고 있다.
② 재발이 많다.
③ 피막이 명확하다.
④ 성장속도가 빠르다.
⑤ 세포분열이 활발하다.

6 구강생리학

49 위(Stomach)에서 분비되어 펩시노겐을 활성화하고 세균의 번식을 억제하는 것은?

① 락타아제
② 트립신
③ 뮤신
④ 레닌
⑤ 염산

50 상하의 치아로 물체를 물었을 때, 물체의 크기와 단단한 정도를 파악하는 것은?

① 위치감각
② 치수감각
③ 교합감각
④ 촉각
⑤ 압각

51 미각의 역할로 옳지 않은 것은?

① 반사적 타액분비로 저작과 연하를 돕는다.
② 반사적 이자액, 위액, 담즙분비로 소화를 돕는다.
③ 생체 내부의 환경유지에 유용하다.
④ 후각 이상과 무관하게 일정하다.
⑤ 미각의 종류에는 단맛, 신맛, 짠맛, 쓴맛, 감칠맛이 있다.

52 타액분비에 대한 설명으로 옳은 것은?

① 수면 시 악하선에서 가장 많이 분비된다.
② 오후 6시경이 타액이 가장 적게 분비된다.
③ 하루 평균 분비량은 0.5L이다.
④ 연령이 증가할수록 분비량이 많아진다.
⑤ 쓴맛 자극에 의한 분비량은 적어진다.

53 유치의 조기탈락 및 영구치의 조기맹출에 관여하는 호르몬은?

① 성장호르몬
② 파라토르몬
③ 에피네프린
④ 갑상선호르몬
⑤ 성선자극호르몬

54 혈액 내의 칼슘농도가 정상보다 낮아지게 될 때 분비가 촉진되는 호르몬은?

① 글루카곤
② 칼시토닌
③ 코르티솔
④ 파라토르몬
⑤ 인슐린

55 상악 전치결손 시에 나타나는 발음장애는?

① k
② s
③ g
④ v
⑤ r

7 구강미생물학

56 세균의 운동에 관여하는 구조는?

① 메소솜　　② 세포벽
③ 편 모　　④ 섬 모
⑤ 협 막

57 치과치료 중 전파위험성이 가장 높은 것은?

① 간염바이러스　　② 연쇄구균
③ 포도상구균　　④ 후천성면역결핍증
⑤ 구강 칸디다증

58 치아우식의 1차 원인균으로 치면의 탈회를 유발하는 것은?

① *Porphyromonas gingivalis*
② *Streptococcus mutans*
③ *Candida albicans*
④ *Treponema pallidum*
⑤ *Staphylococcus*

59 형질세포로 분화하여 항체를 형성하는 세포는?

① 단핵구　　② 자연살해세포
③ 수지상세포　　④ B림프구
⑤ T림프구

60 항체에 대한 설명으로 옳은 것은?

① 동일한 항원에 대한 기억능력이 있다.
② 면역계의 1차 방어기전을 담당한다.
③ 세포성 면역을 담당한다.
④ 특정 항원에 대해 비특이적으로 반응한다.
⑤ 흉선에서 생성된다.

8 지역사회구강보건학

61 영아에게 발생할 수 있는 조기 유아우식병을 예방하기 위한 방법은?

① 우유병 사용 후 구강위생관리
② 불소 도포
③ 잇몸마사지
④ 전문가 예방진료
⑤ 균형적인 영양공급을 위한 식이지도

62 학생 정기구강검진의 목적으로 옳은 것은?

① 정신건강상태 파악
② 부정교합에 대한 관심 촉진
③ 구강병의 초기 발견
④ 구강보건행태 조사
⑤ 구강건강 상담 대상 조사

63 A지역의 집단구강건강관리를 위하여 주민의 집단구강건강사업 수행 후 이어지는 과정은?

① 실태조사
② 사업평가
③ 실태분석
④ 재정조치
⑤ 사업계획

64 지역사회구강보건실태조사에서 식음수불소이온농도가 포함되는 조사영역은?

① 구강보건행동
② 사회제도
③ 인구특성
④ 환경조건
⑤ 구강보건의식

65 직업성 치아부식증을 유발하는 것은?

① 불소
② 비소
③ 크롬
④ 니켈
⑤ 염소

66 지역사회구강보건의 특징으로 옳은 것은?

① 전체 주민의 전문진료를 지속적으로 전달하는 과정이다.
② 19세기에 발전되기 시작하였다.
③ 개인의 지속적인 노력으로 발전된다.
④ 보건의료산업을 발전시키는 과정이다.
⑤ 전체 주민의 구강보건의식을 향상시키는 과정이다.

67 지역사회조사영역의 인구실태의 내용으로 옳은 것은?

① 주민구강보건의식
② 유효구강보건진료필요
③ 상대구강보건진료수요
④ 음료수 불소이온농도
⑤ 구강보건진료제도

68 수돗물불소농도조정사업을 시행 중인 A지역의 12세 아동을 대상으로 반점치 유병률을 조사하였다. 경미도 반점치 유병률이 9.5%로 나왔을 때, 적합한 조치는?

① 음용수 금지
② 불소이온농도 하향
③ 불소이온농도 상향
④ 불소이온농도 유지
⑤ 수돗물불소농도조정사업 중단

69 지역사회주민의 독자적인 필요와 방향설정에 따른 구강보건사업계획은?

① 구강보건활동계획
② 포괄 구강보건사업계획
③ 공동 구강보건사업계획
④ 하향식 구강보건사업계획
⑤ 상향식 구강보건사업계획

70 100L의 식음수로 매일 사용하는 불소양치용액을 조제하려고 할 때 적절한 불소농도와 불화나트륨의 함량은?

① 불소농도 : 2%, 불화나트륨 200g
② 불소농도 : 0.2%, 불화나트륨 20g
③ 불소농도 : 0.2%, 불화나트륨 2g
④ 불소농도 : 0.5%, 불화나트륨 5g
⑤ 불소농도 : 0.05%, 불화나트륨 5g

71 반점치와 같이 일부 지역사회에서 특이질병으로 계속적으로 발생하는 양태는?

① 범발성
② 유행성
③ 지방성
④ 산발성
⑤ 전염성

72 다음과 같은 특징을 가진 조사방법은?

- 자료수집이 쉽고 용이하다.
- 이미 존재하는 자료를 이용한다.
- 시간, 노력, 경비가 절약된다.

① 사례조사법
② 설문조사법
③ 열람조사법
④ 면접조사법
⑤ 관찰조사법

9 구강보건행정학

73 구강병 발생감소목표, 구강보건진료수혜 증가목표 등으로 구분하여 실태조사를 통해 수량으로 표시하는 정책요소는?

① 미래구강보건상
② 공식성
③ 발전방향
④ 정책의지
⑤ 행동노선

74 구강보건진료소비자가 구매하고자 하는 구강보건진료는?

① 유효구강보건진료수요
② 구강보건진료수요
③ 잠재구강보건진료수요
④ 구강진료가수요
⑤ 절대구강보건진료필요

75 구강진료전달체계를 합리적으로 운영하기 위한 방법은?

① 환자 중심으로 단편적 구강진료를 제공한다.
② 구강진료기관 사이의 환자의뢰제도가 확립되도록 한다.
③ 구강보건문제를 지역사회 외부로 확장하여 해결한다.
④ 민간구강진료자원의 활용을 최소화한다.
⑤ 구강진료기관은 대도시에 집중배치한다.

76 기본구강보건진료과제를 민간의 치과의사들이 결정하는 제도의 특징은?

① 의료의 질적 수준이 저하된다.
② 소비자의 선택권이 보장된다.
③ 진료비의 부담이 감소된다.
④ 예방지향적 포괄구강보건진료가 공급된다.
⑤ 균등한 자원분포가 이루어진다.

77 사회보장형 구강보건진료제도에서 구강보건진료 생산자와 소비자 사이에 가장 영향력 높은 조정자는?

① 정 부
② 정 당
③ 언론기관
④ 이익단체
⑤ 소비자단체

78 A치과병원이 경영난이 악화되어 일방적으로 폐업을 결정하고 잠적하여, 피해를 입은 환자들은 대책반을 구성하는 등 문제를 해결하고자 한다. 이에 해당하는 소비자의 권리는?

① 피해보상청구권
② 안전구강진료소비권
③ 구강보건의사반영권
④ 단결조직활동권
⑤ 구강보건진료정보입수권

79. 구강보건진료자원 중 구강건강과 관련된 지적활동 및 치학지식, 구강진료기술이 해당되는 것은?

① 구강보건보조인력
② 구강보건관리인력
③ 무형 비인력자원
④ 유형 비인력자원
⑤ 중간재

80. 공공부조에 대한 설명으로 옳은 것은?

① 인플레이션에 대비할 수 있다.
② 수급자의 자립심을 높인다.
③ 개인적 필요에 따라 가입한다.
④ 보험수급이 법적으로 권리가 보장된다.
⑤ 장기고유자를 대상으로 한다.

81. 상악 우측 제1대구치의 치석상태를 검사한 결과, 설면에만 치은연상 1/3까지 부착되어 있고, 치은연하에는 점상으로 부착되어 있을 때, 이 치아의 치석지수는?

① 6
② 5
③ 4
④ 3
⑤ 2

82. 지역사회 치주요양필요지수를 산출할 때, 치면세균막 관리필요(CPITN$_2$)로 판정하는 치주조직의 상태는?

① 출혈치주조직
② 치아동요조직
③ 치석부착치주조직
④ 심치주낭형성
⑤ 천치주낭형성

10 구강보건통계학

83. 다음은 상악우측 제1대구치의 구강환경상태 검사결과다. 구강환경지수(OHI)는?

협 면	• 음식물잔사 : 치면의 50% • 치은연상치석 : 치면의 50% • 치은연하치석 : 점상존재
설 면	• 음식물잔사 : 치면의 20% • 니코틴착색 : 존재 • 치은연상치석 : 치면의 70% • 치은연하치석 : 환상존재

① 9
② 8
③ 7
④ 6
⑤ 5

84. 성인 100명의 구강검사 결과가 다음과 같을 때 우식치명률은?

• 피검치아(상실치 포함) : 3,000개
• 치료가능우식치아 : 100개
• 우식경험충전치아 : 250개
• 우식경험상실치아 : 50개
• 발거대상우식치아 : 100개
• 우식비경험상실치아 : 100개

① 50%
② 30%
③ 20%
④ 8.3%
⑤ 5.0%

85. 구강건강실태 파악을 위해 경기도의 1개의 시를 무작위로 선정하여 전수조사를 실시했을 때 해당하는 표본추출방법은?

① 단순무작위추출
② 계통추출
③ 층화추출
④ 다단추출
⑤ 집락추출

86. 50세 남성의 지역사회치주요양필요지수를 산출하기 위해 하악 좌측구치부 삼분악을 검사하였다. 제1대구치에 천치주낭이 형성되어 있었고, 제2대구치에 치석이 침착되어 있었을 때 해당 삼분악에 기록하는 평점은?

① 5점   ② 4점
③ 3점   ④ 2점
⑤ 1점

87. F회사에 신규 입사한 100명의 구강검사 결과이다. 우식경험영구치율은?

- 우식경험자 : 67명
- 피검치아(상실치아 포함) : 3,000명
- 치료가능우식치아 : 130개
- 우식경험충전치아 : 160개
- 우식경험상실치아 : 10개

① 67%
② 53%
③ 43%
④ 10%
⑤ 3%

88. C씨의 상악 6전치 반점도 검사결과다. 개인의 반점도는?

- 경미도 반점치아 : 3개
- 중등도 반점치아 : 2개
- 정상치아 : 1개

① 0
② 1
③ 2
④ 3
⑤ 4

89. 보테카의 치면분류 기준으로 옳은 것은?

① 소구치 인접면 우식 : 1면 우식경험
② 우식경험 상실치아 : 5면 우식경험
③ 우식경험 인조치관 : 3면 우식경험
④ 상악 제1대구치 : 6면
⑤ 하악 제2유구치 : 6면

90. 45세 A씨의 구강검사 결과이다. 제1대구치의 우식경험률은?

> • 상악 우측 제1대구치 : 2면 충전
> • 상악 좌측 제1대구치 : 우식경험 상실
> • 하악 우측 제1대구치 : 1면 충전
> • 하악 좌측 제1대구치 : 크라운

① 20%
② 35%
③ 50%
④ 65%
⑤ 80%

11 구강보건교육학

91. 구강보건전문지식을 가진 2~3명의 발표자가 동일한 주제로 서로 다른 입장으로 발표하는 토의법은?

① 브레인스토밍
② 배심토의
③ 심포지엄
④ 분단토의
⑤ 세미나

92. 청소년을 대상으로 칫솔질 교육을 실시한 후 치면세균막지수가 2.0에서 1.5로 감소하였다. 이에 해당되는 교육평가 내용은?

① 구강보건 실용도
② 구강보건 주관도
③ 구강보건 증진도
④ 구강보건 성취도
⑤ 구강보건교육 유효도

93. 치과위생사가 임산부를 대상으로 온라인 동영상을 활용하여 구강건강관리에 대한 강의를 하였다. 이에 해당하는 구강보건교육방법은?

① 집단시청각실천교육
② 간접시청각이론교육
③ 간접대중실천교육
④ 직접시청각이론교육
⑤ 대중청각이론교육

94. 치과주치의 제도 시행에 대하여 여러 명의 전문가들이 자신의 견해를 청중 앞에서 토론하였다. 이때 교육방법은?

① 대화식토의
② 심포지엄
③ 배심토의
④ 분임토의
⑤ 세미나

95. 구강진료실에 내원한 환자를 대상으로 구강보건교육 프로그램을 개발하려고 할 때 가장 먼저 수행하는 단계는?

① 환자의 요구파악
② 교육목표 설정
③ 평가방법 결정
④ 자료수집 및 정리
⑤ 의견교환 및 토론 후 교육과정 통일

96 학습자의 학습수행관점에서 구체적 행동변화를 측정할 수 있게 작성된 구강보건교육 목표는?
① 학생은 정기적 구강검진의 필요를 이해할 수 있다.
② 학생은 치아우식병의 원인에 관심을 가질 수 있다.
③ 학생은 치주병 예방법을 설명할 수 있다.
④ 학생은 불소의 효과를 이해할 수 있다.
⑤ 학생은 칫솔교환시기를 알 수 있다.

97 환자가 새롭게 습득한 구강건강관리 습관을 오래 유지할 수 있도록 하는 구강진료실의 동기유발과정은?
① 욕구확인
② 계속관리
③ 구강진료수행
④ 동기유발인자 파악
⑤ 구강보건교육 수행

98 고등학생에게 치실사용법을 알려준 후 직접 치실질을 해 보도록 하는 교육방법은?
① 상 담
② 시뮬레이션
③ 토 의
④ 시범실습
⑤ 역할극

99 다발성 우식환자에게 식이조절프로그램을 통해 교육하고, 1년 뒤 새로 발생한 치아우식병이 없었을 때, 이 효과를 평가하는 방법은?
① 교육유효도
② 환자만족도
③ 학습성취도
④ 환자수행도
⑤ 교육증진도

100 고등학생에게 '중대구강병관리방법'에 대해 구강보건교육을 실시할 때, 정신운동영역의 목표로 옳은 것은?
① 올바른 식습관을 설명할 수 있다.
② 구강위생용품을 선택하고 사용할 수 있다.
③ 치아의 구조를 설명할 수 있다.
④ 올바른 칫솔질의 목적을 설명할 수 있다.
⑤ 구취의 원인을 설명할 수 있다.

1 예방치과처치

01 최후방구치의 원심면이나 고립된 치아의 치면세균막 제거에 효과적인 구강위생용품은?

① 치 실
② 치간칫솔
③ 첨단칫솔
④ 물사출기
⑤ 고무치간자극기

02 치면세균막의 특성에 대한 설명으로 옳은 것은?

① 두꺼워지면, 심층에는 혐기성 세균이 증가한다.
② 부착력이 약하여 자정작용에 의해 제거가 용이하다.
③ 중탄산이온은 치면세균막 형성을 촉진한다.
④ 그람음성균이 최초로 부착한다.
⑤ 활택한 치면에 잘 형성된다.

03 치아우식발생요인 중 숙주요인으로 옳은 것은?

① 치아 주위의 산 성분
② 독소생산능력
③ 치면세균막
④ 음식의 종류
⑤ 치아의 형태

04 치아우식의 예방을 위한 치질 내 산성 증가법으로 옳은 것은?

① 불소도포
② 치면열구전색
③ 청정식품 섭취
④ 항생제 배합 세치제 사용
⑤ 글루칸분해효소 사용

05 구강병 진행과정에서 조기질환기에 해당하는 관리방법은?

① 부정치열교정
② 가공의치보철
③ 치은염치료
④ 치수복조
⑤ 불소도포

06 불소겔 도포방법에 대한 설명으로 옳은 것은?

① 도포 중 입안에 고이는 타액은 도포가 끝난 후 뱉도록 한다.
② 불소겔은 트레이에 가득 담기도록 충분한 양을 사용한다.
③ 인접면은 무왁스치실을 이용하여 미리 도포한다.
④ 글리세린이 포함된 연마제로 치면을 연마한다.
⑤ 환자를 수평자세로 편안히 눕혀서 실시한다.

07 치면세균막지수(PHP index)가 5.0인 경우 개인의 구강환경관리능력 판정은?

① 매우 양호
② 양 호
③ 보 통
④ 불 량
⑤ 매우 불량

08 칫솔질 방법과 칫솔의 운동형태가 바르게 연결된 것은?

① 폰즈법 – 상하쓸기
② 회전법 – 수평왕복
③ 스틸맨법 – 원호
④ 바스법 – 진동
⑤ 횡마 – 압박

09 임플란트 부위에 권장하며, 인공치아 기저부 청결에 효과적이다. 또한, 교합면을 향하여 45°를 향하여 치경부에 강모단면을 위치하는 칫솔질 방법은?

① 와타나베법
② 차터스법
③ 스틸맨법
④ 바스법
⑤ 회전법

10 치간유두의 마사지 효과, 치간 사이의 과잉충전물 변연검사에 사용되는 구강관리용품은?

① 고무치간자극기
② 치간칫솔
③ 첨단칫솔
④ 이쑤시개
⑤ 치 실

11 청정식품의 섭취여부 조사, 우식성 식품의 섭취횟수를 파악하는 식이조절 과정은?

① 식이처방
② 식이상담
③ 식이분석
④ 식이조사
⑤ 식이관찰

12 치아우식유발지수를 산출하는 지표로 옳은 것은?

① 물리적 성상, 섭취빈도
② 물리적 성상, 섭취량
③ 전당량, 섭취빈도
④ 전당량, 점착도
⑤ 점착도, 섭취량

13 전색재의 유지력을 높이기 위해 치아표면과의 접촉면적을 증가시키는 과정은?

① 교합조정
② 치면건조
③ 치아분리
④ 치면세마
⑤ 산부식

14 치아우식발생요인을 검사하는 과정으로 옳은 것은?

① 타액분비율 : 무가향 파라핀 왁스를 3분 저작하여 타액을 채취한다.
② 스나이더 : 배지를 배양기에 넣고 12시간 간격으로 색변화를 관찰한다.
③ 포도당잔류시간 : tes-tape에 5분 간격으로 타액을 접촉시킨다.
④ 타액완충능 : pH 5.0이 될 때까지 0.1N 유산용액을 떨어트린다.
⑤ 타액점조도 : 자극성 타액 2mL를 뷰렛으로 측정한다.

15 충전과 비교했을 때, 전색에 대한 설명으로 옳은 것은?

① 넓이는 좁게 하며, 가능한 보조열구까지 시행한다.
② 탈락되어 재전색할 경우, 치아의 삭제가 필요하다.
③ 유지력을 높이기 위해 외형을 둥글게 형성한다.
④ 와동이 형성된 우식 치아에 적용한다.
⑤ 평균수명이 길다.

16 다음은 구취를 호소하는 35세 여성의 구강검사 결과이다. 이때, 가장 먼저 시행해야 하는 관리방법은?

- 평균 치주낭 깊이 : 2~3mm
- 치수를 침범한 우식치아 : 3개
- 구치부 치경부 : 흑색선의 착색
- 오리어리지수 : 20%

① 치주치료
② 치석제거
③ 우식치료
④ 칫솔질 교습
⑤ 클로르헥시딘 용액 양치

17 사람에 따라 다르게 작용하는 우식발생요인을 찾기 위한 검사결과이다. 우식예방을 위한 지도사항으로 옳은 것은?

	검사종류	검사결과	지도사항
①	타액분비율	15mL/5min	청정식품 섭취 제한
②	스나이더	중등도활성	고정성 보철물 장착시기 보류
③	포도당 잔류시간	10분	부착성 당질의 섭취제한
④	타액완충능	14방울	탄산소다로 일시적 보충
⑤	타액점조도	2.5	필로카르핀 복용

18 다음 환자에게 우선적으로 조치해야 할 사항으로 옳은 것은?

- 주소(C.C.) : 시린 증상 호소
- 치주조직상태 : 건전
- 상악 소구치 협면 : 치경부 마모
- 치아 상태 : 하악 구치부 협면 초기탈회

① 치면연마
② 우식치료
③ 식이조절
④ 불소도포
⑤ 치면열구전색

2 치면세마

19 구강병을 예방하기 위해 치면부착물을 제거하고 치아표면을 활택하게 하는 술식은?

① 치은절제
② 치면세마
③ 치근활택
④ 치석제거
⑤ 치주소파

20 다음의 기구와 재료에 대한 감염관리방법은?

- 화학용액
- 초음파스켈러팁
- arkansas stone

① 불포화 화학증기멸균법
② 고온기름 소독법
③ 가압증기멸균법
④ 자비소독법
⑤ 건열멸균법

21 상악 우측 구치부 협면의 치석제거를 위한 올바른 방법은?

① 상악 전치부 순면이 바닥과 평행하게 한다.
② 환자에게 입을 최대한 벌리도록 한다.
③ 환자를 변형 수평자세로 위치시킨다.
④ 환자의 고개는 우측으로 돌린다.
⑤ 술자는 환자의 측면에 앉는다.

22 진료가 끝난 후 사용한 기구의 처리과정으로 옳은 것은?

① 멸균된 기구는 별도의 유효기간 없이 사용할 수 있다.
② 기구의 부식을 방지하기 위하여 건조과정이 필요하다.
③ 초음파세척기는 뚜껑을 열고 작동한다.
④ 손으로 세척하는 방법이 효과가 크다.
⑤ 세척 전 용액으로 알코올을 사용한다.

23 63세 환자의 치주상태를 검사한 결과, 치은퇴축은 2mm 치주낭의 깊이는 3mm로 측정되었다. 임상적 부착소실은?

① 1mm
② 2mm
③ 3mm
④ 4mm
⑤ 5mm

24 탐침의 사용법으로 옳은 것은?

① 중등도의 측방압으로 동작한다.
② 삽입각도를 준다.
③ pull stroke을 한다.
④ 팁의 배면이 열구상피에 도달하도록 한다.
⑤ 팁의 측면은 동작하는 동안 치면에 접촉하도록 한다.

25 치석제거 기구별 절단연 수와 작업단의 단면모양이 바르게 연결된 것은?

	기 구	절단연 수	단면도
①	호(hoe)	1	원통형
②	파일(file)	1	직사각형
③	시클(sickle)	2	삼각형
④	그레이시큐렛(gracey curette)	2	직사각형
⑤	치즐(chisel)	2	반원형

26 다음의 구강상태에 따른 치면세마 난이도 분류는?

- 치아동요가 있음
- 5mm 이상의 치주낭 형성
- 전체 치면에 치은연상치석과 치은연하치석이 다량으로 부착

① class Ⅳ
② class Ⅲ
③ class Ⅱ
④ class Ⅰ
⑤ class C

27 치주기구의 연결부(shank)에 대한 설명으로 옳은 것은?

① 직선형은 구치부에 사용한다.
② 침착물을 제거할 때 사용한다.
③ 복합형은 전치부 인접면에 사용한다.
④ 길이가 짧은 연결부는 주로 구치부에서 사용한다.
⑤ 치면에 대한 올바른 적합 결정에 기준이 된다.

28 구강상태가 불량한 어린이의 상악 전치부 순면 치경부에 나타나는 착색물은?

① 흑색선
② 주황색
③ 갈 색
④ 녹 색
⑤ 황 색

29 치은연상치석에 대한 설명으로 옳은 것은?

① 치면을 건조시켜야 확인하기 쉽다.
② 무기질의 기원은 치은열구액이다.
③ 선반형으로 나타난다.
④ 부싯돌 같이 단단하다.
⑤ 어두운 갈색을 띤다.

30 치석제거를 할 때 시술자의 자세로 올바른 것은?

① 상박은 몸의 측면에서 35°로 벌린다.
② 손목을 연장시켜 수근관증후군을 예방한다.
③ 술자의 눈과 환자 구강과의 거리는 35~90cm를 유지한다.
④ 상박과 전완이 이루는 각도는 60~100°가 되도록 한다.
⑤ 대퇴부는 바닥과 수직이 되도록 한다.

31 장기간 이갈이가 있는 사람의 교합면에 나타나는 치아상태를 표시하는 기호는?

① Att.
② S
③ Fx
④ Ft.
⑤ ↑, ↓

32 노인을 대상으로 치면세마를 할 때 고려사항으로 옳은 것은?

① 가능한 오후에 한다.
② 가능한 시술시간을 길게 한다.
③ 크고 단단한 치석은 여러 조각을 낸 후 제거한다.
④ 치아동요가 있는 경우 치면세마를 하지 않는다.
⑤ 노출된 치근의 치석은 한번에 강한 힘으로 제거한다.

33 치근활택술을 적용할 수 있는 대상자는?

① 지각과민이 심한 자
② 치면세균막 관리가 어려운 자
③ 진행성 치주염 환자
④ 치아의 동요가 심한 자
⑤ 급성 치주염 환자

34 초음파치석제거기 적용 시, 환자가 시린 증상을 호소할 경우 대처방법은?

① 작업각도를 15° 이내로 유지한다.
② 한 부위를 오랫동안 동작한다.
③ 한 방향으로 동작한다.
④ 물의 양을 줄인다.
⑤ 측방압을 높인다.

35 엔진연마에 대한 설명으로 옳은 것은?

① 러버컵의 가장자리를 치은열구에 깊숙이 넣고 동작한다.
② 입자가 큰 연마제를 사용하는 것이 효율적이다.
③ 평활면은 강모솔을 사용한다.
④ 가능한 모든 치면에 시행한다.
⑤ 치주낭이 깊은 환자에게 효과적이다.

36 초음파치석제거기 사용에 대한 설명으로 옳은 것은?

① 치석제거 시 촉감을 쉽게 느낄 수 있다.
② 절단연으로 연조직에 상처를 줄 수 있다.
③ 세밀한 부착물을 쉽게 제거한다.
④ 물분사로 치경 사용이 쉽다.
⑤ 항세균효과가 있다.

37 기구연마의 일반적 원칙으로 옳은 것은?

① 치면세마 후 매회 실시한다.
② 무딘 기구의 윤곽형성에는 자연석을 이용한다.
③ 기구고정법인 경우 마지막은 상방동작으로 끝낸다.
④ 작업단의 내면과 연마석은 100~110°를 유지한다.
⑤ 날의 하방 1/3 부위부터 연마한다.

38 빛이 반사되는 절단연이 있는 기구를 사용했을 때 나타나는 상황은?

① 기구 동작 시 측방압이 강해진다.
② 조직의 손상을 방지한다.
③ 기구동작 횟수가 적어진다.
④ 시술할 때 촉각이 예민해진다.
⑤ 시술시간이 줄어든다.

3 치과방사선학

39 엑스선관의 구성에 대한 설명으로 옳은 것은?

① 구리동체는 열을 분산시킨다.
② 집속컵은 열을 흡수한다.
③ 필라멘트에서 엑스선이 발생한다.
④ 유리관은 전자를 모은다.
⑤ 초점은 열전자를 방출한다.

40 전자와 텅스텐원자의 어떤 상호작용에 의해 저지엑스선에 발생하는가?

① 전기적 중성 상태로 돌아갈때
② 전자가 바깥쪽 궤도로 이동할 때
③ 원자핵 주위를 지나갈 때
④ 내각전자를 이탈시킬 때
⑤ 전자를 진동시킬 때

41 엑스선과 가시광선의 공통점은?

① 눈에 보이지 않는다.
② 원자를 전리시킨다.
③ 형광을 발생시킨다.
④ 물질을 투과한다.
⑤ 직진한다.

42 노출시간을 증가시킬 때의 변화는?

① 조직의 투과력 증가
② 전자의 에너지 증가
③ 전자의 속도 증가
④ 엑스선의 양 증가
⑤ 엑스선의 최대에너지 증가

43 엑스선 발생장치에서 여과기의 기능은?

① 엑스선속의 크기를 조절한다.
② 엑스선속의 양을 증가시킨다.
③ 전자의 속도를 증가시킨다.
④ 엑스선의 최대에너지를 증가시킨다.
⑤ 조직의 투과력을 증가시킨다.

44 치아의 수복물 경계를 명확하게 확인할 수 있는 영상의 특성은?

① 대조도
② 흑화도
③ 관용도
④ 감광도
⑤ 선예도

45 표준흑화도의 방사선 사진을 만드는 데 필요한 X선 조사량은?

① 대조도
② 감광도
③ 1.0
④ 흑화도
⑤ 선예도

46 상악 견치부 치근단 영상에서 역Y자 형태를 이루는 해부학적 구조물은?

① 상악동, 악하선와
② 설공, 영양관
③ 비와, 상악동
④ 이공, 절치공
⑤ 이공, 비와

47 초기 치주질환에서 나타나는 미세한 치조정 변화를 관찰하는 촬영법은?

① 파노라마 촬영
② 등각촬영
③ 직각촬영
④ 교익촬영
⑤ 교합촬영

48 하악대구치의 치근단 영상 시 방사선 불투과성으로 관찰되는 구조물은?

① 외사선, 악설골융선
② 이극, 악하선와
③ 하악관, 근돌기
④ 이공, 이융선
⑤ 설공, 하악관

49 8세 소아 환자의 구내 방사선 촬영법은?

① 표준필름 사용 시 수직각을 줄인다.
② 추가적인 교익촬영은 불필요하다.
③ 노출시간은 성인의 50%로 한다.
④ 저감광도 필름을 사용한다.
⑤ 평행촬영을 권장한다.

50 상악 절치부의 등각촬영법으로 옳은 것은?

① 수평각은 중절치와 측절치의 인접면에 평행하게 한다.
② 비익과 이주를 연결한 선이 바닥과 평행하게 한다.
③ 수직각은 치아의 장축에 수직으로 조사한다.
④ 중심선의 입사점은 비익을 향한다.
⑤ 필름을 수평으로 위치시킨다.

51 직접 디지털 영상획득 장치에 대한 설명으로 옳은 것은?

① 초기화 과정이 필요하다.
② 스캔과정이 필요하다.
③ 두께로 인한 이물감이 없다.
④ 플라스틱 덮개로 둘러싸여 있다.
⑤ 전선이 연결되어 있지 않다.

52 파노라마촬영 후 추가로 등각촬영을 할 때 확인하기 위한 것은?

① 초기 치근단병소
② 매복치
③ 큰 낭종의 병소
④ 타액선의 타석
⑤ 악골의 발육상태

53 하악대구치의 치근단영상에서 매복된 제3대구치가 발견되었을 때, 매복치의 협·설측 위치확인을 위한 촬영법은?

① 직각촬영
② 교익촬영
③ 두부규격촬영
④ 하악전방부교합촬영
⑤ 파노라마촬영

54 상악소구치의 치근단촬영영상 중 치아의 인접면이 겹쳤을 때 해결방법은?

① 중심선은 필름의 중앙을 향한다.
② 노출 중 관두부를 고정한다.
③ 필름의 하연이 교합면과 평행하도록 한다.
④ 소구치의 인접면에 중심방사선을 평행하도록 한다.
⑤ 수직각은 중심선의 이등분선에 직각이 되도록 한다.

55 인체조직과 장기 중에서 방사선 감수성이 상대적으로 낮은 것은?

① 점 막
② 신 경
③ 골 수
④ 소 장
⑤ 타액선

56 파노라마 영상에서 교합평면이 과장된 V자 형태로 나타났을 때 보완방법은?

① 프랑크푸르트 수평면을 바닥과 평행하도록 한다.
② 교합제의 홈을 절단교합 상태로 물게 한다.
③ 목과 등을 곧게 편다.
④ 혀를 입천장에 닿게 한다.
⑤ 정중시상면을 바닥과 수직이 되도록 한다.

57 엑스선 영상에서 방사선 불투과상의 병소는?

① 상악동염
② 치근농양
③ 경화성골염
④ 치아우식병
⑤ 치근단낭

58 방어벽이 없는 경우 술자보호의 방법은?

① 중심선에 대하여 90~135° 사이에 위치한다.
② 신속한 촬영을 위해 필름을 고정한다.
③ 노출되는 동안 방사선 관구를 잡는다.
④ 1차 방사선의 진행방향에 위치한다.
⑤ 환자로부터 1m 이내에 위치한다.

4 구강악안면외과학

59 하악소구치의 설측에 있는 골융기로 인해 의치 제작이 곤란한 경우 시행하는 처치는?

① 치은성형술
② 치조제증대술
③ 조직유도재생술
④ 치은성형술
⑤ 치조골성형술

60 악골골수염에 대한 설명으로 옳은 것은?

① 치아우식으로 인한 경우 상악에서 빈발한다.
② 혈행성감염은 성인에게 빈발한다.
③ 치주염의 확산이 원인이다.
④ 골의 감염은 피질골에서 해면골로 진행된다.
⑤ 상악 제3대구치에서 빈발한다.

61 외과적 발치 후 24시간 이내에 냉찜질을 시행하는 목적은?

① 상피화 촉진
② 혈액순환 촉진
③ 혈관확장 도모
④ 부종의 감소
⑤ 백혈구 탐식작용 촉진

62 절개 및 배농을 할 때, 고려해야 하는 전신질환은?

- 가능한 오전에 진료예약
- 창상치유지연으로 인한 높은 감염 가능성

① 당뇨병
② 고혈압
③ 천 식
④ 심근경색증
⑤ 갑상선항진증

63 에피네프린이 포함된 국소마취제를 사용할 경우, 나타나는 시술부위의 변화는?

① 독성이 증가
② 출혈이 감소
③ 혈관이 확장
④ 마취제의 흡수촉진
⑤ 마취작용시간의 단축

64 구개골 상부와 관골돌기 접합부의 아래부위에서 두개골의 기저부와 분리되는 상악골 골체부의 골절은?

① 횡단골절
② 수평골골절
③ 관골골절
④ 피라미드형 골절
⑤ 비안와사골 골절

5 치과보철학

65 전부금속관을 제작할 때, 교합기의 상·하악 모형을 구강 내와 같은 상태로 재현하기 위한 진료과정은?

① 교합채득
② 지대축조
③ 치은압배
④ 모형복제
⑤ 대합치채득

66 상악 중절치의 치간이개가 있는 경우, 치아삭제를 최소화하여 적용 가능한 보철물은?

① 전부금속관
② 금속도재관
③ 도재라미네이트베니어
④ 전부도재관
⑤ collerless 금속도재관

67 다음이 설명하는 하악위로 옳은 것은?

- 치아의 교모, 정출, 결손에 의해 변화된다.
- 상·하악의 치아의 교합면이 최대로 접촉한다.

① 중심위
② 편심교합위
③ 하악안정위
④ 전방교합위
⑤ 중심교합위

68 가철성 국소의치와 비교했을 때, 고정성 가공의치의 장점은?

① 착탈이 용이하다.
② 유지와 지지력이 우수하다.
③ 위생관리가 쉽다.
④ 다양한 결손 증례에 적용이 가능하다.
⑤ 기능압을 잔존치아와 점막으로 분산한다.

69 총의치를 제작할 때 개인트레이를 만든 다음 과정은?

① 납의치 시적
② 의치상 제작
③ 최종인상채득
④ 인공치 배열
⑤ 악간관계기록

70 국소의치를 장착하는 환자에게 전하는 교육내용으로 옳은 것은?

① 교합력을 이용하여 착탈연습을 한다.
② 의치상은 마모제가 미함유된 세척제를 이용한다.
③ 의치장착 후 점착성 식품을 섭취하도록 한다.
④ 가능한 작은 목소리로 발음연습을 한다.
⑤ 일주일에 한 번은 끓는 물에 소독한다.

6 치과보존학

71 2년 전 상악 좌측중절치에 근관치료를 받았던 환자가 불편감을 호소해 내원했다. 엑스선 영상에서 치근의 근첨부위와 주위 치조골에 염증이 관찰되었을 때 적합한 치료방법은?

① 치근절제술
② 편측절제술
③ 치아재식술
④ 치근단절제술
⑤ 치근분리술

72 우식으로 치관부 치수가 감염되었을 때, 근관 내 치수의 생활력을 유지시키는 치료방법은?

① 근첨성형술
② 근관치료
③ 치수절단술
④ 치수재혈관화
⑤ 간접치수복조술

73 근관치료과정 중 근관충전 시 사용하는 기구는?

① barberd broach
② Ni-Ti file
③ root canal spreader
④ endodontic explorer
⑤ endodontic spoon excavator

74 구치부에 인레이를 수복하고자 할 때 사용하는 버(bur)는?

① straight fissure bur
② tappered fissure bur
③ inverted cone bur
④ pear shape bur
⑤ low round bur

75 근첨의 해부학적 구조에서 백악-상아경계부에 대한 설명은?

① 치근단공 외부에 있다.
② 근관입구에 해당한다.
③ 해부학적 치근의 끝과 일치한다.
④ 근관의 끝보다 0.5mm 긴 곳에 위치한다.
⑤ 임상적으로 근관에서 가장 좁은 부위이다.

76 금속격벽에 대한 이용으로 옳은 것은?

① 전치부의 복합레진 수복에 사용한다.
② 광중합형 복합레진에 적용 가능하다.
③ 넓은 쪽이 치은, 좁은 쪽이 교합면을 향한다.
④ 아말감 수복 시 플라스틱웨지를 사용한다.
⑤ 구치부 2급 와동에 사용한다.

7 소아치과학

77 진료 중 유튜브를 이용하여 치과치료에 대한 긴장을 줄여주는 행동조절은?

① 보 상
② 탈감작
③ 분 산
④ 긍정강화
⑤ 실제모방

78 치아발육시기 중 유치열기에 나타나는 특징은?

① 엡스타인 진주
② 골격적 교합이상
③ 아구창
④ 본스결절
⑤ 유아기우식증

79 10세 어린이의 하악 좌측 제1, 2 유구치 상실 시, 적합한 공간유지장치는?

① 설측호선
② 횡구개호선
③ 밴드앤루프
④ 낸스구개호선
⑤ 디스탈슈

80 유구치 기성금속관의 특징은?

① 치경부에 적합도가 좋다.
② 당일 진료가 가능하다.
③ 치질의 삭제량이 많다.
④ 금속관의 교합면 천공가능성이 낮다.
⑤ 치관의 순설폭경회복이 쉽다.

81 치수절단술에서 치수조직 제거 후의 술식은?

① 치수강개방
② 임시충전
③ 근관세척
④ 지 혈
⑤ 발 수

82 9세 어린이가 외상으로 상악 중절치가 파절되어 내원했을 때, 다음의 상황에서의 치료법은?

- 치아동요가 없다.
- 1mm의 치수노출이 있다.
- 외상 후 1시간 이내이다.

① 직접치수복조술
② 치수절제술
③ 치근단형성술
④ 치근단유도술
⑤ 치수진정술

8 치주학

83 고유치조골의 특징으로 옳은 것은?
① 망상의 골소주로 구성된다.
② 치조와의 협·설측벽을 이룬다.
③ 스펀지 형태의 골로 구성된다.
④ 엑스선에서 투과성으로 나타난다.
⑤ 치주인대의 샤피섬유가 매입되어 있다.

84 치은열구액의 기능으로 옳은 것은?
① 치은열구 내 이물질 산화
② 치은연상치태 형성
③ 윤활작용
④ 면역작용
⑤ 완충작용

85 치은퇴축의 임상적 특징은?
① 구강위생관리가 쉬워진다.
② 교합성 외상이 발생한다.
③ 지각과민증이 발생한다.
④ 타액분비가 감소한다.
⑤ 이 악물기의 원인이 된다.

86 교합성 외상에 의한 치주조직의 변화는?
① 치조백선의 비후
② 치주인대강의 축소
③ 백악질 흡수
④ 치조골 증식
⑤ 치근 흡수

87 치주수술 후의 주의사항으로 옳은 것은?
① 염증반응에 의한 부종은 수술 다음날에 소실된다.
② 일시적 균혈증인 경우 3일간 항생제를 복용한다.
③ 유동식 섭취를 위해 빨대를 사용한다.
④ 클로르헥시딘을 장기간 사용하도록 한다.
⑤ 수술 당일 오한이 올 수 있다.

88 다음을 특징으로 하는 치주질환은?

- 음식물 잔사의 축적
- 부분맹출된 치아에서 발생
- 연하곤란

① 치관주위 농양
② 치근단농양
③ 치주농양
④ 치수농양
⑤ 치은농양

9 치과교정학

89 안면골의 성장에 대한 설명으로 옳은 것은?

① 전방으로 성장하며 후방으로 이동한다.
② 사춘기 이후의 안면성장은 상안면의 발육으로 완성된다.
③ 최대성장기는 남자가 2년 정도 빠르다.
④ 상안면은 하안면보다 빨리 성인의 크기에 도달한다.
⑤ 하악골의 성장은 신경계 성장곡선을 따른다.

90 Angle Ⅱ급 1류의 부정교합에서 나타나는 전치부의 특징은?

① 심한 수평피개
② 골격성 부정교합
③ 절단교합
④ 과개교합
⑤ 반대교합

91 성인의 정상교합의 특징으로 옳은 것은?

① 상악 제1대구치의 원심협측교두가 하악 제1대구치의 근심협측교두와 접촉한다.
② 상악 견치의 첨두가 하악 견치의 근심 우각부와 접촉한다.
③ 상악 전치는 순측경사, 하악전치는 약간 설측경사한다.
④ 상악 전치가 하악 전치의 1/2 이상을 피개한다.
⑤ 스피만곡은 2.5mm보다 커야 한다.

92 엣지와이즈 장치에서 호선을 위치시켜 치아를 이동하도록 하는 것은?

① 스프링
② 버튼
③ 스크류
④ 밴드
⑤ 슬롯

93 이동시킬 치아를 모형에서 재배열하여 단계별로 교정장치를 제작한 후 치아를 이동시키는 장치는?

① 트윈블록장치
② 상악전방견인장치
③ 능동적상교정장치
④ 프랑켈장치
⑤ 투명교정장치

94 결찰과정 중 결찰와이어의 말단을 치간에 밀어넣은 후 다음 과정에서 사용하는 기구는?

① 디스탈 앤드커터
② 버드빅 플라이어
③ 결찰커터
④ 영플라이어
⑤ 와이어커터

10 치과재료학

95 수복물과 치아의 접착 부족으로, 수복재의 경화수축 시에 나타나는 현상은?

① 미세누출
② 크 립
③ 피 로
④ 굴곡파절
⑤ 갈바니즘

96 다음 괄호 안에 해당하는 공통적 특징은?

- 치아수복재료는 (　　)이/가 낮은 것이 좋다.
- 의치상용 레진은 (　　)이/가 높은 것이 좋다.

① 열전도성
② 용해도
③ 밀 도
④ 점 도
⑤ 전이온도

97 다음의 용도로 사용되는 치과용 시멘트는?

- 보철물의 접착
- 영구 수복
- 치면열구전색

① 글래스아이오노머 시멘트
② 레진시멘트
③ 산화아연유지놀시멘트
④ 수산화칼슘 시멘트
⑤ 폴리카복실레이트시멘트

98 알지네이트 인상체의 변형을 최소화하는 방법은?

① 트레이를 크게 흔들어 음압을 제거한다.
② 찢김 방지를 위해 천천히 제거한다.
③ 혼수비를 높게 하여 혼합한다.
④ 구강 내 제거 시 압축력을 받는 시간을 최대로 한다.
⑤ 인상채득 후 인상체가 회복할 수 있는 시간을 준다.

99 석고 모형의 강도를 증가시키는 방법은?

① 혼수비를 적게 한다.
② 진공혼합기를 사용한다.
③ 혼합속도를 증가한다.
④ 다공성이 큰 석고를 이용한다.
⑤ 습기가 있는 곳에서 보관한다.

100 복합레진충전과정 중 술후 지각과민 감소를 위한 방법은?

① 직접법으로 충전한다.
② 적층법으로 충전한다.
③ 산화아연유지놀시멘트를 베이스로 적용한다.
④ 와동바니시를 도포하여 미세누출을 감소시킨다.
⑤ 고광도로 짧은 시간 동안 광중합한다.

제2회 최근 기출유형문제

정답 및 해설 **779**쪽

제1교시 | 100문항(85분)

1 의료관계법규

01 의료법상 의무적으로 보존하여야 하는 '진료기록부 등' 중에서 방사선 사진 및 그 소견서와 보존기간이 다른 것은?

① 간호기록부
② 조산기록부
③ 진단서 등의 부본
④ 환자명부
⑤ 검사내용 및 검사소견기록

02 의료법상 치과병원이 표시할 수 있는 진료과목은?

① 치과임플란트과
② 통합치의학과
③ 치과방사선과
④ 구강진단과
⑤ 치과마취과

03 의료법상 의료광고가 금지되는 사항은?

① 10년 이상의 임상경력 광고
② 전문의 명칭을 표방하는 광고
③ 의료기관 인증을 표시하는 광고
④ 의료인에 대하여 객관적인 사실을 알리는 광고
⑤ 평가를 받지 아니한 신의료기술에 관한 광고

04 의료법상 치과의원을 개설하고자 할 때 누구에게 신고하여야 하는가?

① 시 · 도지사
② 보건지소장
③ 보건복지부장관
④ 시장 · 군수 · 구청장
⑤ 대한치과의사협회장

05 의료법상 의료에 관한 광고를 할 수 없는 자는?

① 치과위생사
② 의료기관의 장
③ 의료기관의 개설자
④ 치과의사
⑤ 간호사

06 의료기사 등에 관한 법률상 의료기사 등의 실태와 취업 상황의 신고에 대한 설명으로 옳은 것은?

① 의료기사 등이 거짓으로 취업상황을 신고한 경우 벌금에 처한다.
② 의료기사 등은 최초로 면허를 받은 후부터 3년마다 신고해야 한다.
③ 의료기사 등은 취업상황을 시·도지사에게 신고하여야 한다.
④ 의료기사 등이 실태 등의 신고를 하지 않은 경우 면허를 취소할 수 있다.
⑤ 시·군·구청장은 신고업무를 전자적으로 처리할 수 있는 시스템을 갖추어야 한다.

07 의료기사 등에 관한 법률상 규정된 벌칙이 다른 것은?

① 의료기사 등의 면허 없이 의료기사 등의 명칭 또는 이와 유사한 명칭을 사용한 자
② 의료기사 등의 면허 없이 의료기사 등의 업무를 행한 자
③ 업무상 알게 된 비밀을 누설한 자
④ 치과기공사의 면허 없이 치과기공소를 개설한 자
⑤ 타인에게 의료기사 등의 면허증을 대여한 사람

08 의료기사 등에 관한 법률상 치과위생사의 업무는?

① 작업모형의 제작
② 교정장치의 수리
③ 영구 부착물의 장착
④ 교정용 호선의 제거
⑤ 보건기관 또는 의료기관에서 구외 진단용 방사선 촬영업무

09 의료기사 등에 관한 법률상 국가시험 중에 다른 응시한 사람을 위하여 답안을 알려 주거나 엿보게 하는 행위가 적발되었다. 이 사람에 대한 국가시험 응시제한의 기준은?

① 해당 연도만 제한
② 그 후 1회 제한
③ 그 후 2회 제한
④ 그 후 3회 제한
⑤ 영구적 응시 제한

10 의료기사 등에 관한 법률상 보수교육이 3년 유예된 사람이 다시 그 업무에 종사하려고 하는 경우 받아야 하는 최소 보수교육시간은?

① 2시간
② 4시간
③ 8시간
④ 16시간
⑤ 20시간

11 지역보건법상 지역사회 건강실태조사에 대한 설명으로 옳은 것은?

① 전수조사를 원칙으로 한다.
② 2년마다 조사를 실시해야 한다.
③ 보건소를 통하여 조사를 실시하여야 한다.
④ 지방자치단체의 장은 조사결과를 보건복지부장관에게 통보하여야 한다.
⑤ 보건복지부장관은 시·도지사에게 조사 협조를 요청하여야 한다.

12 지역보건법상 지역보건의료기관의 전문인력에 관한 설명으로 옳은 것은?

① 전문인력의 배치 및 운영 실태를 3년마다 조사하여야 한다.
② 시장·군수·구청장은 보건소 간 전문인력의 교류를 강제하여야 한다.
③ 해당 분야의 업무에서 2년 이상 종사한 사람을 전문인력으로 우선 임용한다.
④ 전문인력을 대상으로 매년 기본교육훈련을 실시해야 한다.
⑤ 시·도지사는 보건소의 전문인력 배치 및 운영실태를 조사하여야 한다.

13 지역보건법상 지역보건의료계획의 내용에 관하여 시장·군수·구청장에게 그 조정을 권고할 수 있는 자는?

① 대통령
② 국무총리
③ 보건소장
④ 시·도지사
⑤ 보건복지부장관

14 지역보건법상 보건소의 기능 및 업무로 옳은 것은?

① 전문치료시설의 공급
② 지역보건의료기관의 설치
③ 지역보건의료정책의 기획
④ 보건의료인 및 보건의료기관 등에 대한 평가
⑤ 급성질환 등의 질병관리

15 지역보건법상 지방자치단체가 지역주민의 만성질환 예방 및 건강생활습관 형성을 지원하기 위해 읍·면·동에 설치할 수 있는 지역보건의료기관은?

① 보건소
② 보건지소
③ 보건의료원
④ 보건진료소
⑤ 건강생활지원센터

16 구강보건법상 구강건강실태조사에 대한 설명으로 옳은 것은?

① 전수조사로 실시한다.
② 3년마다 정기적으로 조사한다.
③ 구강건강의식조사는 직접 구강검사를 통해서 실시한다.
④ 구강건강상태조사는 면접설문조사를 통해서 실시한다.
⑤ 보건복지부장관은 시·도지사와 협의하여 조사하고 그 결과를 공표한다.

17 구강보건법상 초등학교에서 매주 월요일 점심시간 직후에 불소용액 양치사업을 할 때, 필요한 불소용액의 농도는?

① 2.0%
② 1.0%
③ 0.5%
④ 0.2%
⑤ 0.05%

18 구강보건법상 권역장애인 구강진료센터의 설치·운영을 위탁할 수 있는 기관은?
① 보건소
② 보건지소
③ 치과의원
④ 치과병원
⑤ 건강생활지원센터

19 구강보건법상 구강보건사업계획 수립에 관하여 옳은 것은?
① 기본계획 - 보건복지부장관 - 매년
② 세부계획 - 시·도지사 - 3년
③ 시행계획 - 시·도지사 - 2년
④ 세부계획 - 시장·군수·구청장 - 매년
⑤ 시행계획 - 시장·군수·구청장 - 매년

20 구강보건법상 학교 구강보건사업에 포함되지 않는 것은?
① 구강검진
② 구강위생관리 지도
③ 지속적인 구강건강관리
④ 구강보건교육
⑤ 우식치료

2 구강해부학

21 접형골에서 상악신경이 통과하는 구조물은?
① 난원공
② 정원공
③ 절치공
④ 경유돌공
⑤ 안와하공

22 휘파람을 불 때 작용하며, 음식물이 구강 밖으로 나오는 것을 막아 주는 근육은?
① 협근
② 소근
③ 구륜근
④ 구각거근
⑤ 하순하체근

23 하악 제3대구치를 발치할 때 전달마취가 시행되어야 하는 신경은?
① 안와하신경
② 소구개신경
③ 비구개신경
④ 하치조신경
⑤ 후상치조신경

24 15세 남학생이 상악 제2대구치 부위에 심한 통증과 함께 볼이 부어 내원했다. 문제가 있다고 추정되는 타액선은?

① 구순선
② 구개선
③ 설하선
④ 이하선
⑤ 악하선

25 하악의 개구운동 초기에 작용하는 근육은?

① 교근
② 악설골근
③ 외측익돌근
④ 내측익돌근
⑤ 악이복근 후복

26 경구개와 상악 구치의 구개측 치은에 분포하는 동맥은?

① 대구개동맥
② 접구개동맥
③ 소구개동맥
④ 안와하동맥
⑤ 후상치조동맥

27 악관절의 상관절강에서 일어나는 하악의 기본운동은?

① 개구운동
② 전진운동
③ 후퇴운동
④ 측방운동
⑤ 활주운동

3 치아형태학

28 치근의 길이가 가장 긴 치아는?

① 상악 중절치
② 하악 측절치
③ 상악 견치
④ 하악 견치
⑤ 상악 제1소구치

29 6교두와 7교두가 나타나는 치아는?

① 상악 제3대구치
② 하악 제2대구치
③ 상악 제2대구치
④ 하악 제2소구치
⑤ 하악 제1대구치

30 치근이 협측과 설측으로 분지되는 치아는?

① 상악 제1소구치
② 상악 제2소구치
③ 하악 제1소구치
④ 상악 제2대구치
⑤ 하악 제2대구치

31 맹공과 사절흔이 나타나는 치아는?

① 하악 중절치
② 상악 측절치
③ 상악 견치
④ 하악 제1대구치
⑤ 상악 제2대구치

32 치근의 수가 다른 치아는?

① 하악 제1유구치
② 하악 제2유구치
③ 상악 제1대구치
④ 상악 제1소구치
⑤ 하악 제2대구치

33 하악 좌측 측절치에 대한 치아 표기법으로 옳은 것은?

> 가. 사획구분법(Palmer notation system)
> 나. 국제치과연맹표기법(FDI system)
> 다. 연속표기법(Universal numbering system)

　　　　가　－　나　－　다
① 　2　－　12　－　3
② 　B　－　22　－　13
③ 　2　－　32　－　23
④ 　B　－　42　－　33
⑤ 　2　－　52　－　43

34 상악 제1대구치를 교합면에서 볼 때, 근심반부가 원심반부보다 더 풍융하게 나타나는 상징은?

① 만곡상징
② 치근상징
③ 우각상징
④ 치수상징
⑤ 치경선만곡상징

4 구강조직학

35 백악질 형성에 관여하는 것은?

① 치낭
② 치아기
③ 치유두
④ 중간층
⑤ 성상세망

36 내측비돌기와 상악돌기의 융합으로 형성되는 것은?

① 볼
② 코
③ 상 순
④ 비 강
⑤ 이 마

37 다음 특징을 갖는 상아질은?

- 연령이 증가할수록 많이 관찰된다.
- 임상적으로 정지 우식에서 볼 수 있다.

① 관주상아질
② 관간상아질
③ 3차 상아질
④ 구간상아질
⑤ 경화상아질

38 법랑질의 성장선 중 하루에 형성된 법랑질의 양을 나타내는 것은?

① 횡선문
② 신생선
③ 에브너선
④ 레찌우스선
⑤ 안드레젠선

39 결합조직의 특징으로 옳은 것은?

① 외배엽에서 발생한다.
② 세포 사이의 물질이 거의 없다.
③ 세포와 세포 사이에 결합력이 강하다.
④ 교원섬유가 분포한다.
⑤ 각질층이 있다.

40 각질상피로 덮여 있으며 저작할 때 직접 교합압을 받는 조직은?

① 구강저
② 협점막
③ 연구개
④ 치조점막
⑤ 부착치은

41 구강점막을 구성하는 상피는?

① 단층입방상피
② 단층편평상피
③ 단층입방상피
④ 중층편평상피
⑤ 중층입방상피

5 구강병리학

42 치수가 노출되었으나 통증은 거의 없으며, 병리조직학적 소견에서 림프구와 형질세포가 보이는 질환은?

① 치수염
② 치수괴사
③ 치수충혈
④ 만성 증식성 치수염
⑤ 만성 궤양성 치수염

43 성인 악골골수염의 원인은?

① 마 모
② 치수염
③ 부정교합
④ 외상성 교합
⑤ 치근단농양

44 미맹출 치아의 치관을 둘러싸고 있으며 경계가 뚜렷한 엑스선 투과상의 낭종은?

① 함치성낭종
② 원시성낭종
③ 치근단낭종
④ 잔류치근낭종
⑤ 석회화치성낭종

45 급성 염증 증상 중 발열의 원인은?

① 면역계의 이상반응
② 혈관의 투과성 감소
③ 혈관의 일시적 수축
④ 혈관의 혈류량 증가
⑤ 삼출액의 형성 증가

46 총생과 외부 압력에 의해 2개의 치배가 하나의 치관을 형성하는 것은?

① 융합치　　② 과잉치
③ 쌍생치　　④ 유착치
⑤ 거대치

47 급성 염증 초기에 가장 많이 나타나며 이물질 탐식작용을 하는 것은?

① 호산구　　② 호중구
③ 단핵구　　④ 형질세포
⑤ 비만세포

48 구강 내 병소가 커서 정상조직과 비정상조직의 경계에서 일부를 채취하는 검사방법은?

① 흡인생검
② 펀치생검
③ 절개생검
④ 절제생검
⑤ 박리세포진단

6 구강생리학

49 폐경 후 여성에게 호발하며, 건조성 각막염과 구강건조증이 보일 때 추정되는 질환은?

① 점액부종
② 쇼그렌증후군
③ 베체트증후군
④ 전신홍반루프스
⑤ 유행성 이하선염

50 호르몬과 소화액을 모두 분비하는 기관은?

① 췌 장
② 부 신
③ 대 장
④ 갑상선
⑤ 뇌하수체

51 생리적 안정위를 유지하고 저작력을 조절하는 반사활동은?

① 개구반사
② 폐구반사
③ 하악반사
④ 탈부하반사
⑤ 치주인대저작근반사

52 부갑상선호르몬의 과도한 분비로 발생할 수 있는 질환은?

① 바세도우병
② 애디슨병
③ 크레틴병
④ 골다공증
⑤ 쿠싱증후군

53 골모세포의 기능을 촉진하여 혈중 칼슘농도를 저하시키는 호르몬은?

① 티록신
② 칼시토닌
③ 코르티솔
④ 알도스테론
⑤ 에피네프린

54 구강점막을 보호하는 데 작용하는 타액의 성분은?

① 뮤 신
② IgA
③ 락토페린
④ 아밀라아제
⑤ 중탄산이온

55 교합력에 대한 설명으로 옳은 것은?

① 개구량이 증가할수록 커진다.
② 절대치의 평균은 남자가 크다.
③ 연령이 증가할수록 커진다.
④ 자연치열자보다 총의치장착자에게서 크다.
⑤ 구치부에서 전치부로 갈수록 커진다.

7 구강미생물학

56 정상인의 혈청에 가장 많이 존재하는 면역글로불린은?

① IgA
② IgD
③ IgE
④ IgG
⑤ IgM

57 기회감염을 일으키는 진균으로 의치성 구내염의 원인이 되는 미생물은?

① *Candida albicans*
② *Treponema pallidum*
③ *Actinomyces israelii*
④ *Porphyromonas gingivalis*
⑤ *Mycobacterium tuberculosis*

58 항체에 대한 설명으로 옳은 것은?

① 흉선에서 생성된다.
② 1차 방어기전을 담당한다.
③ 세포성 면역을 담당한다.
④ 특정항원에 비특이적으로 반응한다.
⑤ 동일한 항원에 대해 기억하는 능력이 있다.

59 다음의 특성이 있는 미생물은?

- 1형과 2형이 있다.
- 감염 후 신경절에 잠복한다.
- 피부와 점막에 수포성 병변을 유발한다.

① Coxsackie virus
② Paramyxo virus
③ Epstein-Barr virus
④ Herpes simplex virus
⑤ Human papiloma virus

60 다음의 특성이 있는 미생물은?

- 치은열구에서 검출
- 사춘기성 치은염증의 원인
- 혈액배지에서의 흑색집락 형성

① *Prevotella intermedia*
② *Tannerella forsythia*
③ *Streptococcus salivarius*
④ *Fusobacterium nucleatum*
⑤ *Aggregatibacter actinomycetemcomitans*

8 지역사회구강보건학

61 포괄구강보건진료의 준칙으로 옳은 것은?

① 예방진료 지양
② 치료기술 개발
③ 개별치아 보존
④ 재활치료 목적
⑤ 구강건강 증진

62 우리나라의 공중구강보건 발전과정에서 치과위생사 면허제도가 도입되고, 최초로 치과위생사 교육이 시작된 시기는?

① 구강보건성장기
② 구강보건발생기
③ 구강보건태동기
④ 구강보건여명기
⑤ 전통구강보건기

63 학생정기구강검진의 목적으로 옳은 것은?

① 학생의 전신건강상태를 파악한다.
② 보철치료에 관심을 가지도록 유도한다.
③ 구강병을 초기에 발견하여 치료하도록 한다.
④ 스스로 구강건강관리를 할 수 있는 능력을 길러준다.
⑤ 구강병으로 지각한 학생을 파악한다.

64 반도체 제조회사에서 불화수소를 취급하는 근로자의 건강진단에 대한 설명으로 옳은 것은?

① 구강검진은 산업보건의사가 한다.
② 1차로 구강암검사를 한다.
③ 수시건강진단 비용은 근로자가 부담한다.
④ 연 2회 이상 특수건강진단을 실시한다.
⑤ 건강진단결과는 사업주에게 송부한다.

65 다음 설명에 해당하는 조사방법은?

- 구강상태 검사에 이용한다.
- 조사대상자의 협조를 구하지 않아도 된다.
- 세부사항 파악이 가능하다.

① 관찰조사법
② 설문조사법
③ 면접조사법
④ 열람조사법
⑤ 사례조사법

66 중대한 관리대상으로 발생 빈도가 높고, 치아에 심각한 기능장애를 일으키는 구강병의 특징은?

① 유행성이 높다.
② 유전성이 높다.
③ 전문가에 의해 매년 지정된다.
④ 시대별로 발생에 차이가 있다.
⑤ 계절별로 발생에 차이가 있다.

67 영아에게 발생할 수 있는 초기 유아우식병을 예방하기 위한 방법으로 옳은 것은?

① 정기 구강검진
② 잇몸마사지
③ 불소도포
④ 우유병 사용 후 구강위생관리
⑤ 식이지도

68 A지역 집단구강건강관리사업을 위하여 주민의 구강병 발생빈도, 집단규모, 환경조건 등을 파악한 후 이어지는 과정은?

① 사업기획
② 실태분석
③ 사업수행
④ 사업평가
⑤ 재정조치

69 지역사회조사 영역 중 구강보건실태조사 내용으로 옳은 것은?

① 보건의료자원
② 구강보건진료제도
③ 상대구강보건진료필요
④ 식음수불소이온농도
⑤ 주민의 건강상태

70 구강병 발생요인과 요인이 작용하는 기구를 규명하기 위해 첫 번째로 해야 하는 과정은?

① 결과를 예측한다.
② 가설을 설정한다.
③ 질병의 가설을 검증한다.
④ 질병의 인과관계를 규명한다.
⑤ 질병의 발생양태를 파악한다.

71 기온, 온도, 고도, 수질 등의 영향으로 질병이 계속적으로 발생하는 현상은?

① 지방성
② 유행성
③ 산발성
④ 범발성
⑤ 전염성

72 수돗물불소농도조정사업을 기획하는 단계에서 적정 불소농도를 결정하는 기준으로 옳은 것은?

① 치아우식경험도가 낮으면 높게 조정한다.
② 2.0ppm을 기준으로 한다.
③ 구치부 치아의 반점도를 기준으로 조정한다.
④ 중등도 반점치 유병률을 10% 이하가 되도록 조정한다.
⑤ 연평균 매일 최고기온을 기준으로 조정한다.

9 구강보건행정학

73 공공부조형 구강보건진료제도의 특징으로 옳은 것은?

① 진료의 질적 수준이 높다.
② 소비자의 선택권이 보장된다.
③ 의료서비스의 생산성이 높다.
④ 의료자원이 균등하게 제공된다.
⑤ 의료행정체계가 유연하다.

74 계속구강건강관리사업을 시행하는 지역에서 2차 연도에 치은염발생률이 5%로 나타났다. 이때 발생된 5%의 치은염치료를 위해 제공해야 하는 구강보건진료는?

① 전문구강보건진료
② 응급구강보건진료
③ 유지구강보건진료
④ 증진구강보건진료
⑤ 기초구강보건진료

75 구강진료 행위와 무관하게 일정기간 동안 한 사람의 구강건강을 관리하는 데 필요한 진료비용을 결정하는 진료비제도는?

① 인두당 구강진료비지불제도
② 행위별 구강진료비지불제도
③ 포괄 구강진료비지불제도
④ 집단 구강진료비조달제도
⑤ 각자 구강진료비조달제도

76 정책을 구성하는 요소 중 제2구성요소에 대한 설명으로 옳은 것은?

① 정책수행을 위한 방법과 절차이다.
② 바람직한 정책 방안에 대한 의지의 강도이다.
③ 정책을 이루기 위한 구체적 행동체계이다.
④ 정책을 통해 달성하고자 하는 바람직한 미래상이다.
⑤ 제도적 요건과 절차를 통해 정당성을 확보하는 과정이다.

77 조직의 제반기능과 업무를 모아서 직무를 배열하여 의사 전달의 경로가 되는 조직의 원리는?

① 조정원리
② 분업원리
③ 계층원리
④ 지휘통일의 원리
⑤ 권한위임의 원리

78 치과의사가 부재중일 때, 스케일링을 요구한 환자를 응대하는 치과위생사의 윤리적 행동은?

① 담당환자라면 스케일링을 한다.
② 환자에게 동의서를 받고 스케일링을 한다.
③ 스케일링을 할 수 없음을 고지하고 진료예약을 한다.
④ 치과의사에게 전화로 알리고 스케일링을 한다.
⑤ 간단한 검사를 하고 진료예약을 한다.

79 20세의 환자가 사랑니 발치진료를 받은 후 혀에 감각 이상이 발생하여 후유장애진단을 받았다. 이때 치과의사에게 요구할 수 있는 환자의 권리는?

① 피해보상청구권
② 단결조직활동권
③ 구강보건진료선택권
④ 구강보건의사반영권
⑤ 안전구강보건진료소비권

80 현재 우리나라에서 30대 성인에게 적용되는 치과건강보험 급여항목은?

① 치석 제거
② 구취 제거
③ 치면열구전색
④ 치과임플란트
⑤ 금속상완전틀니

81 다음의 내용으로 정책결정에 참여하는 공식적 참여자는?

- 정책집행에 대한 통제와 감시
- 정책의제 형성에 대한 국민의 의사 반영
- 결산을 통한 정책평가

① 관료   ② 대통령
③ 입법부   ④ 사법부
⑤ 행정기관

82 공공부조에 대한 설명으로 옳은 것은?

① 개인필요에 따라 가입한다.
② 인플레이션에 대비할 수 없다.
③ 조세를 통하여 재정을 확보한다.
④ 보장 범위를 종류별, 개별적으로 제도화한다.
⑤ 보험료 부담능력이 되는 사람이 대상이다.

10 구강보건통계학

83 P씨의 구강검사 결과 중등도 반점치아가 1개, 경도 반점치아가 1개 있고, 나머지는 정상치아였다. 이때 치아반점도 판정은?

① 의문 반점치아
② 경미도 반점치아
③ 경도 반점치아
④ 중등도 반점치아
⑤ 고도 반점치아

84 55세 남자의 구강검사 결과이다. 지역사회치주요양 필요 결과는?

#16 건전치주조직
#26 출혈치주조직
#11 출혈치주조직
#31 건전치주조직
#36 설면 치은연하치석
#46 설면 4~5mm 치주낭형성

① 치면세마 필요자
② 치주요양 불필요자
③ 치면세균막관리 필요자
④ 치주조직병치료 필요자
⑤ 심치주낭치료 필요자

85 중학교 1학년 학생 40명의 구강검사 결과이다. 우식영구치율(DT rate)은?

- 상실치를 포함한 피검치 : 1,280개
- 충전가능 우식치 : 80개
- 발거대상우식치 : 20개
- 우식경험상실치 : 20개
- 충전치 : 40개

① 7.8% ② 12.5%
③ 50.0% ④ 53.3%
⑤ 62.5%

86 대학생 100명의 구강검사 결과이다. 우식경험영구치율(DMFT rate)은?

- 우식경험자 : 40명
- 피검치아수(상실치 포함) : 3,000개
- 치료 가능한 우식치아 : 150개
- 우식경험 충전치아 : 100개
- 우식경험 상실치아 : 25개
- 발거대상 우식치아 : 25개

① 10.0% ② 16.7%
③ 33.3% ④ 40.0%
⑤ 58.3%

87 세계보건기구에서 권장하는 기준으로 우식경험유치지수를 산출하는 공식이다. 괄호에 알맞은 경험은?

우식경험유치지수 = (　　　　　)/피검자수

① 충전가능 우식유치수
② 충전가능 우식유치수 + 충전유치수
③ 충전가능 우식유치수 + 발거대상 우식유치수
④ 충전가능 우식유치수 + 발거대상 우식유치수 + 상실유치수
⑤ 충전가능 우식유치수 + 발거대상 우식유치수 + 충전유치수

88 상·하악 전치부 순측 치은을 검사한 결과 하악 전치부 6개의 치간유두에 염증이 있고, 나머지 부위와 하악은 정상치은이다. 유두변연부착치은염지수(PMA index)는?

① 2 ② 5
③ 10 ④ 15
⑤ 30

89 보데커의 치면분류 기준으로 옳은 것은?

① 상악 제1대구치 : 6면
② 하악 제1대구치 : 7면
③ 우식경험 인조치관 : 3면 우식경험
④ 우식경험 상실치아 : 5면 우식경험
⑤ 소구치 인접면 우식 : 1면 우식경험

90 40세 K씨의 구강검사 결과이다. 제1대구치 우식경험률은?

- 상악 우측 제1대구치 3면 충전
- 상악 좌측 제1대구치 우식경험 상실
- 하악 우측 제1대구치 1면 충전
- 하악 좌측 제1대구치 3면 우식

① 12.5% ② 37.5%
③ 41.3% ④ 58.7%
⑤ 62.5%

11 구강보건교육학

91 학습자가 행동을 일으키는 내적 원인으로 개체 내의 과잉 또는 결핍에 의해 일어나는 상태를 의미하는 것은?
① 욕구
② 압력
③ 충동
④ 유인
⑤ 동기

92 교육목표 개발의 5원칙에 해당하는 것은?
① 대중성
② 교육성
③ 측정가능
④ 동기유발
⑤ 감화가능

93 성인에게 덴티폼과 치간칫솔을 이용하여 치면세균막 관리방법을 교육할 때 효과적인 것은?
① 토의
② 강의
③ 문답
④ 상담
⑤ 시범

94 유치원 아동의 올바른 식습관 형성을 위해 치아에 좋은 음식과 나쁜 음식 구별을 위해 융판에 붙이는 활동을 하기로 했을 때, 구강보건교육과정의 개발단계는?
① 교육평가
② 교육목표의 설정
③ 교육경험의 선정
④ 교육경험의 조직
⑤ 교수-학습의 실제

95 흡연과 구강건강의 관련성에 대해 교육한 후 변화된 지식과 태도를 평가하는 방법은?
① 형성 평가
② 진단 평가
③ 교육 유효도 평가
④ 학습자 성취도 평가
⑤ 구강보건 증진도 평가

96 치아상실이 많아 기능회복이 요구되는 성인에게 필요한 구강보건내용은?

① 보철물관리법
② 식습관개선법
③ 불소용액 양치법
④ 지각과민완화법
⑤ 악관절장애관리법

97 다발성 우식병 환자에게 식이조절 프로그램을 활용하여 교육한 결과, 1년 후에 새로 발생한 치아우식증이 없었다. 이러한 효과를 평가하는 방법은?

① 학습 성취도
② 환자 만족도
③ 교육 증진도
④ 환자 수행도
⑤ 교육 유효도

98 방사선 치료와 전신질환으로 인해 약물을 복용하는 노인에게 우선 실시하여야 하는 구강보건교육 내용은?

① 치주질환 관리법
② 치근우식병 관리법
③ 구강건조증 관리법
④ 치면세균막 관리법
⑤ 치경부마모증 관리법

99 영아기 심리발달 특성으로 옳은 것은?

① 호기심
② 낯가림
③ 자기중심
④ 사회성 학습
⑤ 성별 행동강화

100 다음 내용의 구강보건교육이 필요한 대상자는?

- 거품이 적은 세치제 사용
- 호르몬과 치은염의 관련성
- 발효성 탄수화물 섭취 절제
- 유아의 치아우식병 감염경로

① 노인
② 청소년
③ 장애인
④ 임산부
⑤ 사업장근로자

제2교시 | 100문항(85분)

1 예방치과처치

01 치아우식 예방법 중 숙주요인 제거법으로 옳은 것은?
① 음식물 관리법
② 당질분해 억제법
③ 세균증식 억제법
④ 치면세균막 관리법
⑤ 치질내산성 증가법

02 스테판 곡선에 대한 설명으로 옳은 것은?
① 초기 광질이탈현상은 비가역적이다.
② 광질이탈이 가능한 수소이온농도는 pH 6.0이다.
③ 치면세균막의 pH는 수면 중에 빠르게 회복된다.
④ 치면세균막의 pH 변화는 음식 종류에 따라 차이가 있다.
⑤ 치면세균막의 pH가 정상회복되는 데 약 5분이 걸린다.

03 치면세균막의 특성에 대한 설명으로 옳은 것은?
① 그람음성균이 최초로 부착한다.
② 매끄러운 치면에 잘 형성된다.
③ 부착력이 약하여 자정작용에 의해 쉽게 제거된다.
④ 중탄산이온은 치면세균막 형성을 촉진한다.
⑤ 두께가 두꺼워지면 심층에는 혐기성균이 증가한다.

04 구강병관리원칙에 따른 단계별 구강관리법으로 옳은 것은?
① 부정교합차단 – 치수복조 – 임플란트 보철
② 불소도포 – 부정교합예방 – 치주병 치료
③ 치면열구전색 – 치은염 치료 – 부정치열 교정
④ 정기구강검진 – 부정교합차단 – 치아발거
⑤ 구강보건교육 – 치수절단 – 진행우식병소 충전

05 치주병 발생요인 중 구강 외 환경요인으로 옳은 것은?
① 치 석
② 식 품
③ 교정장치
④ 치면세균막
⑤ 불량보철물

06 치실고리 사용이 필요한 부위로 옳은 것은?
① 최후방구치 원심면
② 치간공간이 넓은 치아 사이
③ 치주수술 후 치은퇴축 부위
④ 임플란트 하방 부위
⑤ 가공의치의 지대치와 인공치아 사이

07 치은열구 내 치면세균막 제거에 효과적인 칫솔질 방법은?

① 묘원법
② 회전법
③ 바스법
④ 횡마법
⑤ 차터스법

08 치경부마모증이 있는 대상자에게 권장하는 칫솔질 방법은?

① 묘원법
② 회전법
③ 바스법
④ 스틸맨법
⑤ 와타나베법

09 치면세균막지수(PHP index)가 3.5인 경우 개인의 구강환경관리능력 판정은?

① 매우 양호
② 양 호
③ 보 통
④ 불 량
⑤ 매우 불량

10 최후방 구치의 원심면이나 고립된 치아의 치면세균막 제거에 효과적인 구강관리용품은?

① 치 실
② 치실고리
③ 첨단칫솔
④ 치간칫솔
⑤ 물사출기

11 불소겔 도포방법에 대한 설명으로 옳은 것은?

① 환자를 수평으로 눕혀서 실시한다.
② 글리세린이 포함된 연마제로 치면연마를 시행한다.
③ 인접면은 무왁스 치실을 이용하여 미리 도포한다.
④ 불소겔 트레이에 가득 담기도록 충분한 양을 사용한다.
⑤ 도포 중 입안에 고이는 타액은 삼키도록 한다.

12 30세 여자의 구강검사 결과이다. 우선 필요한 조치는?

- #14, 15의 치경부 마모
- 시린 증상 호소

① 불소도포
② 치면세마
③ 치면열구전색
④ 바스법 칫솔질 교습
⑤ 중마모도의 세치제 권장

13 치면열구전색의 비적응증으로 옳은 것은?
① 설측소와가 있는 치아
② 좁고 깊은 협면소와가 있는 치아
③ 근심교합면에 점상 충전이 있는 치아
④ 교합면에 큰 충전물이 있는 치아
⑤ 소와 및 열구에 초기 우식이 있는 치아

14 치면세마의 목적으로 옳은 것은?
① 치주낭을 제거한다.
② 염증성 결합조직을 제거한다.
③ 치주병을 유발하는 전신요인을 제거한다.
④ 구강위생관리에 대한 동기를 부여한다.
⑤ 백악질에 침투된 내독소나 세균을 제거한다.

15 식이조절 과정에서 식단처방 단계에 해당되는 것은?
① 우식치아 확인
② 우식성 식품 제거
③ 우식발생 가능시간 산출
④ 청정식품 섭취여부 확인
⑤ 불량 식습관 형성원인 검토

16 치면열구전색재의 유지력을 높이기 위한 방법으로 옳은 것은?
① 산부식 시간을 길게 한다.
② 도포할 치면을 철저히 건조한다.
③ 전색된 치아의 교합을 약간 높게 한다.
④ 전색 후 불소를 도포한다.
⑤ 전색재와 치면의 접촉면적을 좁게 한다.

17 치은연하치석에 대한 설명으로 옳은 것은?
① 무기질의 주공급원이 타액이다.
② 색상은 상아색 또는 흰색이다.
③ 치은변연을 따라 치경부에 위치한다.
④ 부싯돌같이 단단하여 치밀도가 높다.
⑤ 상악 구치부 협면에서 주로 관찰한다.

18 구취발생에 영향을 미치는 구강 내 요인은?
① 공 복
② 설 태
③ 축농증
④ 약물 복용
⑤ 연령 증가

2 치면세마

19 임신부에게 치위생과정을 수행할 때 환자의 자세로 옳은 것은?

① 수직자세
② 수평자세
③ 경사자세
④ 변형수평자세
⑤ 트렌델렌버그 자세

20 20대 여자가 악관절에서 소리가 난다고 내원하였다. 악관절 이상 유무를 확인하기 위한 촉진법은?

① 양손법
② 한손법
③ 지두법
④ 쌍지두법
⑤ 좌우양측법

21 탐침의 용도로 옳은 것은?

① 치은연하 치석 제거
② 치면상태 평가
③ 부착치은의 폭 측정
④ 치은열구의 깊이 측정
⑤ 치은의 염증상태 확인

22 구강위생관리가 소홀할 때 음식물로 인해 모든 연령에서 나타나는 착색은?

① 황 색
② 녹 색
③ 갈 색
④ 적 색
⑤ 검은선

23 다음 증상을 호소하는 환자에게 적용하는 구강검사 방법은?

> 입술 끝에 수포가 생겼고, 음식 먹기가 불편해요.

① 시 진
② 문 진
③ 청 진
④ 촉 진
⑤ 타 진

24 멸균의 개념으로 옳은 것은?

① 모든 미생물을 사멸시키는 것
② 병원성 미생물의 생활력을 없애는 것
③ 포자를 포함한 모든 미생물을 감소시키는 것
④ 진료실 환경을 공중위생 수준으로 만드는 것
⑤ 미생물을 공중위생 수준으로 유지하는 것

25 60세 환자의 치주상태를 검사한 결과 치은퇴축은 1mm, 치주낭의 깊이는 4mm로 측정되었다. 임상적 부착소실은?

① 1mm
② 2mm
③ 3mm
④ 4mm
⑤ 5mm

26 진료가 끝난 후에 사용한 기구의 처리과정으로 옳은 것은?
① 손으로 세척하는 방법이 효과가 좋다.
② 세척 전 용액으로 알코올을 사용한다.
③ 초음파세척기는 뚜껑을 열고 사용한다.
④ 멸균된 기구는 별도의 유효기간 없이 사용한다.
⑤ 기구의 부식을 방지하기 위해 건조과정이 필요하다.

27 초음파 치석제거기 사용의 금기 대상자는?
① 초기치은염
② 지지수위염
③ 심한 외인성 착색
④ 비조절성 당뇨질환자
⑤ 불량육아조직 제거가 필요한 자

28 치과진료실에서 에어로졸에 의한 교차감염을 최소화하는 방법으로 옳은 것은?
① 공기-물사출기를 사용한다.
② 초음파 치석제거기를 사용한다.
③ 강력한 흡입기를 사용한다.
④ 진료 후 구강양치액으로 양치하게 한다.
⑤ 초음파세척기 뚜껑을 열고 기구를 세척한다.

29 탐침 사용방법으로 옳은 것은?
① push stroke한다.
② 삽입각도를 준다.
③ 중등도의 측방압으로 동작한다.
④ 팁의 배면이 열구상피에 닿도록 한다.
⑤ 팁의 측면이 동작하는 동안 치면에 닿도록 한다.

30 절단연의 수가 다른 치주기구는?
① 호
② 치 즐
③ 일반 큐렛
④ 그레이시 큐렛
⑤ 미니파이브 큐렛

31 치면연마를 할 때 치질의 마모를 최소화하는 방법은?
① 압력을 세게 한다.
② 회전속도를 빠르게 한다.
③ 많은 양의 마모제를 사용한다.
④ 미세한 입자의 마모제를 사용한다.
⑤ 러버컵을 치면에 오랫동안 적용한다.

32 기구연마를 할 때 윤활제에 대한 설명으로 옳은 것은?
① 자연석에는 물을 사용한다.
② 연마석의 긁힘을 방지한다.
③ 마찰열 발생을 증가시킨다.
④ 기구연마의 효율을 감소시킨다.
⑤ 기구날의 움직임을 감소시킨다.

33 임플란트 장착 부위에 치면세마를 수행하는 방법으로 옳은 것은?

① 중등도의 압력으로 동작한다.
② 치은연하 치석을 제거한다.
③ 반드시 치면연마를 실시한다.
④ 카본스틸 금속제 기구를 사용한다.
⑤ 일반적인 치석 제거와 동일한 방법으로 한다.

34 치근활택술을 적용할 수 있는 대상자는?

① 급성치주염 환자
② 치아동요가 심한 환자
③ 진행성 치주염 환자
④ 치면세균막 관리가 어려운 환자
⑤ 지각과민이 심한 환자

35 초음파 치석제거기에 대한 설명으로 옳은 것은?

① 항세균효과가 있다.
② 물분사로 치경 사용이 용이하다.
③ 세밀한 부착물을 쉽게 제거할 수 있다.
④ 절단연으로 경조직에 상처를 줄 수 있다.
⑤ 치석을 제거할 때 촉감이 민감하다.

36 빛이 반사되는 절단연이 있는 기구의 작업단 적용 시 나타나는 것은?

① 시술시간의 단축
② 조직의 손상 방지
③ 기구동작의 횟수 감소
④ 기구동작 시 촉각 예민
⑤ 기구동작 시 측방압 증가

37 '기구날의 내면과 치면이 만나 이루는 것으로 올바르게 적용하지 않으면 치석제거가 원활하지 않고 치주조직에 손상을 줄 수 있다'는 기구조작 과정은?

① 적 합
② 삽 입
③ 각 도
④ 동 작
⑤ 손 고정

38 치면세마를 할 때 고려사항으로 옳은 것은?

① 결핵환자는 식사시간을 고려하여 진료예약을 한다.
② 임플란트가 장착된 부위의 치석 제거는 중등도 이상의 압력을 적용한다.
③ 간염환자는 초음파 스케일러를 사용하지 않는다.
④ 노인환자의 심한 동요도가 있는 치아는 치석 제거를 하지 않는다.
⑤ 고혈압 환자가 구토반사를 할 때는 환자의 자세를 천천히 바꾼다.

3 치과방사선학

39 엑스선과 가시광선을 비교할 때 엑스선의 특징은?

① 직진한다.
② 빛의 속도로 진행한다.
③ 물질을 투과한다.
④ 감광작용이 있다.
⑤ 물체의 음영을 나타낸다.

40 엑스선관 초점에서 발생한 열을 냉각시키는 것은?
① 변압기　② 시준기
③ 여과기　④ 절전유
⑤ 집속컵

41 X선 영상의 흑화도 증가요인은?
① 관전압의 감소
② 노출시간 감소
③ 피사체의 두께 증가
④ 포그와 산란선이 있음
⑤ 초점과 필름의 거리 증가

42 노출시간을 증가시킬 때 나타나는 변화는?
① 엑스선 양 증가
② 전자의 속도 증가
③ 전자의 에너지 증가
④ 조직의 투과력 증가
⑤ 엑스선 최대에너지 증가

43 엑스선 촬영 시 피사체와 필름 사이를 가깝게 했을 때 나타나는 특성은?
① 관용도 감소
② 대조도 감소
③ 해상도 감소
④ 반음영 감소
⑤ 선예도 감소

44 전자의 속도를 조절하여 엑스선속과 질에 영향을 주는 것은?
① 타 깃
② 관전류
③ 관전압
④ 집속컵
⑤ 필라멘트

45 엑스선상 방사선 투과성으로 나타나는 치아 주위조직은?
① 치조정
② 치조골
③ 백악질
④ 치조백선
⑤ 치주인대강

46 치아의 수복물의 경계를 명확하게 확인할 수 있는 영상의 특징은?
① 선예도
② 감광도
③ 관용도
④ 흑화도
⑤ 대조도

47 하악대구치 치근단 영상에서 방사선 불투과성으로 관찰되는 해부학적 구조물은?

① 설공, 하악관
② 이공, 이융선
③ 이극, 악하선와
④ 하악관, 근돌기
⑤ 외사선, 악설골융선

48 파노라마 영상에서 교합평면이 역V자 형태로 나타나는 이유는?

① 턱을 든 상태에서 촬영
② 교합제를 상층보다 전방에서 촬영
③ 교합제를 상층보다 후방에서 촬영
④ 등과 목을 곧게 펴지 않은 상태에서 촬영
⑤ 갑상선보호대가 있는 납방어복을 착용하고 촬영

49 대구치 인접면에 발생하는 초기 치아우식을 확인하는 촬영법은?

① 등각촬영
② 교합촬영
③ 교익촬영
④ 직각촬영
⑤ 파노라마 촬영

50 하악대구치 치근단 영상에서 매복치가 발견되었다. 매복치의 협·설 위치를 확인하는 촬영법은?

① 평행촬영
② 직각촬영
③ 교익촬영
④ 파노라마 촬영
⑤ 두부규격 촬영

51 상악 절치부 치근단 영상에서 치아의 길이가 실제보다 길게 나타났을 때 해결하는 방법은?

① 수직각을 증가시킨다.
② 필름 하연을 절단연과 평행하게 한다.
③ 촬영 시 환자의 두부를 고정한다.
④ 중심선이 필름의 중앙을 향하도록 한다.
⑤ 필름의 전면이 엑스선 관구를 향하게 한다.

52 소아 환자의 전악 구내촬영에 대한 설명으로 옳은 것은?

① 교익촬영은 추가촬영하지 않는다.
② 필름 유지기구를 사용하는 것이 편리하다.
③ 연령에 따라 필름의 종류와 수를 결정한다.
④ 성인과 노출시간을 동일하게 한다.
⑤ 성인용 필름 사용 시 수직각을 줄이도록 한다.

53 디지털 촬영에서 사용하는 영상판에 대한 설명은?
① 유연하여 구강 내 삽입이 용이하다.
② 플라스틱 재질로 싸여 있다.
③ 노출 후 바로 모니터에서 확인이 가능하다.
④ 촬영할 때 이동할 수 없다.
⑤ 광섬유케이블과 컴퓨터로 연결되어 있다.

54 신체가 장기간 저선량으로 방사선에 노출되었을 때 발생할 수 있는 것은?
① 출 혈
② 구 토
③ 뇌경색
④ 백혈병
⑤ 오 심

55 하악소구치 엑스선 영상에서 근단부위 병소와 구별이 필요한 해부학적 구조물은?
① 이 공
② 이 극
③ 설 공
④ 이융선
⑤ 악하선와

56 엑스선 촬영 중 환자의 방호 방법은?
① 관전압을 낮게 한다.
② 감광도가 낮은 필름을 사용한다.
③ 조사통을 짧은 걸 사용한다.
④ 원추형 조사통을 사용한다.
⑤ 알루미늄 여과기를 사용한다.

57 인체조직과 장기 중 방사선 감수성이 상대적으로 낮은 것은?
① 점 막
② 골 수
③ 신 경
④ 소 장
⑤ 타액선

58 엑스선 영상에서 방사선 불투과성으로 관찰되는 것은?
① 치근단낭종
② 치아우식증
③ 치근단농양
④ 경화성골염
⑤ 치근단육아종

4 구강악안면외과학

59 국소마취제를 과량으로 사용할 때 나타나는 전신 합병증은?

① 작열감
② 빈 혈
③ 혈 종
④ 독작용
⑤ 개구장애

60 발치와의 육아조직을 제거하기 위해 사용하는 기구는?

① 외과용 큐렛(surgical curette)
② 골막기자(periosteal elevator)
③ 딘시저(dean scissor)
④ 봉침기(needle holder)
⑤ 조직겸자(tissue forcep)

61 종양의 절개 시기로 옳은 것은?

① 국소 부위의 열감이 증가할 때
② 국소 부위의 통증이 증가할 때
③ 종창 부위의 경결이 촉진될 때
④ 염증 부위 흡인 시 농이 확인되지 않을 때
⑤ 피부에 윤이 나고 발적 부위가 확인될 때

62 하악소구치 설측에 있는 골융기로 의치 제작이 곤란하여 시행하는 처치는?

① 치은성형술
② 치조골성형술
③ 골유도재생술
④ 치조능증대술
⑤ 조직유도재생술

63 외과적 발치 시행 후 당일에 냉찜질을 하는 목적은?

① 부종 감소
② 상피화 촉진
③ 혈관 확장
④ 혈액순환 촉진
⑤ 백혈구 탐식작용 촉진

64 수평매복된 하악 제3대구치를 발치할 때 점막골막 피판을 절개 및 박리한 다음 과정은?

① 치주인대 절단
② 근첨 병소 소파
③ 치아탈구 및 발거
④ 치조골 삭제 및 치아 분할
⑤ 점막골막피판 재위치

5 치과보철학

65 25세 여자가 정중이개로 내원하였다. 치아를 최소로 삭제하며 심미적 개선이 요구될 때의 추천 보철은?

① 금속도재관
② 레진전장관
③ 전부도재관
④ 칼라리스 크라운
⑤ 도재라미네이트 비니어

66 금관제작 시 최종인상채득 바로 전에 실시하는 술식은?

① 교합조정
② 지대축조
③ 치은압배
④ 지대치 형성
⑤ 임시치관 장착

67 하악중절치의 절단연과 하악 좌우 제2대구치의 원심 협측 교두정을 포함한 평면은?

① 교합평면
② 캠퍼평면
③ 프랑크푸르트평면
④ 수평면
⑤ 전두면

68 가철성 국소의치와 비교할 때 고정성 가공의치의 장점은?

① 착탈이 쉽다.
② 청결 유지가 쉽다.
③ 유지와 지지력이 좋다.
④ 다양한 결손증례에 적용이 가능하다.
⑤ 기능압을 잔존치아와 주변 점막으로 분산한다.

69 총의치 제작 시 개인트레이를 만든 다음 단계 진료과정은?

① 의치상 제작
② 납의치 시적
③ 최종인상 채득
④ 악간관계 기록
⑤ 인공치아 배열

70 장시간의 치과진료 중 악관절 탈구가 발생한 환자의 응급처치법은?

① 정복치료
② 교합치료
③ 물리치료
④ 약물치료
⑤ 행동치료

6 치과보존학

71 치경부 마모 및 우식을 수복할 때 G.V. Black의 와동 분류는?

① 1급 와동
② 2급 와동
③ 3급 와동
④ 4급 와동
⑤ 5급 와동

72 근관형성 시 근관벽의 상아질을 삭제하는 엔진구동형 기구는?

① K file
② reamer
③ spreader
④ condensor
⑤ Ni-Ti file

73 근관치료가 완료된 치아의 미백치료 중 Gutta Percha를 제거한 후 다음 술식은?

① 치아격리
② 치아색조 확인
③ 레진수복
④ 보호용 기저재 적용
⑤ 와동 내 미백제 삽입

74 우식으로 치관부 치수가 감염된 경우, 근관 내 치수의 생활력을 유지시켜 생리적 기능을 가능하게 하는 치료법은?

① 치근단형성술
② 치수절단술
③ 치수절제술
④ 생리적 치근단형성술
⑤ 치수복조술

75 근관형성 중 석회화된 근관을 효과적으로 확대하기 위해 사용하는 세척제는?

① EDTA
② 과산화수소
③ 클로르헥시딘
④ 과산화수소
⑤ 차아염소산나트륨

76 노인의 치수강 형태 변화에 대한 설명으로 옳은 것은?

① 근관의 수가 증가
② 근첨공이 넓어짐
③ 치수실이 협소해짐
④ 치수각이 교합면 방향으로 길어짐
⑤ 근관의 끝과 치근의 끝이 인접함

7 소아치과학

77 불안과 공포가 심하고 구역반사가 있는 어린이에게 적합한 행동조절은?

① 입 가리기법
② 신체의 속박
③ 모방법
④ 긍정 강화
⑤ 아산화질소-산소 흡입법

78 7세 어린이가 상아중절치의 완전탈구로 내원했을 때의 처치법은?

① 근관치료 후 재식한다.
② 치근면에 소독제를 도포한다.
③ 치조와를 소파한다.
④ 생리적 동요를 허용하고 고정한다.
⑤ 치근면의 잔사를 깨끗하게 제거한다.

79 영구 절치가 맹출되는 시기의 구강 내 상황으로 옳은 것은?

① 견치 간 폭경 감소
② 치열궁 길이 감소
③ 상악절치 정중이개
④ 하악절치 순측맹출
⑤ 하악의 leeway space 폐쇄

80 유구치 기성 금속관의 특징은?

① 치실 삭제량이 많다.
② 치경부에 정확히 적합된다.
③ 교합면 천공이 발생하지 않는다.
④ 치관의 근원심 폭경 회복이 어렵다.
⑤ 당일 진료가 가능하다.

81 9세 어린이의 하악 제1, 2유구치가 상실되었을 때 적합한 공간유지장치는?

① distal shoe
② 설측호선
③ 횡구개호선
④ band and loop
⑤ 낸스 구개호선

82 유치열기 우식의 특징으로 옳은 것은?

① 자각증상이 뚜렷하다.
② 우식 감수성이 낮다.
③ 치수재생능력이 낮다.
④ 미숙아에게 발생빈도가 높다.
⑤ 영구치에 비해 평활면 우식이 적다.

8 치주학

83 치주질환의 국소적 원인으로 옳은 것은?
① 흡연
② 임신
③ 약물복용
④ 스트레스
⑤ 치면세균막

84 급성 치주농양에 대한 설명으로 옳은 것은?
① 누공이 있다.
② 동통이 심하다.
③ 동요도가 없다.
④ 간헐적 삼출물이 있다.
⑤ 전신의 발열증상이 없다.

85 1차성 백악질에 대한 설명으로 옳은 것은?
① 교체속도가 빠르다.
② 치아가 맹출된 후 형성된다.
③ 백악아세포가 포함되어 있다.
④ 샤피섬유가 많다.
⑤ 백악질의 생활력을 유지한다.

86 치은열구액의 역할로 옳은 것은?
① 완충작용
② 윤활작용
③ 면역작용
④ 치은연상의 치태형성
⑤ 치은열구 내 이물질 산화

87 외상성 교합에 의한 치주조직의 변화는?
① 치근 흡수
② 백악질 흡수
③ 치조골 증식
④ 치주인대강 축소
⑤ 치조백선 증가

88 치은퇴축의 임상적 특징은?
① 타액분비가 감소된다.
② 지각과민증이 발생한다.
③ 이 악물기의 원인이 된다.
④ 치면세균막 관리가 쉽다.
⑤ 외상성 교합의 원인이 된다.

9 치과교정학

89 성인 정상교합의 특징은?

① 스피만곡은 1.5mm 이하이어야 한다.
② 상악구치는 협측경사를 이룬다.
③ 하악측절치는 1치 대 1치 교합이다.
④ 상악전치는 설측경사, 하악전치는 약간 순측경사를 이룬다.
⑤ 상악전치가 하악전치의 1/2을 피개한다.

90 악정형력을 이용한 교정장치는?

① 립 범퍼
② 액티베이터
③ 교합사면판
④ 페이스마스크
⑤ 바이오네이터

91 최후방 구치에 호선(arch wire)의 말단을 고정하기 위해 사용하는 것은?

① 와이어
② 튜 브
③ 결찰링
④ 스크루
⑤ 스프링

92 와이어를 구강 내 적합시키거나 제거할 때 사용하는 기구는?

① 리게쳐타잉 플라이어(ligature tying pliers)
② 버드빅 플라이어(bird beak pliers)
③ 라이트와이어 플라이어(light wire pliers)
④ 웨인갓유틸리티 플라이어(weingart utility pliers)
⑤ 트위드루프밴딩 플라이어(tweed loop bending pliers)

93 능동적 상교정장치(active plate)의 구성 중 활성부에 해당하는 것은?

① 클래스프(clasp)
② 스크루(screw)
③ 상부(base plate)
④ 순측패드(labial pad)
⑤ 코일스프링(coil spring)

94 안면골의 성장발육 순서는?

① 폭 → 깊이 → 높이
② 폭 → 높이 → 깊이
③ 높이 → 폭 → 깊이
④ 높이 → 깊이 → 폭
⑤ 깊이 → 높이 → 폭

10 치과재료학

95 전부도재관의 영구접착에 사용하는 시멘트는?
① 레진시멘트
② 규산시멘트
③ 인산아연시멘트
④ 산화아연유지놀시멘트
⑤ 폴리카복실레이트시멘트

96 석고 주입이 지연되었을 때, 알지네이트 인상체에 나타나는 문제는?
① 기 포
② 찢 김
③ 팽 창
④ 변 형
⑤ 과 립

97 치아보다 열전도율이 낮은 재료는?
① 아말감
② 세라믹
③ 금합금
④ 복합레진
⑤ 의치상용 레진

98 국소의치의 반복적 착탈로 하중을 받아 클래스프가 부러지는 현상은?
① 피 로
② 응 력
③ 크 립
④ 연 성
⑤ 마 모

99 다음을 원인으로 나타나는 현상은?

- 수복재의 경화수축
- 수복물과 치아의 접착이 부족
- 치아와 수복물의 열팽창 계수의 차이

① 크 립
② 피 로
③ 파 절
④ 미세누출
⑤ 갈바니즘

100 석고모형의 강도를 증가시키는 방법은?
① 따뜻한 물을 사용한다.
② 다공성이 큰 석고를 이용한다.
③ 진공혼합기를 사용한다.
④ 혼합속도를 빠르게 한다.
⑤ 혼수비를 높게 한다.

제3회 최근 기출유형문제

제1교시 | **100문항(85분)**

1 의료관계법규

01 의료법상 치과병원에서 표시할 수 있는 과목은?
① 치과마취과
② 치과방사선과
③ 치과진단과
④ 치과재활과
⑤ 통합치의학과

02 의료법상 의료인의 결격사유에 해당하는 것은?
① 피한정후견인
② 금고 이상의 형을 선고유예를 받고 유예가 종료된 자
③ 전문가가 의료인으로 적합하다고 인정하는 정신질환자
④ 금고 이상의 형을 집행유예 받고 그 유예기간이 지난 후 2년이 지난 자
⑤ 금고 이상의 실형을 선고받고 집행을 받지 아니하기로 확정된 후 5년이 지난 자

03 의료법상 진료기록부 등의 보존에 해당하지 않는 것은?
① 처방전
② 환자명부
③ 검사소견기록
④ 진단서 등의 부본
⑤ 본인부담금 수납대장

04 의료법상 의료광고의 방법으로 금지된 것은?
① 전광판
② 현수막
③ 인터넷신문
④ 정기간행물
⑤ 이동 멀티미디어방송

05 의료법상 의료인의 품위손상행위는?
① 태아의 성감별금지를 위반한 경우
② 부정한 방법으로 진료비를 거짓청구 한 경우
③ 의료법에 의한 명령을 위반한 경우
④ 학문적으로 인정되지 아니하는 진료행위를 한 경우
⑤ 일회용 의료기기를 사용한 후 다시 사용한 경우

06 의료기사 등에 관한 법률상 허용되지 아니한 자료를 가지고 이용하는 행위로 시험이 정지되었다. 이 응시자에 대한 국가시험의 응시제한 기준은?
① 해당 시험 제한
② 다음 1회 제한
③ 다음 2회 제한
④ 다음 2년 제한
⑤ 다음 3회 제한

07 의료기사 등에 관한 법률상 치과위생사 면허 발급과 관계된 서류는?

① 이수증명서
② 성적증명서
③ 신분증과 같은 사진
④ 외국학교 면허자에 해당 시 성적증명서
⑤ 마약류 중독자에 해당하지 아니함을 증명하는 의사의 치료확인서

08 의료기사 등에 관한 법률상 보건복지부장관이 해당 연도의 보수교육을 유예할 수 있는 경우는?

① 군 복무 중이나 군에서 해당 업무에 종사하지 않는 사람
② 해당 연도에 면허를 신규로 받은 사람
③ 대학원에서 해당 의료기사 면허에 상응하는 보건의료에 관한 학문을 전공하는 사람
④ 보건복지부장관이 보수교육을 받을 필요가 없다고 인정하는 요건을 갖춘 사람
⑤ 해당연도에 보건기관, 의료기관에서 그 업무에 종사하지 않은 기간이 6개월 이상인 사람

09 의료기사 등에 관한 법률상 치과위생사 면허를 취득 후 실태와 취업상황신고를 허위로 신고한 자에 대한 처벌은?

① 3년 이하의 징역 또는 3천만원 이하의 벌금
② 500만원 이하의 과태료
③ 500만원 이하의 벌금
④ 100만원 이하의 과태료
⑤ 100만원 이하의 벌금

10 의료기사 등에 관한 법률상 무면허자라도 업무를 할 수 있는 것은?

① 면허는 없으나 의료기사 실기시험을 준비하는 자
② 면허증을 대여받아 의료기사 등의 업무를 수행하는 자
③ 보건복지부장관이 면허의 효력을 정지시킨 자
④ 면허는 없으나 의료기사와 유사한 명칭을 사용하는 자
⑤ 대학 등에서 면허에 상응하는 교육과정을 이수하기 위해 실습 중인 자

11 지역보건법상 지역보건의료계획을 2021년에 실시했던 경우, 다음 수립 시기는?

① 2022년　② 2023년
③ 2024년　④ 2025년
⑤ 2031년

12 지역보건법상 지역사회건강실태조사의 내용은?

① 의료기관의 병상의 수요와 공급
② 지역의 현황과 전망
③ 사고 및 중독에 관한 사항
④ 지역보건의료기관 인력의 교육훈련
⑤ 정신질환 등의 치료를 위한 전문치료시설의 수요와 공급

13 지역보건법상 보건소에 재직 중인 치과위생사가 받아야 할 교육훈련은?

① 기본교육훈련 - 1주 이상
② 기본교육훈련 - 3주 이상
③ 전문교육훈련 - 1주 이상
④ 전문교육훈련 - 2주 이상
⑤ 전문교육훈련 - 3주 이상

14 지역보건법상 지역보건의료심의위원회의 심의내용은?

① 지역보건의료시책의 추진을 위하여 필요한 사항
② 지역보건의료의 장기·단기 공급 대책
③ 지역보건의료서비스의 제공을 위한 전달체계 구성 방안
④ 지역보건의료에 관련된 통계의 수집과 정리
⑤ 보건의료자원의 조달 및 관리

15 지역보건법상 지역보건의료기관장에 대한 설명으로 옳은 것은?

① 보건소장은 시·도지사가 임용한다.
② 보건소장은 최근 5년 이상의 근무경험이 있는 자를 우선 임용한다.
③ 보건지소장은 의사의 면허를 가진 자를 임용한다.
④ 보건지소장은 임기제 공무원을 임용할 수 있다.
⑤ 건강생활지원센터장은 보건지소장의 지휘·감독을 받는다.

16 구강보건법상 학교에 보건복지부령으로 정하는 구강보건시설을 설치할 수 있는 자는?

① 보건교사
② 학교의 장
③ 보건소장
④ 시장·군수·구청장
⑤ 시·도지사

17 구강보건법상 보건복지부장관이 2024년에 구강보건사업에 관한 기본계획 수립 후 다음 계획수립은 언제인가?

① 2025년
② 2026년
③ 2029년
④ 2030년
⑤ 2035년

18 구강보건법상 구강보건사업과 관련되는 인력의 교육훈련을 위탁해야 하는 자는?

① 보건복지부장관
② 질병관리본부장
③ 구강보건전문연구기관
④ 시·도 지방공무원교육원
⑤ 구강보건사업을 하는 법인

19 구강보건법상 특별자치시·특별자치도 또는 시·군·구에 구강질환 예방 및 진료를 위하여 보건소의 구강보건실을 설치·운영해야 하는 기관은?

① 학 교
② 보건소
③ 보건지소
④ 보건진료소
⑤ 건강생활지원센터

20 구강보건법상 국민의 구강건강실태조사에 관한 사항은?

① 매 4년마다 조사하고 결과를 공표한다.
② 구강건강실태조사는 구강건강상태조사와 구강건강의식조사로 구분한다.
③ 구강건강상태조사는 전수조사로 실시한다.
④ 구강건강상태조사에는 구강보건의식에 관한 사항을 포함한다.
⑤ 장애인의 구강건강실태조사는 별도로 계획을 수립하여 조사할 수 없다.

2 구강해부학

21 갑상연골 바로 위에 위치하며, 경상돌기와 인대로 연결되는 두개골은?

① 사 골
② 서 골
③ 설 골
④ 접형골
⑤ 측두골

22 뺨을 압박하여 구강전정에 있는 음식물을 치아 쪽으로 보내는 역할을 하는 근육은?

① 구각거근
② 구각하체근
③ 상순거근
④ 구륜근
⑤ 협 근

23 권골에서 기시하며, 전방 및 후방운동에 관여하는 근육은?

① 교 근
② 측두근
③ 악이복근
④ 외측익돌근
⑤ 내측익돌근

24 치아와 치은의 감각에 관여하며, 저작근의 운동 기능을 하는 신경은?
① 삼차신경
② 안면신경
③ 설인신경
④ 설하신경
⑤ 활차신경

25 상악의 전치와 견치, 상악동점막에 분포하는 동맥은?
① 대구개동맥
② 소구개동맥
③ 안와하동맥
④ 후상치조동맥
⑤ 하행구개동맥

26 접형골의 대익에서 관찰되며, 상악신경이 통과하는 구조물은?
① 난원공
② 정원공
③ 극 공
④ 접구개공
⑤ 소구개공

27 하악두와 관절 사이의 섬유성 결합조직으로 하악운동 시 충격을 흡수하는 역할을 하는 구조물은?
① 관절강
② 관절낭
③ 관절원판
④ 원판인대
⑤ 원판후부결합조직

3 치아형태학

28 하악 중절치 순면의 특징으로 옳은 것은?
① 최대 풍융 부위는 치경부 1/3 부위이다.
② 1치 : 2치로 관계하여 교합한다.
③ 근심연은 직선적이고, 원심연은 곡선적이다.
④ 근·원심반부의 좌우가 대칭적이다.
⑤ 근심절단우각이 원심절단우각보다 각이 크다.

29 전치 중에서 맹공과 사절흔이 관찰되며, 설면에 치아우식이 호발하는 치아는?

① 하악 중절치
② 하악 측절치
③ 상악 중절치
④ 상악 측절치
⑤ 상악 견치

30 협·설측으로 분지되는 복근치로, 근심반부가 설측반부보다 더 크기가 발달한 치아는?

① 상악 제1소구치
② 하악 제1소구치
③ 상악 제2소구치
④ 하악 제2소구치
⑤ 상악 제1대구치

31 하악 제1대구치에서 가장 작은 교두는?

① 근심협측교두
② 원심협측교두
③ 원심교두
④ 원심설측교두
⑤ 근심설측교두

32 구강 내에서 치관의 길이가 가장 길며, 두 개의 설면와가 있는 치아는?

① 상악 견치
② 하악 견치
③ 상악 중절치
④ 상악 제1소구치
⑤ 하악 제1대구치

33 상악 제1대구치의 교합면의 특징으로 옳은 것은?

① 기능교두는 협측교두이다.
② 사주융선을 나타내고 있다.
③ 삼각구는 4개가 나타난다.
④ 근심협측교두가 가장 크다.
⑤ 원심설측교두에 카라벨리씨결절이 나타난다.

34 유치와 비교했을 때 영구치의 특징은?

① 치관이 작다.
② 치관의 근원심폭이 넓다.
③ 설면결절의 발달이 뚜렷하다.
④ 법랑질의 두께가 일정하다.
⑤ 치경융선이 발달이 미미하다.

4 구강조직학

35 백악질의 형성에 관여하는 것은?
① 치낭
② 중간층
③ 치아기
④ 치유두
⑤ 성상세망

36 일차구개와 인중형성에 관여하는 것은?
① 상악돌기
② 하악돌기
③ 구개돌기
④ 내측비돌기
⑤ 외측비돌기

37 치근이 완성되기 전에 생성되어, 치수실의 외형을 형성하는 것은?
① 1차 상아질
② 2차 상아질
③ 3차 상아질
④ 수복상아질
⑤ 경화상아질

38 결합조직의 특징으로 옳은 것은?
① 외배엽에서 발생한다.
② 기관의 표면을 덮고 있다.
③ 혈관과 신경이 분포되어 있다.
④ 세포사이물질이 전혀 없다.
⑤ 세포와 세포 사이의 결합력이 좋다.

39 각질상피로 덮혀 있어 저작 시 직접 교합압을 받는 조직은?
① 구강저
② 연구개
③ 치조점막
④ 유리치은
⑤ 부착치은

40 구강, 인두, 식도에 분포하는 상피는?
① 원주상피
② 이행상피
③ 섬모상피
④ 중층편평상피
⑤ 단층편평상피

41 법랑질의 성장선 중 하루에 형성된 법랑질의 양을 나타내는 것은?

① 횡선문
② 신생선
③ 에브너선
④ 안드레젠선
⑤ 레찌우스선

43 구강이나 생식기에서 아프타성 궤양이 발생되는 질환은?

① 편평태선
② 구강매독
③ 칸디다증
④ 쇼그렌증후군
⑤ 베체트증후군

44 영구치 형성 시 유치의 우식증으로 인한 치근단감염으로 영구치에 법랑질 저형성이 나타나는 치아 이상은?

① 치내치
② 치외치
③ 유착치
④ 터너치아
⑤ 허친슨절치

5 구강병리학

42 화학물질의 작용으로 인한 치아 손상은?

① 침식
② 교모
③ 마모
④ 치아파절
⑤ 굴곡파절

45 대구치 치근부에서 작은 구형의 법랑질이 나타나는 형태이상은?

① 치내치
② 치외치
③ 법랑진주
④ 쌍생치
⑤ 융합치

46 설하선 등의 도관이 폐쇄되어 구강저에 종창이 발생하는 것은?

① 비순낭
② 점액류
③ 하마종
④ 함치성낭
⑤ 유표피낭

47 경계가 뚜렷하게 미맹출 치아의 치관을 둘러싸고 있는 방사선 투과상 낭종은?

① 치근단낭
② 원시성낭
③ 함치성낭
④ 측방치주낭
⑤ 맹출낭

48 치수 질환의 원인이 제거되면, 치수가 정상상태로 돌아가는 것은?

① 치수괴사
② 치수충혈
③ 치수석회화
④ 만성치수염
⑤ 급성치수염

6 구강생리학

49 상아질을 형성하는 유기질 성분은?

① 점 액
② 콜라겐
③ 에나멜린
④ 아멜로제닌
⑤ 아멜로블라스틴

50 뇌하수체 후엽에서 분비되며, 신장에서의 수분의 재흡수를 촉진시키는 것은?

① 옥시토신
② 에피네프린
③ 알도스테론
④ 항이뇨호르몬
⑤ 갑상선호르몬

51 교합력에 대한 설명으로 옳은 것은?

① 개구량이 증가할수록 커진다.
② 연령이 증가할수록 커진다.
③ 절대치의 평균은 남자가 크다.
④ 전치부로 갈수록 구치부보다 크다.
⑤ 총의치장착자가 정상치열자보다 크다.

52 탄수화물을 분해하는 타액의 소화효소는?

① 레 닌
② 펩 신
③ 파로틴
④ 락토페린
⑤ 아밀라아제

53 미각의 역치가 가장 낮으며, 혀의 뒤쪽에서 가장 민감한 맛은?

① 단 맛
② 짠 맛
③ 쓴 맛
④ 신 맛
⑤ 감칠맛

54 음식물을 섭취하여 체내 ATP를 형성하는 세포 내 소기관은?

① 리보솜
② 용해소체
③ 과산화소체
④ 형질내세망
⑤ 미토콘드리아

55 치아에 자극이 가해졌을 때, 자극 부위를 정확히 알 수 있는 감각은?

① 교합감각
② 온도감각
③ 위치감각
④ 공간감각
⑤ 치수감각

7 구강미생물학

56 동일한 미생물에 대한 기억능력을 갖는 면역세포는?

① 호산구
② 호중구
③ 림프구
④ 호염세포
⑤ 비만세포

57 치은열구에서 검출되며 사춘기성 치은염의 원인은?

① *Candida albicans*
② *Streptococcus mutans*
③ *Prevotella intermedia*
④ *Porphyromonas gingivalis*
⑤ *Aggregatibacter actinomycetemcomitans*

58 치주질환을 일으키는 미생물 중 외독소와 내독소를 모두 생성하는 것은?

① *Actinomyces israelii*
② *Streptococcus mutans*
③ *Aggregatibacter actinomycetemcomitans*
④ *Prevotella intermedia*
⑤ *Porphyromonas gingivalis*

59 치면세균막의 형성에 중요한 역할을 하며, 비수용성 점착성 물질을 생성하는 미생물은?

① *Actinomyces israelii*
② *Streptococcus mutans*
③ *Porphyromonas gingivalis*
④ *Prevotella intermedia*
⑤ *Candida albicans*

60 기회감염을 일으키는 진균으로 의치성 구내염의 원인이 되는 미생물은?

① *Candida albicans*
② *Prevotella intermedia*
③ *Streptococcus mutans*
④ *Actinomyces israelii*
⑤ *Aggregatibacter actinomycetemcomitans*

8 지역사회구강보건학

61 지역사회구강보건의 특성으로 옳은 것은?

① 21세기에 발전되기 시작하였다.
② 전체 지역사회 개발의 일환이다.
③ 지방자치단체의 조직적인 노력으로 발전된다.
④ 지역사회주민에게 개별적인 구강진료를 전달하는 과정이다.
⑤ 지역사회주민의 구강보건정책을 개발하는 과정이다.

62 산을 지속적으로 취급하는 근로자에게 발생하는 법정 직업성 구강병은?

① 직업성 치아마모
② 직업성 치아파절
③ 직업성 치아착색
④ 직업성 치아우식
⑤ 직업성 치아부식

63 포괄구강보건진료의 준칙으로 옳은 것은?

① 구강건강증진
② 예방진료 지양
③ 치료기술 개발
④ 개별치아 보존
⑤ 재활치료 목적

64 지역사회 구강보건조사에서 구강보건실태 영역에 해당하는 것은?

① 구강보건진료제도
② 지역사회의 토질조건
③ 지역주민의 경제수준
④ 지역주민의 구강보건의식
⑤ 수돗물불소이온농도

65 구강상태검사 시 적용하며, 조사대상자의 협조를 구할 필요가 없는 조사방법은?

① 열람조사법
② 면접조사법
③ 관찰조사법
④ 설문조사법
⑤ 사례조사법

66 수행된 사업이 목표에 맞게 효율적으로 점검되었는지 점검하며, 개선방안을 확인하고 후속사업에 반영하는 지역사회구강보건사업의 단계는?

① 사업수행
② 사업계획
③ 재정조치
④ 실태분석
⑤ 사업평가

67 중앙정부의 구강보건정책이 잘 반영되며, 구강보건지도력이나 기술이 미흡한 지역에서 채택하는 구강보건사업기획은?

① 상향식 구강보건사업기획
② 하향식 구강보건사업기획
③ 공동 구강보건사업기획
④ 전체 구강보건사업기획
⑤ 구강보건활동기획

68 기온, 습도, 고도, 수질 등의 영향으로 질병이 계속적으로 발생하는 질병발생 양태는?

① 유행성
② 지방성
③ 전염성
④ 비전염성
⑤ 범발성

69 집단구강건강관리에서 구강건강실태 자료를 수집하여 지표를 산출하는 단계는?

① 실태조사
② 사업계획
③ 실태분석
④ 사업수행
⑤ 재정조치

70 불소보충복용사업의 특성으로 옳은 것은?

① 비용이 저렴하다.
② 전문가의 관리가 요구된다.
③ 사업의 기획단계가 복잡하다.
④ 치아우식 예방 효과가 90%이다.
⑤ 학교의 관심이 없어도 실천성이 높다.

71 수돗물 불소농도조정사업을 시행할 경우의 적정불소이온농도에 대한 설명은?

① 적정농도는 2.0ppm으로 조정한다.
② 한대지방에서는 열대지방보다 낮은 농도로 조정한다.
③ 경도 반점치 유병률이 10% 이상이어야 한다.
④ 중등도 반점치가 발생되지 않아야 한다.
⑤ 적정농도는 평균 연간 매일 최고기온으로 기준한다.

72 A 초등학교의 학생들을 대상으로 불소용액양치사업을 실시하기 위한 방법은?

① 1.23% 산성불화인산염용액을 1주에 1회 적용
② 0.2% 불화나트륨 용액을 1주에 1회 적용
③ 2% 불화나트륨 용액을 2주에 1회 적용
④ 0.05% 불화석 용액을 매일 1회 적용
⑤ 10% 불화석 용액을 2주에 1회 적용

9 구강보건행정학

73 공공부조형 구강보건진료제도의 특징은?
① 의료자원이 균등하게 제공된다.
② 행정체계가 유연하다.
③ 포괄적 서비스를 제공한다.
④ 소비자의 선택권이 보장된다.
⑤ 생산자와 소비자 사이에서 정부가 조정자 역할을 한다.

74 세계보건기구가 분류한 치아 및 구강질환의 예방과 위생관리에 대한 업무를 하는 인력은?
① 구강보건관리인력
② 진료실진료분담 구강보건보조인력
③ 기공실진료분담 구강보건보조인력
④ 진료실진료비분담 구강보건관리인력
⑤ 기공실진료비분담 구강보건관리인력

75 현대구강보건진료제도의 요건으로 옳은 것은?
① 구강병의 발생률을 감소시킨다.
② 구강보건진료자원은 균등하게 분포되어야 한다.
③ 진료수요를 최대로 유지시킨다.
④ 일부 소비자가 경제성을 배제하고 진료를 제공받을 수 있다.
⑤ 응급근관진료를 받기가 어렵다.

76 상대구강보건진료 필요에 대한 설명으로 옳은 것은?
① 구강건강의 증진과 유지에 무관한 구강보건진료이다.
② 구강보건전문가로서 조사 가능한 구강보건진료이다.
③ 구강건강증진에 필수적인 구강보건진료이다.
④ 소비자가 실제로 소비하는 구강보건진료이다.
⑤ 소비자가 필요하다고 인지한 구강보건진료이다.

77 구강보건진료 전달체계의 개발원칙은?
① 민간 구강진료자원의 활용을 최대화한다.
② 구강병 관리원칙이 적용되지 않는 체계를 개발한다.
③ 저소득자에게 양질의 구강진료를 전달하는 체계를 개발한다.
④ 지역사회 외부에서 구강보건문제 해결을 돕는 체계를 개발한다.
⑤ 치과대학 부속치과병원을 봉사기관으로 규정하여 전 국민을 대상으로 구강진료를 전달한다.

78 공공부조에 대한 설명으로 옳은 것은?
① 개인적 필요에 따라 가입한다.
② 조세를 통해 재정을 확보한다.
③ 인플레이션에 대비할 수 있다.
④ 보장 범위를 종류별로 제도화한다.
⑤ 보험료 부담능력이 있는 사람을 대상으로 한다.

79 정책을 구성하는 요소 중 제2요소에 대한 설명은?
① 정책목표를 달성하기 위한 방법이다.
② 구강보건정책의 목표이다.
③ 바람직한 정책 방향에 대한 의지의 강도이다.
④ 제도적 요건을 통해 정당성을 확보하는 과정이다.
⑤ 실태조사를 통해 수량으로 표시한다.

80 치과위생사가 환자를 대상으로 스케일링에 대한 효과에 대해 상담을 진행하여 보장되는 환자의 권리는 무엇인가?
① 안전구강진료소비권
② 피해보상청구권
③ 개인비밀보장권
④ 구강보건의사반영권
⑤ 구강보건진료정보입수권

81 1차 구강보건진료의 특성은?
① 지역사회의 외부에서 제공된다.
② 구강보건진료자원을 최소화한다.
③ 전문 구강보건진료를 충족시킨다.
④ 자조요원들에게 후송기능이 주어진다.
⑤ 후송체계의 확립을 전제 조건으로 한다.

82 구강보건정책 결정자 중 비공식적 참여자는?
① 정 당
② 입법부
③ 사법부
④ 대통령
⑤ 행정기관

10 구강보건통계학

83 집단구강검사를 위한 준비사항은?
① 조명원이 전등이면 청백광 조명을 사용한다.
② 검진기구는 피검자가 가까운 곳으로 둔다.
③ 피검자가 입구와 출구가 동일하도록 한다.
④ 구강검사도구로 일회용 치경은 적합하지 않다.
⑤ 기록자는 피검자의 오른쪽에 위치한다.

84 구강건강실태 파악을 위해 서울특별시의 25개 구 중 5개 구를 무작위로 선정하여 전수조사를 실시하였다. 해당하는 표본추출방법은?

① 다단추출
② 집락추출
③ 층화추출
④ 계통추출
⑤ 단순무작위추출

85 구강건강실태조사에서 임시충전을 하고 있는 치면의 판정은?

① 건전치면
② 우식치면
③ 기록보류처치면
④ 우식경험처치치면
⑤ 우식비경험처치치면

86 중학생 100명의 구강검사결과이다. 우식경험영구치 지수(DMFT index)는?

우식경험자 : 50명
피검치아(상실치 포함) : 2,800개
처치필요 우식치아 : 100개
우식경험 충전치아 : 90개
우식경험 상실치아 : 10개

① 0.7
② 1.0
③ 1.9
④ 2.0
⑤ 4.0

87 5세 아동 200명의 구강검사결과이다. 세계보건기구의 기준에 의한 유치우식경험률(df rate)은?

유치 우식경험자 : 60명
피검치아(상실유치 포함) : 4,000개
우식경험 충전유치 : 340개
처치필요 우식유치 : 160개
우식경험 상실유치 : 100개

① 5%
② 10%
③ 12.5%
④ 15%
⑤ 30%

88 보테카의 분류에서 상악 제1대구치 원심면이 우식증에 이환되었을 때 산정하는 치면수는?

① 2점
② 3점
③ 5점
④ 6점
⑤ 7점

89 하악 제2대구치 협면을 검사했을 때, 2/3 이하의 음식물 잔사가 침착되었을 때, 잔사지수는?

① 0
② 1
③ 2
④ 3
⑤ 4

90 하악 6전치 사이에 있는 순측의 5개의 치간유두, 변연치은에 염증이 존재하고, 상악의 부착과 상악 순측은 정상이다. 유두변연부착치은염지수(PMA index)는?

① 5점
② 6점
③ 10점
④ 12점
⑤ 15점

92 가공의치보철물의 장착 요구가 증가하며, 자신의 구강관리에 대한 책임 있는 태도를 필요로 하는 생애주기는?

① 유아기
② 학령전기
③ 청소년기
④ 성인기
⑤ 노인기

93 학교집단칫솔질교육처럼 많은 노력과 시간이 소요되며, 구강보건교육 효과를 행동의 결과로 확인할 수 있는 구강보건교육은?

① 이론 구강보건교육
② 시각 구강보건교육
③ 청각 구강보건교육
④ 실천 구강보건교육
⑤ 직접 구강보건교육

11 구강보건교육학

91 '치아우식증의 원인을 설명할 수 있다'라는 교육목표를 달성하기 위한 효과적인 교육방법은?

① 강 의
② 시 범
③ 견 학
④ 캠페인
⑤ 시뮬레이션

94 교육목표를 교육학적으로 분류할 때 '학습 후 수기능력의 변화'를 기대하는 영역은?

① 정의적영역
② 정신운동영역
③ 지적영역 - 암기수준
④ 지적영역 - 판단수준
⑤ 지적영역 - 문제해결수준

95 불화수소(HF)를 취급하는 반도체사업장 근로자의 직업성 구강병 예방을 위한 구강보건교육 내용은?

① 구내염 예방
② 구강암 예방
③ 반점치 예방
④ 치주병 예방
⑤ 치아부식증 예방

96 구강보건교육을 위한 교안을 작성할 때, 교육내용을 교수활동의 실시순서대로 포함시켰다. 이때 가장 중점적으로 고려한 것은?

① 구체성
② 명확성
③ 실용성
④ 논리성
⑤ 체계성

97 구강보건교육과정에서 교육내용을 선정한 후 이루어질 단계는?

① 교수-학습 실제
② 교육평가
③ 교육목표 설정
④ 교육자료 수집
⑤ 교육수행

98 구강보건전문지식을 가진 3~5명의 발표자를 초청한 후 발표된 내용을 중심으로 사회자가 마지막 토의시간을 마련하여 문제를 해결하는 교육방법은?

① 세미나
② 심포지엄
③ 집단토의
④ 배심토의
⑤ 브레인스토밍

99 전신질환과 구강건강의 관련성에 대해 교육한 후 변화된 지식과 태도를 평가하는 방법은?

① 형성평가
② 진단평가
③ 교육 유효도 평가
④ 학습자 성취도 평가
⑤ 구강보건 증진도 평가

100 임신 3개월인 A는 입덧이 심해 구토를 하고 신물이 올라오는 증상이 있다. 이때 실시하는 구강보건 내용은?

① 구토 후 바로 양치를 하도록 한다.
② 거품이 충분한 세치제를 사용한다.
③ 두부가 작은 칫솔로 치아를 닦도록 한다.
④ 탄산음료를 자주 섭취하도록 한다.
⑤ 당분함유량이 높은 음식을 자주 섭취하도록 한다.

제2교시 | 100문항(85분)

1 예방치과처치

01 구강병 진행 과정 중 조기병원성기의 관리법은?

① 초기우식병소 충전
② 부정교합차단
③ 치면세마
④ 정기구강검진
⑤ 구강보건교육

02 치아우식 발생요인 중 숙주요인은?

① 치아 주위 성분
② 세균의 종류
③ 독소생산능력
④ 병소의 위치
⑤ 치면세균막

03 개인의 구강건강관리 과정 중 요양계획 이전 단계로 전체 진료과정 중 가장 중요한 단계는?

① 진 찰
② 진 단
③ 진료비 영수
④ 요 양
⑤ 요양결과 평가

04 부착성이 강하여 치면세균막의 형성과 유지에 중요한 역할을 하는 세포 외 다당류는?

① 뮤 신
② 뮤 탄
③ 글루칸
④ 프럭탄
⑤ 덱스트란

05 치아우식 예방방법 중 숙주요인제거법은?

① 음식물 관리법
② 세균 증식 억제법
③ 당질분해 억제법
④ 치면세균막 관리법
⑤ 치질 내산성 증가법

06 구강암의 역학적 특성에 대한 설명으로 옳은 것은?

① 여성에게 호발한다.
② 40대 이후에 급격히 증가한다.
③ 전체 암 발생률의 10% 정도이다.
④ 50% 이상은 악성 비상피성 종양이다.
⑤ 입천장에서 주로 발생한다.

07 개량구강환경관리능력지수(PHP-M index)의 검사 대상치아는?

① 하악 우측 견치
② 하악 좌측 측절치
③ 하악 우측 제2소구치
④ 상악 우측 제1대구치
⑤ 상악 좌측 제2소구치

08 칫솔질의 방법과 칫솔의 운동형태가 바르게 연결된 것은?

① 바스법 – 진동
② 횡마법 – 압박
③ 폰즈법 – 상하쓸기
④ 회전법 – 수평왕복
⑤ 스틸맨법 – 원호

09 불소겔 도포방법에 대한 설명으로 옳은 것은?

① 글리세린이 포함된 연마제로 치면을 연마한다.
② 환자를 수평 자세로 편안하게 눕혀서 실시한다.
③ 불소겔은 트레이에 가득 담기도록 충분한 양을 사용한다.
④ 인접면은 무왁스치실을 사용하여 먼저 도포한다.
⑤ 도포 중 입안에 고이는 타액은 도포가 끝난 뒤 뱉도록 한다.

10 인접면 치면세균막과 잔사를 제거하고, 치간 부위 과잉충전물의 변연검사를 위한 구강관리용품은?

① 치 실
② 치간칫솔
③ 치실고리
④ 첨단칫솔
⑤ 치실손잡이

11 오리어리 세균막지수를 측정하는 방법으로 옳은 것은?

① 한 치아를 5개 부위로 나누어 평가한다.
② 최저점은 0점이며, 최고점은 30점이다.
③ 6개 치아의 12면을 대상으로 세균막지수를 산출한다.
④ 보철물은 자연치아와 동일하게 평가한다.
⑤ 검사대상치아는 11, 16, 26, 31, 36, 46이다.

12 치실고리 사용이 필요한 부위는?

① 최후방구치의 근심면
② 치간공간이 넓은 치아 사이
③ 치주수술 후 치은퇴축 부위
④ 인접치를 상실한 치아의 인접면
⑤ 가공의치의 지대치와 인공치 사이

13 치면열구전색을 하는 과정에서 전색제의 유지력을 높이는 방법은?

① 교합은 정상교합보다 높게 한다.
② 글리세린이 포함된 연마제로 치면을 연마한다.
③ 산부식을 적정시간보다 10초 길게 한다.
④ 치면을 철저하게 건조시킨다.
⑤ 방습면봉을 사용한 경우, 중간에 교체하지 않는다.

14 치경부마모증이 있는 대상자에게 권하는 칫솔질 방법은?

① 바스법
② 회전법
③ 묘원법
④ 차터스법
⑤ 와타나베법

15 음식을 섭취할 때 시리거나 통증이 있는 환자에게 필요한 처치는?

① 치면세마
② 식이조절
③ 칫솔질교습
④ 불화물도포
⑤ 치면열구전색

16 적절한 양의 기초식품 섭취실태를 조사하고, 청정식품과 우식성 식품의 섭취 횟수에 대해 조사하는 식이조절 과정은?

① 식이조사
② 식이관찰
③ 식이상담
④ 식이분석
⑤ 식단처방

17 치아우식예방을 위한 식단처방의 준칙은?

① 음식물은 조금씩 자주 섭취한다.
② 건과일류의 섭취를 권장한다.
③ 육류의 섭취를 제한한다.
④ 유제품의 섭취를 권장한다.
⑤ 탄수화물 섭취량은 총 섭취 열량의 60%가 되도록 한다.

18 치아우식 발생요인 검사결과에서 우식활성도가 높은 것은?

① 자극성 타액분비량검사 14mL/5분
② 구강내포도당잔류시간검사 12분
③ 타액점조도검사 – 비교점조도 1.5
④ 치면세균막수소이온농도검사 15분
⑤ 스나이더검사 24시간 후 황색

2 치면세마

19 구강병을 예방하기 위해 치면의 부착물을 제거하고 치아표면을 활택하게 하는 술식은?

① 치석제거
② 치주소파
③ 치면세마
④ 치근활택
⑤ 치은절제

20 치은연하치석의 특징으로 옳은 것은?

① 타액에서 무기질이 유래된다.
② 어두운 흑색이나 갈색이다.
③ 낮은 치밀도의 점토상이다.
④ 치면을 건조하면 육안으로 쉽게 관찰된다.
⑤ 주로 상악 구치부의 협면에 분포한다.

21 치주낭측정기의 사용법으로 옳은 것은?

① 중등도의 압력으로 동작한다.
② 치아의 장축에 수직으로 삽입한다.
③ 팁이 열구상피를 향하도록 적합한다.
④ 연필잡기법으로 기구를 잡는다.
⑤ 측정하는 동안 팁이 치면과 계속 닿도록 한다.

22 구강상태가 불량한 어린이의 상악 전치부 순면의 치경부에 나타나는 착색물은?

① 녹 색
② 황 색
③ 갈 색
④ 주황색
⑤ 흑색선

23 거친 백악질을 제거하여 치근면을 활택하게 하는 기구는?

① 호
② 시 클
③ 치 즐
④ 파 일
⑤ 큐 렛

24 치은퇴축 3mm, 임상적 부착소실 4mm의 결과에서 치주낭 깊이는?

① 1mm
② 3mm
③ 4mm
④ 7mm
⑤ 10mm

25 치위생사정을 할 때 전신병력에 해당하는 것은?

① 구 취
② 구강건조
③ 치은출혈
④ 악관절통증
⑤ 약물부작용

26 가압증기멸균법에 대한 설명으로 옳은 것은?

① 별도의 건조시간이 불필요하다.
② 금속기구를 부식시키지 않는다.
③ 침투력이 우수하다.
④ 멸균시간이 길다.
⑤ 환기가 반드시 필요하다.

27 치과진료실에서 술자의 개인방호법은?

① 진료용 복장은 소매가 짧은 것을 착용한다.
② 손은 팔꿈치에서 손가락 방향으로 씻는다.
③ 기구를 세척할 때는 진료용 장갑을 착용한다.
④ 마스크는 하루에 한 번씩 교환한다.
⑤ 안면보호대는 턱밑까지 내려오는 것을 착용한다.

28 치주기구의 작업단의 단면도 모양이 바르게 연결된 것은?

① 파일 – 직사각형
② 호 – 원통형
③ 시클 – 삼각형
④ 치즐 – 반원형
⑤ 큐렛 – 직사각형

29 진료가 끝난 후 사용한 기구의 처리과정은?

① 손세척이 효과가 크다.
② 세척전용액으로 알코올을 권장한다.
③ 기구의 부식방지를 위해 별도로 건조시킨다.
④ 멸균된 기구의 별도 유효기간은 설정하지 않는다.
⑤ 초음파세척기는 뚜껑을 열고 사용한다.

30 초음파치석제거기에서 나오는 물의 역할은?

① 치면세균막 제거
② 지각과민 방지
③ 에어로졸 방지
④ 연조직 손상 방지
⑤ 작업단 냉각작용

31 치면세마를 수행할 때 술자의 자세는?

① 손과 전완은 일직선이 되도록 한다.
② 머리는 전방으로 30° 이상 굽힌다.
③ 대퇴부는 바닥과 수직이도록 한다.
④ 의자 끝에 걸터 앉는다.
⑤ 상완과 전완은 수평이 되도록 한다.

32 기구를 올바르게 적용하지 않아 베니어형 치석을 남길 수 있는 기구조작과정은?

① 기구삽입
② 기구적합
③ 작업각도
④ 기구동작
⑤ 기구제거

33 치면연마가 필요한 경우는?

① 탈회된 치아
② 임플란트 고정체
③ 맹출 중인 치아
④ 니코틴 착색이 심한 치아
⑤ 치은염으로 출혈이 있는 치아

34 기구고정법으로 시클스켈러를 연마하는 방법으로 옳은 것은?

① 기구는 변형연필잡기법으로 잡는다.
② 날의 내면을 바닥과 수직이 되도록 한다.
③ 최종 동작은 상방동작으로 마무리 한다.
④ 날의 하방 1/3부터 연마를 시작한다.
⑤ 날의 내면과 연마석의 각도는 100~110°를 유지한다.

35 초음파 치석제거기의 주의사항은?

① 중등도 이상의 측방압으로 동작한다.
② 작업 각도는 15° 이내에서 유지한다.
③ 팁의 끝면을 치면에 적합시켜 동작한다.
④ 팁이 마모되면 기구연마가 필요하다.
⑤ 한 부위에 계속 닿도록 동작한다.

36 엔진연마에 대한 설명으로 옳은 것은?

① 치면에 따라 선택적으로 연마한다.
② 평활면은 강모솔을 이용한다.
③ 입자가 큰 연마제를 사용하는 것이 효율적이다.
④ 러버컵의 가장자리를 치은열구에 깊숙이 넣고 동작한다.
⑤ 치주낭이 깊은 환자에게 효과가 높다.

37 치근활택술을 적용할 수 있는 대상자는?

① 급성치주염 환자
② 치아동요도가 심한 자
③ 치면세균막 관리가 어려운 자
④ 지각과민이 심한 치아를 가진 자
⑤ 진행성 치주질환자

38 노인을 대상으로 치면세마를 할 때 고려사항은?

① 가능한 오후에 실시한다.
② 크고 단단한 치석은 여러 조각을 낸 후 제거한다.
③ 치아동요가 있으면 치면세마를 하지 않는다.
④ 노출된 치근의 치석은 한 번에 빠르게 제거한다.
⑤ 시술시간을 길게 한다.

3 치과방사선학

39 전자기방사선의 종류가 다른 것은?

① 원적외선
② 적외선
③ 자외선
④ 엑스선
⑤ 가시광선

40 환자의 안면조직을 투과할 때 발생하는 방사선은?

① 1차 방사선
② 2차 방사선
③ 중심방사선
④ 유용방사선
⑤ 산란선

41 엑스선관 내에서 텅스텐타깃의 역할은?

① 열전도를 돕는다.
② 전자를 생성한다.
③ 엑스선을 발생시킨다.
④ 산란선을 발생시킨다.
⑤ 전자의 확산을 돕는다.

42 엑스선 발생장치에서 여과기의 역할은?

① X선 형성에 도움을 준다.
② 열전자를 방출한다.
③ 단파장을 제거한다.
④ 열을 흡수한다.
⑤ 전자의 운동을 억제한다.

43 레진충전물의 가장자리를 명확하게 나타내는 영상의 특징은?

① 감광도
② 흑화도
③ 선예도
④ 대조도
⑤ 관용도

44 상악 절치 촬영에서 방사선 불투과상의 해부학적 구조물은?

① 비 와
② 절치공
③ 비중격
④ 이융선
⑤ 정중구개봉합

45 상악대구치 치근단 영상에서 관찰되는 해부학적 구조물은?

① 비와, 상악결절
② 상악동, 근돌기
③ 악설골융선, 절치공
④ 비와, 상악결절
⑤ 관골돌기, 전비극

46 환자의 구개가 낮아 필름유지기구를 적용하기 어려울 때, 치아주위조직을 관찰하기 위한 촬영법은?

① 교익촬영
② 직각촬영
③ 등각촬영
④ 두부규격촬영
⑤ 절단면교합촬영

47 상악 견치를 등각촬영하는 방법으로 옳은 것은?

① 중심선의 입사점은 비첨이다.
② 필름의 1/3의 절단면과 평행하도록 한다.
③ 구각과 이주의 연결선을 바닥과 평행하도록 한다.
④ 수평각은 측절치와 견치의 인접면에 평행하게 조사한다.
⑤ 필름을 가로 방향으로 위치시킨다.

48 하악 대구치의 치근단영상에서 매복된 하악 제3대구치가 발견되었다. 협·설측의 위치를 확인하기 위한 추가촬영법은?

① 교익촬영
② 등각촬영
③ 직각촬영
④ 파노라마촬영
⑤ 교합촬영

49 초기치주질환에서 나타나는 치조정변화를 관찰하기 위한 유용한 촬영법은?

① 교익촬영
② 교합촬영
③ 등각촬영
④ 직각촬영
⑤ 파노라마촬영

50 상악 견치부 치근단영상에서 역Y자를 이루는 해부학적 구조물은?

① 이공, 비와
② 이공, 상악동
③ 비와, 상악동
④ 설공, 영양관
⑤ 상악동, 이하선와

51 파노라마 촬영 후 추가로 등각촬영을 한다면 무엇을 확인하기 위한 것인가?

① 매복치의 위치
② 타액선의 타석
③ 악골의 발육상태
④ 초기 치근단 병소
⑤ 큰 낭종의 병소

52 8세 소아 환자의 구내 방사선 촬영법은?

① 필름을 보호자가 고정하도록 한다.
② 저감광도 필름을 사용한다.
③ 상·하악 모두 소아용 필름을 선택한다.
④ 노출시간은 성인의 50%로 줄인다.
⑤ 추가적인 교익촬영이 불필요하다.

53 방어벽이나 차폐시설이 없는 경우 술자의 보호방법은?

① 1차 방사선의 진행 방향에 위치한다.
② 노출되는 동안 관구를 잡는다.
③ 신속한 촬영을 위해 필름을 고정한다.
④ 중심선에 대해 90~135° 사이에 위치한다.
⑤ 환자로부터 2m 이내에 위치한다.

54 노출시간을 25% 감소시키며, 필름이 잔존치조능 위로 1/3 정도 나오도록 위치해서 촬영하는 대상자는?

① 소아 환자
② 장애인 환자
③ 무치악 환자
④ 근관치료 환자
⑤ 구토반사가 심한 환자

55 파노라마 영상에서 교합평면이 과장된 V자 형태로 나타났을 때, 해결방법은?

① 목과 등을 바닥에 수직이게 한다.
② 혀를 입천장에 닿도록 한다.
③ 교합제의 홈을 절단교합상태로 두고 촬영한다.
④ 프랑크푸르트 수평면을 바닥과 평행하게 한다.
⑤ 정중시상면을 바닥과 수직이 되게 한다.

56 하악 절치의 치근단영상이 축소되어 나타났을 때, 해결방법은?

① 관구를 고정한다.
② 필름의 하연을 절단연과 평행하도록 한다.
③ 수평각이 중절치의 인접면을 통과하도록 한다.
④ 중심선이 필름의 중앙을 통과하도록 한다.
⑤ 수직각을 감소시킨다.

57 엑스선 영상에서 방사선 불투과성으로 관찰되는 병소는?

① 치근흡수
② 치아우식병
③ 치근단농양
④ 경화성골염
⑤ 치근단육아종

58 장기간 저선량의 방사선에 노출되었을 때, 확률적으로 나타나는 신체 영향은?

① 탈 모
② 발 암
③ 불 임
④ 홍 반
⑤ 백내장

4 구강악안면외과학

59 부분 맹출된 하악 제3대구치를 치관주위염으로 인해 발거한 후 이어지는 과정은?

① 발치와 소파
② 치주인대 절단
③ 피판의 절개 및 박리
④ 발치와 봉합
⑤ 치조골 삭제

60 의치를 제작하기 위해 날카로운 치조돌기를 제거하는 수술은?

① 재생형골수술
② 치조골성형술
③ 자가골이식술
④ 조직유도재생술
⑤ 골융기절제술

61 비골과 안와의 저부를 통과하여 관골까지 연장되는 골절은?

① 관골골절
② 횡단골절
③ 수평골절
④ 안와사골골절
⑤ 피라미드골절

62 국소마취제를 과량으로 사용했을 때, 전신적 합병증은?

① 통 증
② 혈 종
③ 개구장애
④ 독작용
⑤ 신경병증

63 외과적 발치 후 당일에 냉찜질을 시행하는 목적은?

① 부종 감소
② 상피화 촉진
③ 혈관확장 도모
④ 혈액순환 촉진
⑤ 백혈구 탐식작용 촉진

64 농양 절개의 시기로 적절한 것은?

① 윤이 나고 뚜렷한 발적 부위가 있을 때
② 염증 부위 흡인 시 농이 확인되지 않을 때
③ 종창 부위의 경결이 촉지될 때
④ 국소 부위의 열감이 올라갈 때
⑤ 국소적 동통이 증가할 때

5 치과보철학

65 치관의 결손이 심한 실활치의 금관을 제작할 때, 결손부를 보강하는 방법은?

① 지대축조
② 이중관 제작
③ 2차 유지형태 부여
④ 핀홀 형성
⑤ 임시치관 제작

66 총의치를 제작할 때 가상교합면을 형성하는 기준은?

① 전두면
② 시상면
③ 캠퍼평편
④ 교합평면
⑤ 프랑크푸르트평편

67 30세 여자가 정중이개로 내원하였을 때, 치아삭제를 최소로 하면서 심미성의 개선이 요구되는 보철물은?

① 금속도재간
② 전부도재관
③ 레진전장관
④ 칼라리스 크라운
⑤ 도재라미네이트

68 총의치 장착환자가 의치가 헐거워 내원했을 때, 의치상 내면에 레진을 추가하는 보수방법은?

① 연 마
② 이 장
③ 개 상
④ 매 몰
⑤ 교합조정

69 가철성 국소의치와 비교할 때의 고정성 가공의치의 장점은?

① 청결하게 유지하기가 쉽다.
② 착탈이 용이하다.
③ 유지와 지지력이 우수하다.
④ 다양한 결손 증례에 적용할 수 있다.
⑤ 기능압을 잔존치와 점막으로 분산한다.

70 총의치 제작 시 인공치아를 배열한 후 다음 과정은?

① 납의치 시적
② 주모형 제작
③ 악간관계 채득
④ 정밀인상 채득
⑤ 최종의치장착

6 치과보존학

71 근관치료 과정 중 발수 후 다음 과정은?
① 근관 확대
② 근관 성형
③ 근관장 측정
④ 근관 세척
⑤ 근관와동 형성

72 복합레진 수복과정에 대한 설명은?
① 와동이 깊으면 바니시를 도포한다.
② 와동형성 후 색소를 선택한다.
③ 접착레진을 도포 후 접착강화제를 도포한다.
④ 광조사는 수복재의 표면에 직각으로 도사한다.
⑤ 법랑질과 상아질을 부식한 후 완전히 건조한다.

73 심미성을 고려하여 구치부에 인레이를 수복하고자 할 때 사용하는 버는?
① round bur
② inverted cone bur
③ pear shaped bur
④ tapered fissure bur
⑤ straight fissure bur

74 1년 전 상악중절치에 근관치료를 받았던 환자가 통증을 호소하였다. 방사선 영상에서 치근단 부위에 염증이 관찰되었을 때, 적절한 치료방법은?
① 치근절단술
② 치아이식술
③ 치아재식술
④ 치근분리술
⑤ 치근단절제술

75 연령 증가에 따른 영구치 치수강의 형태변화는?
① 치수실이 커진다.
② 치근관이 좁아진다.
③ 근관장이 길어진다.
④ 치수각이 예리해진다.
⑤ 근첨공이 넓어진다.

76 근관치료 시 치수조직의 용해와 표백작용을 목적으로 사용하는 약제는?
① 과산화수소
② 생리식염수
③ 수산화칼슘
④ 클로르헥시딘
⑤ 차아염소산나트륨

7 소아치과학

77 유치우식증의 특성은 무엇인가?

① 진행속도가 느리다.
② 자각증상이 뚜렷하다.
③ 이환성이 낮다.
④ 하악 유전치에 호발한다.
⑤ 수복상아질 형성이 활발하다.

78 치아의 위치변화나 동요가 없으며, 타진에 민감한 치아외상은?

① 진 탕
② 함 입
③ 탈 구
④ 정 출
⑤ 측방변위

79 하악에 양측으로 다수의 유구치가 상실된 경우에 필요한 공간유지장치는?

① 밴드앤루프
② 설측호선장치
③ 낸스호선장치
④ 디스탈슈
⑤ 횡구개호선장치

80 소아 환자의 인상을 채득하는 과정에서 숫자를 세거나 동영상을 보여주는 행동조절법은?

① 소 멸
② 주의분산
③ 탈감작법
④ 긍정강화
⑤ 실제모방

81 유구치의 기성금속관의 특징은?

① 당일 치료가 가능하다.
② 치질 삭제량이 많다.
③ 치경부에 정확하게 적합된다.
④ 교합면 천공이 발생하지 않는다.
⑤ 치관의 근원심폭경 회복이 불가능하다.

82 8세 어린이가 상악중절치의 완전탈구로 내원하였을 때, 처치법은?

① 치조와를 소파한다.
② 근관치료 후 재식한다.
③ 생리적 동요를 허용하고 고정한다.
④ 치근면에 소독제를 도포한다.
⑤ 치근면의 잔사를 깨끗하게 제거한다.

8 치주학

83 연령 증가에 따른 치주조직의 변화는?
① 상피각화의 증가
② 치은 탄력성의 증가
③ 점몰의 증가
④ 부착치은 폭경의 증가
⑤ 혈액공급량 증가

84 치조중격의 상방에서 백악질까지 매립되어 치아 사이의 간격 유지에 관여하는 치은섬유는?
① 횡중격섬유군
② 환상섬유군
③ 치아골막섬유군
④ 치아치은섬유군
⑤ 사주섬유군

85 급성치주농양에 대한 설명으로 옳은 것은?
① 35세 이상에서 호발한다.
② 실활치수에서 발생한다.
③ 치아의 동요가 없다.
④ 체온 상승의 가능성이 없다.
⑤ 심한 동통을 호소한다.

86 외상성교합에 의한 치주조직의 변화는?
① 치근흡수
② 치조골증식
③ 백악질흡수
④ 치주인대강의 축소
⑤ 치조백선의 두께 증가

87 치은퇴축으로 인한 임상증상은?
① 이갈이의 원인이 된다.
② 지각과민증이 발생한다.
③ 타액분비가 증가한다.
④ 외상성교합이 발생한다.
⑤ 치면세균막관리가 쉽다.

88 치은증식으로 인해 골연상치주낭이 있을 때, 필요한 치주치료는?
① 치은절제술
② 치주소파술
③ 치관확장술
④ 치관변위판막술
⑤ 조직유도재생술

9 치과교정학

89 개인의 치아 크기, 형태 등의 차이를 고려한 교합상태는?

① 연령적 정상교합
② 기능적 정상교합
③ 개별적 정상교합
④ 전형적 정상교합
⑤ 이상적 정상교합

90 브라켓에 호선을 결찰할 때 사용하는 기구는?

① 영 플라이어
② 버드빅 플라이어
③ 라이트 와이어 플라이어
④ 브라켓 리무빙 플라이어
⑤ 메튜 플라이어

91 밴드 장착과 결찰선의 말단을 치간에 밀어 넣을 때 사용하는 기구는?

① 결찰 터커
② 밴드 푸셔
③ 밴드 어댑터
④ 영 플라이어
⑤ 밴드 리무빙 플라이어

92 혼합치열기 초기에 순측과 협측의 비정상적 근육력을 제거하는 교정장치는?

① 액티베이터
② 프랑켈 장치
③ 트윈블록
④ 입술 범퍼
⑤ 바이오네이터

93 교정력이 가해졌을 때, 치축에 따라 치근 방향으로 치아가 이동하는 것은?

① 압 하
② 정 출
③ 토 크
④ 회 전
⑤ 치체이동

94 교정치료에서 치과위생사가 수행하는 업무는?

① 호선의 결찰
② 부정교합의 진단
③ 보정장치의 제작
④ 방사선 영상 분석
⑤ 교정용 브라켓 접착

10 치과재료학

95 알지네이트 인상채득 시의 주의점은?
① 혼수비를 높게 한다.
② 혼합시간을 길게 한다.
③ 흐름성이 부족하면 파우더를 추가한다.
④ 과립이 생기지 않도록 균질하게 혼합한다.
⑤ 빠른 경화를 위해 차가운 물을 혼합한다.

96 부가중합형 실리콘 고무인상재의 특성은?
① 냄새가 없고, 의복에 착색되지 않는다.
② 알레르기가 있는 환자에게 사용할 수 없다.
③ 수분을 흡수하기 때문에 물속에 보관하면 팽윤한다.
④ 약간 쓴맛을 가진다.
⑤ 깊은 함몰 부위가 있으면 인상재 제거가 어렵다.

97 복합레진의 물리적 성질 강화를 위한 성분은?
① 촉진제
② 개시제
③ 결합제
④ 필러
⑤ 레진기질

98 열전도성이 치아와 가장 유사한 치과재료는?
① 금합금
② 아말감
③ 치과용세라믹
④ 의치상용레진
⑤ 비귀금속합금

99 석고모형의 강도를 증가시키는 방법은?
① 혼합속도를 빠르게 한다.
② 혼수비를 높게 한다.
③ 따뜻한 물을 사용한다.
④ 다공성이 큰 석고가루를 사용한다.
⑤ 진공혼합기를 사용한다.

100 글래스아이오노머시멘트의 특성으로 옳은 것은?
① 치질과 기계적인 결합을 한다.
② 흡수성 종이판에서 혼합한다.
③ 작업시간이 길다.
④ 분말을 한 번에 액체와 혼합한다.
⑤ 금속 스패출러를 사용하지 않는다.

제4회 최근 기출유형문제

정답 및 해설 834쪽

제1교시 | 100문항(85분)

1 의료관계법규

01 의료법상 300병상을 초과하는 경우 종합병원이 반드시 설치하여야 하는 과목은?
① 치 과
② 피부과
③ 비뇨기과
④ 성형외과
⑤ 응급의학과

02 의료법상 치과병원 개설자가 폐업신고를 하는 경우 진료기록부를 이관처는?
① 보건소장
② 시장·군수·구청장
③ 시·도지사
④ 질병관리청장
⑤ 보건복지부장관

03 의료법상 진료기록부등의 보존기간이 환자기록부와 같은 것은?
① 환자 명부
② 간호기록부
③ 처방전
④ 수술기록
⑤ 검사소견기록

04 의료법상 의료인의 면허취소 사유는?
① 진단서 및 검안서를 거짓으로 작성하여 교부한 때
② 태아의 성 감별금지 행위를 위반한 때
③ 부당한 경제적 이익 등의 취득 금지를 위반한 때
④ 의료기사에게 그 업무 범위를 벗어나게 한 때
⑤ 면허증을 대여한 때

05 의료법상 의료인이 의료광고를 할 수 있는 내용은?
① 의료기관 인증을 표시한 광고
② 평가를 받지 아니한 신의료기술에 관한 광고
③ 외국인 환자를 유치하기 위한 국내 광고
④ 신문에 전문가의 의견형태로 표현되는 광고
⑤ 다른 의료인 등을 비방하는 내용의 광고

06 의료기사 등에 관한 법률상 의료기사의 업무를 할 수 있는 사람은?
① 외국의 해당 의료기사 면허를 받은 사람
② 그해 졸업 예정 시기에 졸업이 이월된 사람
③ 의료기관에서 1년 이상 종사한 사람
④ 면허증을 대여받은 사람
⑤ 대학 등에서 취득하려는 면허에 상응하는 교육과정을 이수하기 위해 현장실습 중인 사람

07 의료기사 등에 관한 법률상 치과위생사의 업무가 아닌 것은?

① 불소 바르기
② 부착물 제거
③ 치아 본뜨기
④ 영구 부착물의 장착
⑤ 구내 진단용 방사선 촬영

08 의료기사 등에 관한 법률상 치과위생사가 면허자격 정지 기간에 의료기사 등의 업무를 하여 면허가 취소되었을 때, 면허 재발급을 받을 수 있는 최소 기한은?

① 취소의 원인이 된 사유가 소멸되었을 때
② 면허가 취소된 날부터 6개월이 경과되었을 때
③ 면허가 취소된 날부터 1년이 경과되었을 때
④ 면허가 취소된 날부터 2년이 경과되었을 때
⑤ 면허가 취소된 날부터 5년이 경과되었을 때

09 의료기사 등에 관한 법률상 국가시험에 응시할 수 있는 사람은?

① 피성년 후견인
② 피한정 후견인
③ 마약류 중독자
④ 전문의가 의료기사 등으로 적합하다고 인정하는 정신질환자
⑤ 의료법을 위반하여 금고 이상의 실형을 선고 받고 집행 중인 사람

10 의료기사 등에 관한 법률상 보건복지부장관이 의료기사 등의 실태 등 보수교육을 위탁할 수 있는 기관은?

① 각 교수협의회
② 한국보건의료인 국가시험원
③ 질병관리본부
④ 면허 종별로 설립된 중앙회
⑤ 의료기사 등의 면허와 관련된 학과가 개설 예정인 대학교

11 지역보건법상 보건지소를 설치할 수 있는 기준은?

① 읍·면(보건소가 설치된 읍·면 제외)
② 시·도
③ 특별시
④ 광역시
⑤ 특별자치도

12 지역보건법상 보건소의 업무는?

① 보건의료 수요의 측정
② 보건의료 관련 기관·단체와의 협력체계 구축
③ 지역보건의료계획의 수립
④ 지역주민의 참여도와 만족도 측정
⑤ 지역보건의료계획의 시행

13 지역보건법상 지역사회 건강실태조사에 대한 설명으로 옳은 것은?

① 5년마다 실시한다.
② 건강실태조사의 방법과 내용에 대한 사항은 보건복지부령으로 정한다.
③ 보건복지부장관은 미리 보건소장과 협의하여야 한다.
④ 표본조사를 원칙으로 한다.
⑤ 지방자치단체의 장은 보건복지부장관에게 통보하여야 한다.

14 지역보건법상 전문인력의 임용 자격에 해당하는 것은?

① 기능수행에 필요한 면허·자격이 있는 신규 취득자
② 해당 분야의 업무에서 1년 이상 종사한 사람
③ 해당 분야의 업무에서 2년 이상 종사한 사람
④ 해당 분야의 업무에서 3년 이상 종사한 사람
⑤ 해당 분야의 업무에서 5년 이상 종사한 사람

15 지역보건법상 지역보건의료계획의 수립과정에 대한 설명으로 옳은 것은?

① 시·도지사는 4년마다 시행계획을 수립해야 한다.
② 시·도지사는 매년 지역보건의료계획에 따라 월별 시행계획을 수립한다.
③ 지역보건의료계획의 세부내용은 보건복지부장관령으로 정한다.
④ 시장·군수·구청장은 수립한 치료계획을 변경시 지체없이 보건복지부장관에게 통보한다.
⑤ 시·도지사는 시·군·구 지역보건의료심의위원회 심의를 거쳐 보건복지부장관에게 제출한다.

16 구강보건법상 유치원 및 초등학교의 장이 실시하여야 하는 구강보건사업은?

① 응급구강진료
② 불소용액양치
③ 부정교합치료
④ 학교급수불화
⑤ 유치치관수복

17 구강보건법상 국민의 구강건강실태를 조사하고 그 결과를 공표해야 하는 사람은?

① 보건소장
② 시·도지사
③ 시장·군수·구청장
④ 질병관리청장
⑤ 보건복지부장관

18 구강보건법상 구강보건사업기본계획에 포함되지 않는 것은?

① 수돗물불소농도조정사업
② 사업장구강보건사업
③ 임산부구강보건사업
④ 초등학생 치과주치의사업
⑤ 학교급수불화사업

19 구강보건법상 보건소의 구강보건실에서 수행하는 업무가 아닌 것은?

① 구강검진
② 노인틀니사업
③ 취약계층의 구강질환 예방 및 진료
④ 구강건강증진교육
⑤ 치아홈메우기

20 구강보건법상 노인복지시설을 이용하는 노인을 대상으로 하는 구강검진사업은?

① 틀니 관리
② 치아우식증 예방 및 관리
③ 치주질환 예방 및 관리
④ 치아마모증 예방 및 관리
⑤ 구강암 예방

2 구강해부학

21 두개골에서 가장 먼저 닫히는 천문은?

① 전천문
② 후천문
③ 전측두천문
④ 후측두천문
⑤ 접형골천문

22 저작근에 분포하는 동맥은?

① 악동맥
② 설동맥
③ 안면동맥
④ 상행구개동맥
⑤ 안면동맥

23 하악 대구치에 분포하는 신경은?

① 비구개신경
② 소구개신경
③ 중상치조신경
④ 후상치조신경
⑤ 하치조신경

24 상악체에 안면에서 관찰되는 구조물은?

① 안와하공
② 대구개공
③ 견치와
④ 상악결절
⑤ 후상치조공

25 하악의 견치, 소구치, 대구치, 상악의 치아 및 치은에서 유입되는 림프절은?

① 심안면림프절
② 심경림프절
③ 이하선림프절
④ 악하림프절
⑤ 천경림프절

26. 접형골의 익상돌기에서 관찰되는 구조물은?
    ① 측두근
    ② 교근
    ③ 외측익돌근
    ④ 내측익돌근
    ⑤ 설골상근

27. 하악신경 중 저작근에 관여하는 신경은?
    ① 협신경
    ② 교근신경
    ③ 이신경
    ④ 외측익돌근신경
    ⑤ 이개측두신경

3 치아형태학

28. 개제결절이 나타나는 치아는?
    ① 상악 제1소구치
    ② 상악 제2소구치
    ③ 하악 제1소구치
    ④ 하악 제2소구치
    ⑤ 상악 제3대구치

29. 협·설로 나누어지는 복근치는?
    ① 상악 제1소구치
    ② 하악 제1소구치
    ③ 상악 제1대구치
    ④ 상악 제2대구치
    ⑤ 상악 제3대구치

30. 하악 좌측 견치를 표기한 것으로 옳은 것은?

    A 국제치과연맹표기법(FDI system)
    B 사분구획법(Palmer notation system)

	A	B
①	13	3⌐
②	23	3⌐
③	33	⌐3
④	43	⌐3
⑤	53	⌐3

31. 상악 견치 치관의 특징은?
    ① 근심반부가 원심반부는 대칭적이다.
    ② 근심연이 원심연보다 길다.
    ③ 근심절단우각이 원심절단우각보다 크다.
    ④ 절단연은 수평으로 주행한다.
    ⑤ 2개의 순면융선이 주행한다.

32. 하악 측절치 순면의 특징으로 옳은 것은?
    ① 원심연이 근심연보다 길다.
    ② 절단연은 수평으로 주행한다.
    ③ 근심반부와 원심반부는 비대칭이다.
    ④ 근심절단우각이 원심절단우각보다 크다.
    ⑤ 융선과 구의 발육이 뚜렷하다.

33 하악 제1대구치의 교합면의 특징은?
① 원심협측교두가 가장 크다.
② 삼각구는 4개가 나타난다.
③ 협·설경이 근·원심경보다 크다.
④ 저작하는 기능교두는 설측교두다.
⑤ 횡주융선은 2개가 나타난다.

34 발육구의 형태가 Y자로, 설측교두가 2개인 치아는?
① 상악 제1소구치
② 상악 제2소구치
③ 하악 제1소구치
④ 하악 제2소구치
⑤ 하악 제1대구치

4 구강조직학

35 인장강도가 높으며, 힘줄과 인대, 뼈를 구성하는 섬유는?
① 교원섬유
② 신경섬유
③ 신경섬유
④ 탄력섬유
⑤ 옥시탈란섬유

36 1차 구개를 형성하는 구조물은?
① 하악돌기
② 구개돌기
③ 비전두돌기
④ 내측비돌기
⑤ 외측비돌기

37 신체의 표면과 선을 형성하는 조직은?
① 신경조직
② 지방조직
③ 상피조직
④ 근육조직
⑤ 결합조직

38 저작점막에 대한 설명으로 옳은 것은?
① 구강점막 중 미각을 담당한다.
② 부착치은과 경구개에 있다.
③ 쿠션작용을 한다.
④ 치조점막에 있다.
⑤ 구강점막의 대부분을 차지한다.

39 상아질에 대한 특성으로 옳은 것은?
① 흰색이고 반투명하다.
② 손상되면 재생이 불가능하다.
③ 치아 경조직 중 가장 단단하다.
④ 유기질은 교원질로 구성되어 있다.
⑤ 혈액과 신경이 있다.

40 법랑모세포로 분화하여 법랑질을 형성하는 것은?

① 치유두
② 외치상피
③ 내치상피
④ 성상세망
⑤ 중간층

41 구강상피를 지지하는 결합조직으로 모든 종류의 상피의 하방에 있는 것은?

① 고유판
② 선상피
③ 접합상피
④ 각화상피
⑤ 치은상피

5 구강병리학

42 조직이 손상되었을 때 가장 먼저 이동하는 세포는?

① 호산구
② 림프구
③ 호중구
④ 단핵구
⑤ 형질세포

43 선천매독에 의한 법랑질 저형성증이 발생하는 것은?

① 허친슨 치아
② 법랑진주
③ 터너치아
④ 칸디다증
⑤ 침식증

44 구강 내 의심되는 병소의 크기가 작은 경우 조직의 전부를 검사하는 방법은?

① 펀치생검
② 절제생검
③ 절개생검
④ 흡인생검
⑤ 박리세포진단생검

45 치아의 석회화 이전에 법랑기가 치관 내부로 함입되어 나타나는 형태 이상은?

① 치내치
② 치외치
③ 법랑진주
④ 법랑질 저형성증
⑤ 법랑질 미성숙형

46 양성종양과 비교했을 때 악성종양의 특징은?

① 피막을 형성한다.
② 재발률이 낮다.
③ 침윤성 성장을 한다.
④ 세포이형성이 경도이다.
⑤ 전이 가능성이 낮다.

47 유구치의 깊은 우식으로 인한 치수용종이 관찰되는 질환은?

① 급성 치수염
② 치수변성
③ 치수괴사
④ 만성 증식성 치수염
⑤ 만성 궤양성 치수염

48 치아발거 후 치근낭종의 일부가 남아 장기잔존하는 낭은?

① 치근단낭종
② 함치성낭종
③ 치성 각화낭종
④ 석회화 치성낭종
⑤ 잔류치근낭종

6 구강생리학

49 위액의 성분 중 위점막을 보호하는 것은?

① 뮤 신
② 레 닌
③ 펩 신
④ 염 산
⑤ 지방산

50 산 자극이 있거나 저작할 때 분비가 증가하는 장액선은?

① 설하선
② 악하선
③ 이하선
④ 후설선
⑤ 구개선

51 저작하는 물질의 크기와 단단함을 식별할 수 있는 감각은?

① 온도감각
② 위치감각
③ 치수감각
④ 교합감각
⑤ 공간감각

52 산소를 운반하는 혈액세포는?

① 적혈구
② 백혈구
③ 호중구
④ 호산구
⑤ 혈소판

53 단백질의 합성장소는?

① 핵
② 세포막
③ 리보솜
④ 골지체
⑤ 미토콘드리아

54 혈액 속의 칼슘농도를 낮춰 골흡수를 억제하는 호르몬은?

① 티록신
② 파라토르몬
③ 에피네프린
④ 알도스테론
⑤ 칼시토신

55 연하과정 중 식도 단계에 대한 설명으로 옳은 것은?

① 수의적 단계이다.
② 호흡이 일시정지된다.
③ 상인두벽이 전방으로 이동한다.
④ 음식물이 식도에서 위까지 이동한다.
⑤ 후두개는 폐쇄된다.

7 구강미생물학

56 타액과 모유에 많이 함유되어 점막방어 기능을 하는 면역글로불린은?

① IgA
② IgD
③ IgE
④ IgG
⑤ IgM

57 내독소로 작용하여 발열을 일으키는 세포벽 성분은?

① 아 포
② 리보솜
③ 펩티도글리칸
④ 세포질
⑤ 지질다당류

58 세포 내의 다당체를 합성하고, 치아 표면에 부착하는 능력이 있는 미생물은?

① Actinomyces israelii
② Tannerella forsythia
③ Prenotella intermedia
④ Streptococcus mutans
⑤ Mycobacterium tuberculosis

59 구강칸디다증의 원인균으로, 진균이며, 입과 소화기관에 감염이 잘되는 미생물은?

① Candida albicans
② Treponema pallidum
③ Prenoterlla intermedia
④ Streptococcus mutans
⑤ Fusobacterium nucleatum

60 성인형 치주염의 원인균으로 흑색색소를 생성하는 미생물은?

① Actinomyces israelii
② Staphylococcus aureus
③ Mycobacterium nucleatum
④ Porphyromonas gingivalis
⑤ Aggregatibacter actinomycetemcomitans

8 지역사회구강보건학

61 공중구강보건사업의 특성으로 옳은 것은?
① 사업수행의 주체는 내원환자와 치과의사이다.
② 공동책임 인식이 필요하다.
③ 단일사업으로 전개한다.
④ 건강한 사람은 포함하지 않는다.
⑤ 구강병 치료사업을 주로 한다.

62 유아기 구강건강관리방법으로 옳은 것은?
① 주스를 우유병에 넣어서 준다.
② 점착성이 있는 간식을 준다.
③ 칫솔질을 유아 스스로 하도록 하고 양육자가 관리한다.
④ 불소가 포함되지 않는 치약을 사용한다.
⑤ 보조구강위생용품을 사용하지 않는다.

63 우리나라 중대구강병에 관한 설명은?
① 유치우식경험률로 판단한다.
② 모든 지역의 발생빈도가 같다.
③ 치아우식증과 부정교합이 해당된다.
④ 관리는 예방사업 중심으로 추진한다.
⑤ 치아개수 장애의 주원인이다.

64 예방지향 포괄구강진료의 특성은?
① 교정치료를 중심으로 제공한다.
② 증진된 구강건강을 계속 유지시킨다.
③ 1차 예방보다 2차 예방이 중요하다.
④ 각각 치아를 보존하는 것이 중요하다.
⑤ 지역사회구강보건에서 시행하지 않는 진료를 제공한다.

65 다음의 특성이 있는 조사방법은?

- 조사시간이 짧고 경비가 절약된다.
- 한 번에 여러 사람의 조사가 가능하다

① 면접법
② 설문법
③ 열람법
④ 관찰법
⑤ 사례분석법

66 산업구강보건의 기본원칙은?
① 공기오염방지를 위해 환기를 최소화 한다.
② 근로자의 건강을 위해 근로강도를 유지한다.
③ 근로자의 검진주기를 모두 동일하게 한다.
④ 유해요인 발생을 원천적으로 차단한다.
⑤ 작업환경과 무관하게 동일한 보호구를 착용한다.

67 지역사회 구강보건사업의 평가원칙은?

① 단기효과를 중심으로 평가
② 사업을 기획한 사람이 평가
③ 일회성으로 평가
④ 주관적으로 평가
⑤ 평가결과를 후속사업계획에 활용

68 지역사회구강보건조사 과정에서 조사용지를 작성하기 전 단계는?

① 조사항목 선정
② 조사대상 결정
③ 조사계획 실행
④ 조사요원 훈련
⑤ 조사목적 설정

69 학교불소용액양치사업의 특성은?

① 치과위생사가 관리한다.
② 학업에 지장을 줄 수 있다.
③ 구강보건 전문지식이 필요하다.
④ 특수한 장비와 기구가 필요하다.
⑤ 도포시간이 짧다.

70 불소복용사업과 치아우식경험도, 반점도와의 역학적 관계는?

① 불소이온농도가 높으면 반점도가 높다.
② 불소이온농도와 반점도유병률은 관련이 없다.
③ 불소이온농도와 치아우식경험도는 관련이 없다.
④ 불소이온농도가 높으면 치아우식경험도가 높아진다.
⑤ 불소이온농도가 높으면 반점도는 낮아진다.

71 불소용액양치사업을 초등학교 4학년을 대상으로 3년간 실시하며 치아우식 예방효과를 매해 평가할 때, 연구방법은?

① 환자사례연구
② 단면조사연구
③ 환자-대조군 연구
④ 후향적 코호트 연구
⑤ 전향적 코호트 연구

72 산발성으로 나타나는 대표적인 구강병은?

① 구강암
② 반점치
③ 부정교합
④ 치아우식증
⑤ 치주질환

9 구강보건행정학

73 계속구강건강관리과정을 시작하는 단계에서 증진구강보건진료 전에 조사하는 지표는?

① 치명률
② 발병률
③ 발생률
④ 유병률
⑤ 이환율

74 치과의사가 우식치아를 3개 진료해야 한다고 했으나, 환자는 1개만 진료받았다. 치료를 받지 않은 2개에 해당하는 구강보건진료는?

① 구강보건진료 수요
② 절대구강보건진료 필요
③ 상대구강보건진료 필요
④ 잠재구강보건진료 수요
⑤ 유효구강보건진료 수요

75 1차 구강보건진료의 특성으로 옳은 것은?

① 전체 지역사회개발사업의 일환으로 제공한다.
② 지역사회 외부에서 제공된다.
③ 기본적 구강보건진료를 충족시키기 어렵다.
④ 구강병의 치료에 집중한다.
⑤ 지역사회주민의 참여가 불필요하다.

76 정책요소 중 구강보건정책목표를 달성하기 위한 방법이나 절차는?

① 미래구강보건상
② 구강보건발전방향
③ 구강보건행동노선
④ 구강보건정책의지
⑤ 공식성

77 현대구강보건진료제도의 필수요건은?

① 구강보건진료자원을 중요도순으로 배분한다.
② 일부의 국민이 필요한 구강보건진료를 소비할 수 있다.
③ 구강보건진료의 사치화경향이 있다.
④ 진료수요를 최대화 한다.
⑤ 상대구강보건진료 필요를 모두 충족시킨다.

78 소비자가 스케일링을 면허가 있는 치과위생사에게 받을 소비자의 권리는?

① 자기의사반영권
② 개인비밀보장권
③ 구강진료선택권
④ 구강보건의사반영권
⑤ 구강보건진료소비권

79. 사회보험의 특성으로 옳은 것은?
① 자유경쟁에서 운영한다.
② 급여기준은 부담률에 비례한다.
③ 개인적 필요에 의한 보장이다.
④ 공동부담을 원칙으로 한다.
⑤ 계약에 따라 수급권이 부여된다.

80. 스스로 생계를 영위할 수 없는 자들에게 국가가 제정 자금을 부조하는 사회보장제도는?
① 건강보험
② 연금보험
③ 고용보험
④ 공공부조
⑤ 실업급여

81. 건강보험 급여 형태 중 현물급여에 해당하는 것은?
① 건강검진
② 요양비
③ 보장구구입비
④ 분만비
⑤ 장제비

82. 의료급여에 관한 업무의 수행자는?
① 보건복지부장관
② 시장·군수·구청장
③ 사회복지사
④ 시·도지사
⑤ 대통령

10 구강보건통계학

83. 구강검사를 준비할 때 옳은 것은?
① 기록자는 조사자의 옆에 앉는다.
② 조사용 기구는 피검자의 앞에 위치한다.
③ 피검자의 동선에서 입구와 출구를 일원화 한다.
④ 1시간 기준으로 필요한 탐침과 치경은 100개 이다.
⑤ 직사광선보다 자연광이 바람직하다.

84. 구강건강실태조사에 우식비경험처치치아로 판정하는 것은?
① 가공의치의 지대치
② 외상으로 상실된 영구치
③ 25세 이전의 미맹출사랑니
④ 인공매식치아
⑤ 후속영구치가 맹출되지 않는 유치

85 보데카의 치면분류에서 인조 치관을 장착한 치아에 산정되는 치면수는?

① 1면
② 2면
③ 3면
④ 4면
⑤ 5면

86 고등학생 100명의 구강검사결과이다. 우식경험영구치율(DMFT rate)은?

- 우식경험자 : 50명
- 피검치아(상실치 포함) : 2,800개
- 치료 가능한 우식치아 : 150개
- 우식경험 충전치아 : 50개
- 우식경험 상실치아 : 100개

① 7.1%
② 10.7%
③ 28.0%
④ 46.4%
⑤ 50.%

87 하악좌측 제1대구치 협면에 외인성 색소가 부착되어 있을 때, 잔사지수는?

① 0점   ② 1점
③ 2점   ④ 3점
⑤ 6점

88 5세 아동 100명의 구강검사 결과이다. 세계보건기구 기준에 의한 유치우식경험률은?

- 유치우식경험자 : 30명
- 피검유치수 : 2,000개
- 치료 가능 우식유치 : 250개
- 우식경험 충전유치 : 100개
- 우식경험 상실유치 : 100개
- 발거대상 우식유치 : 150개

① 10.0%   ② 20.0%
③ 30.0%   ④ 40.0%
⑤ 60.0%

89 상하악 전치부 순측치은 검사결과 우측견치부터 좌측견치까지 유두치은에 염증이 있었다. 유두변연부 착치은염지수(PMA index)는?

① 0점
② 6점
③ 10점
④ 12점
⑤ 15점

90 구강환경관리능력지수(PHP) 평가방법으로 옳은 것은?

① 모든 치아를 대상으로 한다.
② 치면을 4등분하여 평가한다.
③ 모든 치아의 순면을 평가한다.
④ 최저 점수는 0점, 최고 점수는 12점이다.
⑤ 잔사지수와 치석지수를 모두 평가한다.

11 구강보건교육학

91 다음의 특성이 있는 대상자의 생애주기는?

- 구강진료에 대한 공포감과 거부감이 있음
- 부산하게 돌아다니고 욕구불만이 있음

① 청소년기
② 학령기
③ 학령전기
④ 걸음마기
⑤ 유아기

92 칫솔질 교육에서 유아에는 묘원법, 부모에게는 바스법을 교육하였다. 이에 해당하는 동기화의 원리는?

① 정서상태
② 건강상태
③ 능력수준
④ 환자의 관심
⑤ 구강진료상태

93 급성치관주위염으로 내원한 환자에게 가장 먼저 통증완화 진료를 하였다. 이때, 교수-학습과정은?

① 환자의 가치관
② 환자의 요구조사
③ 학습목표 수립
④ 정보교환과 교습
⑤ 평 가

94 서로 상반된 견해를 가진 전문가들이 사회자의 안내에 따라 정해진 시간에 발표하고 토의하는 내용 형식은?

① 공개토의
② 원탁토의
③ 브레인스토밍
④ 배심토의
⑤ 심포지엄

95 간접구강보건교육의 특성은?

① 교육효과가 높다.
② 동기유발 효과가 높다.
③ 교육자와 학습자가 상호교류한다.
④ 교육자의 시간과 노력이 절약된다.
⑤ 학습자의 구강교육평가에 유리하다.

96 진료실에서 환자와의 관계를 유지하여 신뢰를 얻고, 교육효과를 지속하고자 하는 단계는?

① 계속관리
② 환자의 요구파악
③ 동기유발 극대화
④ 치료계획 수립
⑤ 구강보건교육 수행

97 공중구강보건교육을 위한 교육자원 3요소는?

① 학부모, 교사, 학생
② 교사, 학생, 교육매체
③ 치과의사, 학생, 교육방법
④ 치과위생사, 지역주민, 불화물 이용
⑤ 치과기공사, 치과의사, 치과보철물

98 교육 후 학습자의 지식변화를 구체적으로 측정할 수 있는 구강보건교육 목표는?

① 학생은 영구치의 맹출 순서를 알 수 있다.
② 학생은 정기적으로 구강검진을 받을 수 있다.
③ 학생은 치면세균막에 흥미를 느낄 수 있다.
④ 학생은 치아우식증 예방법을 설명할 수 있다.
⑤ 학생은 부정교합을 이해할 수 있다.

99 중학생에게 '구강질환 예방교육'을 하기 위한 교육매체 선택 시 고려사항은?

① 고도의 기술 필요
② 고가의 최신장비
③ 희소성이 있는 자료
④ 학습목표 도달성
⑤ 단기적 학습효과

100 교육목표를 교육학적으로 분류 시 정신운동영역에 속하는 것은?

① 학습자는 치주병의 증상을 구별할 수 있다.
② 학습자는 치간칫솔을 올바르게 사용할 수 있다.
③ 학습자는 보철물의 종류를 나열할 수 있다.
④ 학습자는 구강병의 종류를 설명할 수 있다.
⑤ 학습자는 정기구강검진을 받을 수 있다.

제2교시 | 100문항(85분)

1 예방치과처치

01 치아우식 발생에 작용하는 환경요인은?
① 연 령
② 섭취식품
③ 치아형태
④ 타액점조도
⑤ 산 생성 능력

02 치아우식예방법 중 치질 내 산성을 증가시키는 숙주요인 제거법은?
① 불소복용
② 질산은도포
③ 치면세마
④ 치간세정
⑤ 항생제배합세치제

03 치주병 발생요인 중 구강 외 숙주요인은?
① 악습관
② 지 리
③ 음식물치간삽입
④ 흡 연
⑤ 방선간균

04 다음이 설명하는 설탕 관련 입증효과는?

> 설탕 소비가 증가한 나라에서 우식증이 비례적으로 증가한다.

① 설탕 대치효과
② 설탕 식음빈도 증가 효과
③ 우식성 음식 성상 차이 효과
④ 설탕 소비증가 효과
⑤ 설탕 섭취 여부 효과

05 구강병 진행 과정에 따른 1, 2, 3차 예방법이 옳은 것은?
① 영양관리 - 치면열구전색 - 가공의치보철
② 칫솔질 - 치은염치료 - 근관충전
③ 초기우식병소 충전 - 치면세마 - 임플란트보철
④ 치아발거 - 부정교합예방 - 유치치관수복
⑤ 불소도포 - 부정교합치료 - 치수복조

06 가공치의 기저부의 치면세균막을 제거하고, 보철물 주위의 치은을 마사지하는 방법은?
① 바스법
② 회전법
③ 묘원법
④ 차터스법
⑤ 와타나베법

07 부착된 획득피막의 세정 역할을 하는 세치제 성분은?

① 세정제
② 세마제
③ 습윤제
④ 결합제
⑤ 약효제

08 다음 설명에 해당하는 칫솔질 방법은?

> 펜 잡기로 칫솔질을 잡는다.
> 칫솔모를 둥글게 움직이며 치면을 닦는다.

① 회전법
② 횡마법
③ 묘원법
④ 바스법
⑤ 스틸맨법

09 스나이더 검사에서 72시간 후 배지의 색이 녹색이 되었다. 우식활성도에 따른 조치는?

① 매 식음 후 칫솔질을 한다.
② 설탕 식음량을 줄인다.
③ 식이조절을 한다.
④ 교정장치 부착을 보류한다.
⑤ 간식 횟수를 제한한다.

10 치아우식발생요인 검사와 장비 및 재료가 바르게 연결된 것은?

① 포도당 잔류시간 검사 - BCG
② 구강내 산생성균 검사 - Tes-tape
③ 타액 완충능 검사 - 필로카핀
④ 타액 분비율 검사 - 유산용액
⑤ 타액 점조도 검사 - 오스왈드피펫

11 손가락을 이용한 치실사용법으로 옳은 것은?

① 치실을 근원심 방향으로 움직인다.
② 부드럽게 톱질하는 동작으로 삽입한다.
③ 실제 사용하는 길이는 10cm이다.
④ 삽입하는 치실은 치근면과 평행하도록 한다.
⑤ 양손의 검지에 치실을 감는다.

12 치면열구전색 시 주의사항은?

① 광중합이 완료 전까지 최대한 방습한다.
② 소와와 열구가 넓은 치아를 선택한다.
③ 글리세린이 포함된 연마제를 사용한다.
④ 전색제의 교합은 정상보다 높게 한다.
⑤ 유치는 산부식 시간을 짧게 한다.

13 치아의 접촉면적을 넓혀 치면과 전색제의 결합을 높이는 치면열구전색 과정은?

① 산부식
② 치아격리
③ 전색제도포
④ 광조사
⑤ 교합검사

14. 구취의 구강 내 원인은?
   ① 흡 연
   ② 긴 장
   ③ 음식물
   ④ 약물복용
   ⑤ 구강건조증

15. 다음이 설명하는 불화물 도포방법은?

   > 1.23%의 농도로 안정성이 높다.

   ① 불소이온도포법
   ② 불소용액 양치법
   ③ 불소겔 도포법
   ④ 불화석용액 도포법
   ⑤ 불소바니시 도포법

16. 불화물 중 불화석의 특성으로 옳은 것은?
   ① 성인은 10%의 농도를 적용한다.
   ② 제조 시 6개월간 복용이 가능하다.
   ③ 3, 7, 10, 13세에 1주 간격으로 4회 도포한다.
   ④ 무색, 무미, 무취이다.
   ⑤ 유리병에 넣으면 유리를 부식시킨다.

17. 식이조절 과정 중 식이조사 방법은?
   ① 24시간 회상법으로 기록한다.
   ② 주말을 제외하고 작성한다.
   ③ 섭취한 양에 따라 작성한다.
   ④ 음료는 기록하지 않는다.
   ⑤ 섭취한 양은 그릇 단위로 통일한다.

18. 지각과민증의 관리법으로 옳은 것은?
   ① 강마모도의 세치제를 사용한다
   ② 중강모의 칫솔을 사용한다.
   ③ 상아질접착제를 도포한다.
   ④ 바스법을 적용한다.
   ⑤ 근관치료를 시행한다.

2 치면세마

19. 연성부착물을 제거하고 치아표면을 활택하게 연마하는 술식은?
   ① 치면세마
   ② 치석제거
   ③ 치근활택
   ④ 치면연마
   ⑤ 치은절제

20 다음이 설명하는 부착물은?

- 치아우식증, 치주질환의 초기원인
- 치석 형성의 초기 물질

① 획득피막
② 치면세균막
③ 치 석
④ 음식물 잔사
⑤ 백 질

21 치아 교모증이 있을 때 표시 방법은?
① Att.
② Mo(+)
③ Abr
④ ●
⑤ ○

22 강한 조명으로 전치부 인접면의 치아우식증을 관찰하는 검사방법은?
① 문 진
② 직접관찰
③ 투 사
④ 타 진
⑤ 촉 진

23 치은증식, 임상적 부착소실 등을 측정하는 기구는?
① 탐 침
② 치주탐침
③ 시클 스케일러
④ 그레이시 큐렛
⑤ 유니버셜 스케일러

24 치면에 기구가 잘 적합되도록 중간적 역할을 하는 부위는?
① 배 면
② 측 면
③ 손잡이
④ 작동부
⑤ 하방연결부

25 상악 좌측 제1대구치 협면을 치석탐지할 때 옳은 방법은?
① 연필잡기법을 적용한다.
② 중등도의 측방압으로 동작한다.
③ 상악 좌측 제2대구치에 손고정을 한다.
④ 팁의 배면이 접합상피에 도달하도록 삽입한다.
⑤ 작업단의 배면 1/2을 치면에 부착한 상태로 동작한다.

26 하악 우측 구치부 설면에 부착된 치석을 제거할 때 옳은 자세는?

① 턱을 위로 들도록 한다.
② 등받이를 바닥과 90°가 되도록 한다.
③ 하악 전치부 순면이 바닥과 평행하도록 한다.
④ 환자의 고개를 오른쪽으로 돌리도록 한다.
⑤ 환자의 높이는 개구상태에서 술자의 팔보다 낮게 한다.

27 기구 사용 후 처리과정은?

① 멸균 후 보관기간은 1개월이다.
② 사용한 기구는 대기용액에 담근다.
③ 멸균된 기구는 개방된 곳에 보관한다.
④ 세척한 기구는 즉시 면포 포장을 한다.
⑤ 혈액이 묻은 기구는 따뜻한 물로 헹군다.

28 가압증기멸균법의 특징으로 옳은 것은?

① 면제품 멸균에 효과적이다.
② 멸균 온도는 200℃로 한다.
③ 오일, 파우더 등의 기구에 적합한다.
④ 금속에 부식을 일으키지 않는다.
⑤ 침투력이 약하다.

29 하악 전치 설면에 2mm의 치주낭과 치은연상치석을 제거를 위한 기구는?

① 일반 큐렛(universal curet)
② 특수 큐렛(gracey curet)
③ 시클 스케일러
④ 미니파이브 큐렛
⑤ 애프터파이브 큐렛

30 다음 설명에 해당하는 치주기구는?

- 절단연이 기울어졌다.
- 손잡이가 먼 하부의 절단연만 사용이 가능하다.
- 각 치아의 부위별로 특수하게 고안되었다.

① 치주탐침
② 호 스케일러
③ 치즐 스케일러
④ 시클 스케일러
⑤ 특수 큐렛(gracey curet)

31 일반 큐렛(universal curet)에 대한 설명으로 옳은 것은?

① 모든 치면에 적용할 수 있다.
② 하방 절단연을 사용한다.
③ 날 끝이 곡선으로 형성되어 있다.
④ Push stroke로 동작한다.
⑤ 내면과 경부는 45°로 만난다.

32 초음파치석제거기의 사용법으로 옳은 것은?

① 성장기 어린이 환자에게 적용한다.
② 치주염이 심한 환자에게 적용한다.
③ 물을 최소화하여 사용한다.
④ 시술시간이 증가한다.
⑤ 살균효과가 있다.

33 치근활택술의 적응증으로 옳은 것은?
① 얕은 치주낭
② 치조골의 파괴가 심한 사람
③ 지각과민이 심한 사람
④ 치면세균막관리가 안 되는 사람
⑤ 치아동요가 심한 사람

34 기구연마의 일반원칙은?
① 오일은 세라믹연마 시 사용한다.
② 기구의 날의 내면과 연마석이 이루는 각도는 90°로 한다.
③ 기구 고정법의 마지막 동작은 상방동작으로 한다.
④ 기구의 날은 1/3씩 나눠서 연마한다.
⑤ 보통 100회 이내에 연마동작을 한다.

35 치면연마법 중 페인팅방법에 대한 설명은?
① 건조된 상태에서 한다.
② 윤활제는 사용하지 않는다.
③ 러버컵을 치면에 직각으로 적합한다.
④ 치면을 근원심으로 나눈다.
⑤ 점점 강한 압력을 적용한다.

36 초음파 치석제거기 사용의 금기할 대상자는?
① 초기 치은염
② 지치주위염
③ 궤양조직
④ 심한 외인성 착색
⑤ 복합레진충전물

37 임플란트 장착 치아에 치면세마를 하는 방법은?
① 거친 연마제를 사용한다.
② 플라스틱 기구를 적용한다.
③ 금속팁이 있는 음파기구를 사용한다.
④ 티타늄의 표면은 중등도의 압력으로 적용한다.
⑤ 6개월 간격으로 정기적으로 실시한다.

38 당뇨환자가 어지러움을 호소할 때 가장 먼저 할 대처는?
① 혈압을 측정한다.
② 진통소염제를 투여한다.
③ 오렌지주스를 마시게 한다.
④ 진료를 빠르게 마무리 한다.
⑤ 환자가 설 수 있도록 자세를 변경한다.

3 치과방사선학

39 엑스선 발생 장치에서 에스선속의 크기와 형태를 조절하는 것은?
① 여과기
② 시준기
③ 변압기
④ 엑스선관
⑤ 구리동체

40 엑스선 영상에서 물체의 외형을 정확하게 재현하는 능력은?

① 감광도
② 선예도
③ 대조도
④ 해상도
⑤ 흑화도

41 엑스선상 대조도를 감소시키는 요인은?

① 검은 필름
② 관전압을 낮춤
③ 물체가 두꺼움
④ 관전류를 높임
⑤ 포그와 산란선이 있음

42 엑스선관의 음극에서 발생한 열전자를 텅스텐타깃에 도달하는 데 도움을 주는 것은?

① 초 점
② 절연유
③ 유리관
④ 집속컵
⑤ 구리동체

43 엑스선의 특징은?

① 파장이 길다
② 눈에 보이지 않는다.
③ 원자를 전리시킬 수 없다.
④ 물질을 투과할 수 없다.
⑤ 형광을 발생할 수 없다.

44 짧은 엑스선을 발생하게 하여 조직의 투과력을 높이는 방법은?

① 관전류 증가
② 관전압 증가
③ 노출시간 증가
④ 장조사통 교환
⑤ 부가여과 추가

45 하악절치 치근단 영상에서 관찰되는 해부학적 구조물은?

① 상악동, 전비극
② 하악관, 이공
③ 설공, 이극
④ 악하선와, 악설골융선
⑤ 외사선, 내사선

46 엑스선 영상에서 신경과 혈관을 포함한 연조직으로 방사선 투과의 해부학적 구조물은?

① 치 수
② 법랑질
③ 상아질
④ 치조골
⑤ 치조백선

47 등각촬영의 특징으로 옳은 것은?

① 방사선원과 피사체는 가능한 멀어야 한다.
② 방사선원은 작아야 한다.
③ 피사체와 필름은 가능한 멀어야 한다.
④ 피사체와 필름은 가능한 평행해야 한다.
⑤ 중심선은 피사체와 필름에 대해 수직이어야 한다.

48 초기 인접면의 치아우식증을 확인하는 데 유용한 촬영법은?

① 등각촬영
② 교합촬영
③ 직각촬영
④ 교익촬영
⑤ 파노라마촬영

49 9세 어린이 환자의 전악 구내촬영방법으로 옳은 것은?

① 추가로 교합촬영을 한다.
② 보호자가 필름을 고정한다.
③ 성인용 필름을 사용하면 수직각을 줄인다.
④ 필름 유지기구 사용을 권장한다.
⑤ 성인의 노출시간보다 50%를 줄인다.

50 상악 중절치를 등각촬영하는 방법은?

① 필름을 가로로 적용한다.
② 중심선이 비익을 향하도록 한다.
③ 필름의 끝을 절단연과 일치하도록 한다.
④ 환자가 고개를 충분히 젖히도록 한다.
⑤ 수직각은 조사통을 위에서 아래로 조사한다.

51 전악 구내촬영과 비교하여 파노라마 촬영의 장점은?

① 인접면의 중첩
② 촬영기가 저렴함
③ 상의 정확성이 높음
④ 방사선 노출량이 적음
⑤ 높은 선예도와 해상도

52 엑스선 영상의 윤곽이 흐릿할 때 해결방법은?

① 중심선이 필름의 중앙을 향하도록 한다.
② 방사선 노출시간을 충분히 늘린다.
③ 엑스선의 관두가 움직이지 않도록 한다.
④ 필름의 앞면이 엑스선 관두를 향하도록 한다.
⑤ 중심선을 치아의 인접면에 평행하도록 조사한다.

53 치근단 영상에서 일부가 노출되지 않아 희거나 투명하게 나타나는 사진 오류는?

① 중첩된 상
② 상의 단축
③ 상의 연장
④ 빛에 노출
⑤ 조사통가림

54 직접 디지털 촬영을 할 때 센서에 대한 설명은?

① 촬영할 때 이동이 쉬움
② 두께가 얇고 휘어지기 쉽다.
③ 초기화 과정이 필요하다.
④ 작은 크기로 구내 삽입이 용이하다.
⑤ 촬영 후 영상 조회가 빠르다.

55 방사선 감수성이 상대적으로 높은 조직은?

① 신 장
② 근 육
③ 신 경
④ 점 막
⑤ 피 부

56 환자의 방사선 방호 방법은?

① 저감광도 필름 사용
② 단조사통 적용
③ 부가 여과기 사용
④ 납이 없는 조사통 사용
⑤ 환자의 피부 표면에서 10cm 이하에서 시준

57 파노라마 영상에서 교합평면이 V자 형태로 나타나며, 하악전치부 치근의 상이 단축되었을 때 원인은?

① 등을 구부린 경우
② 턱을 위로 올린 경우
③ 입을 벌린 경우
④ 환자가 뒤쪽에 위치한 경우
⑤ 환자가 턱을 아래쪽으로 내린 경우

58 방사선 투과상으로 치주인대강이 확장되어 있는 치근단 병소는?

① 골경화
② 치근단낭
③ 치근단농양
④ 경화성골염
⑤ 치근단육아종

4 구강악안면외과학

59 수평매복된 사랑니를 발치 시 치조골 형태 수정 후 바로 이어서 사용하는 기구는?

① 봉합침
② 지혈용 거즈
③ 핸드피스
④ 골막기자
⑤ 지혈겸자

60 안면부의 얕은 찰과상을 입은 환자에게 상처치유를 촉진하는 방법은?

① 개방창 상태를 유지한다.
② 봉합을 시행한다.
③ 온찜질을 한다.
④ 항생제를 투약한다.
⑤ 형성된 반흔을 제거한다.

61 국소마취제의 특성은?

① 완전한 마취는 불가하다.
② 약물의 작용이 비가역이다.
③ 마취의 지속시간이 짧아야 한다.
④ 마취의 효과가 서서히 발현되어야 한다.
⑤ 혈관수축제를 혼용할 수 있어야 한다.

62 출혈이 예상되는 진료 전에 예방적 항생제를 투여해야 하는 질환은?

① 당 뇨
② 협심증
③ 심근경색
④ 부신기능부전
⑤ 선천성심장질환

63 발치를 한 지 4일이 지났으며, 심한 통증, 악취, 치조골 노출이 관찰되었을 때의 처치는?

① 절개 및 배농술을 시행
② 치은박리소파술을 시행
③ 치조와에 젤라틴스폰지를 삽입한다.
④ 따뜻한 생리식염수로 세척한다.
⑤ 48시간동안 냉찜질을 하도록 지도한다.

64 치아재식술 시행 시 근관충전 후 필요한 재료는?

① 발치겸자
② 흡인기
③ 교합지
④ 세척용주사기
⑤ 레진 및 강선

5 치과보철학

65 양측성 평형교합에 대한 설명은?

① 유치악에서 이상적인 교합이다.
② 견치에 의해 유도되는 교합이다.
③ 총 의치 교합 시 재현되는 교합이다.
④ 비작업측은 접촉하지 않는 교합이다.
⑤ 고정성 보철물에 적용한다.

66 상악 우측 중절치의 치관이 2/3 이상 파절되어 근관치료 및 지대축조를 시행했을 때, 적합한 보철물은?

① 이중관
② 전부금속관
③ 금속도재관
④ 전부도재관
⑤ 라미네이트비니어

67 국소의치의 수직적 및 수평적 지지, 의치의 침하를 방지하는 국소의치 구성요소는?

① 의치상
② 레스트
③ 인공치아
④ 클래스프
⑤ 부연결장치

68 발치 전 제작하여 발치 당일에 장착하는 의치는?
① 이행의치
② 치료의치
③ 즉시의치
④ 피개의치
⑤ 매식의치

69 도재라미네이트에 대한 설명으로 옳은 것은?
① 탈락 가능성이 낮음
② 치질 삭제량이 많음
③ 형태와 색 조절 가능
④ 접합부의 완전봉쇄가 가능함
⑤ 지대치 형성에 소요시간이 짧음

70 총의치의 지지조직에 가해지는 압력을 줄이는 방법은?
① 의치상 면적을 작게 한다.
② 인공치의 교합면을 크게 한다.
③ 의치상 변연을 잇몸에 닿지 않도록 한다.
④ 이악물기 습관을 교정한다.
⑤ 밤에도 총의치를 끼고 취침하도록 한다.

6 치과보존학

71 복합레진으로 와동을 수복할 때 적합한 치수보호재는?
① 와동바니시
② 아크릴릭레진
③ 포모크레졸
④ 수산화칼슘
⑤ 폴리카복실레이트

72 근관치료 과정에서 바버드브로치를 사용하는 단계는?
① 발수
② 근관확대
③ 근관충전
④ 근관세척
⑤ 근관와동형성

73 러버댐의 시트를 팽팽하게 유지할 때 사용하는 기구는?
① 치 실
② 러버댐 포셉
③ 러버댐 천공기
④ 러버댐 클램프
⑤ 러버댐 프레임

74 치아 변색의 전신적 원인은?
① 치수괴사
② 치수충혈
③ 상아질석회화
④ 치아의 표면착색
⑤ 법랑질형성장애

75 근관길이 측정 후 바로 이어지는 과정에서 사용하는 기구는?
① 근관탐침
② 근관 스프레더
③ 근관 플러거
④ 나이타이 전동파일
⑤ 렌출로 스파이럴

76 근관치료 완료 후 치근첨 부위의 염증조직과 근단의 일부를 제거하는 치료는?
① 치근활택술
② 편측절제술
③ 치아재식술
④ 치근분리술
⑤ 치근단절제술

7 소아치과학

77 미성숙영구치 우식의 특징은?
① 우식의 진행이 느리다.
② 평활면의 초기 우식은 빠르게 치료한다.
③ 치근첨 형성이 되어 있지 않다.
④ 하악 중절치 인접면에 우식이 호발한다.
⑤ 상악 제1대구치 교합면 우식이 호발한다.

78 어린이에게 약한 자극에서 강한 자극으로 반복하는 행동조절법은?
① 모 방
② 분 산
③ 강 화
④ 말-시범-행동
⑤ 체계적 탈감작법

79 비정상적인 치수조직은 제거, 남아있는 정상적 치수조직의 생활력과 생리적 기능을 유지하는 치료는?
① 치수절제술
② 치수절단술
③ 치수복조술
④ 치근단형성술
⑤ 치근단유도술

80 과잉매복치가 구강 내에 미치는 영향은?
① 조기맹출
② 치은퇴축
③ 치근흡수
④ 낭종형성
⑤ 치아총생

81 제1대구치가 맹출하기 전 제2유구치가 상실한 경우의 공간유지장치는?
① 설측호선
② 디스탈슈
③ 낸스 구개호선
④ 밴드 앤드 루프
⑤ 크라운 앤드 루프

82 상하악 유전치 사이에 있는 공간은?

① 발육공간
② 영장공극
③ 정중이개
④ 리웨이스페이스
⑤ 악간공간

8 치주학

83 치주인대의 기능으로 옳은 것은?

① 신경과 혈관등 연조직을 보호한다.
② 치근상아질에 영향을 공급한다.
③ 치아에 가해지는 압력을 감지한다.
④ 치수질환이 있을 때 근단공을 폐쇄한다.
⑤ 교합압에 대한 반사작용이 있다.

84 치간치은의 특징은?

① 점몰이 있다.
② 비각화되어 있다.
③ 변연치은의 연속된 부분이다.
④ 하부치조골에 부착되어 있다.
⑤ 전치부가 넓고, 구치부가 얇다.

85 다음의 특징이 있는 치은질환은?

- 내분비계 불균형이 원인
- 40대 이상의 여성에게 호발
- 자연적 호전

① 만성 치은염
② 급성 치관주위염
③ 만성 박리성 치은염
④ 급성 포진성 치은구내염
⑤ 급성 괴사성 궤양성 치은염

86 골내 낭을 제거하기 위해 치은을 절개하고, 생리적 치은 형태를 형성해주는 치료는?

① 치은소파술
② 치은절제술
③ 비변위판막술
④ 유리치은이식술
⑤ 결합조직이식술

87 급성 치관주위염의 처치방법은?

① 전신증상이 있으면 항생제 투여
② 비타민 B 복합체를 투여
③ 48시간 냉찜질 권유
④ 해당 치아의 치은박리소파술
⑤ 해당 치아의 구강내소염술

88 임플란트 수술 전 환자의 절대적 금기증은?

① 흡연자
② 이갈이 환자
③ 개구제한 환자
④ 조절되지 않는 당뇨
⑤ 두경부 방사선 치료환자

9 치과교정학

89 두개골 및 안면골의 성장과 관계가 깊은 성장발육곡선은?

① 신경형, 일반형
② 일반형, 생식기형
③ 신경형, 생식기형
④ 일반형, 림프형
⑤ 신경형, 림프형

90 상악 제1대구치를 기준으로 하악 제1대구치가 근심방향에 위치하는 것은?

① Ⅰ급 부정교합
② Ⅱ급 부정교합
③ Ⅱ급 1류 부정교합
④ Ⅱ급 2류 부정교합
⑤ Ⅲ급 부정교합

91 전치 순면의 입술 기능압을 차단시키는 교정장치는?

① 트윈블록
② 입술범퍼
③ 프랑켈장치
④ 액티베이터
⑤ 바이오네이터

92 밴드적합 시 밴드를 환자의 치면평윤에 맞추는 데 사용하는 기구는?

① 밴드 푸셔
② 밴드 세터
③ 밴드 어댑터
④ 밴드 리무빙 플라이어
⑤ 밴드 컨투어링 플라이어

93 6세 아동이 혀 내밀기를 지속하였을 때 구강 내 변화는?

① 상악전돌
② 구개의 변형
③ 구순의 이완
④ 상악치열의 협착
⑤ 하악절치 설측경사

94 브라켓 내에 있는 캡으로 호선을 고정하는 장치는?

① 급속확대장치
② 자가결찰장치
③ 트윈블록장치
④ 에지와이즈장치(edgewise appliance)
⑤ 스트레이트호선장치

10 치과재료학

95 치아의 수복물 사이의 공간에 타액, 음식물 잔사, 세균이 유입되는 특성은?

① 유 동
② 크 립
③ 젖음성
④ 미세누출
⑤ 갈바니즘

96 다른 고무인상재와 비교할 때 부가중합형 실리콘 인상재의 특성은?

① 중합수축이 크다
② 영구변형이 적다.
③ 경화반응에 의한 크기 변화가 크다.
④ 반응 부산물로 가스를 배출한다.
⑤ 수분을 흡수하므로 물속에 보관한다.

97 화학중합형 복합레진과 비교할 때 복합광중합형 레진의 특성은?

① 마모가 높다.
② 기포가 많다.
③ 변색의 가능성이 높다.
④ 경화시간이 길다.
⑤ 재료의 혼합과정이 필요하다.

98 석고의 경화시간을 줄이는 방법은?

① 온수 사용
② 혼합속도 단축
③ 혼합시간 단축
④ 물의 양을 증가
⑤ 2% 황산칼륨을 첨가

99 알지네이트 혼합 시 과립이 형성되는 원인은?

① 수분 오염
② 과도한 겔화
③ 불충분한 혼합
④ 혼합시간의 연장
⑤ 구강밖으로 조기제거

100 다음의 특징을 가지는 시멘트는?

- 불소유리를 통한 항우식효과
- 치질과 화학적 결합
- 생체친화성 우수

① 레진시멘트
② 인산아연시멘트
③ 산화아연유지놀시멘트
④ 글래스아이오노머 시멘트
⑤ 폴리카복실레이트시멘트

제1회 정답 및 해설

문제 621쪽

1교시 정답

01	④	02	③	03	⑤	04	②	05	①	06	④	07	①	08	④	09	③	10	⑤
11	③	12	⑤	13	③	14	③	15	④	16	④	17	①	18	②	19	③	20	⑤
21	③	22	②	23	④	24	①	25	⑤	26	①	27	④	28	①	29	⑤	30	④
31	④	32	①	33	②	34	①	35	④	36	③	37	③	38	②	39	②	40	①
41	①	42	④	43	④	44	④	45	②	46	④	47	⑤	48	③	49	⑤	50	③
51	④	52	①	53	④	54	④	55	②	56	③	57	①	58	②	59	④	60	①
61	①	62	③	63	②	64	④	65	⑤	66	⑤	67	④	68	④	69	⑤	70	⑤
71	③	72	③	73	①	74	②	75	②	76	②	77	①	78	④	79	③	80	①
81	⑤	82	③	83	②	84	②	85	⑤	86	③	87	①	88	④	89	③	90	②
91	③	92	③	93	②	94	③	95	①	96	③	97	②	98	④	99	⑤	100	②

1 의료관계법규

01 결격사유 등(의료법 제8조)

다음의 어느 하나에 해당하는 자는 의료인이 될 수 없다.
- 정신건강증진 및 정신질환자 복지서비스 지원에 관한 법률에 따른 정신질환자(다만, 전문의가 의료인으로서 적합하다고 인정하는 사람은 그러하지 아니함)
- 마약·대마·향정신성의약품 중독자
- 피성년후견인·피한정후견인
- 금고 이상의 실형을 선고받고 그 집행이 끝나거나 그 집행을 받지 아니하기로 확정된 후 5년이 지나지 아니한 자
- 금고 이상의 형의 집행유예를 선고받고 그 유예기간이 지난 후 2년이 지나지 아니한 자
- 금고 이상의 형의 선고유예를 받고 그 유예기간 중에 있는 자

02 종합병원(의료법 제3조의3)
- 100개 이상의 병상을 갖출 것
- 100병상 이상 300병상 이하인 경우 : 내과·외과·소아청소년과·산부인과 중 3개 진료과목, 영상의학과, 마취통증의학과와 진단검사의학과 또는 병리과를 포함한 7개 이상의 진료과목을 갖추고 각 진료과목마다 전속하는 전문의를 둘 것
- 300병상을 초과하는 경우 : 내과, 외과, 소아청소년과, 산부인과, 영상의학과, 마취통증의학과, 진단검사의학과 또는 병리과, 정신건강의학과 및 치과를 포함한 9개 이상의 진료과목을 갖추고 각 진료과목마다 전속하는 전문의를 둘 것

03 의료광고의 금지 예외 항목(의료법 제56조제2항제14호)
- 의료기관 인증을 표시한 광고
- 정부조직법 제2조부터 제4조까지의 규정에 따른 중앙행정기관·특별지방행정기관 및 그 부속기관, 지방자치법 제2조에 따른 지방자치단체 또는 공공기관의 운영에 관한 법률 제4조에 따른 공공기관으로부터 받은 인증·보증을 표시한 광고

- 다른 법령에 따라 받은 인증·보증을 표시한 광고
- 세계보건기구와 협력을 맺은 국제평가기구로부터 받은 인증을 표시한 광고 등 대통령령으로 정하는 광고

04 진료기록부 등의 보존(의료법 시행규칙 제15조)

의료인이나 의료기관 개설자는 진료기록부 등을 정해진 기간 동안 보존하여야 한다. 다만, 계속적인 진료를 위하여 필요한 경우에는 1회에 한정하여 정해진 기간의 범위에서 그 기간을 연장하여 보존할 수 있다.
- 환자 명부 : 5년
- 진료기록부 : 10년
- 처방전 : 2년
- 수술기록 : 10년
- 검사내용 및 검사소견기록 : 5년
- 방사선 사진(영상물을 포함) 및 그 소견서 : 5년
- 간호기록부 : 5년
- 조산기록부 : 5년
- 진단서 등의 부본(진단서·사망진단서 및 시체검안서 등을 따로 구분하여 보존할 것) : 3년

05 처방전의 대리수령 방법(의료법 시행규칙 제11조의2)

- 대리수령자가 처방전을 수령하려는 때에는 의사, 치과의사 또는 한의사에게 처방전 대리수령 신청서를 제출해야 하며, 다음의 서류를 함께 제시해야 한다.
  - 대리수령자의 신분증(주민등록증, 여권, 운전면허증, 그 밖에 공공기관에서 발행한 본인임을 확인할 수 있는 신분증을 말한다. 이하 같다) 또는 그 사본
  - 환자와의 관계를 증명할 수 있는 다음의 구분에 따른 서류
    ⓐ 영 제10조의2 제1호부터 제3호까지의 규정에 해당하는 사람 : 가족관계증명서, 주민등록표 등본 등 친족관계임을 확인할 수 있는 서류
    ⓑ 영 제10조의2 제4호에 해당하는 사람 : 노인복지법 제34조에 따른 노인의료복지시설에서 발급한 재직증명서
  - 환자의 신분증 또는 그 사본. 다만, 주민등록법에 따른 주민등록증이 발급되지 않은 만 17세 미만의 환자는 제외한다.
- 의사, 치과의사 또는 한의사는 제출받은 처방전 대리수령 신청서를 제출받은 날부터 1년간 보관해야 한다.

06 실태 등의 신고(의료기사 등에 관한 법률 제11조)

- 의료기사 등은 대통령령으로 정하는 바에 따라 최초로 면허를 받은 후부터 3년마다 그 실태와 취업상황을 보건복지부장관에게 신고하여야 한다.
- 보건복지부장관은 보수교육을 받지 아니한 의료기사 등에 대하여 신고를 반려할 수 있다.
- 보건복지부장관은 대통령령으로 정하는 바에 따라 신고 업무를 전자적으로 처리할 수 있는 전자정보처리시스템(이하 "신고시스템")을 구축·운영할 수 있다.

07 치과위생사의 업무(의료기사 등에 관한 법률 시행령 별표 1)

- 치아 및 구강질환의 예방과 위생 관리 등에 관한 다음의 구분에 따른 업무
  - 교정용 호선(弧線 : 둥근 형태의 교정용 줄)의 장착·제거
  - 불소 바르기
  - 보건기관 또는 의료기관에서 수행하는 구내 진단용 방사선 촬영
  - 임시 충전
  - 임시 부착물의 장착
  - 부착물의 제거
  - 치석 등 침착물(沈着物)의 제거
  - 치아 본뜨기
- 그 밖에 치아 및 구강질환의 예방과 위생 관리 등에 관한 업무

08 국가시험 응시제한의 기준(의료법 시행령 별표 1)

응시제한 횟수	위반 행위
1회	• 시험 중에 대화·손동작 또는 소리 등으로 서로 의사소통을 하는 행위 • 시험 중에 허용되지 않는 자료를 가지고 있거나 해당 자료를 이용하는 행위 • 응시원서를 허위로 작성하여 제출하는 행위
2회	• 시험 중에 다른 사람의 답안지 또는 문제지를 엿보고 본인의 답안지를 작성하는 행위 • 시험 중에 다른 사람을 위해 시험 답안 등을 알려주거나 엿보게 하는 행위 • 다른 사람의 도움을 받아 답안지를 작성하거나 다른 사람의 답안지 작성에 도움을 주는 행위 • 본인이 작성한 답안지를 다른 사람과 교환하는 행위 • 시험 중에 허용되지 아니한 전자장비·통신기기 또는 전자계산기기 등을 사용하여 시험답안을 전송하거나 작성하는 행위 • 시험 중에 시험문제 내용과 관련된 물건(시험 관련 교재 및 요약자료를 포함한다)을 다른 사람과 주고받는 행위 • 면허증 발급을 신청하거나, 면허증을 발급받은 사람이 시험에 응시하는 행위 • 면허증 발급신청에 따른 서류를 허위로 작성하여 제출하는 행위
3회	• 본인이 직접 대리시험을 치르거나 다른 사람으로 하여금 시험을 치르게 하는 행위 • 사전에 시험문제 또는 시험답안을 다른 사람에게 알려주거나, 또는 시험답안을 알고 시험을 치르는 행위

09 벌칙(의료기사 등에 관한 법률 제30조)

다음의 어느 하나에 해당하는 사람은 3년 이하의 징역 또는 3천만원 이하의 벌금에 처한다.
- 의료기사 등의 면허 없이 의료기사 등의 업무를 한 사람
- 다른 사람에게 면허를 대여한 사람
- 면허를 대여받거나 면허 대여를 알선한 사람
- 업무상 알게 된 비밀을 누설한 사람(고소가 있어야 공소를 제기할 수 있음)
- 치과기공사의 면허 없이 치과기공소를 개설한 자. 다만, 개설등록을 한 치과의사는 제외한다.
- 치과의사가 발행한 치과기공물제작의뢰서에 따르지 아니하고 치과기공물제작 등 업무를 행한 자
- 안경사의 면허 없이 안경업소를 개설한 사람

10 보수교육(의료기사 등에 관한 법률 시행령 제11조)

- 보수교육의 시간 : 매년 8시간 이상
- 보수교육의 방법 : 대면 교육 또는 정보통신망을 활용한 온라인 교육
- 보수교육의 내용
  - 직업윤리에 관한 사항
  - 업무 전문성 향상 및 업무 개선에 관한 사항
  - 의료 관계 법령의 준수에 관한 사항
  - 그 밖에 위와 유사한 사항으로서 보건복지부장관이 보수교육에 필요하다고 인정하는 사항

보수교육(의료기사 등에 관한 법률 시행규칙 제18조)

- 보건복지부장관은 다음의 어느 하나에 해당하는 사람에 대해서는 해당 연도의 보수교육을 면제할 수 있다.
  - 대학원 및 의학전문대학원·치의학전문대학원에서 해당 의료기사 등의 면허에 상응하는 보건의료에 관한 학문을 전공하고 있는 사람
  - 군 복무 중인 사람(군에서 해당 업무에 종사하는 의료기사 등은 제외)
  - 해당 연도에 의료기사 등의 신규 면허를 받은 사람
  - 보건복지부장관이 해당 연도에 보수교육을 받을 필요가 없다고 인정하는 요건을 갖춘 사람
- 보건복지부장관은 다음의 어느 하나에 해당하는 사람에 대해서는 해당 연도의 보수교육을 유예할 수 있다.
  - 해당 연도에 보건기관·의료기관·치과기공소 또는 안경업소 등에서 그 업무에 종사하지 않은 기간이 6개월 이상인 사람
  - 보건복지부장관이 해당 연도에 보수교육을 받기가 어렵다고 인정하는 요건을 갖춘 사람

11 지역보건의료계획의 수립 등(지역보건법 제7조)

- 시·도지사 또는 시장·군수·구청장은 지역주민의 건강 증진을 위하여 다음의 사항이 포함된 지역보건의료계획을 4년마다 수립하여야 한다.
  - 보건의료 수요의 측정
  - 지역보건의료서비스에 관한 장기·단기 공급대책
  - 인력·조직·재정 등 보건의료자원의 조달 및 관리
  - 지역보건의료서비스의 제공을 위한 전달체계 구성 방안
  - 지역보건의료에 관련된 통계의 수집 및 정리

- 시·도지사 또는 시장·군수·구청장은 매년 지역보건의료계획에 따라 연차별 시행계획을 수립하여야 한다.
- 시장·군수·구청장(특별자치시장·특별자치도지사는 제외)은 해당 시·군·구(특별자치시·특별자치도는 제외) 위원회의 심의를 거쳐 지역보건의료계획(연차별 시행계획을 포함)을 수립한 후 해당 시·군·구의회에 보고하고 시·도지사에게 제출하여야 한다.

보수교육 관계서류의 보존(의료기사 등에 관한 법률 시행규칙 제21조)
- 보수교육실시기관의 장은 다음의 서류를 3년 동안 보관해야 한다.
  - 보수교육대상자명단
  - 보수교육면제자명단
  - 그밖에 보수교육 이수자가 교육을 이수하였다는 내용을 확인할 수 있는 서류

12 보건소의 설치(지역보건법 제10조)
- 지역주민의 건강을 증진하고 질병을 예방·관리하기 위하여 시·군·구에 1개소의 보건소(보건의료원을 포함)를 설치한다. 다만, 시·군·구의 인구가 30만 명을 초과하는 등 지역주민의 보건의료를 위하여 특별히 필요하다고 인정되는 경우에는 대통령령으로 정하는 기준에 따라 해당 지방자치단체의 조례로 보건소를 추가로 설치할 수 있다.
- 동일한 시·군·구에 2개 이상의 보건소가 설치되어 있는 경우 해당 지방자치단체의 조례로 정하는 바에 따라 업무를 총괄하는 보건소를 지정하여 운영할 수 있다.

보건의료원(지역보건법 제12조)
보건소 중 의료법 제3조제2항제3호 가목에 따른 병원의 요건을 갖춘 보건소는 보건의료원이라는 명칭을 사용할 수 있다.

보건지소장(지역보건법 시행령 제14조)
- 보건지소에 보건지소장 1명을 두되, 지방의무직공무원 또는 임기제공무원을 보건지소장으로 임용한다.
- 보건지소장은 보건소장의 지휘·감독을 받아 보건지소의 업무를 관장하고 소속 직원을 지휘·감독하며, 보건진료소의 직원 및 업무에 대하여 지도·감독한다.

건강생활지원센터의 설치(지역보건법 시행령 제11조)
건강생활지원센터는 읍·면·동(보건소가 설치된 읍·면·동은 제외한다)마다 1개씩 설치할 수 있다.

13 전문인력의 적정배치 등(지역보건법 제16조)
- 지역보건의료기관에는 기관의 장과 해당 기관의 기능을 수행하는 데 필요한 면허·자격 또는 전문지식을 가진 인력(이하 "전문인력")을 두어야 한다.
- 시·도지사(특별자치시장·특별자치도지사를 포함)는 지역보건의료기관의 전문인력을 적정하게 배치하기 위하여 필요한 경우 지방공무원법에 따라 지역보건의료기관 간에 전문인력의 교류를 할 수 있다.
- 보건복지부장관과 시·도지사(특별자치시장·특별자치도지사를 포함)는 지역보건의료기관의 전문인력의 자질 향상을 위하여 필요한 교육훈련을 시행하여야 한다.
- 보건복지부장관은 지역보건의료기관의 전문인력의 배치 및 운영 실태를 조사할 수 있으며, 그 배치 및 운영이 부적절하다고 판단될 때에는 그 시정을 위하여 시·도지사 또는 시장·군수·구청장에게 권고할 수 있다.
- 전문인력의 배치 및 임용 자격 기준과 교육훈련의 대상·기간·평가 및 그 결과 처리 등에 필요한 사항은 대통령령으로 정한다.

전문인력의 임용 자격 기준(지역보건법 시행령 제17조)
전문인력의 임용 자격 기준은 지역보건의료기관의 기능을 수행하는 데 필요한 면허·자격 또는 전문지식이 있는 사람으로 하되, 해당 분야의 업무에서 2년 이상 종사한 사람을 우선적으로 임용하여야 한다.

14 건강검진 등의 신고(지역보건법 제23조)
- 지역주민 다수를 대상으로 건강검진 또는 순회 진료 등 주민의 건강에 영향을 미치는 행위(이하 "건강검진 등")를 하려는 경우에는 보건복지부령으로 정하는 바에 따라 건강검진 등을 하려는 지역을 관할하는 보건소장에게 신고하여야 한다.
- 의료기관이 의료기관 외의 장소에서 지역주민 다수를 대상으로 건강검진 등을 하려는 경우에도 신고를 하여야 한다.
- 보건소장은 신고를 받은 경우에는 그 내용을 검토하여 이 법에 적합하면 신고를 수리하여야 한다.

15 지역보건의료계획 시행 결과의 평가(지역보건법 시행령 제7조)
- 시장·군수·구청장은 지역보건의료계획 시행 결과의 평가를 위하여 해당 시·군·구 지역보건의료계획의 연차별 시행계획에 따른 시행 결과를 매 시행연도 다음 해 1월 31일까지 시·도지사에게 제출하여야 한다.
- 시·도지사(특별자치시장·특별자치도지사를 포함)는 지역보건의료계획 시행 결과의 평가를 위하여 해당 시·도 지역보건의료계획의 연차별 시행계획에 따른 시행 결과를 매 시행연도 다음 해 2월 말일까지 보건복지부장관에게 제출하여야 한다.
- 보건복지부장관 또는 시·도지사는 제출받은 지역보건의료계획의 연차별 시행계획에 따른 시행 결과를 평가하려는 경우에는 다음의 기준에 따라 평가하여야 한다.
  - 지역보건의료계획 내용의 충실성
  - 지역보건의료계획 시행 결과의 목표달성도
  - 보건의료자원의 협력 정도
  - 지역주민의 참여도와 만족도
  - 그 밖에 지역보건의료계획의 연차별 시행계획에 따른 시행 결과를 평가하기 위하여 보건복지부장관이 필요하다고 정하는 기준
- 보건복지부장관 또는 시·도지사는 지역보건의료계획의 연차별 시행계획에 따른 시행 결과를 평가한 경우에는 그 평가 결과를 공표할 수 있다.

16 구강건강실태조사(구강보건법 제9조)
- 질병관리청장은 보건복지부장관과 협의하여 국민의 구강건강상태와 구강건강의식 등 구강건강실태를 3년마다 조사하고 그 결과를 공표하여야 한다. 이 경우 장애인의 구강건강실태에 대하여는 별도로 계획을 수립하여 조사할 수 있다.
- 질병관리청장은 구강건강실태조사를 위하여 관계 기관·법인 또는 단체의 장에게 필요한 자료의 제출 또는 의견의 진술을 요청할 수 있다. 이 경우 요청을 받은 자는 정당한 사유가 없으면 이에 협조하여야 한다.
- 조사의 방법과 그 밖에 필요한 사항은 대통령령으로 정한다.

17 권역·지역장애인 구강진료센터의 설치·운영의 위탁기준·방법 및 절차(구강보건법 시행규칙 제12조의4)
- 시·도지사가 권역장애인 구강진료센터의 설치·운영을 위탁할 수 있는 기관은 의료법에 따른 치과병원 또는 종합병원으로서 장애인 구강환자의 전문 진료 및 진료지원을 할 수 있는 시설·장비 및 인력을 갖춘 기관이어야 한다.
- 시·도지사가 지역장애인 구강진료센터의 설치·운영을 위탁할 수 있는 기관은 공공보건의료기관, 치과의원 또는 치과병원에 해당하는 기관으로서 장애인 구강환자의 일반 진료를 할 수 있는 시설·장비 및 인력을 갖춘 기관이어야 한다.
- 권역장애인 구강진료센터 또는 지역장애인 구강진료센터의 설치·운영을 위탁받으려는 치과병원, 종합병원 또는 공공보건의료기관, 치과의원 또는 치과병원에 해당하는 기관은 별지 제4호서식의 권역장애인 구강진료센터 또는 지역장애인 구강진료센터 위탁기관 지정신청서(전자문서를 포함)에 다음의 서류(전자문서를 포함)를 첨부하여 시·도지사에게 제출해야 한다.
  - 의료기관의 시설·장비 및 인력 등의 현황
  - 권역장애인 구강진료센터 또는 지역장애인 구강진료센터 운영계획서
- 시·도지사는 지정신청서를 제출받은 경우에는 민간위원을 포함한 5명 이상의 평가위원단의 심사를 거쳐 위탁기관을 지정하고, 별지 제5호서식의 권역장애인 구강진료센터 또는 지역장애인 구강진료센터 위탁기관 지정서를 발급하여야 한다.
- 시·도지사는 평가위원단을 구성할 때에는 이해관계인을 평가위원에서 제외하는 등 장애인 구강진료센터 선정의 객관성과 공정성을 유지하여야 한다.
- 위에서 규정한 사항 외에 위탁기관 지정 시 평가기준 및 평가절차 등에 관하여 필요한 사항은 시·도지사가 정한다.

18 보건소장의 업무 등(구강보건법 시행규칙 제9조)
- 사업관리자가 수돗물불소농도조정사업과 관련된 업무 중 보건소장으로 하여금 수행하게 할 수 있는 업무는 다음과 같다.
  - 불소농도 측정 및 기록
  - 불소화합물 첨가시설의 점검
  - 수돗물불소농도조정사업에 대한 교육 및 홍보

- 보건소장은 불소농도 측정 및 기록 업무를 수행하는 경우에는 주 1회 이상 수도꼭지에서 불소농도를 측정하고 그 결과를 별지 제2호서식의 불소농도 측정기록부에 기록하여야 하며, 측정불소농도가 0.8ppm으로(허용범위가 최대 1.0ppm, 최소 0.6ppm), 허용범위를 벗어난 경우에는 그 사실을 상수도사업소장에게 통보하여야 한다.
- 보건소장은 불소화합물 첨가시설의 점검 업무를 수행하는 경우에는 연 2회 이상 현장을 방문하여 불소화합물 첨가시설을 점검한 후 그 점검결과를 별지 제3호서식의 불소화합물 첨가시설 점검기록부에 기록하여야 한다.
- 보건소장은 불소농도 측정결과와 불소화합물 첨가시설 점검결과를 측정 및 점검한 날이 속하는 달의 다음 달 10일까지 사업관리자에게 보고하여야 하며, 사업관리자는 통보 받은 날부터 5일 이내에 시·도지사를 거쳐 보건복지부장관에게 통보하여야 한다.

19 노인 및 장애인의 구강보건교육사업 및 구강검진사업의 내용 (구강보건법 시행령 별표 1)

구 분	내 용
구강보건교육사업	• 치아우식증의 예방 및 관리 • 치주질환의 예방 및 관리 • 치아마모증의 예방과 관리 • 구강암의 예방 • 틀니 관리 • 그 밖의 구강질환의 예방과 관리
구강검진사업	• 치아우식증 상태 • 치주질환 상태 • 치아마모증 상태 • 구강암 • 틀니 관리 • 그 밖의 구강질환 상태

20 학교 구강보건사업(구강보건법 제12조)

- 유아교육에 따른 유치원 및 초·중등교육법에 따른 학교(이하 "학교")의 장은 다음의 사업을 하여야 한다.
  - 구강보건교육
  - 구강검진
  - 칫솔질과 치실질 등 구강위생관리 지도 및 실천
  - 불소용액 양치와 치과의사 또는 치과의사의 지도에 따른 치과위생사의 불소 도포
  - 지속적인 구강건강관리
  - 그 밖에 학생의 구강건강 증진에 필요하다고 인정되는 사항
- 학교의 장은 학교 구강보건사업의 원활한 추진을 위하여 그 학교가 있는 지역을 관할하는 보건소에 필요한 인력 및 기술의 협조를 요청할 수 있다.
- 사업의 세부 내용 및 방법 등에 관하여는 대통령령으로 정한다.

2 구강해부학

21 악관절의 구조

구 조	설 명
관절강	• 관절낭 속의 빈공간 • 상관절강과 하관절강을 관절원판으로 구분 • 상관절강 : 관절원판 - 하악와 사이 : 활주운동 • 하관절강 : 관절원판 - 하악두 사이 : 접번운동
관절결절	
관절낭	관절을 둘러싼 조직
관절와(하악와)	측두골에 소속
관절원판	관절강 속, 하악두와 관절 사이의 섬유성 결합조직
원판인대	
원판후부결합조직 (윤활막)	
하악두	하악골에 소속

22 하악의 운동

개구운동	• 초기에 외측익돌근, 말기에 악이복근 전복 작용 • 악설골근과 이설골근이 보조 작용
폐구운동	측두근, 교근, 내측익돌근
하악의 전진운동	전측두근, 교근의 천부, 외측익돌근, 내측익돌근
하악의 후퇴운동	후측두근, 교근의 심부
하악의 측방운동	후측두근, 외측익돌근, 내측익돌근 심부

23 악동맥의 가지

악동맥	하악부 (악관절, 하악치아, 혀)	심이개동맥	외이도, 악관절
		천고실동맥	고막 및 고실 점막
		중경막동맥	극공 통과, 뇌경막 및 머리덮개뼈골막
		부경막지	뇌경막
		하치조동맥	하악공을 통해 하악관으로 들어감
		치 지	하악견치, 소구치, 대구치 및 치은
		절치지	하악절치 및 치은
		이동맥	이공을 통과해 하악 및 하순
		설 지	설하부 점막
	익돌근부 (저작근, 협근)	교근동맥	교 근
		심측두동맥	측두근
		익돌근지	내측익돌근, 외측익돌근
		협동맥	협 근
	익구개부 (상악치아)	후상치조동맥	상악소구치, 대구치 및 치은, 상악동 점막
		안와하동맥	상악 전치, 견치, 치은, 골막, 치조, 상악동점막
		접구개동맥	비강 외측벽의 후방부
		익돌관동맥	인 두
		하악구개동맥	연구개, 연구개, 구개편도

24 상악신경의 주요 가지와 분포

신경가지	통 과	분 포
대구개신경	대구개공	경구개(치은 및 점막)
소구개신경	소구개공	연구개, 구개편도, 구개수
비구개신경	절치관과 절치공	경구개 앞부분
후상치조신경	후상치조공	상악대구치, 협측치은, 상악동
중상치조신경	안와하관의 뒷부분	상악의 소구치, 협측치은
전상치조신경	안와하관의 앞부분	상악절치, 상악견치, 순측치은

하악신경의 주요 가지와 분포

신경가지		분 포
경막지		뇌경막
협신경		볼의 피부, 하악대구치의 볼점막
이개측두신경		이개의 전방 및 측두부, 악관절
설신경	설하지	하악의 설측치은과 구강저의 점막
	설 지	혀의 앞쪽 2/3에서의 감각과 미각
하치조신경	하치지	하악 치아
	하치은지	하악 전치부 순측 치은, 하악 소구치부위 협측 치은
	이신경	턱의 피부, 하순의 피부와 점막
저작근 관여 신경	교근신경	교 근
	심측두신경	전심측두근은 측두근 앞부분 후심측두근은 측두근 뒷부분
	외측익돌근 신경	외측익돌근
	내측익돌근 신경	내측익돌근, 구개범장근, 고막장근

25 하악체의 내측면 구조물

	구조물		설 명
내측면	설하선와	sublingual fossa	• 악설골근선의 전상방 • 설하선을 수용
	악설골근선	mylohyoid line	악설골근이 부착
	악하선와	submandibular fossa	• 악설골근선의 후하방 • 악하선을 수용
	이 극	mental spine	• 상하 2쌍 • 이설근과 부착 • 이설골근과 부착
	이복근와	digastric fossa	• 이극의 외하방 • 악이복근 전복이 부착

26 림프절

	수입관	수출관
협림프절	얼굴	악하림프절
악하림프절	하악견치, 소구치, 대구치, 상악 치아 및 치은, 상순·하순의 외측부위, 혀의 외측 모서리, 비강의 앞 부위, 악하선, 설하선	상심경림프절
이하선림프절	이하선, 비부, 안점, 외이, 외이도, 이마 및 측두부	
이하림프절	하악 절치 및 그 치은, 하순의 중앙, 혀의 앞부분(혀 끝), 구강저	
설림프절	혀의 심부 및 천부	
천경림프절	목의 얇은 부위의 이하선	
심안면림프절	안와, 비강, 측두와, 측두하와, 익구개와, 구개, 인두의 코부위, 구개편도	
심경림프절	상심경림프절	하심경림프절
	하심경림프절	경림프본간

27 혀의 신경지배

	일반감각	미각	운동신경
혀의 전방 2/3	설신경 (삼차신경)	고삭신경 (안면신경)	설하신경
혀의 후방 1/3	설인신경		
후두덮개 부근	미주신경		

3 치아형태학

28 치근의 분류

분류	설명
단근치	• 1개의 치근 • 유전치, 영구치의 전치 및 소구치(상악 제1소구치 제외)
복근치	• 2개의 치근 • 상악 제1소구치(협/설 분지) • 하악 대구치와 하악 유구치(근/원심 분지)
다근치	• 3개 이상의 치근 • 상악 유구치, 상악 대구치, 협 2개/설 1개로 분지 • 협측 치근은 근/원심으로 분지

29 치관상징의 분류

분류	설명
우각상징	• 순(협)면에서의 근심연은 직선적이고 길고, 원심연은 곡선적이고 짧음 • 원심우각이 근심우각보다 치경 쪽으로 위치 • 근심우각은 예각, 원심우각은 둔각(근심우각<원심우각) • 상악 절치에서 뚜렷, 하악중절치에서 미미
만곡상징	• 절단연(교합면)에서 근심반부는 발달이 잘되어 만곡도가 크지만, 원심반부는 만곡도가 완만하고 작음 • 상악 제1소구치는 반대(원심반부가 잘 발달되어 만곡도가 큼) • 견치와 상악 제1대구치에서 뚜렷, 하악중절치는 미미
치경선 만곡상징	• 근·원심(인접면)에서, 근심만곡도가 원심만곡도보다 더 크게 잘 발달 • 전치부에서는 만곡이 뚜렷, 소구치와 대구치로 갈수록 완만 • 근심만곡도가 원심만곡도보다 약 1mm 크다.

30 하악 제1대구치의 특징

- 하악 대구치 중 발육상태가 가장 좋으며, 가장 크다.
- 만 6~7세에 맹출을 시작하여, 만 9~10세에 치근이 완성된다.
- 5교두와 2치근을 갖는다.
- 교두의 높이 : 근심설측교두 > 원심설측교두 > 근심협측교두 > 원심협측교두 > 원심교두
- 교두의 크기 : 근심협측교두 > 근심설측교두 > 원심설측교두 > 원심협측교두 > 원심교두
- 4개의 삼각융선, 3개의 삼각구, 2개의 횡주융선을 갖는다.

31 상악중절치 순면 구조물

| 순면 | • 치관이 U자 모양, 사다리꼴 모양
• 순면이 전치부 중 가장 넓고 비교적 평탄
• 4개의 연[근심연(길고 직선형), 원심연(짧고 곡선형), 절단연(원심 쪽으로 경사), 치경연(치근측으로 굽어져 볼록함)]
• 우각상징 뚜렷 : 근심절단우각(예각) < 원심절단우각(둔각)
• 근원심길이 > 협설길이
• 만곡상징 뚜렷 : 근심반부 > 원심반부
• 3개의 순면융선(가장 풍융, 근심순측융선, 중앙순측융선, 원심순측융선)
• 복와상선(imbrication line) : 치경선과 평행 2~3개의 선
• 절단결절 : 연령증가에 따라 마모 |

32 하악 견치의 특징

- 상악 견치보다 치관의 폭이 좁으나, 치관의 길이는 길다(11mm).
- 만 9~10세에 맹출을 시작하여, 만 12~14세에 치근이 완성된다.
- 치근의 길이가 상악에 비해 약간 짧다(상악견치 17mm > 하악견치 16mm).
- 구강 내 치경선 만곡도의 차이가 가장 크다(약 1.5mm 차이).

33 결절의 종류

결절		설명
절단결절		절치의 절단, 연령증가에 따라 마모됨
설면결절		• 설면치경결절, 치경결절, 기저결절 • 절치의 설면치경의 1/3 부위, 약간 원심 쪽으로 위치 • 상악견치에서 가장 뚜렷
이상결절		부가적 결절로 법랑질의 과잉발육이 원인
	개재결절	상악 제1소구치
	카라벨리씨결절	상악 제1대구치, 상악 제2유구치
	가성구치결절	상악 제2대구치
	후구치결절	상악 제3대구치
	6교두와 7교두	하악 제1대구치

4 구강조직학

35 결합조직을 구성하는 세포

섬유모세포		• 결합조직의 주된 세포 • 교원질을 합성하고, 교원섬유를 생성
대식세포		• 포식작용 • 단핵구 상태에서 염증 시 대식세포로 분화
면역에 관여	비만세포	히스타민을 유리하여 혈액의 호염기성 백혈구 유도
	형질세포	면역글로불린 생성
	B림프구 등	항체형성

36 법랑질의 구조물

- Retzius 선조
  - 법랑질의 성장선으로 석회화에 따른 주기적 변화를 보인다.
  - 최근 7일 동안 만들어진 법랑질의 양
  - 치아표면의 윤곽과 평행한 줄무늬
- 신생선
  - 출생 시의 스트레스와 외상이 반영되어 출생 전과 출생 후의 경계부에 나타나는 성장선
  - Retzius 선조가 짙어진 형태
- 슈레거 띠 : 인접한 법랑소주 간의 주행방향 차이, Retzius 선조의 직각방향
- 법랑소주의 횡선문
  - 법랑소주의 장축과 평행
  - 법랑질의 성장선으로 하루에 4m씩 성장하며, 석회화의 정도에 차이를 반영
- 법랑방추 : 성숙한 법랑질에 나타나는 구조, 상아법랑경계(CEJ)에 짧은 상아세관으로 보임
- 법랑총
  - 상아법랑경계(CEJ) 근처의 작고 검은 솔 모양의 돌기
  - 치경부에 많고, 석회화가 덜 되어 있고, 유기질 함량이 높음
- 법랑엽판
  - 치경부의 상아법랑경계에서 교합면 쪽으로 부분적으로 석회화된 수직적 층판

- 석회화가 낮고, 유기질 함량이 높고, 우식에 이환되기 쉬움
- 상아법랑경계(DEJ) : 물결모양, 볼록한 면이 상아질을 향한다.
- 법랑질표면의 주파선조 : Retzius 선조가 법랑질 표면에 도달하는 치경부에 평행하게 있는 여러 개의 고랑
- 법랑소주
  - 법랑질의 결정구조의 단위
  - 상아법랑경계(DEJ)에서 법랑질의 외면까지 법랑질의 두께만큼 존재.
  - 교두와 절단면 쪽의 법랑소주가 백악법랑경계(CEJ) 쪽보다 두껍다.
  - 가로절단면에서 열쇠구멍모양을 한다.
  - 법랑모세포의 Tomes 돌기에 의한 특이성을 갖는다.

상아질의 성장선
- 에브너선 : 치아의 외형에 평행한 성장선, 하루에 4μm씩 성장하며 5일마다 방향 전환
- 오웬외형선 : 에브너선 층판의 일부
- 안드레젠선 : 20μm 간격으로 만들어진 상아질
- 신생선 : 출생 시의 생리적 외상에 의한 광화장애 반영

37 입술의 형성과정과 구순열의 원인
상순은 발생 4주에 상악돌기는 윗입술의 가쪽, 내측비돌기는 윗입술의 중앙을 형성하고, 융합부전 시 구순열이 생긴다.

38 상아세관과 상아질의 경계에 따른 분류
- 관주상아질 : 매우 석회화되어 있으며, 나이 듦에 따라 두꺼워짐
- 관간상아질 : 상아질의 대부분으로 관주상아질의 사이를 채우고 있음
- 구간상아질 : 저광화, 비광화된 상아질 부위
- 투명상아질 : 상아세관이 폐쇄됨, 노인의 치아, 정지우식, 만성우식에서 나타남

상아질의 형성시기에 따른 분류
- 1차 상아질 : 치근단공 형성 이전에 형성. 외피상아질(상아질의 외층)과 치수상아질(치수벽의 외층)으로 구성
- 2차 상아질 : 치근단공 형성 이후에 형성. 주행방향이 불규칙하고, 일생동안 형성됨
- 3차 상아질 : 손상의 결과로 형성된 상아질, 자극의 강도와 기간에 비례하여 형성됨

39 치아의 발생단계와 발생장애
- 침착기와 성숙기의 발생장애 : 법랑진주, 법랑질이형성증, 상아질이형성증, 유착
- 개시기의 발생장애 : 무치증, 과잉치
- 뇌상기의 발생장애 : 거대치, 왜소치
- 모상기의 발생장애 : 치내치, 쌍생치, 융합치, 결절

40 구개의 형성과 구개열의 원인
- 발생 5~6주(1차 구개) : 전상악돌기와 내측비돌기에서 발생하나, 비강과 구강이 서로 통합되어 구개가 없으며, 혀가 전체를 차지한다.
- 발생 6~12주(2차 구개) : 좌우의 구개돌기와 비중격에서 발생하며 비강과 구강이 완전히 차단되고 혀가 내려가며, 융합부전 시 구개열이 생긴다.
- 발생 12주(입천장 완성) : 상악돌기와 좌우 구개돌기가 모두 융합된다.

41 백악질의 종류

1차 백악질(무세포성 백악질)	2차 백악질(세포성 백악질)
최초의 층으로 침착	1차 백악질 완성 후 침착
치경부 1/3	치근단 1/3, 치근분지부
천천히 만들어진다.	빨리 만들어진다.
백악세포가 없다.	백악세포가 있다.
두께 변화가 없다.	시간이 지나면 층이 더해진다(재생).
성장선의 간격이 일정, 규칙적	성장선의 간격이 넓고, 불규칙적

5 구강병리학

42 칸디다증의 특징
- 위치 : 구강점막, 특히 혀에서 호발, 구각부와 치은에서도 나타난다.
- 원인 : *Candida Albicans*(구강 상주진균)에 의함, 국소적으로는 의치에 의한 물리적 자극이 점막에 가해지거나, 구강 내가 불결한 경우, 항생제, 부신피질호르몬제, 면역억제제의 장기간 사용 시 발생한다.
- 특징 : 노인, 신생아, 당뇨병환자, 항생제의 남용에 의한다.
- 육안검사 : 회백색의 위막양의 막상물질이나 거즈로 닦아내면 쉽게 분리되고, 만성화되면 분리가 안 된다.
- 현미경검사 : 점막상피의 표층, 각화층이나 착각화층에서 Candida균의 침입이 있으며, 결합조직으로의 침입은 어려워 경도의 염증반응을 보인다.
① 구순포진 : 구순 점막 부위의 소수포 홍반 생성, 약 1주 후 치유
③ 구강결핵 : 폐에 호발하는 만성육아종성 염증으로 구강에서 2차 출현
④ 구강매독 : 입술과 구강에 호발, HIV 감염에 취약, 매독의 진행단계

43 급성 염증반응에 관여하는 세포

	설 명
호중구 (다핵형백혈구)	• 과립형백혈구의 종류 • 골수에 있는 전구세포에서 유래 • 급성 감염, 이물질 탐식작용(1차 방어), 화농성염증에 관여
단핵구 (대식세포)	• 무과립형백혈구의 종류 • 면역반응에서의 보조자 역할 • 탐식작용(2차 방어), 항원처리, 림프구에 항원정보전달

44
① 가역성 치수염 : 일시적, 자극 해소 시 통증 소실
② 비가역적 치수염 : 지속적, 자극 해소에도 20분 이상 통증, 자발통
③ 급성화농성 치수염 : 시한 치수의 염증단계, 자발통, 뜨거운 것에 통증, 찬 것에 통증완화
⑤ 상행성 치수염 : 치주낭 아랫부분의 염증이 치근단공이나 부근관을 통해 치수로 파급

45 치아의 기계적 손상

	설 명
교모 (생리적마모, atrittion)	• 교합과 저작 시 마찰에 의한 치질 마모 • 첫 번째 증상 : 앞니의 절단결절이 사라지고 교두가 편평 • 섬유질이 풍부한 음식일수록 생리적 마모를 촉진 • 이갈이의 습관에 의한 영향
마모 (abrasion)	• 교합력 이외의 여러 기계적 작용(칫솔질)에 의해 치질 마모 • 증상 : 소구치, 견치의 순면, 치경부에 많이 나타남 • 잘못된 칫솔질, 마모성 치약, 뻣뻣한 칫솔 사용에 의한 영향 • 머리핀, 바늘, 핀을 치아로 무는 습관에 영향
굴곡파절 (afraction)	• 치경부에 생긴 쐐기모양의 병터 • 병적파절 : 깊은 쐐기상의 결손이 있는 치아, 우식치아, 부적절한 충전을 시행한 치아에서 정상 치아에서는 괜찮은 교합력에서도 파절될 때 • 외상성 파절 : 운동, 교통사고, 충돌 등 직간접적으로 가해지는 외력이나 지나친 교합력에 영향

46 치조골염(=건성발치와)
- 발치와 내 혈액응고가 일어나지 않고 노출된 치조벽이 건조해 보이는 것
- 발치창의 세균감염이 원인이 된 발치와의 골염
- 환자가 발치 후 2~3일 이후 통증 호소, 환부의 악취, 국소림프절의 종창
- 발치가 곤란한 경우 발치 시 나타남, 매복된 하악 제3대구치 발치 후에 일어남

47 선천매독
- 매독의 *Treponema pallidum*이 원인균
- Hutchinson's tooth : 영구치와 절치는 치경부가 넓고, 절단연이 좁으며, 절단연에 절흔이 관찰
- 제1대구치는 교두 위축으로 오디 모양을 나타내거나 상실 구치의 형태
- ※ 선천매독의 3대 징후 - 실질성 각막염, 내이성 난청, 허친슨 절치나 상실구치

48 양성 · 악성종양의 특성

	양성종양	악성종양
분화 정도	좋 음	나 쁨
성장속도	느 림	빠 름
피 막	명 확	불명확
전 이	없 음	많 음
세포분열	적 음	많 음
재 발	드 묾	많 음
전신영향	적 음	많 음
방사선상	치아의 변위	치아가 종양에 포함

6 구강생리학

49 위액의 종류와 작용

염 산	• 펩시노겐을 활성화시켜 단백질 분해효소로 작용 • 위 내 산성환경 유지 • 음식물에 포함된 세균을 죽이고, 세균 번식 방지 • 위 내용물의 발효 억제와 음식물 부패 방지
점 액	뮤신을 가진 점액이 위점막면의 표면을 덮어 위점막 보호

50 치아의 감각
• 위치감각

정 위	• 치아에 자극을 가했을 때, 어느 치아인지 알아내는 것 • 치수염은 부정확, 변연성 치주염은 정확 • 절치부가 예민
정해율	• 같은 치아라고 알아맞히는 것 • 정중선에서 가까울수록 정확
치통착오	치통의 원인치아를 정확히 알 수 없음

• 교합감각
 - 상하의 치아로 물체를 물었을 때 물체의 크기와 단단한 정도를 파악하는 것
 - 정상치열은 0.02mm, 총의치 장착자는 0.6mm
 - 자연치가 많은 사람이 치주인대도 많아서 더 예민
• 치수감각
 - 치수신경의 흥분으로 인한 통각(자극의 종류와 무관)
 - 기전 : 상아세관내액의 이동으로 감각이 발생하여 온도 변화의 폭과 속도가 중요

51 미각의 역할
• 반사적 타액분비로 저작과 연하에 도움
• 반사적 위액, 이자액, 담즙 분비로 소화에 도움
• 후각 이상 시 미각도 영향을 받음
• 생체 내부의 환경 유지에 유용

미각의 종류

종 류	설 명	
단 맛	CH_2OH기(당이나 알코올), OH기	혀 끝
신 맛	H^+	혀 가장자리
짠 맛	Na^+	혀 전체
쓴 맛	알칼로이드, 무기염류의 음이온, $(NO_2)n$	혀 뿌리
감칠맛	글루타민산염	

52
① 안정(수면) 및 자극시 악하선에서 가장 많이 분비된다.
② 오전 6시 경 타액이 가장 적게 분비된다.
③ 1일 타액분비량은 1.0~1.5L이다.
④ 연령이 증가할수록 분비량은 적어진다.
⑤ 쓴맛 자극에 의한 분비량은 많아진다.

타액의 특성
• 일일 타액분비량은 1.0~1.5L 안정 시 타액분비량은 0.1~0.9mL/min

	악하선	이하선	설하선
안 정	65%	23%	4%
자 극	63%	34%	3%

• 전타액(여러 종류의 타액선에서 나온 침이 섞인 것)은 무색투명 또는 약간 백탁
• 점성이 높은 것은 설하선 타액이고, 가장 낮은 것은 이하선 타액임(뮤신 함유량에 의함)
• 타액 중의 탄산수소염에 따라 pH 변동, pH 5.0~8.0 사이.
• 타액분비량이 많으면 약알칼리, 분비량이 적을 때는 약산성
• 수분 99.2~99.5% + 유형성분(대부분 당단백질과 효소)

53 갑상선호르몬

항진	• 바세도우병(그레이브스병), 갑상선 기능 항진증, 불안, 땀분비 증가, 발열, 고혈압, 체중증가 등 • 유치의 조기탈락 및 영구치의 조기맹출
저하	• 크레틴병, 체중 증가, 무기력, 추위에 예민 • 치아의 발생 지연, 유치의 맹출 지연, 영구치의 형성과 맹출도 지연, 영구치 맹출 후 기능 저하는 영향 거의 없음

54 부갑상선호르몬

파라토르몬	• 표적기관 : 뼈 - 혈중 칼슘농도 상승, 골흡수 촉진 • 표적기관 : 신장 - 칼슘의 재흡수 촉진

55 발음장애

원 인	발음장애	설 명
구개열	k, g	파열음 발음 시 연구개의 폐쇄, 비인강 폐쇄 부전 시 심함
치아결손	s, d	상악 전치결손 시 심함
의치사용		무치악으로 인한 발음장애는 의치조정 및 발음 훈련으로 개선
부정교합	s, d	• 구순, 치아, 혀의 비정상적 접촉 • 심한 개교에서 발음장애가 심함

7 구강미생물학

56 편 모
- 세균의 표면에 단백질로 되어 긴 모양의 섬유상 부속기관
- 세균의 운동성에 관여
- 항원성(H항원)이 있음
  - 무모균 : 균체 주위에 편모가 없음
  - 단모균 : 균체 한쪽 끝에 한 개의 편모
  - 총모균 : 균체 한쪽 끝에 여러 개의 편모
  - 양모균 : 균체 양 끝에 한 개 이상의 편모
  - 주모균 : 균체에 많은 편모

57 간염바이러스
- 간염 바이러스가 간세포에서 증식한 이후 면역학적 반응으로 간세포에 이상을 초래
- 치과치료 중 전파 위험성이 높음
  - A형 간염 : 보균자가 없음
  - B형 간염 : 혈액을 통해 비규칙적 감염, 무증상의 보균자가 존재
  - C형 간염 : 간염의 원인체 이외의 바이러스에 의한 간염 발생

58
① *Porphyromonas gingivalis* : 치주질환의 원인균, 성인형 치주염의 원인균
③ *Candida albicans* : 구강 칸디다증
④ *Treponema pallidum* : 구강 매독
⑤ *Staphylococcus* : 급성화농성이하선염

59 면역에 관계하는 세포

다형핵백혈구	호중구	• 말초 혈액의 40~70% • 식균작용에 중요한 역할
	호산구	• 말초 혈액의 1~5% • 기생충 제거, 감염방어, 포식 후 소화작용 • 즉시과민반응에 작용
	호염기구	• 말초 혈액의 1% 미만 • 헤파린, 히스타민이 포함 • 즉시과민반응에 작용
대식세포		• 항원을 제시하는 역할 • 혈액(단핵구), 조직(큰포식세포), 결합조직(조직구), 간(쿠퍼세포), 폐(폐포대식세포), 뼈(파골세포) 등으로 분화
림프구	B림프구	• 항체의 생성이 가능함 • 면역반응의 특이성에 관여
	T림프구	• 세포매개면역 • 도움 T세포, 세포독성 T세포, 억제 T세포 등
	자연살해세포 (NK cell)	• 선천면역에서 중요한 역할 • 비특이적으로 종양세포나 바이러스 감염세포를 인지, 즉각적 제거
비만세포		• 표면에 IgE가 있음 • 즉시 알레르기 질환의 원인
사이토카인		• 림프구나 큰 포식세포에서 생산되는 물질 • 세포활성화에 기여

60 체액성 면역
② 면역계의 1차 방어기전은 피부와 점막이 담당한다.
③ 체액성 면역을 담당한다.
④ 특정 항원에 대해 특이적으로 반응한다.
⑤ 항체는 체액에서 분비된다.

8 지역사회구강보건학

61 영아구강보건관리 방법
- 구강청결관리 : 양육자가 천이나 거즈, 칫솔을 이용하여 닦고 마사지
- 불소이용(교육의 90%) : 영아를 대상으로 가장 효과적인 불소복용방법은 수돗물불소농도조정사업
- 정기 구강검진 : 출생 후 1년이 되기 전, 늦어도 첫 번째 유치가 맹출하는 6개월경 첫 구강검사 시행
- 식이지도(교육의 10%) : 9~12개월경 우유병 대신 컵을 사용하고, 우유병을 물고 잠들면 우유병을 제거

62 학생구강검진
- 학생구강보건의 개념 : 학생과 교직원의 구강병을 예방하고, 구강건강을 증진·유지하여 학교생활의 안녕을 도모하고, 학교교육의 능률 향상을 위함
- 학생구강보건관리 방법
  - 정기구강검진
  - 구강건강관찰
  - 구강건강상담
  - 학교 구강보건교육사업
  - 학교 응급구강상병처치
  - 학교 집단칫솔질사업
  - 학생 치아홈메우기사업
  - 학생 계속구강건강관리사업

63 집단구강건강관리 과정
- 실태조사 → 실태분석 → 사업계획 → 재정조치 → 사업수행 → 사업평가
- 순환주기 : 12개월

64 지역사회조사 내용 중 환경조건
- 지역사회의 유형(도시와 농촌)
- 교통, 통신, 공공시설
- 기상, 토양, 천연 및 산업자원, 보건의료자원
- 식음수 불소이온농도

65 직업성 치아부식증의 원인물질 : 불화수소, 염소, 염화수소, 질산, 황산

66 지역사회구강보건진료의 특징

목 적	지역사회구강건강 수준 향상
대 상	지역사회주민 전체
연구내용	지역사회 주민의 생태와 구강보건
활동주체	지역사회 주민과 개발조직 및 구강보건팀
활동과정	지역사회 주민의 자발적이고 조직적인 의식개발 과정
활동결과	지역사회 구강건강의 향상

67 지역사회조사 내용

구강보건실태	• 구강건강실태 : 치아우식경험도, 지역사회치주요양필요 정도 • 구강보건진료필요 : 상대구강보건진료수요, 유효구강보건진료필요, 주민의 구강보건의식, 구강병예방사업으로 감소시킬 수 있는 상대구강보건진료필요, 공급할 수 있는 구강보건 진료 수혜자, 활용 가능한 구강보건인력자원과 활용, 주민의 견해
인구실태	• 인구수, 이동(증가와 감소) • 주민의 일반적 건강과 위생상태, 주민의 가치관 • 성별, 연령별, 직업별, 교육수준별, 산업별 인구구성 등
환경조건	• 지역사회의 유형(도시와 농촌) • 교통, 통신, 공공시설 • 기상, 토양, 천연 및 산업자원, 보건의료자원 • 식음수 불소이온농도
사회제도	• 구강보건진료제도 • 일반보건진료제도 • 가족제도, 행정제도, 봉사제도, 종교제도, 경제제도 등

68
문제의 상황은 저정불소이온농도이므로, 불소이온농도를 유지하도록 한다.
조정하는 관급수 불소농도와 판정기준
• 경미도 반점치 유병률 10% 이상 : 고농도로 판정
• 경미도 반점치 유병률 9~10% : 적정 농도로 판정
• 경미도 반점치 유병률 9% 미만 : 저농도로 판정

69 구강보건사업계획의 주체에 따른 분류
• 하향식 : 정부주도, 주민의사반영 없음. 일부 후진국에서 채택
• 상향식 : 지역사회주민의 요구를 최대한 반영해 방향설정에 따라 수립
• 공동 : 공중구강보건전문가와 지역사회구강보건지도자가 함께 수립

70
불화나트륨으로 매일 양치하는 불소양치용액 제조 시 0.05%를 적용해야 한다.
100L × 0.05% = 5g
∴ 불화나트륨 5g을 혼합하여 불소농도 0.05%로 제조한다.

71 질병발생의 양태
• 범발성 : 치아우식증
• 유행성 : 콜레라, 페스트
• 지방성 : 반점치
• 산발성 : 암
• 전염성 : 장티푸스
• 비전염성 : 중독

72 지역사회조사방법
• 기존자료조사법(열람조사법) : 이미 존재하는 기록을 열람하여 자료를 수집, 직접조사방법
• 관찰조사법 : 조사자가 조사대상 개체나 집단을 실태를 직접 관찰하여 정보를 수집하여 상황을 파악하는 방법, 직접조사방법
• 설문조사법 : 설문내용을 문항으로 만들어 조사하는 방법
• 대화조사법 : 면접자가 지역주민과 직접대면하여 대화하거나 통신수단을 이용해 필요한 자료를 수집
• 사례분석법 : 소수의 대상에 대하여 집중분석하는 방법

9 구강보건행정학

73 정책의 구성요소

제1구성요소	미래구강보건상	• 구강보건정책목표 • 실태조사를 통해 수량으로 표시 • 상위목표는 추상적, 하위목표는 구체적
제2구성요소	구강보건발전방향	• 구강보건정책수단 • 정책목표를 달성하기 위한 방법, 절차
제3구성요소	구강보건행동노선	구강보건정책방안
제4구성요소	구강보건정책의지	
제5구성요소	공식성	

74 구강보건진료수요 : 구가보건진료 소비자가 구매하고자 하는 구강보건진료(환자 입장)
- 유효구강보건진료수요 : 구강보건진료 소비자가 실제로 제공받아서 소비하는 구강보건진료
- 잠재구강보건진료수요 : 상대구강보건진료 필요 + 구강진료가수요
- 구강진료가수요 : 구강건강을 증진 및 유지하는 데 필요하지 않은 구강진료수요
- 절대구강보건진료필요 : 전문가에 의해 조사되지 않은 부분을 포함하는 진료 필요
- 상대구강보건진료필요 : 전문가가 실제로 검사한 진료 필요

75 구강보건진료전달제도의 확립방안
- 전문인력 확보
- 충분한 재정확보
- 진료의 규격화
- 구강보건진료기관의 균형적 분포
- 진료비 상승 억제
- 환자의뢰제도 확립

76 행위별 구강보건진료비 결정제도
- 진료의 행위에 따라 진료비가 결정
- 구강진료가 단편화되며, 재활지향 구강진료 현상

77 혼합형 구강보건진료제도(사회보장형)

특 성	• 모든 국민에게 균등한 기회 제공 • 포괄적 서비스를 제공 • 진료자원의 균등 배분 • 구강보건진료의 규격화, 소비자의 선택권 미약 • 생산자와 소비자 사이에서 정부가 조정자 역할
해결방법	구강진료비와 정부의 의사결정과 행정기획
채 택	영국, 덴마크
우리나라	1970년대 말~현재

78 구강보건진료 소비자의 권리
- 구강보건진료 정보입수권
- 구강보건 진료진료소비권
- 구강보건 의사반영권
- 구강보건 진료선택권
- 개인비밀보장권
- 단결조직활동권
- 피해보상청구권

79 구강보건진료자원의 분류

인력자원	구강보건관리인력 : 치과의사, 전문치과의사	
	구강보건보조인력	• 진료실 부담 구강보건 보조인력 : 학교 치과간호사, 치과치료사, 치과위생사 • 진료실 진료 비분담 구강보건 보조인력 : 구강진료 보조원 • 기공실 진료 비분담 구강보건 보조인력 : 치과기공사
무형 비인력자원	인적자본 : 치학지식, 구강진료 기술	
유형 비인력자원	비인적자본 : 시설, 장비, 기구	
	중간재 : 재료, 약품, 구강환경 관리용품	

80 공공부조(=생활보호와 의료급여)
- 스스로 생계를 영위할 수 없는 자들의 생활을 그들이 자력으로 생활할 수 있을 때까지 국가가 재정자금으로 부조하여 최저생활을 보장하는 일종의 구빈제도
- 사회보장법 제3조제3호에 근거함
- 생활의 어려움을 보장하는 생활보호, 의료에 대한 보장을 하는 의료급여로 구분
- 조세를 중심으로 하는 일반재정수입에 의존
- 정부와 지방자치단체가 주체
- 종류(7종) : 생계급여, 주거급여, 의료급여, 교육급여, 해산급여, 장제급여, 자활급여

81 치석지수 CI(calculus index)

평점	상 태
0	치석이 없음
1	치은연하치석은 없고, 치은연상치석이 치경부 1/3 부위에 존재
2	소량의 치은연하치석이 점상으로 존재, 치은연상치석이 치면 2/3 이하로 존재
3	다량의 치은연하치석이 환상으로 존재, 치은연상치석이 치면 2/3 이상으로 존재

82 치주조직검사의 평점

평점	상 태	
0	건전 치주조직	삼분악의 치주조직에 치은출혈, 치석, 치주낭 등의 병적 증상이 없음
1	출혈 치주조직	삼분악의 치주조직에 치석, 치주낭의 병적 증상은 없으나 치주낭 측정 중이나 직후 출혈이 있음
2	치석부착 치주조직	삼분악의 치주조직에 육안으로 관찰되는 치은연상치석이나 육안으로 관찰되지 않는 치은연하치석이 부착되어 있음
3	천치주낭 형성조직	삼분악의 치주조직에 4~5mm 깊이의 치주낭이 형성
4	심치주낭 형성조직	삼분악의 치주조직에 6mm 이상 깊이의 치주낭이 형성

10 구강보건통계학

83
- 협면의 음식물 2/3 이하 = 2점
- 협면의 치은연상치석 2/3 이하 및 점상 존재 = 2점
- 설면의 음식물 잔사지수 1/3 이하 = 1점
- 설면의 치은연상치석 2/3 이상 및 환상 존재 = 3점
- ∴ 합계 8점

84
- 우식치명률 = 우식경험치아(DMF) 100개당 발거대상우식치아(I)의 수
- $\dfrac{\text{상실치아} + \text{발거대상우식치아}(50 + 100)}{\text{우식경험치}((100+250) + 50 + 100)} \times 100 = 30\%$

85 확률적 표본추출방법

단순무작위 추출법	• 임의적 조작 없음 • 표본이 동일하게 선출될 기회를 가짐 • 난수표, 통 안의 쪽지, 주사위, 통계 프로그램 등
계통적 추출법	• 일정한 순서에 따라 배열된 목록에서 매번 K번째 요소를 추출 • 공평한 표본추출로 대표성이 높음
층화 추출법	• 여러 개의 계층 분할 후 각 계층에서 임의 추출함 • 각 계층의 특성을 알고 있어야 함 • 층화가 잘못되면, 오차가 커짐
집락 추출법	• 집락을 추출 단위로 하여 표본을 임의 추출함 • 조사범위가 광범위한 경우 사용

86
- 한삼분악에 존재하는 모든 치아의 치주조직을 검사 후 가장 안 좋은 치주조직의 결과를 기록
- 천치주낭이 형성되어 있으면, 평점 3점에 해당

87 $\dfrac{\text{우식경험영구치아수}(130 + 160 + 10)}{\text{피검영구치아수}(3,000)} \times 100 = 10\%$

88
- 개인의 반점도는 각 치아의 반점치 점수 중 두 번째로 높은 것
- 문제에서는 두 번째로 높은 것이 중등도 반점치아에 해당
- 중등도 반점치아는 평점 3점에 해당

89 보테카의 치면분류 기준
- 유치 20개 : 100면
- 영구치 32개 : 180면
- 발거된 치아 : 3면
- 인조치관장착치아 : 3면
- 인접면우식증 : 2면

90
- 상악 우측 제1대구치 : 평점 9점
- 상악 좌측 제1대구치 : 평점 0점
- 하악 우측 제1대구치 : 평점 9.5점
- 하악 좌측 제1대구치 : 평점 7.5점
- $\dfrac{9+0+9.5+7.5}{40} \times 100 = 65\%$ = 제1대구치 건강도
- 100 − 제1대구치 건강도 = 제1대구치 우식경험률, 100 − 65% = 35%

11 구강보건교육학

91 토의법의 종류

브레인 스토밍	• 문제해결을 위해 창의적, 획기적 아이디어를 다양하게 수집 • 6~12명의 구성원(리더와 기록원을 지정해야 함)
집단토의	• 특정 주제에 대해 집단 내 참가자가 자유롭게 의견을 상호 교환하고, 결론을 내리는 방법 • 5~10명의 구성원
분단토의	• 몇 개의 소집단을 토의시키고, 다시 전체 회의에서 종합 • 각 분단은 6~8명의 구성원(각 분단마다 분단장과 사회자를 지정)
배심토의	주제에 전문적 견해를 가진 전문가 4~7인이 의장의 안내를 따라 토의를 진행
세미나	참가자 모두가 토의 주제분야에 권위있는 전문가와 연구자로 구성되어 문제를 과학적으로 분석하기 위한 집회형태
심포지엄	동일한 주제에 대한 전문적 지식을 가진 몇 사람을 초청 후 발표된 내용을 중심으로 사회자가 마지막 토의시간을 마련하여 문제 해결하고자 함

92 교육목표에 따른 구강보건 평가방법

학습자 성취도	학습자의 지식, 태도, 행동을 정해 놓은 구강보건 교육으로 평가하여 판단
교육 유효도	교육과정 자체의 요인(교육방법, 기자재 등)을 평가하여 판단
구강보건 증진도	구강보건 증진 정도를 정해 놓은 기준에 맞춰 평가하여 판단

95 구강진료실의 구강보건교육프로그램 개발과정

환자요구도조사 → 환자의 가치관 이해 및 측정 → 학습목표와 학습목적 개발 → 교습 및 정보교환 → 평가

96 교육목표의 교육학적 분류

	암 기	판 단	문제해결
지적영역	• 기억력에 의존 • 실용적 • 단편적	• 암기보다 높음 • 사물과 현상의 해석과 판단 • 지식의 옳고 그름의 구별	실제 상황에서의 응용
정의적영역	태도변화		
정신운동 영역	수기(skill : 학습을 통해 지적활동이 가능한 상태에서 행동으로 나타나는 것)의 습득		

교육목표의 예시
- 학생은 치아맹출의 시기를 설명할 수 있다 : 지적영역의 암기수준
- 학생은 자신에게 맞는 올바른 칫솔을 선택할 수 있다 : 지적영역의 판단수준
- 학생은 구강보건의료기관을 이용할 수 있다 : 지적영역의 문제해결수준
- 학생은 올바른 방법으로 칫솔을 보관할 수 있다 : 정의적영역의 태도변화
- 학생은 회전법으로 이를 닦을 수 있다 : 정신운동영역

97 구강진료실의 동기유발과정 중 계속관리 : 환자의 신뢰를 얻고, 환자와 친밀한 관계를 맺어 동기유발이 오래 지속되도록 한다.

99 교육평가방법
- 성취도 평가 : 학습자의 능력, 태도, 행동을 기준에 따라 평가
- 교육유효도 평가 : 교육과정 자체의 관련 요인을 기준에 따라 평가(예 : 기자재, 방법)
- 구강보건증진도 평가 : 구강건강증진정도를 기준에 따라 평가(예 : 유효도, 성취도)

2교시 정답

01	③	02	①	03	⑤	04	①	05	③	06	③	07	⑤	08	④	09	②	10	⑤
11	③	12	④	13	⑤	14	④	15	①	16	③	17	⑤	18	④	19	②	20	③
21	⑤	22	②	23	④	24	⑤	25	③	26	①	27	⑤	28	④	29	①	30	④
31	①	32	③	33	③	34	①	35	④	36	⑤	37	④	38	①	39	①	40	③
41	⑤	42	④	43	②	44	⑤	45	②	46	④	47	①	48	⑤	49	③	50	②
51	④	52	①	53	①	54	④	55	②	56	①	57	③	58	②	59	⑤	60	③
61	④	62	①	63	④	64	②	65	④	66	④	67	⑤	68	④	69	③	70	②
71	④	72	③	73	⑤	74	②	75	⑤	76	⑤	77	③	78	⑤	79	①	80	②
81	④	82	④	83	⑤	84	④	85	①	86	①	87	④	88	①	89	④	90	①
91	③	92	⑤	93	⑤	94	①	95	①	96	①	97	①	98	⑤	99	①	100	②

1 예방치과처치

01 ① 치실 : 치아 사이의 인접면의 치면세균막과 음식물 잔사 제거
② 치간칫솔 : 치간이 넓은 환자, 치주질환자, 고정성 보철물 및 교정장치를 장착한 환자
④ 물사출기 : 순면과 협면에서 물을 분사하여 치아 사이의 음식물 제거
⑤ 고무치간자극기 : 치아 사이 치간유두에 자극, 치은 마사지 및 염증 완화에 효과

첨단 칫솔	목적	• 일반칫솔의 두부에서 전방부의 강모단만 남겨놓은 형태 • 임플란트 부위, 맹출 중인 치아, 치은연 부위의 치면세균막 제거에 유용
	적용 대상자	• 치아 사이 • 고정성 교정장치 장착자의 브라켓, 와이어 주위 • 치은퇴축이나 치주수술 후 노출된 치근이개부 • 치간유두 소실로 치간공극이 크게 노출된 부위 • 상실치의 인접치면 • 최후방 구치의 원심면

02 ② 부착력이 강하여 물리적인 힘(칫솔질)에 의해 제거된다.
③ 중탄산이온은 치면세균막 형성을 지연시킨다.
④ 그람양성균이 최초로 부착한다.
⑤ 활택한 치면에는 잘 형성되지 않는다.

03 숙주요인

숙주요인	치아요인	치아 성분, 치아 형태, 치아의 위치와 배열
	타액요인	타액의 유출량, 점조도, 수소이온농도, 완충작용, 항균작용, 성분
	구강 외 신체요인	연령, 성별, 종족, 유전, 발육장애, 정서장애

04

숙주요인 제거	치질 내 산성 증가	불소복용, 불소도포
	세균 침입로 차단	치면열구전색, 질산은 도포

05 조기질환기(2차 예방) : 초기 우식병소 충전, 치은염치료, 부정교합차단, 정기구강검진

06 불소도포과정
• 치면세마는 러버컵과 글리세린이 없는 퍼미스를 이용한다.
• 무왁스치실을 사용한다.
• 도포 중 입안에 고이는 타액은 도포가 끝난 후 삼키도록 한다.
• 불소겔은 넘칠 수 있어 가득 채우지 않는다.

07 구강환경능력지수 판정기준
- 0~1점 : 양호
- 1~2점 : 보통
- 2~3점 : 불량
- 3~5점 : 매우 불량

08 ① 폰즈 : 원호
② 회전 : 상하쓸기
③ 스틸맨 : 압박
⑤ 횡마 : 수평왕복

09 ② 차터스법 : 교정장치의 장착 부위, 고정성 보철물 장착자
① 와타나베법 : 만성치은염, 치주질환자, 전문가의 직접 시술
③ 스틸맨법 : 광범위한 치주질환자, 치은의 염증완화와 마사지 효과
④ 바스법 : 치은염, 치주염환자의 치은열구 내 치면세균막 제거
⑤ 회전법 : 일반대중, 특별한 구가병이 없는 경우

10 ⑤ 치실 : 치간부위 우식병소 및 치은연하치석 존재 확인, 수복물 변연의 부적합성과 치간 부위의 과충전 검사, 치은유두의 마사지 효과로 치은출혈 감소
① 고무치간자극기 : 치아 사이의 치간유두 마사지 효과
② 치간칫솔 : 치간이 넓은 환자, 치주질환 환자, 치주수술을 받은 환자, 고정성 보철물 장착환자, 인공치아 매식물 장착환자, 고정성 교정장치 장착자의 브라켓과 와이어 하방과 치간 사이, 치아 사이와 치근 이개부 등
③ 첨단칫솔 : 치아 사이, 고정성 교정장치의 장착자의 브라켓과 와이어 주위, 치은퇴축이나 치주수술로 노출된 치근이개부, 치간유두의 소실로 치간공극이 크게 노출된 부위, 상실치의 인접치면, 최후방구치의 원심면

11 치아우식 예방을 위한 식이조절
- 식이조사 : 24시간 회상법, 약 5일간, 가정용 도량형 단위로 작성
- 식이분석 : 우식성식품의 섭취 여부를 분류, 총 섭취 횟수에 20분을 곱하면 우식발생 가능시간을 알 수 있음, 청정식품, 기초식품섭취 여부와 양을 조사
- 식이상담
- 식이처방 : 처방식단과 일상식단의 차이가 적게, 필수영양소는 공급하고, 환자의 기호, 식습관, 환경요인을 고려

12
- 식품의 전당량
  - 점당질이 많으면 치아우식증 발생
  - 전당량이 적으면 치아우식증 예방
- 식품의 점착도
  - 점착도가 높으면 치아우식증 발생
  - 점착도가 낮으면 치아우식증 예방

13 산부식 : 법랑질표면부식재, 35%의 인산용액, 전색재가 법랑질 표면에 부착을 돕는다.

14 ① 타액분비율 : 무가향 파리핀 왁스를 5분간 저작하여 타액을 수집
② 스나이더 : 글루코즈 agar에 자극성 타액을 주입하여 산 생성속도를 측정한다.
③ 포도당잔류시간 : 사탕을 먹은 후 tes-tape에 3분 간격으로 확인
⑤ 타액점조도 : 자극성 타액 2mL가 흐르는 데 소요된 시간을 검사한다.

15 전색의 특징
- 평균수명이 짧다.
- 와동이 형성되지 않은, 건전 치아에 적용한다.
- 유지력을 위해, 산부식과 전색재의 도포와 방습에 주의한다.
- 탈락되어 재전색할 경우, 기존 전색제만 삭제한다.

16 ③ 환자의 구강검사 결과 중 구취의 원인을 치수를 침범한 우식치아로 보기 때문에 우식치료가 가장 먼저 시행되어야 한다.

18 시린증상 호소에 상악소구치 협면의 치경부마모증으로 인한 과민증 및 하악 구치부 협면의 초기탈회에 따라 치아우식 활성도가 높은 것으로 판단되어 불소도포를 우선 시행한다.

2 치면세마

19 **치면세마** : 구강질환을 예방하기 위해 구강 내의 치면세균막, 치석, 외인성 색소 등의 침착물을 물리적으로 제거하고, 치아표면을 활택하게 연마하여 재부착을 방지할 목적으로 실시하는 예방술식
③ 치근활택 : 치근면으로부터 변성되거나 괴사된 백악질을 제거하여 거친면을 활택하는 술식
④ 치석제거 : 치아의 치관부 및 치근면에서 치태, 치석, 착색물 등을 제거하는 술식

20 **가압증기멸균**
- 고온, 고압의 수증기를 이용하여 미생물을 파괴
- 스테인리스 기구, 직물 유리, 스톤, 열에 저항성 있는 합성 수지, 멸균 가능한 핸드피스

21 **상악 우측 구치부 협면 치석 제거**
- 하악 전치부 순면이 바닥과 평행하게 한다.
- 환자에게 입을 가볍게 벌리도록 한다.
- 환자를 수평자세로 위치시킨다.
- 환자의 고개는 좌측으로 돌린다.
- 술자는 환자의 7~8시 방향에 앉는다.

22 **진료 후의 기구처리방법**
- 멸균기구의 보관기간은 최대 1개월이다.
- 초음파세척기는 뚜껑을 닫고 작동하며 5~10분 소요된다.
- 초음파세척기가 손 세척에 비해 안전하고, 단시간 내에 세밀한 부분까지 세척된다.
- 세척 전 용액으로 페놀화합물, 아이오도포 등을 사용한다.

24 **탐침의 방법**
- 중등도의 측방압으로 적용한다.
- 팁의 배면이 접합상피에 도달하도록 한다.
- up and down stroke
- 경도 이하의 압력
- 삽입각도는 0°에 가깝도록 한다.

25 ① 호(hoe) - 1 - 직사각형
② 파일(file) - 여러 개 - 직사각형
④ 그레이시큐렛(gracey curette) - 2 - 반원형
⑤ 치즐(chisel) - 2 - 직사각형

26 **치면세마 난이도**
- class Ⅳ : 심한 착색 및 치은연상치석
- class Ⅲ : 다량의 치면세균막과 치면착색
- class Ⅱ : 중등도의 치면세균막과 치면착색
- class Ⅰ : 영구치, 치은연에 가벼운 착색과 치면세균막
- class C : 12세 이하의 어린이, 유치열기, 혼합치열기

27 연결부(shank)
- 작동부와 손잡이를 연결하는 부분
- 경부의 형태 : 직선형 – 전치부, 굴곡형 – 구치부, 복합형 – 구치부의 인접면과 깊은 치주낭
- 경부의 길이 : 표준형과 확장형
- 말단경부(terminal shank) : 절단연이 올바른지 결정하는 지표

28 ① 흑색선 : 비교적 구강상태가 깨끗한 비흡연자, 여성, 어린이에게 호발
② 주황색 : 색소성 세균이 원인
③ 갈색 : 법랑질의 표면이 거칠거나, 치약 없이 칫솔질을 하는 사람
⑤ 황색 : 치면세균막 위에 분포, 나이와 무관, 구강위생관리가 소홀한 사람

29 ② 무기질의 기원은 타액이다.
③ 점토상으로 나타난다.
④ 치밀도와 경도가 낮다.
⑤ 백색, 황색을 띈다.

30 시술자의 자세
- 상박은 몸의 측면에서 20° 이내로 붙인다.
- 손목은 연장시키거나 비틀지 않는다.
- 술자의 눈과 환자 구강 간의 거리는 35~40cm 유지한다.
- 상박과 전완이 이루는 각도는 바닥과 평행할 때 위로 60° 이상, 아래로 10° 이상 넘지 않는 범위 내에서 움직인다.
- 대퇴부는 바닥과 수평이 되도록 한다.

31 ② S : sealant
③ Fx : fracture
④ Ft : fistula
⑤ ↑, ↓ : food impaction

32 노인 대상 치면세마 시 유의점
- 가능한 오전에 한다.
- 가능한 시술시간을 짧게 한다.
- 치아동요가 있는 경우 치면세마 필요하다.
- 노출된 치근의 치석은 여러 조각을 낸 후 제거한다.

33 치근활택술의 적응증
- 치은염
- 얕은 치주낭
- 외과적 처치의 전처치
- 진행성 치주염
- 내과 병력을 가진 전신질환자

34 초음파치석제거기의 시린 증상 대처방법
- 물의 양을 충분히 한다.
- 측방압을 낮춘다.
- 여러 부위를 돌아가며 동작한다.

35 엔진연마
- 러버컵의 끝을 치경부 부위에서 적합하여 시작한다.
- 입자가 크면 연마 시 마모력이 증가한다.
- 평활면은 러버컵을 사용하며, 교합면은 강모솔을 사용한다.
- 침착물의 재부착방지를 위해 모든 치면에 시행한다.
- 치주낭이 깊은 환자에게는 적합하지 않다.

37 기구연마의 원칙
- 기구가 무뎌졌을 때 실시한다.
- 무딘기구의 윤곽형성은 인공석을 이용한다.
- 기구고정법인 경우 마지막은 하방동작으로 끝낸다.
- 날의 상방 1/3 부위부터 연마한다.

38 빛이 반사되는 기구(절단연이 무뎌진 기구)
- 조직의 손상 가능성
- 기구동작 횟수가 많아진다.
- 시술 시 촉각이 둔해진다.
- 시술시간이 늘어난다.

3 치과방사선학

39 엑스선관의 구성에 따른 역할
- 집속컵은 열전자를 텅스탄타겟에 도달시키는 데 도움을 준다.
- 필라멘트에서는 전자를 방출한다.
- 유리관에서는 납을 포함한 진공유리관으로 필라멘트의 산화를 방지한다.
- 초점은 열전자를 모은다.

40 제동방사선 = 일반방사선 = 저지방사선
- 고속의 전자가 텅스텐 원자의 핵과 충돌을 할 때
- 핵의 정전기장의 작용으로 급속히 진행방향과 속도가 감소할 때(근처 통과)

41 엑스선과 가시광선의 공통점
- 직진하며, 초당 약 30만km 전파
- 전기장이나 자기장에 의해 굴절하지 않음
- X선 필름에 감광작용이 있음
- 유사한 방법으로 물체의 음영을 투사

44
① 대조도 : 현상된 필름상에서 여러 부위의 흑화도 차이
② 흑화도 : 필름 전체의 어두운 정도
③ 관용도 : 사진상 구별 가능한 흑화도로 기록될 수 있는 노출범위의 측정도
④ 감광도 : 표준흑화도를 갖는 방사선 사진을 만들어내는 데 필요한 조사량
⑤ 선예도 : 상의 경계를 보여주기 위한 능력

46 상악 견치부의 해부학적 구조물
- 상악동 : 방사선 투과상
- 역Y자 : 방사선 불투과상, 상악동의 전내벽과 비와의 측벽이 서로 교차

48 하악 대구치의 구조물
- 외사선 : 불투과상 흰선, 하악 제1대구치의 하방의 치조돌기와 만나는 부위에서 끝남
- 내사선 : 불투과상 흰선, 하악지의 내면에서 전하방 주행
- 악설골융선 : 불투과상, 다양한 폭의 흰선, 외사선보다 약간 전방에서 관찰
- 하악관 : 일정한 폭의 방사선 투과성, 하악 제3대구치 부위의 치근단과 근접
- 영양관 : 일정한 폭의 방사선 투과성, 전치부의 치간 사이 ~ 대구치의 하악공에서 개구
- 근돌기 : 불투과상, 하악 치근단 방사선 사진에서는 관찰 불가

49 소아의 방사선촬영
- 촬영법은 성인과 동일
- 치근단촬영 시 등각촬영법 이용(악궁이 작아 유지기구 적용 어려움)
- 납방어복과 갑상선보호대 착용
- 고감광도필름을 사용
- 10세 이하는 성인의 50% 노출을 줄임
- 10~15세는 성인의 25% 노출을 줄임

50 상악 절치부의 등각촬영법
- 수평각 : 양측 중절치의 인접면
- 수직각 : +45°
- 중심방사선은 중절치와 측절치는 비첨을 향한다.
- 필름은 환자의 손가락이나 등각촬영용 필름유지기구를 사용한다.

51 디지털 영상획득장치

간접 디지털	• CR방식 • 초기화 과정이 필요하다. • X선량이 영상판에 노출되면, 레이저 조사를 추가로 하여 스캐닝하여 영상을 획득한다.
직접 디지털	• DR방식 • X선량이 CCD, CMOS, 평판검출기 등에 노출되면, 아날로그 디지털 변환기가 디지털 신호로 전환하여 영상을 획득한다.

52 치근단촬영 후 파노라마촬영을 추가로 하는 경우
- 매복치
- 큰 낭종의 병소
- 타액선의 타석
- 악골의 발육상태

53
- Richard법칙
  - 수직각도의 변화를 주어 촬영
  - 필름의 위치는 동일, 하악관의 협·설적 위치 파악
- Clark법칙
  - 수평각도의 변화를 주어 촬영
  - 필름의 위치는 동일, 물체의 협·설측의 위치를 파악 (예 : 근관)

54
④ 치아의 인접면이 겹친 것은 수직각이 아니라 수평각을 수정해야 하므로, 소구치의 인접면에 중심방사선이 평행하도록 한다.

55
- 고감수성 : 장점막, 갑상선, 발육 중인 태아, 생식선, 조혈조직
- 중감수성 : 미세혈관, 성장중인 연골, 타액선, 폐, 신장, 간
- 저감수성 : 눈, 근육, 결합조직, 신경조직, 지방조직

56 환자의 자세 실책에 따른 파노라마 영상
- 교합면의 역V자 : 고개를 너무 들었을 때
- 교합면의 V자 : 고개를 너무 숙였을 때
- 하악의 전방부가 뿌염 : 목을 전방으로 구부렸을 때

57 방사선 불투과상의 병소
- 치근단 백악질 이형성증의 중기 또는 말기
- 골경화
- 경화성골염
- 골경화증

58 술자의 보호
- 노출량을 확인한다.
- 필름은 환자가 잡고 고정하도록 한다.
- 방사선원과 환자로부터 최소한 1.8m 떨어지도록 위치한다.
- 술자, 환자 모두 노출되는 동안 방사선관구를 잡지 않는다.
- 노출되는 동안 납방어벽(1mm)이나 벽 뒤에 있어야 한다.

4 구강악안면외과학

60 악골골수염의 특징
- 하악에서 더 빈발한다.
- 골 감염 상태에서 해면골에서 시작하여 피질골로 확장한다.
- 치아우식증, 치주염, 인접 연조직의 감염이 주원인
- 황색포도상구균, 연쇄상구균, 진균이 원인균
- 급성악골골수염, 만성악골골수염, 만성화농성골수염, 만성경화성골수염

64 중안모골절 중 상악골의 골절 분류
- 수평골절 : 상악골과 구개골을 분리하는 골절
- 피라미드형 골절 : 양쪽으로 발생
- 횡단골절 : 안면골이 두개골과 분리되는 골절

5 치과보철학

67 하악위의 종류
- 중심위 : 악관절기준, 치아의 접촉과는 관계없이 일정하게 재현
- 편심위 : 중심위가 아닌 하악골의 위치
- 하악안정위 : 생리적안정기준, 환자의 직립위, 평생동안 일정하며 잘 변하지 않음

68 고정성 가공의치의 특징
- 대부분의 경우에 해당하는 일반적인 가공의치
- 연결부는 고정되며, 하나의 장치로 치아에 접착

69 총의치 제작과정
예비인상과 연구모형제작 → 정밀인상 → 작업모형 및 교합상의 제작 → 교합채득 → 인공치 선택 → 납의치의 구강 내 시적 → 의치형 형성 및 전입 → 의치의 장착과 조정 → 후관리

70 국소의치장착자의 교육내용
- 기능회복의 한계 설명
- 점막에 통증이나 궤양 발생 가능성
- 의치를 오래 사용 시, 인공치의 교모와 치조골의 흡수 발생
- 식후에는 의치를 빼서 세척
- 밤에는 의치를 빼서 물에 담궈 보관
- 국소의치의 경우 약 2주, 총의치의 경우 6~8주 적응기간 필요
- 어색한 발음은 반복 읽기연습
- 6개월에 한번 정기검진

6 치과보존학

71
① 치근절제술 : 근관충전을 마친 상·하악 대구치의 치관은 유지하며, 1~2개의 치근을 잘라서 발거
② 편측절제술 : 주로 하악 제1대구치에서 치관을 협설 방향으로 치근이개부까지 절단 후 보존불가한 치관과 치근을 발거
③ 의도적 치아재식술 : 주로 하악 제2대구치에서 치근단절제술이 불가능한 경우 마지막에 시행
⑤ 치근분리술 : 주로 하악 제1대구치에서 치관을 협설 방향으로 치근이개부까지 절단 후 양쪽의 치관과 치근을 모두 살림

73
④ endodoctic explorer : 근관입구를 찾을 때
① barbered broach : 발수 기구
② Ni-Ti file : 근관확대 기구
③ root canal spreader : 측방가압 충전할 때 사용되는 기구
⑤ endodontic spoon excavator : 근관입구 주위의 연화상아질 제거

75 치근단공의 특징
- 치근단공 : 근관의 끝(해부학적 치근)보다 0.5mm 짧은 곳에 위치한다.
- 치근단공과 연결되어 있다.
- 치근단공의 내부가 0.5mm 정도 백악질로 싸여 있다.

76 격벽의 방법
- 금속격벽 : 금속밴드와 금속스트랩, 넓은 쪽이 교합면, 좁은 쪽이 치은
- 웨지 : 아말감수복 시 나무웨지를 이용
- 폴리에스테르격벽 : 전치부의 복합레진, 광중합형 복합레진

7 소아치과학

78 치아발육시기
- 무치열기 : 아구창, 아프타, 앱스타인 진주, 본스결절, 구순·구개열
- 유치맹출기 : 유전치우식, 우유병우식, 걸음마로 인한 치아외상, 치과검진 필요

79 공간유지장치
- 설측호선 : 양측성 또는 2개 이상의 편측성 유치의 조기상실
- 밴드앤루프 : 제1유구치 단독상실의 경우, 제2유구치에 밴드를 장착
- 낸스구개호선 : 상악 전치의 심미수복, 상악 유구치의 양측성 또는 편측성 조기상실
- 디스탈슈 : 제1대구치 맹출 전 제2유구치의 조기상실

80 유구치 기성금속관
- 치질의 삭제량이 적음
- 비교적 강한 유지력
- 치경부의 적합불량
- 교합면과 접촉점의 정확한 회복 어려움
- 조작이 용이

82 치근단유도술 : 치수생활력이 있는 미성숙 치근의 길이성장과 치근단의 폐쇄가 정상적으로 일어나도록 치근부 치수의 생활력을 유지하는 치료방법이다.

8 치주학

83 고유치조골
- 샤피섬유를 포함한 다발골의 형태
- 치아와 치주인대의 혈관과 신경에 분포
- 치조와를 싸고 있는 사상판의 치밀성으로 방사선 사진상 치조백선(불투과)

85 치은퇴축의 임상적 특징
- 원인 : 치은염증, 부적절한 칫솔질, 외상성 교합, 치아의 위치 이상, 높은 소대 부착
- 임상특징 : 지각과민증, 치근면우식증 발생 가능성, 치태, 음식물 잔사, 세균축적의 좋은 조건

86 교합성 외상의 임상증상
- 치근 흡수
- 치아 마모
- 측두하악관절 이상
- 저작 및 타진 시 불편감
- 치아의 동요도 증가
- 방사선상 치주인대강의 확대, 치조백선의 소실

87 치주수술 후 주의사항
- 전신 무력감, 오한 가능성
- 수술 당일 과도한 양치를 하지 않도록 함
- 마취가 깬 후 통증이 있을 수 있음
- 음압 방지를 위해 금연 및 빨대를 사용하지 않음
- 수술 후 출혈과 종창의 가능성으로 냉찜질 권유
- 이상증상 시 빠른 시간 내에 치과로 연락

88 ① 치근단농양 : 실활치수의 치근우식, 불량한 근관치료에 의함, 근단부 경계의 희박한 검은 상
③ 치주농양 : 생활치수의 깊은 치주낭에 의함, 방사선상 검은 상, V자 흡수상
⑤ 치은농양 : 생활치수의 감염에 의함, 방사선상 정상

9 치과교정학

89 안면골의 성장
- 안면골의 성장은 폭, 길이, 높이 순으로 변화한다.
- 사춘기 이후의 안면은 하안면의 발육에 의해 완성된다.
- 상안면부가 하안면부보다 빨리 성장한다.

90 Angle의 부정교합
- 제1급 부정교합 : 전치부 총생, 공극, 과개교합, 개교
- 제2급 부정교합 1류 : 수평피개와 스피만곡 심함, 상악전치의 전돌과 구호흡
- 제2급 부정교합 2류 : 깊은 수직피개, 상악 전치의 후퇴와 비정상적 비호흡, 상악 중절치의 설측경사와 상악 측절치의 순측경사
- 제3급 부정교합 : 가성(습관)과 진성(골격성)으로 구분

91 성인의 정상교합
- 1치 : 2치의 교합관계
- 상악 제1대구치의 근십협측교두정이 하악 제1대구치의 협측 열구와 접촉
- 상악 전치가 하악전치의 1/4~1/3을 피개
- 구치는 교두정과의 접촉, 융선과 치간이 공극과 접촉, 융선과 구의 접촉관계
- 인접치아의 긴밀한 접촉
- 치아장축의 근심경사
- 상악 전치는 순측경사, 하악전치는 약간의 설측경사
- 스피만곡은 1.5mm 이하여야 한다.
- 상악견치의 첨두가 하악견치의 원심우각부와 접촉

93 투명교정장치
- 투명한 재질의 얇은 플라스틱 막을 전체 치아에 씌워서 교정하는 치료방법
- 환자 스스로 착탈이 가능하며 이물감이 적음
- 치아 이동이 제한적

10 치과재료학

95 재료의 용어
② 크립 : 재료가 영구변형이 일어나는 항복하중 이하의 작은 하중을 지속적, 반복적으로 받아 재료가 변화함
③ 피로 : 재료가 파괴하중 이하의 작은 하중을 지속적, 반복적으로 받아 어느 한순간 파괴됨
⑤ 갈바니즘 : 구강 내의 이종금속이 존재할 때, 각 금속의 이온화경향의 차이로 인한 전위차로 전류가 발생하여 부식되는 현상

98 알지네이트 인상체의 변형 최소화 방법
- 인상채득 후 10분 이내에 석고를 주입하는 것이 가장 정확하다.
- 석고 주입이 어려운 경우 음형인기를 100% 절대습도에서 아래방향으로 보관한다.

100 복합레진충전과 지각과민감소
- 복합레진을 2mm 이하의 두께로 충전 후 광중합하는 과정을 여러 번 반복
- 중합수축에 의한 스트레스를 줄이고, 광중합기의 투과 두께 한계를 반영

제2회 정답 및 해설

문제 653쪽

1교시 정답

01	③	02	②	03	⑤	04	④	05	①	06	②	07	①	08	④	09	③	10	⑤
11	③	12	③	13	④	14	③	15	⑤	16	②	17	④	18	④	19	⑤	20	⑤
21	②	22	③	23	④	24	④	25	③	26	①	27	⑤	28	③	29	⑤	30	①
31	②	32	③	33	③	34	①	35	①	36	③	37	⑤	38	①	39	③	40	⑤
41	④	42	⑤	43	③	44	①	45	④	46	①	47	②	48	③	49	②	50	①
51	③	52	④	53	②	54	①	55	②	56	④	57	①	58	⑤	59	④	60	①
61	⑤	62	②	63	①	64	④	65	①	66	④	67	④	68	②	69	③	70	⑤
71	①	72	⑤	73	④	74	③	75	①	76	①	77	①	78	③	79	①	80	①
81	③	82	③	83	③	84	①	85	⑤	86	①	87	⑤	88	②	89	③	90	②
91	①	92	③	93	⑤	94	③	95	④	96	①	97	⑤	98	③	99	②	100	④

1 의료관계법규

01 진료기록부 등의 보존(의료법 시행규칙 제15조)
- 10년 : 진료기록부, 수술기록
- 5년 : 환자명부, 검사내용 및 검사소견기록, 방사선 사진 및 그 소견서, 간호기록부, 조산기록부
- 3년 : 진단서 등의 부본
- 2년 : 처방전

02 치과병원에서 표시할 수 있는 진료과목(의료법 제43조, 시행규칙 제41조)
구강악안면외과, 치과보철과, 치과교정과, 소아치과, 치주과, 치과보존과, 구강내과, 영상치의학과, 구강병리과, 예방치과 및 통합치의학과(총 11종)

03 의료광고의 금지 등(의료법 제56조)
의료기관 개설자, 의료기관의 장 또는 의료인에 의한 의료광고 내용으로 금지된 것
- 평가를 받지 아니한 신의료기술에 관한 광고
- 환자에 관한 치료경험담 등 소비자로 하여금 치료효과를 오인하게 할 우려가 있는 내용의 광고
- 거짓된 내용을 표시하는 광고
- 다른 의료인 등의 기능 또는 진료방법과 비교하는 내용의 광고
- 다른 의료인 등을 비방하는 내용의 광고
- 수술장면 등 직접적인 시술행위를 노출하는 내용의 광고
- 의료인 등의 기능, 진료방법과 관련하여 심각한 부작용 등 중요한 정보를 누락하는 광고
- 객관적인 사실을 과장하는 내용의 광고
- 법적 근거가 없는 자격이나 명칭을 표방하는 내용의 광고
- 신문, 방송, 잡지 등을 이용하여 기사 또는 전문가의 의견 형태로 표현되는 광고
- 심의를 받지 아니하거나 심의받은 내용과 다른 내용의 광고
- 외국인 환자를 유치하기 위한 국내광고

- 소비자를 속이거나 소비자로 하여금 잘못 알게 할 우려가 있는 방법으로 비급여 진료비용을 할인하거나 면제하는 내용의 광고
- 각종 상장·감사장 등을 이용하는 광고 또는 인증·보증·추천을 받았다는 내용을 사용하거나 이와 유사한 내용을 표현하는 광고. 다만, 다음 내용 중 어느 하나에 해당하는 경우는 제외한다.
  - 의료기관 인증을 표시한 광고
  - 중앙행정기관·특별지방행정기관 및 그 부속기관, 지방자치단체 또는 공공기관으로부터 받은 인증·보증을 표시한 광고
  - 다른 법령에 따라 받은 인증·보증을 표시한 광고
  - 세계보건기구와 협력을 맺은 국제평가기구로부터 받은 인증을 표시한 광고 등 대통령령으로 정하는 광고
- 그밖에 의료광고의 방법 또는 내용이 국민의 보건과 건전한 의료경쟁의 질서를 해치거나 소비자에게 피해를 줄 우려가 있는 것으로서 대통령령으로 정하는 내용의 광고

04 의료기관의 개설권자와 개설 절차(의료법 제33조)
- 종합병원·병원·치과병원·한방병원·요양병원·정신병원 : 시·도 의료기관 개설위원회 심의를 거쳐 시·도지사의 허가
- 의원·치과의원·한의원·조산원 : 시장·군수·구청장에게 신고

05 의료광고의 금지 등의 기준(의료법 제56조)
의료기관 개설자, 의료기관의 장 또는 의료인이 아닌 자는 의료에 관한 광고를 하지 못한다.

의료인의 종별 임무(의료법 제2조)
의료인 : 의사, 치과의사, 한의사, 조산사, 간호사

06 실태 등의 신고(의료기사 등에 관한 법률 시행령 제8조)
의료기사 등은 법에 따라 그 실태와 취업상황을 면허증을 발급받은 날로부터 매 3년이 되는 해의 12월 31일까지 보건복지부령으로 정하는 바에 따라 보건복지부장관에게 신고해야 한다.

07 3년 이하의 징역 또는 3천만원 이하의 벌금(의료기사 등에 관한 법 제30조)
- 의료기사 등의 면허 없이 의료기사 등의 업무를 행한 자
- 타인에게 의료기사 등의 면허증을 대여한 사람 또는 대여 받거나 알선한 사람
- 업무상 알게 된 비밀을 누설한 자
- 안경사의 면허 없이 안경업소를 개설한 자
- 치과기공사의 면허 없이 치과기공소를 개설한 자(단, 개설등록을 한 치과의사는 제외)
- 치과의사가 발행한 치과기공물제작의뢰서에 따르지 아니하고 치과기공물제작 등 업무를 행한 자

500만원 이하의 벌금(의료기사 등에 관한 법 제31조)
- 의료기사 등의 면허 없이 의료기사 등의 명칭 또는 이와 유사한 명칭을 사용한 자
- 2개소 이상의 치과기공소를 개설한 자
- 2개 이상의 안경업소를 개설한 자
- 등록을 하지 아니하고 치과기공소를 개설한 자
- 등록을 하지 아니하고 안경업소를 개설한 자
- 다음의 방법을 위반하여 안경 및 콘택트렌즈를 판매한 사람
  - 전자상거래 등에서의 소비자보호에 관한 법률에 따른 전자상거래 및 통신판매의 방법
  - 판매자의 사이버몰(컴퓨터 등과 정보통신설비를 이용하여 재화 등을 거래할 수 있도록 설정된 가상의 영업장을 말함) 등으로부터 구매 또는 배송을 대행하는 등 보건복지부령으로 정하는 방법
- 안경 및 콘택트렌즈를 안경업소 외의 장소에서 판매한 안경사
- 영리를 목적으로 특정 치과기공소·안경업소 또는 치과기공사·안경사에게 고객을 알선·소개 또는 유인한 자

08 치과위생사의 업무범위(의료기사 등에 관한 법률 시행령 별표 1)

- 교정용 호선의 장착·제거
- 불소 바르기
- 보건기관 또는 의료기관에서 구내 진단용 방사선 촬영업무
- 임시 충전
- 임시 부착물의 장착
- 부착물 제거
- 치석 등 침착물의 제거
- 치아 본뜨기
- 그 밖에 치아 및 구강질환의 예방과 위생에 관한 업무

09 부정행위자의 국가시험 제한(의료기사 등에 관한 법률 시행규칙 제10조, 별표 2)

응시제한 횟수	시험정지·합격무효 처분의 사유 및 위반의 정도
1회	• 시험 중에 대화, 손동작 또는 소리 등으로 서로 의사소통을 하는 행위 • 허용되지 아니한 자료를 가지고 있거나 이용하는 행위
2회	• 시험 중에 다른 응시한 사람의 답안지(실기작품의 제작방법) 또는 문제지를 엿보고 자신의 답안지를 작성하는 행위 • 시험 중에 다른 응시한 사람을 위하여 답안 등을 알려주거나 엿보게 하는 행위 • 다른 사람으로부터 도움을 받아 답안지를 작성하거나 다른 응시한 사람의 답안지 작성에 도움을 주는 행위 • 답안지를 다른 응시한 사람과 교환하는 행위 • 시험 중에 허용되지 아니한 전자장비, 통신기기, 전자계산기기 등을 사용하여 답안을 전송하거나 작성하는 행위 • 시험 중에 시험문제 내용과 관련된 물건(시험 관련 교재 및 요약자료를 포함)을 주고받는 행위
3회	• 대리시험을 치르거나 치르게 하는 행위 • 사전에 시험문제 또는 답안을 타인에게 알려주거나 알고 시험을 치른 행위

10 의료기사 등의 보수교육(의료기사 등에 관한 법률 시행규칙 제18조)

③ 보건복지부장관은 다음의 어느 하나에 해당하는 사람에 대해서는 해당 연도의 보수교육을 유예할 수 있다.
　㉠ 해당 연도에 보건기관·의료기관·치과기공소 또는 안경업소 등에서 그 업무에 종사하지 않은 기간이 6개월 이상인 사람
　㉡ 보건복지부장관이 해당 연도에 보수교육을 받기가 어렵다고 인정하는 요건을 갖춘 사람
④ 보건기관·의료기관·치과기공소 또는 안경업소 등에서 그 업무에 종사하지 않다가 시 그 업무에 종사하려는 사람은 제3항 ㉠에 따라 보수교육이 유예된 연도(보수교육이 2년 이상 유예된 경우에는 마지막 연도를 말함)의 다음 연도에 다음의 구분에 따른 보수교육을 받아야 한다.
　㉠ ③에 따라 보수교육이 1년 유예된 경우 : 12시간 이상
　㉡ ③에 따라 보수교육이 2년 유예된 경우 : 16시간 이상
　㉢ ③에 따라 보수교육이 3년 이상 유예된 경우 : 20시간 이상

11 지역사회 건강실태조사(지역보건법 제4조)

- 질병관리청장과 특별자치시장·특별자치도지사·시장·군수·구청장은 지역주민의 건강 상태 및 건강 문제의 원인 등을 파악하기 위하여 매년 지역사회 건강실태조사를 실시하여야 한다.
- 질병관리청장은 지역사회 건강실태조사를 실시할 때에는 미리 보건복지부장관과 협의하여야 한다.
- 지역사회 건강실태조사의 방법, 내용 등에 필요한 사항은 대통령령으로 정한다.

지역사회 건강실태조사의 방법 및 내용(지역보건법 시행령 제2조)

- 질병관리청장은 보건복지부장관과 협의하여 지역보건법에 따른 지역사회 건강실태 조사를 매년 지방자치단체의 장에게 협조를 요청하여 실시한다.
- 협조 요청을 받은 지방자치단체의 장은 매년 보건소(보건의료원을 포함한다)를 통하여 지역 주민을 대상으로 지역사회 건강실태조사를 실시하여야 한다. 이 경우 지방자치단체의 장은 지역사회 건강실태조사의 결과를 질병관리청장에게 통보하여야 한다.

- 지역사회 건강실태조사는 표본조사를 원칙으로 하되, 필요한 경우에는 전수조사를 할 수 있다.
- 지역사회 건강실태조사의 내용에는 다음의 사항이 포함되어야 한다.
    - 흡연, 음주 등 건강 관련 생활습관에 관한 사항
    - 건강검진 및 예방접종 등 질병 예방에 관한 사항
    - 질병 및 보건의료서비스 이용 실태에 관한 사항
    - 사고 및 중독에 관한 사항
    - 활동의 제한 및 삶의 질에 관한 사항
    - 그 밖에 지역사회 건강실태조사에 포함되어야 한다고 질병관리청장이 정하는 사항

12

③ 전문인력의 임용 자격 기준은 지역보건의료기관의 기능을 수행하는 데 필요한 면허·자격 또는 전문지식이 있는 사람으로 하되, 해당 분야의 업무에서 2년 이상 종사한 사람을 우선적으로 임용해야 한다(지역보건법 시행령 제17조).

① 보건복지부장관은 지역보건의료기관의 전문인력 배치 및 운영 실태를 2년마다 조사하여야 하며, 필요한 경우에는 시·도 또는 시·군·구에 대하여 수시로 조사할 수 있다(지역보건법 시행령 제20조).

② 보건복지부장관은 실태조사 결과 전문인력의 적절한 배치 및 운영에 필요하다고 판단하는 경우에는 시·도지사에게 전문인력의 교류를 권고할 수 있다(지역보건법 시행령 제20조).

④ 보건복지부장관 또는 시·도지사는 전문인력에 대하여 기본교육훈련과 직무분야별 전문교육훈련을 실시하여야 한다(지역보건법 시행령 제18조).

⑤ 보건복지부장관은 지역보건의료기관의 전문인력의 배치 및 운영 실태를 조사할 수 있으며, 그 배치 및 운영이 부적절하다고 판단될 때는 그 시정을 위해서 시·도지사 또는 시장·군수·구청장에게 권고할 수 있다(지역보건법 제16조).

13 지역보건의료계획의 수립(지역보건법 제7조)

지역보건의료계획의 내용에 관하여 필요하다고 인정하는 경우 보건복지부장관은 특별자치시장·특별자치도지사 또는 시·도지사, 시·도지사는 시장·군수·구청장에게 각각 보건복지부령으로 정하는 바에 따라 그 조정을 권고한다.

14 보건소의 기능 및 업무(지역보건법 제11조)

- 건강친화적인 지역사회 여건 조성
- 지역보건의료정책의 기획, 조사·연구 및 평가
- 보건의료인 및 보건의료기관 등에 대한 지도·관리·육성과 국민보건 향상을 위한 지도·관리
- 보건의료 관련 기관·단체, 학교, 직장 등과의 협력체계 구축
- 지역주민의 건강증진 및 질병예방·관리를 위한 다음 지역보건의료서비스 제공
    - 국민건강증진·구강건강·영양관리사업 및 보건교육
    - 감염병의 예방 및 관리
    - 모성과 영유아의 건강 유지·증진
    - 여성·노인·장애인 등 보건의료 취약 계층의 건강 유지·증진
    - 정신건강증진 및 생명존중에 관한 사항
    - 지역주민에 대한 진료, 건강검진 및 만성질환 등의 질병관리에 관한 사항
    - 가정 및 사회복지시설 등을 방문하여 행하는 보건의료사업
    - 난임의 예방 및 관리

15 건강생활지원센터의 설치(지역보건법 제14조, 시행령 제11조)

- 지방자치단체는 보건소의 업무 중에서 특별히 지역주민의 만성질환 예방 및 건강한 생활습관 형성을 지원하는 건강생활지원센터를 대통령령으로 정하는 기준에 따라 해당 지방자치단체의 조례로 설치할 수 있다.
- 건강생활지원센터는 읍·면·동(보건소가 설치된 읍·면·동은 제외)마다 1개씩 설치할 수 있다.

16 구강건강실태조사(구강보건법 제9조, 시행령 제4조)

- 질병관리청장은 보건복지부장관과 협의하여 국민의 구강건강상태와 구강건강의식 등 구강건강실태를 3년마다 조사하고 그 결과를 공표하여야 한다. 이 경우 장애인의 구강건강실태에 대하여는 별도로 계획을 수립하여 조사할 수 있다.
- 구강건강실태조사는 구강건강상태조사 및 구강건강의식조사로 구분하여 3년마다 정기적으로 실시한다.
- 구강건강상태조사와 구강건강의식조사는 표본조사로 실시하며, 구강건강상태조사는 직접구강검사를 통해 실시하고, 구강건강의식조사는 면접설문조사를 통해 실시한다.

구강건강상태조사에 포함되어야 할 사항	• 치아건강상태 • 치주조직건강상태 • 틀니보철상태 • 기타 치아반점도 및 구강건강상태에 관한 사항
구강건강의식조사에 포함되어야 할 사항	• 구강보건에 대한 지식 • 구강보건에 대한 태도 • 구강보건에 대한 행동 • 기타 구강보건의식에 관한 사항

17 불소용액양치사업(구강보건법 시행규칙 제10조)

불소용액양치사업에 필요한 불소용액의 농도는 매일 1회 양치하는 경우에는 양치액의 0.05%, 주 1회 양치하는 경우에는 양치액의 0.2%로 한다.

18 권역·지역장애인 구강진료센터의 설치·운영의 위탁 기준·방법 및 절차(구강보건법 시행규칙 제12조의 4)

시·도지사가 권역장애인 구강진료센터의 설치·운영을 위탁할 수 있는 기관은 치과병원 또는 종합병원으로서 장애인 구강환자의 전문진료 및 진료지원을 할 수 있는 시설·장비·인력을 갖춘 기관이어야 한다.

19 구강보건사업의 세부계획 및 시행계획의 수립·시행(구강보건법 제6조)

- 특별시장·광역시장·특별자치시장·도지사·특별자치도지사 : 매년 기본계획에 따라 구강보건사업에 관한 세부계획을 수립·시행하여야 한다.
- 시장·군수·구청장 : 매년 기본계획 및 세부계획에 따라 구강보건사업에 관한 시행계획을 수립·시행하여야 한다.

20 학교 구강보건사업(구강보건법 제12조)

유아교육법, 유치원 및 초·중등교육법에 따른 학교의 장은 다음의 사업을 해야 한다.
- 구강보건교육
- 구강검진
- 칫솔질과 치실질 등 구강위생관리 지도 및 실천
- 불소용액양치와 치과의사 또는 치과의사의 지도에 따른 치과위생사의 불소 도포
- 지속적인 구강건강관리
- 그밖에 학생의 구강건강증진에 필요하다고 인정되는 사항

2 구강해부학

21 접형골의 대익에서 관찰되는 구조물

- 정원공 : 상악신경 통과
- 난원공 : 하악신경 통과
- 극공 : 중경막신경 통과

22 안면근 중 입주위 근육

- 구륜근 : 상순절치근, 비순근, 하순절치근으로 구분하며, 휘파람을 불 때 입술을 모아 다물게 하거나 입술을 다물게 하거나, 저작할 때 음식물이 밖으로 나오지 않도록 하는 역할을 한다.
- 협근 : 뺨을 압박하여 구강전정에 있는 음식물을 치아 쪽으로 보내며, 트럼펫을 불 때 공기를 내보내는 역할을 한다.

23 • 상악신경의 주요 가지와 분포

신경가지	통 과	분 포
대구개신경	대구개공	경구개(치은 및 점막)
소구개신경	소구개공	연구개, 구개편도, 구개수
비구개신경	절치관과 절치공	경구개 앞부분
후상치조신경	후상치조공	상악대구치, 협측치은, 상악동
중상치조신경	안와하관의 뒷부분	상악의 소구치, 협측치은
전상치조신경	안와하관의 앞부분	상악절치, 상악견치, 순측치은

• 하악신경의 주요 가지와 분포

신경가지		분 포
경막지		뇌경막
협신경		볼의 피부, 하악대구치의 볼점막
이개측두신경		이개의 전방 및 측두부, 악관절
설신경	설하지	하악의 설측치은과 구강저의 점막
	설 지	혀의 앞쪽 2/3에서의 감각과 미각
하치조 신경	하치지	하악 치아
	하치은지	하악 전치부 순측 치은, 하악 소구치 부위 협측 치은
	이신경	턱의 피부, 하순의 피부 및 점막
저작근 관여 신경	교근신경	교 근
	심측두신경	전심측두근은 측두근 앞부분 후심측두근은 측두근 뒷부분
	외측익돌근 신경	외측익돌근
	내측익돌근 신경	내측익돌근, 구개범장근, 고막장근

24 대타액선
- 이하선 : 장액선, 귀의 전하방 위치
- 악하선 : 혼합선(묽은), 하악각의 전내측에 위치
- 설하선 : 혼합선(끈끈), 설소대 양쪽 점막 하방에 위치

25 각 운동에 관여하는 저작근
- 개구운동 : 초기에는 외측익돌근, 말기에는 악이복근 전복 작용
- 폐구운동 : 측두근, 교근, 외측익돌근, 내측익돌근

26 ② 접구개동맥 : 비강 외측벽의 후방부
③ 소구개동맥 : 연구개 및 구개편도
④ 안와하동맥 : 상악 전치 및 견치부위의 골막, 치조, 상악동 점막
⑤ 후상치조동맥 : 상악 소구치, 대구치 및 치은, 상악동 점막

27 • 상관절강 : 활주운동
• 하관절강 : 접번운동(회전운동)
• 개구, 폐구, 전진, 후퇴, 측방운동은 기능운동에 해당한다.

3 치아형태학

28 상악 견치의 치근 길이는 약 17mm로 전체 치아 중에서 가장 길다.

29 이상결절의 종류
- 개재결절 : 상악 제1소구치
- 카라벨리씨 결절 : 상악 제1대구치, 상악 제2유구치
- 가성구치결절 : 상악 제2대구치
- 후구치결절 : 상악 제3대구치
- 6교두와 7교두 : 하악 제1대구치

30 상악 제1소구치 : 복근치, 협/설 분지

31 상악 측절치 설면 특징
- 변연융선과 치경융선이 매우 강하고 크며 V자 모양이다.
- 설면와가 좁고 깊다.
- 맹공과 사절흔이 있다.
- 치아우식의 호발 부위이다.
- 절단융선도 잘 발달되어 있다.

32 상악 제1대구치
다근치, 협측과 구개측으로 분지, 협측은 근심과 원심으로 분지

33
가. 사획구분법(Palmer notation system, 팔머표기법)
영구치

우측	8	7	6	5	4	3	2	1	1	2	3	4	5	6	7	8	좌측
	8	7	6	5	4	3	2	1	1	2	3	4	5	6	7	8	

나. 국제치과연맹표기법(FDI system)
영구치

우측	18	17	16	15	14	13	12	11	21	22	23	24	25	26	27	28	좌측
	48	47	46	45	44	43	42	41	31	32	33	34	35	36	37	38	

다. 연속표기법(Universal numbering system)
영구치

우측	1	2	3	4	5	6	7	8	9	10	11	12	13	14	15	16	좌측
	32	31	30	29	28	27	26	25	24	23	22	21	20	19	18	17	

34 만곡상징
절단연(교합면)에서 근심반부는 발달이 잘되어 만곡도가 크지만, 원심반부는 만곡도가 완만하고 작다. 상악 소구치는 이와 반대(원심반부가 더 발달)이며, 견치와 상악 제1대구치에서 뚜렷하고, 하악 중절치에서는 미미하다.

4 구강조직학

35 모상기(발생 9~10주) 치배의 특징
- 법랑기관 : 법랑질 형성
- 치유두 : 상아질과 치수 형성
- 치낭 : 백악질, 치주인대, 치조골 형성

36 상 순
발생 4주에 상악돌기가 윗입술의 가쪽, 내측비돌기가 윗입술의 중앙을 형성하고, 융합부전 시 구순열이 생긴다.

37 상아질의 분류
- 관주상아질 : 매우 석회화되어 있으며 나이 듦에 따라 두꺼워진다.
- 관간상아질 : 상아질의 대부분으로 관주상아질의 사이를 채우고 있다.
- 구간상아질 : 저광화, 비광화된 상아질 부위이다.
- 투명상아질(= 경화상아질) : 상아세관이 폐쇄된 것으로 노인의 치아, 정지 우식, 만성 우식에서 나타난다.

38
① 횡선문 : 법랑질의 성장선, 하루에 $4\mu m$씩 성장, 석회화의 정도에 차이를 반영
② 신생선 : 법랑질의 성장선, 출생 시의 외상이 반영
③ 에브너선 : 상아질의 성장선
④ 레찌우스선 : 법랑질의 성장선, 최근 7일 동안 만들어진 법랑질의 양
⑤ 안드레젠선 : 상아질의 성장선, $20\mu m$ 간격으로 만들어진 상아질

39 결합조직의 특징
- 인체의 기본 조직 중 가장 많은 무게를 차지한다.
- 유사분열능력이 있어 재생이 가능하다.
- 혈관이 분포되어 있어 직접 혈액공급을 받는다.
- 영양, 방어, 지지 등의 다양한 기능이 있다.
- 세포는 적고, 세포 사이의 간격이 넓고, 세포간질이 많다.

40 부착치은의 특징
- 저작점막이다.
- 건조 시 무광택이고 단단하다.
- 운동성이 없으며, 많은 점몰이 존재한다.
- 저작 시 교합압을 점막하조직에 전달하는 역할을 한다.

41 구강점막은 고유판과 고유판을 덮고 있는 중층편평상피로 구성된다.

5 구강병리학

42 만성 치수염
- 만성 궤양성 치수염
  - 우식이 진행되어 경조직이 탈락하고 치수가 외부로 노출된다.
  - 궤양성 병변을 보이는 치수염으로 자발통이 없다.
  - 식편압입으로 인한 경도의 통증과 불쾌감이 있다.
- 만성 증식성 치수염
  - 노출된 치수의 만성 자극으로 치수조직이 증식된다.
  - 증식된 치수조직이 우식와를 채우고 있다.
  - 자발통이 없으며 교합과 저작 시 외상, 압흔, 출혈이 나타난다.
  - 유치와 유년기의 영구치에 호발한다.

43 악골골수염은 포도상구균 및 연쇄상구균에 의한 감염이 원인으로, 성인의 경우 하악에서 호발한다.

44 함치성낭종
- 치관의 형성 완료 후 치관 주위의 잔존하는 퇴축법랑상피에서 유래하며, 낭종강 내의 매복치관을 포함한다.
- 방사선상 경계가 뚜렷한 단방성, 다방성의 투과상, 치관부위만 둘러싼 투과상으로 관찰된다.
- 10~30대 남성에게 호발한다.
- 하악은 지치와 소구치부, 상악은 정중부와 견치부에서 호발한다.

45 염증의 5대 징후 : 발열, 발적, 통증, 종창, 기능상실
- 염증부위의 혈류 증가 : 발적, 발열
- 염증성 화학매개물질이 신경의 말단부위 자극, 종창 : 통증
- 혈장성분의 삼출 : 종창

46 치아의 발육 이상 중 형태 이상
- 융합치 : 2개의 치배가 1개의 치관 형성
- 쌍생치 : 1개의 치배가 불완전한 2개의 치배로 분리되어 2개의 치관과 1개의 치근 형성
- 유착치 : 2개의 인접한 치근면이 백악질에서만 결합

47 급성 염증에 관여하는 세포
- 호중구 : 골수에 있는 전구세포에서 유래, 급성 감염과 이물질 탐식작용, 화농성 염증에 관여한다.
- 단핵구 : 무과립형백혈구의 종류, 면역반응에서 보조자 역할, 탐식작용, 항원처리, 림프구에 항원정보를 전달한다.

48
- 절제생검 : 병소의 크기가 작은 경우 조직 전부를 절제하여 검사
- 절개생검 : 병소의 크기가 큰 경우 조직의 일부를 절제하여 검사
- 침생검 : 굵고 긴 침으로 간, 신장 같은 장기에서 채취하여 검사
- 천자흡인생검 : 가는 침으로 피부에서 가까운 골수, 유방 등에서 채취하여 검사
- 박리세포진단생검 : 표피조직의 탈락된 세포를 채취

6 구강생리학

49 쇼그렌증후군
- 폐경 후 여성에게 호발한다.
- 건조성 각막염, 구강건조증 등이 나타난다.
- 저작과 연하 곤란, 미각장애, 궤양이 형성되는 등 구강 통증이 있다.

50 췌장
- 소화효소 : 아밀라아제(탄수화물), 트립신(단백질), 스테압신(지방)
- 호르몬 : 인슐린, 글루카곤

51
- 하악반사 : 턱끝을 아래로 치면, 폐구근이 수축하여 입을 닫는다.
- 개구반사 : 혀를 깨물거나 돌을 씹어 순간적으로 입이 벌어진다.
- 치주인대저작근반사 : 치아를 계속적으로 두드리거나 지속적으로 가하면 입을 닫는다.
- 폐구반사 : 음식물이나 물을 삼킬 때 입을 닫는다.

52
- 부갑상선의 항진 : 낭포성 섬유성 골염, 골다공증
- 부갑상선의 저하 : 근육의 강직 발생, 치아의 형성부전
① 바세도우병 : 갑상선호르몬 항진
② 애디슨병 : 부신피질호르몬 저하
③ 크레틴병 : 갑상선호르몬 저하
⑤ 쿠싱증후군 : 부신피질호르몬 항진

53
① 티록신 : 에너지대사, 열을 발생한다.
③ 코르티솔 : 지방과 단백질 분해로 당질로 전환, 혈당치가 상승한다.
④ 알도스테론 : 신장의 나트륨 재흡수에 도움이 된다.
⑤ 에피네프린 : 아드레날린이라고도 하며 심박수와 심박출량 증가, 혈당치가 상승한다.

54
- 전타액의 경우 뮤신 함유량에 따라 타액의 점성이 달라진다.
- 뮤신 : 혀와 뺨의 점막을 보호하며 음식을 감싸고 삼키기 쉽게 한다.

55 교합력
- 교합에 의해 교합면에 가해지는 힘이다.
- 연령 증가 시 감소한다(최대교합력은 20대에 가장 큼).
- 남성이 여성보다 크다.
- 구치부가 크다.
- 무치악이 유치악보다 50% 작다.
- 최대교합력은 15~20mm 개구 시 발생한다.

7 구강미생물학

56 IgG
- 정상인의 혈청 중 가장 다량으로 존재한다.
- 태반을 통과하는 유일한 면역항체이다.
- 세균과 독소에 저항한다.
- 항원 침투 시 생산이 늦으나, 같은 항원의 재침투에서 짧은 잠복기에 다량으로 장기간 생산한다.

57 구강 칸디다증
- 입안에 곰팡이의 일종인 칸디다가 증식, 숙주의 저항이 약할 때 발병하는 기회감염
- *Candida albicans*가 원인균이다.
- 구강점막의 붉은 반점 위에 미세한 백색의 침착물 형태(응결된 우유처럼 부드럽고 융기된 백색반점)를 띤다.
- 작열감, 압박감, 통증, 자극성 음식 섭취 시 불편감 등이 있다.

58
후천면역 : 감염에 의한 특이적 면역, 2차 방어, 항원특이성, 면역기억

59 단순포진바이러스
- Herpes virus가 원인이며 1형(안면부), 2형(생식기)으로 구별됨
- 경미한 또는 심한 발열, 림프절, 입과 목의 통증
- 구강점막에 소포 발생, 소포가 터진 후 홍반성 또는 노란회색 기저부위가 있는 원형 또는 표층의 궤양형성, 치은염증

60 *Prevotella intermedia*
- 그람음성, 간균, 혐기성, 흑색
- 사춘기성 치은염, 임신성 치은염과 관련
- 급성 괴사성 궤양성 치은염의 원인균

8 지역사회구강보건학

61 구강병 관리의 원칙
- 예방이 위주, 치료는 지원
- 구강병을 포괄적으로 관리

62 구강보건발생기
- 1960년대
- 1961년 대한구강보건학회 창립
- 1962년 전문가 불소도포사업 실시
- 1965년 최초의 치과위생사 교육 시작

63 학생정기구강검진의 목적
- 학생의 구강건강상태를 파악할 수 있다.
- 구강병의 초기 발견 및 초기 치료를 유도한다.
- 학생과 교사의 구강건강에 대한 관심이 증대된다.
- 구강보건자료가 수집된다.
- 학교 구강보건 기획에 필요한 자료가 수집된다.

64 산업장 구강관리
- 유해인자별로 6개월, 12개월 단위로 나누어 실시한다.
- 특정유해인자에 노출되는 업무에 종사하는 근로자를 대상으로 한다.
- 사업주가 실시한다.
- 정기적으로 구강검진과 구강보건교육을 실한다.

65 관찰조사법
- 장점 : 조사대상자의 협조가 불필요하며 세부적 사항 포착이 가능하다.
- 단점 : 조사대상의 적시포착이 어렵고 고도의 관찰기술이 필요하며 조사자 주관개입 가능성이 크다.

66 중대 구강병 : 특정 시기, 특정 사회의 필요에 따라 중요한 관리 대상이 되는 구강병으로, 발생빈도가 높고 기능장애를 일으키는 대표적 구강병이다.

67 영아구강보건관리
- 구강청결관리
- 불소이용(교육의 90%)
- 식이지도(교육의 10%)
- 정기 구강검진

68 구강보건사업 6단계
지역사회조사 → 조사결과분석 → 사업기획 → 재정조치 → 사업수행 → 사업평가

69 구강보건실태조사 내용
- 구강건강실태 : 치아우식경험도, 지역사회치주요양필요정도
- 구강보건진료필요 : 상대구강보건진료 수요, 유효구강보건진료필요, 주민의 구강보건의식, 구강병 예방사업으로 감소시킬 수 있는 상대구강보건진료필요, 공급할 수 있는 구강보건진료 수혜자, 활용 가능한 구강보건 인력자원과 활용, 주민의 견해

70 실태조사를 위해 질병의 발생양태를 파악하는 것이 가장 첫 번째 과정이다.

71
① 지방성 : 특이한 질병이 일부 지방이나 지역사회에 계속 발생(예 반점치)
② 유행성 : 질병이 어떤 나라나 어떤 사회의 많은 사람에게 발생(예 페스트, 콜레라)
③ 산발성 : 질병이 이곳저곳에서 개별적으로 발생(예 구강암)
④ 범발성 : 질병이 수개의 국가 또는 전 세계에서 발생(예 치아우식증, 치주병, 감기)
⑤ 전염성 : 질병이 병원성 미생물이나 그 독성산물에 의해 옮기며 발생(예 장티푸스)

72 적정불소이온 농도
- 온대지방 기준 0.8~1.2ppm으로 적정불소이온농도를 조정한다.
- 경도 이상의 반점치가 발생하지 않도록 한다.
- 경미도 반점치 유병률이 10% 이하가 되도록 한다.

9 구강보건행정학

73 공공부조형 구강보건진료제도 특징
- 진료자원이 균등하게 분포한다.
- 전체 국민에게 균등하게 의료서비스를 제공한다.
- 정부와 소비자로 구성되어 국민의 선택권이 없다.
- 진료의 양적 수준과 질적 수준 모두 저하된다.
- 행정체계가 경직되어 있다.

74
- 유지구강보건진료(계속구강보건진료) : 계속구강건강관리과정에 일정한 주기로 계속적으로 전달하는 구강진료
- 응급구강보건진료 : 고통을 느끼는 환자에게 응급으로 진료를 전달, 구강상병의 발생률과 연관
- 증진구강보건진료(개시구강보건진료) : 기초구강진료, 계속구강건강관리의 첫 단계, 구강상병의 유병률과 연관

75
- 행위별 구강진료비지불제도 : 구강진료의 단편화, 재활지향 구강진료
- 각자 구강진료비조달제도 : 소비자가 지불해야 할 행위별 구강진료비를 직접 조달
- 집단 구강보건진료비조달제도 : 진료를 받기 전 공동으로 추산한 진료비를 일정기간 주기적 적립하여 조달하는 제도로 우리나라의 건강보험료가 해당됨

76 정책의 구조
- 제1구성요소 : 미래구강보건상
- 제2구성요소 : 구강보건발전방향
- 제3구성요소 : 구강보건행동노선
- 제4구성요소 : 구강보건정책의지
- 제5구성요소 : 공식성

77
- 분업원리 : 행정조직의 업무를 분류하여 분담한다.
- 계층원리 : 상위자가 하위자에게 권한과 책임을 순차적으로 위임한다.
- 권한위임의 원리 : 최고관리자가 부하 직원에게 권한을 위임하여 관리활동을 수행하게 한다.
- 지휘통일의 원리 : 한 명의 상관에게 명령을 받는다.
- 통제범위원리 : 통제범위의 한계를 초과하지 않는다.

78 스케일링은 치과의사의 지도·감독하에 할 수 있는 업무로 치과의사가 부재중일 때에는 치과위생사가 단독으로 스케일링을 할 수 없다.

79 구강보건진료소비자의 권리
- 구강보건진료 정보입수권
- 구강보건진료 진료소비권
- 구강보건 의사반영권
- 구강보건 진료선택권
- 개인비밀보장권
- 단결조직활동권
- 피해보상청구권

80
① 만 19세 이상 연간 1회 급여
② 비급여
③ 만 18세 이하 제1, 2대구치 건전교합면에 적용 시 급여
④·⑤ : 만 65세 이상 급여

81 공식적 참여자
- 대통령 : 직접 정책결정에 참여한다.
- 행정기관과 관료 : 공공문제에 대한 전문지식과 높은 관심, 정책집행의 실질적 수단을 보유한다.
- 입법부 : 법률이나 예산의 형태로 정책결정하며 정책집행에 대한 통제와 감시 기능을 한다.
- 사법부 : 법률심사권, 법령해석권을 통해 참여한다.

82 공공부조
- 대상 : 단기고유자(빈곤)
- 재원 : 일반세금
- 수급여부 : 예측불가
- 보험수급 : 법적 권리가 아님
- 소득보장 : 개별적
- 수급자에 영향 : 이타심
- 종류 : 생계급여, 주거급여, 의료급여, 교육급여, 해산급여, 장제급여, 자활급여

10 구강보건통계학

83 Horowitz의 개인 반점치지수 : 개인의 각 치아 반점치 점수 중 두 번째로 높은 것
- 정상치아 : 1개의 치아만 중등도 반점치, 나머지는 정상
- 경도 반점치아 : 경도 반점치 2개, 중등도 반점치 1개, 나머지는 정상
- 중등도 반점치아 : 중등도 반점치 2개, 나머지는 정상

84
#16 0점
#26 1점
#11 1점
#31 0점
#36 2점
#46 3점
- 치면세마필요자율 2점 : 3분악의 치주조직검사결과 한 곳 이상 2점이나 3점으로 기록
- 치면세균관리필요자율 1점 : 3분악의 치주조직검사결과 한 곳 이상 1로 기록
- 치주조직병치료필요자율 3점 : 3분악의 치주조직검사결과 한 곳 이상 4로 기록

85 우식영구치율(DT rate)
= 우식영구치수/우식경험영구치수×100%
= (80 + 20)/(80 + 20 + 20 + 40)×100%
= 62.5%

86 우식경험영구치율(DMFT rate)
= 우식경험영구치아수/피검영구치아수(상실치아포함)×100%
= (150 + 100 + 25 + 25)/3,000×100%
= 10%

87 WHO 유치우식
- d : 충전으로 보존할 수 있는 유치, 보존이 불가능하여 발거해야 하는 우식유치
- f : 이미 충전되어 보존되고 있는 과거의 우식유치

88 PMA index(유두변연부착치은염지수)
- 개인의 발생된 치은염의 양을 표시하는 지표
- 유두치은염(P), 최고점변연치은염(M), 부착치은염(A) 3부위에서 각 염증이 있으면 1점, 없으면 0점
- 6전치 사이의 있는 5개의 치간유두 + 5부위의 변연치은 + 5부위의 부착치은으로, 상·하악을 조사
- 총 30개의 단위치은으로 0점이 최저점, 30점이 최고점

89 **보데커의 치면분류**
- 유치 : 5면
- 상악 제1,2대구치 : 7면
- 하악 대구치 : 6면
- 발거된 치아 : 3면
- 인조치관장착치아 : 3면
- 인접면 치아우식증 : 2면

90 제1대구치 건강도 = $(8.5 + 0 + 9.5 + 7)/40 \times 100 = 62.5\%$
우식경험률 = 100 − 제1대구치 건강도
= 100 − 62.5%
= 37.5%

11 구강보건교육학

91 ① 욕구 : 행동을 유발하는 내적 원인, 개체 내의 결핍과 과잉에 의해 나타나는 상태
② 압력 : 심리적 스트레스 원천 중 하나
③ 충동 : 잠재적 힘을 행동으로 이끌어가게 하는 것
④ 유인 : 충동에 의해 유발된 행동이 접근하거나 피하는 목표나 대상을 성취, 획득, 달성하면 행동은 중지되고 개체의 긴장상태는 해소됨
⑤ 동기 : 목적을 추구하는 행동을 하게 하는 상태 또는 준비 태세

92 **교육목표 개발의 5원칙** : 실용적, 행동적, 이해 가능, 측정 가능, 달성 가능

93 **시 범**
- 학습자가 배워야 할 시술과 절차를 실제 또는 사례를 관찰이나 모방을 통해 학습을 시도하는 방법이다.
- 글과 말보다 학습과정을 분명히 전달할 수 있다.
- 학습자가 즉시 익힐 수 있다.
- 학습내용의 요점이 쉽게 관찰되고 파악할 수 있다.
- 시범 후 실습할 수 있는 장소와 시설이 필요하다.
- 시범교사가 정확하게 설명해야 하고 시범을 보여야 한다.
- 추상적인 것은 다루기 어렵다.

94 **교육과정의 순환과정**
- 교육목적·목표 설정 : 목적과 목표 설정원칙을 고려
- 교육내용 선정 : 효과적인 목적과 목표달성을 위한 교육내용 선정
- 학습경험 선정 : 내용에 알맞은 경험 설정
- 내용과 경험구조 : 내용과 경험의 조화
- 교수-학습 : 교수-학습을 효과적으로 실행할 수 있는 방법 선정
- 교육평가 : 과학적·객관적 평가, 평가의 원칙에 의한 평가

95 ④ 학습자 성취도 평가 : 학습자의 능력이나 태도 또는 행동을 기준을 정해 놓은 기준에 맞춰 평가
③ 교육 유효도 평가 : 교육방법이나 기자재와 같은 교육과정에 관련되는 요인을 평가
⑤ 구강보건 증진도 평가 : 구강보건을 증진시킨 정도를 정해 놓은 기준에 맞춰 평가

96 ② 식습관개선법 : 다발성우식환자에게 적합
③ 불소용액양치법 : 다발성우식 및 우식예방처치가 필요한 환자에게 적합
④ 지각과민완화법 : 치아의 마모, 교모 등으로 인해 과민증이 심한 환자에게 적합
⑤ 악관절장애관리법 : 악관절장애(통증 및 개구장애 등)의 증상이 있는 환자에게 적합

97 교육목표에 따른 구강보건 평가방법
- 학습자 성취도 : 학습자의 지식, 태도, 행동을 정해놓은 구강보건교육으로 평가
- 교육 유효도 : 교육과정 자체의 요인을 평가
- 구강보건증진도 : 구강보건 증진 정도를 정해 놓은 기준에 맞춰 유효도 평가

98 방사선 치료와 전신질환으로 약물복용 시 타액분비 저하로 치아우식증 및 치주질환에 대한 발생도가 증가한다.

99 영아기(0~1세)의 심리적 특징
- 기본적 신뢰감이 형성되거나 불신감이 형성되는 시기
- 어머니와 애정 형성이 잘되면 신뢰감 형성
- 어머니의 부적절성, 비일관성, 거부적 태도는 불신감 형성
- 불신감이 있을 때 치과방문 시 설득 불가, 격리불안 특성이 높음

100 임산부의 구강보건교육 특성
- 근본적 원인은 구강위생상태 불량
- 국소적 치은비대, 임신성 치은염, 지치주위염 등 특성
- 치면세균막 관리, 식이조절, 모자감염교육, 약물복용 시 의사와 상의

2교시 정답

01	⑤	02	④	03	⑤	04	③	05	②	06	⑤	07	③	08	②	09	⑤	10	③
11	③	12	①	13	④	14	④	15	②	16	②	17	④	18	②	19	③	20	⑤
21	②	22	①	23	②	24	①	25	⑤	26	⑤	27	④	28	③	29	⑤	30	③
31	④	32	②	33	⑤	34	④	35	①	36	⑤	37	③	38	③	39	③	40	④
41	④	42	①	43	④	44	③	45	⑤	46	①	47	⑤	48	①	49	③	50	②
51	①	52	③	53	①	54	④	55	①	56	⑤	57	③	58	④	59	④	60	①
61	⑤	62	②	63	①	64	④	65	⑤	66	③	67	①	68	③	69	④	70	①
71	⑤	72	⑤	73	④	74	②	75	①	76	③	77	⑤	78	④	79	③	80	⑤
81	②	82	④	83	⑤	84	③	85	④	86	③	87	①	88	②	89	③	90	④
91	②	92	④	93	②	94	①	95	①	96	④	97	⑤	98	①	99	④	100	③

1 예방치과처치

01
- 숙주요인제거법 : 치질내산성 증가법, 세균침입로 차단법
- 환경요인제거법 : 치면세균막 관리법, 음식물 관리법
- 병원체요인제거법 : 당질분해 억제법, 세균증식 억제법

02
① 초기 광질이탈현상은 가역적이다.
② 광질이탈 가능한 수소이온농도는 pH 5.0~5.5이다.
③ 수면 중에는 타액분비가 적어 쉽게 회복하기 어렵다.
⑤ 치면세균막의 pH 정상회복 시 20~30분이 소요된다.

03
① 그람양성균이 최초로 부착한다.
② 매끄러운 치면에 잘 형성되지 않는다.
③ 부착력이 강하여 칫솔질로 제거된다.
④ 중탄산이온은 치면세균막 형성을 지연시킨다.

04

병원성기	전구 병원성기	건강증진	1차 예방: • 영양관리 • 구강보건교육 • 칫솔질 • 치간세정푼사질
	조기 병원성기	특수방호	• 식이조절 • 불소복용 • 불소도포 • 치면열구전색 • 치면세마 • 교환기유치발거 • 부정교합예방
질환기	조기 질환기	조기치료	2차 예방: • 초기우식병소충전 • 치은염치료 • 부정교합차단 • 정기구강검진
	진전 질환기	기능감퇴 제한	3차 예방: • 치수복조 • 치수절단 • 근관충전 • 진행우식병소충전 • 유치치관수복 • 치주조직병치료 • 부정치열교정 • 치아발거
회복기		상실기능 재활	• 가공의치보철 • 국부의치보철 • 전부의치보철 • 임플란트보철

05 치주병 발생요인
- 구강 내 환경요인 : 구강청결 정도, 불량보철물, 교정장치, 치면세균막, 치석
- 구강 외 환경요인 : 지리, 식품, 도시화 정도

06 치실고리 사용부위
- 가공의치 부위의 지대치와 인공치 사이
- 가공의치의 인공치아 기저부
- 서로 고정되어 있는 치아 사이
- 고정성 교정장치의 bracket과 wire 사이

07
- ③ 바스법 : 치은염 및 치주염 환자
- ① 묘원법 : 미취학 아동
- ② 회전법 : 일반 대중, 특별한 구강병이 없는 경우
- ④ 횡마법 : 일정 방법으로 교육을 할 수 없는 영유아
- ⑤ 차터스법 : 교정장치 장착부위, 고정성 보철물 장착자

08
- 스틸맨법 : 광범위한 치주질환자에게 적용한다.
- 와타나베법 : 만성치은염, 치주질환자에게 적용하며, 전문가가 시행하는 칫솔질 방법으로 2줄 칫솔모를 사용한다.

09 구강환경관리능력지수(PHP index)
- 6개의 치아를 한 면씩 총 6치면을 검사

#16 협면	#11 순면	#26 협면
#36 설면	#31 순면	#46 설면

- 검사대상 치면을 근심, 원심, 치은부, 중앙부, 절단부로 나눔
- 각 부분에 치면세균막이 붙어 있으면 1점, 미부착 시 0점
- 치아당 최저점 0점, 최고점 5점
- 0~1점 미만 : 양호/1~2점 미만 : 보통/2~3점 미만 : 불량/3점 이상 : 매우 불량

10 첨단칫솔(end tuft brush)
- 일반칫솔의 두부에서 전방부의 강모단만 남겨 놓은 상태
- 치아 사이
- 고정성교정장치 장착자의 브라켓과 와이어 주위
- 치은퇴축이나 치주수술 후 노출된 치근이개부
- 치간유두 소실로 치간공극이 크게 노출된 부위
- 상실치의 인접치면
- 최후방 구치의 원심면

11
① 환자가 앉은 자세에서 실시한다.
② 글리세린이 포함되지 않은 치면연마제를 사용한다.
④ 불소겔 트레이에 1/2 담아서 넘치지 않도록 한다.
⑤ 도포 중 입안에 고이는 타액은 석션으로 제거한다.

12
- 지각과민을 완화할 수 있는 처치를 시행한다.
- 회전법 칫솔질 교습을 한다.
- 저마모도의 세치제를 권장한다.

13 치면열구전색의 비적응증
- 환자의 협조도 저하로 적절한 건조상태를 유지할 수 없는 경우
- 와동이 큰 우식병소가 있는 경우
- 큰 교합면 수복물이 존재하는 경우
- 넓고 얕은 소와열구, 교모가 심한 치아

14 치면세마의 목적
- 구강환경을 청결히 유지하고 개선
- 구강질환을 유발시키는 국소요인 제거
- 구강 내 구취 제거
- 심미성 증진
- 구강위생관리에 동기부여
- 불소도포, 치면열구전색의 조건
- 치주조직의 건강을 유지할 수 있도록 환자에게 도움

15 **식단처방** : 처방식단과 일상식단의 차이가 적게 하며, 필수 영양소는 공급하고 환자의 기호와 식습관, 환경요인을 고려하여 식단처방에 반영한다.

16 ① 산부식 시간을 준수한다.
③ 전색된 치아의 교합이 높지 않도록 한다.
④ 중합이 완료될 때까지 방습이 최대한 유지되도록 한다.
⑤ 전색재와 치면의 접촉면적을 넓게 한다.

17 **치은연하치석의 특징**
- 치은변연 하방, 치주낭 내로 연장
- 모든 치아의 인접면과 설면에 분포
- 흑색과 갈색
- 치은열구액에서 무기질이 기원
- 치밀도가 높음
- 탐침, 압축공기, 방사선 등으로 진단

18 **구강 내 국소요인** : 설태, 외상성궤양, 헤르페스감염, 구강암, 치주염, 구강건조증, 치수감염을 포함한 치아우식증, 불량수복물과 보철물 등

2 치면세마

19 - 경사자세 : 심혈관질환자, 심한 호흡기질환자, 심근경색환자, 천식환자, 임신부 등
- 트렌델렌버그자세 : 심장이 머리보다 높은 자세

20 ⑤ 좌우양측법 : 양손을 동시에 사용하여 촉진하는 방법
① 양손법 : 한쪽 손으로 받치고 다른 손으로 촉진하는 방법
② 한손법 : 한 손의 대부분의 손가락을 사용하여 조직을 압박하여 촉진하는 방법
③ 지두법 : 손가락 하나만으로 촉진하는 방법
④ 쌍지두법 : 같은 손의 엄지와 검지를 사용하여 동시에 촉진하는 방법

21 **탐침의 용도**
- 치아 형태의 이상 유무
- 백악질의 표면상태 확인
- 수복물과 충전물의 상태 점검
- 치은연상치석과 치은연하치석의 탐지
- 구강 내 우식치아 및 탈회치아 발견
- 수복물 장착 후 잉여 접착제 제거

22 ② 녹색 : 주로 어린이에게 나타나며, 색소 세균과 곰팡이가 원인이다.
③ 갈색 : 치약 없이 칫솔질하는 사람에게 나타나며, 상악 구치부 구개측 인접면 부위에 호발한다.
④ 적색 : 색소성 세균이 원인이며, 전치의 순면과 치경부의 1/3 부위에 발생한다.
⑤ 검은선 : 구강 상태가 비교적 깨끗한 여성, 어린이, 비흡연가에게 호발한다.

23 **문진** : 환자에게 구강실태에 대한 주소, 현증, 기왕력 등 질문을 통해서 알아내는 것

24 **멸균** : 세균의 포자를 포함한 모든 형태의 미생물을 파괴하는 것

25 임상적 부착소실 = 치은퇴축 + 치주낭 깊이
= 1 + 4
= 5mm

26 ① 초음파세척이 효과가 좋다.
② 세척 전 대기용액으로 페놀화합물과 아이오도포 등을 사용한다.
③ 초음파세척은 단시간 내에 사용하며 뚜껑을 덮어 에어로졸이 나오지 않도록 한다.
④ 멸균기구는 유효기간에 따라 사용한다(고압멸균 : 포장 2주, 비포장 1주).

27 **초음파 치석 제거 적응증**
- 치은연상 및 치은연하 치석 제거
- 다량의 치석과 심한 외인성 착색
- 초기 치은염
- 지치주위염의 주변 조직 청결
- 궤양조직이나 불량육아조직
- 부적절한 변연의 과잉 아말감 충전물 제거
- 교정환자의 밴드 접착 후 과잉 시멘트 제거
- 수복물 접착 후 과잉 시멘트 제거

28
- 술자는 개인방호구를 사용한다.
- 진료 중 마스크가 젖으면 즉시 새것으로 교체한다.
- 진료 전 구강양치용액을 사용한다.
- 러버댐을 장착한다.
- 치과종사자는 예방접종을 실시한다.

29
- 감각을 가장 예민하게 전달한다.
- 적합 시 치은유리면 비로 위에 팁의 측면에 부착힌다.
- 전치부는 근원심 중앙에서, 구치부는 원심능각에서 시작한다.
- 수직방향으로 삽입한다.
- up and down으로 동작한다.

30
- 절단연 1개 : 호, 치즐, 그레이시 큐렛, 미니파이브 큐렛
- 절단연 2개 : 일반 큐렛

31
① 적당한 압력으로 한다.
② 적당한 속도로 한다.
③ 적당량의 마모제를 사용한다.
⑤ 러버컵을 치면에 가볍게 적용한다.

32 **윤활제의 역할**
- 마찰열과 마모를 방지한다.
- 동작을 용이하도록 한다.
- 긁힘과 유리화를 방지하여 연마석을 보호한다.
- 젖어 있는 상태로 스톤을 유지한다.
- 자연석에는 오일, 인공석에는 물을 사용한다.

33
① 약한 압력으로 동작한다.
② 치은연상치석에 한정하여 실시한다.
③ 치면연마는 선택적으로 실시한다.
④ 임플란트 전용기구를 이용한다.

34 **치근활택술 적응증**
- 치은염
- 얕은 치주낭
- 외과적 처치의 전처치
- 진행성 치주염
- 내과병력을 가진 전신질환자

35 **초음파 치석제거기의 장점**
- 큰 치석과 과도한 침착물 제거가 용이하다.
- 항균효과와 살균효과가 있다.
- 치주낭과 치근면의 치면세균막 파괴와 제거에 효과가 있다.
- 상처가 적고 치유가 빠르다.
- 기구조작이 간편하다.
- 시술시간이 단축된다.
- 수동 제거보다 피로가 줄어든다.
- 치은조직에 마사지 효과가 있다.

36 기구연마의 효과
- 시술시간의 절약
- 치아표면의 긁힘 방지
- 조직의 손상 방지
- 환자의 불안감 감소
- 술자의 피로 감소
- 침착물과 부착물을 효과적으로 제거

37
- 손 고정 : 중지와 약지가 접촉한 상태를 유지
- 기구적합 : 기구의 작동부를 치면에 대는 동작
- 기구삽입 : 기구를 치은연하로 삽입하는 동작
- 작업각도 : 기구에 따라 적합한 각도를 적용
- 기구동작 : 기구의 작동부가 치면을 따라 움직이는 동작

38 초음파 스케일러 금기증
- 성장기 어린이 환자
- 전염성질환자
- 감염에 대한 감수성이 높은 환자
- 호흡기질환자
- 도재치아, 복합레진 충전물, 임플란트
- 심장박동조율기 장착 환자
- 연하곤란이나 구토반사가 심한 환자
- 치주염이 심한 자
- 임신 및 폐경기 환자
- 지각과민환자

3 치과방사선학

39 가시광선과 엑스선의 공통점
- 직진 시 초당 약 30만km 전파
- 전기장이나 자기장에 의해 굴절하지 않음
- X선 필름에 감광작용이 있음
- 유사한 방법으로 물체의 음영을 투사

40 절전유 역할 : 냉각작용, 전기절연작용, 열분산 매개체

41 흑화도 증가요인
- 관전류, 관전압, 노출시간 증가
- 초점과 필름의 거리 가까워질 때 증가
- 물체의 두께가 얇을수록, 밀도가 낮을수록 증가
- 포그와 산란선이 있는 경우
- 현상액 온도가 높고, 현상시간이 길수록 증가

42 노출시간 증가에 따라 엑스선 양이 증가한다.

43 피사체와 필름이 가까우면 선예도가 증가하고 반음영은 감소한다.

44 제어판의 관전압조절기
- 전자의 속도조절, X선의 질 결정, X선속 제공
- 관전압과 전자의 속도는 비례
- 파장과 선예도, X선 양은 반비례
- 대조도에 영향

45 치아 주위조직 중 방사선 불투과성 : 치조정, 치조골, 백악질, 치조백선

46 선예도 : 물체의 외형을 정확하게 재현할 수 있는 능력

47 하악대구치의 구조물
- 방사선 불투과 : 외사선, 내사선, 악설골융선
- 방사선 투과 : 악하선와, 하악관, 영양관

48
- 교합제를 상층보다 전방에서 촬영 : 수평축소
- 교합제를 상층보다 후방에서 촬영 : 수평확대
- 갑상선보호대가 있는 납방어복 착용 후 촬영 : 허상

49 교익촬영법의 목적
- 초기 인접면 치아우식, 재발성 치아우식증 검사
- 초기 치주질환의 치조정 변화
- 상·하악 치아의 교합관계 검사
- 치수강, 치아우식증의 치수접근도 검사
- 충전물의 적합도

50 직각촬영
- 구내용 필름 2장을 서로 다른 직각 방향으로 촬영
- 주로 하악골, 매복된 하악치아, 하악에서 발견되는 이물질의 위치 결정

51 길이가 길게 촬영되면 수식각을 증가시키고, 길이가 짧게 촬영되면 수직각을 감소시킨다.

52
① 교익촬영은 추가 촬영할 수 있다.
② 구강이 작아서 필름 유지기구 사용이 불편하다.
④ 성인보다 노출시간을 줄인다.
⑤ 성인용 필름 사용 시 수직각을 증가시킨다.

53 간접 디지털 영상 획득장치
- 필름처럼 휘어질 수 있다.
- 전선이 없다.
- 영상 획득 후 스캔 및 초기화 과정이 필요하다.

54 장기간 저선량의 방사선에 노출될 경우 암, 백혈병, 유전적 장애 등이 발생할 수 있다.

55
① 이공 : 하악 제1, 2소구치의 근단과 겹쳐 치근단 병소와 유사하게 보인다.
② 이극 : 하악전치 설측
③ 설공 : 하악전치 설측
④ 이융선 : 하악전치 순측
⑤ 악하선와 : 하악대구치

56 환자의 방호 방법
- 고감광도 필름을 사용한다.
- 디지털구내방사선영상을 촬영한다.
- 장조사통을 사용한다.
- 부가여과기(알루미늄)를 사용한다.
- 납방어복과 갑상선보호대를 사용한다.

57 방사선 감수성
골수, 조혈기관, 눈의 수정체 > 상피세포, 내피세포 > 근육세포 > 신경

58
- 방사선 투과성 질환 : 치아우식증, 치주질환, 치근단육아종, 치근단낭, 치근단농양
- 방사선 불투과성 질환 : 경화성골염, 골경화

4 구강악안면외과학

59 국소마취 후의 전신적 합병증 : 마취액의 독작용, 특이체질, 과민반응, 불안반응 등

60
② 골막기자 : 절개 후 점막과 골막을 분리하는 역할
③ 딘시저 : 봉합사 가위
④ 봉침기 : 봉합 시 봉합침을 지지, 바늘을 잡을 때 사용
⑤ 조직겸자 : 연조직을 부드럽게 잡아서 안정시킬 때 사용

61 종양의 절개 및 배농시기
- 국소적으로 열감이 감소할 때
- 국소적으로 통증이 감소할 때
- 종창 부위의 경결감 없을 때
- 농을 확인할 수 있을 때
- 피부에 국소적 적색이 있고, 윤이 나고, 뚜렷한 발적 부위가 확인될 때

62 ① 치은성형술 : 치은비대 등의 이유로 치은을 절제 및 성형
③ 골유도재생술 : 치조골재생을 위해 골이식재 등을 사용하여 골 형성을 유도
④ 치조능증대술 : 치조제의 폭이 좁을 때, 외과적 술식을 통해 넓게 형성
⑤ 조직유도재생술 : 치주조직의 재생을 위해 차폐막 등을 사용하여 조직 형성 유도

63 냉찜질 : 부종감소가 목적이며, 만 48시간 이내까지 실시한다.

64 외과적 발치과정
구내 세정 → 수술 부위 소독 → 국소마취 → 점막·골막, 피판의 절개 및 박리 → 치조골 삭제 및 치아분할 → 치아의 탈구 및 발거 → 발치와 소파 → 치조골형태 수정 → 봉합 → 거즈를 물려 지혈

5 치과보철학

65 도재라미네이트 비니어 : 치아의 순면만 최소로 삭제하여 비니어 형태의 도재를 치아에 부착한다.

66 고정성 보철물 제작 과정
지대치 형성 → 지대축조 → 치은압배 → 인상채득 → 교합채득 → 임시치관 장착

67
- 교합평면 : 보철치료 시 교합면 형성 기준
- 프랑크푸르트평면 : 좌우 안와의 변연 최하점과 양측 외이도 변연의 최상점 연결
- 캠퍼평면 : 비익하연과 이주상연을 잇는 선 사이의 평면, 무치악환자의 총의치 제작 시 이용

68 가철성 국소의치의 장점
- 착탈이 용이하다.
- 청결 유지가 용이하다.
- 다양한 결손증례에 적용이 가능하다.
- 기능압을 치아와 점막으로 분산한다.

69 총의치 제작 과정
예비인상 및 개인트레이 제작 → 최종인상 → 의치상 제작 → 악간관계 기록 → 인공치아 배열 → 총의치 장착

70 비관혈적악관절정복술이 필요하다.

6 치과보존학

71 G.V. Black의 와동분류
- 1급 : 모든 치아, 구치부 교합면 와동 및 전치부의 설측면 와동
- 2급 : 구치부의 인접면 와동
- 3급 : 전치부의 인접면 와동(절단연 포함하지 않음)
- 4급 : 전치부의 인접면 와동(절단연 포함)
- 5급 : 모든 치아의 순면이나 설면의 치은 쪽 1/3에 위치한 와동
- 6급 : 전치부의 절단연 및 구치부의 교두 부위의 와동

72
- K-file, Reamer, H-file 등 : 근관벽의 상아질을 삭제하는 수기구
- spreader, condensor : 근관충전 시 GP corn을 밀폐하는 데 사용하는 수기구

73 실활치미백

근관충전평가 → 치면세마 → 치아색조 확인, 사진촬영 → 러버댐 장착 → 임시충전재 제거 및 와동 정리 → Gutta Percha 제거 → 보호용 기저재 적용 → 과붕산나트륨과 증류수 혼합하여 치수강 내 삽입 → 가봉 → 러버댐 제거 → 색상평가 → 미백완료 → 레진수복

74

- 치수절단술 : 감염되지 않은 치근부 치수의 생활력 유지가 목적이다.
- 생리적 치근단형성술 : 미성숙영구치의 치수 일부분이라도 생활력이 유지되는 경우 잔존치수의 생활력을 유지시켜 치근의 생리적 발육을 도모한다.
- 치수복조술 : 치수노출위험이 있거나, 치수노출부위에 수산화칼슘을 도포한다.
- 치근단형성술 : 실활치의 개방치근단에 석회성 장벽을 인위적으로 유도시켜 치근단의 밑받침 형성을 유도한다.

75

- EDTA : 좁은 근관이나 석회화된 근관형성
- 차아염소산나트륨 : 항균효과 및 치수잔사의 용해작용

76 연령 증가 시 근관의 형태 변화

- 상아세관이 불규칙하게 좁아지거나 막힌다.
- 근관의 끝이 근단에서 멀어진다.
- 치수각과 치수실이 협소하다.
- 근관이 좁고 가늘어진다.

7 소아치과학

77 아산화질소-산소 흡입법 대상자

- 불안과 공포가 심한 어린이
- 심신장애
- 의학적으로 이상을 가진 어린이
- 구역반사가 심한 경우

78 완전탈구 시의 재식술

- 치조와는 소파하지 않는다.
- 치근단미형성의 경우 30분 이내에 재식을 한다.
- 치주인대의 잔존물을 최대한 보존한다.
- 이물질 세척은 식염수로 한다.

79 영구 절치 맹출기(=혼합치열기의 시작)

- 치열궁의 전방길이 증가
- 견치 사이의 폭경 증가
- 하악 절치의 설측맹출

80 유구치 기성 금속관 수복의 장단점

- 장 점
  - 치관의 근원심 폭경 회복이 쉽다.
  - 치질의 삭제량이 적다.
  - 저작기능의 회복이 용이하다.
  - 제작이 쉽고 내구성이 우수하다.
- 단 점
  - 치질과 금속관 사이의 간격이 존재한다.
  - 치경부의 적합성이 저하된다.
  - 두께가 얇아 교합면 천공 가능성이 있다.
  - 교합상태나 접촉점 회복이 불리하다.

81 공간유지장치의 종류
- band and loop : 편측의 제1유구치나 제2유구치가 치아 상실일 때, 장착치아 건전
- crown and loop : 편측의 제1유구치나 제2유구치가 치아 상실일 때, 장착치아의 넓은 우식, 법랑질 형성부전, 치수치료, 구강위생상태 불량 상태
- distal shoe : 제1대구치가 맹출하기 전 제2유구치가 조기 상실된 경우
- 설측호선 : 혼합치열기에 하악에 편측성이나 양측성 2개 이상의 유구치 상실
- 낸스 구개호선 : 혼합치열기에 상악에 편측성이나 양측성으로 2개 이상의 유구치 상실

82 유치열기 우식 특징
- 우식의 진행이 매우 빠르다.
- 치수노출이나 감염에 대한 회복력이 우수하다.
- 치수염이나 치근막염으로 쉽게 이행된다.
- 다수 치면에 이환되는 경우가 많다.
- 3~5세경에 최고조에 이른다.

8 치주학

83 치주질환의 국소적 원인
: 치면세균막, 치석, 백질, 음식물잔사, 착색, 해부학적 이상, 구호흡, 식편압입, 잘못된 치과처치, 치열부정, 과도한 교합력 등

84 급성 치주농양의 특징
- 심한 통증
- 타진 시 예민통
- 정출감
- 체온 상승 및 림프선염

85 1차성 백악질의 특징
- 치아형성과 맹출 시 최초 생성
- 모세포성
- 치근 전체에 분포하며 주로 치경부에 집중
- 분명한 발육선
- 대부분 샤피섬유
- 치아를 지지하는 역할
- 교체속도가 느림

86
①・②・④ : 타액의 역할에 해당한다.
치은열구액은 치은연하의 치석에 관여한다.

87 외상성 교합에 따른 치주조직 변화
- 치근 흡수
- 2차 백악질 형성
- 치조골 흡수
- 치주인대강 확대
- 치조백선 소실

88 치은퇴축의 임상증상
- 노출된 치근면 : 치각과민증, 치근면우식증, 치수의 변성
- 퇴축된 치간부 : 치면세균막, 음식물, 세균의 축적이 쉬움

9 치과교정학

89 성인 정상교합의 특징
② 상악구치는 설측경사를 이룬다.
③ 하악중절치는 1치 대 1치 교합이다.
④ 상악전치는 순측경사, 하악전치는 약간 설측경사를 이룬다.
⑤ 상악전치가 하악전치의 1/3~1/4를 피개한다.

90 ①·②·③·⑤는 기능교정장치이다.
　악정형력을 이용한 교정장치
　• 헤드기어 : 상악 전방성장 억제
　• 페이스마스크 : 상악 전방성장 촉진
　• 상악골급속확대장치(RPE) : 상악골 측방 확대 촉진
　• 이모장치(chin cap) : 하악 전하방성장 억제

91 **튜 브**
　• 고정식 장치의 와이어를 치아에 고정시키기 위함이다.
　• 최후방구치에 사용한다.
　• 와이어의 굵기에 따라 튜브의 종류가 다양하다.

92
　• 와이어 굴곡겸자 : 영 플라이어, 트위드루프밴딩 플라이어, 트위드아치밴딩 플라이어, 버드빅 플라이어, 라이트 와이어 플라이어, 쓰리조 플라이어
　• 결찰용 겸자 : 하우 플라이어, 웨인갓유틸리티 플라이어, 매튜 플라이어, 타잉 플라이어
　• 절단용 겸자 : 와이어커터, 결찰커터, 디스탈 앤드키터

93 **상교정장치**
　• 상부 : 아크릴릭레진
　• 유지부 : 장치의 유지력 향상, 클래스프
　• 활성부 : 스크루, 스프링, labial bow

94 **안면골 성장발육 순서**
　좌우 → 전후 → 상하 = 폭 → 길이 → 높이

10 치과재료학

95 **레진시멘트의 용도** : 교정용 브라켓 접착, 라미네이트 접착, 세라믹 인레이 접착, 메릴랜드 브리지 접착 등

96 **부정확한 모형의 원인**
　• 석고 주입이 지연된 경우
　• 겔화되는 동안 트레이를 움직인 경우
　• 구강 내에서 조기 제거한 경우
　• 트레이 내 인상재를 골고루 담지 않은 경우
　• 겔화 전 트레이를 잘못 위치한 경우

97 **열전도율**
　• 치아와 유사 : 세라믹, 복합레진, 시멘트
　• 치아보다 높음 : 금합금, 아말감
　• 치아보다 낮음 : 의치상용 재료

98
　• 피로 : 재료의 파괴하중 이하의 작은 하중을 지속적, 반복적으로 받을 때 어느 순간 파괴되는 현상이다.
　• 응력 : 압축응력(눌리는 힘), 굽힘응력(중앙에서 수직 힘을 받음), 인장응력(잡아당김), 전단응력(미끄러짐) 등을 말한다.
　• 크립 : 재료의 항복하중 이하의 작은 하중을 지속적, 반복적으로 받을 때 시간이 지나면 영구변형이 일어난다.
　• 연성 : 인장하중을 받았을 때 파단되는 것 없이 영구변형이 일어난다.

99 **치아와 수복물 간의 미세누출의 원인**
　• 물리적 특성 : 열팽창 계수 차이, 열적 체적변화의 차이, 재료의 경화과정 중 수축
　• 화학적 결합 결여

100 **석고모형의 강도 증가 방법**
　• 혼수비를 적게 조절(동일한 석고의 양에 물의 양이 적어질수록 강도가 증가한다.)
　• 혼수비를 적게 적용하여 석고모형 제작 시
　　- 경화시간 단축
　　- 점조도 증가
　　- 경화에 따른 팽창률 증가
　　- 강도 증가

제3회 정답 및 해설

문제 686쪽

1교시 정답

01	⑤	02	①	03	⑤	04	⑤	05	④	06	②	07	①	08	⑤	09	④	10	⑤
11	④	12	③	13	③	14	①	15	④	16	①	17	③	18	①	19	②	20	②
21	③	22	⑤	23	①	24	①	25	③	26	②	27	③	28	④	29	④	30	①
31	③	32	②	33	②	34	⑤	35	①	36	④	37	①	38	③	39	⑤	40	④
41	①	42	①	43	⑤	44	④	45	④	46	③	47	③	48	⑤	49	②	50	④
51	③	52	⑤	53	③	54	⑤	55	③	56	③	57	③	58	③	59	⑤	60	①
61	②	62	⑤	63	①	64	④	65	③	66	⑤	67	②	68	②	69	③	70	①
71	⑤	72	④	73	③	74	②	75	②	76	②	77	①	78	②	79	①	80	⑤
81	⑤	82	①	83	①	84	②	85	②	86	④	87	⑤	88	①	89	④	90	③
91	①	92	④	93	④	94	②	95	⑤	96	③	97	④	98	②	99	④	100	③

1 의료관계법규

01 치과병원이나 치과의원의 진료과목 표시(의료법 시행규칙 제41조)

구강악안면외과, 치과보철과, 치과교정과, 소아치과, 치주과, 치과보존과, 구강내과, 영상치의학과, 구강병리과, 예방치과, 통합치의학과(총 11과목)

02 의료인의 결격사유(의료법 제8조)
- 정신질환자(전문의가 의료인으로 적합하다고 인정하는 사람은 그러지 아니함)
- 마약·대마·향정신성의약품 중독자
- 피성년후견인·피한정후견인
- 금고 이상의 실형을 선고받고 그 집행이 끝나거나 그 집행을 받지 아니하기로 확정된 후 5년이 지나지 아니한 자
- 금고 이상의 형의 집행유예를 선고받고 그 유예기간이 지난 후 2년이 지나지 아니한 자
- 금고 이상의 형의 선고유예를 받고 그 유예기간 중에 있는 자

03 진료기록부 등의 보존(의료법 시행규칙 제15조)
- 환자 명부 : 5년
- 진료기록부 : 10년
- 처방전 : 2년
- 수술기록 : 10년
- 검사내용 및 검사소견기록 : 5년
- 방사선 사진(영상물을 포함) 및 그 소견서 : 5년
- 간호기록부 : 5년
- 조산기록부 : 5년
- 진단서 등의 부본(진단서·사망진단서 및 시체검안서 등을 따로 구분하여 보존할 것) : 3년

04 의료광고의 방법으로 금지된 것(의료법 제56조)
- 방송(텔레비전방송, 라디오방송, 데이터방송, 이동 멀티미디어방송)
- 국민의 보건과 건전한 의료경쟁의 질서를 유지하기 위하여 제한할 필요가 있는 경우로서 대통령령으로 정하는 방법

05 의료인의 자격정지 사유(의료법 제66조)

- 의료인의 품위를 심하게 손상시키는 행위를 한 때
- 의료기관 개설자가 될 수 없는 자에게 고용되어 의료행위를 한 때
- 의료인은 일회용 의료기기(한 번 사용할 목적으로 제작되거나 한 번의 의료행위에서 한 환자에게 사용하여야 하는 의료기기로서 보건복지부령으로 정하는 의료기기를 말함)를 한 번 사용한 후 다시 사용한 때
- 진단서·검안서 또는 증명서를 거짓으로 작성하여 교부하거나 진료기록부 등을 거짓으로 작성하거나 고의로 사실과 다르게 추가 기재·수정한 때
- 태아 성감별금지를 위반한 경우
- 의료기사가 아닌 자에게 의료기사의 업무를 하게 하거나 의료기사에게 그 업무 범위를 벗어나게 한 때
- 관련 서류를 위조·변조하거나 속임수 등 부정한 방법으로 진료비를 거짓 청구한 때
- 부당한 경제적 이익 등의 취득금지를 위반하여 경제적 이익 등을 제공받을 때
- 그 밖에 의료법 또는 의료법에 의한 명령에 위반한 때

의료인의 품위손상행위의 범위(의료법 시행령 제32조)

- 학문적으로 인정되지 아니하는 진료행위
- 비도덕적 진료행위
- 거짓 또는 과대광고행위 : 식품에 대한 건강·의학정보, 건강기능식품에 대한 건강·의학정보, 의약품, 한약, 한약제제 또는 의약외품에 대한 건강·의학정보, 의료기기에 대한 건강·의학정보, 화장품, 기능성 화장품 또는 유기농 화장품에 대한 건강·의학정보
- 불필요한 검사·투약·수술 등 지나친 진료행위를 하거나 부당하게 많은 진료비를 요구하는 행위
- 전공의 선발 등 직무와 관련하여 부당하게 금품을 수수하는 행위
- 다른 의료기관을 이용하려는 환자를 영리를 목적으로 자신이 종사하거나 개설한 의료기관으로 유인하거나 유인하게 하는 행위
- 자신이 처방전을 발급하여 준 환자를 영리를 목적으로 특정 약국에 유치하기 위하여 약국 개설자나 약국에 종사하는 자와 담합하는 행위

06 부정행위자의 국가시험 제한(의료기사 등에 관한 법률 시행규칙 제10조, 별표 2)

응시제한 횟수	시험정지·합격무효 처분의 사유 및 위반의 정도
1회	• 시험 중에 대화, 손동작 또는 소리 등으로 서로 의사소통을 하는 행위 • 허용되지 아니한 자료를 가지고 있거나 이용하는 행위
2회	• 시험 중에 다른 응시한 사람의 답안지(실기작품의 제작방법을 포함한다. 이하 같다) 또는 문제지를 엿보고 자신의 답안지를 작성하는 행위 • 시험 중에 다른 응시한 사람을 위하여 답안 등을 알려주거나 엿보게 하는 행위 • 다른 사람으로부터 도움을 받아 답안지를 작성하거나 다른 응시한 사람의 답안지 작성에 도움을 주는 행위 • 답안지를 다른 응시한 사람과 교환하는 행위 • 시험 중에 허용되지 아니한 전자장비, 통신기기, 전자계산기기 등을 사용하여 답안을 전송하거나 작성하는 행위 • 시험 중에 시험문제 내용과 관련된 물건(시험 관련 교재 및 요약자료를 포함한다)을 주고받는 행위
3회	• 대리시험을 치르거나 치르게 하는 행위 • 사전에 시험문제 또는 답안을 타인에게 알려주거나 알고 시험을 치른 행위

07 의료기사 등의 면허증 발급 및 재발급(의료기사 등에 관한 법률 시행령 제7조)

- 관계서류
  - 졸업증명서 또는 이수증명서. 단, 외국학교 면허자에 해당하는 자의 경우에는 졸업증명서 또는 이수증명서 및 해당 면허증 사본
  - 정신질환자, 마약류 중독자에 해당하지 아니함을 증명하는 의사의 진단서
  - 응시원서 사진과 같은 사진(3.5×4.5cm) 1장

08 보수교육(의료기사 등에 관한 법률 시행규칙 제18조)
- 면제할 수 있는 사유
  - 대학원 및 의학전문대학원·치의학전문대학원에서 해당 의료기사 등의 면허에 상응하는 보건의료에 관한 학문을 전공하고 있는 사람
  - 군 복무 중인 사람(군에서 해당 업무에 종사하는 의료기사 등은 제외)
  - 해당 연도에 법 제4조에 따라 의료기사 등의 신규 면허를 받은 사람
  - 보건복지부장관이 해당 연도에 보수교육을 받을 필요가 없다고 인정하는 요건을 갖춘 사람
- 유예할 수 있는 사유
  - 해당 연도에 보건기관·의료기관·치과기공소 또는 안경업소 등에서 그 업무에 종사하지 않은 기간이 6개월 이상인 사람
  - 보건복지부장관이 해당 연도에 보수교육을 받기가 어렵다고 인정하는 요건을 갖춘 사람

09 과태료(의료기사 등에 관한 법률 제33조)
- 시정명령을 이행하지 아니한 자 : 보건복지부 장관이 500만원 이하의 과태료를 부과
- 다음의 어느 하나에 해당하는 자 : 특별자치시장·특별자치도지사·시장·군수·구청장이 100만원 이하의 과태료를 부과
  - 실태와 취업 상황을 허위로 신고한 사람
  - 폐업신고를 하지 아니하거나 등록사항의 변경신고를 하지 아니한 사람
  - 보고를 하지 아니하거나 검사를 거부·기피 또는 방해한 자

10 무면허자에 대한 업무금지(의료기사 등에 관한 법률 제9조)
의료기사 등이 아니면 의료기사 등의 업무를 행하지 못한다. 단, 대학 등에서 취득하려는 면허에 상응하는 교육과정을 이수하기 위하여 실습 중에 있는 사람의 실습에 필요한 경우에는 그러하지 아니하다.

11 지역보건의료계획의 수립(지역보건법 제7조)
- 시·도지사 또는 시장·군수·구청장은 지역주민의 건강 증진을 위하여 다음의 사항에 포함된 지역보건의료계획을 4년마다 수립하여야 한다.
  - 보건의료수요의 측정
  - 지역보건의료 서비스에 관한 장기·단기 공급대책
  - 인력·조직·재정 등 보건의료자원의 조달 및 관리
  - 지역보건의료서비스의 제공을 위한 전달체계 구성 방안
  - 지역보건의료에 관련된 통계의 수집 및 정리
- 시·도지사 또는 시장·군수·구청장은 매년 지역보건의료계획에 따라 연차별 시행계획을 수립한다.

12 지역사회 건강실태조사의 방법 및 내용(지역보건법 시행령 제2조)
- 흡연, 음주 등 건강 관련 생활습관에 관한 사항
- 건강검진 및 예방접종 등 질병 예방에 관한 사항
- 질병 및 보건의료서비스 이용 실태에 관한 사항
- 사고 및 중독에 관한 사항
- 활동의 제한 및 삶의 질에 관한 사항
- 그 밖에 지역사회 건강실태조사에 포함되어야 한다고 질병관리청장이 정하는 사항

13 교육훈련의 대상 및 기간(지역보건법 시행령 제19조)
- 기본교육훈련 : 신규로 임용되는 전문인력을 대상, 3주 이상의 교육훈련
- 직무 분야별 전문교육훈련 : 보건소에서 재직 중인 전문인력을 대상, 1주 이상의 교육훈련

14 지역보건의료심의위원회의 심의 내용(지역보건법 제6조)
- 지역사회 건강실태조사 등 지역보건의료의 실태조사에 관한 사항
- 지역보건의료계획 및 연차별 시행계획의 수립·시행 및 평가에 관한 사항
- 지역보건의료계획의 효율적 시행을 위하여 보건의료 관련 기관·단체, 학교, 직장 등과의 협력이 필요한 사항
- 그 밖에 지역보건의료시책의 추진을 위하여 필요한 사항

15 보건소장, 보건지소장, 건강생활지원센터장의 자격기준 및 임무(지역보건법 제15조, 시행령 제13조~제15조)

보건소장	① 보건소에 보건소장(보건의료원의 경우에는 원장을 말함) 1명을 두되, 의사 면허가 있는 사람 중에서 보건소장을 임용한다. 다만, 의사 면허가 있는 사람 중에서 임용하기 어려운 경우에는 지방공무원 임용령에 따른 보건·식품위생·의료기술·의무·약무·간호·보건진료(이하 "보건 등") 직렬의 공무원을 보건소장으로 임용할 수 있다. ② ①의 단서에 따라 보건 등 직렬의 공무원을 보건소장으로 임용하려는 경우에 해당 보건소에서 실제로 보건 등과 관련된 업무를 하는 보건 등 직렬의 공무원으로서 보건소장으로 임용되기 이전 최근 5년 이상 보건 등의 업무와 관련하여 근무한 경험이 있는 사람 중에서 임용하여야 한다. ③ 보건소장은 시장·군수·구청장의 지휘·감독을 받아 보건소의 업무를 관장하고 소속 공무원을 지휘·감독하며, 관할 보건지소, 건강생활지원센터 및 농어촌 등 보건의료를 위한 특별조치법 따른 보건진료소(이하 "보건진료소")의 직원 및 업무에 대하여 지도·감독한다.
보건지소장	① 보건지소에 보건지소장 1명을 두되, 지방의무직공무원 또는 임기제공무원을 보건지소장으로 임용한다. ② 보건지소장은 보건소장의 지휘·감독을 받아 보건지소의 업무를 관장하고 소속 직원을 지휘·감독하며, 보건진료소의 직원 및 업무에 대하여 지도·감독한다.
건강생활지원센터장	① 건강생활지원센터에 건강생활지원센터장 1명을 두되, 보건 등 직렬의 공무원 또는 보건의료기본법에 따른 보건의료인을 건강생활지원센터장으로 임용한다. ② 건강생활지원센터장은 보건소장의 지휘·감독을 받아 건강생활지원센터의 업무를 관장하고 소속 직원을 지휘·감독한다.

16 학교구강보건시설의 설치(구강보건법 제13조, 시행규칙 제11조)

- 학교의 장은 학교 구강보건사업을 시행하기 위하여 보건복지부령으로 정하는 구강보건시설을 설치할 수 있다.
  - 집단잇솔질을 위한 수도시설
  - 지속적인 구강건강관리를 위한 구강보건실
  - 불소용액양치를 위한 구강보건용품 보관시설
- 구강보건시설의 설치기준은 보건복지부장관이 정하는 바에 따른다.

17 구강보건사업 기본계획의 수립·내용(구강보건법 제5조)

보건복지부장관은 구강보건사업의 효율적 추진을 위하여 5년마다 구강보건사업에 관한 기본계획을 수립해야 한다.

18 구강보건사업 관련 인력의 교육훈련(구강보건법 시행규칙 제17조)

보건복지부장관이 구강보건사업과 관련되는 인력의 자질 향상을 위한 교육훈련을 위탁할 수 있는 전문 관계 기관 : 시·도 지방공무원교육원, 구강보건전문연구기관, 구강보건사업을 하는 법인 또는 단체

19 보건소의 구강보건시설 설치·운영(구강보건법 제17조의2)

특별자치시·특별자치도 또는 시·군·구의 보건소에는 구강질환 예방 및 진료를 위하여 보건복지부령으로 정하는 바에 따라 구강보건실 또는 구강보건센터를 설치·운영하여야 한다.

20 구강건강실태조사(구강보건법 제9조, 시행령 제4조)

- 질병관리청장은 보건복지부장관과 협의하여 국민의 구강건강상태와 구강건강의식 등 구강건강실태를 3년마다 조사하고 그 결과를 공표하여야 한다. 이 경우 장애인의 구강건강실태에 대하여는 별도로 계획을 수립하여 조사할 수 있다.
- 구강건강실태조사는 구강건강상태조사 및 구강건강의식조사로 구분하여 3년마다 정기적으로 실시한다.
- 구강건강상태조사와 구강건강의식조사는 표본조사로 실시하며, 구강건강상태조사는 직접구강검사를 통해 실시하고, 구강건강의식조사는 면접설문조사를 통해 실시한다.

구강건강상태조사에 포함되어야 할 사항
- 치아건강상태
- 치주조직건강상태
- 틀니보철상태
- 기타 치아반점도 및 구강건강상태에 관한 사항

구강건강의식조사에 포함되어야 할 사항
- 구강보건에 대한 지식
- 구강보건에 대한 태도
- 구강보건에 대한 행동
- 기타 구강보건의식에 관한 사항

2 구강해부학

21 설골(hyoid bone)
- 후두의 상방 또는 갑상연골 바로 위에 위치한다.
- 두개골과 분리된 U자 모양의 뼈이다.
- 측두골의 경상돌기 끝에서 경돌설골인대에 의해 연결한다.

22 협근
뺨을 압박하여 구강전정에 있는 음식물을 치아 쪽으로 보내며, 트럼펫을 불 때 공기를 내보내는 역할을 한다.

23 저작근의 기시, 정지, 작용

구분	기시		정지	작용
측두근	• 측두근막 • 하측두선 • 측두와		근돌기	• 전측두근 - 전방 • 중측두근 - 회전 • 후측두근 - 후방, 측방
교근	권골(관골)궁		교근조면	• 천부 - 전방 • 심부 - 후방
외측익돌근	상두	접형골 대익의 안쪽면, 측두하능	관절낭	• 상두 - 폐구 • 하두 - 개구 • 공통 : 전방, 측방
	하두	접형골 익상돌기 외측익돌판의 외면	익돌근와	
내측익돌근	• 접형골의 익돌와 • 상악골의 상악결절 • 구개골의 추체돌기		익돌근조면	공통 : 개구, 전방, 측방

24 주요 뇌신경과 기능

구분	뇌신경	기능
I	후신경	후각
II	시신경	시각
III	동안신경	안구운동 동공축소얼굴
IV	활차신경	안구운동
V	삼차신경	얼굴, 눈, 코, 치아, 치은, 혀의 감각 저작근 운동
VI	외전신경	안구운동
VII	안면신경	안면근 운동 혀의 전방 2/3 미각 누선, 설하선, 악하선 분비
VIII	내이신경	청각 몸의 평형감각
IX	설인신경	혀의 후방 1/3 미각 구개, 인두, 편도선의 촉각 이하선의 분비
X	미주신경	인두, 측두근의 운동 후두덮개부분의 미각
XI	부신경	구개근육, 인두근, 목, 후두근
XII	설하신경	혀의 운동

25 악동맥의 분포영역

구분		
익구개부 (상악 치아)	후상치조동맥	상악소구치, 대구치 및 치은, 상악동 점막
	안와하동맥	상악전치, 견치, 치은, 골막, 치조, 상악동점막
	접구개동맥	비강 외측벽의 후방부
	익돌관동맥	인 두
	하행구개동맥	연구개, 연구개, 구개편도

26 접형골의 대익에서 관찰되는 구조물

구 분	정원공	난원공	극 공
위 치	익구개와와 교통	정원공의 후외방	난원공의 후외방
통과신경	상악신경	하악신경	중경막신경

27 악관절의 구조
- 관절강 : 관절낭 속의 빈공간, 활주운동과 접번운동에 관여
- 관절낭 : 관절을 둘러싼 조직
- 관절원판 : 관절강 속, 하악두와 관절 사이의 섬유성 결합 조직

3 치아형태학

28 하악중절치 순면 구조물
- 4개의 연(근심연, 원심연, 절단연, 치경연)
- 근심순면융선, 중앙순면융선, 원심순면융선
- 근심순면구, 원심순면구
- 풍융도가 약하고, 절단은 거의 수평
- 만곡상징이 약함(풍융도 미약)
- 우각상징이 약함(절단이 거의 수평이며, 거의 직각)

29 상악측절치의 특징
- 타원형이고, 상악 중절치보다 작으나 왜소치의 형태가 있다.
- 설면와가 좁고 깊으며, 맹공과 사절흔이 있다.
- 복와상선이 없다.

30 소구치의 특징
- 소구치 치관은 높은 협측교두 1개, 낮은 설측교두 1개로 구성된다(하악 제2소구치 제외).
- 하악 제2소구치의 치관은 제3교두형을 나타낸다.
- 치관을 교합면에서 볼 때, 상악소구치는 계란형이고, 하악소구치는 사각형이다.
- 소구치 치근은 단근치이며, 상악 제1소구치만 복근치이다.
- 소구치의 크기 : 상악 제1소구치 > 상악 제2소구치 > 하악 제2소구치 > 하악 제1소구치

31 하악 제1대구치 교합면 교두의 특징
- 5교두이며, 협측교두(하악의 기능교두)는 둔하고, 설측교두는 날카롭다.
- 높이 : 근심설측교두 > 원심설측교두 > 근심협측교두 > 원심협측교두 > 원심교두
- 크기 : 근심협측교두 > 근심설측교두 > 원심설측교두 > 원심협측교두 > 원심교두

32 하악 견치의 특징
- 치관의 길이 : 상악견치 10mm < 하악견치 11mm
- 치근의 길이 : 상악견치 17mm > 하악견치 16mm
- 만 9~10세에 맹출을 시작하여, 만 12~14세에 치근이 완성된다.
- 구강 내 치경선 만곡도의 차이가 가장 크다(약 1.5mm 차이).

33 상악 제1대구치 교합면의 특징

교두	• 크기 : 근심설측교두 > 근심협측교두 > 원심협측교두 > 원심설측교두 • 근심협측교두 : 원심협측교두 = 5 : 5, 근심설측교두 : 원심설측교두 = 7 : 3 • 높이 : 협측교두 > 설측교두 • 근심설측교두의 설면에 카라벨리씨 결절이 나타난다.
융 선	• 각 교두마다 협면융선, 삼각융선, 근심교두융선, 원심교두융선을 갖는다. • 근심변연융선이 원심변연융선보다 높고, 발육이 좋다. • 사주융선 : 원심협측교두에서 내려오는 삼각융선과 근심설측교두에서 내려오는 삼각융선이 비스듬히 연결된 연합융선
와 & 소와	• 근심와가 근심변연융선 내측에 존재 • 근심소와 : 근심와 중 가장 깊은 곳, 근심구가 끝나는 부위 • 3개의 삼각구가 존재(근심협측삼각구, 근심설측삼각구, 원심협측삼각구)하고, 원심설측방향으로는 삼각구가 없다.

34 유치와 영구치의 비교

구 분	유 치	영구치
치아수	20	32
치관의 크기	작다.	크다.
치근의 크기	작다.	크다.
치관의 근원심폭	넓다.	좁다.
치경융선	뚜렷	덜 발달
설면결절	뚜렷	덜 발달
색 깔	유백색, 청백색	황백색, 회백색
법랑질	얇으나 두께가 일정	두껍고 두께가 불규칙
상아질	얇 음	두꺼움
치근관	영구치보다 가늘다.	유치보다 두껍다.

4 구강조직학

35
• 백악질의 형성 : Hertwig 상피근초가 붕괴되고, 치낭의 세포가 치근상아질에 닿으면, 치낭의 간엽세포가 백악모세포로 분화하여 백악질을 형성함
• 치수의 형성 : 백악질형성과 동시에 치유두의 중심세포에서 치수를 형성함
• 상아질의 형성 : 치유두의 바깥세포가 전법랑세포의 유도로 상아모세포가 된다. 상아모세포가 석회화되면 상아질을 형성함

36 구개의 형성과정과 구개열의 원인
• 발생 5~6주(1차 구개) : 전상악돌기와 내측비돌기에서 발생하나, 비강과 구강이 서로 통합되어 구개가 없으며, 혀가 전체를 차지한다.
• 발생 6~12주(2차 구개) : 좌우의 구개돌기와 비중격에서 발생하며 비강과 구강이 완전히 차단되고 혀가 내려가며, 융합부전 시 구개열이 생긴다.
• 발생 12주(입천장 완성) : 상악돌기와 좌우 구개돌기가 모두 융합된다

37 상아질의 형성 시기에 따른 분류
• 1차 상아질 : 치근단공 형성 이전에 형성되며, 외피상아질(상아질의 외층)과 치수상아질(치수벽의 외층)로 구성된다.
• 2차 상아질 : 치근단공 형성 이후에 형성되며, 주행 방향이 불규칙하고, 일생동안 형성된다.
• 3차 상아질 : 손상의 결과로 형성된 상아질로 자극의 강도와 기간에 비례하여 형성된다.

38 결합조직의 특징
• 인체의 기본 조직 중 가장 많은 무게를 차지함
• 대부분 유사분열능력이 있어 재생 가능
• 혈관이 분포되어 있어 직접 혈액공급을 받음(연골 제외)
• 영양, 방어, 지지 등의 다양한 기능
• 세포는 적고, 세포 사이의 간격이 넓고, 세포간질이 많음

39 부착치은의 특징
- 저작점막
- 건조 시 무광택이고 단단함
- 운동성이 없으며, 많은 점몰이 존재
- 건상각질 중층편평상피로 구성
- 상피의 각화로 저작 시 교합압을 점막하조직에 전달

40 구강 내 중층편평상피의 역할
- 세균의 침입과 물리적 자극에 대한 보호, 건조에 대한 보호 작용
- 비각질 중층편평상피 : 가장 일반적인 구강상피, 이장점막의 최외층
- 진성각질 중층편평상피 : 가장 적은 구강상피, 저작점막 및 특수점막 관련, 각질층에 핵이 없음
- 착각질 중층편평상피 : 특정 저작점막 및 특수점막과 관련, 각질층에 핵이 있음

41
- 법랑질의 성장선
  - 레찌우스선 : 법랑질의 성장선, 최근 7일 동안 만들어진 법랑질의 양
  - 신생선 : 법랑질의 성장선, 출생 전과 후의 경계부에 나타나는 선장선
  - 횡선문 : 법랑질의 성장선, 4㎛씩 성장하며, 석회화 정도의 차이를 반영하는 선
- 상아질의 성장선
  - 에브너선 : 상아질의 성장선, 4㎛씩 성장하며, 5일마다 방향 전환
  - 안드레젠선 : 상아질의 성장선, 20㎛씩 간격으로 성장함
  - 신생선 : 출생 시의 생리적 외상에 의한 광화장에 반영되는 성장선

5 구강병리학

42 침 식
- 화학물질에 의한 치아 경조직 상실
- 치아의 순면, 설면, 인접면, 교합면에서 모두 나타남
- 법랑질이 불투명해지고 혼탁 및 착색이 일어남
- 법랑질이 심해지면 상아질이 노출되고, 2차 상아질의 형성이 시작
- 여러 치아를 포함하기 때문에 범위가 넓음
- 원인 : 화학약품의 접촉, 흡입과 연하에 의한 피부조직의 응고, 융해나 괴사 등의 손상, 청량음료, 스포츠이온음료, 과일주스, 과일드링크, 신맛의 과일, 식초, 피클, 위산의 역류 등

43
- 베체트증후군
  - 위치 : 구강점막의 재발성 아프타, 눈의 홍채염과 망막염, 외음부의 궤양 등
  - 임상소견 : 난치병의 하나, 잘 치유되지 않음
  - 원인 : 불명
  - 특징 : 20대 이상
- 편평태선
  - 위치 : 협점막, 혀, 구개, 치은의 점막
  - 임상소견 : 통증은 없으며, 궤양이 형성되어야 통증이 수반
  - 원인 : 불명
  - 특징 : 여성에서 호발, 40대 이상
- 구강매독
  - 위치 : 입술과 구강에 호발
  - 원인균 : *Treponema pallidum*
  - 특징 : HIV 감염에 위험, 매독의 진행단계
- 칸디다증
  - 위치 : 구강점막, 특히 혀에서 호발, 구각부와 치은에서도 나타남
  - 원인 : *Candida albicans*(구강 상주진균)에 의함, 국소적으로는 의치에 의한 물리적 자극이 점막에 가해지거나, 구강 내가 불결한 경우, 항생제, 부신피질호르몬제, 면역억제제의 장기간 사용 시 발생함
  - 특징 : 노인, 신생아, 당뇨병환자, 항생제의 남용에 의함

44 법랑질 저형성증의 원인
- 발열성 질환 : 수두, 홍역, 성홍열 등
- 비타민 결핍 : 비타민 A, C, D 등(치관에만 영향)
- 국소감염 : 영구치 형성 시의 유치의 우식증으로 인한 치근단 감염(Turner's tooth(터너치아))
- 외상 : 외상에 의한 영구치배의 법랑모세포 손상으로 1~2 치아에 나타남
- 선천매독 : 매독의 *Treponema pallidum*이 원인균. Hutchinson' tooth(허친슨절치)
- 출생 시 손상과 조산

45 치아의 발육이상 중 형태이상
- 쌍생치 : 1개의 치배가 불완전한 2개의 치배로 분리, 유치에서 호발
- 융합치 : 2개의 치배가 발육 중 융합, 유치 전치부에서 호발
- 유착치 : 2개의 인접한 치근면이 백악질에서만 결합, 상악 대구치에 호발
- 치내치 : 치관일부법랑질과 상아질이 치수 내로 깊이 함입, 상악측절치에서 호발
- 치외치 : 교합면의 이상결절, 상하악 소구치에서 호발
- 법랑진주 : 치근부에서 나타나는 작은 구상의 법랑질, 대구치의 치근분지부와 치경부에서 호발

46 연조직의 낭종

구 분	특 징
유피낭종, 유표피낭종	• 태생기 외배엽의 미입이나 후천적 외상에 의한 상피의 미입되어 나타나는 낭종 • 유피낭종 – 상피의 피개와 피부부속기를 가짐 • 유표피낭종 – 상피의 피개만 가짐 • 20대에 호발 • 구강저에 호발
하마종	• 설하선 등의 대타액선의 도관이 막혀 종창이 발생 • 관련된 타액선을 포함해 제거하면 재발 안 됨 • 구강저에서 호발
점액낭종	• 타액의 배출장애에 의한 낭종 • 낭종 내 염증성 세포와 점액물질이 존재 • 하순에서 호발(구강저, 혀, 협점막에 나타남) • 반구상으로 팽창되어 경계가 뚜렷한 파동성 병소 • 모든 연령에서 발생
상악동 내 점액낭종	• 방사선성 반구상의 불투과상 • 상악동저부에 호발

47 함치성낭종의 특징
- 치관의 형성 완료 후 치관 주위에 잔존하는 퇴축법랑상피에서 유래하며, 낭종강 내 매복치의 치관을 포함
- 악골의 변형, 치아의 위치이상, 치근흡수를 가져옴
- 방사선상 경계가 뚜렷한 단방성, 다방성의 투과상, 치관 부위만 둘러싼 투과상 10~30대 남성에서 호발
- 하악은 지치와 소구치부, 상악은 정중부와 견치부에서 호발

48 가역적 치수염의 특징
- 치수질환의 원인이 제거되면 치수가 정상상태로 돌아감
- 치수충혈
- 혈관 확장
- 삼 출
- 경미한 림프구침윤
- 상아모세포층의 파괴

6 구강생리학

49 치아경조직의 물리적 성질
- 성분구성 : 칼슘 > 인 > 탄산염 > 기타(마그네슘, 나트륨, 칼륨, 철, 염소, 아연, 불소 등)
- 하이드록시아파타이트(HA) : 칼슘과 인은 주로 HA 결정으로 존재, 법랑질 HA의 틈새에 수분 함유, 상아세관에 세관내액 존재
- 법랑질 속 유기질 : 아멜로제닌(amelogenin), 에나멜린(enamelin)
- 상아질 속 유기질 : 교원질(collagen)

50 뇌하수체 후엽 호르몬

옥시토신	표적기관 : 유선, 자궁 – 자궁근의 수축과 유즙 분비 촉진
항이뇨호르몬	표적기관 : 말초혈관, 신장 – 항이뇨작용, 혈압상승, 항이뇨호르몬의 분비조절, 수분의 재흡수

51 교합력의 특징
- 교합에 의해 교합면에 가해지는 힘
- 연령 증가 시 감소(최대교합력은 20대)
- 남성이 큼
- 구치부가 큼
- 무치악은 유치악의 50% 교합력
- 최대교합력은 15~20mm 개구 시 발생

52 타액의 기능과 효소 연결
- 소화작용 : 아밀라아제(당질분해효소)
- 윤활작용 : 뮤신(저작, 연하, 발음기능 원활)
- 내분비작용 : 파로틴(뼈, 치아의 발육촉진)
- 항균작용 : 락토페린

53 미각의 종류

종류	설명	부위
단 맛	CH_2OH기(당이나 알코올), OH기	혀 끝
신 맛	H^+	혀 가장자리
짠 맛	Na^+	혀 전체
쓴 맛	알칼로이드, 무기염류의 음이온, $(NO_2)n$	혀 뿌리
감칠맛	글루타민산염	

54 세포질의 구조

구 분	설 명
소포체 (세포질세망, 형질내세망)	• 세포에 의해 만들어진 물질을 저장하거나 운반 • 리보솜 O, 단백질을 합성 • 리보솜 X, 지질 합성, 성호르몬 합성에 관여
골지체 (골지복합체)	단백질의 가공, 농축, 포장
리보솜 (리보소체)	단백질의 합성 장소
리소솜 (용해소체)	• 소화효소 • 자가용해기능
미토콘드리아 (사립체)	• ATP 생성 • 외막과 내막의 이중층 구조 • 자가증식 가능(스스로 복제 가능)
중심소체	세포 분열 시 방추가 형성

55 치아의 감각수용기
- 위치감각 : 치아에 자극을 가했을 때, 어느 치아인지 알아내는 것
- 교합감각 : 물체를 물었을 때 물체의 크기와 단단한 정도를 파악
- 치수감각 : 치수신경의 흥분으로 인한 통각

7 구강미생물학

56 감염에 관여하는 숙주의 특이적 방어기구(획득면역)
- 체액성 면역 : B림프구(골수에서 성숙, 2차 침입 시에 항원을 인식 후 기억세포가 형질세포와 기억세포로 분화)가 생성하는 면역글로불린에 의한 반응
- 세포성 면역 : T림프구(흉선에서 성숙)에 의한 반응

57 *Prevotella intermedia*의 특성
- 그람음성, 간균, 혐기성, 흑색
- 사춘기성 치은염, 임신성 치은염과 관련, 급성 괴사성 궤양성 치은염의 원인균
- 내독소, 면역글로불린, collagenase 파괴효소 활성
- 발육촉진물질(에스트로겐, 난포호르몬)

58 *Aggregatibacter actinomycetemcomitans*의 특성
- 그람음성간균, 이산화탄소 친화성
- 협막에 존재
- 유년성 치주염의 원인균, 감염성 심내막염의 원인
- 생산내독소 보유, 단백분해효소 생성
- 면역반응억제, 세포부착능력

59 *Streptococcus mutans*의 특성
- 치아우식의 1차 원인균
- 치아 표면에 부착하는 능력
- 설탕이 분해하여 생긴 과당과 포도당에서 젖산을 생산하여 치면의 탈회를 유발
- 세포 내의 다당체를 합성, 루칸(덱스트란)과 프럭탄(레반) 합성
- 세포 점막에 프로톤 펌프로 인해 pH 5 이하에서도 생존(내산성)

60 구강 칸디다증 원인균의 특성과 증상
- 입안에 곰팡이의 일종인 칸디다가 증식, 숙주의 저항이 약할 때 발병하는 기회감염
- *Candida albicans*가 원인균
- 진균이며, 입, 인두, 질, 피부, 소화기관에 빈번하게 감염
- 구강점막의 붉은 반점 위 미세한 백색 침착물, 응결된 우유처럼 부드럽고 융기된 백색반점
- 작열감, 압박감, 통증, 자극성 음식 섭취 시 불편감 등

8 지역사회구강보건학

61 지역사회 구강보건사업의 특성
- 20세기 이후에 발전되고 있는 보건사업
- 지역사회 주민의 자발적이고 조직적인 의식개발 과정
- 전체 주민에게 포괄적이고 예방 지향적인 구강진료를 전달하는 과정
- 전체 지역사회개발사업의 일환임

62 직업성 치아부식증
- 법정직업성 구강병
- 불화수소, 염소, 염화수소, 질산, 황산을 취급하는 근로자에게 발생
- 1994년 노동부가 지정
- 산성의 분무와 가스가 치아 표면에 직접 작용하여 치아를 탈회시켜 치질의 결손을 초래

63 포괄구강보건진료
일반성과 전문화를 조화시키고, 예방을 강조하여 치료 위주의 질병 관리를 지양하며 육체적, 정신적, 사회적으로 조화를 이루는 건강관리이다.

64 지역사회 구강보건조사내용 중 구강보건실태
- 구강건강실태 : 치아우식경험도, 지역사회치주요양필요 정도
- 구강보건진료필요 : 상대구강보건진료수요, 유효구강보건진료필요, 주민의 구강보건의식, 구강병 예방사업으로 감소시킬 수 있는 상대구강보건진료필요, 공급할 수 있는 구강보건 진료 수혜자, 활용 가능한 구강보건인력자원과 활용, 주민의 견해

65 관찰조사법의 특징
- 조사대상자의 협조 필요가 적음
- 세부적 사항 포착이 가능
- 조사대상의 적시포착이 어려움
- 고도의 관찰기술이 필요
- 조사자의 주관개입 가능성이 큼

66 지역사회구강보건사업 평가원칙
- 명확한 평가목적을 따라 평가
- 장·단기 효과를 구분
- 객관적 평가
- 계속적 평가
- 평가결과가 다음 기획의 기초자료로 사용
- 장단점을 지적
- 사업기획, 수행, 평가에 영향을 받게 될 자가평가의 주체가 되어야 함

67 지역사회구강보건사업의 기획(계획)
- 범위에 따라

전체구강보건사업 계획	• 장기적 기본지침 • 장기(10~30년), 중기(3~5년), 단기(1년 이내)
구강보건활동계획	• 세부적 단기적 활동지침 • 분기별, 월별, 주별, 일별

- 주체에 따라

하향식	정부주도, 주민의사반영 없으며 일부 후진국에서 채택
상향식	지역사회주민의 요구를 최대한 반영해 방향설정에 따라 수립
공동	공중구강보건전문가와 지역사회구강보건지도자가 함께 수립

68 질병발생 양태

범발성	질병이 수개 국가 혹은 전 세계에서 발생 (예 치아우식증, 치주병, 감기)
유행성	질병이 어떤 나라나 어떤 지역사회의 많은 사람에게 발생 (예 페스트, 콜레라)
지방성	특이한 질병이 일부 지방이나 지역사회에 계속 발생 (예 반점치)
산발성	질병이 이곳 저곳에서 개별적 발생 (예 구강암)
전염성	질병이 병원성 미생물이나 그 독성산물에 의해 옮기며 발생 (예 장티푸스)
비전염성	영양장애, 물리적·문화적·기계적 병원으로 인해 발생 (예 중독)

69 집단의 구강건강관리
- 실태조사 → 실태분석 → 사업계획 → 재정조치 → 사업수행 → 사업평가
- 순환주기는 12개월

70 불소보충복용사업
- 불소이온농도가 0.7ppm 미만인 식음수를 섭취하는 집단에 적용
- 짧은 시간 안에 사업을 수행 가능
- 기획이 용이
- 소액의 비용
- 비전문가의 관리 가능
- 초등학교 및 유아집단에서 수행 가능

71 수돗물불소농도조정사업의 적정불소이온농도
- 온대지방 기준 0.8~1.2ppm
- 열대지방은 낮게(물을 더 많이 마심), 한대지방은 높게

72 불소용액양치사업의 방법
- 0.05% 불화나트륨(NaF)은 매일 1회
- 0.2% 불화나트륨(NaF)은 1주 1회 혹은 2주 1회
- 유치원 아동은 5mL/회, 초등학교 학생 10mL/회
- 칫솔질 후 1분만 양치하고 뱉음, 30분 동안 음식섭취를 하지 않음

9 구강보건행정학

73 공공부조형 구강보건진료제도의 특성
- 진료자원의 균등 분포, 전체 국민에게 균등하게 의료서비스를 제공
- 정부와 소비자가 구성, 국민의 선택권이 없음
- 진료의 양적 수준 및 질적 수준 저하
- 행정체계의 경직성

74 구강보건인력의 분류

주인력(전문인력) 의료인	치과의사(전문의)
보조인력(협조인력) 의료기사	진료실(치과위생사), 기공실(치기공사)
보조인력	치과간호조무사

75 현대구강보건진료제도의 요건
- 모든 국민이 필요한 구강보건진료를 소비할 수 있다.
- 모든 소비자가 경제성, 지역성을 배제하고 진료를 제공받을 수 있다.
- 구강보건진료자원이 균등하게 분포한다.
- 구강보건진료의 사치화 경향이 배제되어야 한다.
- 진료수요를 최소로 줄인다.
- 구강병의 유병률을 감소시킨다.
- 예방적이고 포괄적인 구강보건진료를 제공한다.
- 상대구강보건진료 필요를 모두 충족시킨다
- 계속구강건강관리가 이루어진다.
- 즉각적인 응급구강진료가 가능하다.

76 상대구강보건진료 필요
- 전문가에 의해 조사되는 구강보건진료 필요이다.
- 구강병 발생 정도와 무관하게 구강보건진료를 받아야 한다고 인정되는 구강보건진료
- 연령, 이미 전달된 구강보건진료의 양, 무치악의 유무에 따라 영향

77 구강보건진료 전달체계 개발원칙
- 전 국민에게 필요한 양질의 구강진료를 저렴한 구강진료비로 전달하는 체계 개발
- 가급적 지역사회 내부에서 구강보건문제를 해결할 수 있는 체계 개발
- 가급적 구강병 관리원칙이 적용되는 체계 개발
- 가급적 민간 구강진료자원의 활용을 최대화하도록 체계 개발
- 치과대학 부속치과병원을 연구, 교육, 봉사기관으로 규정하여 한정된 지역사회 주민 전체를 대상으로 필요한 구강진료를 전달

78 공공부조의 특성
- 스스로 생계를 영위할 수 없는 자들의 생활을 그들이 자력으로 생활할 수 있을 때까지 국가가 재정자금으로 부조하여 최저생활을 보장하는 일종의 구빈제도
- 사회보장법 제3조제3호에 근거함
- 생활의 어려움을 보장하는 생활보호, 의료에 대한 보장을 하는 의료급여로 구분
- 조세를 중심으로 하는 일반재정수입에 의존
- 정부와 지방자치단체가 주체

79 정책의 구성요소

제1구성 요소	미래구강 보건상	• 구강보건정책목표 • 실태조사를 통해 수량으로 표시 • 상위목표는 추상적, 하위목표는 구체적
제2구성 요소	구강보건 발전방향	• 구강보건정책수단 • 정책목표를 달성하기 위한 방법, 절차
제3구성 요소	구강보건 행동노선	구강보건정책방안
제4구성 요소	구강보건 정책의지	
제5구성 요소	공식성	

80 구강보건진료 소비자의 권리
- 구강보건진료정보입수권
- 구강보건진료진료소비권
- 구강보건의사반영권
- 구강보건진료선택권
- 개인비밀보장권
- 단결조직활동권
- 피해보상청구권

81 1차 구강보건진료의 특성
- 지역사회 내부에서 제공되어야 한다.
- 지역사회 주민의 자발적 참여와 공중구강보건진료기관의 활동으로 제공된다.
- 지역사회의 기본적 구강보건진료를 충족시킬 수 있다.
- 치의사 이외의 구강진료 요원과 비전문적 자조요원의 협동적 노력으로 제공한다.
- 후송체계의 확립을 전제 조건으로 한다.
- 전체 지역사회개발사업의 일환으로 제공한다.
- 자원의 낭비를 최소화한다.
- 자조요원에게는 구강병의 예방, 구강보건교육, 후송 등의 기능을 부여한다.

82 공식적 참여자와 비공식적 참여자
- 공식적 참여자 : 대통령, 행정기관과 관료, 사법부, 입법부
- 비공식적 참여자 : 국민, 이익집단, 정당, 전문가집단, 대중매체

10 구강보건통계학

83 구강검사
- 검사자의 성명, 연령, 성별, 국적, 검사연월일, 일련번호를 반드시 기록한다.
- 기록자는 조사자의 맞은편에 앉는다.
- 피검자는 조명원을 향하여 앉는다.
- 조사용 기구는 피검자의 옆에 위치한다.
- 칸막이를 사용하여 피검자의 입구와 출구를 분리한다.
- 사용할 기구와 수량, 중량을 최소화한다.
- 같은 광도의 조명을 사용하며, 직사광선보다 자연광이 바람직하다.
- 인공조명 사용 시 500~1,000lux의 청백광 조명을 이용한다.
- 1시간(60분) 기준 필요한 탐침과 치경은 30~50개이다.

84 확률적 표본추출방법

단순무작위 추출법	• 임의적 조작 없음 • 표본이 동일하게 선출될 기회를 가짐 • 난수표, 통 안의 쪽지, 주사위, 통계 프로그램 등
계통적 추출법	• 일정한 순서에 따라 배열된 목록에서 매번 K번째 요소를 추출 • 공평한 표본추출로 대표성이 높음
층화 추출법	• 여러 개의 계층 분할 후 각 계층에서 임의 추출함 • 각 계층의 특성을 알고 있어야 함 • 층화가 잘못되면, 오차가 커짐
집락 추출법	• 집락을 추출 단위로 하여 표본을 임의 추출함 • 조사범위가 광범위한 경우 사용

85 구강검사결과 우식치아로 표기하는 경우
- 연화치질이나 유리법랑질이 탐지
- 1개 이상의 치면에 충전물이 있으며, 다른 치면에 우식병소가 있음
- 임시충전되어 계속적 치료가 필요
- 탐침이 확실히 병소에 삽입되어 걸릴 때

86 우식경험영구치지수(DMFT index)
- 한 사람이 보유하고 있는 평균 우식경험영구치아 수
- 우식경험영구치 수/피검자 수 = (100 + 90 + 10)/100 = 2.0

87 유치우식경험률(df rate, dmf rate)
전체 인구 중 유치우식증을 경험한 사람의 비율

$$= \frac{\text{1개 이상의 우식경험유치를 가진 피검아동의 수}}{\text{피검아동수}} \times 100$$

$60/200 \times 100(\%) = 30\%$

88 보데카의 치면 분류방법
- 유치 : 5면
- 발거된 치아(상실치) : 3면
- 인조치관장착치아(인공치) : 3면(우식된 것으로 간주)
- 인접면우식증 : 2면

89 구강환경지수(OHI) 중 잔사지수(DI)

평점	상 태
0	음식물 잔사와 외인성 색소침착이 없음
1	음식물 잔사나 외인성 색소침착이 치면의 1/3 이하를 덮음
2	음식물 잔사가 2/3 이하를 덮음
3	음식물 잔사가 2/3 이상을 덮음

90 유두변연부착치은염지수(PMA index)
- 개인에 발생된 치은염의 양을 표시하는 지표
- 치은을 세 부위로 나누어(P-M-A) 치은염이 존재하는 부위 수의 합계
- P(유두치은염, papillary gingivitis), M(변연치은염, marginal gingivitis), A(부착치은염, attached gingivitis) 세 부위에서 각각 염증이 있으면 1점, 없으면 0점
- 상악 : 치간유두 5점 + 변연치은 5점 + 부착치은 0점 = 10점
- 하악 : 치간유두 0점 + 변연치은 0점 + 부착치은 0점 = 0점

11 구강보건교육학

91 학습목표에 따른 교육매체의 선택

학습목표	교육매체
사실적 정보의 학습	교과서, 강의, 사진, 영화, 녹음, 프로그램
시각적 확인의 학습	사진, 영화, 입체자료
원리, 개념, 규칙의 학습	영화, TV
과정의 학습	시범, 영화, 프로그램
기능, 작업의 학습	시범, 영화
태도, 견해의 학습	강 의

92 성인기의 특징
- 발달심리 : 시간이 부족, 경제사정이 어려운 경우가 많음, 자신의 건강을 염려하는 시기
- 심리적 특성 : 신체적, 사회적, 정신적 완숙 시기, 활발한 사회활동 시기, 본인의 구강건강에 대한 책임을 알게 해주어야 함. 치아우식 감수성은 감소, 치주병이 진행되는 시기
- 구강의 특성 : 만성 구강병 진행(치아우식 감수성 감소, 치주병 진행 증가)
- 구강관리법 : 구강건강에 대한 책임감 함양이 중요. 정기적인 치과 내원 권유, 건강한 구강상태를 유지하기 위한 동기유발이 중요

93 공중구강보건교육방법의 분류

분류		설명
대상별	집단 구강보건교육방법	개별 구강보건교육보다 효과 낮음
	대중 구강보건교육방법	헤아릴 수 없는 대중
의사소통 방향별	일방통행 구강보건교육방법	
	양방통행 구강보건교육방법	소통과정에 구강보건태도, 행동, 지식의 변화를 유도
지식주입 경로별	시각 구강보건교육방법	
	청각 구강보건교육방법	
	시청각 구강보건교육방법	학습한 것을 기억하게 하는 데 효과적
형식별	이론 구강보건교육방법	제한된 시간 내에 많은 양의 지식 전달
	실천 구강보건교육방법	구강보건행동을 실천하는 과정에 변화를 유도
교육자와 피교육자의 접촉 여부	직접 구강보건교육방법	교육자와 학습자의 대면
	간접 구강보건교육방법	구강보건매체를 이용하며 직접대면하지 않음

94 교육목표의 교육학적 분류

분류		설명
지적 영역	암기 수준	• 기억력에 의존하여 암기하여 얻는 지식 • 가장 낮은 수준의 배움 (예) ~을 나열할 수 있다)
	판단 수준	• 완전히 이해하여 해석, 설명, 판단하여 얻는 지식 • 암기보다 높은 수준의 학습 (예) ~을 설명할 수 있다, ~을 구별할 수 있다)
	문제 해결 수준	• 지식을 완전히 이해하여 그것을 종합하여 어떤 문제에 직면한 경우 지식을 응용, 해결할 수 있는 수준의 지식과 능력 • 가장 높은 수준의 지식 (예) ~경우에 ~를 할 수 있다)
정의적영역		교육 후 학습자의 태도변화를 요구하는 수준 (예) ~실천할 수 있다)
정신운동영역		학습 후에 수기를 할 수 있는 정도의 교육목표 (예) ~(행동을) 할 수 있다)

95 사업장 근로자 구강보건교육

- 국가구강보건사업에서 소외됨
- 학령기에 발생한 치아우식증과 치주병의 축적
- 치아상실의 증가, 바쁜 일상, 구강의 중요성에 대한 인식이 낮아 구강 관리가 취약
- 사업장 근로자 구강 특성 : 지각과민, 입냄새, 잇몸출혈 등
- 불화수소 취급하는 사업장의 경우 치아부식증 예방에 대한 교육 필요

96 블룸의 교육목표개발 5원칙 : 실용적, 행동적, 달성 가능, 측정 가능, 이해 가능

97 진료실교육개발과정

- 교육대상자 선정
- 교육목적 설정
- 교육목표 설정
- 교육내용과 교육프로그램 설계
- 교육 자료수집 및 정리
- 교육과정, 내용, 평가방법에 대한 의견교환 및 토의 후 결정
- 교육 수행 및 평가(의견교환 및 토의를 거쳐 교육과정 통일)

98 토의법의 종류

브레인 스토밍	• 문제해결을 위해 창의적, 획기적 아이디어를 다양하게 수집 • 6~12명의 구성원(리더와 기록원을 지정해야 함)
집단 토의	• 특정 주제에 대해 집단 내 참가자가 자유롭게 의견을 상호 교환하고, 결론을 내리는 방법 • 5~10명의 구성원
분단 토의	• 몇 개의 소집단을 토의시키고, 다시 전체 회의에서 종합 • 각 분단은 6~8명의 구성원(각 분단마다 분단장과 사회자를 지정)
배심 토의	주제에 전문적 견해를 가진 전문가 4~7인이 의장의 안내를 따라 토의를 진행
세미나	참가자 모두가 토의의 주제 분야에 권위 있는 전문가와 연구자로 구성되어 문제를 과학적으로 분석하기 위한 집회형태
심포지엄	동일한 주제에 대한 전문적 지식을 가진 몇 사람을 초청 후 발표된 내용을 중심으로 사회자가 마지막 토의시간을 마련하여 문제 해결하고자 함

99 교육목표에 따른 구강보건 평가방법

학습자 성취도	학습자의 지식, 태도, 행동을 정해 놓은 구강보건교육으로 평가하여 판단
교육 유효도	교육과정 자체의 요인(교육방법, 기자재 등)을 평가하여 판단
구강보건 증진도	구강보건 증진 정도를 정해 놓은 기준에 맞춰 평가하여 판단

100 임산부의 구강보건교육

- 근본적 원인은 구강위생상태의 불량으로 인한 치면세균막과 치석
- *S. mutans*의 모자감염 가능성을 최소화해야 함
- 구강위생교육(치면세균막관리 : 고개를 숙여 칫솔질, 거품이 적은 세치제 사용 등)
- 식이조절(당분함유량이 적은 음식, 탄산음료 제한)
- 구강보건교육이 필요

2교시 정답

01	③	02	④	03	②	04	②	05	⑤	06	②	07	②	08	①	09	④	10	①
11	④	12	⑤	13	④	14	②	15	④	16	④	17	④	18	⑤	19	③	20	②
21	⑤	22	①	23	⑤	24	①	25	⑤	26	③	27	⑤	28	③	29	③	30	⑤
31	①	32	③	33	④	34	⑤	35	②	36	①	37	⑤	38	②	39	④	40	②
41	③	42	①	43	④	44	③	45	②	46	③	47	④	48	③	49	①	50	④
51	④	52	④	53	④	54	③	55	④	56	⑤	57	④	58	②	59	①	60	②
61	②	62	④	63	④	64	④	65	①	66	④	67	⑤	68	②	69	③	70	①
71	③	72	④	73	④	74	⑤	75	②	76	⑤	77	⑤	78	①	79	②	80	②
81	①	82	③	83	④	84	④	85	⑤	86	①	87	④	88	①	89	③	90	⑤
91	②	92	②	93	①	94	①	95	④	96	①	97	⑤	98	③	99	⑤	100	⑤

1 예방치과처치

01 구강병의 진행과정과 구강병 예방의 분류

병원성기		질환기		회복기
전구 병원성기	조기 병원성기	조기 질환기	진전 질환기	
건강증진	특수방호	조기치료	기능감퇴 제한	상실기능재활
1차 예방		2차 예방	3차 예방	
• 영양관리 • 구강보건교육 • 칫솔질 • 치간세정푼 사질	• 식이조절 • 불소복용 • 불소도포 • 치면열구전색 • 치면세마 • 교환기유치 발거 • 부정교합예방	• 초기우식 병소충전 • 치은염치료 • 부정교합 차단 • 정기구강 검진	• 치수복조 • 치수절단 • 근관충전 • 진행우식병소 충전 • 유치치관수복 • 치주조직병 치료 • 부정치열교정 • 치아발거	• 가공의치보철 • 국부의치보철 • 전부의치보철 • 임플란트보철

02 구강병의 3대 발생요인

숙주 요인	치아요인	치아성분, 치아형태, 타액위치, 치아배열, 병소의 위치
	타액요인	타액유출량, 타액점조도, 타액완충능, 타액성분, 수소이온농도, 식균작용, 살균성 물질 생산력
	구강 외 신체요인	호르몬, 임신, 식성, 종족특성, 유전, 연령, 설명, 특이체질, 치아우식감수성, 살균성 물질 생산력
병원체 요인		세균의 종류와 양, 병원성, 독력, 전염성, 전염방법, 산 생산능력, 독소 생산능력, 침입력
환경 요인	구강 내 환경요인	구강청결상태, 구강온도, 치면세균막, 치아 주위 성분
	구강 외 환경 요인 / 자연환경	지리, 기온, 기습, 토양성질, 공기, 식음수 불소이온농도사업
	구강 외 환경 요인 / 사회환경	식품의 종류, 식품의 영양, 주거, 인구이동, 직업, 문화제도, 경제조건, 생활환경, 구강보건진료제도

03 개인구강상병관리과정

구분	설명
진찰	검사 : 상병을 진단하는 데 필요한 정보를 수집
진단	전체 진료과정 중 가장 중요
요양계획 (치료계획)	• 예방, 치료, 재활을 포함 • 치료보다는 예방을 우선으로 함
진료비 영수	요양계획수립과 제시단계에서는 진료비 영수가 전제
요양(치료)	치료, 예방처치, 재활처치
요양결과 평가	개인구강상병관리 과정은 6개월 주기

04 세균의 대사산물 중 세포외 다당류

- 치면세균막 세균 중에서 뮤탄스 연쇄상구균이 자당을 이용하여 형성
- 자당을 분해하여 글루칸(다수 포도당 결합체)과 프럭탄(다수 과당 결합체)을 생성
- 글루칸의 분류 : 덱스트란(세균의 에너지원)과 뮤탄(세균이 치면에서 떨어지지 않도록 함)

05 치아우식병의 예방법

숙주요인 제거	치질 내 산성 증가	불소복용, 불소도포
	세균 침입로 차단	치면열구전색, 질산은도포
환경요인 제거	치면세균막 관리	칫솔질, 치간세정, 물양치, 치면세마
	식이조절	우식성 식품 금지, 청정식품 섭취
병원체 요인제거	당질분해억제	비타민 K 이용, 사이코사이드 이용
	세균증식억제	요소와 암모늄 세치제 사용, 엽록소 사용법, 항생제 배합 세치제 사용

06 구강암의 분포

- 40대 이후, 남성에서 호발
- 입술, 혀, 협점막, 구치부의 치은에서 자주 발생
- 구강암은 전체 암의 5% 차지
- 구강암의 90% 이상은 편평상피구강암

07 개량구강환경관리능력지수(PHP-M Index)의 대상치아

| #15 | #13 | #26 |
| #44 | #32 | #36 |

08 칫솔질의 운동형태

수평왕복운동	횡마법
진동운동	바스법, 스틸맨법, 차터스법
상하쓸기운동	회전법, 종마법, 변형스틸맨법, 변형차터스법
원호운동	폰즈법
압박운동	와타나베법

09 불소겔 도포방법

- 트레이 준비
- 치면세마
- 불소겔 준비
- 치아 분리
- 치면 건조
- 불소겔 도포 전처치 : 무왁스치실로 사전 도포
- 불소겔 도포
- 후처치 : 잉여분 제거

10 치실의 사용 목적

- 치아 사이 인접면의 치면세균막과 음식물 잔사 제거
- 치아 표면 연마
- 치간 부위 우식병소 및 치은연하치석 존재 확인
- 수복물 변연의 부적합성, 치간 부위 과충전 검사
- 치은유두의 마사지 효과로 치은출혈 감소
- 치간 부위 청결로 구취 감소

11 오리어리지수
- 구강 내 모든 치아를 근심, 원심, 협면, 설면으로 구분
- 탈락 치아는 제외
- 고정성 보철물과 임플란트는 동일하게 기록
- 입안을 강하게 헹궈 음식물 잔사를 제거시키고, 착색제 도포 후 다시 헹굼
- 착색된 부위를 결과 기록지에 빨간색으로 표시
- 치아와 치은의 경계는 탐침으로 확인
- 한 개 치아 기준으로 최저 0점, 최고 4점

12 치실고리 사용의 적용 부위
- 치간 사이가 너무 견고해 치실이 접촉점을 통과하지 못하는 경우
- 가공의치 부위의 지대치와 인공치 사이
- 가공의치의 인공치아의 기저부
- 치은퇴축으로 치아 사이가 넓거나 치실질을 해야 하는 부위가 넓을 때
- 계속가공의치, 국소의치, 임플란트 보철물 환자
- 고정성 교정장치의 브라켓과 와이어 사이
- 서로 고정되어 있는 치아

13 치면열구전색 과정 중 전색제의 유지력 높이는 방법
- 치아의 격리와 치면건조로 완벽한 건조상태 유지
- 방습면봉을 사용한 경우 새로운 방습면봉으로 교체
- 산부식 된 상태를 확인
- 교합검사 시 약간 낮게 하여 교합 시 충격을 줄이고, 전색제를 보호

14 치경부마모증 환자의 칫솔질 교습
- 횡마법을 사용 중이었다면 회전법으로 전환
- 약강모의 칫솔 적용
- 약마모도, 액상 형태, 지각과민둔화제가 함유된 세치제 적용

15 지각과민증의 관리법
- 치석과 치면세균막 조절 : 회전법, 약강모의 칫솔, 약마모도의 세치제
- 상아질 표면의 피복 : 둔화약제를 포함한 세치제, 상아질 접착제 도포
- 지각과민 처치제(MS-coat) 도포
- 표면 석회화 촉진법
- 레진 충전법
- 약물을 이용한 변성 응고법
- 불소바니시 도포

16 식이조절과정
- 식이조사 : 24시간 회상법, 약 5일간, 가정용 도량형 단위로 작성
- 식이분석 : 우식성 식품의 섭취 여부를 분류, 총 섭취 횟수에 20분을 곱하면 우식발생 가능시간을 알 수 있음, 청정식품, 기초식품 섭취 여부와 양 조사
- 식이상담
- 식단처방 : 처방식단과 일상식단의 차이가 적게, 필수영양소는 공급, 환자의 기호, 식습관, 환경요인을 고려하여 반영

17 치아우식예방 식단처방의 준칙
- 일일 음식물 섭취 횟수는 3회 정규식사로 규정, 간식의 불리함 강조
- 육류, 유제품처럼 단백질과 인이 다량 함유된 보호식품의 섭취를 권장
- 탄수화물 섭취량은 총 섭취 열량의 30~50%가 되도록 함
- 사탕, 과자류 등처럼 당 함량이 높고 부착성이 높은 우식성 식품을 엄격히 금지
- 신선한 과일, 채소처럼 청정식품의 섭취를 권장하여 구강 내 자정작용, 타액분비 촉진

18 치아우식발생요인검사 결과의 기준
- 타액분비율검사 : 비자극성은 3.7mL/5분, 자극성은 13.8mL/5분
- 타액점조도 검사 : 평균비점조도 1.3~1.4
- 타액완충능검사 : 6방울 미만(매우 부족), 6~10방울(부족), 10~14방울(충분), 14방울 이상(충분)
- 구강 내 산생성균검사 : 24시간(고도 활성), 48시간(중등도 활성), 72시간(경도 활성)
- 구강 내 포도당잔류시간검사 : 10~15분(보통), 15분 이상(부착성 당질 음식섭취 제한)

2 치면세마

19 치면세마의 정의
구강질환을 예방하기 위해 구강 내의 치면세균막, 치석, 외인성 색소 등의 침착물을 물리적으로 제거하고, 치아표면을 활택하게 연마하여 재부착을 방지할 목적으로 실시하는 예방술식

20 치석의 부착위치에 따른 특징

구분	치은연상치석 (supragingival calculus)	치은연하치석 (subgingival calculus)
위치	치은변연 위의 임상적 치관	치은변연 하방, 치주낭 내로 연장
분포	• 하악 전치부 설면 • 상악 구치부 협면	• 모든 치아의 인접면, 설면 • 특히, 하악 전치부 설면
색깔	백색, 황색	흑색, 갈색
무기질의 기원	타액	치은열구액
성상	점토상, 치밀도 낮음, 경도 낮음	치밀도 높음
진단	육안관찰	탐침, 압축공기, 방사선 등

21 치주탐침(periodontal explorer, probe)의 사용법

파지법	변형필기잡기법
손 고정	• 시술치아나 인접치아 1~2개 치아 이내 • 10~20g의 힘, 가볍게 파지, 손의 감각을 예민하게 유지
적합	• 건강한 치은은 섬유부착이 단단하여 삽입이 어려움 • tip의 측면이 치근면에 닿도록 하여 상피부착부에 손상 없도록 함 • 전치부는 근원심 중앙에 구치부는 원심선각에 위치 • 인접면은 손잡이를 기울여서 col 부위까지 측정
삽입	치아 장축에 평행하여 삽입하기 어려운 경우 손잡이를 움직여서 넣음
측정, 동작	• 치아당 6곳(협측 3부위, 설측 3부위) • 치은 변연과 일치되는 눈금을 기록(4mm 이상만 기록) • working stroke

22 외인성 착색 중 비금속성 착색의 색깔
- 황색 : 구강관리 소홀할 때, 치면세균막이 분포하는 부위에 희미한 노란 착색
- 녹색 : 주로 어린이, 색소세균과 곰팡이가 원인, 주로 상악 전치부의 순면과 치경부에 호발, 단독으로 나타남
- 검은선 : 비교적 구강위생상태가 깨끗한 비흡연자, 여성, 어린이에게 호발, 제거 후 재발이 잘 됨
- 주홍색, 적색 : 색소성 세균에 의한, 전치부 순면과 설면 치경부 1/3 부위에 호발
- 갈색 : 법랑질의 표면이 거칠거나 치약 없이 칫솔질하는 사람의 경우, 상악 구치부 구개측 인접면 부위, 제거 후 호발이 쉬움

23 일반큐렛(universal curet)의 적응증
치아 표면의 침착물, 치은연하의 치석, 거친 백악질 표면의 활택, 병적 치주낭 제거 및 치은열구의 육아조직을 제거함

24 임상적 부착소실
임상적 부착소실 = 치주낭 깊이 + 치은퇴축

25 전신병력 조사
- 대상자가 과거에 앓았거나 현재 앓고 있는 전신병력을 기록
- 현재는 증상이 없거나 치료가 끝난 질병이라도 모두 포함하여 조사(예 약물부작용 등)

26 가압증기멸균법

특 징	• 고온, 고압의 수증기를 이용하여 미생물을 파괴 • 스테인리스 기구, 직물, 유리, 스톤, 열에 저항성 있는 합성수지, 멸균 가능한 핸드피스 등
방 법	121℃ 15psi 15분, 132℃ 30psi 6~7분
장 점	• 침투력이 우수한 다공성 재질의 면제품 멸균에 적합 • 화학용액, 배지의 멸균에 적합
단 점	• 합성수지에 손상 • 기구의 날을 무디게 하고 금속을 부식시킴 • 멸균 후 별도의 건조단계가 필요
기 타	• 증류수를 사용 • 멸균기 내부 청소 및 관리가 필요

27 개인방호
- 손 세척
  - 손가락~팔꿈치까지 문질러 씻고, 물이 손가락~팔꿈치로 흐르게 함
  - 항균제가 포함된 액체비누를 사용
  - 수도꼭지는 발이나 무릎으로 조절하는 자동수도꼭지 사용
  - 장갑 착용 전과 후에 항상 손세척을 함
- 술자 보호장비
  - 장갑 : 치과 진료 중 타액이나 혈액 내 미생물에 의한 술자 감염을 예방
  - 보호용마스크 : 95%의 세균 여과율 및 호흡 가능성, 콧구멍이나 입술에 닿지 않으며, 전체의 주변에서 밀착, 환자마다 교체하며 젖었으면 즉시 새것으로 교체
  - 보안경 : 김이 서리지 않아야 함. 매 환자마다 물과 세정제로 닦아주고, 결핵균 박멸성 소독제를 이용해서 소독
  - 안면보호대 : 턱까지 내려오는 것을 사용
  - 가운 : 진료실에서 오염된 옷은 세탁업자에게 맡기거나 치과에서 직접 세탁, 하루에 한 번씩 갈아입기, 재질은 합성섬유 추천, 위험한 환자 진료 후 새것으로 갈아입거나 일회용 사용

28 치주기구의 작업단 단면도
- 파일 – 직사각형
- 호 – 직사각형
- 치즐 – 직사각형
- 큐렛 – 반원형

29 멸균 전 기구준비

세척 전 대기용액		• 혈액과 타액의 세척 용이를 위함(굳지 않도록 함) • 소독작용을 함 • 매일 교환 • 페놀화합물, 아이오도포 등을 사용
기구 세척	손 세척	• 혈액이 묻은 기구는 찬물로 헹굼 • 손잡이가 긴 솔, 가사용 고무장갑, 보안경, 마스크, 앞치마 착용
	초음파 세척	• 손 세척보다 단시간 내 세밀한 부분 세척이 가능 • 뚜껑을 반드시 덮어 에어로졸이 나오지 않도록 함 • 세척시간 5~10분 이내 • 매일 교환, 표면소독제로 소독
기구포장		• 종이수건, 기구건조기 등을 이용하여 건조 후 포장 • 멸균지시테이프 표시

30 초음파 치석제거 시 물의 역할
- 시술 부위 세척으로 시야 확보
- 미세진동효과
- 치주조직의 마사지 효과
- 초음파 치석제거 동작 시 발생되는 열을 식힘
- 시술 후의 회복을 도와주고 감염을 줄임

31 술자의 자세
- 발바닥은 바닥에 편평하게
- 허벅지는 바닥에 평행하게
- 등은 의자 시트와 100° 정도 되게 깊숙이 앉음
- 머리와 목은 바로 세워 척추와 일직선상
- 시술 시 머리는 20° 이상 굽히지 않음
- 체중을 균일하게 분산

- 어깨가 수평을 유지하도록 함
- 상박은 몸의 측면 가까이
- 팔은 손목과 같은 높이, 전원과 바닥이 평행
- 상박을 향해 60° 넘지 않도록, 아래로는 10° 넘지 않도록
- 시술 시 손등과 전원이 같은 방향으로 유지, 비틀리지 않도록
- 다리는 전방 위치(7~8시)에서 술자의 양다리를 붙이고, 후방 위치에서는 양다리를 벌림
- 환자와 술자의 적절한 거리 유지로 술자가 기구조작 시 불편하지 않도록 함

32 베니어형 치석
- 얇은 베니어 모양, 치은연상과 치은연하에 나타남
- 치석제거나 치근활택술 시 작업각도가 작아서 형성됨

33 치면연마
치석제거술, 치근활택술, 외인성 착색물 제거 후 거칠어진 치아 표면의 활택과 심미성 등의 완전한 효과를 얻기 위한 과정

34 기구 고정법
- 연마석 중앙에 오일 1~2방울 떨어트리고 거즈로 고르게 펴 바름
- 왼손으로 기구를 손바닥 잡기법으로 잡고, 술자의 상박을 몸고정시켜 지지를 얻음
- 연마석을 올바르게 잡음
- 기구의 내면과 연마석 면이 90°가 되도록 함(연마석이 12시 방향)
- 기구날의 내면과 연마석 면이 100~110° 되도록 위치(연마석이 1시 방향)
- 기구 날을 3등분하여 짧은 동작으로 up & down stroke, 중등도 압력
- wire edge 방지를 위해 down stoke로 마무리
- 침전물이 생기면 연마가 이루어졌다는 것임
- universal curet, sickle scaler는 절단연이 2개이므로 반대편 절단연도 동일 과정으로 연마
- 기구의 back의 heel에서 tip까지 한 번에 연결시켜 연마

35 초음파 치석제거기의 사용법
- 환자의 병력, 금기증 유무 확인
- 환자자세 : modified supine position
- 기구 잡기 : modified pen grasp
- insert tip : 팁의 측면을 치면에 적합 시킴, 치아장축과 평행, 15° 미만 유지
- 한 부위에 오래 머무르지 않음, 많은 압력을 가하지 않음
- 환자가 과민하면 작업각 확인, 강도 낮춤, 다른 치아 먼저 시술
- 수기구로 잔존치석 제거
- H_2O_2로 구강 내 소독 및 양치

36
- 엔진연마 방법

on–off method	• 치아 표면을 전치부 4등분, 구치부 6등분 • 러버컵의 끝으로 적당한 속도와 압력으로 치아에 붙였다 떼었다 하는 동작
painting method	• 치아 표면을 전치부 3등분 후 • 러버컵의 끝으로 적당한 속도와 압력으로 치경부에서 절단연 쪽으로 압력을 가하며 쓸어 올리듯이 문지르는 동작

- 치면연마 시 주의사항
  - 치면에 따라 선택적으로 연마한다.
  - 평활면은 러버컵, 굴곡이 있는 교합면은 강모솔을 이용한다.
  - 입자가 작은 연마제, 불소가 포함되어 있는 연마제를 사용하는 것이 좋다.
  - 러버컵의 가장자리를 치은열구에 삽입하지 않는다.
  - 치주낭이 깊은 환자에게 적용하지 않는다.

37 치근활택술의 적응증과 금기증

적응증	금기증
• 치은염 • 얕은 치주낭 • 외과적 처치의 전처치 • 진행성 치주염 • 내과병력을 가진 전신질환자	• 치면세균막 관리가 안 되는 사람 • 깊은 치주낭 • 치주골 파괴가 심한 사람 • 심한 지각과민 환자 • 급성 치주염 환자 • 심한 치아동요 환자

38 노인 대상의 치면세마
- 시술 전 전신건강상태 파악
- 얼굴을 가까이하고 대화
- 치근노출 시 시리지 않도록 기구 조작에 유의
- 크고 단단한 치석이 있으면 여러 조각으로 나누어 제거
- 시술 전후 환자교육, 잔존치 관리 중요성에 대한 교육

3 치과방사선학

39 전리능력에 따른 방사선 분류

전리방사선	• X선, Y선, 중성자선 등 • 의료용 방사선으로 이용 • 고에너지 • 전기적 성질에 따라 직접전리방사선과 간접전리방사선으로 분류
비전리방사선	• 전파, 원적외선, 적외선, 자외선 등 • 저에너지

40 X선속의 분류

1차 방사선		X선관의 초점에서 직접 방출되는 방사선
	유용방사선	1차 방사선 중 조사창과 시준기를 통해 방출
	중심방사선	유용방사선의 정중앙을 지나는 X선
2차 방사선		1차 방사선이 진행되는 동안 투과하는 물체나 환자에 의해 발생
	산란선	1차 방사선이 원래 방향으로부터 편향된 방사선
	누출방사선	1차 방사선의 관구덮개를 통해 유출된 방사선

41 텅스텐타깃
음극 필라멘트에서 방출된 전자로부터 X선 광자가 발생되는 초점

42 여과기
저에너지, 장파장을 제거, X선 형성에 도움

43 X선 사진상의 특성
- 흑화도 - 필름 전체의 어두운 정도
- 대조도 - 방사선 사진상 다른 부위에서 흑화도가 다른 정도, 투과력을 의미
- 선예도 - 물체의 외형을 정확하게 재현할 수 있는 능력
- 감광도 - 표준흑화도를 만드는 데 필요한 X선 조사량

44 상악의 불투과상 해부학적 구조물

방사선	구조물	위 치	설 명
불투과	하비갑개	중절치	비와의 좌우 측벽
	전비극		V자 모양
	비중격		정중선 양쪽
	역Y자	견 치	상악동의 전내벽과 비와의 측벽이 서로 교차
	관골돌기, 관골궁	대구치	상악동 후방 부위
	상악결절, 구상돌기		

45 상악대구치의 해부학적 구조물

방사선	구조물	위 치	설 명
투 과	상악동	견치~ 대구치	• 4면의 피라미드 형태 • 공기를 함유
불투과	관골돌기, 관골궁		상악동 후방 부위
	상악결절, 구상돌기	대구치	

46 등각촬영법
- 치아의 장축과 필름이 이루는 각의 이등분선에 중심선이 직각으로 조사
- 장점 : 단조사통으로 노출시간 단축, 해부학적 장애물이 있는 환자에게 적용 가능

47 상악견치의 등각촬영
- 필름 중앙에 상악 견치와 치근단 부위가 포함되어야 함
- 필름 세로로 위치
- 필름하연이 절단면과 평행
- 중심선 : 비익
- 조사각도 : 수직각도(+45°), 수평각도(60~75°, 측절치와 견치 인접면에 평행)

48 직각촬영법
- 피사체의 위치 결정방법에 해당
- 주로 하악골, 매복된 하악치아, 하악에서 발견되는 이물질의 위치 결정
- 구내용 필름 두 장을 서로 다른 직각 방향에서 촬영(치아장축과 평행, 교합면과 평행)

49 교익촬영의 목적
- 초기 인접면 치아우식증, 재발성 치아우식증 검사
- 치주질환의 유무 및 정도 평가
- 상·하악 교합관계 검사
- 치수강 검사, 치아우식증의 치수접근도 검사

50 상악의 역Y자 모양의 불투과상
견치 부위에서 상악동의 전내벽과 비와의 측벽이 교차하여 역Y자로 나타남

51 파노라마 촬영의 목적
- 치아 및 치아주위조직의 전반적인 평가
- 치아 및 악골의 발육 이상 평가
- 제3대구치, 상하악골의 광범위한 병소 평가
- 상악동 평가
- 측두하악관절 평가
- 외상에 의한 악안면 골절 평가

52 소아 환자의 촬영
- 필름 고정은 소아 환자가 직접 한다.
- 촬영하는 동안 보호자는 대기실에서 대기한다.
- 코로 호흡하게 하고, 관심을 다른 곳으로 분산한다.
- 전악 구내촬영 시 10장, 교익필름 2장이 필요하다.
- 방사선 노출량 설정은 10세 이하는 약 50%, 10~15세의 경우 25% 낮춰 적용한다.
- 상악은 일반 성인용 필름, 하악은 소아용 필름을 선택한다.

53 술자의 방사선 방호

방어벽	• 환자가 X선이 노출되는 동안 술자는 방어벽이나 벽 뒤에 머문다. • 방어벽은 1mm 두께의 납이 포함되어 X선을 충분히 흡수해야 한다.
방사선원-촬영자의 관계	• 거리 : 방사선원, 환자에서 술자간의 거리는 최소 2m 이상 • 위치 : 술자는 방사선 중심선속에 대해 90~135°에 위치 • X선 노출되는 동안 촬영자와 환자 모두 관구를 잡지 않음

54 무치악 환자의 치근단 촬영
- 필름 유지기구 사용 시 솜뭉치나 거즈를 추가하여 필름을 고정한다.
- 전악 구내촬영 시 14장, 교익촬영은 필요하지 않고, 교합촬영은 가능하다.
- 방사선 노출량 설정은 25% 낮춰 적용한다.
- 등각촬영 시 수직각도를 55~65° 증가시켜 적용한다.

55 파노라마 영상의 실책
교합평면이 과장된 V자 형태로 나타날 때는 프랑크푸르트 수평면이 바닥과 평행이 되도록 한다.

56 촬영 중 실수 중 조사각도가 원인인 경우
- 수평각 오류 : 치아의 인접면이 겹쳐 보임
- 수직각 오류 : 상의 축소나 확대(수직각의 각도가 크면 상이 축소, 각도가 작으면 상이 확대)

57 방사선 사진의 임상응용
- 투과상 : 치아우식증, 치주병, 치근단육아종, 치근단낭, 치근단농양
- 불투과상 : 경화성골염, 골경화

58 방사선의 영향
- 확률적 영향 : 암(종양), 백혈병, 유전적 장애 등
- 결정적 영향 : 피부홍반, 탈모, 백내장, 생식능력 감소, 골수 기능 저하 등

4 구강악안면외과학

59 외과적 발치 순서
구내 세정 → 수술 부위 소독 → 국소마취 → 점막, 골막, 피판의 절개 및 박리 → 치조골 삭제 및 치아의 분할 → 치아의 탈구 및 발거 → 발치와 내 소파 → 치조골 형태 수정 → 봉합 → 거즈 물려서 지혈

60 치조골성형술의 적응증
- 의치 장착 시 과잉의 치조골과 날카로운 치조골의 돌출 부위
- 다수치 발거 시 날카로운 치조중격
- 상악골과 하악골의 골류의 존재로 점막손상 우려 시

61 골절 부위에 따른 분류

중안모 골절	• 상악골골절(수평골골절과 피라미드형 골절) • 횡단골절(안면골이 두개골과 분리) • 상악골 및 관골 복합체 골절 • 비완와사골골절 • 비골골절 • 안와하골절
하악골 골절	• 호발빈도 : 하악과두＞우각부＞정중부＞골체부＞치조돌기＞상행지＞관상돌기 • 10~20대에 호발 • 호발원인 : 폭력＞교통사고＞스포츠＞산업재해

62 국소마취 후의 합병증
- 전신적 합병증 : 마취액의 독작용, 특이체질, 과민반응, 불안반응 등
- 국소적 합병증 : 통증, 부종 및 혈종, 개구장애, 주사침의 파절, 신경병증 등

63 발치 후 주의사항
- 발치 후 지혈을 위해 2시간 동안 거즈를 물고 있게 한다.
- 외과적 수술 부위에는 부종 감소를 위해 48시간 동안 냉찜질을 한다.
- 지혈을 위해 타액과 피는 모두 삼킨다.
- 유동식을 권장하고, 충분한 휴식을 하며, 처방약은 모두 복용한다.
- 무리한 운동, 뜨거운 목욕, 흡연, 빨대 사용, 음주를 하지 않는다.
- 발치 부위는 칫솔질을 피하고 구강소독제를 사용한다.
- 심한 통증 및 출혈 시에는 치과에 내원한다.

64 농양절개시기
- 국소적으로 동통이 감소할 때
- 국소적으로 열이 내려갈 때
- 염증이 최고조에 이르러 흡인 시 농을 확인할 수 있을 때
- 백혈구의 수치가 정상수치로 회복될 때
- 종창 부위에 파동이 촉지될 때
- 봉와직염 같이 감염이 신속히 파급될 때 압력 해소가 필요할 때
- 피부가 국소적으로 적색이며, 윤이 나고 뚜렷한 발적 부위가 있을 때

5 치과보철학

65 지대축조의 장점
- 지대치의 형태를 갖추어 보철물의 유지력 부여
- 약해진 치질을 보강하여 교합력을 견디게 함
- 최종보철물의 두께를 고려한 치아 삭제를 하여 보철물의 수명 연장에 도움
- 치경부의 변연적합성 향상에 도움

66 캠퍼평면
- 비익의 하단에서 이주의 상연을 연결하는 평면
- 가상교합평면을 정하는 기준

67 도재라미네이트의 적응증
- 변색이나 착색된 치아
- 법랑질 형성부전증 치아
- 해부학적으로 형태나 위치가 이상한 치아
- 정중이개의 수복

68 의치의 보수방법
- 첨상 또는 이장(Relining) : 잔존 치조제의 흡수로 인해 치조제 점막과 의치상 사이의 공간이 발생한 경우 의치상의 조직면에 레진 첨가
- 개상(Rebasing) : 변성이 심한 경우 인공치를 보존하면서 새로운 재료(레진)로 의치상을 전부 교환하는 것

69 고정성 가공의치의 장점
- 치조제에 압력이 없도록 함
- 치실과 치간칫솔을 사용하여 국소적으로 위생관리가 용이
- 유지와 지지력이 우수

70 총의치 제작과정
검사·진단과 치료계획 → 전처치 → 예비인상 → 연구모형 제작 → 개인트레이 제작 → 최종 인상 채득 → 작업모형 제작 → 기록상과 교합제 제작 → 악간관계 기록(교합채득) → 인공치아 선택 및 배열 → 납의치의 시험적합 → 레진중합(의치 완성) → 의치 장착 및 술후 관리

6 치과보존학

71 근관치료 술식 과정
진단 → 치료 준비 → 치수 마취 → 러버댐 장착 → 근관와동 형성 → 발수 → 근관장 측정 → 근관 형성 → 근관 세척 및 건조 → 근관 소독, 가봉 → 근관 충전 → 근관 충전 후 수복

72 복합레진 충전
- 치수보호 시 바니시는 금기
- 산부식은 법랑질은 완전히 건조, 상아질은 습기가 남아 있을 정도로 건조
- 접착강화제 도포 후 접착레진 도포
- 소량씩 레진충전 후 광중합을 여러 번 반복 시행

73 ④ tapered fissure bur : 인레이 수복 시 와동저가 좁고, 와동의 입구가 넓은 형태로 와동을 형성

74 치근단절제술
비외과적 근관치료나 재근관치료로 예후 불량 시 최종적으로 시행

75 연령 증가 시 근관의 형태변화
- 상아세관이 불규칙하게 좁아지거나 막힘
- 근관의 끝이 근단에서 멀어짐(외부 백악질 침착)
- 근관이 좁고 가늘어짐(2차 상아질과 3차 상아질의 축적)
- 치수각과 치수실이 감소

76 차아염소산나트륨
- 근관세척제로 사용
- 치근단 조직에 유해하지 않아야 하며, 괴사 및 생활치수조직을 용해하는 작용
- 세균, 치수잔사 도말층을 제거하여 향균효과와 윤활효과가 있음

7 소아치과학

77 유치우식증의 특징
- 우식의 진행이 매우 빠름
- 치수노출이나 감염에 대한 회복력이 좋음
- 치수염이나 치근막염으로 쉽게 이행
- 다수치면에 이환되는 경우가 많음
- 이환 순서 : 하악유구치(가장 먼저) → 상악유구치 → 상악전치 → 하악전치
- 3~5세경 최고조

78 진탕
손가락으로 누르면 반응이 있고, 타진에 민감하며 치주인대만 손상된 상태

79 고정성 공간유지장치
- loop형 간격유지장치 : 유치열이나 혼합치열에서 편측의 제1유구치나 제2유구치 중 1개의 치아 상실일 때, 근원심 공간 유지
- distal shoe : 제1대구치가 맹출하기 전 제2유구치가 조기 상실된 경우 제2유구치 발치 후 즉시 장착
- 설측호선장치 : 혼합치열기에 하악에 편측성이나 양측성으로 2개 이상의 유구치 상실일 때
- 낸스호선장치 : 혼합치열기에 상악에 편측성인 양측성으로 2개 이상의 유구치 상실일 때

80 심리적 접근법의 종류별 특징

체계적 탈감작법	• 약한 자극에서 강한 자극으로 반복 • 공포와 불안을 극복시키고자 함
말-시범-행동	• tell : 어린이 수준에 맞는 언어, 천천히, 반복하여 이해하도록 함 • show : 기구를 만져보게 함 • do : 설명하고 보여준 대로 치료를 실행함
모방	• 첫 내원 시 효과적 • 다른 어린이의 행동을 따라 하도록 함
분산	• 치료 중 관심과 주의 분산 • 비디오, 오디오 등의 시청각 기기 이용
강화	• 긍정적 강화 : 칭찬(추상적), 장난감(구체적) 등으로 원하는 행동을 유발시키는 효과적 방법 • 부정적 강화 : 음성 조절, 신체의 속박, 격리 무시 등
소멸	좋지 않은 행동이 지속적으로 나타날 때, 무시, 방치함

81 유구치 기성금속관 수복의 장점
- 치관의 근원심 폭경 회복
- 치질 삭제량이 적음
- 저작기능의 회복이 용이
- 제작이 쉽고, 내구성이 우수

82 영구치의 완전탈구 시 대처방법
- 빠른 시간 내 치조와에 재식
- 재식된 치아의 예후의 영향요인 : 구외 존재시간(30분 이내), 탈구된 치아의 보관(우유, 식염수, 구내 혀 아래), 치조와의 처치(소파 없이 irrigation), 치근의 처치(치근 표면의 이물질 제거, 잔존 치주인대 보존)

8 치주학

83 연령증가에 따른 치은의 변화
- 치은조직 내 혈액공급량 저하
- 치은조직의 섬유화, 각화도 감소
- 부착치은의 점몰 감소, 폭경 증가
- 대사작용이 늦어져, 손상은 쉽고 치유는 느림

84 치은섬유의 특징

치아치은 섬유군	• 치은열구의 기저부 백악질~유리치은 방향 • 치은 부착에 관여
치아골막 섬유군	• 백악법랑경계의 백악질~치조정~근단~협설측의 골막 방향 • 치아를 치조골에 고정, 치주인대 보호에 관여
환상 섬유군	• 모든 치아의 유리치은에 둘러싸고 있음 • 유리치은 지지에 관여
횡중격 섬유군	• 치조중격의 상방~백악질에 매립 • 치아 사이의 간격 유지에 관여

85 급성 치주농양의 특징
- 치은을 누르면 동근 모양의 농양
- 치주조직 내 국한
- 치아 동요, 심한 통증, 타진에 예민
- 체온 상승 가능성

86 외상성 교합의 증상
치아동요 증가, 병적 치아 이동, 저작 및 타진 시 불편감, 악관절 이상, 치아의 마모 및 교모면 존재, 치근흡수, 방사선상 치주인대 공간의 확대와 치조백선 소실

87 치은퇴축의 임상증상
노출된 치근면(지각과민증, 치근면우식증, 치수의 변성), 치간부 퇴축(치면세균막, 음식물, 세균축적)

88 치은절제술의 적응증
- 제거되지 않는 치주낭
- 증식된 치은조직
- 얕은 골연하낭 제거, 골연상의 치주농양, 이개부 병변 노출
- 형태학적 치관노출
- 치은연하우식증 치료
- 임상적 치관 길이 연장

9 치과교정학

89 개별적 정상교합
각 개인에 있어서 개인의 치아 크기, 치아 형태, 식립 상태 등의 차이를 고려한 최선의 교합상태로 발치를 동반하지 않은 교정치료의 목표가 됨

90 결찰용 겸자

하우 플라이어 (how pliers)	• 다양한 와이어를 잡는 데 사용 • 끝의 내면이 줄로 되어 있음(전치부, 구치부 구분)
웨인갓유틸리티 플라이어 (weingart utility pliers)	• 하우 플라이어와 비슷 • 가는 와이어 조작에 적합 • 구내 호선의 적합 또는 제거 시 사용
매튜 플라이어 (mathew pliers)	결찰 와이어를 잡음
타잉 플라이어 (ligature tying pliers)	결찰 와이어를 잡음

91 밴드 적합에 사용하는 기구

밴드 푸셔 (band pusher)	밴드의 변연을 치간에 밀어 넣기 위해 사용
밴드 컨투어링 플라이어 (band contouring pliers)	• 선단이 한쪽이 볼록, 다른 한쪽이 오목 • 밴드를 환자의 치면 팽윤에 맞추는 데 사용
밴드 어댑터(band adapter), 밴드 세터(band seater)	교합블록이 있어 밴드를 치아 내 위치
밴드 리무빙 플라이어 (band removing pliers)	치아에 장착된 밴드를 제거하는 데 사용

92 기능적 교정장치

액티베이터 (activator)	• 혼합치열기의 2, 3급 • 과개교합, 교차교합 • 악습관 개선 시 사용
바이오네이터 (bionator)	• 혼합치열기의 2, 3급 • 과개교합, 개방교합 • 혀의 위치를 고려, 공간 확보 • 하악을 이동시켜 악골을 재위치시킴
프랑켈 장치 (frankel appliance)	• 혼합치열기 초기, 상악의 열성장 • 3급 부정교합, 기능적 반대교합 • 순측과 협측의 비정상적 근육력 제거
입술 범퍼 (lip bumper)	• 전치 순면의 입술 기능압 차단 • 하악전치의 순측이동, 하악 제1대구치의 원심이동이 목적
트윈블록 (twin block appliance)	• 상·하악 장치의 아크릴릭 블록 경사면에 의해 하악의 전방운동 및 측방운동에 제한을 두지 않아 하악골의 위치를 유도 • 치아를 개별적으로 조절 가능

93 교정력이 가해질 때 치아의 이동

경사이동 (tipping movement)	• 비조절성 경사이동 : 하나의 힘에 의해 발생, 치근첨과 치관이 반대 방향으로 움직임 • 조절성 경사이동 : 회전중심이 치근첨에 위치, 치경부에서의 응력이 최대
치체이동 (bodily movement)	• 치근첨과 치근부가 동일 방향, 동일 거리로 이동 • 치주인대 전체에 균일한 응력
회전 (rotation)	치축을 중심으로 회전
토크 (torque, root movement)	• 설측 토크와 순측 토크로 구분 • 치관부에 순, 설적 회전력을 가해 치근을 주체로 이동 유도
압하 (intrusion)	치주인대 전체 압박, 치축에 따라 치근 방향으로 치아 이동
정출 (extrusion)	치주인대가 견인, 치축에 따라 치관 방향으로 치아 이동

94 교정임상에서의 치과위생사의 업무 범위

- 구강위생지도 및 관리
- 악습관의 제거 및 교정지도
- 진료보조
  - 환자의 스케줄 조정 및 환자 자료 정리
  - 진단자료 준비 : 인상채득, 석고주입, 모형제작, 방사선 촬영 및 현상, 구내사진 및 안면사진 촬영, 동의서 기록
  - 브라켓 접착 준비
  - 치간이개
  - 교정용 와이어의 결찰 및 제거
  - 밴드에 튜브 납착, 밴드 적합, 접착, 잉여시멘트 제거
  - 본딩제 제거 후 치면연마

10 치과재료학

95 알지네이트 인상채득 과정과 주의점

- 치아를 닦고, 입안도 체온과 비슷한 물로 씻음
- 인상채득 직전에 혼합된 알지네이트 인상재를 치아에 바르고 난 후 인상채득을 함
- 제조회사가 요구하는 혼수비로 성상혼합
- 혼합시간을 정확히 함
- 경화되고 3~4분 후 최대강도에 도달하면 구강 내에서 제거

96 부가중합형 실리콘 고무인상재의 특성

- 작업시간과 경화시간이 짧음(6~8분)
- 냄새가 없고, 의복에 착색되지 않고, 혼합이 쉬움
- 찢김 저항성 낮음
- 크기 안정성이 우수
- 경화 시 열발생이 낮음
- 경화 중 수소가스가 발생하여 석고 표면에 기포 발생이 우려
- 친수성 부가중합형 실리콘 고무인상재는 지대치에 수분이 있어도 정밀 인상채득이 가능

97 복합레진의 주요 구성 성분과 역할

레진기질	• Bis-GMA, 우레탄디메타크릴레이트 • 점성이 높고, 흡습성이 큼 • 휘발성이 없고, 구내에서 빨리 경화
필 러	• 석영, 유리, 교질성 규토입자 • 레진기질을 강화, 중합 또는 경화 시의 발생 수축을 줄임 • 필러 함량이 높으면 강도, 마모저항성이 우수하고, 중합수축은 적어짐 • 구치용 복합레진은 반드시 방사선 불투과(리튬, 바륨, 스트론튬, 아연 포함)
결합제	무기질의 필러가 유기질의 레진기질에 결합에 도움
개시제와 촉진제	경화에 도움
색 소	색조에 도움

98
- 치과재료의 열전도율 비교
  금합금 > 아말감 > 인산아연시멘트 > 복합레진 > 치과용 세라믹 > 법랑질 > 상아질 > 의치상용 레진
- 치아와 유사한 열전도율을 갖는 재료
  치과용 세라믹, 복합레진, 시멘트 등

99 치과용 석고의 취급 시 주의사항
- 혼수비를 정확히 지켜야 함
- 혼합 시 적절한 진동으로 혼합물 내부에 공기가 유입되지 않도록 함
- 진공상태에서 자동혼합기를 이용하는 것이 가장 좋음
- 석고는 습기가 없는 곳에서 밀봉하여 보관
- 보관 중 습기가 흡수되어 이수화물로 변한 석고가루가 있으면 결정핵으로 작용, 경화시간이 짧아짐

100 글래스아이오노머시멘트의 혼합방법
- 분말을 가볍게 흔들어 사용
- 비흡수성 종이판이나 유리판에서 혼합
- 작업시간 짧음
- 냉각된 유리판 사용, 금속 스패출러 사용 금지
- 분말을 2~3 등분하여 45초간 혼합

제4회 정답 및 해설

문제 **721**쪽

1교시 정답

01	①	02	①	03	④	04	⑤	05	①	06	⑤	07	④	08	③	09	④	10	④
11	①	12	②	13	④	14	③	15	①	16	③	17	④	18	⑤	19	③	20	①
21	②	22	①	23	⑤	24	③	25	④	26	④	27	②	28	①	29	①	30	③
31	②	32	③	33	⑤	34	④	35	①	36	④	37	③	38	②	39	④	40	③
41	①	42	③	43	⑤	44	②	45	④	46	③	47	③	48	⑤	49	①	50	④
51	④	52	①	53	③	54	⑤	55	④	56	①	57	⑤	58	④	59	①	60	④
61	②	62	④	63	④	64	②	65	②	66	④	67	③	68	②	69	⑤	70	④
71	④	72	①	73	③	74	④	75	①	76	②	77	⑤	78	③	79	④	80	④
81	①	82	②	83	⑤	84	①	85	③	86	②	87	②	88	⑤	89	③	90	④
91	①	92	③	93	②	94	④	95	③	96	①	97	④	98	④	99	④	100	②

1 의료관계법규

01 종합병원(의료법 제3조의 3)
- 100병상 이상~300병상 이하 : 내과, 외과, 소아청소년과, 산부인과 중 3개 + 영상의학과, 마취통증의학과와 진단검사의학과 또는 병리과를 포함한 7개 이상
- 300병상 초과 : 내과, 외과, 소아청소년과, 산부인과, 영상의학과, 마취통증의학과, 진단검사학과 또는 병리과, 정신건강의학과 및 치과를 포함한 9개 이상

02 진료기록부 등의 이관(의료법 제40조의 2)
① 의료기관 개설자는 폐업 또는 휴업 신고를 할 때 기록·보존하고 있는 진료기록부 등의 수량 및 목록을 확인하고 진료기록부 등을 관할 보건소장에게 넘겨야 한다. 다만, 의료기관 개설자가 보건복지부령으로 정하는 바에 따라 진료기록부 등의 보관계획서를 제출하여 관할 보건소장의 허가를 받은 경우에는 직접 보관할 수 있다.

03 진료기록부 등의 보존(의료법 시행규칙 제15조)
- 10년 : 진료기록부, 수술기록
- 5년 : 환자명부, 검사내용 및 검사소견기록, 방사선사진 및 그 소견서, 간호기록부, 조산기록부
- 3년 : 진단서 등의 부본
- 2년 : 처방전

04 면허취소와 재교부(의료법 제65조)
면허를 취소할 수 있는 경우
- 의료인의 결격사유(정신질환자, 대마·마약·향정신성의약품 중독자, 피성년후견인, 피한정후견인, 금고 이상의 형)
- 자격정지 처분 기간 중에 의료행위를 하거나 3회 이상 자격정지 처분을 받은 경우
- 면허 조건을 이행하지 아니한 경우
- 면허를 대여한 경우
- 제4조제6항을 위반하여 사람의 생명 또는 신체에 중대한 위해를 발생하게 한 경우
- 사람의 생명 또는 신체에 중대한 위해를 발생하게 할 우려가 있는 수술, 수혈, 전신마취를 의료인 아닌 자에게 하게 하거나 의료인에게 면허 사항 외로 하게 한 경우

- 거짓이나 그 밖의 부정한 방법으로 의료인 면허 발급 요건을 취득하거나 국가시험에 합격한 경우

05 의료광고의 금지 등(의료법 제56조)
의료인 등은 다음의 어느 하나에 해당하는 의료광고를 하지 못한다.
- 평가를 받지 아니한 신의료기술에 관한 광고
- 환자에 관한 치료경험담 등 소비자로 하여금 치료 효과를 오인하게 할 우려가 있는 내용의 광고
- 거짓된 내용을 표시하는 광고
- 다른 의료인 등의 기능 또는 진료 방법과 비교하는 내용의 광고
- 다른 의료인 등을 비방하는 내용의 광고
- 수술 장면 등 직접적인 시술행위를 노출하는 내용의 광고
- 의료인 등의 기능, 진료 방법과 관련하여 심각한 부작용 등 중요한 정보를 누락하는 광고
- 객관적인 사실을 과장하는 내용의 광고
- 법적 근거가 없는 자격이나 명칭을 표방하는 내용의 광고
- 신문, 방송, 잡지 등을 이용하여 기사(記事) 또는 전문가의 의견 형태로 표현되는 광고
- 심의를 받지 아니하거나 심의받은 내용과 다른 내용의 광고
- 외국인 환자를 유치하기 위한 국내광고
- 소비자를 속이거나 소비자로 하여금 잘못 알게 할 우려가 있는 방법으로 비급여 진료비용을 할인하거나 면제하는 내용의 광고
- 각종 상장·감사장 등을 이용하는 광고 또는 인증·보증·추천을 받았다는 내용을 사용하거나 이와 유사한 내용을 표현하는 광고(의료기관 인증을 표시한 광고, 중앙행정기관·특별지방행정기관 및 그 부속기관, 지방자치단체 또는 공공기관으로부터 받은 인증·보증을 표시한 광고, 다른 법령에 따라 받은 인증·보증을 표시한 광고, 세계보건기구와 협력을 맺은 국제평가기구로부터 받은 인증을 표시한 광고 등 대통령령으로 정하는 광고는 제외한다)
- 의료광고의 방법 또는 내용이 국민의 보건과 건전한 의료 경쟁의 질서를 해치거나 소비자에게 피해를 줄 우려가 있는 것으로서 대통령령으로 정하는 내용의 광고

06 면허자의 업무금지 등(의료기사 등에 관한 법률 제5조)
의료기사 등이 아니면 의료기사 등의 업무를 행하지 못한다. 단, 대학 등에서 취득하려는 면허에 상응하는 교육과정을 이수하기 위해 실습 중에 있는 사람의 실습에 필요한 경우에는 그러지 아니한다.

07 치과위생사의 업무범위(의료기사 등에 관한 법률 시행령 별표 1)
- 교정용 호선의 장착·제거
- 불소바르기
- 보건기관 또는 의료기관에서 구내 진단용 방사선 촬영 업무
- 임시충전
- 임시부착물의 장착
- 부착물의 제거
- 치석 등 침착물의 제거
- 치아 본뜨기
- 그 밖에 치아 및 구강질환의 예방과 위생에 관한 업무

08 면허증의 재발급(의료기사 등에 관한 법률 시행령 제12조)
- 정신질환자 : 취소의 원인이 된 사유가 소멸할 때
- 법률을 위반한 사유로 면허 취소된 경우 : 해당형의 집행이 끝나거나 면제된 후 1년이 지났을 때
- 면허를 대여한 경우, 면허정지 중 의료기사 업무를 수행하거나, 3회 이상 정지처분을 받아 면허 취소된 경우 : 면허가 취소된 후 1년이 지났을 때
- 치과의사가 발행하는 치과기공물제작의뢰서에 따르지 않고 제작업무를 해서 취소된 경우: 취소된 후 6개월이 지났을 때

09 결격사유(의료기사 등에 관한 법률 제5조)
- 정신질환자(단, 전문의가 의료기사 등으로 적합하다고 인정하는 사람의 경우는 그러지 아니한다.)
- 마약류관리에 관한 법률에 따른 마약류 중독자
- 피성년 후견인, 피한정 후견인
- 형법, 보건범죄단속에 관한 특별조치법 등을 위반하여 금고 이상의 형을 선고 받고 그 집행이 끝나지 아니하거나 면제되지 아니한 사람

10 업무의 위탁(의료기사 등에 관한 법률 시행령 제14조)
- 보건복지부장관은 신고 수리 업무를 의료기사 등의 면허 종류별로 설립된 단체(이하 이 조에서 "중앙회"라 한다)에 위탁한다.
- 업무를 위탁받은 중앙회는 위탁받은 업무의 처리 내용을 보건복지부령으로 정하는 바에 따라 보건복지부장관에게 보고하여야 한다.
- 보건복지부장관은 의료기사 등에 대한 보수교육을 다음의 어느 하나에 해당하는 기관 중 교육 능력을 갖춘 것으로 인정되는 기관에 위탁한다.
  - 해당 의료기사 등의 면허에 관련된 학과가 개설된 전문대학 이상의 학교
  - 중앙회
  - 해당 의료기사 등의 업무와 관련된 연구기관

11 보건지소의 설치(지역보건법 제13조, 시행령 제10조)
보건지소는 읍·면(보건소가 설치된 읍·면은 제외한다)마다 1개씩 설치할 수 있다. 다만, 지역주민의 보건의료를 위하여 특별히 필요하다고 인정되는 경우에는 필요한 지역에 보건지소를 설치·운영하거나 여러 개의 보건지소를 통합하여 설치·운영할 수 있다.

12 보건소의 기능 및 업무(지역보건법 제11조)
- 건강친화적인 지역사회여건조성
- 지역보건의료정책의 기획, 조사·연구 및 평가
- 보건의료인 및 보건의료기관 등에 대한 지도·관리·육성과 국민보건 향상을 위한 지도·관리
- 보건의료 관련 기관단체, 학교, 직장 등과의 협력체계 구축
- 지역주민의 건강증진 및 질병예방·관리를 위한 다음 지역보건의료 서비스 제공

13 지역사회 건강실태조사(지역보건법 제4조)
- 매년 실시한다.
- 방법과 내용에 대한 사항은 대통령령으로 정한다.
- 질병관리청장은 보건복지부장관과 협의하여야 한다.
- 표본조사를 원칙으로 하고, 필요시 전수조사를 할 수 있다.
- 지방자치단체의 장은 질병관리청장에게 통보하여야 한다.

14 전문인력 임용 자격 기준(지역보건법상 시행령 제17조)
전문인력의 임용 자격 기준은 지역보건의료기관의 기능을 수행하는 데 필요한 면허·자격 또는 전문지식이 있는 사람으로 하되, 해당 분야의 업무에서 2년 이상 종사한 사람을 우선적으로 임용하여야 한다.

15 지역보건의료계획의 수립(지역보건법 제7조)
- 시·도지사 또는 시장·군수·구청장은 지역주민의 건강증진을 위하여 지역보건의료계획을 4년마다 수립한다.
- 시·도지사는 매년 지역보건의료계획에 따라 연차별 시행계획을 수립한다.
- 지역보건의료계획의 세부내용은 대통령령으로 정한다.

16 학교구강보건사업(구강보건법 제12조)
- 구강보건교육
- 구강검진
- 칫솔질과 치실질 등 구강위생관리 지도 및 실천
- 불소용액양치와 치과의사 또는 치과의사 지도에 따른 치과위생사의 불소도포
- 지속적인 구강건강관리

17 구강건강실태조사(구강보건법 제9조)
질병관리청장은 보건보지부장관과 협의하여 국민의 구강건강상태와 구강건강의식 등 구강건강실태를 3년마다 조사하고, 그 결과를 공표하여야 한다.

18 구강보건사업 기본계획(구강보건법 제5조)
- 구강보건에 관한 조사·연구 및 교육사업
- 수돗물불소농도조정사업
- 학교 구강보건사업(초등학생 치과주치의사업 포함)
- 사업장 구강보건사업
- 노인·장애인 구강보건사업
- 임산부·영유아 구강보건사업
- 구강보건 관련 인력의 역량 강화에 관한 사업
- 그밖에 구강보건사업과 관련하여 대통령령으로 정하는 사업

19 보건소의 구강보건실 업무(구강보건법 시행규칙 제16조의 2)
- 구강건강증진을 위한 교육·홍보
- 구강질환 예방을 위한 불소용액 양치 및 불소도포, 치아홈 메우기, 스케일링
- 구강검진, 노인틀니사업
- 수돗물불소농도조정사업

20 노인·장애인 구강검진사업(구강보건법 제15조, 시행령 별표 1)
- 치아우식증 상태
- 치주질환 상태
- 치아마모증 상태
- 구강암
- 틀니관리
- 그 밖의 구강질환 상태

2 구강해부학

21 천문별 폐쇄시기
- 전천문 : 출생 후 2세경 폐쇄
- 후천문 : 출생 후 3개월경 폐쇄
- 전측두천문 : 출생 후 12~18개월경 폐쇄
- 후측두천문 : 출생 후 12개월경 폐쇄

22 악동맥 : 하악부, 익돌근부, 익구개 부위의 상·하악 치아, 저작근, 코, 부비강, 구개에 분포

23 상악신경의 분포
- 대구개신경 : 경구개
- 소구개신경 : 연구개, 구개편도, 구개수
- 비구개신경 : 경구개 앞 부분
- 후상치조신경 : 상악대구치, 협측치은, 상악동
- 중상치조신경 : 상악의 소구치, 협측 치은
- 전상치조신경 : 상악절치, 상악견치, 순측치은

24 상악골에서 관찰되는 구조물
- 안면 : 견치와, 비절흔, 안와하공, 이상구, 치조돌기
- 측두하면 : 상악결절, 후상치조공
- 안와면 : 안와하공, 안와하관, 안와하구
- 비강면 : 누낭구, 대구개공, 대구개관, 상악동열공, 익구개구

25 악하림프절
- 얼굴 앞부분과 이마의 림프관은 안면혈관을 따라 악하림프절에 유입
- 하악의 견치, 소구치, 대구치, 상악의 치아 및 치은, 상하순의 외측 부위, 악하선 설하선에서 수입되어 상심경림프절에서 구출된다.

26 익상돌기는 외측익돌판과 내측익돌판으로 구성된다.
- 외측익돌판의 외면 : 외측익돌근 부착
- 외측익돌판의 내면 : 내측익돌근 부착
- 내측익돌판의 주상와 : 구개범장근 부착

27 하악신경 중 저작근 관여 신경 : 교근신경, 심측두신경, 외측익돌근신경, 내측익돌근신경

3 치아형태학

28 상악 제1소구치의 특징
- 소구치 중 가장 발육이 좋다.
- 1개의 횡중융선과 개재결절을 가진다.
- 만곡상징과 우각상징이 반대로 나타난다.

29
- 복근치 : 2개의 치근, 상악 제1소구치(협과 설로 분지), 하악대구치와 하악유구치
- 다근치 : 3개 이상의 치근, 상악유구치, 상악대구치(협 2개, 설 1개로 분지)

30 • 국제치과연맹표기법
    – 영구치

우측	18	17	16	15	14	13	12	11	21	22	23	24	25	26	27	28	좌측
	48	47	46	45	44	43	42	41	31	32	33	34	35	36	37	38	

   – 유치

우측	55	54	53	52	51	61	62	63	64	65	좌측
	85	84	83	82	81	71	72	73	74	75	

   • 사분구획법
    – 영구치

우측	8	7	6	5	4	3	2	1	1	2	3	4	5	6	7	8	좌측
	8	7	6	5	4	3	2	1	1	2	3	4	5	6	7	8	

   – 유치

우측	E	D	C	B	A	A	B	C	D	E	좌측
	E	D	C	B	A	A	B	C	D	E	

31 **상악견치**
   • 근심반부 < 원심반부
   • 근심연 > 원심연
   • 근심절단우각 < 원심절단우각
   • 원심절단연 > 근심절단연
   • 3개의 순면융선, 2개의 구, 2개의 절단연

32 **하악 측절치 순면의 특징**
   • 근심연 > 원심연
   • 절단연은 설측경사
   • 원심절단우각 > 근심절단우각
   • 융선과 구의 발육이 미약

33 **하악 제1대구치**
   • 근심협측교두가 가장 크다.
   • 삼각구는 3개가 나타난다.
   • 근·원심경 > 협·설경
   • 저작하는 기능교두는 협측교두이다.

34 **하악 제2소구치**
   • 제3교두형 : 협측교두 1 + 설측교두 2
   • 제2교두형 : 협측교두 1 + 설측교두 1

4 구강조직학

35 **결합조직을 구성하는 섬유**
   • 교원섬유 : 피부, 연골, 뼈, 기저막
   • 탄력섬유 : 인대, 귓바퀴의 연골, 피부의 진피, 연구개, 기관지
   • 세망섬유 : 혈관

36 • 1차 구개 : 좌우 내측비돌기와 융합
   • 2차 구개 : 좌우 구개돌기와 비중격의 유착

37 **상피조직**
   • 신체 및 기관의 표면과 혈관의 작은 공간과 같은 내면을 덮고 있는 조직
   • 상피조직끼리의 결합력이 강함
   • 혈관이 없고, 재생이 가능하며, 재생속도가 빠름

38 **저작점막**
   • 음식물 저작 시 압박, 마찰, 마모된다.
   • 각질상피로 점막하조직이 없다.
   • 이장점막
   • 구강점막의 65%를 차지한다.
   • 부드러운 표면
   • 늘어나거나 압박 가능하며 쿠션작용을 한다.
   • 입술점막, 치조점막, 협점막, 구강저, 혀의 아랫면, 연구개에 있다.

39 상아질의 특성
- 법랑질보다 덜 단단하다.
- 무기질은 수산화인회석, 유기질은 아교질, 지질 등으로 구성된다.
- 상아질 속에 감각신경이 있다.

40 법랑기관의 4층 분화
- 외치법랑상피 : 법랑기관의 방어벽
- 내치법랑상피 : 법랑모세포로 분화
- 성상세망 : 법랑질 생성에 도움
- 중간층 : 법랑질의 석회화에 도움

41 구강점막 상피의 고유판
- 구강상피를 지지하는 결합조직으로 모든 종류의 상피의 바닥막 하방에 있다.
- 아교섬유가 대부분으로 탄력섬유도 관찰 가능하다.
- 유두층과 치밀층의 2층 구조이다.
- 섬유모세포가 가장 일반적인 세포이다.

5 구강병리학

42 호중구
- 골수에 있는 전구세포에서 유래
- 급성 감염, 이물질 탐식작용, 화농성 염증에 관여

43 허친슨절치
구강매독의 특징
법랑질 저형성증, 상악 중절치 절단연에 절흔 형성

44 생검의 종류
- 절개생검 : 병소가 큰 경우, 조직의 일부를 채취
- 침생검 : 굵고 긴 침으로 심부의 간, 신장 등 장기에서 채취
- 흡인생검 : 가는 침으로 피부에서 가까운 골수, 유방 등 장기에서 채취
- 박리세포진단생검 : 표피조직의 탈락된 세포를 채취

45
- 형태 이상
  - 치내치 : 치관 일부의 법랑질과 상아질이 치수 내로 깊이 함입되어 있음
  - 치외치 : 교합면의 이상결절, 교두에 치수노출 가능성이 높음
  - 법랑진주 : 치근부에서 나타나는 작은 구상의 법랑질
- 법랑질 관련
  - 법랑질저형성증 : 법랑모세포의 법랑기질의 분비량 문제로 비정상적 두께의 법랑질로 나타남
  - 법랑질미성숙형 : 미성숙 법랑질 결정체를 보이는 불완전한 석회화

46
악성종양 : 재발률이 높고, 피막을 형성하지 않음. 전이 가능성이 높고, 세포의 이형성은 고도

47 만성 증식성 치수염
- 노출된 치수의 만성자극으로 치수조직이 증식
- 증식된 치수조직이 우식와를 채움
- 교합과 저작 시 외상, 압흔, 출혈이 나타남
- 유치나 유년기의 영구치에 호발

48 잔류치근낭종
- 치아발거 후 치근낭종의 일부가 남아 장기잔존
- 증상 없음
- 방사선상 무치악부에서 단방성의 경계가 확실한 투과상

6 구강생리학

49 위액의 점액 : 뮤신을 가진 점액이 위점막면의 표면을 덮어 위점막 보호

50 타액선
- 장액선 : 이하선
- 혼합선 : 설하선, 악하선
- 점액선 : 구개선, 후설선

51 위치감각
- 정위 : 치아에 자극을 가했을 때 어느 치아인지 알아내는 것
- 정해율 : 같은 치아라고 알아맞히는 것
- 치통착오 : 치통의 원인치아를 정확히 알 수 없음
- 치수감각 : 치수의 흥분으로 인한 통각

52 적혈구
- 중앙이 오목한 원반형의 세포로 산소와의 접촉면적 최대
- 골수자극으로 생성, 평균수명 120일, 비장을 비롯한 장기에서 파괴

53
- 소포체 : 세포에 의해 만들어진 물질을 저장하거나 운반
- 리소솜 : 소화효소
- 미토콘드리아 : ATP 생성
- 골지체 : 단백질의 가공, 농축, 포장

54
- 갑상선호르몬
  - 티록신 : 에너지대사, 열 발생
  - 칼시토닌 : 혈중 칼슘농도 저하, 골흡수 억제
- 부갑상선 호르몬
  - 파라토르몬 : 혈중 칼슘농도 상승, 골흡수 촉진
- 부신수질 호르몬
  - 에피네프린 : 심박수 증가, 심박출량 증가, 혈당 상승
- 부신피질 호르몬
  - 알도스테론 : 신장에 작용, 나트륨의 재흡수에 도움

55
- 구강단계
  - 수의적 단계
  - 혀에 경구개가 닿아 저작한 음식물이 후방으로 이동
  - 구순이 닫히고 상하 치아가 교합
- 인두단계
  - 불수의적 단계
  - 음식물이 인두에서 식도까지 이동
  - 연구개와 목젖이 후상방으로 견인
  - 상인두벽은 전방으로 이동
  - 설골과 후두는 전상방으로 이동
  - 후두개는 폐쇄
- 식도단계
  - 불수의적 단계
  - 식도의 연동운동
  - 음식물이 식도에서 위까지 이동

7 구강미생물학

56
- IgA : 점액분비물 중 가장 많음. 인체의 외부방어 역할
- IgD : 혈중에 소량
- IgE : 알레르기, 기생충 감염 시 증가하며, 인체의 외부방어 역할
- IgG : 정상인의 혈청 중 가장 다량, 태반을 통과하는 유일한 면역
- IgM : 항원 자극 시 가장 먼저 생산, 면역반응 초기에 중요

57 지질다당류 : 그람음성균의 내독소로 강력한 면역반응을 유발하여 발열과 쇼크를 유발

58 *Streptococcus mutans*
- 그람양성혐기성 세균
- 젖산 생성, 내산성균
- 설탕을 기질로 불용성 글루칸 형성하여 치면세균막 형성에 관여

59
- 진핵생물(진균) : *Candida albicans*
- 원핵생물(세균) : *Treponema pallidum*, *Prenoterlla intermedia*, *Streptococcus mutans*, *Fusobacterium nucleatum*

60 ④ *Porphyromonas gingivalis* : 그람음성, 혐기성, 흑색, 성인형 치주염의 원인균

8 지역사회구강보건학

61 공중구강보건학의 특성
- 공동책임이 인식된 사회에서 전개
- 분업과 협업방식으로 전개
- 복합사업으로 전개
- 예방사업 위주
- 건강한 사람까지 대상

62 유아기 구강보건행동(2~6세 미만)
- 불소복용 : 수돗물 불소농도조정사업
- 불소도포 : 불소겔, 불소용액, 불소이온도포
- 식이지도 : 사탕 대신 자일리톨, 간식 섭취의 횟수
- 가정구강환경관리 : 치면세균막 관리
- 전문가예방 : 치면열구전색, 정기검진, 계속구강건강관리사업

63 중대구강병은 원인별 발거 치아 비율로 측정한다. 우리나라 중대구강병은 치아우식증과 치주병이 있다.

64 예방지향 포괄구강진료 특성
- 예방이 위주, 치료는 지원
- 3차보다 2차, 2차보다 1차 예방이 중요
- 1차 예방은 개인, 지역사회, 전문가의 공동노력에 의한다.

65 설문조사법
- 조사시간이 짧고, 경비가 절약
- 한 번에 여러 사람을 조사 가능
- 면접기술의 불필요
- 면접자가 조사내용을 이해하지 못하는 가능성
- 교육수준이 낮거나 불성실한 응답자의 그릇된 정보수집 가능성

66 산업장관리의 원칙
- 근로자에게 적절한 휴식과 근무환경조절
- 먼지, 화학물질에 노출을 줄이기 위한 환기 필수
- 경영자, 감독자, 작업자별 적절한 교육 제공
- 물질, 공정, 시설, 장비를 변경

67 지역사회구강보건사업의 평가원칙
- 장단기 효과를 구분
- 객관적 평가
- 계속적 평가
- 평가결과가 다음 기획의 기초자료로 사용
- 장단점을 지적
- 사업계획, 수행, 평가에 영향을 받게 될 자가평가의 주체가 되어야 함

68 지역사회조사과정 : 조사목적설정 → 조사항목선정 → 조사방법선정 → 조사대상결정 → 조사용지작성 → 조사요원훈련 → 조사계획실행

69 학생집단불소용액양치사업 : 짧은 시간, 쉬운 제조, 도포방법 용이, 특수장비와 기구가 불필요

70 적정농도의 불소는 치아우식 예방에 효과적이나, 과잉불소는 반점치를 유발할 수 있다.

71 전향적 코호트 연구
- 연구집단을 설정하고, 시간의 흐름에 따라 추적조사를 하면서 변화를 관찰하는 연구방법

단면조사 연구
- 일정한 인구집단을 대상으로 특정 시점이나 기간 내에 속성과의 관계를 찾아내는 연구방법

72
- 범발성 : 치아우식증, 치주병
- 지방성 : 반점치
- 산발성 : 구강암

9 구강보건행정학

73 증진구강보건진료
- 1, 2, 3차 모두 예방
- 구강건강수준의 증진효과
- 구강상병의 유병률

74
- 잠재구강보건진료수요 : 상대구강보건진료 필요에서 유효구강보건진료수요를 제외한 것
- 구강진료가수요 : 구강건강을 증진 유지하는 데 필요하지 않은 구강진료수요, 진료비의 개인적 부담이 없거나 낮음

75 1차 구강보건진료의 특성
- 지역사회 내부에서 제공된다.
- 주민의 자발적 참여와 공중구강보건의료기관의 활동으로 제공된다.
- 기본적인 구강보건진료를 충족시킨다.
- 후송체계의 확립을 전제조건으로 한다.
- 자원의 낭비를 최소로 한다.
- 구강병의 예방, 구강보건교육, 후송 등의 기능을 부여한다.

76 정책의 구조
- 미래구강보건상 : 구강보건정책목표, 수량으로 표시
- 구강보건발전방향 : 구강보건정책수단, 방법과 절차
- 구강보건행동노선 : 구강보건정책방안
- 구강보건정책의지
- 공식성

77 현대구강보건진료제도의 요건
- 구강보건진료자원을 균등하게 분포한다.
- 모든 국민이 필요한 구강보건진료를 소비할 수 있다.
- 구강보건진료의 사치화 경향을 배제한다.
- 진료수요를 최소로 줄인다.
- 상대구강보건진료 필요를 모두 충족시킨다.

78 구강보건진료소비자의 권리
- 구강보건 정보입수권
- 구강보건 진료소비권
- 구강보건 의사반영권
- 구강보건 진료선택권
- 개인비밀보장권
- 단결조직활동권
- 피해보상청구권

79 사회보험
- 사회가 사회구성원의 부상, 재해 등의 생활장애를 보험으로 보증
- 종류 : 연금보험, 건강보험, 실업보험, 산재보험
- 사회보장사고 : 부상, 분만, 재해, 폐질, 사망, 실업, 노령, 질병

80 공공부조
- 단기고유자(빈곤), 일반세금이 재원, 개별적 소득보장
- 종류 : 생계급여, 주거급여, 의료급여, 교육급여, 해산급여, 장제급여, 자활급여

81 보험급여
- 현금급여 : 요양비(요양기관 이외의 요양), 임의급여(분만비, 장제비), 보장구구입비
- 현물급여 : 요양급여(예방, 치료, 재활), 건강검진(일반검사, 특별검사, 진단)

82 의료급여제도
의료급여에 관한 업무수행은 시장·군수·구청장이 소득과 재산조사로 매년 대상을 확정하는 등의 업무수행을 담당한다.

10 구강보건통계학

83 구강검사준비
- 기록자는 조사자의 맞은편에 앉는다.
- 피검자는 조명원을 향하여 앉는다.
- 조사용 기구는 피검자의 옆에 위치한다.
- 칸막이를 사용하여 피검자의 입구와 출구를 분리한다.
- 사용할 기구의 수량과 중량을 최소화한다.
- 같은 광도의 조명을 사용하며, 직사광선보다 자연광이 바람직하다.
- 인공조명 시 500~1,000lux의 인공조명을 이용한다.
- 1시간 기준 필요한 탐침과 치경은 30~50개이다.

84 우식비경험처치치아
- 가공의치의 지대치
- 우식증 이외의 원인으로 치관을 장착
- 밴드장착치아

85 보데카 치면분류
- 3면 : 발거된 치아, 인조치관 장착치아
- 2면 : 인접면우식증

86 우식경험영구치율
= 식경험영구치아수 / 총검사한 영구치아수 × 1,000
300 / 2,800 × 100 = 10.7%

87 구강환경지수(OHI) 중 잔사지수(DI)
- 0점 : 음식물 잔사와 외인성 색소침착이 없음
- 1점 : 음식물 잔사나 외인성 색소침착이 치면의 1/3 이하를 덮음
- 2점 : 음식물 잔사가 2/3 이하를 덮음
- 3점 : 음식물 잔사가 2/3 이상을 덮음

88
유치우식경험률 = 유치우식경험아동수/피검아동수 × 100
30/100 × 100 = 30%

89 ③ 상악(5점) + 하악(5점) = 총 10점
유두변연부착치은염지수(PMA index)
- 유두치은에 염증이 있으면 1점
- 변연치은에 염증이 있으면 1점
- 부착치은에 염증이 있으면 1점
- 상악 : 우측견치~좌측견치까지 유두치은 염증이면 5점
- 하악 : 우측견치~좌측견치까지 유두치은 염증이면 5점

90 구강환경관리능력지수(PHP index)
- 6개의 치아를 한 면씩 총 6치면을 검사

#16 협면	#11 순면	#26 협면
#36 설면	#31 순면	#46 설면

- 검사대상 치아를 5등분, 각 부분에 치면세균막이 있으면 1점, 미부착 시 0점
- 1개의 치아를 기준으로 최저점 0점, 최고점 5점
- 6개 대상치아를 모두 평가 시 최저점 0점, 최고점 30점

11 구강보건교육학

91
- 걸음마기 : 구강진료에 대한 공포감, 거부감, 부산하게 돌아다니고 욕구불만이 있음
- 학령전기 : 기억력, 신체조절 배우고, 타인을 모방함, 오이디푸스콤플렉스 경향
- 학령기 : 단체의식 형성, 치과방문에 협조적

92 환자의 동기유발인자
- 환자의 행위를 일으키는 정서상태
- 환자의 태도, 동기
- 구강 내 문제점, 구강의 건강상태
- 환자의 흥미, 관심도
- 질문을 통한 일상적, 현재의 진료상태

93 진료실 환자의 교육학습과정
환자요구도조사 → 환자가치관 이해 및 측정 → 교육목적 및 교육개발 → 정보교환 및 교습 → 교육 및 평가

94 토의법의 종류
- 브레인스토밍 : 리더와 기록원을 지정, 창의적 · 획기적 아이디어 수집
- 집단토의 : 특정 주제에 따라 집단 내 참가자가 의견을 상호교환
- 분단토의 : 소집단으로 분류하여 토의한 뒤 전체회의에서 종합
- 배심토의 : 주제에 대해 전문적 견해를 가진 전문가가 의장의 안내에 따라 토의
- 세미나 : 모든 참가자가 주제 분야에 전문가와 연구자로 구성하여 과학적 분석
- 심포지엄 : 동일한 주제에 따라 전문지식을 가진 몇 사람을 초청, 마지막에 사회자가 토의시간을 마련하여 문제를 해결하고자 함

95 간접구강보건교육 특성
- 교육자와 학습자가 접촉하지 않음
- 책자와 팜플렛 같은 매체를 이용
- 시청각교육, 이론구강보건교육 등이 해당
- 시간과 노력이 절약
- 교육의 효과에 대해 부정확, 동기유발이 낮음

96 계속관리 : 환자가 새로 습득한 구강건강관리 습관을 오래 유지할 수 있도록 하는 구강진료실 동기유발 과정

97 구강보건교육자원 : 구강보건교육자, 구강보건학습자, 구강보건교육내용

98 교육목표의 분류
- 지적영역 : 지식의 습득(암기수준, 판단수준, 문제해결수준)
- 정의적 영역 : 태도의 변화
- 정신운동영역 : 수기의 습득

99 교육매체의 선정기준 : 적절성, 난이도, 경제성, 이용 가능성, 질적 양호도

100 ② 정신운동영역은 실기적인 내용을 직접 할 수 있고, 측정이 가능하다.
(예 ~(행동을) 할 수 있다)
교육목표의 분류
- 지적영역 : 지식의 습득(암기수준, 판단수준, 문제해결수준)
- 정의적영역 : 태도의 변화
- 정신운동영역 : 수기의 습득

2교시 정답

01	②	02	①	03	②	04	④	05	②	06	④	07	②	08	③	09	①	10	⑤
11	②	12	①	13	①	14	④	15	③	16	①	17	①	18	③	19	①	20	②
21	①	22	③	23	②	24	⑤	25	④	26	④	27	②	28	①	29	③	30	⑤
31	①	32	⑤	33	①	34	④	35	③	36	⑤	37	②	38	③	39	②	40	②
41	⑤	42	④	43	②	44	②	45	③	46	①	47	②	48	④	49	⑤	50	⑤
51	④	52	③	53	⑤	54	⑤	55	④	56	③	57	⑤	58	③	59	⑤	60	①
61	⑤	62	⑤	63	④	64	⑤	65	⑤	66	③	67	②	68	③	69	⑤	70	④
71	④	72	①	73	④	74	⑤	75	④	76	⑤	77	③	78	⑤	79	②	80	④
81	②	82	①	83	②	84	②	85	③	86	②	87	①	88	⑤	89	①	90	⑤
91	②	92	⑤	93	③	94	②	95	④	96	④	97	④	98	⑤	99	③	100	⑤

1 예방치과처치

01 환경요인
- 구강 내 : 구강청결상태, 구강온도, 치면세균막, 치아 주위 성분
- 구강 외 : 자연환경(지리, 기온, 기습, 토양성질, 공기, 식음수 불소이온농도), 사회환경(식품종류 및 영양, 주거, 인구이동, 직업, 문화제도, 경제조건, 생활환경, 구강보건 진료제도)

02 숙주요인제거법
- 치질 내 산성증가 : 불소복용, 불소도포
- 세균 침입로 차단 : 치면열구전색, 질산은 도포

03 구강 외 숙주요인 : 흡연, 씹는 담배, 임신, 당뇨, 간질치료약, 스테로이드, 스트레스, 피로, 직업성 습관, 과도한 음주, 연령, 성별 등

04 설탕 소비 증가 효과 : 설탕 소비가 증가한 나라(서유럽, 영국, 호주, 미국, 스웨덴)에서 우식증이 비례적으로 증가한다.

05

병원성기		질환기		회복기
전구 병원성기	조기 병원성기	조기 질환기	진전 질환기	
건강증진	특수방호	조기치료	기능감퇴제한	상실기능재활
1차 예방		2차 예방		3차 예방
영양관리 구강보건교육 칫솔질 치간세정판사질	식이조절 불소복용 불소도포 치면열구전색 치면세마 교환기유치발거 부정교합예방	초기우식병소충전 치은염치료 부정교합차단 정기구강검진	치수복조 치수절단 근관충전 진행우식병소충전 유치치관수복 치주조직병치료 부정치열교정 치아발거	가공의치보철 국부의치보철 전부의치보철 임플란트보철

06 차터스법
- 교정장치 장착 부위, 고정성 보철물 장착자
- 치아 사이, 인접면의 치면세균막 제거 효과
- 인공치아 기저부의 치면세균막 제거 효과
- 고정성 보철물 주위 치주조직 마사지 효과

07 세마제
- 음식물 잔사와 치면세균막 제거
- 치아 표면의 연마, 활택
- 부착된 획득피막을 세정
- 탄산칼슘과 인산칼슘이 대표적으로 사용

08 묘원법
- 미취학 아동 및 회전법이 서투른 아동에게 적용
- 배우기 쉽고, 적용이 쉬움
- 설면을 닦기 어렵고, 치아 사이의 음식물 찌꺼기 제거가 어려움
- 평균 치면세균막지수를 낮추는 데 크게 기여 못함

09 스나이더검사(구강 내 산생성균검사)
- 24시간 후 녹색 : 고도활성
- 48시간 후 녹색 : 중등도 활성
- 72시간 후 녹색 : 경도활성 – 설탕의 식음량, 식음횟수 제한, 매 식음 후 칫솔질 등

10 치아우식 발생요인검사
- 타액분비율검사 – 필로카핀
- 타액점조도 검사 – 오스왈드피펫, 비가향 파라핀, 증류수
- 타액완충능검사 – 유산용액, BCG, BCP
- 구강 내 산생성균검사 – 유산용액
- 구강 내 포도당 잔류시간검사 – 사탕, Tes-tape

11 양중지사용법
- 치실을 양손 중지에 감아 사용
- 치은 방향에서 절단면 방향으로 상하로 운동하여 적용
- 실제 사용하는 치실 길이는 2~2.5cm
- 치아 표면을 감싸서(C자 형태로) 사용

12 치면열구전색 주의사항
- 전색제와 치면 표면의 접촉면적을 증가시켜야 한다.
- 치면의 소와와 열구가 좁고, 불규칙할수록 유리하다.
- 법랑질 표면이 청결하고, 교합은 약간 낮아야 한다.
- 유치는 영구치보다 산부식 시간을 길게 한다.

13 산부식
- 30~50% 인산용액
- 유치는 1분 30초, 영구치는 1분, 반점치는 15초
- 치면에 부드럽게 두드리는 동작

14 구취의 구강 내 원인 – 설태, 외상성 궤양, 헤르페스감염, 구강암, 치주염, 구강건조증, 치수감염을 포함한 치아우식증, 불량수복물과 보철물 등

15 불소겔도포
- 1.23%의 농도로 환자 구강에 맞는 트레이에 적용
- 6개월이나 1년 간격으로 도포

16 불화석
- 아동은 8%, 성인은 10% 농도를 적용
- 강한 산성으로 직전에 제도
- 감미료를 쉬어 용액을 인정화(쓰고 떫은 맛)
- 치은에 자극, 치아변색 가능성
- 3세부터 매년 1~2회 도포

17 식이조사방법 : 24시간 회상법, 약 5일간, 가정용 도량형 단위로 작성

18 지각과민증 관리법
- 회전법, 약강모의 칫솔, 약마모도의 세치제
- 상아질 표면에 상아질 접착제 도포
- 지각과민 처치제 도포
- 표면 석회화 촉진법
- 레진 충전법
- 약물을 이용한 변성 응고법
- 불소바니시 도포

2 치면세마

19 치면세마 : 구강질환을 예방하기 위해 구강 내의 치면세균막, 치석, 외인성 색소 등의 침착물을 물리적으로 제거하고, 치아표면을 활택하게 연마하여 재부착을 방지할 목적으로 실시하는 예방술식

20 치면세균막
- 세균이 주성분, 수분 80% + 유기질과 무기질 20%
- 부착력 우수
- 칫솔질, 치석 제거 등의 물리적 힘에 의해 제거

21 치과진료기록 기호
- tooth mobility : Mo(+)
- cervical abrasion : Abr
- abscess : – ●
- Gold crown : – ○

22 시진의 종류
- 직접관찰 : 신체의 외형, 색조, 크기
- 투사 : 강한 조명으로 전치부 인접면의 치아우식증 관찰
- 방사선학적 관찰

23 치주탐침 : 치은증식, 임상적 부착소실, 부착치은 폭, 구강 내 병소의 크기 측정

24 연결부
- 경부의 길이와 각도가 기구 선택의 구분
- 하방연결부 : 치면에 맞는 절단연을 결정하는 지표

25 #26 치석탐지방법
- 변형연필잡기법
- 가벼운 힘으로 탐지
- 상악 좌측 제1, 2소구치에 손고정을 한다.
- 팁의 배면이 접합상피를 느낄 때까지 수직 방향으로 삽입한다.
- 팁의 배면 1~2mm 부위가 치면에 부착한 상태로 동작한다 (up & down).

26 #46, 47의 설측 치석 제거
- 턱을 아래로 내리도록 한다.
- 등받이를 머리받이와 평행하도록 한다.
- 상악 전치부 순면이 바닥과 평행하도록 한다.
- 환자의 고개를 오른쪽으로 돌리도록 한다.
- 환자의 높이는 개구 상태에서 술자의 팔이 허리 높이에 있도록 한다.

27 기구사용 후 처리과정
- 세척 전 대기용액에 담군다. 매일 교환을 한다.
- 혈액이 묻은 기구는 찬물로 헹군다.
- 세척한 기구는 종이수건, 기구건조기 등으로 건조 후 포장한다.
- 지시테이프로 표시하고 문이 있는 장 안에 보관한다.

28 가압증기멸균법
- 121℃ 15pci 15분, 132℃ 30pci 6~7분
- 스테인리스, 직물, 유리, 스톤, 열에 저항성 있는 합성수지 등
- 합성수지에 손상
- 기구의 날을 무디게 하고 금속을 부식시킴
- 멸균 후 별도의 건조단계 필요

29 시클 스케일러 : 치은 연상에 부착된 다량의 치식을 제거하고, 치은 변연 하부 1mm까지 연장되어 부착된 치석을 제거하는 기구

30 특수 큐렛(gracey curet)
- 각 치아의 부위별로 특수하게 고안
- 1~18번까지 9개가 1세트
- 기울어진 쪽의 절단연, 손잡이가 먼 하부의 절단연만 사용이 가능
- 날의 내면과 하방 연결부가 60~70°의 각도

31 일반 큐렛(universal curet)
- 치아 표면의 침착물
- 치은연하의 치석
- 거친 백악질 표면의 활택
- 병적 치주낭 제거
- 치은열구의 육아조직 제거
- 모든 치면에 사용
- 날의 내면과 측면이 만나는 절단연이 2개

32 초음파 치석제거기의 장점
- 큰 치석과 과도한 침착물 제거 용이가 용이하나.
- 향균효과와 살균효과가 있다.
- 상처가 적고, 치유가 빠르다.
- 기구조작이 간편하다.
- 시술시간이 단축된다.
- 술자의 피로도를 줄이고, 치은조직에 마사지 효과가 있다.

33 치근활택술의 적응증
- 치은염
- 얕은 치주낭
- 외과적 처치의 전처치
- 진행성 치주염
- 내과 병력을 가진 전신질환자

34 기구연마의 일반원칙
- 기구 내면과 연마석은 100~110°를 유지한다.
- 기구고정법의 마지막 동작은 하방동작으로 마무리한다.
- 날이 무뎌진 경우에 따라 연마석을 선택한다.
- 자연석은 오일, 인공석은 물을 사용한다.

35 치면연마방법
- 항상 젖은 상태에서 사용한다.
- 윤활제를 사용하여 열의 발생을 줄인다.
- 치면을 3등분한다.
- 적당한 속도와 압력을 적용한다.

36 초음파 치석제거기의 금기증
- 성장기 어린이 환자
- 전염성 질환자
- 감염에 대한 감수성이 높은 환자
- 호흡기 질환자
- 도제치아, 복합레진 충전물, 임플란트
- 심장박동조율기 장착 환자
- 연하곤란이나 구토반사가 심한 환자
- 치주염이 심한 환자
- 임신 및 폐경기 환자
- 지각과민 환자

37 임플란트 장착 치아의 치면세마
- 플라스틱 기구, 테프론 코팅처리된 임플란트 기구를 적용한다.
- 티타늄의 표면은 약한 압력으로 적용한다.
- 금속팁이 있는 초음파, 음파 기구는 사용하지 않는다.
- 3개월 간격의 정기적 치면세마를 실시한다.
- 자가관리로 구강위생관리용품 사용을 추천한다.

38 당뇨 환자
- 시술 시 심리적 스트레스를 일으키므로 인슐린 요구량이 증가
- 시술 중 저혈당 증상 발생 시 과일주스 등 당분 섭취
- 균형잡힌 아침식사와 약 복용 후 오전시간에 치과진료 시행

3 치과방사선학

39 X선관의 구성
- 여과기 : 장파장 제거
- 시준기 : 엑스선속의 크기와 형태 조절
- 구리동체 : 양극에서 발생하는 열 제거

40 X선 사진상의 특성
- 흑화도 : 필름 전체의 어두운 정도
- 대조도 : 방사선상 다른 부위에서 흑화도가 다른 정도, 투과력을 의미
- 선예도 : 물체의 외형을 재현하는 능력
- 감광도 : 표준 흑화도의 방사선 사진을 만드는 데 필요한 조사량

41 대조도 감소요인
- 포그와 산란선이 있으면
- 현상시간이 길 때
- 현상이 불완전할 때

42 X선관의 구성
- 유리관 : 납을 포함한 진공유리관
- 절연유 : 냉각작용, 전기절연작용, 열분산매개체
- 구리동체 : 양극에서 발생되는 열을 제거, 열전도를 빠르게 함

43 X선의 특징
- 눈에 보이지 않음
- 필름에 감광작용이 있어 물체의 음영을 투사
- 원자를 전리시킬 수 있음
- 특정한 화학물질과 작용하여 형광을 발생시킬 수 있음
- 파장이 짧아 물질을 투과할 수 있음

44 관전압조절기
- 전자의 속도조절
- 관전압 증가 시 전자의 속도가 증가
- 관전압 증가 시 파장, 선예도, 엑스선 양은 감소
- 대조도에 영향

45 하악절치 치근단 영상 구조물
- 투과 : 설공(중절치), 이와(전치)
- 불투과 : 이극(설측), 이융선(순측)

46 치아의 구조
- 방사선 불투과 : 법랑질, 상아질, 백악질
- 방사선 투과 : 치수
- 치아의 지지구조
- 방사선 불투과 : 치조골, 치조백선, 치조정
- 방사선 투과 : 치주인대강

47 등각촬영법
- 방사선원은 가능한 작아야 한다.
- 방사선원과 피사체는 가능한 가까워야 한다.
- 피사체와 필름은 가능한 짧아야 한다.
- 피사체와 필름의 이등분선에 수직으로 조사한다.

48 교익촬영의 목적
- 초기 인접면 치아우식증
- 재발성 치아우식증
- 치주질환의 유무와 정도 평가
- 상·하악 교합관계 검사
- 치수강검사치아우식증의 치수접근도 검사

49 소아 환자의 촬영
- 소아가 직접 필름을 고정한다.
- 전악 구내촬영 시 10장, 교익필름 2장이 필요하다.
- 노출시간을 10세 이하는 50%, 10~15세의 경우 25%를 감소시킨다.
- 상악은 일반 성인용 필름, 하악은 소아용 필름을 적용한다.

50 상악중절치의 등각촬영
- 중심방사선 위치는 비첨
- 수직각도는 위에서 아래로 조사, 45°
- 수평각도는 0°(상악중절지 인접변)

51 파노라마 촬영의 장점
- 많은 해부학적 구조물
- 악골의 병소와 상태 관찰
- 촬영법이 간단
- 촬영 시 환자의 불편감 없음
- 환자의 방사선 노출량 적음
- 무치악 및 개구불능 환자에게 적용

52 흐릿한 상의 원인
- 촬영 중 필름이 움직임(미끄러짐)
- 관두가 앞뒤로 약간 움직일 때
- 촬영 중 환자의 두부가 움직일 때

53 촬영 중 실수 중 조사통가림 : 중심방사선이 필름의 중앙을 향하지 않아 필름의 일부만 노출되면 희거나 투명하게 나타남

54 직접 디지털 영상촬영 획득 장치
- DR방식
- X선량이 CCD, CMOS, 평판검출기 등에 노출되면, 아날로그 디지털 변환기가 디지털 신호로 전환하여 영상을 획득하는 원리
- 주로 플라스틱 재질로 둘러싸여 센서를 충격으로부터 보호
- 두께로 인한 이물감이 심함
- 센서와 연결되는 전선이 취약

55 방사선 감수성
- 고감수성 : 점막, 골수, 고환, 소장, 대장, 갑상선
- 중감수성 : 타액선, 폐, 간, 성장 중인 연골, 피부
- 저감수성 : 근육세포, 신경세포, 결합조직, 지방조직

56 환자의 방사선 방호
- 고감광도 필름
- 희토류 증감지 사용
- 장조사통 사용
- 환자의 피부 표면에서 7cm 이하에서 시준
- 부가여과기 사용
- 납이 내장된 조사통 사용
- 모든 환자에게 납방어복, 갑상선 보호대 등 방어장비 착용

57 파노라마 촬영 시 환자위치 오류
- 턱을 들면 역V자 형태의 상
- 고개를 숙이면 과장된 V자 형태의 상
- 턱을 전방으로 내밀면 상하악 전치부 축소
- 턱을 후방으로 위치하면 상하악 전치부 확대
- 입을 벌리면 방사선 투과성 음영이 중첩
- 혀를 입천장에서 떼면 상하악 치근단 부위가 중첩
- 등을 구부리면 경추와 전치부가 중첩

58 치근단병소
- 방사선 투과상 : 치근단육아종(근단부 원형이나 타원형의 투과상), 치근단낭(경계 명확, 피질골로 둘러싸임), 치근단농양(치주인대강 확장, 농의 집약)
- 방사선 불투과상 : 경화성골염(골소주의 불규칙적 증가와 확대), 골경화(하악 구치부 치근단 주위, 임상증상 없음)

4 구강악안면외과학

59 외과적 발치

순 서	필요한 기구
구내 세정	치경, 핀셋, 탐침, 흡인기, 멸균된 장갑, 멸균된 소공포
수술 부위 소독	구강 내 소독제재
국소마취	마취 주사기, 주사침, 국소마취제
점막, 골막, 피판의 절개 및 박리	외과용 칼, 손잡이, 골막기자
치조골 삭제 및 치아의 분할	핸드피스, 외과용 버, 견인기
치아의 탈구 및 발거	발치겸자, 발치기자
발치와 내 소파	지혈겸자, 외과용 큐렛, 세척용주사기, 주사침, 생리식염수
치조골형태 수정	골겸자, 골줄, 끌과 망치
봉 합	봉합침, 봉합사, 봉침기, 봉합사가위
거즈 물려 지혈	지혈용 거즈

60
- 얕은 찰과상 : 피부 창상 부위를 청결하게 하고 소독제를 국소도포하면 7일 이내에 완치
- 깊은 찰과상 : 반흔 조직과 영구적 결손이 발생될 수 있어 변연절제술, 봉합, 피부이식 등이 필요

61 국소마취제의 특성
- 완전한 마취가 가능해야 한다.
- 약물의 작용은 가역적이어야 한다.
- 마취의 효과는 빠르고 지속시간은 충분해야 한다.

62 전신질환과 치과치료
- 당뇨 : 혈당조절이 안 되면 치유 부전 가능성
- 협심증 : 나이트로글리세린 준비하여 수축기혈압 저하 시 설하 투여
- 심근경색 : 심근경색 발병 6개월 이내 통상적 치과치료 금지
- 부신기능부전 : 치료 전 스테로이드 투여 후 진료

63 건성발치와
- 증상 : 발치와의 혈병괴사, 치조골노출, 악취와 심한 통증
- 처치 : 통증완화를 위해 따뜻한 생리식염수로 세척, 항생제 및 소염제 투약, 유지놀을 묻힌 아이도폼 거즈를 삽입 후 익일 제거

64 수술 순서와 필요한 기구

순 서	필요한 기구
구내 세정	치경, 핀셋, 탐침, 흡인기, 멸균된 장갑, 멸균된 소공포
수술부위 소독	구강 내 소독제재
국소마취	마취 주사기, 주사침, 국소마취제
발 거	발치겸자
치조와 세척	주사침, 세척용주사기
발거된 치아의 발수 및 근관충전	근관치료 재료
치아식립 및 레진과 강선을 이용한 부목 고정	부목(레진, 강선), 교정용 플라이어(wire holder, wire cutter)
교합조정	교합지

5 치과보철학

65
- 양측성 평형교합
  - 전방교합 시 모든 치아가 접촉한다.
  - 총의치에서 적용되는 교합이다.
- 반측성 평형교합
  - 측방운동 시 작업측의 구치부는 접촉하고, 비작업측은 접촉하지 않음
  - 고정성 보철물에 적용되는 교합이다.
- 견치유도교합
  - 하악의 전방운동 시 견치만 접촉한다.
  - 자연치의 이상적인 교합이다.

66 금속도재관의 적응증
- 심미성 요구 치아
- 치아파절, 치아우식에 이환된 치아
- 변색치, 착색치
- 연결 부위가 긴 가공의치
- 심미성이 요구되는 국소의치의 지대치
- 교합이 긴밀하지 않은 전치

67 국소의치의 구성요소
- 레스트
- 수직적 지지를 부여(의치의 침하방지)
- 교합압을 장축 방향으로 전달(의치가 제 위치에 유지)
- 교합면, 설면, 절단면 등에 레스트를 구현

68 임시의치의 종류
- 즉시의치 : 발치 전 제작하여, 발치 당일에 장착
- 치료의치 : 치주치료, 교합수정, 점막조정 등의 목적으로 사용
- 이행의치 : 치아의 추가 상실이나 조직변화 시 대치할 것을 예상하여 제작

69 도재라미네이트
- 치질 삭제량이 적음
- 지대치 형성에 소요시간이 짧음
- 대개 마취가 필요 없음
- 설측 삭제를 하지 않음
- 수리가 어려움
- 탈락 가능성이 높음
- 접합부의 완전봉쇄가 어려움

70 총의치의 지지
- 의치상 면적은 최대한 크게 한다.
- 인공치 교합면 면적은 작게 한다.
- 의치는 밤에 빼고 취침하도록 한다.
- 이상 기능습관이나 악습관을 교정한다.

6 치과보존학

71 복합레진의 술식과정 중 치수보호재 : 바니시는 금기, 산화아연유지놀 금기
② 아크릴릭레진 : 임시치관 제작 재료
③ 포모크레졸 : 치수절단술 시 재료
⑤ 폴리카복실레이트 : 영구접착제

72 발수
- 건강한 생활치수나 감염된 생활치수를 제거
- 바버드브로치를 이용해 치수를 제거

73 러버댐의 구성

러버댐 시트	• 얇은 고무판 • 빛을 덜 반사하는 탁한 면이 술자 쪽을 향함
러버댐 프레임	U자형의 금속제 프레임 사용
러버댐 클램프	• 시트를 치아에 고정하는 역할 • 격리할 치아에 장착
러버댐 펀치	치아 크기에 맞춰 시트에 구멍을 뚫음
러버댐 포셉	클램프를 벌려 치아에 장착과 제거 시 사용

74 치아변색의 원인

국소적 원인	치아 표면의 착색(커피, 차), 치면세균막의 착색, 치수괴사, 치수충혈, 상아질 석회화, 근관충전재, 수복물 등
전신적 원인	노화, 법랑질 형성장애, 테트라사이클린 변색 등

75
- 근관길이 측정 후 근관확대 및 근관성형 시행한다.
- 근관확대 재료는 파일, 리머, 나이타이 전동파일 등이 있다.

76 치근단절제술의 정의
근관치료 후 치근단 부위의 감염이 지속되면, 치근단 일부를 절제하고 감염된 조직을 제거한다.

7 소아치과학

77 미성숙영구치의 형태학적 특징
- 전치부의 명확한 절연결절
- 구치부의 명확한 교두정
- 명확한 부가융선, 소와, 열구
- 치수각이 크고, 치수각이 돌출
- 치근은 미완성, 짧고, 열린 근단공
- 2차 상아질의 미형성
- 치수조직에 섬유세포가 많음

78 심리적 접근법의 종류별 특징

체계적 탈감작법	• 약한 자극에서 강한 자극으로 반복 • 공포와 불안을 극복시키고자 함
말-시범-행동	• tell : 어린이 수준에 맞는 언어, 천천히, 반복하여 이해하도록 함 • show : 기구를 만져보게 함 • do : 설명하고 보여준 대로 치료를 실행함
모 방	• 첫 내원 시 효과적 • 다른 어린이의 행동을 따라 하도록 함
분 산	• 치료 중 관심과 주의 분산 • 비디오, 오디오 등의 시청각 기기 이용
강 화	• 긍정적 강화 : 칭찬(추상적), 장난감(구체적) 등으로 원하는 행동을 유발시키는 효과적 방법 • 부정적 강화 : 음성 조절, 신체의 속박, 격리 무시 등
소 멸	좋지 않은 행동이 지속적으로 나타날 때, 무시, 방치함

79
- 치근단 미완성 시 노출 부위가 적고, 손상 후 경과시간이 짧으면 생리적 치근단형성술 시행
- 치근단 미완성 시 노출 부위가 크고, 손상 후 경과시간이 길면 치근단형성술 시행
  - 치근단 완성 시 치수절단술이나 근관치료
  - 유치인 경우 치수절단술이나 치수절제술

80 과잉치의 구내 영향
- 절치의 적절한 맹출을 방해
- 낭종형성이나 정중이개를 유발

81 고정성 공간유지장치의 종류
- 설측호선 : 혼합치열기에 하악에 편측성이나 양측성으로 2개 이상의 유구치 상실
- 디스탈슈 : 제1대구치가 맹출하기 전 제2유구치가 조기 상실
- 낸스 구개호선 : 혼합치열기에 상악에 편측성이나 양측성으로 2개 이상의 유구치 상실
- 밴드 앤드 루프 : 유치열이나 혼합치열에서 편측의 제1유구치나 제2유구치 중 1개의 치아 상실하였고, 장착 치아가 건전할 때
- 크라운 앤드 루프 : 유치열이나 혼합치열에서 편측의 제1유구치나 제2유구치 중 1개의 치아 상실하였고, 장착 치아에 넓은 우식, 법랑질 형성부전, 치수치료, 구강위생상태 불량할 때

82 유치열의 생리적 공간
- 영장공극 : 유치열에서 상악 유견치 근심면과 하악 유견치 원심면 사이에 존재하는 공간
- 발육공간 : 상하악 유전치 사이에 공간으로 영구치 교환공간확보가 목적

8 치주학

83 치주인대의 기능
- 물리적 기능 : 교합압 완충, 치은조직 유리, 신경 및 혈관 등의 연조직 보호
- 형성 및 재생기능 : 백악질과 치조골의 형성과 재생에 관여
- 영양공급과 감각 : 백악질과 치조골, 치은에 영양을 공급, 압력과 동통 등 촉각감지

84 치간치은의 특징
- 변연치은 중 치아 사이의 삼각형 공간
- 순측과 설측에 각각 콜이 존재
- 치은염이 시작되는 부위
- 표면이 각화되지 않음
- 염증에 민감

85 만성 박리성치은염의 특징
- 협측에 국한
- 내분비계 불균형이 원인
- 40대 이상의 여성에게 호발
- 치은점막의 발적, 표피의 박리, 구강작열감, 온도에 민감
- 자연적으로 호전

86 치은절제술의 적응증
- 단단하고 섬유화된 골연상 치주낭 제거
- 섬유성 치은증식 제거
- 치은연하의 우식증 치료
- 치은연하로 치관이 파절되었을 때
- 치근이개부의 병소치료

87 급성 치관주위염의 응급처치
- 따뜻한 물로 병소 부위 세척
- 초음파세척기로 침착물 제거
- 전신증상 있으면 항생제 투여
- 급성증상의 완화 후 외과처치 결정

88 임플란트 환자의 수술 전 고려사항
- 절대적 금기증 : 혈액질환, 심환 전신질환, 약물중독자, 두경부 방사선 치료환자 등
- 상대적 금기증 : 개구제한, 이갈이, 흡연자, 조절되지 않는 당뇨 등

9 치과교정학

89 성장발육곡선
- 림프형 : 아데노이드, 편도, 림프선의 성장곡선
- 신경형 : 뇌, 척수, 두개골, 척추 성장
- 일반형 : 골격, 근육, 호흡기, 소화기, 신장, 안면골 성장
- 생식형 : 고환, 난소, 유방, 성호르몬

90 Ⅲ급 부정교합
- 양측성이나 편측성으로 상악치열궁에 대해 하악치열궁이 근심에 있음
- 상·하악 전치의 반대교합

91 기능적 교정장치
- 액티베이터, 교합사면판 : 저작근에 교정력
- 입술범퍼 : 구순압
- 협압 : 프랑켈 장치

92 밴드적합에 사용하는 기구

밴드 푸셔 (band pusher)	밴드의 변연을 치간에 밀어 넣기 위해 사용
밴드 컨투어링 플라이어 (band contouring pliers)	• 선단이 한쪽이 볼록, 다른 한쪽이 오목 • 밴드를 환자의 치면 팽윤에 맞추는 데 사용
밴드 어댑터(band adapter), 밴드 세터(band seater)	교합블록이 있어 밴드를 치아 내 위치
밴드 리무빙 플라이어 (band removing pliers)	치아에 장착된 밴드를 제거하는 데 사용

93
- 혀 내밀기의 구강 내 변화 : 전치부 개교, 공극치열, 비정상적 연하, 구순의 이완, 구호흡, 혀짧은소리
- 손가락 빨기의 구강 내 변화 : 전치부개교, 상악전돌, 상악절치의 순측경사, 공극치열, 하악절치의 설측경사, 구치부 교차·교합, 상악치열의 협착, 구개의 변형

94 고정성 교정장치의 종류
- 에지와이즈 : 각형 슬롯을 가진 브라켓에 각형 와이어 적용
- 스트레이트 호선 : 굴곡을 호선 대신 브라켓 슬롯에 반영
- 설측교정장치 : 치아의 설측에 부착하는 장치
  - 자가결찰장치 : 브라켓 내에 캡이나 클립이 있어 별도의 결찰 재료 없이 호선을 직접 고정

10 치과재료학

95 치아와 수복물 간의 미세누출
- 치과 생체재료의 생물학적 특성
- 산, 미생물에 의해 수복물의 변연 부위에 치아우식증 발생
- 치아의 수복물 사이의 공간에 타액, 음식물 잔사, 세균이 유입 가능

96 부가중합형 실리콘 고무인상재의 특성
- 작업시간과 경화시간이 짧음(6~8분)
- 냄새와 의복착색이 없고, 혼합이 용이
- 찢김 저항성이 낮음
- 크기 안정성이 우수
- 경화 시 열발생이 낮음
- 경화 중 수소가스가 발생하여 석고 표면에 기포 발생이 우려

97 광중합형 복합레진
- 장점 : 혼합 불필요, 색상 안정, 작업시간 조절 가능, 경화시간 빠름, 기포발생 적음, 착색이 덜 됨, 강도가 높음
- 단점 : 중합수축으로 변연누출 가능성, 색조의 차이에 따라 광조사 시간 조절 필요, 실내조명에 장시간 노출 시 레진의 표면 경화, 술후 과민증 가능성

98 석고 경화시간 줄이는 방법
- 불순물 투입
- 2% 황산칼륨
- 미리 경화된 이수석고분말
- 소량의 일반식염
- 혼합시간 증가
- 혼합속도 증가
- 물의 양을 줄임
- 물의 온도 높임

99 알지네이트 인상채득 후의 문제점

문제점	원 인
과립 형성	• 불충분한 혼합 • 혼합 시 적당하지 않은 물의 온도
찢 김	• 적절하지 못한 두께 • 수분 오염 • 구강 밖으로 조기 제거 • 혼합의 연장
인상 표면의 불규칙한 기포	• 과도한 겔화 • 혼합 시 공기함입 • 구강 내 물기나 이물이 있는 경우
거친 입자	• 부적절한 혼합 • 혼합시간의 연장 • 과도한 겔화 • 낮은 물과 분말의 비율
변형과 부정확한 모형	• 인상에 모형재를 즉시 붓지 않은 경우 • 겔화 동안 트레이 움직임 • 구강 밖으로 조기 제거 • 인상재와 트레이의 유지가 안 좋음 • 트레이에 인상재가 골고루 담기지 않음

100 글래스아이오노머시멘트

- 용도 : 심미수복, 보철물의 합착, 베이스, 치면열구전색
- 특성 : 치질과 화학적 결합, 생체 친화성 우수, 불소 유리로 항우식 효과
- 혼합방법 : 비흡수성 종이판이나 (냉각)유리판에서 혼합, 작업시간이 짧음, 금속 스패출러 사용 금지

합격의 공식 시대에듀

우리 인생의 가장 큰 영광은 결코 넘어지지 않는 데 있는 것이 아니라
넘어질 때마다 일어서는 데 있다.

– 넬슨 만델라 –

참 / 고 / 문 / 헌

- 강경희 외(2015), **구강조직발생학**, 군자출판사.
- 강부월 외(2019), **예방치학**, 고문사.
- 강용주 외(2009), **구강보건통계 및 실제**, 대한나래출판사.
- 강용주 외(2013), **구강보건행정**, 대한나래출판사.
- 곽정숙 외(2019), **치주과학**, 고문사.
- 김강주 외(2016), **구강미생물학**, 대한나래출판사.
- 김광수 외(2010), **지역사회 구강보건학**, 고문사.
- 김설악 외(2014), **치면세마학**, 고문사.
- 김영숙 외(2016), **임상치과재료학**, 군자출판사.
- 김윤정 외(2019), **필수구강생리학**, 대한나래출판사.
- 김응권 외(2017), **구강병리학**, 대한나래출판사.
- 남수현 외(2017), **치과위생사를 위한 구강악안면외과학**, 고문사.
- 서은주 외(2015), **최신구강해부학**, 대한나래출판사.
- 연세대학교치과대학구강과학연구소(2009), **구강영상학**, 고문사.
- 이상호 외(2017), **소아청소년치과학**, 고문사.
- 장기완 외(2018), **구강보건교육학**, 고문사.
- 정승미(2013), **치과보철학**, 대한나래출판사.
- 정원균 외(2016), **치과보존학의 원리와 임상**, 대한나래출판사.
- 치과교정학교재편찬위원회(2019), **치과교정학**, 고문사.
- 치아형태학교재개발연구회(2017), **치아형태학**, 신광출판사.

치과위생사 국가시험 한권으로 끝내기

개정5판1쇄 발행	2025년 07월 10일 (인쇄 2025년 05월 21일)
초 판 발 행	2020년 05월 06일 (인쇄 2020년 03월 23일)
발 행 인	박영일
책 임 편 집	이해욱
편 저	이남숙
편 집 진 행	윤진영 · 김지은
표지디자인	권은경 · 길전홍선
편집디자인	정경일
발 행 처	(주)시대고시기획
출 판 등 록	제10-1521호
주 소	서울시 마포구 큰우물로 75 [도화동 538 성지 B/D] 9F
전 화	1600-3600
팩 스	02-701-8823
홈 페 이 지	www.sdedu.co.kr
I S B N	979-11-383-9356-0(13510)
정 가	37,000원

※ 저자와의 협의에 의해 인지를 생략합니다.
※ 이 책은 저작권법의 보호를 받는 저작물이므로 동영상 제작 및 무단전재와 배포를 금합니다.
※ 잘못된 책은 구입하신 서점에서 바꾸어 드립니다.

시대에듀가 준비한

치과보험 청구사 3급
최근 치과건강보험 관련 고시 완벽 적용!

치과보험청구사 3급
초단기합격

- 보건복지부 및 건강보험심사평가원 고시 반영!
- 상대가치점수제도 및 수가 개정 완벽 반영!
- 한국표준질병·사인분류(KCD-8) 수록!

※ 도서의 이미지는 변경될 수 있습니다.

SLP's HOUSE의
핵심요약집

언어재활사, 예비 언어재활사 여러분들을 위한 국가시험 대비용
언어재활사 핵심요약집

Speedy하게 5대 언어장애를 정리하고 →
Point만 모은 미니요약집으로 마무리!

※ **이런 분들께 추천합니다!**
▶ 바쁜 일정으로 공부할 시간이 없는 분
▶ 모든 책을 다 살펴보기 어려운 분
▶ 외운 내용을 확인하고 싶은 분

핵심요약집에 대한 문의사항은

NAVER 카페 SLP's HOUSE

(http://cafe.naver.com/slphouse)를
방문하여 남겨주세요.

NAVER SLP's HOUSE 를 검색하세요!

※ 도서의 이미지는 변경될 수 있습니다.

SLP's HOUSE의
최종모의고사

언어재활사, 예비 언어재활사 여러분들을 위한 국가시험 대비용
언어재활사 최종모의고사

최종모의고사 문제로 확인하고 →

접지물로 마무리!

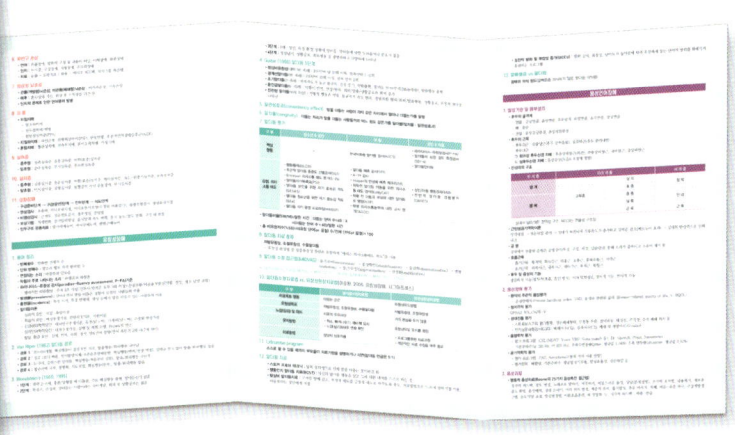

※ 이런 분들께 추천합니다!
- ▶ 시험 전 문제를 통해 마무리하고 싶은 분
- ▶ 외운 내용을 확인하고 싶은 분
- ▶ 기출유형을 알고 싶은 분

최종모의고사에 대한 문의사항은
NAVER 카페 SLP's HOUSE
(http://cafe.naver.com/slphouse)를
방문하여 남겨주세요.